Christian Homburg / Jan Wieseke (Hrsg.)

Handbuch Vertriebsmanagement

Christian Homburg
Jan Wieseke (Hrsg.)

Handbuch Vertriebsmanagement

Strategie – Führung – Informationsmanagement – CRM

GABLER

Bibliografische Information der Deutschen Nationalbibliothek
Die Deutsche Nationalbibliothek verzeichnet diese Publikation in der Deutschen Nationalbibliografie; detaillierte bibliografische Daten sind im Internet über <http://dnb.d-nb.de> abrufbar.

Prof. Dr. Prof. Dr. Dr. h.c. mult. Christian Homburg ist Inhaber des Lehrstuhls für Allgemeine Betriebswirtschaftslehre und Marketing I und Direktor des Instituts für Marktorientierte Unternehmensführung (IMU) an der Universität Mannheim sowie Vorsitzender des Wissenschaftlichen Beirats von Homburg & Partner, Mannheim/München/Boston, einer international tätigen Unternehmensberatung.

Prof. Dr. Jan Wieseke ist Inhaber des Lehrstuhls für allgemeine Betriebswirtschaft und Marketing der Ruhr-Universität Bochum.

1. Auflage 2011

Lektorat: Barbara Roscher | Jutta Hinrichsen

Gabler Verlag ist eine Marke von Springer Fachmedien.
Springer Fachmedien ist Teil der Fachverlagsgruppe Springer Science+Business Media.
www.gabler.de

Druck und buchbinderische Verarbeitung: AZ Druck und Datentechnik, Berlin
Gedruckt auf säurefreiem und chlorfrei gebleichtem Papier
Printed in Germany

ISBN 978-3-8349-1977-9

Vorwort

Als primäre Schnittstelle zu Kunden hat der Vertrieb einen maßgeblichen Einfluss auf den Erfolg eines Unternehmens. Die Rolle dieses erfolgskritischen Akteurs in der Unternehmung ist in den vergangenen Jahren jedoch einer tiefgreifenden Veränderung unterworfen. Bedingt durch Faktoren wie Wettbewerbs- oder Rationalisierungsdruck muss der Vertrieb erhöhten Leistungsanforderungen gerecht werden und erfährt eine signifikante Ausweitung seines Aufgabenspektrums. Wurde der Vertrieb in den 1970er Jahren meist im Sinne eines Außendienstes als bloßer operativer Vertriebskanal verstanden, so wird der Vertrieb heute als strategischer Akteur mit weitreichender Verantwortung für Kundenbindung und –wahrnehmung sowie Informationsgenerierung und Umsetzung strategischer Initiativen aufgefasst.

Der gewonnene Bedeutungszuwachs der Vertriebsfunktion stellt das Vertriebsmanagement vor zahlreiche Herausforderungen wie zum Beispiel die Realisierung von vorhandenen Produktivitätspotenzialen. Dabei obliegt es dem Vertriebsmanagement im Rahmen der wertorientierten Unternehmensführung durch eine langfristige Ziel- und Maßnahmenplanung eine effiziente Ressourcenallokation sicherzustellen und den eigenen Beitrag zum Unternehmenswert aufzuzeigen. Die Notwendigkeit der Einführung derartiger Prozesse ist ein Indikator dafür, dass der Komplexitätsgrad des Vertriebsmanagements in den vergangenen Jahren deutlich zugenommen hat.

In diesem Zusammenhang kann in der Forschung ein zunehmendes Interesse an vertriebsbezogenen Fragestellungen festgestellt werden. Zahlreiche Arbeiten diskutieren die veränderte Rolle des Vertriebs und haben bereits wesentliche Erkenntnisse zur Bewältigung der neuen Herausforderungen geliefert. Die Entwicklungen in der Vertriebsforschung parallel zu den Veränderungen in der Vertriebspraxis erfordern eine systematische Erfassung und Aufarbeitung des aktuellen Wissensstands im Vertriebsmanagement. Bis dato mangelt es jedoch im deutschsprachigen Raum an einem umfassenden Grundlagenwerk, das die verschiedenen Facetten des Vertriebsmanagements ganzheitlich darstellt und sowohl aus Wissenschafts- als auch aus Wirtschaftsperspektive beleuchtet. Ziel des Handbuches ist es daher, eine umfassende Übersicht über den Stand von Theorie und Praxis im Vertriebsmanagement zu geben. Dazu werden alle wichtigen Themenschwerpunkte durch Spezialisten aus Praxis und Wissenschaft vertieft und anschaulich aufbereitet. Somit bietet das Handbuch Vertriebsmanagement für Forscher eine strukturierte Darstellung des aktuellen Kenntnisstands im Forschungsgebiet und gibt Hinweise auf Ansätze für zukünftige Arbeiten, die für Forschung und Unternehmen von Relevanz sind. Für Praktiker werden zahlreiche Ansatzpunkte und Anregungen zur Implementierung eines professionellen Vertriebsmanagements aufgezeigt.

Basierend auf zentralen organisationalen Managementsystemen, ist das Handbuch Vertriebsmanagement gegliedert in 1) Vertriebsstrategie, 2) Vertriebsführung bzw. –steuerung,

3) Informationsmanagement und 4) Kundenbeziehungsmanagement. Die vier Facetten des Vertriebsmanagements werden ergänzt und konkretisiert durch Erfahrungsberichte aus der Unternehmenspraxis.

Im Abschnitt Vertriebsstrategie werden zunächst die Grundlagen strategischer Aspekte im Vertriebsmanagement dargelegt. Darauf aufbauend werden spezielle Entscheidungsfelder der Vertriebsstrategie wie Vertriebskanäle oder die Preis- und Konditionenstrategie vertiefend diskutiert und deren Stellung im Rahmen eines professionellen Vertriebsmanagements aufgezeigt.

Der Abschnitt Vertriebsführung bzw. –steuerung befasst sich zunächst mit der strukturellen Konfiguration der Vertriebsorganisation. Dabei liegt der Fokus auf der Gestaltung effizienter Prozesse im Vertrieb. Nachfolgend werden Planungs- und Steuerungsprozesse im Vertrieb differenziert vorgestellt und Planungs- und Steuerungsinstrumente zur Anwendung in der Unternehmenspraxis behandelt. Schließlich wird in diesem Abschnitt noch die Bedeutung der Vertriebsführung für den Erfolg der Vertriebsorganisation aufgezeigt. Dazu werden Herausforderungen und Lösungsansätze an der Schnittstelle zwischen Personal- und Vertriebsmanagement beleuchtet.

Im Abschnitt Informationsmanagement im Vertrieb werden ausgewählte Instrumente der Datengenerierung, -speicherung und -analyse diskutiert. Der Schwerpunkt dabei liegt auf EDV-Systemen zur Verwaltung und Analyse von Kundeninformationen, welche kürzlich in der Unternehmenspraxis weite Verbreitung fanden. Im Speziellen befassen sich die Beiträge mit systemgestützten Kundenmanagement, Data Mining und der Kundenanalyse.

Der Abschnitt Kundenbeziehungsmanagement umfasst Instrumente und Prinzipien zur Bindung des Kunden an das Unternehmen. Als Grundvoraussetzung für die Gewinnung loyaler Kunden wird zunächst die Kundenorientierung der Vertriebsmitarbeiter diskutiert. Darüber hinaus sorgt der Paradigmen-Wechsel in der Vertriebspraxis von der Fokussierung auf Neukundenakquise zu langfristiger Kundenbindung für eine verstärkte Einführung von Instrumenten wie Loyalitätsprogrammen oder einem Key Account Management. Diesen zentralen Instrumenten des Kundenbeziehungsmanagement sind zwei weitere Beiträge gewidmet.

Der letzte Abschnitt stellt die Praxis des Vertriebsmanagement in verschiedenen ausgewählten Branchen dar. Dabei verdeutlichen Unternehmensvertreter in Erfahrungsberichten branchenspezifische Besonderheiten und Fragestellungen im Vertriebsmanagement. Darüber hinaus liegt ein Schwerpunkt auf der Beschreibung von „Best Practices" zur Gestaltung eines professionellen Vertriebsmanagements. Im Speziellen behandeln Autoren in diesem Abschnitt das Vertriebsmanagement auf Industriegütermärkten, in der Chemie- und Pharmaindustrie sowie im Energiemarkt.

An dieser Stelle möchten wir uns herzlich bei allen Personen bedanken, die bei der Ausarbeitung des Handbuchs Vertriebsmanagement mitgewirkt haben. Unseren aufrichtigsten Dank möchten wir zunächst den zahlreichen Autoren aus Forschung und Praxis aussprechen, die Zeit und Mühe aufgebracht haben, um einen Beitrag zu diesem Handbuch zu leisten. Ohne ihr Engagement und ohne ihre Bereitschaft ihr Wissen mit den Lesern zu teilen, wäre eine Realisierung des Handbuchs Vertriebsmanagement nicht möglich gewesen. Darüber hinaus gilt besonderer Dank Dipl.-Kfm. Till Haumann und Dipl.-Kfm. Sascha Alavi vom Marketing Department der Ruhr-Universität Bochum für ihre wertvolle Unterstützung bei der Erstellung des Handbuchs. Des Weiteren möchten wir Herrn cand. rer. oec. Basim Saad für sein großes Engagement bei der Erstellung und Bearbeitung des Manuskriptes danken. Anika Kolberg, M. Sc. und Dipl.-Ök. Tobias Weiss sei für ihre Tätigkeit bei der Durchsicht des Manuskriptes gedankt.

Die bisherigen Veränderungen in der Praxis des Vertriebsmanagements sind tiefgreifend und stellen Unternehmen vor vielfältige Herausforderungen durch erhöhte Komplexität. In diesem Zusammenhang ist es eine wesentliche Aufgabe der Vertriebsforschung die dringenden Fragestellungen der Unternehmenspraxis hinsichtlich einer Professionalisierung des Vertriebsmanagements zu adressieren. Ein intensiver Austausch zwischen Wissenschaft und Praxis ist daher erforderlich, um Kernthemen zu identifizieren, denen verstärkte forscherische Aufmerksamkeit zukommen sollte. Die Herausgeber hoffen mit dem Handbuch Vertriebsmanagement, das Praxiserfahrung mit aktuellen theoretischen Erkenntnissen verbindet, Anstoß und Grundlage für diesen Austausch zwischen Unternehmen und Wissenschaft zu geben.

Mannheim und Bochum, im Frühjahr 2011 *Christian Homburg* und *Jan Wieseke*

Inhaltsverzeichnis

Teil 3: Führung und Steuerung im Vertrieb

Teil 4: Informationsmanagement im Vertrieb

Teil 5: Kundenbeziehungsmanagement im Vertrieb

Teil 6: Vertriebsmanagement in der Praxis - Beispiele aus ausgewählten Branchen

Autorenverzeichnis

ARNOLD, ARMIN, Dipl.-Kfm., ist wissenschaftlicher Mitarbeiter und Doktorand am Lehrstuhl für Dienstleistungs- und Technologiemarketing an der Technischen Universität München.

ARTZ, MARTIN, Dr., ist Postdoc am Lehrstuhl für Allgemeine Betriebswirtschaftslehre und Marketing I an der Universität Mannheim.

BACKHAUS, KLAUS, Prof. Dr. Dr. h.c., ist Direktor des Betriebswirtschaftlichen Instituts für Anlagen und Systemtechnologien des Marketing Centrums Münster (MCM) der Westfälischen Wilhelms-Universität Münster.

BELZ, CHRISTIAN, Prof. Dr., ist geschäftsführender Direktor des Instituts für Marketing und Professor für Marketing an der Universität St.Gallen, Mitglied in Verwaltungsräten, Gründer und Herausgeber der Marketing Review St.Gallen (vorher Thexis), Moderator/Referent bei Fachtagungen.

BIELING, GISELA, Dr., ist Referentin für Personalentwicklung bei der CWS-boco Deutschland GmbH.

BORNEMANN, TORSTEN, Dr., ist wissenschaftlicher Assistent und Habilitand am Lehrstuhl für Allgemeine Betriebswirtschaftslehre und Marketing I an der Universität Mannheim.

BRUHN, MANFRED, Prof. Dr., ist Ordinarius für Betriebswirtschaftslehre, insbesondere Marketing und Unternehmensführung, an der Wirtschaftswissenschaftlichen Fakultät der Universität Basel, Schweiz, und Honorarprofessor an der Technischen Universität München.

BUDT, MICHAEL, Dipl.-Kfm., ist wissenschaftlicher Mitarbeiter und Doktorand am Betriebswirtschaftlichen Institut für Anlagen und Systemtechnologien der Westfälischen Wilhelms-Universität Münster.

BUYUN, INNA, Dipl.-Slav., ist wissenschaftliche Mitarbeiterin am Lehrstuhl für Marketing I von Prof. Dr. Markus Voeth an der Universität Hohenheim sowie Doktorandin bei der BASF SE, Deutschland.

CREDO, FRANZISKA, ist Projekt Managerin bei der internationalen Marketing- und Vertriebsberatung Homburg & Partner.

DROLL, MATHIAS, Dr., war wissenschaftlicher Mitarbeiter am Lehrstuhl für Allgemeine Betriebswirtschaftslehre und Marketing I an der Universität Mannheim. Heute arbeitet er als technischer Betriebsleiter bei der Malergeschäft Rinderspacher GmbH.

EGGERT, ANDREAS, Prof. Dr., ist Inhaber des Lehrstuhls für Betriebswirtschaftslehre, insbesondere Marketing, an der Universität Paderborn.

EVANSCHITZKY, HEINER, Prof. Dr., ist Professor für Marketing, Aston University, Birmingham/UK.

FÜRST, ANDREAS, Prof. Dr., ist Inhaber des Lehrstuhls für Betriebswirtschaftslehre, insb. Marketing, an der Friedrich-Alexander-Universität Erlangen-Nürnberg. Er ist außerdem Präsident der Wissenschaftlichen Gesellschaft für Innovatives Marketing e.V. (WiGIM), die sich als Plattform für den Transfer innovativer Ideen zwischen Wissenschaft und Praxis versteht.

GARY, ALEXANDER, Dipl.-Oec., LL.M., ist Wissenschaftlicher Mitarbeiter und Doktorand am Lehrstuhl für Allgemeine Betriebswirtschaftslehre, Controlling und Organisation an der Universität Kassel. Seine Forschungsschwerpunkte liegen in den Bereichen Strategisches Krankenhauscontrolling, Analytische Informationssysteme, Datenschutz- und Wettbewerbsrecht im Customer Relationship Management.

GEDENK, KAREN, Dr., ist Inhaberin des Lehrstuhls für ABWL, insbes. marktorientiertes Medienmanagement an der Universität Hamburg.

HAAS, ALEXANDER, Prof. Dr., ist Professor für Marketing an der Karl-Franzens-Universität Graz.

HEUMANN, CHRISTIAN, Dipl.-Kfm., ist wissenschaftlicher Mitarbeiter und Doktorand am Lehrstuhl für Dienstleistungs- und Technologiemarketing an der Technischen Universität München.

HOMBURG, CHRISTIAN, Prof. Dr. Dr. h.c. mult., ist Inhaber des Lehrstuhls für Allgemeine Betriebswirtschaftslehre und Marketing I an der Universität Mannheim, Direktor des Instituts für Marktorientierte Unternehmensführung (IMU) an der Universität Mannheim und Vorsitzender des wissenschaftlichen Beirats von Homburg & Partner, Mannheim, München und Boston, einer international tätigen Unternehmensberatung.

IVENS, BJÖRN, Prof. Dr., ist Inhaber des Lehrstuhls für Betriebswirtschaftslehre, insbesondere Marketing, an der Otto-Friedrich-Universität Bamberg.

JENSEN, OVE, Prof. Dr., ist Inhaber des Lehrstuhls für Vertriebsmanagement und Business-to-Business Marketing an der WHU – Otto Beisheim School of Management in Vallendar.

KLEINALTENKAMP, MICHAEL, Prof. Dr., ist Inhaber der Professur für Business- und Dienstleistungsmarketing am Marketing-Department der Freien Universität Berlin.

KÖHLER, RICHARD, Prof. Dr. Dr. h.c. Dr. h.c., ist Emeritus am Marketing-Seminar der Universität zu Köln.

KÜHLBORN, SVEN, Dr., ist Geschäftsführer und Partner der internationalen Marketing- und Vertriebsberatung Homburg & Partner. Dort leitet er die Kompetenzzentren Chemicals und Building/Construction.

KUNOLD, ROLF, Dipl.-Math. oec., ist Partner in der internationalen Marketing- und Vertriebsberatung Homburg & Partner. Dort leitet er die Kompetenzzentren Automotive und Industrial Goods/Machinery.

LEIMBACH, MARTIN, Dipl.-Kfm., ist wissenschaftlicher Mitarbeiter und Doktorand am Lehrstuhl für Betriebswirtschaftslehre, insb. Marketing, an der Friedrich-Alexander-Universität Erlangen-Nürnberg.

LINK, JÖRG, Prof. Dr., ist an der Universität Kassel Inhaber des Lehrstuhls für Allgemeine Betriebswirtschaftslehre, Controlling und Organisation; seine Forschungsschwerpunkte liegen im Marketing-Controlling und Customer Relationship Management, insbesondere im Bereich des Database Marketing, Computer Aided Selling, E-Commerce und M-Commerce.

LÜERS, THOMAS, Dr., ist Partner der internationalen Marketing- und Vertriebsberatung Homburg & Partner. Dort leitet er die Kompetenzzentren Energy/Utilities und Transport/Logistics.

MICHAELIS, MANUEL, Dr., ist Geschäftsführender Gesellschafter der acurelis consulting GmbH, Münster.

MÜNSTER, JAN, Dipl.-Oec., ist Doktorand am Lehrstuhl für Allgemeine Betriebswirtschaftslehre, Controlling und Organisation an der Universität Kassel. Seine Forschungsschwerpunkte liegen in den Bereichen Effizienzkontrolle des Controlling und Analytische Informationssysteme.

NEUN, HARALD, Dipl.-Ing., ist wissenschaftlicher Mitarbeiter und Doktorand am Betriebswirtschaftlichen Institut für Anlagen und Systemtechnologien der Westfälischen Wilhelms-Universität Münster.

PRYKOP, CATJA, Dr., Beiersdorf AG, Hamburg, wurde an der Universität St. Gallen promoviert.

RAJAB, THOMAS, Dipl.-Kfm., ist Unternehmensberater in der Financial Institutions Praxisgruppe der Boston Consulting Group, Frankfurt am Main.

SCHÄFER, DANIELA, Dipl.-Kffr., ist wissenschaftliche Mitarbeiterin und Doktorandin am Lehrstuhl für Marketing und Unternehmensführung an der Wirtschaftswissenschaftlichen Fakultät der Universität Basel, Schweiz.

SCHMIDT, STEFFEN, Dipl.-Ök., ist wissenschaftlicher Mitarbeiter und Doktorand am Lehrstuhl für Marketing und Management an der Leibniz Universität Hannover.

SCHMITZ, CHRISTIAN, Prof. Dr., ist Leiter des Kompetenzzentrums für Business-to-Business Marketing am Institut für Marketing und Assistenzprofessor für Marketing an der Universität St. Gallen.

SCHOLL, MICHAEL, Dr., ist Geschäftsführer und Partner der internationalen Marketing- und Vertriebsberatung Homburg & Partner. Dort leitet er das Kompetenzzentrum Healthcare.

STOCK-HOMBURG, RUTH, Prof. Dr., ist Leiterin des Fachgebiets Marketing und Personalmanagement an der Technischen Universität Darmstadt.

TOTZEK, DIRK, Dr., ist Habilitand am Lehrstuhl für Allgemeine Betriebswirtschaftslehre und Marketing I an der Universität Mannheim.

VOETH, MARKUS, Prof. Dr., ist Inhaber des Lehrstuhls für Marketing I am Institut für Marketing und Management der Universität Hohenheim, Deutschland.

VON WANGENHEIM, FLORIAN, Prof. Dr., ist Inhaber des Lehrstuhls für Dienstleistungs- und Technologiemarketing an der Technischen Universität München.

WIEDMANN, KLAUS-PETER, Prof. Dr., ist Inhaber des Lehrstuhls für Marketing und Management an der Leibniz Universität Hannover.

WIESEKE, JAN, Prof. Dr., ist Inhaber des Lehrstuhls für allgemeine Betriebswirtschaftslehre, insbesondere Marketing, an der Ruhr-Universität Bochum.

Teil 1

Vertriebsmanagement im Überblick

1 Professionelles Vertriebsmanagement - Der Status Quo in Forschung und Praxis

Christian Homburg, Jan Wieseke

1 Einleitung

In der Praxis entwickelt sich der Vertrieb zunehmend zu einem entscheidenden strategischen Akteur, der einen maßgeblichen Einfluss auf Kundenwahrnehmung und Unternehmenserfolg ausübt. Gleichzeitig ist der Vertrieb mit großen unternehmensinternen und -externen Herausforderungen konfrontiert. Dieses Spannungsfeld zwischen Bedeutungszuwachs und Problemdruck macht eine Professionalisierung des Vertriebsmanagements für Unternehmen zu einer zwingenden Notwendigkeit.

Parallel hierzu kann in der Forschung ein zunehmendes Interesse an Fragestellungen des Vertriebsmanagements festgestellt werden. Insbesondere die empirische Forschung zu Vertriebsthematiken hat bereits einen großen Beitrag zur Identifikation kritischer Erfolgsfaktoren eines professionellen Vertriebsmanagements geleistet. Dennoch besteht weiterhin gravierender Forschungsbedarf in diesem Feld. Vor dem Hintergrund drängender unternehmensinterner und -externer Herausforderungen ist es kaum verwunderlich, dass Praktiker eine stärkere Unterstützung durch die Wissenschaft fordern (Avlonitis/Panagopoulos 2010).

Im Folgenden werden zunächst in einem kurzen Überblick Herausforderungen des Vertriebsmanagements in der Praxis skizziert (vgl. Abschnitt 2). Darauf aufbauend wird die Bedeutung eines professionellen Vertriebsmanagements für den Unternehmenserfolg diskutiert. Im zweiten Teil dieses einleitenden Kapitels (vgl. Abschnitt 3) geben wir einen schlaglichtartigen Überblick über den aktuellen Stand der Forschung im Vertriebsmanagement und zeigen die dem Handbuch zu Grunde liegende Struktur auf.

2 Herausforderungen des Vertriebsmanagements in der Praxis

2.1 Einflussfaktoren des Professionalisierungsdrucks im Vertriebsmanagement

Eine Reihe von langfristigen Entwicklungen unternehmensinterner und –externer Art verändert nachhaltig die Vertriebspraxis und stellt Vertriebsmanager und –mitarbeiter vor besondere Herausforderungen. Im folgenden Abschnitt sollen die zentralen Faktoren dargestellt werden, die eine Professionalisierung des Vertriebsmanagements erforderlich machen. Abbildung 1.1 zeigt die dargestellten Einflussfaktoren im Überblick.

Unternehmensexterne Faktoren. Ein zentraler Treiber für eine Professionalisierung des Vertriebsmanagements stellt die Volatilität von Kundenansprüchen dar. Präferenzen und Kaufverhalten von Kunden werden, bedingt durch zahlreiche Marktentwicklungen wie Qualitätsangleichungen, erhöhte Transparenz oder globalisierten Wettbewerb, als zunehmend instabil charakterisiert (Jones et al. 2005). Für den Vertrieb manifestieren sich diese tiefgreifenden Veränderungen der Kundenansprüche und des Kundenverhaltens zum Beispiel in zunehmender Einkäuferprofessionalität, globalem Sourcing durch internationale Einkaufskooperationen oder durch zunehmende Komplexität in Vertriebskanälen wegen der Entstehung internetbasierter Vertriebsformen. Zudem steht der Vertrieb einer dauerhaft wachsenden Anspruchshaltung von Kunden gegenüber (Geiger/Guenzi 2009).

Abbildung 1.1 Einflussfaktoren des Professionalisierungsdrucks im Vertriebsmanagement

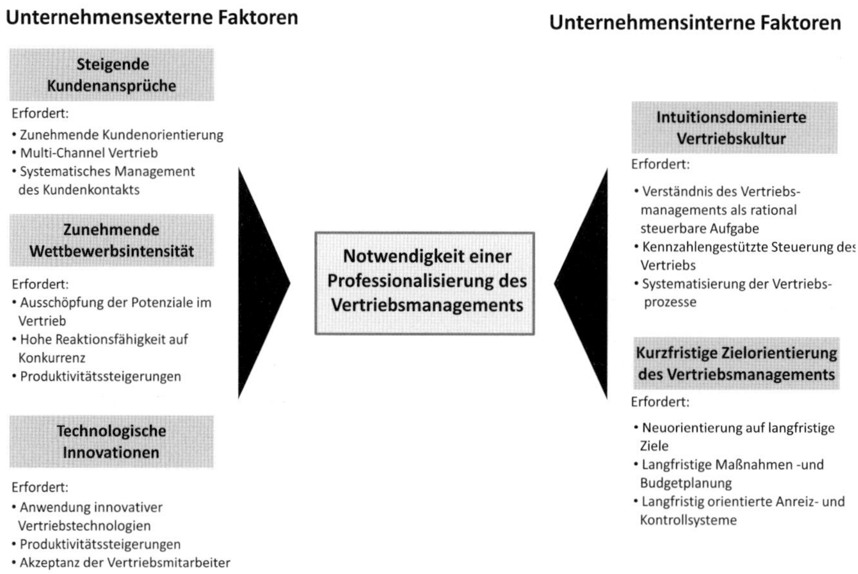

Zur Befriedigung von Kundenansprüchen und -bedürfnissen wird nach wie vor ein kundenorientiertes Vertriebsmanagement als Hauptansatzpunkt gesehen (Homburg/Müller/Klarmann 2011). Kundenorientierung wird dabei als zentrale Voraussetzung für das Erreichen einer langfristigen Kundenzufriedenheit und –loyalität aufgefasst. In Wissenschaft und Praxis gilt es als unbestritten, dass ökonomischer Erfolg maßgeblich von der Orientierung am Kunden bzw. dessen Zufriedenheit abhängt (Kirca et al. 2005).

Um langfristig wettbewerbsfähig zu sein, müssen sich Unternehmen jedoch darüber bewusst werden, dass sich die Zufriedenheit der Kunden im Zeitverlauf auch ins Negative verändern kann, obwohl sich die dargebotene Leistung des Unternehmens über die Zeit hinweg verbessert. In dieser Hinsicht spricht man auch von der „Kundenzufriedenheitsfalle". Sie beschreibt, dass das Anspruchsniveau des Kunden kontinuierlich steigt und somit ein exzellentes Leistungsniveau von heute, morgen schon ungenügend sein kann (Homburg/Schäfer/Schneider 2010). Die Problematik der „Kundenzufriedenheitsfalle" betrifft insbesondere den Vertrieb als zentrales Bindeglied zum Kunden. Dieser erhöhte Leistungsdruck für das Unternehmen im Allgemeinen und für den Vertrieb im Speziellen macht ein systematisches Management des Kundenkontakts zu einem wichtigen Erfolgsfaktor eines professionellen Vertriebsmanagements. Die Erzielung von Identifikation des Kunden mit dem Unternehmen ist in diesem Kontext eine wichtige Aufgabe des Vertriebs und stellt einen potentiellen Ausweg aus der „Kundenzufriedenheitsfalle" dar. Eine zunehmende Identifikation führt zu höherer Kundenloyalität, da der Kunde, unabhängig von funktionalem Nutzen, einen selbstdefinitorischen und emotionalen Nutzen durch die Beziehung zum Unternehmen erhält (Homburg/Wieseke/Hoyer 2009).

Ein weiterer unternehmensexterner Faktor, der eine Entwicklung des Vertriebsmanagements induziert, ist Wettbewerbsdruck. In zahlreichen Märkten sehen sich Unternehmen einem zunehmend starken Konkurrenzkampf ausgesetzt, der Produktivitätssteigerungen zwingend erforderlich macht. Allerdings fokussieren sich die Bemühungen zur Rationalisierung primär auf Unternehmensbereiche wie die interne Leistungserstellung und die Verwaltung. Hingegen lässt sich im Bereich des Vertriebs in der überwiegenden Zahl der Unternehmen noch großes Potential zu Produktivitätssteigerungen erkennen. Hier handeln Unternehmen bisweilen relativ zögernd (Artz 2010).

Neben dem Wettbewerbsdruck wird ein weiterer wichtiger Einflussfaktor von nahezu allen Unternehmen erkannt: die Notwendigkeit der Anwendung innovativer Technologien (Hunter/Perreault 2007). Neue Technologien versprechen ein großes Potential zur Steigerung der Produktivität im Vertrieb. Customer Relationship Management Systeme oder Computer Aided Selling Systeme erleichtern das Informationsmanagement, administrative Aufgaben und Verkaufsaktivitäten (Ahearne/Jones/Rapp 2005). Jedoch sind für Unternehmen mit der Einführung neuer Technologien im Vertrieb neben Chancen, auch zahlreiche Risiken verbunden. So muss die neue Vertriebstechnologie von Mitarbeitern adaptiert werden, was angesichts hoher Ablehnungsraten als nicht selbstverständlich erscheint (Homburg/Wieseke/Kühnl 2010).

Unternehmensinterne Faktoren. Zahlreiche Vertriebsmanager verstehen Verkaufen eher als Kunst, denn als rational zu steuernde Aufgabe (Ledingham/Kovac/Simon 2006). Daher herrscht im Vertrieb häufig noch eine Kultur vor, die Improvisationstalent, Intuition und Bauchgefühl in den Vordergrund stellt (Homburg/Schäfer/Schneider 2010). In diesem Sinne stützen sich Vertriebsmanager zur Erreichung von Umsatzzielen oft auf wenige Spitzenverkäufer, die die Masse der durchschnittlichen Verkäufer im Vertriebsteam kompensieren sollen (Ledingham/Kovac/Simon 2006). Angesichts des großen Wettbewerbsdrucks ist es für Unternehmen jedoch nicht mehr ausreichend, sich nur auf das Überzeugungs- und Beziehungstalent von einigen wenigen Top-Verkäufern zu verlassen. Vor dem Hintergrund steigender Anforderungen an die Leistung des Vertriebs resultiert daraus ein großer Veränderungsdruck. Die überwiegend durch Intuition und Improvisation geprägte Vorgehensweise im Vertriebsmanagement bedarf einer Professionalisierung durch systematische, rational gesteuerte Prozesse (Homburg/Schäfer/Schneider 2010).

Verstärkt wird die Notwendigkeit zur Professionalisierung des Vertriebsmanagements durch die zunehmende Integration des Shareholder Value Konzepts in die Unternehmensziele. Im Rahmen des Shareholder Value Konzepts müssen alle Unternehmensbereiche aufzeigen inwieweit Maßnahmen, Aktionen oder Budgets zu tatsächlichen Cash-Flows führen (Rust et al. 2004). Dies impliziert, dass jeder Unternehmensbereich hinsichtlich seines Beitrags zur Steigerung des gesamten Unternehmenswertes bewertet wird. Die Berechnung des Unternehmenswertes gemäß des Shareholder Value Konzepts erfolgt langfristig und berücksichtigt zukünftige Zahlungsströme (Rappaport 1986). Dies erfordert eine langfristige Ziel- und Maßnahmenplanung jedes Unternehmensbereiches zur Maximierung des eigenen Beitrags zum Unternehmenswert. Die Verschiebung des Fokus von kurzfristigen zu langfristigen Zielen erfordert insbesondere im Vertriebsmanagement eine Umstellung, da Maßnahmen und Ziele im Vertrieb bislang häufig kurzfristig orientiert sind (Cespedes 1994).

Zusammenfassend lässt sich feststellen, dass unternehmensexterne und –interne Faktoren eine Weiterentwicklung des Vertriebsmanagements induzieren. Einerseits wird das Vertriebsmanagement mit steigenden Anforderungen an Leistung und Produktivität durch Wettbewerb und Kunden konfrontiert. Andererseits ist die Vertriebsorganisation häufig in einer intuitionsdominierten Vertriebskultur verhaftet und so den steigenden Leistungsanforderungen nicht gewachsen. Daher besteht im Vertriebsmanagement ein großer Bedarf für eine professionellere und systematischere Vorgehensweise.

2.2 Bedeutung des Vertriebsmanagements für den Unternehmenserfolg

Das Vertriebsmanagement wird als ein wesentlicher Einflussfaktor auf den Erfolg einer Unternehmung angesehen (Krafft/Albers/Lal 2004). In diesem Zusammenhang widmen sich Homburg, Schäfer und Schneider (2010) in einer branchenübergreifenden empirischen Untersuchung der Frage, ob ein professionelles Vertriebsmanagement tatsächlich zu höherem Unternehmenserfolg führt. Sie stellen fest, dass ein professionelles Vertriebsmanagement sowohl die Umsatzrendite und den Markterfolg als auch die Anpassungsfähigkeit eines Unternehmens steigert.

Diese hohe Relevanz des Vertriebs lässt sich auch durch finanzielle Kennzahlen belegen. So investieren Unternehmen etwa 10 % ihrer Gesamtumsätze in den Vertrieb (Heide 1999). Konservative Schätzungen besagen, dass die jährlichen laufenden Vertriebsausgaben in der US-Wirtschaft bei ca. $800 Milliarden liegen (Zoltners/Sinha/Lorimer 2008). Damit übersteigt dieser Betrag die gesamten Werbeausgaben in der US-Wirtschaft um beinahe das Dreifache (Johnson 2006). Die $7,1 Milliarden, die US-Unternehmen jährlich für Weiterbildung von Vertriebsmitarbeitern ausgeben, erscheinen dazu vergleichsweise gering (Leach/Liu 2003). Im Folgenden sollen drei verschiedene Facetten der Bedeutung des Vertriebsmanagements für den Unternehmenserfolg aufgezeigt werden: der Vertrieb (1) als Bindeglied zum Kunden, (2) als Quelle für Marktdaten und (3) als Multiplikator strategischer Initiativen.

(1)Vertrieb als Bindeglied zum Kunden. Die Relevanz des Vertriebsmanagements für den Unternehmenserfolg resultiert im Wesentlichen daraus, dass der Vertrieb das zentrale Bindeglied zwischen Unternehmen und Kunden darstellt (Zoltners/Sinha/Lorimer 2008). Damit trägt der Vertrieb zum einen die Hauptverantwortung für die Umsatzgenerierung (Plouffe/Barclay 2007; Palmatier/Scheer/Steenkamp 2007).

Zum anderen ist der Vertrieb oftmals der einzige Repräsentant des Unternehmens bei Kunden (Hartline/Maxham III/McKee 2000) und wird sogar als Verkörperung des Unternehmens wahrgenommen (Zeithaml/Bitner/Gremler 2009). Daraus resultiert eine weitreichende Verantwortung für die Wahrnehmung des Unternehmens durch den Kunden. Zahlreiche Studien belegen, dass die Wahrnehmung des Vertriebsmitarbeiters die Imagewahrnehmung, die Identifikation und die Zufriedenheit des Kunden mit dem Unternehmen beeinflussen und somit eng mit dem finanziellen Unternehmenserfolg verbunden sind (z. B. Homburg/Wieseke/Hoyer 2009). Die Bedeutung des Vertriebsmitarbeiters für Kundenverhalten wird durch Studien untermauert, die zeigen, dass Kunden oftmals eine stärkere Bindung an Vertriebsmitarbeiter als an das Unternehmen selbst oder dessen Marken haben (Anderson/Robertson 1995; Palmatier/Scheer/Steenkamp 2007).

(2) Vertrieb als Quelle für Marktdaten. Eine zentrale Funktion des Vertriebs, die aus der Rolle als „boundary spanner" resultiert, ist die Generierung von Kunden- und Wettbewerbsinformationen und die Verbreitung dieser Informationen innerhalb des Unternehmens (Totzek/Alavi 2010). Als Nebenprodukt ihrer eigentlichen Hauptaufgabe „im Feld" bereitet diese Art der Informationsgenerierung Unternehmen nur geringe zusätzliche Kosten (Webster 1965). Gleichzeitig hat die tendenziell informelle Informationsbeschaffung durch den Vertrieb einen großen potentiellen Nutzen für Unternehmen, die so Informationen erlangen, die reguläre Marktforschung häufig nicht liefern kann. Beispielsweise könnten Vertriebsmitarbeiter durch ihren engen Kundenkontakt Wissen über zentrale Bedürfnisse der Kunden oder über Projekte der Konkurrenz, deren Konditionen- oder Preisstrategien erlangen. Diese Informationen ermöglichen Unternehmen eine präzise und schnelle Reaktion auf Wettbewerbssignale oder eine Anpassung an Kundenbedürfnisse, was wiederum eng mit dem finanziellen Unternehmenserfolg verbunden ist (Totzek/Alavi 2010).

(3) Vertrieb als Multiplikator strategischer Initiativen. Bedingt durch ein dynamisches Wettbewerbsumfeld werden Unternehmen zunehmend mit der Herausforderung konfrontiert, innovative Strategien zu entwickeln und diese schnell umzusetzen. Die Verantwortung für die tatsächliche Umsetzung innovativer Strategien an der Schnittstelle zum Kunden obliegt primär dem Vertrieb (Cadwallader et al. 2010). So muss der Vertrieb bei Einführung neuer Marken oder innovativer Produkte, diese gegenüber dem Kunden wirksam repräsentieren (Wieseke/Homburg/Lee 2008).

Eine Studie der Harvard Business School bei Fortune 100 Unternehmen identifizierte die mangelhafte Ausführung durch den Vertrieb als wichtigen Faktor für den ausbleibenden Erfolg strategischer Initiativen (Pascale et al. 1997). Insbesondere bei der Einführung von CRM-Systemen stellt der Vertrieb einen Engpaß dar. Hohe Investitionen in neue CRM Applikationen führen häufig nicht zu Produktivitätssteigerungen, da Vertriebsmitarbeiter das neue System ablehnen (Ahearne/Hughes/Schillewaert 2007).

Des Weiteren hat der Vertrieb die erfolgskritische Aufgabe, die Preisstrategie des Unternehmens durchzusetzen. In Preisverhandlungen mit Endkunden oder Distributoren muss es dem Vertriebsmitarbeiter gelingen ein Geschäft abzuschließen, ohne exzessiv Rabatte zu vergeben (Scholl/Totzek 2010). Häufig müssen Vertriebsmitarbeiter jedoch Umsatzziele erfüllen oder sind über den Umsatz incentiviert. Freiheiten in der Preissetzung führen dann oftmals zu hohen Rabatten, um einen Geschäftsabschluss zu erzielen. Abgesehen von starken Gewinneinbußen kann eine hohe Abweichung von Listenpreis und Nettopreis weitreichende, langfristige Folgen für Unternehmen haben. So kann durch die Verwässerung der Preispositionierung eine Erosion der Nettopreise auftreten, die nur schwer aufzuhalten ist und das Preisvertrauen von Endkunden und Distributoren nachhaltig zerstört (Scholl/Totzek 2010).

Zusammenfassend lässt sich festhalten, dass der Vertrieb durch seine singuläre Funktion als Bindeglied zwischen Unternehmen und Markt eine zentrale Rolle für den Unternehmenserfolg hat. Vor diesem Hintergrund ist ein professionelles Vertriebsmanagement unabdingbar für das erfolgreiche Bestehen am Markt. Eine Professionalisierung des Vertriebsmanagements ermöglicht eine optimale, systematische Ausnutzung der Potenziale, die der Vertrieb als Bindeglied zwischen Unternehmen und Kunde, als Quelle für Marktdaten und als Multiplikator für strategische Initiativen bietet.

3 Stand der Forschung zum Vertriebsmanagement

Im Folgenden geben wir zunächst eine allgemeine Beschreibung zum Stand und zur Entwicklung der Forschung zum Vertriebsmanagement (3.1). Im Anschluss adressieren wir den Forschungsstand in vier wesentlichen Forschungsgebieten des Vertriebsmanagements (Vertriebsstrategie, Vertriebsführung, Informationsmanagement und Kundenbeziehungsmanagement), die auch die grundlegende Struktur dieses Handbuchs bilden (3.2.1-3.2.4). Aus diesem Literaturüberblick leiten wir schließlich Ansätze für zukünftige Forschungsarbeiten ab (3.3).

3.1 Allgemeiner Status Quo und Entwicklung der Vertriebsmanagementforschung

Das Journal of Personal Selling and Sales Management (JPSSM) ist das einzige akademische Journal, das sich exklusiv auf vertriebsbezogene Themen fokussiert. Dessen Gründung im Jahre 1980 war ein Meilenstein für die Forschung im Vertriebsmanagement.

Die Forschung im Vertriebsmanagement erlangte seit dieser Zeit einen enormen Bedeutungszuwachs. So stieg die Zahl der Veröffentlichungen, die sich mit vertriebsbezogenen Fragestellungen befassten im Zeitraum von 1980-2002 massiv an (auf über 1200 Artikel in den 15 wichtigsten Marketing Journalen, Williams/Plouffe 2007). Dieser schnelle Fortschritt des Themengebiets und rapide Anstieg der Zahl an Veröffentlichungen ist gleichermaßen ein Indikator dafür, dass das Vertriebsmanagement ein großes Forschungspotenzial bietet – insbesondere vor dem Hintergrund der hohen Komplexität des Forschungsgegenstands (Avlonitis/Panagopoulos 2010; Zoltners/Sinha/Lorimer 2008).

Trotz der gestiegenen Bedeutung gemessen an der Gesamtzahl der Publikationen, scheint das Vertriebsmanagement im Vergleich zu anderen Teilgebieten im Marketing noch immer eine tendenziell untergeordnete Rolle einzunehmen (Avlonitis/Panagopoulos 2010). Seit 1983 befindet sich die Zahl der in A Journalen veröffentlichten Arbeiten mit dem Thema Vertriebsmanagement in stetigem Rückgang. So haben beispielsweise im Zeitraum von 2001-2006 nur noch 4 % der Veröffentlichungen in A-Journalen vertriebsbezogene Themen (von 33 % im Jahre 1983) (Plouffe/Williams/Wachner 2008). Des Weiteren stellen Stremersch, Verniers, und Verhoef (2007) fest, dass nach Veröffentlichung, vertriebsbezogene Arbeiten am seltensten zitiert werden, relativ zu anderen Themengebieten im Marketing. Abbildung 1.2 zeigt die Publikationsentwicklung in der Forschung zum Vertriebsmanagement. Die Darstellung illustriert, dass die Zahl der in A-Journalen veröffentlichten Arbeiten mit vertriebsbezogenem Fokus seit 1983 kontinuierlich gesunken ist, während gleichzeitig die Zahl der vertriebsbezogenen Publikationen in B- und C-Journalen deutlich anstieg. Somit steht der quantitativen Expansion des Forschungsfeldes ein Bedeutungsrückgang in den höchstrangigen Fachzeitschriften gegenüber. Plouffe, Williams und Wachner (2008) führen diese Entwicklung auf drei wesentliche Ursachen zurück: 1) übermäßige Nutzung von Fragebogen- und Querschnittserhebungen relativ zu anderen Marketing Teilgebieten, 2) mangelnde theoretische Fundierung der Arbeiten aufgrund von interdisziplinärer Natur des Forschungsobjektes und 3) vergleichsweise enges Themenspektrum der Arbeiten.

Jedoch scheint dieser für die Vertriebsforschung nachteilige Tatbestand in Änderung begriffen. Es existieren erste Anzeichen, dass vertriebsbezogene Fragestellungen aktuell verstärkt forscherische Aufmerksamkeit erlangen. So fanden kürzlich zahlreiche Konferenzen zu dem Thema Vertriebsmanagement statt (z. B. „Enhancing Sales Force Productivity Conference") und Journale widmen Sonderausgaben diesem Thema (z. B. „Sales and Innovation", Journal of Product Innovation Management 2011). In diesem Zusammenhang wurden eine Fülle von Literatur-Überblicken (z. B. Geiger/Guenzi 2009; Plouffe/Williams/Wachner 2008; Williams/Plouffe 2007; Mantrala et al. 2010) und Metanalysen (zum Beispiel Albers et al. 2010; Franke/Park 2006; Jaramillo et al. 2005; Swan et al. 1999) veröffentlicht, die den Wissensstand der Forschung zum Vertriebsmanagement erfassen und systematisieren und so eine bedeutende Rolle in der Entwicklung dieses Forschungsfelds einnehmen. Die aktuell zunehmende Fokussierung auf vertriebsbezogene Fragestellungen deutet darauf hin, dass die Forschung zum Vertriebsmanagement potentiell auch in hochrangigen Fachzeitschriften an Bedeutung gewinnen könnte.

Abbildung 1.2 **Publikationsentwicklung der Forschung zum Vertriebsmanagement (Quelle: Plouffe/Williams/Wachner 2008)**

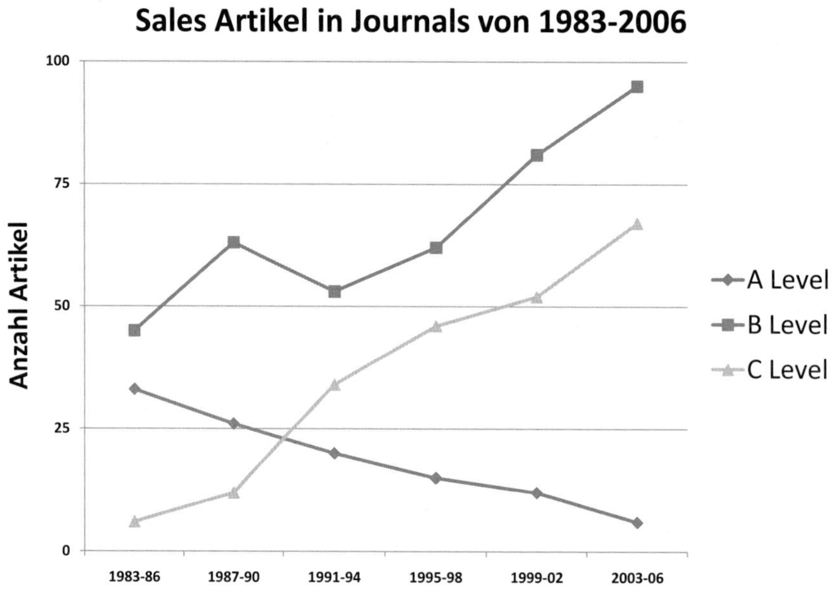

3.2 Der Forschungsstand in wesentlichen Facetten des Vertriebsmanagements

Im Folgenden geben wir einen Überblick über die Forschung zu Vertriebsstrategien (3.2.1), Vertriebsführung (3.2.2), Informationsmanagement (3.2.3) und Kundenbeziehungsmanagement (3.2.4). Abbildung 1.3 zeigt zentrale Arbeiten in diesen Themenfeldern.

Die genannten Forschungsbereiche stellen zentrale, thematische Schwerpunkte in der Forschung zum Vertriebsmanagement dar. Zahlreiche Literaturüberblicke stellen fest, dass sich ein Großteil der Arbeiten in der Vertriebsforschung auf Vertriebsstrategie und Vertriebsführung sowie Informations- und Kundenbeziehungsmanagement konzentriert (z. B. Plouffe/Williams/Wachner 2008; Williams/Plouffe 2007; Geiger/Guenzi 2009). Darüber hinaus weisen Publikationen in diesen Themenfeldern, gemessen an ihrer Zitationshäufigkeit und der Qualität der Journale, einen starken Einfluss auf die Forschung zum Vertriebsmanagement auf (Stremersch/Verniers/Verhoef 2007; Plouffe/Williams/Wachner 2008). Infolgedessen fokussiert sich der folgende Literaturüberblick auf diese wesentlichen Facetten des Vertriebsmanagements. Sie bilden auch den konzeptionellen Bezugsrahmen des vorliegenden Handbuchs.

Abbildung 1.3 Zentrale Arbeiten in verschiedenen Facetten des Vertriebsmanagements

Vertriebsstrategie

(1) Elemente einer Vertriebsstrategie
- Weitz/Sujan/Sujan 1986
- Jap 2001
- Ingram/LaForge/Leigh 2002
- Panagopoulos/Avlonitis 2010

(2) Strategische Integration von Marketing und Vertrieb
- Cespedes 1996
- Rouziès et al. 2005
- Guenzi/Troilo 2007
- Homburg/Jensen 2007
- Le Meunier-FitzHugh/Piercy 2007
- Homburg/Jensen/Krohmer 2008
- Dewsnap/Jobber 2009
- Malshe/Sohi 2009
- Storbacka et al. 2009
- Biemans/Brenčič/Malshe 2010

(3) Durchsetzung der Preisstrategie
- Stephenson/Cron/Frazier 1979
- Schuppar 2006
- Hansen/Joseph/Krafft 2008
- Frenzen et al. 2010
- Totzek/Alavi 2010
- Wilken et al. 2010

(4) Channel Strategien
- Cespedes/Corey 1990
- Moriarty/Moran 1990
- Frazier 1999
- Sa Vinhas/Anderson 2005
- Venkatesan/Kumar/Ravishanker 2007
- Sa Vinhas et al. 2008
- Sa Vinhas et al. 2010

Vertriebsführung

(1) Anreiz- und Kontrollsysteme
- Ouchi 1979
- Anderson/Oliver 1987
- Jaworski 1988
- Jaworski/MacInnis 1989
- Agarwal/Ramaswami 1993
- Oliver/Anderson 1994
- Krafft 1999
- Baldauf/Cravens/Piercy 2005
- Ahearne et al. 2010
- Artz 2010
- DelVeccio 1998
- McNeilly/Lawson 1999
- MacKenzie/Podsakoff/Rich 2001
- Craig/Bush 2006
- Paparoidamis/Guenzi 2009

(2) Führungsstile
- Dansereau/Graen/Haga 1975
- Tyagi 1985
- Podsakoff et al. 1990
- Lagace 1991
- Strutton/Pelton/Lumpkin 1993
- Rich 1997

(3) Vertriebsplanung und –steuerung
- John/Martin 1984
- McKee/Varadarajan/Vassar 1990
- Greenly/Bayus 1994
- Reinecke/Janz 2007
- Homburg et al. 2008

Informationsmanagement

(1) Einflussfaktoren auf Nutzung von Vertriebstechnologien
- Brynjolfsson/Hitt 1998
- Rivers/Dart 1999
- Jones/Sundaram/Chin 2002
- Ahearne/Jelinek/Rapp 2005
- Ahearne et al. 2005
- Schillewaert et al. 2005
- Hunter/Perreault 2006
- Jelinek et al. 2006
- Hunter/Perreault 2007
- Mathieu/Ahearne/Taylor 2007
- Ahearne et al. 2008
- Homburg/Wieseke/Kühnl 2009

(2) Auswirkungen der Einführung von Vertriebstechnologien
- Morgan/Inks 2001
- Speier/Venkatesh 2002
- Rangarajan/Jones/Chin 2005
- Ahearne/Hughes/Schillewaert 2007
- Mathieu/Ahearne/Taylor 2007
- Sundaram et al. 2007
- Ahearne/Jones/Rapp 2008
- Wübben/Wangenheim 2008

Kundenbeziehungsmanagement

(1) Kundenbindung
- Dwyer/Schurr /Oh 1987
- Morgan/Hunt 1994
- Tax/Brown/Chandrashekaran 1998
- Gdenk/Neslin 1999
- Weitz/Bradford 1999
- Bolton/Kannan/Bramlett 2000
- Smith/Bolton 2002
- Verhoef 2003
- Gustafsson/Johnson/Roos 2005
- Homburg/Fürst 2005
- Vogel/Evanschitzky/Ramaseshan 2008
- Homburg/Workman/Jensen 2002
- Workman/Homburg/Jensen 2003
- Arnett/Macy /Wilcox 2005
- Ivens/Pardo 2007
- Guenzi/Georges/Pardo 2009
- Guesalaga/Johnston 2010

(2) Key Account Management
- Millman 1996
- McDonald/Millman/Rogers 1997
- Weeks/Stevens 1997
- Abratt/Kelly 2002

(3) Kundenorientierung im Vertrieb
- Saxe/Weitz 1982
- Cravens et al. 1993
- Schneider/White/Paul 1998
- Flaherty/Dahlstrom/Skinner 1999
- Pettijohn/Pettijohn/Taylor 2002
- Schwepker 2003
- Donavan/Brown/Mowen 2004
- Stock/Hoyer 2005
- Franke/Park 2006
- Haas 2008
- Homburg/Müller/Klarmann 2011

3.2.1 Vertriebsstrategie

Die existierenden Arbeiten zu Vertriebsstrategien in der Forschung zum Vertriebsmanagement lassen sich in vier Themenbereiche gliedern: (1) Elemente einer Vertriebsstrategie, (2) strategische Integration von Marketing und Vertrieb, (3) Durchsetzung der Preisstrategie und (4) Channel Strategien, auf die im Folgenden eingegangen wird. Insgesamt lässt sich konstatieren, dass die vier Themenbereiche hinsichtlich der Intensität der Erforschung sehr heterogen sind. Während Elemente einer Vertriebsstrategie und Durchsetzung der Preisstrategie vergleichsweise wenig untersucht werden, existiert eine Fülle von Arbeiten, die sich mit der Schnittstelle Marketing und Vertrieb befassen.

(1) Elemente einer Vertriebsstrategie. Ziel der Arbeiten in diesem Forschungsfeld ist die Entwicklung eines Bezugsrahmens für Vertriebsstrategien und deren konstitutiven Komponenten. Bislang existiert jedoch keine einheitliche, allgemein anerkannte Definition oder Konzeptualisierung einer Vertriebsstrategie auf organisationaler Ebene (Ingram/LaForge/Leigh 2002). Die Forschung zum Vertriebsmanagement hat Vertriebsstrategien bislang primär auf der individuellen Verkäufer-Ebene betrachtet (z. B. Weitz/Sujan/Sujan 1986), wobei Vertriebsstrategien gemäß dieser Perspektive eher Verkaufstaktiken darstellen. In den letzten Jahren entstand ein Trend, der Vertriebsstrategien von einer rein takti-

schen Komponente auf Verkäufer-Ebene zu einer strategischen Komponente auf Unternehmensebene aufwertete (Panagopoulos/Avlonitis 2010). Gemäß dieser neuen Perspektive steht der Kunde und die Beziehung des Unternehmens zum Kunden im Zentrum der Vertriebsstrategie (Homburg/Schäfer/Schneider 2010; Ingram/LaForge/Leigh 2002, Jap 2001). Eine Vertriebsstrategie bestimmt die Interaktion zwischen dem Unternehmen und den Kunden, indem festgelegt wird, mit welchen Kunden, in welchen Marktsegmenten, über welche Vertriebskanäle und mit welchen Technologien operiert wird (Ingram/LaForge/Leigh 2002). In diesem Sinne entwickeln Panagopoulos und Avlonitis (2010) eine vierdimensionale Konzeptualisierung von Vertriebsstrategien, die Kundensegmentierung, Kundenpriorisierung, kundenbeziehungsorientierte Ziele und Nutzung verschiedener Vertriebskanäle umfasst.

(2) Strategische Integration von Marketing und Vertrieb. Arbeiten in diesem Forschungsbereich untersuchen die Schnittstelle zwischen der Marketing- und Vertriebsabteilung und fordern eine verstärkte Integration der Strategien der beiden Unternehmensbereiche (z. B. Cespedes 1996; Guenzi and Troilo 2007; Rouziès et al. 2005). Zentrale Prämisse dieser Arbeiten ist, dass Vertrieb und Marketing grundsätzlich kongruente Zielsetzungen haben und daher ein großes Potenzial zur Kooperation vorliegt (Dewsnap/Jobber 2009). Gemeinsames Ziel ist die Schaffung und Kommunikation von überlegenem Kundennutzen, der einen strategischen Wettbewerbsvorteil für Unternehmen darstellt sowie die Umsatzgenerierung (Malshe/Sohi 2009).

In der Realität stellen jedoch zahlreiche Arbeiten fest, dass keineswegs eine harmonische konstruktive Zusammenarbeit existiert. Vielmehr ist die Schnittstelle zwischen Marketing und Vertrieb durch Konflikte, Rivalität, Misstrauen und negative Stereotype geprägt (Dewsnap/Jobber 2009). Verschärft werden die interfunktionalen Spannungen dadurch, dass das Marketing häufig produktorientiert arbeitet und eine langfristige Perspektive hat, während der Vertrieb kundenorientiert ist und eine kurzfristige, auf Umsatzziele fokussierte Perspektive einnimmt (Cespedes 1994). Homburg und Jensen (2007) stellen dazu fest, dass Wahrnehmungsdifferenzen von Vertrieb und Marketing im Allgemeinen den Markterfolg eines Unternehmens negativ beeinflussen. In diesem Zusammenhang untersuchen einige Studien die Auswirkungen der strategischen Kooperation zwischen Marketing und Vertrieb auf den Unternehmenserfolg und Faktoren, die eine Kooperation der beiden Funktionen erleichtert (z. B. Le Meunier-FitzHugh/Piercy 2007; Dewsnap/Jobber 2009; Biemans/Brenčič/Malshe 2010; Rouzies et al. 2005).

Der Konflikt an der Schnittstelle zwischen Marketing und Vertrieb wird als hoch problematisch angesehen, da die strategische Funktion des Vertriebs an Bedeutung gewinnt (Ingram/LaForge/Leigh 2002; Malshe/Sohi 2009). Der Vertrieb entwickelt sich zunehmend zu einem autonomen strategischen Akteur, der durch Key Account Management, Strategic Account Management und CRM einen maßgeblichen Einfluss auf den Unternehmenserfolg hat (Guenzi and Troilo 2007; Storbacka et al. 2009; Biemans/Brenčič/Malshe 2010). Hunter und Perreault (2007, S. 16) postulieren gar, dass die strategische Bedeutung des Vertriebs niemals höher war. Die neue Rolle des Vertriebs und der gewonnene Bedeutungszuwachs werden als Argumente angeführt, die eine Integration von Marketing- und Vertriebsstrategien erforderlich machen (Malshe/Sohi 2009).

(3) Durchsetzung der Preisstrategie. Eine wesentliche Aufgabe des Vertriebs ist die wirksame Vertretung der Preispositionierung des Unternehmens gegenüber den Kunden. Vertriebsmitarbeiter unterliegen bezüglich der Preisdurchsetzung beim Kunden jedoch häufig einer Anreizproblematik: Einerseits müssen Vertriebsmitarbeiter einen möglichst hohen Verkaufspreis aushandeln, andererseits basiert die Vergütung der Vertriebsmitarbeiter häufig partiell auf erzieltem Umsatz, was eine Rabatt- und Bonivergabe begünstigt. Aufgrund dieser Anreizproblematik und der damit einhergehenden Gefahr der exzessiven Rabattvergabe ist eine zentrale Frage in diesem Forschungsfeld, inwieweit Preiskompetenz an den Vertrieb delegiert werden sollte (Frenzen et al. 2010).

Existierende Arbeiten zeigen bisher kein eindeutiges Bild, wie die Verteilung von Preisentscheidungskompetenzen generell zu gestalten ist, um eine bessere Preisdurchsetzung zu erreichen. Es finden sich sowohl Arbeiten, die die Zentralisierung der Preiskompetenz im Unternehmen als förderlich für die Preisdurchsetzung sehen (Stephenson/Cron/Frazier 1979; Schuppar 2006), als auch Arbeiten, die eine Delegation der Preiskompetenz an den Vertrieb fordern (Frenzen et al. 2010). So zeigt sich, dass in der Unternehmenspraxis das Ausmaß der Zentralisierung versus Delegation der Preiskompetenz stark schwankt (Hansen/Joseph/Krafft 2008). Vor diesem Hintergrund argumentieren Totzek und Alavi (2010), dass die Verteilung von Preisentscheidungskompetenzen hinsichtlich ihrer Erfolgswirkung im Zusammenspiel mit der Marktorientierung des Preismanagements zu betrachten ist.

(4) Channel Strategien. Entscheidungen bezüglich der Struktur der Vertriebskanäle sind durch langfristige Wirkung und schwere Revidierbarkeit gekennzeichnet und haben daher einen strategischen Charakter (Frazier 1999). Zwei Dimensionen lassen sich hinsichtlich der Gestaltung des Vertriebssystems unterscheiden: die Tiefe und Breite des Vertriebssystems. Die Tiefe des Vertriebssystems beschreibt die Anzahl an Absatzmittlern zwischen Hersteller und Endkunden. Findet die Transaktion unmittelbar zwischen Hersteller und Endkunde statt, so spricht man von direktem Vertrieb. Ist in der Distributionskette mindestens ein Absatzmittler zwischengeschaltet, so spricht man von indirektem Vertrieb. Die Breite eines Vertriebssystems beschreibt die Anzahl verschiedener Kanäle, die genutzt wird, um den Endkunden zu bedienen. In der Praxis ist hier eine zunehmende Dominanz von Mehrkanalsystemen zu beobachten (Sa Vinhas et al. 2010).

Die Forschung im Bereich der Channel Strategien beschäftigt sich in starkem Maße mit Problemen, die mit der Channel-Wahl verbunden sind. So konnte gezeigt werden, dass die Erhöhung der Anzahl verschiedener Vertriebskanäle das Vertriebsmanagement aufgrund erhöhter Komplexität vor verschiedene gravierende Probleme stellt. Dieser Befund fußt auf der Tatsache, dass mit der Erschließung indirekter Vertriebskanäle häufig ein Kontrollverlust verbunden ist, da diese nicht dem eigenen Unternehmen unterstehen (Moriarty/Moran 1990). Darüber hinaus treten indirekte Kanäle häufig in Wettbewerb mit direkten Kanälen. So stellen bisherige Arbeiten fest, dass Wettbewerb zwischen direkten und indirekten Vertriebskanälen schädliche Auswirkungen auf Kundenbeziehungsvariablen hat (Frazier 1999; Sa Vinhas/Anderson 2005). Dagegen zeigt Sa Vinhas et al. (2008), dass das Vorhandensein eines direkten Vertriebskanals in dem Verkaufsgebiet eines indirekten Kanals, die

Zufriedenheit der Kunden mit dem indirekten Vertriebskanal erhöht. In diesem Kontext wurde auch untersucht von welchen Faktoren die Adoption von verschiedenen Vertriebskanälen durch Kunden abhängt. In einer Longitudinalstudie zeigen Venkatesan, Kumar und Ravishanker (2007), dass die Adoption verschiedener Vertriebskanäle eines Unternehmens durch Kunden von der Häufigkeit des Einkaufs, der Frequenz der Kommunikation und der Höhe des erhaltenen Discounts beeinflusst wird. Des Weiteren belegen sie, dass die Adoption verschiedener Vertriebskanäle die Profitabilität pro Kunde erhöht.

3.2.2 Vertriebsführung

Vertriebsführung befasst sich im Allgemeinen mit der Sicherstellung der Motivation und Leistungserbringung der Vertriebsmitarbeiter durch organisatorische Einflüsse wie Führungskräfte, Anreiz- und Kontrollsysteme oder die Unternehmenskultur. Gemeinsam ist den zahlreichen Definitionen von Motivation, dass sie als Beweggrund in Bezug auf ein bestimmtes Ziel aufgefasst wird und damit potentiell einen enormen Einfluss auf das Verhalten von Vertriebsmitarbeitern ausübt (Latham 2007). Churchill et al. (1985) identifizieren in einer Meta-Analyse die Motivation als einen der wichtigsten Einflussfaktoren für den Verkaufserfolg. Von daher ist es wenig verwunderlich, dass sich in der Folgezeit zahlreiche Forschungsarbeiten mit zentralen organisationalen Einflüssen auf die Motivation der Vertriebsmitarbeiter beschäftigt haben. Diese Arbeiten beschäftigen sich im Wesentlichen mit den folgenden drei Bereichen: (1) Anreiz- und Kontrollsysteme, (2) Führungsstile und (3) Vertriebsplanung und -steuerung.

(1) Anreiz- und Kontrollsysteme. Anreiz- und Kontrollsysteme spielen im Vertrieb eine zentrale Rolle, da sie hier relativ zu anderen Unternehmensbereichen einen bedeutenden Anteil der Vergütung bestimmen (Ahearne et al. 2010). Zudem werden sie gerade im Vertrieb als zentrale Werkzeuge zur Steigerung der Produktivität angesehen.

Einer der prominentesten Forschungsäste im Bereich der vertriebsbezogenen Anreiz- und Kontrollsysteme fußt auf der grundlegenden Arbeit von Anderson und Oliver (1987). Sie differenzieren zwischen ergebnisbezogenen und verhaltensbezogenen Anreiz- und Kontrollsystemen. Im ersteren Fall basiert die Vergütung des Vertriebsmitarbeiters auf tangiblen Resultaten, wobei die Intensität der Überwachung eingeschränkt ist. Bei verhaltensbezogenen Anreiz- und Kontrollsystemen dagegen orientiert sich die Vergütung an den Inputs, d.h. den Aktivitäten und Anstrengungen des Vertriebsmitarbeiters. Dabei ist die Intensität der Überwachung und Einflussnahme durch Vorgesetzte tendenziell hoch. In der Praxis liegen häufig Mischformen dieser idealtypischen Ausprägungen vor (Baldauf/Cravens/Piercy 2005). In diesem Zusammenhang wurde gezeigt, dass verhaltensbezogene Anreiz- und Kontrollsysteme einen positiven Effekt auf die Motivation des Vertriebsmitarbeiters haben (Oliver/Anderson 1994). Baldauf, Cravens und Piercy (2005) schlussfolgern, dass ein verhaltensbezogenes Anreiz- und Kontrollsystem positive psychologische (weniger Stress, höhere Job-Zufriedenheit), aktivitätsbezogene (mehr „Smart-Selling") und leistungsbezogene Konsequenzen hat.

Einen weiteren Forschungsschwerpunkt bilden Arbeiten zu Gestaltungsfaktoren von Anreiz- und Kontrollsystemen. Ouchi (1979) stellt dazu grundsätzlich fest, dass Wissen über Arbeitsabläufe und Verfügbarkeit von Ergebnisdokumentationen wesentliche Kriterien für die Auswahl und Vorteilhaftigkeit von Verhaltens- oder Ergebniskontrolle sind. Demnach sollten Vertriebsorganisationen das Verhalten der Vertriebsmitarbeiter kontrollieren, wenn ein ausgeprägtes Wissen über notwendige bzw. erfolgreiche Arbeitsprozesse vorliegt (prozedurales Wissen). Wenn dagegen die Arbeitsergebnisse operationalisierbar sind, empfiehlt Ouchi eine Ergebniskontrolle. Ouchis Erkenntnisse wurden von nachfolgenden Arbeiten empirisch überprüft und bestätigt (Krafft 1999; Jaworski/MacInnis 1989). Agarwal und Ramaswami (1993) stellen dazu fest, dass neben den von Ouchi identifizierten Eigenschaften der Aufgaben auch Erwartungen bezüglich der Mitarbeiter Reaktionen die Auswahl des Anreiz- und Kontrollsystems bestimmen.

(2) Führungsstile. Zahlreiche Theorien der Arbeitsmotivation und Führung wie beispielsweise die Pfad-Ziel Theorie (House 1971), Vrooms VIE Theory (Vroom 1964) oder die Selbstbestimmungstheorie (Deci/Ryan 1990) zeigen, dass Vorgesetzte einen beachtlichen Einfluss auf die Motivation von Mitarbeitern/-innen ausüben können. Beispielsweise belegt Tyagi (1985) in einer grundlegenden Arbeit auf die VIE-Theorie zurückgreifend, dass sich das Verhalten des Vorgesetzten maßgeblich auf die Motivation von Vertriebsmitarbeiter/-innen und konsekutiv auf deren Arbeitsleistung auswirkt. Daher haben sich zahlreiche Studien im Vertriebskontext mit den Auswirkungen des Verhaltens des Vorgesetzten auf Motivation und Leistung des Vertriebsmitarbeiters befasst. Schwerpunktartig wurden in diesem Zusammenhang die Einflüsse von charismatischem im Vergleich zu transaktionalem Führungsstil untersucht. Dabei basiert transaktionale Führung auf Kosten-Nutzen-Überlegungen und ist gekennzeichnet durch einen Austausch von Belohnungen bzw. Bestrafungen zwischen Vertriebsmitarbeiter und Vorgesetztem (Bass 1985). Charismatische Führung dagegen basiert auf einer Veränderung von Einstellungen und Denkmustern. Dabei versucht der Vorgesetzte durch individuelle Ansprache, Inspiration und visionäre Appelle eine Zielkongruenz zwischen Unternehmen und Vertriebsmitarbeiter herzu-stellen (Podsakoff et al. 1990). MacKenzie, Podsakoff und Rich (2001) stellen dazu fest, dass charismatische Führung stärker mit Verkaufserfolg und prosozialen Verhaltensweisen zusammenhängt als der transaktionale Führungsstil. Als zentraler Wirkmechanismus für diesen Zusammenhang wurden das Empowerment und kundenorientiertes Verkaufsverhalten des Vertriebsmitarbeiters identifiziert (Craig/Bush 2006; Paparoidamis/Guenzi 2009).

Ein weiteres Forschungsfeld in diesem Bereich stellt die Forschung zum Vorgesetzten-Mitarbeiter-Austausch im Vertriebsmanagement dar. Sie hat einen wichtigen Beitrag zum Verständnis von Beziehungen in der Führungsdyade geleistet. Statt auf einen allgemeinen Führungsstil fokussiert sich die Forschung zum Vorgesetzten-Mitarbeiter-Austausch (Dansereau/Graen/Haga 1975) auf die Qualität der Beziehung zwischen Vorgesetztem und Vertriebsmitarbeiter (DelVeccio 1998). Arbeiten der Forschung zum Vertriebsmanagement in diesem Kontext haben überwiegend das Ausmaß an Vertrauen zwischen Vertriebsmanager und Vertriebsmitarbeiter untersucht. Empirische Studien finden einen positiven Zusammenhang zwischen Vertrauen und Job-Zufriedenheit, Zufriedenheit mit dem Manager, dem psychologischem Klima und einen negativen Zusammenhang zwischen

Vertrauen und Rollenkonflikt (Lagace 1991; McNeilly/Lawson 1999; Strutton/Pelton/Lumpkin 1993). Weitergehende Arbeiten haben untersucht wie Führungskräfte Vertrauen mit Vertriebsarbeitern aufbauen können. Sie stellen fest, dass eine Vorbildfunktion, faire Leistungsbewertungen durchzuführen und Vertriebsmitarbeiter autonome Entscheidungen treffen lassen wichtige Faktoren zum effektiven Aufbau von Vertrauen darstellen (DelVecchio 1998; McNeilly/Lawson 1999; Rich 1997).

(3) Vertriebsplanung und –steuerung. Vertriebsplanung umfasst eine systematische, zukunftsbezogene Analyse und Festlegung von Vorgaben und Maßnahmen zur zukünftigen Erreichung der Vertriebsziele (Reinecke/Janz 2007). Die Vertriebssteuerung folgt konsekutiv auf die Vertriebsplanung und ist komplementär zu dieser, da im Rahmen der Vertriebssteuerung die zur Zielerreichung notwendige Ressourcenallokation vorgenommen wird. Beispielsweise kann mittels einer zukunftsorientierten Absatz- und Umsatzplanung ein Marktpotenzial erfasst und Zielvorgaben abgeleitet werden. Der Vertriebssteuerung obliegt es die Ressourcenallokation und Marktbearbeitung derart zu gestalten, dass Zielvorgaben effizient erfüllt werden.

Grundsätzlich lassen sich strategische und operative Vertriebsplanung unterscheiden. Erstgenannte bezieht sich auf einen Planungshorizont von mindestens fünf Jahren und beinhaltet häufig Kundensegmentierung, Vertriebskanäle und geographische Märkte. Die operative Vertriebsplanung bezieht sich auf einen Zeitraum von 1-3 Jahren und überträgt die strategische Planung auf kleinere Planungseinheiten. Beispielsweise macht die strategische Planung Vorgaben für die langfristige Umsatzentwicklung in einem Markt, während die operative Planung diese Umsatzziele auf einzelne Filialen und kürzere Zeiträume herunterbricht.

Den Kernfokus der bisherigen Forschung in diesem Bereich bildet die Fragestellung, inwieweit Vertriebsplanung und –steuerung mit wichtigen Unternehmenserfolgsgrößen zusammenhängen. Boyd (1991) untersucht in einer Meta-Analyse den Zusammenhang zwischen strategischer Planung und finanziellem Unternehmenserfolg. Es wird ein moderater positiver Effekt der strategischen Planung auf den finanziellen Erfolg festgestellt. Die Erfolgsauswirkungen der operativen Vertriebsplanung wurden bislang in der Forschung zum Vertrieb dagegen vergleichsweise wenig behandelt (Homburg et al. 2008). Eine Ausnahme bildet die Arbeit von Homburg und Kollegen (2008), die in einer umfassenden Studie Einfluss- und Kontextfaktoren sowie Erfolgsauswirkungen der operativen Vertriebsplanung untersuchen. Sie zeigen, dass Planungserfolg maßgeblich abhängt von Interaktion und Formalisierung der Planungsprozesse, Qualität und Marktorientierung des Planinhaltes sowie Integration in Unternehmensplanung und Anreizsysteme. Darüber hinaus wird der positive Effekt des Planungserfolgs auf finanziellen Erfolg und Markterfolg belegt.

3.2.3 Informationsmanagement

Das Informationsmanagement im Vertrieb ist angesichts einer überwältigenden Datenflut untrennbar mit Informationstechnologien verbunden (Crittenden et al. 2010). Informationstechnologien im Vertrieb umfassen primär CRM und Computer Aided Selling (CAS)

Systeme, die zur Datengenerierung, -aggregation, -analyse oder -verteilung genutzt werden. Sie sollen Vertriebsmitarbeiter bei ihren administrativen Aufgaben und Verkaufsaktivitäten unterstützen, um dadurch höheren Verkaufserfolg und schließlich Unternehmenserfolg zu erzielen (Morgan/Inks 2001; Homburg/Wieseke/Kühnl 2010). Tatsächlich herrscht in der Praxis die Meinung vor, dass die Nutzung von Informationstechnologien im Vertrieb einen zentralen Erfolgsfaktor für Umsatzwachstum und Profitabilität darstellt (Ahearne et al. 2008). Daher tätigen Unternehmen hohe Investitionen in die Ausstattung des Vertriebs mit Informationstechnologien, die sich auf bis zu $18.000 pro Vertriebsmitarbeiter belaufen können (Ahearne/Jelinek/Rapp 2005). Studien zeigen jedoch, dass zwischen 55 % und 75 % aller Einführungen von Informationstechnologien im Vertrieb scheitern (Rivers/Dart 1999), so dass Forscher die Einführung solcher Vertriebstechnologien bereits als „Minenfeld" beschrieben haben (Speier/Venkatesh 2002). Dieses Phänomen, das von Brynjolfsson/Hitt (1998, S. 49) als „IT-Produktivitäts Paradoxon" bezeichnet wurde, ist für viele Forscher Anlass sich mit diesem Thema zu befassen. Arbeiten in diesem Forschungsbereich lassen sich einteilen in (1) Studien, die sich auf Einflussfaktoren der Nutzung von Informationstechnologie fokussieren und (2) Studien, die sich mit Auswirkungen der Einführung von Informationstechnologien im Vertrieb befassen.

(1) Einflussfaktoren auf die Nutzung von Vertriebstechnologien. Arbeiten in diesem Forschungsbereich haben sich schwerpunktmäßig mit Eigenschaften der Informationstechnologien auseinandergesetzt wie zum Beispiel der Nützlichkeit der Anwendung, Einfachheit der Anwendung oder Kompatibilität mit dem bestehendem System (Schillewaert et al. 2005; Ahearne et al. 2005; Jelinek et al. 2006; Jones/Sundaram/Chin 2002) sowie mit organisationalen Faktoren wie zum Beispiel der Bereitstellung von Schulungen und Unterstützung (Hunter/Perreault 2006) oder Führungsstilen (Mathieu/Ahearne/Taylor 2007). Auch die Billigung der Vertriebstechnologie durch Kunden und Mitarbeiter wurde als wichtiger sozialer Einflussfaktor auf die Technologie-Adoption identifiziert (Schillewaert et al. 2005; Hunter/Perreault 2007). In diesem Zusammenhang stellen Homburg, Wieseke und Kühnl (2010) fest, dass soziales Lernen durch die Imitation von Vorgesetzten und Kollegen die Nutzung der Informationstechnologie durch Vertriebsmitarbeiter begünstigt.

(2) Auswirkungen der Einführung von Vertriebstechnologien. Die Auswirkungen der Einführung von Informationstechnologien im Vertrieb sind ambivalent. Einerseits belegen Studien, dass die Nutzung von Vertriebstechnologien den Verkaufserfolg, den Beziehungserfolg beim Kunden und den Erfolg bei administrativen Tätigkeiten steigert (Sundaram et al. 2007; Ahearne/Hughes/Schillewaert 2007; Ahearne/Jones/Rapp 2008; Mathieu/Ahearne/Taylor 2007). Andere Arbeiten zeigen jedoch, dass die Einführung von Vertriebstechnologien bei Vertriebsmitarbeitern zu erhöhtem Stress, niedrigerer Zufriedenheit mit dem Job, niedrigerer Bindung an das Unternehmen und erhöhter Fluktuation führt. Diese Faktoren wirken sich wiederum negativ auf den Verkaufserfolg aus (Speier/Venkatesh 2002; Rangarajan/Jones/Chin 2005). Bislang wurden diese ambivalenten Auswirkungen in der Vertriebsforschung noch nicht integrativ untersucht.

3.2.4 Kundenbeziehungsmanagement

Unternehmen versuchen zunehmend mit Kunden langfristige Beziehungen einzugehen und diese weiterzuentwickeln (Weitz/Bradford 1999). Dieser Trend ist Ausdruck eines fundamentalen Paradigmen-Wechsels in der Marketing-Praxis von der Orientierung auf einzelne Transaktionen hin zu langfristigen Geschäftsbeziehungen (Morgan/Hunt 1994). Das zentrale Ziel des Relationship Marketing Paradigmas, das von Dwyer, Schurr und Oh (1987) begründet und von Morgan und Hunt (1994) weiterentwickelt wurde, ist die langfristige Bindung des Kunden an das Unternehmen.

Im Folgenden soll auf drei zentrale Facetten des Kundenbeziehungsmanagements, die in der Forschung zum Vertriebsmanagement schwerpunktartig untersucht werden, detaillierter eingegangen werden: (1) Kundenbindung, (2) Key Account Management und (3) Kundenorientierung des Vertriebs.

(1) Kundenbindung. Im Fokus dieser Forschungsrichtung stehen primär Faktoren, die zur Bindung eines Kunden an ein Unternehmen führen sowie die Erfolgsauswirkungen der Kundenbindung. Dazu zeigt eine Meta-Analyse von Palmatier und Kollegen (2006), dass Unternehmensinvestitionen in Kundenbindung einen starken direkten Effekt auf objektiv gemessenen Unternehmenserfolg haben. Als Grundvoraussetzung für eine Kundenbindung wird die Zufriedenheit des Kunden mit den Leistungen des Unternehmens angesehen (Homburg/Schäfer/Schneider 2010). Darüber hinaus wurden affektives und kalkulatives Commitment als weitere zentrale Determinanten der Kundenbindung identifiziert (Johnson et al. 2001). Kalkulatives Commitment beschreibt eine Abhängigkeit vom Unternehmen, die aus Kosten-Nutzen Aspekten resultiert, während affektives Commitment eine emotionale Abhängigkeit darstellt, die beispielsweise aus der Identifikation mit dem Vertriebspersonal resultiert (Gustafsson/Johnson/Roos 2005). In diesem Zusammenhang stellen zahlreiche Arbeiten einen positiven Einfluss von Kundenloyalitätsprogrammen wie beispielsweise Treuepunkte, Kundenkarten oder Kundenclubs auf die Kundenbindung fest (Verhoef 2003, Bolton, Kannan Bramlett 2000, Bolton 1998, Lewis 2004). Auch dem Beschwerdemanagement wird ein wesentlicher Einfluss auf die Kundenbindung zugeschrieben (Tax/Brown/Chandrashekaran 1998, Smith/Bolton 2002).

(2) Key Account Management (KAM). Key Accounts sind Kunden, die für Unternehmen eine große strategische Bedeutung haben und mit denen daher eine langfristige Beziehung etabliert werden soll (McDonald/Millman/Rogers 1997). Während KAM bis zur Jahrtausendwende nur geringe forscherische Beachtung fand (Millman 1996), hat sich das Themengebiet seitdem zu einem breiten Forschungsstrom entwickelt (Guesalaga/Johnston 2010 für eine Übersicht). Da sich KAM auf Business-to-Business Geschäftsbeziehungen fokussiert, ist der Großteil der Arbeiten in Journalen mit Industriegütermarketing Schwerpunkt erschienen (z. B. Industrial Marketing Management), während KAM in allgemeinen Marketing Journalen nur eine untergeordnete Rolle spielt.

In diesem Rahmen haben sich Forscher mit grundsätzlichen Komponenten und Erfolgsfaktoren des KAM beschäftigt. So umfasst nach Homburg, Workman und Jensen (2002) das

KAM Konzept die Dimensionen Aktivitäten, Akteure, Ressourcen und Grad der Formalisierung. Als wichtige Voraussetzungen für ein effektives KAM wurden proaktives Verhalten gegenüber den Key Accounts und Verfügbarkeit von zentralen Ressourcen für den Key Account Manager identifiziert (Workman/Homburg/Jensen 2003). Auch das Wissen, die Fähigkeiten und das Verhalten des Key Account Managers werden als wichtige Determinanten eines effektiven KAM angesehen (Abratt/Kelly 2002; Weeks/Stevens 1997). So steigern kundenorientierte Verhaltensweisen des Key Account Managers das relationale Vertrauen des Key Accounts (Guenzi/Georges/Pardo 2009). Weitere wichtige Erfolgsfaktoren des KAM beziehen sich auf das Vertriebsteam (Jones et al. 2005). So stellen Arnett, Macy und Wilcox (2005) fest, dass ein „Core Selling Team", das sich ausschließlich auf einen Key Account konzentriert mit diesem Kunden den Umsatz steigert und die Bindung festigt. Darüber hinaus sind der Teamgeist und die Kultur im „Core Selling Team" als Einflussfaktoren auf die Effektivität des KAM identifiziert worden (Workman/Homburg/Jensen 2003; Abratt/Kelly 2002). Hinsichtlich der Auswirkungen eines KAM lässt sich zusammenfassen, dass diese Vertriebsstrategie zu engeren, vertrauensvolleren Beziehungen zu Kunden führt und somit eine indirekt positive Auswirkung auf den finanziellen Unternehmenserfolg hat.

(3) Kundenorientierung im Vertrieb. Kundenorientiertes Verkaufen kann als die Ausübung des Marketing-Konzepts auf der individuellen Ebene aufgefasst werden (Saxe/Weitz 1982). Demnach ist Kundenorientierung eine sich in der Kundeninteraktion manifestierende Absicht von Mitarbeitern, die Bedürfnisse der Kunden zu befriedigen (Donavan/ Brown/ Mowen 2004). Aufgrund der außerordentlichen Bedeutung für den Erfolg von Kunden-Verkäufer-Interaktionen stellen Arbeiten zur Kundenorientierung einen Schwerpunkt in der Vertriebsforschung dar (in Übersicht Franke/Park 2006; Haas 2008; Schwepker 2003).

Prinzipiell lässt sich das Forschungsfeld in Arbeiten zu Determinanten und Arbeiten zu Auswirkungen der Kundenorientierung gliedern. Hinsichtlich der Determinanten wurde der Einfluss individueller Faktoren wie Fähigkeiten, Motivation (Pettijohn/Pettijohn/Taylor 2002), Rollenwahrnehmung (Flaherty/Dahlstrom/Skinner 1999), Organizational Commitment und Job-Zufriedenheit (Stock/Hoyer 2002) auf die Kundenorientierung des Vertriebsmitarbeiters untersucht. In Bezug auf organisationale Determinanten der Kundenorientierung wurden die Marktorientierung des Unternehmens (Schneider/White/Paul 1998), Führungsstile (Stock/Hoyer 2002), Vergütungs- und Kontrollsysteme (Cravens et al. 1993) und Formalisierung durch Regeln (Bettencourt/Brown/MacKenzie 2005) erforscht.

Hinsichtlich der Erfolgsauswirkungen der Kundenorientierung des Vertriebsmitarbeiters dominierte lange Zeit die Meinung, dass Kundenorientierung einen starken positiven Effekt auf den Verkaufserfolg habe. Diese Annahme wurde jedoch von Franke und Park (2006) in einer Meta-Analyse widerlegt. Sie zeigten, dass Kundenorientierung nur mit subjektivem Verkaufserfolg (d.h. durch den Vertriebsmitarbeiter bewertet) signifikant zusammenhängt, nicht aber mit objektivem (z. B. Umsatz) oder mit von Vorgesetzten bewertetem Verkaufserfolg signifikant verbunden ist. In diesem Zusammenhang zeigen Jaramillo und Grisaffe (2009) in einer Longitudinalstudie, dass sich Kundenorientierung des Vertriebsmitarbeiters nicht kurzfristig auf den objektiven Verkaufserfolg auswirkt, sondern seine

Wirkung auf den objektiven Verkaufserfolg langfristig entfaltet. Einen wichtigen Beitrag zu diesem Forschungsfeld leisten Homburg, Müller und Klarmann (2011), indem sie aufzeigen, dass ein optimales Level der Kundenorientierung existiert, dass von verschiedenen Kontextfaktoren abhängt.

3.3 Ansätze für zukünftige Forschung im Vertriebsmanagement

Zahlreiche Forscher stellen fest, dass die Forschung zum Vertriebsmanagement in einigen Bereichen noch keine Antworten auf dringende Fragestellungen der Praxis bietet (Albers/Krafft/Mantrala 2010; Zoltners/Sinha/Lorimer 2008; Williams/Plouffe 2007; Geiger/Guenzi 2009). Daraus ergeben sich wesentliche Ansatzpunkte für die zukünftige Vertriebsforschung. Im Folgenden soll daher ein kurzer Überblick über ausgewählte Bereiche, in denen weiterführende Forschungsarbeiten von großem Nutzen wären, gegeben werden. Tabelle 1.1 fasst diese Bereiche überblicksartig zusammen. Die Auswahl fußt auf häufig genannten Vorschlägen, die Vertriebsforscher für zukünftige Forschungsbemühungen machen.

Tabelle 1.1 Ansätze für zukünftige Forschung im Vertriebsmanagement

Vertriebsstrategie	• Gestaltungsfaktoren der Integration von Marketing und Vertrieb • Strategien der Preisdurchsetzung • Delegation von Preiskompetenz an den Vertrieb
Vertriebsführung	• Vergütungssysteme • Effiziente Ressourcenallokation • Budgetierung • Sales-Response Funktionen
Informationsmanagement	• Auswirkungen der neuen sozialen Medien • Integrative Perspektive auf positive und negative Auswirkungen der Einführung von Vertriebstechnologien
Kundenbindungsmanagement	• Gestaltungsfaktoren der Implementation eines KAM • Bedingungen für die Einführung eines KAM
Methodische Gesichtspunkte	• Studien mit Längsschnittdesign • Multiple Informant Ansätze • Mehrebenen-Untersuchungen

Hinsichtlich der Vertriebsstrategie wird eine verstärkte Erforschung der Integration von Marketing und Vertriebsabteilung gefordert (z. B. Geiger/Guenzi 2009; Mantrala et al. 2008). Vertriebs- und Marketingabteilungen sind häufig noch im „Schornstein-Denken" verhaftet, so dass wertvolles Synergie- und Kooperationspotenzial verloren geht.

Bezüglich der Vertriebsführung wird eine verstärkte Untersuchung von Vergütungssystemen gefordert (Mantrala et al. 2010; Zoltners/Sinha/Lorimer 2008; Geiger Guenzi 2009). Das gilt insbesondere für das Themengebiet der Vergütung von Vertriebsteams, da Vertriebsteams eine zunehmend dominante Rolle im Vertriebskontext einnehmen. Des Weiteren wird in diesem Bereich die intensivere Erforschung von effizienten Ressourcenallokationen im Vertrieb gefordert (Mantrala et al. 2010; Geiger/Guenzi 2009; Williams/Plouffe 2007). In diesem Zusammenhang hat beispielsweise die Ermittlung von Sales-Response Funktionen (Umsatz als Funktion von Inputs der Vertriebsmitarbeiter) für Vertriebsmanager eine zentrale Bedeutung.

Hinsichtlich Informationstechnologien ist eine Erforschung der neuen sozialen Medien wie beispielsweise sozialer Netzwerke im Vertriebskontext notwendig (Avlonitis/Panagopoulos 2010). Zum Beispiel untersuchen Berthon und Kollegen (2010) in einer aktuellen Veröffentlichung die Rolle des Verkäufers und des virtuellen Verkaufens in Second Life, dem weltweit meist genutzten Onlinespiel.

In Bezug auf das Kundenbeziehungsmanagement sollte der organisatorischen Einführung und Umsetzung des KAMs eine zentrale Priorität eingeräumt werden (Wengler/Ehret/Saab 2006). Dabei wird eine verstärkte Erforschung des Einführungsprozesses und der Kriterien, die ein KAM nötig machen gefordert.

Unter methodischen Gesichtspunkten weist die Forschung zum Vertriebsmanagement einige Restriktionen auf, die aber gleichzeitig Ansätze für zukünftige Forschungsarbeiten darstellen. Zunächst ist in diesem Zusammenhang die Dominanz von Querschnittserhebungen zu nennen, das heißt die Datenerhebung nur zu einem Zeitpunkt. Nur 2,3 % der Studien in einem umfassenden Literaturüberblick von Plouffe, Williams und Wachner (2008) verwenden ein Längsschnittdesign unter Durchführung mehrerer Erhebungen zu verschiedenen Zeitpunkten. Da Longitudinalstudien eine Untersuchung von langfristigen Entwicklungen ermöglichen, die in diesem Kontext potentiell Relevanz besitzen, ist ein zunehmender Anteil derartiger Studien wünschenswert.

Darüber hinaus stellen Plouffe, Williams und Wachner (2008) fest, dass nur etwa 10 % der Arbeiten in ihrem Literaturüberblick Daten von mehreren Informanten beziehen, die sich verknüpfen lassen. Dies hat zum einen Auswirkungen auf Datenqualität durch Verzerrungen wie soziale Erwünschtheit und zum anderen schließt es eine Mehrebenen-Untersuchung aus, obwohl eine derartige Analyse besonders im Vertriebskontext höchst angebracht ist. Die valide Untersuchung von Variablen und Zusammenhängen zwischen Vertriebsmanager-Ebene, Vertriebsmitarbeiter-Ebene und Kunden-Ebene erfordert ein Mehrebenen Studiendesign, für das Daten mehrerer Informanten unverzichtbar sind.

3.4 Aufbau des Handbuchs

Ziel dieses Handbuchs ist es einen möglichst umfassenden Überblick über die verschiedenen Aspekte des Vertriebsmanagements sowie Anregungen sowohl für die Forschung als auch für die Implementierung eines systematischen Vertriebsmanagements in der Praxis zu geben. Um die Nutzung des Handbuchs zu erleichtern, werden der Aufbau und die Einordnung der einzelnen Beiträge innerhalb der gewählten Systematik kurz erläutert. Im ersten Teil des Handbuchs -also im Einführungsteil- erfolgt eine überblicksartige Auseinandersetzung mit den Grundlagen des Vertriebsmanagements und dem aktuellen Forschungsstand. Darauf aufbauend wird in Teil II das Thema der Vertriebsstrategien ausführlicher betrachtet. Dazu behandeln Arbeiten die Konfiguration des Vertriebssystems, die Kundenpriorisierung, Preisstrategien und internationales Vertriebsmanagement. Auf dieser Grundlage werden in Teil III verschiedene Facetten der Strukturen und Prozesse der Vertriebsführung dargestellt. Im Speziellen befassen sich die Arbeiten in diesem Teil mit Planung, Steuerung und Organisation des Vertriebs, sowie Anreiz- und Vergütungssystemen und dem Personalmanagement im Vertrieb.

In Teil IV folgt die Betrachtung von ausgewählten Instrumenten des Informationsmanagements. Dargestellt werden in diesem Zusammenhang Data Mining, Kundenanalyse und systemgestütztes Kundenmanagement. Teil V beschäftigt sich darauf aufbauend mit der Implementierung des Kundenbeziehungsmanagements, wobei zentrale Konzepte des Vertriebsmanagements wie Kundenorientierung, Kundenbindung und Key Account Management im Fokus stehen. Das Handbuch wird durch eine Vielzahl von Erfahrungsberichten aus der Unternehmenspraxis erweitert und vertieft, die in Teil VI abschließend zusammengestellt sind. Hierbei befassen sich Arbeiten mit dem Vertriebsmanagement in Industriegüterunternehmen, in der Chemie- und Pharmabranche und dem Energiemarkt. Abbildung 1.4 zeigt den Aufbau des Handbuches und die Einzelbeiträge im Überblick.

Abbildung 1.4 Aufbau und Inhalt des Handbuchs Vertriebsmanagement

Erster Teil **Einführung** Professionelles Vertriebsmanagement – Der Status Quo in Forschung und Praxis	
Zweiter Teil **Vertriebsstrategie** • Strategisches Vertriebsmanagement im Überblick • Vertriebswege • Multichannel Strategien: Eine Betrachtung zentraler Einflussfaktoren und Entscheidungsfelder • Kundenpriorisierung in der Marktbearbeitung: Erfolgswirkung und Erfolgsfaktoren der Umsetzung • Strategische Aspekte des Pricings im Vertrieb • Rabatte im Vertrieb: Promotion-Rabatte für den Handel • Internationales Vertriebsmanagement • Komplexität im Vertrieb	Dritter Teil **Vertriebsführung** • Vertriebsorganisation • Planung und Steuerung im Vertrieb • Vertriebscontrolling • Personalmanagement im Vertrieb: Herausforderungen und Lösungsansätze • Anreiz- und Vergütungssysteme im Vertrieb
Vierter Teil **Informationsmanagement** • Systemgestütztes Kundenmanagement (CRM) • Data-Mining im Vertriebsmanagement • Kundenanalyse	Fünfter Teil **Kundenbindungsmanagement** • Kundenorientierung im Vertrieb • Kundenbindungsprogramme • Verkäuferpersönlichkeit als Garant zufriedener Kunden im Vertrieb • Key Account Management
Sechster Teil **Vertriebsmanagement in der Praxis** • Industriegütervertrieb • Professionelles Vertriebsmanagement in der chemischen Industrie • Arzneimittelvertrieb. Warum Vertriebsmanagement für Pharmaunternehmen so „besonders" ist • Vertriebsmanagement im Energiemarkt – Besonderheiten, Herausforderungen und Chancen	

Literaturverzeichnis

Abratt, R./Kelly, P.M. (2002). Customer-Supplier Partnerships Perceptions of a Successful Key Account Management Program, in: Industrial Marketing Management, 31. Jg., S. 467–476.

Agarwal, S./Ramaswami, S.N. (1993): Affective Organizational Commitment of Salespeople: An Expanded Model, in: Journal of Personal Selling and Sales Management, 13. Jg., S. 49-70.

Ahearne, M./Hughes, D.E./Schillewaert, N. (2007): Why Sales Reps Should Welcome Information Technology: Measuring the Impact of CRM-Based IT on Sales Effectiveness, in: International Journal of Research in Marketing, 24. Jg., Nr. 4, S. 336-349.

Ahearne, M./Jelinek, R./Rapp, A. (2005): Moving Beyond the Direct Effect of SFA Adoption on Salesperson Performance: Training and Support as Key Moderating Factors, in: Industrial Marketing Management, 34. Jg., Nr. 4, S. 379-388.

Ahearne, M./Jones, E./Rapp, A./Mathieu, J. (2008): High Touch through High Tech: The Impact of Salesperson Technology Usage on Sales Performance via Mediating Mechanisms, in: Management Science, 54. Jg., Nr. 4, S. 671-685.

Ahearne, M./Rapp, A./ Hughes, E.D./Jindal, R. (2010): Managing Sales Force Product Perceptions and Control Systems in the Success of New Product Introductions, in: Journal of Marketing Research, XLVII. Jg., S. 764-776.

Albers, S./Krafft, M./Mantrala, M. (2010): Special Section on Enhancing Sales Force Productivity, in: International Journal of Research in Marketing, 27. Jg., S. 44-45.

Anderson, E./Oliver, R.L. (1987): Perspectives on Behavior-Based Versus Outcome-Based Salesforce Control Systems, in: Journal of Marketing, 51. Jg., (October), S. 76–88.

Anderson, E./Robertson, T.S. (1995): Inducing Multiline Salespeople to Adopt House Brands, in: Journal of Marketing, Jg. 59, S. 16–31.

Arnett, D.B./Macy, B.A./Wilcox, J.B. (2005): The Role of Core Selling Teams in Supplier–Buyer Relationships, in: Journal of Personal Selling & Sales Management, XXV. Jg., Nr. 1, S. 27-42.

Artz, M. (2010): Controlling in Marketing und Vertrieb – Planung, Budgetierung und Performance Measurement, Gabler, Wiesbaden.

Avlonitis, G.J./Panagopoulos, N.G. (2010): Selling and Sales Management: An Introduction to the Special Section and Recommendations on Advancing the Sales Research Agenda, in: Industrial Marketing Management, forthcoming.

Baldauf, A./Cravens, D.W./Piercy, N.F. (2005): Sales Management Control Research-Synthesis and an Agenda for Further Research, in: Journal of Personal Selling & Sales Management, XXV. Jg., Nr. 1, S. 7-26.

Bass, B.N. (1985): Leadership and Performance Beyond Expectations, New York: Free Press.

Berthon, P./Pitt, L./Halvorson, W./Ewing, M./Crittenden, V.L. (2010): Advocating Avatars: The Salesperson in Second Life, in: Journal of Personal Selling & Sales Management, XXX. Jg., Nr. 3, S.195-208.

Bettencourt, L.A./Brown, S.W./MacKenzie, S.B. (2005): Customer-Oriented Boundary-Spanning Behaviors: Test of a Social Exchange Model of Antecedents, in: Journal of Retailing, 81. Jg., Nr. 2, S. 141-157.

Biemans, W.G./Brenčič, M./Malshe, A. (2010): Marketing–Sales Interface Configurations in B2B Firms, in: Industrial Marketing Management, 39. Jg., Nr. 2, S. 183-194.

Bolton, R.N. (1998): A Dynamic Model of the Duration of the Customer's Relationship with a Continuous Service Provider: The Role of Satisfaction, in: Marketing Science, 17. Jg., Nr. 1, S. 45-65.

Bolton, R.N./Kannan, P.R./Bramlett, M.D. (2000): Implications of Loyalty Program Membership and Service Experiences for Customer Retention and Value, in: Journal of the Academy of Marketing Science, 28. Jg., Nr. 1, S. 95-108.

Boyd, K.B. (1991): Strategic Planning and Financial Performance: A Meta-Analytic Review, in: Journal of Management Studies, 28. Jg., S. 353–374.

Brynjolfsson, E./Hitt, L.M. (1998): Beyond the Productivity Paradox, in: Communications of the ACM, 41. Jg., Nr. 8, S. 49-55.

Cadwallader, S./Jarvis, C.B./Bitner, M.J./Ostrom, A.L. (2010): Frontline Employee Motivation to Participate in Service Innovation Implementation, in: Journal of the Academy of Marketing Science, 38. Jg., Nr. 2, S. 219-239.

Carter, R.E./Dixon, A.L./Moncrief, W.C. (2008): The Complexities of Sales and Sales Management Research: A Historical Analysis from 1990 to 2005, in: Journal of Personal Selling & Sales Management, XXVIII. Jg., Nr. 4, S. 403-419.

Cespedes, F.V/Corey, E.R. (1990): Managing Multiple Channels, in: Business Horizons, 33. Jg., Nr. 4, S. 67-77

Cespedes, F.V. (1994): Industrial Marketing: Managing New Requirements, in: Sloan Management Review, 52. Jg., Nr. 3, S. 45-60.

Cespedes, F.V. (1996): Beyond Teamwork: How the Wise Can Sychronize, in: Marketing Management, 5. Jg., Nr.1, S. 25-37.

Churchill, G.A./Ford, N.M./Hartley, S.W./Walker, O.C. (1985): The Determinants of Salesperson Performance: A Meta-Analysis, in: Journal of Marketing Research, 22. Jg., Nr. 2, S. 103-118.

Craig, A.M./Bush, A.J. (2006): Psychological Climate, Empowerment, Leadership Style, and Customer-Oriented Selling: An Analysis of the Sales Manager–Salesperson Dyad, in: Academy of Marketing Science; 34. Jg., Nr. 3, S. 419-438.

Cravens, D.W./Ingram, T.N./LaForge, R.W./Young, C.E. (1993): Behavior-Based and Outcome-Based Salesforce Control Systems, in: Journal of Marketing, 57. Jg., S. 47-59.

Crittenden, V.L./Peterson, R.A./Albaum, G. (2010): Technology and Business-to-Consumer Selling: Contemplating Research and Practice, in: Journal of Personal Selling & Sales Management, XXX. Jg., Nr. 2, S. 103-109.

Dansereau, F./Graen, G./Haga, W.J. (1975): A Vertical Dyad Linkage Approach to Leadership in Formal Organizations, in: Organizational Behavior and Human Performance, 13. Jg., S. 46-78.

Deci, E.L./Ryan, R.M. (1990): A Motivational Approach to Self: Integration in Personality, in: Nebraska Symposium on Motivation, 38. Jg., S. 237-288.

DelVecchio, S.K. (1998): The Quality of Salesperson-Manager Relationship: The Effect of Latitude, Loyalty and Competence, in: Journal of Personal Selling & Sales Management, 18. Jg., Nr. 1, S. 31-47.

Dewsnap, B./Jobber, D. (2009): An Exploratory Study of Sales-Marketing Integrative Devices, in: European Journal of Marketing, 43. Jg., Nr. 7/8, S. 985-1007.

Donavan, D.T./Brown, T.J./Mowen J.C. (2004): Internal Benefits of Service-Worker Customer Orientation: Job Satisfaction, Commitment, and Organizational Citizenship Behaviors, in: Journal of Marketing, 68. Jg., Nr. 1, S. 128-146.

Dwyer, F.R/Schurr, P.H./Oh, S. (1987): Developing Buyer-Seller Relationships Journal of Marketing, 51. Jg., S. 11-27.

Flaherty, T.B./Dahlstrom, R./Skinner, S.J. (1999): Organizational Values and Role Stress as Determinants of Customer-Oriented Selling Performance, in: Journal of Personal Selling & Sales Management, 19. Jg., Nr. 2, S. 1-18.

Flaherty, K.E./Mowen J.C./Brown, T.J./Marshall, G.W. (2009): Leadership Propensity and Sales Performance among Sales Personnel and Managers in a Specialty Retail Store Setting, in: Journal of Personal Selling & Sales Management, XXIX. Jg., Nr. 1, S. 43-59.

Franke, G.F./Park, J-E. (2006): Salesperson Adaptive Selling Behavior and Customer Orientation: A Meta-Analysis, in: Journal of Marketing Research, 43. Jg., Nr. 4, S. 693-702.

Frazier, G.F. (1999): Organizing and Managing Channels of Distribution, in: Journal of the Academy of Marketing Science, 27. Jg., Nr. 2, S. 226-240.

Frenzen, H./Hansen, A.K./Krafft, M./Mantrala, M.K./Schmidt, S. (2010): Delegation of Pricing Authority to the Sales Force: An Agency-Theoretic Perspective of its Determinants and Impact on Performance, in: International Journal of Research in Marketing, 27. Jg., Nr.1, S. 58-68.

Gdenk, K./Neslin, S.A. (1999): The Role of Retail Promotion in Determining Future Brand Loyalty: Its Effect on Purchase Event Feedback, in: Journal of Retailing, 74. Jg., Nr. 4, S. 433-459.

Geiger, S./Guenzi, P. (2009): The Sales Function in the Twenty-First Century: Where are We and Where do We go From Here?, in: European Journal of Marketing, 43. Jg., Nr. 7/8, S. 873-889.

Guenzi, P./Troilo, G. (2007): The Joint Contribution of Marketing and Sales to the Creation of Superior Customer Value, in: Journal of Business Research, 60. Jg., S. 98-107.

Guenzi, P./Georges, L./Pardo, C. (2009): The Impact of Strategic Account Managers' Behaviors on Relational Outcomes: An Empirical Study, in: Industrial Marketing Management, 38. Jg., S. 300-311.

Guesalaga, R./Johnston, W. (2010): What's Next in Key Account Management Research? Building the Bridge between the Academic Literature and the Practitioners' Priorities, in: Industrial Marketing Management, forthcoming.

Gustafsson, A./Johnson, M.D./Roos, I. (2005): The Effects of Customer Satisfaction, Relationship Commitment Dimensions, and Triggers on Customer Retention, in: Journal of Marketing, 69. Jg., S. 210-218.

Haas, A. (2008): Kundenorientierung von Mitarbeitern: Forschungsstand und Perspektiven, in: Zeitschrift für Betriebswirtschaft, 78. Jg., Nr. 10, S. 1061-1100.

Hansen, A.K./Joseph, K./Krafft, M. (2008): Price Delegation in Sales Organizations: An Empirical Investigation, in: Business Research, 1. Jg., Nr.1, S. 94-104.

Hartline, M.D./Maxham III, J.G./McKee, D.O. (2000): Corridors of Influence in the Dissemination of Customer-Oriented Strategy to Customer Contact Service Employees, in: Journal of Marketing, 64. Jg., Nr. 2, S. 35-50.

Heide, C.P. (1999): Dartnell's 30th Sales Force Compensation Survey, Chicago Dartnell.

Homburg, Ch./Fürst, A. (2005): How Organizational Complaint Handling Drives Customer Loyalty: An Analysis of the Mechanistic and Organic Approach; in: Journal of Marketing, 69. Jg., Nr. 3, S. 95-114.

Homburg, Ch./Jensen, O. (2007): The Thought Worlds of Marketing and Sales:Which Differences Make a Difference?, in: Journal of Marketing, 71. Jg., Nr. 3, S. 124-142.

Homburg, Ch./Workman J.P.Jr./Jensen, O. (2002): A Configurational Perspective on Key Account Management, in: The Journal of Marketing, 66. Jg., Nr. 2, S. 38-60.

Homburg, Ch./Jensen, O./Schuppar, B. (2004): Pricing Excellence-Wegweiser für ein professionelles Preismanagement, Arbeitspapier, M90, Universität Mannheim.

Homburg, Ch./Jensen, O./Krohmer, H. (2008): Configurations of Marketing and Sales: A Taxonomy, in: Journal of Marketing, 72. Jg., Nr. 2, S. 133-154.

Homburg, Ch./Wieseke, J./Hoyer, W.D. (2009): Social Identity and the Service–Profit Chain, in: Journal of Marketing, 73. Jg., Nr. 2, S. 38-54.

Homburg, Ch./Schäfer, H./Schneider (2010): Sales Excellence: Vertriebsmanagement mit System, 5. Aufl., Wiesbaden.

Homburg, Ch./Wieseke, J./Kühnl, C. (2010): Social Influence on Salespeople's Adoption of Sales Technology: A Multilevel Analysis, in: Journal of the Academy of Marketing Science, 38. Jg., Nr. 2, S. 159-168.

Homburg, Ch./Müller, M./Klarmann, M. (2011): When Should the Customer Really Be King? On the Optimum Level of Salesperson Customer Orientation in Sales Encounters, in: Journal of Marketing.

House, R.J. (1971): A Path Goal Theory of Leader Effectiveness, in: Administrative Science Quarterly, 16. Jg., Nr. 3, S. 321-339.

Hunter, G.K./Perreault, Jr.W.D. (2006): Sales Technology Orientation, Information Effectiveness, and Sales Performance, in: Journal of Personal Selling & Sales Management, XXVI. Jg., Nr. 2, S. 95-113.

Hunter, G.K./Perreault, Jr.W.D. (2007): Making Sales Technology Effective, in: Journal of Marketing, 71. Jg., Nr. 1, S. 16-34.

Ingram, T.N./LaForge, R.W./Leigh, T.W. (2002): Selling in the New Millennium: A Joint Agenda, in: Industrial Marketing Management, 31. Jg., S. 559-567.

Ivens, B. S./Pardo, C. (2007): Are Key Account Relationships Different? Empirical Results on Supplier Strategies and Customer Reactions, in: Industrial Marketing Management, 36. Jg., Nr. 4, S. 470-482.

Jap, D. (2001): The Strategic Role of the Salesforce in Developing Customer Satisfaction Across the Relationship Lifecycle, in: Journal of Personal Selling & Sales Management, XXI. Jg., Nr. 2, S. 95-108.

Jaramillo, F./Grisaffe, D.B. (2009): Does Customer Orientation Impact Objective Sales Performance? Insights from a Longitudinal Model in Direct Selling, in: Journal of Personal Selling and Sales Management, 29. Jg., Nr. 2, S.167-178.

Jaramillo, F./Mulki, J.P./Marshall, G.W. (2005): A Meta-Analysis of the Relationship Between Organizational Commitment and Salesperson Job Performance: 25 Years of Research, in: Journal of Business Research, 58. Jg., Nr. 6, S. 705-714.

Jaworski, B.J. (1988): Toward a Theory of Marketing Control: Environmental Context, Control Types, and Consequences, in: Journal of Marketing, 52. Jg., (July), S. 34–39.

Jaworski, B.J./Kohli, A.K. (1993): Market Orientation: Antecedents and Consequences, in: Journal of Marketing, 57. Jg., Nr. 3, S. 53-70.

Jaworski, B.J./MacInnis, D.J. (1989): Marketing Jobs and Management Controls: Toward a Framework, in: Journal of Marketing Research, 26. Jg., Nr. 4, S. 406-419.

Jelinek, R./Ahearne, M./Mathieu, J./Schillewaert, N. (2006): A Longitudinal Study of Individual Organizational, and Contextual Factors on Sales Technology Adoption and Job Performance, in: Journal of Marketing Theory and Practice, 14. Jg., Nr. 1, S. 7-23.

Johnson, M.D./Gustafsson, A./Andreassen, T.W./Lervik, L./Jaesung, C. (2001): "The Evolution and Future of National Customer Satisfaction Index Models, in: Journal of Economic Psychology, 22. Jg., (April), 217-245.

Johnson, B. (2006): It's Been a Good Five Years Unless You're in Media, in: Advertising Age, 77. Jg., Nr. 50, S. 16.

Jones, E./Brown, S.P./Zoltners, A.A./Weitz, B.A. (2005): The Changing Enviroment of Selling and Sale Management, in: Journal of Personal Selling & Sales Management, XXV. Jg., Nr. 2, S. 105-111.

Jones, E./Sundaram, S./Chin, W. (2002): Factors Leading to Sales Force Automation Use: A Longitudinal Analysis, in: Journal of Personal Selling & Sales Management, 22. Jg., Nr. 3, S. 145-156.

Kirca, A.H./Jayachandran, S./Bearden W.O. (2005): Market Orientation: A Meta-Analytic Review and Assessment of its Antecedents and Impact on Performance, in: Journal of Marketing, 69. Jg., Nr. 2, S. 24–41.

Kossmann, J. (2008): Die Implementierung der Preispolitik in Business-to-Business-Unternehmen, Nürnberg.

Krafft, M. (1999): Der Kunde im Fokus: Kundennähe, Kundenzufriedenheit, Kundenbindung – und Kundenwert?, in: Die Betriebswirtschaft, 59. Jg., Nr. 4, S. 511-529.

Krafft, M./Albers, S./Lal, R. (2004): Relative Explanatory Power of Agency Theory and Transaction Cost Analysis in German Salesforces, in: International Journal of Research in Marketing, 21. Jg., S. 265-283.

Krohmer, H./Homburg, Ch./Workman, J.P. (2002): Should Marketing be Cross-Functional? Conceptual Development and International Empirical Evidence, in: Journal of Business Research, 55. Jg., Nr. 6, S. 451-465.

Lagace, R. R. (1991): An Exploratory Study of Trust Between Sales Managers and Salespersons, in: Journal of Personal Selling & Sales Management, 11. Jg., Nr. 2 (Spring), S. 49-58.

Latham, G. P. (2007): Work motivation: History, Theory, and Practice, in: Thousand Oaks, CA: Sage.

Leach, M.P./Liu, A.H. (2003): Investigating Interrelationships Among Sales Training Evaluation Methods, in: Journal of Personal Selling & Sales Management, 23. Jg., Nr. 4, S. 327-339.

Ledingham, D./Kovac, M./Simon, H.L. (2006): The New Science of Sales Force Productivity, in: Harvard Business Review, S. 124-133.

Le Meunier-FitzHugh, K./Piercy, N.F. (2007): Does Collaboration between Sales and Marketing affect Business Performance?, in: Journal of Personal Selling & Sales Management, XXVII. Jg., Nr. 3, S. 207-220.

Lewis, M. (2004): The Influence of Loyalty Programs and Short-Term Promotions on Customer Retention, in: Journal of Marketing Research, XLI. Jg., S. 281-292.

MacKenzie, S.B./Podsakoff P.M./Rich, G.A. (2001): Transformational and Transactional Leadership and Salesperson Performance, in: Journal of the Academy of Marketing Science, 29. Jg., S. 115-134.

Malshe, A./Sohi, R.S (2009): What makes Strategy making Across the Sales-Marketing Interface more Successful?, in: Journal of the Academy of Marketing Science, 37. Jg., Nr. 4, S. 400-421.

Mantrala, M.K./Albers, S./Caldieraro, F./Jensen, O./Joseph, K./Krafft, M./Narasimhan, C./Gopalakrishna, S./Zoltners, A./Lal, R./Lodish, L. (2010): Sales Force Modeling: State of the Field and Research Agenda, in: Marketing Letters, 21. Jg., S. 255-272.

Mantrala, M.K./Albers, S./Gopalakrishna, S./Joseph, K. (2008): Introduction: Special Issue on Enhancing Sales Force Productivity, in: Journal of Personal Selling & Sales Management, XXVIII. Jg., Nr. 2, S. 109-113.

Mathieu, J./Ahearne, M./Taylor, S.R. (2007): A Longitudinal Cross-Level Model of Leader and Salesperson Influences on Sales Force Technology Use and Performance, in: Journal of Applied Psychology, 92. Jg., Nr. 2, S. 528-537.

McDonald, M./Millman, T./Rogers, B.(1997): Key Account Management: Theory, Practice and Challenges, in: Journal of Marketing Management, 13. Jg., S. 737-757.

McNeilly, K.M./Lawson, M.B. (1999): Navigating Through Rough Waters: The Importance of Trust in Managing Sales Representatives in Times of Change, in: Industrial Marketing Management, 28. Jg., Nr. 1, S. 37-49.

Millman, T.F. (1996): Global Key Account Management and Systems Selling, in: International Business Review, 5. Jg., Nr. 6, S. 631-645.

Moriarty, R.T./Moran, U. (1990): Managing Hybrid Marketing Systems, in: Harvard Business Review, 68. Jg., S. 146-155.

Morgan, A.J./Inks, S.A. (2001): Technology and the Sales Force: Increasing Acceptance of Sales Force Automation, in: Industrial Marketing Management, 30. Jg., Nr. 5, S. 463-472.

Morgan, R.M./Hunt, S.D. (1994): The Commitment–Trust Theory of Relationship Marketing, in: Journal of Marketing, 58. Jg., S. 20-38.

Oliver, R.L./Anderson, E. (1994): An Empirical Test of the Consequences of Behavior and Outcome-Based Sales Control Systems, in: Journal of Marketing, 58. Jg., S. 53-67.

Ouchi, W.G (1979): A Conceptual Framework for the Design of Organizational Control Mechanisms, in: Management Science, 25. Jg., Nr. 9, S. 833-8.

Palmatier, R.W./Dant, R.P./Grewal, D./Evans, K.R. (2006): Factors Influencing the Effectiveness of Relationship Marketing: A Meta-Analysis, in: Journal of Marketing, 70. Jg., S. 136-153.

Palmatier, R.W./Scheer, L.K./Steenkamp, J-B.E.M. (2007): Customer Loyalty to Whom? Managing the Benefits and Risks of Salesperson-Owned Loyalty, in: Journal of Marketing Research, XLIV. Jg., S. 185-199.

Panagopoulos, N.G./Avlonitis, G.J. (2010): Performance Implications of Sales Strategy: The Moderating Effects of Leadership and Environment, in: International Journal of Research in Marketing, 27. Jg., S. 46-57.

Paparoidamis, N.G./Guenzi, P. (2009): An empirical Investigation into the Impact of Relationship Selling and LMX on Salespeople's Behaviors and Sales Effectiveness, in: European Journal of Marketing, 43. Jg., Nr. 7/8, S. 1053-1075.

Pascale, R./Millemann, M./Gioja, L. (1997): Changing the Way We Change, in: Harvard Business Review, 75. Jg., Nr. 6, S. 126-139.

Pettijohn, C.E./Pettijohn, L.S./Taylor, A.J. (2002): The Influence of Salesperson Skill, Motivation, and Training on the Practice of Customer-Oriented Selling, in: Psychology & Marketing, 19. Jg., Nr. 9, S. 743-757.

Plouffe, C.R./Barclay, D.W. (2007): Salesperson Navigation: The Intraorganizational Dimension of the Sales Role, in: Industrial Marketing Management, 36. Jg., S. 528-539.

Plouffe, C.R./Williams, B.C./Wachner, T. (2008): Navigation Difficult Waters: Publishing Trends and Scholarship in Sales Research, in: Journal of Personal Selling & Sales Management, XXVIII. Jg., Nr. 1, S. 79-92.

Podsakoff, P.M./Moorman, R.H./Fetter, R. (1990): Transformational Leader Behaviors and Their Effects on Followers' Trust in Leader, Satisfaction, and Organizational Citizenship Behaviors, in: Leadership Quarterly, 1. Jg., Nr. 2, S. 107-142.

Rangarajana, D./Jones, E./Chin, W. (2005): Impact of Sales Force Automation on Technology-Related Stress, Effort, and Technology Usage among Salespeople, in: Industrial Marketing Management, 34. Jg., Nr. 4, S. 345-354.

Rappaport, A. (1986): Creating Shareholder Value: The Standard for Creating Business Performance, Free Press, New York.

Reinecke, S./Janz, S. (2007): Marketingcontrolling, Sicherstellen von Effektivität und Effizienz des Marketing, Stuttgart.

Rich, G.A. (1997): The Sales Manager as a Role Model: Effects on Trust, Job Satisfaction, and Performance of Salespeople, in: Journal of the Academy of Marketing Science, 25. Jg., Nr. 4, S. 319-328.

Rivers, L.M./Dart, J. (1999): The Acquisition and Use of Sales Force Automation by Mid-Sized Manufacturers, in: Journal of Personal Selling & Sales Management, 19. Jg., Nr. 2, S. 59-73.

Rouziès, D./Anderson, E./Kohli, A.K./Michaels, R.E./Weitz, B.A./Zoltners, A.A. (2005): Sales and Marketing Integration: A proposed Framework, in: Journal of Personal Selling & Sales Management, XXV. Jg., Nr. 2, S. 113-122.

Rust, R.T./Ambler, T./Carpenter, G.S./Kumar, V./Srivastava, R.K. (2004): Measuring Marketing Productivity: Current Knowledge and Future Directions, in: Journal of Marketing, 68. Jg., Nr. 4, S. 76-89.

Sa Vinhas, A./Chatterjee, S./Dutta, S./Fein, A./Lajos, J./Neslin, S./Scheer, L./Ross, W./Wang, Q. (2010): Channel Design, Coordination, and Performance: Future Research Directions, in: Marketing Letters, 21. Jg., S. 223-237.

Sa Vinhas, A./Anderson, E. (2005): How Potential Conflict Drives Channel Structure: Concurrent (Direct and Indirect) Channels, in: Journal of Marketing Research, 42. Jg., Nr. 4, S. 507-15.

Sa Vinhas, A./Gibbs, R. K./Anderson, E. (2008): Competitive Channel Relationship Management. Working paper.

Saxe, R./Weitz, B.A (1982): The SOCO Scale: A Measure of the Customer Orientation of Salespeople, in: Journal of Marketing Research, 19. Jg., Nr. 3, S. 343-351.

Schaubroeck, J./Fink, L.S. (1998): Source Facilitating and Inhibiting Effects of Job Control and Social Support on Stress Outcomes and Role Behavior: A Contingency Model, in: Journal of Organizational Behavior, 19. Jg., Nr. 2, S. 167-195.

Schillewaert, N./Ahearne, M./Frambach, R.T./Moenaert, R.K. (2005): The Adoption of Information Technology in the Sales Force, in: Industrial Marketing Management, 34. Jg., Nr. 4, S. 323-336.

Schneider, B./White, S.S./Paul, M.C. (1998): Linking Service Climate and Customer Perceptions of Service Quality: Test of a Causal Model, in: Journal of Applied Psychology, 83. Jg., Nr. 2, S. 150-163.

Scholl, M./Totzek, D. (2010): Die Preispolitik Professionalisieren, in: Harvard Business Manager, April, S. 42-51.

Schuppar, B. (2006): Preismanagement: Konzeption, Umsetzung und Erfolgsauswirkung im Business-to-Business-Bereich, 1. Aufl., Wiesbaden.

Schwepker, C.H.Jr. (2003): Customer-Oriented Selling: A Review, Extension, and Directions for Future Research, in: Journal of Personal Selling & Sales Management, XXIII. Jg., Nr. 2, S. 151-171.

Smith, A.K/Bolton, N.B. (2002): The Effect of Customers' Emotional Responses to Service Failures on Their Recovery Effort Evaluations and Satisfaction Judgments, in: Journal of the Academy of Marketing Science, 30. Jg., Nr. 1, S. 5-23.

Speier, C./Venkatesh, V. (2002): The Hidden Minefields in the Adoption of Sales Force Automation Technologies, in: Journal of Marketing, 66. Jg., Nr. 3, S. 98-11.

Stephenson, P.R./Cron, W.L./Frazier, G.L. (1979): Delegating Pricing Authority to the Sales Force: The Effects on Sales and Profit Performance, in: Journal of Marketing, 43. Jg., Nr. 2, S. 21-28.

Stock, R.M./Hoyer, W.D. (2002): Leadership Style as Driver of Salespeoples' Customer Orientation, in: Journal of Market-Focused Management, 5. Jg., S. 355-376.

Storbacka, K./Ryals, L./Davies, I.A./Nenonen, S. (2009): The Changing Role of Sales: Viewing Sales as a Strategic, Cross-Functional Process, in: European Journal of Marketing, 43. Jg., Nr. 7/8, S. 890-906.

Stremersch, S./Verniers, I./Verhoef, P.C. (2007): The Quest for Citations: Drivers of Article Impact, in: Journal of Marketing, 71. Jg., Nr. 3, S. 171-193.

Strutton, D./Pelton, L.E./Lumpkin, J.R. (1993): The Influence of Psychological Climate on Conflict Resolution Strategies in Franchise Relationships, in: Journal of the Academy of Marketing Science, 2. Jg., Nr. 3, S. 207-215.

Sundaram, S./Schwarz, A./Jones, E./Chin, W.W. (2007): Technology Use on the Front Line: How Information Technology Enhances Individual Performance, in: Journal of the Academy of Marketing Science, 35. Jg., Nr. 1, S. 101-112.

Swan, J.E./Bowers, M.R./Richardson, L.D. (1999): Customer Trust in the Salesperson: An Integrative Review and Meta-Analysis of the Empirical Literature, in: Journal of Business Research, 44. Jg., Nr. 2, S. 93-107.

Swan, J.E./Trawick, I.F./Silva, D.W. (1985): How Industrial Salespeople Gain Customer Trust, in: Industrial Marketing Management, 14. Jg., Nr. 3, S. 203-211.

Tax, S.S./Brown, S.W./Chandrashekaran, M. (1998): Customer Evaluations of Service Complaint Experiences: Implications for Relationship Marketing, in: The Journal of Marketing, 62. Jg., Nr. 2, S. 60-76.

Totzek, D./Alavi, S. (2010): Professionalisierung des Preismanagements auf Business-to-Business-Märkten: Die Rolle der Marktorientierung und der Unternehmenskultur, in: Schmalenbachs Zeitschrift für betriebswirtschaftliche Forschung, 62. Jg., August, S. 534-563.

Tyagi, P.K. (1985): Relative Importance of Key Job Dimensions and Leadership Behaviors in Motivating Salesperson Work Performance, in: Journal of Marketing, 49. Jg., S. 76-86.

Venkatesan, R./Kumar, V./Ravishanker, N. (2007): Multichannel Shopping: Causes and Consequences, in: Journal of Marketing, 71. Jg., Nr. 2, S. 114–132.

Verhoef, P.C. (2003): Understanding the Effect of Customer Relationship Management Efforts on Customer Retention and Customer Share Development, in: Journal of Marketing, 67. Jg., S. 30-45.

Vogel, V./Evanschitzky, H./Ramaseshan, B. (2008): Customer Equity Drivers and Future Sales, in: Journal of Marketing, 72. Jg., Nr. 6, S. 98-108.

Vroom, V.H. (1964): Work and Motivation, New York.

Webster, F.E. (1965): Modeling the Industrial Buying Process, in: Journal of Marketing Research, 2. Jg., Nr. 4, S. 370-376.

Weeks, W.A./Stevens, C.G. (1997): National Account Management Sales Training and Directions for Improvement, in: Industrial Marketing Management, 26. Jg., S. 423-431.

Weitz, B.A./Bradford, K.D: (1999): Personal Selling and Sales Management: A Relationship Marketing Perspective, in: Journal of the Academy of Marketing Science, 27. Jg., Nr. 2, S. 241-254.

Weitz, B.A./Sujan, H./Sujan, M.(1986): Knowledge, Motivation, and Adaptive Behavior: A Framework for Improving Selling Effectiveness, in: Journal of Marketing, 50. Jg., Nr. 4, S. 174-191.

Wengler, S./Ehret, M./Saab, S. (2006): Implementation of Key Account Management: Who, Why, and How? An Exploratory Study on the Current Implementation of Key Account Management Programs, in: Industrial Marketing Management, 35. Jg., S. 103-112.

Wieseke, J./Homburg, Ch./Lee, N. (2008): Understanding the Adoption of New Brands Through Salespeople: A Multilevel Framework, in: Journal of the Academy of Marketing Science, 36. Jg., S. 278-291.

Williams, B.C./Plouffe, C.R. (2007): Assessing the Evolution of Sales Knowledge: A 20-year Content Analysis, in: Industrial Marketing Management, 36. Jg., S. 408-419.

Wilken, R./Cornelißen, M./Backhaus, K./Schmitz, C. (2010): Steering Sales Reps Through Cost Information: An Investigation Into the Black Box of Cognitive References and Negotiation Behavior, in: International Journal of Research in Marketing, 27. Jg., S. 69-82.

Workman J.P.Jr./Homburg, Ch./Jensen, O. (2003): Intraorganizational Determinants of Key Account Management Effectiveness, in: Journal of the Academy of Marketing Sciences, 31. Jg., Nr. 1, S. 3-21.

Wübben, M./Wangenheim, F. v. (2008): Instant Customer Base Analysis: Managerial Heuristics often „Get It Right", in: Journal of Marketing, 72. Jg., Nr. 3, S. 82-93.

Zoltners, A.A./Sinha, P./Lorimer, S.E. (2008): Sales Force Effectiveness: A Framework for Researchers and Practitioners, in Journal of Personal Selling & Sales Management, XXVIII. Jg., Nr. 2, S. 115-131.

Zeithaml, V.A./Bitner, J.B./Gremler, D.D. (2009): Services marketing: Integrating Customer Focus Across the Firm, 5. Aufl., New York.

Teil 2

Strategische Aspekte des Vertriebsmanagements

2.1 Strategisches Vertriebsmanagement

Klaus Backhaus, Michael Budt, Harald Neun

1 Einleitung

In der betriebswirtschaftlichen Literatur wurde im Gegensatz zu ihrer praktischen Bedeutung die Vertriebsfunktion lange Zeit eher stiefmütterlich behandelt. Shapiro et al. stellen 1998 erstmals fest: „Sales is a board room topic." Seitdem ist die Anzahl an Veröffentlichungen zum Thema „Vertrieb" stark angestiegen. Dies signalisiert, dass in der Wissenschaft – wie auch in der Unternehmenspraxis – das Thema zunehmend in den Vordergrund rückt.

Trotz dieser erhöhten Aufmerksamkeit im Hinblick auf Vertriebsfragen lässt sich konstatieren, dass Vertriebsprobleme häufig eher als operative Probleme begriffen werden. Das ist insofern verwunderlich, als bestimmte Vertriebsentscheidungen (z. B. die Wahl des Vertriebskanals) von so grundsätzlicher Bedeutung sind, dass sie deutlich erkennbar strategischen Charakter tragen. Zudem haben insbesondere marktseitige Umweltveränderungen eine erhebliche Verschiebung der Anforderungen an das Vertriebsmanagement bewirkt. Die Vertriebsentscheidungen, die einen grundlegenden Handlungsrahmen beschreiben, ohne auf operative Details einzugehen, bezeichnen wir als strategische Vertriebsentscheidungen. Sie sind Aufgabe des strategischen Vertriebsmanagements im Sinne der Entwicklung eines „vollständigen Handlungsplans" für alternative zukünftige Umweltkonstellationen (Welge/Al-Laham 2008, S. 65).

Ziel dieses Beitrags ist es, einen Überblick über zentrale strategische Vertriebsentscheidungen zu geben und aufzuzeigen, in welche Entscheidungskomplexe strategische Vertriebsentscheidungen eingebunden sind. Dabei werden die Vertriebs- von der Marketing- und Unternehmensstrategie abgegrenzt und die wesentlichen Elemente des strategischen Vertriebsmanagements beschrieben. Hierzu wird in Abschnitt 2 zunächst die gestiegene strategische Relevanz der Vertriebsfunktion näher beleuchtet. Es werden die veränderten Anforderungen an den Vertrieb dargestellt sowie die Verbindung zwischen strategischem Vertriebsmanagement und dem Konzept der marktorientierten Unternehmensführung diskutiert. Anschließend wird in Abschnitt 2.2 eine Abgrenzung des strategischen vom operativen Vertriebsmanagement und damit der zentralen Inhalte des strategischen Vertriebsmanagements vorgenommen. Abschnitt 3 liefert eine detailliertere Beschreibung der zentralen Elemente sowie jeweils ausgewählter Konzepte. Die wesentlichen Aspekte dieses Beitrags werden in Abschnitt 4 zusammengefasst.

2 Vertrieb als strategisch relevante Unternehmensfunktion

2.1 Die Einbindung des strategischen Vertriebsmanagements in das Konzept der marktorientierten Unternehmensführung

Das Vertriebsmanagement sieht sich mit stark veränderten unternehmensinternen und -externen Rahmenbedingungen konfrontiert (vgl. dazu im Detail Kapitel 1.1 in diesem Buch). Beispielsweise sehen sich Unternehmen mit einer verstärkten Wettbewerbsintensität und technologischen Austauschbarkeit von Produkten konfrontiert, so dass es notwendig ist, über eine effiziente und problemlösungsorientierte Strukturierung des Vertriebs eine Wettbewerbsdifferenzierung zu schaffen (Jones et al. 2005; LaForge et al. 2009; Malshe 2009). Diese Veränderungen führen zu einer steigenden strategischen Relevanz des Vertriebsmanagements und erfordern folglich eine aktive Einbindung in übergeordnete Managementkonzepte.

Während im Rahmen der Unternehmensstrategie Grundsatzentscheidungen getroffen werden, die das gesamte Unternehmen betreffen, werden im Rahmen der Marketingstrategie im Wesentlichen geschäftsfeldspezifische Entscheidungen getroffen. Im Zentrum der Bestrebungen sollte hier die Erzielung eines komparativen Konkurrenzvorteils (KKV®) stehen (Backhaus/Schneider 2009). Strategische Vertriebsentscheidungen füllen den durch die Marketing- und Unternehmensstrategie gegebenen Handlungsrahmen aus, indem sie das Rahmenkonzept der marktorientierten Unternehmensführung (Meffert et al. 2007) auf vertriebliche Grundsatzentscheidungen herunterbrechen. Der Vertrieb ist dabei die natürliche Verbindungsfunktion des betrachteten Unternehmens zum Kunden. In der Praxis zeigt sich allerdings, dass die hier konzeptionell definierten Unterschiede zwischen einer (übergeordneten) Marketingkonzeption und einer daraus abzuleitenden Vertriebsstrategie so kaum wiederzufinden sind. Vielmehr zeigen viele empirische Untersuchungen (z. B. Biemans et al. 2010; Homburg/Jensen 2007; Homburg et al. 2008a; Le Meunier-FitzHugh/Lane 2009; Rouziès et al. 2005), dass hier durch teilweise stark divergierende Ansichten zwischen beiden Bereichen erhebliche Reibungsverluste auftreten. Wie diese prekäre Schnittstelle zwischen Marketing und Vertrieb effektiv und effizient zu handhaben ist, ist eine bis heute nur unzureichend beantwortete Frage. Kotler et al. (2006) unterscheiden z. B. vier generische Typen, die mögliche Ausprägungen des Verhältnisses von Marketing und Vertrieb beschreiben. Homburg et al. (2008a) identifizieren in einer empirischen Analyse dagegen fünf Cluster – vom vertriebsdominanten Unternehmen bis zu starken marketingorientierten Unternehmen, in denen die Marketingabteilung besonders mächtig ist. In der Handhabung der Schnittstellenproblematik zwischen strategischer Vertriebsentscheidung und marktorientierter Unternehmensführung variiert die strategische Position der Vertriebsabteilung im Unternehmen. Vor dem Hintergrund dieser praktischen Erkenntnisse ist es daher auch denkbar, dass die Vertriebsstrategie den Rahmen für die Marketingstrategie bildet und umgekehrt. Dies verdeutlicht die Notwendigkeit einer engen

Zusammenarbeit beider Bereiche im Strategieentwicklungsprozess des Unternehmens und mithin einer aktiven Integration des Vertriebs in diesen Prozess (Malshe/Sohi 2009). Dies ist von zentraler Bedeutung, da der Vertrieb mit spezifischem Kunden- und Marktwissen über eine für den Strategieentwicklungsprozess zentrale Ressource verfügen sollte (Piercy/Lane 2009). Unabhängig davon, ob die Marketingstrategie der Vertriebsstrategie folgt oder für sie den Rahmen vorgibt, sind grundsätzlich immer bestimmte vertriebsstrategische Entscheidungsfelder relevant. Wir behandeln diese Fragen in Kapitel. 3, zuvor grenzen wir jedoch strategische von operativen Vertriebsentscheidungen ab.

2.2 Strategisches vs. operatives Vertriebsmanagement

Im Zentrum der Abgrenzung des strategischen vom rein operativen Vertriebsmanagement steht die Frage, inwieweit es sich bei den zu treffenden Entscheidungen um Grundsatzentscheidungen für diesen Bereich handelt (Backhaus/Schneider 2009), die längerfristige Auswirkungen haben und nur schwer revidierbar sind. Zur Klärung der Frage, welche Elemente des Vertriebsmanagements strategische Relevanz besitzen, greifen wir auf eine empirische Analyse von Panagopoulos und Avlonitis (2010) zurück, die in Abbildung 2.1.1 verschiedene Elemente einer Vertriebsstrategie zeigt, und verdeutlicht, dass in Bezug auf die Relevanz bestimmter Elemente von Vertriebsstrategien in der Literatur weitgehende Einigkeit besteht.

So ist zunächst eine Segmentierung und eng damit verbunden eine Priorisierung der Kunden in den bearbeiteten Marktsegmenten vorzunehmen. Aufbauend darauf ist auch die Art von Kundenbeziehung, die mit verschiedenen Kunden aufgebaut werden sollte (transaktions- vs. beziehungsorientiert), festzulegen, um für die Kunden über den reinen Produktnutzen hinaus weiteren Nutzen, z. B. in Form von Prozessbeschleunigungen, zu schaffen. Eng damit verknüpft ist die Frage, über welche Vertriebskanäle die Kunden, unter Berücksichtigung von Effizienzüberlegungen, am besten erreicht werden können. Es ist somit eine zentrale vertriebsstrategische Herausforderung, knappe Ressourcen den Kunden möglichst effektiv und effizient zuzuordnen. Im Rahmen einer durch die Marketing-Strategie vorgegebenen KKV®-Positionierung sind die Ressourcen den Kunden gemäß ihrem Potenzial zuzuordnen.

Weitergehende Definitionen zählen zu den vertriebsstrategischen Entscheidungen zusätzlich das Management der Vertriebsaußendienstmitarbeiter (Anreizstrukturen und Entlohnungssysteme), den Verkaufsprozess sowie die Formulierung eines Vertriebsmanagementprogramms.

Abbildung 2.1.1 Elemente der Vertriebsstrategie
(in Anlehnung an: Panagopoulos/Avlonitis 2010, S. 49)

Study	*Elements of sales strategy*							
	Customer segmentation	Customer prioritization and targeting	Relationship objectives and selling models	Use of multiple sales channels	Sales control/ compensation/ supervision system	Value proposition	Salesperson selling process/ behaviors	Formulation of sales management program
Salesperson level								
Weitz (1978)							√	
Weitz, Sujan, and Sujan (1986)							√	
De Vincentis and Rackham (1999)			√				√	
Fang, Evans, and Landry (2005)							√	
Firm level								
Dubinsky and Hansen (1981)								√
Moncrief, Shipp, Lamb, and Cravens (1989)				√				
Maier and Saunders (1990)	√							
Rangaswamy, Sinha, and Zoltners (1990)		√	√					√
Oliver and Anderson (1994)					√			
Chrzanowski and Leigh (1998)	√	√	√	√				
Slater and Olson (2000)			√	√	√			√
Ingram, LaForge, and Leigh (2002)	√	√	√	√				
Jobber and Lancaster (2003)	√	√	√	√				
Ingram (2004)		√	√	√				
The Sales Educators (2005)	√	√	√	√				
Chally Group Report (2007)	√	√		√				
Spiro, Rich, and Stanton (2008)			√	√				
Johnston and Marshall (2009)	√	√	√	√				√
Zoltners, Sinha, and Lorimer (2009)	√			√		√	√	
Panagopoulos and Avlonitis (2010)	√	√	√	√				

Darüber hinaus sind im Rahmen des Vertriebsmanagements verschiedene diesen Grundsatzentscheidungen nachgelagerte Aspekte zu berücksichtigen, die für das Management des Vertriebs von zentraler Bedeutung sind, jedoch einen eher operativen Charakter besitzen. Dabei sind Themen wie die Gebietsplanung (Zoltners et al. 2004), Personalentwicklung und Führung des Vertriebs (Ingram et al. 2009), Aufbau und Pflege von CRM-Systemen (Winkelmann 2008) sowie das Vertriebscontrolling (Becker 2001) von zentraler Bedeutung. Auf diese Aspekte wird zudem in gesonderten Kapiteln in diesem Handbuch eingegangen. Weiterhin sind im Vertriebsmanagement Schnittstellen zu anderen Unternehmensfunktionen zu koordinieren. Die zu treffenden Entscheidungen weisen Interdependenzen zu anderen Unternehmensbereichen auf. So hat z. B. die Pricing-Strategie einen Einfluss auf die Vertriebskanalentscheidung, da nicht jede Pricing-Strategie über jeden Kanal gleichermaßen realisierbar ist. Weiterhin hat z. B. die Art der Kosteninformationen, die Vertriebsmitarbeitern zur Verfügung gestellt werden, einen Einfluss auf die Höhe der am Markt erzielten Preise (Wilken et al. 2010). Inwieweit z. B. die beschriebenen Pricing-Aspekte im Entscheidungsfeld des Vertriebs liegen, hängt maßgeblich von der konkreten Ausprägung des Verhältnisses zwischen Marketing und Vertrieb ab, und ist folglich situationsbedingt zu beantworten.

Es wird deutlich, dass die Abgrenzung zwischen strategischen und operativen Vertriebsentscheidungen nicht immer eindeutig ist. Dabei ist vor dem Hintergrund der marktorientierten Unternehmensführung zu berücksichtigen, dass die Schaffung einer strategisch ausgerichteten Vertriebsorganisation primär das Ziel verfolgt, den Kunden in den Mittelpunkt des eigenen Handelns zu stellen. Deshalb sind insbesondere solche Aspekte zum strategischen Vertriebsmanagement zu zählen, die einen direkten Bezug zu der Zuordnung der Vertriebsressourcen zu den Kunden haben (Panagopoulos/Avlonitis 2010). Zu diesen zentralen Aspekten zählen wir im Folgenden

- die Priorisierung der Kunden innerhalb zu definierender Kundensegmente,
- die Entscheidung über die Beziehungsstrategie (transaktions- vs. beziehungsorientiert und
- die Entscheidung über die genutzten Vertriebskanäle.

Aufgrund der starken Interdependenzen zwischen den strategischen Grundsatzentscheidungen ist eine integrierte Betrachtung erforderlich, um ein konsistentes Kundenmanagement aufzubauen. Der folgende Abschnitt gibt einen genaueren Überblick über die aus unserer Sicht zentralen Elemente des strategischen Vertriebsmanagements und deren Zusammenhänge untereinander. Zu jedem Element werden mögliche Instrumente geliefert, die die strategischen Entscheidungen in den einzelnen Bereichen unterstützen.

3 Das vertriebsstrategische Entscheidungsfeld

3.1 Kundensegmentierung und -priorisierung

Die Kundensegmentierung und -priorisierung ist eine wesentliche Grundlage für das strategische Vertriebsmanagement (Piercy/Lane 2009). Auf Basis der Segmentierung und anschließenden Priorisierung werden sowohl die Art und Weise der Kundenbeziehung festgelegt als auch geeignete Vertriebskanäle identifiziert.

Bei der *Kundensegmentierung* wird aus Sicht der Marktbearbeitung der heterogene Gesamtmarkt in homogene Teilmärkte aufgeteilt. Diese Aufgabe obliegt in der Regel dem Marketing, sollte aber mit dem Vertrieb koordiniert sein, weil dieser die „Segmentierung leben muss". Hier liegt erhebliches Konfliktpotenzial, weil die im Marketing generierten Segmente (vgl. hierzu Backhaus/Schneider 2009) oftmals vertrieblich unterlaufen werden. Obwohl die Marktsegmentierungsansätze im Marketing entwickelt (Freter/Obermeier 2000) und deshalb hier nicht intensiv behandelt werden, haben sie dennoch erheblichen Einfluss auf die strategischen Vertriebsentscheidungen. *Kundenpriorisierung* hingegen ist Kern der strategischen Vertriebsentscheidungen und beschreibt die Aufteilung des Kundenstamms in aus ökonomischer Sicht wichtige und unwichtige Kunden (Homburg et al. 2008b), Basis ist die Kundenbewertung. Bei der Kundenpriorisierung werden Kriterien zur Bewertung der segmentierten Kunden herangezogen, die die Bedeutung der Kunden für vertriebsstrategische Entscheidungen verdeutlichen und die Kunden aus Anbieterperspektive in eine sinnvolle Rangfolge der Bearbeitungsintensität bringen. Letztlich muss für den Anbieter im Rahmen der Kundenpriorisierung deutlich werden, ob und inwieweit Unterschiede in der Bearbeitung zwischen einzelnen Kunden existieren sollen.

Bei der Kundenbewertung ist die Zielerreichung der Anbieterseite in der Geschäftsbeziehung zu berücksichtigen. So trägt der Kunde mit seinen Beiträgen, u. a. in Form getätigter Umsätze, zur Erreichung der monetären und nicht-monetären Ziele des Anbieters bei. Der Kundenwert resultiert jedoch nicht nur aus direkten Transaktionen mit dem Kunden, sondern auch aus weiteren Kundenaktivitäten, bspw. aus seinem Weiterempfehlungsverhalten. Die folgende Abbildung gibt einen Überblick über die Determinanten des Kundenwerts.

Das Marktpotenzial eines Kunden drückt sich in Käufen von Produkten und Leistungen des Anbieters aus, die ein Kunde im Rahmen der Geschäftsbeziehung gegenwärtig und/oder zukünftig tätigt (Tomczak/Rudolf-Sipötz 2006). Zusätzlich kann der Kunde nicht nur anhand direkter gegenwärtiger und zukünftiger Beiträge (Marktpotenzial) bewertet werden; er kann auch durch seine indirekten Beiträge dem Unternehmenserfolg dienen, welche dem Ressourcenpotenzial zuzuordnen sind. In diesen Fällen tritt der Kunde vielmehr als aktive oder passive Unternehmensressource auf (Tomczak/Rudolf-Sipötz 2006).

Abbildung 2.1.2 Determinanten des Kundenwerts im Überblick (Quelle: Tomczak/Rudolf-Sipötz 2006)

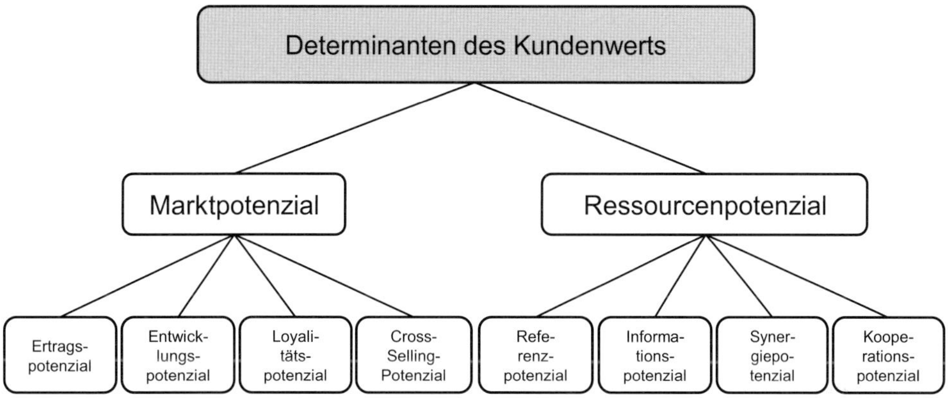

Der Umgang mit unterschiedlichen Kundenwerten und somit der Heterogenität der Kunden ist ein wesentliches Element des strategischen Vertriebsmanagements, da nicht alle Kunden aus Perspektive des Anbieters gleich bedeutsam sind (Kuhlmann 2001). Daher muss im Rahmen des strategischen Vertriebsmanagements berücksichtigt werden, welche Kunden den größten Beitrag zur Zielerreichung des Anbieters leisten. Dies kann der Anbieter u. a. an dem mit dem Kunden generierten Umsatz feststellen. In der Praxis wird das als „Pareto-Regel" oder „80/20-Regel" bezeichnet (Belz/Bieger 2004). Sie besagt, dass etwa 20 % der Kunden 80 % des Gesamtumsatzes auf sich vereinen. Bereits an dieser Stelle wird deutlich, dass bestimmte Kunden eine höhere strategische Relevanz besitzen als andere Kunden. Dementsprechend ergeben sich Unterschiede in den einzelnen Vertriebsmaßnahmen (z. B. Betreuungsintensität des Kunden durch den Vertriebsaußendienst). Ziel der Kundensegmentierung und -priorisierung muss daher eine möglichst effiziente Verteilung der begrenzten Ressourcen zur Bearbeitung der einzelnen Kundengruppen sein.

Die Priorisierung der Kunden mit Hilfe der Bestimmung des Kundenwerts ist ein Kernaspekt im Management der Kundenbeziehung. Kundenwertmodelle können neben dem Kriterium der Betrachtungsperspektive nach weiteren Kriterien klassifiziert werden (Günter/Helm 2006): nach der Bewertungseinheit (Einzelkunden vs. gesamter Kundenstamm), nach der Anzahl und Art der Komponenten (ein- vs. mehrdimensionale Ansätze; qualitative vs. quantitative Ansätze; monetäre vs. nicht-monetäre Ansätze), nach den berücksichtigten Erfolgsgrößen (umsatz- vs. erfolgsbezogene Kundenwertmodelle) oder dem Zeithorizont. Die folgende Tabelle gibt einen Überblick über Kundenwertmodelle, klassifiziert nach der Anzahl der Dimensionen (Bewertung) und der Bewertungseinheit (Zuordnung):

Tabelle 2.1.1 Kategorisierung von Kundenwertmodellen (Quelle: Krafft 2007)

Zuordnung / Bewertung	Kundenindividuelle Darstellung	Aggregierte Darstellung
Eindimensional	■ Qualitative Segmentierung ■ Kundendeckungsbeitragsrechnung ■ Customer Lifetime Value	■ Qualitatives Ranking aller Kunden ■ ABC-Analyse
Mehrdimensional	■ Scoring-Ansätze ■ Radarchart (je Kunde)	■ Scoring-Portfolio ■ Klassisches Kundenportfolio

In der Literatur existieren viele verschiedene Konzepte zur Kundenpriorisierung. Ansätze wie z. B. Scoring-Modelle oder die ABC-Umsatzanalyse werden in der Praxis breit angewendet. Bei der Priorisierung der Kunden ist jedoch zu berücksichtigen, dass die gebildeten Kundengruppen „erreichbar" sein müssen und untereinander geringe Überschneidungen aufweisen sollten. Dies führt in der Unternehmenspraxis in vielen Fällen zu Problemen, da die Anbieter bestimmte Kunden einer Kundengruppe nicht überschneidungsfrei eindeutig zuordnen können. Zusätzlich sollte der Anbieter bei der Kundenpriorisierung eine „Übersegmentierung" vermeiden, indem die Kosten den Nutzen der Segmentierung nicht überproportional übersteigen (Homburg et al. 2008b).

Eine Möglichkeit, die Kunden in verschiedene Gruppen zu unterteilen, besteht in der klassischen Kundenportfolioanalyse von Piercy und Lane (2009). Das Portfolio (vgl. Abbildung 2.1.3) lässt sich in die Kategorie strategischer Portfolioansätze einordnen und zählt zu den mehrdimensionalen Kundenwertmodellen. Gegenüber Kundenwertmodellen wie der ABC-Analyse oder dem Customer Lifetime Value hat dieser Portfolioansatz den Vorteil, dass sowohl qualitative (Service- und Beziehungsanforderungen des Kunden) als auch quantitative (Kundenumsätze und -potenziale) Elemente kombiniert werden können.

Abbildung 2.1.3 Die Kundenportfolioanalyse
(Quelle: Piercy/Lane 2009)

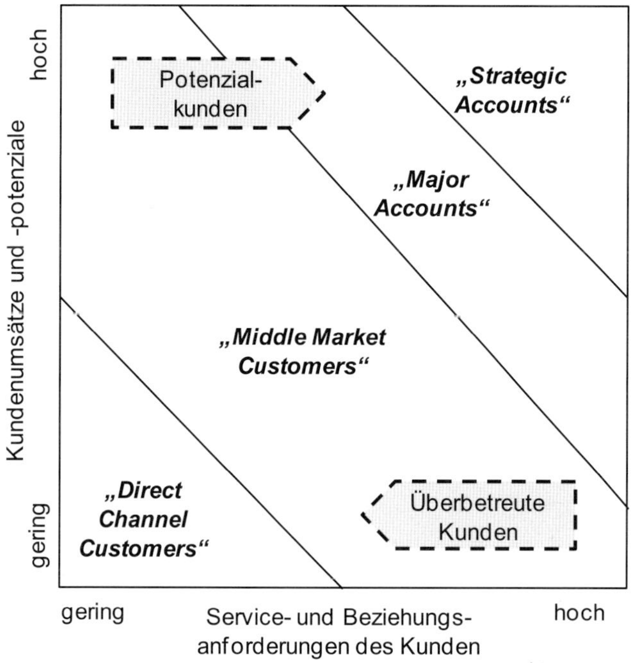

Das Portfolio wird durch die zwei Dimensionen Service- und Beziehungsanforderungen des Kunden sowie Kundenumsätze und -potenziale aufgespannt. Anhand dieser Aufteilung lassen sich innerhalb des Portfolios vier verschiedene Kundentypen identifizieren, für die eine spezifische Vertriebsstrategie entwickelt werden sollte, um die jeweilige Kundengruppe optimal ansprechen und bearbeiten zu können (Ingram et al. 2009). Das Spektrum der Kundentypen in dem Portfolio reicht von sog. „Direct Channel Customers“, die geringe Umsätze mit dem Anbieter und wenig Entwicklungspotenzial sowie geringe Anforderungen an den Service und die Geschäftsbeziehung zum Anbieter stellen, bis hin zu den „Strategic Accounts“, welche gemessen am Umsatz die Schlüsselkunden des Anbieters darstellen und an langfristigen Geschäftsbeziehungen interessiert sind. Für die einzelnen Kundentypen sind unterschiedliche Maßnahmen hinsichtlich der Vertriebsstrategie zu entwickeln (Piercy/Lane 2009):

- Direct Channel Customers:

  Aufgrund der geringen Anforderungen an den Service und die Geschäftsbeziehung sollte der Anbieter für diese Kundengruppe keine großen Investitionen tätigen. Die aktuellen und potenziellen Umsätze sind tendenziell gering, so dass diese Kunden im

Idealfall über kostengünstige Direktvertriebskanäle wie eCommerce-Kanäle bedient werden sollten. In Richtung der „Direct Channel Customers" wandern auch Kunden, die in der Vergangenheit eine hohe Betreuungsintensität durch hohe Umsätze gerechtfertigt haben, aber stark sinkende Umsätze verzeichnen. Oftmals fordern diese Kunden den gleichen Service und die gleiche Betreuung durch den Außendienst wie zu Zeiten des hohen Umsatzes. Dies muss der Anbieter entsprechend berücksichtigen.

- Middle Market Customers:

  In der Unternehmenspraxis beinhaltet diese Kundengruppe oftmals die meisten Kunden. Sowohl die Umsätze und Umsatzpotenziale als auch die Anforderungen an den Service und die Geschäftsbeziehung können hier stark variieren. Kunden, die ein steigendes Potenzial aufweisen, sollten frühzeitig intensiver betreut werden, um sie langfristig an das Unternehmen binden zu können.

- Major Accounts:

  Diese Kunden sind durch hohe Umsätze und hohe kundenseitige Anforderungen gekennzeichnet. Bei diesen Kunden stehen die Langfristigkeit der Geschäftsbeziehung und die Schaffung eines Mehrwerts über den reinen Produktnutzen hinaus im Vordergrund. Die zu tätigenden Investitionen in die Kundenbeziehung und die Betreuungsintensität durch die Vertriebsmannschaft sind dementsprechend hoch.

- Strategic Accounts:

  Diese häufig kleine Kundengruppe bildet die Schlüsselkunden des Anbieters ab. Die Anforderungen an den Kundenservice und die Geschäftsbeziehung sind sehr hoch, da Anbieter und Kunde in der Regel partnerschaftlich an Lösungen für kundenseitige Probleme arbeiten. Hier muss der Anbieter beachten, dass die Abhängigkeit vom Kunden und somit das Risiko eines hohen Umsatzverlustes bei Abwanderung des Kunden sehr hoch ist.

Insbesondere vor dem Hintergrund einer effizienten Ressourcenallokation sind die identifizierten Kundengruppen laufend auf ihre Position innerhalb des Portfolios zu überprüfen. Während der Anbieter den Fokus insbesondere auf die sog. Potenzialkunden legen sollte, um hier durch geeignete Maßnahmen (z. B. eine intensivere Betreuung) eine langfristige Geschäftsbeziehung zu etablieren, sollte bei Kunden, bei denen sich die aktuelle Betreuungsintensität durch die getätigten Umsätze und Potenziale nicht rechtfertigen lässt, die Betreuung angepasst und z. B. in effizientere Vertriebskanäle verschoben werden, um die Betreuungskosten zu minimieren.

Wissenschaft und Praxis sind sich einig, dass der Unternehmenswert zu einem großen Teil aus dem Wert seiner Kunden besteht. Studien belegen jedoch die nur gering ausgeprägte Anwendungshäufigkeit kundenanalytischer Instrumente. So führen nach einer Studie von Krafft und Marzian lediglich 7,8 % der befragten Unternehmen eine regelmäßige Bewertung ihrer Kundenbeziehungen auf Basis von Kundenlebenszyklusrechnungen durch, obwohl mehr als 70 % dem Kundenwert eine bedeutende Rolle beimessen (Krafft/Marzian 1997). Nur etwa ein Drittel der Unternehmen in Deutschland ist überhaupt in der Lage, die

Erfolgspotenziale ihrer Kunden zu ermitteln (Beschnidt 2004). Die Gründe dafür liegen zumeist in Problemen bei der praktischen Umsetzung und Durchführung. So benennen 54 % der 292 befragten Unternehmen in einer weiteren Studie den zeitlichen und monetären Aufwand sowie die Pflege der Informationsbasis als größte Hürden in der Kundenwertbestimmung (Sackmann et al. 2008).

3.2 Kundenbeziehungsstrategie

Auf Basis der Kundensegmentierung und -priorisierung muss der Anbieter die Beziehungsstrategie zu den verschiedenen Kundengruppen festlegen. Die Entscheidung, welche Beziehungsstrategie die effektivste und effizienteste Form der Geschäftsbeziehung abbildet, wird neben den Kundenanforderungen maßgebend durch die Kundensegmentierung und -priorisierung determiniert (s. Abschnitt 3.1). Eine zentrale Herausforderung besteht darin, im Spannungsfeld zwischen Kunden, die zunehmend eine intensive und persönliche Betreuung fordern, und den Kosten zur Bearbeitung und Bedienung dieser Kunden die optimale Lösung zu finden.

In der Unternehmenspraxis wird die Beziehung zum Kunden häufig nur sehr undifferenziert betrachtet. In Folge dessen sind die abgeleiteten Maßnahmen häufig ebenfalls wenig differenziert. Mit Ingram et al. (2009) lassen sich grundsätzlich vier unterschiedliche, strategische Stoßrichtungen bzgl. der Beziehungsstrategie identifizieren:

- Rein transaktionsorientierte Kundenbeziehungsstrategie:

  Das Ziel bei dieser Form der Kundenbeziehungsstrategie besteht in dem reinen Verkauf der Produkte. Dementsprechend beschränkt sich die Beziehung zum Kunden auf die reine Anbahnung und Abwicklung der Transaktion(en). Über eine transaktionsorientierte Beziehungsstrategie kann eine hohe Anzahl an Kunden auf effizientem Weg bedient werden, da die Kosten für diese Form der Kundenbeziehung oftmals sehr gering sind.

- Lösungsorientierte Kundenbeziehungsstrategie:

  Hier liegt der Fokus auf der stärker individualisierten Lösung von Kundenproblemen. Die Produkte sind weniger stark standardisiert und werden entsprechend an die Kundenbedürfnisse angepasst. Der Zeithorizont ist im Vergleich zur rein transaktionsorientierten Kundenbeziehung längerfristiger; jedoch ist die mögliche Anzahl an zu bedienenden Kunden geringer, da die Intensität der Betreuung pro Kunde höher ist als bei der rein transaktionsorientierten Kundenbeziehung.

- Partnerschaftlich orientierte Kundenbeziehungsstrategie:

  Die nächste Stufe auf dem Weg zu einer langfristig angelegten Beziehungsstrategie wird durch die partnerschaftlich orientierte Beziehungsstrategie abgebildet. Im Vergleich zur Vorstufe wird hier eine geringere Menge an Kunden intensiver bedient. Dies kann aus Sicht des Kunden mit einer bevorzugten Lieferantenposition gleichgesetzt werden. Die Produkte sind in hohem Grad an die Bedürfnisse des Kunden angepasst und weisen einen sehr geringen Standardisierungsgrad auf.

- Gemeinschaftlich orientierte Kundenbeziehungsstrategie:

  Diese Beziehungsstrategie stellt die engste Form der Zusammenarbeit zwischen Anbieter und Kunde dar. Gemeinschaftlich entwickeln Anbieter und Kunde Produkte und Dienstleistungen, die auf die Probleme und Herausforderungen des Kunden zugeschnitten sind. Es kann folglich zu einer Verzahnung von Prozessen und Technologien kommen. Der Zeithorizont ist entsprechend langfristig und die Anzahl der Kunden, mit denen solch eine intensive Form der Beziehungsstrategie durchführbar ist, ist entsprechend gering. Die Kosten für die Kundenbetreuung sind bei dieser Kundenbeziehungsstrategie am höchsten.

Insgesamt lässt sich seit einigen Jahren in der Unternehmenspraxis ein Trend hin zu einer stärkeren Beziehungsorientierung feststellen. Auch die Vertriebsmitarbeiter im Außendienst haben immer häufiger die Aufgabe, nicht nur kurzfristig transaktionsorientiert Gewinne zu maximieren, sondern langfristige Geschäftsbeziehungen zum Kunden aufzubauen, um den langfristigen Unternehmenserfolg zu maximieren (Ingram et al. 2009). Dabei soll auch den Kunden langfristig ein Mehrwert entstehen. Daher stellt sich im Rahmen der Kundenbeziehungsstrategie die Frage, ob und in welcher Intensität *Kundenbindung* betrieben wird.

Trotz des nachgewiesenen positiven Zusammenhangs zwischen Kundenbindung und Unternehmenserfolg (Kalwani/Narayandas 1995) ist Kundenbindung – abhängig von der Form der Umsetzung – oftmals mit hohen Kosten und Investitionen verbunden. Im Rahmen der Vertriebsstrategie müssen folglich neben den Instrumenten der Kundenbindung auch die notwendigen Ressourcen festgelegt werden. Da für den Anbieter mit zunehmender Intensität der Kundenbindung auch die Kundenbindungskosten überproportional steigen, entspricht die anbieterseitige Nutzenfunktion der Kundenbindung einem umgekehrten U-Verlauf (Backhaus/Büschken 1995). Eine zentrale Herausforderung besteht folglich darin, den maximalen Nutzen der Kundenbindung bei gegebenen Kundenbindungskosten zu erzielen. Dabei ist davon auszugehen, dass Kundenbindung positiv auf das Kaufverhalten sowie die Wiederkauf- und Weiterempfehlungs*absicht* wirkt (Sinha et al. 1999). Dadurch lassen sich zwei aufeinander aufbauende Erfolgsgrößen unterscheiden (Homburg et al. 2008b):

- Beziehungserfolg:

  Der Beziehungserfolg ist gekennzeichnet durch die Höhe der Kundenloyalität. Dies zeigt sich u. a. darin, ob und in welchem Umfang Fehler des Anbieters toleriert werden und ob sie den Anbieter weiterempfehlen. Zudem können gebundene Kunden als Informationsquelle genutzt werden.

- Wirtschaftlicher Erfolg:

  Der wirtschaftliche Erfolg ist ein Resultat des Beziehungserfolgs. Die Bindung loyaler Kunden an das Unternehmen führt in der Regel zu Cross-Buying-Effekten und Weiterempfehlung. Dadurch wird der wirtschaftliche Erfolg positiv beeinflusst, indem z. B. Mengen und / oder Preise gesteigert werden können.

Kundenbindung sollte im Rahmen des strategischen Vertriebsmanagements als ein Prozess betrachtet werden, bei dem auf systematische Weise die Geschäftsbeziehung zu Kunden langfristig aufrechterhalten wird (Krafft 2007). Allerdings muss der Anbieter im Rahmen der Kundensegmentierung und -priorisierung entscheiden, bei welchen Kunden aktiv Kundenbindung betrieben werden soll.

3.3 Vertriebskanalstrategie

Wenn das Unternehmen festgelegt hat, welche Kundengruppen in welcher Intensität und mit welcher Beziehungsstrategie bedient werden sollen, ist im Rahmen des strategischen Vertriebsmanagements zu bestimmen, über welche Vertriebskanäle (z. B. Facheinzelhandel, Großhandel, Online-Vertrieb/eCommerce, Handelsvertreter, Vertriebsaußendienst etc.) diese erreicht werden sollen. Die Form der Beziehungsstrategie und der Wert des Kunden determinieren maßgeblich die Wahl des Vertriebskanals. So ist es aus Anbieterperspektive in der Regel wenig effizient und oftmals unprofitabel, Kunden mit einem geringeren Wert über betreuungsintensive Vertriebskanäle (z. B. mit einem eigenen Vertriebsaußendienst) zu bedienen.

Obwohl die Vertriebskanalentscheidung zu den wesentlichen Aspekten einer Vertriebsstrategie gehört, mangelt es häufig an einem systematischen Vertriebskanalmanagement in der Unternehmenspraxis (Homburg et al. 2008b). Ist die Entscheidung bzgl. des Vertriebskanals gefällt, so ist diese in den meisten Fällen schwer – oder nur mit hohen Kosten – revidierbar. Die gewählten Vertriebskanäle geben vor, in welcher Form der Markt bearbeitet wird. Die Vertriebskanalentscheidung beeinflusst folglich die Art und Weise, wie die Kunden erreicht werden und in welcher Intensität dies erfolgen soll.

Der Anbieter muss beachten, dass nicht alle Vertriebskanäle geeignet sind, um bestimmte Produkte verkaufen zu können. Die Produktart und die einzelnen Produktcharakteristika beeinflussen die Wahl des Vertriebskanals. Die gewählte Vertriebskanalstrategie sollte zudem die übergeordnete Marketing- und Vertriebsstrategie abbilden. Verfolgt ein Unternehmen z. B. die Strategie einer Qualitätsführerschaft, sollte sich dieser Anspruch im Kontakt zum Kunden und in der Organisation des Vertriebs widerspiegeln. Zu Problemen bei der Vertriebskanalstrategie kann es jedoch kommen, wenn im Unternehmen – oder auch allgemein im Markt – historisch gewachsene Vertriebskanäle und -prozesse existieren, die eine strategische Neuausrichtung der Vertriebskanalstrategie sehr komplex oder gar unmöglich machen. Daneben existieren weitere Faktoren, die bei der Vertriebskanalentscheidung berücksichtigt werden müssen. Diese sind in der folgenden Abbildung dargestellt.

Abbildung 2.1.4 Einflussfaktoren auf die Vertriebskanalstrategie

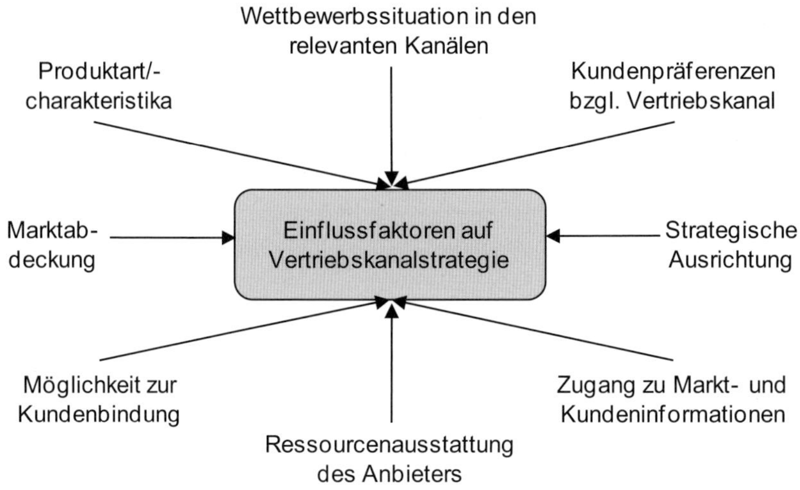

Im Rahmen der Vertriebskanalstrategie hat der Anbieter zwei strategische Grundsatzentscheidungen zu treffen, die im Folgenden näher erläutert werden:

1. Direkter vs. indirekter Vertrieb:

   Der Anbieter muss entscheiden, ob die Kunden über unternehmensinterne oder externe Vertriebspartner bedient werden sollen.

2. Ein- vs. Multi-Kanal-Strategie:

   Im zweiten Schritt muss die Anzahl der Vertriebskanäle festgelegt werden.

Beim direkten Vertrieb vollzieht sich der Distributionsprozess in seinen Kernelementen allein zwischen dem Hersteller und Verwender, wohingegen beim indirekten Vertrieb ein oder mehrere weitere, unabhängige Absatzorgane zwischengeschaltet sind (Kleinaltenkamp 2006). Der Hauptunterschied zwischen direktem und indirektem Vertrieb liegt folglich in der rechtlichen und wirtschaftlichen Unabhängigkeit des Vertriebspartners (Homburg et al. 2008b). Der Anbieter muss letztlich entscheiden, ob er den Verkauf seiner Produkte durch unternehmenseigene oder unternehmensexterne Vertriebsmitarbeiter durchführen lassen möchte. Entscheidet er sich für den indirekten Vertrieb, sind weitere (Folge-) Entscheidungen zu treffen, wie z. B. die Auswahl eines Vertriebspartners (und damit verbunden die Frage nach den Kriterien, mittels derer die Auswahl durchgeführt werden soll), die organisatorische Einbindung und der Grad der rechtlichen Integration in das eigene Unternehmen, oder die Entlohnung des Vertriebspartners.

Der direkte Vertrieb setzt voraus, dass der jeweilige Anbieter über unternehmenseigene Vertriebsorgane verfügt. Dabei lassen sich hierarchisch und organisatorisch verschiedene Formen identifizieren, nach denen der direkte Vertrieb strukturiert ist (Kleinaltenkamp 2006). Die in der Praxis am weitesten verbreitete Form des direkten Vertriebs ist der Vertriebsaußendienst. Außendienstmitarbeiter (oder auch Reisende genannt) stehen in direktem Kontakt zum Kunden und besuchen diesen in seinem Unternehmen. Im Business-to-Business-Bereich, insb. bei beratungs- und betreuungsintensiven Projekten, bei denen der Kunde ab Projektstart konsequent eingebunden ist, dominieren hingegen Vertriebsingenieure. Zusätzlich existieren Unterschiede hinsichtlich des Zentralisierungsgrades des direkten Vertriebs (Kleinaltenkamp 2006). Dieser reicht von eigenen Vertriebsgebieten über Verkaufsbüros bis hin zu (räumlich entfernten) Niederlassungen, was auch als „ausgegliederter Vertrieb" bezeichnet wird. Beim ausgegliederten Vertrieb kann wiederum zwischen herstellergebundenen Vertriebsgesellschaften, herstellergebundenen Handelsunternehmen und herstellergebundenen Handelsvertretern differenziert werden (Kleinaltenkamp 2006). Zudem spielen im Business-to-Business-Sektor sog. vertikale Vertriebskooperationen eine Rolle, bei denen Vertriebsvereinbarungen zwischen Hersteller und Händler vertraglich fixiert werden (Backhaus 1974).

Beim indirekten Vertrieb setzt der Hersteller unternehmensexterne Vertriebspartner ein. Neben dem Produktionsverbindungshandel spielt der distribuierende Handel (auch als Streckengeschäft bezeichnet) eine zentrale Rolle (Kleinaltenkamp 2006). Hierbei besteht die zentrale Aufgabe in dem Kontakt zu Kunden, welche aufgrund der räumlichen Streuung die Anforderungen an einen unternehmenseigenen Vertrieb übersteigen könnten. Sollen vor allem geringwertige Gebrauchsgüter mit aperiodischem Bedarf (wie z. B. Einrichtungs- und Ausrüstungsgegenstände von Werkstätten oder Lagern) vertrieben werden, ist der sog. technische Versandhandel in Form von Versandhandelsbetrieben geeignet. Schließlich kann der indirekte Vertrieb auch über Handelsvertreter (wirtschaftlich unabhängige Absatzhelfer) oder Consultants (Ingenieurberatungsfirmen, insb. im Anlagen- und Systemgeschäft) abgewickelt werden.

Beide Vertriebsformen – der direkte und indirekte Vertrieb – haben sowohl Vor- als auch Nachteile. Der indirekte Vertrieb ermöglicht es dem Anbieter nur bedingt, wichtige Marktinformationen abzugreifen. Auch die verschiedenen Formen der Kundenbindung sind schwieriger zu implementieren, da unternehmensexterne Vertriebspartner unabhängig vom Anbieter agieren. Dies ist über eine eigene Vertriebsmannschaft leichter durchzusetzen. Vorteile des direkten Vertriebs liegen u. a. darin, dass nur unternehmenseigene Produkte vertrieben werden und eine höhere Flexibilität bzgl. der Marktbearbeitung gegeben ist (Homburg et al. 2008b). Auf der anderen Seite ist der direkte Vertrieb in der Regel teurer und bedarf regelmäßig einer höheren Kapitalbindung.

Vertriebskanalentscheidungen umfassen auch Entscheidungen über die Anzahl der Vertriebskanäle. Der Anbieter muss sich zwischen einer Ein- und einer Multi-Kanal-Strategie entscheiden. Während bei einer Ein-Kanal-Strategie die Produkte nur über einen Vertriebskanal verkauft werden, werden bei einer Multi-Kanal-Strategie die Produkte über mehrere, teilweise in Konkurrenz zueinander stehende Vertriebskanäle verkauft. Dadurch hat der

Anbieter die Möglichkeit, verschiedene Kundengruppen entsprechend ihrer Präferenzen und Kaufbedürfnisse zu bedienen, um so die Wahrscheinlichkeit eines Kaufabschlusses zu maximieren. Jedoch muss berücksichtigt werden, dass die Komplexität und der resultierende Koordinationsaufwand mit der Anzahl der Vertriebskanäle steigt. So ist es durchaus möglich, dass eine Kundengruppe von mehreren Vertriebskanälen parallel bedient wird, und es so u. a. zu Überschneidungen zwischen den Zuständigkeitsbereichen der verantwortlichen Vertriebsmitarbeiter kommen kann. Konflikte zwischen Vertriebskanälen haben auch umsatzrelevante Konsequenzen, da die Preise in den einzelnen Kanälen durchaus unterschiedlich sein können (Ingram et al. 2009). So können z. B. die Preise bei Online-Kaufabschlüssen im eCommerce geringer sein als im direkten Vertrieb über die eigene Sales Force, was erhebliche Herausforderungen für das Management der unterschiedlichen Vertriebskanäle induziert.

Die Vertriebsstrategie determiniert die Vertriebskanalentscheidung. Daher sind grundsätzlich alle relevanten Vertriebskanäle hinsichtlich der Vertriebsstrategie zu bewerten, indem ihre Zielkonformität überprüft wird. Neben der Konformität mit strategischen Zielen sind die Kanäle anhand ihrer (erwarteten) Profitabilität zu bewerten. Der Anbieter muss überprüfen, ob die Kunden die einzelnen Absatzkanäle entsprechend annehmen, und ob die Umsatzerwartungen erfüllt werden. Diese Problematik verschärft sich mit steigender Anzahl an Vertriebskanälen. Werden Kunden direkt mit einer unternehmenseigenen Sales Force und zusätzlich über Online-Vertriebskanäle bedient, kann die Profitabilität des direkten Vertriebskanals sinken, wenn die Kunden vermehrt den eCommerce-Kanal benutzen. Neben Effizienzüberlegungen muss bei der Wahl zwischen Ein- und Multi-Kanal-Strategie auch die Wettbewerbssituation in den einzelnen Kanälen berücksichtigt werden. So besteht für den Anbieter die Möglichkeit, in Absatzkanäle vorzudringen, die bislang nur von der Konkurrenz genutzt wurden (Homburg et al. 2008b). Dadurch können die Marktanteile von direkten Wettbewerbern verringert und zusätzliche Umsätze generiert werden.

Eng verbunden sowohl mit der Entscheidung zwischen direktem und indirektem Vertrieb als auch mit der Entscheidung bzgl. der Anzahl der Vertriebskanäle ist die Frage nach der Anzahl der Wertschöpfungsstufen. Der Anbieter hat grundsätzlich die Möglichkeiten, seine Kunden direkt oder mittels eines (oder mehrerer) Zwischenhändler(s) zu bedienen. Soll der Kunde über einen Zwischenhändler z. B. in Form eines klassischen Großhändlers bedient werden, so hat dies unmittelbare Auswirkungen u. a. auf die Preis- und Konditionspolitik des Anbieters. Da der Großhändler die Produkte an seine Kunden weitervertreiben möchte, wird er einen gewissen Zuschlag auf die Preise des Anbieters erheben. Folglich muss der Anbieter dies im Preis- und Konditionengefüge zwischen direkten Kunden und zwischengeschalteten Handelsstufen angemessen berücksichtigen. Die anbieterseitige Entscheidung, ob die Produkte mit oder ohne Zwischenhändler vertrieben werden sollen, ist somit zusätzlich mit der Entscheidung zwischen einer Ein- oder Multi-Kanal-Strategie verknüpft, denn es tritt in der Unternehmenspraxis immer häufiger der Fall auf, dass Kunden die Möglichkeit haben, ihre Produkte direkt beim Hersteller oder über einen zwischengeschalteten Großhändler zu beziehen.

4 Fazit

Die Vertriebsfunktion ist in der jüngeren Vergangenheit zunehmend in den Fokus der Betrachtung gerückt. Veränderungen der externen und internen Rahmenbedingungen sowie insbesondere drastisch veränderte Kundenanforderungen verdeutlichen die Notwendigkeit einer strategischen Betrachtung des Vertriebs. Das strategische Vertriebsmanagement weist dabei erhebliche Interdependenzen mit der Unternehmens- und Marketing-Strategie auf und muss folglich aktiv in den komplexen Strategieentwicklungsprozess des Unternehmens integriert werden.

Der Fokus des strategischen Vertriebsmanagements liegt auf kundenzentrierten Aspekten des Vertriebs. Es existieren dabei zentrale Elemente, die im Rahmen des strategischen Vertriebsmanagements zu definieren sind und folgenden Zusammenhang untereinander aufweisen: Auf Basis der *Kundensegmentierung und -priorisierung* werden die *Kundenbeziehungs-* und *Vertriebskanalstrategie* festgelegt. Die Entscheidungen bzgl. der Kundenbeziehungs- und Vertriebskanalstrategie sind dabei interdependent und folglich simultan zu treffen. Alle Elemente sollten auf ein effektives und effizientes Kundenmanagement ausgerichtet werden.

Zur praktischen Umsetzung dieser Entscheidungen ist aus Anbieterperspektive die Nutzung von Markt- und Kundeninformationen aus dem Vertrieb von zentraler Bedeutung, denn der Vertrieb stellt die direkte Schnittstelle zum Kunden dar. Folglich muss im Rahmen des strategischen Vertriebsmanagements die Erfassung und insbesondere die Distribution dieser Informationen im Unternehmen forciert werden. Dies ermöglicht die frühzeitige Erfassung von veränderten Marktgegebenheiten und ermöglicht es dem Anbieter, rechtzeitig über Anpassungen auf Trends zu reagieren und sich so Wettbewerbsvorteile am Markt zu verschaffen. Damit kann ein strategisch ausgerichtetes Vertriebsmanagement eine erfolgskritische Ressource für alle Ebenen des Strategieentwicklungsprozesses generieren und somit entscheidend zum Unternehmenserfolg beitragen.

Literaturverzeichnis

Backhaus, K. (1974): Direktvertrieb in der Investitionsgüterindustrie, Wiesbaden.

Backhaus, K./Büschken, J. (1995): Kundenbindung - kein Freibrief für Gängeleien, in: Werben & Verkaufen, Special 20/95, S. 140-141.

Backhaus, K./Schneider, H. (2009): Strategisches Marketing, 2. Aufl., Stuttgart.

Becker, J. (2001): Strategisches Vertriebscontrolling, München.

Belz, C./Bieger, T. (2004): Customer Value: Kundenvorteile schaffen Unternehmensvorteile, St. Gallen.

Beschnidt, J. (2004): Customer Relationship Management: Ein Leitfaden zur Einführung, Berlin.

Biemans, W. G./Brenčič, M. M./Malshe, A. (2010): Marketing-Sales Interface Configurations in B2B Firms, in: Industrial Marketing Management, Vol. 39, 2, S. 183-194.

Chally Group Report (2007): The Chally World Class Sales Excellence Research Report: The Route to the Summit, Dayton, OH.

Chrzanowski, K. R./Leigh, T. W. (1998): Customer relationship strategy and customerfocused teams, in: Bauer, G. J./Baunchalk, M. S./Ingram, T. N./LaForge, R. W. (Hrsg.), Emerging trends in sales thought and practice, Westport, CN, S. 51–79.

De Vincentis, J. R./Rackham, N. (1999): Rethinking the sales force, New York.

Dubinsky, A. J./Hansen, R. W. (1981): The sales force management audit, in: California Management Review, Vol. 24, 2, S. 86–95.

Fang, E./Evans, K. R./Landry, T. D. (2005): Control system's effect on attributional processes and sales outcomes: A cybernetic information-processing perspective, in: Journal of the Academy of Marketing Science, Vol. 33, 4, S. 553–574.

Freter, H./Obermeier, O. (2000): Marktsegmentierung, in: Herrmann, A./Homburg, Ch. (Hrsg.), Marktforschung – Methoden, Anwendungen, Praxisbeispiele, 2. Aufl., Wiesbaden.

Günter, B./Helm, S. (Hrsg.) (2006): Kundenwert – Grundlagen, Innovative Konzepte, Praktische Umsetzungen, 3. Aufl., Wiesbaden.

Homburg, Ch./Jensen, O. (2007): The Thought Worlds of Marketing and Sales: Which Differences Make a Difference?, in: Journal of Marketing, Vol. 71, 7, S. 124-142.

Homburg, Ch./Jensen, O./Krohmer, H. (2008a): Configurations of Marketing and Sales: A Taxonomy, in: Journal of Marketing, Vol. 72, 2, S. 133-154.

Homburg, Ch./Schäfer, H./Schneider, J. (2008b): Sales Excellence, 5. Aufl., Wiesbaden.

Ingram, T. N./LaForge, R. W./Leigh, T. W. (2002): Selling in the new millennium: A joint agenda, in: Industrial Marketing Management, Vol. 31, 7, S. 559–567.

Ingram, T. N./LaForge, R. W./Avila, R. A./Schwepker, C. H., Jr./Williams, M. R. (2009): Sales Management: Analysis and Decision Making, 7. Aufl., New York.

Jobber, D./Lancaster, G. (2003): Selling & sales management, 6. Aufl., Harlow, UK.

Johnston, M. W./Marshall, G. W. (2009): Churchill/Ford/Walker's sales force management, 9. Aufl., Boston.

Jones, E./Brown, S. P./Zoltners, A. A./Weitz, B. A. (2005): The Changing Environment of Selling and Sales Management, in: Journal of Personal Selling & Sales Management, Vol. 25, 2, S. 105-111.

Kalwani, M./Narayandas, N. (1995): Long-Term Manufacturer-Supplier Relationships: Do They Pay off for Supplier-Firms?, in: Journal of Marketing, Vol. 59, 1, S. 1-16.

Kleinaltenkamp, M. (2006): Auswahl von Vertriebswegen, in: Kleinaltenkamp, M./Plinke, W./Jacob, F./Söllner, A. (Hrsg.), Markt- und Produktmanagement, 2. Aufl., Wiesbaden.

Kotler, P./Rackham, N./Krishnaswamy, S. (2006): Ending the War between Sales and Marketing, in: Havard Business Review, Special Double Issue: Sales, July-August, S. 68-78.

Krafft, M. (2007): Kundenbindung und Kundenwert, 2. Aufl., Heidelberg.

Krafft, M./Marzian, S. (1997): Dem Kundenwert auf der Spur, in: Absatzwirtschaft, Vol. 40, 6, S. 104-107.

Kuhlmann, E. (2001): Industrielles Vertriebsmanagement, München.

LaForge, R. W./Ingram, T. N./Cravens, D. W. (2009): Strategic alignment for sales organization transformation, in: Journal of Strategic Marketing, Vol. 17, 3-4, S. 199-219.

Le Meunier-FitzHugh, K./Lane, N. (2009): Collaboration between sales and marketing, market orientation and business performance in business-to-business organisations, in: Journal of Strategic Marketing, Vol. 17, 3-4, S. 291-306.

Maier, J./Saunders, J. (1990): The implementation process of segmentation in sales management, in: Journal of Personal Selling & Sales Management, Vol. 10, 1, S. 39–48.

Malshe, A. (2009): Strategic sales organizations: Transformation challenges and facilitators within the sales-marketing interface, in: Journal of Strategic Marketing, Vol. 17, 3-4, S. 271-289.

Malshe, A./Sohi. R. S. (2009): What makes strategy making across the sales-marketing interface more successful?, in: Journal of the Academy of Marketing Science, Vol. 37, 4, S. 400-421.

Meffert, H./Burmann, C./Kirchgeorg, M. (2007): Marketing: Grundlagen marktorientierter Unternehmensführung, 10. Aufl., Wiesbaden.

Moncrief, W. C./Shipp, S. H./Lamb, C. W., Jr./Cravens, D. W. (1989): Examining the roles of telemarketing in selling strategy, in: Journal of Personal Selling & Sales Management, Vol. 9, 3, S. 1–12.

Oliver, R. L./Anderson, E. (1994): An empirical test of the consequences of behavior and outcome-based sales control systems, in: Journal of Marketing, Vol. 58, 4, S. 53–67.
Panagopoulos, N. G./Avlonitis, G. J. (2010): Performance implications of sales strategy: The moderating effects of leadership and environment, in: International Journal of Research in Marketing, Vol. 27, 1, S. 46-57.
Piercy, N. F./Lane, N. (2009): Strategic Customer Management: Strategizing the Sales Organization, Oxford.
Rangaswamy, A./Sinha, P./Zoltners, A. (1990): An integrated model-based approach for sales force structuring, in: Marketing Science, Vol. 9, 4, S. 279–298.
Rouziès, D./Anderson, E./Kohli, A. K./Michaels, R. E./Weitz, B. A./Zoltners, A. A. (2005): Sales and Marketing Integration: A Proposed Framework, in: Journal of Personal Selling & Sales Management, Vol. 25, 2, S. 113-122.
Sackmann, S./Kundisch, D./Ruch, M. (2008): CRM, Kundenbewertung und Risk Return Steuerung im betrieblichen Einsatz, in: Koch, S./Strahringer, S. (Hrsg.), Customer & Supplier Relationship Management, HMD – Praxis der Wirtschaftsinformatik, Vol. 45, 259, S. 21-31.
Shapiro, B. P./Slywotsky, A. J./Doyle, S. X. (1998): Strategic Sales Management: A Boardroom Issue, Cambridge.
Sinha, I./De Sarbo, W. S./Young-Helou, S. (1999): Sources and Consequences of Customer Value and Customer Loyalty – Empirical Evidence from the Field, Working Paper, Temple University, Philadelphia.
Slater, S. F./Olson, E. M. (2000): Strategy type and performance: The influence of sales force management, in: Strategic Management Journal, Vol. 21, 8, S. 813–829.
Spiro, R. L./Rich, G. A./Stanton, W. J. (2008): Management of a sales force, 12. Aufl., New York.
The Sales Educators (2005): Strategic sales leadership: Breakthrough thinking for breakthrough results, Florence.
Tomczak, T./Rudolf-Sipötz, E. (2006): Bestimmungsfaktoren des Kundenwertes – Ergebnisse einer branchenübergreifenden Studie, in: Günter, B./Helm, S. (Hrsg.), Kundenwert – Grundlagen, Innovative Konzepte, Praktische Umsetzungen, 3. Aufl., Wiesbaden, S. 127-155.
Weitz, B. A. (1978): Relationship between salesperson performance and understanding of customer decision making, in: Journal of Marketing Research, Vol. 15, 4, S. 501–516.
Weitz, B. A./Sujan, H./Sujan, M. (1986): Knowledge, motivation, and adaptive behavior: A framework for improving selling effectiveness, in: Journal of Marketing, Vol. 50, 4, S. 174–191.
Welge, M. K./Al-Laham, A. (2008): Strategisches Management: Grundlagen - Prozess – Implementierung, 5. Aufl., Wiesbaden.
Wilken, R./Cornelißen, M./Backhaus, K./Schmitz, C. (2010): Steering sales reps through cost information: An investigation into the black box of cognitive references and negotiation behavior, in: International Journal of Research in Marketing, Vol. 27, 1, S. 69-82.
Winkelmann, P. (2008): Vertriebskonzeption und Vertriebssteuerung, 4. Aufl., München.
Zoltners, A. A./Sinha, P./Lorimer, S. E. (2004): Sales Force Design for Strategic Advantage, Houndmills.
Zoltners, A. A./Sinha, P./ Lorimer, S. E. (2009): Building a winning sales force: Powerful strategies for driving high performance, New York.

2.2 Vertriebswege

Michael Kleinaltenkamp

1 Die Stellung der Vertriebswegeentscheidung im Rahmen der Marketingstrategie

Die Ausgestaltung der angebotenen Produkte und Dienstleistungen bildet in aller Regel den Kern einer Marketingstrategie eines Anbieters. Sie wird deshalb als deren wichtigstes Element angesehen. Daneben stellt die Gestaltung des Vertriebssystems vielfach das zweite wichtige Instrument der absatzwirtschaftlichen Leistungsgestaltung dar. Sie umfasst alle Entscheidungen über die Art und Weise, wie die verschiedenen Leistungselemente eines Angebots den Nachfragern verfügbar gemacht werden.

Die im Rahmen der Distributionsgestaltung zu treffenden Entscheidungen umfassen dabei im Wesentlichen zwei große Komplexe:

1. die im Folgenden schwerpunktmäßig betrachtete *Vertriebswegeentscheidung*: Sie beinhaltet die Frage, welche *Institutionen* die auf dem Weg vom Hersteller zum Verwender zu erbringenden Vertriebsleistungen übernehmen und wie die notwendigen und möglichen Tätigkeiten auf die Betroffenen aufgeteilt werden.
2. *Vertriebsdurchführungsentscheidungen*: In ihrem Rahmen ist darüber zu befinden, wie die speziellen Vertriebsleistungen der *physischen Distribution* bzw. *Vertriebslogistik* (Transport, Lagerung und Auslieferung) sowie der Auftragseinholung und -bearbeitung anzulegen und durchzuführen sind, wie das Verkaufspersonal einzusetzen ist und wie der Vertrieb organisatorisch gestaltet und in die Gesamtorganisation eingebunden werden soll (*Vertriebsmanagement*). Diese Fragen werden jedoch im weiteren Verlauf nur insoweit angeschnitten, wie sie auch in die Vertriebswegeentscheidung hineinragen.

Die besondere Bedeutung der Vertriebswegeentscheidung rührt daher, dass die jeweiligen Festlegungen

- meist nur schwer korrigierbar sind,
- z. T. sehr langfristige Wirkungen zeitigen und
- eine strategische Komponente umfassen.

So ergeben sich aus der Entscheidung für einen herstellereigenen Vertrieb Konsequenzen hinsichtlich des Aufbaus von sachlichen und personellen Vertriebskapazitäten, die wiederum zu weitreichenden Kosten- und Kapitalbelastungen führen. Sie entwickeln vielfach Beharrungstendenzen, die Anpassungen erschweren, wenn nicht sogar verhindern können. Wird im umgekehrten Fall von Seiten eines Unternehmens auf die Errichtung eines eigenen Vertriebssystems verzichtet, begibt es sich zwangsläufig in eine gewisse Abhängigkeit von den jeweiligen Absatzmittlern bzw. -helfern, aus der es sich in aller Regel wiederum nur schwer lösen kann.

Darüber hinaus schafft die Distribution den Weg, über den die Leistungen eines Anbieterunternehmens an den Kunden gelangen. Aus einer bestimmten Marktsegmentierungs- und Zielgruppenentscheidung ergibt sich somit zwangsläufig die Forderung, über

Vertriebswege verfügen zu können, auf denen die Produkte auch tatsächlich die gewünschten Kunden bzw. Kundengruppen erreichen.

Somit stellt die Distribution schließlich auch ein zentrales Element der Wettbewerbsstrategie dar, da die Fähigkeit, zu einem Vertriebskanal Zugang zu haben und über ihn verfügen zu können, eine wesentliche Voraussetzung für den Erfolg am Markt ist und damit großen Einfluss auf die Stärke der Marktstellung einer Unternehmung sowie auf ihre Position gegenüber den Konkurrenten hat.

Im Folgenden werden im Anschluss an die kurze Darstellung der Funktionen der Distribution zunächst die unterschiedlichen Vertriebswegealternativen vorgestellt, die zur Erbringung dieser Distributionsfunktionen zur Verfügung stehen. Im Anschluss daran werden die Faktoren, die auf die Entscheidung für einen bestimmten Vertriebsweg Einfluss nehmen, sowie ihre jeweiligen Wirkungen erörtert.

2 Funktionen der Distribution

Die grundlegende Aufgabe der Distribution besteht darin, den Weg eines Produktes zu seinem Verwender zu überbrücken. Dabei ist der zurückzulegende ‚Weg' jedoch nicht nur als ein räumliches Phänomen zu begreifen. Vielmehr existiert zwischen der Produktion und der Verwendung eines Gutes ein vielfältiges *Spannungsverhältnis*, das es durch die Erbringung von Distributionsleistungen zu überwinden gilt. Dadurch werden die *Funktionen der Distribution* bestimmt. Das Spannungsverhältnis umfasst im Wesentlichen vier Dimensionen (Leitherer 1974, S. 48; Treis 2001, S. 566; Specht/Fritz 2005, S. 39 ff.):

- *quantitative Spannungen*, da Leistungen meist in anderen Mengen produziert werden als sie verwendet werden
- *räumliche Spannungen*, da Leistungen i. d. R. an anderen Orten als denen ihrer Verwendung produziert werden
- *zeitliche Spannungen*, da die Verwendung der Leistungen ganz überwiegend zu anderen Zeiten stattfindet als die Produktion
- *qualitative Spannungen*, da Leistungen z. T. nicht so verwendet werden, wie sie produziert werden, sondern noch gewisse Umwandlungen, wie z. B. Behandlung, Umfüllung, Montage usw., oder Ergänzungen bzw. Erweiterungen insbesondere um bestimmte Dienstleistungen, wie z. B. Präsentation, Beratung, Service usw., erfahren.

In diesem Zusammenhang ist zu beachten, dass sich die zu überbrückenden Spannungen ebenso auf *Informationen* beziehen. Dabei ist es wichtig, dass die Informationen sowohl vom Produzenten zum Verwender, wie auch vom Verwender zum Produzenten gelangen, wobei ebenfalls quantitative, qualitative, räumliche und zeitliche ‚Spannungen' überbrückt werden müssen.

Prinzipiell ist es offen, wer, d.h. welche Institution, die jeweiligen im Rahmen eines Distributionssystems anfallenden Leistungen vollbringt. Grundsätzlich kann dies geschehen durch:

- den Hersteller eines Produkts,
- Kooperationspartner des Herstellers,
- einen Absatzmittler oder -helfer (Händler, Handelsvertreter, Makler u. ä.),
- den Verwender und/oder
- ein spezialisiertes Dienstleistungsunternehmen (Transport-, Lager-, Instandhaltungsunternehmen u. ä.).

Zudem ist auch jede mögliche Kombination der genannten Institutionen denkbar.

Bevor jedoch auf diejenigen Faktoren eingegangen wird, welche die Verteilung der Leistungen auf die möglichen Beteiligten und damit auch die Wahl sowie die Ausgestaltung eines Vertriebsweges bestimmen, sollen zunächst die einem Anbieter grundsätzlich zur Verfügung stehenden *Vertriebswegealternativen* dargestellt werden.

3 Unterschiedliche institutionelle Gestaltungsformen von Vertriebswegen

3.1 Darstellung der grundlegenden Vertriebswegealternativen

Eine klare und eindeutige Abgrenzung der verschiedenen Vertriebswegealternativen, die von einem Anbieter genutzt werden können, ist nicht möglich. Diese Schwierigkeit rührt daher, dass eine ganze Reihe von Kriterien existiert, anhand derer die zu erbringenden Vertriebsleistungen auf die betreffenden Institutionen aufgeteilt werden können, und dass die in der Realität beobachtbaren Formen des Vertriebs dadurch charakterisiert sind, dass häufig mehrere Merkmale gleichzeitig auftreten und zudem verschieden stark ausgeprägt sein können. Dahingehende Unterscheidungen können wie folgt vorgenommen werden (Kleinaltenkamp 2006, S. 327):

- *Wie viele Institutionen* sind an der Erbringung der Distributionsleistungen beteiligt? Hierbei reicht das Spektrum von dem Fall, dass lediglich Hersteller und Verwender die Distribution übernehmen, bis zu den Fällen, bei denen neben Hersteller und Verwender eine Vielzahl von unterschiedlichen Absatzmittlern und -helfern, Kooperationspartnern und/oder spezialisierten Dienstleistern am Distributionsprozess beteiligt ist.

- *Welche Vertriebsleistungen* werden von den Beteiligten jeweils übernommen? Hierbei ergeben sich unterschiedliche Ausprägungen je nachdem, ob
  - eine Institution alle in Frage kommenden Aufgaben selbst bzw. zu einem Großteil selbst übernimmt,
  - ein Unternehmen sich im Wesentlichen nur auf die Akquisition der Aufträge konzentriert, die physische Abwicklung hingegen von anderen – evtl. beauftragten – Organisationen durchführen lässt,
  - die Leistungserbringung sich nur auf die Hardware-Lieferungen i. e. S. bezieht oder auch weitere – dem Vertragsabschluss zeitlich möglicherweise weit nachgelagerte – Dienstleistungen umfasst.
- Wird die Erbringung der jeweiligen Distributionsleistungen *allein* oder in irgendeiner Form der *Kooperation* durchgeführt?

Eine Differenzierung der zu betrachtenden Vertriebswegealternativen kann deshalb nicht in allen Fällen überschneidungsfrei bleiben, sondern muss sich danach ausrichten, inwieweit die einzelnen Merkmale für den Charakter der jeweiligen Vertriebsformen prägend sind. Einem einzelnen Anbieter stehen grundsätzlich zwei alternative Vertriebswege zur Auswahl:

- der *direkte Vertrieb*, bei dem der Produzent bzw. seine Vertriebsorgane das Geschäft mit dem Verwender unmittelbar abwickeln, und
- der *indirekte Vertrieb*, bei dem der Produzent seine Produkte an eine andere Unternehmung verkauft, die sie nicht zur eigenen Verwendung, sondern vielmehr zum Zweck der Weiterveräußerung an Dritte erwirbt. Dabei kann es zwar auch zu direkten Kontakten zwischen dem ersten Anbieter und dem Verwender kommen, wenn etwa ein über den Handel vertreibender Markenartikler Endkonsumentenwerbung betreibt. Die Abwicklung der Geschäfte übernimmt jedoch ein zwischengeschaltetes Unternehmen. Umgekehrt kann die Geschäftsanbahnung durch diese erfolgen, während der Weg der Ware vom ersten Anbieter zum Verwender direkt erfolgt *(„Streckengeschäft")*.

Es ist dabei durchaus schwierig, ein Kriterium zur eindeutigen Unterscheidung des direkten von indirektem Vertrieb zu finden. Häufig wird die wirtschaftliche Selbständigkeit des vertreibenden Unternehmens herangezogen. Ist sie nicht gegeben, liegt direkter Absatz vor, ist sie gegeben, handelt es sich um indirekten Vertrieb. Der Begriff der wirtschaftlichen Selbständigkeit ist aber nicht klar abgrenzbar, weil jede Geschäftsbeziehung Abhängigkeiten unterschiedlichen Grades schafft. Insofern ist die Entscheidungsfreiheit als Zeichen wirtschaftlicher Selbständigkeit im Einzelfall sehr verschieden zu interpretieren. Noch weniger ist die rechtliche Selbständigkeit dazu geeignet, die Fälle eindeutig zu klassifizieren. Während eine wirtschaftliche Selbständigkeit in der Regel eine rechtliche Selbständigkeit voraussetzt, muss eine wirtschaftliche Unselbständigkeit jedoch nicht zwangsläufig auch mit einer rechtlichen Unselbständigkeit einhergehen. So sind in der Realität durchaus Vertriebssysteme mit rechtlich selbständigen Vertriebsorganen anzutreffen, die allerdings aufgrund ihrer wirtschaftlichen Verknüpfung mit einem Stammhaus oder mit Partnern nicht als wirtschaftlich unabhängig angesehen werden können. Deshalb sind sie dann auch dem direkten Vertrieb zuzuordnen. Hierunter fallen rechtlich selbständige Vertriebsgesellschaften oder Handelsunternehmen, die sich z. B. aufgrund der Beteiligungs- oder sonstiger Vertragsverhältnisse in einer wirtschaftlichen Abhängigkeit von der betreffenden Herstellerunternehmung befinden und deshalb auch als *‚gebundene' Vertriebsorgane* – innerhalb des direkten Vertriebs – bezeichnet werden.

Ein Anbieterunternehmen kann seinen Vertrieb auf eine der beiden genannten Arten – direkt oder indirekt – beschränken *(„eingleisiger Vertrieb")*. Beide Formen können aber auch gleichzeitig, d.h. parallel zum Einsatz gelangen, was als *„mehrgleisiger Vertrieb"* bezeichnet wird. Darüber hinaus existieren kooperative Vertriebssysteme, die Elemente des direkten und des indirekten Vertriebs miteinander kombinieren, wie der *„Anschlussabsatz"*, der *„Gemeinschaftsabsatz"* sowie die speziellen Formen der *„Anbietergemeinschaften"*, wie sie vor allem im Anlagen- und Systemgeschäft zum Einsatz kommen.

Im Folgenden sollen die so unterschiedenen Vertriebsalternativen im Einzelnen näher betrachtet werden.

3.2 Möglichkeiten der einzelbetrieblichen Vertriebswegegestaltung

3.2.1 Formen des eingleisigen Vertriebs

Direkter Vertrieb

Allgemeine Charakteristika des direkten Vertriebs

Das konstituierende Merkmal des *direkten Vertriebs* ist die Tatsache, dass sich der Distributionsprozess in seinen wesentlichen Teilen allein zwischen dem Hersteller und dem Verwender der betreffenden Leistung vollzieht. Dabei ist es insbesondere ein Charakteristikum des direkten Vertriebs, dass die Akquisitionsbemühungen des Herstellers unmittelbar auf den Verwender gerichtet sind. Gleichwohl können andere – in diesem Zusammenhang eher untergeordnete – Distributionsleistungen, wie z. B. der Transport der Produkte, von entweder vom Anbieter oder vom Nachfrager beauftragten Dritten durchgeführt werden. Direkter Vertrieb liegt somit nicht nur dann vor, wenn alle Vertriebsleistungen ausschließlich vom Hersteller und vom Verwender erbracht werden. Ausschlaggebend ist vielmehr die spezielle Bedeutung, welche die direkte Ausrichtung der Akquisitionsanstrengungen für den Ablauf des gesamten Distributionsprozesses hat.

Notwendige Voraussetzung für eine derartige Gestaltung des Vertriebs ist, dass die jeweilige Unternehmung über eigene Vertriebsorgane verfügt, die die notwendigen Aufgaben übernehmen können. Die Formen, in denen das geschehen kann, sind sehr vielfältig. Sie reichen

- *hierarchisch* vom Verkäufer, Reisenden, Vertriebsingenieur einer Vertriebsabteilung, Key

Account Manager über alle möglichen Zwischenstufen bis hinauf zum Geschäftsleitungsmitglied, das die Verhandlungen bei besonders wichtigen Geschäften mit großen bzw. bedeutenden Kunden führt,

- *organisatorisch* von der integrierten Vertriebsabteilung über das Verkaufsbüro, die Niederlassung bis hin zur gebundenen, jedoch rechtlich selbständigen Vertriebs- oder Handelsgesellschaft, und
- *technisch* von persönlichen Verkaufsgesprächen über den Einsatz von Call Centern bis hin zur Nutzung von Online-Geschäftssystemen.

Formen des direkten Vertriebs

Die typische Form des direkten Vertriebs liegt dann vor, wenn die Vertriebsorgane sowohl *wirtschaftlich* als auch *rechtlich unselbständig* sind, wie dies bei einer für den Vertrieb von bestimmten Leistungen zuständigen Unternehmensabteilung (z. B. „Vertrieb", „Verkauf", „Sales" o.ä.) der Fall ist. Versehen die betreffenden Personen ihre Tätigkeit im Außendienst, d.h. besuchen sie ihre Kunden persönlich in deren Unternehmen oder im Haushalt, werden sie im allgemeinen Sprachgebrauch auch als *„Reisende"* oder *„Außendienstmitarbeiter"* bezeichnet. Ihnen steht der sog. *„Vertriebsinnendienst"* gegenüber, der für die Durchführung der internen Vertriebsaufgaben wie z. B. Auftragsabwicklung, Rechnungsstellung, Versand usw. zuständig ist.

In manchen Bereichen werden Vertragsabschlüsse jedoch vielfach und gerade bei Existenz langjähriger Geschäftsbeziehungen nicht nur bei persönlichen Verkaufsgesprächen getätigt (*„Personal Selling"*), sondern kommen häufig allein schon bei einer telefonischen Kontaktaufnahme zustande. Ein persönliches Besuchen des Kunden erfolgt dann meistens nur auf Anfrage oder ohne besonderen Anlass zur allgemeinen Pflege der Geschäftsbeziehungen. Im Industriegüterbereich dominieren hier *Verkaufs-* oder *Vertriebsingenieure*, die neben der üblichen Beratung und Betreuung bestimmte konstruktive oder planerische Aufgaben übernehmen, um so durch die Modifikation gegebener Leistungen oder die Neugestaltung von Leistungen im direkten Kontakt mit dem Kunden dessen Vorstellung über die gewünschte Problemlösung realisieren zu helfen.

Unterschiede hinsichtlich der Gestaltung des direkten Vertriebs können sich im Hinblick auf den *Grad der Zentralisierung* der Vertriebsdurchführung ergeben. So kann z. B. ein räumlich sehr ausgedehntes Absatzgebiet dafür sprechen, *Niederlassungen* oder *Verkaufsbüros* einzurichten, die den jeweiligen Mitarbeitern als Ausgangsstandort für ihre Tätigkeit dienen, wodurch eine größere – nicht nur räumliche – Kundennähe gewährleistet werden soll. Existieren derartige räumliche Differenzen zwischen den Vertriebsorganen und den übrigen Funktionsbereichen einer Unternehmung, spricht man von (räumlich) *„ausgegliedertem Vertrieb"*, während eine zentrale Vertriebsdurchführung als *„eingegliederter Vertrieb"* bezeichnet wird.

Eine exakte Abgrenzung von ein- und ausgegliedertem Vertrieb ist bei rechtlicher Unselbständigkeit vielfach nicht möglich, da Niederlassungen oder Verkaufsbüros nur für Teilbereiche der beschriebenen Aufgabenfelder eigenverantwortlich zuständig sein können, während andere Funktionen von der Zentrale erledigt werden. Demgegenüber tritt der Tatbestand der Ausgliederung des Vertriebs dann deutlicher zutage, wenn die Vertriebsorgane auch rechtlich verselbständigt sind. Drei Formen des ausgegliederten Vertriebs über rechtlich selbständige, jedoch wirtschaftlich gebundene Absatzmittler lassen sich unterscheiden:

- herstellergebundene Vertriebsgesellschaften,
- herstellergebundene Handelsunternehmen und
- herstellergebundene Handelsvertreter.

Eine herstellergebundene Vertriebsgesellschaft zeichnet sich dadurch aus, dass zwischen ihr und dem Stammhaus eine enge kapitalmäßige Verflechtung besteht, so dass das Stammhaus einen wesentlichen Einfluss auf die Geschäftstätigkeit der Vertriebsgesellschaft ausübt, und sie in dem von ihr vertriebenen Sortiment *ausschließlich* Produkte der betreffenden Muttergesellschaft führt (z. B. in Form einer „Vertriebs-GmbH").

Ein Vertrieb über ein herstellergebundenes Handelsunternehmen liegt zum einen dann vor, wenn die gleichen Beteiligungsverhältnisse und Weisungsbefugnisse wie bei ‚reinen' Vertriebsgesellschaften gegeben sind, das betrachtete Unternehmen jedoch nicht nur Produkte des Stammhauses absetzt, sondern darüber hinaus auch Handelsware von anderen Herstellern bezieht und vertreibt. Der Handel mit den nicht von der Muttergesellschaft hergestellten Produkten wird dabei von einer solchen *„Werkshandelsgesellschaft"* vor allem aus Gründen der Sortimentsabrundung sowie zum Zwecke des Abdeckens von Bedarfsspitzen betrieben.

Die Bindung eines Handelsunternehmens kann aber nicht nur durch eine kapitalmäßige Beteiligung, sondern auch durch vertragliche Maßnahmen herbeigeführt werden. Solche Vereinbarungen zwischen Industrie- und Handelsbetrieben, bei denen die Händler verpflichtet werden, bestimmte Produkte der Hersteller in eigenem Namen und auf eigene Rechnung zu vertreiben, deren Absatz zu fördern und die daraus erwachsenden Risiken zu übernehmen, werden als *„vertikaler Vertragsvertrieb"* bezeichnet (Backhaus 1974, S. 28).

Daneben sind auch Handelsvertreter-Systeme als Formen des direkten Vertriebs anzusehen, solange die Handelsvertreter – entsprechend der hier gewählten Unterscheidung – wirtschaftlich unselbständig sind. Das ist regelmäßig dann der Fall, wenn ein Handelsvertreter nur die Waren eines einzelnen Herstellers vertreibt. Daneben sind jedoch auch sog. *Mehrfirmenvertretungen* anzutreffen, bei denen der Handelsvertreter im Auftrag mehrerer Firmen agiert und deren Leistungsprogramme miteinander kombiniert.

Demgegenüber sind *Einfirmenvertreter* und *Reisende* – abgesehen vom Status ihrer rechtlichen Selbständigkeit – wirtschaftlich als nahezu gleichrangig anzusehen.

Einer Handelsvertretung wird üblicherweise ein räumlich oder von den zu betreuenden Kunden her abgegrenzter Markt übertragen, wobei eine solche Alleinvertretung nicht ausschließt, dass ein Handelsvertreter wiederum andere Unternehmer mit der Wahrnehmung seiner Geschäfte beauftragt.

Alle Formen des Absatzes über gebundene Absatzmittler vereinigen somit Elemente des direkten und des indirekten Absatzes miteinander. Dabei überwiegen durch die Wirkung der verschiedenen Bindungsmechanismen in der Regel die Komponenten des direkten Vertriebs. Je weniger eine Bindung allerdings tatsächlich gegeben ist, desto mehr zeigt ein solches Vertriebssystem Kriterien des indirekten Vertriebs.

Indirekter Vertrieb

Allgemeine Charakteristika des indirekten Vertriebs

Im Gegensatz zum direkten Vertrieb werden die Distributionsfunktionen beim indirekten Vertrieb zu ganz überwiegenden Teilen von nicht nur rechtlich, sondern auch wirtschaftlich selbständigen Unternehmen wahrgenommen. Ein wesentliches Merkmal des indirekten Vertriebs ist damit die *Mehrstufigkeit des Vertriebsweges*, da mindestens zwei Stufen (z. B. Hersteller und Händler), manchmal sogar aber auch noch mehr Institutionen (z. B. Hersteller, Großhändler und Einzelhändler) am Vertriebsprozess beteiligt sind.

Durch das Auftreten und die Aktivitäten unabhängiger Absatzorgane im Rahmen des indirekten Vertriebs erhält der Distributionsprozess einen im Vergleich zum direkten Vertrieb deutlich andersgearteten Charakter, der daher rührt, dass die betreffenden Distributionsorgane eigene Interessen verfolgen und versuchen, diese auch gegenüber ihren beiderseitigen Marktpartnern durchzusetzen. Einem indirekt vertreibenden Hersteller wird es somit nicht mehr ohne Weiteres möglich sein, seine Vorstellungen über die Vermarktung seiner Produkte bei den Distributionsorganen durchzusetzen. Zudem muss er für die von den Absatzmittlern erbrachten Distributionsleistungen einen Teil des Erlöses in Form von Handelsspannen, Provisionen o. ä. abtreten.

Dem steht jedoch gegenüber, dass dem Hersteller bei indirektem Vertrieb keine Kosten- und Kapitalbelastungen aus dem Aufbau und der Unterhaltung des (externen) Distributionssystems entstehen, da das nun in den Aufgabenbereich der unabhängigen Absatzmittler fällt.

Formen des indirekten Vertriebs

In den meisten Bereichen der Distribution von Konsumgütern stellt der indirekte Vertrieb die dominante Form dar. Dies rührt daher, dass die große, in die Millionen gehende Zahl von Endverbrauchern anders kaum effizient bedient werden kann. Eine zentrale Rolle nimmt dabei der Einzelhandel ein, wobei sich bestimmte Betriebsformen herausgebildet haben. Sie unterschieden im Hinblick auf (Specht/Fritz 2005, S. 81 ff.)

- die Struktur des Sortiments, und zwar bezüglich
  - der Warengruppenstruktur (Spezial-, Fach- oder Vollsortiment) sowie
  - des Warengenres bzw. der Qualitätslage,

- die Struktur des Dienstleistungsangebots in Bezug auf
  - den Ort der Warenübergabe (Ladengeschäft, Stand auf einem zeitlich befristeten Markt, Verkaufswagen, Versand in die Wohnung) sowie
  - die Form der Warenübergabe (Bedienung, Teil-Selbstbedienung, Selbstbedienung, Selbstbedienungsautomat)

- den Anteils der Dienstleistungen an der Gesamtleistung eines Betriebes, der bei Discountern typischerweise niedrig und bei Fachgeschäften in aller Regel hoch ist.

Je nachdem wie die genannten Merkmale miteinander kombiniert und wie sie ausgeprägt sind, resultieren daraus die verschiedenen Betriebsformen des Einzelhandels, die mittlerweile anzutreffen sind: Fachgeschäfte, Spezialgeschäfte, Warenhäuser und Kaufhäuser, Groß- und Spezialversandhäuser, Supermärkte, Verbrauchermärkte und SB-Warenhäuser, Discounter, Verkaufsautomaten, Fachmärkte, Convienence Stores, Internet-Shops sowie Teleshops.

In vielen Fällen sind zwischen den Herstellern und den Einzelhandelsbetrieben Großhändler zwischengeschaltet, wodurch, da nun eine zusätzliche Marktstufe hinzukommt, die Tiefe des indirekten Vertriebswegs vergrößert wird. Auch hier haben sich im Lauf der Zeit verschiedene Betriebsformen herausgebildet, die vom Zustell- und dem Cash-und-Carry-Großhandel über Rack Jobber und Strecken-Großhandel bis hin zum Sortiments- sowie zum Spezial-Großhandel reichen (Specht/Fritz 2005, S. 74 f.).

Entgegen einer weit verbreiteten Auffassung spielt der indirekte Vertrieb auch im Business-to-Business-Bereich eine durchaus bedeutende Rolle. Hier nimmt der Produktionsverbindungshandel als eine Form des Großhandels in einigen, z. T. sehr bedeutenden Teilbereichen eine dominante Stellung im Distributionsprozess ein. So erfolgt z. B. der Absatz bestimmter Roh- und Einsatzstoffe ganz überwiegend über Handelsbetriebe, worunter sich jedoch auch herstellergebundene bzw. -nahe Firmen befinden. Ebenso werden Werkzeugmaschinen oder Büroeinrichtungsgegenstände – vor allem beim Vertrieb an kleine und mittlere Unternehmen – durch Betriebe des Produktionsverbindungshandels vertrieben. Daneben wird ein Teil des indirekten Vertriebs im Business-to-Business-Bereich auch über sonstige wirtschaftlich unabhängige Absatzhelfer abgewickelt. Hier sind insbesondere *Handelsvertreter („Mehrfirmenvertreter")* sowie *Makler*, *Broker* oder *Agenten* zu nennen, wobei letztere vor allem beim Absatz bestimmter unternehmensbezogener Dienstleistungen wie z. B. Versicherungen, Werbeleistungen u. ä. eine Rolle spielen.

Breite von indirekten Vertriebswegen

Sofern ein Unternehmen einen indirekten Vertrieb praktiziert, stellt sich die Frage, wie viele Absatzmittler eingesetzt und mit welcher Intensität sie genutzt werden sollen. Dabei unterscheidet man zwischen intensivem, selektivem und exklusivem Vertrieb (Homburg/Krohmer 2009, S. 842; Kuß/Kleinaltenkamp 2009, S. 258).

Intensiver Vertrieb benennt den Fall, dass ein Produkt in einem Gebiet an sehr vielen bzw. möglichst allen einschlägigen Verkaufsstellen erhältlich ist. Diese Art des Vertriebs ist typisch für zahlreiche niedrigpreisige Güter des täglichen Bedarfs, wie z. B. Lebensmittel, Körperpflege-Produkte, Süßigkeiten oder Erfrischungsgetränke. Da derartige Produkte meist ohne lange Überlegung gewohnheitsmäßig oder spontan gekauft werden, müssen sie an den gängigen Einkaufsstätten möglichst überall erhältlich sein. Anderenfalls sind große Marktanteile oder gar eine Marktführerschaft kaum erreichbar, weil Kunden nur im Ausnahmefall besondere Geschäfte aufsuchen, um bestimmte Markenprodukte zu kaufen, sondern eher die Marke wechseln.

Ein Vorteil intensiver Distribution besteht in der umfassenden Präsenz im Handel, die zu erhöhtem Bekanntheitsgrad der Marke sowie zur Anregung von Spontan- und Probierkäufen führt. Ferner ist sie bei den oben genannten Arten von Produkten Voraussetzung für die Entstehung von Markenbindungen und für Wiederholungskäufe. Andererseits entsteht für Herstellerunternehmen, die eine intensive Distribution anstreben, häufig das Problem, sich im Wettbewerb mit anderen Anbietern dabei durchzusetzen, dass der knappe Regalplatz im Handel mit dem eigenen Produkt besetzt wird. Dabei müssen vielfach Preiszugeständnisse an den Handel gemacht und zusätzliche Service-Leistungen erbracht werden. Weitere mit einem intensiven Vertrieb verbundene Nachteile sind die relativ geringe Kontrolle der Vermarktung des Produkts sowie Probleme bei der Logistik. Denn aufgrund oft zahlreicher kleinerer Bestellungen muss dann in solchen Fällen in aller Regel ein aufwendiges Belieferungssystem etabliert werden.

Charakteristisch für den *exklusiven Vertrieb* ist die Beschränkung auf eine Verkaufsstelle in einer Region. Diese Art der Distribution findet man am ehesten bei hochpreisigen Gütern, bei denen erhebliche Anforderungen an den Service gestellt und/oder einem anspruchsvollen Produkt-Image entsprochen werden muss. Leistungsfähige Händler erhalten also das Recht, in ihrem Einzugsgebiet das betreffende Produkt als einzige anzubieten, müssen aber oftmals auf den Vertrieb konkurrierender Produkte verzichten. Ein Vorteil des exklusiven Vertriebs für das Herstellerunternehmen besteht in einer weitgehenden Kontrolle der Vermarktung des Produkts im Hinblick auf Warenpräsentation, Konkurrenzumfeld, Verkaufsbemühungen des Händlers etc. Dem steht allerdings der Nachteil der begrenzten Marktabdeckung gegenüber.

Zwischen intensivem und exklusivem Vertrieb ist der *selektive Vertrieb* angesiedelt. Er ist gekennzeichnet durch die Beschränkung auf eine begrenzte Zahl von Absatzmittlern in einem Verkaufsgebiet. Es handelt sich typischerweise um einen Kompromiss zwischen weitgehender Marktabdeckung und der Sicherstellung der Leistungsfähigkeit der Händler, die das betreffende Produkt führen. Man findet diese Art der Distribution häufig bei Produkten, vor deren Kauf sich die Kunden in mehreren Geschäften informieren (z. B. Möbel oder Elektrogeräte). Somit erreicht man mit einem Produkt einen Großteil der potenziellen Kunden, auch wenn dieses nur in einer begrenzten Zahl von Geschäften angeboten wird.

Mehrgleisiger Vertrieb

Die im vorigen Abschnitt unterschiedenen und charakterisierten grundlegenden Vertriebsalternativen bzw. einzelne ihrer Erscheinungsformen kommen in der Realität nicht immer und unbedingt allein zum Einsatz. Insbesondere dann, wenn ein einzelner Vertriebsweg keine Ausschöpfung des gesamten Marktpotenzials bzw. des Potenzials unterschiedlicher Marktsegmente verspricht, können die verschiedenen Vertriebswege – auch für dieselben Leistungen – nebeneinander bzw. in Kombination miteinander eingesetzt werden. Derartige Vertriebssysteme werden – beim Absatz über zwei verschiedene Vertriebswege – als „zweigleisiger Vertrieb" oder – bei einer noch größeren Anzahl von Alternativen – als „mehrgleisiger Vertrieb", „Mehrkanalsystem" oder „Multi-Channel-Vertrieb" bezeichnet. Die Aufteilung der Vertriebstätigkeiten auf die unterschiedlichen Absatzkanäle kann dabei anhand verschiedener Kriterien vorgenommen werden, wie z. B. nach

- den zu beliefernden Branchen,
- der unterschiedlichen Größe und Nachfragestärke der Kunden,
- Regionen oder
- Sortimentsbestandteilen, wobei häufig eine Trennung hinsichtlich Sach- und Dienstleistungen vorgenommen wird.

Die grundsätzliche Problematik eines mehrgleisigen Vertriebs ist in den potentiellen Konkurrenzbeziehungen zwischen den verschiedenen Vertriebswegen zu sehen. Dies ist bei klar voneinander abgrenzbaren Verkaufsgebieten (z. B. Inland vs. Ausland) oder deutlich getrennten Sortimentsbestandteilen wenig kritisch. Wenn aber eine klare Zuordnung bestimmter Kunden bzw. Kundenkreise zu den Vertriebsorganen nicht möglich ist, können durch eine solche Gestaltung des Vertriebssystems Konfliktpotentiale erwachsen (Homburg/Schäfer/Schneider 2008, S. 55 f.). Auch können Veränderungen in der Zuständigkeit für einen Kunden – z. B. aufgrund des Wachstums einer nachfragenden Unternehmung – mit Schwierigkeiten verbunden sein, da dem Vertriebsorgan, das auf einen bestimmten Kunden in der Zukunft verzichten soll, ein möglicherweise beträchtlicher Erlösanteil verlorengeht. Zudem kann ein mehrgleisiger Vertrieb auch zu Irritationen bei den Kunden führen, wenn ihnen beim Kauf von Produkten ein und desselben Anbieters zwei oder noch mehr Ansprechpartner gegenübertreten.

3.2.2 Kooperative Vertriebsformen

Neben Formen der vertikalen Kooperation zwischen Herstellern und Absatzmittlern *(„vertikaler Vertragsvertrieb")* sind im Rahmen der Distribution speziell im Business-to-Business-Bereich auch Vertriebskooperationen auf horizontaler Ebene verbreitet. Sie stellen eine Verbindung zwischen einem direkten und einem indirekten Vertrieb dar, da der einzelne Hersteller über die Kooperation zwar nach wie vor unmittelbar am Vertrieb seiner Produkte beteiligt ist, gleichzeitig jedoch auch die Kooperationspartner – in unterschiedlichem Umfang – dafür zuständig sind. Drei wesentliche Arten horizontaler Vertriebskooperation lassen sich unterscheiden:

- der Anschlussabsatz,
- der Gemeinschaftsabsatz sowie
- die – hier nicht vertieft betrachteten – speziellen Formen von Anbietergemeinschaften im Anlagen- und Systemgeschäft (Backhaus/Voeth 2009).

Anschlussabsatz

Mit *Anschlussabsatz* werden die Formen des Vertriebs gekennzeichnet, bei denen ein Hersteller seine Produkte an einen anderen Hersteller verkauft, bzw. ihm den Vertrieb überlässt, der sie sodann an seine Kunden weiterveräußert (Korte 1992, S. 11). Der zweite Hersteller übernimmt somit, was die im Anschlussabsatz vertriebenen Waren betrifft, eine Händler- oder Kommissionärfunktion. Sie kann sich dabei beziehen auf

- die gleichen oder ähnliche Produkte,
- ergänzende Produkte oder
- völlig anders geartete Produkte.

Während im ersten Fall vor allem die Zusammenfassung zu marktfähigen Mengen für den Anschlussabsatz spricht, ist im zweiten Fall das Argument der Sortimentsabrundung von ausschlaggebender Bedeutung. Zum Anschlussabsatz andersartiger Produkte kann es demgegenüber dann kommen, wenn das weiterveräußernde Unternehmen z. B. über freie Vertriebskapazitäten verfügt, die durch die hinzugekommenen Waren ausgelastet werden, wodurch gleichzeitig neue Erlösträger entstehen.

Vom Standpunkt des ursprünglichen Herstellers aus betrachtet sind mangelndes eigenes Vertriebs-Know-how und fehlende eigene Vertriebskapazitäten häufig Grund für das Eingehen einer Vertriebskooperation in der Form eines Anschlussabsatzes. Dieser Hersteller erspart sich dadurch auf der einen Seite zwar die mit Aufbau und Unterhaltung eines eigenen Vertriebs verbundenen Kosten- und Kapitalbelastungen, begibt sich jedoch auf der anderen Seite in Bezug auf den Vertrieb seiner Produkte in eine nicht unbeträchtliche Abhängigkeit von seinem Kooperationspartner. Hinzu kommt, dass es ihm nahezu unmöglich ist, in direkten Kontakt mit den Verwendern seiner Produkte zu treten, weshalb spezielle Problemlösungen für einzelne Kunden in der Regel ausgeschlossen sind.

Gemeinschaftsabsatz

Weitaus verbreiteter als der mit den genannten Problemen belastete Anschlussabsatz sind Formen des *Gemeinschaftsabsatzes,* bei denen mehrere Anbieter durch Bildung einer *Vertriebsgemeinschaft* kooperieren, die für die Vermarktung der Produkte der beteiligten Unternehmen verantwortlich ist. In diesem Zusammenhang spielen *Exportgemeinschaften* kleiner oder mittlerer Hersteller eine große Rolle. Sie sind auf eine dauerhafte Betätigung hin angelegt und sollen der Erschließung und Bearbeitung von Auslandsmärkten dienen, zu denen die einzelnen kooperierenden Unternehmen allein aufgrund ihrer Größe, Marktstellung, Kapitalausstattung usw. kaum einen Zugang erhalten können.

Neben dem Aspekt der Überwindung solcher Marktzutrittsbarrieren kommt auch hier dem Gedanken der Bildung von Sortimenten einander ergänzender Produkte eine entscheidende Bedeutung zu. Dennoch sind auch Fälle zu beobachten, in denen Anbieter konkurrierender Produkte Gemeinschaftsabsatz betreiben. Das kann dann zweckmäßig sein, wenn die Verstärkung der Marktstellung die notwendige Voraussetzung für einen Markteintritt bildet.

Generell, verstärkt jedoch beim Gemeinschaftsabsatz von Konkurrenzprodukten, resultieren aus einer derartigen Vertriebsgestaltung Schwierigkeiten hinsichtlich der Aufteilung der entstehenden Vertriebskosten einerseits, der akquirierten Aufträge andererseits sowie hinsichtlich der Abstimmung des absatzpolitischen Agierens am Markt. Werden diesbezüglich keine frühzeitigen, gründlichen und ins Detail gehenden Regelungen getroffen, ist die Gefahr des Auseinanderbrechens der Kooperation groß.

Eine spezielle Form des Gemeinschaftsabsatzes stellen *Joint Ventures* dar. Dabei handelt es sich um dauerhaft angelegte Arten kooperativer Zusammenarbeit mit Partnerunternehmen auf der Grundlage einer kapitalmäßigen Beteiligung. Dabei sind ‚reine' *Vertriebs-Joint-Ventures* als strenge Form des Gemeinschaftsabsatzes eher selten anzutreffen im Gegensatz zu solchen, die über den Vertrieb hinaus auch andere Funktionsbereiche wie Produktion, Forschung und Entwicklung sowie Beschaffung umfassen.

4 Einflussfaktoren der Vertriebswegeentscheidung

Nachdem die Vertriebswegealternativen, die einem Anbieter grundsätzlich zur Auswahl stehen, im vorangegangenen Abschnitt aufgezeigt und kurz charakterisiert wurden, sollen nun im folgenden diejenigen Faktoren, die auf die Entscheidung für bzw. gegen einen oder mehrere Vertriebswege Einfluss nehmen, erörtert und hinsichtlich ihrer Wirkungen untersucht werden.

4.1 Einflüsse von Kapital-, Kosten- und Erlöswirkungen

Letztlich finden alle Einflussfaktoren ihren Niederschlag in Kapital- sowie in Kosten- und Erlöswirkungen. Dabei sprechen *Kapitalgesichtspunkte* eindeutig für einen indirekten Vertrieb, da der Aufbau einer eigenen Vertriebsorganisation in aller Regel erhebliche Mittel erfordert, über die ein Hersteller möglicherweise nicht verfügt bzw. für die bessere Verwendungsmöglichkeiten bestehen. Dementsprechend sind vor allem viele kleine und mittlere Anbieter auf Organe des indirekten Vertriebs angewiesen oder schließen sich zu Formen horizontaler Vertriebskooperationen zusammen. Eine gewisse Abmilderung erfährt dieses Argument dann, wenn ein System des direkten Vertriebs ohne umfangreichere Kapitalerfordernisse aufgebaut werden kann, wie es bei allen Formen des Vertriebs über vertraglich, aber nicht kapitalmäßig gebundene Absatzmittler und -helfer der Fall ist („vertikaler Vertragsvertrieb").

Gleichfalls zugunsten eines indirekten Vertriebs wirken sich im Allgemeinen die *Kosteneffekte* der verschiedenen Vertriebswegealternativen aus. Das ist zunächst darin begründet, dass der Hersteller einen wesentlichen Teil der Vertriebsleistungen nicht selbst erbringen muss und dementsprechend die dadurch verursachten Kosten einspart.

Darüber hinaus ist es jedoch auch vielfach so, dass auf die Erbringung von Vertriebsleistungen spezialisierte (Handels-)Unternehmen diese Leistungen auch kostengünstiger erbringen können, da

- die Vertriebskosten auf mehr Produkte bzw. Verkaufsvorgänge als bei einem einzelnen Hersteller verteilt werden können,
- große Lern- und Erfahrungseffekte erzielt und in kostensenkende Maßnahmen umgesetzt werden können,
- regionale und zeitliche Schwankungen durch sortimentspolitische Aktivitäten besser ausgeglichen und damit gleichmäßigere und kostengünstigere Auslastungen der Vertriebskapazitäten erreicht werden können, und
- durch ggf. bessere Marktkenntnisse ein effizienterer Einsatz der Vertriebskapazitäten ermöglicht wird.

Demgegenüber sprechen *Erlösargumente* tendenziell eher für Formen des direkten Vertriebs. Zunächst kann ein Hersteller beim direkten Vertrieb nämlich grundsätzlich einen höheren Erlös am Markt durchsetzen als beim indirekten Vertrieb, bei dem den Absatzmittlern zur Deckung ihrer Handlungskosten sowie zur Erzielung eines Gewinns eine Spanne eingeräumt werden muss. Allerdings stehen den beschriebenen Erlösmehrungen Kostensteigerungen für die dann notwendigen eigenen bzw. gebundenen Vertriebsorgane gegenüber. Weitaus gewichtiger ist jedoch die Tatsache, dass ein Hersteller durch einen direkten Vertrieb die *Kontrolle über den Absatzkanal* behält und nicht mit möglicherweise konterkarierenden Maßnahmen und Eingriffen wirtschaftlich selbständiger Absatzmittler zu kämpfen hat. Dadurch gelingt es ihm in weitaus größerem Maße, seine Konzeption von der Vermarktung seiner Produkte bis zum Verwender durchzusetzen, wodurch gleichzeitig die Schaffung von Präferenzen für das eigene Angebot erleichtert wird.

Fasst man die drei Aspekte der Kapital-, Kosten- und Erlöswirkungen zusammen, so fällt eine generelle Bewertung der in Frage kommenden Vertriebswegealternativen schwer, da sich die verschiedenen Effekte teilweise kompensieren. Wie stark einer der genannten Einflussfaktoren ist, kann immer nur im konkreten Einzelfall beurteilt werden, was jedoch dadurch erschwert wird, dass eine Isolation der Effekte aufgrund der Verbundwirkungen zwischen den verschiedenen absatzwirtschaftlichen Instrumenten schwierig, wenn nicht gar unmöglich ist. Insofern erscheint es zweckmäßiger, vor allem die den Kosten- und Erlöswirkungen zugrundeliegenden Effekte näher zu betrachten, um dadurch eine größere Nähe zur praktischen einzelwirtschaftlichen Entscheidungssituation herbeizuführen. Derartige Subfaktoren der Kosten- und Erlöswirkungen sind insbesondere:

- die zu vertreibende Leistung,
- die zu beliefernden Nachfrager bzw. Verwender,
- die Wettbewerber sowie
- die Vertriebsorgane und möglichen Konfliktpotentiale in der Zusammenarbeit mit ihnen.

Wenn diese Einflussgrößen im Folgenden aus Gründen einer systematischen Behandlung und damit leichteren Erschließbarkeit jeweils einzeln betrachtet werden, so darf das nicht darüber hinwegtäuschen, dass in einer konkreten betrieblichen Entscheidungssituation *immer alle Faktoren gleichzeitig* auftreten und sich gegenseitig bedingen und beeinflussen. Deshalb soll hier noch einmal ganz deutlich die Verbundenheit der Einflussfaktoren herausgestellt und auf die Wichtigkeit einer Analyse der Verknüpfungen zwischen den Größen hingewiesen werden.

4.2 Einflüsse der zu vertreibenden Leistung

4.2.1 Die Bedeutung der Leistungs- und Beschaffungskomplexität

Je mehr die Gestaltung und der Ablauf von Verkaufsprozessen von der technischen und ökonomischen Komplexität der betreffenden Leistung und damit auch von der Komplexität der jeweiligen Kaufentscheidungsprozesse beim Nachfrager bestimmt wird, desto mehr ergibt sich daraus eine Tendenz in Richtung auf den direkten Vertrieb.

Dies wird besonders am Beispiel vieler Güter und Dienstleistungen deutlich, die im Business-to-Business-Bereich vermarktet werden. Die Komplexität der Leistung, ihr hoher Wert, die damit verbundenen, z. T. sehr großen Risiken für Verwender wie Hersteller, machen einen unmittelbaren Kontakt zwischen Anbieter(n) und Nachfrager(n) im Allgemeinen unabdingbar. Zudem ist zu Beginn eines Akquisitionsprozesses die genaue Konfiguration der Leistungen den Beteiligten zumeist noch gar nicht bekannt, da sie erst im Verlauf von Verhandlungen spezifiziert wird. Alle solche Merkmale machen in der Regel einen direkten Vertrieb erforderlich.

Während von einer hohen Leistungs- und Beschaffungskomplexität ein recht starker Einfluss in Richtung auf die Wahl eines direkten Vertriebsweges ausgeht, ist die Wirkung einer geringen Komplexität weit weniger eindeutig. Hier sind sowohl Formen des direkten als auch des indirekten Ansatzes zu finden, wobei eine Tendenz in Richtung auf einen indirekten Vertrieb insbesondere dann gegeben ist, wenn es sich handelt um

- lagerfähige Produkte,
- Produkte, bei denen ggf. eine schnelle Lieferung möglich sein muss, oder um
- Produkte, die nur in kleinen Stückzahlen bzw. geringen Mengen gekauft werden.

So werden etwa bestimmte standardisierte Einzelaggregate, wie z. B. Werkzeugmaschinen von kleinen und mittleren Herstellern, die wiederum vornehmlich an Betriebe ähnlicher Größenordnung verkauft werden, in Deutschland überwiegend über den Produktionsverbindungshandel vertrieben. Ebenso wird ein großer Bereich des Ergänzungsbedarfsgeschäfts bei Teilen, wie z. B. der spätere Zukauf von Zusatzeinrichtungen, oder des Ersatzteilgeschäfts über den Handel abgewickelt. Demgegenüber läuft das pro Einzelauftrag weitaus umfangreichere Erstausrüstungsgeschäft nahezu vollständig über die Montagebetriebe („*Original Equipment Manufacturer*" [*OEM*]).

Roh- und Einsatzstoffe werden schließlich gleichfalls immer dann vornehmlich indirekt vertrieben, wenn es um die Befriedigung kleinerer Bedarfsmengen geht. So erfolgt vor allem der Absatz derartiger Güter an das Handwerk über spezielle Großhandelsbetriebe, bzw. die Handwerksbetriebe übernehmen selbst die Funktion eines Händlers. Hingegen werden große Gütermengen direkt vor allem auf Warenbörsen oder in Form von Rahmenverträgen bzw. langfristigen Lieferverträgen vermarktet.

4.2.2 Die Bedeutung der Servicekomponenten des Angebots

Die Stellung spezieller Services im Akquisitionsprozess

Oft ist im Rahmen von Vertriebsprozessen die Erbringung von Dienstleistungen obligatorisch. Dies gilt besonders für Beratungsleistungen, die im Rahmen der Akquisition erbracht werden müssen. Immer dann, wenn allein der Hersteller über das erforderliche Know-how zur Erbringung der Leistungen verfügt oder es – z. B. aus Wettbewerbsaspekten – nicht aus der Hand geben will, ergibt sich daraus eine Tendenz zum direkten Vertrieb.

Notwendige Voraussetzung für die Erbringung einer sowohl aus der Sicht der Verwender als auch aus der Sicht der Hersteller angemessenen (technischen) Beratungsleistung ist eine entsprechende laufende *Schulung* und *Weiterbildung* der dafür zuständigen Personen. Anbieter, welche die daraus resultierenden Kostenbelastungen scheuen, laufen Gefahr, langfristig Wettbewerbsnachteile hinnehmen zu müssen. Um etwa einen Vertriebsingenieur nicht mit einem für jede nur denkbare Möglichkeit in Frage kommenden Wissen ausstatten zu müssen, kann es auch und gerade aus Kostengesichtspunkten zweckmäßig sein, von Fall zu Fall Spezialisten einer zentralen Anwendungsberatung bzw. des Forschungs- und Entwicklungsbereichs hinzuzuziehen, wobei sich jedoch unmittelbar wiederum Schwierigkeiten bezüglich der Zuständigkeit und der Abstimmung ergeben können.

Das Problem der ‚richtigen' Informationsversorgung mit anwendungstechnischem Wissen wird dann noch verschärft, wenn ein beratungsintensives Produkt aus bestimmten Gründen indirekt vertrieben wird. Die fehlende Unterstützung der Händler hinsichtlich ihrer technischen Beratungstätigkeit stellt häufig den zentralen Mangel einer indirekten Absatzpolitik im Business-to-Buinsess-Sektor dar. Das ist darauf zurückzuführen, dass sich die Hersteller der speziellen Bedürfnisse und Wünsche der Absatzmittler nicht oder nur schemenhaft bewusst sind. Eine Chance zur Abhilfe bieten hier sorgsam gestaltete Handbücher und Manuals.

Unabhängig davon, ob die Beratungsdienstleistungen vom Hersteller selbst oder von einem unabhängigen Distributionsorgan erbracht werden, sehen sich die Erbringer der Services der Schwierigkeit gegenüber, dass weite Verwenderkreise aufgrund der Wettbewerbsverhältnisse eine ausgeprägte Tendenz zeigen, solche Leistungen unentgeltlich in Anspruch zu nehmen und die Produkte dann bei Anbietern zu kaufen, die diesen Service nicht offerieren, die Produkte aber dementsprechend günstiger anbieten.

Eine Lösung der Problematik ist häufig nicht oder nur schwer möglich, da eine Veränderung der Verhaltensweisen Branchenusancen sowie vor allem die Macht einzelner Nachfrager entgegenstehen.

Der Vertrieb von After-Sales-Services

Das Angebot spezieller Dienstleistungen vermag jedoch nicht nur im Rahmen des Akquisitionsprozesses von ausschlaggebender Bedeutung für den Erfolg eines Anbieters zu sein. Er kann darüber hinaus in einem nicht unerheblichen Maße ebenso von solchen Dienstleistungen beeinflusst werden, die erst nach dem eigentlichen Kaufakt für eine einzelne Sachleistung erbracht werden. Zu derartigen *„After-Sales-Services"* zählen typischerweise die *Instandhaltungsleistungen*, d. h. Inspektion, Wartung und Instandsetzung.

Diese Dienstleistungen müssen jedoch nicht immer und zwangsläufig auf denselben Vertriebswegen zum Kunden gelangen wie die Hardware, auf die sie sich beziehen, obwohl die Existenz und die Leistungsfähigkeit eines Vertriebssystems auch von großer Bedeutung für die Vermarktung der Services sein können. Drei alternative Vorgehensweisen, die unabhängig vom Vertrieb der Kernleistungen oder in Kombination mit ihm auftreten können, lassen sich unterscheiden (Schwab 1984, S. 67 ff.):

- die *Autonomiestrategie,* bei der ein Hersteller gleichzeitig als alleiniger Träger der Instandhaltungsleistungen auftritt,
- die *Kooperationsstrategie,* die sich dadurch auszeichnet, dass ein Hersteller mit anderen selbständigen Hersteller-, Handels- oder sonstigen Dienstleistungsunternehmen einen gemeinschaftlichen Instandhaltungsdienst (*„Service-Pool"*, *„Service-Center"* o. ä.) bildet,
- die *Beauftragungsstrategie,* bei der dritte Unternehmen mit dem Angebot und der Erstellung von Instandhaltungsleistungen beauftragt werden.

4.2.3 Einflüsse der zu beliefernden Nachfrager bzw. Verwender

Die Bedeutung der Zahl und der Größe der Nachfrager

Neben den Einflüssen, die von den speziellen Charakteristika der zu vertreibenden Leistungen auf die Wahl der Vertriebswege ausgehen, kann diese Entscheidung auch sehr stark von den Anforderungen, Wünschen und sonstigen Merkmalen der zu beliefernden Nachfrager geprägt sein.

So legt ein Absatz an nur wenige Kunden, die dann für den einzelnen Hersteller naturgemäß von großer geschäftlicher Bedeutung sind, regelmäßig Formen des direkten Vertriebs nahe. Typische Beispiele sind hier das Anlagen- und Systemgeschäft oder das Erstausrüstungsgeschäft von Teileherstellern mit Montagebetrieben. Dabei werden die Verkaufsverhandlungen wegen der Wichtigkeit der Geschäftsbeziehungen auf Seiten der anbietenden Hersteller von hierarchisch hoch angesiedelten Personen, z. B. aus der Geschäftsleitung, geführt. Verkaufsrepräsentanten oder Projektleiter werden beim Vorliegen derartiger Gegebenheiten häufig auch mit besonders attraktiven Titeln, wie „(Verkaufs-) Direktor", „Regionaldirektor", „Mitglied des Vorstands einer Niederlassung" o. ä., versehen, um so ihr Standing beim Kunden zu erhöhen und die Bedeutung, die der geschäftlichen Beziehung mit dem Kunden beigemessen wird, hervorzuheben.

Setzt ein Unternehmen seine Produkte an viele kleine Nachfrager ab, wie dies im Konsumgüterbereich üblich ist, ergibt sich daraus eher eine Tendenz zum indirekten bzw. kooperativen Vertrieb, da der einzelne Anbieter die Fülle der Nachfragerkontakte allein zumeist gar nicht bewältigen kann. Dieser Trend wird noch verstärkt, wenn die potentiellen Kunden in einem großen Absatzgebiet möglicherweise weit verstreut anzutreffen sind. Schwierigkeiten bei der Gestaltung der Vertriebsaktivitäten ergeben sich immer dann, wenn gleichzeitig große und kleine bzw. mittelgroße Nachfrager als Kunden auftreten. Eine solche Nachfragestruktur legt in der Regel einen mehrgleisigen Vertrieb nahe, bei dem die Großkunden im Rahmen eines *Key Account Managements* direkt betreut und beliefert, die kleineren Abnehmer hingegen durch einen indirekten Vertrieb versorgt werden.

Dies setzt jedoch voraus, dass von Seiten des betreffenden Herstellers Festlegungen zu treffen sind, welche Distributionsorgane welche Kunden betreuen sollen. Dabei können Konfliktpotentiale entstehen, wenn diese Abgrenzungen nicht eindeutig genug sind oder ein Kunde aufgrund z. B. seines Größenwachstums droht, aus der Verantwortlichkeit eines Distributeurs herauszufallen. Um den Verlust des Kunden und damit verbunden den Verlust entsprechender Verkaufsentgelte (Spannen, Provisionen o. ä.) zu vermeiden, schränken die Absatzhelfer in solchen Fällen eventuell – sehr zum Nachteil des Herstellers – ihre Verkaufsanstrengungen bei dem Kunden ein, um so ein Überschreiten bestimmter kritischer Werte, z. B. bezüglich des Umsatzes, des Absatzes o. ä. zu verhindern.

Die Bedeutung der Branchenzugehörigkeit der Kunden

Andersgeartete Wirkungen auf die Entscheidung für bzw. gegen bestimmte Vertriebswege können von der Branchenzugehörigkeit von Nachfragern ausgehen. So sind gewisse Vertriebsmethoden in einzelnen Branchen das Ergebnis historischer Entwicklungsprozesse. Derartige Usancen finden sich z. B. bei der Vermarktung von Rohstoffen bzw. rohstoffnahen Einsatzstoffen auf Auktionen oder Warenbörsen. Dabei haben sich z. T. sogar einzelne Orte in der Welt zu den Hauptumschlagplätzen für spezielle Güter entwickelt, wie beispielsweise die *London Metal Exchange (LME)* für die Vermarktung von NE-Metallen.

Die Branchenzugehörigkeit hat auch insofern eine Bedeutung, als dass sie prägend dafür ist, welche Berufsgruppen in welchem Ausmaß in den jeweiligen Buying Centern der Nachfrageorganisationen vertreten sind. Aus der Tatsache, dass es für den Akquisitionsprozess von großer Wichtigkeit sein kann, über besondere Kenntnisse der Branche zu verfügen, , die Sprache des Kunden zu sprechen' sowie spezielle Dienstleistungen anbieten zu können, erwachsen sodann Anforderungen an die Auswahl und den Einsatz von Vertriebsorganen.

Gerade dann, wenn ein einzelnes Unternehmen seine Produkte an viele verschiedene Branchen vertreibt, kann es sehr zweckmäßig sein,

- die Distribution durch mehrere auf den Vertrieb an einzelne Branchen spezialisierte selbständige Absatzhelfer (z. B. Spezialhändler) durchführen zu lassen und so einen nach Branchen differenzierten mehrgleisigen Vertrieb zu installieren und
- eigene Vertriebsorgane organisatorisch zu solchen Einheiten zusammenfassen, die jeweils nur für den Absatz an bestimmte Zielgruppen (Branchen) verantwortlich sind.

Anforderungen eines internationalen Vertriebs

Zum Abschluss der Betrachtung von Erfordernissen, die sich aus den Belangen der Nachfrager an ein Vertriebssystem stellen, sollen jene Anforderungen beleuchtet werden, die sich aus einem Vertrieb im Ausland ergeben. Dabei ist die ganze Spannbreite möglicher Formen der Vertriebswegegestaltung anzutreffen: vom Anschlussabsatz (z. B. über OEMs) und Gemeinschaftsabsatz durch Exportgemeinschaften über den indirekten Vertrieb durch importierende bzw. exportierende Händler bis hin zur Bestellung von eigenen, gebundenen oder selbständigen Vertretern, Agenten, Repräsentanten, sog. *„Resident Engineers"* o. ä., der Gründung eigener Niederlassungen, die neben Vertriebs- möglicherweise auch Produktionsaufgaben übernehmen, sowie der kapitalmäßigen Beteiligung an rechtlich selbständigen Auslandstöchtern oder Joint Ventures.

Das Ausmaß eines Vertriebsengagements im Ausland hängt in diesem Zusammenhang ganz wesentlich von der Größe und der Bedeutung der betreffenden Auslandsmärkte ab: Je größer und bedeutender der Markt ist, desto höher ist auch das finanzielle Engagement, z. B. in Form einer Beteiligung oder Gründung einer Niederlassung, et vice versa.

In einzelnen Fällen wird die Art der Auslandsmarktbearbeitung jedoch auch von rechtlichen Bestimmungen des Kundenlandes determiniert, so z. B. durch Export- oder Devisenrestriktionen, welche sodann – will man den Markt nicht gänzlich aufgeben – einen Zwang zu Direktinvestitionen oder zur Kooperation mit lokalen Partnern *(„local content", „local manufacturing")* ausüben.

4.2.4 Einflüsse des Wettbewerbs

Wettbewerbliche Effekte auf die Vertriebswegeentscheidungen ergeben sich insofern, als dass es durch die richtige Wahl des Vertriebsweges und den adäquaten Einsatz der Vertriebsorgane gelingen kann, Wettbewerbsvorteile aufzubauen bzw. zu verstärken. Der Erfolg derartiger Maßnahmen im Hinblick auf die Wettbewerber hängt demnach vor allem davon ab, ob und inwieweit durch das jeweilige Vertriebssystem Kundenvorteile beim Nachfrager geschaffen und eine wirkungsvolle Differenzierung von der Konkurrenz erreicht werden können. Der Zugang zu von den Nachfragern präferierten Vertriebskanälen und die Möglichkeit, über diese Distributionsschienen zu verfügen, können daneben sehr effektive *Marktzutrittsbarrieren* gegenüber potentiellen neuen Wettbewerbern darstellen.

Dabei kann ein Wettbewerbsvorteil durch die Vertriebsgestaltung zum einen dadurch erzielt werden, dass zwar der gleiche Vertriebsweg gewählt wird, wie ihn auch die Konkurrenz verwendet, die konkrete Durchführung der Vertriebsaktivitäten jedoch, z. B. hinsichtlich der Beratung, Lieferschnelligkeit und -zuverlässigkeit, Serviceleistungen usw., besser gelingt als bei den Wettbewerbern.

Sofern die übrigen Einflussfaktoren der Vertriebswegeentscheidung alternative Vorgehensweisen nicht ausschließen, kann ein derartiger Effekt jedoch gelegentlich durch bewusst von den Maßnahmen aller bzw. der Mehrzahl der Konkurrenten differenzierten Vertriebsstrategien erreicht werden, z. B. durch den Aufbau eins direkten Vertriebssystems, während der Markt ansonsten durch Formen des indirekten Vertriebs geprägt ist. Häufig sind solche Differenzierungsstrategien allerdings sehr risikoreich, wenngleich ihr Erfolg, sofern er sich einstellt, sodann zumeist sehr nachhaltig ist.

Vielfach schränken die aus einer möglichen Vertriebswegeentscheidung resultierenden Kapitalerfordernisse und Kostenbelastungen die Zahl der potentiellen Alternativen jedoch ein und sorgen so für die Herausbildung von Marktzutrittsbarrieren. Darüber hinaus kann die Schaffung solcher vertriebsbedingten Marktzutrittsbarrieren auch durch vertikale Kooperationen auf vertraglicher Basis ermöglicht bzw. unterstützt werden.

Wettbewerbsvorteile können durch die Auswahl und die Ausgestaltung von Vertriebswegen in aller Regel jedoch immer nur dann erzielt werden, wenn die betreffenden Vertriebsorgane laufend unterstützt, geschult, in ihren Fähigkeiten gestärkt und ihre Interessen ernst genommen werden. Aus diesem Grund sollen im abschließenden Abschnitt schließlich noch die Einflüsse auf die Vertriebswegeentscheidung betrachtet werden, die von den Distributionsorganen und möglichen Konfliktpotentialen in der Zusammenarbeit mit ihnen ausgehen.

4.2.5 Einflüsse der Vertriebsorgane und möglicher Konfliktpotentiale im Vertriebssystem

Wie die vorangegangenen Ausführungen gezeigt haben, ist das zentrale Problem einer Vertriebsdurchführung sicherzustellen, dass die Vertriebsorgane die von Seiten des betreffenden Herstellers gewünschten Vertriebsleistungen tatsächlich und effizient erbringen. Dieser Schwierigkeit sehen sich Hersteller bei allen beschriebenen alternativen Formen der Vertriebswegegestaltung gegenüber, wenn auch mit systembedingt jeweils unterschiedlichen Besonderheiten.

Während bei den Arten des direkten Vertriebs dabei vor allem die Fragen der Verfügbarkeit entsprechender Human-Ressourcen und der Motivation der beteiligten Personen im Mittelpunkt stehen, sind die Fragen der Steuerung und Kontrolle selbständiger Vertriebsorgane sowie der Vermeidung bzw. Verminderung von Konflikten in der Zusammenarbeit mit den Distributionsstufen besonders für den indirekten Vertrieb kennzeichnend.

Anforderungen aus dem Einsatz eigener bzw. gebundener Vertriebsorgane

Aus der Entscheidung eines Unternehmens, seine Produkte direkt zu vertreiben, ergeben sich – abgesehen von den Kapitalerfordernissen – weitreichende Anforderungen bezüglich entsprechend qualifizierten Personals sowie hinsichtlich der Fähigkeit und des Know-hows des Vertriebsmanagements, die betreffenden Personen entsprechend den Zielsetzungen des Unternehmens im Allgemeinen sowie denen der Marketingstrategie im Speziellen zu führen. Die damit verbundenen Probleme werden vielfach übersehen bzw. nicht ernst genug genommen. Das führt dazu, dass Aktivitäten zur Betreuung der Vertriebsorgane ausbleiben oder nur sporadisch erfolgen, nicht genügend Schulungs- und Weiterbildungsmaßnahmen angeboten und durchgeführt werden, der Entwicklung und Umsetzung leistungssteigernder und gerechter Entlohnungssysteme nicht die notwendige Aufmerksamkeit geschenkt wird, sowie dazu, dass die Probleme des Verkaufsstabs ganz generell als zweitrangig angesehen werden.

Die Auswirkungen derartigen Fehlverhaltens sind dann häufig eine mangelnde Motivation des Außendienstes, verbunden mit dem Effekt, dass die Außendienstmitarbeiter wichtige Informationen über die Kunden und deren Wünsche sowie über Maßnahmen der Wettbewerber – beabsichtigt und unbeabsichtigt – nicht an das Stammhaus weitergeben. So werden genau die entscheidenden Vorteile, die ein direkter Vertrieb zu bieten hat, verschenkt bzw. in ihr Gegenteil verkehrt und wertvolle Ressourcen vergeudet.

Die Entscheidung für die Einführung und die Beibehaltung eines direkten Vertriebssystems wird demnach vor allem Aspekte des Humankapitals sowohl auf der Ebene des Vertriebsmanagements als auch auf der des Verkaufspersonals berücksichtigen müssen. Das notwendige Wissen und Geschick stellt sich dabei in der Regel jedoch nicht von selbst ein und ist auch nicht leicht und schnell erwerbbar, sondern muss gemeinhin durch – z. T. auch schmerzvolle – Erfahrungen und ständiges Bemühen erarbeitet werden.

Einflüsse einer Zusammenarbeit mit selbständigen Vertriebsorganen

Im Gegensatz zu den Schwierigkeiten der Steuerung einer eigenen oder gebundenen Absatzorganisation sind die Probleme in der Zusammenarbeit mit den selbständigen Vertriebsorganen im indirekten Vertrieb anders geartet. Dabei geht es vor allem darum, die eigenständigen Interessen der Distributionsstufen zu berücksichtigen und Konflikte zwischen diesen Interessen und denen der Hersteller (Steffenhagen 1975) zu verhindern bzw. zu verringern.

Aber auch hier ist die Sensibilität der Hersteller für die Belange der Distributionsorgane gelegentlich zu gering ausgeprägt. So wird hier von Händlern, Handelsvertretern, Agenten o. ä. die mangelnde Unterstützung der Verkaufsbemühungen, der unzureichende Informationsaustausch sowie die geringe Beachtung der Interessen der Distributionsorgane seitens der Hersteller beklagt.

Die Arroganz, mit der manche Hersteller der Distributionsstufe gegenübertreten, verliert sich regelmäßig dann, wenn die Machtverhältnisse in einem Distributionsprozess zugunsten der selbständigen Vertriebsorgane sprechen, wie das typischerweise bei großen im Konsumgüterbereich tätigen Handelsunternehmen der Fall ist. Liegen derartige Konstellationen vor, geht die Kontrolle über den Distributionsprozess in aller Regel vom Hersteller auf den Händler über, was weitreichende Auswirkungen auf die Art und die Gestalt der Geschäftsbeziehungen hat. Ähnlich verhält es sich vielfach in Fällen des Anschlussabsatzes oder bei der Vermarktung von Einsatzstoffen und Teilen, die erst nach einer weiteren Verarbeitung durch einen anderen Produzenten oder Händler an den Letztverwender gelangen. Will der betreffende ursprüngliche Hersteller trotz der für ihn an sich widrigen Marktverhältnisse versuchen, Einfluss auf den Vertriebsprozess zu nehmen, können – vielfach zu wenig beachtete – mehrstufige Marketingstrategien in Erwägung gezogen werden, d. h. solche Maßnahmen, „die darauf gerichtet sind, die absatzpolitische Konzeption eines

Anbieters innerhalb einer mehrgliedrigen Absatzkette durchzusetzen und gegen konterkarierende Strategien nachgeordneter selbständiger Stufen abzusichern" (Engelhardt 1976, S. 287). Dabei zeichnen sich derartige Vorgehensweisen dadurch aus, dass sie nicht nur vertriebspolitische Elemente umfassen, sondern eine Kombination verschiedener absatzpolitischer Instrumentalbereiche darstellen.

Neben Maßnahmen des vertikalen Vertragsvertriebs bieten sich in diesem Zusammenhang insbesondere folgende Möglichkeiten, um mehrere, wenn möglich alle der Herstellerstufe folgenden Stufen der Absatzkette einschließlich der Letztabnehmer zu beeinflussen und zu binden:

- Intensivierung der Händlerbetreuung sowie vermehrte Vergabe technischer Hilfen an den Handel und Schulung der Händler,
- der Versuch, durch Einsatz von Werbung, Präsentation auf Messen, persönlichen Verkauf o. ä. Präferenzen beim Endabnehmer aufzubauen, um damit einen *Nachfragesog* zu erzeugen, der die zwischen Hersteller und Verwender angesiedelten Distributionsorgane zu den gewünschten Verhaltensweisen veranlasst („*Pull-Strategie*"),
- Kooperation mit speziellen Dienstleistungsunternehmen, um so die Attraktivität des Angebots für Händler und Endabnehmer zu steigern.

Gerade die Schwierigkeiten, die sich bei der Konkretisierung mehrstufiger Absatzkonzeptionen ergeben, machen noch einmal deutlich, welche Risiken sich häufig im Distributionsprozess verbergen, welche Bedeutung ihm für den Erfolg einer Marketingstrategie zukommt, und wie wichtig deshalb ein sorgsames Durchdenken aller die Vertriebswegeentscheidung beeinflussenden Faktoren ist.

Literaturverzeichnis

Backhaus, K. (1974): Direktvertrieb in der Investitionsgüterindustrie, Wiesbaden.

Backhaus, K./Voeth, M. (2010): Industriegütermarketing, 9., überarb. Aufl., München.

Engelhardt, W. H. (1976): Mehrstufige Absatzstrategien, in: Schmalenbachs Zeitschrift für betriebswirtschaftliche Forschung, 28. Jg., S. 175–182.

Homburg, Chr./Krohmer, H. (2009): Marketingmanagement, 3., überarb. u. erw. Aufl., Wiesbaden.

Homburg, Chr./Schäfer, H./Schneider, J. (2008): Sales Excellence: Vertriebspolitik mit System, 5. Aufl., Wiesbaden.

Kleinaltenkamp, M. (2006): Auswahl von Vertriebswegen, in: Kleinaltenkamp, M. et al. (Hrsg.): Markt- und Produktmanagement, 2. Aufl., Wiesbaden.

Kuß, A./Kleinaltenkamp, M. (2009): Marketing-Einführung, 4., überarb. u. erw. Aufl., Wiesbaden.

Korte, E. (1992): Der Anschlußabsatz als strategische Kooperationsform, Bochum.

Leitherer, E. (1974): Betriebliche Marktlehre, 1. Teil, Stuttgart.

Schwab, W. (1984): Die Träger von Instandhaltungsleistungen im Anlagengeschäft, Berlin.

Specht, G./Fritz, W. (2005): Distributionsmanagement, 4., überarb. u. erw. Aufl., Stuttgart.

Steffenhagen, H. (1975): Konflikt und Kooperation in Absatzkanälen, Wiesbaden.

Treis, B. (2001): Handelsfunktionen, in: Diller, H. (Hrsg.): Vahlens Großes Marketing-Lexikon, 2. Aufl., München, S. 564-569.

2.3 Multichannel-Strategien: Eine Betrachtung zentraler Einflussfaktoren und Entscheidungsfelder

Andreas Fürst, Martin Leimbach

1 Grundlagen

1.1 Relevanz der Thematik

Viele Unternehmen ergreifen die Initiative, den Weg zu ihren Kunden nicht mehr nur über einen Vertriebskanal, sondern über mehrere zu gestalten – ein Trend der bereits über viele Jahre anhält. „The use of multiple channels of distribution is now becoming the rule rather than the exception [...]" (Frazier 1999, S. 232). Eine aktuelle Studie des amerikanischen Marktforschungsunternehmens Retail Systems Research (RSR) (2008) ergab beispielsweise, dass über 75 % der befragten Einzelhandelsunternehmen ein Multichannel-Vertriebssystem einsetzen (Kilcourse 2008).

Die zunehmende Relevanz von Multichannel-Vertriebssystemen kann auf verschiedene Entwicklungen zurückgeführt werden. Zu nennen ist zunächst ein *verändertes Kundenverhalten*. Während noch vor wenigen Jahren fast jeder Kunde lediglich einen Vertriebskanal zum Einkauf nutzte, werden heutzutage nicht selten zwei oder mehr Vertriebskanäle innerhalb einer Kauftransaktion kombiniert. So befragte beispielsweise die Unternehmensberatung KPMG zusammen mit der Indiana Universität mehr als 2.000 Kunden, welche Vertriebskanäle in den verschiedenen Phasen des Kaufprozesses präferiert würden. 77 % der Kunden gaben eine Kombination verschiedener Vertriebskanäle an, um sich über Produkte zu informieren, 74 % um Alternativen zu evaluieren und 63 % um den Kaufabschluss herbeizuführen (Burke 2000). Diese Kunden sind sehr attraktiv für Unternehmen, da sie sowohl deutlich höhere Umsätze als auch eine höhere Profitabilität im Vergleich zu Einkanal-Kunden aufweisen (Aberdeen Group 2005; Kumar/Venkatesan 2005). Die Kanalwahl ist dabei keineswegs homogen im Markt, sondern unterscheidet sich häufig zwischen den einzelnen Kundensegmenten. Durch den Einsatz mehrerer Vertriebskanäle können daher zudem verschiedene Kundensegmente in geeigneter Weise angesprochen werden.

Darüber hinaus kann ein *erhöhter Wettbewerbs- und Kostendruck* angeführt werden. Als Ursachen lassen sich eine zunehmende Austauschbarkeit der Unternehmensleistungen sowie begrenzte Wachstumsmöglichkeiten im Markt nennen. Der Zugang zum Kunden wird daher zum entscheidenden Erfolgsfaktor in vielen Branchen, was die zunehmende Bedeutung von Multichannel-Vertriebssystemen als Grundlage eines nachhaltigen Wettbewerbsvorteils erklärt (Rosenbloom 2007). Durch den Einsatz zusätzlicher Vertriebskanäle kann ein Unternehmen einerseits Wachstum bei bestehenden oder auch potenziellen Kunden generieren, andererseits können die durchschnittlichen Vertriebskosten durch den Einsatz kostengünstiger Kanäle gesenkt werden.

Schließlich ist die zunehmende Popularität von Multichannel-Vertriebssystemen auf *Entwicklungen in der Informations- und Kommunikationstechnologie* zurückzuführen. Neue Technologien ermöglichen den Einsatz innovativer Vertriebskanäle, die in vielen Fällen durch Erweiterung bereits vorhandener Kommunikationskanäle entstehen (Schögel 1997). Neben der zunehmenden Verbreitung des Internets kann die Weiterentwicklung des Mobile Marketing zum Mobile Commerce (M-Commerce) exemplarisch angeführt werden: Mobile

Endgeräte, wie beispielsweise das Mobiltelefon, dienen nicht mehr lediglich der Kommunikation und Information, sie werden zunehmend für die Erzielung von Kaufabschlüssen eingesetzt. Einer Studie der Unternehmensberatung Arthur D. Little zufolge hat sich das weltweit über M-Commerce getätigte Transaktionsvolumen von 2003 bis 2008 verzehnfacht und beträgt derzeit knapp 30 Mrd. US-Dollar. In vielen Industrieländern befindet sich die Nutzung des M-Commerce gerade erst in der Wachstumsphase, so dass dieser Trend wohl auch über die nächsten Jahre anhalten wird (Taga/Oswald 2009).

1.2 Herausforderungen

Trotz der angeführten Vorteile, die der Einsatz mehrerer Vertriebskanäle gegenüber den aktuellen Entwicklungen bietet, bleibt der erwünschte Erfolg häufig aus (Webb/Lambe 2007). Einer der Hauptgründe hierfür ist die *erhöhte Komplexität,* die Multichannel-Vertriebssysteme im Vergleich zu Einkanal-Vertriebssystemen aufweisen. Beziehungen zwischen den Kanalmitgliedern treten nicht mehr nur vertikal (zwischen Anbieter und Vertriebskanal), sondern auch horizontal (zwischen den verschiedenen Vertriebskanälen) auf. Darüber hinaus existieren häufig zahlreiche vertikale Beziehungen zwischen dem Anbieterunternehmen und den verschiedenen Vertriebskanälen. Die ausgeprägte Komplexität stellt entsprechend hohe Anforderungen an die Steuerung des Vertriebssystems.

Ferner weisen Multichannel-Vertriebssysteme ein *erhöhtes Konfliktpotenzial* auf. Ursachen für Konflikte können beispielsweise unklare Zuständigkeiten, inkompatible Zielvorstellungen und unterschiedliche Realitätswahrnehmungen sein (Reve/Stern 1979; Rosenberg/Stern 1971). Aufgrund der Vielzahl unterschiedlicher Akteure im Multichannel-Vertriebssystem sind Konflikte häufiger zu erwarten. Neben vertikalen Konflikten zwischen Anbieter und Vertriebskanal (z. B. hinsichtlich Margenverteilung, Produktpräsentation) können ebenfalls horizontale Konflikte auftreten. So konkurrieren die verschiedenen Vertriebskanäle oftmals um Kunden oder auch Produkte, verfolgen ihre eigenen Ziele oder besitzen abweichende Marktinformationen. Als Folge lässt sich in vielen Multichannel-Vertriebssystemen beobachten, dass „[c]onflict replaces cooperation; the result is often customer confusion and a loss in sales, market share, and competitive position" (Cespedes/Corey 1990, S. 67).

1.3 Begriffsdefinition

Aufgrund der vielfältigen Verwendung des Begriffes „Multichannel-Vertrieb" – sowohl in der Forschung als auch in der Praxis – ist es sinnvoll, den Untersuchungsgegenstand näher zu definieren. Der vorliegende Beitrag nimmt dabei grundsätzlich eine *Anbieterperspektive* ein. Ein Multichannel-Vertrieb liegt daher vor, wenn der Vertrieb der Leistungen eines Anbieters über mindestens zwei Vertriebskanäle erfolgt (Dutta et al. 1995; John/Weitz 1988). Eine zentrale Frage ist in diesem Zusammenhang, was einen eigenständigen Vertriebskanal auszeichnet.

Hierzu sind die Vertriebsprozesse zu betrachten, die von einem Vertriebskanal wahrgenommen werden müssen, um als eigenständig zu gelten. Diese sind von Bedeutung, da oftmals reine Kommunikationskanäle, wie z. B. Formen des Direktmarketing, als Vertriebskanäle bezeichnet werden. Während sich Kommunikationskanäle auf die Kaufanbahnung durch Vermittlung bzw. den Austausch von Informationen beschränken, können in Vertriebskanälen neben der *Kaufanbahnung* auch die Vertriebsprozesse der *Kaufaushandlung* und des *Kaufabschlusses* erfolgen (Nunes/Cespedes 2003; Wirtz 2002).

1.4 Konzeptioneller Rahmen

Die Wahl der geeigneten Multichannel-Strategie hängt von zahlreichen unternehmensinternen und -externen Einflussfaktoren ab. Insbesondere können kundenbezogene, produktbezogene, wettbewerbsbezogene und unternehmensbezogene Einflussfaktoren identifiziert werden. Unter Berücksichtigung dieser Einflussfaktoren gilt es, geeignete Entscheidungen hinsichtlich der Multichannel-Konfiguration und des Multichannel-Managements zu treffen. Wichtige Aspekte der Multichannel-Konfiguration sind die physische Konfiguration des Vertriebssystems sowie die Zuweisung geeigneter Aufgaben an die eingesetzten Vertriebskanäle. Im Rahmen des Multichannel-Managements ist eine geeignete Steuerung der Vertriebskanäle als auch eine Steuerung der Kunden zu den jeweiligen Vertriebskanälen in Betracht zu ziehen. Konfiguration und Management sind dabei interdependent. Einerseits bedingt die Konfiguration das Management des Vertriebssystems, andererseits stellt der entsprechende Management-Ansatz Anforderungen an die Konfiguration. Der konzeptionelle Rahmen, an dem sich der vorliegende Beitrag im Folgenden orientiert, ist in Abbildung 2.3.1 dargestellt.

Abbildung 2.3.1 Konzeptioneller Rahmen der Multichannel-Strategie

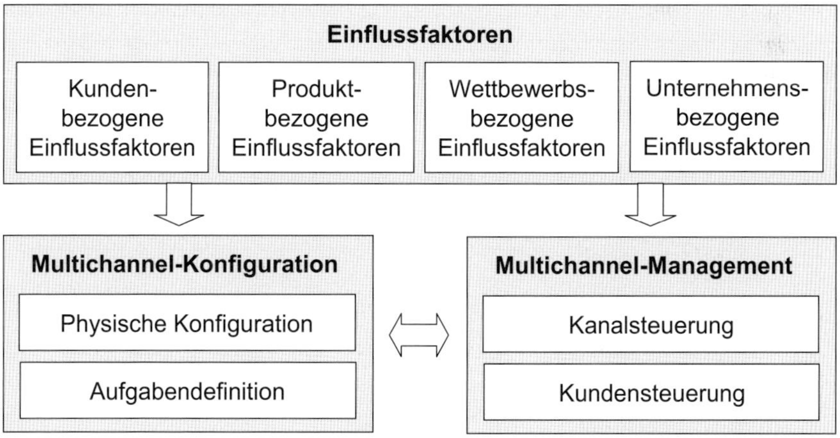

2 Zentrale Einflussfaktoren der Multichannel-Strategie

2.1 Kundenbezogene Einflussfaktoren

Die Hauptaufgabe eines Vertriebssystems besteht darin, Kunden zu erreichen und zu bearbeiten. Es gilt daher, die Leistungen eines Unternehmens entsprechend des Einkaufsverhaltens der Kunden zu vertreiben. Die Kanalwahl der Kunden hängt in erster Linie von deren wahrgenommenem Nutzen ab, der wiederum durch die wahrgenommene Qualität, die wahrgenommene Convenience, das wahrgenommene Risiko bzw. den wahrgenommenen Preis bestimmt wird (Gensler/Böhm 2006). Die Bedeutung der einzelnen Nutzenkomponenten kann sowohl zwischen den Kunden als auch zwischen den einzelnen Vertriebsprozessen (Kaufanbahnung, Kaufaushandlung, Kaufabschluss) variieren. Als Folge lässt sich aus Unternehmenssicht grundsätzlich inter- und intrapersonelles Multichannel-Shopping unterscheiden.

Interpersonelles Multichannel-Shopping liegt vor, wenn Unterschiede in der Kanalnutzung zwischen Kundensegmenten existieren. Der Einsatz eines Multichannel-Vertriebssystems zielt in diesem Zusammenhang darauf ab, verschiedene Kundensegmente in geeigneter Weise zu adressieren. Im Gegensatz dazu kann von *intrapersonellem Multichannel-Shopping* gesprochen werden, wenn Kunden mehrere Vertriebskanäle für ihren Einkauf nutzen. Häufig verwenden Kunden für die Kaufanbahnung, die Kaufaushandlung und den Kaufabschluss nicht nur einen Vertriebskanal, sondern kombinieren mehrere (Konuş et al. 2008). Die beiden grundlegenden Formen des Multichannel-Shopping sind in Abbildung 2.3.2 dargestellt.

Abbildung 2.3.2 Grundlegende Formen des Multichannel-Shopping

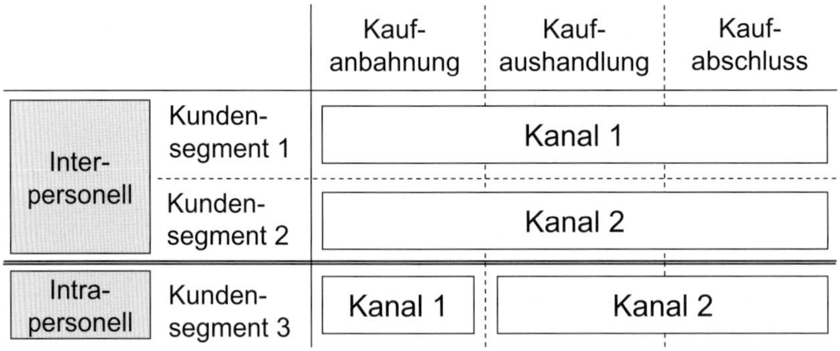

Zu beachten ist, dass Kunden je nach Situation und Produkt unterschiedliche Vertriebskanäle bevorzugen, was zu einer hohen Variabilität in der Kanalnutzung führt (Sa Vinhas/ Anderson 2005). So wird beispielsweise bei Einkäufen unter Zeitdruck der Vertriebskanal mit der höchsten Convenience ausgewählt, auch wenn ansonsten der preisgünstigste Kanal genutzt wird.

2.2 Produktbezogene Einflussfaktoren

Die Wahl der geeigneten Multichannel-Strategie ist zudem abhängig vom Produktprogramm des Unternehmens. Um die gewünschte *Positionierung der Produkte* im Markt zu erreichen, bedarf es geeigneter Formen der Vermarktung. Es gilt daher festzulegen, wie viele und welche Art an Vertriebskanälen für den Vertrieb der jeweiligen Produkte geeignet sind (Moriarty/Moran 1990). So ist bei hochpreisigen Produkten oftmals ein konsistenter Marktauftritt von zentraler Bedeutung, während für niedrigpreisige Produkte meist eine umfassende Marktpräsenz von hoher Relevanz ist.

Darüber hinaus sollten vertriebsrelevante Produkteigenschaften beachtet werden. Ein wichtiger Aspekt betrifft in diesem Zusammenhang die *Erklärungsbedürftigkeit der Produkte* (Coelho et al. 2003; Wilson/Daniel 2007). Bei erklärungsbedürftigen Produkten lassen sich Funktionen, Anwendungsbereiche oder auch der Nutzen nicht unmittelbar für Kunden erkennen. Aus diesem Grund werden besondere Anforderungen an eine umfassende Beratung der Kunden im Rahmen der Kaufanbahnung und -aushandlung gestellt, die es zu berücksichtigen gilt.

2.3 Wettbewerbsbezogene Einflussfaktoren

Häufig orientieren sich Unternehmen bei der Festlegung der Multichannel-Strategie an den *Multichannel-Aktivitäten der Wettbewerber.* Grundsätzlich kann ein Unternehmen durch Einführung zusätzlicher Vertriebskanäle entweder eine Vorreiterrolle gegenüber dem Wettbewerb einnehmen, d.h. innovativ agieren, oder aber Vertriebsmethoden der Konkurrenz kopieren, d.h. imitativ agieren (Schögel 1997).

Während durch ein imitatives Verhalten häufig die Erwartungen der Kunden an ein Vertriebssystem zumindest erfüllt werden können, bietet ein innovatives Verhalten eine Chance der Differenzierung. Innovative Multichannel-Aktivitäten sind insbesondere in Märkten mit einer hohen Wettbewerbsintensität zu finden, in denen das Vertriebssystem aktiv zur Erzielung von Wettbewerbsvorteilen eingesetzt wird. Der Multichannel-Vertrieb kann in diesem Zusammenhang beschrieben werden als ein „[...] key competitive battleground [...] with different players trying out different channels or channel combinations in an attempt to reduce costs, improve customer satisfaction or both" (Wilson/Daniel 2007, S. 10).

2.4 Unternehmensbezogene Einflussfaktoren

Eine weitere Gruppe von Einflussfaktoren auf die Multichannel-Strategie sind unternehmensbezogene Faktoren, insbesondere die verfolgte *Wettbewerbsstrategie* (Kostenführerschaft bzw. Qualitätsführerschaft) und das *Multichannel-Ziel* (Kostensenkung bzw. Absatzsteigerung). Daraus ergeben sich vier idealtypische Ansätze des Einsatzes zusätzlicher Vertriebskanäle, wie in Abbildung 2.3.3 dargestellt.

Abbildung 2.3.3 Idealtypische Ansätze des Einsatzes zusätzlicher Vertriebskanäle je nach Wettbewerbsstrategie und Multichannel-Ziel eines Unternehmens

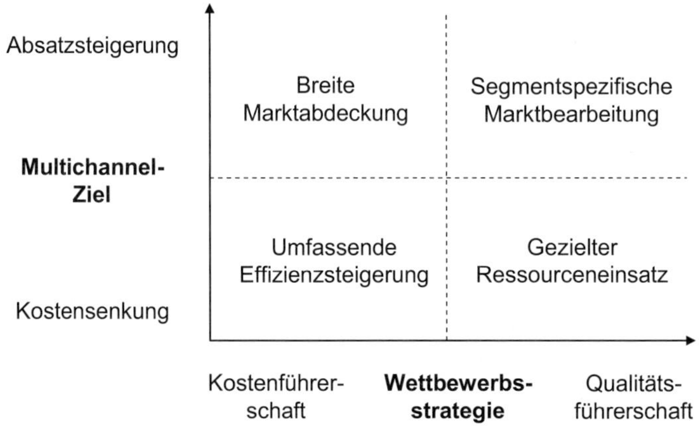

Der Ansatz einer *breiten Marktabdeckung* bietet sich für Unternehmen an, die eine Strategie der Kostenführerschaft verfolgen und sich durch Einsatz zusätzlicher Vertriebskanäle insbesondere eine Absatzsteigerung erhoffen. Ziel ist es, eine Steigerung des Absatzes bei gleichzeitig nur moderatem Anstieg der Kosten zu erreichen. Auf diese Weise kann in erster Linie eine Degression der Fixkosten (Economies of Scale) herbeigeführt werden. Als Beispiel können Mobilfunk-Discounter (z. B. Fonic, Simyo und Congstar) dienen, die neben dem Internet-Vertrieb zunehmend Kooperationen mit dem Lebensmittel-Einzelhandel aufbauen, um so den Markt zu durchdringen.

Im Gegensatz dazu sollten Unternehmen, die Qualitätsführer sind und primär eine Absatzsteigerung anstreben, eine *segmentspezifische Marktbearbeitung* in Betracht ziehen. Im Rahmen dieses Ansatzes erfolgt die Erweiterung des bestehenden Vertriebssystems zur gezielten Ansprache bestimmter Kundensegmente. Beispielsweise können neue Kundensegmente durch einen verbesserten Service erschlossen werden oder aber die Kauffrequenz bzw. -intensität bestehender Kundensegmente durch ein effektives Cross-Selling gesteigert werden. Exemplarisch kann die Modebranche angeführt werden, in der zahlreiche Luxusmarken (z. B. Hugo Boss, Gucci und Louis Vuitton) in den letzten Jahren einen Online-Shop eröffnet haben. Der Grund hierfür ist in Veränderungen der Kundenstruktur zu sehen. Vor allem das Kundensegment junger und internationaler Käufer ist deutlich gewachsen und soll durch den Online-Vertriebskanal angesprochen und entwickelt werden. Der neue Vertriebskanal erleichtert außerdem die für die Branche wichtigen Trendsetter bei der Suche nach Produktneuheiten zu erreichen.

Der Ansatz einer *umfassenden Effizienzsteigerung* empfiehlt sich für Kostenführer, die sich durch Einsatz zusätzlicher Vertriebskanäle in erster Linie eine Kostensenkung versprechen. Der Fokus liegt hier ausschließlich auf der Wirtschaftlichkeit des Vertriebssystems, die durch Einsatz effizienter Vertriebskanäle verbessert werden soll. Insbesondere eine Lenkung der Kunden zu kostengünstigen Vertriebskanälen sollte in diesem Zusammenhang in Betracht gezogen werden. Als Beispiele können Billig-Fluggesellschaften (z. B. Ryanair, Germanwings) genannt werden, die darauf abzielen, den Markt in erster Linie mit dem kostengünstigen Internet-Vertriebskanal zu bearbeiten. Nehmen Kunden dennoch ein Buchungszentrum (per Telefon oder am Schalter) in Anspruch, so entstehen ihnen finanzielle Nachteile in Form von zusätzlichen Bearbeitungsgebühren bzw. nicht gewährten Preisvorteilen.

Schließlich sollten Qualitätsführer, bei denen eine Senkung der durchschnittlichen Vertriebskosten im Mittelpunkt steht, einen *gezielten Ressourceneinsatz* in Erwägung ziehen. Effiziente Vertriebskanäle sollen dabei kostenintensive Kanäle entlasten, aber dennoch eine effektive Marktbearbeitung wichtiger Kundensegmente gewährleisten. Häufig empfiehlt sich daher, dass sich die neu eingeführten Vertriebskanäle auf ausgewählte Vertriebsprozesse, z. B. die Kaufanbahnung oder den Kaufabschluss, konzentrieren und etablierte Vertriebskanäle ergänzen. Ein Beispiel sind Premium-Fluggesellschaften (z. B. Deutsche Lufthansa, Austrian Airlines), die ihren Kunden seit einigen Jahren die Möglichkeit bieten, per Mobiltelefon Flugtickets zu buchen. Der neue Vertriebskanal bringt Kostenvorteile für den Anbieter mit sich bei gleichzeitig hoher Convenience für die Kunden.

Die Konfiguration und das Management eines Multichannel-Vertriebssystems sollten ferner in Abhängigkeit von der *Wachstumsstrategie* erfolgen. Der Einsatz geeigneter Vertriebskanäle kann das Wachstum eines Unternehmens hinsichtlich der angebotenen *Produkte* und der zu bearbeitenden *Kunden* wirksam unterstützen. In Anlehnung an Ansoff (1965) ergeben sich daraus vier idealtypische Einsatzfelder zusätzlicher Vertriebskanäle, wie in Abbildung 2.3.4 dargestellt.

Im Rahmen der Strategie der *Marktdurchdringung* verfolgt ein Unternehmen das Ziel, mit bestehenden Produkten Wachstum bei bestehenden Kunden zu generieren. Der Einsatz zusätzlicher Vertriebskanäle kann in diesem Zusammenhang dazu beitragen, bestehenden Kunden vielfältige Kontakt- und Zugangsmöglichkeiten zu bieten und dadurch den „share of wallet" dieser Kunden beim Anbieterunternehmen zu steigern (Schögel/Sauer 2002; Zentes/Schramm-Klein 2002). Eine derartige Strategie verfolgt beispielsweise die Musikindustrie, indem Musiksongs nicht mehr nur stationär im Laden zu kaufen sind, sondern auch zum Download im Internet (z. B. über Musicload, iTunes) bereit stehen.

Konzentriert sich ein Unternehmen auf die Vermarktung bereits existierender Produkte an neue Kundengruppen, so liegt die Strategie der *Marktentwicklung* vor. Zusätzliche Vertriebskanäle können Kunden erschließen, die bislang aufgrund ihres Kanalnutzungsverhaltens nicht erreicht werden konnten. Als Beispiel kann die Erweiterung des Vertriebssystems um stationäre Verkaufsstellen beim amerikanischen Computerhersteller Dell Inc. genannt werden, um neue Kunden mit einem entsprechenden Einkaufsverhalten zu gewinnen. Darüber hinaus können vor allem mediale Vertriebskanäle die geografische Distanz von potenziellen Kunden zu Verkaufsstellen des Unternehmens beseitigen. Beispielsweise sind Produkte von Handelsunternehmen (z. B. Tchibo) oftmals im Online-Vertrieb in mehr Ländern erhältlich als im stationären Vertrieb.

Abbildung 2.3.4 Idealtypische Einsatzfelder zusätzlicher Vertriebskanäle im Rahmen der Wachstumsstrategie

Bei der Strategie der *Produktentwicklung* liegt der Fokus auf der Erneuerung bzw. Erweiterung des Produktangebotes für bereits bestehende Kunden. Geeignete Vertriebskanäle können dabei helfen, die neuen Produkte zielgerichtet an die dafür vorgesehene Kundengruppe zu vertreiben. Zahlreiche Telekommunikationsunternehmen (z. B. E-Plus, O_2) entwickelten beispielsweise spezielle Online-Tarife, die ausschließlich über das Internet erhältlich sind. Auf diese Weise gelingt es, den Bedürfnissen bestehender, ausgesprochen preissensitiver Kunden entgegenzukommen.

Schließlich versucht ein Unternehmen im Rahmen der *Diversifikation* vorwiegend neue Kundengruppen mit neuen Produkten zu erschließen. Häufig wagen Unternehmen dafür den Vorstoß in Geschäftsfelder außerhalb ihres bisherigen Kerngeschäftes. Eine Einführung zusätzlicher Vertriebskanäle kann in diesem Zusammenhang produkt- bzw. branchenspezifische Kontakt- und Zugangsmöglichkeiten gewährleisten. Als Beispiel kann der US-amerikanische Elektronikkonzern Apple Inc. genannt werden, der vor wenigen Jahren durch Einführung des iPhone den Vorstoß in die Mobilfunkbranche wagte. Für den Vertrieb wählte das Unternehmen die Filialen des Mobilfunkunternehmens T-Mobile, um Mobiltelefon-Nutzer in geeigneter Weise zu erreichen.

3 Multichannel-Konfiguration

3.1 Physische Konfiguration

Der ausbleibende Erfolg von Multichannel-Vertriebssystemen ist häufig darauf zurückzuführen, dass „[...] companies decide to add new channels and methods without a clear and realistic vision of an ultimate 'go to market' architecture" (Moriarty/Moran 1990, S. 147). Es ist daher wichtig, eine geeignete physische Konfiguration für das gesamte Multichannel-Vertriebssystem festzulegen.

3.1.1 Anzahl der Vertriebskanäle

Eine zentrale Dimension der physischen Konfiguration ist in der Anzahl eingesetzter Vertriebskanäle zu sehen (Coelho/Easingwood 2003). Eine empirische Untersuchung unter US-amerikanischen Einzelhändlern ergab beispielsweise, dass 42 % einen zweigleisigen Vertrieb nutzen, während 40 % ihre Produkte über drei oder mehr Vertriebskanäle verkaufen (The DMA 2005). Die Bestimmung der optimalen Anzahl an Vertriebskanälen ist dabei eng an die Chancen und Risiken des Einsatzes zusätzlicher Vertriebskanäle gekoppelt.

Zunächst sind die *Chancen* zu nennen. Eine hohe Anzahl an Vertriebskanälen kann maßgeblich dazu beitragen, die Multichannel-Ziele der *Absatzsteigerung* bzw. der *Kostensenkung* zu erreichen. Zusätzliche Vertriebskanäle, die sich am Einkaufsverhalten der Kunden orientieren, können sowohl die breite Marktabdeckung als auch die segmentspezifische Marktbearbeitung verbessern. Für jeden zusätzlich eingeführten Vertriebskanal sind zwar zunächst Investitionen zu tätigen, dennoch können die langfristig durchschnittlichen Vertriebskosten in vielen Fällen durch Substitution bzw. Kombination verschiedener Vertriebskanäle gesenkt werden.

Es existieren jedoch auch zahlreiche *Risiken*, die gegen eine hohe Zahl an Vertriebskanälen sprechen. Ein häufig angeführter Einwand ist die *Gefahr der Kannibalisierung*. Es wird befürchtet, dass durch die Hinzufügung zusätzlicher Vertriebskanäle nur eine Verlagerung des Absatzes zwischen den Vertriebskanälen erfolgt, jedoch keine oder nur geringfügig neue Kunden dazu gewonnen werden. Insbesondere die Einführung zusätzlicher Online-Vertriebskanäle führte zu einer kontroversen Debatte der Kannibalisierung im Multichannel-Vertriebssystem (Deleersnyder et al. 2002). Die Kannibalisierung hat zur Folge, dass keine Absatzsteigerung erzielt wird, während gleichzeitig die Investitionskosten der neuen Vertriebskanäle zu tragen sind.

Darüber hinaus entsteht durch Einsatz zusätzlicher Vertriebskanäle eine *erhöhte Komplexität* im Vertriebssystem. Einerseits müssen kanalspezifische Unterschiede, beispielsweise hinsichtlich Eignung eines Kanals zur Vermarktung bestimmter Produkte an ausgewählte Kundensegmente, berücksichtigt werden. Andererseits ist eine kanalübergreifende Koordination für eine gemeinsame Zielerreichung zu gewährleisten. Misslingt eine geeignete Balance zwischen diesen konträren Herausforderungen, so droht die Suboptimierung des Multichannel-Vertriebssystems bis hin zum Kontrollverlust.

Schließlich ist das Risiko eines *erhöhten Konfliktpotenzials* im Vertriebssystem zu berücksichtigen. Hervorzuheben sind in diesem Zusammenhang horizontale Konflikte zwischen den einzelnen Vertriebskanälen. Der Konkurrenzkampf um knappe Ressourcen (z. B. Kunden, Produkte) intensiviert sich mit zunehmender Anzahl an Vertriebskanälen und es wird zunehmend schwieriger, die Ziele der verschiedenen Parteien miteinander zu vereinbaren.

3.1.2 Bedeutung der Vertriebskanäle

Ein weiterer Aspekt der Multichannel-Konfiguration stellt die Festlegung der strategischen Bedeutung der einzelnen Vertriebskanäle für das Anbieterunternehmen dar. Eine Einschätzung hierzu kann die aktuelle bzw. geplante Umsatzverteilung zwischen den Vertriebskanälen liefern (Coelho/Easingwood 2003). Zu beachten ist jedoch, dass dieses Maß nur das Ergebnis der Kaufabschlüsse je Vertriebskanal widerspiegelt, jedoch keine Aussage zu der Bedeutung der einzelnen Vertriebskanäle in den Phasen der Kaufanbahnung und -aushandlung zulässt.

In einem Vertriebssystem mit einem *Lead Channel* wird einem bestimmten Vertriebskanal eine besonders große Bedeutung beigemessen. Derartige Vertriebsstrukturen existieren häufig aufgrund der Erweiterung von in der Vergangenheit allein vorherrschenden Kanälen zu einem Multichannel-Vertriebssystem. Beispiele sind die Automobilbranche (Lead Channel: Vertragshandel), Versicherungen (Lead Channel: Vertreter) und die Reisebranche (Lead Channel: Reisebüros) (Breitkopf 2007). Lead Channel besitzen einen hohen Bekanntheitsgrad bei den Kunden, so dass ihnen insbesondere bei habitualisierten Käufen eine große Bedeutung zukommt. Zwischen Anbieterunternehmen und Handelspartnern bestehen oftmals langfristig bewährte und vertrauensvolle Bindungen, die eine effektive Marktbearbeitung gewährleisten.

Im Unterschied dazu existieren beim Einsatz *gleichberechtigter Vertriebskanäle* keine wesentlichen Bedeutungsunterschiede zwischen den einzelnen Kanälen. Derartige Vertriebssysteme sind überdurchschnittlich häufig im englischsprachigen Raum anzutreffen (OC&C 2005). Beispielsweise sehen zahlreiche Einzelhandelsunternehmen beträchtliches Potenzial im Einsatz medialer Vertriebskanäle (Katalog und/oder Internet) mit der Folge, dass diese gleichberechtigt neben den etablierten, stationären Verkaufsstellen betrieben werden. Gleichberechtigte Vertriebskanäle reduzieren die Abhängigkeit des Anbieterunternehmens beim Marktzugang und erhöhen die Flexibilität, auf veränderte Umweltbedingungen (Kundenbedürfnisse bzw. Verhalten der Wettbewerber) zu reagieren.

3.1.3 Vertikale Integration des Vertriebssystems

Von Bedeutung ist ferner die *vertikale Integration* des Vertriebssystems. Der Grad der vertikalen Integration wird in der Regel über den Anteil des Umsatzes gemessen, der über unternehmenseigene Vertriebskanäle erzielt wird, d.h. ohne die Einschaltung unternehmensfremder Vertriebskanäle (Dutta et al. 1995; John/Weitz 1988). Sowohl für unternehmenseigene als auch -fremde Vertriebskanäle können Vorteile angeführt werden, die es abzuwägen gilt.

Der Einsatz *unternehmenseigener Vertriebskanäle* kann insbesondere eine effektive Marktbearbeitung gewährleisten. Derartige Vertriebskanäle können den unmittelbaren *Zugang zu Marktinformationen* wesentlich erleichtern. Beim Vertrieb über unternehmensexterne Vertriebspartner besteht die Gefahr, dass wichtige Informationen nur gefiltert zum Anbieterunternehmen gelangen und dadurch ein unvollständiges bzw. unzutreffendes Bild des Marktes erlangt wird. Auch eine bessere *Kontrolle der Marktaktivitäten* kann erfolgen, wodurch ein konsistenter Marktauftritt sichergestellt werden kann. Schließlich führt der Einsatz unternehmenseigener Vertriebskanäle zu einer großen *Kundennähe* und damit zu einer hohen Kundenloyalität.

Unternehmensfremde Vertriebskanäle bieten in erster Linie die Möglichkeit, schnell und mit relativ geringem Kapitalaufwand eine *breite Marktabdeckung* zu erreichen. Während der Aufbau unternehmenseigener Vertriebskanäle hohe Fixkosten verursacht, fallen beim Vertrieb über externe Partner lediglich die variablen Vertriebskosten an. Unternehmensfremde Vertriebskanäle können sich ferner eignen, wenn ein *Nachfrageverbund* beim Kauf der Produkte existiert. In unternehmenseigenen Vertriebskanälen werden häufig vorrangig eigene Produkte des Anbieterunternehmens geführt und verkauft mit der Folge, dass komplexe Konsumprobleme auf Seiten der Kunden meist nur unzureichend bedient werden. Schließlich bietet der Einsatz externer Vertriebspartner oftmals eine höhere *Flexibilität in der Marktbearbeitung*, verglichen mit einem Vertriebssystem mit hoher vertikaler Integration und dementsprechend häufig langen Entscheidungswegen (Coelho/Easingwood 2003).

Ein ausschließlicher Einsatz unternehmenseigener oder -fremder Vertriebskanäle ist eher selten anzutreffen (Dutta et al. 1995). Häufig kommen beide Arten von Vertriebskanälen zum Einsatz, um die erwähnten Vorteile zu kombinieren. Unternehmenseigene Vertriebskanäle können in diesem Zusammenhang eine *Verringerung der Abhängigkeit* des Anbieterunternehmens gegenüber den externen Vertriebspartnern bewirken. Vertreibt ein Anbieterunternehmen seine Produkte ausschließlich über Vertriebspartner, so liegt die Kontrolle des Marktzugangs außerhalb des Unternehmens. Dies führt dazu, dass oftmals die Interessen des Vertriebspartners und nicht die des Herstellers durchgesetzt werden. Darüber hinaus kann der Einsatz unternehmenseigener Vertriebskanäle die *Kontrolle der Leistungsfähigkeit* des Vertriebssystems erleichtern (Kabadayi 2008). Das Anbieterunternehmen wird mit Effizienz-Benchmarks versorgt, anhand derer sowohl die unternehmenseigenen als auch die unternehmensfremden Vertriebskanäle optimiert werden können (Bradach 1997; Heide 2003).

3.2 Aufgabendefinition

Die im Rahmen der Konfiguration ausgewählten Vertriebskanäle müssen in geeigneter Weise eingesetzt werden, um die erwünschten Erfolge zu erzielen. Dazu ist es notwendig, die Aufgaben der verschiedenen Kanäle festzulegen. Eine geeignete Aufgabendefinition kann vor allem zur Vermeidung von Konflikten beitragen, indem unklare Zuständigkeiten ausgeräumt werden (Webb/Lambe 2007).

Das Ausmaß der Aufgabendefinition wird durch den *Grad der Formalisierung* bestimmt. Darunter wird die Verwendung von formalen Regeln und Prozessen innerhalb des Vertriebssystems verstanden (Dwyer/Welsh 1985). Ein hoher Grad an Formalisierung hat in der Regel standardisierte Arbeitsabläufe und eine hohe Effizienz in der Wahrnehmung der Vertriebsaufgaben zur Folge. Es besteht jedoch die Gefahr, mit zunehmender Formalisierung an Flexibilität in der Marktbearbeitung zu verlieren.

Im Rahmen der Aufgabendefinition sind Entscheidungen hinsichtlich Leistungen, Kunden und Vertriebsprozesse zu treffen. Die idealtypischen Formen der Aufgabendefinition sind in Abbildung 2.3.5 dargestellt. In *fokussierten Multichannel-Vertriebssystemen* findet eine klare Abgrenzung der Vertriebskanäle hinsichtlich der angebotenen Leistungen und der Zielkunden statt. Die Vertriebsprozesse (Kaufanbahnung, -aushandlung und -abschluss) führt jeder Kanal autark aus. Im Gegensatz dazu werden in den jeweiligen Vertriebskanälen eines *integrierten Multichannel-Vertriebssystems* identische Leistungen für alle Kundengruppen angeboten. Die Vertriebsprozesse werden interdependent als Gesamtsystem ausgeführt, indem Kunden kanalübergreifend zum Kaufabschluss geführt werden. Die Einflussfaktoren und Auswirkungen der zentralen Entscheidungsfelder (Leistungen, Kunden und Vertriebsprozesse) werden nachfolgend näher betrachtet.

Abbildung 2.3.5 Idealtypische Formen der Aufgabendefinition (in Anlehnung an: Specht/Fritz 2005)

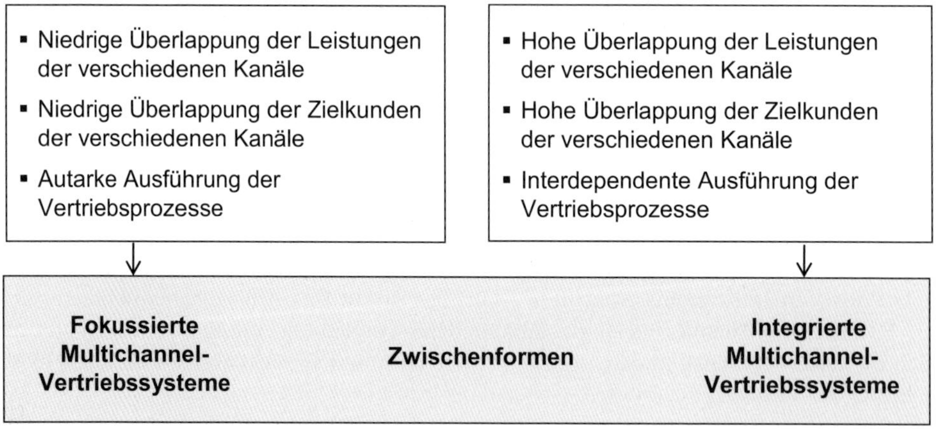

3.2.1 Leistungsdefinition

Ein zentraler Aspekt der Aufgabendefinition betrifft die Frage, welche Leistungen (d.h. Produkte und Services) in welchen Vertriebskanälen angeboten werden. Von besonderem Interesse ist dabei die Festlegung des Grades der Überlappung zwischen den Kanälen, wie in Abbildung 2.3.6 dargestellt.

Abbildung 2.3.6 Formen der Leistungsdefinition im Multichannel-Vertriebssystem

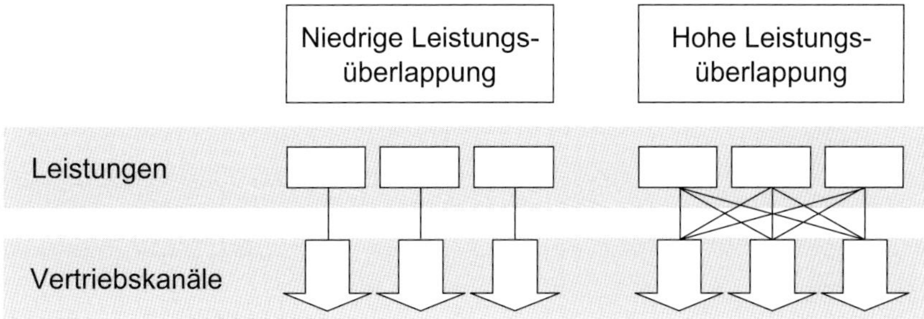

Bei einer *niedrigen Leistungsüberlappung* findet eine klare Abgrenzung der Leistungen zwischen den Vertriebskanälen statt. Ein Beispiel hierfür ist die Finanzbranche, die komplexe Geldanlagen oder Versicherungen oftmals persönlich verkauft (Außendienst bzw. Vertreter), wohingegen standardisierte Leistungen über einen elektronischen Vertrieb (Filiale bzw. Internet/Telefon) angeboten werden. Der Grund der niedrigen Leistungsüberlappung liegt daher meist in produktbezogenen Einflussfaktoren (Positionierung bzw. Komplexität der Produkte).

In Multichannel-Vertriebssystemen mit einer *hohen Leistungsüberlappung* ist hingegen in den jeweiligen Vertriebskanälen ein identisches Sortiment vorzufinden. So werden in der chemischen Industrie häufig persönliche mit elektronischen Vertriebsformen kombiniert und ein vergleichbares Sortiment über alle Kanäle hinweg angeboten. Zu beachten ist allerdings, dass als Folge der hohen Überlappung mehrere Vertriebskanäle um dieselben knappen Ressourcen kämpfen. Einerseits sind hierdurch Konflikte im System vorprogrammiert. Andererseits wird der Wettbewerb zwischen den Kanälen gefördert mit entsprechend positiven Auswirkungen auf die Effektivität und/oder die Effizienz des Vertriebssystems.

3.2.2 Kundendefinition

Für jeden Vertriebskanal muss außerdem festgelegt werden, welche Kundensegmente adressiert werden sollen. Analog zur Leistungsdefinition ist auch in diesem Zusammenhang die Überlappung der Kanäle von zentraler Bedeutung, wie in Abbildung 2.3.7 dargestellt.

Eine *niedrige Kundenüberlappung* kann durch eindeutige Abgrenzung der Zielkunden je Vertriebskanal erreicht werden. Als Gründe der geringen Kundenüberlappung dienen entweder unterschiedliche Kundenbedürfnisse (z. B. bedingt durch das Einkaufsvolumen) oder aber unterschiedliche Kundenwerte, anhand derer ein effizienter Ressourceneinsatz gewährleistet werden soll (Wilson/Daniel 2007). Weit verbreitet ist die Unterscheidung in Privatnutzer (B-to-C-Geschäft) und Geschäftskunden (B-to-B-Geschäft). Ein Beispiel hierfür ist die Brauerei-Branche, in der an Gaststätten über den Außendienst vertrieben wird, wohingegen Privatpersonen über den Handel bedient werden.

Abbildung 2.3.7 Formen der Kundendefinition im Multichannel-Vertriebssystem

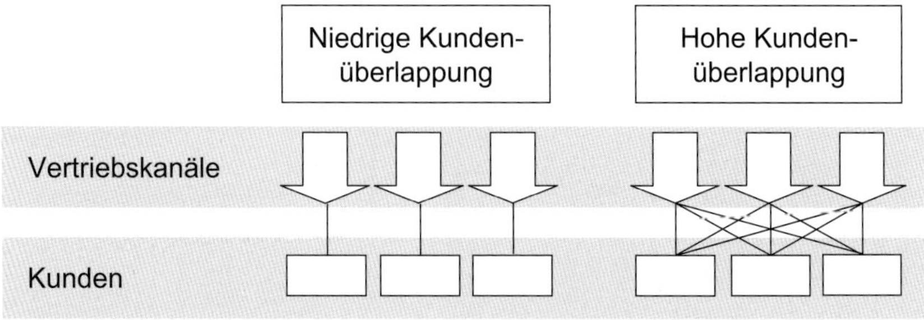

Dagegen adressieren in einem Multichannel-Vertriebssystem mit einer *hohen Kundenüberlappung* verschiedene Vertriebskanäle die gleichen Kundensegmente. Als Beispiel kann der Einzelhandel angeführt werden. Mediale Vertriebskanäle (Internet und/oder Katalog) dienen in dieser Branche häufig dazu, das Umsatzpotenzial von Kunden, die bereits stationär einkaufen, weiter auszuschöpfen. In Analogie zur Leistungsüberlappung ist jedoch zu beachten, dass Vertriebskanäle „[...] clash and compete aggressively when contacting the same customer for a given order" (Sa Vinhas/Anderson 2005, S. 509).

3.2.3 Definition der Vertriebsprozesse

Schließlich sind im Rahmen der Aufgabendefinition die Vertriebsprozesse in den verschiedenen Kanälen zu berücksichtigen. Betrachtet man das Kundenverhalten, so wird häufig ersichtlich, dass „[...] channels are not the basic building blocks of a marketing system; marketing tasks are" (Moriarty/Moran 1990, S. 148). Vor allem bei einer hohen Leistungs- und/oder Kundenüberlappung ist dies von großer Bedeutung. Jedoch sollte die Prozessbetrachtung auch bei einer geringen Überlappung nicht vollständig ignoriert werden: „It is impossible to hermetically seal each segment or customer group" (Moriarty/Moran 1990, S. 152). Die grundlegenden Formen der Definition der Vertriebsprozesse sind in Abbildung 2.3.8 dargestellt.

Bei einer *autarken Ausführung der Vertriebsprozesse* nimmt jeder Vertriebskanal alle zentralen Vertriebsprozesse (Kaufanbahnung, -aushandlung und -abschluss) unabhängig von weiteren Vertriebskanälen wahr. Als Folge versucht jeder Vertriebskanal möglichst viele Kauftransaktionen im eigenen Interesse herbeizuführen – auch zu Lasten anderer Kanäle. Dies führt einerseits zu einem erhöhten Konfliktpotenzial, andererseits wird der Wettbewerb zwischen den Kanälen gefördert.

Abbildung 2.3.8 Formen der Definition der Vertriebsprozesse im Multichannel-Vertriebssystem

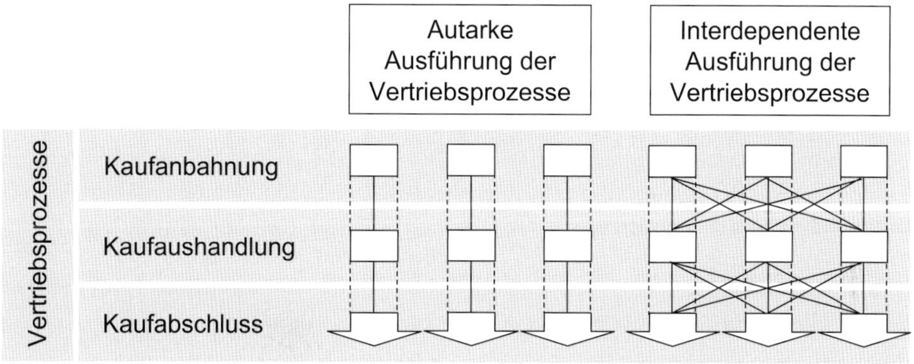

Im Rahmen einer *interdependenten Ausführung der Vertriebsprozesse* konzentrieren sich die einzelnen Vertriebskanäle auf ausgewählte Vertriebsprozesse, für die sie sich besonders eignen. Beispielsweise kann ein Online-Vertriebskanal für die Kaufanbahnung besonders wichtig sein, während Kaufaushandlung und Kaufabschluss überwiegend im stationären Handel stattfinden (Verhoef et al. 2005). Auf diese Weise kann kanalübergreifend Nachfrage generiert und zum Kaufabschluss geführt werden. Es gilt, Kunden während ihres Kaufprozesses nicht zu verlieren, sondern zu begleiten und für sich zu gewinnen (Nunes/Cespedes 2003). Handelt es sich um ein Vertriebssystem mit einem Lead Channel, so orientieren sich die Vertriebsprozesse der anderen Kanäle in der Regel an diesem einen Kanal und übernehmen eine unterstützende Funktion (Schögel 1997). Zu beachten ist, dass eine kanalübergreifende Prozessgestaltung den Zielen der einzelnen Kanäle widerspricht, so dass entsprechende Anreizmechansimen für die Realisation notwendig sind.

4 Multichannel-Management

4.1 Kanalsteuerung

Die im Rahmen der Multichannel-Konfiguration festgelegten Vertriebskanäle müssen häufig in geeigneter Weise gesteuert werden, um die Erfüllung der ihnen zugewiesenen Aufgaben sicherzustellen.

4.1.1 Ansätze der Kanalsteuerung

Die Kanalsteuerung kann sowohl zentral als auch dezentral erfolgen (Schögel 1997). Bei der *zentralen Steuerung* erfolgt eine kanalübergreifende Koordination der Vertriebskanäle beim Anbieterunternehmen, das mit einer weit reichenden Entscheidungskompetenz ausgestattet ist. Die Entscheidungsspielräume der einzelnen Vertriebskanäle, beispielsweise hinsichtlich der Preisgestaltung, werden dementsprechend gering gehalten. Eine zentrale Steuerung eignet sich vor allem zur Effizienzsteigerung, da Doppelarbeiten reduziert und suboptimale Einzellösungen beseitigt werden können (Kabadayi et al. 2007). Im Gegensatz dazu erfolgt im Rahmen der *dezentralen Steuerung* eine Delegation von Entscheidungen an die Vertriebskanäle, wodurch deren Autonomie erhöht wird. Der Vorteil einer dezentralen Steuerung liegt in erster Linie in der Flexibilität der Entscheidungen vor Ort.

Darüber hinaus kann bei Vorliegen eines *Lead Channels* teilweise ein Ansatz zwischen zentraler und dezentraler Steuerung beobachtet werden. Der Lead Channel erhält dabei nicht nur die Entscheidungskompetenz für die eigenen Aufgaben, sondern wird mit der Koordinationsverantwortung für das gesamte Multichannel-Vertriebssystem betraut. So erfolgt die Steuerung des regionalen Vertragshändlernetzes in der Automobilbranche in der Regel über herstellereigene Niederlassungen.

4.1.2 Anreizgestaltung im Vertriebssystem

Eine wesentliche Ursache auftretender Konflikte stellen inkompatible Zielvorstellungen der Kanalmitglieder dar. In einer solchen Situation sind die Interessen der verschiedenen Parteien nicht miteinander vereinbar, so dass eine Zielerreichung ohne gegenseitige Beeinträchtigung kaum möglich ist. Eine geeignete Anreizgestaltung kann dabei helfen, das Verhalten der verschiedenen Kanalmitglieder auf ein gemeinsames, übergeordnetes Ziel auszurichten (Webb/Lambe 2007).

Sowohl *Belohnungen* als auch *Sanktionen* können als Anreize eingesetzt werden (Gilliland/Bello 2002). Belohnungen dienen dazu, ein gewünschtes Verhalten zu verdeutlichen und zu fördern, während Sanktionen ein unerwünschtes Verhalten und daher auch eine Gefährdung der Gesamtzielerreichung zu verhindern versuchen (Coelho/Easingwood 2004). Nicht selten nehmen Sanktionen die Form negativer bzw. nicht gewährter Belohnungen an (Coughlan et al. 2006). Sanktionen können insbesondere im Multichannel-Vertriebssystem erfolgreich eingesetzt werden. Die geringere Abhängigkeit des Anbieterunternehmens von einzelnen Vertriebskanälen führt dazu, dass Vergeltungsmaßnahmen bzw. defensiven Reaktionen seitens der Kanalmitglieder nicht ihre volle Wirkung entfalten können.

Anreize können vielfältige Formen annehmen. Grundsätzlich können materielle (z. B. Bereitstellung exklusiver Produkte) bzw. monetäre Anreize (z. B. Provisionen, Prämien, Werbekostenzuschüsse) sowie immaterielle Anreize (z. B. Bereitstellung relevanter Marktinformationen, begleitende Kommunikationsmaßnahmen) unterschieden werden. Eine im Multichannel-Vertriebssystem viel beachtete Form der Anreizgestaltung ist die doppelte Kompensation von Vertriebskanälen für getätigte Umsätze (Sa Vinhas/Anderson 2005). Ziel ist es, bei der Prämiengestaltung nicht nur den Kaufabschluss, sondern auch die weiteren zu einem Kaufabschluss hinführenden Vertriebsprozesse zu berücksichtigen. Insbesondere die erfolgreiche Etablierung eines Online-Vertriebskanals kann auf diese Weise gelingen. Zahlreiche Handelsunternehmen (z. B. die Elektronik-Fachmarktkette Electronic Partner) ordnen jede Online-Bestellung über die Postleitzahlen der Kunden dem nächstgelegenen

Händler zu, der nach Kaufabschluss eine Provision erhält. Dadurch ist gewährleistet, dass auch die stationäre Kaufanbahnung entlohnt wird.

4.1.3 Kommunikation im Vertriebssystem

Neben inkompatiblen Zielvorstellungen sind unterschiedliche Wahrnehmungen der Realität eine häufig auftretende Konfliktursache. Wahrnehmungsunterschiede entstehen häufig durch ineffektive Kommunikation im Vertriebssystem (Webb/Lambe 2007). Aus diesem Grund wird die Kommunikation auch bezeichnet als „[...] the clue that holds together the channel of distribution" (Mohr/Nevin 1990, S. 36).

In diesem Zusammenhang gilt es die *Häufigkeit* der Kommunikation festzulegen, d.h. das Ausmaß vom Anbieterunternehmen initiierter Kontakte (sei es persönlich, per Telefon, per Post oder per E-Mail) mit den Vertriebskanälen und deren Kanalmitgliedern (Mohr/Nevin 1990). Eine häufige Kommunikation bildet die Grundlage für die Beseitigung unterschiedlicher Wahrnehmungen (Webb/Lambe 2007). Insbesondere können die Aufgaben der verschiedenen Vertriebskanäle verdeutlicht und ins Gedächtnis zurückgerufen werden.

Darüber hinaus ist die *Interaktivität* der Kommunikation von Bedeutung, die das Ausmaß an bidirektionaler, d.h. auf gegenseitiges Feedback ausgelegter, Kommunikation zwischen Anbieterunternehmen und den Vertriebskanälen beschreibt (Mohr et al. 1996). Im Mittelpunkt der Interaktivität steht daher der Austausch und nicht die bloße Vermittlung von Informationen. Der positive Einfluss der Interaktivität auf die Beziehungsqualität, nämlich verbesserte Zufriedenheit und erhöhtes Commitment, konnte bereits empirisch nachgewiesen werden (Boyle et al. 1992; Mohr/Sohi 1995).

4.2 Kundensteuerung

Nicht immer entspricht das in der Multichannel-Konfiguration definierte Kundenverhalten dem tatsächlichen Kundenverhalten. Die Folge ist eine Gefährdung des Vertriebserfolgs, da nur die für ein Kundensegment bestimmten Vertriebskanäle eine optimale Vermarktung der Unternehmensleistungen garantieren. Im Rahmen der Kundensteuerung wird daher versucht, „[...] das Kundenverhalten so zu lenken, dass die tatsächliche Kanalnutzung den strategischen Vorgaben möglichst gut entspricht" (Gronover/Riempp 2001, S. 38). Branchen mit einer ausgeprägten Kundensteuerung sind der Bankensektor, der Versandhandel, Fluglinien und der öffentliche Nahverkehr (Schögel/Schulten 2006).

4.2.1 Ansätze der Kundensteuerung

Grundsätzlich können zwei Ansätze der Kundensteuerung unterschieden werden. Zum einen kann eine Lenkung der Kunden auf bestimmte Vertriebskanäle erfolgen, ein sogenanntes *„Right Channeling"*. Im Kontext des Multichannel-Vertriebs zielt der Ansatz auf die *Durchsetzung des interpersonellen Multichannel-Shopping* ab. Erreicht werden kann dies durch Anreize, die sich an den segmentspezifischen Nutzenerwartungen, z. B. im Hinblick auf Preis oder Convenience, orientieren. Es besteht allerdings die Gefahr, dass sich Kunden zu bestimmten Vertriebskanälen gedrängt fühlen und daraufhin abwandern (Neslin/Shankar 2009). Schulten et al. (2009) konnten empirisch nachweisen, dass Unternehmen mit einem positiven Image Kunden wesentlich leichter und ohne negative Konsequenzen steuern können. Daher sollte bei Entscheidungen über Kundensteuerungsmaßnahmen die Einstellung der Kunden zum Unternehmen ausreichend berücksichtigt werden.

Darüber hinaus kann ein Unternehmen die Kunden zu einem Einkauf in verschiedenen Kanälen motivieren, womit eine *Durchsetzung des intrapersonellen Multichannel-Shopping* beabsichtigt wird. Kunden, die zur Nutzung verschiedener Kanäle bewegt werden können, zeigen anschließend oftmals höhere Umsätze als auch eine höhere Profitabilität (Kumar/Venkatesan 2005). Zu beachten ist jedoch, dass ein verstärktes intrapersonelles Multichannel-Shopping den Koordinationsaufwand, z. B. hinsichtlich einer interdependenten Ausführung der Vertriebsprozesse, erhöht und dadurch Mehraufwand verursachen kann. „What's crucial is that customers get what they need at each stage of the buying process – through one channel or another – and that, at the end of that journey your company has not spend more money on customers than they have spend with you" (Nunes/Cespedes 2003, S. 89).

4.2.2 Anreizgestaltung gegenüber den Kunden

Ein zentraler Stellhebel der Kundensteuerung ist die Anreizgestaltung. In Analogie zur Kanalsteuerung können auch im Rahmen der Kundensteuerung Belohnungen und Sanktionen als Anreize eingesetzt werden. Schulten et al. (2008) unterscheiden grundsätzlich zwischen Push- und Pull-Maßnahmen der Kundensteuerung.

Push-Maßnahmen setzen am Ausgangskanal an, d.h. am Vertriebskanal, den der Kunde bislang für seine Interaktionen nutzt. Bei diesem Kanal werden Leistungen abgebaut, um dem Kunden ein Wechsel zu einem anderen Kanal nahezulegen. Unerwünschtes Kanalwahlverhalten wird daher sanktioniert. Im Gegensatz dazu erhöhen *Pull-Maßnahmen* die Leistungen des Zielkanals, d.h. des Vertriebskanals, den der Kunde zukünftig nutzen soll. Dadurch wird eine relative Vorteilhaftigkeit des Zielkanals gegenüber dem Ausgangskanal erreicht und der Kunde für den Kanalwechsel belohnt.

Die Form der Anreize sollte sich an den Faktoren orientieren, die das Kanalwahlverhalten der Kunden beeinflussen. Wie bereits im Rahmen der kundenbezogenen Einflussfaktoren dargelegt, hängt die Kanalwahl vom wahrgenommenen Nutzen eines Vertriebskanals ab, der wiederum maßgeblich von der Qualität des Vertriebskanals, der wahrgenommenen Convenience, dem wahrgenommenen Risiko sowie dem wahrgenommenen Preis bestimmt wird (Gensler/Böhm 2006). Ein häufig eingesetzter Anreiz entsteht durch das Setzen unterschiedlicher Preise für die einzelnen Produkte und Services in den verschiedenen Vertriebskanälen (Gronover/Riempp 2001). Auch kann für eine verbesserte Sicherheit bei Online-Transaktionen gesorgt werden, um das wahrgenommene Risiko der Kunden zu minimieren (Schögel/Schulten 2006).

4.2.3 Kommunikation gegenüber den Kunden

Ein weiterer Stellhebel der Kundensteuerung ist die Kommunikation gegenüber den Kunden. Kommunikative Aktivitäten haben einen großen Einfluss auf das Kundenverhalten und bestimmen daher die Kanalwahl in entscheidendem Maße.

In diesem Zusammenhang ist darauf zu achten, eine *hohe Bekanntheit der Zielkanäle* bei den Kunden zu erreichen. Eine Bewerbung der Zielkanäle kann dabei sowohl zentral durch das Anbieterunternehmen als auch dezentral in den Vertriebskanälen erfolgen. Für einen optimalen Ressourceneinsatz sind die verschiedenen Kommunikationsaktivitäten abzustimmen und gezielt auf die von der Kundensteuerung betroffenen Segmente auszurichten (Thomas/ Sullivan 2005).

Darüber hinaus gilt es, eine *aktive Bewerbung der relativen Vorteilhaftigkeit der Zielkanäle* vorzunehmen (Ansari et al. 2008). Ziel ist es, den Kunden den Zusatznutzen der Wahl alternativer bzw. zusätzlicher Vertriebskanäle zu verdeutlichen. Myers et al. (2004) weisen darauf hin, dass mit Hilfe einer „[...] compelling story around the advantages [...] companies can migrate their customers to different channels while still keeping the customers happy" (Myers et al. 2004, S. 47). Auf die Hervorhebung eingesetzter Push-Maßnahmen sollte hingegen möglichst verzichtet werden, da derartige Anreize von den Rezipienten als Einschränkung der Handlungsfreiheit gewertet werden können mit entsprechend negativen Auswirkungen auf die Kundenbeziehung (Coughlan et al. 2006).

5 Fazit

Der vorliegende Beitrag verdeutlicht, dass für eine geeignete Multichannel-Strategie sehr vielfältige Aspekte der Konfiguration und des Managements in Betracht gezogen werden sollten. Die konkrete Ausgestaltung hängt dabei von zahlreichen unternehmensinternen und -externen Einflussfaktoren ab. Nur mit einer weitreichenden, systematischen Herangehensweise ist es möglich, die zentralen Herausforderungen einer hohen Komplexität sowie eines hohen Konfliktpotenzials im Multichannel-Vertriebssystem zu bewältigen. Häufig wird daher die Einschaltung eines Multichannel-Managers gefordert, der sich kanalübergreifend mit Themen der Multichannel-Strategie beschäftigt (Wirtz 2007).

Die großen Erfolge von Unternehmen mit bewährten Multichannel-Strategien zeigen, dass sich die Mühe für ein wohl durchdachtes Konzept lohnt. Nicht selten erzielen diese Unternehmen Umsatzrenditen im zweistelligen Bereich und wachsen deutlich stärker als der Markt (Heinemann 2009). Der Multichannel-Vertrieb „[...] is likely to become a core marketing challenge for the foreseeable future simply because customers are demanding more channel options and technology has made multiple channel options possible and economically feasible" (Rosenbloom 2007, S. 8).

Literaturverzeichnis

Aberdeen Group (2005): The Multi-Channel Retail Benchmark Report: Where Is the True Multi-Channel Retailer?, Boston.

Ansari, A./Mela, C. F./Neslin, S.A. (2008): Customer Channel Migration, in: Journal of Marketing Research, 45. Jg., Nr. 1, S. 60-76.

Ansoff, H. (1965): Corporate Strategy, New York.

Bradach, J. L. (1997): Using the Plural Form in the Management of Restaurant Chains, in: Administrative Science Quarterly, 42. Jg., Nr. 2, S. 276-303.

Boyle, B./Dwyer, R./Robicheaux, R. A./Simpson, J. T. (1992): Influence Strategies in Marketing Channels: Measures and Use in Different Relationship Structures, in: Journal of Marketing Research, 29. Jg., Nr. 4, S. 462-473.

Breitkopf, J. (2007): Die Rolle von Stammkanälen im Mehrkanalvertrieb – untersucht am Beispiel der Automobilindustrie, Dissertation, Universität St. Gallen.

Burke, R. (2000): Creating the Ideal Shopping Experience – What Consumers Want in the Physical and Virtual Store, An Indiana University-KPMG Study.

Cespedes, F. V./Corey, E. R. (1990): Managing Multiple Channels, in: Business Horizons, 33. Jg., Nr. 4, S. 67-77.

Coelho, F., Easingwood, C. (2003): Multiple Channel Structures in Financial Services: A Framework, in: Journal of Financial Services Marketing, 8. Jg., Nr. 1, S. 22-34.

Coelho, F./Easingwood, C./Coelho, A. (2003): Exploratory Evidence of Channel Performance in Single Versus Multiple Channel Strategies, in: International Journal of Retail & Distribution Management, 31. Jg., Nr. 11, S. 561-573.

Coelho, F./Easingwood, C. (2004): Multiple Channel Systems in Services: Pros, Cons and Issues, in: The Service Industries Journal, 24. Jg., Nr. 5, S. 1-29.

Coughlan, A. T./Anderson, E./Stern, L. W./El-Ansary, A. (2006): Marketing Channels, 7. Aufl., Upper Saddle River.

Deleersnyder, B./Geyskens, I./Gielens, K./Dekimpe, M. G. (2002): How Cannibalistic is the Internet Channel? A Study of the Newspaper Industry in the United Kingdom and the Netherlands, in: International Journal of Research in Marketing, 19. Jg., Nr. 4, S. 337-348.

Dutta, S./Bergen, M./Heide, J. B./George, J. (1995): Understanding Dual Distribution: The Case of Reps and House Accounts, in: Journal of Law, Economics & Organization, 1. Jg., Nr. 1, S. 189-204.

Dwyer, R./Welsh, A. (1985): Environmental Relationships in the Internal Political Economy of Marketing Channels, in: Journal of Marketing Research, 22. Jg., Nr. 4, S. 397-414.

Frazier, G. L. (1999): Organizing and Managing Channels of Distribution, in: Journal of the Academy of Marketing Science, 27. Jg., Nr. 2, S. 226-240.

Gensler, S./Böhm, M. (2006): Kanalverhalten von Kunden in einem Multikanalumfeld, in: Thexis – Fachzeitschrift für Marketing, 22. Jg., Nr. 4, S. 31-36.

Gilliland, D. I./Bello, D. C. (2002): Two Sides of Attitudinal Commitment: The Effect of Calculative and Loyalty Commitment on Enforcement Mechanisms in Distribution Channels, in: Journal of the Academy of Marketing Science, 30. Jg., Nr. 1, S. 24-43.

Gronover, S./Riempp, G. (2001): Kundenorientiertes Multi-Channel-Management: Konzepte und Techniken zur Einführung, Forschungsbericht, Institut für Wirtschaftsinformatik, Universität St. Gallen.

Heide, J. B. (2003): Plural Governance in Industrial Purchasing, in: Journal of Marketing, 67. Jg., Nr. 4, S. 18-29.

Heinemann, G. (2009): Verkauf auf allen Kanälen – Multi-Channel-Systeme erfolgsorientiert ausrichten, in: Marketing Review St. Gallen, 26. Jg., Nr. 2, S. 46-51.

John, G./Weitz, B. A. (1988): Forward Integration into Distribution: An Empirical Test of Transaction Cost Analysis, in: Journal of Law, Economics & Organization, 4. Jg., Nr. 2, S. 337-355.

Kabadayi, S./Eyuboglu, N./Thomas, G. P. (2007): The Performance Implications of Designing Multiple Channels to Fit with Strategy and Environment, in: Journal of Marketing, 71. Jg., Nr. 4, S. 195-211.

Kabadayi, S. (2008): Adding Direct or Independent Channels to Multiple Channel Mix, in: Direct Marketing: An International Journal, 2. Jg., Nr. 2, S. 66-80.
Kilcourse, B. (2008): Finding the Integrated Multi-Channel Retailer: Benchmark Study 2008, Retail Systems Research (RSR), Miami.
Konuş, U./Verhoef, P. C./Neslin, S. A. (2008): Multichannel Shopper Segments and Their Covariates, in: Journal of Retailing, 84. Jg., Nr. 4, S. 398-413.
Kumar, V./Venkatesan, R. (2005): Who Are the Multichannel Shoppers and How Do They Perform? Correlates of Multichannel Shopping Behavior, in: Journal of Interactive Marketing, 19. Jg., Nr. 2, S. 44-62.
Mohr, J. M./Nevin, J. R. (1990): Communication Strategies in Marketing Channels: A Theoretical Perspective, in: Journal of Marketing, 54. Jg., Nr. 4, S. 36-51.
Mohr, J. M./Sohi, R. S. (1995): Communication Flows in Distribution Channels: Impact on Assessments of Communication Quality and Satisfaction, in: Journal of Retailing, 71. Jg., Nr. 4, S. 393-416.
Mohr, J. M./Fisher, R. J./Nevin, J. R. (1996): Collaborative Communication in Interfirm Relationships: Moderating Effects of Integration and Control, in: Journal of Marketing, 60. Jg., Nr. 3, S. 103-115.
Moriarty, R. T./Moran, U. (1990): Managing Hybrid Marketing Systems, in: Harvard Business Review, 68. Jg., Nr. 6, S. 146-155.
Myers, J. B./Pickersgrill, A. D./Van Metre, E. S. (2004): Steering Customers to the Right Channels, in: The McKinsey Quarterly, 4. Jg., S. 36-47.
Neslin, S. A./Shankar, V. (2009): Key Issues in Multichannel Customer Management: Current Knowledge and Future Directions, in: Journal of Interactive Marketing, 23. Jg., Nr. 1, S. 70-81.
Nunes, P. F./Cespedes, F. V. (2003): The Customer Has Escaped, in: Harvard Business Review, 81. Jg., Nr. 11, S. 96-105.
OC&C (2005): Case Studies in Direct Business, OC&C Startegy Consultants, Düsseldorf.
Reve, T./Stern, L. W. (1979): Interorganizational Relations in Marketing Channels, in: Academy of Management Review, 4. Jg., Nr. 3, S. 405-416.
Rosenberg, L. J./Stern, L. W. (1971): Conflict Measurement in the Distribution Channel, in: Journal of Marketing Research, 8. Jg., Nr. 4, S. 437-442.
Rosenbloom, B. (2007): Multi-Channel Strategy in Business-to-Business Markets: Prospects and Problems, in: Industrial Marketing Management, 36. Jg., Nr. 1, S. 1-9.
Sa Vinhas, A./Anderson, E. (2005): How Potential Conflict Drives Channel Structure: Concurrent (Direct and Indirect) Channels, in: Journal of Marketing Research, 42. Jg., Nr. 4, S. 507-515.
Schögel, M. (1997): Mehrkanalsysteme in der Distribution, 1. Aufl., Wiesbaden.
Schögel, M./Sauer, A. (2002): Multi-Channel Marketing – Die Königsdisziplin im CRM, in: Thexis – Fachzeitschrift für Marketing, 19. Jg., Nr. 1, S. 26-31.
Schögel, M./Schulten, M. (2006): Wertorientierte Kundensteuerung in Mehrkanalsystemen, in: Thexis – Fachzeitschrift für Marketing, 22. Jg., Nr. 4, S. 37-42.
Schulten, M./Schögel, M./Stössel, M. (2008): Kundensteuerung erfolgreich umsetzen: Eine Darstellung am Beispiel des Versandhandels, in: Belz, C./Schögel, M./Arndt, O./Walter, V. (Hrsg.), Interaktives Marketing: Neue Wege zum Dialog mit Kunden, 1. Aufl., Wiesbaden, S. 487-502.
Schulten, M./Schögel, M./Herhausen, D. (2009): Kunden erfolgreich dirigieren, Harvard Businessmanager, 9, 50-57.
Specht, G./Fritz, W. (2005): Distributionsmanagement, 4. Aufl., Stuttgart.
Taga, K./Oswald, G. (2009): Global M-Payment Report Update – 2009, Arthur D. Little, Wien.
The DMA (2005): Multichannel Marketing Report: The Integration of Catalog, Retail, and Online Media, The Direct Marketing Association, New York.
Thomas, J. S./Sullivan, U. Y. (2005): Managing Marketing Communications with Multichannel Customers, in: Journal of Marketing, 69. Jg., Nr. 4, S. 239-251.
Verhoef, P. C./Neslin, S. A./Vroomen, B. (2005): Browsing versus Buying: Determinants of Customer Search and Buy Decisions in a Multi-Channel Environment, Arbeitspapier, Universität Groningen.
Webb, K. L./Lambe, C. J. (2007): Internal Multi-Channel Conflict: An Exploratory Investigation and Conceptual Framework, in: Industrial Marketing Management, 36. Jg., Nr. 1, S. 29-43.

Wilson, H./Daniel, E. (2007): The Multi-Channel Challenge: A Dynamic Capability Approach, in: Industrial Marketing Management, 36. Jg., Nr. 1, S. 10-20.

Wirtz, B. W. (2002): Multi-Channel-Management: Struktur und Gestaltung multipler Distribution, in: Das Wirtschaftsstudium (Wisu), 31. Jg., Nr. 5, S. 676-682.

Wirtz, B. W. (2007): Multi-Channel-Marketing: Grundlagen – Instrumente – Prozesse, 1. Aufl., Wiesbaden.

Zentes, J./Schramm-Klein, H. (2002): Multi-Channel-Retailing: Perspektiven, Optionen, Befunde, in: Wirtschaftswissenschaftliches Studium (WiSt), 31. Jg., Nr. 8, S. 450-460.

2.4 Kundenpriorisierung in der Marktbearbeitung: Erfolgswirkung und Erfolgsfaktoren der Umsetzung

Christian Homburg, Mathias Droll, Dirk Totzek

1 Einleitung

Unternehmen agieren heute vielfach in stagnierenden oder gar schrumpfenden Märkten. Kunden können somit häufig nur noch gewonnen werden, wenn sie von der Konkurrenz abgeworben werden (Day 2003). Diese Tendenz geht meist mit steigenden Erwartungen und einer sinkenden Anbietertreue der Kunden einher. Im Geschäftskundenbereich ist eine zunehmende Nachfragekonzentration festzustellen, häufig mit dem Ziel von Einsparungen im Beschaffungsbereich (Chapman et al. 1998). Somit sehen sich Unternehmen sowohl im Privat- als auch im Geschäftskundenbereich einer höheren Nachfragemacht gegenüber. Steigende Kosten der Kundenbindung, sinkende Margen der Hersteller und ein steigender Druck zur wirtschaftlichen Marktbearbeitung sind die Folgen.

Die Erkenntnis, dass meist nur ca. 20 % der Kunden zu ca. 80 % des Gewinns beitragen (die sogenannte Pareto-Regel) und sich im Kundenstamm vieler Unternehmen unprofitable Kunden befinden (Cooper/Kaplan 1991; Reinartz/Kumar 2000), führte dazu, dass sich Wissenschaft und Praxis vom Ziel der „Zero Defection" (Reichheld/Sasser 1990) – der Bindung aller Kunden an das Unternehmen – abgewendet haben. Vielmehr gilt, dass „the important issue is not customer loyalty or customer retention per se but profitable customer retention" (Ryals 2005, S. 260), um eine wirtschaftliche Marktbearbeitung zu erreichen. Folglich sollten Unternehmen profitable Kunden an das Unternehmen binden und unprofitable Kunden nur mit begrenztem Aufwand bearbeiten. Praxisorientierte Veröffentlichungen postulieren daher: „Nicht alle Kunden sind gleich, und ein Unternehmen kann es sich nicht leisten, alle gleichsam königlich zu behandeln" (Möller zitiert nach Kirsch 2005, S. 6).

Darüber hinaus haben viele Unternehmen geringere Ressourcen im Vertrieb zur Verfügung als noch vor einigen Jahren (Winkelmann 2008). Daher kann nicht mehr den Anforderungen aller Kunden entsprochen werden. Vor dem Hintergrund vielfach gestiegener Kundenerwartungen wird dieses Problem noch verschärft. Folglich wird gefordert, sich auf die Betreuung wichtiger Kunden zu fokussieren, um eine bessere Bedarfsausschöpfung bei großen Kunden und damit eine Umsatz- und Ergebnissteigerung zu erreichen (Winkelmann 2008) und letztlich „die Zahl der Investitionsruinen im Vertrieb" (Biesel 2004) zu senken.

Ob sich eine Kundenpriorisierung für Unternehmen tatsächlich wirtschaftlich lohnt, ist jedoch umstritten. Im Wesentlichen werden drei Argumente gegen eine bevorzugte Behandlung wichtiger Kunden genannt. Das erste Argument zielt auf die Wahrnehmung der Kundenpriorisierung durch nicht-priorisierte Kunden. Brady (2000, S. 74) spricht in diesem Zusammenhang von einer „consumer apartheid", die nicht-priorisierte Kunden zur Abwanderung und zu negativer Mund-zu-Mund-Propaganda bewegt und somit langfristig zu Umsatz- und Ertragseinbußen für die Unternehmen führen kann (Kumar/George 2007). Zweitens können durch eine Fokussierung auf eine begrenzte Anzahl von Kunden mögliche Skaleneffekte einer standardisierten Marktbearbeitung nicht realisiert werden (Johnson/ Selnes 2004). Drittens kann ein aus wichtigen und weniger wichtigen Kundenbeziehungen bestehendes Kundenportfolio Unternehmen in die Lage versetzen, die Risiken einzelner wichtiger Kundenbeziehungen durch eine hohe Anzahl anderer Kundenbeziehungen abzusichern (Dhar/Glazer 2003). Verfolgt ein Unternehmen nun eine Kundenpriorisierung, kann dies zu einer verminderten Fähigkeit der Risikodiversifikation führen. Insgesamt ist somit fraglich, ob sich eine Kundenpriorisierung für Unternehmen wirklich lohnt. Ein zentrales Ziel dieses Beitrags ist es daher, die Erfolgsauswirkungen einer Kundenpriorisierung branchenübergreifend zu untersuchen, um eine Antwort auf die Frage geben zu können, ob Unternehmen klare Prioritäten innerhalb ihres Kundenstamms setzen sollten. Hierbei ist insbesondere von Bedeutung, die Auswirkungen der Kundenpriorisierung auf priorisierte und auf die nicht-priorisierten Kunden zu untersuchen.

Ein zweites zentrales Anliegen dieses Beitrags besteht darin, zentrale Erfolgsfaktoren der Umsetzung der Kundenpriorisierung zu identifizieren. Denn trotz der hohen Relevanz der Kundenpriorisierung in der Praxis scheitert deren Umsetzung häufig. So verfolgen zwar viele Unternehmen das Ziel, ihre wichtigsten Kunden priorisiert zu behandeln, in der konkreten Marktbearbeitung schlägt sich die Kundenpriorisierung oftmals jedoch nicht nieder (Droll 2008; Homburg/Schäfer/Schneider 2010). Mögliche Gründe für das Scheitern der Umsetzung im Rahmen der Kundenpriorisierung können sein, dass die vorhandenen Strukturen, Prozesse oder die Kultur eines Unternehmens eine Kundenpriorisierung nicht unterstützen (Peppers/Rogers/Dorf 1999). So wird vielfach darauf hingewiesen, dass Mitarbeiter verschiedener Funktionen und Abteilungen (bspw. aus dem Marketing, dem Vertrieb, der Produktion oder der Logistik) in die Kundenpriorisierung involviert sind (z. B. Workman/Homburg/Jensen 2003). Eine zentrale Aufgabe im Rahmen der Kundenpriorisierung ist es daher, die Umsetzung durch eine entsprechende Koordination der verschiedenen Aktivitäten zu erleichtern. Problematisch erscheint vor diesem Hintergrund die Tatsache, dass in der Unternehmenspraxis häufig keine eindeutigen Verantwortlichkeiten für wichtige Kundenbeziehungen festgelegt sind (Peppers/Rogers/Dorf 1999).

2 Das Konstrukt der Kundenpriorisierung

In der Literatur wird beschrieben, dass Kunden hinsichtlich der Marketinginstrumente Produkt, Preis, Vertrieb und Kommunikation unterschiedlich behandelt werden können (z. B. Jensen 2001 sowie Homburg/Krohmer 2009). Zusätzlich hierzu sehen wir die Prozesspolitik als Bestandteil der Kundenpriorisierung an, da sich zeigt, dass für eine Kundenpriorisierung die Einbeziehung unterschiedlicher Abteilungen und Funktionen zwingend notwendig ist. Hier kann eine adäquate Ausgestaltung der Prozesspolitik helfen, die verschiedenen Abteilungen und Funktionen zu koordinieren und so über optimierte kundenbezogene Prozesse Mehrwert für die priorisierten Kunden zu schaffen.

Der spezifische Aufwand, der für einzelne Kunden betrieben werden soll, muss sich im Rahmen der Kundenpriorisierung an der Wichtigkeit der Kunden orientieren. Untersuchungen zur Bestimmung des Kundenwertes zeigen, dass Kunden hinsichtlich ihrer Wertigkeit für Unternehmen eine große Heterogenität aufweisen (z. B. Homburg/Steiner/Totzek 2009). Diesem Umstand muss im Rahmen einer Kundenpriorisierung Rechnung getragen werden. Es ist somit nicht ausreichend, die Intensität der spezifischen Aktivitäten an der Einteilung der Kunden in Key-Accounts oder Nicht-Key-Accounts festzumachen. Vielmehr muss sich das Ausmaß der Priorisierung an der spezifischen Wertigkeit der einzelnen Kunden für das Unternehmen orientieren.

Wir definieren die Kundenpriorisierung daher als das Ausmaß, in dem Kunden in Abhängigkeit ihrer Wichtigkeit für das Unternehmen unterschiedlich behandelt werden. Ein hoher Grad von Kundenpriorisierung liegt somit vor, wenn die wichtigsten Kunden eine stark unterschiedliche Behandlung verglichen mit weniger wichtigen Kunden erhalten. Das niedrigste Niveau der Kundenpriorisierung liegt vor, wenn alle Kunden hinsichtlich der genannten Marketinginstrumente gleich behandelt werden.

Das Konstrukt beinhaltet gemäß unserem Verständnis z. B. die Fragen, ob Kunden hinsichtlich der Individualisierung von Produkten oder Dienstleistungen, der Flexibilität hinsichtlich der Preiskonditionen, der Besuchshäufigkeit oder der Schnelligkeit kundenbezogener Prozesse (z. B. der Lieferzeit) unterschiedlich behandelt werden. Abbildung 2.4.1 gibt einen Überblick über zentrale Facetten des Konstrukts der Kundenpriorisierung und deren Gestaltungsmöglichkeiten im Rahmen der Marktbearbeitung.

Abbildung 2.4.1 Das Konstrukt der Kundenpriorisierung

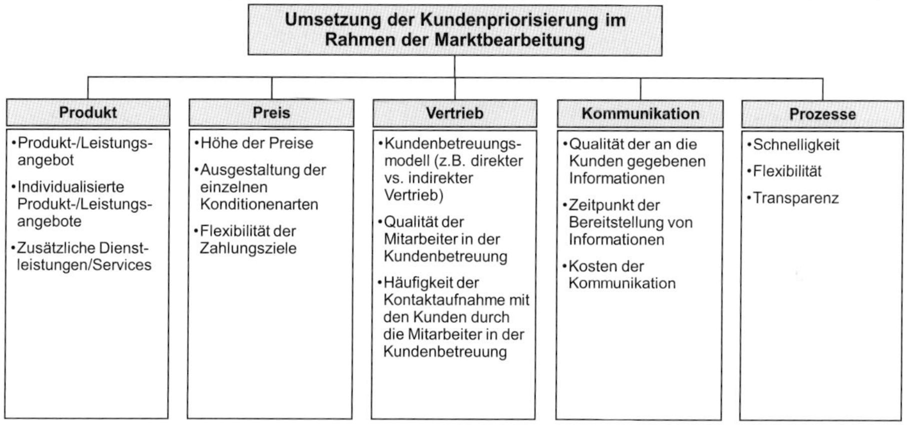

Auf Basis dieser Überlegungen wurde eine Checkliste entwickelt (vgl. Tabelle 2.4.1). Diese Checkliste ermöglicht es Unternehmen, den aktuell vorherrschenden Grad der Kundenpriorisierung in der Marktbearbeitung zu ermitteln. Diese Checkliste bildete die Grundlage für die Erhebung der Kundenpriorisierung im Rahmen unserer branchenübergreifenden Untersuchung, auf die im Folgenden eingegangen wird.

Tabelle 2.4.1 Checkliste zur Bestimmung des Grades der Kundenpriorisierung

Wie unterschiedlich behandeln Sie Ihre Kunden(-segmente) hinsichtlich folgender Aspekte?	sehr stark (100)	(75)	ein wenig (50)	(25)	gar nicht (0)
Priorisierung hinsichtlich Produkt					
• Produkt-/Leistungsangebot	❑	❑	❑	❑	❑
• Individualisierte Produkt-/Leistungsangebote	❑	❑	❑	❑	❑
• Angebot an zusätzlichen Dienstleistungen/Services	❑	❑	❑	❑	❑
Priorisierung hinsichtlich Preis					
• Höhe der Preise	❑	❑	❑	❑	❑
• Ausgestaltung der einzelnen Konditionenarten (z.B. Rabatte, Skonti)	❑	❑	❑	❑	❑
• Flexibilität der Zahlungsziele	❑	❑	❑	❑	❑
Priorisierung hinsichtlich Vertrieb					
• Kundenbetreuungsmodell (z.B. Direktvertrieb, funktionsübergreifende Teams)	❑	❑	❑	❑	❑
• Qualität der Mitarbeiter in der Kundenbetreuung	❑	❑	❑	❑	❑
• Häufigkeit der Kontaktaufnahme durch unsere Mitarbeiter in der Kundenbetreuung	❑	❑	❑	❑	❑
Priorisierung hinsichtlich Kommunikation					
• Qualität der an die Kunden gegebenen Informationen	❑	❑	❑	❑	❑
• Zeitpunkt der Bereitstellung von Informationen	❑	❑	❑	❑	❑
• Kosten der Kommunikation	❑	❑	❑	❑	❑
Priorisierung hinsichtlich interner Prozesse					
• Schnelligkeit der Prozesse	❑	❑	❑	❑	❑
• Flexibilität der Prozesse	❑	❑	❑	❑	❑
• Transparenz der Prozesse	❑	❑	❑	❑	❑

3 Untersuchungsdesign und Datenerhebung

Um die beiden Forschungsziele zu erreichen, führten wir eine umfangreiche empirische Untersuchung mittels standardisierter Fragebögen durch. Um die Generalisierbarkeit der Ergebnisse zu erhöhen, wählten wir einen branchenübergreifenden Untersuchungsansatz, der Anbieter von Dienstleistungen und physischen Produkten sowie den Business-to-Business-Bereich und den Business-to-Consumer-Bereich umfasste.

Die Stichprobe bildete eine zufällige Auswahl von rund 2.000 in Deutschland ansässigen Unternehmen. Insgesamt gingen 310 auswertbare Fragebögen ein. Dies entspricht einer Rücklaufquote von 15,6 %. Die effektive Stichprobe umfasst Unternehmen aus folgenden Branchen: Finanzdienstleistungen/Versicherungen (16 %), Versorger (13 %), Healthcare (11 %), Maschinen-/Anlagenbau (11 %), Logistik/Transport (10 %), IT/Telekommunikation (10 %), Chemie (8 %) und Versandhandel (6 %). Die Ansprechpartner zeichnen sich dabei durch eine hohe Kompetenz aus. So sind 31 % der Befragten Mitglieder der Geschäftsführung bzw. des Vorstandes, 52 % sind Leiter des Vertriebs bzw. Marketings.

Erfolgsbeurteilungen der Kundenpriorisierung allein durch Führungskräfte sind jedoch mit Problemen behaftet. Es besteht die Gefahr, dass ein Zusammenhang zwischen zwei Variablen (z. B. der Kundenpriorisierung und der Kundenzufriedenheit) im Wesentlichen dadurch auftritt, dass diese beiden Variablen durch die Befragung der gleichen Person (d. h. mit der gleichen Messmethode) erhoben werden (Klarmann 2008). Um diesen sogenannten Common-Method-Bias auszuschließen, führten wir zur Validierung der kundenbezogenen Auswirkungen der Kundenpriorisierung eine Befragung bei 250 Kunden der befragten Unternehmen durch. Zur Validierung der ertragsbezogenen Auswirkungen der Kundenpriorisierung konnten wir für 121 der befragten Unternehmen Umsatz-, Kosten- und Profitabilitätsangaben aus kommerziellen Datenbanken gewinnen. Für beide Validierungsstichproben erhielten wir hohe, auf dem 1 %-Niveau signifikante Korrelationen mit den Angaben der befragten Führungskräfte, der Kunden und den verfügbaren Unternehmensdaten. Ein Common-Method-Bias scheint daher kein Problem darzustellen. Somit kann von einer hohen Validität der Führungskräftebewertung bzgl. der Erfolgsauswirkungen der Kundenpriorisierung ausgegangen werden.

Um die Erfolgsauswirkungen der Kundenpriorisierung zu untersuchen, griffen wir auf die Kausalanalyse zurück. Die Kausalanalyse bietet u. a. die Vorteile, dass sie eine simultane Schätzung eines faktoranalytischen Modells und eines Strukturmodells ermöglicht, dass sie zudem explizit Messfehler berücksichtigt und in der Lage ist, kausale Ketten abzubilden (Homburg 1989).

Zur Identifikation der zentralen Erfolgsfaktoren für die Umsetzung einer Kundenpriorisierungsstrategie griffen wir auf die Mehrgruppen-Kausalanalyse (Jöreskog/Sörbom 1993) zurück. Hierzu untersuchten wir die Beziehung zwischen der Intention der Kundenpriorisierung von Unternehmen und der in der Marktbearbeitung tatsächlich umgesetzten Kundenpriorisierung (vgl. Tabelle 2.4.1). Dabei wird den Erfolgsfaktoren ein moderierender Effekt unterstellt, d. h. der Zusammenhang zwischen intendierter und umgesetzter Kundenpriorisierung sollte signifikant größer sein, je besser einer der Erfolgsfaktoren erfüllt ist.

4 Die Erfolgsauswirkungen der Kundenpriorisierung

Der im Folgenden vorgestellte Bezugsrahmen betrachtet die Konsequenzen der Kundenpriorisierung anhand von zwei Hauptschritten: Charakteristika der Kundenbeziehungen und wirtschaftlicher Erfolg (vgl. Abbildung 2.4.2). Wie eingangs dargelegt, sollten sich negative Konsequenzen der Kundenpriorisierung insbesondere in ihrer Auswirkung auf die nicht priorisiert behandelten Kunden zeigen. Um die Frage beantworten zu können, ob sich eine Kundenpriorisierung lohnt, müssen die kundenbezogenen Auswirkungen der Kundenpriorisierung daher bei priorisierten *und* nicht-priorisierten Kunden untersucht werden.

Dabei unterstellen wir, dass die Kundenpriorisierung die Charakteristika der priorisierten und die der nicht-priorisierten Kunden unterschiedlich beeinflusst. Wir unterscheiden daher im Folgenden zwischen A- und C-Kunden. A-Kunden sind dabei die für Unternehmen wichtigsten Kunden, die im Rahmen der Kundenpriorisierung bevorzugt behandelt werden. C-Kunden sind weniger wichtige Kunden, die nicht priorisiert werden. Abbildung 2.4.2 stellt den Bezugsrahmen der Erfolgsauswirkungen der Kundenpriorisierung dar. Die in Klammern angegebenen Vorzeichen geben dabei die Art des unterstellten Zusammenhangs an (+ entspricht einem positiven Zusammenhang, – einem negativen). Eine ausführliche Darstellung der unterstellten Zusammenhänge findet sich bei Homburg/Droll/Totzek (2008).

Abbildung 2.4.2 Bezugsrahmen der Erfolgsauswirkungen der Kundenpriorisierung

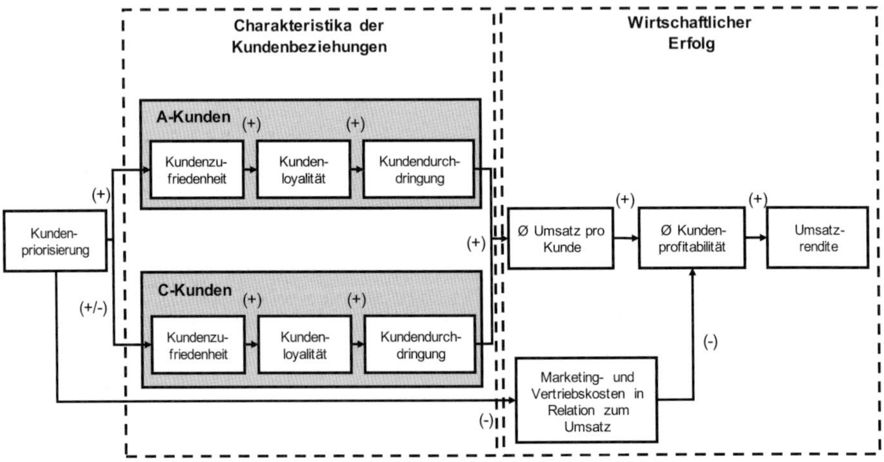

Für beide Kundensegmente – A- und C-Kunden – untersuchen wir die spezifischen Auswirkungen der Kundenpriorisierung auf folgende zentrale Charakteristika der Kundenbeziehungen: Kundenzufriedenheit, Kundenloyalität und Kundendurchdringung. Unter

Kundenzufriedenheit wird dabei das Ausmaß verstanden, in dem die von den Kunden im Laufe der Geschäftsbeziehung gemachten Erfahrungen mit dem Anbieter die Erwartungen der Kunden übertreffen (z. B. Homburg/Stock-Homburg 2008). Diese Definition impliziert, dass die Zufriedenheit kumulativer (anstatt transaktionsspezifischer) Natur ist. Hierdurch wird insbesondere der Tatsache Rechnung getragen, dass die Kundenzufriedenheit ein transaktionsübergreifendes Einstellungskonstrukt darstellt, das spezifisches Verhalten determiniert (Churchill/Surprenant 1982, S. 493). Als eine der am häufigsten diskutierten Auswirkungen der Kundenzufriedenheit findet die Kundenloyalität Eingang in unser Modell. Die Kundenloyalität beschreibt die Absicht eines Kunden, Leistungen eines bestimmten Anbieters wieder zu kaufen und die Geschäftsbeziehung in Zukunft auszudehnen (z. B. Bolton 1998). Das dritte Charakteristikum der Kundenbeziehungen stellt in unserem Untersuchungsrahmen der Grad der Kundendurchdringung dar. Liegt der Fokus der Kundenzufriedenheit bzw. der Kundenloyalität auf der Einstellung bzw. der Verhaltensabsicht, so trägt die Kundendurchdringung dem tatsächlichen Nachfrageverhalten Rechnung. Sie umfasst den Anteil am relevanten Bedarf, den ein Kunde bei dem anbietenden Unternehmen deckt (Verhoef 2003).

Die Ergebnisse der kausalanalytischen Schätzung unseres Bezugsrahmens (vgl. Abbildung 2.4.2) zeigen, dass die Kundenpriorisierung die Kundenzufriedenheit der A-Kunden und damit die Charakteristika der Kundenbeziehungen zu den A-Kunden insgesamt positiv beeinflusst. Demgegenüber beeinflusst die Kundenpriorisierung die Kundenzufriedenheit der C-Kunden nicht signifikant negativ. In diesem Zusammenhang kann argumentiert werden, dass die A-Kunden und C-Kunden über unterschiedliche Erwartungshaltungen verfügen. Kunden (vor allem im Business-to-Business-Bereich) können ihre Wichtigkeit für das anbietende Unternehmen relativ gut einschätzen. Diese Wichtigkeitseinschätzung beeinflusst die Erwartungshaltung der Kunden. Wir argumentieren daher, dass wichtige Kunden (d.h. A-Kunden) eine höhere Erwartungshaltung an Anbieter haben als weniger wichtige Kunden (d.h. C-Kunden). Daher beeinflusst die Kundenpriorisierung die Kundenzufriedenheit der A-Kunden positiv (da ihre Erwartungen mit Hilfe der Kundenpriorisierung mehr als erfüllt werden) und hat demgegenüber keinen Einfluss auf die Kundenzufriedenheit der C-Kunden (da die gelieferte Leistung auf das Erwartungsniveau abgesenkt wird). Insgesamt erhöht die Kundenpriorisierung somit die Effektivität der Marktbearbeitung.

Die Ergebnisse zeigen weiterhin einen kostenmindernden Einfluss der Kundenpriorisierung auf die (variablen und fixen) Marketing- und Vertriebskosten in Relation zum Umsatz. Somit führt die Kundenpriorisierung auch zu einer Erhöhung der Effizienz der Marktbearbeitung. Unternehmen, die ihre wertvollen Ressourcen gleichmäßig auf alle Kunden verteilen, müssen folglich Effizienzeinbußen hinnehmen. Einer der Gründe hierfür liegt zunächst in einem unterschiedlichen Potenzial der Kunden. Werden die Marketing- und Vertriebsressourcen auf potenzialstarke Kunden fokussiert, können die Umsätze bei gleichbleibendem Ressourceneinsatz gegenüber einer Gleichbehandlung aller Kunden gesteigert werden. Ein weiterer Grund kann in den umsatzunabhängigen Marketing- und Vertriebskosten liegen (z. B. Kosten der Bestellannahme oder der Auftragsabwicklung). Kleine Kunden mit einem geringen Bestellvolumen verursachen in Relation zum Umsatz relativ höhere Marketing- und Vertriebskosten als Kunden mit einem hohen Bestellvolumen (Niraj/Gupta/Narasimhan 2001). Darüber hinaus können die relativen Marketing- und Vertriebskosten mittels einer Kundenpriorisierung gesenkt werden, indem weniger wichtige Kunden bspw. in günstigere Vertriebskanäle (z. B. telefonische Kundenbetreuung oder Internetbestellungen) „gezwungen" werden.

Insgesamt hat die Kundenpriorisierung somit aufgrund der gezeigten Effektivitäts- und Effizienzauswirkungen einen positiven Effekt auf den wirtschaftlichen Erfolg. Den wirtschaftlichen Erfolg der Kundenpriorisierung maßen wir jeweils in Relation zum Wettbewerb, um markt- bzw. branchenbezogene Einflüsse weitgehend auszuklammern. Da Strategien erst mit zeitlicher Verzögerung erfolgswirksam werden, definierten wir die Erfolgsgrößen als Durchschnitt über die letzten drei Jahre. Der nachhaltige wirtschaftliche Erfolg der Kundenpriorisierung zeigt sich in einem höheren durchschnittlichen Umsatz pro Kunde und niedrigeren relativen Marketing- und Vertriebskosten, die zusammen zu höheren durchschnittlichen Deckungsbeiträgen pro Kunde und letztendlich zu einer höheren Umsatzrendite führen (vgl. Abbildung 2.4.2). Somit kann die eingangs gestellte Frage, ob sich eine Kundenpriorisierung für Unternehmen lohnt, mit „ja" beantwortet werden.

Abbildung 2.4.3 Erfolgsauswirkungen der Kundenpriorisierung

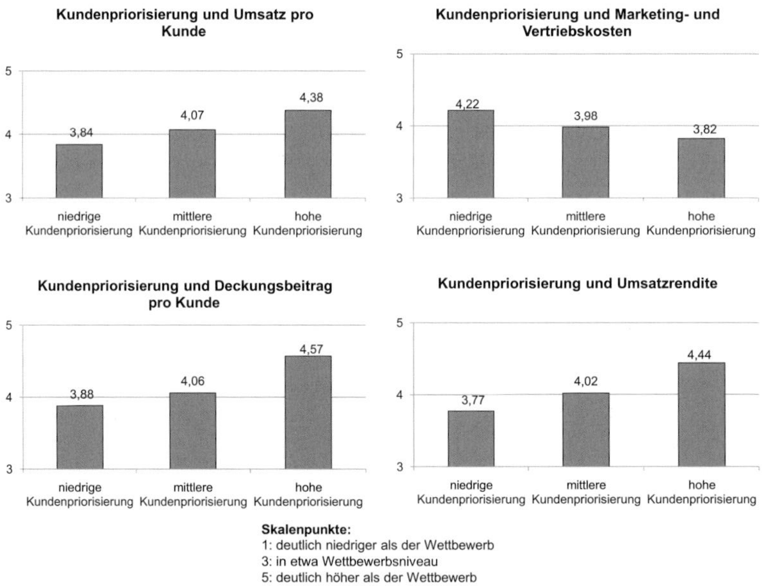

In Abbildung 2.4.3 sind die zentralen wirtschaftlichen Erfolgsmaße der Kundenpriorisierung vergleichend für Unternehmen dargestellt, die die Kundenpriorisierung in niedrigem, mittlerem und hohem Ausmaß umsetzen. Es wird ersichtlich, dass Unternehmen, die zwischen ihren Kunden in hohem Maße priorisieren, erfolgreicher sind als Unternehmen, die dies nicht tun.

5 Erfolgsfaktoren der Umsetzung der Kundenpriorisierung

Das zweite zentrale Anliegen dieses Beitrags ist die Identifikation von Erfolgsfaktoren für eine Umsetzung der Kundenpriorisierung. Dies geschieht vor dem Hintergrund, dass vielfach Umsetzungsprobleme im Rahmen eines wertorientierten Kundenbeziehungsmanagements und im Rahmen der Kundenpriorisierung zu beobachten sind (z .B. Homburg/ Schäfer/Schneider 2010; Peppers/Rogers/Dorf 1999).

Als mögliche Gründe führt die Literatur an, dass die vorhandenen Strukturen, Prozesse oder die Kultur eines Unternehmens eine Kundenpriorisierung nicht unterstützen (Peppers/Rogers/Dorf 1999). Der Terminologie Mintzbergs (1978) folgend, der zwischen intendierten und umgesetzten Strategien unterscheidet, differenzieren wir im Folgenden zwischen der intendierten Kundenpriorisierung und der in der Marktbearbeitung umgesetzten Kundenpriorisierung. Die intendierte Kundenpriorisierung bezieht sich dabei auf die strategische Intention der Unternehmen, wichtige Kunden zu priorisieren. Sie ist definiert als das Ausmaß, in dem die Marktbearbeitungsstrategie eines Unternehmens vorsieht, Kunden entsprechend ihrer Wichtigkeit unterschiedlich zu behandeln und ihnen entsprechende Ressourcen zuzuweisen. Die umgesetzte Kundenpriorisierung fokussiert sich dahingehend auf die konkrete Umsetzung der Kundenpriorisierung im Rahmen des Marketingmix, wie in Abschnitt 2 dargestellt.

Unsere empirischen Ergebnisse bestätigen zunächst die hohe Relevanz der Kundenpriorisierung. So geben 83 % der befragten Unternehmen an, die Kundenpriorisierung fest in der Marktbearbeitungsstrategie ihres Unternehmens verankert zu haben (d.h. gaben eine Bewertung größer oder gleich fünf auf der zugrunde liegenden siebenstufigen Skala ab). Es zeigt sich jedoch eine hohe Diskrepanz zwischen der intendierten und der in der Marktbearbeitung umgesetzten Kundenpriorisierung (vgl. Abbildung 2.4.4). So setzen lediglich 38 % der Unternehmen die Kundenpriorisierung auch in hohem Maße in der Marktbearbeitung um (hierzu ausführlich Homburg/Droll/Totzek 2008).

Diese deskriptiven Ergebnisse bestätigen eindrucksvoll die Bedeutung der Marketingimplementierung. Bonoma (1984, S. 69) merkt bezüglich der Umsetzungsproblematik vieler Marketingstrategien an: „it is invariably easier to think up clever marketing strategies than it is to make them work […]."

Abbildung 2.4.4 Intention und Umsetzung der Kundenpriorisierung in der Praxis

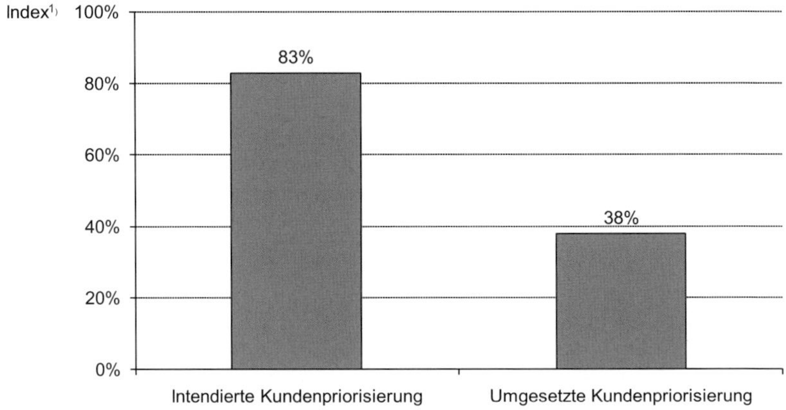

[1)] 100% = sehr starke Kundenpriorisierung
0% = keine Kundenpriorisierung

Die Gründe für das Scheitern tatsächlicher Kundenpriorisierung in vielen Unternehmen können in fehlenden unternehmensinternen Voraussetzungen liegen, da die vorhandenen Strukturen, Prozesse oder die Kultur eines Unternehmens eine Kundenpriorisierung nicht unterstützen. Abbildung 2.4.5 gibt einen zusammenfassenden Überblick über die in die Untersuchung eingeflossenen Erfolgsfaktoren der Umsetzung der Kundenpriorisierung.

Aus der Instrumentalitätstheorie (Vroom 1964) können drei zentrale Gründe abgeleitet werden, warum Mitarbeiter im Kundenkontakt keine bzw. nur geringe Anstrengungen unternehmen, die Kundenpriorisierung in ihrer Marktbearbeitung umzusetzen (hierzu ausführlich Droll 2008). Der erste Grund liegt in niedrigen Erwartungen der Mitarbeiter, dass sie die Kundenpriorisierung auch umsetzen können. Der zweite Grund besteht darin, dass die Mitarbeiter glauben, dass die Kundenpriorisierung nicht zu den von der Organisation erhofften Ergebnissen führt. Der dritte Grund kann darin gesehen werden, dass die Ziele der Kundenpriorisierung nicht die individuellen Ziele und Bedürfnisse der Mitarbeiter widerspiegeln. An diesen drei zentralen Stellhebeln setzen die im Folgenden vorgestellten Erfolgsfaktoren an.

Ein Erfolgsfaktor kann zunächst im Vorhandensein der für die Kundenpriorisierung nötigen Informationen liegen (Shah et al. 2006). Zunächst einmal sollten Erlöse und Kosten auf Kunden(-segment)-Ebene im Informationssystem eines Unternehmens erfasst sein. Durch diese *quantitativen Informationen* können die Mitarbeiter im Kundenkontakt in die Lage versetzt werden, den Einfluss spezifischer kundenbezogener Maßnahmen auf den Kundenwert besser abschätzen zu können. Hierdurch wird die Unsicherheit der Mitarbeiter bezüglich der spezifischen Auswirkungen der Kundenpriorisierung reduziert und eine Auswahl der unter Profitabilitätsgesichtspunkten besten Maßnahmen für die Mitarbeiter im Kundenkontakt ermöglicht.

Abbildung 2.4.5 Untersuchte Erfolgsfaktoren der Umsetzung der Kundenpriorisierung

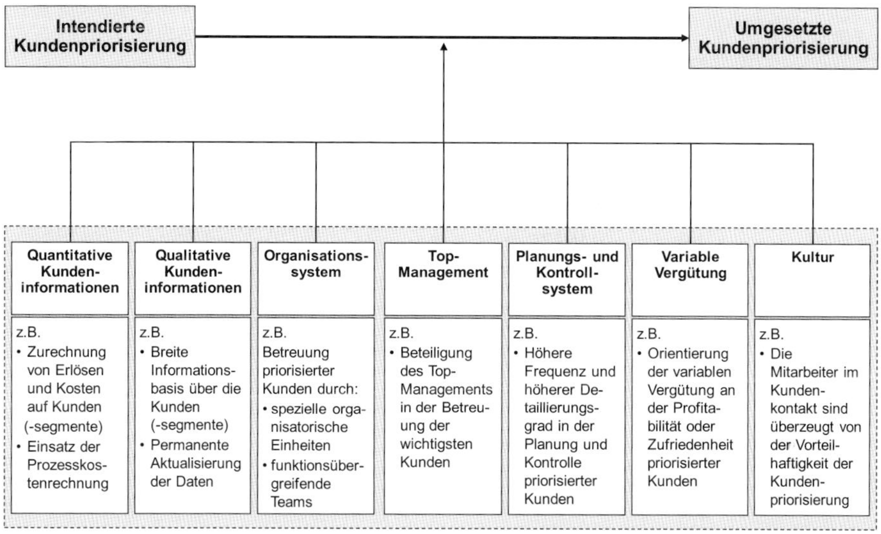

Neben quantitativen Informationen sollte das Informationssystem auch aktuelle *qualitative Informationen* zur Beurteilung der Wichtigkeit von Kunden und aktuelle verhaltens- und bedürfnisbezogene Kundendaten enthalten. Hierdurch sollte neben einer umfassenderen Beurteilung der Kundenwertigkeit durch die Mitarbeiter eine bessere Ausrichtung der Marktbearbeitung an den Bedürfnissen der Kunden ermöglicht werden.

Insbesondere die Forschung zum Key-Account-Management betont die Wichtigkeit einer Anpassung des *Organisationssystems* (Homburg/Workman/Jensen 2002). In Bezug auf die Kundenpriorisierung bedeutet dies, dass eine organisatorische Anpassung vor allem für die wichtigsten Kunden erfolgen sollte. Ein solcher Ansatz sollte die Fähigkeit des Unternehmens erhöhen, die Kundenbedürfnisse der wichtigsten Kunden besser befriedigen zu können. Um wichtige Kunden priorisieren zu können, sollten eigene Organisationseinheiten zur alleinigen Betreuung der wichtigsten Kunden installiert werden. Die Notwendigkeit der Einrichtung solcher Organisationseinheiten für bestimmte Kunden sollte im Sinne der Kundenpriorisierung mit der Wichtigkeit der Kunden steigen. Die Mitglieder dieser organisationalen Einheiten können sich dann auf die Befriedigung der Bedürfnisse der wichtigsten Kunden fokussieren und diese besser befriedigen. Darüber hinaus kann das Organisationssystem die Kundenpriorisierung unterstützen, indem Personen unterschiedlicher Abteilungen/Funktionen in die Kundenbetreuung der wichtigsten Kunden mit eingebunden werden und so die funktionsübergreifende Ausgestaltung der Kundenpriorisierung unterstützen. Beispielsweise können Mitarbeiter der Entwicklungsabteilung in das Kundenbetreuungsteam für einen wichtigen Kunden integriert werden. Hierdurch sollte die Individualisierung der Produkte für den Kunden vereinfacht und somit die Kundenpriorisierung zu einem höheren Grad umgesetzt werden.

Die Literatur zur Strategieimplementierung hebt darüber hinaus die Bedeutung der Beteiligung des *Top-Managements* an der Implementierung hervor, damit diese erfolgreich ist (Ja-worski/Kohli 1993). Im Rahmen der Kundenpriorisierung sollte das Top-Management also vor allem an der Bearbeitung der wichtigsten Kunden beteiligt sein. Hierdurch wird den Mitarbeitern die Wichtigkeit der Kundenpriorisierung für das Top-Management signalisiert, wodurch sie motivierter sein sollten, die Kundenpriorisierung in der Marktbearbeitung umzusetzen.

Eine adäquate Ausgestaltung des *Planungs- und Kontrollsystems* ist ein weiterer wichtiger Erfolgsfaktor für die Implementierung der Kundenpriorisierung. Eine adäquate Ausgestaltung der Planung ist für die Ableitung und Kontrolle expliziter Ziele aus einer abstrakten Strategie unabdingbar (Daft/MacIntosh 1984). Je spezifischer die Ziele innerhalb der Planung formuliert werden, desto einfacher sollte es für die Mitarbeiter sein, die Strategie zu implementieren, da die übergreifenden Ziele in handhabbare Teilziele heruntergebrochen werden. Weiterhin signalisiert eine detailliertere Planung und Kontrolle für priorisierte Kunden den Mitarbeitern im Kundenkontakt, dass das Top-Management den in der Planung spezifizierten Aktivitäten eine hohe Bedeutung beimisst. Diese Tatsache sollte die Mitarbeiter motivieren, die spezifizierten Aktivitäten auch umzusetzen. Eine Planung der Kundenpriorisierung muss sich dabei in einer Planung der kundenindividuellen bzw. kundensegmentspezifischen Maßnahmen und der entsprechenden Ressourcenallokationen niederschlagen. Je wichtiger die Kunden(-segmente) sind, desto detaillierter sollten die Planungs- und Kontrollprozesse ausgestaltet sein. Beispielsweise sollten niedrigere relative Abweichungshöhen für priorisierte Kunden festgelegt werden, bei deren Überschreiten eine detaillierte Planungs- und Umsetzungskontrolle durchgeführt wird. Hierdurch kann dysfunktionales Verhalten der Mitarbeiter reduziert werden (hierzu ausführlich Droll 2008).

Die Umsetzung der Kundenpriorisierung sollte weiterhin durch die Anpassung der *variablen Vergütung* unterstützt werden. So sollte diese an Ergebnisse der Kundenpriorisierung geknüpft werden. Hierbei liegt ein besonderes Augenmerk auf der Verbesserung der Beziehungen zu den wichtigsten Kunden. Eine variable Vergütung, die auf Kriterien wie der Kundenzufriedenheit der priorisierten Kunden oder dem Umsatzvolumen der priorisierten Kunden fußt, sollte die Mitarbeiter dazu motivieren, Kunden zu priorisieren, bspw. indem sie sich verstärkt um die wichtigen Kunden kümmern.

Die Unterstützung der Kundenpriorisierung durch die *Kultur* zeigt sich in dem Ausmaß, in dem sich die Wichtigkeit der Kundenpriorisierung in gemeinsamen Werten, Überzeugungen und Denkweisen der Mitarbeiter niederschlägt. Wissenschaftliche Arbeiten zur Rolle der Kultur im Marketing zeigen, dass die Kultur ein wichtiger Treiber des Mitarbeiterverhaltens ist (z. B. Schwartz/Davis 1981). Aufgrund der Verhaltenswirksamkeit der Kultur sollte die Implementierung der Kundenpriorisierung daher erleichtert werden, wenn die Strategie den Werten der Organisation entspricht und wenn die Mitglieder einer Organisation die gleichen Werte und Überzeugungen teilen.

Abbildung 2.4.6 zeigt die Ergebnisse unserer empirischen Untersuchung. Auf der y-Achse ist der Umsetzungsgrad der Kundenpriorisierung (skaliert auf einem Bereich von 0-100) dargestellt. Der Umsetzungsgrad der Kundenpriorisierung ist dabei für zwei Fälle dargestellt: wenn die Unterstützung der Kundenpriorisierung durch den jeweiligen Erfolgsfaktor (Moderator) hoch ausfällt und wenn sie niedrig ausfällt.

Abbildung 2.4.6 Wirkung unternehmensinterner Erfolgsfaktoren auf den Umsetzungsgrad der Kundenpriorisierung

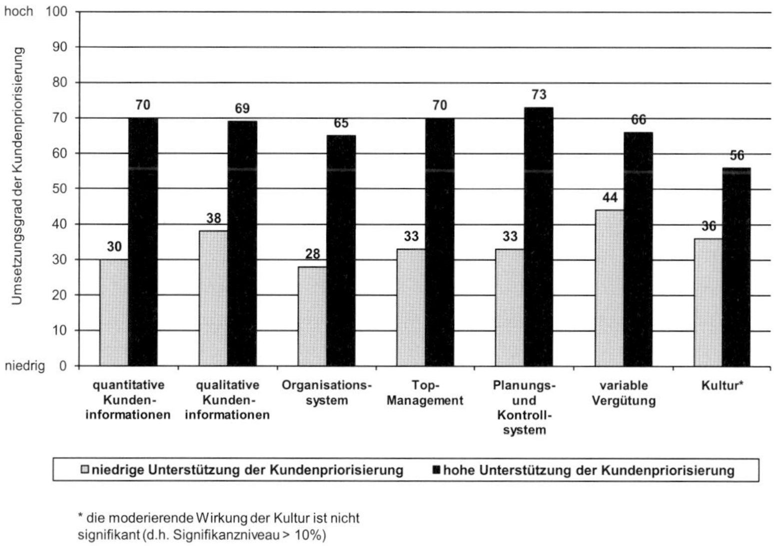

Für alle getesteten Faktoren zeigen die Ergebnisse, dass der Umsetzungsgrad der Kundenpriorisierung höher ist, je höher die Kundenpriorisierung durch den jeweiligen Faktor unterstützt wird. Sechs der sieben Faktoren – quantitative Kundeninformationen, qualitative Kundeninformationen, Organisationssystem, Top-Management, Planungs- und Kontrollsystem und variable Vergütung – weisen dabei in Mehrgruppen-Kausalanalysen eine signifikante Moderatorwirkung auf. Dies gilt jedoch nicht für den Faktor Kultur. Hier ist die Moderatorwirkung nicht signifikant. Dies bedeutet, dass der Umsetzungsgrad der Kundenpriorisierung nicht signifikant alleine durch die Unterstützung der Kundenpriorisierung durch die Kultur erhöht werden kann.

Die relativ niedrigen Umsetzungsgrade der Kundenpriorisierung für die Fälle mit niedriger Unterstützung der Kundenpriorisierung durch den jeweiligen Faktor im Vergleich zu den Fällen mit hoher Unterstützung zeigen, dass die strategische Intention der Kundenpriorisierung nicht ausreicht, um die Kundenpriorisierung auch in hohem Maße in der Marktbearbeitung umzusetzen. Vielmehr legt dieses Ergebnis nahe, dass organisationale Umsetzungshemmnisse bezüglich der Kundenpriorisierung bestehen. Diese gilt es durch die Schaffung geeigneter interner Voraussetzungen zu reduzieren bzw. zu beseitigen.

Die Ergebnisse zeigen, welche konkreten internen Voraussetzungen Unternehmen schaffen sollten, damit die Kundenpriorisierungsstrategie auch umgesetzt wird. Hierbei sollten vor allem die „harten" Faktoren auf die Unterstützung der Kundenpriorisierung ausgerichtet werden, da diese jeweils signifikant positiv die Umsetzung der Kundenpriorisierung unterstützen. Demgegenüber ist der moderierende Effekt der Unterstützung der Kundenpriorisierung durch die Kultur nicht signifikant. Dieses Ergebnis ist insbesondere interessant, da sich die Forschung zunehmend auf die Rolle „weicher Faktoren" wie der Kultur im Rahmen der Marketingimplementierung fokussiert.

6 Fazit

Der vorliegende Beitrag beschäftigt sich mit den Erfolgswirkungen und der Umsetzung der Kundenpriorisierung. Unter der Kundenpriorisierung verstehen wir dabei eine nach der Wichtigkeit der Kunden differenzierte Ausgestaltung der Marktbearbeitung. So können wichtige Kunden eine bevorzugte Behandlung im Rahmen der Produkt-, Preis-, Vertriebs-, Kommunikations- und Prozesspolitik erfahren. Innerhalb dieser zentralen Gestaltungsdimensionen kann eine Kundenpriorisierung durch eine differenzierte Ausgestaltung einzelner Variablen erfolgen. Beispielsweise können Kunden differenziert hinsichtlich der Individualisierung von Produkten, der Ausgestaltung spezifischer preislicher Konditionen, der Besuchshäufigkeit, der Schnelligkeit kundenbezogener Prozesse oder der Kommunikationshäufigkeit behandelt werden (vgl. Abbildung 2.4.1 und Tabelle 2.4.1). Zentrale Aufgabe der bevorzugten Behandlung ist es, den Nutzen für priorisierte Kunden zu erhöhen und weniger priorisierte Kunden kosteneffizient zu bearbeiten.

Ausgangspunkt dieses Beitrags war die Frage, wie sich die Kundenpriorisierung auf den Erfolg von Unternehmen auswirkt, da negative Folgen insbesondere für die Beziehungen zu weniger priorisierten Kunden vermutet werden. Die Ergebnisse der empirischen Untersuchung zeigen, dass sich eine Kundenpriorisierung positiv auf den Unternehmenserfolg auswirkt. Zum einen erhöht die Kundenpriorisierung die Effektivität der Marktbearbeitung. So können für Umsatz und Profit wichtige Kundenbeziehungen im Rahmen der Kundenpriorisierung vertieft werden, ohne die Kundenbeziehungen zu weniger priorisierten Kunden zu beeinträchtigen. Zum anderen zeigt sich, dass die Kundenpriorisierung die Effizienz der Marktbearbeitung erhöht. So können durch eine nach der Wichtigkeit der Kunden differenzierte Marktbearbeitung die Marketing- und Vertriebskosten in Relation zum Umsatz gesenkt werden. Insgesamt können durch eine Kundenpriorisierung der durchschnittliche Umsatz pro Kunde und die Kundenprofitabilität gesteigert werden, wodurch sich die Umsatzrendite erhöht. Die Kundenpriorisierung kann somit als ein geeignetes Instrument eines wertorientierten Kundenbeziehungsmanagements angesehen werden.

Unsere Ergebnisse zeigen weiterhin, dass die Formulierung einer Strategie der Kundenpriorisierung nicht ausreicht, um diese auch in der konkreten Marktbearbeitung umzusetzen. In der Unternehmenspraxis herrscht weniger ein Erkenntnisproblem als vielmehr ein Umsetzungsproblem vor. So wollen zwar über 80 % der Unternehmen eine Kundenpriorisierung umsetzen, dies schaffen jedoch nur weniger als 40 %. Hierauf aufbauend identifizieren wir sechs zentrale Erfolgsfaktoren für die Umsetzung einer Kundenpriorisierung. Die Fähigkeit von Unternehmen, den Kundenwert mittels quantitativer Daten zu be-stimmen und die Unterstützung der Kundenpriorisierung durch geeignete Planungs- und Kontrollprozesse haben dabei den höchsten Einfluss auf den Umsetzungsgrad der Kundenpriorisierung. Daher sollte diesen beiden Aspekten ein hohes Augenmerk zukommen. Weiterhin sollten Unternehmen ihre Priorisierungsbemühungen durch eine Anpassung der Organisationsstruktur bspw. durch die Einrichtung spezieller organisatorischer Einheiten zur Betreuung der wichtigsten Kunden unterstützen. Darüber hinaus sollte das Top-Management insbesondere in die Betreuung der wichtigsten Kunden involviert sein. Unsere Ergebnisse zeigen weiterhin, dass Unternehmen eine breite und aktuelle Informationsbasis insbesondere über ihre wichtigsten Kunden haben sollten, um deren Bedürfnisse besser befriedigen zu können. Die Erfolgsauswirkungen der Kundenpriorisierung sollten darüber hinaus in die variable Vergütung integriert werden, um die Umsetzung der Kundenpriorisierung zu erleichtern. Insgesamt zeigen unsere Ergebnisse, dass Unternehmen somit ihr Hauptaugenmerk vor allem auf die Anpassung der „harten" Faktoren im Rahmen der Umsetzung der Kundenpriorisierung legen sollten.

Literaturverzeichnis

Biesel, H.H. (2004): Turnaround im Vertrieb. So machen Sie Ihr Unternehmen fit für Wachstum und Gewinn, Wiesbaden.

Bolton, R.N. (1998): A Dynamic Model of the Duration of the Customer's Relationship with a Continuous Service Provider: The Role of Satisfaction, in: Marketing Science, 17. Jg., Nr. 1, S. 45-65.

Bonoma, T.V. (1984): Making Your Marketing Strategy Work, in: Harvard Business Review, 62. Jg., Nr. 2, S. 69-76.

Brady, D. (2000): Why Service Stinks, in: Business Week, 3704, 23.10.2000, S. 72-78.

Chapman, T.L./Dempsey, J.J./Ramsdell, G./Bell, T.E. (1998): Purchasing's Big Moment – After a Merger, in: The McKinsey Quarterly, Nr. 1, S. 56-65.

Churchill, G./Surprenant, C. (1982): An Investigation into the Determinants of Customer Satisfaction, in: Journal of Marketing Research, 19. Jg., Nr. 4, S. 491-504.

Cooper, R./Kaplan, R.S. (1991): Profit Priorities from Activity-Based Costing, in: Harvard Business Review, 69. Jg., Nr. 3, S. 130-135.

Daft, R.L./MacIntosh, N.B. (1984): The Nature and Use of Formal Control Systems for Management Control and Strategy Implementation, in: Journal of Management, 10. Jg., Nr. 1, S. 43-66.

Day, G.S. (2003): Creating a Superior Customer-Relating Capability, in: MIT Sloan Management Review, 44. Jg., Nr. 3, S. 77-82.

Dhar, R./Glazer, R. (2003): Hedging Customers, in: Harvard Business Review, 81. Jg., Nr. 5, S. 86-92.

Droll, M. (2008): Kundenpriorisierung in der Marktbearbeitung: Gestaltung, Erfolgsauswirkungen und Implementierung, Wiesbaden.

Homburg, Ch. (1989): Exploratorische Ansätze der Kausalanalyse als Instrument der Marketingplanung, Frankfurt am Main.

Homburg, Ch., Krohmer, H. (2009): Marketingmanagement: Strategie – Instrumente – Umsetzung – Unternehmensführung, 3. Aufl., Wiesbaden.

Homburg, Ch./Stock-Homburg, R. (2008): Theoretische Perspektiven zur Kundenzufriedenheit, in: Homburg, Ch. (Hrsg.), Kundenzufriedenheit, 7. Aufl., Wiesbaden, S. 17-51.

Homburg, Ch./Droll, M./Totzek, D. (2008): Customer Prioritization: Does It Pay Off, and How Should It Be Implemented?, in: Journal of Marketing, 72. Jg., Nr. 5, S. 110-130.
Homburg, Ch./Schäfer, H./Schneider, J. (2010): Sales Excellence: Vertriebsmanagement mit System, 6. Aufl., Wiesbaden.
Homburg, Ch./Steiner, V.V./Totzek, D. (2009): Managing Dynamics in a Customer Portfolio, in: Journal of Marketing, 73. Jg., Nr. 5, S. 70-89.
Homburg, Ch./Workman, J. P. Jr./Jensen, O. (2002): A Configurational Perspective on Key Account Management, in: Journal of Marketing, 66. Jg., Nr. 2, S. 38-60.
Jaworski, B.J./Kohli, A.K. (1993): Market Orientation: Antecedents and Consequences, in: Journal of Marketing, 57. Jg., Nr. 3, S. 53-70.
Jensen, O. (2001): Key-Account-Management: Gestaltung – Determinanten – Erfolgsauswirkung, Wiesbaden.
Johnson, M.D./Selnes, F. (2004): Customer Portfolio Management: Toward a Dynamic Theory of Exchange Relationships, in: Journal of Marketing, 68. Jg., Nr. 2, S. 1-17.
Jöreskog, K./Sörbom, D. (1993): LISREL 8: A Guide to the Program and Applications, Chicago.
Kirsch, I. (2005): Nicht jeder Kunde darf König sein, Handelsblatt, Nr. 30, 11.02.05, S. 6.
Klarmann, M. (2008): Methodische Probleme der Erfolgsfaktorenforschung, Wiesbaden.
Kumar, V./George, M. (2007): Measuring and Maximizing Customer Equity: A Critical Analysis, in: Journal of the Academy of Marketing Science, 35. Jg., Nr. 2, S. 157-171.
Mintzberg, H. (1978): Patterns in Strategy Formation, in: Management Science, 24. Jg., Nr. 9, S. 934-948.
Niraj, R./Gupta, M./Narasimhan, C. (2001): Customer Profitability in a Supply Chain, in: Journal of Marketing, 65. Jg., Nr. 3, S. 1-16.
Peppers, D./Rogers, M./Dorf, B. (1999): Is Your Company Ready for One-to-One Marketing?, in: Harvard Business Review, 77. Jg., Nr. 1, S. 151-160.
Reichheld, F.F./Sasser, W.E. (1990): Zero Defections – Quality Comes to Service, in: Harvard Business Review, 68. Jg., Nr. 5, S. 105-111.
Reinartz, W.J./Kumar, V. (2000): On the Profitability of Long-Life Customers in a Noncontractual Setting: An Empirical Investigation and Implications for Marketing, in: Journal of Marketing, 64. Jg., Nr. 4, S. 17-35.
Ryals, L. (2005): Making Customer Relationship Management Work: The Measurement and Profitable Management of Customer Relationships, in: Journal of Marketing, 69. Jg., Nr. 4, S. 252-261.
Schwartz, H./Davis, S.M. (1981): Matching Corporate Culture and Business Strategy, in: Organizational Dynamics, 10. Jg., Nr. 1, S. 30-48.
Shah, D./Rust, R.T./Parasuraman A./Staelin, R./Day, G.S. (2006): The Path to Customer Centricity, in: Journal of Service Research, 9. Jg., Nr. 2, S. 113-124.
Verhoef, P.C. (2003): Understanding the Effect of Customer Relationship Management Efforts on Customer Retention and Customer Share Development, in: Journal of Marketing, 67. Jg., Nr. 4, S. 30-45.
Vroom, V.H. (1964): Work and Motivation, New York.
Winkelmann, P. (2008): Vertriebskonzeption und Vertriebssteuerung: Die Instrumente des integrierten Kundenmanagements (CRM), 4. Aufl., München.
Workman, J.P. Jr./Homburg, Ch./Jensen, O. (2003): Intraorganizational Determinants of Key Account Management Effectiveness, in: Journal of the Academy of Marketing Science, 31. Jg., Nr. 1, S. 3-21.

2.5 Strategische Aspekte des Preismanagements im Vertrieb

Ove Jensen

1 Ziele und Eingrenzung des Beitrags

Der vorliegende Beitrag beschäftigt sich mit der Schnittmenge von Vertriebsstrategie und Pricing. Er geht drei Fragen nach:

1. Wie relevant ist Pricing für die Vertriebsstrategie (Abschnitt 2)?
2. Wo liegen die zentralen preisstrategischen Herausforderungen im Vertrieb (Abschnitt 3)?
3. Welche strategischen Fähigkeiten müssen Vertriebsorganisationen aufbauen, um für diese Herausforderungen gerüstet zu sein (Abschnitt 4)?

Bezüglich der Fragen Nr. 2 und Nr. 3 legt der Beitrag den Schwerpunkt auf den Business-to-Business Bereich, wo die Vertriebssteuerung besonders herausfordernd ist. Die Preise werden dort meist kundenindividuell verhandelt, so dass Verhandlungsmanagement eine tägliche Aufgabe des Vertriebsmanagements ist. Die Kunden sind in der Regel keine Einzelentscheider, sondern Organisationen, in denen mehrere Personen und Abteilungen auf Kaufentscheidungen Einfluss nehmen. Dies macht die Vertriebsarbeit komplex. Unterschiedliche Prioritäten und Präferenzen der verschiedenen Funktionen beim Kunden (z. B. Einkauf vs. Technik) erschweren die Vertriebsaufgabe weiter.

Der Beitrag ist nach den drei Leitfragen gegliedert. Der folgende Abschnitt zeigt, warum dem Pricing im Rahmen der Vertriebsstrategie ein besonderer Stellenwert eingeräumt werden sollte.

2 Relevanz des Pricing für die Vertriebsstrategie

Wie bedeutsam die Schnittmenge von Vertriebsstrategie und Pricing ist, wird deutlich, wenn man sich auf den Kern von Strategie besinnt. Den Kern von Strategie, ob in der Unternehmensführung, im Sport oder im Krieg, bringt Grant (2010) im ersten Satz seines Standardwerks auf den Punkt: *Strategie hat mit Gewinnen zu tun*. Diese einfache Formel wird zwar möglicherweise der Komplexität der wissenschaftlichen Strategiediskussion nicht gerecht – hierin machen Mintzberg/Ahlstrand/Lampel (1998) allein zehn „Denkschulen der Strategie" aus. Um die Schnittstelle von Pricing-*Praxis* und Vertriebsstrategie-*Praxis* zu charakterisieren, erweist sich diese Formel jedoch als zweckmäßig. Denn in der Mehrdeutigkeit des Wortes *Gewinnen* klingen die zwei Kernelemente einer unternehmerischen Strategie an: zum einen die unternehmerischen *Ziele* – allen voran das Erwirtschaften von ökonomischen Überschüssen auf das eingesetzte Kapital – und zum anderen die *Wege* (Aktivitäten und Ressourcen) zum Erreichen dieser Ziele. Die Bedeutung des Pricing für die Vertriebsstrategie liegt schlichtweg darin, dass der Preis der wichtigste Treiber des Gewinns ist - mit anderen Worten: der zentrale Weg zum zentralen Ziel.

Tabelle 2.5.1 verdeutlicht die zentrale Bedeutung des Preises für den Gewinn, indem sie den Gewinnhebel des Preises mit dem dreier anderer Treiber vergleicht: Absatzmenge, variable Kosten und fixe Kosten. Die Tabellenzeilen stellen dar, wie stark sich der Gewinn ändert, wenn sich ein Gewinntreiber um 10 % ändert und die anderen Gewinntreiber konstant bleiben. Die Tabellenspalten zeigen sechs Szenarien, die sich durch die Umsatzrendite sowie durch die Struktur von mengenabhängigen („variablen") und mengenunabhängigen („fixen") Kosten an den Gesamtkosten unterscheiden. Für die variablen Kosten werden konstante Grenzkosten angenommen, so dass die zusätzlichen Kosten einer weiteren Mengeneinheit den durchschnittlichen variablen Stückkosten der bisherigen Einheiten entsprechen. Deutlich wird:

- In allen Spalten ist der Gewinnhebel der Preisänderung stärker als der Gewinnhebel einer prozentual gleich hohen Änderung von Mengen und Kosten. Dabei ist der Preis ein zweiseitig scharfes Schwert: Er verkörpert die größte Chance zur Gewinnsteigerung und birgt gleichzeitig die größte Gefahr zur Gewinnvernichtung.
- Solange die variablen Stückkosten größer als null sind, wirkt eine Preisänderung immer stärker als eine prozentual gleich hohe Mengenänderung. Der Gewinnhebel des Preises im Vergleich zur Menge ist umso stärker, je variabler die Kosten sind.
- Solange der Gewinn größer als null ist, wirkt eine Preisänderung immer stärker als eine prozentual gleich hohe Kostenänderung. Der Gewinnhebel des Preises im Vergleich zu den Kosten ist umso stärker, je kleiner die Gewinnmarge ist.

Tabelle 2.5.1 Gewinnwirkung von Preisen, Mengen und Kosten

Szenario	1	2	3	4	5	6
Umsatz (Mio. $)	200	200	200	200	200	200
Umsatzrendite	10 %	10 %	10 %	20 %	20 %	20 %
Kostenstruktur variable : fixe Kosten	25 : 75	50 : 50	75 : 25	25 : 75	50 : 50	75 : 25
Deckungsbeitragsmarge	78 %	55 %	33 %	80 %	60 %	40 %
Gewinnänderung durch +/- 10 % Preis	+/- 100 %	+/- 100 %	+/- 100 %	+/- 50 %	+/- 50 %	+/- 50 %
Gewinnänderung durch +/- 10 % Absatzmenge	+/- 78 %	+/- 55 %	+/- 33 %	+/- 40 %	+/- 30 %	+/- 20 %
Gewinnänderung durch +/- 10 % variable Stückkosten	-/+ 23 %	-/+ 45 %	-/+ 67 %	-/+ 10 %	-/+ 20 %	-/+ 30 %
Gewinnänderung durch +/- 10 % Fixkosten	-/+ 67 %	-/+ 45 %	-/+ 23 %	-/+ 30 %	-/+ 20 %	-/+ 10 %

Da Vertriebsstrategie mit der Priorisierung von Ressourcen zu tun hat (vgl. den Beitrag von Homburg/Droll/Totzek in diesem Band), ist es wichtig, sich immer wieder die Größenordnungen der Gewinnwirkungen vor Augen zu halten: In Szenario Nr. 6 beispielsweise steigert eine einprozentige Steigerung des Preises bei konstanten Mengen den Gewinn genauso stark wie eine fünfprozentige Fixkosteneinsparung. Umgekehrt müssten für jedes Preisprozent, das im Wettbewerb ohne Mengensteigerung nachgegeben wird, die Fixkosten um fünf Prozent gesenkt werden, um den Gewinn absolut auf gleichem Niveau zu halten. Dieses 5 % : 1 % Verhältnis ist nicht etwa aus der Luft gegriffen: Vielmehr entspricht es exakt dem Verhältnis, das Marn/Rosiello (1992) im Durchschnitt für über 2000 amerikanische Unternehmen ermittelt haben.

Noch ein Hinweis: Wenn hier von Preisen die Rede ist, sind immer Netto-Netto-Preise nach Abzug von Rabatten und Boni gemeint (vgl. den Beitrag von Gedenk in diesem Band). Klafft zwischen Listenpreis und Netto-Netto-Preis beispielsweise eine 50 %ige Gesamtkondition, so entspricht jedes Prozent Listenpreisreduktion einer zweiprozentigen Netto-Netto-Preisreduktion. Somit müssten in Szenario Nr. 6 für eine einprozentige Listenpreisreduktion, die voll auf das Netto-Netto durchschlägt, die Fixkosten um 10 % gesenkt werden, um den Gewinn absolut auf dem gleichen Niveau zu halten.

Paradoxerweise beobachte ich in meinen Kontakten mit produzierenden Unternehmen nicht selten, dass die strategische Aufmerksamkeit für Preise, Mengen und Kosten genau umgekehrt proportional zu deren Gewinnwirkung ist: Am meisten Aufmerksamkeit erhalten die Fixkosten. Mengen bzw. Marktanteile liegen in der Mitte. Der Preis jedoch erhält die geringste Aufmerksamkeit. Ein Beispiel soll veranschaulichen, was strategische Aufmerksamkeit bedeutet: Um einen fünfprozentigen Fixkostenschnitt zu erreichen, werden häufig dutzende hochkarätige „Black Belts" aus dem eigenen Haus und hochbezahlte externe Berater eingesetzt. Dass eine ähnliche „Armee" investiert wird, um die Preise im Durchschnitt um 1 % zu steigern, habe ich dagegen sehr viel seltener erlebt. Es gibt in Unternehmen viele Vollzeit-Experten für Kosten, aber wenige Vollzeit-Experten für Preismethoden.

Führt man sich außerdem vor Augen, dass in vielen Unternehmen das Kostensenkungspotenzial in der Produktion, in der Logistik und im Vertrieb nach Dekaden des „Lean Management" bereits stark ausgereizt ist, erscheint diese Prioritätensetzung als noch paradoxer. Der erste interne Preismethodenexperte im Vertrieb, der mit 100 % seiner Zeit auf Preisoptimierung hinarbeiten kann, entfaltet mit hoher Sicherheit eine größere Gewinnwirkung als der einunddreißigste Kostencontroller in der Produktion. Doch ich erlebe in vielen Unternehmen paradoxerweise, dass es schwieriger ist, eine zusätzliche Stelle für Preisanalysen im Vertrieb zu schaffen als eine zusätzliche Stelle für Kostenanalysen im Controlling. Um keine Missverständnisse aufkommen zu lassen: Dies soll nicht sagen, dass Kostenmanagement unwichtig ist. Es heißt aber, dass viele Unternehmen endlich anfangen müssen, in strategische Preisoptimierung mindestens ebenso viele der besten Köpfe des Unternehmens zu investieren wie in Kostenoptimierung. Dieser Bewusstseinswandel hat strategische Bedeutung.

Die Vertriebsmannschaften müssen schon deshalb in interne Preismethodenkompetenz investieren, weil die preisstrategischen Herausforderungen im globalen Wettbewerb eher zunehmen als abnehmen. Der nächste Abschnitt diskutiert ausgewählte preisstrategische Herausforderungen im Vertrieb.

3 Preisstrategische Herausforderungen im Vertrieb

Auf die Frage, was sie als schwierigste Managementherausforderung erleben, nennen Marketing- und Vertriebsleiter seit vielen Jahren an erster Stelle den Preis (vgl. Simon 1994). Viele Hersteller in der westlichen Welt haben die letzten zwei Jahrzehnte als eine Zeit erlebt, in welcher der Druck auf die Preise stetig gewachsen ist. Die Ausführungen in Abschnitt 2 haben verdeutlicht, welchen Druck dies auf die Gewinne zur Folge hat.

Zwei große Determinanten dieser Entwicklung werden häufig genannt: Zum einen ist das verlangsamte Wirtschaftswachstum in den westlichen Märkten zu nennen, das zu einem stärkeren Verdrängungswettbewerb führt. Zum anderen „wird die Welt kleiner", weil durch sinkende Kosten für Logistik und Kommunikation beispielsweise fernöstliche Lieferanten den europäischen Märkten näher kommen. Neben diesen zwei großen Determinanten gibt es jedoch eine Reihe weiterer Einflussgrößen, auf die sich die Vertriebsstrategie einstellen muss. Tabelle 2.5.2 stellt kundenseitige und wettbewerbsseitige Ursachen des Preisdrucks zusammen.

Tabelle 2.5.2 Ursachen für Preisdruck

Kundenseitige Ursachen	Wettbewerbsseitige Ursachen
■ Kunden stehen unter großem Kostendruck ■ Branchenkonsolidierung und Bildung von Einkaufskooperationen schaffen große, verhandlungsmächtige Kunden ■ Einrichtung zentraler Einkaufsorganisationen setzt Lieferanten unter Druck, die Preispolitik ihrer lokalen Vertriebsorganisationen zu koordinieren ■ Systematische Stellenrotation von Einkäufern erschwert den Aufbau persönlicher Beziehungen ■ Einkaufsmethoden werden professioneller (Verhandlungsvorbereitung, Auktionen, globale Ausschreibung, Lieferanten-Audits) ■ Anreize mancher Einkäufer belohnen kurzfristige Kostenreduzierungen	■ Offshore-Wettbewerber bieten für ihre niedrigen Preise mittlerweile akzeptable bis gleichwertige Qualität ■ Offshore-Wettbewerber entbündeln Produkte und Dienstleistungen, so dass der Produktpreis deutlich günstiger wirkt ■ Überkapazitäten fluten die Märkte und führen zu Preiskriegen ■ Einige Wettbewerber verfolgen eher Marktanteilsziele als Profitabilitätsziele

Was kann ein Unternehmen tun, dessen Kunden ständig betonen, man sei „zu teuer"? Die folgenden Abschnitte diskutieren, ob noch mehr „Nutzen für Geld" hilfreich ist.

3.1 Differenzierung als Antwort auf Preisdruck?

Die Standardempfehlung, die die Literatur zur Reduzierung des Preisdrucks bereit hält, lautet *Differenzierung*, d.h. immer weiteren Kundennutzen zu schaffen, beispielsweise durch Produktinnovationen, durch Komplettlösungsangebote, durch Marken oder durch Zusatz-Dienstleistungen (vgl. z. B. Homburg/Staritz/Bingemer 2008). Diese Empfehlung wird durch die industrieökonomische Theorie gestützt: Differenzierung erlaubt es einem Hersteller, in einer Marktnische ein gewisses Maß an Monopolmacht aufzubauen (vgl. Porter 1980, 1985 sowie die bei Jensen/Henrich 2010 zitierte Literatur). Je besser die Nische vor Markteintritten und Imitation geschützt ist, desto länger ist es möglich, Preise zu erzielen, die positive ökonomische Gewinne auf das eingesetzte Kapital erlauben und die oberhalb der ökonomischen Vollkosten liegen (vgl. Carlton/Perloff 2004). In einem Markt, in dem die Wettbewerber nicht differenziert sind, sind auch keine Preisunterschiede zu erwarten. Abbildung 2.5.1 veranschaulicht den postulierten Zusammenhang zwischen Preisvorteilen und Nutzenvorteilen.

Die Strategie-Literatur diskutiert jedoch auch Risiken der Differenzierung:

- D'Aveni (1994) sowie Marn/Roegner/Zawada (2004) weisen darauf hin, dass eine Nutzendifferenzierung, die von einer zu geringen Preiserhöhung begleitet wird, die Preis-Nutzen-Linie des Marktes nach rechts unten verschieben und den Preiskrieg im Markt eher befeuern als befrieden kann (vgl. ausführlich Homburg/Jensen/Schuppar 2004). D'Aveni (2010) spricht von der „Eskalations-Falle", wenn in einer Branche immer mehr Leistung zu immer geringeren Preisen angeboten wird und die Preis-Nutzen-Linie in die rechte untere Ecke des Preis-Nutzen-Diagramms wandert.

- Christensen (1997) konstruiert eindrucksvoll ein interessantes Dilemma des Innovationswettlaufes: Gegen revolutionäre neue Technologien helfe die Jagd nach Differenzierung nicht, sie fördere sogar den Niedergang der alten Anbieter. Denn wenn die Hersteller nach immer besseren und margenträchtigen Innovationen jagen, werde das Qualitäts-Angebot schneller wachsen als die Qualitäts-Anforderungen der Kunden. Christensen bezeichnet dies als Qualitäts-Überangebot („performance oversupply"). Viele Vertriebsmanager, gerade bei führenden Herstellern, kennen von ihren Kunden folgenden Kommentar: Die vorgestellten Produkte und Dienstleistungen seien zwar beeindruckend, aber der Kunde benötige gar nicht so viel Qualität bzw. Leistung und kaufe deshalb die günstigere technologische Alternative des Wettbewerbs. Christensen zeigt anhand von High-Tech-Produkten, dass viele „disruptive technologies", die einen etablierten Markt schöpferisch zerstören, paradoxerweise nicht ein besseres, sondern ein schlechteres Preis-Leistungs-Verhältnis haben als die etablierte Technologie. Dies lässt für den Marktführer mit der etablierten Technologie die Investition in die technologische Alternative geradezu irrational erscheinen. Christensen (1997) bietet somit eine überraschende Erklärung für Levitts (1960) berühmte Beobachtung von „Marketing

Myopia" – diese Kurzsichtigkeit ist nach Christensen (1997) Folge rationaler Entscheidungen. Sobald aber die neue Technologie entlang der etablierten Nutzenmaßstäbe „gut genug" für den Kunden sei und darüber hinaus einen anderweitigen Zusatzvorteil biete, habe die über die Kundenanforderungen hinaus gezüchtete alte Technologie einen Kosten- und Preisnachteil bei irrelevantem Leistungsvorsprung und werde aus dem Markt gedrängt.

Diese Skizze zeigt: Die Herausforderung, „gutes Geld für gute Leistung" zu bekommen, kann vermutlich nicht durch noch mehr Leistung gelöst werden. Nutzendifferenzierung ist somit alles andere als eine Garantie für einfache Preisdurchsetzung. Der nächste Abschnitt wird unter anderem erörtern, ob Preisdurchsetzung an der Nutzensubstanz („gute Leistung") oder eher an der Nutzenwahrnehmung („anerkannt gute Leistung") scheitert.

Abbildung 2.5.1 Zusammenhang zwischen Nutzenunterschieden und Preisunterschieden in einem Markt

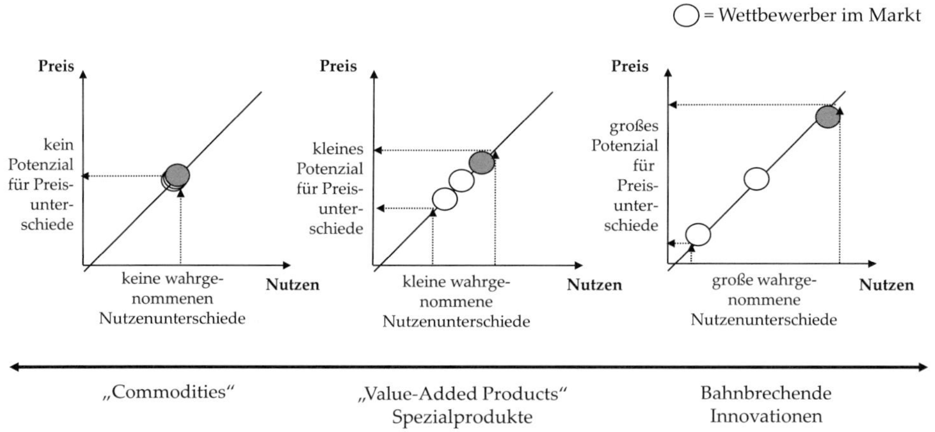

3.2 Implementierungsherausforderungen der Differenzierung

Im Folgenden werden weitere, eher implementierungsbezogene Herausforderungen des Nutzenwettbewerbs und Differenzierungswettlaufes herausgearbeitet. Diese implementierungsbezogenen Herausforderungen sind in vielen Unternehmen zu beobachten und betreffen zudem in besonderem Maße den Vertrieb.

Ausgangspunkt der Beobachtungen sind die zwei Achsen von Abbildung 2.5.1: wahrgenommener Nutzen und potenzieller Preisunterschied. Die Adjektive *wahrgenommen* und *potenziell* weisen auf die Implementierungsprobleme jeder Differenzierungsstrategie hin, mit denen sich der Vertrieb täglich konfrontiert sieht: Dass ein Unternehmen einen

Qualitätsvorteil *besitzt*, heißt noch lange nicht, dass dieser auch für den Kunden *relevant* ist (vgl. obige Ausführungen zu Christensen 1997). Und dass ein Qualitätsvorteil für den Kunden relevant ist, heißt wiederum noch lange nicht, dass er vom Kunden auch *wahrgenommen* und anerkannt wird. Und dass der Qualitätsvorteil wahrgenommen wird, bedeutet schließlich noch lange nicht, dass der Kunde auch dafür *bezahlt*: Das Potenzial für Premium-Preise muss in harten Verhandlungen erstritten werden.

Nun ist es natürlich nicht sensationell und neu, eine Kluft zwischen tatsächlichem Nutzenvorteil und vom Kunden wahrgenommenen Nutzenvorteil sowie eine Kluft zwischen potenziellem Preisvorteil und realisiertem Preisvorteil zu beobachten. Interessanter wird es, wenn man diese Kluft im Lichte von zwei Entwicklungen betrachtet, die sich seit einigen Jahren in der Organisation des Beschaffungsmanagements vollziehen:

- Trend Nr. 1: Im Kundenunternehmen ist der Einkauf der Produkte organisatorisch immer stärker von der Verwendung der Produkte getrennt (vgl. Abbildung 2.5.2a). Während in vielen Industrieunternehmen die Beschaffung früher an den lokalen Werken hing, findet sich in vielen Organigrammen heute eine von den Werken entfernte, zentrale Einkaufsorganisation. Das gleiche Muster findet sich in Krankenhäusern: Während die Beschaffungsentscheidungen früher über die Ärzte liefen, laufen sie heute über die Verwaltung. Neu ist also, dass kundenseitig der Empfänger des Nutzens (Produktion, Ärzte) systematischer als je zuvor vom Verhandler des Preises (Einkauf) getrennt ist. Die Folge ist, dass der Vertrieb in Preisverhandlungen mit technischen und medizinischen Qualitäts- und Differenzierungsargumenten häufig ins Leere stößt, weil auf der anderen Seite ein Einkäufer sitzt, der vorgibt, nur am Preis interessiert zu sein. Zudem sind die Einkäufer, wie Tabelle 2.5.2 auflistet, besser ausgebildet (als früher und als der Verkäufer) und durch die verbesserte Kommunikationstechnologie sehr gut über Preisniveauunterschiede informiert. Um die Einkäufer nur auf den Preis zu konzentrieren und den Aufbau von Beziehungen zwischen Verkäufer und Einkäufer zu verhindern, werden Einkäuferstellen häufig rotiert.
- Trend Nr. 2: In vielen Branchen besteht ein Trend zur Verringerung der Wertschöpfungstiefe. Beispielsweise lagern in der Telekommunikationsbranche manche Anbieter den Betrieb ihrer Netze aus, so wie es etwa E-Plus mit Ericsson macht. In der Automobilbranche lagern die Original Equipment Manufacturers (OEMs) die Entwicklung und Produktion von ganzen Modulen an eine verlesene Gruppe sogenannter *Tier 1* Lieferanten aus. Mit kleineren Zulieferern kommuniziert der OEM nicht mehr direkt, sondern hält sie an, sich an den *Tier 1* Lieferanten zu halten. Für Tier 2+ Lieferanten entsteht eine schwierige Situation, wenn der Tier 1 Lieferant vor allem an niedrigen kurzfristigen Kosten und Preisen des Tier 2+ Lieferanten interessiert ist, obwohl der OEM auch auf die Qualität und auf die langfristigen Gesamtkosten blickt. Ein Zulieferer von Rohrleitungen hat zum Beispiel die Herausforderung, dass qualitativ hochwertige, jedoch teure Rohrleitungen die Baukosten des Generalunternehmers im Tier 1 hochtreiben, während sie für den Gebäudeeigentümer langfristig Wartungskosten sparen. In diesem Fall besteht, in einem viel größeren Maßstab, wiederum die Herausforderung, dass der Empfänger des Nutzens (der Eigentümer des Gebäudes) vom Verhandler des Preises (dem Tier 1 Lieferanten) getrennt ist (vgl. Abbildung 2.5.2b).

Abbildung 2.5.2 Trennung zwischen dem Empfänger des Nutzens und dem Verhandler des Preises als Kommunikationsherausforderung

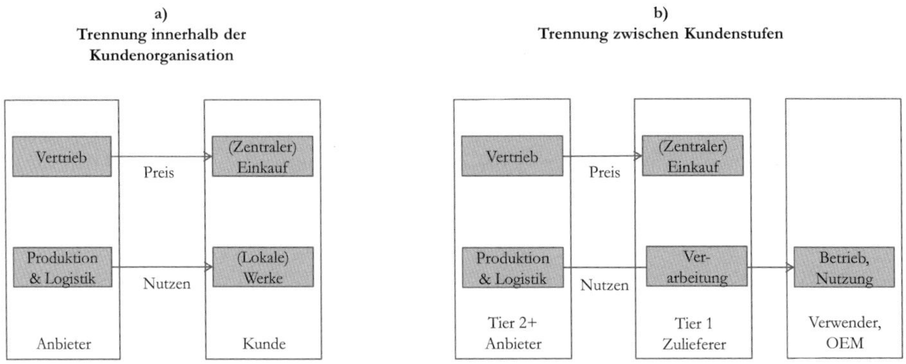

Es ist diese Trennung, durch die es leichter zu Situationen kommen kann, die den Vertrieb unter Preisdruck bringen:

- In Abbildung 2.5.2a kann es leicht dazu kommen, dass der Verkäufer das Produkt zweimal verkaufen muss: Zunächst muss er die technische Seite des Kunden überzeugen. Ist die Technik überzeugt, gibt es jedoch noch keinen Grund zur Freude. Denn anschließend (nach-)verhandelt der Einkauf die Preise und tut dabei häufig so, als sei das Rennen zwischen den verschiedenen Anbietern völlig offen. Problematisch ist in dieser Konstellation auch, dass alle „Wohltaten" des Lieferanten gegenüber der technischen Seite des Kunden erbracht werden, so dass der Einkäufer sie leicht ignorieren kann, wenn er das übliche Einkaufs-Mantra wiederholt, der Lieferant sei „zu teuer".
- In Abbildung 2.5.2b kann es leicht dazu kommen, dass der Tier 2+ Verkäufer vom Einkauf des Tier 1 Lieferanten zu einem Angebot aufgefordert wird, ohne vorher die Chance gehabt zu haben, die Anforderungen des Verwenders zu verstehen, auf die technische Spezifikation Einfluss zu nehmen und die technischen Vorteile der eigenen Lösung ins Feld zu führen. Für viele hochpreisige Qualitätsanbieter ist in dem Moment, wo sie von einem Projekt erst durch den *Request for Quotation* (RFQ) erfahren, bereits „der Zug abgefahren", weil die Ausschreibung die Qualitätsunterschiede nivelliert und alle Angebotsunterschiede auf den Preis reduziert.

Die Trennung von Nutzenempfänger und Preisverhandler stellt eine zentrale preisstrategische Herausforderung für den Vertrieb dar. Der nächste Abschnitt diskutiert, wie Unternehmen mit dieser Herausforderung umgehen können.

4 Preisstrategisch wichtige Vertriebsfähigkeiten

Angesichts der Trennung von Nutzenempfänger und Preisverhandler hat der Vertrieb die Sisyphus-Aufgabe, diese Kluft immer wieder zu überbrücken. Zwei Fähigkeiten des Brückenschlags sind dafür besonders wichtig und werden in diesem Abschnitt diskutiert:

- die Fähigkeit, Qualität in Euro zu übersetzen, sowie
- die Fähigkeit, eine Beziehung zum Top-Management des Kunden sowie des Kunden Kunden aufzubauen.

4.1 Die Fähigkeit, Qualität in Euro zu übersetzen

In der Situation, die Abbildung 2.5.2a illustriert, besteht der erforderliche Brückenschlag zunächst einmal darin, die unterschiedlichen Wahrnehmungen und Sprachen der beiden Kundenfunktionen zu überbrücken: Während die Produktion in technischen Größen redet (z. B. Parts-per-Million, UV-Beständigkeit, Geschwindigkeit), redet der Einkauf in monetären Größen (Preise, Preise, Preise). Um angesichts des „Zu teuer" Mantras hohe Preise zu rechtfertigen, reicht es gegenüber modernen Einkaufsorganisationen nicht mehr aus, technische Daten und Vorteile „herunterzurattern". Es ist notwendig, die technischen Vorteile des eigenen Leistungsangebotes in die finanzielle Sprache des Einkaufs zu übersetzen: Wie wirkt sich der technische Vorteil auf den Gewinn des Kunden aus? Abbildung 2.5.3 illustriert die Notwendigkeit, alle Gewinnvorteile in die preisliche Waagschale zu werfen. Dazu zählen einerseits Umsatzsteigerungen und andererseits Kostenreduzierungen für den Kunden.

Abbildung 2.5.3 Umsatzsteigerung und Kostenreduktion als Argument für hohe Preise

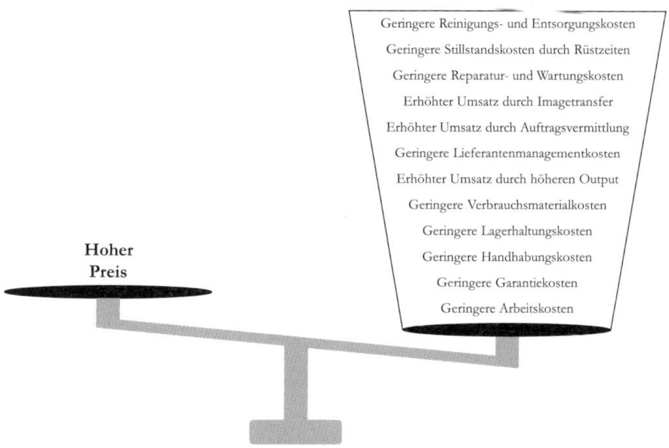

Das daraus resultierende Argumentationsprinzip lässt sich mit der Formel „Ein Schritt zurück, zwei Schritte vorwärts“ charakterisieren: Der höhere Anschaffungspreis ist für den Kunden der Schritt zurück, die operativen Kosten- und Erlösvorteile sind die zwei Schritte nach vorn. Diese Argumentationsstrategie ist nicht neu: Im Bereich von Investitionsgütern werden höhere Anschaffungskosten seit Jahrzehnten durch *Total Cost of Ownership*-Vergleiche gerechtfertigt. Neu ist, wie sehr sich diese Argumentationsstrategie auch im Dienstleistungs- und im Verbrauchsmaterialbereich verbreitet. In vielen Unternehmen wird dies als „Value Selling“ bezeichnet.

Um finanzielle Vorteile zu demonstrieren, programmieren immer mehr Unternehmen einen sogenannten „Nutzenrechner“. Dieses Werkzeug ermöglicht es, die spezifischen Produktionsparameter des Kunden zu erfassen und eine Empfehlung abzugeben, welches Produkt aus dem eigenen Hause gegenüber dem Wettbewerbsprodukt die finanziell beste Lösung wäre. Abbildung 2.5.4 zeigt ein Beispiel für einen Nutzenrechner aus dem Maschinenbau. Homburg/Jensen/Schuppar (2004) präsentieren weitere Beispiele aus anderen Branchen.

Die Übersetzung von „Qualität in Euro“ mittels eines Nutzenrechners setzt Fähigkeiten voraus, über die viele Vertriebsmannschaften heute nicht verfügen: die Kenntnis der Kostenstruktur des Kunden sowie die Sicherheit im Umgang mit finanziellen Begriffen (z. B. Working Capital, Cash Flow, Kapitalkosten). Solange sich Vertriebsmitarbeiter auf dem „finanziellen Eis“ jedoch unsicher fühlen, ist kaum zu erwarten, dass sie *Total-Cost*-Argumente einsetzen werden. Im Vertrieb finanzielles Know-how aufzubauen, ist somit für den Vertrieb ein Imperativ von strategischer Dimension. Finanzielles Know-how im Vertrieb ist der Schlüssel zur Beeinflussung von Nutzenwahrnehmungen und damit Preisspielräumen.

Es gibt jedoch Situationen, in denen Nutzenrechner schlicht vom Einkauf ignoriert werden. In diesen Situationen ist eine weitere Fähigkeit erforderlich, welche der nächste Abschnitt darstellt.

Abbildung 2.5.4 Beispiel eines Nutzenrechners
(Quelle: Homburg/Jensen/Schuppar 2004)

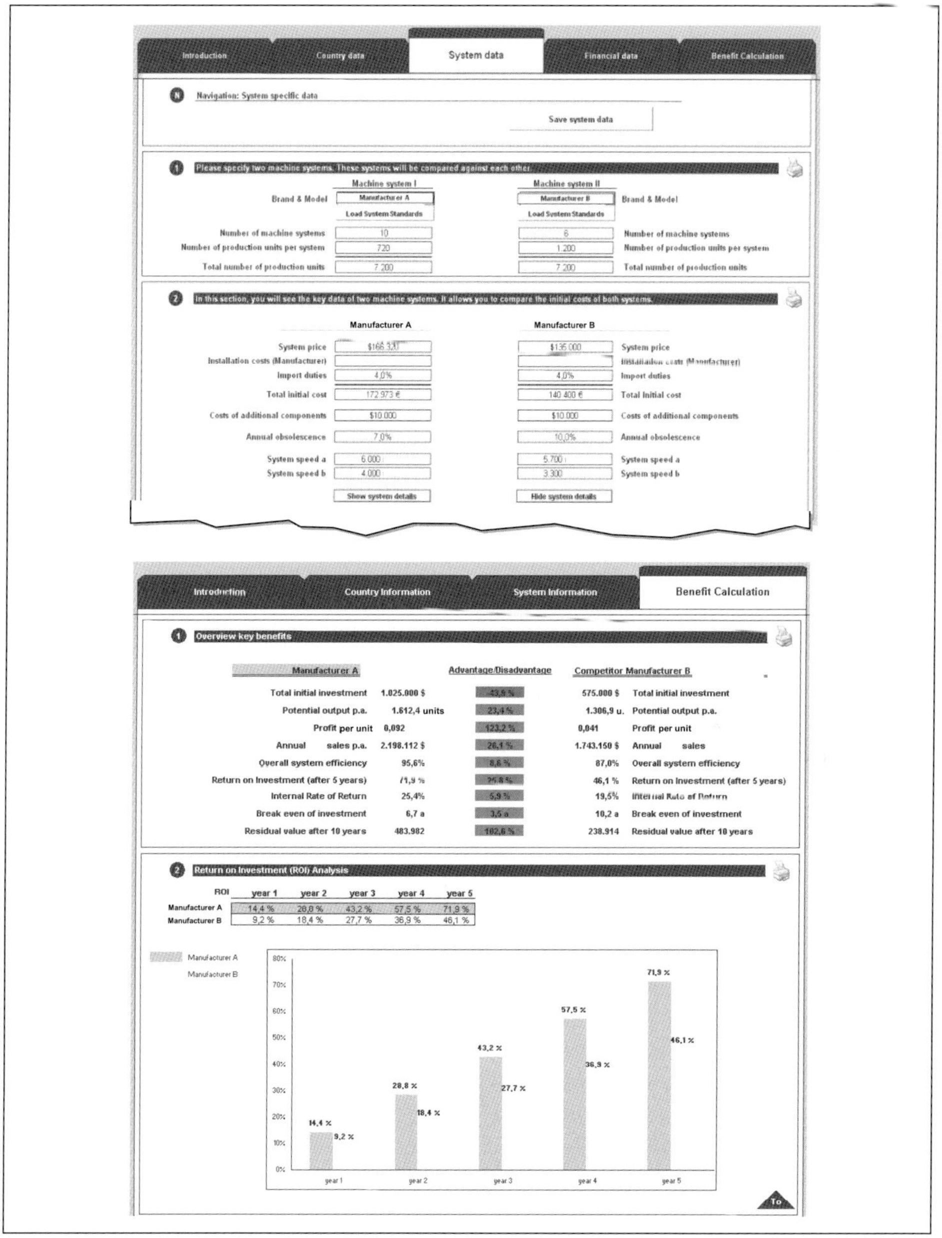

4.2 Die Fähigkeit, eine Beziehung zum Top-Management der Kundenseite aufzubauen

Viele Vertriebsmanager berichten, dass Einkäufer die finanzielle Vorteilsargumentation des Nutzenrechners mit fadenscheinigen Einwänden „zerpflücken" oder schlichtweg ignorieren, indem sie dem Konkurrenten mit dem niedrigeren Preis den Zuschlag geben. Dahinter mag manchmal stehen, dass die Einkäufer die finanziellen Vorteile nicht verstehen (Es gibt auf dieser Welt besonders im Handel immer noch Einkäufer, denen 50 % Rabatt auf einen Listenpreis von 200 EUR lieber sind als 20 % Rabatt auf einen Listenpreis von 100 EUR). Viel öfter ist jedoch nach meiner Beobachtung nicht das *Können* der Engpass, sondern das *Wollen*: Die Anreizstruktur vieler Einkaufsorganisationen ist leider nicht immer kompatibel mit dem Gewinn des Kundenunternehmens und belohnt niedrige Einkaufspreise zulasten der Gesamtkosten.

Zuweilen treiben Anreize die seltsamsten Blüten: Ein Verkäufer berichtete mir, dass ihm der Einkäufer eine Zwei-Jahres-Vereinbarung angeboten habe, bei der im ersten Jahr ein extrem hoher Preis und im zweiten Jahr ein „normaler" Preis vorgesehen war – weil die Anreizstruktur des Einkäufers nicht das Preisniveau erfasste, sondern nur die Preisreduktion. Meistens ist die Konsequenz der Anreizstruktur für hochpreisige Qualitätsanbieter jedoch weniger angenehm. Wenn der Einkauf nicht an den langfristigen Folgekosten der eingekauften Produkte gemessen wird, sondern nur an kurzfristigen Materialkosteneinsparungen, ist es für den Einkauf geradezu rational, die Preise zu drücken und die langfristige Qualität zu vernachlässigen. Dies führt in vielen Unternehmen zu großen Spannungen zwischen Produktion und Einkauf.

In solchen Konstellationen muss sich der Vertrieb die Frage stellen, ob er sich an einem einseitig preisfokussierten Einkäufer „die Zähne ausbeißen" will oder ob er lieber an höherer Stelle der Organisation ansetzen sollte. In ähnlicher Weise stellt sich bei der in Abbildung 2.5.2b geschilderten Konstellation die Frage, ob der Vertrieb seine Kräfte auf den kurzfristig orientierten, preisfokussierten Kunden oder auf den langfristig orientierten, gesamtkostenfokussierten Kunden des Kunden lenken sollte. Dies ist letztlich eine Übertragung des „Pull statt Push"-Gedankens auf den Industriegüterbereich.

Der richtige Adressat für die finanzielle Vorteilsargumentation und die Übersetzung von „Qualität in Euro" ist die Personengruppe, die für langfristigen Gewinn und für langfristige (Qualitäts-)Risiken verantwortlich zeichnet. Dies ist in letzter Konsequenz immer das Top-Management des Kundenunternehmens. Eine Person, die traditionell nicht im Fokus der Vertriebsarbeit stand, ist beispielsweise der Chief Financial Officer (CFO) des Kunden. Dabei denkt der CFO in genau den Kategorien, die einem hochpreisigen Qualitätsanbieter oftmals zum Vorteil gereichen: Risikoreduktion, Reduktion von Working Capital, stabile Cash Flows und Gesamtgewinn. Es führt kein Weg daran vorbei: Die Durchsetzung hoher Preise erfordert vom Vertrieb stärker als in der Vergangenheit die Fähigkeit, sich an die Top-Entscheider des Kunden „heranzuarbeiten". Eine alte Vertriebsweisheit lautet, dass man dann an der richtigen Adresse ist, wenn das Gegenüber nicht mehr ein Budget *hat*, sondern ein Budget *macht*. Eine weitere Vertriebsweisheit lautet, dass man eine Ausschreibung am ehesten dann gewinnt, wenn man sie selbst schreibt.

Um sich an die Top-Entscheider des Kunden heranzuarbeiten, sind im Vertrieb wiederum eine Reihe von Kompetenzen aufzubauen:

- Wichtig ist die Fähigkeit, „Tür-Öffner" geschickt einzusetzen. Manchmal ist es eben besser, den eigenen CFO mit dem CFO des Kunden uber den Golfplatz zu schicken als sich an seltsam „incentivierten" Einkäufern abzuarbeiten. Eine vielfach erzählte (und - natürlich - „wahre") Legende ist die gemeinsame Angeltour der Unternehmensspitze von Procter&Gamble und Wal-Mart, bei welcher der Entschluss reifte, das jahrelange Preisgerangel (Win-Lose) durch eine Orientierung an der Gesamtprofitabilität der Wertschöpfungskette zu ersetzen (Win-Win). Wer Key Account Manager ist, sollte sich ohnehin selbst in den gleichen Netzwerken bewegen wie die Top-Entscheider seiner Kunden. Es muss ja nicht immer Angeln sein.
- Wichtig ist auch die Fähigkeit, durch Konzepte das Interesse der Geschäftsführung beim Kunden zu wecken. Unternehmensberater sind in ihren Vertriebsbemühungen häufig Meister darin, dem Top-Management ihrer Kunden Orientierung, Sicherheit und Komplexitätsbeherrschung zu verkaufen (vgl. Kieser 1996; McKinley/Scherer 1998). Konzeptionelles Verkaufen erfordert es, den Kunden strategisch zu verstehen und in Teilen wie ein Unternehmensberater zu denken.
- Die Notwendigkeit, mit der Geschäftsführung des Kunden Konzepte zu diskutieren, scheitert zuweilen an ausgesprochen operativen Fähigkeiten: Die Fähigkeit, kundenindividuelle Powerpoint-Präsentationen und konzeptionelle „Berater-Folien" zu erstellen, ist selbst unter gestandenen Key Account Managern nicht weit verbreitet. Auch die Fähigkeit, in einer Präsentation vor dem Vorstand des Kunden schnell auf den Punkt zu kommen (Stichwort „Elevator-Pitch"), ist selbst bei gestandenen Vertriebsleitern nicht gut trainiert.

Abbildung 2.5.5 veranschaulicht das Kommunikationsgeflecht, das im mehrstufigen Industriegütervertrieb nötig ist, um hohe Preise durchzusetzen. Anbieter, die nur reaktiv auf Ausschreibungen (RFQ) hin Preisangebote einreichen, werden an der Preisfront von einem immer professionelleren Einkauf zerrieben. Die besten Karten haben Vertriebsmannschaften, denen es gelingt, Ausschreibungen in ihrer Entstehung zu beeinflussen und mitzugestalten und die vom Top-Management ihrer Kunden als kompetente Strategieberater geschätzt werden. Viele Unternehmen sprechen in diesem Zusammenhang von „Consultative Selling".

Abbildung 2.5.5 Beziehungsmanagement im mehrstufigen Industriegütervertrieb zur Durchsetzung hoher Preise

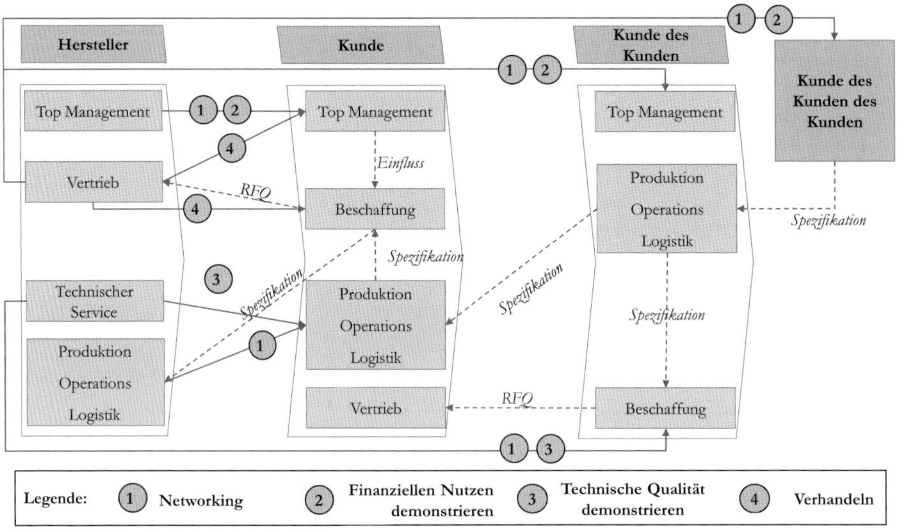

5 Fazit

Pricing ist für den Vertrieb aus drei Gründen von höchster Relevanz: Erstens ist der Preis der wichtigste Gewinnhebel. Für jedes Prozent Preissenkung sind mehrere Prozentpunkte Fixkostensenkung erforderlich, um den Gewinn konstant zu halten. Zweitens ist der Preis der Gewinnhebel, in den Unternehmen traditionell am wenigsten methodische Expertise investieren. Es gibt weiterhin mehr Vollzeit-Kostenexperten als Vollzeit-Preisexperten in den Organisationen. Hier ist ein strategischer Wandel der internen Investitionsprioritäten gefragt. Drittens ist der Preis der am wenigsten schmerzhafte Gewinnhebel. Dies mag überraschend klingen – denn es tut durchaus weh, immer wieder mit dem Einkauf „in die Zweikämpfe zu gehen". Aber die Alternative – Fixkostensenkungen – sind noch schmerzhafter: Denn Fixkostensenkung bedeutet letztlich Arbeitsplatzabbau – auch im Vertrieb.

Preisdurchsetzung und Preisverteidigung erfordern ein strategisches Nachdenken über die vier ältesten Fragen des Verkaufens, die seit Jahrhunderten die gleichen sind und immer die gleichen bleiben werden:

- Wer ist der Entscheider? Wen muss ich überzeugen?
- Was ist dem Entscheider wichtig? Nach welchen Kriterien entscheidet er?
- Wie nimmt er mich derzeit wahr? Wie nimmt er meinen Wettbewerb wahr?

- Wie kann ich die Wahrnehmungen des Entscheiders beeinflussen? Wie kann ich ihn von mir überzeugen?

Während diese Fragen vermutlich immer die gleichen bleiben werden, ändern sich die Antworten. Dieser Beitrag hat gezeigt, dass neue Entscheiderstrukturen entstanden sind: zentrale, eher kaufmännisch als technisch denkende Beschaffungsorganisationen. Diese fokussieren sich, fehlgeleitet durch Anreize, teilweise zulasten des eigenen Unternehmens auf den Preis. Damit haben hochpreisige Qualitätsanbieter schlechte Karten, insbesondere deshalb, weil die Welt kleiner geworden ist und niedrigpreisige Wettbewerber von fern in die angestammten Märkte drängen. Vertriebsorganisationen müssen vor diesem Hintergrund zwei strategische Fähigkeiten stärken: zum einen die Fähigkeit, Beziehungen zu Kunden der Kunden sowie zum Top-Management der Kundenseite aufzubauen und zum anderen die Fähigkeit, dem Kunden ihre Qualität in Euro vorzurechnen. Es geht um *strategisches Wahrnehmungsmanagement*. Nutzen- und Preiswahrnehmungen zu beeinflussen ist jedenfalls profitabler als Preise zu senken und Leistungen auszuweiten.

Literaturverzeichnis

Carlton, D. W., Perloff, J. M. (2005), Modern Industrial Organization, 4. Aufl., Boston.

Christensen, C. M. (1997), The Innovator's Dilemma: When New Technologies Cause Great Firms to Fail, Boston.

D'Aveni, R. A. (1994), Hypercompetition: Managing the Dynamics of Strategic Maneuvering, New York.

D'Aveni, R. A. (2010), Beating the Commodity Trap: How to Maximize Your Competitive Position and Increase Your Pricing Power, Boston.

Grant, R. M. (2010), Contemporary Strategy Analysis, 6. Aufl., Oxford.

Homburg, Ch., Jensen, O., Schuppar, B. (2004), Pricing Excellence: Wegweiser für ein professionelles Preismanagement, Arbeitspapier Nr. M90, Reihe Management Know-how, Institut für Marktorientierte Unternehmensführung, Universität Mannheim.

Homburg, Ch., Staritz, M., Bingemer, S. (2008), Wege aus der Commodity-Falle: Der Product Differentiation Excellence-Ansatz, Arbeitspapier Nr. M112, Reihe Management Know How, Institut für Marktorientierte Unternehmensführung, Universität Mannheim.

Jensen, O. / Henrich, M. (2010), Grundlegende preisstrategische Optionen auf Business-to-Business Märkten, in: Homburg, Ch., Totzek, D. (Hrsg.), Preismanagement auf Business-to-Business Märkten, Wiesbaden, in press.

Kieser, A. (1996), Moden und Mythen des Organisierens, DBW, 56 (1),S. 21-39.

Levitt, T. (1960), Marketing Myopia, Harvard Business Review, 38. Jg., Nr. 4, S. 45-56.

Marn, M. V., Rosiello R. L. (1992), Managing Price, Gaining Profit, Harvard Business Review, 70. Jg., Nr. 5, S. 84-94.

Marn, M. V., Roegner E. V., Zawada, C. C. (2004), The Price Advantage, Hoboken.

McKinley, W., Scherer, A.G. (2000), Some Unanticipated Consequences of Organizational Restructuring, Academy of Management Review, 25. Jg., Nr. 4, S. 735-752.

Mintzberg, H., Ahlstrand, B., Lampel, J. (1998), Strategy Safari: A Guided Tour through the Wilds of Strategic Management, New York.

Porter, M. E. (1980), Competitive Strategy, New York.

Porter, M. E. (1985), Competitive Advantage, New York.

Simon, H. (1994), Preispolitik für industrielle Dienstleistungen, DBW, 54 Jg., Nr. 6, S. 719-737.

2.6 Rabatte im Vertrieb: Promotion-Rabatte für den Handel

Karen Gedenk

1 Problemstellung

Rabatte sind in Absatzkanälen ein wichtiges Marketing-Instrument. Dieser Beitrag befasst sich speziell mit Promotion-Rabatten von Herstellern an Einzelhändler. Man spricht von Handels-Promotions (auf Englisch: Trade Promotions), wenn ein Hersteller einem Händler zeitlich befristete Maßnahmen mit Aktionscharakter anbietet (Gedenk 2002, S. 13 f.; Gómez/Rao/McLaughlin 2007). Neben der Bereitstellung von Promotionmaterialien wie Displays kommen hier insbesondere Rabatte zum Einsatz. Das primäre Ziel der Hersteller ist es dabei i. d. R., Händler ihrerseits zum Einsatz von Händler-Promotions (auf Englisch: Retailer Promotions) zu motivieren, d. h. von Promotions des Handels für Konsumenten. So werden z. B. Werbekostenzuschüsse gezahlt dafür, dass ein Händler die Produkte eines Herstellers in seinen Handzetteln / Beilagen bewirbt, Displayvergütungen für die Aufstellungen von Aktionsdisplays und Sonderangebotsvergütungen für den Einsatz von Preis-Promotions des Handels.

Für Promotion-Rabatte an Händler wenden Hersteller häufig erhebliche Summen auf. So gaben etwa Hersteller in den USA in 2007 ca. 51 % ihres Kommunikationsbudgets für Handels-Promotions aus, bei Lebensmitteln sogar 62 % (Cannondale Associates 2007). Allerdings ist keinesfalls offensichtlich, inwieweit diese Investitionen tatsächlich profitabel sind. Wenn z. B. Händler die Rabatte, die sie erhalten, nicht an Konsumenten weiterreichen, entsteht für den Hersteller kein Mehrabsatz. Für Konsumgüterhersteller ist die Messung des Erfolgs von Handels-Promotions daher ein extrem wichtiges Thema (Cannondale Associates 2009).

Leider ist über die Wirkungen von Promotion-Rabatten noch sehr viel weniger bekannt als über die Wirkungen von Händler-Promotions wie Sonderangeboten und Coupons. Dies liegt vor allem an der eingeschränkten Verfügbarkeit von Daten. Konditionenverhandlungen zwischen Herstellern und Händlern sind streng vertraulich, und für Wissenschaftlicher ist es extrem schwierig, Zugang zu diesbezüglichen Daten zu erlangen. Umso erfreulicher ist es, dass dies manchen Wissenschaftlern gelungen ist und dass gerade in den letzten Jahren einige Studien zu Handels-Promotions durchgeführt wurden. Darüber hinaus liegen etliche theoretische Arbeiten vor, welche optimales Verhalten von Herstellern und Händlern im Zusammenhang mit Promotion-Rabatten untersuchen.

Dieser Beitrag möchte einen Überblick über die zentralen Erkenntnisse der Literatur zu Promotion-Rabatten geben. Zu diesem Zweck stelle ich im folgenden Abschnitt zunächst verschiedene Arten von Promotion-Rabatten und eine Systematik ihrer möglichen Wirkungen vor. Anschließend diskutiere ich, wie Unternehmen diese Wirkungen messen können und berichte Erkenntnisse aus der Literatur zu ihrer Stärke sowie zu Einflussgrößen darauf. Da die Implikationen theoretischer Modelle sehr sensitiv gegenüber deren Annahmen sind, konzentriere ich mich dabei besonders auf empirische Befunde.

2 Promotion-Rabatte und ihre Wirkungen

Promotion-Rabatte sind Preisnachlässe bzw. Zahlungen, die der Hersteller dem Handel dafür gewährt, dass der Handel zeitlich befristete Aktionen für Konsumenten durchführt (Gedenk 2002, S. 15). Sie können verschiedene Formen annehmen, über die Abbildung 2.6.1 einen Überblick gibt.

Abbildung 2.6.1 Arten von Promotion-Rabatten

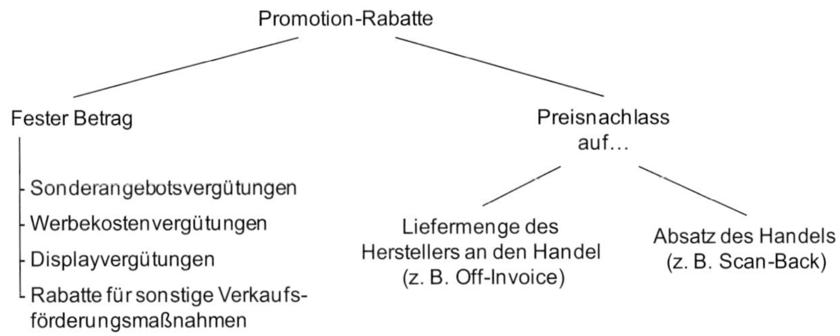

Promotion-Rabatte können entweder einen festen Betrag haben oder als prozentualer Preisnachlass gewährt werden (Gedenk 2002, S. 16; Steffenhagen 2003). Rabatte mit fixer Höhe werden für einen bestimmten Input des Händlers gezahlt, z. B. Sonderangebotsvergütungen für die Durchführung von Sonderangeboten, Werbekostenzuschüsse für die Bewerbung eines Produktes im Handzettel des Händlers und Displayvergütungen für die Aufstellung von Displays in Zweitplatzierungen.

Rabatte, bei denen der Hersteller für einen bestimmten Zeitraum einen prozentualen Preisnachlass auf die Absatzmenge gewährt, sind dagegen Output-orientiert. Bei der Absatzmenge kann es sich entweder um die Menge handeln, die der Hersteller an den Händler verkauft, oder um die Absatzmenge des Handels an Konsumenten (Blattberg/Neslin 1990, S. 318; Gómez/Rao/McLaughlin 2007, S. 411). Wird der Preisnachlass an die Menge gebunden, die der Hersteller an den Handel liefert, spricht man im Englischen von „Off-Invoice". Hier wird die Einkaufsmenge des Händlers erfasst, nicht jedoch, ob er seinerseits Aktionen durchführt und dadurch mehr verkauft. Stärker leistungsbasiert sind dagegen Rabatte, die an den Absatz des Händlers gebunden werden, z. B. in Form von sogenannten „Bill-Backs" oder „Scan-Backs". Hier erhält der Händler den Rabatt erst im Nachhinein auf die Menge, die er in der Aktion an Konsumenten abgesetzt hat. Bei Scan-Backs wird dieser Absatz im Handel über Scannerkassen erfasst.

Abbildung 2.6.2 gibt einen Überblick über potenzielle Wirkungen von Promotion-Rabatten.

Abbildung 2.6.2 Wirkungen von Promotion-Rabatten
(Quelle: Gedenk 2002, S. 93)

Kurzfristig führen Promotion-Rabatte in aller Regel dazu, dass der Hersteller mehr Ware an den Handel liefert. Ob dies für den Hersteller wirklich vorteilhaft ist, hängt allerdings davon ab, was der Händler mit dieser zusätzlichen Menge macht. Ziel des Herstellers ist es, dass der Händler seinerseits Händler-Promotions für die Konsumenten anbietet, also z. B. Sonderangebote, Handzettelwerbung oder Displays einsetzt. Man spricht in diesem Zusammenhang von „Pass-Through", weil der Händler den Rabatt des Herstellers an den Konsumenten „durchreicht".

Ungünstig für den Hersteller ist es dagegen, wenn der Pass-Through gering ist und der Händler stattdessen Forward-Buying bzw. Diverting betreibt. Als „Forward-Buying" bezeichnet man die Lagerhaltung des Händlers. Dieser kauft in der Aktion mehr, setzt jedoch nicht mehr an Konsumenten ab, sondern erhöht nur seine Lagerbestände und verkauft diese später ab. Dem kurzfristigen Mehrabsatz des Herstellers steht langfristig ein Minderabsatz gegenüber – netto entsteht also kein echter Mehrabsatz. Vielmehr ersetzt der Hersteller Absatz zu voller Marge durch solchen zu verminderter Marge und erleidet somit einen Verlust.

Ein anderes Problem bei Promotion-Rabatten kann das sogenannte „Diverting" sein. Dabei kauft ein Händler während einer Handels-Promotion mehr ein und verkauft die Mehrmenge an einen anderen Händler weiter. Dies ist insbesondere ein Problem bei regional tätigen Händlern, kann aber auch bei parallelem Vertrieb über mehrere Absatzkanäle auftreten. So mag beispielsweise ein Kioskbetreiber seine Getränke normalerweise beim Getränkegroßhandel beziehen. Gewährt ein Getränkehersteller nun einem Einzelhändler einen Rabatt, so kann dieser günstiger verkaufen und der Kioskbetreiber kauft seine Getränke nun möglicherweise im Einzelhandel. Der Hersteller hat in diesem Fall zwar über den Einzelhandel mehr verkauft, aber gleichzeitig eine Absatzeinbuße beim Großhandel erlitten, so dass netto wiederum kein echter Mehrabsatz entstanden ist.

Abbildung 2.6.3 stellt die geschilderten kurzfristigen Wirkungen von Promotion-Rabatten noch einmal grafisch dar.

Abbildung 2.6.3 Wirkungen von Promotion-Rabatten (Quelle: Gedenk 2002, S. 93)

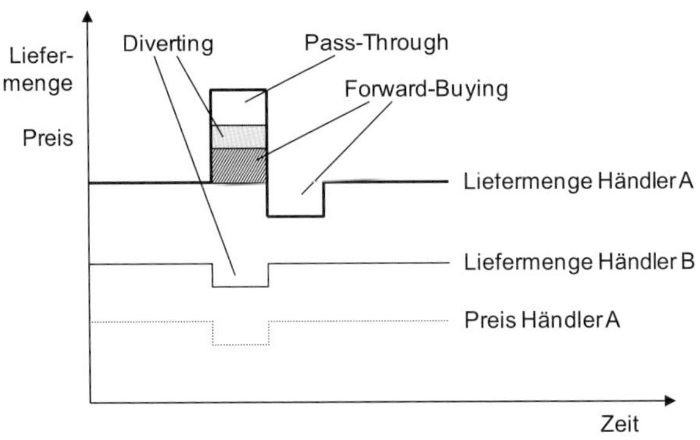

Man erkennt, dass Forward-Buying Absatz über die Zeit verschiebt, während Diverting zu einer Verschiebung über Händler führt. Nur bei Pass-Through entsteht für den Hersteller ein Netto-Mehrabsatz.

Analysieren Hersteller die genannten Effekte, stellen sie häufig fest, dass Handels-Promotions nicht profitabel sind. Große Aufmerksamkeit hat der Befund von Abraham/Lodish (1990) erhalten, dass nur 16 % der Handels-Promotions amerikanischer Hersteller von Fast-Moving Consumer Goods einen Gewinn erzielen. Etliche Jahre später findet McKinsey bei der Analyse von 5.000 Promotions in 6 europäischen Ländern, dass immerhin 40 % von ihnen für Hersteller profitabel sind (Lebensmittelzeitung vom 24.05.2002, S. 36 ff.).

Dieser etwas weniger desolate Befund könnte seine Ursache zum einen in Unterschieden zwischen den USA und Europa haben, zum anderen aber auch in einer Änderung des Handels-Promotion-Mix über die Zeit. Besonders groß ist die Gefahr von Forward-Buying und Diverting bei Off-Invoice-Rabatten. Hier zahlt der Hersteller rein für Liefermenge an den Handel ohne Kontrolle, ob der Handel auch tatsächlich Aktionen für Konsumenten durchführt und mehr an diese verkauft. Für Händler ist diese Flexibilität zwar attraktiv, aber Hersteller bevorzugen leistungsbasierte Promotions wie Scan-Backs, bei denen Rabatte an den Abverkauf des Handels gebunden sind (Drèze/Bell 2003). Generell weiß man – zumindest aus den USA –, dass Hersteller ihre Interessen im Laufe der Zeit stärker durchgesetzt haben. So ist dort ist der Anteil von Off-Invoice-Rabatten an den Trade Promotions laut einer Studie von Cannondale Associates von 90 % Mitte der 90er Jahre auf 35 % in 2003 zurück gegangen (zitiert nach Gómez/Rao/McLaughlin 2007). Auch Gómez/Rao/McLaughlin (2007) finden in einer Befragung von 36 Lebensmitteleinzelhändlern, die 40 % des US-Marktes abdecken, für 2002 nur noch einen Anteil von Off-Invoice-Rabatten an den Handels-Promotions von 26 %. Scan-Backs machen dagegen mit 31 % den größten Anteil aus. Im Einzelfall hängt die Allokation von Handels-Promotions auf verschiedene Rabattformen u. a. von der Machtverteilung zwischen Hersteller und Händler ab. So zeigen Gómez/Rao/McLaughlin (2007), dass Händler mit starken Handelsmarken – und damit mehr Macht – tendenziell mehr Off-Invoice- und weniger Bill-Back- und Scan-Back-Rabatte erhalten.

Schließlich sei auf eine langfristige Wirkung von Handels-Promotions verwiesen. Konfrontiert man Manager mit dem Befund, dass Promotion-Rabatte oft nicht profitabel sind, so führen sie teilweise ins Feld, dass Handels-Promotions nicht nur mit dem operativen Ziel eingesetzt werden, Pass-Through zu generieren. Vielmehr kann auch die strategische Überlegung eine Rolle spielen, dass durch üppige Handels-Promotions die Wahrscheinlichkeit steigt, dass ein Händler das Aktionsprodukt in sein Sortiment aufnimmt (Gedenk 2002, S. 95). Handels-Promotions fungieren in diesem Falle quasi als verkappte Listungsgebühren.

3 Messung der Wirkungen von Promotion-Rabatten

Einen einfachen und auch heute noch viel verwendeten Ansatz zur Messung des Erfolgs von Promotion-Rabatten haben Abraham/Lodish (1987) mit ihrem Baseline-Verfahren PROMOTER vorgeschlagen. Hersteller-Unternehmen brauchen dafür nur unternehmensinterne Daten zu den von ihnen durchgeführten Handels-Promotions und zu ihren Lieferungen an den Handel. Die Grundidee besteht darin, eine Baseline zu ermitteln, welche die Liefermenge widerspiegelt, die der Hersteller ohne Promotion-Rabatte erzielt hätte. Der Vergleich der tatsächlichen Liefermenge mit der Baseline zeigt dann den Effekt einer Handels-Promotion an. Abbildung 2.6.4 illustriert dies mit einem stilisierten Beispiel.

Man erkennt, dass das Beispiel-Unternehmen ohne Promotion-Rabatte jeden Monat 100 Einheiten seines Produktes an einen Händler liefern würde. Gewährt es dem Händler in den Monaten 3 und 7 jeweils einen Rabatt, so steigt seine Liefermenge in diesen Monaten. Allerdings sind auch Liefereinbrüche in den Folgemonaten zu berücksichtigen, die durch Forward-Buying entstehen.

Diese Grundidee der Baseline-Verfahren ist simpel. Als durchaus schwierig erweist sich jedoch die Ermittlung einer aussagekräftigen Baseline. Abraham/Lodish 1987 schlagen hierzu in ihrem PROMOTER-Ansatz ein Vorgehen in vier Schritten vor:

- Bereinigung der Liefermengen um Saison, Trend und Ausnahmeneffekte
- Identifikation von Perioden, die nicht von Promotions beeinflusst sind

- Ermittlung der Baseline auf Basis von gleitenden Durchschnitten
- Iterative Verbesserung

Abbildung 2.6.4 Beispiel für ein Baseline-Verfahren (Quelle: Gedenk 2002, S. 135)

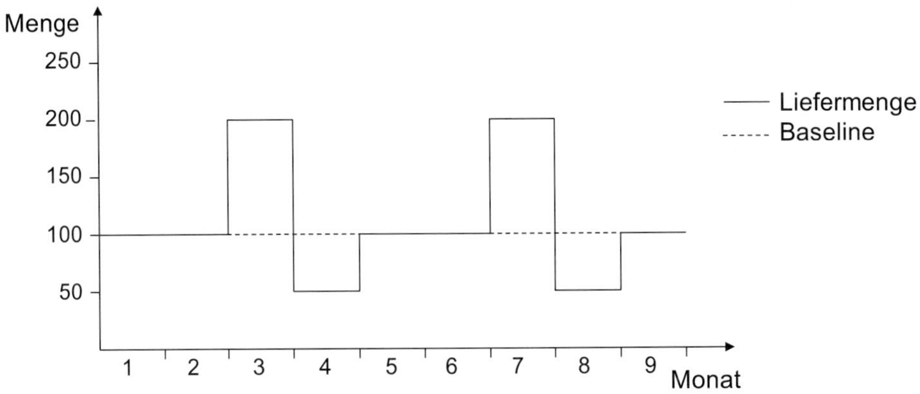

Im ersten Schritt werden die Daten zur Liefermenge um Saison, Trend und Ausnahmeeffekte bereinigt. Saisoneffekte können z. B. anhand des Absatzes von Produkten ohne Handels-Promotions bzw. des Absatzes der Kategorie identifiziert werden. Ausnahmeeffekte wie z. B. ein großes Sportereignis oder eine größere Promotion eines Wettbewerbers werden dagegen häufig auf Basis subjektiver Urteile von Experten ermittelt. Der Trend kann als gleitender Durchschnitt bestimmt werden, nachdem die Daten um Saison- und Ausnahmeeffekte bereinigt wurden.

Ist die Baseline bereinigt, so werden Perioden identifiziert, deren Absatz nicht von Promotions beeinflusst ist. Dabei ist auch Forward-Buying zu berücksichtigen. Im Beispiel in Abbildung 2.6.4 wären Promotion-freie Perioden somit die Monate 1, 2, 5, 6 und 9. Mit ihnen wird nun mit Hilfe von gleitenden Durchschnitten die Baseline ermittelt. Schließlich schlagen Abraham und Lodish vor, die so gewonnene Baseline auf Plausibilität zu prüfen und ggf. anzupassen. So können z. B. Fehler, die durch ungenaue Promotion-Kalender oder Übersehen von Ausnahmeeffekten entstanden sind, korrigiert werden.

Baselineverfahren wie PROMOTER werden auch heute noch viel in Wissenschaft und Praxis eingesetzt, da sie die Messung des Erfolgs von Handels-Promotions recht einfach machen. Zu beachten sind allerdings auch einige Probleme (Blattberg/Neslin 1993; Gedenk 2002, S. 137 ff.). Zunächst ist die Anwendung schwierig, wenn ein Hersteller sehr viele Promotion-Rabatte einsetzt. Zwischen den Aktionen sind dann häufig kaum Promotion-freie Perioden vorhanden, mit denen die Baseline bestimmt werden kann. Ein solcher Fall ist beispielhaft in Abbildung 2.6.5 dargestellt. Zudem besteht die Gefahr, dass die Baseline durch Deal-to-Deal-Buying verzerrt wird. Deal-to-Deal-Buying bedeutet, dass Händler nur während Handels-Promotions einkaufen, so dass die Liefermenge zwischen den Aktionen Null beträgt. Für solche Händler würde PROMOTER eine Baseline von Null ermitteln, obwohl die Händler ohne Rabatte durchaus auch gekauft hätten. Betreiben daher einige Händler diese extreme Form des Forward-Buying, wird die aggregierte Baseline unter- und die Vorteilhaftigkeit von Promotion-Rabatten somit überschätzt. Insgesamt wird die Aussagekraft von PROMOTER dadurch begrenzt, dass nur Hersteller-Daten analysiert werden. Der Pass-Through des Handels und die sich daraus ergebenden Steigerungen des Absatzes an die Konsumenten werden dagegen nicht direkt beobachtet.

Abbildung 2.6.5 Beispiel für die Wirkung von Handels-Promotions auf die Liefermenge (Quelle: Abraham/Lodish 1987, S. 114)

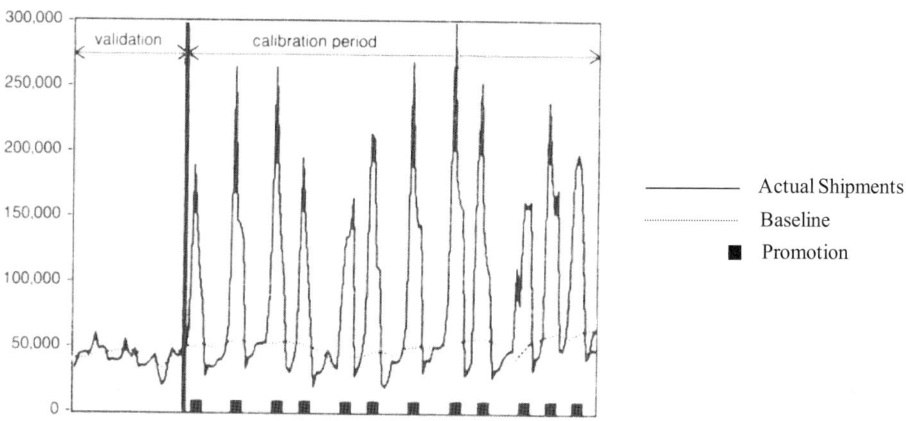

Aufwändiger, aber auch aussagekräftiger sind Ansätze, die auch Handels-Daten verarbeiten. Ein entsprechendes Modell wurde zeitgleich zum PROMOTER-Ansatz von Blattberg/ Levin (1987) vorgeschlagen. Neben Hersteller-Daten zu Handels-Promotions und Liefermengen ziehen die Autoren auch Daten zu Promotions und Absatzmengen des Handels heran. Diese sind für den Lebensmitteleinzelhandel heute insbesondere aus Scanner-Handels-Panels verfügbar, wie sie IRI und Nielsen anbieten (Gedenk 2002, S. 130 ff.; Günther/Vossebein/Wildner 2006). Blattberg und Levin schlagen vor, ein System von Gleichungen zu schätzen, bei denen Promotion-Rabatte des Herstellers auf seine Liefermenge an den Handel wirken, aber auch auf die Promotions des Handels, welche wiederum dessen Absatz beeinflussen. Pass-Through und Forward-Buying des Handels können so besser erfasst werden als im PROMOTER-Modell. Der Aufwand für Datenbeschaffung und Analyse ist allerdings auch höher.

4 Befunde zur Wirkung von Promotion-Rabatten

4.1 Pass-Through

Promotion-Rabatte werden i. d. R. mit dem Ziel eingesetzt, den Händler zur Durchführung von Promotions für Konsumenten zu motivieren. Dieser Pass-Through wird jedoch keineswegs immer erreicht.

Ausmaß des Pass-Through

Zwei neuere Studien messen das Ausmaß des Pass-Through für Fast-Moving Consumer Goods mit Daten der amerikanischen Supermarkt-Kette Dominick's Finer Foods. Sie ermitteln Pass-Through-Raten aus Endverbraucherpreisen im Handel und den entsprechenden Einkaufspreisen des Handels. D. h., sie berechnen, wie viel Prozent einer Senkung im Einkaufspreis um 1 $ sich in einer Senkung des Endverbraucherpreises wieder finden. Besanko/Dubé/Gupta (2005) finden in 8 von 11 Produktkategorien einen durchschnittlichen Pass-Through kleiner als 1 – im Durchschnitt über diese 8 Kategorien beträgt er 66 %. In drei Kategorien ist der Pass-Through dagegen größer als 1, d. h. Händler senken die Preise stärker, als ihr Einkaufspreis durch Promotion-Rabatte zurück geht. Dies ist durchaus plausibel, da es sich um Produktkategorien wie z. B. Bier handelt, welche von Händlern sehr gerne als Lockvogelartikel in die Aktion genommen werden, um Kunden ins Geschäft zu ziehen. Auch Pauwels (2007) findet eine hohe Varianz in den Pass-Through-Raten, mit einem Mittelwert über 25 Produktkategorien von 65 %.

Bei der Vorgehensweise von Besanko/Dubé/Gupta (2005) und Pauwels (2007) ist zu beachten, dass im Einkaufspreis des Handels nur Promotion-Rabatte in Form von prozentualen Preisnachlässen erfasst werden. Fixe Zahlungen wie z. B. Werbekostenzuschüsse bleiben dagegen unberücksichtigt, obwohl sie in der Praxis erheblich sein können. Ailawadi/Harlam (2009) erfassen bei ihrer Messung des Pass-Through auch diese fixen Rabatte und finden dementsprechend einen höheren Pass-Through. Den Autorinnen stehen Daten zur Verfügung zu allen Handels- und Händler-Promotions eines amerikanischen Einzelhändlers in den Jahren 2003 und 2004. Da fixe Promotion-Rabatte nur schwer einzelnen Promotions zugerechnet werden können, messen Ailawadi und Harlam den Pass-Through auf stark aggregiertem Niveau. So erfassen sie pro Jahr und Hersteller alle fixen und variablen Zahlungen des Herstellers im Rahmen von Handels-Promotions. Dem stellen sie die Ausgaben des Händlers für Preis-Promotions für die Produkte dieses Herstellers gegenüber. Diese Promotion-Ausgaben des Händlers ermitteln sie, indem sie den Absatz während der Preis-Promotions multiplizieren mit der Differenz zwischen regulärem und Aktionspreis.

Ailawadi/Harlam (2009) finden im Durchschnitt einen Pass-Through größer als 100 %, wobei auch in ihrer Studie die Varianz erheblich ist. Tabelle 2.6.1 zeigt, dass auch extreme Fälle auftreten. So setzen 25 bzw. 17 % der Hersteller Promotion-Rabatte ein und erhalten dafür gar keinen Pass-Through. Gleichzeitig gilt für 15 bzw. 14 % der Hersteller die umgekehrte Konstellation: Bei ihnen setzt der Händler Preis-Promotions für die Konsumenten ein, obwohl er vom Hersteller keine Rabatte bekommt. Dies kann daran liegen, dass die Marken des Herstellers so attraktiv sind, dass dieser keine Rabatte braucht, um die gewünschte Förderung im Handel zu erreichen. Aus Deutschland hört man allerdings auch oft Berichte, dass Hersteller ihre Marken lieber weniger in Aktionen des Handels sehen würden, um ihr Markenimage nicht zu untergraben (z. B. Wieking 2005).

Tabelle 2.6.1 Pass-Through in der Studie von Ailawadi/Harlam 2009

		Einsatz von Preis-Promotions durch den Händler	
		Null	> Null
Promotion-Rabatte des Herstellers	Null	12 % (2003) 13 % (2004)	15 % (2003) 14 % (2004)
	> Null	25 % (2003) 17 % (2004)	48 % (2003) 56 % (2004)

Die drei genannten Studien differenzieren nicht nach verschiedenen Promotion-Rabatten. Drèze/Bell (2003) zeigen jedoch, dass der Pass-Through bei Scan-Backs deutlich höher ist als bei Off-Invoice-Rabatten. Die Autoren untersuchen die Promotion-Rabatte eines amerikanischen Getränkeherstellers in vier regionalen Märkten mit einem an Blattberg/Levin (1987) angelehnten Modell. Sie stellen fest, dass Off-Invoice-Rabatte nur einen geringen Einfluss auf die Endverbraucherpreise im Handel haben, während Scan-Backs in drei von vier Märkten zu signifikanten Preissenkungen im Handel führen.

Zudem wissen wir aus einer älteren Studie von Walters (1989), dass der Pass-Through bei Sonderangeboten, Displays und Handzetteln unterschiedlich ist. Walters verwendet Daten von zwei amerikanischen Handelsketten zum Pass-Through von 202 Handels-Promotions, die diesen Händlern angeboten werden. Tabelle 2.6.2 zeigt seine Befunde.

Man erkennt, dass der Pass-Through bei Handzettel-Werbung höher ist als bei Sonderangeboten. Dies ist plausibel, da eine Anzeige – insbesondere eine kleine – für den Handel einfach zu schalten ist und seine Marge dadurch nicht reduziert wird. Besonders gering ist der Pass-Through dagegen bei Displays. Dies dürfte sich auch seit der Studie von Walters nicht grundsätzlich geändert haben. Branchenexperten in Deutschland schätzen aktuell ebenfalls, dass nur etwa die Hälfte der Displays, die Hersteller an den Handel liefern, tatsächlich aufgestellt wird. Dies liegt in erster Linie daran, dass die Fläche im Geschäft begrenzt und die Aufstellung eines Displays mit Aufwand verbunden ist.

Tabelle 2.6.2 Pass-Through in der Studie von Walters (1989)

	Umsetzung durch den Händler	
	Handelskette 1	Handelskette 2
Sonderangebote		
Klein	93,1 %	92,2 %
Mittel	72,5 %	73,6 %
Groß	66,8 %	64,1 %
Durchschnitt	79,4 %	80,1 %
Displays		
Klein	43,8 %	66,7 %
Groß	56,7 %	38,4 %
Durchschnitt	49,8 %	47,4 %
Handzettel-Werbung		
Klein	122,9 %	132,0 %
Mittel	76,7 %	79,2 %
Groß	93,3 %	75,6 %
Durchschnitt	103,0 %	100,3 %

Schließlich sei die Studie von Busse/Silva-Risso/Zettelmeyer (2006) erwähnt, die ausnahmsweise einmal nicht den Lebensmitteleinzelhandel untersucht, sondern das langlebige Konsumgut Autos. Busse und ihre Koautoren analysieren Promotion-Rabatte, bei denen der Hersteller dem Händler auf jedes verkaufte Auto einen Preisnachlass gewährt, und vergleichen sie mit sogenannten „Rebates" bzw. „Cash Back"-Promotions, bei denen der Händler dem Konsumenten einen Scheck des Herstellers gibt, den der Kunde sofort beim Händler einlösen kann. Da Preise zwischen Händler und Konsument verhandelt werden, sollten beide Promotion-Arten eigentlich ökonomisch vergleichbar sein. Von 1.000 $ Promotion-Wert kann der Händler beim Promotion-Rabatt z. B. 500 $ an den Konsumenten durchreichen, indem er einen um 500 $ niedrigeren Preis gewährt als ohne Promotion. Oder er kann bei einem 1.000 $ Rebate einen um 500 $ höheren Preis verlangen als ohne Promotion, was letztlich auch auf einen Pass-Through von 500 $ hinausläuft. Tatsächlich stellen Busse/Silva-Risso/Zettelmeyer (2006) bei der Analyse von über 100.000 Autokäufen fest, dass der Pass-Through bei Promotion-Rabatten an den Händler 30 – 40 % beträgt, bei Rebates dagegen 70 – 90 %. Die Autoren erklären dies damit, dass Rebates i. d. R. vom Hersteller beworben werden und daher für den Konsumenten deutlich sichtbar sind. Diese geringere Informationsasymmetrie führt zu einer besseren Position der Konsumenten bei den Preisverhandlungen mit dem Handel. In diesem Sinne zeigen auch Kumar/Rajiv/Jeuland (2001) in einer theoretischen Arbeit, dass es für Hersteller vorteilhaft sein kann, Konsumenten durch Werbung über Promotion-Rabatte an den Handel zu informieren, um mehr Pass-Through zu generieren.

Einflüsse auf die Höhe des Pass-Through

Wie bereits angemerkt, haben empirische Studien eine erhebliche Varianz in der Höhe des Pass-Through gefunden. Daraus ergibt sich natürlich die Frage, ob Unterschiede im Pass-Through systematisch erklärt werden können, z. B. durch Charakteristika von Produktkategorien und Herstellern. Tabelle 2.6.3 zeigt hierzu zentrale empirische Befunde.

Man erkennt u. a., dass Händler Promotion-Rabatte eher durchreichen, wenn es sich um umsatzstarke Kategorien und innerhalb der Kategorie um große und relativ teure Marken handelt. Meza/Sudhir (2006) qualifizieren diesen Befund für Produkte mit Saisoneinfluss. So untersuchen sie Thunfisch, der verstärkt zur Fastenzeit gekauft wird, und Bier, bei dem die Nachfrage zu Feiertagen und großen Sportereignissen besonders groß ist. Die Autoren finden, dass in der Nebensaison der Pass-Through besonders hoch ist bei sogenannten „Loss Leader"-Produkten, d. h. bei Produkten, die Händler besonders stark im Preis senken und bewerben, um Kunden in das Geschäft zu ziehen. Zur Hochsaison findet sich dagegen kein Unterschied zwischen Loss Leader- und regulären Produkten – bei beiden ist der Pass-Through eher gering. Meza/Sudhir (2006) begründen dies damit, dass Händler zur Hochsaison aufgrund einer höheren Preissensitivität der Konsumenten ohnehin die Preise senken und dies kaum noch stärker tun, wenn Hersteller ihnen Rabatte anbieten.

Die Befunde zum Einfluss des Preisniveaus der Kategorie sind ebenfalls komplex. So finden Ailawadi/Harlam (2009) für den Fall, dass Hersteller Promotion-Rabatte zahlen und Händler sie in Händler-Promotions umsetzen, in hochpreisigen Kategorien einen geringeren Pass-Through. Setzt der Hersteller dagegen keine Promotion-Rabatte ein, so ist in hochpreisigen Kategorien die Wahrscheinlichkeit höher, dass der Händler dennoch Promotions für die Konsumenten anbietet.

Des Weiteren handeln Händler rational, indem sie eher Händler-Promotions anbieten, wenn sie dadurch einen starken Absatzeffekt erzielen können, d. h. wenn der Promotion-Lift in der Kategorie bzw. die Preissensitivität für das Produkt hoch ist. Gehören zum Promotion-Produkt viele Artikel, so ist der Aufwand für den Händler groß und Promotion-Rabatte werden mit geringerer Wahrscheinlichkeit durchgereicht.

Tabelle 2.6.3 Empirische Befunde zu Einflüssen auf den Pass-Through

Einflussfaktor	Walters (1989)	Besanko/Dubé/ Gupta (2005)	Meza/Sudhir (2006)	Pauwels (2007)	Ailawadi/ Harlam (2009)	Nijs et al. (2010)
Kategoriecharakteristika						
Umsatz	0 / +			+	+	+
Preisniveau / Reguläre Marge für Händler				+	– / 0 / +	
Promotion-Lift					+	
Konzentration				0	–	
Hersteller-/Produktcharakteristika						
Marktanteil	0	+		+	+	+
Regulärer Preis relativ zur Kategorie				+	0 / +	
Loss Leader			0 / +			
Preissensitivität	0 /+					+
Artikelanzahl						–
Handelsmarke		–		0		+
Promotioncharakteristika						
Häufigkeit von Promotion-Rabatten	–					–

Zum Pass-Through von Handels- versus Herstellermarken sind die Befunde nicht einheitlich. Besanko/Dubé/Gupta (2005) finden, dass Promotion-Rabatte für Herstellermarken eher durchgereicht werden und erklären dies mit der größeren Verhandlungsmacht starker Hersteller. Ailawadi/Harlam (2009) finden dagegen eher einen stärkeren Pass-Through für

Handelsmarken. Sie begründen dies damit, dass Händler bei Handelsmarken häufig höhere Margen erzielen und versuchen, mit ihnen Geschäftstreue zu fördern. Zu beachten ist, dass beide Studien jeweils nur ein Handelsunternehmen untersuchen. Offenbar gibt es hier zwischen Händlern Unterschiede in der Geschäftspolitik.

Schließlich stellen Walters (1989) und Nijs et al. (2010) fest, dass Promotion-Rabatte eher durchgereicht werden, wenn Hersteller sie nicht so häufig bzw. mit größeren zeitlichen Abständen einsetzen. Hier zeigt sich also ein gewisser Wear Out-Effekt.

Cross-Brand Pass-Through

Cross-Brand Pass-Through bedeutet, dass ein Händler aufgrund eines Promotion-Rabattes für ein Produkt die Preise von anderen Produkten anpasst. Theoretische Arbeiten zeigen, dass dies für Händler eine gewinnmaximierende Strategie sein kann (z. B. Sudhir 2001; Moorthy 2005). Der Cross-Brand Pass-Through kann dabei innerhalb einer Produktkategorie sowohl positiv als auch negativ sein (Pauwels 2007). Ein negativer Effekt kann durch Substitutionsbeziehungen zwischen Marken erklärt werden. Zahlt ein Hersteller Promotion-Rabatte und setzt der Händler sie in Händler-Promotions um, so werden Konsumenten zum Aktionsprodukt wechseln. Für konkurrierende Produkte in derselben Kategorie bleiben nur deren treue Kunden, und von diesen kann der Händler einen höheren Preis verlangen. Ein positiver Cross-Brand Pass-Through bedeutet dagegen, dass der Händler die Kostenersparnis durch Promotion-Rabatte bei einem Produkt nutzt, um den Preis bei einem anderen Produkt zu senken.

Besanko/Dubé/Gupta (2005) schätzen den Einfluss von Promotion-Rabatten für ein Produkt auf die Preise der anderen Produkte in der Kategorie mit Scannerdaten einer amerikanischen Supermarktkette. Sie finden in ca. zwei Dritteln der untersuchten Produktpaare signifikanten Cross-Brand Pass-Through, welcher in 44 % der Fälle positiv ist und in 56 % negativ. McAlister (2007) kritisiert allerdings die Vorgehensweise dieser Studie. So poolen Besanko, Dubé und Gupta über 15 Gebiete und betrachten diese implizit als voneinander unabhängig, obwohl der untersuchte Händler die Promotions für alle Geschäfte zentral steuert. Nach Korrektur für diese „Inflationierung" der Daten findet McAlister keine signifikanten Effekte mehr. Dubé/Gupta (2008) entgegnen darauf wiederum, dass beim Verzicht auf Pooling die Stichprobe sehr klein wird, so dass mit Bayesianischen Schätzverfahren gearbeitet werden sollte, um dennoch signifikante Zusammenhänge entdecken zu können. Sie zeigen, dass bei Einsatz dieser Verfahren auch ohne Pooling über Regionen Cross-Brand-Effekte feststellbar sind.

Weitere aufschlussreiche Erkenntnisse liefern Ailawadi/Harlam (2009). Sie finden Hinweise für Cross-Pass-Through, allerdings über Produktkategorien hinweg. So deuten Pass-Through-Raten größer 100 % in manchen Kategorien und kleiner 100 % in anderen darauf hin, dass Promotion-Rabatte genutzt werden, um Preise in anderen Kategorien zu senken. Innerhalb von Produktkategorien stellen Ailawadi und Harlam dagegen fest, dass Promotion-Rabatte anderer Hersteller den Pass-Through nicht signifikant beeinflussen.

4.2 Forward-Buying und Diverting

Forward-Buying und Diverting sind in Zusammenhang mit Promotion-Rabatten vergleichsweise wenig untersucht worden. Bekannt sind vor allem fallstudienartige Beispiele und Expertenschätzungen. So zeigen Anwendungen der Modelle von Abraham/Lodish (1987) und Blattberg/Levin (1987), dass Forward-Buying in erheblichem Umfang auftritt. Buzzell/Quelch/Salmon (1990) schätzen auf der Basis von Interviews mit Handels-Experten, dass bei Lebensmittelhändlern in den USA etwa 40 – 50 % der Lagerbestände aufgrund von Forward-Buying gehalten werden. In Bezug auf Diverting schätzen sie, dass dem etwa 5 – 10 % aller Lieferungen zum Opfer fallen.

Allerdings dürfte das Ausmaß des Forward-Buying in den letzten Jahren zurück gegangen sein. Zum einen steuern Hersteller gegen, indem sie weniger Off-Invoice- und mehr Scan-Back-Rabatte einsetzen. Dass dies wirkt, zeigen Drèze/Bell (2003). Mit Daten aus einem Quasi-Feldexperiment eines Getränke-Herstellers stellen sie fest, dass Off-Invoice-Rabatte zu stärkeren Steigerungen der Liefermenge führen als Scan-Backs, aber zu geringeren Preissenkungen im Handel. Offenbar reduzieren Scan-Backs also das Foward-Buying und erhöhen den Pass-Through. Zum anderen bemühen sich Hersteller und Händler im Rahmen von Efficient Consumer Response verstärkt um ein kooperatives Vorgehen. Durch gemeinsame Optimierung des Absatzkanals soll der Gesamtgewinn erhöht werden. Im Zuge des Moduls „Efficient Promotion" geht es dabei auch um den Abbau unnötiger Lagerbestände.

4.3 Einfluss von Promotion-Rabatten auf die Listung neuer Produkte

Schließlich können Promotion-Rabatte neben den diskutierten kurzfristigen Wirkungen auch langfristig Einfluss nehmen auf die Listungsentscheidung von Händlern. Empirische Belege dafür sind allerdings schwer zu finden. So kommt Sauer (1982) in einer direkten Befragung von 221 Managern aus dem Lebensmitteleinzelhandel zu dem Ergebnis, dass Promotion-Rabatte der Hersteller eher unwichtig sind für die Listungsentscheidung des Handels. Rao/McLaughlin (1989) untersuchen gut 2.000 neue Produkte, die einem Lebensmitteleinzelhändler angeboten wurden. Sie finden für Off-Invoice-Rabatte und die kostenlose Bereitstellung von Ware keinen Einfluss auf die Adoptionsentscheidung des Händlers und für Bill-Backs sogar einen negativen Effekt. Die Autoren erklären dies damit, dass Bill-Backs für Händler weniger attraktiv sind als andere Rabatte, da sie kein Forward-Buying ermöglichen.

Zum Einfluss von Handels-Promotions auf die Listungsentscheidung von Händlern wäre mehr Forschung wünschenswert. Sie könnte Aufschluss darüber geben, ob Promotion-Rabatte tatsächlich als verkappte Listungsgebühren dienen oder ob Hersteller dies eventuell nur erhoffen und damit den Einsatz nicht profitabler Rabatte rechtfertigen.

5 Fazit

Der Beitrag hat gezeigt, dass die Wirkungen von Promotion-Rabatten komplex sind. Um ihren Erfolg zu bestimmen, genügt es für Hersteller nicht, kurzfristige Steigerungen der Liefermenge zu analysieren. Vielmehr müssen sie auch deren Ursachen ergründen und unterscheiden zwischen Pass-Through und echtem Mehrabsatz an die Konsumenten auf der einen Seite und Forward-Buying und Diverting auf der anderen. Schließlich ist zu beachten, dass Promotion-Rabatte eventuell auch dazu beitragen, die Listung im Handel zu erreichen bzw. zu sichern.

Liefermengen-Effekte lassen sich für Hersteller recht einfach mit unternehmensinternen Daten erfassen. Zentral ist hier die möglichst saubere Ermittlung einer Baseline, d. h. die Schätzung der Liefermenge, die ohne Rabatte erreicht worden wäre. Noch aussagekräftiger werden die Analysen allerdings, wenn Hersteller auch Daten zu Promotions und Absatz im Handel heranziehen, da Pass-Through und Forward-Buying so besser identifiziert werden können.

In der Praxis dürfte Forward-Buying heute tendenziell an Bedeutung verlieren, da Hersteller zum einen ihre Rabatte stärker an den Absatz im Handel binden und da zum anderen Kooperations-Initiativen wie Efficient Consumer Response darum bemüht sind, Ineffizienzen im Absatzkanal zu reduzieren. Für Hersteller wird es daher zentral, die Pass-Through-Entscheidung von Händlern zu verstehen. Theoretische Arbeiten und empirische Studien liefern hierzu erste Erkenntnisse. Es ist zu hoffen, dass in Zukunft weitere Arbeiten daran anknüpfen.

Literaturverzeichnis

Abraham, M. M./Lodish, L. M. (1987): PROMOTER: An Automated Promotion Evaluation System, in: Marketing Science, 6. Jg., Nr. 2, S. 101-123.

Abraham, M. M./Lodish, L. M. (1990): Getting the Most out of Advertising and Promotion, in: Harvard Business Review, 68. Jg., Nr. 3, S. 51-60.

Ailawadi, K. L./Harlam, B. A. (2009): Retailer Promotion Pass-Through: A Measure, Its Magnitude, and Its Determinants, in: Marketing Science, 28. Jg., Nr. 4, S. 782-791.

Besanko, D./Dubé, J.-P./Gupta, S. (2005): Own-Brand and Cross-Brand Retail Pass-Through, in: Marketing Science, 24. Jg., Nr. 1, S. 123-137.

Blattberg, R. C./Levin, A. (1987): Modeling the Effectiveness and Profitability of Trade Promotions, in: Marketing Science, 6. Jg., Nr. 2, S. 124-146.

Blattberg, R. C./Neslin, S. A. (1990): Sales Promotion. Concepts, Methods, and Strategies, Englewood Cliffs.

Blattberg, R. C./Neslin, S. A. (1993): Sales Promotion Models, in: Eliashberg, J./Lilien, G. L. (Hrsg.), Handbooks in OR & MS, Amsterdam et al., S. 553-609.

Busse, M./Silva-Risso, J./Zettelmeyer, F. (2006): $ 1,000 Cash Back: The Pass-Through of Auto Manufacturer Promotions, in: The American Economic Review, 96. Jg., Nr. 4, S. 1253-1270.

Buzzell, R. D./Quelch, J. A./Salmon, W. J. (1990): The Costly Bargain of Trade Promotion, in: Harvard Business Review, 68. Jg., Nr. 2, S. 141-149.

Cannondale Associates (Hrsg.) (2007): Shopper-Centric Trade. The Future of Trade Promotion, Wilton.

Cannondale Associates (Hrsg.) (2009): Category Management Benchmarking Study, Wilton.
Drèze, X./Bell, D. R. (2003): Creating Win-Win Trade Promotions: Theory and Empirical Analysis of Scan-Back Trade Deals, in: Marketing Science, 22. Jg., Nr. 1, S. 16-39.
Dubé, J.-P./Gupta, S. (2008): Cross-Brand Pass-Through in Supermarket Pricing, in: Marketing Science, 27. Jg., Nr. 3, S. 324-333.
Gedenk, K. (2002): Verkaufsförderung, München.
Gómez, M. I./Rao, V. R./McLaughlin, E. W. (2007): Empirical Analysis of Budget and Allocation of Trade Promotions in the U.S. Supermarket Industry, in: Journal of Marketing Research, 44. Jg., Nr. 3, S. 410-424.
Günther, M./Vossebein, U./Wildner, R. (2006): Marktforschung mit Panels. Arten - Erhebung - Analyse - Anwendung, 2 Aufl., Wiesbaden.
Kumar, N./Rajiv, S./Jeuland, A. (2001): Effectiveness of Trade Promotions: Analyzing the Determinants of Retail Pass-Through, in: Marketing Science, 20. Jg., Nr. 4, S. 382-404.
McAlister, L. (2007): Cross-Brand Pass-Through: Fact or Artifact?, in: Marketing Science, 26. Jg., Nr. 6, S. 876-898.
Meza, S./Sudhir, K. (2006): Pass-Through Timing, in: Quantitative Marketing and Economics, 4. Jg., Nr. 4, S. 351-382.
Moorthy, S. (2005): A General Theory of Pass-Through in Channels with Category Management and Retail Competition, in: Marketing Science, 24. Jg., Nr. 1, S. 110-122.
Nijs, V. et al. (2010): Channel Pass-Through of Trade Promotions, in: Marketing Science, 29. Jg., Nr. 2, S. 250-267.
Pauwels, K. (2007): How Retailer and Competitor Decisions Drive the Long-Term Effectiveness of Manufacturer Promotions for Fast Moving Consumer Goods, in: Journal of Retailing, 83. Jg., Nr. 3, S. 297-308.
Rao, V./McLaughlin, E. W. (1989): Modeling the Decision to Add New Products by Channel Intermediaries, in: Journal of Marketing, 53. Jg., Nr. 1, S. 80-88.
Sauer, K. (1982): Das Einkaufs-Entscheidungsverhalten im genossenschaftlichen Lebensmitteleinzelhandel - Eine empirische Untersuchung, Göttingen.
Steffenhagen, H. (2003): Konditionensysteme, in: Diller, H. (Hrsg.), Handbuch Preispolitik, Wiesbaden, S. 575-596.
Sudhir, K. (2001): Structural Analysis of Manufacturer Pricing in the Presence of a Strategic Retailer, in: Marketing Science, 20. Jg., Nr. 3, S. 244-264.
Walters, R. G. (1989): An Empirical Investigation into Retailer Response to Manufacturer Trade Promotions, in: Journal of Retailing, 65. Jg., Nr. 2, S. 253-272.
Wieking, K. (2005): Die Schlacht um das Regal, in: werben und verkaufen, 21. Jg., S. 16 ff.

2.7 Internationales Vertriebsmanagement

Markus Voeth, Inna Buyun

1 Bedeutung und Besonderheiten des internationalen Vertriebsmanagements

Im Zeitalter der Globalisierung, das durch verstärkte Auslandsexpansion von Unternehmen gekennzeichnet ist, stellt die Konfiguration des internationalen Vertriebs eine wichtige Herausforderung dar. Neben den grundsätzlichen Entscheidungen über die Länderselektion, Strategien der Markterschließung und -durchdringung sowie über die Leistungsdifferenzierung kommt dem Management des internationalen Vertriebssystems eine bedeutende Rolle zu, um das internationale Engagement erfolgreich zu gestalten (vgl. Belz/Reinhold 2001, S. 53; Douglas/Craig 1989, S. 52). Die Wichtigkeit der Entscheidungen im Rahmen des internationalen Vertriebsmanagements kann vor allem mit der Komplexität dieser Felder begründet werden. So muss zunächst eine angemessene Organisationsform für das Auslandsgeschäft unter Berücksichtigung zahlreicher unternehmensinterner und -externer Einflussfaktoren gefunden werden. Desweiteren ist eine Entscheidung über die Führung des internationalen Vertriebssystems zu treffen. Dabei soll einerseits den Interessen des Stammhauses eine hohe Priorität zugeordnet werden. Andererseits soll den lokalen Vertriebseinheiten ausreichender Handlungsspielraum eingeräumt werden, um die länderspezifische Effektivität innerhalb des internationalen Vertriebssystems zu gewährleisten. Die Frage, wie viel Einfluss das Stammhaus auf die Aktivitäten der Vertriebseinheiten im Ausland ausüben soll und wie diese letztendlich gesteuert werden sollen, ist komplex und erfordert einer situativen Betrachtung.

Die Entscheidung für eine bestimmte Organisationsform des internationalen Vertriebs hat dabei Auswirkungen auf die Steuerungsmöglichkeiten des Vertriebssystems. Die möglichen Vertriebsformen sind so mit unterschiedlich hohem Ressourceneinsatz verbunden. Die Höhe des Ressourceneinsatzes im Auslandsgeschäft bestimmt die Steuerungsmöglichkeiten und damit das Ausmaß, in dem das expandierende Unternehmen Einfluss auf die Aktivitäten der internationalen Vertriebsorganisationen nehmen kann.

Im Rahmen des internationalen Vertriebsmanagements kommt darüber hinaus der Führung und der Steuerung des Vertriebssystems eine zentrale Rolle zu, weil hiervon die Umsetzbarkeit und letztendlich der Erfolg der Marketingstrategie im Ausland maßgeblich abhängt. Dabei kann ein internationales Vertriebssystem zentral oder dezentral aufgestellt sein (vgl. Belz 1994 S. 26 f.; Cavusgil/Myers 2002, S. 55; Gestetner 1974, S. 103 ff.; Geyskens/Steenkamp/Kumar 1999, S. 228). Straffe Kontrolle über die Tätigkeiten der ausländischen Vertriebsorganisationen ist dabei das Hauptmerkmal der zentralen Vertriebsführung. Hingegen ist das dezentral gesteuerte Vertriebssystem durch weitgehende Handlungsspielräume der lokalen Vertriebsorganisationen gekennzeichnet. Sowohl die zentrale als auch die dezentrale Vertriebsführung weisen dabei Vorteile aber auch Nachteile auf. Somit stellt sich beim internationalen Vertriebsmanagement vor allem die Frage nach einer optimalen Steuerungsmöglichkeit des internationalen Vertriebssystems, bei der die Vorteile der zentralen und dezentralen Vertriebsführung wenn möglich kombiniert werden können.

Nachdem die Bedeutung und die Besonderheiten des internationalen Vertriebsmanagements in groben Zügen in Kapitel 1 dargelegt wurden, werden in Kapitel 2 die Grundentscheidungen des internationalen Vertriebsmanagements vorgestellt. Diese sind die Entscheidung über die Gestaltung sowie die Entscheidung über die Führung des internationalen Vertriebssystems, die entsprechend in Kapitel 2.1 und Kapitel 2.2 diskutiert werden. In Kapitel 3 wird vertiefend auf die Besonderheiten der Führung des internationalen Vertriebssystems und auf die optimalen Steuerungsmöglichkeiten dieses Bereichs eingegangen, da in diesem Bereich der Schwerpunkt des internationalen Vertriebsmanagements zu sehen ist. In Kapitel 4 werden schließlich die Grundaussagen zum Management des internationalen Vertriebssystems zusammengetragen.

2 Grundentscheidungen des internationalen Vertriebsmanagements

Konzeptionell lassen sich beim internationalen Vertriebsmanagement zwei Aufgaben unterscheiden: die Gestaltungsaufgabe und die Führungsaufgabe. Im Rahmen der Gestaltungsaufgabe soll die Struktur des internationalen Vertriebssystems festgelegt werden. Darunter fällt die Entscheidung über die Organisationsform in Bezug auf den Vertriebsweg des Auslandsgeschäfts. Bei der Führungsaufgabe sind die Entscheidungen zu treffen, die mit dem Management des so gestalteten internationalen Vertriebssystems zusammenhängen.

2.1 Entscheidung über die Gestaltung des internationalen Vertriebssystems

Im Rahmen des internationalen Vertriebsmanagements ist zunächst eine Entscheidung über die Organisationsform des Auslandsgeschäfts zu treffen. Dabei hat ein Unternehmen die Wahl zwischen dem direkten und indirekten Vertriebsweg (vgl. Axinn/Sinkula/Thach 1994, S. 148 ff.; Belz 1994, S. 25; Emrich 2007, S. 248 f.; Ramaseshan/Patton 1994, S. 19). In der Praxis existieren zahlreiche Organisationsformen des internationalen Vertriebs (vgl. Backhaus/Voeth 2010). Um diese zu systematisieren, können unterschiedliche Kriterien herangezogen werden wie z. B. das Ausmaß des Einflusses, das ein Unternehmen über die Aktivitäten der ausländischen Vertriebsorganisationen hat, das Ausmaß der Kapitalbeteiligung, der Wertschöpfungsschwerpunkt, die Transaktionskosten etc. (vgl. Backhaus/ Voeth 2010, S. 194). In Abbildung 2.7.1 wird die Systematik nach Weiss (1996, S. 7) dargestellt, in der die Unterscheidungskriterien „Kapitaltransfer" und „Wertschöpfungsschwerpunkt" genutzt werden.

Abbildung 2.7.1 Systematisierung alternativer Organisationsformen für das Auslandsgeschäft (Quelle: in Anlehnung an *Weiss* 1996, S. 7)

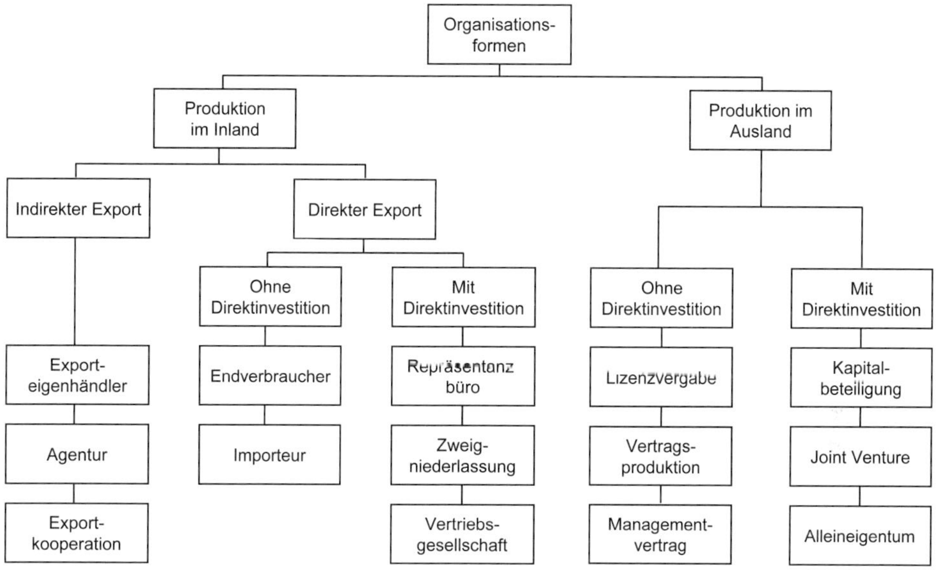

Bei der Wahl der Organisationsform im Rahmen des internationalen Vertriebsmanagements spielen Faktoren wie das Länderrisiko, die Größe und die Auslandserfahrung des Unternehmens eine bedeutende Rolle. Wenn ein Land z. B. ein hohes politisches oder wirtschaftliches Risiko aufweist, sollte von einem direkten Vertriebsweg abgesehen werden. Die Auslandsexpansion auf indirektem Wege mittels Exportagenturen und -kooperationen wäre in einem solchen Fall vorzuziehen. Die Unternehmensgröße ist bei der Wahl der Organisationsform für das Auslandsgeschäft ebenfalls entscheidend (vgl. Rialp/Axinn/Thach 2002, S. 136 ff.). Kleine und mittelständige Unternehmen verfügen häufig nicht über ausreichende Ressourcen, um bspw. eine Vertriebsniederlassung oder eine Tochtergesellschaft im Ausland zu gründen (vgl. Bello/Williamson 1985, S. 65 ff.; Sachdev/Bello/Pilling 1994, S. 32; Schmitz 2003, S. 3). Desweiteren kann der Mangel an Auslandserfahrung ebenfalls ein Grund für den Markteintritt in Form eines indirekten Exports sein (vgl. Helm 2001, S. 49; Klein/Roth 1989, S. 29; Schmitz 2003, S. 3 f.). Wenn das Unternehmen mit den lokalen Marktgegebenheiten des Landes nicht vertraut ist, kann dies ein Risikofaktor für die Investitionen in das Auslandsgeschäft darstellen.

2.2 Entscheidung über die Führung des internationalen Vertriebssystems

Im Anschluss an die Entscheidung über eine geeignete Organisationsform des internationalen Vertriebs und ein entsprechendes Ausmaß an Ressourceneinsatz im Ausland sind Entscheidungen über die Steuerung des internationalen Vertriebssystems zu treffen (vgl. Buckley/Ghauri 2004 S. 86; Douglas/Craig 1989, S. 53; Dimitrova/Rosenbloom 2010, S. 160; Homburg/Kuester/Krohmer 2009, S. 435). Dabei wird in der Literatur zum internationalen Vertriebsmanagement zwischen zentraler und dezentraler Vertriebsführung unterschieden (vgl. Belz 1994, S. 26 f.; Belz/Reinhold 2001, S. 89 f.; Cavusgil/Myers 2002, S. 55; Gestetner 1974, S. 103 ff.; Geyskens/Steenkamp/Kumar 1999, S. 228).

Ein zentral gesteuertes internationales Vertriebssystem ist durch straffe Kontrolle über die Vertriebsorganisationen im Ausland und genaue Vorgaben zur Gestaltung ihrer Tagesgeschäfte seitens der Zentrale gekennzeichnet. Die Vertriebsorganisationen der einzelnen Länder verfügen dabei nur über geringe Spielräume. Bei der Entscheidungsfindung kommt der Sicht des Stammhauses die höchste Priorität zu, selbst wenn den ausländischen Vertriebsorganisationen dadurch Nachteile entstehen (vgl. Gestetner 1974, S. 103 ff.). In einem dezentral geführten internationalen Vertriebssystem erfolgt die Kontrolle der Zentrale über die Aktivitäten der Vertriebsorganisationen im Ausland hauptsächlich über Ergebnisse und sonstige Erfolgskennzahlen (vgl. Belz 1994, S. 27; Gestetner 1974, S. 103). Dabei wird den lokalen Vertriebsorganisationen eine erhebliche Flexibilität hinsichtlich der Ausgestaltung der Tätigkeiten zur Erreichung der vorgegebenen Ziele gewährt.

Die Entscheidung über eine zentrale oder eine dezentrale Führung des internationalen Vertriebssystems hängt dabei maßgeblich von der gewählten Organisationsform des Markteintritts bzw. Vertriebskanals ab (vgl. Douglas/Craig 1989, S. 53; Rialp/Axinn/Thach 2002, S. 135). Indirekter Export und Organisationsformen ohne Direktinvestitionen bieten nur sehr geringe Möglichkeiten der späteren Einflussnahme auf den Vertrieb im Ausland (vgl. Aulakh/Kotabe 1997, S. 147; Backhaus/Voeth 2010, S. 347; Croft/Woodruffe 1996, S. 206; Douglas/Craig, 1989, S. 53; Ramaseshan/Patton 1994, S. 19; Rialp/Axinn/Thach 2002, S. 135; Stock/Lambert 1983, S. 35). Sachdev, Bello und Pilling (1994, S. 32 ff.) zeigen allerdings, dass auch im Exportfall Optionen der direkten und indirekten Kontrolle bestehen. So kann ein Hersteller einen Exporteur direkt kontrollieren, indem er Informationen über die Aktivitäten des Exporteurs im Ausland sammelt und ihn somit überwacht. Dabei werden interne Verkaufsberichte, Prognosen, Kontaktberichte und weitere Informationen bezüglich der ausländischen Marketingaktivitäten angefordert. Wenn der Hersteller Informationen über die eigene Marketingstrategie, die Produktionsplanung und Exporte zur Verfügung stellt und versucht, auf diese Weise Einfluss auf die Handlungen des Exporteurs zu nehmen, spricht man hingegen von einer indirekten Kontrolle (vgl. Croft/Woodruffe 1996, S. 206; Sachdev/Bello/Pilling 1994, S. 32). Allerdings können solche Kontrollmechanismen angesichts der knappen Ressourcen in der Praxis nur sehr schwer umgesetzt werden (vgl. Ramaseshan/Patton 1994, S. 31; Sachdev/Bello/Pilling 1994, S. 32 ff.). Außerdem ist die Wirksamkeit solcher Kontrollmaßnahmen eher als fraglich anzusehen (vgl. Croft/Woodruffe 1996, S. 206).

Unternehmenskooperationen und Joint Ventures als Organisationsformen erlauben hingegen, die Vorgaben des international agierenden Unternehmens durch vertraglich fixierte Abkommen durchzusetzen (vgl. Aulakh/Kotabe 1997, S. 147; Backhaus/Voeth 2010, S. 347; Johnson/Sakano/Onzo 1990, S. 641; Sachdev/Bello/Pilling 1994, S. 32). Der maximale Handlungsspielraum bei der Gestaltung der Vertriebsführung ergibt sich jedoch bei den unternehmenseigenen Tochtergesellschaften (vgl. Aulakh/Kotabe 1997, S. 147; Douglas/ Craig 1989, S. 53; Ramaseshan/Patton 1994, S. 19; Rialp/Axinn/Thach 2002, S. 135; Stock/Lambert 1983, S. 36). Abbildung 2.7.2 verdeutlicht nochmals zusammenfassend das Zusammenspiel zwischen unterschiedlichen Organisationsformen des Vertriebs und den Kontrollmöglichkeiten, die dem internationalen Unternehmen zur Verfügung stehen.

Abbildung 2.7.2 Kontrollmöglichkeiten in Abhängigkeit von Vertriebsform (Quelle: in Anlehnung an Rialp/Axinn/Thach 2002, S. 136)

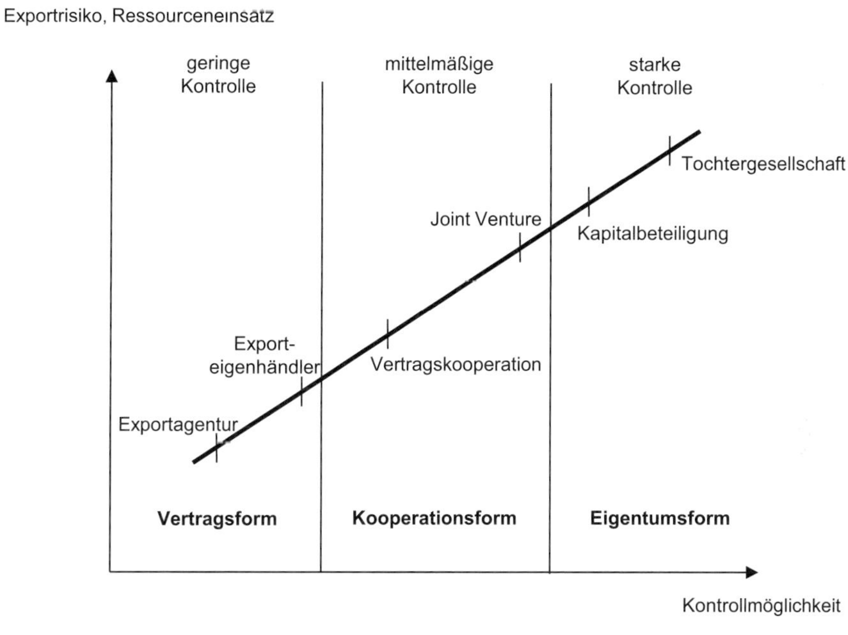

3 Management des internationalen Vertriebssystems

Die Führungsaufgabe innerhalb des internationalen Vertriebsmanagement weist einen entscheidenden Unterschied zu der Gestaltungsaufgabe auf. Während die Gestaltungsaufgabe, d.h. die Wahl der Organisationsform für das Auslandsgeschäft, eine Entscheidung ist, in die neben dem Vertrieb auch andere Funktionsbereiche des Unternehmens wie z. B. Produktion, Logistik, Forschung und Entwicklung, etc. miteinbezogen werden müssen, stellt die Führungsaufgabe, d.h. die Entscheidung über die Steuerung des internationalen Vertriebssystem, eine Entscheidung dar, die nahezu ausschließlich in den Funktionsbereich des Vertriebs fällt. Somit ist die Führungsaufgabe die Kernaufgabe des internationalen Vertriebsmanagement und soll im Folgenden ausführlicher betrachtet werden.

3.1 Zentrale Führung des internationalen Vertriebssystems

Im Mittelpunkt der Philosophie der zentralen Vertriebsführung steht die Effizienzüberlegung (vgl. Bucklin 1973, S. 46 f.; Etgar 1976, S. 12 ff.; Johnson/Sakano/Onzo 1990 S. 641 ff.). Die Kontrolle über das operative Geschäft der internationalen Vertriebseinheiten impliziert zum einen die Möglichkeit der Standardisierung von Marketing-Mix-Elementen. Eine einheitliche Marketingstrategie und Übertragung dieser auf weitere Standorte im Ausland, die gemeinsame Nutzung von Funktionsbereichen wie Marktforschung und Produktentwicklung sowie der Transfer von Know-how im Bereich des Verkaufs ergeben ein Potenzial für Skalen- und Verbundeffekte (vgl. Bender 1985, S. 22; Buckley/Ghauri 2004, S. 86; Dimitrova/Rosenbloom 2010, S. 159; Douglas/Craig 1989, S. 58). Zum anderen erlaubt die zentrale Führung des internationalen Vertriebssystems eine höhere Flexibilität der Zentrale bei der Koordination der Länderaktivitäten sowie bei den Anpassungen an die Dynamik der lokalen Marktbedingungen (vgl. Aulakh/Kotabe 1997, S. 143; Belz 1994, S. 27; Douglas/Craig 1989, S. 53; Nevins/Money 2008, S. 47). Außerdem wird durch die Tatsache, dass die Zentrale einen Überblick und die Kontrolle über alle Vertriebseinheiten im Ausland behält, eine effektive Ressourcenallokation und Quersubventionierung möglich (vgl. Dimitrova/Rosenbloom 2010, S. 159).

Neben den Effizienzvorteilen kann eine zentralisierte Aufstellung des Vertriebssystems jedoch auch zu erheblichen Komplikationen und Nachteilen führen. Diese haben ihren Ursprung in den soziokulturellen Differenzen sowie in der räumlichen Distanz zwischen verschiedenen Ländern (vgl. Belz 1994, S. 22; Dosoglu/Erem/Unusan 1996, S. 99; Johnson/Sakano/Onzo 1990, S. 640; Rosenbloom/Larsen 1991, S. 45; Shoham/Rose/Kropp 1997, S. 7 ff.). So können bspw. Bedürfnisse und Kaufgewohnheiten der Kunden große Unterschiede aufweisen, was die Standardisierung der Marketing-Mix-Elemente erschwert oder gar unmöglich macht (vgl. Belz 1994, S. 24; Dimitrova/Rosenbloom 2010, S. 159; Nevins/Money 2008, S. 47 f.; Skarmeas et al. 2008, S. 27). Eine länderspezifische Anpassung der Marketingstrategie, die im Falle der zentralen Vertriebsführung durch das Stammhaus erfolgen soll, ist so mit hohem Ressourceneinsatz und Koordinationsaufwand verbunden (vgl. Aulakh/Kotabe 1997, S. 153; Gielens/Dekimpe 2001, S. 242). Eine solche Aufgabe erfordert von Marketing- und Verkaufsleitern der Zentrale umfassende Kenntnisse über die Gegebenheiten der ausländischen Märkte sowie ein entsprechendes Maß an interkultureller Kompetenz bei der Erarbeitung der notwendigen Maßnahmen (vgl. Stock/Lambert 1983, S. 35).

Desweiteren stellt die Kompatibilität der Führungsstile eine Herausforderung für das Management eines zentral gesteuerten Vertriebssystems dar (vgl. Johnson/Sakano/Onzo 1990, S. 639 ff.; Mehta et al. 2001, S. 642; Schmitz 2003, S. 4; Skarmeas et al. 2008, S. 27). Um den reibungslosen Ablauf bei der Implementierung der Marketingstrategien sicherzustellen und somit die Effektivität der Vertriebskanäle zu gewährleisten, muss auf die kulturell bedingten Eigenheiten der Länder geachtet werden (vgl. Dimitrova/Rosenbloom 2010, S. 161; Douglas/Craig 1989, S. 52; Johnson/Sakano/Onzo 1990, S. 639 ff.; Mehta et al. 2001, S. 634 ff.; Nevins/Money 2008, S. 48 f.; Owens/Quinn 2007 S. 771). Dabei kommt den Kommunikations und Akzeptanzaspekten eine bedeutende Rolle zu, da diese Auswirkungen auf den Erfolg der internationalen Marketingstrategie haben (vgl. Dimitrova/Rosenbloom 2010, S. 162 f.; Nevins/Money 2008, S. 50 ff.). Fehlende Akzeptanz der Vorgaben der Zentrale seitens der lokalen Vertriebseinheiten ist häufig auf eine dem kulturellen Umfeld nicht angemessene Kommunikation dieser Vorgaben und einen ungenügenden Informationsaustausch innerhalb des Kanals zurückzuführen (vgl. Belz/Reinhold 1999, S. 24; Dimitrova/Rosenbloom 2010, S. 162; Gestetner 1974, S. 104; Nevins/Money 2008, S. 50; Sachdev/Bello/Pilling 1994 S. 35; Shoham/Rose/Kropp 1997, S. 7ff). Um dies zu vermeiden und ein Optimum an Effektivität eines Vertriebskanals zu erreichen, muss der Führungsstil des zentral aufgestellten Vertriebssystems länderspezifisch angepasst werden (vgl. Dimitrova/Rosenbloom 2010, S. 162 f.; Gall/Mühlmeyer 2000, S. 38; Owens/Quinn 2007, S. 771). Eine solche Anpassung impliziert allerdings den Einsatz zusätzlicher personeller und finanzieller Ressourcen.

Der Stellenwert, den der Führungsstil im Rahmen der Auslandsexpansion einnimmt, und die möglichen Folgen in dem Fall, wenn dieser nicht ausreichend an das kulturelle Umfeld eines Landes angepasst wird, sollen am Beispiel von Wal-Mart in Deutschland verdeutlicht werden. Der US-amerikanische Einzelhandelskonzern scheiterte nach acht Jahren geschäftlicher Aktivitäten in Deutschland hauptsächlich wegen verfehlter Internationalisierungsstrategie (vgl. Emrich 2007, S. 249 f.; Knorr/Arndt 2003, S. i). Einige Fehler, die das Unternehmen bei der Personalpolitik und der Mitarbeiterführung in den Vertriebseinheiten in Deutschland beging und die u.a. zum Scheitern beitrugen, werden in Abbildung 2.7.3 dargestellt.

Die geringe oder mangelnde Akzeptanz der zentral angeordneten Anweisungen resultiert daraus, dass diese von den lokalen Vertriebseinheiten nicht sinngemäß erfüllt werden (vgl. Schmitz 2003, S. 12). In einem solchen Fall ist es die Aufgabe der Zentrale, für eine strategiekonforme Umsetzung der Anweisungen zu sorgen (vgl. Rialp/Axinn/Thach 2002, S. 135). Zu diesem Zweck wird vom Unternehmen häufig Macht auf die Vertriebseinheiten ausgeübt, was zu Unzufriedenheit und Konflikten innerhalb der Vertriebskanäle führt und somit die Effizienz vermindert (vgl. Geyskens/Steenkamp/Kumar 1999, S. 228; Johnson/Sakano/Onzo 1990, S. 641; Mehta et al. 2006, S. 1097; Schmitz 2003, S. 5; Shoham/Rose/Kropp 1997, S. 14).

Abbildung 2.7.3 Verfehlte Personalpolitik und Mitarbeiterführung von Wal-Mart in Deutschland. (Quelle: Emrich 2007, S. 250 f.)

[...] Eine weitere Barriere baute *Wal-Mart* selbst durch eine verfehlte Personalpolitik in der Führungsspitze auf. Es wurden in den ersten vier Jahren vier amerikanische Vorstandschefs ernannt. Beispielhaft sei auf die Fehler des ersten eingegangen: *Rob Tiarks* konnte nicht nur kein Wort Deutsch, sondern zeichnete sich durch Unwilligkeit aus, überhaupt Deutsch zu lernen, worin ihm die anderen Mitglieder der Geschäftsführung nicht nachstanden. Er führte Englisch als offizielle Unternehmenssprache in der Managementebene ein, was zur Folge hatte, dass die Fluktuation deutscher Führungskräfte in die Höhe schnellte.

[...] Vor allem die Ignoranz kultureller Eigenarten im Zielmarkt war es, an denen *Wal-Mart* in Deutschland gescheitert ist. So war bei *Wal-Mart* die Einstellung vorhanden, den deutschen Mitarbeitern die bewährte amerikanische Unternehmenskultur in Form eines Standardisierungskonzepts einfach „überzustülpen". Es wurde nicht beachtet, dass sich z.B. das importierte Ritual des „*Morning Cheer*", bei dem die Mitarbeiter gemeinsam den Namen des Unternehmens rufen und im Sinne von „Cheer-Leading" auf einen erfolgreichen Tag eingeschworen werden sollen, nicht mit dem Selbstverständnis deutscher Mitarbeiter verträgt. [...]

Ein weiteres Konfliktpotential des zentral gesteuerten Vertriebssystems verbirgt sich in der alleinigen Machtposition und Entscheidungsbefugnis der Zentrale, was eine selbstständige Handlungsfähigkeit der lokalen Vertriebsorganisationen kaum zulässt. Bei einem spontan aufgetretenen Problem oder in Situationen, die schnelle Entscheidungen erfordern, kann die lokale Vertriebseinheit wegen des Abstimmungsbedarfs mit der Zentrale nicht schnell genug agieren (vgl. Shoham/Rose/Kropp 1999, S. 90). Zusätzlich kann es zu Behinderungen durch den langen, mit bürokratischen Hürden verbundenen Abwicklungsprozess kommen (vgl. Belz 1994, S. 27; Ramaseshan/Patton 1994, S. 22; Sachdev/Bello/Pilling 1994, S. 31). Der Mangel an Flexibilität und Autorität führt bei den ausländischen Vertriebsorganisationen ebenfalls zu Unzufriedenheit und Konflikten (vgl. Gall/Mühlmeyer 2000, S. 37 f.; Gestetner 1974, S. 104; Johnson/Sakano/Onzo 1990, S. 652; Mehta/Rosenbloom/Anderson 2000, S. 82). Die möglichen Zielkonflikte zwischen der Zentrale und den lokalen Vertriebseinheiten werden in Tabelle 2.7.1 dargestellt.

Tabelle 2.7.1 Zielkonflikte zwischen der Zentrale und der lokalen Vertriebseinheit (Quelle: in Anlehnung an Belz 1994, S. 27 sowie Belz/Reinhold 2001, S. 24)

Die Zentrale will	Die Vertriebseinheit will
■ zentrale Politik ■ präzise Pläne ■ ganze Kampagnen ■ umfassende Realisierung des Marketing ■ frühzeitige Information und Offenheit, Transparenz	■ lokale Anpassung ■ Flexibilität ■ spezielle Aktionen ■ selektive Realisierung nach Bedarf ■ rasche Aktion, handeln statt planen, Abschottung
Professionalität und Macht der Zentrale	Professionalität und Macht der Vertriebseinheit

3.2 Dezentrale Führung des internationalen Vertriebssystems

Eine dezentrale Vertriebsführung ist durch die maximale Entscheidungsfreiheit der lokalen Vertriebseinheiten gekennzeichnet (vgl. Belz 1994, S. 27; Gestetner 1974, S. 104). Da die Notwendigkeit der kontinuierlichen Berichterstattung an die Zentrale entfällt, übernehmen die Manager im Ausland mehr Verantwortung, handeln selbstständig und pragmatisch (vgl. Gestetner 1974, S. 104). Solche Freiheit und Flexibilität wirkt positiv auf die Arbeitsmotivation und Produktivität und kann letztendlich zu einer höheren Erfolgsquote führen (vgl. Belz 1994, S. 27).

Eigenständiges Handeln ermöglicht den ausländischen Vertriebsorganisationen, die Besonderheiten der lokalen Marktgegebenheiten bei der Gestaltung der Marketing-Mix-Elemente zu berücksichtigen (vgl. Belz 1994, S. 27; Douglas/Craig 1989, S. 54; Nevins/ Money 2008, S. 47 f.). Außerdem können die lokalen Vertriebseinheiten Einfluss auf die Produktentwicklung und Produktverbesserung ausüben und auf diese Weise das Angebot an die landesspezifischen Kundenwünsche und -bedürfnisse anpassen (vgl. Belz 1994, S. 27; Dimitrova/Rosenbloom 2010, S. 161 f.; Gestetner 1974, S. 104; Nevins/Money 2008, S. 47). Jedoch ist die Voraussetzung dafür, dass die Erfolgspotenziale eines dezentral geführten Vertriebssystems tatsächlich umgesetzt werden, die Professionalität der Manager vor Ort.

Falls es den lokalen Vertriebseinheiten an Fachkenntnissen, Kompetenzen oder Erfahrungen mangelt, können Entscheidungsfreiheit und umfangreicher Handlungsspielraum erfolgsschädigend sein (vgl. Arnold 2000, S. 136; Belz 1994, S. 27).

Ein länderübergreifender Erfahrungstransfer stellt ein weiteres Problemfeld bei einem dezentral gesteuerten Vertriebssystem dar (vgl. Belz 1994, S. 27). Die Verkaufsorganisationen in unterschiedlichen Ländern werden möglicherweise mit denselben Herausforderungen konfrontiert und suchen unabhängig voneinander nach Lösungsmöglichkeiten. Dadurch, dass die Zentrale nicht darauf ausgerichtet ist, sich mit den Einzelheiten des Tagesgeschäftes von den internationalen Vertriebseinheiten auseinanderzusetzen, kann sie diese in einer solchen Situation nicht unterstützen. Ungenügender Informationsaustausch führt dazu, dass die Lernzyklen innerhalb eines Unternehmens mehrmals wiederholt werden, was auf Dauer ineffektiv sein kann (vgl. Buckley/Ghauri 2004, S. 86; Bucklin 1973, S. 46; Etgar 1976, S. 14; Gestetner 1974, S. 105; Mehta et al. 2001, S. 636; Mehta et al. 2010, S. 92).

Planung und Implementierung langfristiger unternehmensweiter Richtlinien, die bspw. das Image des Unternehmens weltweit stärken sollen, könnten sich bei einem dezentral geführten Vertriebssystem ebenfalls schwierig gestalten (vgl. Gestetner 1974, S. 105). In der Praxis ist es z. B. häufig der Fall, dass sich die lokalen Manager in ihrer Freiheit eingeschränkt fühlen, wenn sie Anweisungen aus der Zentrale befolgen sollen (vgl. Gall/Mühlmeyer 2000, S. 37; Gestetner 1974, S. 105; Johnson/Sakano/Onzo 1990, S. 652; Schmitz 2003, S. 10 ff.). Dies ist auch der Grund dafür, dass sich eine einheitliche Preis- und Produktpolitik über verschiedene Länder hinweg nur schwer koordinieren und durchsetzen lässt (vgl. Aulakh/Kotabe 1997, S. 153 f.; Cavusgil/Myers 2002, S. 55; Gall/Mühlmeyer 2000, S. 37). Im Gegensatz zu der zentralen Vertriebsführung, bei der das Stammhaus einen Überblick über Länderaktivitäten behält und bei der Gestaltung von Preis- und Produktstrategien den gesamten Unternehmenserfolg im Visier hat, steht im Falle der dezentralen Vertriebsführung die Optimierung des Erfolgs der eigenen Vertriebsorganisation im Vordergrund (vgl. Aulakh/Kotabe 1997, S. 153 f.; Belz/Reinhold 1999, S. 24; Birkinshaw et al. 2000, S. 322). Die lokalen Manager werden anhand der Jahreserfolgskennzahlen ihrer Vertriebseinheiten bewertet und haben dementsprechend wenig Anreize, Maßnahmen zu implementieren, die nicht unmittelbar zu ihrem Erfolg beitragen und vielmehr dem Unternehmen als Ganzes dienen (vgl. Belz 1994, S. 27; Gestetner 1974, S. 103; Reinhold/Belz 2002, S. 41).

3.3 Auswahl einer geeigneten Form der internationalen Vertriebsführung

Wie in den Kapiteln 3.1 und 3.2 aufgezeigt, ist sowohl die zentrale als auch die dezentrale Vertriebsführung mit einigen Vor- und Nachteilen verbunden. Diese werden in Tabelle 2.7.2 zusammengefasst. Unternehmen, die in der internationalen Arena agieren, müssen diese Vor- und Nachteile berücksichtigen und eine Entscheidung treffen, wie sie das Vertriebssystem im Ausland steuern.

Tabelle 2.7.2 Vorteile und Nachteile der zentralen bzw. der dezentrale Vertriebsführung

	Vorteile	Nachteile
Zentralisierung	■ vereinfachte Koordination der Länderaktivitäten ■ vereinfachte Übertragung der Marketingstrategie auf weitere Standorte ■ vereinfachte Standardisierung von Marketing-Mix Elementen ■ verbesserte Realisierung von Skalen- und Verbundeffekten ■ effektive Ressourcenallokation ■ Quersubventionierung der Standorte	■ hoher Aufwand bei Notwendigkeit der Anpassung von Marketing-Mix-Elementen ■ erschwerte Kommunikation durch soziokulturelle Unterschiede ■ Unzufriedenheit und Konflikte infolge der Machtausübung seitens der Zentrale ■ mangelnder Flexibilität und eingeschränkte Reaktionsfähigkeit der Vertriebseinheiten
Dezentralisierung	■ vereinfachte Anpassung an lokale Marktgegebenheiten ■ Einflussnahme der Vertriebseinheiten auf die Gestaltung der Marketing-Mix-Elemente ■ hohe Flexibilität und Reaktionsgeschwindigkeit der Vertriebseinheiten	■ erschwerter länderübergreifender Erfahrungstransfer ■ erschwerte Länderkoordination ■ beschränkter Informationsaustausch ■ erschwerte Implementierung unternehmensweiter Richtlinien

Die Entscheidung eines internationalen Unternehmenes über die Führung des Vertriebssystems im Ausland kann schließlich nicht losgelöst von der internationalen Marketingstrategie dieses Unternehmens getroffen werden. Im Rahmen der internationalen Marketingstrategie muss festgelegt werden, ob Marketing-Mix-Elemente standardisiert oder differenziert werden sollen (vgl. Belz 1994, S. 24; Dimitrova/Rosenbloom 2010, S. 157; Homburg/Kuester/Krohmer 2009, S. 431). Im Falle der Standardisierung wird eine möglichst einheitliche Gestaltung der 4 P's des Marketing-Mix über alle Länder und Märkte hinweg angestrebt (vgl. Homburg/Kuester/Krohmer 2009, S. 432). Dagegen wird bei der Differenzierung im Rahmen der Marketingstrategie Rücksicht auf die länderspezifischen Besonderheiten, z. B. soziokulturelles Umfeld, Bedürfnisse der Nachfrager, und lokale Marktgegebenheiten, z. B. Wettbewerbsposition des Unternehmens, genommen (vgl. Belz 1994, S. 24; Homburg/Kuester/Krohmer 2009, S. 435).

Das Hauptargument für die Standardisierung ist das Kostenersparnispotenzial. So werden bspw. im Falle der Produktstandardisierung die Kosten durch die Erfahrungskurveneffekte bei höheren Produktionsvolumina reduziert (vgl. Dimitrova/Rosenbloom 2010, S. 158 f.; Homburg/Kuester/Krohmer 2009, S. 432). Die Standardisierungsstrategie setzt allerdings voraus, dass sich die Kundenbedürfnisse und -wünsche in unterschiedlichen Ländern angleichen. Die These der Konvergenz der Kundenbedürfnisse wurde Anfang der 1980er Jahre von Theodore Levitt aufgestellt (vgl. Dimitrova/Rosenbloom 2010, S. 158; Levitt 1983, S. 92). Aus heutiger Sicht kann man dieser These allerdings nur bedingt zustimmen. Trotz der Globalisierungsprozesse bleiben die kulturspezifischen Länderunterschiede bestehen, da sich die gesellschaftlichen Normen und Werte, die die Grundlage der Kultur eines Landes bilden, als relativ zeitbeständig aufweisen (vgl. Dimitrova/Rosenbloom 2010, S. 159).

Fehlende Berücksichtigung der Länderunterschiede im Rahmen der Marketingstrategie kann erfolgsschädigend sein (vgl. Homburg/Kuester/Krohmer 2009, S. 432). Werden diese berücksichtigt, so stellen die hohen Kosten der länderspezifischen Anpassungen einen erheblichen Nachteil im Rahmen der Differenzierungsstrategie dar (vgl. Homburg/Kuester/Krohmer 2009, S. 434). Somit stellt sich für ein international agierendes Unternehmen weniger die Frage, ob bei der Marketingstrategie standardisiert oder differenziert werden soll, sondern vielmehr die Frage, in welchem Ausmaß Standardisierung bzw. Differenzierung vorgenommen werden kann (vgl. Homburg/Kuester/Krohmer 2009, S. 434; Kotabe/Helsen 2004, S. 221 ff.; Özsomer/Altaras 2008, S. 2). Daher eignet sich ein situativer Ansatz am besten, um das Ausmaß an Standardisierung bzw. Differenzierung zu bestimmen (vgl. Dimitrova/Rosenbloom 2010, S. 160; Homburg/Kuester/Krohmer 2009, S. 435). Dies bedeutet, dass bei der Festlegung der Marketingstrategie die Möglichkeiten der Standardisierung und die Notwendigkeit der Anpassungen in Abhängigkeit von den länderspezifischen Besonderheiten und den lokalen Marktgegebenheiten geprüft werden sollen (vgl. Cavusgil/ Zou 1994, S. 4 f.).

Neben der Berücksichtigung der internationalen Marketingstrategie eines Unternehmens, müssen auch die unterschiedlichen Einflussfaktoren in Betracht gezogen werden, die entweder für die Zentralisierung oder für die Dezentralisierung sprechen. Falls die Zielmärkte in verschiedenen Ländern eine homogene Nachfrage und somit ein Potential für Skaleneffekte aufweisen, sollte das internationale Vertriebssystem zentral geführt werden. Eine starke globale Marke, die durch ein weltweit einheitliches Image gekennzeichnet ist, erfordert ebenfalls die Zentralisierung im internationalen Vertriebsmanagement, damit eine strategiekonforme Implementierung der Marketing-Mix-Maßnahmen gewährleistet werden kann. Eine zentrale Vertriebsführung ist auch notwendig, wenn das internationale Unternehmen mit Arbitrageprozessen konfrontiert ist. In solch einem Fall müssen die Geschäftsaktivitäten in einzelnen Ländern harmonisiert werden, was einer koordinierten und zentral gesteuerten Vorgehensweise bedarf. Die Möglichkeit der Übertragung von Technologien und die Verfügbarkeit der länderübergreifenden Medien schaffen die günstigen Voraussetzungen für die zentrale Vertriebsführung in einem internationalen Unternehmen.

Außerdem eignet sich das zentral gesteuerte internationale Vertriebssystem am besten, wenn die Ländermärkte gruppiert bearbeitet werden sollen. Mit zunehmender Internationalisierung gewinnen Kooperationsprojekte mit anderen weltweiten Unternehmen immer mehr an Bedeutung. Durch die Zusammenarbeit können die Unternehmen von der internationalen Erfahrung des Kooperationspartners in einem bestimmten Land profitieren und dadurch Synergiepotentiale realisieren. Um die Zusammenarbeit effizient zu gestalten, ist im Vertriebsmanagement ein zentral geführtes System notwendig. Eine der wichtigsten Funktionen des Vertriebs in einem Unternehmen ist die Beschaffung der Informationen über den Wettbewerb. Ein internationales Unternehmen muss sowohl die lokale als auch die globale Konkurrenz im Auge haben. Ein zentral gesteuertes internationales Vertriebssystem sorgt für die Effektivität und Effizienz bei der Wettbewerbsüberwachung im globalen Rahmen.

Für die Dezentralisierung in der internationalen Vertriebsführung sprechen bspw. solche Faktoren wie ein hoher Spezialisierungsgrad der Branche oder landesspezifische Produktstandards. Diese erfordern Anpassungen an die Regelungen des jeweiligen Landes, welche bei einem eher größeren Handlungsspielraum der Vertriebseinheiten vor Ort effektiv und effizient vorgenommen werden können. Das Gleiche gilt für den Fall, wenn die lokalen Märkte Besonderheiten bezüglich des lokalen Wettbewerbs, spezieller Kundenbedürfnisse sowie der lokalen Distributionsstruktur aufweisen. Bei einem dezentral gesteuerten Vertriebssystem kann die lokale Vertriebseinheit gezielt auf diese Besonderheiten eingehen und entsprechende Maßnahmen im Rahmen der Marketingstrategie entwickeln. Räumliche Distanz und soziokulturelle Unterschiede zwischen dem Stammhaus und den lokalen Vertriebseinheiten sind ebenfalls ausschlaggebende Faktoren bei der Auswahl einer geeigneten Form der internationalen Vertriebsführung. Falls diese stark ausgeprägt sind, sollte das internationale Vertriebssystem dezentral gesteuert werden. Anderenfalls wäre die Einbindung der Zentrale in das Tagesgeschäft der lokalen Vertriebseinheiten mit hohen Kosten verbunden, die durch die geografische Entfernung sowie durch den Erwerb des Spezialwissens über die Kultur des jeweiligen Landes verursacht werden. In Abbildung 2.7.4 werden die unterschiedlichen Einflussfaktoren auf die Entscheidung für ein zentral oder dezentral gesteuertes internationales Vertriebssystem nochmals zusammengefasst.

In Abhängigkeit davon, in welchem Ausmaß die Marketing-Mix-Elemente im Rahmen der internationalen Marketingstrategie standardisiert bzw. differenziert werden, und unter Berücksichtigung unterschiedlicher Einflussfaktoren soll eine Entscheidung über die Führung des internationalen Vertriebssystems getroffen werden. Durch die Tatsache, dass sowohl ein zentral gesteuertes als auch ein dezentral gesteuertes Vertriebssystem Vorteile, aber auch Nachteile aufweist, erweist sich die Entscheidung für eine der beiden Alternativen häufig als eine suboptimale Lösung, die den heutigen Anforderungen der internationalen Märkte nicht entspricht: „Zudem genügen alte, einfache Vertriebssysteme mit klarer und genereller Arbeitsteilung zwischen Zentrale und Niederlassungen, Gebietsschutz sowie festen Umsatzprovisionen den dynamischen Märkten und steigenden Ansprüchen der Kunden immer weniger." (Belz/Reinhold 2001, S. 27). Vielmehr sollte die Entscheidung über die Steuerung des internationalen Vertriebssystems eine Mischform mit den Elementen aus der zentralen und dezentralen Vertriebsführung ergeben, die die Vorteile der beiden Alternativen kombiniert und die Nachteile möglichst vermeidet.

Abbildung 2.7.4 Einflussfaktoren bei der Entscheidung für die zentrale oder dezentrale Vertriebsführung (Quelle: in Anlehnung an Cavusgil/Myers 2002, S. 55)

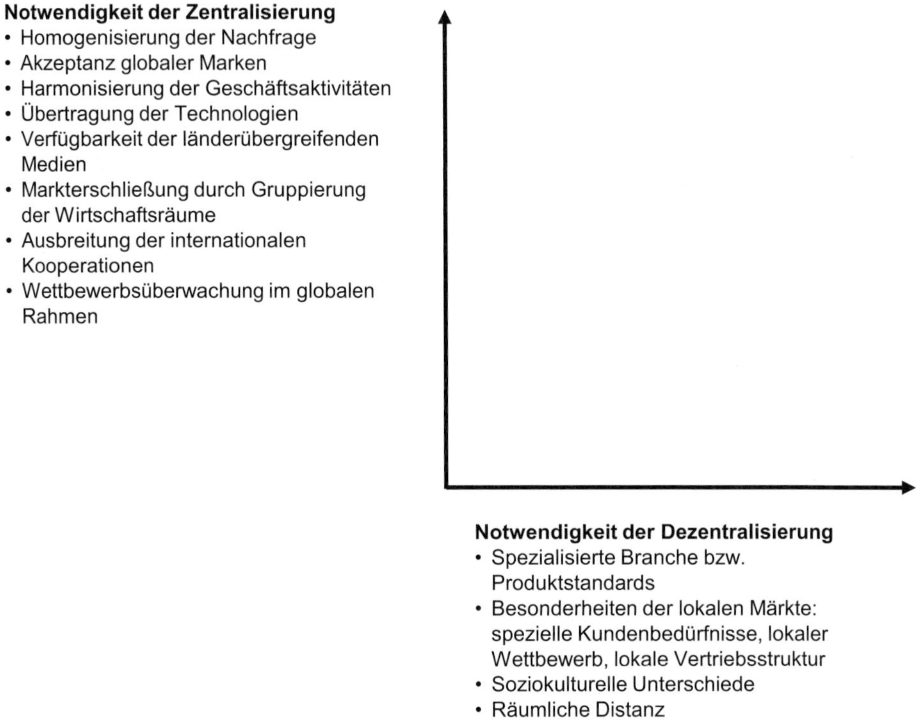

Bei der internationalen Vertriebsführung, die sich als eine Mischform mit den Elementen der zentralen und dezentralen Steuerung aufweist, sollte der Prozess der Entscheidungsfindung auf der Ebene der Zielvorgaben besonders betrachtet werden. In Abhängigkeit davon, wie stark die Elemente der Zentralisierung bzw. der Dezentralisierung in diesem Prozess ausgeprägt sind, lassen sich drei Arten der Mischformen der internationalen Vertriebsführung unterscheiden: Eine gemeinsame, eine sukzessive und eine partielle Entscheidungsfindung. Bei einer gemeinsamen Entscheidungsfindung werden die Ziele für die Vertriebseinheiten im Ausland von dem Management des Stammhauses und dem Management der lokalen Vertriebseinheit gemeinsam vereinbart. Im Falle einer sukzessiven Entscheidungsfindung werden die Ziele für die internationalen Vertriebseinheiten zunächst durch das Stammhaus vorgegeben. Je nach Geschäftslage können die Vertriebseinheiten vor Ort die Zielvorgaben anpassen und den Vorschlag der Zentrale vorstellen. Die Zentrale kann entweder dem Vorschlag zustimmen oder aber weitere Änderungen vornehmen. Die endgültige Zielvorgabe wird jedoch nur mit der Zustimmung der Zentrale gesetzt. Bei der partiellen Entscheidungsfindung haben das Stammhaus und die lokalen Vertriebseinheiten klar definierte Zuständigkeiten. Dies bedeutet, dass die Ziele je nach Zuständigkeitsbereich entweder vom Management der lokalen Vertriebseinheit oder vom Management des Stammhauses vorgegeben werden.

Unabhängig davon, ob eine Mischform über eine gemeinsame, sukzessive oder partielle Entscheidungsfindung erreicht wird, stellen die Mischformen in jedem Fall hohe Anforderungen an die Professionalität der dezentralen Vertriebseinheiten. So lassen sich die Mischformen nur dann erfolgreich implementieren, wenn die dezentrale Einheiten über entsprechend professionelle Mitarbeiter verfügen, die häufig nicht in den Gastländern gewonnen werden können. In diesem Fall könnte der Einsatz von Expatriaten sowohl innerhalb der ausländischen Vertriebsorganisation als auch an den wichtigsten Schnittstellen des Stammhauses sinnvoll sein. Die Expatriaten, die aus dem soziokulturellen Umfeld der ausländischen Vertriebseinheiten stammen, erwerben ihr Fachwissen und -können im Land der Zentrale (vgl. Gestetner 1974, S. 105; Harvey/Novicevic 2002, S. 526 ff.). Somit sind sie in der Lage, den Anforderungen des Stammhauses gerecht zu werden, indem sie den Geschäftsalltag vor Ort professionell abwickeln, ohne die lokalen Vertriebseinheiten in ihrer Freiheit einzuschränken.

4 Fazit

Im Zuge der Internationalisierung und Auslandsexpansion kommt dem Management des internationalen Vertriebssystems eine bedeutende Rolle zu. Neben der Entscheidung über die Organisationsform des Auslandsgeschäfts ist das internationale Unternehmen mit einer Entscheidung über die Steuerung des internationalen Vertriebssystems konfrontiert. Dabei wäre eine zentrale oder eine dezentrale Vertriebsführung oder aber auch eine Mischform aus beiden Alternativen möglich. Auch wenn zurzeit zumeist Mischformen für internationale Unternehmen zu empfehlen sind, ist für die Zukunft eine Stärkung zentraler Steuerungselemente zu erwarten. Die Fortschritte der Informations- und Kommunikationstechnologien sowie die Weiterentwicklung logistischer Systeme wie aber auch die zunehmende Angleichung von Lebensbedingungen und Know-how in vielen Auslandsmärkten werden zukünftig stärker dazu führen, dass sich internationale Vertriebsorganisationen zunehmend zentral führen lassen. Vor diesem Hintergrund erwächst für die internationalen Vertriebsorganisationen die zusätzliche Aufgabe, eine bislang stärker dezentrale Organisation zentralisierter zu gestalten. Dieser Aufgabe des Being International sehen sich internationale Unternehmen im Bereich des internationalen Vertriebsmanagements in Zukunft vor allem gegenüber.

Literaturverzeichnis

Arnold, D. (2000), Seven Rules of International Distribution, Harvard Business Review, 78. Jg., Nr. 6, S. 131-137.

Aulakh, P., Kotabe, M. (1997), Antecedents and Performance Implications of Channel Integration in Foreign Markets, Journal of International Business Studies, 28. Jg., Nr. 1, S. 145-175.

Axinn, C., Sinkula, J., Thach, S. (1994), Linking Distribution Strategy Choice to Context and Implementation in Export Markets, Advances in International Marketing, 6 Jg., S. 143-160.

Backhaus, K., Voeth, M. (2010), Internationales Marketing, 6. Aufl., Stuttgart.

Bello, D., Williamson, N. (1985), Contractual Arrangement and Marketing Practices in the Indirect Export Channel, Journal of International Business Studies, 16. Jg., Nr. 2, S. 65-82.

Belz, C. (1994), Internationale Distribution, Thexis, 11. Jg., Nr. 3, S. 22-27.

Belz, C., Reinhold, M. (1999), Internationales Vertriebsmanagement für Industriegüter, St. Gallen.

Bender, P. (1985), The Challenge of International Distribution, International Journal of Physical Distribution and Materials Management, 15. Jg., Nr. 4, S. 20 -25.

Birkinshaw, J., Holm, U., Thilenius, P., Arvidsson, N., (2000), Consequences of perception gaps in the headquarters-subsidiary relationships, International Business Review, 9. Jg., Nr. 3, S. 321-344.

Buckley, P., Ghauri, P. (2004), Globalisation, economic geography and the strategy of multinational enterprises, Journal of International Business Studies, 35. Jg., Nr. 2, S. 81-98.

Bucklin, L. (1973), A Theory of Channel Control, Journal of Marketing, 37. Jg., Nr. 1, S. 39-47.

Cavusgil, S. T., Myers, M. (2002), International Pricing: The Balancing Act Between Local and Global Decision Making, in: Belz, C., Mühlmeyer, J. (Hrsg.), Internationales Preismanagement, Wien/Frankfurt, S. 54-65.

Cavusgil, S. T., Zou, S. (1994), Marketing Strategy-Performance Relationship: An Investigation of the Empirical Link in Export Market Ventures, The Journal of Marketing, 58. Jg., Nr. 1, S. 1-21.

Croft, R., Woodruffe, H. (1996), Network Marketing: The Ultimate in International Distribution?, Journal of Marketing Management, 12. Jg., S. 201-214.

Dimitrova, B., Rosenbloom, B. (2010), Standardization Versus Adaptation in Global Markets: Is Channel Strategy Different?, Journal of Marketing Channels, 17. Jg., Nr. 2, S. 157-176.

Dosoglu, B., Erem, T., Unusan, C. (1996), A Comaparative Analysis of the Differences in Power and Conflict Issues Between Domestic and International Distribution Channels, Journal of Marketing Channels, 5. Jg., Nr. 3/4, S. 95-110.

Douglas, S. , Craig, C. (1989), Evolution of Global Marketing Strategy: Scale, Scope and Synergy, Columbia Journal of World Business, 24. Jg., Nr. 3, S. 47-59.

Emrich, C. (2007), Interkulturelles Marketing-Management. Erfolgsstrategien, Konzepte, Analysen, Wiesbaden.

Etgar, M. (1976), Effects of Administrative Control on Efficiency of Vertical Marketing Systems, Journal of Marketing Research, 13. Jg., Nr. 1, S. 12-24.

Gall, P., Mühlmeyer, J. (2000), Team Management: Challenges in Co-ordinating the Country Subsidiaries' Pricing Activities, Thexis, 4. Jg., S. 36-38.

Gestetner, D. (1974), Strategy in managing international sales, Harvard Business Review, September-October, S. 103-108.

Geyskens, I., Steenkamp, J.-B., Kumar, N. (1999), A Meta-Analysis of Satisfaction in Marketing Channel Relationships, Journal of Marketing Research, 36. Jg., Nr. 2, S. 223-238.

Gielens, K., Dekimpe, M. (2001), Do international entry decisions of retail chains matter in the long run?, International Journal of Research in Marketing, 18. Jg., Nr. 3, S. 235-259.

Harvey, M., Novicevic, M. (2002), Selecting marketing managers to effectively control global channels of distribution, International Marketing Review, 19. Jg., S. 525-544.

Helm, R. (2001), Einflussfaktoren auf die Wahl verschiedener institutioneller Formen des internationalen Absatzes, Die Unternehmung, 55. Jg., Nr. 1, S. 43-59.

Homburg, C., Krohmer, H. (2009), Marketingmanagement. Strategie – Instrumente – Umsetzung – Unternehmensführung, Wiesbaden.
Homburg, C., Kuester, S. , Krohmer, H. (2009), Marketing Management – A Contemporary Perspective, London.
Johnson, J., Sakano, T., Onzo, N. (1990), Behavioral Relations in Across-Culture Distribution Systems: Influence, Control and Conflict in U.S. -Japanese Marketing Channels, 21. Jg., Nr. 4, S. 639-655.
Klein, S., Roth, V. (1989), Determinants of Export Channel Structure: The Effects of Experience and Psychic Distance Reconsidered, International Marketing Review, 7. Jg., Nr. 5, S. 27-38.
Knorr, A., Arndt, A. (2003), Wal-Mart in Deutschland – Eine verfehlte Internationalisierungsstrategie, in: Knorr, A., Lemper, A., Sell, A., Wohlgemuth, K. (Hrsg.): Materialien des Wissenschaftsschwerpunkts „Globalisierung der Weltwirtschaft", 25, Bremen.
Kotabe, M., Helsen, K. (2004), Global Marketing Management, 3. Aufl., Hoboken.
Levitt, T. (1983), The Globalization of Markets, Harvard Business Review, 61. Jg., Nr. 3, S. 92-102.
Mehta, R., Anderson, R., Dubinsky, A., Polsa, P., Mazur, J. (2010), Managing International Distribution Channel Partners: A Cross-Cultural Approach, Journal of Marketing Channels, 17. Jg., Nr. 2, S.89-117.
Mehta, R., Larsen, T., Rosenbloom, B., Mazur, J., Polsa, P. (2001), Leadership and cooperation in marketing channels: A comparative empirical analysis of the USA, Finland and Poland, International Marketing Review, 18. Jg., Nr. 6, S. 633-666.
Mehta, R., Polsa, P., Mazur, J., Xiucheng, F., Dubinsky, A. (2006), Strategic alliances in international distribution channels, Journal of Business Research, 59. Jg., Nr. 10/11, S. 1094-1104.
Mehta, R., Rosenbloom, B., Anderson, R. (2000), Role of the Sales Manager in Channel Management: Impact of Organizational Variables, Journal of Personal Selling & Sales Management, 20. Jg., Nr. 2, S. 81-88.
Nevins, J., Money, R.B. (2008), Performance implications of distributor effectiveness, trust, and culture in import channels of distribution, Industrial Marketing Management, 37. Jg., Nr. 1, 46-58.
Owens, M., Quinn, B. (2007), Problems encountered within international retail joint ventures: UK retailer case study evidence, International Journal of Retail & Distribution Management, 35. Jg., Nr. 10, S. 758-780.
Özsomer, A., Altaras, S. (2008), Global Brand Purchase Likelihood: A Critical Synthesis and an Integrated Conceptual Framework, Journal of International Marketing, 16. Jg., Nr. 4, S. 1-28.
Ramaseshan, B., Patton, M. (1994), Factors Influencing International Channel Choice of Small Business Exporters, International Marketing Review, 11. Jg., Nr. 4, S. 19-34.
Reinhold, M., Belz, C. (2002), Fit für den internationalen Vertrieb – Wie man die Kompetenzen globaler Partner erfolgreich entwickelt, New Management, 71. Jg., Nr. 10, S. 40-45.
Rialp, A., Axinn, C., Thach, S. (2002), Exploring channel internationalization among Spanish exporters, International Marketing Review, 19. Jg., Nr. 2, S. 133-155.
Rosenbloom, B., Larsen, T. (1991), International Channels of Distribution and the Role of Comparative Marketing Analysis, Journal of Global Marketing, 4. Jg., Nr. 4, S. 39-54.
Sachdev, H., Bello, D., Pilling, B. (1994), Control Mechanisms Within Export Channels of Distribution, Journal of Global Marketing, 8. Jg., Nr. 2, S. 31-50.
Schmitz, C. (2003), Vertikale Konflikte im Industriegütervertrieb. Teil 1: Probleme, http://www.alexandria.unisg.ch/Publikationen/37189, Zugriff 10.07.2010.
Schmitz, C. (2006), Internationales Vertriebsmanagement für Industriegüter – Handlungsimplikationen aus dem Blickwinkel internationaler Tochtergesellschaften und Vertretungen, Wiesbaden.
Shoham, A., Rose, G., Kropp, F. (1997), Conflict in International Channels of Distribution, Journal of Global Marketing, 11. Jg., Nr. 2, S. 5-22.
Shoham, A., Rose, G., Kropp, F. (1999), International Channels of Distribution: The Role of Centralization, Journal of Global Marketing, 13. Jg., Nr. 1, S. 87-104.
Skarmeas, D., Katsikeas, C., Spyropoulou, S. , Salehi-Sangari, E. (2008), Market and supplier characteristics driving distributor relationship quality in international marketing channels of industrial products, Industrial Marketing Management, 37. Jg., Nr. 1, S. 23-36.

Stock, J., Lambert, D. (1983), Physical Distribution Management in International Marketing, International Marketing Review, 1. Jg., Nr. 1, S. 28-41.
Weiss, C. (1996), Die Wahl internationaler Markteintrittsstrategien: eine transaktionskostenorientierte Analyse, Wiesbaden.

2.8 Verkaufskomplexität: Leistungsfähigkeit des Unternehmens in die Interaktion mit dem Kunden übertragen

Christian Belz, Christian Schmitz

1 Komplexität im Vertrieb: Phänomen und Relevanz

Die Rahmenbedingungen für den persönlichen Verkauf und das Vertriebsmanagement in Business-to-Business Märkten haben sich im letzten Jahrzehnt dramatisch verändert. Entwicklungen innerhalb und außerhalb der Anbieterorganisation haben die Komplexität des Arbeitsumfelds von Außendienstmitarbeitern erhöht. Verschiebungen in den Marktgegebenheiten, bspw. in Form von gestiegenen Kundenerwartungen erfordern dynamische, kundenorientierte Anpassungen im Produkt- und Dienstleistungsportfolio der Unternehmen. Daher sind heute viele Anbieter und insbesondere auch deren Vertriebsorganisationen mit einer erweiterten Palette an Leistungen und Marken konfrontiert.

Die Komplexität der Verkaufsaufgabe beschränkt sich allerdings nicht auf Veränderungen im Leistungsportfolio. Vielmehr werden heute hohe Anforderungen an Verkäufer in Bezug auf den Einsatz von Kundeninformations- und Berichtssystemen, die Ergebnisverantwortung und die Umsetzung häufig wechselnder Verkaufsstrategien gestellt. Die Komplexität der Verkaufsaufgabe steigt durch eine höhere Vielfalt von Kunden, Regionen und Vorgaben. Die Unternehmen steigern diese Tendenz, indem sie die Produktivität des teuren Vertriebs steigern wollen und beispielsweise die Kundenzahl pro Außendienstmitarbeiter erhöhen oder diesen zusätzliche Aufgaben übertragen. Damit werden für die größeren und vielfältigeren Aufgaben im Außendienst weniger personelle Ressourcen eingesetzt. Die Herausforderung, in diesen Rahmenbedingungen gleichzeitig einen deutlichen Mehrwert für Kunden und das Unternehmen zu generieren, erzeugt bei Vertriebsmitarbeitern das wahrgenommene Gefühl von Komplexität (Cross et al. 2007). Die "boundary spanning role" (Jaramillo et al. 2006) zwingt Verkäufer dazu, einerseits das Unternehmen gegenüber dem Kunden zu repräsentieren und andererseits die Kundenwünsche in der eigenen Organisation zu artikulieren um langfristig Kundenorientierung und Erfolg sicher zu stellen (Moormann/Rust 1999; Morgan/Hunt 1994).

Kurzfristige Veränderungen, bspw. der Wettbewerbsaktivitäten, häufige interne Produktinnovationen, vielschichtige Buying-Center Strukturen auf Kundenseite sowie der anhaltende Druck, die Balance zwischen internen und externen Anforderungen zu halten, verstärkt dabei die Komplexität für Außendienstmitarbeiter.

Komplexität im Vertrieb sowie deren Ursachen und Folgen zu untersuchen, zu erklären und zu verstehen ist daher unumgänglich, um die Leistungsfähigkeit des persönlichen Verkaufs und damit die marktbezogene Leistung des gesamten Unternehmens zu verbessern (Ingram et al. 2005, Ingram 2004). Unternehmen erkennen heute, dass sie in der gegenwärtigen Situation nur noch eingeschränkt in der Lage sind, strategischen Lösungen gemeinsam mit dem Vertrieb noch besser bis in Interaktion mit dem Kunden zu bringen.

In der Vergangenheit wurde das Phänomen Komplexität durch zahlreiche Studien in verschiedenen Wissenschaftsbereichen der Soziologie, Psychologie und Managementforschung untersucht. Bis heute wurden keine konzeptuellen oder empirischen Studien durchgeführt, die das Wesen und die Ursachen von Komplexität in der Verkaufsfunktion untersuchen. Das Ziel des vorliegenden Beitrags besteht darin, ein eindeutiges, definitorisches Verständnis von Komplexität im Vertrieb festzulegen, sowie die Ursachen, Effekte und Gestaltungsformen in der Vertriebsorganisation zu diskutieren.

2 Begriffliche Grundlagen

2.1 Vertrieb

Der „Vertrieb" ist ein schillernder Begriff, der in der Wissenschaft und Praxis mit vielfältigen Bedeutungsinhalten belegt wird (Belz/Reinhold 1999, S. 10; Weinhold-Stünzi 1994, S. 2 f.; Winkelmann 2003, S. 14 f.). Unterschiedliche Begriffsverständnisse ergeben sich u. a. aus der Abgrenzung vom Marketing sowie der organisatorischen und aufgabenbezogenen Einordnung (Weinhold-Stünzi 1994, S. 3). An dieser Stelle wird darauf verzichtet, die unterschiedlichen Begriffsverständnisse ausführlich zu diskutieren. Hierzu wird auf Winkelmann (2003, S. 14 ff.) verwiesen, der zehn verschiedene Auffassungen des Vertriebsbegriffs nennt und voneinander abgrenzt.

Das dieser Arbeit zu Grunde liegende Verständnis des Begriffs „Vertrieb" wird synonym zum Begriff „Verkauf" verwendet und setzt bei den Aufgaben an, die im Rahmen der Vertriebsfunktion zu erfüllen sind. Nach Weinhold-Stünzi (1994, S. 2 ff.) beinhaltet der Vertrieb alle Entscheidungen und Aktivitäten, die zur Überwindung der verschiedenartigen Distanzen zwischen Anbietern und Nachfragern getroffen werden. Die zu überwindenden Distanzen sind dabei nicht nur geografischer, sondern u. a. auch zeitlicher, psychologischer, soziologischer, rechtlicher und politischer Natur (Weinhold-Stünzi 1994, S. 2). Allgemeiner formuliert kann die Aufgabe des Vertriebs folglich darin gesehen werden, alle Aktivitäten, die den Weg der Leistungsübertragung zum Kunden sicherstellen, zu definieren und umzusetzen (Backhaus 2003, S. 376).

Dabei lassen sich eine akquisitorische und eine logistische Dimension des Vertriebs unterscheiden (Backhaus 2003, S. 377; Belz/Reinhold 1999, S. 10). Die akquisitorische Dimension beinhaltet alle Aktivitäten, die zur Gewinnung neuer oder der Festigung und der Ausschöpfung bestehender Kundenbeziehungen beitragen. Dazu gehören zum einen Managementaufgaben auf den verschiedenen Ebenen der Vertriebsorganisation. Zum anderen zählen aber auch operative Aktivitäten z. B. die Verkaufsförderung und Werbung, der persönliche Verkauf und Verhandlungen, die Angebotserstellung sowie der Kundendienst und andere After-Sales Services zur akquisitorischen Dimension des Vertriebs (s. Backhaus 2003, S. 377; Rosenbloom 1999, S. 411; Belz/Reinhold 1999, S. 10). Die logistische Dimension des Vertriebs umfasst hingegen solche Aktivitäten, die darauf gerichtet sind, Raum und Zeit durch Transport und Lagerung zu überbrücken (Backhaus 2003, S. 377; Belz/Reinhold 1999, S. 120 ff.; Rosenbloom 1999, S. 411), wie z. B. die Auftragsabwicklung, die Anlieferung und die Installation. Die Vertriebsaufgabe besteht dabei in der Koordination und Sicherstellung von logistischen Anforderungen, die aus Kundensicht häufig ein wichtiges Entscheidungskriterium darstellen (Backhaus 2003, S. 399) und nicht unmittelbar in ihrer Durchführung.

In organisatorischer Hinsicht sind Verkaufsaußendienstmitarbeiter (kurz: Verkäufer) als Aufgabenträger des Vertriebs in der Vertriebsorganisation das letzte Glied in der Kette zum Kunden. Nach Belz und Schmitz (2007, S. 9) sind Verkäufer daher als direkte Repräsentanten des Unternehmens beim Kunden maßgeblich für die erfolgreiche Umsetzung einer kundenorientierten Marketingstrategie verantwortlich. Voraussetzung dieses erfolgsnotwendigen Eingehens auf Kundenbedürfnisse ist die Fähigkeit des Verkäufers, einen Informationsaustausch zwischen Kunden und Unternehmen zu etablieren (Moormann/Rust 1999, S. 180). Jenes von Morgan und Hunt (1994, S. 34) mit Relationship Marketing bezeichnete Herangehen setzt somit auf den Aufbau von gegenseitigem Vertrauen und Commitment, wodurch dem Verkäufer die Rolle eines Vermittlers zukommt, der einerseits Mitarbeiter des Unternehmens und andererseits Vertreter der Kunden und ihrer Wünsche im Unternehmen ist. Dies lässt Raum für eine aus Sicht des Verkäufers plausible Unterteilung in unternehmensinterne und unternehmensexterne Anspruchsgruppen, die jeweils mit ihren Anforderungen und Wünschen an ihn herantreten.

2.2 Komplexität und Verkaufskomplexität

Seit vielen Jahren ist das Phänomen "Komplexität" Gegenstand verschiedener Wissenschaftsbereiche. Nach dem Wissen der Autoren existiert bis heute allerdings keine Definition und Konzeptualisierung, die Komplexität im besonderen Kontext der Vertriebsfunktion erfasst. Im Folgenden wird daher der Begriff "Verkaufskomplexität" definiert und konzeptualisiert. Dazu wurde im vorherigen Abschnitt bereits erstere der beiden konstituierenden Begriffe "Verkauf" und "Komplexität" definiert. Der Begriff "Komplexität"wird in vielen verschiedenen Kontexten und akademischen Bereichen, so z. B. in Natur-, Sozial- und Wirtschaftswissenschaften verwendet und unterliegt je nach Erkenntnisgegenstand unterschiedlichen Begriffsverständnissen. Für die vorliegende Untersuchung konzentrieren sich die Autoren auf Theorien aus der Soziologie und Psychologie, da sie in Bezug auf den Forschungsgegenstand auf Ebene des Außendienstmitarbeiters einen wichtigen Erklärungsbeitrag liefern können.

2.2.1 Komplexität in der Soziologie

In der Soziologie wird Komplexität durch das Interagieren der „Sach-, Sozial- und Zeitdimension" (Schimank 2005, S. 121) konstituiert. Die Sachdimension umfasst nach dieser Vorstellung „die Menge und Verknüpfungen derjenigen Informationen, die ein Entscheidungsakteur benötigt, um . . . eine adäquate Entscheidung treffen zu können" (Schimank 2005, S. 155). Überschreiten diese Mengen und Beziehungen die Aufnahme- und Verarbeitungskapazität eines Individuums, sodass eine Entscheidung auf Basis unzureichend analysierter Informationsfetzen nötig wird, entsteht ein subjektives Gefühl von Komplexität (March/Simon 1958, S. 139 f.). In der Sozialdimension kann „soziale Komplexität" (March/Simon 1958, S. 126) auftreten, wenn Aktionen und Reaktionen anderer Parteien mit ihren Kurz-, Neben und Langzeitwirkungen mitkalkuliert werden müssen (March/Simon 1958, S. 124-126). Besonders dann, wenn all diese Probleme zeitnah und mit hoher Dringlichkeit gelöst werden müssen, zeigt sich der Einfluss der Zeitdimension- denn bestünde ein unendliches Zeitbudget, könnten z. B. soziale Spannungen ausdiskutiert und alle Informationen gesammelt und verarbeitet werden (Schimanks 2005 S. 165 ff.). Da eine gleichzeitige Beherrschung aller Komplexitätsdimensionen utopisch ist, wird somit ebenfalls eine „perfekt rationale Entscheidung" (Schimanks 2005 S. 194) unmöglich. Diese Aussage ist ein erster Ergebnis, welches auch auf die Beschreibung der Situation des Verkäufers zutrifft, da auch dieser ein Mitglied eines sozialen Gefüges ist und deswegen auch niemals absolut rational Entscheidungen treffen könnte. In der Systemtheorie, die einen Spezialbereich der Soziologie umfasst und anhand der Überlegungen von Niklas Luhmann erläutert werden soll, gilt Komplexität als ein Schlüsselbegriff. Für ihn ist die „Gesellschaft als [ein] System zu begreifen" (Habermas/Luhmann 1971, S. 11), das sich von seiner Umgebung abzugrenzen versucht, um eine innere Stabilisierung zu erreichen.

Die es umgebende Umwelt ist dabei stets komplexer als das System selbst (Luhmann 1986, S. 33), sodass sich „stets mehr Möglichkeiten des Erlebens und Handelns. . . [bieten], als aktualisiert werden können" (Habermas/Luhmann 1971, S. 32). In diesem Sinne ist Komplexität als „Relations- und Variantenvielfalt der Umwelt" zu verstehen, die zum Problem für das System werden kann, da sie das System zwingt zu seligieren- obwohl diesem „[Information] fehlen, um seine Umwelt (Umweltkomplexität) bzw. sich selbst (Systemkomplexität) vollständig erfassen und beschreiben zu können" (Luhmann 1984, S. 50). In diesem Zusammenhang charakterisiert Cilliers (1998; 2000) ein komplexes System als ein solches, das aus zahlreichen dynamischen und nicht-linear miteinander interagierenden Elementen besteht. Diese Elemente besitzen einen gemeinsamen, unbekannten Zustand in der Vergangenheit, ein unvorhersehbares Verhalten und sie sind bspw. durch direkte und indirekte Feedback-Schlaufen anpassungsfähig.

Bei der Kompensation dieser gegenüber der Umwelt geringeren Eigenkomplexität durch eine „Selektion der Relationen" steht wiederum eine Vielzahl von Handlungsmöglichkeiten zur Verfügung (Luhmann 1984, S.47). Diese in der Sprache der Systemtheorie mit Kontingenz bezeichnete Vielfalt entsteht im sozialen Umfeld durch die „Nicht- Berechenbarkeit menschlichen Verhaltens" (Kiss 1990, S. 9-11) und kann ebenfalls zu „Bedrohung und Verunsicherung" führen (Kiss 1990, S. 9-11).

Komplexität ist in der Soziologie und Systemtheorie kein objektivierbarer Begriff. Luhmanns Aussage „Komplex ist, was für einen Beobachter komplex ist" (Luhmann 1990, S. 61) zeigt die subjektive Empfindung des Betrachters als charakteristisches Merkmal von Komplexität. Sie lässt sich auch nicht beliebig reduzieren, weil mit Luhmanns Worten nur „Komplexität . . . [die] Komplexität reduzieren [kann]" (Luhmann 1984, S. 49). Der von Luhmann genannte Aspekt der Subjektivität von Komplexität scheint für die Ermittlung der Komplexitätsempfindung eines Verkäufers sinnvoll. Ebenfalls interessant für die weiteren Überlegungen ist die Vorstellung eines mit der Umwelt vernetzten Systems bzw. Individuums, das stets nur einzelne Aspekte seiner Umgebung verarbeiten kann und sonst überfordert wäre.

2.2.2 Komplexität in der Psychologie

Die Psychologie besitzt eine lange Historie in der Erforschung von Komplexität und komplexitätsbezogenen Problemlösungskonzepten. Speier und Venkatesh (2002), definieren Komplexität als das Ausmaß, zu dem ein Individuum daran glaubt, dass die Nutzung eines bestimmten Systems ohne physische und mentale Auswirkungen sein wird. Ähnlich ist der Zugang von Backlund (2002), der Komplexität als Größe ansieht, die den wahrgenommenen Aufwand wiedergibt, der benötigt wird um ein System zu verstehen und mit ihm umzugehen. Dieses Bemühen wiederum hängt von der Anzahl und den Veränderungen der Stimuli des Umfeldes ab (Mehrabian and Russell 1974), was impliziert, dass mit zunehmender Komplexität einer Aufgabe die Anforderungen an die Entscheidung und die Informationsverarbeitung zunehmen (Haerem and Rau 2007, Bonner 1994 and Wood 1986). Andere Forscher im Bereich der Psychologie betonen die fehlende Transparenz (bspw. die fehlende Verfügbarkeit von Informationen), dynamische Veränderungen, unklare Ziele, sowie die Anzahl und nicht-lineare Interdependenz von Entscheidungselementen als Charakteristika komplexer Probleme (Funke 1991; Frensch/Funke 1995). Aufbauend auf diesen charakteristischen Elementen der Komplexität hat sich in der Psychologie ein universell gültiges Modell des komplexen Problemlösens durchgesetzt, in der das Individuum als komplexer Problemlöser angesehen wird (Frensch and Funke 1995). Aus psychologischer Sicht können damit der Verkaufsaußendienstmitarbeiter als Problemlöser, dessen Verkaufsumfeld (Unternehmen, Kunden, andere Stakeholder), und die Verkaufsaufgabe selbst (die Verbindung divergierender Stakeholderinteressen) als konstituierende Elemente der Komplexität definiert werden (Frensch and Funke 1995).

2.2.3 Definition von Komplexität in der Vertriebsfunktion

Die Definitionen von Komplexität im Feld der Soziologie und Psychologie geben verschiedene Ansatzpunkte, um das Phänomen Komplexität im Verkaufskontext zu definieren. Als Bezugsperson der Komplexität in der Vertriebsorganisation soll an dieser Stelle der Verkaufsaußendienstmitarbeiter betrachtet werden, der als "boundary spanner" die externe Komplexität des Marktes mit der internen Komplexität des Unternehmens verbindet.

Verkaufskomplexität repräsentiert damit einen Zustand des organisationsinternen und organisationsexternen Arbeitsumfeldes des Verkaufsaußendienstmitarbeiters, der aus dessen subjektiver Wahrnehmung durch eine hohe Anzahl neuer, intransparenter und heterogener Anforderungen, interdependenter Einflüsse, dynamischer Veränderungen sowie Zeit- und Ressourcenbeschränkungen charakterisiert ist. Kurz: Der Verkauf fühlt sich überfordert.

3 Komplexitätstreiber

Nach der Definition von Verkaufskomplexität sollen die wichtigsten Treiber von Komplexität im täglichen Arbeitsumfeld des Verkaufsaußendienstes identifiziert werden, welche den Charakteristika der Definition entsprechen. Ausgehend von der "Boundary spanning role" des Verkäufers (Jaramillo et al. 2006) lassen sich mögliche Komplexitätstreiber organisationsextern und organisationsintern identifizieren (Grössler et al. 2006). Dabei beeinflussen sich externe und interne Komplexität gegenseitig. Die erstere, organisationsexterne Sphäre beinhaltet unternehmensexterne, nicht kontrollierbare Marktentwicklungen die einen indirekten Einfluss auf die Komplexität im Unternehmen besitzen, weil die unternehmensexterne Komplexität gemäß "Ashby's Law of requisite variety" intern gespiegelt wird (Ashby 1956). Demnach erzeugt die externe Komplexität auch im Unternehmen Komplexität ("only variety can absorb variety") (Ashby 1956). Die in der unternehmensinternen Sphäre des Verkaufsumfelds vorhandene Komplexität, bietet eine bessere Möglichkeit, durch Entscheidungen im Unternehmen gestaltet zu werden.

Dem Gedanken der "Boundary spanning role" folgend unterscheiden Schmitz/Rader (2010) eine organisationsbezogene, interne Sphäre der Komplexität und eine absatzmarktbezogne, organisationsexterne Sphäre der Komplexität im Verkauf.

3.1 Absatzmarktbezogene Komplexitätstreiber

Die unternehmensexterne Sphäre des Verkäuferumfelds betrifft vor allem den Absatzmarkt, in dem der Verkäufer tätig ist sowie die in diesem befindlichen Akteure. Dabei sind insbesondere Kunden, Wettbewerber und technologische Rahmenbedingungen für den Verkäufer relevant. Auf der Suche nach Komplexitätstreibern in der unternehmensexternen Sphäre des Verkaufsumfelds dominiert zunächst der Kunde mit seinen Bedürfnissen. Kundenforderungen nach maßgeschneiderten Lösungen birgt für Verkäufer die große Herausforderung, trotz der hohen Anzahl an Beteiligten extern beim Kunden sowie in den verschiedenen Abteilungen des eigenen Unternehmens zu jeder Zeit richtig und vollständig informieren zu können (Hutt/Speh 1992). Gleichzeitig steigt bei individualisierten Leistungen die Bedeutung von Services und deren technologische Komplexität (Homburg/Garbe 1999), sowie die Anforderungen an die Logistik, wenn ein gleich hohes Servicelevel wie bei anderen Produkten aufrecht erhalten werden soll. Weitere potenzialle Komplexitätstreiber liegen in neuen technologischen Entwicklungen und Wettbewerbsaktivitäten, über die der Verkäufer informiert sein muss um den Kunden und dem eigenen Unternehmen gerecht werden zu können (Grössler et al. 2006; Choi/Hong 2002; Mason 2007; Ingram 2004).

Einige dieser Herausforderungen betreffen nur indirekt den Verkaufsmitarbeiter. Auf Basis von Expertengesprächen unter Vertriebsmitarbeitern konnten drei organisationsexterne Komplexitätstreiber identifiziert werden.

3.1.1 Kundenkomplexität

Ein gewichtiger Teil der Komplexität, der Vertriebsmitarbeiter ausgesetzt sind, wird durch den Kunden ausgelöst. Kunden erwarten heute immer stärker individualisierte und teilindividualisierte Lösungen (Moorman/Rust 1999; Du et al. 2003). Um diesen Forderungen im Rahmen eines kundenorientierten Vorgehens gerecht zu werden, fordern Theorie und Praxis eine Reaktion in Form schneller Innnovationskraft, kürzerer Produktlebenszyklen (Ingram 2004; Ingram et al. 2005) sowie Personalisierung und Mass-Customization

(Pine 1993). Das Angebot individualisierter Kundenlösungen erfordert zeitintensive Evaluationen und Datenmanagement des Kundenverhaltens und der Kundenbedürfnisse durch den Verkaufsmitarbeiter und häufig durch weitere Spezialisten. Daher kann die Entwicklung notwendiger Kompetenzen und die dafür benötigte Zeit als Komplexitätskosten betrachtet werden (Blecker et al. 2005; Blecker/Abdelkafi 2006). Darüber hinaus verlangt das Vorliegen von Buying Centers in Business-to-Business Beziehungen sogar zusätzliche Anstrengungen der Verkäufer um überdurchschnittliche Margen zu erzielen (Ingram 2004). Zusätzliche Herausforderungen bestehen in der geografischen Geschäftsausweitung von Kundenunternehmen, der Akquisition neuer Kunen in neuen Ländern sowie die zunehmende internationale Zusammenarbeit mit Kunden. Die zusätzliche Reisezeit und die Notwendigkeit fremde Sprachen und Kulturen zu erlernen entwickeln sich zu Herausforderungen neben der alltäglichen Arbeitslast (Ingram 2004; Ingram et al. 2005).

Aufgrund des erheblichen Gewichts, das Kunden auf die Komplexität im Verkauf ausüben, soll dieser Bereich differenzierter betrachtet werden. Wichtige Teilbereiche, die einen besonderen Einfluss auf die Kundenkomplexität besitzen sind die Heterogeneität der Kunden und Kundengruppen, Buying Center-Strukturen, sowie die Marktnetze und Einkaufskooperationen der Kunden. Flankiert wird diese Entwicklung dadurch, dass Kunden aus verschiedenen Gründen die Besuche der Verkäufer abwehren, beschränken und zeitlich verkürzen.

- Heterogene Kunden(gruppen): Grundsätzlich geht ein Verkäufer bei jedem Kunden individuell vor (falls er nicht durch Gewohnheiten und Rituale einseitige Schwerpunkte setzt). Segmentansätze erzwingen professionelle Differenzierungen nach Kundengruppen und standardisieren das Vorgehen für jede Gruppe (Belz/Schmitz/Zupancic 2008). Einerseits wird damit der Verkauf von einer 'Ad hoc-Individualisierung' entlastet. Andererseits muss er sich an die Vorgaben und definierten Segmentprozesse halten und das vorgegebene Vorgehen geschickt mit der verbleibenden Individualisierung kombinieren (Belz/Schmitz/Zupancic 2008). Es ist möglich, dass Verkäufer homogene Kundengruppen bearbeiten und die Kundenzahl gering ist. Komplex wird es für den Verkaufer dann, wenn er verschiedene Segmente differenziert ansprechen soll (Belz/Schmitz/Zupancic 2008). Die Komplexität entsteht demnach einerseits durch die Heterogeneität der Kundengruppen, andererseits durch die Verkäuferzuordnung des Unternehmens. Dabei zeigt eine Untersuchung von Belz/Schmitz (2008, S. 39 ff. und 83), dass Verkäufer häufig nicht in der Lage sind, unterschiedliche Kundengruppen tatsächlich gezielt unterschiedlich anzusprechen und stattdessen dazu tendieren, in ähnliche Verhaltensmuster zu verfallen. Die Segmentierungen sind vielfältig und reichen vom Jugendmarketing zur Generation Silver, vom KMU zum Konzern oder berücksichtigten Abnehmerbranchen. Kunden sind beispielsweise Endkunden, Communities, multiple Vertriebspartner, Engineering Unternehmen, Beeinflusser, Erstausrüster (Original Equipment Manufacturers). Insbesondere, wenn sich Bedürfnisse von Kunden und Kundengruppen verändern, entsteht Komplexität, dann muss der Verkauf zwischen individuellem Vorgehen für den Kunden, den strategiekonformen Maßgaben für die Segmentbearbeitung und den neuen Anforderungen des Segments vermitteln.

- Buying Center Strukturen der Kunden: Bei den Kunden sind häufig ganze Buying Centers in die Beschaffungsentscheidung involviert. Daher gilt es für Verkäufer, die Beeinflusser, Techniker, Einkäufer und Nutzer gezielt anzusprechen (Schmitz/Biermann 2007). Dabei dauern manche Informations-, Entscheidungs- und Nutzungsprozesse sehr lange und der Kunde und die beteiligten Personen durchlaufen viele Zwischenschritte mit spezifischen Erwartungen für jeden Schritt (Schmitz/Biermann 2007). Zudem spielen in manchen Märkten auch externe Beeinflusser (etwa Architekten und im Baumarkt oder beratende Ingenieure für Industriegüter) eine wichtige Rolle. Schließlich prägen nicht nur Kunden, Distributionspartner und Beeinflusser das Geschehen im Markt. Teilweise können weitere Anspruchgruppen (Politik, Medien, Kritiker usw.) für den Fortschritt zentral sein. In vielen Fällen besitzt der Verkauf nur lückenhafte Informatione über die im Kundenunternehmen an der Kaufentscheidung Beteiligten. Die Unterschiedlichkeit dieser Zielgruppen und der Wechsel von Kunde zu Kunde, von Verkauf zu Verkauf stellen erhebliche Anforderungen an den Verkäufer, denn dieser ist aufgrund seines eigenen beruflichen Hintergrundes meist nicht in der Lage, sämtliche Ansprechpartner auf Kundenseite kompetent zu bedienen.

- Marktnetze und Einkaufskooperationen: In vielen Märkten fasst eine vertikale, dyadische Beziehung zwischen Anbieter und Kunde inzwischen zu kurz. Vielmehr begegnen Verkäufer zunehmend Marktnetzen zwischen Kunden und Anbietern, die vielfältig zusammenhängen. In solchen Netzen lässt sich moderieren, aber kaum direkt steuern. Die Ergebnisse von Verkaufsaktivitäten bleiben in vielen Fällen intransparent, weil sie über die verschiedenen Akteure und Stufen häufig nicht nachvollziehbar sind. Potenziert wird die Herausforderung durch die hohe Anzahl von Kunden und geografisch große Marktgebiete.

- Beschränkungen durch Kunden: Zahlreiche Kunden beschränken die Besuche von Anbietern. Mögliche Gründe sind beispielsweise eigene Überlastung, unergiebige Vertreterbesuche, Furcht vor Beziehungen zu einzelnen Einkäufern oder Lieferantenreduktion. Die Kundenressourcen werden damit zum zusätzlichen Engpass, in kürzesten Besuchen sollen komplexe Leistungen erörtert werden (Malms/Schmitz 2010; Malms/Schmitz 2009). Zudem formalisieren manche Abnehmer ihre Beschaffung mit Ausschreibungsverfahren oder Einkaufsbedingungen. Der Verkäufer muss sich deshalb in die differenzierten und aufwändigen Einkaufsprozedere seiner Kunden einlassen.

3.1.2 Wettbewerbskomplexität

Wettbewerbskomplexität umfasst die Aktivitäten des Wettbewerbs. In gesättigtem Märkten wächst der Druck durch Konkurrenten und beeinflusst die Verkaufsaufgabe. In globalisierten und deregulierten Märkten wir das Feld der sehr verschiedenen Anbieter erweitert und dynamisiert, was dem Verkäufer erschwert, seine Leistungen zu differenzieren und hohe Margen zu erzielen (Ingram, 2004; Matthyssens/Vandenbempt, 1998). Gleichzeitig vermehren sich Kooperationen zwischen Konkurrenzunternehmen nicht nur in Forschung und Entwicklung, sondern auch zwischen Verkaufsorganisationen. Durch Ähnlichkeit von Produkten und den dadurch schwindenden produktbezogenen Differenzierungsmöglichkeiten verschlechtert sich die Verhandlungsposition von Verkäufern (Owens/Quinn, 2007).

Ebenso führen Kooperationen im Verkauf nicht selten zu erhöhtem Aufwand für Administration und Koordination, wodurch die Komplexität für den Verkäufer ebenfalls erhöht wird (Owens/Quinn 2007).

3.1.3 Technologische Komplexität

Technologische Komplexität erfasst alle Anstrengungen eines Verkaufsaußendienstmitarbeiters, um sich fortlaufend über die technischen Neuigkeiten in einem Markt ausserhalb seines Unternehmens zu informieren, so z. B. bei Kunden, Wettbewerbern, Verbänden und Forschungsinstitutionen. Diese zeitintensive Suche nach aktuellen technologischen Entwicklungen im Markt ist notwendig, um die Kunden bestmöglich zu bedienen aber konkurrenziert die verfügbare Zeit für andere wichtige Verkaufsaufgaben (Ingram 2004).

3.2 Organisationsbezogene Komplexitätstreiber

3.2.1 Organisationale Komplexität

Wichtige Treiber der organisationalen Komplexität sind deren Spezialisierungsdimensionen. Diese folgen nicht selten anderen Kriterien als die externen Komplexitätsbedingungen es erfordern. Aus diesem Grund sind in vielen Unternehmen besondere Vertriebsrollen festgelegt, die den Koordinationserfordernissen organisatorisch Rechnung tragen. Typisch sind die installierten Key Account Manager. Ihre Aufgabe ist es (zum größten Teil) im Unternehmen die Abteilungen und Spezialisten für Großkunden zu koordinieren. Unternehmen sind nicht nach den Kundenansprüchen organisiert, deshalb braucht es einen 'go between' für die wichtigen Kunden. Natürlich steigert jedoch jeder zusätzliche Spezialist die Komplexität nochmals.

Eine der wichtigen Spezialisierungsdimension ist die geografische Dimension. Insbesondere sind die internationale und regionale Perspektive in Bezug auf Ihre Komplexitätsauswirkungen zu erfassen (Belz/Reinhold 1999). Auf der Ebene einzelner Verkaufsmitarbeiter spielen die Größe und die Eigenheiten der Verkaufsgebiete eine Rolle. Aber auch die Anzahl der Regionen und die örtliche Distanz, die Unterschiede der Marktbedingungen und Unternehmenspositionen in den geografischen Teilmärkten sowie Unterschiede in Sprache und Mentalität schaffen organisationale Komplexität für den Verkäufer. Damit treffen die externe Komplexität der geographischen Märkte mit der internen Organisation zusammen. Die organisatorische Integration des Vertriebs und die Organisation des Vertriebs prägen damit die organisationale Verkaufskomplexität insbesondere durch die regionale Spezialisierung, aber auch durch den Koordinationsbedarf zwischen Spezialeinheiten für Kundenlösungen und der funktionalen Spezialisierung von Produktion, Marketing und Vertrieb (Malms/Schmitz 2010).

Inzwischen prägen verschiedene Spezialisten die Disziplin des Marketing in Unternehmen. Typisch sind Produkt- und Kundenmanager, Marken und CRM-Spezialisten, Verkäufer und Kundenmanager, Innen- und Außendienst, Marketingservices/ sowie Vertrieb und Kundendienst (Schmitz/Jenewein/Malms 2008). Die vermeintliche Professionalisierung durch Spezialisierung erweist sich als Hemmschuh, wenn die einzelnen organisatorischen Differenzierungen ihre Wirkungsschwelle nicht erreichen und die Spezialisten nicht mehr für eine gemeinsame Marketingaufgabe wirksam koordiniert werden (Schmitz/Jenewein/Malms 2008). Damit erzeugt Spezialisierung immer dann Komplexität, wenn eine Koordination nicht wirksam integriert ist und der Verkäufer sich selbst nicht mehr in der Lage sieht, die Koordination wirkungsvoll selbst vorzunehmen (Belz 2007, S. 363 ff.).

3.2.2 Rollenkomplexität

Rollenkomplexität beschreibt die Herausforderung des Verkaufs, den verschiedenen an ihn gestellten Rollenerwartungen gerecht zu werden. Je nach Rolle oder Hauptaufgabe des Verkaufs, ergeben sich komplexere oder einfachere Vorgehensweisen. Die Zahl und Vielfalt der Verkaufsaufgaben prägt die Komplexität. Diese Aufgaben prägt auch die Differenzierung des Einkaufs von Unternehmen, so z. B. von strategischen Beschaffungsbereichen bis zum Einkauf von Standardgütern. Auch werden Sie durch Vorgehensweisen des Single und multiple Sourcing, Global und local Sourcing, Component und Modular Sourcing und auch Outsourcing bestimmt (Belz/Mühlmeyer 2001).

Einerseits vermindert eine enge Aufgabe des Verkaufs die Komplexität (z. B. Konzentration auf die Pre-Akquisition von Projekten). Andererseits führen enge Verkaufsaufgaben sofort zu zahlreichen internen und externen Schnittstellen und einem entsprechenden Koordinationsaufwand.

Begleitet wird die Verkaufsaufgabe durch den Stil der Erfüllung. Manche Unternehmen beschäftigen lauter Individualisten im Verkauf, die ihre Aufgabe sehr verschieden in die Zusammenarbeit mit Kunden umsetzen. Damit sind die Möglichkeiten der Verkäuferentlastung begrenzt, weil jeder Mitarbeitende seine Vorgehensweise selbst entwickelt. Zudem entsteht im Markt ein diffuser Auftritt des Unternehmens, was die Pluralität der Kundenerwartungen fördert.

Innerhalb der Organisation geben transparente Strukturen und Richtlinien (bspw. bezüglich der Gebietseinteilung oder Stellenbeschreibung) den Verkaufsmitarbeitern eine Orientierungshilfe (Babakus et al. 1996). Darüber hinaus fanden Cravens et al. (2004) heraus, dass Verkäufer, die unter einem transparenten Steuerungssystem arbeiten bessere Ergebnisse erzielen, zufriedener sind und seltener von Burnout und Role-Stress betroffen sind, als solche, die Strukturen arbeiten, die sich durch eine Kombination von Bürokratie, Intransparenz und schwacher Führung auszeichnen. Intransparente Strukturen erzeugen „Rollenkonflikte“ und „Rollenambiguität", die wiederum „Role Stress“ bewirken können (Jackson/Tax 1995). Untersuchungen zeigen, dass Role Stress die Abwanderungsabsicht erhöht, die Verbundenheit zur Organisation schwächt und die Gesamtleistung des Verkäufers senken kann (Jaramillo et al. 2006; Low et al. 2001).

3.2.3 Komplexität des Berichtswesens und der IT-Systeme

In der täglichen Arbeit des Verkaufs ist der Einsatz von Informationstechnologie inzwischen unverzichtbar. Salesforce Automation (SFA) Systeme oder Systeme des Customer Realtionship Management versorgen die Außendienstmannschaft mit den benötigten Informationen um effizient und produktiv zu arbeiten (Parthasarathy/Sohi 1997).

Die Systeme sollten den Verkauf entlasten und damit den Spielraum für aktive Zeit beim Kunden steigern. Mit dieser Zielvorgabe sind meistens Systeme für Customer Relations Management angetreten. Der Verkäufer muss aber das Handling und die Integration der verschiedenen Systeme erlernen, was sie herausfordert und nach Rangarajan et al. (2005) Aufgabenkomplexität mit sich bringt. Es entsteht für Verkäufer ein Aufwand für Initiierung, Planung, Informationssysteme, Marktfeedback und Reporting. Zudem scheint die Nutzung der Systeme durch den Außendienst oft ein Engpass zu bleiben. Die beabsichtigte Rationalisierung durch die Systeme wurde in den meisten Unternehmen kaum erreicht, allenfalls ließen sich die Transparenz über Kunden steigern oder die Mehrpersonenkontakte mit Kunden besser koordinieren. Die Professionalitat der Kundenbetreuung wurde verbessert. Die Verkäufer selbst empfinden die Supportsysteme aber häufig als Zusatzbelastung. Auch scheint ihnen der administrative Aufwand im Unternehmen laufend zu steigen.

Die Entscheidung, sich Kenntnisse über die SFA Technologie anzueignen und die Datenbanken entsprechend zu aktualisieren auf der einen Seite und die gewissenhafte Verfolgung der täglichen Arbeit mit den Kunden auf der anderen Seite ist ein Trade-Off, den viele Verkäufer fürchten (Zigurs/Buckland 1988). Fehlende Ressourcen und mangelhaftes Wissen über die Vorteile der Benutzung von SFA Systemen erhöhen die Komplexität ebenfalls (Rangarajan et al. 2005). Medienbrüche und unzuverlässige IT-Systeme können das Komplexitätsniveau steigern (Backlund 2002).

3.2.4 Leistungskomplexität

Die Komplexität der verkauften Leistungen ergibt sich besonders aus dem strategischen Ziel, als Solution Provider umfassende Lösungen für Kunden anzubieten, wodurch sich die Sortimentsbreite und -tiefe deutlich erhöht. Gleichzeitig führen die Verkürzung von Produktlebenszyklen und die Kadenz neu eingeführter Leistungsgenerationen und Produktinnovationen sowie Ausweitungen im Serviceportfolio vermehrt zu Leistungskomplexität.

Viele Leistungen werden zunehmend durch Know-how und Anwendungen beim Kunden differenziert. Der Verkäufer soll sich demgemäß vom Produktanbieter zum Generalist, Problemlöser sowie Virtuosen für Kunden entwickeln (Belz/Bussmann 2002). 'Solution-' und 'Enterprise-Selling' stellt andere und höhere Anforderungen an die Verkäufer, die Kunden und die Interaktion (Rackham and DeVincentis 1999). Zudem steigt die Vielfalt, weil sich Problemlösungen für Kunden oft weit mehr unterscheiden, als die nackten Produkte. Besonders im Problemlösungsgeschäft gilt es die Ansätze des Komplexitätsmanagement anzuwenden, die bereits in der Entwicklung und Produktion genutzt werden.

Manche Anbieter verbreitern und vertiefen ihre Angebote ständig, weil sie sich damit mehr Wachstum versprechen. Grundsätzlich unterstützt der Verkauf große Leistungsportfolios und Sortimente. Es besteht wohl die Auffassung, dass vielfältige Angebote für jeden potenziellen Kunden etwas bereithalten und damit der Erfolg steigt. Komplexe Sortimente machen jedoch den Verkäufer zunehmend zum Verwalter; es wird unmöglich, sich für wenige Leistungen aktiv zu engagieren. Erfolgreiche Teilangebote lassen sich nicht mehr forcieren, sie ertrinken in der Flut von Leistungen. Intern verursacht die Sortimentskomplexität enorme Kosten in Entwicklung, Produktion, Lagerung und Logistik. Bereits früh errechnete Wildemann (1999), dass eine Verdoppelung der Sortimente für Zulieferer die Gesamtkosten um 30 % steigerte.

Im Verkauf stellt sich die Frage, welche Sortimentsbreite ein Verkäufer realistisch beherrschen kann. Oft belassen beispielsweise Anbieter nach der Übernahme eines Unternehmens die Sortimente parallel und bringen sie durch einen gemeinsamen Vertrieb zum Kunden. Das Sortiment wird also verdoppelt, selbst wenn der Verkauf (ebenso wie der Kunde) schon vor einer Integration mit der Vielfalt Angebots überfordert war.

Ein kritisches Thema ist auch Cross Selling. Wenn ein Kunde bereits in einer Sparte des Anbieters kauft, ist es nahe liegend, die Zusammenarbeit für weitere Produkte, Services und Sparten des gleichen Unternehmens zu suchen (Malms/Schmitz 2010). Die Ansätze sind konzeptionell plausibel, aber kaum umgesetzt. Beispielsweise scheiterten viele Anbieter für Financial Services, die versuchten Versicherungen und Bankgeschäfte zu integrieren. Ebenso lassen sich viele Leistungssysteme im Verkauf ungenügend umsetzen (Loss 1996). Die konkrete Interaktion zwischen Kunde und Verkäufer begrenzt die Möglichkeiten (Malms/Schmitz 2010). Der Kunde ist auf einen spezifischen Kauf eingestellt und bemisst seine Einkaufszeit, der Verkäufer ist auf einen spezifischen Verkauf vorbereitet und bemisst seine Verkaufszeit. Diese Verkaufszeit gilt es für das Unternehmen möglichst produktiv zu nutzen. Wird in der halben Stunde mit dem Kunden auf verschiedene Sparten und Leistungen hingewiesen, so gelingt es wahrscheinlich nicht, irgendetwas zu verkaufen. Kurz: Erfolgreiche Strategien des Cross Selling müssen sich an den Möglichkeiten der Verkaufsinteraktion ausrichten.

3.2.5 Kanalkomplexität

Auch die Kanalstrategie der eigenen Organisation prägt die Komplexität im Verkauf. Dabei fallen insbesondere die Zahl differenzierter Distributionskanäle, die Konflikte und Konkurrenz zwischen Kanälen sowie der Abstimmungsbedarf bei paralleler Nutzung der Kanäle durch Kunden ins Gewicht.

Einerseits erlauben multiple Distributionskanäle eine Arbeitsteilung. Die Kanäle lassen sich mit verschiedenen Prozessen, Leistungen, Preisen, Dokumentationen usw. verbinden. Weil der Kunde jedoch mehrere Kanäle nutzt, ergeben sich laufend Überschneidungen und die Kanäle konkurrenzieren sich intern. So ist beispielsweise der Widerstand des Verkaufs gegenüber E-Business häufig. Lösungen sind im gesamten Multichannel-Management zu finden. Es gilt, das richtige Portfolio von Kanälen aufzubauen, die Kanäle wirksam abzugrenzen und produktiv mit Konflikten zwischen den Kanälen umzugehen (Schögel 1999).

3.2.6 Führungs- und Incentivierungskomplexität

In der Führung werden vielfältige Entwicklungen der Komplexität abgebildet. Vielleicht ist auch Führung selbst, ein wichtiger Treiber der Komplexität. In diesem Bereich äußert sich Vielfalt durch die Zahl der Ziele für den Verkauf, Konflikte zwischen Zielvorgaben sowie der Differenzierung der Incentives und Provisionssysteme.

Incentivierungsprogramme zählen zu den wichtigsten Stellhebeln, um das Verhalten von Mitarbeitern und deren Leistungsergebnisse zu beeinflussen (Larson/Resney 2004). Incentivierungssysteme können das Verhalten beurteilen oder aber die Ergebnisse erfassen. Ersteres kann eine bessere Information über das aktuelle Verhalten abgeben, allerdings ist allein die Erfassung aufwendig und teuer. Daher ist letztere, die Messung von Leistungsergebnissen in vielen Fällen vorherrschend, weil sie einfacher einzusetzen und günstiger zu überwachen ist, allerdings auf Kosten von weniger Information aufgrund von Zeitlags (Munter/ Kren 1995). Messinstrumente im Rahmen der Incentivierung verbinden häufig Ergebnisziele mit variable Vergütungsbestandteilen im Rahmen von Bonusplänen mit dem Ziel, Verkäufer durch eine Zielbeteiligung zur besseren Erreichung der Ziele zu motivieren und damit einen höeren Arbeitseinsatz zu erreichen. Oftmals sind die Ziele für das Verkaufspersonal nur schwer zu verstehen, verändern sich im Laufe des Jahres oder stehen in konfliktärer Beziehung zu einander (Sharma 1997). In solchen Fällen ist es für Verkäufer fast unmöglich, die direkte Auswirkung zwischen ihrem Arbeitseinsatz, der Zielerreichung und dem resultierenden Bonus vorherzusehen, weshalb die Verhaltenssteuerung versagt, oder die Systeme von Verkäufern als unfair und demotivierend angesehen werden (Filipczak 1993). Damit erzeugt Incentivierungskomplexität eine Situation, in der Verkäufer nicht mehr in der Lage sind, ihre Arbeit im Sinne der Systeme richtig zu priorisieren.

3.3 Zusammenfassender Überblick

Die in Kapitel 3.1 und 3.2 dargestellten organisationsexternen und organisationsinternen Komplexitätstreiber zeigt Abbildung 2.8.1 im Überblick.

Einerseits fördert Komplexität die Fähigkeiten der Verkäufer, sie steigert die Attraktivität der Verkaufsaufgabe. Mit komplexen Angeboten lösen Unternehmen auch mehr Aufgaben für Kunden. Andererseits wirkt Komplexität dann kontraproduktiv, wenn Verkäufer sich überfordert fühlen und zum zufälligen Spielball der Vielfalt werden.

Abbildung 2.8.1 Organisationsexterne und organisationsinterne Komplexitätstreiber

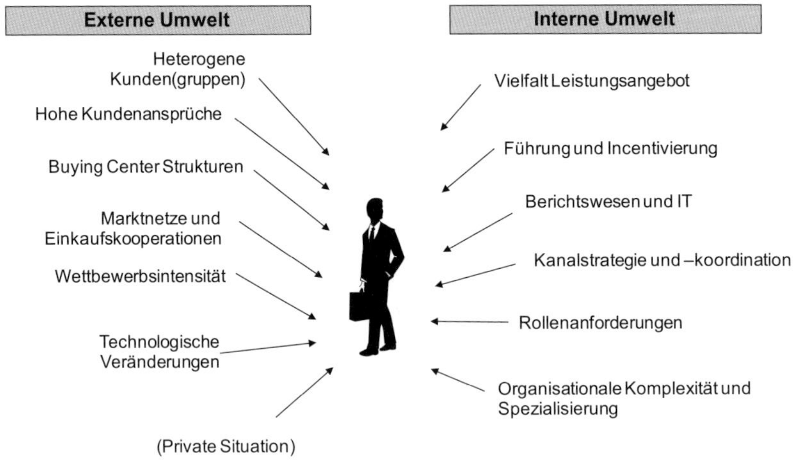

4 Wirkungen der Komplexität im Vertrieb

4.1 Individuelle und organisationale Auswirkungen

Es gibt in vielen Märkten und Unternehmen eine Dynamik zu mehr Komplexität: Mehr Anbieter, mehr Segmente, mehr Länder, mehr Produkte, mehr Services und differenzierte Kanäle. Multioptionsunternehmen verkaufen an vernetzte Multioptionskunden. Werden die erwähnten Dimensionen kombiniert, ergeben sich unzählige Varianten. So definierte beispielsweise eine Großbank 19 Kundensegmente und 120 Leistungsfelder, was bereits 2'280 Felder für differenzierte Ziele und Maßnahmen ergibt. Verschärft wird die Problematik durch beschleunigte Prozesse in den Märkten. Parallel steigt die Komplexität der eigenen Organisation durch die vielfältigen Ansprüche. Neuen Herausforderungen wird mit weiteren Spezialisten begegnet und die Strukturen und Prozesse werden unübersichtlich. Unternehmen konkurrenzieren zunehmend sich selbst und ihre Kunden, was die Zahl der Konflikte steigert.

Spezialisierungen und Vielfalt sind grundsätzlich im Marketing positiv besetzt. Führungskräfte scheinen eher komplexe als einfache Aufgaben zu bevorzugen. Auch scheint das Losungswort 'Kundennähe' jede exotische Lösung zu rechtfertigen. 'Falsch verstandene Kundenorientierung führt zu explodierenden Variantenzahlen und schließlich in den Ruin' (Boutellier/Schuh/Seghezzi 1997, S. 44 und 58). Dabei lassen sich Varianten nicht nur bei Produkten, sondern ebenso bei Services oder Aktivitäten der Marktbearbeitung ausmachen.

Die Folgen sind fatal: Zunehmend beschäftigen sich Unternehmen mit sich selbst. Häufig gelingt es kaum mehr, die Unternehmensleistungen für Kunden wirksam zu koordinieren. Die vielfältigen Entscheide werden nicht mehr an der Kontaktstelle zum Kunden getroffen, sondern nach oben delegiert; denn die Komplexität lässt sich nicht mehr durch ein Regelwerk steuern. Ein überlastetes Topmanagement und Management engagiert sich in punktuellen Eingriffen und zersplittert generell seine Ressourcen. Zahlreiche Ad-hoc-Entscheide und -Eingriffe vermitteln den Führungskräften nicht selten das trügerische Gefühl, operativ besonders präsent zu sein und maßgeblich mitzuwirken. Nur verlagert sich damit eine mögliche Dynamik zur Hektik.

Die Autoren gehen daher davon aus, dass sich Komplexität im Vertrieb vor allem darin auswirkt, dass aufgrund der fehlenden Durchsetzbarkeit von Strategien Geschäft bei Kunden verpasst wird, und damit Umsatzpotenziale unausgeschöpft bleiben. (s. Abbildung 2.8.2)

Abbildung 2.8.2 Komplexitätstreiber, Ressourcen und verpasstes Geschäft

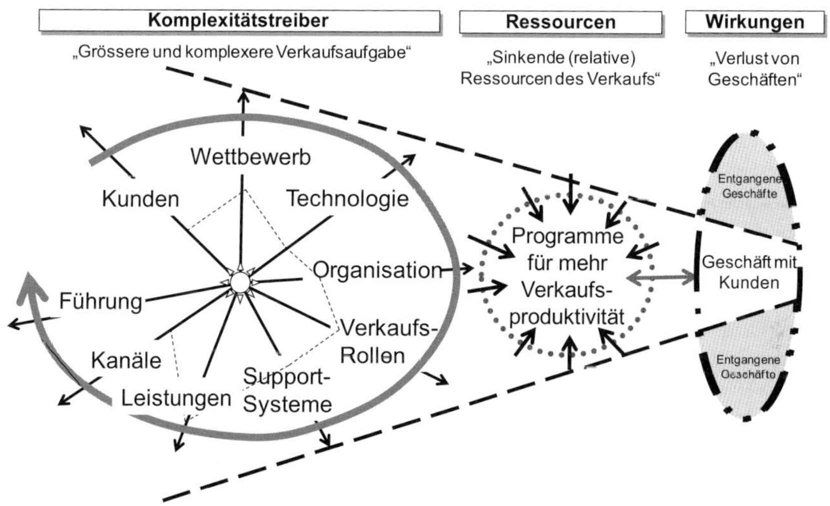

Des Weiteren resultiert Komplexität auch in individuellen Folgen für die betroffenen Aussendienstmitarbeiter, wodurch sich ihre Einstellung zu ihrer Tätigkeit und zum Unternehmen verändern kann. Insbesondere das Commitment, die Zufriedenheit können in Mitleidenschaft gezogen werden. Ferner entsteht Stress, wodurch sich Abwanderungsraten erhöhen und die Verkaufsergebnisse auch bei bestehendem Geschäft leiden.

4.2 Nicht-lineare kosten- und umsatzseitige Auswirkungen

Differenziert man die Auswirkungen der Komplexität nach ihrem Einfluss auf die betrieblichen Zielsetzungen, so lassen sich umsatzseitige und kostenseitige Effekte unterscheiden. Umsatzseitige Effekte können durch Komplexität entstehen, wenn sich das Verhalten des Verkäufers bei der Kundenbetreuung ändert, so z. B. durch eine falsche Priorisierung von Kunden und Produkten, einem Rückgang der Kundenbesuche und der Betreuungsintensität, einer verminderten Qualität bei der Kundenberatung, die sich allesamt letztlich auf die erzielten Verkäufe und den Umsatz auswirken können. Davon unterschieden werden können die Kostenwirkungen der Komplexität. In der Verkaufspraxis häufig anzutreffende kostenseitige Wirkungen liegen bspw. in höheren Abwanderungsraten beim Verkaufspersonal, bei Fehlspezifikationen beim Kunden und diesbezügliche Folgekosten, fehlerhafte interne Absprachen mit anderen Abteilungen, Fehler bei der Auslieferung und Installation, und damit letztlich in Kosten der Wiedergutmachung und Reparatur.

Folgt man der im Bereich der Organisationspsychologie geführten Diskussion von Von Rosenstiel et al. (2005, S. 44) und Udris (1992, S. 26), so lässt sich schwerlich annehmen, dass die Komplexität in einer linearen Beziehung zu ihren Auswirkungen verläuft. Vielmehr zeigen Untersuchungen aus der Organisationspsychologie, dass geringe Komplexität, die auch als Monotonie bezeichnet wird ebenso Fehlerkosten hervorruft wie ein sehr hohes Ausmaß an Komplexität (s. Abbildung 2.8.3). Die minimalen Fehlerkosten ergeben sich danach in einem mittleren Niveau der Komplexität. Von Rosenstiel et al. (2005, S. 44) begründen die hohen Fehlerkosten im Bereich der Monotonie damit, dass Mitarbeiter qualitativ unterfordert werden wodurch Langeweile und Konzentrationsverlust hervorgerufen werden. Aus diesen Überlegungen heraus lässt sich folgern, dass auch im Falle umsatzseitiger Effekte eine nicht-lineare Beziehung vorliegt. Durch monotone Tätigkeiten werden auch kunden- und umsatzseitig Fehler erzeugt, die allerdings auf der Umsatzseite zum tragen kommen. Es ist daher auch bei den umsatzseitigen Effekten von einer nicht-linearen, umgekehrt U-förmigen Beziehung zwischen Komplexität und der Ergebnisvariablen auszugehen.

Komplexität darf also nicht wahllos reduziert werden, sondern muss insofern gesteuert werden, dass sich ein kostenminimales und umsatzseitig maximales Niveau ergibt. Dies kann als Voraussetzung gelten, um eine hohe Profitabilität im Verkauf zu erreichen.

Abbildung 2.8.3 Kurvenverlauf kosten- und umsatzseitiger Effekte der Komplexität im Verkauf (Quelle: Von Rosenstiel et al. 2005, S. 44; Udris 1992, S. 26)

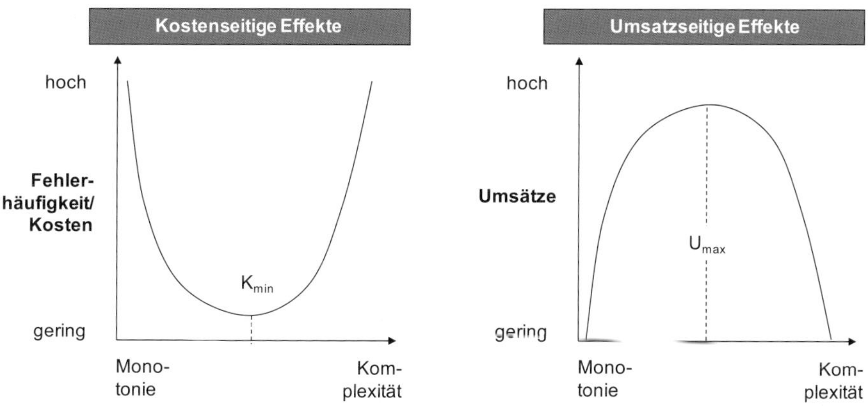

5 Umgang mit Komplexität durch Management und Verkauf

5.1 Übergreifendes Management der Verkaufskomplexität

Top Management und Management bestimmen in Unternehmensführung und Marketing, welche Strategien, Initiativen, Lösungen und Tätigkeiten für den Erfolg nötig sind. Entscheide betreffen Kostensenkungen (z. B. Personalsenkung im Verkauf), Neuprodukteinführungen, Erschließung neuer Kundengruppen, Customer Relationship Management, EBIT-Vorgaben und Margen usw. Viele dieser Vorgaben lassen sich nur mit dem Verkauf realisieren.

Das System des Vertriebs ist zudem eingebettet in das gesamte Unternehmen (Strategien, Wachstum, Übernahmen usw.) und die Beziehungen zu Technik, Logistik, Kundendienst, Marketing, Controlling oder Ländereinheiten sind mannigfaltig.

Die in Kapitel 2 dargestellten organisationsinternen und organisationsexternen Komplexitätstreiber geben einen ersten Aufschluss darüber, durch welche Determinanten die wahrgenommene Komplexität eines Verkäufers bestimmt werden kann. Das analytische Vorgehen nach Bereichen der Verkaufskomplexität greift allerdings zu kurz. Wahrscheinlich gilt es, die Lösungspakete eines 'schlanken Verkaufs' z. B. für Produkteinführungen oder die

Erschließung neuer Kundengruppen zu integrieren (also beispielsweise Kunden- und Leistungsvorgaben, Prozesse, Führung usw. zu verbinden). Ebenso wäre es sinnvoll, die Bereiche für internationale Niederlassungen zu verknüpfen oder den Einkaufs-/Verkaufsprozess als integrierenden Bezug zu wählen. Komplexität wirkt systemisch und lässt sich nicht nur mit einzelnen Maßnahmen vermeiden oder bewältigen.

Komplexität wird auch durch eine gewisse Zurückhaltung im Management intern gefördert. Die kontraproduktive Vielfalt beruht oft darauf, dass frühere Leistungen und Aktivitäten beibehalten statt bereinigt werden, auch wenn ihr Beitrag zu Wertschöpfung und Erfolg abnimmt und zu gering wird (Boutellier/Schuh/Seghezzi 1997, S. 41). Ab einer gewissen Schwelle bewirkt Vielfalt nur noch mehr Vielfalt - 'alles geht' ist die Grundhaltung der Beteiligten.

> Nicht selten entscheiden Gremien (im Schonraum der Sitzungszimmer): Das macht dann der Verkauf. Sie delegieren 150 Aufgaben, wenn der Verkauf höchstens 100 erfüllen kann und sind dann erstaunt, wenn nur 60 erledigt werden. Nicht selten weiß das Management nicht genau, was der Vertrieb tut und hat vielleicht auch etwas Angst, das genau zu erfahren.

Generell entgleitet dem Management mit zunehmender Komplexität die Möglichkeit zu steuern. Es kann deshalb sinnvoll sein, die Systeme zu verkleinern, also unabhängige und überschaubare Einheiten zu bilden. Deshalb ist bei der Diskussion um Komplexität auch immer zu beachten, welche Einheit betrachtet wird. Es gibt mehr oder weniger komplexe Bedingungen für Branchen, Unternehmensgruppen, Unternehmen, Sparten, Ländereinheiten, Abteilungen, Arbeitsteams oder Führungskräfte und Mitarbeiter. Es ist dabei interessant, dass Vielfalt und dezentrale Lösungen oft nur dann in Komplexität und Probleme der Führung münden, wenn diese Vielfalt auf übergeordneter Ebene integriert werden soll. Es lässt sich sogar behaupten, dass Komplexitätsreduktion auf übergeordneter Ebene durch globale Lösungen, Standardisierung, Zentralisierung, einheitliches Controlling usw. auf untergeordneter Ebene die Aufgaben erschwert und damit komplexer macht, weil es gilt, zusätzlich übergeordnete Interessen zu integrieren.

Komplexität lässt sich vermeiden, beherrschen oder vermindern. In jedem Komplexitätsbereich spielen eine Rolle:

- Vereinfachung durch Konzentration/Selektion
- Modularisierung
- Prozess-Standardisierung und -differenzierung (bewusste Unterscheidung von generellen, differenzierten und individuellen Schritte)
- Verschiebung 'Fertigstellung' - möglichst späte Differenzierung; Kompetenz an die 'Front'
- Spezialisierung (Trennung)

Glücklicherweise ist nicht jeder Bereich der Komplexität für Unternehmen wichtig. Es gilt, wenige Schwerpunkte zu bestimmen, weil sonst der Blickwinkel der Komplexität im Verkauf nicht mehr greifen kann. Das Management muss sich also einerseits einen Überblick darüber verschaffen, welche Initiativen und Entwicklungen einerseits die Komplexität aus Sicht des Verkaufs in welchem Maße erhöhen oder reduzieren. Andererseits muss bei jedem einzelnen Komplexitätstreiber eingeschätzt werden, welche Bedeutung dieser für den Geschäftserfolg besitzt. Dabei ist zu beachten, ob die Komplexitätseffekte im Verkauf ggf. durch andere Umsatz- oder Kosteneffekte im Unternehmen kompensiert oder sogar überkompensiert werden. Abbildung 2.8.4 zeigt eine Matrix zur Bewertung der Komplexitätstreiber am Beispiel eines mittelständischen Maschinenbauunternehmens. Die Komplexitätswirkungen wurden im Rahmen einer Verkäuferberfagung ermittelt, während die Bedeutung für den Geschäftserfolg aus Managementperspektive erfasst wurde.

Abbildung 2.8.4 Bewertungsmatrix zur Komplexität im Vertrieb

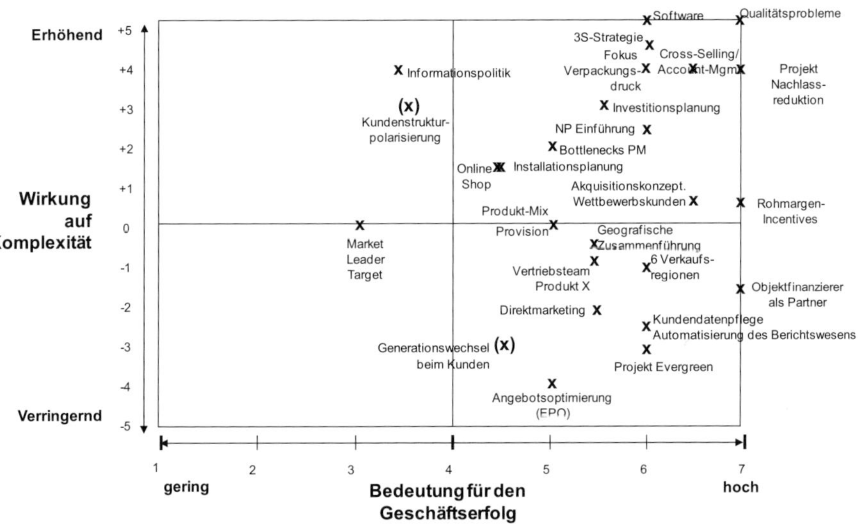

Komplexitätstreiber, die eine komplexitätserhöhende Wirkung und gleichzeitig eine hohe Bedeutung für den Geschäftserfolg besitzen müssen einer detaillierten Problemanalyse unterzogen werden, um Ansatzpunkte zur Komplexitätsreduktion zu identifizieren. Komplexitätstreiber, welche die Komplexität erhöhen, aber gleichzeitig keine Bedeutung für den Geschäftserfolg besitzen müssen rigoros reduziert und vereinfacht werden. Hierbei sind weniger Kompromisse nötig, denn die einzelnen Aktivitäten besitzen für den Geschäftserfolg nur eine untergeordnete Rolle. Komplexitätstreiber, die Komplexität verringern und eine hohe Bedeutung für den Geschäftserfolg besitzen sind ggf. zu verstärken. Darüber hinaus geben sie wichtige Informationen für die Strategieentwicklung. Im Falle von

Komplexitätstreibern, die eine komplexitätsverringernde Wirkung und gleichzeitig wenig Bedeutung für den Geschäftserfolg besitzen ist situativ zu entscheiden. Ggf. sind hierbei Einsparungen möglich.

Allerdings können die einzelnen Komplexitätstreiber häufig nicht unabhängig voneinander betrachtet werden. Die einzelnen Faktoren beeinflussen sich gegenseitig, dabei prägen die Konflikte zwischen den verschiedenen Anforderungen an den Verkauf die Komplexität und Überforderung. Typisch ist beispielsweise das Key Account Management. Verantwortliche Schlüsselkunden-Manager können sich auf wenige Kunden konzentrieren, sie erfüllen für sie aber umfassende Aufgaben. Die Konzentration auf wenige Kunden wird durch eine hohe Komplexität in sämtlichen übrigen Faktoren begleitet. Auch sind die Ansprüche dieser Key Accounts besonders hoch. Damit deuten wir die Kombinationsvielfalt zwischen den Faktoren und ihren Ausprägungen und an, die zu unzähligen Einzelsituationen führt, welche der Vertrieb zu bewältigen hat.

Dabei gehen wir davon aus, dass Verkäufer unter dieser Komplexität kaum bewusst leiden. Der Mensch stützt sich auf wunderbare Mechanismen, um mit Vielfalt umzugehen. Komplexität auf der Ebene des Vertriebs äußert sich in einer Überforderung mit einer Vielzahl von Vorgaben und Aufgaben, im Vergleich zu den Ressourcen (insbesondere der verfügbaren Zeit) der Mitarbeiter im Außendienst. Gezwungenermaßen bewältigen Verkäufer die beschriebenen Schwierigkeiten recht souverän; aber nur für sich selbst.

Die Komplexitätsbewältigung durch einzelne Verkäufer, kann sich aber für ein Unternehmen negativ auswirken. Typisch sind beispielsweise:

- kurzfristigere Ausrichtung des Verkaufs, 'ad hoc' statt gestaltender Verkauf
- Gewichtung des sicheren Geschäftes und Verdrängung von Innovationen
- Überspielen von Know-how-Lücken (intern und gegenüber Kunden)
- Rückzug auf bekannte Bearbeitungsrituale im Markt
- Vernachlässigung von Aufgaben; individuelle Vereinfachung in sämtlichen Arbeitsbereichen
- Abschottung (bis zu Kampf) gegen Zentralen, gegen Marketing oder Technik usw.
- taktische Nutzung des Zusammenspiels von Vorgaben, Erfolgen und Belohnung
- Zersplitterung, Stress und Demotivation (wachsendes Gefühl nicht zu genügen).

Der Verkäufer tut immer weniger, was er tun müsste. Er strengt sich individuell an, entspricht aber nicht mehr den Ansprüchen. Er fühlt sich eher behindert, als im Erfolg unterstützt. Seine Arbeitssituation verschlechtert sich, statt sich zu verbessern.

5.2 Management ausgewählter Komplexitätstreiber

Mit der Entscheidung des Managements, ausgewählten Treibern der Komplexität entgegenzuwirken, stellt sich die Frage nach wirksamen Lösungsansätzen. Aufgrund der Spezifität und Vielfältigkeit der Komplexitätssituation in den einzelnen Unternehmen, lassen sich nur schwer allgemeingültige Lösungsansätze formulieren. Dennoch sollen im Folgenden zu jedem Komplexitätstreiber Ansätze aufgezeigt werden, die in unterschiedlichen Kombinationen zur Bewältigung der Komplexität beitragen können.

Tabelle 2.8.1 Lösungsansätze im Bereich einzelner Komplexitätstreiber

	Komplexitätstreiber	Stichworte zu Lösungsansätzen
externe Komplexität	Kundenkomplexität	Kundensegmentierung, Kundenselektion nach Kundenwert, Key Account Management, unpersönliche und standardisierte Marktbe arbeitung für Kleinkunden, Kunden-Verkaufs-Prozessmanagement (vgl. Diller/Haas/Ivens 2005), Offer Screening und Trefferquoten-Management, Community Marketing, Management persönlicher Geschäftsbeziehungen. Jede Vorgabe in diesen Bereichen schränkt den persönlichen Verkauf auch ein. Entsprechend anspruchsvoll ist es, diese Ansätze zu realisieren.
	Wettbewerbskomplexität	Nationales und internationales Competitive Intelligence, Specification Sheets mit wettbewerbsbezogenen Argumentationshilfen, Klare eigene Wettbewerbsstrategie.
	Technologische Komplexität	Regelmäßige Information über technologische Entwicklung, interne Kanäle für Marktfeedback, enge Verzahnung zwischen technologischen Bereichen und Verkauf.
interne Komplexität	Organisationale Komplexität	Vereinfachung der Organisation und Konzentration auf wenige, ergiebige Spezialisierung, Prozessorientierung von Marketing und Vertrieb, integrierender Ziel- und Budgetprozess, Verkaufsaufgaben der 'Nichtverkäufer' bestimmen (Topmanagement, Technik, Kundendienst, Innendienst usw.), geklärtes Teamselling. Global und local Selling, Vertriebspartner als Kunden, Unterstützungspakete für Töchter und Vertretungen. Querbezüge ergeben sich zu sämtlichen übrigen Bereichen der Komplexität.
	Rollenkomplexität	Zukunftsbezogene Leistungsprofile des Verkaufs, Verkäuferselektion und -entwicklung, Marktbearbeitungsprozesse, Spezialisierung, interaktive Markenführung (Binckebanck 2006).

	Komplexitätstreiber	Stichworte zu Lösungsansätzen
interne Komplexität	Komplexität des Berichtwesens und IT-Systeme	Benutzerfreundliche Sales Support Systeme, einfache Pflege und Reporting, optimiertes Management der Verkäufer-Zeit, Tandem Innen- und Außendienst.
	Leistungskomplexität	Leistungsselektion, Leistungsdifferenzierung und Leistungs-Levels (z. B. Problemlösung, Standard), Leistungsvereinfachung und -erklärung (Modularisierung, Leistungsbausteine usw.), Leistungsprozesse, Vertriebsprozesse für erfolgreiche Produkteinführungen usw.
	Kanalkomplexität	Lösungen sind im gesamten Multichannel-Management zu finden. Es gilt, das richtige Portfolio von Kanälen aufzubauen, die Kanäle wirksam abzugrenzen und produktiv mit Konflikten zwischen den Kanälen umzugehen (Schögel 1999).
	Führungs- und Incentivierungskomplexität	Prioritäten in Zielen und Controlling, Vereinfachung der Vorgaben, überschaubare und flexible Lohnsysteme oder Fixlöhne, gezielte und wenige Incentives, aktive Führung durch Zielvereinbarung und situative Unterstützung, Abstimmung von Aufgaben und Ressourcen im Verkauf.

6 Zusammenfassung und Fazit

Das heutige Arbeitsumfeld von Verkaufsaußendienstmitarbeitern ist geprägt durch vielfältige organisationsinterne und organisationsexterne Komplexitätstreiber. Der Vertrieb besitzt eine bedeutende Stellung im Unternehmen und wird durch viele Verkäufer im Kontakt mit vielen Kunden erfüllt. Viele Verkaufsmitarbeiter sind zudem seit langer Zeit im Verkauf tätig und haben über die Jahre eine individuell erfolgreiche Vorgehensweise entwickelt. Groß ist deshalb die Versuchung, die Eigenheiten des gewachsenen Vertriebs mehrheitlich zu akzeptieren und zu einem gewissen Grad sich selbst zu überlassen. Veränderungen sind im Vertrieb anspruchsvoll umzusetzen. Vor dieser Herausforderung stehen alle Wettbewerber. Jener Anbieter, der Vertrieb und neue strategische Anforderungen wirksamer verbinden kann, schafft sich nachhaltige Wettbewerbsvorteile.

Die Vielfalt an Vorgaben und Aufgaben für den Verkauf äußert sich in vielen und differenzierten Zielen, breiten Sortimenten, hohen Zahlen betreuter Kunden, ausgedehnten internen Beanspruchungen (durch Informatik, Feedback vom Markt, Bestellabläufe, interne Aufträge und Rückfragen, interne Projekte/ Sitzungen/Workshops/ Schulungen usw.).

1. Erstens lässt sich mit der Komplexität bezogen auf jedes Merkmal von Kunden, Leistung, Regionen, Organisation usw. spezifisch umgehen. So spielen bei der Organisation die Diskussionen um Prozesse, schlanke Organisationen eine Rolle. Bei der Internationalität greifen die Ansätze der Internationalisierung und von globalen Lösungen. Bei der Leistung ist beispielsweise der Umgang mit den Variantenzahlen in jeder Wertschöpfungsstufe von Produkten wichtig.

2. Zweitens lässt sich Vielfalt und Komplexität nicht beliebig beschränken, ohne Vorteile für Unternehmen und Kunden einzubüßen. Der Umgang mit Komplexität kann gerade wichtiger Vorteil für Kunden und gegenüber dem Wettbewerb sein.

Komplexität in der Produktion durch die Vielfalt der Produkte äußert sich in verschiedenen Folgekosten, etwa bei Losgrößen, Nacharbeiten, Lagerhaltung usw. Komplexität im Verkauf mündet in der Überforderung des Außendienstes und im verpassten Geschäft, weil dieser sich nur noch um einen kleinen Teil der angestrebten Aufgabe wirklich kümmern kann. Die Wirkung lässt sich schwierig nachweisen und wird wohl deshalb meistens vernachlässigt.

Vom Verkauf lässt sich beliebig viel fordern, entscheidend ist aber, was er erfüllen kann.

Gelingt es einem Unternehmen, die eigene Leistungsfähigkeit in die Interaktion mit Kunden zu bringen, so sind die Wirkungen für Erträge und Umsätze enorm. Damit wird der Verkauf das Tor zum Markt und bleibt nicht länger das Nadelöhr zum Kunden.

Verkaufskomplexität ist eine umfassende Perspektive. Das ist Stärke des Ansatzes, ganzheitlich bezieht er sich darauf, was zwischen Unternehmen und Kunden geschehen soll. Gleichzeitig ist das eine Schwäche. Verkaufskomplexität kann alle herkömmlichen Ansätze des Verkaufsmanagement betreffen. Weder Zeitanalysen, Schulung, Ziele, Verhandlung oder Entlohnungssysteme sind ausgeschlossen. Deshalb ist es so wichtig, die kontraproduktiven Treiber der Verkaufskomplexität zu bestimmen, um in der Folge die richtigen Prioritäten setzen zu können.

Literaturverzeichnis

Ashby, W.R. (1956). Requisite variety and implications for control of complex systems. Cybernetica, 1, S. 83-99.

Babakus, E./ Cravens, D.W./Grant, K./Ingram, T.N./LaForge, R.W. (1996). Investigating the relationships among sales, management control, sales territory design, salesperson performance, and sales organization effectiveness. International Journal of Research in Marketing, 13. Jg., Nr. 4, S. 345-363.

Backhaus, K. (2003): Industriegütermarketing, 7. Auflage, München: Verlag Vahlen.

Backlund, A. (2002). The concept of complexity in organisations and information systems. Kybernetes, 31. Jg., Nr. 1, S. 30–43.

Belz, Ch. (1999): Verkaufskompetenz, 2. Aufl., St. Gallen und Wien: Thexis und Ueberreuter.

Belz, Ch. (2005): Komplexitätsmanagement durch professionelle Markenführung, in: Thexis Nr. 1, S. 2-8

Belz, Ch. (2007): Organisation und Spezialisierung für ein innovatives Marketing, in: Belz, Ch./ Schögel, M/Tomczak T. (2007): Innovation driven Marketing, Wiesbaden: Gabler, S. 363-399.

Belz, Ch./Bussmann, W. (2002): Performance Selling, St. Gallen und München: Thexis und Redline Wirtschaft.

Belz, Ch./Mühlmeyer, J. (2001): Key Supplier Management, St. Gallen und Kriffel-Neuwied: Thexis und Luchterhand.

Belz, Ch./Reinhold, M. (1999): Internationales Vertriebsmanagement für Industriegüter, St. Gallen: Thexis.

Belz, Ch./Schmitz, Ch. (2008): Smart Account Management: Erfolg mit kleinen Geschäften. St. Gallen: Thexis.

Belz, Ch./Schmitz, Ch./Zupancic, D. (2008): So managen Sie Kleinkunden. in: Harvard Business manager, 30. Jg., Heft 7 (Juli), S. 70-79.

Belz, Ch./Schmitz, Ch. (2007): Vertriebsführung- und komplexität. in: Marketingjournal, 40. Jg., Nr. 12, S. 8-13.

Binckebanck, L. (2006): Interaktive Markenführung im Verkauf, St. Gallen: Dissertation der Universität (in Vorbereitung).

Blecker, T./Abdelkafi, N. (2006). Complexity and variety in mass customization systems: analysis and recommendations. Management Decision. 44. Jg.; Nr. 7, S. 908-929.

Blecker, T./Friedrich, G./Kaluza, B./Abdelkafi, N./Kreutler, G. (2005). Information and Management Systems for Product Customization. New York: Springer.

Bonner, S.E. (1994). A model of the effects of audit task complexity, Accounting, Organizations and Society, 19. Jg., Nr. 3, S. 213-234.

Boutellier, R./Schuh, G./ Seghezzi H.D. (1997): Industrielle Produktion und Kundennähe - ein Widerspruch?, in: Schuh, G./ Wiendahl, H.P. (Hrsg.): Komplexität und Agilität, Berlin: Springer, S. 37-64.

Choi, T.Y./Hong, Y. (2002). Unveiling the structure of supply networks: case studies in Honda, Acura, and DaimlerChrysler. Journal of Operations Management, 20. Jg., Nr. 2, S. 469-93.

Cilliers, P. (1998). Complexity and Postmodernism: Understanding Complex Systems. London: Routledge.

Cilliers, P. (2000). What Can We Learn From a Theory of Complexity? Emergence, 2. Jg., Nr. 1, S. 23–33.

Cravens, D.W./Lassk, F.G./Low, G. S./Marshall, G. W./Moncrief. W. C. (2004). Formal and informal management control combinations in sales organizations. The impact on salesperson consequences. Journal of Business Research, 57. Jg., Nr. 3, S. 241–248.

Cross, M./Brashear, T./Rigdon, E./Bellenger, D. (2007). Customer orientation and salesperson performance. European Journal of Marketing, 41. Jg., Nr. 7/8, S. 821– 835.

Diller, H./Haas, A./Ivens B. (2005): Verkauf und Kundenmanagement - eine prozessorientierte Konzeption, Stuttgart: Kohlhammer.

Du, X./Jiao, J./Tseng, M. (2003). Identifying customer need patterns for customization and personalization. Integrated Manufacturing, 14. Jg., Nr. 5, S. 387-396.

Filipczak, B. (1993). Why no one likes your incentive program. Training, 30. Jg., Nr. 8, S. 19-25.

Frensch, P./Funke, J. (1995). Complex Problem Solving: The European Perspective (S. 3-25). Hillsdale: Lawrence Erlbaum.

Funke, J. (1991). Solving complex problems: Human identification and control of complex systems. In R. Sternberg & P. Frensch (Eds.), Complex problem solving: Principles and mechanisms (S. 185-222). Hillsdale: Lawrence Erlbaum.

Grössler, A./Grübner, A./Milling, P. (2006). Organisational adaptation processes to external complexity. International Journal of Operations & Production Management, 26. Jg., Nr. 3, S. 254-281.

Habermas, J./Luhmann, N. (1971). Theorie der Gesellschaft oder Sozialtechnologie - Was leistet die Systemforschung? Frankfurt a. M.: Suhrkamp.

Haerem, T./Rau, D. (2007). The influence of degree of expertise and objective task complexity on perceived task complexity and performance. The Journal of Applied Psychology, 92. Jg., Nr. 5, S. 1320-1331.

Homburg, C./Garbe, B. (1999). Towards an Improved Understanding of Industrial Services: Quality Dimensions and Their Impact on Buyer-Seller Relationships, Journal of Business-to-Business Marketing, 6. Jg., Nr. 2, S. 39-71.

Hutt, M./Speh, T. (1992). Business Marketing Management (4th ed.). Fort Worth: The Dryden Press.

Ingram, T. (2004). Future Themes in Sales and Sales Management: Complexity, Collaboration, and Accountability. Journal of Marketing Theory and Practice, 12. Jg., Nr. 4, S. 18-28.

Ingram, T.N./LaForge, R.W.&/Locander, W.B./MacKenzie, S.B./Podsakoff, P.M. (2005). New Directions for Sales Leadership Research. Journal of Personal Selling & Sales Management, 25. Jg., Nr. 2, S. 137-154.

Jackson, D./Tax, S. (1995). Managing the industrial salesforce culture. Journal of Business & Industrial Marketing, 10. Jg., Nr. 2, S. 34-47.

Jaramillo, F./Mulki, J./Solomon, P. (2006). The role of ethical climate on salesperson's role stress, job attitudes, turnover intention, and job performance. Journal of Personal Selling & Sales Management, 23. Jg., Nr. 3, S. 271-282.

Kiss, G. (1990). Grundzüge und Entwicklung der Luhmannschen Systemtheorie. (2. Aufl.). Stuttgart: Enke.

Larson, M./Resney, R. (2004). Why "sales force effectiveness" isn't. Handbook of Business Strategy, 5. Jg., Nr. 1, S. 233-237.

Loss, Ch. (1996): Systemverkauf, St. Gallen: Dissertation der Universität.

Low, G./Cravens, D./Grant, K./Moncrief, W. (2001). Antecedents and consequences of salesperson burnout. European Journal of Marketing, 35. Jg., Nr. 5/6, S. 587-611.

Luhmann, N. (1984). Soziale Systeme. Grundriß einer allgemeinen Theorie. Frankfurt a. M.: Suhrkamp.

Luhmann, N. (1986). Ökologische Kommunikation. Kann die moderne Gesellschaft sich auf ökologische Gefährdungen einstellen? Opladen: Westdeutscher.

Luhmann, N. (1990). Soziologische Aufklärung; 5. Bd; Konstruktivistische Perspektiven. Opladen: Westdeutscher.

Malms, O./Schmitz, Ch. (2010): A salesperson's cross-functional orientation: antecedents and effects on cross-selling success, in: AMA Winter Educators 2010 Conference Proceedings, New Orleans, Lousiana.

Malms, O./Schmitz, Ch. (2009): Antecedents of a Cross-Functional Orientation and the Effect on Cross-Selling Success, in: EMAC 2009 Conference Proceedings, Nantes, FR.

March, J. G./Simon, H. A.(1958): Organizations, 2nd Ed., New York: Wiley.

Mason, R. B. (2007). The external environment's effect on management and strategy. A complexity theory approach. Management Decision, 45. Jg., Nr. 1, S. 10-28.

Matthyssen, P./Vandenbempt, K. (1998). Creating competitive advantage in industrial services. Journal of Business & Industrial Marketing, 13. Jg., Nr. 4/5, S. 339-355.

Mehrabian, A./Russell, J. A. (1974). An Approach to Environmental Psychology. Cambridge/London: MIT Press.

Moorman, C./Rust, R. (1999). The Role of Marketing. Journal of Marketing, 63. Jg., Nr. 180-197.

Morgan, R./Hunt, S. (1994).The Commitment-Trust Theory of Relationship Marketing. Journal of Marketing, 58. Jg., Nr. 3, S. 20-38.

Munter, P./Kren, L. (1995). The impact of uncertainty and monitoring by the board of directors on incentive system design. Managerial Auditing Journal, 10 Jg., Nr. 4, S. 23-34.

Owens, M./Quinn, B. (2007). Problems encountered within international retail joint ventures: UK retailer case study evidence. International Journal of Retail & Distribution Management, 35. Jg., Nr. 10, S. 758-780.

Parthasarathy, M./Sohi, R. (1997). Salesforce automation and the adoption of technological innovations by salespeople: theory and implications. Journal Of Business & Industrial Marketing, 12. Jg., Nr. 3/4, S. 196-208.

Pine, B.J. II (1993). Mass Customization: The New Frontier in Business Competition. Boston: Harvard Business School Press.

Rackham, N./DeVincentis,J.R. (1999): Rethinking the Sales Force, New York: Mc Graw Hill.

Rangarajan, D./Jones, E./Chin, W. (2005). Impact of sales force automation on technology-related stress, effort, and technology usage among salespeople. Industrial Marketing Management, 34. Jg., Nr. 4, S. 345–354.

Rosenbloom, B. (1999): Marketing Channels, A Management View, 6. Auflage, Fort Worth u.a.: The Dryden Press.

Rosenstiel, L. von/Molt, W./Rüttinger, B. (2005): Organisationspsychologie, 9. Aufl., Stuttgart: Kohlhammer.

Schmitz, Ch./Biermann, Ph. (2007): Beschaffungsprozesse mittelständischer Unternehmen - Eine explorative Analyse am Beispiel der Beschaffung von Informationstechnologie. in: Zeitschrift für KMU und Entrepreneurship, 55. Jg., Nr. 4, S. 243-265.

Schmitz, Ch./Jenewein, W./Malms, O. (2008): Komplexität in Marketing und Verkauf - gemeinsame Aufgaben, kritische Schnittstellen und Mindset-Differenzen, in: Marke 41, 41. Jg., Nr. 5, S. 10-16.

Schmitz, Ch./Rader, Ph. (2010): Sales complexity - Conceptualization and a new measure of complexity, in: AMA Winter Educators 2010 Conference Proceedings, New Orleans, Lousiana.

Schögel, M. (1999): Das Management mehrerer Vertriebswege, in: Albers, S./Hassmann, V./Somm, F./Tomczak, T. (Hrsg.): Verkauf: Kundenmanagement, Vertriebssteuerung, E-Commerce, Düsseldorf: Gabler.

Sharma, A. (1997). Customer Satisfaction-Based Incentive Systems: Some Managerial and Salesperson Considerations. Journal of Personal Selling & Sales Management, XVII. Jg., Nr. 2, S. 61-70.

Speier, C./Venkatesh, V. (2002). The Hidden Minefields in Adoption of Sales Force Automation Technologies. Journal of Marketing, 66. Jg., Nr. 3, S. 98-111.

Udris, I. (1992): Von der Belastungs- zur Gesundheitsforschung in der Arbeitswelt, in: Institut für Arbeitspsychologie (Hrsg.):Arbeitspsychologie an der ETH Zürich 1972-1992 Eine Zwischenbilanz, S. 25-34.

Weinhold-Stünzi, H. (1994): Vertriebsmanagement - Distributionsmanagement, in: Thexis, 11. Jg., Nr. 3, S. 2-8.

Wildemann, H. (1999): Komplexität: vermeiden oder beherrschen lernen, in: Harvard Business Manager, 6. Jg., S. 30-42.

Winkelmann, P. (2003): Vertriebskonzeption und Vertriebssteuerung, Die Instrumente des integrierten Kundenmanagements (CRM), 2. Auflage, München: Verlag Vahlen.

Wood, R.E. (1986). Task complexity: Definition of the construct. Organizational Behavior and Human Decision Processes, 37. Jg., Nr. 1, 60-82.

Zigurs, I./Buckland, B.K. (1988). A theory of task/technology fit and group support system effectiveness. MIS Quarterly, 22. Jg., Nr. 3, S. 313– 335.

Teil 3

Führung und Steuerung im Vertrieb

3.1 Vertriebsorganisation

Alexander Haas, Richard Köhler

1 Einleitung

Die Organisation der Vertriebsaktivitäten stellt einen der wichtigsten Bereiche des Vertriebsmanagements dar. Dies liegt zum einen daran, dass die Art der Vertriebsorganisation den Vollzug und damit letztlich auch den Erfolg der Vertriebsaufgaben maßgeblich beeinflusst. Zum anderen setzen Unternehmen regelmäßig einen großen Anteil ihrer Ressourcen im Vertriebsbereich ein. So umfassen Vertriebsorganisationen industrieller Unternehmen und Dienstleister nicht selten mehrere Hunderte, ja Tausende und in einem Konzern wie der Siemens AG sogar Zehntausende von Mitarbeitern. Der große Einfluss auf den Vertriebserfolg in Verbindung mit einem solch hohen Ressourceneinsatz bedingt eine besonders sorgfältige Strukturierung der Vertriebsaktivitäten von Unternehmen, um die optimale Ausschöpfung des jeweiligen Umsatzpotenzials in den diversen Absatzregionen (Effektivitätsziel) und höchstmögliche Kostenwirtschaftlichkeit der Verkaufsbemühungen (Effizienzziel) zu erreichen.

Innerhalb der Vertriebsorganisation stellen die Vertriebsorgane, insbesondere der Außendienst, nicht selten einen besonders bedeutsamen Hebel zur Erreichung der Effektivitäts und Effizienzziele dar. Denn angesichts der häufig anzutreffenden Größe der Außendienstorganisationen können schon kleine prozentuale Veränderungen große Kosten- bzw. Umsatzeffekte bewirken. Beispielsweise entsprechen 5 % Einsparung bei einer 300-köpfigen Außendienstmannschaft 15 Mitarbeitern!

Schließlich bedingen die ständigen Veränderungen im Marktumfeld eine permanente Neujustierung der Vertriebsorganisation. Beispielsweise fallen durch Unternehmenskonzentration immer mehr kleine und mittlere Kunden weg, sodass sich die Verkaufsarbeit auf immer weniger, aber dafür umso marktmächtigere und anspruchsvollere Großkunden konzentriert. Wurden in der Vergangenheit häufig organisatorische Veränderungen im Vertrieb erst als Reaktion auf rückläufige Leistungskennzahlen ergriffen, haben Vertriebsmanager in den letzten Jahren marktliche und technologische Veränderungen (z. B. CRM-Systeme) zunehmend proaktiv aufgegriffen, um den Vertriebserfolg durch geeignete organisatorische Maßnahmen auszubauen.

Vor diesem Hintergrund zielt der vorliegende Beitrag darauf, einen Überblick über die zentralen Entscheidungsfelder der Vertriebsorganisation sowie Hilfestellung beim Treffen vertriebsorganisatorischer Entscheidungen zu geben. Dazu erläutern wir nachfolgend zunächst die Ziele der Vertriebsorganisation. Danach geben wir einen Überblick über die zentralen Gestaltungsfelder der Vertriebsorganisation: die Gestaltung des Vertriebsprozesses und der Vertriebsstruktur, die Organisation der Vertriebsorgane und der Vertriebslogistik sowie die Weiterentwicklung einer vorhandenen Vertriebsorganisation. Diese Gestaltungsfelder werden anschließend detailliert dargelegt.

2 Ziele der Vertriebsorganisation

Das grundsätzliche Ziel der Vertriebsorganisation ist der effektive und effiziente Einsatz der Ressourcen zur Ausschöpfung von Erlöspotenzialen (Hammerschmidt/Staat 2010). Die **Effektivität** wird gewährleistet, wenn sich die Mitarbeiter ganz auf die Wert schöpfenden Aktivitäten konzentrieren können und damit direkt oder indirekt Ziele des Vertriebsmanagements (z. B. Kundenzufriedenheit, Umsatz, Gewinn) steigern. Menschliche, sachliche, finanzielle und andere Ressourcen sollten dabei zielgerecht eingesetzt werden. Mitarbeiter sind möglichst weitgehend von nicht-produktiven Routinearbeiten zu entlasten, ihre Arbeitszeit ist ganz der Hauptaufgabe und möglichst wenig den damit verbundenen Nebenaufgaben zu widmen (z. B. Minimierung von Reisezeiten) sowie strategisch und operativ so einzusetzen, dass die strategischen Ziele des Vertriebsmanagements bestmöglich vorangetrieben werden.

Die **Effizienz** betrifft den Wirkungsgrad des Vertriebs, d.h. das Output-Input-Verhältnis der Vertriebsprozesse. Dabei lassen sich verschiedene Unteraspekte unterscheiden:

- Kosten: Kostenwirtschaftlich operiert die Vertriebsorganisation dann, wenn die Leistungsziele mit möglichst geringem Mitteleinsatz bzw. bei gegebenem Mitteleinsatz möglichst hohe Zielerreichungsgrade realisiert werden. Unter organisatorischen Aspekten kann die Kostenwirtschaftlichkeit insbesondere durch Einsatz kostengünstiger Ressourcen oder Medien (z. B. telefonischer statt persönlicher Kundenkontakte) oder durch Rücknahme einer überhöhten Intensität der Kundenbearbeitung (z. B. durch Reduzierung der Anzahl der Kundenbesuche) vorangetrieben werden. Weitere Kosteneinsparungen lassen sich u.U. auch dadurch bewerkstelligen, dass bestimmte Aktivitäten vom Anbieter auf den Nachfrager verlagert werden bzw. darauf ganz verzichtet wird (z. B. Internet-Suche und -Buchung von Flügen durch Kunden ohne Ausstellung von Flugtickets). Eine Quelle der Rationalisierung stellt im Vertrieb auch die Automatisierung dar, durch die die relativ teure menschliche Arbeitskraft substituiert werden kann (z. B. Geldausgabeautomaten, Internet-Bestellsysteme, Voice-Mail-Systeme etc.).
- Qualität: Gleichzeitig erfordert effizientes Vertriebsmanagement, die Qualität aller Teilprozesse sicherzustellen bzw. zu optimieren. Maßstab für die Qualität der Vertriebsarbeit muss dabei stets deren Wahrnehmung durch die Kunden sein, soweit diese Einblick in die Teilprozesse erlangen. Bei einer solchen Sichtweise entspricht die Qualität des Vertriebsmanagements der Qualität einer Dienstleistung, für die das Dienstleistungsmarketing verschiedene Messmodelle entwickelt hat. Beispielsweise wird im sog. PPE-Ansatz an der Zufriedenheit der Kunden mit den relevanten Potenzialen (z. B. Informationssystem, Bestellsystem etc.), den Prozessabläufen aller Vertriebsaktivitäten sowie den Ergebnissen dieser Prozesse angesetzt, um zu einer umfassenden Konzeptionalisierung der Qualität der insbes. kundenbezogenen Vertriebsaktivitäten zu gelangen. In diesem Zusammenhang spielt nicht selten die Kreativität der Vertriebsmitarbeiter eine besondere Rolle, die zu Lösungen führt, welche wiederum sowohl für den Kunden als auch für das eigene Unternehmen Wert generieren.

- Schnelligkeit: Ein letzter Unteraspekt der Effizienz von Vertriebsorganisationen ist deren Schnelligkeit. Dazu gehört auch die Flexibilität der Vertriebsorganisation. Denn häufig beruht die Schnelligkeit von Verkaufsprozessen in der Fähigkeit, flexibel auf Kundenbedürfnisse eingehen zu können und als Folge diese Bedürfnisse schneller erfüllen zu können. Die Bedeutung der Schnelligkeit als Ziel der Vertriebsorganisation stieg in den letzten Jahren aus verschiedenen Gründen stark an:
  - Die Verkürzung der Produktlebenszyklen erfordert ein schnelleres Umlernen der Vertriebsorganisation auf neue Produkte und Dienstleistungen.
  - Viele Kunden agieren mit größerem Zeitbewusstsein und präferieren schnelle Anbieter gegenüber langsameren.
  - Das Internet setzt Maßstäbe in Bezug auf Schnelligkeit und jederzeitige Abrufbarkeit bestimmter Serviceleistungen.
  - Viele Unternehmen verfolgen eine Politik der Angebotsdifferenzierung über Serviceleistungen (added value) und betonen dabei oft den besonders schnellen Service (z. B. 24-h-Ersatzteil-Belieferung), die Flexibilität in der Auftragsbearbeitung oder die Pünktlichkeit der Serviceleistungen.
  - Vor diesem Hintergrund gilt es, die zeitsensitiven Prozesse im Vertriebsmanagement zu entdecken und besonders sorgfältig zu organisieren (z. B. durch Parallelisierung von Prozessschritten) bzw. technisch (z. B. durch Workflow-Systeme, Netzplantechniken) zu unterstützen, um Verzögerungen im Ablauf dieser Prozesse zu vermeiden.

Abbildung 3.1.1 „Magisches Zielviereck" der Vertriebsorganisation (Quelle: Diller/Haas/Ivens 2005, S. 307)

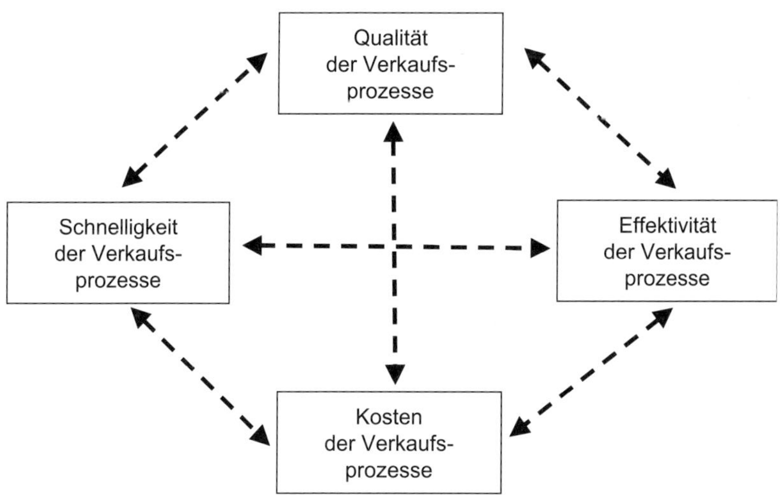

Unsere Ausführungen haben deutlich gemacht, dass zwischen den verschiedenen Hauptzielen der Organisationsarbeit im Vertriebsmanagement konfliktäre, aber auch komplementäre Zielbeziehungen bestehen, die es bei der konkreten Ausgestaltung möglichst geschickt auszunutzen bzw. zu überwinden gilt. Maßgeblich dafür sind viele unternehmensspezifische und marktspezifische Faktoren, wie die Qualität des vorhandenen Verkaufspersonals, dessen Kompetenz, die Ansprüche der Kunden oder das Verhalten der Wettbewerber, die man zu imitieren oder von denen man sich abzusetzen wünscht. Insofern könnte man von einem „magischen Viereck" der organisatorischen Ziele des Vertriebsmanagements sprechen, wie es in Abbildung 3.1.1 dargestellt ist. Die Pfeile stehen dabei für die diversen Zielbeziehungen komplementärer oder konkurrierender Art.

3 Gestaltungsfelder der Vertriebsorganisation

Die Fülle und Komplexität der im Vertrieb zu bewältigenden Aufgaben und Prozesse erzwingen selbst in kleinen Unternehmen bereits eine Arbeitsteilung und damit organisatorische Regelungen darüber, wie der Gesamtvertriebsprozess und die Vertriebsstrukturen zu gestalten sind, wie der Einsatz der Vertriebsorgane und der Vertriebslogistik organisiert werden sollte und wie die Vertriebsorganisation marktadäquat entwickelt werden kann. Damit lassen sich die in Abbildung 3.1.2 genannten drei zentralen Gestaltungsfelder der Vertriebsorganisation unterscheiden.

Abbildung 3.1.2 Gestaltungsfelder der Vertriebsorganisation

	Gestaltungsfelder der Vertriebsorganisation		
	Gesamtorganisation des Vertriebsprozesses und der Vertriebsstruktur	**Organisation der Vertriebsorgane und der Vertriebslogistik**	**Entwicklung der Vertriebsorganisation**
Zentrale Entscheidungen	• Gestaltung der Prozesse innerhalb des Vertriebes • Bestimmung von Art und Ausmass der Spezialisierung im Vertrieb • Festlegung von Art und Ausmass der Koordination von Vertriebsaktivitäten • Zuordnung von Entscheidungskompetenzen	• Herstellereigene und herstellerfremde Vertriebsorgane • Herausforderungen an die Vertriebslogistik	• Veränderung der bestehenden Vertriebsorganisation • Implementierung von organisatorischen Veränderungen innerhalb des Vertriebs

Bei der Gesamtorganisation des Vertriebsprozesses und der Vertriebsstruktur, die wir nachfolgend primär darstellen, müssen vier Entscheidungsbereiche adressiert werden:

- Gestaltung der Prozesse innerhalb des Vertriebs: Die diversen Vertriebsprozesse sind so zu gestalten, dass alle für die Zielerreichung relevanten Aktivitäten tatsächlich und möglichst effizient durchgeführt werden sowie unnötige Aktivitäten unterlassen werden. Um die Erfüllung der definierten Aufgaben zu gewährleisten, kann eine Formalisierung von Teilprozessen sinnvoll sein. Hierbei definiert man Regeln, Ziele und Qualitätskriterien für die Durchführung einzelner Aufgaben und fixiert diese schriftlich in einem Organisationshandbuch. Insbesondere in Großunternehmen soll damit sichergestellt werden, dass das Qualitätsniveau des Vertriebsmanagements in allen Unternehmenseinheiten möglichst gleich ausfällt und Lernprozesse für neue Mitarbeiter schneller bewältigt werden können. Einen Schritt weiter geht man bei der Standardisierung von Vertriebs(teil)prozessen, durch die der persönliche Freiraum für die zuständigen Mitarbeiter so eingeengt wird, dass ad hoc ausgeführte Prozesse nicht mehr auftreten. Obwohl dies für die zuständigen Mitarbeiter demotivierend sein kann, sichert man dadurch andererseits die Einhaltung strategisch wichtiger Prinzipien im Vertriebsmanagement, etwa jenes des „One Face to the Customer" oder der in Qualitätshandbüchern vorgeschriebenen Ausrichtung auf die Kundenbedürfnisse.

- Bestimmung von Art und Ausmaß der Spezialisierung im Vertrieb: Spezialisierung bezieht sich auf die Art und das Ausmaß der Arbeitsteilung im Unternehmen. Die Aktivitäten, die zur Erreichung der Unternehmensziele notwendig sind, werden also auf einzelne Mitarbeiter bzw. Vertriebsbereiche verteilt. Bei der Gestaltung der Vertriebsprozesse geht es insofern um die zweckmäßige Analyse und Synthese der Teilaufgaben des Vertriebsmanagements. Artverwandte Aktivitäten, durch die sich hinreichende Spezialisierungsvorteile ergeben, sind zu Aufgabenbündeln zusammenzufassen (z. B. telefonische Kontaktaktivitäten vom und zum Kunden in einem Call Center). Dabei sind Auslastungserfordernisse zu berücksichtigen, die sich aus der Menge, Anzahl und Häufigkeit der jeweiligen Aktivitäten im Vergleich zu den zugeordneten Personal- und Sachressourcen ergeben. Die definierten Aufgabenbündel können dabei an eigene Mitarbeiter und Abteilungen oder an unternehmensfremde Vertriebsorgane (z. B. Handelsvertreter) vergeben werden.

- Festlegung von Art und Ausmaß der Koordination von Vertriebsaktivitäten: Spezialisierung im Unternehmen führt dazu, dass Koordination erforderlich wird (Lawrence/Lorsch 1967): Die Ausrichtung der Aktivitäten einzelner Vertriebsmitarbeiter bzw. Bereiche des Vertriebs auf die Vertriebs- und Unternehmensziele ist sicherzustellen. Dabei gilt es, den Informationsfluss zu gewährleisten, Zuständigkeiten und Verantwortung klar zu regeln, damit keine Unstimmigkeiten und Zeitverluste auftreten, Synergiepotenziale auszuschöpfen sowie Konfliktpotenziale zu vermeiden oder zumindest zu reduzieren (Köhler 1995a, 1995b). Mit Blick auf die Erfüllung der Kundenwünsche ergibt sich vor allem in jenen Branchen eine besondere Koordinationsproblematik, in denen vielfältige Kundenkontakte durch unterschiedliche Personen gepflegt werden. So besuchen z. B. im Konsumgütersektor sowohl Außendienstreisende die

Handelsunternehmen, diese kontaktieren aber auch selbst den sog. Innendienst, also Verkäufer in der Zentrale. Darüber hinaus agieren dort häufig Merchandiser, d.h. für die Regalauffüllung und Regalpflege verantwortliche Hilfskräfte der Markenartikelhersteller. Schließlich kümmert sich zumindest bei Großkunden häufig auch noch ein Key Account Manager um das Absatzgeschehen, sodass insgesamt vier Organisationsbereiche zu koordinieren sind.

- Zuordnung von Entscheidungskompetenzen: Regelungsbedürftig ist auch die Kompetenzverteilung innerhalb des Vertriebs. Hierbei geht es um die hierarchische Gliederung der Vertriebsorganisation, d.h. die Über- und Unterordnung bestimmter Verantwortlicher sowie die Festlegung der Anzahl der Hierarchieebenen und der damit verbundenen Kontrollspanne der jeweiligen Leitungsebene. Entschieden muss aber auch darüber werden, inwiefern Entscheidungskompetenzen zentralisiert oder dezentralisiert werden. Eine wichtige Frage der Vertriebsorganisation betrifft schließlich die Entscheidungskompetenzen der Kundenkontaktmitarbeiter (z. B. der Verkäufer). Die Antwort auf diese Frage kann nicht nur die Leistung dieser Mitarbeiter, sondern auch das Erreichen der Vertriebsziele maßgeblich beeinflussen. So können Außendienstmitarbeiter etwa sehr schnell und flexibel auf Kundenwünsche reagieren, wenn sie befugt sind, spezielle Verkaufspreise oder Produktvarianten zuzusagen. Gleichwohl können sich derartige Befugnisse auch negativ auf die Unternehmensergebnisse auswirken, wenn die entsprechenden Mitarbeiter bei ihrer individuellen Aufgabenerfüllung die erlös- und kostenseitigen Folgen der Entscheidungen (z. B. durch Preiszugeständnisse oder steigende Komplexität) nicht hinreichend berücksichtigen.

Ein weiteres zentrales Gestaltungsfeld stellt die Organisation der Vertriebsorgane und der Vertriebslogistik dar. Diese beinhaltet im Wesentlichen

- Regelungen für herstellereigene Vertriebsmitarbeiter im Verkaufsaußendienst und -innendienst,
- die Einbindung unternehmensexterner Absatzmittler (selbstständiger Handel) und Absatzhelfer (wie zum Beispiel Handelsvertreter),
- die Gestaltung des physischen Güterflusses bis hin zum Endabnehmer, auch im Rahmen interorganisationaler Wertschöpfungsketten, unter Berücksichtigung der vertriebspolitischen Ziele des Unternehmens.

Schließlich gilt es beim Gestaltungsfeld der Entwicklung der Vertriebsorganisation insbesondere zwei Entscheidungsbereiche zu berücksichtigen:

- Veränderung der bestehenden Vertriebsorganisation: Die Dynamik der unternehmensinternen und -externen Umfeldbedingungen des Vertriebsmanagements erfordert es, in kreativer Weise stets nach einfacheren, effektiveren und effizienteren Organisationslösungen zu suchen, neu auftretende Aufgaben organisatorisch zu verankern und unwichtig gewordene zu streichen bzw. zu verlagern, um dauerhafte Wettbewerbsvorteile auf- und ausbauen zu können. Die Möglichkeiten hierzu sind umso besser, je eigenverantwortlicher und damit motivierter die Vertriebsmitarbeiter ihrer Arbeit nachgehen können und je kreativer die Unternehmenskultur ausgeprägt ist.

- Implementierung organisatorischer Veränderungen innerhalb des Vertriebs.

Nachfolgend werden die bisher kurz skizzierten Gestaltungsfelder mit ihren Entscheidungsbereichen im Detail dargelegt.

4 Organisation des Vertriebsprozesses und der Vertriebsstruktur

4.1 Vertriebsprozess als Gestaltungsobjekt

Die Aufgabe der Gestaltung der Vertriebsprozesse folgt aus der Einsicht, dass sich eine insgesamt zu erledigende Aufgabe entlang der durch die Vertriebsorganisation vorgegebenen Struktur vollzieht. Insofern gilt es zunächst, mit einer prozessadäquaten Organisation die Voraussetzungen für effiziente Vertriebsabläufe zu schaffen (Haas 2000; Homburg/ Daum 1997).

Für die Erreichung der Ziele der Vertriebsorganisation ist in aller Regel eine möglichst einfache, wenig komplexe Prozessgestaltung vorteilhaft (Rommel et al. 2006). Um eine einfache Prozessgestaltung zu erreichen, sind sowohl strukturelle als auch prozessuale Ansatzpunkte zu berücksichtigen. Strukturelle Aspekte beziehen sich in erster Linie auf organisatorische, informationelle und räumliche (logistische) Regelungen, aber auch auf mögliche Einflüsse durch Eigenschaften der Potenzialfaktoren oder der Produkte. In prozessualer Hinsicht bilden alle Tätigkeiten bzw. Aktivitätsfolgen potenzielle „Gestaltungsobjekte" vereinfachender Maßnahmen. Für einen konkreten Fall läßt sich erst durch die gemeinsame Betrachtung und Veränderung der Strukturen und Prozesse eines Unternehmens die optimale, „einfache", Lösung finden, da zwischen ihnen ein interdependenter Wirkungszusammenhang besteht.

Vereinfachung kann auf drei verschiedene, sich gegenseitig ergänzende Arten erfolgen: durch Selektion, Reduktion und Neugestaltung. Selektion verweist darauf, dass Vereinfachung nicht erst mit ihrer Umsetzung beginnt, sondern auch dieser vorgelagerte Entscheidungen beinhaltet. So stellt die Auswahl derjenigen Funktionen, die es überhaupt zu erfüllen gilt, den eigentlichen Startpunkt der Vereinfachung dar: Es geht darum, sich bei der Leistungserstellung auf die besonders leistungsstarken und wertschöpfenden Vertriebsaktivitäten zu konzentrieren.

Hat man die auszuübenden Funktionen selektiert, gilt es, die Strukturen und Prozesse des Vertriebs um die Elemente zu reduzieren, die dafür nicht zwingend erforderlich sind. Neben solchen, die als Folge der weggefallenen Funktionen obsolet geworden sind, handelt es sich hier primär um kostenverursachende Redundanzen, die man allerdings aufgrund der gewachsenen Strukturen nicht immer leicht zu erkennen vermag (z. B. die Reduktion der „üblichen" Anzahl an Kundenbesuchen). Daneben lässt sich Reduktion gleichermaßen qualitativ begreifen. Entsprechend lassen sich „Überqualitäten" auf das Maß absenken, das eine Erfüllung der ihnen zukommenden Funktion eben noch gewährleistet (z. B. Verlängerung der Response-Zeit von Kundenanfragen, wenn Kunden keine tagesgleiche Rückmeldung erwarten).

Schließlich lässt sich Vereinfachung auch durch die intelligente Neugestaltung von Strukturen, Prozessen und Schnittstellen erreichen. Dazu muss man die jeweilige Funktion konsequent in das Zentrum der Betrachtungen stellen und die entsprechende Problemlösung systematisch auf Vereinfachungsmöglichkeiten hin untersuchen. Oft ist es dabei zweckmäßig, nicht nur die funktionale Struktur der Prozesse zu gestalten, sondern aus einem ganzheitlichen Optimierungsverständnis heraus auch die physische Anordnung der prozessrelevanten Stellen einzubeziehen. Dies kann dazu führen, dass sich ein häufig gewachsener oder aufgrund der physischen Stellenanordnung nötiger Prozesswirrwarr – bei Eliminierung überflüssiger Prozessschritte und räumlicher Distanzen – durch einen einfachen Prozessablauf umsetzen lässt (s. Abbildung 3.1.3).

Abbildung 3.1.3 Einfluss des Vertriebs-Layouts auf den Prozessablauf (Beispiel: Prozess „Bestellabwicklung"; in Anlehnung: an Haas 2000)

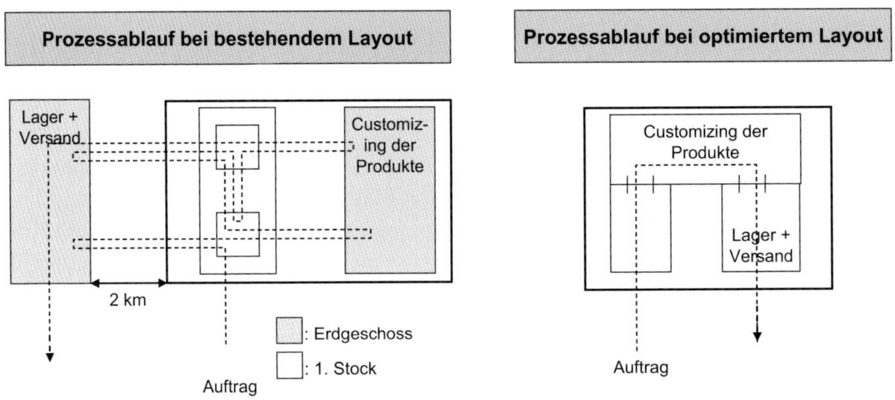

Bei der Gestaltung des Vertriebsprozesses kann man auf die Erkenntnis zurückgreifen, dass der Umfang einer potenziellen Effektivitäts- und/oder Effizienzsteigerung - also der zielbezogene „Hebeleffekt" - steigt, je grundsätzlicher die Veränderungen ausfallen bzw. identifizierte Probleme einer Lösung zugeführt werden: Eine prozessorientierte Optimierung von Teilbereichen kann die skizzierten Probleme zwar abmildern, ist aber insgesamt dennoch suboptimal. Denn man wird mit der Verbesserung einzelner Prozessschritte immer nur vergleichsweise geringe Ergebnisverbesserungen erreichen können, da mit Wegfall einer Schwachstelle im Prozessablauf die nächste zu Tage tritt; auf diese schwingt sich das System dann gleichsam ein. Zudem können aus einer übergeordneten Perspektive vorgenommene Veränderungen einige von den ansonsten „nur" optimierten Teilschritten gänzlich überflüssig machen (z. B. Wegfall des Abfragens von Warenbeständen beim Kunden durch den Einsatz von Bestandserfassungs- und Ordersystemen auf Kundenseite). Daher gilt es, die Vertriebsprozesse über eine Integration der Teilaufgaben ganzheitlich zu optimieren und konsequent prozessorientiert in der Organisation zu verankern. Auf diese Weise kann man die Ablauforganisation vereinfachen, Komplexität und Schnittstellen der Prozesse reduzieren und im Ergebnis beachtliche Beschleunigungseffekte sowie Kostenvorteile erzielen. Abbildung 3.1.4 zeigt potenzielle Auswirkungen unterschiedlicher Prozessgestaltung am Beispiel eines Bestellabwicklungsprozesses.

Abbildung 3.1.4 Auswirkung alternativer Prozessgestaltung (Beispiel: Prozess Bestellabwicklung; in Anlehnung: an Haas 2000)

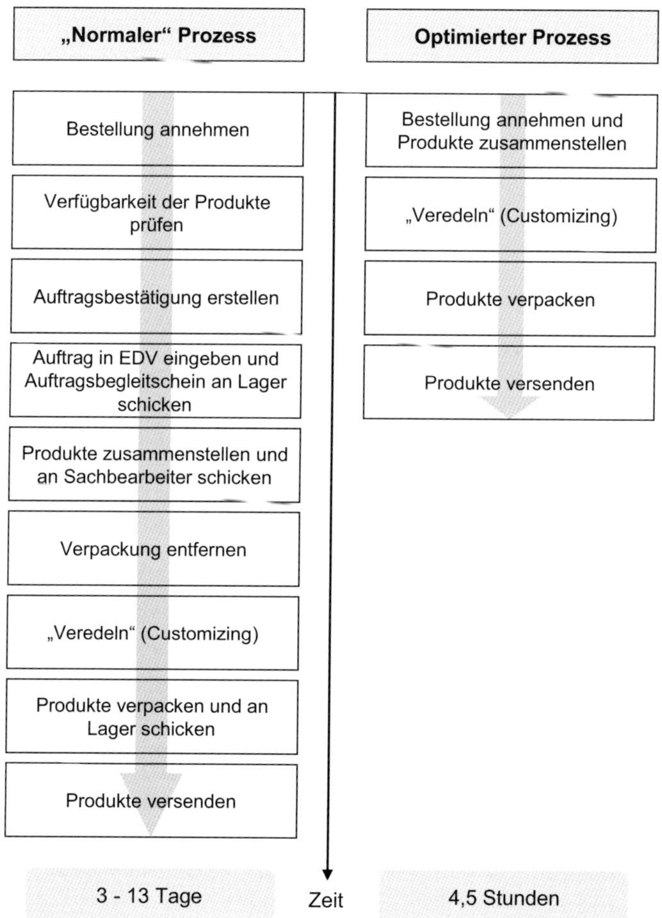

Schließlich ist bei der Organisation von Prozessen auch die zeitliche Perspektive zu beachten. Zeitlich vergrößert sich der effizienzbezogene Beeinflussungshebel, je weiter man die Optimierungsmaßnahmen an den Beginn eines Prozesses oder - allgemein - eines Projektes vorverlagert (z. B. im Rahmen einer Verkaufsverhandlung durch Zusammenbringen der Kundenbedürfnisse mit den eigenen Möglichkeiten und Rahmenbedingungen), da zu einem solch frühen Zeitpunkt noch keine oder nur geringe (z. B. kosteninduzierende) „Fakten" geschaffen sind. Je später die Optimierungsmaßnahmen einsetzen, umso mehr werden sie dagegen von den bis dahin getroffenen Festlegungen behindert. Dadurch verbleibt entweder ein geringerer kostenpolitischer Gestaltungsspielraum, oder es fallen Kosten zur Rücknahme vorheriger Fehlentscheidungen an.

4.2 Spezialisierungsoptionen der Vertriebsorganisation

Maßgeblich für die Spezialisierungsart sind mehrere Kriterien, insbesondere die Verfügbarkeit einschlägiger Kompetenzen, die Flexibilität und Schnelligkeit der Aufgabenerfüllung, das Auslastungsrisiko, die Steuerbarkeit der Mitarbeiter und die möglichst ganzheitliche Sachbearbeitung im Interesse einer Minimierung der Schnittstellen.

4.2.1 Funktionsorientierte Spezialisierung

Die organisatorische Strukturierung des Vertriebsmanagements erfolgt durch Bündelung von Aufgaben bei bestimmten Organisationseinheiten, also Stellen, Abteilungen oder Arbeitsteams. Herkömmlich erfolgt diese Strukturierung nach funktionalen Gesichtspunkten. Dies bedeutet, dass sich einzelne Mitarbeiter für bestimmte Verrichtungsarten spezialisieren, um auf diese Weise besondere Kompetenz zu erwerben bzw. nutzen zu können. Typische Funktionseinheiten im Vertrieb sind beispielsweise Stellen oder Abteilungen für Besuchsplanung, Auftragsgewinnung, Auftragsabwicklung, Lieferservice, Kundendienst, Beschwerdenbearbeitung.

Eine rein funktionale Vertriebsorganisation setzt voraus, dass

- der Umatz mit wenigen und weitgehend homogenen Produkten erzielt wird,
- nur wenige, weitgehend gleichartige Verkaufsregionen zu bearbeiten sind,
- keine sehr unterschiedlichen Anforderungen für die Kundenbetreuung bestehen,
- also die Komplexität und Dynamik der Produkt-Markt-Beziehungen gering ist.

Sind diese Bedingungen gegeben, so bestehen Vorteile der funktionsorientierten Spezialisierung in

- einer einfach überschaubaren Organisationsstruktur,
- klaren Informationswegen,
- eindeutigen Entscheidungsbefugnissen
- und relativ geringen Kosten durch die Zentralisierung gleichartiger Verrichtungsaufgaben.

Wenn hingegen komplexe und sich rasch verändernde Beziehungen des Unternehmens zu seinem Marktumfeld bei heterogenem Produktprogramm vorliegen, so ergeben sich folgende Nachteile der funktionalen Vertriebsorganisation:

- Schwierigkeiten bei der Abstimmung von Vertriebsprozessen,
- erhöhte Koordinationskosten,
- nicht hinreichende Kundenorientierung,
- unzureichende Produktkenntnisse, z. B. in der anwendungstechnischen Beratung.

Es sind überwiegend kleinere und mittelgroße Unternehmen, die die Voraussetzungen für eine ausschließlich funktionsorientierte Spezialisierung erfüllen. Mitunter trifft dies jedoch auch für Großunternehmen zu, z. B. in manchen Fällen der Branche „Fahrzeugbau" (Köhler 1992). Dann erscheint es möglich, dass der Spezialisierungsgrad mit der Größe des Unternehmens steigt, weil mit dem wachsenden Geschäft die Auslastung der Spezialisten besser gewährleistet ist.

4.2.2 Objektorientierte Spezialisierung

Bei einer objektorientierten Spezialisierung werden solche Aktivitäten zusammengefasst, die auf das gleiche Objekt (Region, Produkt, Kunde) abzielen.

Regionenorientierte Spezialisierung

Gebietsorientierte Strukturen sind im Vertrieb und insbesondere im Außendienst verbreitet. Die Außendienstmitarbeiter sind dabei für alle verkäuferischen Aufgaben in einem bestimmten Verkaufsgebiet zuständig. Dies hat als positive Konsequenz

- intime regionale Marktkenntnis und regionale Kundennähe, oft auch landsmannschaftliche Ähnlichkeit von Kunden und Verkäufer und, dadurch bedingt,
- hohe Marktdurchdringung in den einzelnen Verkaufsbezirken,
- hohe Motivationseffekte und geringen Koordinationsbedarf innerhalb der Außendienstorganisation durch die Verantwortlichkeit für den regionalen Absatz,
- niedrige Reisekosten im Vergleich zu überregional tätigen Produkt- oder Kundenspezialisten.

Andererseits ist der Gebiets-Verkäufer Universalist in Funktionen, Kundentypen und Produkten. Dies kann

- zu Qualifikationsdefiziten bezüglich bestimmter Aufgaben des Kundenmanagements (z. B. Kundenanalyse, technische Kundenbetreuung etc.),
- zu Priorisierungsfehlern, etwa bei der Bearbeitung unterschiedlich wertvoller Kunden, und
- zu Know-how-Defiziten aufgrund mangelnder produkttechnischer Kenntnisse führen.

- Außerdem ergibt sich ein hoher Steuerungsbedarf seitens der Vertriebsleitung, um übergeordnete, strategische Entwicklungen des Verkaufs, z. B. die individuellere Ansprache von Kunden oder die schnellere Erfassung und Bearbeitung von Aufträgen durch Einsatz technischer Hilfsmittel, zu bewerkstelligen.

Die besten Voraussetzungen für eine gebietsorientierte Vertriebsorganisation liegen dann vor,

- wenn eine intensive Bearbeitung der Verkaufsfläche erforderlich ist, z. B. bei kleineren Handwerkskunden, die einer eingehenden Betreuung bedürfen,
- wenn nicht nur Betreuungs-, sondern auch Verkaufsaktivitäten vor Ort in der Region und nicht in Firmenzentralen erfolgen,
- wenn das Produkt-Know-how bei den Außendienstmitarbeitern für die Kundenbetreuung ausreicht bzw. durch Schulung vermittelt werden kann und
- wenn es sich um gut steuerbare, also im Regelfall im Angestelltenverhältnis stehende Außendienstmitarbeiter (Reisende statt Handelsvertreter), handelt.

Produktorientierte Spezialisierung

Produktorientierte Vertriebsorganisationen agieren mit Spezialisten für bestimmte Produktgattungen. Sie sind insbesondere im Vertrieb von Investitionsgütern verbreitet und finden sich vor allem dort, wo schon die Unternehmensorganisation nach technisch unterschiedlichen Produktsparten gegliedert ist. Dies führt dazu, dass ein Unternehmen eine Mehrzahl von Außendienstmannschaften im Einsatz hat, die nicht selten bei den gleichen Kunden, aber unterschiedlichen Einkäufern aktiv sind.

Die Ausrichtung auf Produktspezialisten bringt folgende Vorteile mit sich:

- Häufige Innovationsanstöße wegen direkter Koppelung von Marktbearbeitung und technischer Produktentwicklung.
- Optimale technische Kundenberatung durch hohes technisches Know-how der Verkaufsmitarbeiter.
- Hohe Kundenakzeptanz aufgrund qualifizierter Kundenberatung.
- Hohe Mitarbeitermotivation aufgrund anspruchsvoller Verkaufstätigkeit.

Andererseits agieren produktorientierte Vertriebsmitarbeiter als Universalisten für Gebiete, Kunden und Funktionen, was entsprechende Nachteile aufweist:

- Hoher Abstimmungsbedarf zur Durchsetzung übergeordneter Vertriebsstrategien.
- Koordinationsprobleme im Hinblick auf die vollständige Erfüllung aller Aufgaben des Vertriebsmanagements und die ganzheitliche Steuerung der Geschäftsbeziehung zum Kunden.
- Know-how-Defizite bei Verkaufsargumentation und Verhandlungsführung des meist technischen Personals.

- Sehr hohe Außendienstkosten wegen mehrfacher und überregionaler Kundenbetreuung.

Am ehesten sind produktorientierte Außendienstorganisationen deshalb in technischen Produktfeldern mit ausgeprägtem Problemlösungsgeschäft angebracht, wo den Kunden hoch qualifizierte technische Mitarbeiter für die Kundenberatung zur Verfügung gestellt werden müssen – insbesondere dann, wenn das Unternehmen heterogene Produktfelder abdeckt.

Kundenorientierte Spezialisierung

Kundenorientierte Vertriebs- und Außendienstorganisationen etablieren Spezialisten für bestimmte Kunden oder Kundentypen, z. B. industrielle vs. handwerkliche Kunden. Sie fungieren als Universalisten bezüglich des Gebietseinsatzes, der Sortimentsabdeckung und der verkäuferischen Funktionen, was entsprechende Nachteile nach sich zieht:

- Funktionsdefizite wegen hoher Qualifikationsanforderungen einer umfassenden Kundenbetreuung (Überforderung).
- Hohe Kosten durch gebietsübergreifende Spezialisierung auf Kundentypen.
- Know-how-Defizite bezüglich produkttechnischer Aspekte bei breiten Sortimenten.

Andererseits steht diesen Nachteilen eine Reihe von Vorteilen gegenüber, die gerade im modernen Vertriebsmanagement eine wichtige Rolle spielen:

- Unmittelbare Koppelung von Marketing und Vertrieb, da kundenorientierte Strategien zu entwickeln sind.
- Genaue Kunden- und Marktkenntnis durch intensive Analyse und Betreuung wertvoller Kunden.
- Kostenbedingt erzwungene Priorisierung wertvoller Kunden.
- Möglichkeit zur individuellen Kundenbetreuung mit entsprechender Kundenzufriedenheit und Kundenbindung.
- Die Kundenbetreuung nach dem Prinzip „One Face to the Customer" führt zu qualitativ hochwertigen und schnellen Kundenbearbeitungsprozessen.
- Die Betreuung des Kunden aus einer Hand eröffnet gute Cross-Selling-Chancen.

Voraussetzung für den Aufbau kundenorientierter Außendienststrukturen ist die Verfügbarkeit hoch qualifizierter Außendienstmitarbeiter. Dies gilt insbesondere für das Key Account Management (vgl. den Beitrag „Key Account Management" im vorliegenden Handbuch). Darüber hinaus verringern stark konzentrierte Märkte mit relativ wenigen, wichtigen Kunden und zentralisierten Entscheidungsbefugnissen die Kostenbelastung bei einer solchen Organisation. Erfolgsentscheidend ist freilich eine sinnvolle Kundengliederung und -priorisierung.

4.2.3 Prozessorientierte Spezialisierung

Bei einer prozessorientierten Organisationsstruktur werden organisatorische Einheiten für bestimmte Teilprozesse des Vertriebs gebildet (Diller/Haas/Ivens 2005). In dem in Abbildung 3.1.5 exemplarisch dargestellten Fall existiert z. B. eine Abteilung für die Kundenanalyse und -strategie, in der vor allem marktforscherische Aktivitäten gebündelt werden, eine Einheit für die Kundenakquisition, in der man werbliche und verkäuferische Prozesse zur Neukundengewinnung zusammenfasst, und eine organisatorische Einheit für die Kundenpflege, die insbesondere Aktivitäten des Beschwerdemanagements, des Key Account Managements und des Kundendienstes verantwortet. Statt also die Ablauforganisation von den Aufbaustrukturen dominieren zu lassen, wählt man hierbei die Teilprozesse der unternehmerischen Aktivitäten zum primären Strukturierungskriterium (vgl. Osterloh/Frost 2003). Die funktionalen Fachabteilungen werden zu Servicestellen verschiedener Teilprozesse, für deren effektive und effiziente Steuerung ein eigenes Prozessmanagement installiert wird. Die inhaltliche Gliederung der Prozessorganisation wird dabei in der Regel unternehmensindividuell vorzunehmen sein, weil die Bedeutung einzelner Prozesse von Branche zu Branche und Unternehmen zu Unternehmen schwankt (vgl. für Beispiele etwa Belz 2000; Diller/Haas/Ivens 2005).

Abbildung 3.1.5 Prozessorientierte Vertriebsorganisation (Beispiel)

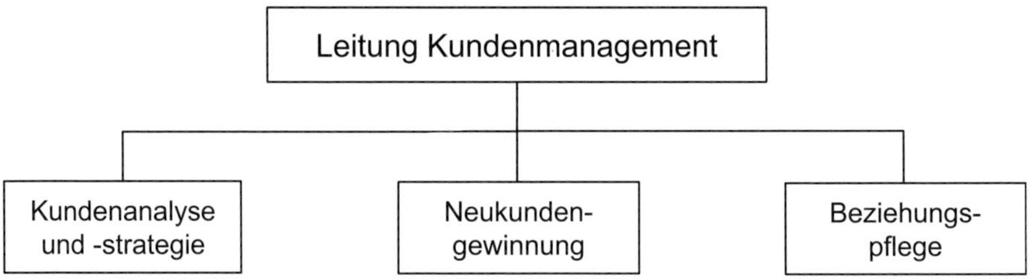

Generelle Charakteristika einer prozessorientierten Vertriebsorganisation sind:

- Eine Prozess- statt Funktionsgliederung des Verkaufsgeschehens.
- Die Ausrichtung der Prozessgliederung an der Wertschöpfung und damit am Kundennutzen, der den wesentlichen Treiber der Wertschöpfung darstellt.
- Die präzise Definition der Inputs und Outputs jedes Teilprozesses. Damit werden Input-seitig interne Kunden-Lieferanten-Beziehungen institutionalisiert (Stauss 2001), und die Prozesskette wird systematisch in das gesamte Unternehmen hinein fortgesetzt. Die Definition präziser Outputs liefert für das Prozess-Controlling klare Prozessziele.
- Die Prozesse werden auch aufbauorganisatorisch verankert, indem die Verantwortung für den Prozesserfolg einem Prozesseigner übergeben wird.

- Schließlich werden die Prozesse informationstechnologisch, z. B. durch elektronische Groupware, unterstützt (vgl. den Beitrag „Informationsmanagement als Schlüssel zur Professionalisierung im Vertrieb" im vorliegenden Handbuch).

Die Vorteile einer solchen Prozessorganisation sind:

- Sie bewältigt die Schnittstellenprobleme besser als die herkömmliche funktionale oder divisionale Organisationsstruktur und unterstützt insofern die Kundenorientierung des Vertriebs, vorausgesetzt es gelingt, die Mitarbeiter in den Prozesseinheiten tatsächlich zur Zusammenarbeit und gemeinsamen Ausrichtung auf die Kunden zu bewegen.
- Es existiert eine bessere Transparenz über die Leistungen des Vertriebsmanagements und deren Einflussfaktoren, was eine bessere Steuerung der Effektivität und Effizienz des Vertriebsmanagements ermöglicht.
- Die Ressourcenzuweisung zu den einzelnen Prozessen ist sehr viel objektiver und zielorientierter möglich, weil und insoweit quantitative Zielgrößen für die Zielerreichung der Prozesse existieren.
- Mit der Prozessorganisation entwickelt sich mehr Bewusstsein für die Qualität der Verkaufsprozesse, die in den Controlling-Kennzahlen offen gelegt wird. Gleiches gilt für die Schnelligkeit.

Trotz der offenkundigen Vorteile stellt die Etablierung einer Prozessorganisation eine große interne Innovation dar, gegen die häufig Widerstände entwickelt werden. Darüber hinaus erfordert die Prozessorganisation spezifische Führungsqualitäten, um die cross-funktionale Zusammenarbeit tatsächlich wirksam werden zu lassen.

4.2.4 Kombination mehrerer Spezialisierungsarten

Wie man erkennen kann, ist eine generelle Bewertung der Vorteilhaftigkeit der diversen Spezialisierungsarten kaum möglich, da es jeweils auf die spezifischen Ziele im Vertriebsmanagement und die dort vorliegenden Ausgangsbedingungen, etwa hinsichtlich Umfang und Qualität der vorhandenen Mitarbeiter, Gebietsgröße, Kundenstrukturen etc. ankommt. Insofern kann es nicht verwundern, dass man in der Vertriebspraxis alle in 4.2.1 bis 4.2.3 beschriebenen Spezialisierungsarten antrifft und häufig – gerade bei größeren Unternehmen – sogar mehrere Spezialisierungsarten gleichzeitig zur Anwendung gelangen (Homburg/Krohmer 2009). Hieraus ergeben sich mehrdimensionale Organisationsformen. Eine solche Mehrdimensionalität liegt bereits vor, wenn leitenden Funktionseinheiten Stabsstellen zugeordnet sind, die eine Objektausrichtung aufweisen. Dies ist beispielsweise der Fall, wenn der Vertriebsleitung Stabsstellen zuarbeiten, die sich jeweils auf Marktanalysen für ganz bestimmte Regionalmärkte konzentrieren.

Während Stabsstellen keine formelle Entscheidungskompetenz besitzen, führt das Zusammenwirken funktionaler und objektorientierter Organisationseinheiten mit definierten Entscheidungszuständigkeiten zur so genannten Matrixorganisation, auf die noch etwas näher im Abschnitt 4.3.3 eingegangen wird. Hierbei kommt es zur Zusammenführung von Expertenkenntnissen (etwa auf dem Gebiet der Anwendungstechnik einerseits und in der

Ausrichtung auf wichtige Großkunden andererseits), was grundsätzlich Vorteile in der Qualität der Vertriebsleistungen erbringt. Allerdings schafft die Überlappung von Entscheidungsbefugnissen auch Konfliktpotenzial, das noch erhöht wird, wenn in einer so genannten Tensororganisation mehr als zwei Spezialisierungsarten zusammenwirken sollen (z. B. Funktions-, Kunden- und Produktorientierung mit jeweils eigenständigen Verantwortlichkeiten).

Konfliktmindernd sind demgegenüber mehrdimensionale Lösungen nach dem so genannten Ausgliederungsprinzip, bei denen z. B. vorrangig eine Objektzuständigkeit festgelegt wird und dann nachgeordnet eine Unterstellung von Funktionseinheiten erfolgt. Dies trifft beispielsweise für ein Verkaufsbüro in einem großen Auslandsmarkt zu, dem vor Ort gesonderte Funktionsstellen für Werbung, Verkaufsförderung, Auftragsabwicklung und Kundendienst etc. zugeordnet sind (Köhler 1992).

4.3 Koordinationsoptionen der Vertriebsorganisation

4.3.1 Koordinationsprobleme durch Schnittstellen

Die Arbeitsteilung im Zuge der Spezialisierung impliziert, dass Informations- und Entscheidungszusammenhänge „zerschnitten" werden. Es entstehen sog. Schnittstellen, also Übergabestellen von Aufgabenbündeln bzw. -prozessen zwischen verschiedenen Aufgabenträgern. Damit birgt Arbeitsteilung die Gefahr in sich, dass die im Rahmen der Spezialisierung zusammengefassten Stellen und Einheiten als „Funktionssilos" fungieren, d.h. mit ihren jeweils spezifischen Zielsetzungen und Arbeitsroutinen eine Eigenwelt entwickeln, die nicht mehr vollständig auf die Befriedigung der Kundenbedürfnisse ausgerichtet ist. Zudem behindern Schnittstellen den Fluss von Informationen, Sachgütern oder anderen Ressourcen. Sie führen insofern zu Wertschöpfungsstörungen und fehleranfälligen und ineffizienten Vertriebsprozessen. Gleichzeitig werden leicht Verantwortlichkeiten für die Probleme bei den Vertriebsprozessen und letztlich der Kundenzufriedenheit von Abteilung zu Abteilung verschoben, ohne die eigentlichen Probleme zu lösen. Als Folge wird an diesen Schnittstellen Koordination erforderlich.

Die effektive und effiziente Durchführung der Vertriebsprozesse erfordert bei der Vertriebsorganisation die Berücksichtigung zahlreicher relevanter Schnittstellen im Unternehmen (z. B. Gupta/Raj/Wilemon 1986). Einen Überblick über diese Schnittstellen und die von diesen betroffenen Prozesse vermittelt Abbildung 3.1.6. Von grundlegender Bedeutung ist die Schnittstelle zum Marketing, deren Ausgestaltung vielen Unternehmen Probleme bereitet (Homburg/Jensen/Krohmer 2008; Homburg/Schäfer/Schneider 2006). Darüber hinaus existieren aus Vertriebssicht Schnittstellen zu den eher technisch orientierten Funktionsbereichen Forschung und Entwicklung (z. B. für die kundenorientierte Entwicklung oder Anpassung von Produkten), Anwendungstechnik (z. B. für die Kundenunterstützung bei der Inbetriebnahme von Anlagen) sowie Produktion (z. B. im Hinblick auf Lieferterminzusagen). Auch mit den eher administrativ orientierten Bereichen Finanzen und Controlling (z. B. zur Erarbeitung von Finanzierungsangeboten für das zu verkaufende Produkt) sowie

Beschaffung (z. B. für das Sicherstellen von den Kunden zugesagten Qualitäten und Terminen) existieren Schnittstellen im Hinblick auf eine Reihe von Prozessen.

Abbildung 3.1.6 Vertriebsrelevante Schnittstellen und davon betroffene Prozesse (Quelle: Homburg/Krohmer 2009, S. 1116)

Schnittstellenprobleme manifestieren sich darin, dass der Ablauf von funktionsübergreifenden Prozessen (wie sie z. B. in Abbildung 3.1.6 illustriert werden) durch Koordinationsdefizite zwischen verschiedenen Funktionsbereichen im Hinblick auf Effektivität und Effizienz, also Qualität, Kosten und Schnelligkeit, stark beeinträchtigt wird. Typische Indizien für Schnittstellenprobleme im Vertrieb sind Ineffizienz und Langsamkeit von Kundengewinnungs- und Kundenbetreuungsprozessen aufgrund von Abstimmungsproblemen zwischen Funktionsbereichen.

4.3.2 Manager für die Querschnittskoordination

Unter Querschnittskoordination wird die übergreifende Abstimmung verschiedener Aufgabenbereiche im Hinblick auf bestimmte Entscheidungsobjekte verstanden. Sie kann durch Stelleninhaber erfolgen, die für spezifische Produkte oder Kunden oder Teilmärkte verantwortlich sind. Es handelt sich hierbei also um den Versuch, die Schnittstellenproblematik durch konsequente objektbezogene Abstimmungen zu überwinden.

Anstelle einer reinen Funktionsorganisation ist frühzeitig (in Deutschland etwa seit Mitte der 1960er Jahre) die Organisationsform des Produktmanagements geschaffen worden. Sie ist typisch für Unternehmen mit heterogenen Produkten bzw. Produktgruppen oder mit mehreren jeweils sehr eigenständig geführten Marken (für die so genannte Brand Manager zuständig sind). Diese auf Produkte fokussierte Querschnittskoordination ist in der

Konsumgüterindustrie weit gebräuchlicher als in Industriegüterbranchen, wobei dann allerdings die Produktmanager in der Regel der Marketingleitung unterstellt sind und nicht zur Vertriebsorganisation gehören. Im Industriegüterbereich kommen Produktmanager hin und wieder im Technischen Vertrieb vor, z. B. in der chemischen Industrie (siehe zu Erhebungsergebnissen Fließ 1999). Sie sind dann auf die anwendungstechnischen Besonderheiten von Erzeugnissen spezialisiert und werden insoweit zum Kundenberater. Dabei werden ihnen oft mehr Entscheidungsbefugnisse zur Einflussnahme über Schnittstellen hinweg eingeräumt als im Konsumgütersektor (z. B. gegenüber Forschung & Entwicklung und Produktion).

In der jüngeren Entwicklung kommt solchen Organisationseinheiten größeres Gewicht zu, die Funktionen und Produktangebote konsequent in Bezug auf Kunden oder Kundengruppen koordinieren. Das Kunden- oder Kundengruppenmanagement (bei Großkunden: Key Account Management) hat die Aufgabe, alle Aktivitäten, die zur Schaffung von Kundennutzen beitragen, mit Blick auf die Bedarfsmerkmale von Kunden(gruppen) zu bündeln. Auch hierbei handelt es sich um eine Querschnittskoordination, die vordringlich erscheint, wenn verschiedene Abnehmer heterogenen und möglicherweise auch komplexen Bedarf aufweisen und deshalb eine individuelle Betreuung erfordern. Auch bei großem wirtschaftlichen Gewicht bzw. Machtpotenzial einzelner Kunden ist diese Organisationsform angebracht.

Das Kundenmanagement ist in der Regel Bestandteil der Vertriebsorganisation. Das Gleiche gilt für das so genannte Category Management, das aus Herstellersicht für eine intensive Zusammenarbeit mit Handelspartnern steht mit dem Ziel, bestimmten Bedarfsbündeln der Endabnehmer (z. B.: alles für die Haarpflege) konsequent zu entsprechen. Hierbei liegt eine Querschnittskoordination im Rahmen ausgewählter Vertriebskanäle vor.

Es hat sich inzwischen aber gezeigt, dass die genannten objektbezogenen Organisationsformen für sich allein nicht ausreichend sind, um die Vertriebsprozesse in umfassender interner Abstimmung zu steuern. Deshalb setzen sich immer mehr Team- und Matrixstrukturen durch, die es ermöglichen, alle relevanten Aufgabenbereiche unmittelbar zu integrieren. Besonders für „die umfassende Betreuung gewerblicher Kunden durch Experten verschiedener Sachgebiete erweisen sich … immer öfter Kundenteams als geeigneter Ansatz" (Köhler 2007, S. 758). Damit wird auch verstärkt den Erfordernissen einer Prozessorganisation im Vertrieb Rechnung getragen (über Account-Teams bei Siemens berichten aktuell Miranda/Rapp 2010).

4.3.3 Teams und Matrixorganisation

Ein weiteres strukturelles Instrument zur Bewältigung von Schnittstellenproblemen sind multifunktionale Arbeitsteams, in denen Mitarbeiter aus verschiedenen Abteilungen gemeinsam an der Bewältigung bestimmter Aufgaben arbeiten. Mit Blick auf die Marketing- und Vertriebskernaufgaben (Tomczak/Reinecke 1999) werden sowohl zeitlich begrenzte als auch permanente Teams im Vertrieb insbesondere zur Kundenakquise, Kundenbetreuung und Produkt(weiter)entwicklung genutzt. Dabei sind interorganisationale Teams, die

Mitglieder des Anbieter- und des Kundenunternehmens enthalten, im Vertrieb keine Seltenheit (Stock 2003). Begrifflich fasst man die Personen des anbietenden Unternehmens, die im Rahmen von Verkaufsaktivitäten hinzugezogen werden, als Selling Center zusammen (Deeter-Schmelz/Ramsey 1995). Durch solche Teams sollen das erforderliche fachliche Know-how wie auch die notwendigen Kompetenzen sichergestellt und koordiniert werden, um an kundenseitigen Einkaufsentscheidungen wertschöpfend mitwirken zu können.

Die Erfolgsfaktoren von Teams wurden ausgiebig untersucht (Stock 2004). Diese Untersuchungen zeigen, dass der Erfolg von Vertriebsteams maßgeblich durch die Teamgestaltung in Form der Merkmale der Teammitglieder (z. B. Fach- und Sozialkompetenz) und der Teammerkmale (z. B. Gruppenhomogenität und -kohäsion) sowie durch die Teamprozesse (z. B. Ausmaß der Kommunikation und der Konflikte) bestimmt wird (Helfert/Vith 1999; Stock 2003). Besonders relevante Gestaltungsbereiche für effektive Teamarbeit im Vertriebsmanagement sind dabei:

- die Qualität der Teamzusammensetzung (Umfang und Kompetenz),
- die Qualität der Gruppenprozesse (klare, anspruchsvolle und akzeptierte Gruppenziele, Gruppenkohäsion und Gruppenkommunikation) sowie
- die Qualität des organisationalen Kontexts, in den die Verkaufsteams eingebettet sind (Verfügbarkeit kritischer Ressourcen, Entscheidungsautonomie des Teams, Möglichkeit zur Teilnahme an Teamentwicklungsmaßnahmen).

Während personenbezogene Merkmale der Teammitglieder eher direkt auf den Teamerfolg (Effektivität und Effizienz des Teams) wirken, beeinflussen die teambezogenen Merkmale den Teamerfolg eher indirekt über die Teamprozesse (vgl. Stock 2003). Während sich persönliche Konflikte im Team durchgängig negativ auf dessen Effektivität auswirken, wirken fachliche Konflikte bis zu einem gewissen Grad effektivitätsfördernd und erst oberhalb dieses Grads nachteilig für die Effektivität. Insgesamt wird deutlich, dass die rein formale Übertragung von Vertriebsaufgaben an Mitarbeiter verschiedener Abteilungen noch nicht ausreicht, um das Schnittstellenproblem zu überwinden. Vielmehr muss das Team eine wirksame soziale Gruppe bilden, die eine eigene Gruppendynamik entwickelt und als Team professionell geführt wird.

Eine Alternative zur Teamorganisation des Vertriebsmanagements ist die Matrixorganisation (vgl. Abbildung 3.1.7). Bei ihr werden kunden(gruppen)bezogene Organisationsebenen mit anderen, z. B. funktionalen Organisationsebenen gekoppelt. Mitarbeiter mit entsprechenden fachlichen Kompetenzen unterstehen dabei im Beispiel der Abbildung 3.1.7 sowohl der Verkaufs- bzw. Kundendienstleitung als auch der Marketingleitung. Die dadurch entstehenden Zielkonflikte werden bewusst in Kauf genommen, um produktive Wege der optimalen Kundenbedienung zu finden.

Abbildung 3.1.7 Beispiel für eine Matrixorganisation im Vertriebsmanagement eines Konsumgüterherstellers (Quelle: Diller/Haas/Ivens 2005, S. 315)

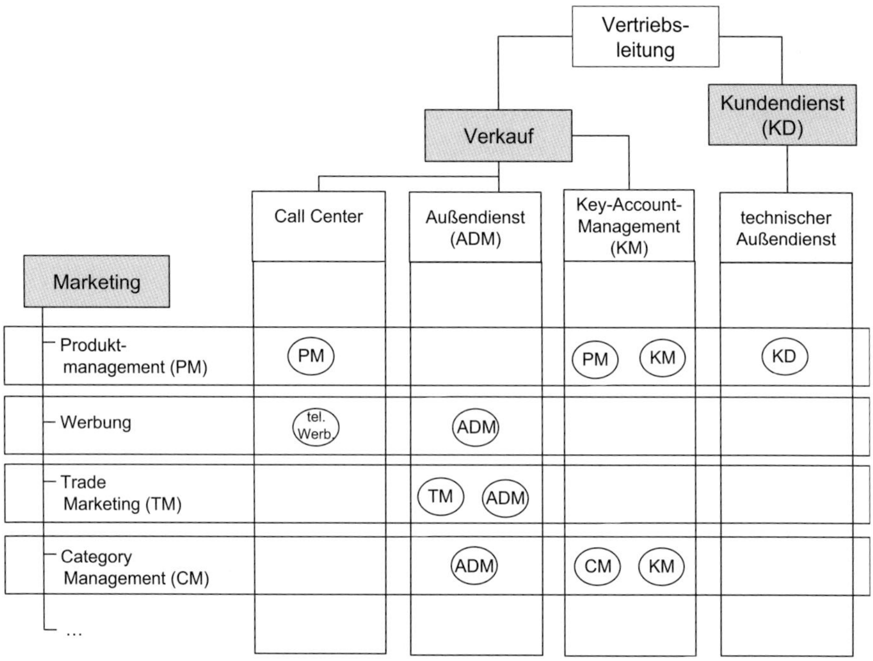

Besonders häufig ist vor allem im Konsumgütersektor die matrixartige Verknüpfung von Marketing- und Verkaufsabteilungen. In dem in Abbildung 3.1.7 dargestellten Fall müssen z. B. die Mitarbeiter des „Trade Marketing" (TM), einer klassischen Unterabteilung des Marketing, dafür Sorge tragen, dass für bestimmte Kunden, die von den zuständigen Verkäufern aus der Verkaufsabteilung betreut werden, maßgeschneiderte Aktionen entwickelt werden. Dies erfordert naturgemäß intensive Kommunikation mit dem Außendienst (ADM). Die Matrixzeilen in Abbildung 3.1.7 zeigen beispielhaft solche Koordinationsfelder auf.

4.3.4 Schaffung von Rahmenbedingungen für das Schnittstellenmanagement

Das Schnittstellenmanagement hat die Aufgabe, „...Schnittstellen unter Effektivitäts- und Effizienzaspekten zu analysieren, zu planen, zu gestalten und zu kontrollieren. Sachlich unnötige Schnittstellen sind durch Zusammenfügen bisher getrennter organisatorischer Einheiten zu beseitigen (Integration). Bei unvermeidlicher Trennung organisatorischer Einheiten hat das Schnittstellenmanagement dafür zu sorgen, dass die Aktivitäten aufeinander abgestimmt werden (Koordination)" (Specht 2000, S. 267). Schnittstellenmanagement erfolgt sowohl strukturell als auch durch Personalführung – z. B. durch den Vorgesetzten oder entsprechende Steuerungs- und Anreizsysteme.

Neben der Optimierung einzelner Prozesse, die bereits oben in Abschnitt 4.1 diskutiert wurde, geht es beim Schnittstellenmanagement um die Schaffung von Rahmenbedingungen im Unternehmen und insbesondere im Vertrieb, die den Ablauf der Vertriebsprozesse mit Blick auf die organisationalen Effektivitäts- und Effizienzziele unterstützen. Für eine solche prozessübergreifende Optimierung der Rahmenbedingungen lassen sich drei Ansätze unterscheiden (Homburg/Krohmer 2009):

- Strukturbezogene Ansätze tangieren die Aufbauorganisation des Unternehmens und sind insofern bereits in unseren vorangegangenen Ausführungen enthalten. Beispiele sind etwa die Zusammenfassung von Abteilungen, die Verringerung der räumlichen Distanz oder das Bilden von Koordinationsgremien und funktionsübergreifenden Teams.
- Personalbezogene Ansätze beziehen sich auf die Personalführung sowie die Personalentwicklung (vgl. dazu die Beiträge „Anreiz- und Vergütungssysteme im Vertrieb" und „Personalmanagement im Vertrieb" im vorliegenden Handbuch). Ein wichtiger Aspekt ist in diesem Zusammenhang die funktionsbereichsübergreifende Verknüpfung von Ziel- und Anreizsystemen (Köhler 1995b), da Schnittstellenprobleme häufig auch daraus resultieren, dass verschiedene Funktionsbereiche sich an zeitlich oder sachlich unterschiedlichen Zielen zu orientieren haben (z. B. kurzfristige Zielsetzungen im Vertrieb und langfristige Zielsetzungen im Marketing).
- Kulturbezogene Ansätze stellen auf eine gezielte Beeinflussung der Unternehmens- und Vertriebskultur ab (vgl. dazu den Beitrag „Kultur im Vertrieb" im vorliegenden Handbuch). Neben dem Ausbau von informellen Kontakten (z. B. durch gemeinsame Veranstaltungen oder Kaffee-Ecken) stellt die Schaffung einer internen Kundenorientierung ein bedeutsames Ziel dar, wobei Mitarbeiter die auf ihre Arbeitsergebnisse angewiesenen Kollegen/Abteilungen/Unternehmensbereiche als Kunden sehen und sich bei ihrer Tätigkeit an deren Bedürfnissen orientieren (Stauss 2001). Zudem gilt es positiv auf nachteilige Subkulturen (Beverland/Steel/Dapiran 2006) sowie auf für die Prozessdurchführung ungünstige Machtverteilungen zwischen den Funktionsbereichen einzuwirken (Homburg/Workman/Krohmer 1999).

4.4 Kompetenzzuordnung im Vertrieb

Bei der Zuordnung von Entscheidungskompetenzen im Rahmen der Vertriebsorganisation geht es um zwei Aufgabenbereiche: die Gestaltung der Kompetenzen des Vertriebs im Verhältnis zu anderen Unternehmensbereichen, insbes. zum Marketing (z. B. Homburg/Workman/Krohmer 1999) sowie die Zuordnung von Entscheidungskompetenzen innerhalb des Vertriebs.

Kompetenzzuordnung zwischen Vertrieb und Marketing

Die Aufgaben- und Kompetenzverteilung zwischen den beiden Bereichen Vertrieb und Marketing entspricht in der Praxis häufig einem von drei grundlegenden Typen (Homburg/Jensen/Klarmann 2005) (vgl. Abbildung 3.1.8):

Abbildung 3.1.8 Typische Konstellationen der Kompetenzzuordnung auf Vertrieb und Marketing (Quelle: Homburg/Jensen/Klarmann 2005, S. 6)

	Typ 1: Marketing als Serviceabteilung des Vertriebs	Typ 2: Marketing und Vertrieb in gleichgewichtiger Arbeitsteilung	Typ 3: Vertrieb als Erfüllungsgehilfe des Marketing
Anteil	47%	33%	20%
Charakterisierung der Rolle des Vertriebs	Strategische und operative Führungsrolle	Zuständigkeit für Preise und Absatz	Kundenbetreuer
Charakterisierung der Rolle des Marketing	Marketing Services	Zuständigkeit für Produktmanagement und Werbung	Strategische und operative Führungsrolle
Zuständigkeit für Strategie	M … V	M … V	M … V
Zuständigkeit für Produkte	M … V	M … V	M … V
Zuständigkeit für Preise	M … V	M … V	M … V
Zuständigkeit für Absatz	M … V	M … V	M … V
Zuständigkeit für Werbung	M … V	M … V	M … V
Zuständigkeit für Marktforschung	M … V	M … V	M … V

M=Marketing; V=Vertrieb

- Marketing als Serviceabteilung des Vertriebs: Der Vertrieb hat die strategische und operative Führung inne, während das Marketing hauptsächlich Serviceaufgaben erfüllt, insbesondere in den Bereichen Werbung und Marktforschung. Diese Art der Aufgabenteilung ist vor allem in technisch orientierten Branchen, wie dem Maschinenbau oder der Automobilzulieferindustrie, aber auch im Finanz- und Versicherungsdienstleistungsbereich zu finden.

- Vertrieb und Marketing in gleichgewichtiger Arbeitsteilung: Die Zuständigkeiten sind relativ paritätisch zwischen Vertrieb und Marketing aufgeteilt. Während der Vertrieb in erster Linie für Preise und Verkaufsaktivitäten zuständig ist, verantwortet das Marketing vorwiegend das Produktmanagement und die Werbung. Diese Art der Arbeitsteilung existiert vor allem in der Konsumgüterbranche.

- Vertrieb als Erfüllungsgehilfe des Marketing: Der Vertrieb nimmt primär Kundenbetreuungsaufgaben wahr, während das Marketing die strategische und operative Führungsrolle übernimmt. Anzutreffen ist diese Aufgabenteilung häufig in der chemischen Industrie, besonders bei Herstellern von in großen Mengen gehandelten Produkten, die leicht zentral vermarktet werden können. Auch Unternehmen im Finanzdienstleistungsbereich mit einem starken Endkundengeschäft und einem entsprechend standardisierten Produktportfolio orientieren sich an diesem Typ der Aufgabenteilung.

Kompetenzzuordnung innerhalb des Vertriebs

Innerhalb des Vertriebs sind im Rahmen der Kompetenzzuordnung die hierarchische Struktur sowie der Umfang der Entscheidungsbefugnisse festzulegen.

Die hierarchische Strukturierung bezieht sich auf die Anzahl der Führungsebenen und die Leitungsspanne im Vertrieb. Diese beiden Entscheidungsbereiche hängen zusammen: Eine größere Leitungsspanne erfordert weniger Führungsebenen und weniger Führungskräfte (Johnston/Marshall 2009).

Die meisten Vertriebsorganisationen besitzen bei regionaler Strukturierung zwischen zwei und fünf Hierarchieebenen, etwa die supranationale (z. B. Westeuropa), die nationale und die regionale Leitungsebene (z. B. für Ost, West-, Nord- und Süd-Deutschland), Bezirksdirektionen (z. B. für Nord- und Südbayern) sowie am unteren Ende der Hierarchie die für ihre Bezirke zuständigen Außendienstmitarbeiter. Ausschlaggebend für die Anzahl der Führungsebenen sind insbesondere drei Faktoren (Diller/Haas/Ivens 2005):

- Die Leitungskapazität der Führungskräfte: Als typische Leitungsspanne finden sich hier meist fünf bis maximal zwanzig Mitarbeiter unter Führung eines Vertriebsmanagers.
- Bedeutung der Verkaufsaufgabe: Die Führungsspanne hängt auch von der Komplexität der verkäuferischen Aufgaben sowie dem Einfluss des individuellen Verkäufers auf das Unternehmensergebnis ab: Je schwieriger und bedeutsamer (z. B. in Form des Gewinnbeitrags) die Verkaufsaufgabe ist, desto stärker sollte die Unterstützung und Steuerung durch die Führungskräfte sein, und desto geringer sollte daher die Führungsspanne sein.
- Die Dimensionierung der Vertriebs- und Außendienstorganisation: Je größer die Zahl der (Außendienst)Mitarbeiter, desto mehr Leitungsebenen müssen grundsätzlich erwogen werden.

Seit vielen Jahren existiert ein starker Trend zur Verflachung der Vertriebshierarchien („Lean Selling"), in dessen Rahmen ganze Führungsebenen (z. B. jene der regionalen Vertriebsdirektionen) ausgesondert und den Außendienstmitarbeitern entsprechend mehr Verantwortung und Kompetenzen übertragen werden („Empowerment"). Dies geschieht nicht zuletzt deshalb, weil die Außendienstmitarbeiter selbst besser ausgebildet sind und durch ein differenziertes Informationssystem und technische Hilfsmittel unterstützt werden.

Mit Blick auf den Umfang der Entscheidungsbefugnisse ist im Vertrieb insbesondere die Frage von Bedeutung, ob und in welchem Umfang Entscheidungskompetenzen (z. B. über Angebotsmerkmale wie Produktfunktionalitäten, Preise) an den Außendienst übertragen werden sollten. Für eine möglichst umfangreiche Kompetenzübertragung sprechen

- das im Vergleich zu Managern in der Regel bessere Kundenwissen und
- die mit einer Übertragung verbundene hohe Flexibilität der Verkäufer, die effektive und effiziente Verkaufs- und Betreuungsprozesse ermöglicht.
- Zudem birgt eingeschränkte Einscheidungskompetenz das Risiko von Effizienzverlusten, wenn Kunden angesichts der geringen Verkäuferbefugnisse Verhandlungen abbrechen und zukünftig mit den entscheidungsbefugten Managern führen möchten.

Allerdings entstehen bei der Übertragung weitreichender Entscheidungskompetenzen auch Nachteile.

- So können Verkäufer sich eher an kurzfristigen (z. B. Verkaufsabschluss) als langfristigen (z. B. markenstrategischen) Zielen orientieren und
- bei Verkaufsanstrengungen Nachteile für das Unternehmen unberücksichtigt lassen (z. B. erhöhte Komplexitätskosten als Folge übermäßig zugesagter Produktindividualisierung) oder bewusst in Kauf nehmen (z. B. übermäßige Preisnachlässe statt Verkaufsanstrengungen zur Erzielung von Verkaufsabschlüssen).

Speziell für die Übertragung von Preiskompetenzen an den Außendienst zeigen Studienergebnisse eine eher skeptische Grundhaltung der Unternehmen. So räumt ein Drittel der Unternehmen dem Außendienst keine Preissetzungskompetenz und in etwa der Hälfte der Fälle eine begrenzte Preissetzungskompetenz ein, während nur jedes sechste Unternehmen dem Außendienst volle Entscheidungsgewalt über die Preise zugesteht (Hansen/Joseph/Krafft 2008). Die Ergebnisse stützen diese skeptische Grundhaltung für den Fall mittlerer Wettbewerbsintensität. Gleichwohl ist die Delegation von Preiskompetenzen an den Außendienst vorteilhaft, wenn die Verkäufer über Provisionen auf Basis des erzielten Deckungsbeitrags entlohnt werden oder eine intensive Überwachung der Verkaufsaktivitäten durch die Vorgesetzten stattfindet (Weinberg 1975; Simon/Fassnacht 2009).

5 Organisation der Vertriebsorgane und der Vertriebslogistik

Nach der grundsätzlichen Darstellung der organisatorischen Regelungsmöglichkeiten für Vertriebsprozesse und -strukturen im Kapitel 4 wird im Folgenden auf zwei wichtige Gestaltungsfelder der Vertriebsorganisation näher eingegangen.

5.1 Herstellereigene und herstellerfremde Vertriebsorgane

Aus Herstellersicht lassen sich herstellereigene (unternehmensinterne) und herstellerfremde (unternehmensexterne) Vertriebsorgane oder -partner unterscheiden (Diller/Haas/Ivens 2005; Homburg/Krohmer 2009). Abbildung 3.1.9 gibt hierzu einen Überblick.

Abbildung 3.1.9 Überblick über Vertriebsorgane (Quelle: Diller/Haas/Ivens 2005, S. 309)

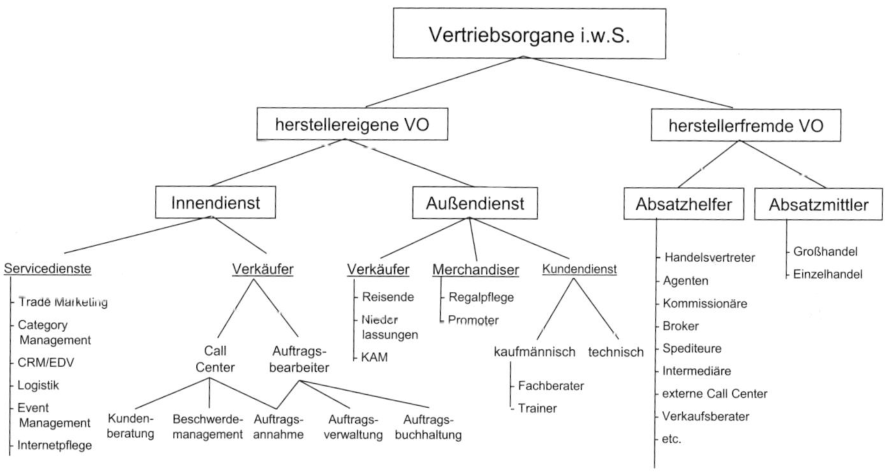

Herstellereigene Vertriebsorgane stehen in Diensten des Unternehmens und sind deshalb vollständig weisungsgebunden. Insofern lassen sie sich gezielter für bestimmte Aufgaben des Vertriebsmanagements vorbereiten, einsetzen und kontrollieren. Sie konstituieren andererseits aber auch einen Fixkostenblock mit entsprechender Flexibilitätseinbuße. Herstellerfremde Vertriebsorgane sind entweder Absatzhelfer oder Absatzmittler. Letztere erwerben Eigentum an der zu verkaufenden Ware und verkaufen diese in eigenem Namen und auf eigene Rechnung weiter. Absatzhelfer sind zwar rechtlich selbstständige Unternehmen, fungieren aber lediglich als Dienstleister und übernehmen kein warenwirtschaftliches

Risiko. Aufgrund der Vielzahl an existierenden Spezialisierungsformen gibt es mannigfaltige Möglichkeiten, den eigenen Vertriebsprozess unter Einbezug von herstellerfremden Vertriebsorganen zu organisieren. Unter Kostengesichtspunkten gewinnt dabei zunehmend auch das Outsourcing von bedeutsamen Vertriebsprozessen an Bedeutung, z. B. die Pflege der Kundenbeziehungen über Call Center (Gouthier/Eggert/Nogly 2008).

Bei den unternehmensexternen Vertriebsorganen ist der Einfluss eines Herstellers begrenzt. Umso mehr kommt es darauf an, im Rahmen dieser Wertkettenverknüpfungen zwischen mehreren Institutionen klare organisatorische Regelungen zu treffen. In Betracht kommen rechtliche Vereinbarungen und abgestimmte Maßnahmen, wie sie z. B. in vertraglichen Vertriebssystemen üblich sind, und informationstechnische Verknüpfungen wie etwa in ECR-Systemen (Efficient Consumer Response) im Zusammenspiel von Hersteller- und Handelsunternehmen. Aus Sicht des Unternehmens, das die Übertragung von Vertriebstätigkeiten auf außenstehende Partner zu gestalten hat, wird diesbezüglich von externer Vertriebs- oder Marketingorganisation gesprochen (Köhler 1995a).

Auch bei den herstellereigenen Vertriebsorganen gibt es eine Fülle organisatorischer Strukturierungsmöglichkeiten. Besonders bedeutsam in der Vertriebspraxis ist die Unterscheidung in Innendienst und Außendienst. Der Innendienst umfasst dabei alle stationär im Unternehmen agierenden Mitarbeiter, während der Außendienst bei den Kunden selbst tätig wird. Neben dem Fokus auf die Verkaufsfunktion gewinnt das Betreuen der Kunden, insbesondere das Erbringen und Sicherstellen vielfältiger Dienstleistungen, mit dem Ziel des Auf- und Ausbaus langfristiger Kundenbeziehungen zunehmend an Bedeutung für den Außendienst. Für Schlüsselkunden werden häufig auch eigene Key-Account-Organisationen aufgebaut, die ausschließlich für die Betreuung dieser Klientel eingesetzt werden (vgl. Abschnitt 4.3.2). Organisatorische Aufgaben beim Einsatz des Außendienstes betreffen insbesondere die Bestimmung der Außendienstgröße (Albers 2002), den Zuschnitt der Verkaufsgebiete sowie die Allokation von Besuchszeiten. Diese Punkte werden im vorliegenden Handbuch im Kapitel „Operatives Vertriebsmanagement" behandelt.

Neben dem Außendienst agiert auch der Innendienst in vielfältiger Weise innerhalb der Wertschöpfungskette des Vertriebsmanagements. Zum Teil handelt es sich hier um primäre Wertschöpfungsaktivitäten, also insbesondere Verkaufstätigkeiten im engeren Sinne (z. B. durch Telefonakquise), zum Teil um sekundäre Aktivitäten, also Servicedienste, welche die eigentliche Verkaufsarbeit ergänzen. Die Unterstützung des Außendienstes durch den Innendienst ist dabei aus Unternehmenssicht insofern als erfolgskritisch einzuschätzen, als den Außendienstmitarbeitern regelmäßig ein insgesamt nur geringer Anteil ihrer Gesamtarbeitszeit für Interaktionen mit den Kunden, speziell für Verkaufsaktivitäten, zur Verfügung steht. Abgesehen von solchen unterstützenden Stellen zählen zum Inndienst aber vor allem die Mitarbeiter im Unternehmen, die Kundenkontakt aufnehmen bzw. pflegen, also insbesondere die Mitarbeiter in so genannten Call Centers (telefonische Auftragsbearbeitung) bzw. in der schriftlichen Auftragsbearbeitung. Zum Innendienst gehören auch die eher verwaltungstechnisch ausgerichteten Stelleninhaber für die Auftragsbearbeitung, die dafür zuständig sind, schriftlich eingehende Aufträge zu bearbeiten, zu verwalten und bis zum Zahlungseingang zu überwachen. In bestimmten Branchen sind auch eigene

Abteilungen für das Beschwerdemanagement gängig (z. B. bei Touristikunternehmen), welche darauf spezialisiert sind, Beschwerden der Kunden aufzunehmen, zu regeln und auszuwerten, um daraus Ansatzpunkte für zukünftige Marketingkonzepte zu gewinnen (Stauss/Seidel 2002).

5.2 Herausforderungen an die Vertriebslogistik

Die Vertriebslogistik hat die wichtige Aufgabe, für die physische Bereitstellung von Produkten entsprechend den Kundenwünschen und -aufträgen zu sorgen. Damit ist sie, gewissermaßen als Endglied, eng mit den akquisitorischen Bemühungen der Vertriebsorgane verbunden, da deren Verkaufserfolg auf Dauer von der qualitativen, räumlichen und zeitlichen Zuverlässigkeit der Güterbereitstellung abhängt.

Eine Besonderheit der Vertriebslogistik besteht darin, dass sie mit der Gesamtlogistik des Unternehmens - also auch in den Bereichen Beschaffung, Produktion und Lagerhaltung - verflochten ist. Alle Stufen der Wertkettenprozesse haben mit dem physischen Güterfluss zu tun. Unternehmensübergreifend schließt die Vertriebslogistik die Kooperation mit Handelspartnern und Logistikdienstleistern und bei Direktabsatz die unmittelbare Versorgung von Endabnehmern ein. Sie wird damit Bestandteil eines umfassenden Supply-Chain-Managements.

Die organisatorische Konsequenz aus diesen Logistikmerkmalen lautet, dass einerseits zwar eine zentrale Hauptabteilung Logistik im Unternehmen hohe Bedeutung erlangt und auch häufiger als früher vorkommt (Pfohl 2004), dass aber andererseits von Vertriebsseite im Sinne eines Schnittstellenmanagements auf die letztendliche Kundenorientierung aller Abläufe zu achten ist. Auch in diesem Zusammenhang erweisen sich Teams, die aus verschiedenen Fachabteilungen beschickt werden, als wesentliche Hilfe für Prozessregelungen. Hinzu kommt die unternehmensübergreifende, durch Informationstechnik gestützte Koordination der physischen Warenbereitstellung, wie sie im Konzept des Efficient Consumer Response (ECR) verwirklicht ist.

6 Entwicklung der Vertriebsorganisation

Das Ziel einer kontinuierlichen oder verbesserten Zielerreichung erfordert eine permanente Weiterentwicklung der Vertriebsorganisation. In den seltensten Fällen handelt es sich bei vertriebsorganisatorischen Aktivitäten um den Aufbau völlig neuer organisatorischer Einheiten (z. B. den Erstaufbau des Außendienstes), sondern um deren mehr oder minder große Modifikation. Häufig geben mangelhafte Zielerfüllung (z. B. schrumpfende Umsätze), neue Strategien (z. B. die geplante Ausweitung der Absatzregion) oder veränderte Verfahrensweisen (z. B. die Neujustierung der Besuchsnormen) den Anstoß für eine organisatorische Weiterentwicklung. Dabei ist ein inkrementales, d.h. in kleinen Schritten voranschreitendes Verändern und Verbessern der Organisationsstruktur gängige Praxis.

6.1 Entwicklungspfade der Vertriebsorganisation

Unternehmen haben in den letzten Jahren insbesondere zwei organisatorische Entwicklungspfade beschritten (Homburg/Workman/Jensen 2000; Osterloh/Frost 2003):

- Eine Erhöhung der Kundenorientierung.
- Eine Erhöhung der Prozessorientierung.

Auf dem Weg zu einer **kundenorientierten Organisation** durchlaufen Unternehmen häufig verschiedene idealtypische Organisationsformen (Homburg/Krohmer 2009) (vgl. Abbildung 3.1.10): Die anfangs vorwiegend vorhandene funktionale Organisation der Unternehmen (Stufe A) wird durch produktorientierte Geschäftseinheiten i.S. einer divisionalen Struktur ergänzt (Stufe B). Ein nächster häufiger Entwicklungsschritt erfolgt darin, so genannte Kundensegmentmanager (auch als Anwendungs-, Markt- oder Branchenmanager bezeichnet) einzuführen (Stufe C). Diese Positionen sollen die Marketingaktivitäten in Bezug auf bestimmte Kundengruppen sowohl funktionsübergreifend innerhalb der eigenen Geschäftseinheit als auch (informell) zwischen den verschiedenen Geschäftseinheiten koordinieren, verfügen jedoch meist nicht über Weisungsbefugnisse gegenüber den Mitarbeitern aus den einzelnen Funktionen.

Da mehrere Vertriebsorganisationen, die ausschließlich bzw. primär für die Produkte der eigenen Geschäftseinheit zuständig sind, an der Schnittstelle zum Kunden zu erheblichen Problemen führen können, wenn Kunden in wesentlichem Umfang Produkte mehrerer Geschäftseinheiten beziehen (z. B. Doppelbesuche, uneinheitlicher Auftritt des Unternehmens gegenüber dem Kunden, fehlende gesamthafte Sicht der Kundenbedürfnisse), kommt als nächster Schritt das Bilden eines übergreifenden Vertriebs in Frage, der für die Produkte aller Geschäftseinheiten zuständig ist (Stufe D). Man folgt dem Prinzip des „One Face to the Customer", und es liegt üblicherweise eine Matrix-Organisation vor.

Der anfangs häufig regional strukturierte Vertrieb wird später nicht selten nach Märkten/Kundengruppen reorganisiert (Stufe E). Dabei wird die regionale Orientierung im Vertrieb in der Regel nicht vollständig aufgelöst. Ein wichtiger begleitender Aspekt dieser Veränderung liegt häufig darin, dass die Vertriebseinheiten, die nach Märkten/ Kundengruppen gegliedert sind, als gewinnverantwortliche Profit-Center geführt werden. Schließlich werden zunehmend Kompetenzen auf kundenorientierte strategische Geschäftseinheiten verlagert (Stufe F). Hierbei liegt ein Großteil der Marketingaktivitäten, des Marketingbudgets und der Marketingmitarbeiter sowie nicht selten auch die primäre Gewinnverantwortung im Zuständigkeitsbereich der kundenorientierten Geschäftseinheiten. Bei den produktorientierten Geschäftseinheiten verbleiben dann häufig nur die technischen Funktionsbereiche Produktion sowie Forschung und Entwicklung.

Abbildung 3.1.10 Idealtypische Organisationsformen auf dem Weg zu einer kundenorientierten Organisation (Quelle: Homburg/Krohmer 2009, S. 1094)

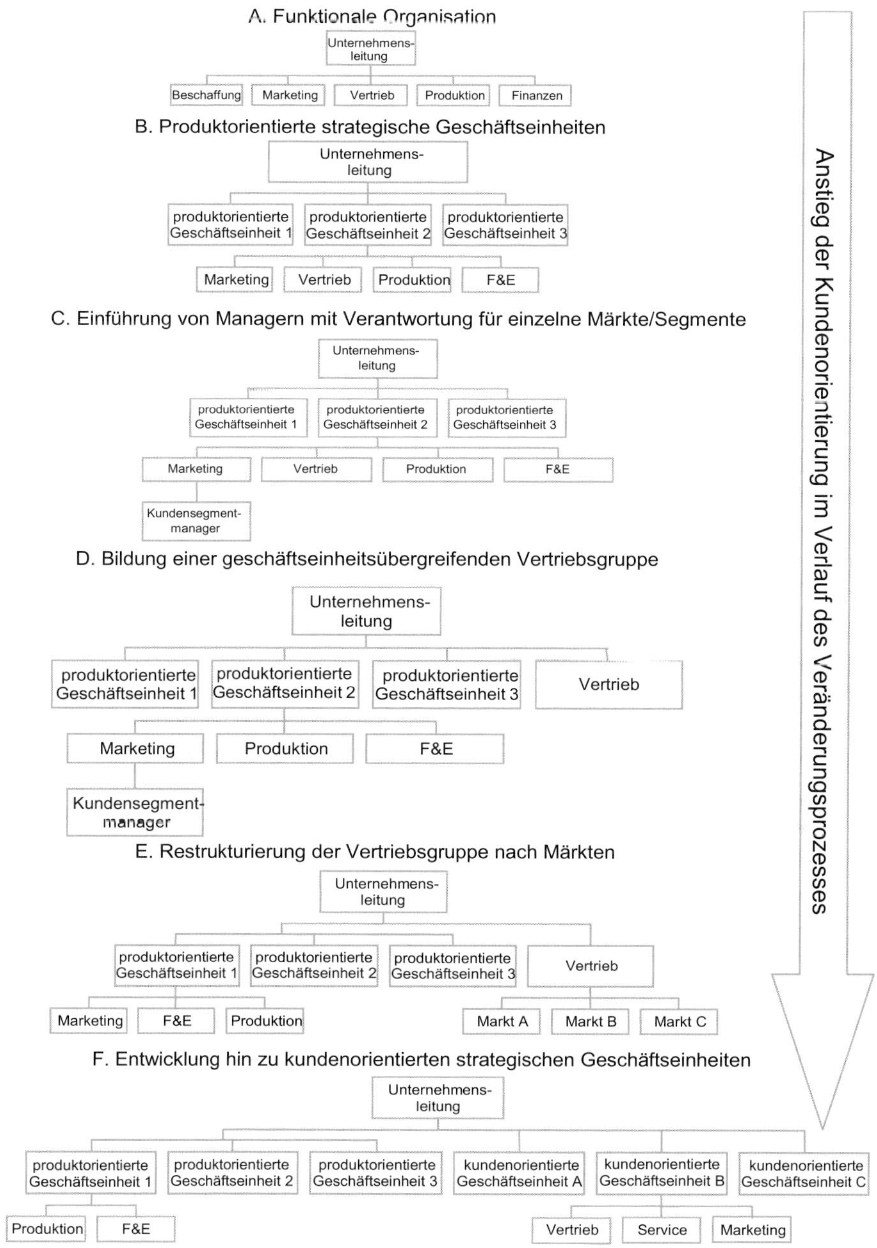

Auch die Entwicklung hin zu einer **Prozessorganisation** lässt sich idealtypisch darstellen (Diller/Haas/Ivens 2005). Wie Abbildung 3.1.11 schematisch zeigt, gehen die Unternehmen dabei den Weg von einer rein funktionalen über eine Matrix- hin zu einer Prozessorganisation. Dabei werden zumindest alle primären Aktivitäten des Kundenmanagements für wichtige Projekte oder Kunden von Arbeitsteams erledigt, die entweder permanent oder temporär für entsprechende Aufgabenbündel zuständig sind, obwohl die Mitarbeiter selbst aus funktionalen Abteilungen stammen. Solche cross-funktionalen Teams übernehmen die kundenorientierte Koordination der verschiedenen Aktivitäten und treten insbesondere im Investitionsgüter-Marketing häufig auch als „Selling-Center" gegenüber dem Kunden auf, so dass dieser auf spezifische Kompetenzen (z. B. Forschung und Entwicklung, Anwendungstechnik, betriebswirtschaftliche Beratung, EDV, Logistik etc.) zugreifen kann. Auf diese Weise kann die im Beziehungsmarketing geforderte umfassende und problemlösungsorientierte Betreuung von Kunden bewerkstelligt werden. Ferner steigt die Arbeitsmotivation und – wie Kemper (2005) beispielhaft für die Neupositionierung der Marke Fa zeigt – auch die Kreativität. Andererseits belasten Teamsitzungen das Zeitbudget der Beteiligten oft erheblich, was gerade angesichts der regelmäßig ohnehin nur knappen verfügbaren Zeit der Vertriebsmitarbeiter für Verkaufsaktivitäten und persönliche Kontakte vor Ort besonders problematisch ist.

Abbildung 3.1.11 Entwicklungsstufen der Prozessorganisation (Quelle: Diller/Haas/Ivens 2005, S. 314)

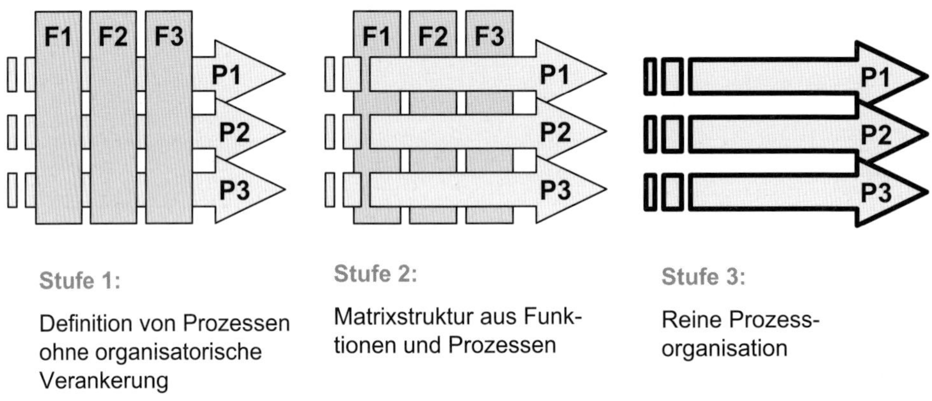

6.2 Implementierung der Vertriebsreorganisation

Veränderungen, wie sie in Abbildung 3.1.10 und Abbildung 3.1.11 wiedergegeben sind, lassen sich nicht ohne gezielte Implementierungshilfen verwirklichen, da organisationaler Wandel oft zunächst einmal auf Widerstände stößt. Vier Vorbedingungen für die Umsetzung lassen sich hervorheben (Köhler 2003):

- Initiative und Unterstützung durch das Top Management,
- innerbetriebliche Kommunikation und Überzeugung,
- Entwicklung einer innovationsoffenen Organisationskultur,
- organisationales Lernen.

Ohne die Wahrnehmung seitens der Vertriebsmitarbeiter, dass das Top Management bzw. die Vertriebsleitung selbst die Umorganisation mitträgt und mitlebt, werden Reorganisationsprojekte nur halbherzig durchgeführt. Homburg/Stock (2002) weisen darauf hin, dass das Führungsverhalten die Einstellungen der Mitarbeiter beeinflusst, was mit sozialen Lerntheorien erklärt werden kann. Hinzu kommt, dass klare Zielformulierungen der Leitungsinstanzen für die Reorganisation und daran anknüpfende Anreizsysteme (z. B. orientiert an Maßgrößen der Kundenzufriedenheit) bei der Implementierung erforderlich sind.

Von großer Bedeutung ist auch die hinreichende Information der Vertriebsmitarbeiter über Sinn und Zweck der Änderungen, um Überzeugung und Motivation zu schaffen. Diese kommunikative Einflussnahme innerhalb des Unternehmens, um Mitarbeiter für ein neues Konzept zu gewinnen, wird auch als „internes Marketing" bezeichnet.

Wenn aus früheren positiven Erfahrungen mit Änderungsprozessen die Einstellung resultiert, dass Innovationen in der Vertriebsorganisation das Unternehmen als Institution wie auch die Unternehmensangehörigen weiterbringen, kann sich eine änderungsfreundliche Organisationskultur herausbilden, die entsprechende Werte und Normen - vor allem aber auch Verhaltensweisen - aufweist. Wiederum ist hierfür das nachhaltige Beispiel auf Führungsebene maßgebend. Schnell aufgesetzte Projekte einer externen Beratung sind allein nicht in der Lage, eine Unternehmenskultur der Innovationsoffenheit zu formen.

Schließlich ist, was schon in den vorher genannten Punkten anklingt, das organisationale Lernen unabdingbar für erfolgreiche Entwicklungen der Vertriebsorganisation. Es geht dabei um Wissenszuwächse, die über das individuelle Lernen hinausreichen, weil sie auf die gemeinsamen Erfahrungen der Unternehmensmitglieder innerhalb des Bezugsrahmens der Vertriebsorganisation zurückgehen. Die ausdrückliche Bewertung und Rückkopplung früherer Änderungsergebnisse trägt zum stufenweisen organisationalen Lernen bei. Insofern wird abermals die kommunikative Führungsrolle der Vertriebs- und Unternehmensleitung deutlich (s. auch den Beitrag „Personalmanagement im Vertrieb" im vorliegenden Handbuch).

Literaturverzeichnis

Albers, S. (2002): Wie die optimal Außendienstgröße bestimmt werden kann, in: Albers, S. (Hrsg.), Verkaufsaußendienst. Planung-Steuerung-Kontrolle, Düsseldorf, S. 13-27.

Belz, C. (2000): Vertriebsszenarien 2005, St.Gallen.

Beverland, M./Steel, M./Dapiran, G. P. (2006): Cultural frames that drive sales and marketing apart: an exploratory study, in: Journal of Business & Industrial Marketing, 21. Jg., Nr. 6, S. 386-394.

Deeter-Schmelz, D./Ramsey, R. (1995): A Conceptualization of the Functions and Roles of Formalized Selling and Buying Teams, in: The Journal of Personal Selling & Sales Management, 15. Jg., Nr. 2, S. 47-60.

Diller, H./Haas, A./Ivens B. (2005): Verkauf und Kundenmanagement. Eine prozessorientierte Konzeption, Stuttgart.

Fließ, S. (1999): Vertriebsmanagement, in: Kleinaltenkamp, M./Plinke, W. (Hrsg.), Markt- und Produktmanagement, Berlin et al., S. 327-440.

Gouthier, M. H. J./Eggert, A./Nogly, F. (2008): Offshoring der Kundeninteraktion: Eine empirische Analyse der Wirkung der Sprachqualität am Beispiel von Call Centern, in: Zeitschrift für betriebswirtschaftliche Forschung, 60. Jg., Nr. 1, S. 48-70.

Gupta, A./Raj, S./Wilemon, D. (1986): A Model for Studying R&D – Marketing Interface in the Product Innovation Process, in: Journal of Marketing, 50. Jg., Nr. 2, S. 7-17.

Haas, A. (2000): Prozessorientiertes Vertriebscontrolling bei einem Luxusgüterhersteller, in: Weber, J., Homburg, Ch. (Hrsg.), Marketing-Controlling, SH 3, Kostenrechnungspraxis, S. 79-85.

Hammerschmidt, M./Staat, M. (2010): Effizienzbewertung von Vertriebsstrukturen, in: Die Betriebswirtschaft, 70. Jg., Nr. 1, S. 43-61.

Hansen, A./Joseph, K./Krafft, M. (2008): Price Delegation in Sales Organizations: An Empirical Investigation, in: BuR - Business Research Journal, 1. Jg., Nr. 1, S. 94-104.

Helfert, G./Vith, K. (1999): Relationship Marketing Teams: Improving the Utilization of Customer Relationship Potentials Through a High Team Design Quality, in: Industrial Marketing Management, 28. Jg., Nr. 5, S. 553-565.

Homburg, Ch./Daum, D. (1997): Marktorientiertes Kostenmanagement, Frankfurt a. M.

Homburg, Ch./Jensen, O./ Klarmann, M. (2005): Die Zusammenarbeit zwischen Marketing und Vertrieb. Eine vernachlässigte Schnittstelle, Arbeitspapier M 86 der Reihe Management Know-how, Institut für Marktorientierte Unternehmensführung, Universität Mannheim.

Homburg, Ch./Jensen, O./Krohmer, H. (2008): Configurations of Marketing and Sales: A Taxonomy, in: Journal of Marketing, 72. Jg., Nr. 2, S. 133-154.

Homburg, Ch./Krohmer, H. (2009): Marketingmanagement, 3. Aufl., Wiesbaden.

Homburg, Ch./Schäfer, H./Schneider, J. (2006): Sales Excellence: Vertriebsmanagement mit System, 4. Aufl., Wiesbaden.

Homburg, Ch./Stock, R. (2002): Führungsverhalten als Einflussgröße der Kundenorientierung von Mitarbeitern. Ein dreidimensionales Konzept, in: Marketing - Zeitschrift für Forschung und Praxis, 24. Jg., Nr. 2, S. 123-137.

Homburg, Ch./Workman, J./Jensen, O. (2000): Fundamental Changes in Marketing Organization: The Movement Toward a Customer-Focused Organizational Structure, in: Journal of the Academy of Marketing Science, 28. Jg., Nr. 4, S. 459-478.

Homburg, Ch./Workman, J./ Krohmer, H. (1999): Marketing's Influence Within the Firm, in: Journal of Marketing, 63. Jg., Nr. 2, S. 1-17.

Johnston, M. W./Marshall, G. W. (2009): Sales Force Management, 9. Aufl., Boston.

Kemper, A. Ch. (2005): Brand Virtuosity: Kreativitätsförderung bei Schwarzkopf & Henkel, in: Diller, H. (Hrsg.), Innovative Marketingführung, Nürnberg, S. 31-49.

Köhler, R. (1992): Absatzorganisation, in: Frese, E. (Hrsg.), Handwörterbuch der Organisation, 3. Aufl., Stuttgart 1992, Sp. 34-56.

Köhler, R. (1995a): Marketing-Organisation, in: Tietz, B./Köhler, R./Zentes, J. (Hrsg.), Handwörterbuch des Marketing, 2. Aufl., Stuttgart, Sp. 1636-1653.

Köhler, R. (1995b): Führung im Marketingbereich, in: Kieser, A./Reber, G./Wunderer, R. (Hrsg.), Handwörterbuch der Führung, 2. Aufl., Stuttgart, Sp. 1468-1483.

Köhler, R. (2003): Organisatorischer Wandel und marktorientierte Unternehmensführung, in: Hoffmann, W. H. (Hrsg.), Die Gestaltung der Organisationsdynamik. Konfiguration und Evolution, Stuttgart, S. 105-141.

Köhler, R. (2007): Organisation des Produktmanagement, in: Albers, S./Herrmann, A. (Hrsg.), Handbuch Produktmanagement, 3. Aufl., Wiesbaden, S. 741-762.

Lawrence, P./ Lorsch, J. (1967): Organization and Environment: Managing Differentiation and Integration, Boston.

Miranda, P./Rapp, H. (2010): So managt Siemens die Vertriebs-Accounts, in: Absatzwirtschaft - Zeitschrift für Marketing, 53. Jg., Nr. 3, S. 68-71.

Osterloh, M./Frost, J. (2003): Prozessmanagement als Kernkompetenz, 4. Aufl., Wiesbaden.

Pfohl, H.-Ch. (2004): Logistikmanagement. Konzeption und Funktionen, 2. Aufl., Berlin et al.

Rommel, G./Brück F./Diederichs, R./Kempis, R.-D./Kluge, J. (2006): Einfach überlegen, Heidelberg.

Simon, H./Fassnacht, M. (2009): Preismanagement, 3. Aufl., Wiesbaden.

Specht, G. (2000): Schnittstellenmanagement: Marketing und Forschung & Entwicklung, in: Herrmann, A./Hertel, G./Virt, W./Huber, F. (Hrsg.), Kundenorientierte Produktgestaltung, München, S. 265-285.

Stauss, B. (2001): Internes Marketing, in: Diller, H. (Hrsg.): Vahlens Großes Marketinglexikon, 2. Aufl., München, S. 698-699.

Stauss, B./Seidel, W. (2002): Beschwerdemanagement, München.

Stock, R. (2003): Teams an der Schnittstelle zwischen Unternehmen und Kunden: Eine integrative Betrachtung, Wiesbaden.

Stock, R. (2004): Drivers of Team Performance: What Do We Know And What Have We Still To Learn?, in: Schmalenbach Business Review, 56. Jg., Nr. 3, S. 274-306.

Tomczak, T./Reinecke, S. (1999): Der aufgabenorientierte Ansatz als Basis eines marktorientierten Wertmanagements, in: Grünig, R./Pasquier, M. (Hrsg.), Strategisches Management und Marketing, Bern et al., S. 293-327.

Weinberg, Ch. B. (1975): An Optimal Commission Plan for Salesmen's Control over Price, in: Management Science, 21. Jg., Nr. 8, S. 937-943.

Winkelmann, P. (2000): Vertriebskonzeption und Vertriebssteuerung, München.

Witt, J. (1996): Prozessorientiertes Verkaufsmanagement, Wiesbaden.

3.2 Planung und Steuerung im Vertrieb

Jan Wieseke, Thomas Rajab

1 Bedeutung der Planung und Steuerung im Vertrieb

In diesem Beitrag geht es um die Planung und Steuerung der Vertriebsaktivitäten. Das Ziel dieses Beitrags besteht darin, Planungs- und Steuerungskonzepte im Vertrieb aus der Praktiker- und Forscherperspektive darzustellen und zu bewerten. Hierzu stellen wir einerseits bewährte Methoden der strategischen und operativen Vertriebsplanung und -steuerung vor (z. B. Vertriebsbudgets, Kundenportfolien etc.), die im Vertriebsmanagement weit verbreitet Anwendung finden. Zudem werden jüngere Erkenntnisse der empirischen Vertriebsforschung diskutiert. Hierbei gehen wir auch auf alternative Ansätze ein, die unter den Schlagworten „Beyond Budgeting", „Advanced Budgeting", oder „Better Budgeting" eine teilweise oder gar vollständige Abkehr von klassischen Planungs- und Budgetierungsprozessen fordern.

Der vorliegende Beitrag befasst sich vornehmlich mit der Steuerung der Marktbearbeitung und der strategischen und operativen Ressourcenallokation auf Märkte, Segmente und Vertriebseinheiten. Eine nicht minder wesentliche Rolle spielt im Vertriebskonzept die Incentivierung und Kontrolle der Vertriebsmitarbeiter („Sales Force Control"). Dieser Perspektive der Vertriebssteuerung sowie dem hiermit eng verwobenen Thema des Vertriebscontrollings widmet sich schwerpunktmäßig der Beitrag von Martin Artz.

Funktionen und Herausforderungen der Planung und Steuerung im Vertrieb

Planung und Steuerung der Vertriebsaktivitäten spielen eine entscheidende Rolle bei der Implementierung des Vertriebskonzeptes. Diller (1998, S. 5) definiert den Planungsbegriff in einem Marketing-Kontext als die „systematische gedankliche Vorwegnahme künftigen Absatzgeschehens". Die Relevanz der **Vertriebsplanung** lässt sich anhand der Funktionen verdeutlichen, die ein Vertriebsplan in der Absatzwirtschaft von Unternehmen erfüllt (Homburg/Schenkel 2007; Schenkel 2006, S. 10 f.; Winkelmann 2005, S. 584):

Informationsvermittlung und Prognose: Der Vertriebsplan spiegelt die Einschätzung des Unternehmens über das erwartete Kunden- und Wettbewerberverhalten, sowie zukünftige Umweltzustände (Wirtschaftswachstum etc.) wieder und vermittelt den Planadressaten Informationen über die Reaktion des Unternehmens auf diese Kontextfaktoren (z. B. vorsichtige vs. expansive Vertriebspolitik im wirtschaftlichen Abschwung).

Strategieimplementierung: Durch die Vertriebsplanung werden strategische Vertriebsziele sukzessive auf kleinere Marketingeinheiten herunter gebrochen. Der Vertriebsplanung kommt damit die Aufgabe zu, das Marketingkonzept des Unternehmens bis hin zur Ebene der individuellen Vertriebsmitarbeiter und Kunden zu konkretisieren.

Zusammenführung von Unternehmens- und Marktpotenzialen: Im Rahmen der Absatz-, Ressourcen- und Personalplanung soll sichergestellt werden, dass sich in den Märkten bietende Vertriebspotenziale ausgenutzt werden. Eine effektive Vertriebsplanung vermeidet sowohl eine „Überbedienung" der Märkte, wie auch einen aus unzureichendem Ressourcen- und Personaleinsatz resultierenden Nachfrageüberhang.

Abweichungsanalyse und Dokumentation: Ein effektives Vertriebscontrolling ist nur möglich, wenn sinnvolle Planungsgrößen für einen Soll-Ist-Vergleich zur Verfügung stehen. Idealtypisch bilden Vertriebsplanung, -steuerung und Prämissen-/Ergebniskontrolle einen durch wechselseitige Anpassung charakterisierten Regelkreis (vgl. Duderstadt 2006, S. 5).

Das Verständnis des Begriffes der **Vertriebssteuerung** weist in verschiedenen Quellen eine wesentliche Varianz auf. Definitionen des Steuerungsbegriffes im Vertriebsbereich nehmen meist Bezug auf die Allokation von Vertriebsressourcen. Pangratz (1979, S. 10) subsumiert unter dem Begriff der Vertriebssteuerung „die konkrete Gestaltung und den Einsatz der vertrieblichen Mittel, Maßnahmen und Funktionsträger". In einer weiter gefassten Definition bezieht Duderstadt (2006, S. 7) auch die Aspekte des Vertriebscontrolling in die Definition der Vertriebssteuerung mit ein. Dies ist insofern nachvollziehbar, da Kontrollmechanismen im Vertrieb immer auch eine Steuerungsfunktion zukommt. Das Spektrum der Funktionen der Vertriebssteuerung umfasst demnach folgende Kernaufgaben (Duderstadt 2006, S. 7 ff.; Kleinaltenkamp/Saab 2009, S. 113 f.):

Steuerung der Marktbearbeitung und Ressourcenallokation: Die Vertriebssteuerung hat die Intensität der Marktbearbeitung und die hiermit verbundene Ressourcenallokation auf die verschiedenen Markt- und Kundensegmente mit dem Zweck der Realisation der gesetzten Vertriebsziele zu bestimmen. Zudem müssen geeignete Allokationsmechanismen gewählt werden, um eine effektive Zuteilung der Vertriebsressourcen zu ermöglichen.

Management von Zielkonflikten: Die Vertriebssteuerung muss den heterogenen und häufig miteinander in Konflikt stehenden Zielen der Unternehmung dienen. Hierbei müssen kurzfristige und langfristige sowie monetäre und nicht-monetäre Vertriebsziele gegeneinander abgewogen werden. Häufig wird argumentiert, die Vertriebssteuerung solle vor allem so ausgestaltet sein, dass kurzsichtiges Gewinnstreben (z. B. ein vorschneller Rückzug aus unprofitablen Märkten) auf Kosten langfristiger Profitabilität vermieden wird. Denkbar ist jedoch auch der umgekehrte Fall. Beispielsweise könnte ein unter Liquiditätsproblemen leidendes Unternehmen zeitweise durchaus vorrangig an kurzfristigen Verkaufserfolgen interessiert sein.

Konzeption und Implementierung von Anreizsystemen: Die Vertriebssteuerung hat zielorientierte Anreizsysteme zu konzipieren und zu implementieren, die die Motivation von Vertriebsmanagern und Vertriebsmitarbeitern dauerhaft sicherstellen.

Management von Interessenkonflikten: Die im Rahmen der Vertriebssteuerung eingesetzten Anreizsysteme müssen Interessenkonflikte zwischen Unternehmen und Vertriebsmanagern und -mitarbeitern berücksichtigen und geeignete Mechanismen zu deren Überwindung beinhalten.

Vertriebscontrolling: In breiter gefasstem Verständnis besteht eine Teilaufgabe der Vertriebssteuerung in der Definition und Durchsetzung geeigneter Controlling-Prozesse zur kontinuierlichen Zielerreichungs- und Prämissenkontrolle der Vertriebsaktivitäten. Dies schließt neben der Abweichungsanalyse auch die notwendigen Rückkopplungs- und Anpassungsprozesse im Steuerungsregelkreis ein (vgl. Abschnitt 1.2).

Vertriebsplanung und -steuerung bezeichnen inhaltlich äußerst breit gefächerte Themenfelder, die nicht vollständig überschneidungsfrei mit anderen Aspekten des Vertriebsmanagements sind. Folgerichtig ist eine inhaltliche Begrenzung und Abgrenzung der in diesem Beitrag behandelten Themenkomplexe zweckmäßig. Eine sinnvolle Aufteilung der Inhaltsbereiche besteht nach Ansicht der Autoren in einer Abtrennung der Themenfelder des Vertriebscontrollings sowie der Gestaltung von Anreizsystemen zur Verhaltenssteuerung im Vertrieb. Diese werden schwerpunktmäßig im Beitrag von Christian Homburg und Martin Artz diskutiert.

1.1 Strategische vs. operative Vertriebsplanung und -steuerung

Die Planung und Steuerung der Vertriebsaktivitäten lässt sich in eine strategische und eine operative Komponente unterteilen. Grundsätzlich finden sich in der Vertriebsliteratur zwei Dimensionen zur Abgrenzung von operativer und strategischer Dimension.

Erstens wird zur Abgrenzung strategischer und operativer Aktivitäten der betrachtete *Zeitraum der Vertriebsaktivitäten* herangezogen (z. B. Winkelmann 2005, S. 580). Ein Zeitraum von 1-3 Jahren wird häufig als „operativer" Horizont bezeichnet. In Bezug auf Perioden von ≥ 5 Jahren spricht man von „strategischer" Planung und Steuerung. Zwischen diesen Zeiträumen liegt eine „taktische" Ebene, deren Maßnahmen sich auf einen Zeitraum von 3-5 Jahren beziehen. Es ist anzumerken, dass es sich bei den genannten Zeiträumen um verallgemeinerte Grobschätzungen handelt, die nicht automatisch auf alle Branchen und Unternehmen übertragbar sind. In schnelllebigen Branchen wie der Computer- oder Textilindustrie sind unter Umständen bereits Zeiträume von weniger als 3 Jahren „strategisch", während stabilere Branchen (z. B. Energieversorger) strategische Entscheidungen für weit längere Perioden als die genannten 5 Jahre zu treffen haben (Winkelmann 2008, S. 66). Zudem wird – wie auch im vorliegenden Beitrag – nicht von allen Autoren zwischen einer operativen und einer taktischen Ebene unterschieden (etwa Homburg/Schäfer/Schneider 2010, S. 94 ff., S. 127 ff.).

Neben der zeitraumbezogenen Definition werden operative und strategische Vertriebsaktivitäten auch nach dem *Inhalt der Vertriebsaktivitäten* abgegrenzt (Detroy/Behle/vom Hofe 2007, S. 22 ff.; MacDonald 2003, S. 575 ff.). Ackerschott (2001, S. 163 ff.) spricht in diesem Zusammenhang vom „Mikro- und Makrokosmos" des Vertriebsmanagements. Der strategischen Ebene werden insbesondere weit reichende Maßnahmen und Ziele auf höherer Aggregationsebene zugeordnet. Typische strategische Fragestellungen gemäß dieser Abgrenzung sind:

- In welchen geographischen Märkten wollen wir aktiv sein?
- Welche Kundensegmente sollen bedient werden?
- Welche Distributionsbreite und Distributionstiefe[1] soll gewählt werden?
- Welche Marktanteile, Absatzzahlen und Preisniveaus wollen wir in unseren Märkten und Kundensegmenten erreichen?

Die strategische Perspektive der Vertriebsplanung und –steuerung beantwortet folglich die Frage nach der grundsätzlichen Stoßrichtung der Marktbearbeitung und sollte unter Berücksichtigung der zentralen Leitlinien und Vision des Unternehmens formuliert werden. Neben der qualitativen Festlegung von Märkten, Kundensegmenten und Vertriebskanälen werden diesen Bezugsobjekten im Rahmen der strategischen Vertriebsplanung quantitative Ziele zugewiesen, die als Orientierungsrahmen für die operative Vertriebsplanung und -steuerung dienen.

Die operative Vertriebsplanung und -steuerung bezieht sich auf Maßnahmen und Ziele, die, unter Berücksichtigung der strategischen Vorgaben, auf kleinere Markteinheiten heruntergebrochen werden. Startpunkt zur Festlegung der operativen Größen ist die Disaggregation der strategischen Planungsziele und die Festlegung der Potenziale und Steuerungsmechanismen, die zur Erreichung dieser Ziele benötigt werden. Für die Vertriebsplanung und –steuerung stellen sich typischerweise folgende Kernfragen:

- Wie sollen die Planziele für einzelne Märkte und Kundensegmente auf kleinere Einheiten (Regionen, Verkaufsbezirke, Kunden etc.) verteilt werden?
- Welche Distributionsgrade[2] sollen in bestimmten Regionen oder in Bezug auf bestimmte Absatzmittler erreicht werden?
- Welche Ressourcen (Personal, Verkaufshilfen, IT etc.) sollen zur Bearbeitung der Kunden zur Verfügung gestellt werden?
- Wie soll die Bearbeitung des Kundenbestandes priorisiert werden?

Die operative Vertriebsplanung und –steuerung befasst sich folglich mit dem „wie" der Marktbearbeitung auf niedriger Aggregationsebene. Grundsätzlich gilt: Je kleiner die Planungseinheiten gewählt werden, desto höher ist der Informationsgehalt des operativen Vertriebsplans. Gleichzeitig steigen jedoch auch Komplexität und Planungsaufwand (Potthoff/Vieth 2009a S. 8). Es gilt also den „Mittelweg zwischen Blindflug und Zahlenfriedhöfen" (Homburg/Schäfer/Schneider 2010, S. 127) zu finden. In der Praxis wird der Grad an möglicher Auffächerung der operativen Vertriebsplanung meist aus rein pragmatischen Gründen begrenzt. So stehen in der Regel nicht für beliebig kleine Einheiten auch

[1] Unter der Distributionsbreite/-tiefe versteht man die Anzahl der Absatzmittler auf einer Vertriebsstufe bzw. die Anzahl der bedienten Vertriebsstufen (z. B. direkter vs. indirekter Vertrieb, vgl. Pepels 2009, S. 812/S. 819).

[2] Definitionen verschiedener Distributionsgrade finden sich bei Meffert/Burmann/Kirchgeorg 2008, S. 563 bzw. Pepels 2009, S. 827 ff.

entsprechende Daten zur Verfügung, aus denen sich Steuerungsmaßnahmen ableiten ließen, beziehungsweise, die die obligatorische Kontrolle der Zielerreichung erlauben würden. Beispielsweise stehen im Einzelhandel meist Umsatz-, Profitabilitäts- und Kostendaten für einzelne Vertriebsniederlassungen, nicht jedoch für einzelne Kunden zur Verfügung.

Die Granularität der Vertriebsplanung sollte so gewählt werden, dass der Aufwand für zusätzliche Informationsbeschaffung und Planungsressourcen den Nutzen der erlangten Information nicht übersteigt. Folgt man diesem Prinzip, kann es im Einzelfall jedoch tatsächlich geboten sein, Planungs- und Steuerungsmaßnahmen auf einzelne Kunden herunterzubrechen. Im technischen Vertrieb ist dies bei Großabnehmern sogar regelmäßig der Fall. Operative Planung und Steuerung werden dann in Zusammenarbeit mit Key Account Managern oder Key Account Teams vorgenommen, die sich exklusiv der Betreuung von „Schlüsselkunden" widmen (Homburg/Workman/Jensen 2002; Jensen 2004; Kleinaltenkamp/Saab 2009, S. 163 ff.).

1.2 Erstellung des Vertriebsplans: Top-Down vs. Bottom-Up?

Bei der Erstellung und Verzahnung von strategischem und operativem Vertriebsplan stehen Vertriebsmanager vor dem Dilemma unterschiedlicher Informationsstände und Interessen der strategischen und operativen Ebene. Dies insofern, als dass strategische Entscheidungen auf hierarchisch höheren Ebenen getroffen werden, die Marktkenntnisse jedoch in den dezentralen Vertriebseinheiten vorliegen. Infolgedessen besteht die Gefahr, dass strategische Planvorgaben von der Realität der Marktgegebenheiten entkoppelt formuliert werden und von den operativen Einheiten nur unzureichend umgesetzt werden können. Andererseits wäre es ebenso problematisch die Planungshoheit über den operativen Vertriebsplan den dezentralen Vertriebseinheiten zu überlassen, da hinsichtlich der strategischen und operativen Ebene Interessenkonflikte und Informationsasymmetrien bestehen. Beispielsweise haben die Marktbereiche einen Anreiz ihr Absatzpotenzial (und damit ihre Ziele) künstlich „kleinzurechnen", um eine schnelle Zielerreichung zu ermöglichen. Abhilfe schafft hier das so genannte *Gegenstromprinzip der Planung* (Homburg 2000, S. 19 f.; Homburg/Schäfer/Schneider 2010, S. 129 f.).

Startpunkt für die Formulierung des Vertriebsplans bildet die Festlegung der Planungsprämissen und Planungsgrundlagen (vgl. Abbildung 3.2.1). Diese dem eigentlichen Planungsprozess vorgeschaltete Screeningphase dient der Beurteilung der zukünftigen Entwicklung wesentlicher Planungsparameter (z. B. Wirtschaftswachstum, Einkommensentwicklung, Änderungen der rechtlichen Rahmenbedingungen etc.). Anschließend werden in einem *„Top-Down-Prozess"* vorläufige Vertriebsziele auf hoch aggregierter Ebene vorgegeben. Diese bilden eine bewusst grob gehaltene Abschätzung von Absatz-, Marktanteils-, und Profitabilitätszahlen, die unter den gegebenen Marktbedingungen mit den zur Verfügung stehenden Ressourcen erreichbar sein sollten. Im dritten und üblicherweise aufwandsintensivsten Schritt werden die Top-Down-Vorgaben durch eine dezentrale

Vertriebsplanung validiert. Je nach Größe des Unternehmens und angestrebter Plandetaillierung erstellen alle Regional-, Verkaufsdistrikt- oder Verkaufsstellenleiter eigene Vertriebspläne für ihre Vertriebseinheit, die die Erfahrung und detaillierte Marktkenntnis aus Sicht der Praktiker vor Ort widerspiegeln sollen. In einem *„Bottom-Up-Prozess“* werden diese Pläne dann aggregiert und der Top-Down-Planung gegenübergestellt. Diese *Konsolidierungsphase* stellt sicher, dass das strategische Zahlengerüst bei der operativen Planung berücksichtigt wird, und umgekehrt. Eine wichtige – jedoch keineswegs selbstverständliche – Voraussetzung für den Planungserfolg ist, dass die Zusammenführung der zentralen und dezentralen Planvorgaben nicht zu einem politischen Geschacher verkommt. Wenn Top-Down-Vorgaben für einzelne Märkte objektiv betrachtet zu hoch gesetzt wurden, muss die Führungsebene bereit sein sich einzugestehen, dass unrealistische Planungsannahmen getroffen wurden. Ebenso sollte verhindert werden, dass „Regionalfürsten“, die sich in einer unanfechtbaren Position wähnen, ihre Macht ausspielen und ihre Zielvorstellungen zu Lasten weniger starker Vertriebseinheiten durchzusetzen versuchen.

Liegt das Ergebnis der wechselseitig validierten strategischen und operativen Pläne vor, kann auf Basis der konsolidierten Vertriebspläne eine detaillierte *Maßnahmenplanung und Budgetierung* erfolgen. Der Planungs- und Budgetierungsprozess sollte von einer kontinuierlichen Abweichungsanalyse begleitet werden. Die Kontrolle von Prämissen sowie der *Soll-Ist-Vergleich* von Ergebnissen bildet hierbei die Grundlage für *Planaktualisierungen* und die *Einleitung von Gegenmaßnahmen*.

Abbildung 3.2.1 Vertriebsplanung nach dem Gegenstromprinzip (in Anlehnung an: Homburg/Schäfer/Schneider 2010, S.127)

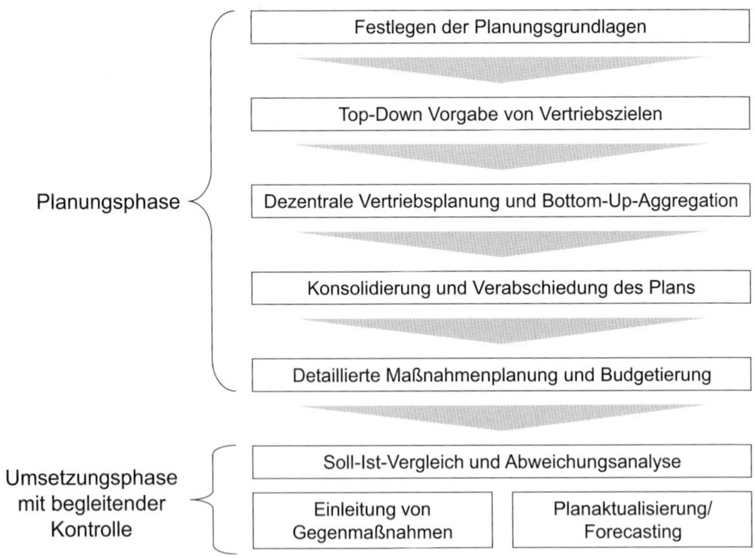

2 Instrumente der strategischen Vertriebsplanung und -steuerung

Vertriebsforscher und Praktiker haben eine Reihe von hilfreichen und praxisbewährten Instrumenten entwickelt, die den Planungs- und Steuerungsprozess im Vertrieb systematisieren und unterstützen können. Die wichtigsten Instrumente sollen in den folgenden Abschnitten vorgestellt werden. Wir möchten an dieser Stelle anmerken, dass wir es nicht für zweckmäßig halten, eine trennscharfe Abgrenzung von Planung-, Steuerungs- und Kontrollinstrumenten vorzunehmen. Beispielsweise kann die Vertriebsbudgetierung als Instrument zur Kosten- und Erlösplanung eingesetzt werden, hat im Falle einer Sanktionsandrohung bei Abweichung jedoch auch eine Steuerungswirkung. Ebenso kann die Balanced Scorecard – je nach Einsatzfeld – zur Planung, Steuerung und Kontrolle von Vertriebsaktivitäten herangezogen werden. Die Übergänge sind also fließend und die Einsatzmöglichkeiten der Ansätze vielfältig.

2.1 Markt- und Kundensegmentierung als Grundlage des strategischen Vertriebsplans

Der erste Schritt der strategischen Vertriebsplanung besteht in der Identifikation der Märkte bzw. Kundensegmente, in denen ein Unternehmen tätig sein möchte. Die Wahl der zu bearbeitenden Märkte und Kundensegmente stellt eine Entscheidung mit hoher Tragweite dar und steht in engem Zusammenhang mit der Vision und Vertriebsstrategie des Unternehmens.

Unter Kundensegmenten versteht man „im Gesamtmarkt abgegrenzte Gruppen von Kunden mit spezifischen Problemen und Bedürfnissen, die eine Unternehmung oder Institution differenziert, selektiv, und rentabel bearbeiten oder ‚managen' will." (Belz 1995, S. 9). Ziel der Segmentierung ist folglich die Aufteilung des Marktpotenzials in Gruppen oder Segmente mit ähnlichen Bedürfnissen (MacDonald/Dunbar 1998, S. 1). Hierauf aufbauend kann die strategische Planung der Marktbearbeitung erfolgen, wie zum Beispiel die strategische Ressourcenaufteilung, die Festlegung der angestrebten Marktanteile und Preisniveaus in den Segmenten und die Auswahl der Vertriebswege und Vertriebspartner. Die Unterteilung des Marktes in Zielsegmente kann nach verschiedenen Gesichtspunkten erfolgen (Homburg/Schäfer/Schneider 2010, S. 36 ff.; Kesting/Rennhak 2008, S. 7 ff.; Pepels 2007, S. 16 ff.):

- Bei der **geographischen Segmentierung** werden Märkte und Kundengruppen nach der räumlichen Verteilung (z. B. Länder, Regionen etc.) der Kunden abgegrenzt.
- Die **demographische/sozioökonomische Segmentierung** stützt sich auf Kriterien wie Alter, Geschlecht, Familienstand, Einkommen, oder Ausbildungshintergrund.

- Einer **psychographischen Segmentierung** liegen Merkmale wie Einstellung, Lebensstil oder Interessen zugrunde. Das wohl bekannteste Konzept dieser Segmentierungsform sind die Sinus-Milieus der Marktforschungsgruppe Sinus Sociovision (Duttenhöfer/ Keller 2009, S. 6)
- Die **kaufverhaltensorientierte Segmentierung** basiert auf Kriterien wie der Einkaufsstättenwahl, Produktwahl oder Kaufhäufigkeit.
- Die **Segmentierung nach Nutzenkriterien („Benefit-Segmentation")** versucht Kunden zusammenzufassen, die bezüglich ihrer Nutzenstruktur ähnlich sind.

In der Regel sind Beschreibungen der Zielmärkte und Segmente bereits aus vergangenen Vertriebsplanungszyklen vorhanden. Hierbei ist es wichtig, die Stabilität der ermittelten Kundensegmente in regelmäßigen Abständen zu überprüfen. Insbesondere, wenn nach psychographischen Kriterien segmentiert wird, kann sich die Zusammensetzung und Größe der Kundensegmente in vergleichsweise kurzer Zeit wesentlich verändern. Zur empirischen Bestimmung der Markt- und Kundensegmente sind verschiedene multivariate Analyseverfahren anzuwenden (z. B. Diskriminanz-, Cluster-, und Conjointanalyse). Für einen Überblick über die generelle Vorgehensweise und methodischen Verfahren sei der Leser auf die einschlägige Spezialliteratur verwiesen (z. B. Backhaus et al. 2006; Baier/Brusch 2008).

Nach der Identifikation der Markt- und Kundensegmente muss das Unternehmen festlegen, ob und in welcher Intensität die jeweiligen Kundensegmente bearbeitet werden sollen. Die meisten Unternehmen sind in verschiedenen Märkten und Segmenten gleichzeitig aktiv. Nachfolgend werden Analysemethoden dargestellt, die zur Bestimmung der optimalen Ressourcenallokation auf die verschiedenen Märkte und Segmente im Rahmen der strategischen Vertriebsplanung herangezogen werden können.

2.2 Strategische Vertriebsplanung und -steuerung mit matrixbasierten Portfolioanalysen

Ein in der Praxis weit verbreitetes Vorgehen ist die Veranschaulichung und Bewertung der Märkte und Kundensegmente mit Hilfe von 2-dimensionalen Matrixdarstellungen. Im Folgenden werden zwei besonders prominente Beispiele dieser Analysemethode dargestellt.

Marktanteils-Marktwachstums-Portfolio („BCG-Matrix")

Das Marktanteils-Marktwachstumsportfolio wurde ursprünglich für die Bewertung von strategischen Geschäftseinheiten entwickelt (Homburg 2000, S. 149 ff.), lässt sich jedoch in seiner Logik auf die strategische Planung und Steuerung des Ressourceneinsatzes auf bestimmte Märkte, Produkte oder Kundensegmente übertragen (Ackerschott 2001, S. 164; Day 1977, S. 29; Homburg/Krohmer 2009, S. 1151 ff.). Die von der *Boston Consulting Group* entwickelte Analysemethode beruht auf der grundsätzlichen Einschätzung, dass die Attraktivität einer Geschäftseinheit, eines Marktes oder eines Kundensegmentes entscheidend durch das erwartete Wachstum und den erzielten relativen Marktanteil determiniert wird (Henderson 1972, S. 348 ff.; Shulman 2008). Zur Ermittlung der Wachstumserwartungen können Expertenschätzungen oder Studien der eigenen Marktforschung für den betrachteten strategischen Planungszeitraum herangezogen werden. Der relative Marktanteil entspricht dem Verhältnis des eigenen Marktanteils dividiert durch den Marktanteil des größten Konkurrenten. Diese beiden Kriterien dienen als Achsen einer zweidimensionalen Matrix, in die das Portfolio des Unternehmens eingezeichnet wird. Die horizontale Achse (relativer Marktanteil) wird in der Regel in logarithmischer Skalierung wiedergegeben. Die vertikale Achse (Marktwachstum) ist linear skaliert. Grundsätzlich gilt, dass Märkte und Kundensegmente umso attraktiver sind, je weiter rechts bzw. je weiter oben sie sich in der Matrix befinden. Die Matrix wird nun in vier Quadranten eingeteilt. Auf der Wachstumsskala wird ein Vergleichsmaßstab (z. B. das Wirtschafts- oder Branchenwachstum) gewählt, der „hohes" und „niedriges" Wachstum trennt. Auf der Achse des relativen Marktanteils wird in der Regel ein Trennwert von 1 gewählt. Dies bedeutet, dass nur Märkte/Kundensegmente, in denen das Unternehmen Marktführer ist (d.h. einen höheren Marktanteil als der stärkste Konkurrent erzielt) rechtsseitig des Trennwerts liegen. Die betrachteten Märkte oder Kundensegmente werden nun als Punkte oder Kreise in das Schaubild eingetragen, wobei das Volumen des jeweiligen Segments durch die Größe des Kreises dargestellt werden kann. Durch die beiden Trennlinien lassen sich die eingezeichneten Datenpunkte vier Quadranten zuordnen. Von dieser Zuordnung hängt die aus der Portfolioanalyse getroffene Implikation für die strategische Ressourcenallokation („Normstrategie") ab:

Stars: Märkte/Segmente mit überdurchschnittlichen Wachstumsaussichten in denen ein hoher relativer Marktanteil erzielt wird, sollten intensiv bearbeitet und in der Ressourcenallokation besonders bevorzugt werden.

Cash Cows: In Märkte/Segmente, in denen das Unternehmen zwar eine dominante Stellung besitzt (hoher relativer Marktanteil), jedoch nur geringes Wachstum erwartet wird, sollte nur zurückhaltend investiert werden. Die von diesen Märkten/Segmenten generierten Zahlungsüberschüsse sollten abgeschöpft („gemolken") und in Segmente mit höherem Wachstumspotenzial investiert werden.

Fragezeichen: Für diese Märkte/Segmente gibt es keine eindeutige Strategieimplikation, da es sich um attraktive, wachsende Märkte/Segmente handelt, die eigene Anbieterposition jedoch relativ schwach ist. Die strategische Ressourcenallokation hängt hier von der Einschätzung ab, ob sich die eigene Anbieterposition verbessern lässt. Die entscheidende Frage lautet: Kann aus dem Fragezeichen ein „Star" werden? Nur in diesem Fall sollten wesentliche Vertriebsressourcen investiert werden.

Poor Dogs: Bei Märkten/Segmenten mit geringen Wachstumsaussichten und schwachem relativem Marktanteil sollte die Intensität der Marktbearbeitung stark zurückgefahren werden. Da kaum Hoffnung auf eine nachhaltig profitable Bedienung besteht, sollte ein vollständiger Rückzug aus dem Markt/Segment erwogen werden.

Abbildung 3.2.2 Beispiel eines Marktanteils-Marktwachstums-Portfolios

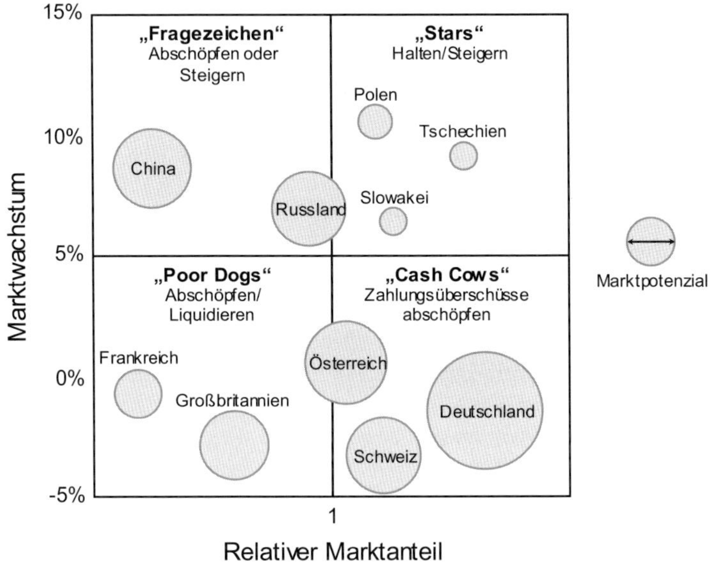

Abbildung 3.2.2 zeigt ein Marktanteils-Marktwachstums-Portfolio zur strategischen Planung der Markbearbeitung auf Länderebene. In diesem (konstruierten) Beispiel lässt sich erkennen, dass das Unternehmen eine starke Marktposition in drei osteuropäischen Wachstumsmärkten erobert hat. Diese Position gilt es durch eine Allokation zusätzlicher Marketing- und Vertriebsressourcen zu halten oder auszubauen. Hierfür sollte das Unternehmen die Zahlungsüberschüsse aus seinen weitgehend gesättigten Kernmärkten Deutschland, Österreich und der Schweiz verwenden. Die Stars des Portfolios versprechen jedoch relativ kleine Marktpotenziale, was sich am Durchmesser der Kreise erkennen lässt. Das Unternehmen sollte daher darüber nachdenken, den beiden großen „Fragezeichen" China und Russland mehr Beachtung zu schenken. Insbesondere im russischen Markt scheint die Marktführerschaft bei Steigerung der Vertriebsressourcen in greifbarer Nähe. Weiterhin bearbeitet das Unternehmen derzeit mit Frankreich und Großbritannien zwei Länder mit negativem Marktwachstum und vergleichsweise schwacher Marktposition. Hier sollte im Rahmen der strategischen Vertriebsplanung ein Ausstieg aus den beiden Märkten erwogen werden.

Das Marktanteils-Marktwachstums-Portfolio bietet eine intuitiv verständliche und mit geringem Aufwand zu erstellende Darstellungsmöglichkeit der Positionierung der bearbeiteten Kundensegmente und der sich hieraus ergebenden strategischen Implikationen. Eine solche auf nur zwei fundamentale Erfolgsdeterminanten reduzierte Darstellung kann insbesondere für Top-Entscheider (z. B. Vorstände, Aufsichtsräte) als wertvolle Diskussionsgrundlage dienen. Gleichwohl sind jedoch die Grenzen dieses Ansatzes zu beachten. In der Einfachheit der Matrixdarstellung liegt gleichzeitig ihr größter Nachteil, namentlich die Tatsache, dass aus einer sehr begrenzten Informationsbasis weit reichende Strategieimplikationen abgeleitet werden (Wensley 1981). Ein weiterer Kritikpunkt betrifft die Festlegung der horizontalen und vertikalen Trennlinien. Die Ermittlung sachgerechter Quadrantgrenzen ist entscheidend für die Qualität der Analyse, da die Lage der Quadranten über die Klassifikation von Märkten/Segmenten entscheidet, die im Grenzbereich liegen. Damit bietet sich bei der Erstellung der Analyse ein wesentlicher Spielraum das Analyseergebnis durch die Wahl der Analyseparameter wesentlich mitzubestimmen. Dieser Befund wurde – wenngleich nicht im Vertriebskontext – von Wind, Mahajan und Swire (1983) in einer Simulation verschiedener Portfoliomodelle bestätigt. Schlussendlich ist zu bemerken, dass in die Analyse keine Profitabilitätskennzahlen einfließen und Synergien und Abhängigkeiten zwischen einzelnen Märkten/Segmenten sowie das Verhalten der Wettbewerber nicht in der Matrix abbildbar sind. Eine Verbindung zur Profitabilität kann allenfalls indirekt aufgezeigt werden, beispielsweise über die Verknüpfung des relativen Marktanteils mit dem Konzept der Erfahrungskurve, welches auf eine verbesserte Kostenposition bei höherem Marktanteil hinweist.

Als Antwort auf die dargestellten Schwächen des Marktanteils-Marktwachstums-Portfolios wurden in der Managementforschung und -praxis eine Reihe weiterer matrix-basierter Analysekonzepte vorgestellt (vgl. Homburg 2000 S. 157 ff.; Wind/Mahajan 1981). Die meisten dieser Ansätze versuchen den Mängeln des Marktanteils-Marktwachstums-Modells durch andere Achsenbezeichnungen und feinere Unterteilungen der Quadranten zu begegnen. Ein prominentes Beispiel ist das Marktattraktivitäts-Wettbewerbspositions-Portfolio.

Marktattraktivitäts-Wettbewerbspositions-Portfolio

Der wesentliche Unterschied zum vorangehend diskutierten Portfolio besteht in der nicht vorgegebenen Operationalisierung der Achsen. Um eine begrenzte Aussagekraft durch fest vorgegebene Inputparameter zu vermeiden, können in diesem Alternativansatz die Kriterien zur Beurteilung der Marktattraktivität und der Wettbewerbsposition frei gewählt werden (vgl. Ackerschott 2001, S. 164). Dies erlaubt beispielsweise die Einbeziehung von Rentabilitätskennzahlen, Preisniveaus oder rechtlichen Marktzutrittbeschränkungen bei der Marktattraktivitätsbetrachtung oder die Beachtung von Kernkompetenzen bei der Wettbewerbspositionsanalyse. Diese Kriterien werden dann aggregiert und zu einem Gesamturteil zusammengefasst. Hierzu können Scoring-Modelle angewendet werden, bei denen die einzelnen Kategorien mit einem Gewichtungsfaktor versehen, anhand einer Skala (z. B. 1 = sehr positive Bewertung; bis 5 = sehr negative Bewertung) bewertet und schlussendlich durch Bildung des arithmetischen Mittels aggregiert werden (eine Darstellung des Vorgehens liefert beispielsweise Becker 2009, S. 430 ff.) Außerdem wird die Matrix üblicherweise in 9 statt 4 Quadranten unterteilt und erlaubt damit auch die Zuordnung zu einer „mittleren" Marktattraktivität/Wettbewerbsposition. Folglich sind die möglichen strategischen Implikationen des Modells zahlreicher und komplexer (vgl. Abbildung 3.2.3).

Abbildung 3.2.3 Marktattraktivitäts-Wettbewerbspositions-Portfolio (in Anlehnung an: Homburg 2000, S.154)

Marktattraktivität \ Wettbewerbsposition	Schwach	Mittel	Stark
Stark	**Selektives Vorgehen** • Spezialisierung • Nischen suchen	**Selektives Wachstum** • Potenzial für Marktführerschaft abschätzen • Stärken/Schwächen identifizieren	**Wachstum anstreben** • Starke Zuteilung von Vertriebsressourcen • Marktführerschaft anstreben und erhalten
Mittel	**Ernten** • Spezialisierung • Nischen suchen • Rückzug erwägen	**Selektives Wachstum** • Wachstumsbereiche identifizieren • Spezialisierung • Selektive Zuteilung von Ressourcen	**Selektives Wachstum** • Starke Zuteilung von Vertriebsressourcen • Wachstumsbereiche identifizieren • Position halten
Schwach	**Ernten** • Vertriebsressourcen minimieren • Rückzug planen	**Ernten** • Vertriebsressourcen minimieren • Produktprogramm abspecken • Auf Rückzug vorbereiten	**Selektives Vorgehen** • Gesamtposition halten • Cash Flow abschöpfen

Damit überwindet der Ansatz eine wesentliche Schwäche des Marktanteils-Marktwachstums-Portfolios, denn über die strategische Ressourcenaufteilung wird nicht mehr allein aufgrund der Analyse von Marktanteilen und Wachstumserwartungen entschieden. Jedoch kann auch dieser Ansatz auf einen (qualitativen oder quantitativen) Aggregationsmechanismus für die Kriterien der Marktattraktivität und Wettbewerbsposition nicht verzichten. Die Analyse bleibt subjektiv beeinflussbar.

Aufgrund der dargestellten Nachteile sollten matrixbasierte Portfolioanalysen nicht ohne zusätzliche Validierung der aufgezeigten Strategieimplikationen zur strategischen Vertriebsplanung und -steuerung genutzt werden. Das im nächsten Abschnitt vorgestellte Konzept der Balanced Scorecard bietet eine Möglichkeit der Ergänzung und Detaillierung der Implikationen von Portfoliomodellen.

2.3 Strategische Vertriebsplanung und -steuerung mit Hilfe der Balanced Scorecard

Das Konzept der Balanced Scorecard beruht auf einem System finanzieller und nichtfinanzieller Kennzahlen, das die strategische Planung mit der Unternehmensvision und -strategie in Übereinstimmung bringen und dabei die wesentlichen Anspruchsgruppen

(Eigentümer, Mitarbeiter, Kunden) berücksichtigen soll (Kaplan/Norton 1992, 1996a,b; Niven 2002, S. 75 ff.). Eine komplementäre Anwendung dieses Ansatzes zu den vorangehend diskutierten Portfoliomodellen bietet sich insbesondere aufgrund der multidimensionalen Perspektive an. Eine Balanced Scorecard umfasst Kennzahlen für vier Dimensionen (Bischof 2002, S. 105; Hügens 2008, S. 74 f.; Kaplan/Norton 1996, S. 43 ff.).

Die **wirtschaftliche Dimension** beschreibt die „harte" ökonomische Zielsetzung und definiert die Leistung des Unternehmens aus der Sicht der Eigentümer. Typische Kennzahlen betreffen die Rentabilität oder die Schaffung von Shareholder Value (z. B. Umsatzrentabilität, Return on Equity, oder Economic Value Added®). Die **kundenbezogene Dimension** reflektiert Planungsgrößen aus Abnehmersicht (z. B. Kundenzufriedenheit, Kundenloyalität etc.). Zielgrößen der **Dimension der internen Prozesse** beziehen sich auf die Effizienz und Effektivität der innerbetrieblichen Leistungserstellung und Administration. Der **Lern- und Entwicklungsdimension** kommt die Aufgabe zu, zukunftsweisende Planungsgrößen zu definieren und damit die ständige Innovations- und Anpassungsfähigkeit des Unternehmens sicherzustellen.

Die Grundidee der „Balanced Scorecard" ist, dass die Geschäftsinhalte der vier Dimensionen in ihrer Gesamtheit berücksichtigt werden müssen (Horváth & Partner 2007, S. 2 ff). Hierzu werden für jede der vier Dimensionen anhand von verschiedenen Kennzahlen und Indikatoren Teilziele und entsprechende Maßnahmen zur Zielerreichung definiert (Weber/Schäffer 2000, S. 3 f.). Wichtig ist, dass ein Gleichgewicht („Balance") in der Zielerreichung der verschiedenen Dimensionen eingehalten wird. Dies bedeutet, dass beispielsweise die Zielerreichung in der wirtschaftlichen Dimension nicht zu Lasten der kunden- oder entwicklungsbezogenen Ziele erfolgen darf.

Anwendung im Vertriebsbereich

Das Konzept der Balanced Scorecard findet im Marketing- und Vertriebsbereich weit verbreitet Anwendung als Planungs-, Steuerungs-, und Controllinginstrument (Link/Gerth/Voßbeck 2000, S. 38; Niebudek 2008; Preißner 2002). Abbildung 3.2.4 zeigt beispielhaft die möglichen Ausprägungen der Balanced Scorecard im Vertrieb eines Kreditinstituts.

Basierend auf der Strategie und Vision des Unternehmens werden im ersten Schritt strategische Ziele für die vier Dimensionen festgelegt. Im vorliegenden Beispiel strebt die Bank ein Ertragswachstum bei unterproportionalem Kostenanstieg an. Das Institut möchte als Premiumanbieter wahrgenommen werden und nachhaltige Beziehungen zu einem loyalen Kundenstamm aufbauen. Die internen Prozesse sollen die Produktpalette eines Allfinanzkonzerns (d.h. inkl. Versicherungsleistungen, Factoring etc.) unterstützen und eine hohe Servicequalität ermöglichen. Dabei möchte die Bank in Bezug auf Markt- und Kundenkenntnisse eine führende Position einnehmen. Zur Erreichung dieser Ziele plant die Bank eine Reihe von Kenngrößen bzw. Indikatoren vom Return on Equity (RoE) über den durchschnittlichen Bedarfsdeckungsanteil im Kundenstamm („Share of Wallet") bis hin zum angestrebten Anteil zufriedener Kunden. Zur Erreichung der strategischen Ziele ist innerhalb jeder Dimension der Scorecard die Durchführung zahlreicher (Vertriebs-)Maßnahmen geplant.

Abbildung 3.2.4 Beispielhafte Darstellung der Balanced Scorecard einer Bank

Strategie & Vision

	Strategische Ziele	Kennzahlen/ Indikatoren	Maßnahmen
Wirtschaftliche Dimension	• Ertragswachstum • Unterproportionale Kostensteigerung • ...	• Return on Equity • Cost-Income-Ratio • ...	• Erschließung neuer Kundensegmente • Rationalisierung • ...
Kundenbezogene Dimension	• Wahrnehmung als Premiumanbieter • Kundenloyalität • ...	• Marken-wahrnehmung • Durchschnittlicher Share of Wallet • ...	• Maßnahmen zur Markenbildung • Einführung von Bonusprogrammen • ...
Interne Prozesse	• Allfinanzangebot • Servicequalität • ...	• Leistungsangebot im Marktvergleich • Anzahl Kunden-reklamationen • ...	• Vertriebs-kooperationen • Schulungen der Vertriebsmitarbeiter • ...
Entwicklung & Lernen	• Überlegene Markt-kenntnisse • Kundenbedürfnisse früher erkennen • ...	• Marktforschungs-ausgaben • Anteil zufriedener Kunden • ...	• Budgeterhöhung für Marktforschung • Außendienst als "Sprachrohr" des Kunden nutzen

Die Balanced Scorecard eignet sich insbesondere zur strategischen Vertriebsplanung und -steuerung, da die vier Dimensionen der Scorecard grundsätzliche Spannungsfelder der Ressourcenallokation im Vertrieb wieder spiegeln. Die gesamthafte Betrachtung der Balanced Scorecard kann Vertriebsmanagern somit helfen, neben den (häufig dominanten) wirtschaftlichen Aspekten die Perspektive der Kunden gebührend zu berücksichtigen, und die interne Leistungs- und Innovationsfähigkeit sicherzustellen. Trotz des großen Erfolgs der Balanced Scorecard in der Praxis wurde in der Literatur auf zahlreiche Schwächen und Grenzen des Ansatzes hingewiesen (Niven 2002, S. 315 ff.; Probst 2007, S. 207 ff.; Weber/Schäffer 2000, S. 171 f.). Ein wesentlicher Kritikpunkt ist, dass die Balanced Scorecard zwar eine gesamthafte Betrachtung wesentlicher Dimensionen des Unternehmenserfolgs vermittelt, jedoch keine Anhaltspunkte darüber gibt, ob die gewählten Anspruchsniveaus (Zielgrößen) in den einzelnen Dimensionen sinnvoll sind. Der mehrdimensionale Charakter der Balanced Scorecard bedingt außerdem eine hohe Komplexität der Planungsinhalte und verführt zu einem stark formalisierten und hauptsächlich „Top-Down" getriebenen Planungsprozess. Ein weiteres potenzielles Problem liegt in der starken Kennzahlenorientierung des Ansatzes. Sind Ziele mit allgemein bekannten Kennzahlen hinterlegt, ist deren Akzeptanz in aller Regel deutlich höher, als bei nicht operationalisierbaren „weichen" Planungsgrößen/Indikatoren. Dies kann zu einer zu starken Konzentration auf die Zielerreichung in der wirtschaftlichen Dimension führen, da deren Ziele sich in der Regel leicht an griffigen finanziellen Kennzahlen festmachen lassen. Dies läuft jedoch dem Sinn und Zweck der Balanced Scorecard, eine über alle Dimensionen ausgeglichene Planung und

Steuerung zu gewährleisten, zuwider. Weitere für die Vertriebspraxis weniger erhebliche Kritikpunkte finden sich in der kritischen Würdigung der Balanced Scorecard von Friedag (2005, S. 35 ff.).

Die Balanced Scorecard wird im Rahmen der Vertriebssteuerung auch auf operativer Ebene zur Verhaltenssteuerung und Kontrolle von Managern und Mitarbeitern eingesetzt. Diesem Verwendungsgebiet und einer detaillierten Auseinandersetzung mit der einschlägigen Literatur widmet sich der Beitrag von Christian Homburg und Martin Artz.

3 Instrumente der operativen Vertriebsplanung und -steuerung

Die Instrumente der strategischen Vertriebsplanung und -steuerung sollen zur Ermittlung und Erreichung der auf einer hohen Aggregationsebene definierten, langfristigen Vertriebsziele eingesetzt werden. Um den marktnahen Vertriebseinheiten konkrete quantitative Planungsziele vorgeben zu können und die Ressourcenallokation effektiv zu steuern, ist das sukzessive „Herunterbrechen" der strategischen Vorgaben auf kleinere Unternehmensbereiche notwendig. Im Folgenden werden Instrumente dargestellt, mit deren Hilfe die operative Vertriebsplanung und Ressourcenallokation für einen gegebenen Kundenstamm bzw. abgegrenzte Vertriebseinheiten systematisiert und unterstützt werden kann.

3.1 Vertriebsbudgetierung

Die Ressourcenallokation auf die marktnahen Bereiche erfolgt in den meisten Unternehmen durch die Zuteilung von Vertriebsbudgets. Ein Budget ist die schriftlich dokumentierte Zusammenfassung der in Geldeinheiten quantifizierten Leistungs- oder Kostenvorgaben für bestimmte Organisationseinheiten in einem bestimmten Zeitraum (Horváth 2009, S. 201; Becker 2009, S. 768). Vertriebsbudgets regeln die Absatz-, Material-, Personal-, Kosten-, und Finanzplanung der Vertriebseinheiten (Hofbauer/Hellwig 2009, S. 308). Das Budget bestimmt die zur Verfügung stehenden Ressourcen für die angestrebten Absatz- und Umsatzziele und dient außerdem als Grundlage für einen Soll-Ist-Vergleich im Rahmen des Vertriebscontrollings.

Vertriebsbudgets werden auf verschiedenen Aggregationsebenen zugeteilt (z. B. einzelne Vertriebsmitarbeiter, Verkaufsstellen, Verkaufsdistrikte). Die Höhe des Budgets für den Ressourceneinsatz einer Vertriebseinheit kann sich nach verschiedenen Faktoren bemessen. Einerseits können Analyseergebnisse der operativen Absatzplanung (z. B. ABC-Analysen, Kundenwertanalysen, Kundenportfolien, vgl. Abschnitte 3.2 und 3.3) in die Budgetermittlung einbezogen werden. Andererseits erfolgt die Budgetzuteilung häufig anhand von heuristischen Schätzverfahren, die ohne größeren Aufwand eine Indikation über eine adäquate Ressourcenzuteilung für die Vertriebseinheiten geben sollen. In der Literatur wird vor allem auf vier Ermittlungsheuristiken Bezug genommen (Detroy/Behle/vom Hofe 2007, S. 106 ff.; Ehrmann 2008, S. 155 f.).

Budgetermittlung mit der Percentage of Sales-Methode

Die Höhe des Budgets einer Vertriebseinheit wird in diesem Ansatz als Prozentsatz des geplanten (oder letztjährig erreichten) Umsatzes berechnet. Der gewählte Prozentsatz orientiert sich häufig an einem Vergangenheitswert oder einem „branchenüblichen Satz". Als zusätzlicher Einflussfaktor kann die Wettbewerbsposition des Unternehmens im Markt einbezogen werden. Ist ein Unternehmen beispielsweise erst vor kurzer Zeit in den Markt eingetreten, rechtfertigt dies einen Aufschlag auf den branchenüblichen Prozentsatz. Der Vorteil dieser Methode besteht in der einfachen Ermittlung des Budgets und der unproblematischen Möglichkeit einer Anpassung der Budgethöhe. Ein gravierender Nachteil ist jedoch die willkürbehaftete Festlegung des anzuwendenden Prozentsatzes. Unter Umständen wird weder ein vergangenheitsbezogener noch ein „branchenüblicher" Wert den Bedürfnissen des Unternehmens gerecht. Außerdem findet eine Umkehrung des Ursache-Wirkungszusammenhangs zwischen Vertriebsbudget und Bezugsgröße statt, da das Budget den Absatz beeinflussen sollte, und nicht umgekehrt.

Budgetermittlung mit der All You Can Afford-/Restwertmethode

Bei dieser Methode wird das Budget als Residualgröße der Gewinnplanung ermittelt. Für das Budget steht der Betrag zur Verfügung, der nicht anderweitig genutzt werden soll (z. B. verbleibender Gewinn nach Abführungen). Die Restwertmethode verlangt also zur Budgetermittlung eine detaillierte Umsatz- und Kostenrechnung, sowie eine Gewinnverwendungsplanung. Nachteilig sind potenzielle prozyklische Auswirkungen: Antizipiert eine Vertriebseinheit ein schlechtes Jahr, wird automatisch auch das Budget heruntergefahren. Ebenso gehen auch in dieses Verfahren subjektive Schätzwerte ein, und Ursache-Wirkungs-Zusammenhänge finden keine Beachtung.

Budgetermittlung mit der Competitive Parity-Methode

Bei diesem Vorgehen wird das eigene Budget paritätisch zur Höhe der geschätzten Ausgaben der Hauptwettbewerber festgelegt. Aus ressourcenbasierter Perspektive entsteht somit kein Wettbewerbsnachteil, jedoch auch kein Vorteil gegenüber der Konkurrenz. Dieser Ansatz setzt jedoch belastbare Kenntnisse über die Budgets der Konkurrenten voraus. Außerdem ist ein solches Vorgehen nur sinnvoll, wenn der Markt von strukturell vergleichbaren und annähernd gleich großen Unternehmen bearbeitet wird.

Budgetermittlung mit der Ziel-Maßnahmen-Methode

Bei dieser Berechnungsformel werden im ersten Schritt die Vertriebsziele und die dafür notwendigen Maßnahmen festgelegt. Das Budget wird so hoch gesetzt, dass diese Maßnahmen finanziert werden können. Der größte Vorteil dieser Methode liegt in der korrekten Abbildung des Ursache-Wirkungs-Zusammenhangs zwischen Budget und zu erreichenden Absatz- und Umsatzzielen. Gleichwohl muss beachtet werden, dass die Gefahr einer „Anspruchsinflation" besteht, mit der möglichen Folge, dass zu viele Maßnahmen als „notwendig" zur Erreichung der Vertriebsziele betrachtet werden.

Abbildung 3.2.5 vermittelt einen Eindruck der spezifischen Vor- und Nachteile der Budgetierungsmethoden. Die Wahl der Budgetierungsmethode sollte grundsätzlich vom Zweck der Budgetierung und der individuellen Unternehmenssituation abhängig gemacht werden. Besteht das Planungsziel darin, Budgets für weniger ins Gewicht fallende Vertriebseinheiten rasch und ohne großen Aufwand zu ermitteln, können Percentage of Sales- und Restwertmethode problemlos angewendet werden. Einfachheit und Nachvollziehbarkeit der Budgetermittlung wiegen hier die verhältnismäßig geringe Planungsqualität auf. Handelt es sich um wichtigere Geschäftseinheiten und damit um größere Budgetposten ist von diesen beiden Methoden abzuraten. Vielmehr sollte in diesem Fall eine detaillierte Maßnahmenplanung nach der Ziel-Maßnahmen-Methode erfolgen. Die Competitive Parity-Methode kann (bei ausreichendem Informationsstand) ergänzend zur externen Validierung der Budgethöhe Anwendung finden.

Die konzeptionelle und empirische Wissenschaft hat zahlreiche Nachteile einer Steuerung mit Hilfe klassischer Budgets aufgezeigt. Ausführliche Abhandlungen der Kritik an der Budgetierung finden sich in den Arbeiten von Artz (2010) und Zyder (2007) sowie der dort zitierten Literatur. Die Kritik am Budgetierungsprozess und seinen Anreizwirkungen geht sogar so weit, dass einige Forscher alternative Managementansätze propagieren, die eine vollständige Abkehr von Planungs- und Budgetierungsprozessen fordern (z. B. Hope/ Fraser 2003a,b). Wir kommen auf diese Debatte im letzten Abschnitt unseres Beitrags zurück.

Abbildung 3.2.5 Vor- und Nachteile heuristischer Budgetermittlungsverfahren

	Percentage of Sales	All You Can Afford	Competitive Parity	Ziel-Maßnahmen
Objektivität	– Subjektive Festlegung des Prozentsatzes	– Beeinflussbar durch Definition der Gewinngröße	+ Hoher Grad an Objektivität	– Subjektive Festlegung notwendiger Maßnahmen
Komplexität/ Aufwand	+ Einfache und nachvollziehbare Budgetermittlung	+ Nachvollziehbare Budgetermittlung – Detaillierte Ergebnisplanung erforderlich	+ Einfache und nachvollziehbare Budgetermittlung – Informationsbeschaffung	– Erfordert detaillierte Maßnahmenplanung
Planungsqualität	– Branchenüblicher Satz reflektiert nicht zwingend Unternehmenssituation	– Budgets nicht am Bedarf orientiert – Potenziell starke Schwankungen der Budgethöhe	? Erfordert vergleichbare Benchmarks ? Abhängig von Planungsqualität der Konkurrenten	+ Ursache-Wirkungs-Zusammenhang wird korrekt abgebildet
Sonstige Anwendungsprobleme	– Umkehrung des Ursache-Wirkungs-Zusammenhangs	– Potenziell prozyklische Wirkung	– Setzt Kenntnis der Budgets der Wettbewerber voraus	– Gefahr der Anspruchsinflation

3.2 Bewertung von Kundenbeziehungen

Einer der wichtigsten Aspekte im operativen Vertriebsmanagement ist, sich mit den „richtigen" Kunden zu beschäftigen und diese bedürfnisgerecht zu betreuen (vgl. Homburg/ Droll/Totzek 2007). Eine wesentliche Herausforderung besteht darin, in einem gegebenen Kundenbestand die profitabelsten und potenzialträchtigsten Kundenbeziehungen zu identifizieren und Vertriebsressourcen schwerpunktmäßig in diesen Geschäftsbeziehungen einzusetzen (vgl. Droll 2008, S. 1 ff.). In den folgenden Abschnitten werden Analyseverfahren aufgezeigt, die die Umsatzplanung und Steuerung der Ressourcenallokation für einen gegebenen Kundenbestand unterstützen können.

3.2.1 Kundendeckungsbeitragsrechnung

Die Kundendeckungsbeitragsrechnung ist eine grundlegende Analyse zur Bewertung von Kundenbeziehungen. Die Rechenmethode ordnet einem vertrieblichen Bezugsobjekt Umsätze, Einzel- und Gemeinkosten zu, um so zu einer Einschätzung des Ergebnisbeitrags des Kunden zu gelangen (vgl. Tabelle 3.2.1).

Ausgangspunkt der Berechnung sind die Bruttoerlöse des Kunden auf der Basis von Listenpreisen (vgl. Homburg/Schäfer/Schneider 2010, S. 208). Nach Abzug von Erlösschmälerungen und variablen Kosten verbleibt der Deckungsbeitrag (DB) I. Dieser gibt an, welchen Beitrag der Kunde zur Deckung der verbleibenden Fix- und Vertriebskosten leistet. Eine Steuerung nach dieser Größe kann zu Fehleinschätzungen führen, wenn für eine Kundenbeziehung hohe spezifische Fix- und Vertriebskosten anfallen. Diese Kostenkomponenten sind zu subtrahieren, um den DB II bzw. DB III zu errechnen. Der Abzug der nicht spezifisch zuordenbaren Kosten (z. B. Forschung & Entwicklung) führt zum Ergebnis der Deckungsbeitragskalkulation.

In Industriegütermärkten, in denen Unternehmen oft vergleichsweise wenige große Abnehmer beliefern, wird die Rechnung meist mit individuellen Daten des jeweiligen Kunden durchgeführt (vgl. Homburg/Schäfer/Schneider 2010, S. 207 f.). Für größere Kundenbestände kann die Rechnung auf Basis einer „typischen" Kundenbeziehung erfolgen.

Die Durchführung einer Deckungsbeitragsrechnung ist ein sinnvolles Instrument zur Analyse der Frage, welche Kostenbestandteile den Ergebnisbeitrag der Kunden am meisten belasten. Beispielsweise können Kunden trotz eines hohen Preisniveaus unprofitabel sein, wenn hohe Boni oder Rückvergütungen gewährt werden. Allerdings ist die Deckungsbeitragsrechnung ein statisches Verfahren, das keine Aussagen über die *zukünftige Profitabilität* einer Kundenbeziehung zulässt. Die mittel- bis langfristige Bewertung von Kundenbeziehungen im Sinne einer Investitionsrechnung kann mit Hilfe einer Kundenwertanalyse erfolgen (vgl. Abschnitt 3.2.2).

Tabelle 3.2.1 Basisschema einer Kundendeckungsbeitragsrechnung

Bruttoerlöse des Kunden auf der Basis von Listenpreisen
./. Kundenspezifische Erlösschmälerungen (Boni, Skonti, etc.)
= Nettoerlöse des Kunden
./. Variable Kosten
= Deckungsbeitrag I
./. Kundenspezifische fixe Kosten
= Deckungsbeitrag II
./. Kundenspezifische Vertriebskosten
= Deckungsbeitrag III
./. Nicht kundenspezifisch zugeordnete Kosten
= Ergebnis

3.2.2 Kundenwertanalyse

Eine zunehmend populäre Methode des Vertriebsmanagements ist die Steuerung nach dem Kundenwert bzw. „Customer Lifetime Value". (vgl. Helm/Günter 2003, S. 3 ff.; Kumar 2008; Rixen 2007, S: 12 ff.). Im Gegensatz zur statischen Kundendeckungsbeitragsrechnung erlaubt die Kundenwertanalyse eine prospektive Quantifizierung der Profitabilität eines Kunden oder Kundenportfolios[3] über die gesamte Lebensdauer der Geschäftsbeziehung (Kotler/Armstrong 2004, S. 16 f.). Gängige Verfahren der Kundenwertberechnung legen eine Barwert-Sicht analog zu einer klassischen Investitionsrechnung zugrunde. Der Kundenwert errechnet sich dann als die diskontierte Summe der periodisierten zukünftigen Einzahlungsüberschüsse (vgl. Kumar 2008, S. 19; Homburg/Krohmer 2009, S. 1166).

$$CLV = \sum_{t=0}^{T} \frac{e_t - a_t}{(1+\delta)^t} = e_0 - a_0 + \frac{e_1 - a_1}{1+\delta} + \frac{e_2 - a_2}{(1+\delta)^2} + \ldots + \frac{e_T - a_T}{(1+\delta)^T} \qquad (3.1)$$

In der Notationsweise von Formel 3.1 steht CLV für den Customer Lifetime Value des Kunden, e_t bzw. a_t für die Einzahlungen bzw. Auszahlungen aus der Geschäftsbeziehung in Periode t und δ für den zugrunde gelegten Diskontierungszinssatz der Barwertberechnung. Als Diskontierungszinssatz wird häufig der gewichtete Kapitalkostensatz des Unternehmens (wacc) verwendet. Dem liegt die Annahme zugrunde, dass die geforderte Kapital-

[3] Der Barwert der zukünftigen Einzahlungsüberschüsse des gesamten Kundenportfolios eines Unternehmens wird in der Literatur als „Customer Equity" bezeichnet (vgl. Kotler/Keller 2009, S. 303; Rust/Zeithaml/Lemon 2006, S. 4).

rendite einer Kundenbeziehung der erwarteten Rendite der Kapitalgeber des Unternehmens entsprechen sollte[4].

Eine wesentliche Motivation zur Berechnung des Kundenwerts ist die durch die Barwertbetrachtung bedingte Nivellierung der lebenszyklusbedingten Varianz von Einzahlungen und Auszahlungen in verschiedenen Phasen einer Kundenbeziehung. Generell werden Kundenbeziehungen in der Akquisitions- und Entwicklungsphase wenig profitabel oder gar verlustträchtig sein (Dwyer/Schurr/Oh 1987, S. 15 ff.; Homburg/Schnurr 1999, S. 17 f.; Reinartz/Kumar 2000, S. 17 ff.). Hat sich im Laufe der Zeit eine stabile Kundenbeziehung etabliert, sind dagegen hohe Einzahlungsüberschüsse zu erwarten. Der Wert einer Kundenbeziehung würde demnach bei der Anwendung eines zeitpunktbezogenen Bewertungsverfahrens in frühen Phasen systematisch unter- und in späteren Phasen überschätzt. Obwohl in der Literatur teilweise die Ansicht vertreten wird, dass Investitionen in Kundenzufriedenheit und Kundenbindung generellen Nutzen versprechen (z. B. Reichheld/ Sasser 1990, S. 105 ff.), legt das Kundenwertmodell nahe, dass im Rahmen der Vertriebssteuerung gründlich abgewogen werden muss, bis zu welchem Grad solche Investitionen bei abnehmendem Grenznutzen noch zur Steigerung des Kundenwertes beitragen (Stüker 2008, S. 32; Tewes 2003, S. 3).

Bei der Würdigung des Kundenwertkonzeptes für das Vertriebsmanagement ist die Zukunftsorientierung der Rechenlogik positiv hervorzuheben. Dies führt im Vergleich zu undifferenzierteren Analyseverfahren zu einer höheren Treffsicherheit bei der Bewertung von Kundenbeziehungen. In der Marketingforschung wird der Kundenwert auch als eine Möglichkeit gesehen, Marketing- und Vertriebsmaßnahmen in den Bezug zum Unternehmenswert zu setzen und damit einer Shareholder Value-Betrachtung zugänglich zu machen (Henseler/Hoffmann 2003, S. 15; Rudolf-Sipötz 2001, S. 2 f.; Rust/Zeithaml/Lemon 2000, S. 137; Schneider 2006, S. 4; Tewes 2003, S. 1 ff.).

Zu den Nachteilen des Kundenwertansatzes gehört zweifellos der hohe Analyseaufwand der Methode. Im Grundsatz sollte der Kundenwert für jede einzelne Kundenbeziehung berechnet werden. In der Praxis werden Kundenwerte jedoch meist für höher aggregierte Teilportfolien, z. B. Kundensegmente, geschätzt (vgl. Homburg/Kohmer 2009, S. 1168). Weiterhin ist die Sensitivität des Kundenwerts gegenüber den einfließenden (Planungs-)Prämissen zu beachten. Sowohl die Schätzung zukünftiger Einzahlungsüberschüsse als auch die Wahl des Diskontierungszinssatzes können die Analyseergebnisse erheblich

[4] Die gewichteten Kapitalkosten berechnen sich wie folgt (vgl. Brealey/Myers/Marcus 2009, S. 368 ff.):

$$wacc = \frac{D}{V} \times r_D + \frac{E}{V} \times r_E \qquad (3.2)$$

Hierbei steht D für den Marktwert der Schulden, E für den Marktwert des Eigenkapitals und V für den Gesamtwert des Unternehmens (wobei V = D + E gilt). r_D steht für die Rendite des Fremdkapitals und r_E für die erwartete Rendite des Eigenkapitals, die sich nach dem Capital Asset Pricing Model (CAPM) berechnet (vgl. zur Berechnung der erwarteten Rendite sowie der Generalisierbarkeit des Modells Brealey/Myers/Marcus 2009, S. 350 ff.).

beeinflussen. Am Ursprungsmodell des Kundenwerts wurde außerdem bemängelt, dass der auf einer Einzahlungs-Auszahlungs-Rechnung beruhende Kundenwert das tatsächliche Profitabilitätspotenzial eines Kunden deutlich unterschätzen kann, da eine Reihe von Potenzialfaktoren keinen Eingang in die Berechnung finden (vgl. Rudolf-Sipötz 2001, S. 90 ff.; Rudolf-Sipötz/Tomczak 2001, S. 15 ff.). Hierzu zählt einerseits das **Referenzpotenzial**, das zur Akquisition zusätzlicher Kunden durch Weiterempfehlungen führen kann. Andererseits wird das **Informationspotenzial** eines Kunden im Kundenwert in der Regel nicht abgebildet. Langfristige Kundenbeziehungen stellen – insbesondere im Business-to-Business Bereich – eine wichtige Informationsquelle für die Verbesserung der Produkt- und Servicepalette dar (vgl. Weiber/Jacob 2000, S. 526 ff.). Der Einbezug dieser Potenziale in die Kundenwertberechnung wäre allenfalls annahmebasiert möglich und mit hoher Unsicherheit behaftet.

3.2.3 Kundenportfolioanalyse

Das Kundenportfolio lehnt sich in seiner Logik an die im Abschnitt 2.2 dargestellten matrixbasierten Analyseverfahren an (vgl. Becker 2009, S. 884). Anders als die dort diskutierten Instrumente zur strategischen Vertriebsplanung wird das Kundenportfolio jedoch auf operativer Ebene für eine begrenzte Auswahl einzelner Kunden erstellt. In der Regel werden Kundenportfolien als zweidimensionale Matrizen dargestellt, wobei die horizontale Achse die eigene Anbieterposition bei den Kunden (z. B. Bedarfsdeckungsanteil, persönliche Beziehungen, technische Abhängigkeiten) und die vertikale Achse die Attraktivität des Kunden (z. B. Gesamtumsatz, Preissensibilität, Wachstum) bezeichnet (vgl. Homburg/Schäfer/Schneider 2010, S. 194 ff.; Witt 2008, S. 82 f.; Nagel/Menthe 2008, S. 35). Neben gewichteten Kennzahlen kommen zur Bewertung einer begrenzten Kundenpopulation auch aufwendigere Verfahren wie die Kundendeckungsbeitragsrechnung oder die Kundenwertanalyse zum Einsatz. Wie beim Marktattraktivitäts-Wettbewerbspositions-Portfolio müssen die einbezogenen Kriterien aggregiert werden, um zu einer Kategorieeinschätzung zu gelangen. Üblicherweise werden die Achsen in zwei bis drei Kategorien unterteilt (Brasch/Köder/Rapp 2007, S. 278; Yorke/Droussiotis 1993, S. 7). Bei hoher Streuung der Attraktivitätsparameter der einzelnen Kunden kann jedoch auch eine Unterteilung in 4 oder mehr Kategorien je Achse sachgerecht sein. Die einzelnen Kunden werden als Kreise im Portfolio platziert, wobei die Größe des Kreises den Umsatz und die Füllung des Kreises den Bedarfsdeckungsanteil beim jeweiligen Kunden wiedergeben kann. Die Bewertung der im Portfolio analysierten Kunden folgt dem Grundschema der Matrixanalysen: Eine „Rechts-Oben-Position" ist besonders günstig, während Kunden im linken unteren Teil des Portfolios als wenig attraktiv zu betrachten sind (vgl. Abbildung 3.2.6).

Für eine 4-Quadrantmatrix lassen sich auch hier typische Vorgehensweisen („Normstrategien") zum weiteren Verfahren mit dem Kunden definieren (z. B. Homburg 1994, S. 144). So gelten Kunden im rechten oberen Feld der Matrix als besonders attraktive „Starkunden" mit denen aufgrund einer guten Positionierung des Unternehmens (Kundenloyalität, Bedarfsdeckungsanteil) hohe zukünftige Umsätze und Gewinne geplant werden können. Diese Kunden sollten jedoch auch besondere Ressourcenzuwendung im Vertrieb erfahren.

Weniger attraktive Kunden, bei denen bereits eine starke Anbieterposition erreicht wurde, werden als „Ertragskunden" bezeichnet. In diese Kundenbeziehungen sollte nur selektiv investiert werden, um die aktuell gute Anbieterposition nicht zu verlieren. Im linken unteren Quadranten befinden sich „Mitnahmekunden", die wenig attraktiv sind und bei denen das Unternehmen in einer schwachen Position ist. In diese Kundenbeziehungen sollte, wenn überhaupt, nur sehr zurückhaltend investiert werden. Die wichtigsten Entscheidungen sind bezüglich der „Fragezeichenkunden" im linken oberen Abschnitt der Matrix zu treffen. Hier befinden sich grundsätzlich attraktive Kunden, bei denen das Unternehmen jedoch bisher keine starke Anbieterposition erreichen konnte. Dies kann der Fall sein, wenn ein Kunde seine hohe Nachfragemacht nutzt, um konkurrierende Lieferanten gegeneinander auszuspielen und immer höhere Zugeständnisse und Rabatte zu fordern. Oft sind solche Kunden nicht nachhaltig profitabel zu bedienen. Zumeist ist es wenig ratsam, einer solchen Kundenbeziehung über längere Zeit hinterherzulaufen. Vielmehr sollte eine Grundsatzentscheidung gefällt werden: Besteht keine realistische Hoffnung, dass bei einem Fragezeichenkunden eine starke Anbieterposition erreicht werden kann, sollte ungeachtet der hohen Kundenattraktivität über einen Abbruch der Kundenbeziehung nachgedacht werden („Big-step-or-out").

Abbildung 3.2.6 Exemplarische Darstellung eines Kundenportfolios

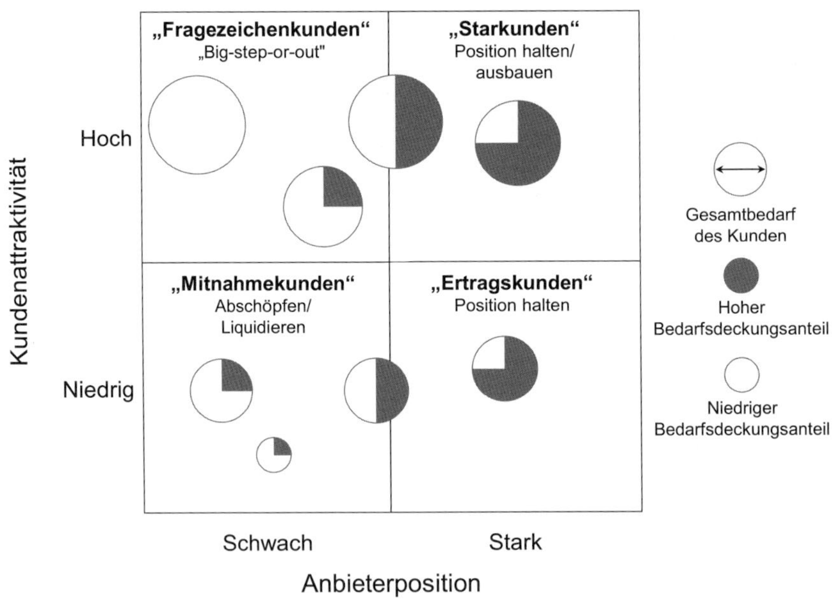

3.3 Strukturanalyse des Kundenbestandes

Zur effektiven Planung und Steuerung der operativen Vertriebsaktivitäten ist eine detaillierte Kenntnis der Struktur des Kundenstammes hilfreich. In der Praxis beinhalten Kundenportfolien – je nach Unternehmensgröße und Branchenzugehörigkeit – unter Umständen eine hohe Anzahl an Kundenbeziehungen. Portfolien im Mengenkundengeschäft können mehrere hunderttausend Geschäftsbeziehungen enthalten (vgl. Homburg/Steiner/Totzek 2009). Eine Darstellung in Matrizenform ist in diesen Fällen nicht zweckmäßig. Stattdessen werden die Kunden üblicherweise Klassen bzw. Segmenten zugeordnet, beispielsweise mit numerischer oder alphanumerischer Bezeichnung (z. B. Klassen „1" bis „6" oder „A++" bis „D" etc.). Strukturanalysen des Kundenstammes können, je nach Analysezweck, sehr einfach oder sehr komplex gehalten sein. Die Bandbreite möglicher Verfahren reicht hier von einfaktoriellen und statischen Analysen bis hin zu dynamischen Simulationen komplexer Portfoliomodelle.

3.3.1 Einfaktorielle Strukturanalysen

Bei einfaktoriellen Analyseverfahren erfolgt die Zuordnung von Kunden zu Analyseklassen auf der Basis der Ausprägung *eines* Faktors (z. B. Umsatz, Deckungsbeitrag, Gewinn). Eine weit verbreitet Analysetechnik ist die **ABC-Analyse** des Kundenbestands. In der Vertriebspraxis wird oft beobachtet, dass ein Großteil des Umsatzes bzw. des Gewinns auf einen relativ kleinen Prozentsatz der Kunden entfällt (vgl. Becker 2009, S. 885; Brasch/Köder/Rapp 2007, S. 267 f.; Bruhn 2009, S. 276 f.). Häufig beobachtet wird ein 80/20-Splitt. Mit den 20 % profitabelsten Kunden werden 80 % der Gewinne erzielt (vgl. Abbildung 3.2.7). Diese besonders wichtigen Kunden werden als A-Kunden bezeichnet. Meist lässt sich ein zweites und drittes Segment mit leidlich profitablen und unprofitablen Kunden identifizieren (B- bzw. C-Kunden). Beispielsweise könnten die Analysen ergeben, dass mit den folgenden 30 % der Kunden weitere 15 % der Gewinne erzielt werden und auf die 50 % unprofitabelsten Kunden nur 5 % der Gewinne entfallen. Aus einem solchen Analyseergebnis ergeben sich wichtige Implikationen für die Planung des Unternehmens und die Ressourcenallokation auf die jeweiligen Kunden. Einerseits könnten die Analyseergebnisse zur Vorgabe der Umsatzziele der Vertriebsmitarbeiter verwendet werden. Andererseits wäre ein Unternehmen mit diesem Kundenstamm gut beraten seine Marketingaktivitäten (z. B. Betreuungskanäle und –standards, vgl. Lüers/Credo 2010, S. 8) auf die (profitableren) A-Kunden zu fokussieren. Demgegenüber sollte in B-Kunden nur begrenzt investiert werden. Für C-Kunden ließe sich – wenn ausschließlich die Ergebnisse der ABC-Analyse als Handlungsmaßstab gelten – ableiten, dass das Unternehmen dieser Kundengruppe nur äußerst geringe Ressourcen zuweisen und eventuell auch über eine Beendigung von Geschäftsbeziehungen nachdenken sollte (vgl. Lutz 2006, S. 181).

Die ABC-Analyse kann einen wichtigen Beitrag zur Strukturierung des Kundenstamms leisten. Positiv zu bewerten ist der geringe Analyseaufwand und die intuitive Verständlichkeit der Methode. Allerdings ist zu beachten, dass wichtige Parameter der Kundenattraktivität keinen Eingang in die Analyse finden. Das Ergebnis der ABC-Analyse vermittelt nur eine gegenwartsbezogene „Momentaufnahme“ des Kundenstamms. Das Wachstumspotenzial, die Anbieterposition oder der Bedarfsdeckungsanteil („Share of Wallet“) der Kunden fließen nicht in die Analyse ein. Dies kann bei isolierter Betrachtung zu dramatischen Fehleinschätzungen führen, wenn beispielsweise eine Kundenbeziehung vernachlässigt würde, weil der Kunde andere Unternehmen als Hauptlieferanten betrachtet und daher als C-Kunde geführt wird. Ebenso könnten sehr potenzialträchtige Kunden – selbst bei starker Anbieterposition – als C-Kunden geführt werden, wenn deren Umsätze/Gewinne von einem niedrigen Ausgangsniveau aus wachsen. In beiden Fällen wäre das Zurückfahren der Vertriebsressourcen für diese Kunden sicherlich nicht die langfristig profitabelste Strategie. Daher ist zu empfehlen einfaktorielle Analysen immer durch komplementäre Instrumente zu ergänzen.

Abbildung 3.2.7 Exemplarische Darstellung einer ABC-Analyse des Kundenbestands

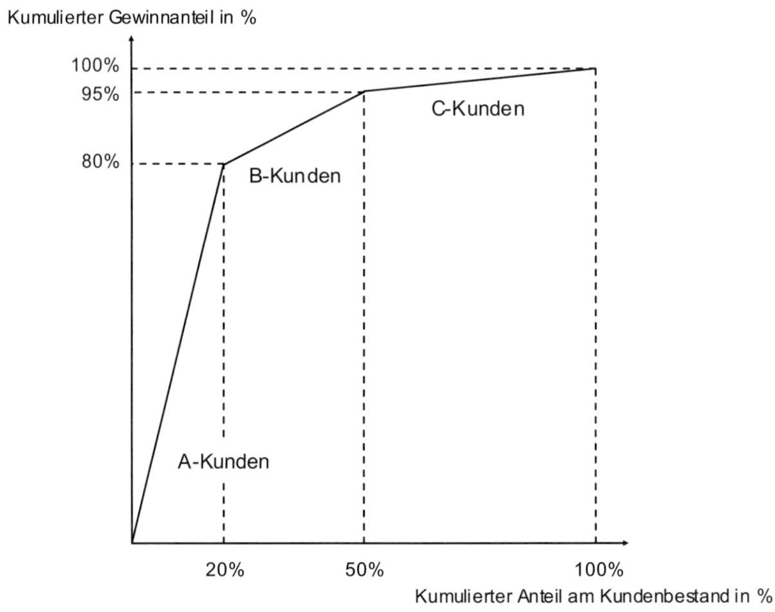

3.3.2 Mehrfaktorielle Strukturanalysen

Mehrfaktorielle Portfolioanalysen verfolgen im Gegensatz zu heuristischen Portfoliomodellen einen datengetriebenen Ansatz, bei dem die Zuweisung der Kundendatensätze zu den Güteklassen mit Hilfe aufwendiger computergestützter Verfahren des Data Mining erfolgt[5]. Der Einbezug verschiedener Faktoren bei der Klassifizierung von Kundenbeziehungen führt im Vergleich zu einfaktoriellen Analysen häufig zu wesentlich effektiveren Portfolioeinschätzungen. Tabelle 3.2.2 vermittelt einen Eindruck über potenzielle Indikatoren der Zuordnung von Kundenbeziehungen zu Portfolioklassen. Ein weiterer Vorzug gegenüber den (meist statischen) einfaktoriellen Analysen besteht in der Möglichkeit einer dynamischen Portfoliosteuerung.

Tabelle 3.2.2 Exemplarische Kriterien für die Portfolioeinordnung von Kunden (Quelle: Homburg/Steiner/Totzek 2009, S. 75)

Bankwesen	Telekommunikation	Chemie
■ Alter ■ Familienstatus ■ Geschlecht ■ Beruf ■ Anzahl der Kinder ■ Einkommen ■ Produktnutzung (z. B. Bausparvertrag, Kreditkarte, Fondssparplan etc.) ■ Cross-Buying-Affinität ■ …	■ Alter ■ Akademischer Titel ■ Kaufkraft ■ Gewöhnliche Zahlungsmethode ■ Technologieaffinität (Internet, PC etc.) ■ Share of Wallet ■ Verbindungsdauer zu Festnetz, Mobilfunk ■ Gewählte Tarife ■ …	■ Land des Kunden ■ Branche des Kunden ■ Distributionskanal ■ Nachfragevolumen ■ Zahl nachgefragter Produktlinien ■ Share of Wallet ■ Ausstehende Rechnungen ■ …
#Kunden im Portfolio: ~ 100.000	#Kunden im Portfolio: ~ 300.000	#Kunden im Portfolio: ~ 800

Von Praktikern und Forschern wird gleichermaßen betont, dass beim Management von Kundenportfolien die Lebenszyklen der Kundenbeziehungen und Migrationsbewegungen zwischen den Portfolioklassen berücksichtigt werden müssen (Göttgens 2010, S. 153; Johnson/Selnes 2004, S. 1). Der Forschungsbeitrag von Homburg, Steiner und Totzek (2009) stellt eine branchenübergreifende Studie vor, die einen detaillierten Einblick in das Management großer Kundenportfolien verschafft. Die Studie befasst sich mit einer methodisch aufwendigen Simulation der Entwicklungen der Kundenbestände von vier Unternehmen über einen mehrjährigen Zeitraum.

---

[5] Vgl. für eine Beschreibung datengetriebener Analyseverfahren Alpar et al. (2008, S. 36 f.) sowie im Marketing- und Vertriebskontext Höschel (2006, S. 179 ff.). Einen Überblick über weitere mögliche Einsatzfelder von Informationstechnologie im Vertriebsmanagement geben Buttle/Ang/Iriana (2006) und Stender/The/Rack (2000).

Die Ergebnisse der Simulation liefern bedeutende Erkenntnisse für das Management von Kundenportfolien. Eine Kernimplikation des Forschungsbeitrages besteht in der Erkenntnis, dass eine statische Betrachtung von Kundenportfolien zu wesentlichen Fehleinschätzungen führen kann. Dies begründen die Autoren mit der Migration von Kunden zwischen den Segmenten des Portfolios im Zeitablauf. In der Modellsimulation zeigen Kunden deutlich ausgeprägte Wechselwahrscheinlichkeiten zwischen den Portfoliosegmenten. Tabelle 3.2.3 zeigt die simulierte Migrationsmatrix eines Bank-Kundenstamms mit einer Portfoliosegmentierung in Klassen von „A++" bis „0". Diese ist folgendermaßen zu verstehen. Die Segmentbezeichnung der Zeilen gibt die Segmentzugehörigkeit in der Periode t = 0 an, die Bezeichnung der Spalten die Zugehörigkeit in Periode t = 1. Auf der grau schattierten Diagonalen ist der Prozentanteil der Kunden eines Segments angegeben, der seine Segmentzugehörigkeit nicht gewechselt hat. In den anderen Feldern der Tabelle kann das Wechselverhalten der Kunden zwischen den Segmenten abgelesen werden. Beispielsweise befinden sich von den Kunden, die in Periode t = 0 im Segment A++ eingeordnet waren in der Periode t = 1 noch 86,7 % in diesem Segment. 5,3 % haben sich in das Segment A+ verschlechtert, 0,4 % in das Segment A usw.

Die Migrationstabelle zeigt, dass eine statische Betrachtung des Portfolios zu deutlichen **Fehleinschätzungen der Profitabilität bestimmter Segmente** führen kann. Die Analyse von Homburg/Steiner/Totzek (2009) legt den Schluss nahe, dass der Kundenwert der höchsten Segmente in einer statischen Betrachtung systematisch *überschätzt* wird, wenn die Migrationswahrscheinlichkeiten der Kunden außer Acht gelassen werden. Der Wertbeitrag der hohen Segmente in späteren Perioden ist geringer als angenommen, da die Wahrscheinlichkeit die Kunden der A-Portfolien weiterzuentwickeln gering ist, jedoch eine signifikante Wahrscheinlichkeit einer Verschlechterung besteht (beispielsweise die Wahrscheinlichkeit von 19,1 %, dass A-Kunden in das C-Segment wechseln). Der Wertbeitrag der unteren Portfoliosegmente wurde in der statischen Betrachtung dagegen *unterschätzt*, da diese in einer dynamischen Betrachtung in höhere Portfolioklassen migrieren können. Andererseits sind diese Kunden im Status Quo nicht besonders profitabel, weshalb eine potenzielle Verschlechterung nicht wesentlich ins Gewicht fällt.

Die Studienergebnisse und die hier aufgeführte Migrationstabelle beruhen auf einem spezifischen Datensatz und individuellen Simulationsparametern. Die Migrationsmuster sind daher grundsätzlich nicht auf andere Portfolien übertragbar. Allerdings ist davon auszugehen, dass die meisten Kundenportfolien im Zeitablauf ausgeprägten Migrationsbewegungen unterliegen. Diese können, z. B. mit Hilfe von Vergangenheitsdaten, geschätzt werden. Die Studie Homburg/Steiner/Totzek (2009) ist vor diesem Hintergrund als Plädoyer für ein dynamisches Management von Kundenportfolien zu verstehen, das im Rahmen der Vertriebsplanung und -steuerung Veränderungen in der Portfoliozusammensetzung berücksichtigt.

Tabelle 3.2.3 Simulierte Migrationsmatrix für den Kundenstamm einer Bank (Quelle: Homburg/Steiner/Totzek 2009; Angaben in %)

		Segmentzugehörigkeit in t = 1													
		A+	A+	A	B++	B+	B	C++	C+	C	D+	D+	D	0	Σ
Segmentzugehörigkeit in t = 0	A+	**86,7**	5,3	0,4	0,3	0,6	0,1	0,1	1,1	0,4	0,3	0,4	2,2	2,2	100
	A+	10,5	**71,9**	1,8	0,5	6,8	0,2	0,3	1,2	1,0	0,7	0,3	1,8	3,0	100
	A	1,0	5,8	**48,6**	1,6	12,1	1,6	1,2	3,7	19,1	1,6	1,0	1,5	1,1	100
	B++	0,3	0,5	0,8	**69,2**	0,5	2,8	0,3	19,9	2,3	0,2	0,4	2,7	0,1	100
	B+	0,7	6,6	3,3	0,3	**73,0**	0,4	0,4	0,8	7,3	1,3	0,3	2,5	2,9	100
	B	0,0	0,1	0,3	1,8	0,3	**75,4**	11,9	2,6	3,0	3,4	0,1	1,1	0,1	100
	C++	0,0	0,2	0,5	0,3	0,2	7,8	**64,7**	3,8	2,6	16,5	0,4	2,7	0,3	100
	C+	0,1	0,2	0,4	2,2	0,3	0,3	0,8	**75,8**	1,5	1,5	5,4	9,7	1,9	100
	C	0,1	0,3	2,2	0,6	4,1	1,1	1,0	1,9	**77,1**	3,9	0,3	4,2	3,3	100
	D+	0,0	0,1	0,1	0,0	0,2	0,7	2,1	0,9	1,8	**81,7**	1,6	7,9	2,8	100
	D+	0,0	0,0	0,1	0,1	0,0	0,1	0,1	4,6	0,2	1,7	**79,5**	7,5	6,0	100
	D	0,0	0,0	0,0	0,0	0,1	0,0	0,0	0,3	0,5	0,5	0,1	**90,4**	8,1	100
	0	0,0	0,1	0,0	0,1	0,2	0,0	0,1	0,9	0,8	0,9	1,5	3,6	**91,8**	100

4 Erfolgsauswirkungen der Vertriebsplanung und -steuerung

Obwohl jeder „Erfolg" oder „Misserfolg" unter Berücksichtigung situativer Kontextfaktoren definiert werden muss, existieren einige Grundsätze erfolgreicher Vertriebsplanung und -steuerung, denen wir ein hohes Maß an Allgemeingültigkeit zuschreiben.

Eine erfolgreiche Vertriebsplanung...

- ...verzahnt die operativen und strategischen Vertriebspläne im Unternehmen
- ...identifiziert attraktive und profitabel bedienbare Kundensegmente im Markt
- ...setzt herausfordernde, jedoch erreichbare Planziele
- ...findet die richtige Balance zwischen Informationsgehalt und Planungsaufwand

Eine effektive Vertriebssteuerung...

- ...führt zur möglichst treffsicheren Erreichung der formulierten Planziele
- ...schafft einen Ausgleich zwischen bestehenden Marktpotenzialen und den notwendigen Ressourcen zu deren Bedienung
- ...fördert nicht einseitig die Erreichung wirtschaftlicher Ziele zu Lasten nicht-monetärer Erfolgsgrößen (z. B. Kundenzufriedenheit)
- ...priorisiert angemessen zwischen kurzfristigen und langfristigen Vertriebszielen

Die in diesem Beitrag dargestellten Analysemethoden können eine Beitrag zur Strukturierung und Unterstützung von Entscheidungen im Rahmen der Vertriebsplanung und –steuerung leisten, und letztlich zu einem effektiven Vertriebsmanagement beitragen.

Wenig erforscht ist bisher jedoch die Frage, welche Bedeutung einer erfolgreichen Vertriebsplanung und -steuerung für den Unternehmenserfolg zukommt. In Bezug auf die Erfolgauswirkungen der Absatzplanung existiert in der jüngeren Literatur jedoch ein aufschlussreicher empirischer Forschungsbefund. Homburg et al. (2008) untersuchen anhand einer großzahligen, branchenübergreifenden Stichprobe die Determinanten einer erfolgreichen Absatzplanung (vgl. Abbildung 3.2.8). Die Ergebnisse einer kausalanalytischen Untersuchung legen den Schluss nahe, dass Interaktion und Formalisierung im Planungsprozess, Marktorientierung und Qualität des Planinhaltes sowie Integration in die Unternehmensplanung und Koppelung mit Anreizsystemen wesentliche Erfolgsfaktoren für die Ausgestaltung der Absatzplanung sind. Bemerkenswert ist die hohe Erklärungskraft des Determinanten-Modells. Die einbezogenen Variablen erklären die Varianz des Planungserfolgs zu fast 80 % (vgl. Homburg et al. 2008, S. 658/659). Die Studie zeigt außerdem einen positiven Zusammenhang zwischen Planungserfolg, Markterfolg und wirtschaftlichem Erfolg der untersuchten Unternehmen. Darüber hinaus wurde der Einfluss der Marktdynamik und des Zentralisierungsgrades als Kontextfaktoren des Forschungsmodells untersucht. Geprüft wurde, ob die Ausprägung dieser Variablen die Stärke der Beziehung zwischen Planungserfolg und Markterfolg sowie interner Effizienz beeinflusst. In der Beziehung dieser Konstrukte wurde ein positiver Interaktionsterm gemessen, wenn alle drei Variablen in eine Interaktionsbeziehung einbezogen werden. Der stärkste Effekt des Planungserfolgs auf den Markterfolg wurde bei *gleichzeitig* hoher Marktdynamik und Dezentralisierung gemessen. Die Analyse der Interaktionsterme zeigt außerdem, dass bei hoher Marktdynamik der Zusammenhang zwischen Planungserfolg und interner Effizienz schwächer und bei hohem Dezentralisierungsgrad stärker ausgeprägt ist.

Dies deutet darauf hin, dass eine qualitativ hochwertige Absatzplanung einen Beitrag zum Unternehmenserfolg leisten kann. In jüngerer Zeit wurden jedoch von Forschern und Praktikern grundsätzliche Zweifel geäußert, ob „klassische" Planungsansätze den heutigen Marktbedingungen gerecht werden können. Alternative Ansätze, die einen Verzicht auf Planung und Budgets propagieren, bilden seither einen beständig anwachsenden Forschungsstrang. Diese Ansätze sind Gegenstand des letzten Abschnittes unseres Beitrags.

Abbildung 3.2.8 Gestaltung und Erfolgsauswirkungen der Absatzplanung (in Anlehnung an: Homburg et al. 2008)

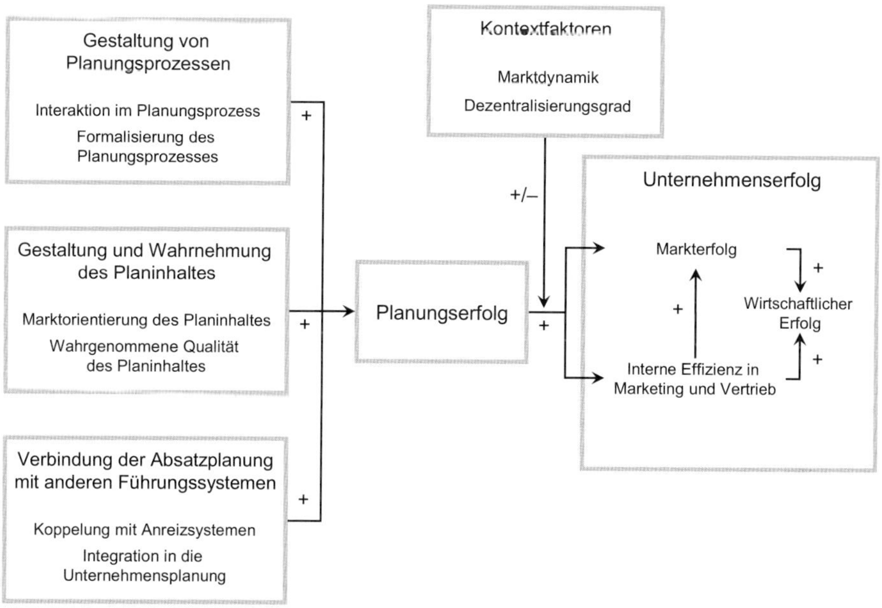

5 Alternative Planungs- und Steuerungsansätze

Die grundsätzliche Sinnhaftigkeit der Planung und Budgetierung war in den vergangenen Jahren Gegenstand eines intensiven akademischen Diskurses (Artz 2010, S. 22 f.; Zyder 2007, S. 14). So äußerte sich beispielsweise Jensen (2001, S. 96): „Corporate budgeting is a joke, and everyone knows it. It consumes a huge amount of executives' time, forcing them into endless rounds of dull meetings and tense negotiations. It encourages managers to lie and cheat, lowballing targets and inflating results, and it penalizes them for telling the truth."

Hinter dieser wohl bewusst überspitzt formulierten Kritik stehen eine Reihe objektiver Problemfelder. Häufig genannt werden in diesem Zusammenhang die hohe Ressourcenintensität der Planungs- und Budgetierungsprozesse, geringe Flexibilität und mangelnde Anreize zur Innovation (Jensen 2001, S. 96; Nevries/Christoph/Strauß 2008, S. 73; Potthoff/Vieth 2009a,b; Zyder 2007, S. 14.). Des Weiteren wurde beobachtet, dass die Implementierung der Marketingbudgetierung häufig nur mangelhaft und undifferenziert erfolgt, beispielsweise durch die bloße Fortschreibung von Vergangenheitswerten (Potthoff/Vieth 2009b, S.1; Reinecke/Tomczak 2001, S. 80). Erhebliche Schwierigkeiten bereitet in der Praxis zudem das Setzen von herausfordernden und zugleich erreichbaren Verkaufszielen unter der Restriktion oftmals begrenzter Marktinformationen (Chen 2005, S. 60; Mantrala/Raman/Desiraju 1997, S. 393 ff.; Schwepker/Good 2007, S. 162).

Aufgrund dieser hinlänglich bekannten Nachteile klassischer Budgets wurden in den vergangenen Jahren unter den Schlagworten „Beyond Budgeting", „Better Budgeting" oder „Advanced Budgeting" eine Reihe von alternativen Planungs- und Steuerungssystemen diskutiert. Advanced Budgeting und Better Budgeting bezeichnen von Unternehmensberatungen entwickelte Konzepte, die zwar an quantitativen Zielvorgaben festhalten, den Prozess der Budgetierung jedoch flexibler gestalten wollen (Leyk/Kopp 2004; Weber/Lindner 2003, 2008). Demgegenüber stellt der Beyond Budgeting Ansatz einen radikalen Bruch mit dem klassischen Planungsparadigma dar. Das von Hope und Fraser (2003a,b) vorgebrachte Konzept propagiert eine völlige Abkehr von jeglichen Planungs- und Budgetierungsprozessen. Stattdessen sollen Entscheidungskompetenzen weitgehend auf die Vertriebseinheiten und individuellen Vertriebsmitarbeiter übergehen und Anspruchsniveaus im Rahmen marktorientierter Vergleichsmaßstäbe flexibel angepasst werden (Pfläging 2008, S. 105 ff. und 199 ff.). Diese Dezentralisierung der Verantwortung setzt jedoch voraus, dass die unbestrittene extrinsische Anreizwirkung von Budgetvorgaben durch intrinsische Motivation ersetzt werden kann. Eine wesentliche Bedeutung kommt hierbei informellen Leistungsanreizen sowie der Unternehmenskultur und -organisation zu (Hope/Fraser 2003b, S. 79; Weber/Lindner 2008, S. 35 f.).

Die alternativen Managementsysteme bieten zahlreiche interessante Ansätze um die Nachteile der „klassischen" Konzepte zu begrenzen. Unternehmensberatungen konnten durch die Implementierung von flexibilisierten Planungs-, Budgetierungs- und Steuerungskonzepten wie Better Budgeting und Advanced Budgeting wesentliche Erfolge vorweisen (Leyk/Kopp 2004). Auch der dem ersten Augenschein nach radikale Beyond Budgeting Ansatz wurde von bestimmten Unternehmen (z. B. der Schwedischen Bank Svenska Handelsbanken) mit großem Erfolg umgesetzt (Daum/Franke 2005; Lindsay/Libby 2007; Pfläging 2008). Allerdings handelt es sich um junge Konzepte, die sich hinsichtlich vieler Aspekte noch in einem Entwicklungsprozess befinden. Bezüglich des Beyond Budgeting Ansatzes im Speziellen beschränkt sich das Wissen um dessen Vorteilhaftigkeit und Erfolgsfaktoren auf wenige Fallbeispiele in der Literatur. Eine wissenschaftlich fundierte empirische Validierung der postulierten Erfolgszusammenhänge steht hingegen noch aus.

Es ist durchaus möglich, dass alternative Vertriebsmanagementkonzepte in Zukunft eine zunehmende Bedeutung erfahren. In den vergangenen Jahren wurde eine stetige Zunahme der Wichtigkeit von Dienstleistungen in Marketing und Vertrieb beobachtet. Dies betrifft sowohl die Expansion der originären Dienstleistungsökonomie im tertiären Sektor, als auch die zunehmende Dienstleistungsorientierung bei der Vermarktung materieller Güter. Manche Forscher vertreten den Standpunkt, dass die Marketing- und Vertriebskonzeption viel stärker auf Serviceaspekte und intangible Ressourcen ausgerichtet werden sollte (Lusch/Vargo 2006; Lusch/Vargo/O'Brien 2007; Vargo/Lusch 2004a,b, 2008a,b). In einem service- und beziehungsorientierten Vertrieb ist eine Steuerung mit formellen Instrumenten deutlich schwieriger zu implementieren. Stehen Vertriebsziele wie Servicequalität oder Kundenloyalität im Mittelpunkt, stoßen klassische Planungs- und Steuerungsinstrumente rasch an ihre Grenzen. Eine Abkehr vom vorherrschenden Paradigma formeller Vertriebsplanung und -steuerung könnte Unternehmen mit stark service-lastigem Vertrieb interessante Perspektiven eröffnen. In dieser Hinsicht besteht jedoch noch erheblicher empirischer Forschungsbedarf in Bezug auf die Eignung informeller Vertriebssteuerungskonzepte zur Bewältigung der Herausforderungen moderner Vertriebsorganisationen.

Literaturverzeichnis

Ackerschott, H. (2001): Strategische Vertriebssteuerung – Instrumente zur Absatzförderung und Kundenbindung, 3. Aufl., Wiesbaden.

Alpar, P., Grob, H., Weimann, P., Winter, R. (2008): Anwendungsorientierte Wirtschaftsinformatik – Strategische Planung, Entwicklung und Nutzung von Informations- und Kommunikationssystemen, 5. Aufl., Wiesbaden.

Artz, M. (2010): Controlling in Marketing und Vertrieb – Planung, Budgetierung und Performance Measurement, Wiesbaden.

Backhaus, K., Erichson, B., Plinke, W., Weiber, R. (2006): Multivariate Analysemethoden – Eine anwendungsorientierte Einführung, 11. Aufl., Heidelberg.

Baier, D., Brusch, M. (2008): Marktsegmentierung, in: Herrmann, A., Homburg, Ch., Klarmann, M. (Hrsg.): Handbuch Marktforschung, Wiesbaden, S. 769-790.

Becker, J. (2009): Marketing Konzeption – Grundlagen des zielstrategischen und operativen Marketing Management, 9. Aufl., München.

Belz, C. (1995): Dynamische Marktsegmentierung, Thexis, 2/1995, St Gallen.

Bischof, J. (2002): Die Balanced Scorecard als Instrument einer modernen Controlling-Konzeption – Beurteilung und Gestaltungsempfehlungen auf der Basis des Stakeholder-Ansatzes, Wiesbaden.

Brasch, C., Köder, K., Rapp, R. (2007): Praxishandbuch Kundenmanagement, Weinheim.

Brealey, R., Myers, S., Marcus, A. (2009): Fundamentals of Corporate Finance, 6. Aufl., New York.

Bruhn, M. (2009): Relationship Marketing – Das Management von Kundenbeziehungen, 2. Aufl., München.

Buttle, F., Ang, L., Iriana, R. (2006): Sales Force Automation: Review, Critique, Research Agenda, in: International Journal of Management Reviews, 8. Jg., Nr. 4, S. 213-231.

Chen, F. (2005): Salesforce Incentives, Market Information, and Product/Inventory Planning, in: Management Science, 51. Jg., Nr. 1, S. 60-75.

Daum, J., Franke, L. (2005): Ohne Budgets managen bei Svenska Handelsbanken – Ein Interview mit Lennart Franke, CFO Svenska Handelsbanken, in: Daum, J. H. (Hrsg.): Beyond Budgeting – Impulse zur grundlegenden Neugestaltung der Unternehmensführung und -steuerung, München, S. 127-139.

Day, G. (1977): Diagnosing the Product Portfolio, in: Journal of Marketing, 41. Jg., Nr. 2, S. 29-38.

Detroy, E., Behle, C., vom Hofe, R. (2007): Handbuch Vertriebsmanagement, Landsberg am Lech.

Diller, H. (1998): Marketingplanung, 2. Aufl., München.

Droll, M. (2008): Kundenpriorisierung in der Marktbearbeitung – Gestaltung, Erfolgsauswirkungen und Implementierung, Wiesbaden.

Duderstadt, S. (2006): Wertorientierte Vertriebssteuerung durch ganzheitliches Vertriebscontrolling: Konzeption für das Retailbanking, Wiesbaden.

Duttenhöfer, S., Keller, B. (2009): Zielgruppenmanagement, in: Duttenhöfer, S., Keller, B., Vomhoff, S. (Hrsg.): Handbuch Zielgruppenmanagement, Frankfurt am Main, S. 1-12.

Dwyer, R., Schurr, P., Oh, S. (1987): Developing Buyer-Seller Relationships, in: Journal of Marketing, 51. Jg., Nr. 2, S. 11-27.

Ehrmann, H. (2008): Vertriebscontrolling und –budgetierung, in: Pepels, W. (Hrsg.): Vertriebsleiterhandbuch – Erfolge im Verkauf planen und steuern, Düsseldorf, S. 123-162.

Friedag, H. R. (2005): Die Balanced Scorecard als ein universelles Managementinstrument, Hamburg.

Göttgens, O. (2010): Kundenmigration – Die Steigerung des Kundenwerts als zentrales Unternehmensziel, in: Georgi, D., Hadwich, K. (Hrsg.): Management von Kundenbeziehungen: Perspektiven – Analysen – Strategien – Instrumente, Wiesbaden, S. 151-176.

Helm, S., Günter, B. (2003): Kundenwert – Eine Einführung in die theoretischen und praktischen Herausforderungen der Bewertung von Kundenbeziehungen, in: Günter, B., Helm, S. (Hrsg.): Kundenwert – Grundlagen, innovative Konzepte, praktische Umsetzung, Wiesbaden, S. 3-40.

Henderson, B. (1972): Das Portfolio, in: von Oetinger, B. (Hrsg.): Das Boston Consulting Group Strategie-Buch, 8. Aufl., München, S. 346-351.

Henseler, J., Hoffmann, T. (2003): Kundenwert als Baustein zum Unternehmenswert, Hamburg.

Hofbauer, G., Hellwig, C. (2009): Professionelles Vertriebsmanagement – Der prozessorientierte Ansatz aus Anbieter- und Beschaffersicht, 2. Aufl., Erlangen.

Homburg, Ch. (1994): Produktivitätssteuerung in Marketing & Vertrieb, in: Controlling, 6. Jg., Nr. 3, S. 140-146.

Homburg, Ch. (2000): Quantitative Betriebswirtschaftslehre – Entscheidungsunterstützung durch Modelle, 3. Aufl., Wiesbaden.

Homburg, Ch., Droll, M., Totzek, D. (2007): Customer Prioritization: Does It Pay Off, and How Should It Be Implemented?, in: Journal of Marketing, 72. Jg., Nr. 5, S. 110-130.

Homburg, Ch., Krohmer, H. (2009): Marketing Management – Strategie, Instrumente, Umsetzung, Unternehmensführung, 3. Aufl., Wiesbaden.

Homburg, Ch., Schäfer, H., Schneider, J. (2010): Sales Excellence – Vertriebsmanagement mit System, 6. Aufl., Wiesbaden.

Homburg, Ch., Schenkel, B. (2007): Planning Excellence: Guidelines for Professional Marketing and Sales Planning, Arbeitspapier, Universität Mannheim.

Homburg, Ch., Schnurr, P. (1999): Was ist Kundenwert?, Management Know-how Papier M041, Institut für Marktorientierte Unternehmensführung, Mannheim.

Homburg, Ch., Steiner, V., Totzek, D. (2009): Managing Dynamics in a Customer Portfolio, in: Journal of Marketing, 73. Jg., Nr. 5, S. 70-89.

Homburg, Ch., Wieseke, J., Artz, M., Schenkel, B. (2008): Gestaltung und Erfolgsauswirkungen der Absatzplanung: Eine branchenübergreifende empirische Analyse, in: ZfbF, 60. Jg., Nr. 8, S. 634-670.

Homburg, Ch., Workman, J., Jensen, O. (2002): A Configurational Perspective on Key Account Management, in: Journal of Marketing, 66. Jg., Nr. 2, S. 38-61.

Hope, J., Fraser, R. (2003a): New Ways of Setting Rewards: The Beyond Budgeting Model, in: California Management Review, 45. Jg., Nr. 4, S. 104-119.

Hope, J., Fraser, R. (2003b): Beyond Budgeting – Wie sich Manager aus der jährlichen Budgetierungsfalle befreien können, Stuttgart.

Horváth, P. (2009): Controlling, 11. Aufl., München.

Horváth & Partner (2007): Balanced Scorecard umsetzen, 4. Aufl., Stuttgart.

Höschel, H. (2006): CRM intern – Mit Data Mining die besten Kunden finden, Langen.

Hügens, T. (2008): Balanced Scorecard und Ursache-Wirkungsbeziehungen – Kausale Modellierung und Simulation mithilfe von Methoden des Qualitative Reasoning, Wiesbaden.

Jensen, O. (2004): Key-Account-Management: Gestaltung – Determinanten – Erfolgsauswirkungen, 2. Aufl., Wiesbaden.

Jensen, M. (2001): Corporate Budgeting Is Broken – Let's Fix It, in: Harvard Business Review, 79. Jg., Nr. 10, S. 94-101.

Johnson, A., Selnes, F. (2004): Customer Portfolio Management: Toward a Dynamic Theory of Exchange Relationships, in: Journal of Marketing, 68. Jg., Nr. 2, S. 1-17.

Kaplan, R., Norton, D. (1992): The Balanced Scorecard – Measures that Drive Performance, in: Harvard Business Review, 70. Jg., Nr. 1, S. 71-79.

Kaplan, R., Norton, D. (1996a): The Balanced Scorecard – Translating Strategy into Action, Boston, MA.

Kaplan, R., Norton, D. (1996b): Using the Balanced Scorecard as a Strategic Management System, in: Harvard Business Review, 74. Jg., Nr. 1, S. 75-85.

Kesting, T., Rennhak, C. (2008): Marktsegmentierung in der deutschen Unternehmenspraxis, Wiesbaden.

Kleinaltenkamp, M., Saab, S. (2009): Technischer Vertrieb – Eine praxisorientierte Einführung in das Business-to-Business Marketing, 2. Aufl., Heidelberg.
Kotler, P., Armstrong, G. (2004): Principles of Marketing, 10. Aufl., Upper Saddle River, NJ.
Kotler, P., Keller, K. (2009): Marketing Management, 13. Aufl., Upper Saddle River, NJ.
Kumar, V. (2008): Customer Lifetime Value – The Path to Profitability, Hanover, MA.
Leyk, J., Kopp, J. (2004): Innovative Planungs- und Budgetierungskonzepte und ihre Bewertung, in: Horváth & Partner (Hrsg.): Beyond Budgeting umsetzen – Erfolgreich planen mit Advanced Budgeting, Stuttgart, S. 15-60.
Lindsay, R., Libby, T. (2007): Svenska Handelsbanken: Controlling a Radically Decentralized Organization without Budgets, in: Issues in Accounting Education, 22. Jg., Nr. 4, S. 625-640.
Link, J., Gerth, N., Voßbeck, E. (2000): Marketing-Controlling, München.
Lüers, T., Credo, F. (2010): Vertriebsmanagement im Energiemarkt: Besonderheiten, Herausforderungen und Chancen, White Paper, Homburg & Partner, Mannheim.
Lusch, R., Vargo, S. (2006): Service-Dominant Logic: Reactions, Reflections, and Refinements, in: Marketing Theory, 6. Jg., Nr. 3, S. 281-288.
Lusch, R., Vargo, S., O'Brien, M. (2007): Competing through Service: Insights from the Service-Dominant Logic, in: Journal of Retailing, 83. Jg., Nr. 1, S. 5-18
Lutz, T. (2006): Technischer Vertrieb: Organisation – Technische Instrumente – Praxishilfen, Berlin.
MacDonald, M. (2003): Marketing Plans, 5. Aufl., Burlington, MA.
MacDonald, M., Dunbar, I. (1998): Market Segmentation – How To Do It. How to Profit from It, Chippenham, Wiltshire.
Mantrala, M., Raman K., Desiraju R. (1997): Sales Quota Plans: Mechanisms for Adaptive Learning, in: Marketing Letters, 8. Jg., Nr. 4, S, 393-405.
Meffert, H., Burmann, C., Kirchgeorg, M. (2008): Marketing – Grundlagen marktorientierter Unternehmensführung, 10. Aufl., Wiesbaden.
Nagel, K., Menthe, T. (2008): Neue Methoden für einen effektiven Vertrieb, Sternenfels.
Nevries, P., Christoph, I., Strauß, E. (2008): Herausforderungen der Operativen Planung, in: Controlling, 20. Jg., Nr. 2, S. 73-79.
Niebudek, M. (2008): Balanced Scorecard – Einsatz im Vertriebscontrolling von Banken, Norderstedt.
Niven, P. (2002): Balanced Scorecard Step-By-Step – Maximizing Performance and Maintaining Results, New York.
Pangratz, O. (1979): Vertriebssteuerung in der Industrie unter besonderer Berücksichtigung der Konzentration des Nachfragepotentials im Handel, Berlin.
Pepels, W. (2007): Marktsegmentierung, in: Pepels, W. (Hrsg.): Marktsegmentierung – Marktnischen finden und besetzen, 2. Aufl., Düsseldorf, S. 9-41.
Pepels, W. (2009): Handbuch des Marketing, 5. Aufl., München.
Pfläging, N. (2008): Führen mit flexiblen Zielen – Beyond Budgeting in der Praxis, Frankfurt am Main.
Potthoff, P., Vieth, Y. (2009a): Leitlinien für eine systematische Marketing- und Vertriebsplanung, White Paper, Homburg & Partner, Mannheim.
Potthoff, P., Vieth, Y. (2009b): Systematische Optimierung des Vertriebsprozesses – Konzeptionelle Leitplanken für die Marketingplanung, in: Betriebswirtschaftliche Blätter, 58. Jg., Nr. 2, S. 162-164.
Preißner, A. (2002): Balanced Scorecard in Vertrieb und Marketing – Planung und Kontrolle mit Kennzahlen, München.
Probst, H. (2007): Balanced Scorecard leicht gemacht – Zielgrößen entwickeln und Strategien erfolgreich umsetzen, 2. Aufl., Heidelberg.
Reichheld, F., Sasser, E. (1990): Zero Defections: Quality Comes to Services, in: Harvard Business Review, 68. Jg., Nr. 5, S. 105-117.
Reinartz, W., Kumar, V. (2000): On the Profitability of Long-Life Customers in a Noncontractual Setting: An Empirical Investigation and Implications for Marketing, in: Journal of Marketing, 64. Jg., Nr. 4, S. 17-35.
Reinecke, S., Tomczak, T. (2001): Einsatz von Instrumenten und Verfahren des Marketingcontrollings in der Praxis, in: Reinecke, S., Tomczak, T., Geis, G. (Hrsg.): Handbuch Marketingcontrolling: Marketing als Motor von Wachstum und Erfolg, Wien, S. 76-89.

Rixen, M. (2007): CRM und Vertriebssteuerung, Dortmund.
Rudolf-Sipötz, E. (2001): Kundenwert: Konzeption – Determinanten – Management, St. Gallen.
Rudolf-Sipötz, E., Tomczak, T. (2001): Kundenwert in Forschung und Praxis, Thexis, 2/2001.
Rust, R., Zeithaml, V., Lemon, K. (2006): Driving Customer Equity – How Customer Lifetime Value Is Reshaping Corporate Strategy, New York.
Schenkel, B. (2006): Die Qualität der marktbezogenen Planung – Konzeptualisierung, Erfolgsauswirkungen, Determinanten, Wahrnehmungsunterschiede, Wiesbaden.
Schneider, N. (2006): Kundenwertbasierte Effizienzmessung – Der Beitrag von Marketingmaßnahmen zur Unternehmenswerterhöhung in der Automobilindustrie, Wiesbaden.
Schwepker, Ch., Good, D. (2007): Exploring Sales Manager Quota Failure from an Ethical Perspective, in: Marketing Management Journal, 17. Jg., Nr. 2, S. 156-168.
Shulman, L. (2008): The Return of the Cash Cow, Working Paper, The Boston Consulting Group.
Stender, M., The, T., Rack, H. (2000): IT-Einsatz im Vertrieb – Von Computer Aided Selling bis Internet, in: Reichwald, R., Bullinger, H. (Hrsg.): Vertriebsmanagement – Organisation, Technologieeinsatz, Personal, Stuttgart, S. 87-127.
Stüker, D. (2008): Evaluierung und Steuerung von Kundenbeziehungen aus Sicht des unternehmenswertorientierten Controlling, Wiesbaden.
Tewes, M. (2003): Der Kundenwert im Marketing – Theoretische Hintergründe und Umsetzungsmöglichkeiten einer wert- und marktorientierten Unternehmensführung, Wiesbaden.
Vargo, S., Lusch, R. (2004a): Evolving to a New Dominant Logic for Marketing, in: Journal of Marketing, 68. Jg., Nr. 1, S. 1-17.
Vargo, S., Lusch, R. (2004b): The Four Service Marketing Myths: Remnants of a Goods-Based Manufacturing Model, in: Journal of Service Research, 6. Jg., Nr. 4, S. 324-335.
Vargo, S., Lusch, R. (2008a): Service-Dominant Logic: Continuing the Evolution, in: Journal of the Academy of Marketing Science, 36. Jg., Nr. 1, S. 1-10.
Vargo, S., Lusch, R. (2008b): Why „Service"?, in: Journal of the Academy of Marketing Science, 36. Jg., Nr. 1, S. 25-38.
Weber, J., Lindner, S., (2003): Budgetierung, Better Budgeting oder Advanced Budgeting? Konzeptionelle Eignung und Implementierbarkeit, Advanced Controlling, Bd. 33, Vallendar.
Weber, J., Lindner, S. (2008): Neugestaltung der Budgetierung mit Better Budgeting und Beyond Budgeting? Eine Bewertung der Konzepte, Advanced Controlling, Bd. 64, Weinheim.
Weber, J., Schäffer, U. (2000): Balanced Scorecard und Controlling: Implementierung – Nutzen für Manager und Controller – Erfahrungen in deutschen Unternehmen, 3. Aufl., Wiesbaden.
Weiber, R., Jacob, F. (2000): Kundenbezogene Informationsgewinnung, in: Kleinaltenkamp, M., Plinke, W. (Hrsg.): Technischer Vertrieb – Grundlagen des Business-to-Business Marketing, 2. Aufl., Berlin, S. 523-612.
Wensley, R. (1981): Strategic Marketing: Betas, Boxes, or Basics, in: Journal of Marketing, 45. Jg., Nr. 3, S. 173-182.
Wind, Y., Mahajan, V. (1981): Designing Product and Business Portfolios, in: Harvard Business Review, 59. Jg., Nr. 1, S. 155-165.
Winkelmann, P. (2005): Vertriebskonzeption und Vertriebssteuerung – Instrumente des integrierten Kundenmanagements (CRM), 3. Aufl., München.
Winkelmann, P. (2008): Marketing und Vertrieb – Fundamente für die marktorientierte Unternehmensführung, 6. Aufl., München.
Witt, J. (2008): Vertriebssteuerung, in: Pepels, W. (Hrsg.): Vertriebsleiterhandbuch – Erfolge im Verkauf planen und steuern, Düsseldorf, S. 73-102.
Yorke, D., Droussiotis, G. (1993): The Use of Customer Portfolio Theory – An Empirical Survey, in: Journal of Business & Industrial Marketing, 9. Jg., Nr. 3, S. 6-18.
Zyder, M. (2007): Gestaltung der Budgetierung – Eine empirische Untersuchung in deutschen Unternehmen, Wiesbaden.

3.3 Personalmanagement im Vertrieb: Herausforderungen und Lösungen

Ruth Stock-Homburg, Gisela Bieling

1 Strategische Bedeutung des Personalmanagements für den Vertrieb

Der Vertrieb trägt entscheidend zur Ausrichtung der Marktaktivitäten eines Unternehmens auf die individuellen Kundenbedürfnisse und dadurch zur Kundenbindung bei. So konstatierten bereits Weitz und Bradford (1999, S. 241) vor mehr als zehn Jahren: „As the primary link between the buying and selling firms, [salespeople] have considerable influence on the buyer's perceptions of the seller's reliability and the value of the seller's services and consequently the buyer's interest in continuing the relationship". Der Beitrag, den der Vertrieb leistet, um Kunden zu gewinnen und zu binden, hängt insbesondere von den Fähigkeiten und der Leistungsbereitschaft der Vertriebsmitarbeiter ab (Cron et al. 2005). Dies belegen zahlreiche Studien, die zeigen, dass die Kundenzufriedenheit in hohem Maße von den Einstellungen und den Verhaltensweisen von Kundenkontaktmitarbeitern beeinflusst wird (u.a. Homburg et al. 2009; Stock/Hoyer 2005; Stock-Homburg 2009).

Die Rekrutierung, Förderung, Motivation und Bindung von Führungskräften und Mitarbeitern ist Aufgabe des Personalmanagements. Dieses umfasst die Gestaltung der Einstellung, des Einsatzes, der Entwicklung, der Entlohnung und der Führung von Mitarbeitern bzw. Teams (Stock-Homburg/Wolff 2010). Damit kommt dem Personalmanagement eine zentrale Bedeutung für den Erfolg der Vertriebsaktivitäten und den Markterfolg eines Unternehmens zu. So kann durch Maßnahmen des Personalmanagements beispielsweise die Kundenorientierung von Vertriebsmitarbeitern signifikant gesteigert werden (u. a. Banker et al. 1996; Peccei/Rosenthal 2001; Rogg et al. 2001). Des Weiteren zeigt eine Reihe von Studien, dass eine marktorientierte Gestaltung des Personalmanagements den Markterfolg von Unternehmen erhöht (u. a. Becker/Homburg 1999; Stock 2004; Stock-Homburg 2008). Zusammenfassend kann von folgender Wirkungskette ausgegangen werden: Die Gestaltung des Personalmanagements im Vertrieb beeinflusst die Einstellungen und die Verhaltensweisen von Vertriebsmitarbeitern, welche wiederum über den Erfolg der Vertriebsaktivitäten eines Unternehmens entscheiden (vgl. Abbildung 3.3.1).

Abbildung 3.3.1 Relevanz des Personalmanagements im Vertrieb für den Vertriebserfolg

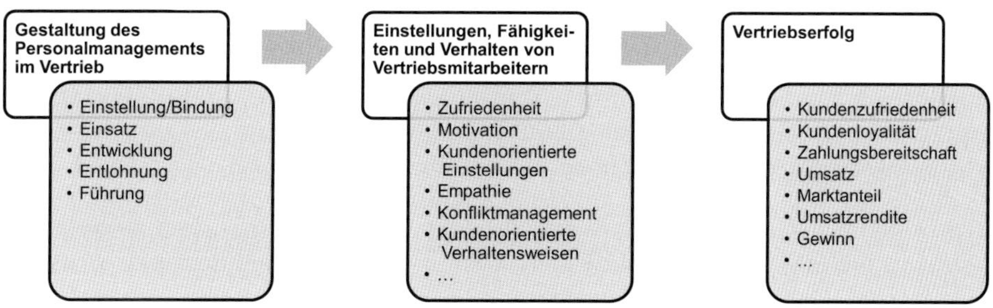

Während die Bedeutung des Personalmanagements für den Vertriebs- und Markterfolg von Unternehmen in zahlreichen Studien empirisch belegt werden konnte (für einen Überblick siehe Stock-Homburg et al. 2009), sind die konkrete Ausgestaltung der Schnittstelle zwischen dem Personalbereich und dem Vertrieb und deren Erfolgsrelevanz bisher nicht untersucht. Insbesondere stellt sich die Frage, inwieweit die Verantwortung für das Personalmanagement im Vertrieb zwischen dem Personal- und dem Vertriebsbereich aufgeteilt und wie die Zusammenarbeit der beiden Bereiche organisatorisch gestaltet werden sollte.

Vor diesem Hintergrund verfolgt der vorliegende Beitrag zwei Ziele: Zum einen soll in Abschnitt 2 gezeigt werden, welche besonderen Herausforderungen die Gestaltung des Personalmanagements im Vertrieb mit sich bringt. Zum anderen wird in Abschnitt 3 aufgezeigt, wie die Schnittstelle zwischen Personal- und Vertriebsbereich gestaltet werden kann, um sowohl die Effektivität als auch die Kosteneffizienz der Personalmanagement-Aktivitäten im Vertrieb sicherzustellen. Dabei werden zunächst Grundlagen des Schnittstellenmanagements zwischen dem Personalbereich und anderen funktionalen Einheiten eines Unternehmens erläutert, um anschließend für beispielhafte Aufgaben des Personalmanagements im Vertrieb zielführende Aufgabenverteilungen zwischen Personal- und Vertriebsbereich herzuleiten. Der vorliegende Beitrag schließt in Abschnitt 4 mit Implikationen für die zukünftige Forschung und die Praxis des Personalmanagements im Vertrieb.

2 Herausforderungen des Personalmanagements im Vertrieb

Da sich die Aufgaben und die Anforderungen von Personal im Vertrieb erheblich von den Tätigkeiten und Anforderungen in anderen Funktionsbereichen eines Unternehmens unterscheiden, muss das Personalmanagement auf die Besonderheiten der Vertriebsarbeit ausgerichtet sein. In diesem Zusammenhang ist zunächst darauf hinzuweisen, dass sich der Vertrieb durch eine hohe Heterogenität hinsichtlich der zu erledigenden Aufgaben auszeichnet. Während im Rahmen vertriebslogistischer Aktivitäten die physische Verfügbarkeit eines Produktes beim Kunden sichergestellt werden soll, zielen die marktgerichteten akquisitorischen Aktivitäten auf die Realisierung von Kaufabschlüssen ab (Homburg/Krohmer 2009). Letztere umfassen mit der Gestaltung des Vertriebssystems, der Gestaltung der Beziehungen zu Vertriebspartnern und Key Accounts sowie der Gestaltung der Verkaufsaktivitäten wiederum ein heterogenes Tätigkeitsspektrum. Die folgenden Ausführungen konzentrieren sich auf die marktgerichteten akquisitorischen Aufgaben, da hier die persönliche Ansprache von (potenziellen) Kunden im Fokus steht, und folglich die Einstellungen und Verhaltensweisen der Vertriebsmitarbeiter von hoher Bedeutung sind.

Vertriebsmitarbeiter mit Kundenkontakt haben besondere Anforderungen zu bewältigen, die sich aus der Interaktion mit Kunden ergeben. So müssen sie beispielsweise im Rahmen des Adaptive Selling ihr Verhalten an den jeweiligen Kunden und dessen spezifische Situation anpassen (vgl. Spiro/Weitz 1990; Weitz et al. 1986). Dies setzt unter anderem Empathie und die Fähigkeit zur raschen Informationsverarbeitung voraus (vgl. Giacobbe et al. 2006).

Zum anderen können Vertriebsmitarbeiter im Kundenkontakt mit besonderen Belastungen wie beispielsweise unangemessenen bzw. widersprüchlichen Erwartungen oder verbalen Angriffen von Seiten der Kunden konfrontiert werden (vgl. Stock-Homburg et al. 2010). Um diese zu bewältigen, sollten Vertriebsmitarbeiter unter anderem über eine hohe psychische Belastbarkeit und Konfliktmanagementfähigkeiten verfügen.

Auf diese besonderen Anforderungen an Vertriebsmitarbeiter müssen Unternehmen bei der Einstellung, dem Einsatz, der Entwicklung, der Entlohnung und der Führung von Vertriebsmitarbeitern eingehen. Die Personalmanagement-Aktivitäten eines Unternehmens sind daher unbedingt auf die Besonderheiten der Arbeit im Vertrieb auszurichten. Dies setzt allerdings voraus, dass der Vertrieb bei der Gestaltung bzw. der Implementierung vertriebsspezifischer Personalmanagement-Maßnahmen verantwortlich agiert oder zumindest beteiligt wird. Gleichzeitig führen zu starke differenzierte und – damit einhergehend – dezentralisierte Personalmanagement-Aktivitäten zu Effizienzverlusten. Aus diesem Tradeoff ergibt sich die besondere Herausforderung des Personalmanagements im Vertrieb: Durch die Gestaltung der Schnittstelle zwischen dem Personalbereich (als Träger von Personalmanagement-Know-how) und dem Vertrieb (als Träger von Expertenwissen bezüglich der Vertriebsarbeit), muss eine Balance zwischen Standardisierung und Differenzierung erreicht werden, welche gleichzeitig die Effektivität und die Kosteneffizienz der Personalarbeit maximiert (vgl. Abbildung 3.3.2).

Trotz der zentralen Bedeutung der Zusammenarbeit von Personal- und Vertriebsbereich für den Vertriebserfolg, ist in der Unternehmenspraxis häufig festzustellen, dass der Personalbereich und der Vertrieb nicht ausreichend miteinander kooperieren. Vielmehr agieren beide Bereiche meist unabhängig voneinander und eine Abstimmung findet kaum statt. So kommt es beispielsweise dazu, dass der Personalbereich ein unternehmensweit einzusetzendes Verfahren zur Leistungsbeurteilung von Mitarbeitern entwickelt, das die besonderen Anforderungen an Vertriebsmitarbeiter nicht hinreichend berücksichtigt. Andererseits kann beispielsweise Doppelarbeit entstehen, wenn der Vertriebsbereich eigene Personalentwicklungsmaßnahmen konzipiert, ohne auf die vom Personalbereich erarbeiteten didaktischen Konzepte zurückzugreifen.

Abbildung 3.3.2 Trade-off zwischen Standardisierung und Differenzierung der Personalmanagement-Aktivitäten eines Unternehmens

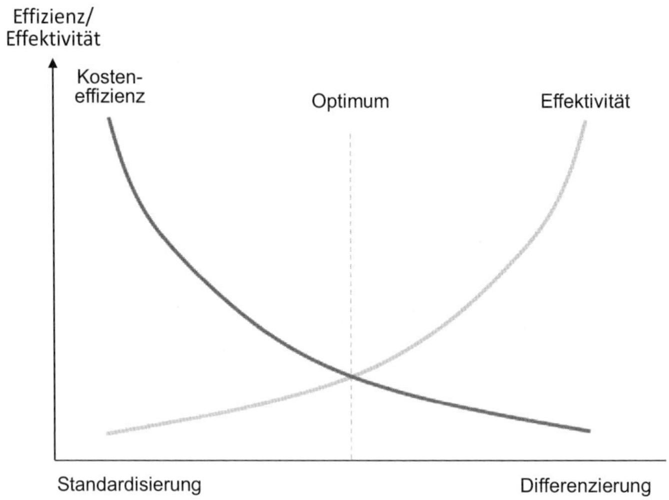

3 Gestaltung der Schnittstelle zwischen Personal- und Vertriebsbereich

Um Effektivitäts- bzw. Effizienzverluste durch mangelnde Koordination zwischen dem Personalbereich und anderen Unternehmensbereichen zu vermeiden, wird in den letzten Jahren verstärkt ein Paradigmenwechsel in der Personalarbeit gefordert (Lawler 2005). Standen in den 80er Jahren noch Verwaltungsaufgaben wie beispielweise das Führen von Personalakten oder das Verbuchen von Löhnen und Gehältern im Fokus des Personalmanagements, wird heute vom Personalbereich zunehmend erwartet, dass er Wert schafft, d. h. einen Beitrag zur Umsetzung der Unternehmensstrategie und zur Realisierung der Unternehmensziele leistet (Ulrich/Brockbank 2005; Ulrich et al. 1995; Yeung et al. 1996). Dies ist nur möglich, wenn der Personalbereich zum strategischen Partner anderer Unternehmensbereiche wird, und „HR professionals integrate more thoroughly into business processes and align their day-to-day work with business outcomes" (Ulrich/Brockbank 2009, S. 5).

Um dieser Forderung gerecht zu werden, entwickelten Ulrich und Kollegen (2008) ein idealtypisches Modell zur Gestaltung der Schnittstelle zwischen dem Personalbereich und anderen Unternehmensbereichen, das im vorliegenden Beitrag mit Blick auf die Besonderheiten des Vertriebs verfeinert wird. Zentrales Merkmal des hier vorgestellten Modells ist, dass der Personalbereich und der Vertrieb gemeinsam die Verantwortung für das

Management des Vertriebspersonals tragen. Wie Abbildung 3.3.3 zeigt, wird der Personalbereich dabei idealer Weise in vier Organisationseinheiten untergliedert, die jeweils andere Aufgaben und Kompetenzen wahrnehmen und in unterschiedlich engem Austausch mit dem Vertrieb stehen.

Abbildung 3.3.3 Idealtypisches Modell zur Gestaltung der Schnittstelle zwischen Personalmanagement und Vertrieb

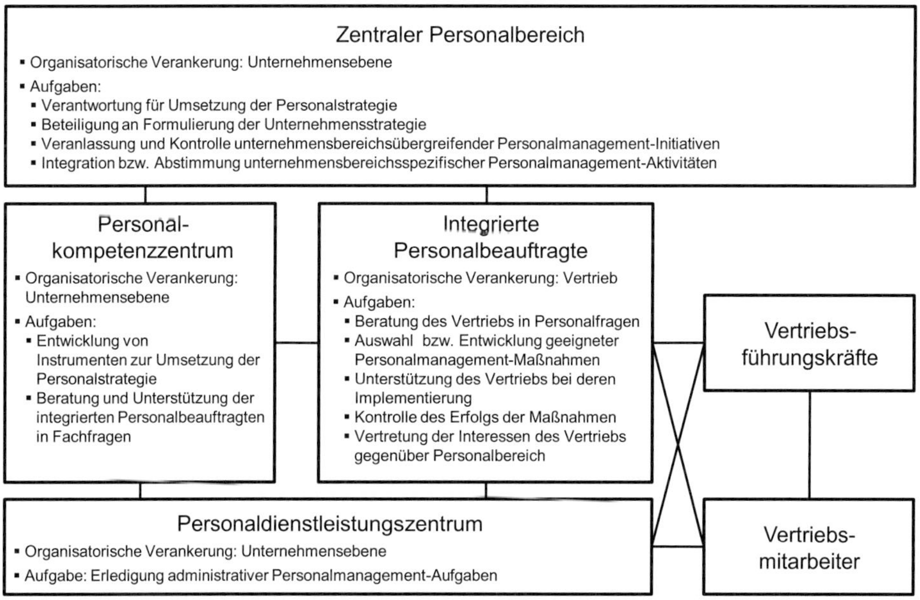

- Der **zentrale Personalbereich** übernimmt überwiegend strategische Personalmanagement-Aufgaben, die der Sicherung des langfristigen Unternehmenserfolgs dienen (Stock-Homburg 2010a). Er verantwortet die Umsetzung der Personalstrategie eines Unternehmens und ist für alle unternehmensbereichsübergreifenden Personalmanagement-Aktivitäten zuständig (Ulrich et al. 2008). Hierbei können beispielsweise Diversity Management- und Talentmanagement-Konzepte oder ein unternehmensweites Wissensmanagementsystem entwickelt werden. Zudem obliegt es dem zentralen Personalbereich, bereichsspezifische Personalmanagement-Aktivitäten zu integrieren. Schließlich sollte der zentrale Personalbereich im Hinblick auf strategische Personalthemen zur Entwicklung der Unternehmensstrategie beitragen (Lawler 2005). Um diesen Anforderungen gerecht zu werden, müssen Mitarbeiter des Personalkompetenzzentrums sowohl Personalmanagement- als auch strategische Kompetenzen aufweisen (Lawler 2005).

- Im Gegensatz zum zentralen Personalbereich konzentriert sich das **Personalkompetenzzentrum** auf taktische Aufgaben mit einem mittelfristigen Zeithorizont. Personalkompetenzzentren „operate as specialized consulting firms inside the organization" (Ulrich et al. 2008, S. 842). Sie entwickeln Instrumente, um die Personalstrategie in den Unternehmensbereichen umzusetzen. Ergebnis ihrer Arbeit ist ein Katalog von Maßnahmen, aus dem die integrierten Personalbeauftragten – unterstützt durch die Personalkompetenzzentren – passende Instrumente auswählen (Ulrich et al. 2008). In den Personalkompetenzzentren arbeiten so genannte Personalspezialisten, die über Expertenwissen zu spezifischen Personalthemen wie beispielsweise die Rekrutierung von Personal oder die Entwicklung von Führungskräften verfügen (Lawler 2005). Die Anzahl der Personalkompetenzzentren in einem Unternehmen richtet sich nach dessen Größe (Ulrich et al. 2008). In kleineren Unternehmen kann deren Aufgabe auch durch externe Anbieter abgedeckt werden (Lawler 2005).

- Bei den **integrierten Personalbeauftragten** handelt es sich um so genannte Personalgeneralisten, die über Fachkenntnisse in verschiedenen Bereichen des Personalmanagements verfügen und vom Personalbereich in einen anderen Unternehmensbereich entsandt werden (Lawler 2005; Ulrich et al. 2008). Ihre Aufgaben sind sowohl taktischer als auch operativer Art. Die integrierten Personalbeauftragten fungieren als direkte Ansprechpartner für Führungskräfte bzw. Mitarbeiter des Vertriebsbereichs. Sie beraten diese im Sinne der Personalstrategie des Unternehmens in bereichsspezifischen Personalangelegenheiten. Dabei wählen sie aus den von den Personalkompetenzzentren entwickelten Instrumenten das für den Vertrieb passende aus oder entwickeln auf Basis der Expertise und Konzepte der Personalkompetenzzentren bereichsspezifische Lösungen für das Personalmanagement im Vertrieb und begleiten deren Umsetzung (Ulrich et al. 2008).

  Nach der Implementierung der gewählten Maßnahmen kontrollieren die integrierten Personalbeauftragten deren Erfolg. Schließlich vertreten sie die Interessen des Vertriebs gegenüber dem Personalbereich (Ulrich et al. 2008). Um ihrer Funktion als Vermittler zwischen dem Personal- und dem Vertriebsbereich gerecht zu werden, berichten die integrierten Personalbeauftragten in der Regel sowohl an den Vertriebsleiter als auch an eine Führungsperson aus dem zentralen Personalbereich, was unter Umständen zu Schwierigkeiten durch Doppelunterstellung führen kann (Lawler 2005). Um die integrierten Personalbeauftragten von ihren operativen Aufgaben zu entlasten, werden sie in manchen Unternehmen durch so genannte Operational Executors unterstützt (Ulrich et al. 2008).

- Das Konzept der **Personaldienstleistungszentren** basiert auf der Idee, durch Standardisierung und Zentralisierung von Personalmanagement-Aktivitäten Skaleneffekte zu realisieren und dadurch Kosten zu senken (Ulrich et al. 2008). Personaldienstleistungszentren übernehmen administrative Personalmanagement-Aufgaben operativen Charakters mit dem Ziel, andere Organisationseinheiten zu entlasten und Standardprozesse zeit- und kosteneffizient abzuwickeln. In der Unternehmenspraxis sind sie zumeist für die Verwaltung der Personaldaten und die Lohn- und Gehaltsabrechnung verantwortlich (Deloitte 2007). Häufig wird parallel zu Personaldienstleistungszentren ein unternehmensweites Personal-Informationssystems eingeführt, in dem Führungskräfte und Mitarbeiter verschiedener Unternehmensbereiche sie betreffende Daten selbst verwalten (Lawler 2005). Alternativ kann die Verwaltung von Standardprozessen auch an externe Anbieter ausgelagert werden (Ulrich et al. 2008). Bei der Entscheidung über ein solches Outsourcing sind die damit verbundenen Kostensenkungen gegen die Gefahr von Know-how- und Kontrollverlusten abzuwägen (Lawler 2005; Ulrich et al. 2008).

Neben den vier Organisationseinheiten des Personalbereichs sind sowohl die Führungskräfte als auch die Mitarbeiter des Vertriebsbereichs für das Personalmanagement im Vertrieb verantwortlich. Dadurch können die spezifischen Merkmale der Vertriebsarbeit bei der Gestaltung von Personalmanagement-Aktivitäten für den Vertrieb ausreichend berücksichtigt werden.

- **Vertriebsführungskräfte** unterstützen maßgeblich die Umsetzung der mit den integrierten Personalbeauftragten ausgewählten bzw. entwickelten Personalmanagement-Aktivitäten. Sie übernehmen „a major role in bringing HR policies to life" (Purcell/Hutchinson 2007, S. 17). Zudem sind sie für den Informationsfluss vom Vertrieb zum Personalbereich verantwortlich. Die Vertriebsführungskräfte werden dabei durch die Dienste der Personaldienstleistungszentren unterstützt. Sie können mit deren Hilfe beispielsweise bestimmte Standardprozesse abwickeln oder Personaldaten einsehen.
- **Vertriebsmitarbeiter** sind dafür verantwortlich, ihre persönlichen Stammdaten sowie weitere für das Personalmanagement relevante Informationen (wie z. B. die Teilnahme an Personalentwicklungsmaßnahmen) mit Hilfe der Dienste der Personaldienstleistungszentren zu pflegen. Gleichzeitig können sie diese nutzen, um für sie relevante Informationen (z. B. aktuelle Veränderungen des Gehaltssystems) einzusehen.

Mit der Umstrukturierung des Personalmanagements im Sinne des in Abbildung 3.3.3 dargestellten idealtypischen Modells der Schnittstelle zwischen dem Personalbereich und anderen Unternehmensbereichen verfolgen Unternehmen folgende grundlegenden Abbildung 3.3.3 Ziele (Sattelberger/Weckmüller 2008):

- Steigerung der Qualität der Personalarbeit,
- Erhöhung der Effizienz des Personalmanagements sowie
- Sicherstellung von Transparenz und Nachvollziehbarkeit der Personalarbeit.

Darüber hinaus kann eine Umgestaltung der Schnittstelle zwischen Personal- und Vertriebsbereich, die dem zuvor dargelegten Modell folgt, dazu beitragen, vertriebsspezifische Ziele zu realisieren. Beispielhaft sind in diesem Zusammenhang folgende Ziele zu nennen:

- Erhöhung der Kundenorientierung von Vertriebsmitarbeitern durch gezielt ausgerichtete Personalmanagement-Aktivitäten,
- schnellere Anpassung der Qualifikation und des Verhaltens von Vertriebsmitarbeitern an veränderte Kundenerwartungen und Marktbedingungen,

- Steigerung der Zufriedenheit und Motivation von Vertriebsmitarbeitern durch erhöhte Transparenz und Nachvollziehbarkeit der Personalarbeit sowie
- Entlastung von Vertriebsführungskräften von administrativen Personalmanagement-Aufgaben.

Die konkrete Ausgestaltung der Schnittstelle zwischen Personalbereich und Vertrieb hängt von der Art der Personalmanagement-Aufgabe ab. Für jede Aufgabe des Personalmanagements ist abzuwägen, wie Verantwortung und Zuständigkeiten zwischen den verschiedenen Organisationseinheiten des Personalbereiches und den Führungskräften und Mitarbeitern im Vertrieb verteilt werden.

Die Aufgaben des Personalmanagements lassen sich fünf Kategorien zuordnen, die auch als die fünf E des Personalmanagements bezeichnet werden (Stock-Homburg/Wolff 2010; vgl. Abbildung 3.3.1). In den folgenden Abschnitten soll anhand von drei ausgewählten Aufgabenkategorien (der Einstellung, der Entwicklung sowie der Führung von Personal im Vertrieb) beispielhaft erläutert werden, wie die Zusammenarbeit zwischen Personalbereich und Vertrieb effektiv und gleichzeitig effizient gestaltet werden kann.

Abbildung 3.3.4 Die fünf E des Personalmanagements im Vertrieb (in Anlehnung an: Stock-Homburg/Wolff 2010)

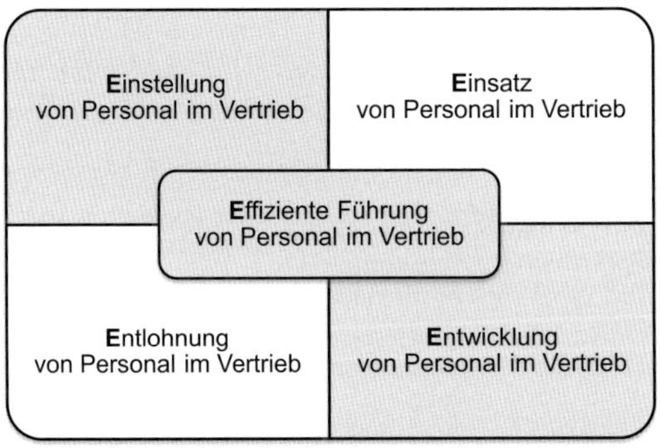

Anmerkung: grau unterlegt = Aufgabenbereiche des Personalmanagements im Vertrieb, die in diesem Beitrag im Fokus stehen

3.1 Einstellung von Personal im Vertrieb

Der Einstellung von Personal geht grundsätzlich die Personalbedarfsplanung voraus, in deren Rahmen der qualitative und quantitative Personalbedarf eines Unternehmens ermittelt wird (Stock-Homburg 2010a). Mit Blick auf das Personalmanagement im Vertrieb muss sichergestellt werden, dass das Unternehmen zu jedem Zeitpunkt über eine ausreichende Anzahl hinreichend qualifizierter Vertriebsführungskräfte und -mitarbeiter verfügt, um den Anforderungen des Marktes bzw. der Kunden gerecht zu werden und seine Vertriebsstrategie erfolgreich umsetzen zu können (Stock-Homburg 2010b). Tabelle 3.3.1 zeigt, wie

Personal- und Vertriebsbereich zusammenarbeiten können, um Bedarfsveränderungen frühzeitig zu erkennen und entsprechende Maßnahmen einzuleiten.

Tabelle 3.3.1 Verantwortlichkeiten und Aufgaben von Personalbereich und Vertrieb im Rahmen der Planung des Bedarfs an Vertriebspersonal

Verantwortungsträger	Zentrale Aufgaben
Zentraler Personalbereich	■ bereichsübergreifende Koordination von Planungshorizonten und Zeitpunkten der Personalbedarfsplanung ■ Prüfung des „Fit" zwischen der Unternehmens- bzw. Personalstrategie und den geplanten Maßnahmen zur Deckung des Personalbedarfs
Personalkompetenzzentrum	■ Prüfung der Eignung von Instrumenten zur Ermittlung des kurz-, mittel- und langfristigen Personalbedarfs (vgl. hierzu ausführlich Stock-Homburg 2010a)
Integrierte Personalbeauftragte	■ Ermittlung des kurz-, mittel- und langfristigen Bedarfs an Vertriebspersonal mit Hilfe eines vom Personalkompetenzzentrum ausgewählten Instrumentes ■ Identifikation von und Entscheidung über mögliche Maßnahmen zur Deckung des Personalbedarfs in Abstimmung mit den Führungskräften im Vertrieb ■ Ermittlung erforderlicher Qualifikationen/Kompetenzen (Anforderungsprofile) im Fall personeller Unterdeckung in Zusammenarbeit mit den Führungskräften im Vertrieb
Personaldienstleistungszentrum	■ Bereitstellung von Informationen über bisherigen Personalbedarf, aktuellen Personalbestand und geplante bzw. erwartete Bestandsveränderungen im Vertrieb
Führungskräfte im Vertrieb	■ Identifikation kundenseitiger Einflussfaktoren auf den Personalbedarf im Vertrieb ■ Unterstützung der integrierten Personalbeauftragten bei der Ermittlung des Personalbedarfs, der Identifikation und Auswahl sinnvoller Maßnahmen sowie der Ermittlung von Anforderungsprofilen
Mitarbeiter im Vertrieb	■ frühzeitige Rückmeldung von Personalengpässen an Vertriebsführungskräfte

Wird im Rahmen der Personalbedarfsplanung festgestellt, dass die Zahl der im Vertrieb beschäftigten Mitarbeiter zu gering ist (quantitative Unterdeckung) oder das bestehende Personal nicht hinreichend qualifiziert ist (qualitative Unterdeckung), muss entweder zusätzliches Personal eingestellt oder das bestehende Personal entsprechend entwickelt werden. Die Einstellung von Vertriebspersonal wird in diesem Abschnitt vertieft; die Entwicklung von Personal im Vertrieb ist Gegenstand von Abschnitt 3.2.

Die Einstellung von Personal gliedert sich – ausgehend von den im Rahmen der Personalbedarfsplanung identifizierten Anforderungsprofilen für neue Mitarbeiter – in drei Schritte (Stock-Homburg 2010a):

- Die **Arbeitsmarktanalyse** zielt darauf ab, die in der Regel kostenintensiven und zeitaufwändigen Maßnahmen zur Personalgewinnung möglichst effizient zu gestalten. Dazu wird zunächst der relevante Arbeitsmarkt abgegrenzt, um anschließend alle verfügbaren Informationen über diesen zu sammeln und systematisch aufzubereiten. Dabei geht es insbesondere darum, die Zahl der auf dem relevanten Arbeitsmarkt verfügbaren Arbeitskräfte mit passendem Qualifikationsprofil zu bestimmen, erfolgsversprechende Möglichkeiten zur Ansprache potenzieller Bewerber zu identifizieren und rechtliche Rahmenbedingungen zu ermitteln.
- Zweiter Schritt der Einstellung ist die **Kommunikation**, d. h. die Ansprache potenzieller Bewerber. Hierbei müssen die Kommunikationsziele, -zielgruppen und -inhalte, der Formalisierungsgrad der Kommunikation sowie die zu nutzenden Kommunikationskanäle festgelegt werden.
- Den letzten Schritt der Einstellung bildet die **Personalauswahl**, bei der mit Hilfe psychologischer Auswahlverfahren die am besten geeigneten Bewerber identifiziert werden und entschieden wird, wie die ausgeschriebene Stelle besetzt wird.

Bei der Einstellung von Vertriebspersonal ist zu berücksichtigen, dass dieses – neben den für die meisten Tätigkeiten erforderlichen Kompetenzen – besondere Fähigkeiten im Umgang mit Kunden aufweisen muss (Homburg/Stock-Homburg 2011). Dazu gehört zum einen das Zeigen kundenorientierter Verhaltensweisen, „die auf die Steigerung der Kundenzufriedenheit ausgerichtet sind" (Stock 2002, S. 62). Zum anderen sollte ein Vertriebsmitarbeiter eine kundenorientierte Einstellung verinnerlicht haben. Diese manifestiert sich beispielsweise darin, dass die Person Spaß am Umgang mit Kunden hat und sich bewusst ist, welche Bedeutung eine hohe Kundenorientierung für das Unternehmen und sich selbst haben (Stock/Hoyer 2005; Stock-Homburg 2010b). Einen Überblick über die vielfältigen Anforderungen, die an Beschäftigte im Vertrieb gestellt werden können, gibt Abbildung 3.3.5.

Abbildung 3.3.5 Mögliche Anforderungen an Vertriebspersonal (in Anlehnung an: Bruhn 2009)

Auch bei der Einstellung von Vertriebspersonal sollten der Personalbereich und der Vertrieb zusammenarbeiten, um die jeweils vorhandenen Kernkompetenzen und Informationen optimal zu nutzen. So verfügt der Personalbereich beispielsweise über Methodenkenntnisse im Bereich der Arbeitsmarktanalyse und der psychologischen Personalauswahl, während im Vertrieb Erfahrungswissen über die Anforderungen an und die Eignung von Vertriebspersonal vorhanden ist. Tabelle 3.3.2 zeigt, wie die Schnittstelle zwischen Personalmanagement und Vertrieb bei der Einstellung von Vertriebspersonal gestaltet werden kann.

Tabelle 3.3.2 Verantwortlichkeiten und Aufgaben von Personalbereich und Vertrieb im Rahmen der Einstellung von Vertriebspersonal

Verantwortungs-träger	Zentrale Aufgaben
Zentraler Personalbereich	■ Festlegung strategischer Ziele für die Einstellung von Personal ■ Entwicklung Arbeitsmarkt positioniert und durch welche Maßnahmen dies erreicht eines Employer Branding-Konzepts, das festlegt, wie sich das Unternehmen auf dem werden soll
Personal-kompetenzzentrum	■ Abgrenzung und Analyse des für Vertriebspersonal relevanten Arbeitsmarktes ■ Information der integrierten Personalbeauftragten bzgl. rechtlicher Rahmenbedingungen der Einstellung ■ Entwicklung von Konzepten zur Ansprache potenzieller Bewerber ■ Konzeption bzw. Zusammenstellung geeigneter Personalauswahlverfahren ■ Beratung der integrierten Personalbeauftragten in Fachfragen
Integrierte Personalbeauftragte	■ Identifikation von Zielen und Zielgruppen der Kommunikation im Rahmen der Einstellung ■ Wahl geeigneter Kommunikationsinhalte und -kanäle auf Basis der vom Personalkompetenzzentrum entwickelten/bereitgestellten Konzepte ■ Ansprache potenzieller Bewerber ■ Konzeption und Organisation des Personalauswahlprozesses ■ Durchführung des Personalauswahlprozesses in Zusammenarbeit mit den Führungskräften im Vertrieb ■ Beratung der Führungskräfte im Vertrieb bei der Auswahlentscheidung
Personaldienst-leistungszentrum	■ Dokumentation des Personalauswahlprozesses ■ Abwicklung des Einstellungsverfahrens
Führungskräfte im Vertrieb	■ Durchführung des Personalauswahlprozesses in Zusammenarbeit mit den integrierten Personalbeauftragten ■ Entscheidung über einzustellende Bewerber
Mitarbeiter im Vertrieb	■ gegebenenfalls Einschätzung des persönlichen „Fits" zwischen Bewerbern und bestehenden Mitarbeitern bzw. Teams

3.2 Entwicklung von Personal im Vertrieb

Ziel der Personalentwicklung ist es, durch Qualifizierung die aktuellen und die zukünftigen Leistungen von Führungskräften und Mitarbeitern zu steigern, und deren berufliche Weiterentwicklung zu unterstützen. Damit widmet sich die Personalentwicklung primär zwei Aspekten: der Aus- und Weiterbildung sowie der Förderung von Mitarbeitern (Stock-Homburg 2010a). Im Rahmen der **Ausbildung** (auch: berufliche Erstausbildung) werden Kenntnisse und Fähigkeiten vermittelt, die zur Ausübung eines bestimmten Berufes befähigen. Die Ausbildung konzentriert sich daher auf neu eingestellte Mitarbeiter ohne Berufserfahrung. Die **Weiterbildung** zielt dagegen darauf ab, die berufsbezogenen Kenntnisse, Fertigkeiten und Fähigkeiten bestehender Führungskräfte und Mitarbeiter zu erhalten, zu erweitern oder – falls erforderlich – anzupassen. Die **Förderung** konzentriert sich schließlich auf die berufliche Entwicklung von Führungskräften und Mitarbeitern, insbesondere im Hinblick auf deren Karriere (Stock-Homburg 2010a).

Wird im Rahmen der Personalbedarfsplanung (vgl. Abschnitt 3.1) eine qualitative Unterdeckung im Vertrieb festgestellt, sollte das bestehende Vertriebspersonal weitergebildet werden, um Qualifikationslücken zu schließen. Die Weiterbildung von Personal im Vertrieb wird im Folgenden vertieft. Sie zielt darauf ab,

- den Wissensstand des Vertriebspersonals hinsichtlich der Kunden zu verbessern sowie
- die Fähigkeiten des Vertriebspersonals im Umgang mit Kunden auszubauen (Homburg/Bucerius 2008).

Um diese Ziele zu erreichen, sollten Vertriebs- und Personalbereich bei der Weiterbildung von Vertriebspersonal eng zusammenarbeiten. Dabei ist der Personalbereich für die zu Grunde liegenden didaktischen Konzepte verantwortlich. Der Vertrieb muss dagegen sicherstellen, dass die spezifischen Inhalte vermittelt werden, die für die erfolgreiche Arbeit im Vertrieb erforderlich sind. Tabelle 3.3.3 greift diese Grundidee auf und zeigt, wie die verschiedenen Organisationseinheiten des Personalbereichs sowie die Führungskräfte und Mitarbeiter im Vertrieb im Rahmen der Weiterbildung von Vertriebspersonal zusammenarbeiten sollten.

Tabelle 3.3.3 Verantwortlichkeiten und Aufgaben von Personalbereich und Vertrieb im Rahmen der Weiterbildung von Vertriebspersonal

Verantwortungs-träger	Zentrale Aufgaben
Zentraler Personalbereich	■ Festlegung strategischer Ziele der Personalentwicklung ■ Rückmeldung des unternehmensweiten Weiterbildungsbedarfs und des bisherigen Erfolgs von Weiterbildungsmaßnahmen an die Unternehmensleitung
Personal-kompetenzzentrum	■ Entwicklung von didaktisch angemessenen Weiterbildungskonzepten ■ Durchführung von unternehmens- und funktionsbereichsübergreifenden Weiterbildungsmaßnahmen ■ Evaluation von unternehmens- und funktionsbereichsübergreifenden Weiterbildungsmaßnahmen
Integrierte Personalbeauftragte	■ Rückmeldung von allgemeinem Qualifizierungsbedarf im Vertrieb an zentralen Personalbereich ■ Beratung der Führungskräfte im Vertrieb bei der Auswahl von geeigneten Weiterbildungsmaßnahmen für die einzelnen Mitarbeiter ■ Entwicklung von vertriebsspezifischen Weiterbildungsmaßnahmen auf Basis der vom Personalkompetenzzentrum entwickelten Konzepte ■ Durchführung von vertriebsspezifischen Weiterbildungsmaßnahmen ■ Evaluation von vertriebsspezifischen Weiterbildungsmaßnahmen
Personaldienst-leistungszentrum	■ Dokumentation des Qualifikationsniveaus und der Teilnahme an Weiterbildungsmaßnahmen seitens des Vertriebspersonals ■ Unterstützung der integrierten Personalbeauftragten bei der Evaluation von Weiterbildungsmaßnahmen ■ Rückmeldung der Evaluationsergebnisse an integrierte Personalbeauftragte und zentralen Personalbereich

Verantwortungs-träger	Zentrale Aufgaben
Führungskräfte im Vertrieb	■ Identifikation von Stärken und Schwächen der geführten Mitarbeiter ■ Beurteilung des Entwicklungsbedarfs und -potenzials der geführten Mitarbeiter ■ Rückmeldung des allgemeinen und vertriebsspezifischen Weiterbildungsbedarfs an die integrierten Personalbeauftragten ■ Rückmeldung des Entwicklungsbedarfs und -potenzials an die geführten Mitarbeiter und Beratung bezüglich möglicher Maßnahmen ■ Entscheidung über Teilnahme an Weiterbildungsmaßnahmen
Mitarbeiter im Vertrieb	■ Rückmeldung persönlicher Einschätzungen des Entwicklungsbedarfs und -potenzials an direkte Vorgesetzte ■ Teilnahme an Weiterbildungsmaßnahmen ■ Rückmeldung von Zufriedenheit und Nutzeneinschätzung von Weiterbildungsmaßnahmen

3.3 Effiziente Führung von Personal im Vertrieb

Das individuelle Führungsverhalten des direkten Vorgesetzten ist für die Einstellung und das Verhalten von Vertriebsmitarbeitern von zentraler Bedeutung (Homburg/Stock-Homburg 2011). Eine Reihe von Studien belegt einen positiven Effekt der Führung auf die Kundenorientierung von Vertriebsmitarbeitern bzw. deren Leistungen im Kundenkontakt (Stock/Hoyer 2002; Stock/Hoyer 2005). Dabei sind insbesondere folgende drei Dimensionen des Führungsverhaltens relevant: die Leistungsorientierung, die Mitarbeiterorientierung sowie die Kundenorientierung.

- Die **Leistungsorientierung** einer Führungsperson beschreibt, inwieweit diese auf der sachlichen Ebene bei den geführten Mitarbeitern darauf hinwirkt, dass diese ihre Aufgaben effizient erfüllen und ihre aufgabenbezogenen Ziele erreichen (Teas/Horrell 1981; van Wart 2003). Eine hohe Leistungsorientierung ist insbesondere dadurch gekennzeichnet, dass der Vorgesetzte die Unternehmensziele aktiv und regelmäßig an seine Mitarbeiter kommuniziert und deren Leistungsziele an den Unternehmenszielen ausrichtet.
- Im Gegensatz zur primär auf die Sachebene ausgerichteten Leistungsorientierung konzentriert sich die **Mitarbeiterorientierung** auf die Beziehungsebene. Sie beschreibt das

Ausmaß, in dem eine Führungsperson gegenseitiges Vertrauen, persönliches Wohlbefinden und ein positives Arbeitsklima bei den geführten Mitarbeitern fördert (Teas/Horrell 1981; van Wart 2003). Mitarbeiterorientierung kommt insbesondere in der persönlichen Wertschätzung sowie der Einbeziehung der Mitarbeiter in für sie relevante Entscheidungen zum Ausdruck (Agarwal/Ramaswami 1993).

- Die **Kundenorientierung** einer Führungsperson beschreibt, inwieweit diese durch ihre Verhaltensweisen auf die Steigerung der Kundenorientierung der Mitarbeiter hinwirkt (Stock/Hoyer 2005). Kundenorientiertes Führungsverhalten zeichnet sich insbesondere dadurch aus, dass die Führungsperson Kundenorientierung vorlebt, den Mitarbeitern die Bedeutung der Kundenorientierung regelmäßig bewusst macht und diese in den Zielen der Mitarbeiter verankert. Zudem legt eine kundenorientierte Führungsperson Wert darauf, dass in ihrem Verantwortungsbereich kundenbezogene Prozesse ständig verbessert werden (Homburg/Stock-Homburg 2011; Stock-Homburg 2010b).

Die vorangegangenen Ausführungen verdeutlichen, dass der Erfolg der Führung im Vertrieb maßgeblich von den Einstellungen, Kompetenzen und Verhaltensweisen der Vertriebsführungskräfte abhängt. Sie tragen die Verantwortung für die Führung der Vertriebsmitarbeiter im Rahmen der täglichen Arbeit. Um jedoch eine effiziente Führung des Vertriebspersonals sicherzustellen, müssen alle Organisationseinheiten des Personalbereichs einen Beitrag leisten. Insbesondere sollte der Personalbereich sicherstellen, dass alle Führungskräfte im Unternehmen so geschult sind, dass sie den besonderen Anforderungen der Führung in ihrem jeweiligen Verantwortungsbereich gerecht werden.

Da im Vertrieb verstärkt Teams eingesetzt werden (Moon/Gupta 1997; Stock 2003; Weilbaker/Weeks 1997), sind Vertriebsführungskräfte insbesondere in der Teamführung zu schulen, bei der zusätzlich gruppendynamische Prozesse (wie z. B. die gegenseitige Beeinflussung der Teammitglieder oder die Entstehung von Normen im Team) berücksichtigt werden müssen (Stock-Homburg 2010a). Weil die Führungsspanne im Vertrieb, also die Anzahl der Vertriebsmitarbeiter, die durch eine Führungsperson geführt wird, häufig sehr hoch ist (Perry et al. 1999), sollten Vertriebsführungskräfte zudem das Führen durch Delegation beherrschen (vgl. hierzu ausführlich Stock-Homburg 2010a). Tabelle 3.3.4 zeigt, welche Aufgaben und Verantwortlichkeiten im Zusammenhang mit der Führung im Vertrieb im Personalbereich angesiedelt sein sollten, und welche die Führungskräfte und Mitarbeiter im Vertrieb selbst übernehmen.

Tabelle 3.3.4 Verantwortlichkeiten und Aufgaben von Personalbereich und Vertrieb im Rahmen der Führung von Vertriebspersonal

Verantwortungsträger	Zentrale Aufgaben
Zentraler Personalbereich	■ Ausrichtung der Personalführung auf die Unternehmensziele ■ Sicherstellung eines im Grundsatz konsistenten Führungsverhaltens über verschiedene Unternehmensbereiche hinweg ■ Formulierung von unternehmensweit geltenden Führungsgrundsätzen
Personalkompetenzzentrum	■ Entwicklung von Konzepten zur Aus- und Weiterbildung von Führungskräften ■ Durchführung von unternehmensweiten und bereichsspezifischen Führungskräftetrainings ■ Evaluation von Führungskräftetrainings ■ Konzeption und Durchführung von Führungskräftebeurteilungen
Integrierte Personalbeauftragte	■ Beratung der Führungskräfte im Vertrieb in Fragen zur Mitarbeiter- und Teamführung ■ Information des Personalkompetenzzentrums über spezifische Herausforderungen der Mitarbeiter- und Teamführung im Vertrieb ■ Rückmeldung der Ergebnisse von Führungskräftebeurteilungen an die Betroffenen ■ Identifikation des Entwicklungsbedarfs und -potenzials von Vertriebsführungskräften in Abstimmung mit diesen ■ Beratung von Vertriebsführungskräften bei der Wahl geeigneter Führungskräftetrainings
Personaldienstleistungszentrum	■ Dokumentation der Ergebnisse der Mitarbeiter- und Teamführung (z. B. Zielvereinbarungen, Vereinbarungen über Fördermaßnahmen, Versetzungsentscheidungen) ■ Unterstützung des Personalkompetenzzentrums bei der Durchführung und Dokumentation von Führungskräftebeurteilungen

Verantwortungsträger	Zentrale Aufgaben
Führungskräfte im Vertrieb	■ Übernahme aller Führungsaufgaben (z. B. Aufgabenzuweisung, Zielvereinbarungen, Leistungsbeurteilungen, Feedbackgespräche) im Hinblick auf die unterstellten Mitarbeiter ■ Rückmeldung persönlicher Einschätzung des Entwicklungsbedarfs und -potenzials an integrierte Personalbeauftragte
Mitarbeiter im Vertrieb	■ Rückmeldung der Einschätzung der Vertriebsführungskräfte an Personalkompetenzzentrum

4 Implikationen für Forschung und Praxis des Personalmanagements im Vertrieb

Wie die vorangegangenen Ausführungen verdeutlichen, ist das Personalmanagement im Vertrieb eine Schnittstellenaufgabe von Personal- und Vertriebsbereich. Indem beide Funktionsbereiche kooperieren und ihre jeweilige Expertise einbringen, kann sichergestellt werden, dass das Personalmanagement im Vertrieb effektiv und gleichzeitig kosteneffizient ist. Im vorliegenden Beitrag wurde erläutert, wie für verschiedene Teilaufgaben des Personalmanagements die Schnittstelle zwischen Personalbereich und Vertrieb gestaltet werden kann. Die folgenden beiden Abschnitte zeigen auf, welche Implikationen sich hieraus für die Forschung und die Praxis des Personalmanagements im Vertrieb ergeben.

4.1 Implikationen für die Forschung zu Aspekten des Personalmanagements im Vertrieb

Zahlreiche empirische Studien belegen, dass das Personalmanagement einen entscheidenden Einfluss auf die Einstellungen, Kompetenzen und Verhaltensweisen von Vertriebsmitarbeitern hat und dadurch zum Markterfolg beiträgt (Stock-Homburg et al. 2009). Weitgehend unerforscht ist dagegen, wie die Schnittstelle zwischen Personalbereich und Vertrieb in der Unternehmenspraxis gestaltet werden sollte, um die Effizienz und die Effektivität des Personalmanagements im Vertrieb sicherzustellen und damit dessen Beitrag zum Unternehmenserfolg zu maximieren.

Im vorliegenden Beitrag wurde auf Basis einer Sichtung konzeptioneller Arbeiten (insbesondere Lawler 2005; Ulrich et al. 2008) und sachlogischer Überlegungen ein Modell zur Gestaltung der Schnittstelle zwischen Personalbereich und Vertrieb entwickelt, das durch folgende Merkmale gekennzeichnet ist:

- Die Verantwortung für das Personalmanagement im Vertrieb liegt sowohl im Personalbereich als auch bei den Führungskräften und Mitarbeitern im Vertrieb.

- Der Personalbereich wird in vier Organisationseinheiten gegliedert, die jeweils andere Aufgaben wahrnehmen und unterschiedlich eng mit dem Vertrieb kooperieren.

Zukünftige wissenschaftliche Arbeiten zum Personalmanagement im Vertrieb sollten die Erfolgswirksamkeit des vorgeschlagenen Modells überprüfen. Da es sich um ein neuartiges Forschungsfeld handelt, sind hierfür zunächst qualitative Untersuchungen zu empfehlen. Zu einem späteren Zeitpunkt, wenn das Forschungsthema durch qualitative Arbeiten explorativ erschlossen ist, sollten großzahlige quantitative Studien folgen. Dabei können beispielsweise folgende Fragestellungen bearbeitet werden:

- Inwieweit wirkt sich die organisatorische Gestaltung der Schnittstelle zwischen Personalbereich und Vertrieb auf den Erfolg der Vertriebsarbeit eines Unternehmens aus? Welche Effekte zeigen sich bei kundenbezogenen Erfolgsgrößen (z. B. Kundenzufriedenheit), und welche bei finanziellen Erfolgsgrößen (z. B. Umsatzwachstum)?
- Inwieweit sollte die Gestaltung der Schnittstelle zwischen Personal- und Vertriebsbereich angepasst werden, je nachdem welche Personalmanagement-Aufgabe im Fokus steht, um den Erfolg des Personalmanagement im Vertrieb und damit den Markterfolg eines Unternehmens zu maximieren?
- Welche Bedeutung haben die persönlichen Beziehungen zwischen den integrierten Personalbeauftragtem und den Vertriebsführungskräften für die erfolgreiche Gestaltung der Schnittstelle zwischen Personalbereich und Vertrieb?
- Inwieweit prägen Vertriebsführungskräfte die Implementierung der Personalstrategie und die Umsetzung von Personalmanagement-Maßnahmen im Vertrieb im Arbeitsalltag (Purcell/Hutchinson 2007)?
- Welche Bedeutung hat die Wahrnehmung der Personalmanagement-Aktivitäten durch die Vertriebsmitarbeiter für den Erfolg des Personalmanagements im Vertrieb? Kommt der wahrgenommenen Transparenz und Nachvollziehbarkeit der Personalarbeit aus Sicht der Mitarbeiter eine besondere Rolle zu?

Wie diese Auflistung beispielhafter Fragestellungen zeigt, ist die konkrete Gestaltung des Personalmanagements im Vertrieb ein vielversprechendes Feld für zukünftige Forschungen. Dabei ist eine Kooperation zwischen zwei Bereichen der Betriebswirtschaftslehre, dem Personalmanagement und dem Marketing, für eine umfassende Betrachtung aller relevanten Faktoren unerlässlich.

4.2 Implikationen für die Praxis des Personalmanagements im Vertrieb

Das Personalmanagement im Vertrieb hat erheblichen Einfluss auf Einstellungen, Kompetenzen und Verhaltensweisen von Vertriebsmitarbeitern mit Kundenkontakt. Aufgrund der besonderen Anforderungen, die sich aus der Arbeit im Vertrieb ergeben, sollte die Verantwortung für das Management von Vertriebspersonal nicht allein beim Personalbereich liegen. Vielmehr ist eine Zusammenarbeit zwischen dem Personalbereich, der über Fachwissen in Personalfragen verfügt, und dem Vertrieb, der die spezifischen Anforderungen der Vertriebsarbeit kennt, für ein erfolgreiches Personalmanagement im Vertrieb unerlässlich. Damit kommt der Gestaltung der Schnittstelle zwischen diesen beiden Bereichen eine entscheidende Rolle für den Vertriebserfolg und letztlich den Unternehmenserfolg zu.

Im vorliegenden Beitrag wurde ein Modell des Personalmanagements im Vertrieb vorgestellt, bei dem die Verantwortlichkeiten und Aufgaben zwischen dem Personal- und dem Vertriebsbereich verteilt werden. Um an der Schnittstelle zwischen diesen Bereichen Reibungsverluste zu verhindern und die Aktivitäten von Personal- und Vertriebsbereich bestmöglich zu koordinieren, sollten Unternehmen sicherstellen, dass das Personalmanagement im Vertrieb folgende Anforderungen erfüllt:

- Ableitung der Ziele des Personalmanagements im Vertrieb aus der Unternehmens-, der Vertriebs- sowie der Personalstrategie,
- klare Abgrenzung von Verantwortlichkeiten des Personalbereichs bzw. des Vertriebs,
- ausreichende Abstimmung zwischen Personalbereich und Vertrieb,
- Implementierung eines strukturierten Prozesses zur schnellen Lösung von Konflikten zwischen Personal- und Vertriebsbereich,
- regelmäßige Kontrolle, ob die Aufgaben angemessen zwischen Personal- und Vertriebsbereich verteilt sind, sowie
- Sicherstellung von Transparenz und Nachvollziehbarkeit der Personalmanagement-Aktivitäten und der zu Grunde liegenden Aufgabenverteilung für die Beschäftigten im Vertrieb.

In dem im vorliegenden Beitrag vorgestellten Modell des Personalmanagements im Vertrieb übernimmt der Personalbereich die Rolle eines „Business Partners", der den Vertrieb dabei unterstützt, seine strategischen Aufgaben zu erfüllen und die Unternehmensziele umzusetzen. Dies setzt voraus, dass die Mitarbeiter des Personalbereichs nicht nur über fachliches Wissen bezüglich verschiedenster Personalthemen verfügen. Vielmehr sollten sie "increase their knowledge of their companies' wealth-creating activities, become more knowledgeable about internal operations and increase their knowledge of critical external realities such as customer requirements, supplier relations, competitive market structures, domestic and international regulatory issues, globalization and the requirements of capital markets" (Ulrich/Brockbank 2009, S. 6). Im Hinblick auf das Personalmanagement im Vertrieb sind insbesondere Kenntnisse von Kundenerwartungen und Markterfordernissen von Bedeutung, um eine optimale Ausrichtung der Personalmanagement-Aktivitäten auf die spezifischen Anforderungen der Vertriebsarbeit zu gewährleisten. Unternehmen, die eine optimal Gestaltung der Schnittstelle zwischen Personal- und Vertriebsbereich anstreben, sollten deshalb sicherstellen, dass im Personalbereich entsprechendes betriebswirtschaftliches Know-how und marktbezogene Kenntnisse vorhanden sind. Mögliche Ansatzpunkte hierzu bieten die Auswahl und die Entwicklung von Mitarbeitern des Personalbereichs.

Auch den Führungskräften im Vertrieb kommt eine entscheidende Rolle für den Erfolg des Personalmanagements im Vertrieb zu. Sie sollten insbesondere über Führungskompetenz und Schnittstellenmanagementfähigkeiten verfügen sowie eine hohe Bereitschaft aufweisen, mit Vertretern des Personalbereichs zu kooperieren. Auch hier ist die Auswahl geeigneter Führungskräfte sowie deren ausreichende und regelmäßige Aus- und Weiterbildung bedeutend (Purcell/Hutchinson 2007). Des Weiteren sollte sichergestellt sein, dass Führungskräfte im Vertrieb über die nötigen Freiräume verfügen, um ihre Personalmanagement-Aufgaben wahrzunehmen. In der Unternehmenspraxis wird dies jedoch häufig durch eine zu hohe Arbeitslast oder konfliktäre Prioritäten verhindert (Purcell/Hutchinson 2007).

Bei den in Abschnitt 3 dargelegten Empfehlungen zur Gestaltung der Schnittstelle zwischen Personalbereich und Vertrieb handelt es sich lediglich um allgemeine Orientierungshilfen. Bevor das Modell in einem Unternehmen zur Anwendung kommt, muss es vor dem Hintergrund der spezifischen Rahmenbedingungen dieses Unternehmens (wie z. B. der Unternehmensgröße, der Branche, der Kundenstruktur sowie der inhaltlichen und organisatorischen Ausrichtung des Vertriebs) auf seine Eignung geprüft und gegebenenfalls angepasst werden. So stellt beispielsweise das Management von Key Account Mitarbeitern auf Grund der spezifischen Arbeitsinhalte andere Anforderungen an das Personalmanagement im Vertrieb als das Management von Vertriebsmitarbeitern, die für eine große Zahl regional verteilter Kunden verantwortlich sind (Jensen 2010). Ebenso sind Anpassungen vorzunehmen, je nachdem ob Konsumgüter, Industriegüter bzw. Dienstleistungen vertrieben werden (Bruhn 2009).

Neben strukturellen Aspekten sollte bei der Gestaltung der Schnittstelle zwischen Personalmanagement und Vertrieb auch die Kultur des Unternehmens berücksichtigt werden. Insbesondere sollte darauf Wert gelegt werden, dass das Personalmanagement im Vertrieb in der Unternehmenskultur verankert ist, d. h. den im Unternehmen herrschenden Grundhaltungen, Werten und Normen entspricht. Schließlich sollten Unternehmen, die erstmals die Verantwortung für das Personalmanagement im Vertrieb zwischen Personal- und Vertriebsbereich verteilen, diese Restrukturierung durch ein professionelles Change Management begleiten, um einen reibungslose Ablauf zu gewährleisten sowie Konflikte und Widerstände seitens der Betroffenen zu vermeiden (Ulrich/Brockbank 2009).

Der Vertrieb ist ein zentrales Instrument, um die Marktaktivitäten eines Unternehmens auf die Kundenbedürfnisse auszurichten und dadurch den Markterfolg zu erhöhen. Damit kommt dem Personalmanagement im Vertrieb, einer Aufgabe an der Schnittstelle zwischen Personal- und Vertriebsbereich, eine entscheidende Rolle für den Erfolg von Unternehmen zu. Unternehmen, denen es gelingt, diese Schnittstelle so zu gestalten, dass eine optimale Balance zwischen Standardisierung und Differenzierung erreicht wird, können die Kosten des Personalmanagements im Vertrieb erheblich senken und gleichzeitig dessen Effektivität steigern. Sie stellen dadurch sicher, dass das Vertriebspersonal über die entsprechenden Einstellungen und Kompetenzen verfügt, die für das Erreichen der Vertriebsziele erforderlich sind, und dass das Verhalten des Vertriebspersonals auf die Erfordernisse des Marktes und die Kundenbedürfnisse ausgerichtet ist. Dadurch generieren die Unternehmen entscheidende Wettbewerbsvorteile, die ihren Markterfolg erhöhen und letztlich zur Überlebensfähigkeit auf einem wettbewerbsintensiven Markt beitragen können.

Literaturverzeichnis

Agarwal, S./Ramaswami, S.N. (1993): Affective Organizational Commitment of Salespeople: An Expanded Model, in: Journal of Personal Selling & Sales Management, 13. Jg., Nr. 2, S. 49-70.

Banker, R./Lee, S.-Y./Potter, G./Srinivasan, D. (1996): Contextual Analysis of Performance Impacts of Outcome-Based Incentive Compensation, in: Academy of Management Journal, 39. Jg., Nr. 4, S. 920-948.

Becker, J./Homburg, C. (1999): Market-Oriented Management: A Systems-Based Perspective, in: Journal of Market Focused Management, 4. Jg., Nr. 1, S. 17-41.

Bruhn, M. (2009): Relationship Marketing: Das Management von Kundenbeziehungen, 2. Aufl., München.

Cron, W.L./Marshall, G.W./Singh, J./Spiro, R.L./Sujan, H. (2005): Salesperson Selection, Training, and Development: Trends, Implications, and Research Opportunities, in: Journal of Personal Selling & Sales Management, 25. Jg., Nr. 2, S. 123-136.

Deloitte Consulting GmbH (2007): Gerüstet für die Zukunft? Personalstrategien internationaler Firmen in Deutschland, Berlin.

Giacobbe, R.W./Jackson, D.W., Jr./Crosby, L.A./Bridges, C.M. (2006): A Contingency Approach to Adaptive Selling Behavior and Sales Performance: Selling Situations and Salesperson Characteristics, in: Journal of Personal Selling & Sales Management, 26. Jg., Nr. 2, S. 115-142.

Homburg, Ch./Bucerius, M. (2008): Kundenzufriedenheit als Managementherausforderung, in: Homburg, Ch. (Hrsg.), Kundenzufriedenheit: Konzepte – Methoden – Erfahrungen, 7. Aufl., Wiesbaden, S. 53-90.

Homburg, Ch./Krohmer, H. (2009): Marketingmanagement: Strategie – Instrumente – Umsetzung – Unternehmensführung, 3. Aufl., Wiesbaden.

Homburg, Ch./Stock-Homburg, R. (2011): Der kundenorientierte Mitarbeiter: Bewerten, begeistern, bewegen, 2. Aufl., Wiesbaden (in Druck).

Homburg, Ch./Wieseke, J./Hoyer, W. (2009): Social Identity and the Service-Profit Chain, in: Journal of Marketing, 73. Jg., Nr. 2, S. 38-54.

Jensen, O. (2008): Kundenorientierte Vergütungssysteme als Schlüssel zur Kundenzufriedenheit, in: Homburg, Ch. (Hrsg.), Kundenzufriedenheit: Konzepte – Methoden – Erfahrungen, 7. Aufl., Wiesbaden, S. 357-375.

Jensen, O. (2010): Key Account Management (KAM) als Implementationsform des Kundenbindungsmanagements, in: Bruhn, M./Homburg, Ch. (Hrsg.), Handbuch Kundenbindungsmanagement, 7. Aufl., Wiesbaden, S. 571-596.

Lawler, E.E. III. (2005): From Human Resource Management to Organizational Effectiveness, in: Human Resource Management, 44. Jg., Nr. 2, S. 165-169.

Moon, M.A./Gupta, S.F. (1997): Examining the Formation of Selling Centers: A Conceptual Framework, in: Journal of Personal Selling and Sales Management, 17. Jg., Nr. 2, S. 31-41.

Peccei, R./Rosenthal, P. (2001): Delivering Customer-Oriented Behavior through Empowerment: An Empirical Test of HRM Assumptions, in: Journal of Management Studies, 38. Jg., Nr. 6, S. 831-857.

Perry, M.L./Pearce, C.L./Sims, H.P. Jr. (1999): Empowered Selling Teams: How Shared Leadership Can Contribute to Selling Team Outcomes, in: Journal of Personal Selling and Sales Management, 19. Jg., Nr. 3, S. 35-51.

Purcell, J./Hutchinson, S. (2007): Front-line Managers as Agents in the HRM-Performance Causal Chain: Theory, Analysis, and Evidence, in: Human Resource Management Journal, 17. Jg., Nr. 1, S. 3-20.

Rogg, K./Schmidt, D./Shull, C./Schmitt, N. (2001): Human Resource Practices, Organizational Climate, and Customer Satisfaction, in: Journal of Management, 27. Jg., Nr. 4, S. 431-449.

Sattelberger, T./Weckmüller, H. (2008): Es geht auch einfacher: Effiziente HR-Strukturen, in: Personalwirtschaft 05/2008, S. 24-26.

Spiro, R.L./Weitz, B.A. (1990): Adaptive Selling: Conceptualization, Measurement, and Nomological Validity, in: Journal of Marketing Research, 27. Jg., Nr. 1, S. 61-69.

Staehle, W. (1999): Management, 8. Aufl., München.

Stock, R. (2002): Kundenorientierung auf individueller Ebene: Das Einstellungs-Verhaltens-Modell, in: Die Betriebswirtschaft, 61. Jg., Nr. 1, S. 55-72.

Stock, R. (2003): Teams an der Schnittstelle zwischen Anbieter- und Kunden-Unternehmen: Eine integrative Betrachtung, Wiesbaden.

Stock, R. (2004): Erfolgsauswirkungen der marktorientierten Gestaltung des Personalmanagements, in: Zeitschrift fur betriebswirtschaftliche Forschung, 56. Jg., Nr. 5, S. 237-258.

Stock, R./Hoyer, W. (2002): Leadership Style as Driver of Salespeople's Customer Orientation, in: Journal of Market-Focused Management, 5. Jg., Nr. 4, S. 353-374.

Stock, R./Hoyer, W. (2005): An Attitude-Behavior Model of Salespeople's Customer Orientation, in: Journal of the Academy of Marketing Science, 33. Jg., Nr. 4, S. 536-553.

Stock-Homburg, R (2008): Die Rolle des marktorientierten Personalmanagements im Rahmen der Umsetzung marktorientierter Strategien: Eine empirische Untersuchung, in: Zeitschrift für betriebswirtschaftliche Forschung, 60. Jg., Nr. 3, S. 124-152.

Stock-Homburg, R. (2009): Der Zusammenhang zwischen Mitarbeiter- und Kundenzufriedenheit: Direkte, indirekte und moderierende Effekte, 4. Aufl., Wiesbaden.

Stock-Homburg, R. (2010a): Personalmanagement: Grundlagen, Konzepte, Instrumente, 2. Aufl., Wiesbaden.

Stock-Homburg, R. (2010b): Kundenorientiertes Personalmanagement als Schlüssel zur Kundenbindung, in: Bruhn, M./Homburg, Ch. (Hrsg.), Handbuch Kundenbindungsmanagement, 7. Aufl., Wiesbaden, S. 667-702.

Stock-Homburg, R./Bieling, G./El Ouadoudi, Y. (2010): Das Stressoren-Ressourcen-Modell der Dienstleistungsinteraktion: Eine theoretische Betrachtung, in: Die Unternehmung, 64. Jg., Nr. 1, S. 41-63.

Stock Homburg, R./Herrmann, L./Bieling, G. (2009): Erfolgsrelevanz des Personalmanagements - Ein Überblick über 17 Jahre empirische Forschung, in: Die Unternehmung, 63. Jg., Nr. 1, S. 8-74.

Stock-Homburg, R./Wolff, B. (2010): Handbuch Strategisches Personalmanagement, Wiesbaden.

Teas, R.K./Horrell, J.F. (1981): Salespeople Satisfaction and Performance Feedback, in: Industrial Marketing Management, 10. Jg., Nr. 2, S. 49-57.

Ulrich, D./Brockbank, W. (2005): HR Value Proposition, Boston.

Ulrich, D./Brockbank, W. (2009): The HR Business-Partner Model: Past Learnings and Future Challenges, in: People & Strategy, 32. Jg., Nr. 2, S. 5-7.

Ulrich, D./Brockbank, W./Yeung, A./Lake, D. (1995): Human Resource Competencies: An Empirical Assessment, in: Human Resource Management, 34. Jg., Nr. 4, S. 473-496.

Ulrich, D./Younger, J./Brockbank, W. (2008): The Twenty-First-Century HR Organization, in: Human Resource Management, 47. Jg., Nr. 4, S. 829-850.

van Wart, M. (2003): Public-Sector Leadership Theory: An Assessment, in: Public Administration Review, 63. Jg., Nr. 2, S. 214-228.

Weilbaker, D.C./Weeks, D.C. (1997): The Evolution of National Account Management: A Literature Perspective, in: Journal of Personal Selling and Sales Management, Vol. 17. Jg., Nr. 4, S. 49-59.

Weitz, B.A./Bradford, K.D. (1999): Personal Selling and Sales Management: A Relationship Marketing Perspective, in: Journal of the Academy of Marketing Science, 27. Jg., Nr. 2, S. 241-254.

Weitz, B.A./Sujan, H./Sujan, M. (1986): Knowledge, Motivation, and Adaptive Behavior: A Framework for Improving Selling Effectiveness, in: Journal of Marketing, 50. Jg., Nr. 4, S. 174-191.

Yeung, A./Woolcock, P./Sullivan, J. (1996): Identifying and Developing HR Competencies for the Future: Keys to Sustaining the Transformation of HR Functions, in: Human Resource Planning, 19. Jg., Nr. 4, S. 48-58.

3.4 Anreiz- und Vergütungssysteme im Vertrieb

Martin Artz

1 Einleitung

Anreiz- und Vergütungssysteme sind zentrale Instrumente im Vertrieb, um Mitarbeiter auf Vertriebsziele auszurichten und zu Höchstleistungen zu motivieren. Ihre Bedeutung für den Vertriebs und Unternehmenserfolg sind in der Unternehmenspraxis unumstritten. Aus diesem Grund werden sie in nahezu jedem Vertriebsbereich eingesetzt.

Trotz deren grundsätzlicher Akzeptanz, äußern sich Geschäftsführer und Vertriebsleiter in aktuellen Umfragen teilweise unzufrieden mit den bestehenden Anreizsystemen und prüfen Möglichkeiten der Weiterentwicklung und Optimierung (Berdi/Thomaszik 2007). Der Vertrieb als wichtiger Treiber von Umsatz und Unternehmenserfolg gilt nach wie vor als ein Unternehmensbereich, in dem noch deutliche Produktivitätssteigerungspotenziale vermutet werden (Homburg/Schäfer/Schneider 2007).

In der Vertriebs und Controllingforschung sind in den letzten Jahren viele empirische Studien durchgeführt worden, deren Befunde Implikationen für die Gestaltung von Anreiz- und Vergütungssystemen in der Vertriebspraxis liefern (siehe auch Homburg/Artz 2010). Es ist daher Ziel dieses Beitrags, diese Ergebnisse systematisch aufzubereiten und zu analysieren, um daraus Handlungsempfehlungen für die Vertriebspraxis ableiten zu können.

Schwerpunkt dieses Beitrags sind Vergütungssysteme als besondere Form von Anreizsystemen. Vergütungssysteme rücken materielle Anreize in Form von Geldleistungen in den Vordergrund. Diese monetäre Vergütung stellt die in der Unternehmenspraxis am meisten vorherrschende Form von Anreizen dar. Zum einen, da diese vom Vertriebsmanagement am einfachsten beeinflusst und gestaltet werden kann und zum anderen, weil sie von den Vertriebsmitarbeitern am meisten geschätzt wird (Ford/Churchill/Walker 1985). Aus diesem Grund hat sich der mit Abstand größte Teil der wissenschaftlichen Literatur zu Anreizsystemen im Vertrieb mit monetären Anreizen in Form von Vergütungssystemen auseinandergesetzt. Wir werden daher in diesem Beitrag schwerpunktmäßig auf Vergütungssysteme als besondere Art von Anreizsystemen eingehen.

Die wesentlichen Funktionen eines Vergütungssystems lassen sich zu den folgenden drei Punkten verdichten:

- Motivation: Vergütungssysteme entfalten eine starke Motivationswirkung für Vertriebsmitarbeiter, überhaupt tätig zu werden, d.h. ihre Fähigkeiten und die bereitgestellte Ausstattung gewinnbringend für das Unternehmen einzusetzen. Es ist wissenschaftlich unumstritten, dass Motivation im Vertrieb eine wesentliche Einflussgröße des Vertriebserfolgs darstellt (Churchill et al. 1985).
- Verhaltenssteuerung: Dies bedeutet, dass den Mitarbeitern über Vergütungssysteme die Vertriebsziele des Unternehmens indirekt vorab kommuniziert werden und so eine direkte Überwachung des Vertriebs nicht mehr notwendig ist: „If successful, the plan makes the salesperson want to undertake the selling and nonselling activities, that the firm wants him to perform. The obvious benefit of this is a decreased need (and cost of) explicit monitoring of the salesforce" (Coughlan/Sen 1989, S. 338 f.). Die Motivation der Vertriebsmitarbeiter wird so auf die festgelegten Ziele ausgerichtet.

- Risikotransfer: Über leistungsabhängige Vergütungssysteme wird ein Teil des Vertriebsrisikos auf die Vertriebsmitarbeiter übertragen. Dies bedeutet dass diese an einer positiven Vertriebsentwicklung über Provisionen und Prämien partizipieren und bei einer negativen Vertriebsentwicklung Einbußen bei ihrer Vergütung hinnehmen müssen.

Der vorliegende Beitrag geht folgenden fünf zentralen Fragestellungen nach:

- Wie sind Vergütungssysteme im Vertrieb aufgebaut?
- Wie lässt sich die Wirkung von Vergütungssystemen auf das Verhalten von Vertriebsmanagern und -mitarbeitern theoretisch erklären?
- Inwiefern besteht ein Zusammenhang zwischen dem Einsatz von Vergütungssystemen und dem Unternehmenserfolg?
- Wie sollten Vergütungssysteme im Vertrieb aufgebaut werden?
- Welche übergreifenden Herausforderungen und Probleme bestehen dabei?

Im zweiten Teil werden die grundsätzlichen Komponenten von Vergütungssystemen vorgestellt. Anschließend erfolgt eine kurze Diskussion der theoretischen Erklärungsansätze zur Wirkung von Vergütungssystemen. Im dritten Teil werden Studien analysiert, die sich mit dem Einfluss von Vergütungssystemen auf den Unternehmenserfolg auseinandersetzen. Schließlich werden im vierten Teil empirische Arbeiten vorgestellt, die zu den einzelnen, im zweiten Teil vorgestellten Komponenten von Vergütungssystemen durchgeführt wurden. Auf Basis dieser wissenschaftlichen Arbeiten werden Handlungsempfehlungen für die Vertriebspraxis abgeleitet. Anschließend wird im fünften Teil dysfunktionales Verhalten im Vertriebsbereich als besondere Herausforderung bei der Gestaltung von Vergütungssystemen behandelt. Der Beitrag schließt mit zusammenfassenden Handlungsempfehlungen sowie einem Ausblick auf mögliche zukünftige Forschung im Bereich Vertriebsvergütung.

2 Grundlagen zu Vergütungssystemen im Vertrieb

2.1 Konzeptionelle Grundlagen zur Gestaltung von Vergütungssystemen im Vertrieb

Vergütungssysteme im Vertrieb sind über Unternehmen hinweg sehr unterschiedlich ausgestaltet. Es lassen sich jedoch übergreifende Komponenten definieren, anhand derer Vergütungssysteme beschrieben werden können. Die wesentlichen Parameter eines Vergütungssystems (Ewert/Wagenhofer 2008; Homburg/Schäfer/Schneider 2007) sind

- die Art der Entlohnung,
- die Entlohnungsfunktion,

- der Ausschüttungszeitpunkt der Entlohnung,
- die Bemessungsgrundlage der Entlohnung,
- die Art der Zielfestlegung und -kontrolle sowie
- das Bezugsobjekt der Entlohnung.

Die Art der Entlohnung ist bei Vergütungssystemen immer materieller Art. Materielle Anreize sind Geld- oder Sachleistungen, wobei erstere die am häufigsten verwendeten Anreize darstellen. Geldleistungen können beispielsweise in Form von Prämien oder in Form von Provisionen gewährt werden. Als Sachleistungen ist prinzipiell jede Leistung möglich, die dem zu belohnenden Mitarbeiter einen Nutzen stiftet. Im Vertrieb findet man hier oftmals die Überlassung eines Dienstwagens für private Zwecke, die Gewährung von Sonderkonditionen beim Privatkauf von Produkten des eigenen Unternehmens oder so genannte „Incentive-Reisen" für erfolgreiche Vertriebsmitarbeiter. Bei Sachleistungen stehen zum einen Kosteneinsparungen auf Unternehmensseite (z. B. durch eine besonders vorteilhafte steuerliche Berücksichtigung), der Ausstrahlungseffekt dieser Leistungen auf andere Mitarbeiter sowie die Annahme, dass bei mit zunehmender Geldleistung der Motivationseffekt abnimmt, im Vordergrund.

Immaterielle Anreize zeichnen sich dadurch aus, dass für das Unternehmen keine wesentlichen Kosten entstehen. Sie sind somit nicht Teil des formalen Vergütungssystems. Beispiele hierfür wären die persönliche Anerkennung des Vorgesetzten für die erreichten Vertriebsziele, ein größeres Mitspracherecht bei vertrieblichen Entscheidungen oder Dankbarkeit, welche von Kollegen entgegengebracht wird. Der wesentliche Unterschied zwischen materiellen und immateriellen Anreizen liegt darin, dass letztere schwer formalisiert werden können und meistens längere Zeiträume mit entsprechender Leistung vorliegen müssen, damit diese immateriellen Anreize vom Umfeld des Mitarbeiters gewährt werden. So wird ein Mitarbeiter nur nach entsprechender Zeit anspruchsvolle und abwechselungsreiche Aufgaben erhalten oder ein größeres Vertrauen durch Vorgesetzten und Kollegen entgegengebracht bekommen. Da immaterielle Anreize nicht Teil des formalen Vergütungssystems sind, werden sie in diesem Beitrag nicht weiter verfolgt. Sie können jedoch eine mindestens genauso hohe Bedeutung für die Motivation aufweisen wie materielle Anreize.

Die Entlohnungsfunktion beschreibt den Zusammenhang zwischen der Leistung, gemessen über festgelegte Performancemaße, und der Höhe der Entlohnung. Hierbei wird aus Gründen der Vereinfachung und Verständlichkeit in der Praxis oftmals ein linearer Zusammenhang gewählt, der auf eine gewisse Leistungshöhe begrenzt wird (so genanntes Cap). Denkbar wären allerdings auch progressive, degressive oder stufenartige Funktionsverläufe (hierzu Homburg/Krohmer 2009, S. 1202). Die Vergütungsdynamik beschreibt dabei die Veränderungsgeschwindigkeit der Entlohnungsfunktion im Zeitablauf.

Schließlich ist das Verhältnis von fixer und variabler Entlohnung zu bestimmen. Als fixe Vergütung oder Festgehalt werden dabei alle Vergütungsbestandteile gesehen, die für einen gewissen Zeitraum fixiert sind. Obwohl dieser Teil der Vergütung unabhängig von den festgelegten Vertriebszielen gewährt wird, ist dadurch ein Mindestmaß an zu erbringender Leistung festgelegt, beispielsweise die Ansprechbarkeit für Kunden, Vertraulichkeit hinsichtlich unternehmensbezogener Daten oder die Wahrnehmung von Anwesenheitszeiten im Unternehmen.

Die wesentlichen variablen Vergütungsbestandteile sind die Provision und die Prämie. Die Provision weist einen direkten Zusammenhang zur Leistung auf und wird in der Regel auf monatlicher Basis wie das Festgehalt ausgezahlt. Ihre Höhe ist meist ein Prozentsatz einer Erfolgsgröße über einen bestimmten Zeitraum (z. B. Umsatz pro Monat). Aufgrund der unmittelbar leistungsorientierten Vergütung besitzt die Provision eine hohe Anreizwirkung. Die Prämie ist demgegenüber flexibler einsetzbar, da kein unmittelbarer mathematischer Zusammenhang zu einer Erfolgsgröße besteht. Die Bemessungsgrundlage ist meist der Grad der Zielerreichung in Prozent eines zuvor individuell festgelegten Ziels (z. B. die Qualität der Kundenbetreuung). Damit unterliegt die Auszahlung der Prämie in höherem Maße einer subjektiven Einschätzung des Managements. Neben der Provision und der Prämie können Sonderzahlungen gewährt werden, die nicht direkt leistungsabhängig sind, sondern mit spezifischen Ereignissen verbunden sind (z. B. Weihnachts- und Urlaubsgeld, Sonderzahlung zum Firmenjubiläum etc.).

Darüber hinaus muss der zeitliche Verlauf der Ausschüttung der Entlohnung festgelegt werden. Hierbei besteht eine große Bandbreite, die von einer monatlichen Ausschüttung (oftmals bei der Provision), einer unterjährigen Ausschüttung (oftmals bei Sonderzahlungen), einer jährlichen Ausschüttung (oftmals bei Prämien) oder einer Verteilung der Ausschüttungszeitpunkte über mehrere Perioden reicht. Durch eine derartige verteilte Ausschüttung besteht die Möglichkeit, die langfristigen Erfolgsauswirkungen des Vertriebsverhaltens zu beobachten. So kann beispielsweise vermieden werden, dass der kurzfristige Anstieg der Kundenzufriedenheit aufgrund von überzogenen Leistungsversprechungen dem Kunden gegenüber zu einer sofortigen Ausschüttung führt, die das Unternehmen andernfalls einige Zeit später gerne wieder zurücknehmen würde.

Die Bemessungsgrundlage der Entlohnung beschreibt die Beurteilungsgröße bzw. das Performancemaß, anhand derer die Leistung des Vertriebsmitarbeiters bzw. des Vertriebsmanagers gemessen wird. Die Bemessungsgrundlage kann quantitativ, z. B. in Form einer Kennzahl, qualitativ in Form subjektiver Bewertungen oder in einer Kombination aus diesen beiden Faktoren bestehen. Wie in Abbildung 3.4.1 dargestellt, können sich sowohl Kennzahlen als auch Einschätzungen auf verhaltens- und auf ergebnisbezogene Größen beziehen. Es sei allerdings darauf hingewiesen, dass auch „objektive" Performancemaße subjektiven Einflüssen unterliegen: oftmals müssen zunächst Zentralkosten umgelegt werden, kalkulatorische Kostengrößen bestimmt werden oder Verrechnungspreise festgelegt werden (Homburg/Schäfer/Schneider 2007).

Abbildung 3.4.1 Arten von Performancemaßen im Vertrieb zur Erfassung der Vertriebsleistung

An die Bemessungsgrößen sind grundsätzlich folgende Anforderungen zu stellen (hierzu auch Walker/Churchill/Ford 1977; Homburg/Schäfer/Schneider 2007):

- Wertrelevanz: die Relation zwischen der Bemessungsgrundlage und dem zu erreichenden Ziel aus Unternehmenssicht (z. B. Gewinn) muss eindeutig gegeben sein. Dies ist in der Unternehmenspraxis nicht immer der Fall. Ein Vertriebsmitarbeiter mit Preiskompetenzen hat bei der Kennzahl Umsatz den Anreiz, hohe preisliche Zugeständnisse gegenüber dem Kunden zu machen und so den Umsatz mit diesem Kunden auf Kosten der Profitabilität zu erhöhen. In diesem Fall wäre der erzielte Kundendeckungsbeitrag eine Bemessungsgrundlage, die deutlich enger mit dem Unternehmensziel Gewinnmaximierung verknüpft ist als die Bemessungsgrundlage Umsatz.

- Beeinflussbarkeit: die Bemessungsgrundlage muss für den Vertriebsmitarbeiter beeinflussbar sein. Als Beispiel lässt sich hier die Kundenzufriedenheit anführen, die in vielen Unternehmen mittlerweile Teil des vertrieblichen Anreizsystems ist. Voraussetzung für die Nutzung der Kundenzufriedenheit ist deren regelmäßige Messung auf der Ebene des einzelnen Vertriebsmitarbeiters. Wird lediglich die undifferenzierte Kundenzufriedenheit gegenüber dem gesamten Unternehmen oder eines Vertriebstandortes herangezogen, so eignet sich diese nicht als Bemessungsgrundlage, da der einzelne Vertriebsmitarbeiter diese kaum beeinflussen kann.

- Wirtschaftlichkeit: die Bemessungsgrundlage muss unter vertretbaren Kosten gemessen werden können und im Rahmen fester Zeiteinheiten (z. B. Monaten oder Jahre) erfassbar sein. Aus diesen Gründen werden oftmals Daten des internen Rechnungswesens wie Umsätze oder Deckungsbeiträge verwendet, die dem Unternehmen ohnehin zur Verfügung stehen und nur noch dem einzelnen Mitarbeiter bzw. dem Vertriebsteam zugeordnet werden müssen.

- Kommunizierbarkeit: die Bemessungsgrundlage muss gegenüber den Vertriebsmitarbeitern verständlich kommunizierbar sein. Insbesondere muss deren Zusammenhang zu den Unternehmenszielen und die Möglichkeit der Beeinflussbarkeit für den Mitarbeiter verständlich sein. Dies ist insbesondere bei verhaltensbasierten Kennzahlen und bei nichtfinanziellen Zielgrößen schwierig, da hier nicht unbedingt ein eindeutiger, über die Zeit stabiler Zusammenhang gegeben ist. Beispielsweise beeinflussen viele Vertriebsaktivitäten, die unternehmensseitig ausdrücklich gewünscht sind, den Unternehmenserfolg lediglich indirekt wie beispielsweise das Einpflegen von Kundeninformationen in ein CRM System oder die schriftliche Dokumentation der Vertriebsaktivitäten.

Wie leicht ersichtlich ist, bestehen zwischen diesen Anforderungen gewisse Zielkonflikte. Beispielsweise ist das Ergebnis des gesamten Vertriebsteams für den einzelnen Mitarbeiter nur begrenzt beeinflussbar, weist aber einen stärkeren Bezug zum Vertriebserfolg des Unternehmens auf als das persönliche Vertriebsergebnis. Zudem sind diejenigen Performancemaße, welche die langfristigen Auswirkungen der Vertriebstätigkeit beschreiben (z. B. Kundenzufriedenheit) oder welche die Leistungsbereitschaft des Vertriebsmitarbeiters erfassen (z. B. Anzahl Kundenbesuche) oftmals nur unter hohen Kosten zu erfassen. Eine weitere Herausforderung besteht in einer Kombination bzw. Verdichtung der verschiedenen Performancemaße zu einem Gesamturteil über die Leistung des Vertriebsmitarbeiters.

Die Art der Zielfestlegung beschreibt den Prozess der Formulierung und Verabschiedung von Vertriebszielen. Dabei hängen die Vertriebsziele eng mit der Bemessungsgrundlage bzw. den zu erfassenden Performancemaßen zusammen, da über diese letztlich die Zielvorgabe und Zielkontrolle erfolgt. So kann man zwischen objektiv messbaren Zielen (z. B. Anzahl an besuchten Kunden, erzielter Jahresumsatz) und subjektiv einschätzbaren Zielen (z. B. kollegiales Verhalten des Mitarbeiters, Verbesserung der Qualität der Kundenbetreuung) unterscheiden. Die Höhe der Ziele kann im Rahmen der Vertriebsplanung strikt vorgegeben werden („top-down approach"). In diesem Fall werden die aggregierten Ziele der Vertriebsplanung auf einzelne Vertriebsregionen und Vertriebsmitarbeiter heruntergebrochen und festgelegt. Alternativ können die Ziele auch von den einzelnen Vertriebsmitarbeitern vorgeschlagen werden, da diese ihre Kunden und mögliche Entwicklungspotenziale im Markt am besten bewerten können („bottom-up approach"). Hierbei ist zu prüfen ob die Aggregation dieser Vorschläge insgesamt mit den Vorstellung des Top-Managements vereinbar ist. In den meisten Fällen wird eine Mischung aus beiden Vorgehensweisen gewählt (so genanntes „Gegenstromverfahren"). Die Vorschläge der Vertriebsmitarbeiter werden auf Standort- und Regionenbasis aggregiert und in Nachverhandlungen adjustiert bis das gewünschte Gesamtziel erreicht ist.

Das Bezugsobjekt der Entlohnung ist in der Regel der einzelne Vertriebsmitarbeiter bzw. Vertriebsmanager. Je nachdem, ob der Verkaufsprozess die koordinierte Anstrengung von Vertriebsmitarbeitern verschiedener Funktionsbereiche und Produktlinien hinweg benötigt, können auch Gruppenanreize zum Einsatz kommen. Dies liegt vor allem daran, dass Verkaufserfolge im Business-to-Business Bereich oftmals nur durch eine bereichsübergreifende Zusammenarbeit verschiedener Akteure (z. B. Außendienst, Innendienst, Marketing, technischer Service, Controlling) erreicht werden können. Bei Teamanreizen wird eine gesamte Vertriebsgruppe für das Erreichen des vorgegebenen Ziels entlohnt. Die Ausschüttung an die einzelnen Teammitglieder wird dann anschließend anhand individueller Leistungen oder eines vorgegebenen Verteilungsschlüssels vollzogen (z. B. nach Hierarchieebene oder gleicher Aufteilung der Prämie).

Abbildung 3.4.2 zeigt schematisch eine beispielhafte Entlohnungsfunktion, die für einen einzelnen Vertriebsmitarbeiter in einem Jahreszeitraum gilt. Der Grad der Zielerreichung wird hier nur über das Performancemaß „Umsatz" erfasst. Unabhängig von seiner Leistung erhält der Mitarbeiter ein fixes Jahreseinkommen (1). Die vereinbarte und zu erreichende Zielgröße liegt bei 100 %, was beispielsweise dem Umsatzziel von 500T€ für das gesamte Geschäftsjahr entspricht (2). Eine Über- oder Unterschreitung dieses Zieles führt zu einer linearen Veränderung der Entlohnung (3). Erzielt der Vertriebsmitarbeiter im Rahmen einer außergewöhnlichen Leistung einen Umsatz, der 30 % über bzw. unter dem Zielwert liegt (d.h. 650T€ bzw. 350T€ pro Jahr), so kommt es zu einem „Sprung" in der Vergütung (4). Dieser Sprung in der Vergütungshöhe lässt sich auch als besondere Belohnung bzw. Bestrafung interpretieren. Umsätze jenseits dieses Zielwertes werden dann relativ gesehen noch höher prämiert – der Zusammenhang zwischen Leistung und Vergütung ist jenseits der 130 % bzw. der 70 % stärker ausgeprägt (5). Schließlich besteht eine Deckelung der Vergütung auf 150 % des Zielwertes bzw. auf 50 % des Zielwertes (6). Umsätze ab 750T€ werden nicht mehr extra prämiert, Umsätze unter 250T€ werden allein über das Festgehalt abgegolten. Durch diese Deckelung wird zum einen das Risiko des Vertriebsmitarbeiters auf das Fixgehalt begrenzt. Zum anderen wird verhindert, dass besonders glückliche Umstände wie beispielsweise die Insolvenz des schärfsten Wettbewerbers zu einer exorbitanten Provision für den Vertriebsmitarbeiter führen, die nach objektiven Maßstäben nicht gerechtfertigt ist.

Abbildung 3.4.2 Beispielhafte Entlohnungsfunktion eines Vertriebsmitarbeiters

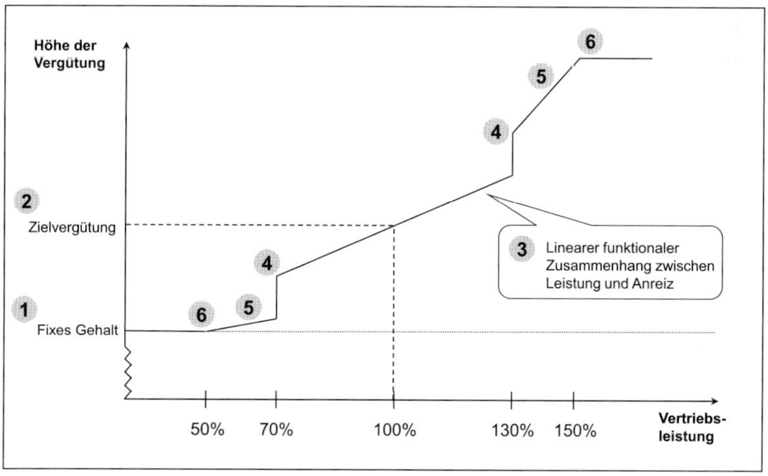

2.2 Theoretische Grundlagen zur Funktionsweise von Anreizsystemen im Vertrieb

Aufgrund der großen Bedeutung von Anreiz- und Vergütungssystemen existiert eine Menge an theoretischen Erklärungsansätzen, um deren Existenz und Wirkung in der Vertriebspraxis zu erklären. Im Rahmen dieses Beitrags soll daher nur auf diejenigen theoretischen Ansätze eingegangen werden, die konkrete Anhaltungspunkte für die Gestaltung von Anreiz und Vergütungssystemen in der Vertriebspraxis liefern können.

Die Valenz-Instrumentalitäts-Erwartungs-Theorie nach Vroom (1964) besagt, dass Leistung nur dann als erstrebenswert angesehen wird, wenn damit ein erwünschtes Ziel erreicht werden kann. Neben der Bereitstellung eines Anreizes (Valenz) muss dem Mitarbeiter zusätzlich noch aufgezeigt werden, wie er die Belohnung erhalten kann (Instrumentalität). Es muss also signalisiert werden, dass eine höhere Vertriebsleistung in jedem Fall auch zu einer höheren Entlohnung führt. Schließlich muss der Mitarbeiter selber einschätzen, inwiefern sein höherer Arbeitseinsatz auch zu einer höheren Vertriebsleistung führt (Erwartung). Die Theorie liefert demzufolge Hinweise darauf, dass der Zusammenhang zwischen Anstrengung und Entlohnung für den Mitarbeiter vorhersehbar und planbar sein muss. Das Motivationsmodell von Lawler/Porter (1967) erweitert die Theorie von Vroom (1964) dahingehend, als dass es zwischen extrinsischer (z. B. Vergütung, Karriereperspektiven) und intrinsischer (z. B. Erfolgserlebnisse, Spaß an der Tätigkeit) Motivation unterscheidet und zudem besagt, dass die Mitarbeiterzufriedenheit durch beide Arten von Belohnungen gesteigert wird.

Die Zielsetzungstheorie nach Locke/Latham (1990) beschäftigt sich mit der motivationspsychologischen Bedeutung von Zielen. Ausgangspunkt ist dabei die Fragestellung, warum Mitarbeiter unter vergleichbaren Arbeitsbedingungen bessere Leistungen erbringen. Die Erklärung laut Zielsetzungstheorie besteht darin, dass Ziele nicht nur das Endprodukt eines Motivationsprozesses sind, sondern gleichzeitig selbst Motivator sein können. Über 500 empirische Studien im Zusammenhang zur Zielsetzungstheorie bestätigten, dass (1) herausfordernde Ziele zu besserer Leistung führen als mittlere oder leicht zu erreichende Ziele und dass (2) präzise, spezifische Ziele zu besserer Leistung führen als vage Zielvorgaben (Seijts et al. 2004). Die Theorie gibt damit die direkte Empfehlung, Vertriebsziele bewusst klar, präzise und anspruchsvoll zu formulieren.

Die dritte Theorie, die in der Vertriebsforschung zu Vergütungssystemen große Bedeutung erlangt hat, ist die Prinzipal-Agenten Theorie (Coughlan/Narasimhan 1992; Eisenhardt 1988) Diese geht von einem Prinzipal aus, der einem Agenten Aufgaben überträgt. Dieser erhält für seine Tätigkeit eine materielle Entlohnung. Besitzt der Agent allerdings einen Informationsvorsprung gegenüber dem Prinzipal und kann dieser die Tätigkeiten des Agenten nicht laufend überwachen, besteht für den Agenten die Möglichkeit, seinen Arbeitseinsatz zu senken oder durch andere Mittel eine höhere Leistung vorzutäuschen. Lösungsmöglichkeiten bestehen neben der direkten Beobachtung des Arbeitseinsatzes vor allem darin, die Entlohnung des Agenten an seine Arbeitsleistung zu koppeln. Diese kann – je nach Messbarkeit – das Verhalten oder das Ergebnis umfassen. Die Gegebenheiten der

Prinzipal-Agenten Theorie lassen sich sehr gut auf das Verhältnis von Vertriebsmanagement und Vertriebsmitarbeiter übertragen. Verkäufer im Außendienst verfügen über einen umfassenden Informationsvorsprung bezüglich ihres Verkaufsgebietes und ihrer Kunden. Zudem ist aufgrund ihrer Tätigkeitsstruktur (Kundenbesuche, Produktpräsentationen, ...) ihr Arbeitseinsatz für die Vertriebsleistung nicht einsehbar. Aus diesem Grund impliziert die Prinzipal-Agenten Theorie die Bildung anreizkompatibler Verträge mit einem variablen Vergütungsanteil, um so die Interessen des Unternehmens und des Verkäufers anzugleichen. Je schwieriger das Arbeitsverhalten des Vertriebsmitarbeiters direkt beobachtet werden kann und je einfacher die Vertriebsleitung gemessen werden kann, desto eher sind laut Prinzipal-Agenten Theorie Vergütungssysteme mit einem hohen variablen Gehaltsanteil sinnvoll (auch Krafft/Albers/Lal 2004).

Tabelle 3.4.1 verdeutlicht einige beispielhafte Anregungen, die sich aus den drei vorgestellten Theorien für die Gestaltung von Vergütungssystemen ergeben. Weitere theoretische Erklärungsansätze, die allerdings weniger konkrete Implikationen für die Gestaltung von Vergütungssystemen aufzeigen, sind die Transaktionskostentheorie zur Prognose der Effizienz von Vergütungssystemen (Krafft/Albers/Lal 2004), Interaktionstheorien, die das Verhalten von Verkäufern zu ihren Vorgesetzten und Kollegen erklären können sowie Inhaltstheorien, die grundsätzlich versuchen, Motivation als Folge menschlicher Bedürfnisse zu erklären (vergleiche hierzu Wiswede 2007).

Tabelle 3.4.1 Implikationen drei zentraler Theorien für die Gestaltung von Vergütungssystemen im Vertrieb

Theorie	Zentrale Aussage	Gestaltungsimplikation für Vergütungssysteme im Vertrieb
Valenz-Instrumentalitäts-Erwartungs-Theorie (Vroom 1964)	■ Leistung ist dann erstrebenswert, wenn ein bestimmtes Ziel erreicht werden kann ■ Dem Individuum muss der Zusammenhang zwischen Leistung, Ergebnis und Anreizausschüttung klar sein	■ Materielle Vergütung wichtig, um dem Vertriebsmitarbeiter ein klares Ziel kommunizieren zu können ■ Zusammenhang zwischen Leistung und Ergebnis in Schulungen aufzeigen und dem Vertriebsmitarbeiter Hilfestellungen an die Hand geben ■ Zusammenhang zwischen Leistung und Ergebnis mit geeigneten Kennzahlen transparent machen ■ Zusammenhang zwischen Ergebnis und Entlohnung festschreiben, beispielsweise im Arbeitsvertrag; Unternehmenskultur schaffen, nach der Leistung auch direkt und umgehend belohnt wird

Theorie	Zentrale Aussage	Gestaltungsimplikation für Vergütungssysteme im Vertrieb
Zielsetzungstheorie (Locke/Latham 1990)	■ Ziele selbst sind Motivator ■ Anspruchsvolle und präzise Zielvorgaben erhöhen Motivation ■ Dieser Zusammenhang wird von Faktoren wie beispielsweise Feedback oder dem Bekenntnis des Vertriebsmitarbeiters zu den Zielen moderiert	■ Setzung von anspruchsvollen Zielen über Potenzialabschätzung bzw. Vergleich mit Top-Performern in vergleichbaren Verkaufsgebieten ■ Setzung von präzisen Vertriebszielen, z. B. über Kennzahlen ■ Gewährung von zeitnahem Feedback ■ Stärkung des Bekenntnisses zu den Vertriebszielen über Einbezug des Vertriebsmitarbeiters in die Zielplanung und -kontrolle
Prinzipal-Agenten Theorie (Eisenhardt 1988)	■ Delegation von Aufgaben an einen Agenten durch einen Prinzipal ■ Informationsasymmetrie und Opportunismus des Agenten verhindern ein Verhalten im Sinne des Prinzipals ■ Lösung über Verhaltenskontrolle des Agenten oder einen leistungsinduzierten Vertrag, um Motivation zu erreichen	■ Entscheidung für eine Kombination aus Verhaltenskontrolle und einem leistungsbezogenen Vertrag ■ Optimale Vertragsgestaltung ist abhängig vom Kontext wie bspw. Markt- und Verkaufsrisiko, Kosten der Ergebnismessung, Risikoeinstellung des Vertriebsmitarbeiters, dem Ausmaß an möglichem opportunistischen Verhalten, der Komplexität der Vertriebsaufgaben sowie der Anzahl der Hierarchieebenen im Vertrieb

3 Erfolgsauswirkungen von Vergütungssystemen im Vertrieb

Obwohl der Einsatz von Vergütungssystemen im Vertrieb in der Unternehmenspraxis nahezu unumstritten ist, wird in wissenschaftlichen Arbeiten diskutiert, ob die monetäre Vergütung von Vertriebsmitarbeitern auch negative Auswirkungen haben kann.

Gegen eine zu starke monetäre Vergütung sprechen zum einen die immensen Kosten, die den größten Teil des Vertriebsbudgets ausmachen. Diese Kosten müssen durch einen erhöhten Vertriebserfolg gerechtfertigt werden. Zweitens gilt es als unbestritten, dass Motivation und Leistung von Vertriebsmitarbeitern auch wesentlich durch intrinsische Motive wie Spaß an der Tätigkeit oder Anerkennung durch das soziale Umfeld beeinflusst werden (Tyagi 1982). Hierbei wurde in vielen Studien gezeigt, dass diese intrinsische Motivation durch extrinsische Belohnung wie Geld verdrängt werden kann, es also in diesem Fall zu einem so genannten „Crowding-Out" kommen kann (Anderson/Oliver 1987; Deci/Ryan/Koestner 1999; Kunz/Pfaff 2002).

Für eine monetäre Vergütung spricht deren einfache Implementierung und Anerkennung durch die Mitarbeiter im Vertrieb. So stellen Ford/Churchill/Walker (1985) in einer Umfrage fest, dass Geld der wichtigste Motivator über alle Karrierestufen ist. Darüber hinaus wird die Argumentation der Verdrängung von intrinsischer Motivation durch monetäre Vergütung von einigen Wissenschaftlern in Frage gestellt. Insbesondere wird stark bezweifelt, dass der Crowding-Out-Effekt in der heutigen komplexen Vertriebswelt überhaupt stattfindet. So argumentieren Kunz/Pfaff (2002), dass dieser Verdrängungseffekt in wissenschaftlichen Studien nur dann nachweisbar ist, wenn gewisse Voraussetzungen gleichzeitig erfüllt sind: Spaß an der Tätigkeit als solches, kein sozialer Druck bei Minderleistungen, nicht mögliche Leistungsverbesserungen sowie keine Erwartung einer finanziellen Entlohnung für die Tätigkeit. Diese Voraussetzungen sind so im Vertrieb in der Regel nicht vorzufinden. Aus diesem Grund kann davon ausgegangen werden, dass der Crowding-Out-Effekt die Erfolgswirksamkeit von Vergütungssystemen ggf. einschränkt, sie aber nicht völlig außer Kraft setzt. Die Studien von Eisenberger/Pierce/Cameron (1999) sowie Pullins (2001) zeigen sogar, dass leistungsbezogene Vergütungssysteme die intrinsische Motivation noch verstärken, da sie von den Mitarbeitern als Anerkennung für die geleistete Arbeit interpretiert werden.

Verschiedene empirische Studien zeigen die Erfolgswirkungen des Einsatzes monetärer Vergütungssysteme im Vertrieb auf. Banker/Lee/Potter (1996) finden anhand von Daten einer amerikanischen Handelskette heraus, dass die Implementierung eines erfolgsorientierten Vergütungssystems zu Umsatz- und Gewinnsteigerungen in den betroffenen Filialen führte. Eine weitere Studie auf Basis dieser Daten zeigt zudem, dass dieser Effekt in den Filialen stärker ausfällt, die mit höherer Wettbewerbsintensität und einer höheren Kaufkraft im Einzugsgebiet konfrontiert sind (Banker et al. 1996). Schließlich zeigen Arbeiten auf der Ebene des Vertriebsmitarbeiters, dass Vergütungssysteme die Mitarbeitermotivation maßgeblich beeinflussen, welche sich wiederum positiv auf den Verkaufserfolg auswirkt (Churchill et al. 1985). Menguc/Barker (2003) zeigen in ihrer Studie ebenfalls einen positiven Zusammenhang zwischen anreizorientierter Vergütung im Vertrieb und dem Unternehmenserfolg auf.

Insgesamt kann damit festgehalten werden, dass der monetären Vergütung im Vertrieb eine herausragende Bedeutung für den Vertriebserfolg zukommt. Aus diesem Grund werden im folgenden Abschnitt die einzelnen Parameter von Vergütungssystemen genauer analysiert und Handlungsempfehlungen abgeleitet.

4 Gestaltung von Vergütungssystemen im Vertrieb

Der Aufbau dieses Abschnittes orientiert sich an den zuvor definierten Parametern eines Vergütungssystems: die Art der Entlohnung (4.1), die Entlohnungsfunktion (4.2), der Ausschüttungszeitpunkt der Entlohnung (4.3), die Bemessungsgrundlage der Entlohnung (4.4), die Art der Zielfestlegung (4.5) sowie das Bezugsobjekt der Entlohnung (4.6). Alle Parameter werden im Folgenden vor dem Hintergrund bestehender empirischer Erkenntnisse diskutiert.

4.1 Empirische Erkenntnisse zur Art der Entlohnung

Obwohl Provisionen und Prämien in Vertriebsorganisationen gleichermaßen eingesetzt werden, geht der Trend weg von der Provision hin zur Prämienzahlung (Kienbaum 2008; Mercer 2007; Mohnen/Schmidtlein 2008). Der Vorteil einer Prämie ist ihre Flexibilität, da diese abhängig von einem individuellen Zielerreichungsgrad bzw. auch als Sonderzahlung gewährt wird. So ist sie beispielsweise ein effektives Instrument, um die Kündigungsrate zu senken, da sie flexibel bzgl. der internen und externen Arbeitsmarktsituation eingesetzt werden kann. So zeigen Studien beispielsweise, dass eine Erhöhung der Prämie um 1.000 US-Dollar die Kündigungsrate um 3,5 % senken kann, während dies bei einer vergleichbaren Erhöhung des Festgehaltes nur um 2,3 % möglich ist (Blakemore/Low/Ormiston 1987; Joseph/Kalwani 1992). Durch ihre einmalige und dadurch überraschende Auszahlung wird die Prämie als besondere Anerkennung für die geleistete Arbeit empfunden. Aus diesem Grund ist nicht nur die Höhe, sondern auch die Selektivität der Vergabe ausschlaggebend (Lucas et al. 1987). Dadurch, dass die Vergabe individuell und subjektiv entschieden wird, reagieren Mitarbeiter – insbesondere die Top-Verkäufer – sehr sensibel auf Gerechtigkeitsaspekte bei der Prämienvergabe (Joseph/Kalwani 1998).

Im Gegensatz zur Prämie stehen Provisionszahlungen in einem vorher festgesetzten, mathematisch beschreibbaren Verhältnis zur Vertriebsleistung, beispielsweise in Prozent zu einer Zielgröße. Dadurch sind Provisionszahlungen für einen Vertriebsmitarbeiter zum Teil im Voraus planbar. Hierbei wird in der Regel in Geldeinheiten, z. B. nach €-Beträgen, und nicht nach Stückzahlen abgerechnet. Nach einer Studie des VDMA (2004) im deutschen Maschinenbau liegen die Provisionssätze im Vertrieb zwischen 4,3 % und 5,7 % bei der eigenen Vertriebsorganisation und zwischen 6 % und 9 % bei Vertriebspartnern bezogen auf die Vertriebsleistung.

Neben Entlohnung in Form von Geldprämien sind auch andere materielle Anreize (auch geldwerte Vorteile) wie eine betriebliche Altersvorsorge, ein Dienstwagen, vergünstigte Firmenkredite oder ein Ausgleich durch Freizeit denkbar. So genannte Cafeteria-Systeme zeichnen sich dadurch aus, dass Mitarbeiter ausgehend von einem Budget die für sie passenden Leistungen wählen können. Empirische Ergebnisse zeigen, dass Mitarbeiter ca. 20 % des gesamten Gehaltspakets in Form nicht monetärer Anreize bevorzugen (White 1983).

4.2 Empirische Erkenntnisse zur Entlohnungsfunktion

Bezüglich des funktionalen Zusammenhangs zwischen der Vertriebsleistung und der Vergütungshöhe wird oftmals ein linearer Zusammenhang empfohlen. Dieser ist nicht nur leicht verständlich, sondern erhöht auch die Akzeptanz, da zu- und abnehmende Leistung mit der gleichen Prämie vergütet werden. Ergebnisse einer Studie des VDMA (2004) zeigen, dass in 52,5 % der befragten Unternehmen ein lineares Verhältnis zwischen Vertriebsleistung und Provision besteht, während in 35,6 % der Fälle ein degressives Verhältnis besteht, d.h. die Provision sinkt mit steigendem Auftragswert. Knapp 13 % der Unternehmen vermelden eine zunehmende Steigung der Provisionskurve. Die aktuellere Kienbaum-Studie verweist vergleichbare Zahlen auf: 65 % linear, 20 % progressiv und 15 % degressiv (Kienbaum 2008).

Eine Deckelung des funktionalen Zusammenhangs besteht bei 25 % der befragten Unternehmen im Maschinenbau (VDMA 2004) bzw. bei 60 % der befragten Unternehmen der Kienbaum Studie (2008) wobei bei letzterer ein durchschnittlicher Zielerreichungsgrad von 150 % als Deckel angegeben wird. Grundsätzlich soll durch einen degressiven Funktionsverlauf bzw. eine Deckelung verhindert werden, dass Faktoren außerhalb des Einflusses eines Vertriebsmitarbeiters in Ausnahmezeiten für exorbitante Vergütungssprünge sorgen. So wäre es denkbar, dass ein Verkäufer bei der plötzlichen Insolvenz des größten Konkurrenten mehr verdient als der CEO eines Unternehmens (Smyth 1968). Allerdings besteht bei derartigen Deckelungen, insbesondere wenn diese zu niedrig angesetzt sind, ein Anreiz für Verkäufer, Umsätze in das nächste Geschäftsjahr zu transferieren, wenn die maximale Provisionshöhe für das Geschäftsjahr schon erreicht ist.

Wesentliche Einflussfaktoren hinsichtlich der Höhe der Vergütung sind die erwarteten Lebenshaltungskosten des Vertriebsmitarbeiters, die an ihn gestellten beruflichen Anforderungen sowie das Verhältnis von variabler und fixer Vergütung. Je höher hier der variable Anteil liegt, desto mehr Risiko trägt der Vertriebsmitarbeiter und ein desto höheres Vergütungsniveau erwartet er (Rouzíes et al. 2009). So sollte beispielsweise ein Verkäufer, der mit einem neuen Verkaufsgebiet betraut wird, im Erwartungswert mit einer höheren Vergütung entlohnt werden. Dadurch, dass er nicht auf Stammkunden zurückgreifen kann, ist es sehr unsicher, ob er seinen variablen Gehaltsanteil realisieren kann (Bartol 1999; Lal/Outland/Staelin 1994). Bei der Höhe der Vergütung ist allerdings vor allem die relative und nicht nur die absolute Höhe entscheidend, beispielsweise zum Marktumfeld, zur Branche und zum letzten Verdienst des Vertriebsmitarbeiters (Coughlan/Narasimhan 1992; Joseph/Kalwani 1998). So zeigte eine empirische Untersuchung unter 14.000 Managern, dass vor allem die Kombination verschiedener Vergütungsbestandteile, nicht jedoch die absolute Höhe der Gesamtvergütung den Unternehmenserfolg beeinflusst (Gerhart/Milkovich 1990).

Einflussfaktoren des Verhältnisses zwischen fixer und variabler Vergütung wurden bisher in einer Vielzahl von Studien untersucht. Grundsätzlich lässt sich dabei sagen, dass ein höherer fixer Gehaltsanteil dann sinnvoller ist, wenn (Krafft/Albers/Lal 2004; Mohnen/Schmidtlein 2008):

- die Tätigkeit des Mitarbeiters leichter zu kontrollieren ist; in diesem Fall bestehen wenige Möglichkeiten für opportunistisches Verhalten (vgl. auch die Ausführungen zur Prinzipal-Agenten Theorie in 2.2),
- das Arbeitsergebnis schwer zu messen ist; in diesem Fall kann durch ein rein fixes Gehalt Verwaltungskosten eingespart und Fehlanreize vermieden werden (Ghosh/John 2000). In der bereits zitierten Studie von Menguc/Barker (2003) zeigt sich, dass variabel ausgestaltete Vergütungssysteme deutlich weniger erfolgswirksam sind, wenn die Leistung im Vertrieb nicht entsprechend gemessen werden kann. Andererseits lässt sich auch sagen, dass eine variable Vergütung immer effektiver als ein Fixgehalt ist, wenn die Vertriebsleistung adäquat über Kennzahlen oder subjektive Einschätzungen ermittelt werden kann (John/Weiss/Weitz 1987).
- der Vertriebsmitarbeiter nur ein geringes Ausmaß an Verkäufertätigkeiten wahrnimmt (z. B. Vertriebsinnendienst); in diesem Fall bestehen ebenfalls wenige Möglichkeiten für opportunistisches Verhalten, zudem ist auch in diesem Fall das Arbeitergebnis schwerer messbar.
- die Vertriebsleistung von Faktoren beeinflusst wird, die der Vertriebsmitarbeiter nicht kontrollieren kann. In diesem Fall steigt sein Risiko und seine Leistungsmotivation sinkt im Vergleich zu einem Festgehalt (Joseph/Kalwani 1998; Menguc/Barker 2003).

In der Praxis sind die klassischen Kennzahlen wie Umsatz, Deckungsbeitrag oder Kundenzufriedenheit in der Lage, zumindest einen Großteil der Vertriebsleistung abzubilden. Demzufolge ist ein gewisses Maß an variabler Vergütung im Außendienst durchaus sinnvoll. So konnte in mehreren Studien gezeigt werden, dass überdurchschnittliche Verkäuferleistung auch mit einem höheren Anteil an variabler Vergütung einhergehen (Tremblay/Côté/Balkin 2003; Krafft/Albers/Lal 2004). Eine aktuelle Studie von Homburg/Müller (2009) zeigt ebenfalls, dass erfolgreichere Verkäufer ein höheres Maß an variablen Vergütungskomponenten in ihrem Vertrag aufweisen, als weniger erfolgreiche Verkäufer.

Die meisten Studien empfehlen einen variablen Vergütungsanteil von 10 % bis 40 % des Festgehaltes, wobei variable Anteile unter 10 % keinerlei ausreichende Anreizwirkung mehr aufweisen (Lysons/Ben-Ora 2002; Homburg/Jensen 2000). Anteile bis zu 40 % scheinen ausreichend, um Mitarbeiter zu höherer Leistung zu motivieren und andererseits die Nachteile variabler Vergütung in Grenzen zu halten. Derartige Anteile variabler Vergütung lassen sich in Studien zur aktuellen Vertriebspraxis finden. Der Anteil der variablen Vergütung im Vertrieb schwankt und liegt zwischen 10 % und 40 % (Homburg/Schäfer/Schneider 2008; Joseph/Kalwani 1998; Kienbaum 2008; Mercer 2007; Mohnen/Schmidtlein 2008). Zu ähnlichen Werten kommt eine empirische Untersuchung des Institutes für Marktorientierte Unternehmensführung der Universität Mannheim. Wie Abbildung 3.4.3 zeigt, ist in über 90 % der Fälle bei Vertriebsmanagern und in über 80 % der Fälle bei den Mitarbeitern im Vertrieb ein Teil der Vergütung leistungsabhängig ausgestaltet. Bei nur ca. 5 % der Befragten weist der variable Anteil mehr als 40 % des Festgehaltes auf. Im Kundenservice liegen diese leistungsabhängigen Gehaltsanteile deutlich niedriger und betragen in den meisten Fällen lediglich bis zu 20 % der Gesamtvergütung.

Ob der variable Vergütungsanteil mit zunehmender Verantwortung bzw. hierarchischer Stellung im Unternehmen tatsächlich steigt ist offen. Einige Arbeiten beschreiben diesen Zusammenhang (Homburg/Krohmer 2009; Mercer 2007), während eine aktuelle, internationale und großzahlige Studie keine wesentlichen Unterschiede zwischen Verkäufern und Vertriebsmanagern in der Vergütungsstruktur feststellen kann (Rouzíes et al. 2009).

Kulturellen Unterschieden bei der Wahl des Vergütungssystems wurde bisher in Studien nur begrenzt Aufmerksamkeit geschenkt. Die Studie von Segalla et al. (2006) findet hierbei heraus, dass Manager aus dem deutschsprachigen Raum im Vergleich zu ihren englischsprachigen Kollegen weniger dazu gewillt sind, leistungsorientierte Vergütung für ihren Vertrieb zu verwenden.

Abbildung 3.4.3 Anteil der variablen Vergütung an der Gesamtvergütung

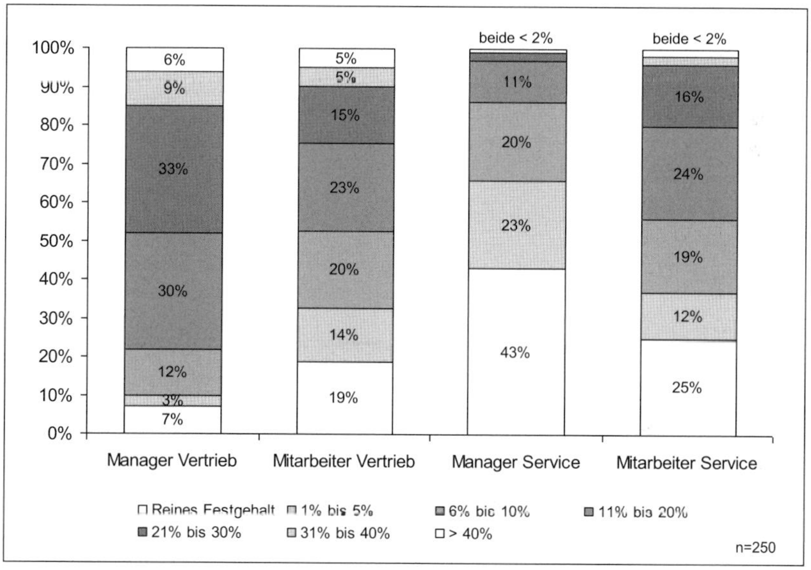

4.3 Empirische Erkenntnisse zum Ausschüttungszeitpunkt der Entlohnung

Neben dem funktionalen Zusammenhang und der Höhe der Vergütung ist auch der Ausschüttungszeitpunkt festzulegen. Die Bandbreite reicht hier von der unmittelbaren Vergütung nach Erbringen der Vertriebsleistung bis zu einer Ausschüttung nach Abschluss der Geschäftsperiode (z. B. nach dem Quartal oder Geschäftsjahr). Aus motivationspsychologischer Sicht wäre eine sofortige Auszahlung empfehlenswert, da auf diese Weise ein direkter Zusammenhang zwischen Leistung und Entlohnung nachvollzogen werden kann (vgl. auch die Ausführungen zur Valenz-Instrumentalitäts-Erwartungs-Theorie in 2.2).

Allerdings zeigen Studienergebnisse auch, dass diese Auszahlungsweise von den Vertriebsmitarbeitern gar nicht gewünscht ist. Zu starke Schwankungen in der Vergütung erschweren es den Vertriebsmitarbeitern, ihre eigene Haushaltsplanung durchzuführen (Joseph/Kalwani 1998). Demzufolge sollten Provisionszahlungen relativ zeitnah nach Erbringung der Leistung ausgezahlt werden, da sie vom Vertriebsmitarbeiter bereits fest eingeplant sind und direkt mit der Verkaufsleistung in Zusammenhang stehen. Bei Prämienzahlungen sollte auf einen größeren zeitlichen Abstand geachtet werden, da diese sonst dem „normalen Einkommen" zugerechnet werden und ihre Sonderstellung als Anerkennung für besonders gute Leistungen verlieren (Jeffrey 2004; Joseph/Kalwani 1998).

4.4 Empirische Erkenntnisse zur Bemessungsgrundlage

Viele empirische Studien in der Vertriebsforschung haben sich auf den Unterschied zwischen Anreiz- und Vergütungssystemen konzentriert, welchen Vertriebsleistung über beobachtetes Verhalten („behavior control") oder Vertriebsergebnisse („outcome control") messen. Hierbei zeigt sich, dass in fast allen Studien die Messung der Vertriebsleistung über Verhaltensaspekte besser abschneidet. Die befragten Verkäufer sind in diesem Fall im Durchschnitt motivierter, zufriedener und weisen eine höhere Vertriebsleistung auf (für einen guten Überblick vgl. Baldauf/Cravens/Piercy 2005). Problematisch hierbei ist allerdings, dass die Messung der Vertriebsleistung in diesen Studien oftmals auf Basis einer Selbsteinschätzung der Verkäufer erfolgt. Zudem erfassen die Kriterien Ergebnis vs. Verhalten nur unzureichend erfassen, inwiefern (1) subjektive Einschätzungen oder objektive Kennzahlen als Bemessungsgrundlage eingesetzt werden und (2) ob ein kooperativer oder ein autoritärer Führungsstil eingesetzt wird. So lassen die Ergebnisse auch den Schluss zu, dass Verkäufer die Leistungsmessung über ihr Verhalten bevorzugen, da sie hier ein geringeres Risiko tragen und damit oft ein kooperativerer, unterstützender Führungsstil des Vertriebsleiters einhergeht. Zudem bevorzugt die Mehrheit der Verkäufer (nicht die Top-Performer!) eine Leistungsmessung über subjektive Einschätzungen, da hier oftmals eine bessere Leistungsbewertung erzielt wird (vgl. hierzu auch die Ausführungen im übernächsten Absatz). Aus diesem Grund lassen diese Studienergebnisse nur begrenzt Empfehlungen für die Praxis zu.

Grundsätzlich kann jedoch der Schluss gezogen werden, dass bei höherer Unsicherheit im Verkaufsgebiet sowie bei einfacher Verhaltens- bzw. schwieriger Ergebnismessung eher eine Steuerung nach Verhaltensaspekten vorgezogen werden sollte (Eisenhardt 1988; Krafft 1999). Da beispielsweise im Außendienst Kennzahlen wie Umsatz, Deckungsbeitrag oder Kundenzufriedenheit eine Ergebnismessung zumindest annähernd ermöglichen und eine direkte Verhaltenskontrolle aufgrund der Außendiensttätigkeit nur begrenzt möglich ist, besteht eine optimale Bemessungsgrundlage in den meisten Fällen aus einer Kombination zwischen Verhaltens- und Ergebnisbewertung (Cravens et al. 1993).

Bei der Bewertung über Kennzahlen kann auf finanzielle und nicht-finanzielle Performancemaße zurückgegriffen werden. Hierbei zeigt sich, dass mit steigender Hierarchieebene im Vertrieb der Anteil finanzieller Kennzahlen steigt (Berdi/Thomaszik 2007; Mercer

2007). Bei den objektiven Kennzahlen weist „Umsatz" vor „Deckungsbeitrag" die größte Bedeutung auf (Berdi/Thomaszik 2007; Mercer 2007; VDMA 2004). Nicht-finanzielle Kennzahlen wie Kundenzufriedenheit oder die Anzahl der Kundenbesuche sind deutlich unterrepräsentiert, obwohl deren Erfolgsauswirkungen in mehreren Studien dargelegt werden.

So zeigen Banker/Potter/Srinivasan (2000) anhand von Daten einer Hotelkette, dass der Einbezug der Performancemaße Kundenzufriedenheit und Beschwerderate in das Vergütungssystem den Vertriebserfolg signifikant erhöht. Dabei wurden diese Performancemaße, deren Beeinflussbarkeit durch die Mitarbeiter und deren Zusammenhang zu Kosten, Erlösen und dem Gewinn der Hotelkette ausführlich erläutert. Die Studie liefert damit einen eindeutigen Beleg, dass der Einsatz nicht-finanzieller Kennzahlen bei Vergütungssystemen unter den Voraussetzungen Wertrelevanz, Beeinflussbarkeit und Kommunizierbarkeit den Vertriebserfolg steigert.

Weitere Arbeiten, die den Einsatz der Kundenzufriedenheit als Bemessungsgrundlage untersuchen, zeigen, dass diese kundenorientiertes Verhalten von Verkäufern fördert (Sharma/Sarel 1995; Widmier 2002). Voraussetzung für den Einsatz der Kundenzufriedenheit als Performancemaß ist allerdings die regelmäßige Messung auf Verkäuferebene, um so herauszufinden, durch welches Verkäuferverhalten die Kundenzufriedenheit gesteigert werden kann (Sharma 1997) und welches Ausmaß an Kundenzufriedenheit überhaupt optimal für ein Unternehmen ist. Zudem sollte die Kundenzufriedenheit relativ zum Wettbewerb erhoben werden, um relative Vergleichbarkeit gewährleisten zu können (Hauser/Simester/Wernerfelt 1994).

Subjektive Bewertungen spielen dann im Vertrieb eine Rolle, wenn die Leistungsdimension nicht über Kennzahlen adäquat erfasst werden kann (z. B. Qualität der Dokumentation der Außendiensttätigkeit, Führungsverhalten) oder wenn deren Erhebung nicht wirtschaftlich ist. In diesen Fällen können sie objektive Performancemaße ergänzen (Gibbs et al. 2004). Die Gefahr subjektiven Performancemaße liegt allerdings im Auftreten verhaltenswissenschaftlicher Verzerrungen. So können subjektive Bewertungen zu drastischen Fehleinschätzungen führen. Verschiede Studien haben festgestellt, dass Führungskräfte ihre Mitarbeiter tendenziell als zu leistungsstark einschätzen („leniency-bias") und zu wenig zwischen ihren Mitarbeitern differenzieren („compression-bias"). Beide Effekte können in den Studien von Moers (2005) und Landy/Farr (1980) nachgewiesen werden, obwohl eine aktuelle Studie von Merchant/Stringer/Theivananthampillai (2009) hierfür keine Belege findet. Da die Reaktion von Vertriebsmitarbeitern auf ihre Vergütung nicht nur von der Höhe, sondern auch von der Fairness der Bewertung abhängt (Ramaswami/Singh 2003), besteht bei Auftritt dieser Verzerrungen die Gefahr, dass gerade der Vertriebserfolg leistungsstarker Vertriebsmitarbeiter nicht ausreichend gewürdigt wird und diese das Unternehmen verlassen. Neben den aufgezeigten Verzerrungen besteht auch die Gefahr, dass Vertriebsmanager die Leistung ihrer Mitarbeiter systematisch zu niedrig bewerten, um Vergütungskosten einzusparen. Umfragen zeigen, dass immerhin 30 % der befragten Mitarbeiter ihrem Management nicht zutrauen, sie fair bewerten zu können (Baker/Jensen/Murphy 1988, S. 598).

Eine besondere Problematik ergibt sich auch, wenn Führungskräfte Beurteilungen aufgrund eines Mixes aus mehreren, verschiedenen Kennzahlen durchführen, beispielsweise auf Basis eines Balanced Scorecard Ansatzes. Verschiedene Studien zeigen hier, dass Führungskräfte dazu neigen, gängige finanzielle Kennzahlen zulasten spezieller, strategieorientierter Kennzahlen überzubewerten (Lipe/Salterio 2000) und Vergangenheitsinformationen systematisch zu stark gewichten (Bhattacharjee/Moreno 2004). Lösungsansätze bestehen hierbei, Mindestwerte für jede Kennzahl zu definieren, die erreicht werden müssen sowie mathematische Scoring-Systeme zu formulieren, die den Anwender zu Stringenz und Systematik zwingen.

4.5 Empirische Erkenntnisse zur Art der Zielfestlegung und -kontrolle

Für die Auswahl und Festlegung von Vertriebszielen gibt es verschiedene Kriterien, die diese erfüllen sollten:

- Erreichbarkeit: Die Zielsetzungstheorie besagt, dass die Zielhöhe erreichbar und dennoch herausfordernd sein sollte (Tabelle 3.4.1). Für den Vertrieb bedeutet dies, dass zunächst geprüft werden sollten, inwiefern sich gewisse Strukturparameter im Markt bzw. in der Verkaufsregion geändert haben (z. B. Anzahl Kunden, erreichbares Preisniveau, Positionierung des Wettbewerbs). Ist dies nicht der Fall, bietet die Vertriebsleistung des letzten Geschäftsjahres bzw. die Leistung der Kollegen in vergleichbaren Verkaufsgebieten eine Grundlage, um eine realistische, aber herausfordernde Zielhöhe zu formulieren. Absurd hohe Zielhöhen hingegen führen lediglich zu Frustration der Vertriebsmitarbeiter (Tyagi 1982).
- Präzision: Ein zweiter Aspekt, auf den die Zielsetzungstheorie eingeht, ist die Klarheit der Ziele. Die Vertriebsmitarbeiter müssen die Ziele verstehen, auftretende Zielkonflikte erkennen und diese einschätzen können. Die Motivationswirkung ergibt sich zum einen dadurch, dass sich der Vertriebsmitarbeiter sicher ist „das Richtige zu tun". Zum anderen bilden präzise Ziele die Voraussetzung für einen fairen und transparenten Bewertungsprozess. Eine Verkäufer-Scorecard mit klar definierten Zielen, Maßnahmen und Kennzahlen kann hierbei hilfreich sein, um das Vertriebsmanagement zur Präzision zu zwingen.
- Fairness: Die Ziele sollten dahingehend fair sein, dass Vertriebsmitarbeitern mit gleichen Voraussetzungen auch gleiche Zielhöhen zugemutet werden. Ähnlich wie bei den Gehaltsstrukturen trägt der relative Vergleich maßgeblich zur Motivation und Leistungsbereitschaft bei.
- Nachvollziehbarkeit: Vertriebsziele sollten spezifisch auf die Rolle des Vertriebsmitarbeiters zugeschnitten sein. Im Sinne der Valenz-Instrumentalitäts-Erwartungs-Theorie sollte der Vertriebsmitarbeiter wissen, welche Handlungen nötig sind, um die an ihn gesetzten Ziele zu erfüllen und er somit eine höhere Vergütung erreichen kann (Ramaswami/Singh 2003).

- Messbarkeit: Der Zielerreichungsgrad sollte über eine Bemessungsgrundlage erfasst werden, die geeignet ist, sämtliche relevanten Leistungsdimensionen abzudecken. Hierbei ist zwischen Präzision und dem Abdeckungsgrad an Leistungsdimensionen abzuwägen. Kennzahlen können Sachverhalte objektiver erfassen, zeigen allerdings immer nur einen begrenzten Ausschnitt an Leistungsdimensionen auf. Einschätzungen von Führungskräften sind subjektiv und der Gefahr von Verzerrungen unterworfen (Abschnitt 3.3). Sie sind allerdings in der Lage, Leistungsdimensionen zu erfassen, die über Kennzahlen nicht wirtschaftlich abgebildet werden können.

Darüber hinaus ist die wahrgenommene Fairness des Bewertungsprozesses selbst motivierend für die Vertriebsmitarbeiter. Hierbei ist entscheidend, dass die Vertriebsmitarbeiter in den Prozess der Zielvereinbarung und Leistungsbewertung eingebunden sind und das Gefühl haben, transparent und fair bewertet zu werden. Ramaswami/Singh (2003) zeigen in diesem Zusammenhang, dass beide Aspekte zu einer höheren wahrgenommenen Fairness auf Seiten der Vertriebsmitarbeiter führen, welche sich wiederum positiv auf die Vertriebsleistung auswirkt.

4.6 Empirische Erkenntnisse zum Bezugsobjekt der Entlohnung

Bezugsobjekte der Entlohnung können entweder der individuelle Akteur (Vertriebsmitarbeiter, Vertriebsleiter, ...) oder das gesamte Vertriebsteam sein. Teamanreize spielen in der Vertriebspraxis eine zunehmende Rolle. Hierbei ist allerdings darauf zu achten, dass der Anreiz jedes einzelnen Mitarbeiters bestehen bleibt und es nicht zu einem „Trittbrettfahrerverhalten" einzelner Teammitglieder kommt. Eine Lösungsmöglichkeit könnte darin bestehen, eine „alles-oder-nichts" Prämie auszuloben, die nur dann gezahlt wird, wenn es tatsächlich zum Verkaufsabschluss kommt. In diesem Fall wird dann anschließend differenziert nach dem Leistungsbeitrag entlohnt (Krafft/Frenzen/Jeck 2002).

Studienergebnisse zeigen, dass Teamanreize grundsätzlich die Leistung der gesamten Gruppe erhöhen. Allerdings senken die Top-Performer ihre eigene Leistung leicht ab, da sie ihren Beitrag zur Gruppe nicht ausreichend gewürdigt sehen (Hansen 1997). Zudem sollte darauf geachtet werden, dass Teamanreize nur im Hinblick auf gemeinsame Vertriebsziele, nicht aber auf Karriereziele formuliert werden sollte. Der „Kampf um Beförderungen" hat einen stark negativen Einfluss auf die Leistung der Gruppe, da es zu Positionskämpfen kommen kann (Drago/Garvey 1998). Leistungsfördernd können auch Wettbewerbe zwischen Vertriebsteams sein, da hier sowohl extrinsische als auch intrinsische Motivationsaspekte gefördert werden und der Zusammenhalt im Vertriebsteam unterstützt wird. Diese Effekte konnten in der Studie von Matsumura/Shin (2006) bestätigt werden.

5 Dysfunktionales Verhalten von Vertriebsmitarbeitern als besondere Herausforderung

Bei der Gestaltung eines Vergütungssystems im Vertrieb besteht die besondere Herausforderung darin, dysfunktionales Verhalten von Vertriebsmitarbeitern zu begrenzen. Hierbei handelt es sich um Verhaltensweisen, die nicht im Sinne der Vertriebsziele sind, aber von den bestehenden Vergütungssystemen honoriert werden. Die besondere Problematik besteht darin, dass keine Bemessungsgrundlage in der Lage ist, sämtliche Verhaltensweisen im Sinne des Unternehmens ausreichend zu belohnen und dysfunktionale Verhaltensweisen zu bestrafen (Ramaswami 1996).

Vier Beispiele sollen dies verdeutlichen:

1. Ein Vertriebsmitarbeiter gewährt großzügige Preisnachlässe um auf Kosten des Kundendeckungsbeitrags den Umsatz zu erhöhen.
2. Ein Außendienstmitarbeiter vertröstet einen Kunden im Dezember auf das nächste Kalenderjahr, da er in diesem Jahr seine maximale Provisionszahlung schon eingestrichen hat und ein weiterer Umsatz keine zusätzliche Vergütung zur Folge hätte.
3. Ein Außendienstmitarbeiter dokumentiert seine Verkaufsaktivitäten nicht sorgfältig für den Innendienst, da diese Tätigkeit nicht finanziell honoriert wird.
4. Die Einführung der Kennzahl „Prozentsatz von Kundenanfragen, die innerhalb von 59 Sekunden erledigt werden konnten“ in einer Bank führte dazu, dass Kunden nach 59 Sekunden nicht mehr bedient wurden, wenn man ihr Problem nicht lösen konnte (Neely 1998, S. 31).

Studien zu dysfunktionalen Verhaltensweisen im Vertrieb zeigen, dass es derzeit offen bleibt, ob eine Steuerung nach Ergebniskennzahlen dysfunktionales Verhalten begrenzt oder begünstigt. So argumentieren einige Studien, dass die Bewertung über Kennzahlen von Mitarbeitern als besonders fair und transparent wahrgenommen wird und so dysfunktionales Verhalten begrenzt (Choi/Dixon/Young 2004). Andererseits finden Studien auch, dass gerade die Steuerung über Ergebniskennzahlen dysfunktionales Verhalten verursacht (Robertson/Anderson 1993). Da Ergebniskennzahlen nie sämtliche Leistungskriterien abdecken können (vgl. hierzu das obige erste Beispiel) und oftmals Abwägungen zwischen kurz- und langfristigen Erfolgswirkungen bestehen, gibt es bei Ergebniskennzahlen Anreize, diese Spielräume für dysfunktionale Verhaltensweisen zu nutzen.

Lösungsansätze zur Einschränkung dysfunktionaler Verhaltensweisen bestehen in einer Anpassung der Bemessungsgrundlage der Vergütungssysteme und in der Beeinflussung sozialer Beziehungen im Unternehmen. Hinsichtlich der Bemessungsgrundlage wird empfohlen, verschiedene dysfunktionale Effekte durch eine ausgewogene und breite Bemessungsgrundlage aufzufangen, beispielsweise im Sinne eines Balanced-Scorecard Ansatzes. So wird ein Verkäufer, der zusätzlich neben dem Umsatz auf Deckungsbeitragsbasis vergütet wird, keine Preisnachlässe zur Umsatzsteigerung gewähren (Beispiel 1). Der Außendienstmitarbeiter in Beispiel 2 würde durch einen Einbezug der Bemessungsgrundlagen „Kundenzufriedenheit" und „Auftragseingang" den Kunden noch im laufenden Geschäftsjahr bedienen. In Beispiel 3 könnte die Dokumentation der Vertriebsaktivität ein Teiljahresziel sein, wobei der Zielerreichungsgrad in Form einer Sonderprämie vergütet wird. Das dysfunktionale Verhalten in Beispiel 4 ließe sich begrenzen, indem man ebenfalls die Kundenzufriedenheit als Performancemaß einbezöge. Voraussetzung für eine derartige breite Bemessungsgrundlage ist allerdings, dass kompensatorische Effekte begrenzt werden, beispielsweise durch eine multiplikative Verknüpfung der Performancemaße (Homburg/Schäfer/Schneider 2007). Schließlich können subjektive Bewertungen die Nachteile objektiver Ergebniskennzahlen ausgleichen, indem sie diese ergänzen (Gibbs et al. 2004; Merchant/Stringer/Theivananthampillai 2009; Moers 2005). Bei komplexen, schwer messbaren und vielfältigen Tätigkeiten, die sich auch einer breiten Bemessungsgrundlage zur Bewertung entziehen, wird sogar empfohlen, auf eine leistungsabhängige Vergütung völlig zu verzichten und ein reines Festgehalt vorzuziehen (Holmström/Milgrom 1991).

Hinsichtlich sozialer Aspekte zeigen Studien, dass der Einfluss des Vertriebsleiters bzw. der Kollegen eine große Rolle bei Auslösung bzw. Begrenzung dysfunktionaler Handlungen spielt. So konnte gezeigt werden, dass Vertrauen in die Bewertung des Vorgesetzten (Choi/Dixon/Young 2004) sowie ein geringes Ausmaß an dysfunktionalem Verhalten von Kollegen (Jaworski/Young 1992), die Bereitschaft senken, gegen die langfristigen Vertriebsziele des Unternehmens zu handeln. Ansatzpunkte bestehen hierbei im Aufbau einer identitätsfördernden Unternehmenskultur sowie entsprechenden Schulungen von Führungskräften im Vertrieb zur Unterstützung einer leistungsgerechten Personalauswahl und Personalbewertung (Fischer/Reinecke 2009).

6 Zusammenfassung und Managementimplikationen

In diesem Beitrag wurde die Gestaltung von Vergütungssystemen im Vertrieb diskutiert. Neben dem grundsätzlichen Aufbau von Vergütungssystemen sowie einer Erläuterung zur theoretischen Wirkungsweise wurden einzelne Stellhebel zur Gestaltung und Optimierung von Vergütungssystemen vorgestellt. Unter Berücksichtigung bestehender empirischer Arbeiten aus der Vertriebsliteratur konnten dabei eine Vielzahl an Handlungsempfehlungen zur Gestaltung der zentralen Parameter von Vergütungssystemen im Vertrieb gegeben werden.

Grundsätzlich kann auf Basis bestehender Studien gezeigt werden, dass Vergütungssyteme Motivation und Vertriebsleistung entscheidend positiv beeinflussen und dadurch ein wirkungsvolles Managementinstrument im Vertrieb darstellen. Obwohl viele unternehmensspezifische Aspekte die optimale Gestaltung von Vergütungssystemen im Vertrieb beeinflussen, können hinsichtlich der fünf zentralen Parameter zusammenfassend folgende Empfehlungen gegeben werden:

- Es erscheint sinnvoll, sowohl Provisionen als auch Prämienzahlungen im Vertrieb einzusetzen. Erstere sollten sofort nach Leistungserbringung ausgezahlt und an objektiv nachprüfbare Kennzahlen gekoppelt werden. Prämien hingegen sollten in größeren Abständen ausgezahlt werden und an subjektive Einschätzungen hinsichtlich der Verkäuferentwicklung oder der Mitwirkung an strategischen Vertriebsprojekten gebunden werden.

- Die Höhe der Vergütung sollte sich an branchenüblichen Maßstäben orientieren. Dabei sollte berücksichtigt werden, dass Top-Vertriebsmitarbeiter eine hohe Vergütung erreichen können müssen. Der funktionale Zusammenhang sollte aus Motivations- und Verständlichkeitsgründen linear sein und erst bei einer Leistung, die vom Vertriebsmitarbeiter alleine nicht mehr erreichbar ist, gedeckelt werden.

- Der variable Anteil an der Gesamtvergütung sollte bis zu 40 % betragen. Grundlegende Voraussetzung hierbei ist allerdings, dass die Vertriebsleistung hinreichend gut messbar ist. Als Bemessungsgrundlage zur Erfassung der Vertriebsleistung sollte für die Provision eine Kombination aus Verhaltens- und Ergebniskennzahlen gewählt werden. Hierbei kann eine Verkäufer-Scorecard mit einer Kombination aus finanziellen und nicht-finanziellen Verhaltens- und Ergebniskennzahlen hilfreich sein. Die Kennzahl Umsatz, die von vielen Unternehmen heute noch alleine als Bemessungsgrundlage gewählt wird, ist unzureichend, da sie Aspekte wie Profitabilität oder Kundenorientierung nicht abbildet. Subjektive Einschätzungen sollten zur Messung von Prämien und Beförderungen eingesetzt werden.

- Vertriebsziele sollten die Kriterien Erreichbarkeit, Präzision, Fairness, Nachvollziehbarkeit und Messbarkeit erfüllen. In diesem Fall werden Ziele und deren Kontrolle auch von den Mitarbeitern akzeptiert und eine höhere Leistungsmotivation wird freigesetzt. Der enge Einbezug der Vertriebsmitarbeiter in die Zielplanung und -kontrolle führt zu einer hohen wahrgenommenen Fairness, welche sich ebenfalls positiv auf die Vertriebsleistung auswirkt.

- Das Team als Bezugsobjekt für das Tagesgeschäft sollte nur gewählt werden, wenn der gesamte Vertriebsprozess tatsächlich im Team erfolgt oder wenn es rechtliche Beschränkungen individueller Anreize gibt (z. B. im Rahmen von Tarifvereinbarungen). Andernfalls sind Teamanreize eine interessante Ergänzung bei Projekten, die nicht das Tagesgeschäft betreffen (z. B. Sonderaktionen in einzelnen Verkaufsgebieten; Aufbau eines neuen Standortes durch ein Vertriebsteam). In diesem Fall können Teamanreize zusätzliche Motivation freisetzen und den Teamgeist stärken. Um „Trittbrettfahrer" zu vermeiden, sollte die Prämienzahlungen an den gesamten Teamerfolg geknüpft werden, die Aufteilung jedoch nach individuellem Leistungsbeitrag erfolgen.

Der vorliegende Beitrag liefert auch für weitere wissenschaftliche Untersuchungen interessante Erkenntnisse. So wird deutlich, dass viele empirische Arbeiten in der Vertriebsforschung lediglich einzelne Facetten von Vergütungssystemen untersuchen und diese in keinen größeren Gesamtkontext stellen. Dies zeigt sich insbesondere in der Forschung zur Bemessungsgrundlage bei Vergütungssystemen im Vertriebsbereich, die sehr rudimentär zwischen Verhaltens- und Ergebniskontrollen unterscheidet (Baldauf/Cravens/Piercy 2005).

Eine Folge dieser Konzeptualisierung sind widersprüchliche Ergebnissen bisheriger empirischer Studien, die untersuchen, in welchem Kontext welche Art von Vergütungssystem von Unternehmen bevorzugt wird (Krafft/Albers/Lal 2004). Zum anderen liefern auch die Erfolgsauswirkungen der Wahl der Bemessungsgrundlage keine eindeutigen Ergebnisse. Zukünftige Forschungsanstrengungen sollten hierbei eine differenziertere Konzeptualisierung und Operationalisierung der Vertriebssteuerung anstreben.

Darüber hinaus sind dysfunktionale Verhaltensweisen von Vertriebsmitarbeitern noch weitgehend unerforscht geblieben. Lediglich bei dysfunktionalem Verkäuferverhalten im Hinblick auf Preisentscheidungen besteht eine größere Zahl an empirischen Forschungsarbeiten (für eine aktuelle Studie siehe Frenzen et al. 2010). Zukünftige Forschung könnte sich damit befassen zu untersuchen, in welchem Verkaufskontext dysfunktionale Verhaltensweisen von Verkäufern besonders stark auftreten und welche Art von Steuerungssystemen besonders geeignet sind derartige Verhaltensweisen zu minimieren. Im Hinblick auf eine Kosten-Nutzen Betrachtung wäre es zudem interessant zu untersuchen, bis zu welchem Grad dysfunktionales Verhalten im Vertrieb sogar wirtschaftlich ist und zugelassen werden sollte, da dessen vollständige Beseitigung für ein Unternehmen zu kostspielig sein dürfte.

Literaturverzeichnis

Anderson, E./Oliver, R.L. (1987): Perspectives on Behavior-Based Versus Outcome-Based Salesforce Control Systems, in: Journal of Marketing, 51. Jg., Nr. 4, S. 76-88.

Baldauf, A./Cravens, D.W./Piercy, N.F. (2005): Management Control Research: Synthesis and an Agenda for Future Research, in: Journal of Personal Selling & Sales Management, 25. Jg., Nr. 1, S. 7-26.

Baker, G.P./Jensen, M.C./Murphy K.J. (1988): Compensation and Incentives: Practice vs. Theory, in: Journal of Finance, 43. Jg., Nr. 3, S. 593-616.

Banker, R.D./Lee, S./Potter, G. (1996): A Field Study of the Impact of a Performance-based Incentive Plan, in: Journal of Accounting and Economics, 21 Jg., S. 195-226.

Banker, R. D./Potter, G./Srinivasan, D. (2000): An Empirical Investigation of an Incentive Plan that Includes Nonfinancial Performance Measures, in: The Accounting Review, 75. Jg., Nr. 1, S. 65-92.

Banker, R./Lee, S.-Y./Potter, G./Srinivasan D. (1996): Contextual Analysis of Performance Impacts of Outcome-Based Incentive Compensation, in: Academy of Management Journal, 39. Jg., Nr. 4, S. 920-948.

Bartol, K.M. (1999): Refraiming Salesforce Compensation Systems: An Agency Theory-Based Performance Management Perspective, Journal of Personal Selling & Sales Management, 14. Jg., Nr. 3, S. 1-16.

Bhattacharjee, S./Moreno, K.K. (2004): Debiasing the Impact of Positive and Negative Prior Impressions on Manager's Performance Evaluation Judgments, Global Management Acounting Research Symposium, Michigan, S. 1-36.

Berdi, Ch./Thomaszik, B. (2007): Mit Effizienz an die Spitze, in: Absatzwirtschaft, Sonderheft Vertrieb 2007, S. 26-32.

Blakemore, A.E./Low, S.A./Ormiston, M.B. (1987): Employment Bonuses and Labor Turn-over, in: Journal of Labor Economics, 5. Jg., Nr. 4, S. 124-135.

Choi, N.H./Dixon, A.L./Jung, J.M. (2004): Dysfunctional Behavior Among Sales Representatives: The Effect of Supervisory Trust, Participation, and Information Controls, in: Journal of Personal Selling & Sales Management, 24. Jg., Nr. 3, S. 181-198.

Churchill, G.A./Ford, N.M./Hartley, S.W./Walker, O.C. (1985): The Determinants of Salesperson Performance: A Meta-Analysis, in: Journal of Marketing Research, 22. Jg., Nr. 2, S. 103-118.

Coughlan, A.T./Narasimhan, C. (1992): An Empirical Analysis of Sales-force Compensation Plans, Journal of Business, 65. Jg., Nr. 1, S. 93-121.

Coughlan, A.T./Sen, S.K. (1989): Salesforce Compensation: Theory and Managerial implications, in: Marketing Science, 8. Jg., Nr. 4, S. 324-341.

Cravens, D.W./Ingram, T.N./LaForge, R.W./Young, C.E. (1993): Behavior-Based and Out-come-Based Salesforce Control Systems, in: Journal of Marketing, 57. Jg., Nr. 4, S. 47-59.

Deci, E.L/Ryan, R.M./Koestner, R. (1999): A Meta-analytic Review of Experiments Examining the Effect of Extrinsic Rewards on Intrinsic Motivation, in: Psychological Bulletin, 125. Jg., Nr. 6, 692-700.

Drago, R./Garvey, G.T. (1998): Incentives for Helping on the Job: Theory and Evidence, in: Journal of Labor Economics, 16. Jg., Nr. 1, S. 1-25.

Eisenberger, R./Pierce, W.D./Cameron, J. (1999): Effects of Reward on Intrinsic Motivation – Negative, Neutral, and Positive: Comment on Deci/Koestner/Ryan (1999), Psychological Bul-letin, 125. Jg., Nr. 6, S. 677-691.

Eisenhardt, K.M. (1988): Agency- and Institutional-Theory Explanations: The Case of Retail Sales Compensation, in: Academy of Management Journal, 31. Jg., Nr. 3, S. 488-511.

Ewert, R./Wagenhofer, A. (2008): Interne Unternehmensrechnung, 7. Auflage, Heidelberg.

Fischer, P.M./Reinecke, S. (2009): Dysfunktionales Verhalten von Vertriebsmitarbeitern als Folge imperfekter Steuerungssysteme, in: Zeitschrift für Controlling und Management, Sonderheft 2, S. 40-45.

Ford, N.M./Churchill, G.A./Walker, O.C. (1985): Differences in the Attractiveness of Alternative Rewards Among Industrial Salespeople: Additional Evidence, in: Journal of Business Research, 13. Jg., S. 123-138.

Frenzen, H./Hansen, A.-K./Krafft, M./Mantrala, M.K./Schmidt, S. (2010): Delegation of Pricing Authority to the Sales Force: An Agency-Theoretic Perspective of its Determinants and Impact on Performance, in: International Journal of Research in Marketing, 27, in Kürze erscheinend.

Gerhart, B./Milkovich, G.T. (1990): Organizational Differences in Managerial Compensation and Financical Performance, in: Academy of Management Journal, 33. Jg., Nr. 4, S. 663-691.

Ghosh, M./John, G. (2000): Experimental Evidence for Agency Models of Salesforce Compensation, in: Marketing Science, 19. Jg., Nr. 4, S. 348-365.

Gibbs, M./Merchant, K./van der Stede, W./Vargus, M.E. (2004): Determinants and Effects of Subjectivity in Incentives, in: Accounting Review, 79. Jg., Nr. 2, S. 409-436.

Hansen, D.G. (1997): Performance and Group Incentives: A Case Study, in: Industrial and Labor Relations Review, 51. Jg., Nr. 1, S. 37-49.

Hauser, J.R./Simester, D.I./Wernerfelt, B. (1994): Customer Satisfaction Incentives, in: Marketing Science, 13. Jg., Nr. 4, S. 327-350.

Holmström, B./Milgrom, P. (1991): Multitask Principal-agent Analyses: Incentive Contracts, Asset Ownership, and Job Design, in: Journal of Law, Economics, and Organization, 7. Jg., S. 24-52.

Homburg, Ch./Artz, M. (2010): Performancemaße zur Leistungsbewertung von Managern in Marketing und Vertrieb: Ergebnisse einer branchenübergreifenden empirischen Studie, in: Controlling – Zeitschrift für erfolgsorientierte Unternehmenssteuerung, 22. Jg., Nr. 8/9, S. 448-455.

Homburg, Ch./Jensen, O. (2000): Kundenorientierte Vergütungssysteme: Voraussetzungen, Verbreitung, Determinanten, in: Zeitschrift für Betriebswirtschaft, 70. Jg., Nr. 1, S. 55-74.

Homburg, Ch./Müller, M. (2009): Effektives Verhalten von Verkäufern im Kundenkontakt: Status Quo und Erfolgsfaktoren, M118, Institut für Marktorientierte Unternehmensführung, Universität Mannheim.

Homburg, Ch./Krohmer, H. (2009): Marketing Management, 3. Auflage, Wiesbaden.

Homburg, Ch./Schäfer, H./Schneider, J. (2007): Sales-Excellence – Vertriebsmanagement mit System, 5. Auflage, Wiesbaden.

Jaworski, B.J./Young, S.M. (1992): Dysfunctional Behavior and Management Control: An Empirical Study of Marketing Managers, in: Accounting, Organizations and Society, 17. Jg., Nr. 1, S. 17-35.

Jeffrey, S. (2004): The Benefits of Tangible Non-Moneary Incentives, Working Paper, University of Chicago, Graduate School of Business.

John, G./Weiss, A.M./Weitz, B. (1987): An Organizational Coordination Model of Salesforce Compensation Plans: Theoretical Analysis and Empirical Test, in: Journal of Law, Economics and Organization, 3. Jg., Nr. 2, S. 373-395.

Joseph, K./Kalwani M.U. (1998): The Role of Bonus Pay in Salesforce Compensation Plans, in: Industrial Marketing Management, 27. Jg., S. 147-159.

Kienbaum (2008): Steuerung und Vergütung im Vertrieb, Kienbaum Management Consultants GmbH, 3. Auflage, Gummersbach.

Krafft, M. (1999): An Empirical Investigation of the Antecedents of Sales Force Control Systems, in: Journal of Marketing, 63. Jg., Nr. 7, S. 120-134.

Krafft, M./Frenzen, H./Jeck, M. (2002): Team Selling Anreizsysteme – Wie Vertriebsteams entlohnt werden, in: Absatzwirtschaft, 45. Jg., Nr. 9, S. 40-45.

Krafft, M./Albers, S./Lal, Rajiv (2004): Relative Explanatory Power of Agency Theory and Transaction Cost Analysis in German Salesforces, in: International Journal of Research in Marketing, 21. Jg., S. 265-283.

Kunz, A./Pfaff, D. (2002): Acency Theory, Performance Evaluation, and the Hypothetical Construct of Intrinsic Motivation, Accounting, Organizations and Society, 27. Jg., Nr. 3, S. 275-295.

Lal, R./Outland, D./Staelin, R. (1994): Salesforce Compensation Plans: An Individual-level Analysis, in: Marketing Letters, 5. Jg., Nr. 2, S. 117-130.

Landy, F./Farr, J. (1980): Performance Rating, Psychological Bulletin, 87. Jg., S. 72–107.

Lawler, E.E./Porter, L. (1967), Antecedent Attitude of Effective Managerial Performance, Organizational Behavior & Human Performance, 2. Jg., Nr. 2, S. 122-142.

Lipe, M.G./Salterio, S.E. (2000): The Balanced Scorecard: Judgmental Effects of Common and Unique Performance Measures, in: The Acounting Review, 75. Jg., Nr. 3, S. 283-298.

Locke, E.A./Latham, G.P. (1990): A Theory of Goal Setting and Task Performance, New York.

Lucas, G.H. Jr./ Parasuraman, A./Davis, R.A./Enis, B.M. (1987): An Empirical Study of Sales-force Turnover, Journal of Marketing, 51. Jg., Nr. 3, S. 34-59.

Lyons, F. H./Ben-Ora, D. (2002): Total Rewards Strategy: The Best Foundation of Pay for Performance, in: Compensation & Benefits Review, March/April, S. 34-40.

Matsumura, E.M./Shin, J.Y. (2006): An Empirical Analysis of an Incentive Plan With Relative Performance Measures: Evidence from a Postal Service, in: The Accounting Review, 81. Jg., Nr. 3, S. 533-566.

Menguc, B./Barker, A.T. (2003): The Performance Effects of Outcome-based Incentive Pay Plans on Sales Organizations: A Contextual Analysis, in: Journal of Personal Selling & Sales Management, 23. Jg., Nr. 4, S. 341-358.

Mercer (2007): Absatzwirtschaft-Mercer Vertriebsumfrage 2007, Düsseldorf.

Merchant, K./Stringer, C./Theivananthampillai, P. (2009): Relationships Between Objective and Subjective Performance Ratings, Working Paper.

Moers, F. (2005): Discretion and Bias in Performance Evaluation: The Impact of Diversity and Subjectivity, in: Accounting, Organizations and Society, 30. Jg., Nr. 1, S. 67-80.

Mohnen, A./Schmidtlein, A. (2008): Vergütungssysteme im Vertrieb, in: Zeitschrift für Management, 3. Jg., Nr. 1, S. 71-93.

Neely, A. (1998): Measuring Business Performance – Why, What and How, London.

Pullins, E.B. (2001): An Exploratory Investigation of the Relationship of Sales Force Compensation and Intrinsic Motivation, in: Industrial Marketing Management, 30. Jg., Nr. 5, S. 403-413.

Ramaswami, S. (1996): Marketing Controls and Dysfunctional Employee Behaviors: A Test of Traditional and Contingency Theory Postulates, in: Journal of Marketing, 60. Jg., Nr. 2, S. 105-120.

Ramaswami, S.N./Singh, J. (2003): Antecedents and Consequences of Merit Pay Fairness for Industrial Salespeople, Journal of Marketing, 67. Jg., Nr. 4, S. 46-66.

Robertson, D./Anderson, E. (1993): Control System and Task Environment Effects on Ethical Judgment: An Exploratory Study of Industrial Salespeople, in: Organization Science, 4. Jg., S. 617-644.

Rouziés, D./Coughlan, A.T./Anderson, E./Iacobucci, D. (2009): Determinants of Pay Levels and Structures in Sales Organizations, in: Journal of Marketing, 73. Jg., Nr. 6, S. 92-104.

Segalla, M./Rouziés, D./Besson, M./Weitz, B.A. (2006): A Cross-national Investigation of Incentive Sales Compensation, in: International Journal of Research in Marketing, 23. Jg., Nr. 4, S. 419-433.

Seijts, G.H./Latham, G.P./Tasa, K./Latham, B.W. (2004): Goal Setting and Goal Orientation: An Integration of Two Different Yet Related Literatures, in: Academy of Management Journal, 47. Jg., Nr. 2, S. 227-239.

Sharma, A. (1997): Customer Satisfaction-Based Incentive Systems: Some Managerial and Salesperson Considerations, in: Journal of Personal Selling & Sales Management, 17. Jg., Nr. 2, S. 71-70.

Sharma, A./Sarel D. (1995): The Impact of Customer Satisfaction Based Incentive Systems on Salespeople's Customer Service Response: An Empirical Study, in: Journal of Personal Selling & Sales Management, 15. Jg., Nr. 3, S. 17-29.

Smyth, R.C. (1968): Financial Incentives for Salesmen, in: Harvard Business Review, Januar/Februar, S. 109-117.

Tremblay, M./Côté, J./Balkin, D.B. (2003): Explaining Sales Pay Strategy Using Agency, Transaction Cost and Resource Dependence Theories, in: Journal of Management Studies, 40. Jg., Nr. 7, S. 1651-1682.

Tyagi, P. K. (1982): Perceived Organizational Climate and the Process of the Salesperson Motivation, in: Journal of Marketing Research, 19. Jg., Nr. 2, S. 240-254.

VDMA (2004): VDMA-Kennzahlen Vertrieb 2004, Frankfurt.

Vroom, V.H. (1964): Work and Motivation, New York.

Walker, O.C./Churchill, G.A./Ford, N.M. (1977): Motivation and Performance in Industrial Selling: Present Knowledge and Needed Research, in: Journal of Marketing Research, 14. Jg., Nr. 2, S. 156-168.

White, R.A. (1983): Employee Preferences for Nontaxable Compensation Offered in a Cafeteria Compensation, in: The Accounting Review, 58. Jg., Nr. 3, S. 539-561.

Widmier, S. (2002): The Effects of Incentives and Personality on Salesperson's Customer Orientation, in: Industrial Marketing Management, 31. Jg., Nr. 7, S. 609-615.

Wiswede, Günter (2007): Einführung in die Wirtschaftspsychologie, 4. Auflage, München.

Teil 4
Informationsmanagement im Vertrieb

4.1 Systemgestütztes Kundenmanagement (CRM)

Jörg Link, Jan Münster, Alexander Gary

1 Grundlagen des systemgestützten Kundenmanagements

1.1 Kundenmanagement im Sinne des Customer Relationship Management

Bei jeder neuen „Modewelle", wie sich CRM um die Jahrtausendwende herum darstellte, ist es nützlich, zunächst eine Differenzierung vorzunehmen zwischen dem, was wirklich neu ist, und dem, was nur „alten Wein in neuen Schläuchen" darstellt. Geht man zunächst nur vom Begriff aus, so beschäftigt sich CRM mit dem Management von Kundenbeziehungen; Ziel ist die Herstellung, Aufrechterhaltung und Nutzung erfolgreicher Beziehungen zum einzelnen Kunden (Link/Tiedtke 2001). Dieses Kundenbindungsziel ist ein „klassisches" Ziel des Direktmarketing, wie es insbesondere in den Bereichen des Dienstleistungs- und des Investitionsgütermarketing immer schon verfolgt worden ist (Link/Schleuning 1999).

Kundenbindung war und ist aber im CRM nur erwünscht bei Kunden, die sich rechnen, was zur Kundenbewertung bzw. -klassifizierung führt. Die daraus resultierende ABC-Klassifizierung der Einzelkunden ist ebenfalls nicht wirklich neu; neu sind vielmehr die Ansprüche an diese Klassifizierung. Nur die Einbeziehung der so genannten Potentialdaten sowie aller sonstigen, die Kundenattraktivität und eigene Wettbewerbsstärke beeinflussenden Daten stellt eine sinnvolle Klassifizierung sicher (Link/Hildebrand 1997). Die meisten der derzeit in der betrieblichen Praxis im Einsatz befindlichen Kunden-Klassifizierungssysteme sind daher als unbefriedigend oder direkt kontraproduktiv anzusehen.

Neu am CRM sind aber insbesondere die heutigen und zukünftigen elektronischen Tools, mit denen das Ziel der Kundenbindung sehr viel umfassender und wirksamer erreicht werden kann. Diese Tools werden vor allem durch die Kundenorientierten Informationssysteme (KIS) repräsentiert, d.h. Database Marketing (DBM), Computer Aided Selling (CAS) sowie Online Marketing (OM), aber natürlich auch z. B. durch die Call Center (Link/Schleuning 1999).

Schaut man genauer hin, so ist das Neue am CRM also vor allem eine spezifische Kopplung zwischen dem Gedanken der Kundenbindung und den neuen Möglichkeiten im Bereich der Kundenorientierten Informationssysteme. In dieser Kopplung liegt gleichzeitig eine erhebliche Herausforderung wie auch eine große Chance. Es müssen sowohl der strategische Weg als auch die informationstechnologischen Systeme definiert werden, die Kundenbindung bewirken sollen und können.

Zusammenfassend lässt sich CRM daher als informationstechnologisch gestützte Herstellung, Aufrechterhaltung und Nutzung von Kundenbeziehungen definieren. Insofern ist verständlich und legitim, dass viele Autoren auch von eCRM statt CRM sprechen.

1.2 Systemgestütztes Kundenmanagement als Vorsteuerungsaufgabe

Neben den Produkten stellen die Kunden die wichtigsten **externen** Erfolgspotentiale einer Unternehmung dar (Link 2009a; Link 1985). Der mit ihnen erwirtschaftete Erfolg (Gewinn, Liquidität) bedingt allerdings die rechtzeitige vorherige Schaffung **interner** Erfolgspotentiale - z. B. technologische, humane oder strukturelle Potentiale. Letztere umfassen auch sämtliche Führungssysteme - von den Informationssystemen bis hin zu den Organisationssystemen. Es handelt sich bei diesen Wirkungszusammenhängen um eine grundsätzliche Vorsteuerungsaufgabe, d.h. Gewinn und Liquidität werden durch Produkte und Kunden, diese wiederum durch Führungssysteme vorgesteuert. Diese Zusammenhänge werden in Abbildung 4.1.1 verdeutlicht. Neuere Balanced Scorecards des Kundenmanagements greifen diese Zusammenhänge auf und nutzen sie für eine Optimierung (z. B. Link/Kramm 2006; Grandjot 2006; Münster/Seidl 2008; Seidl 2009).

Abbildung 4.1.1 Die Vorsteuerungskette im kontributionsorientierten Ansatz (mit Hervorhebung der Kundenaspekte; Quelle: Link 2009b, S. 52)

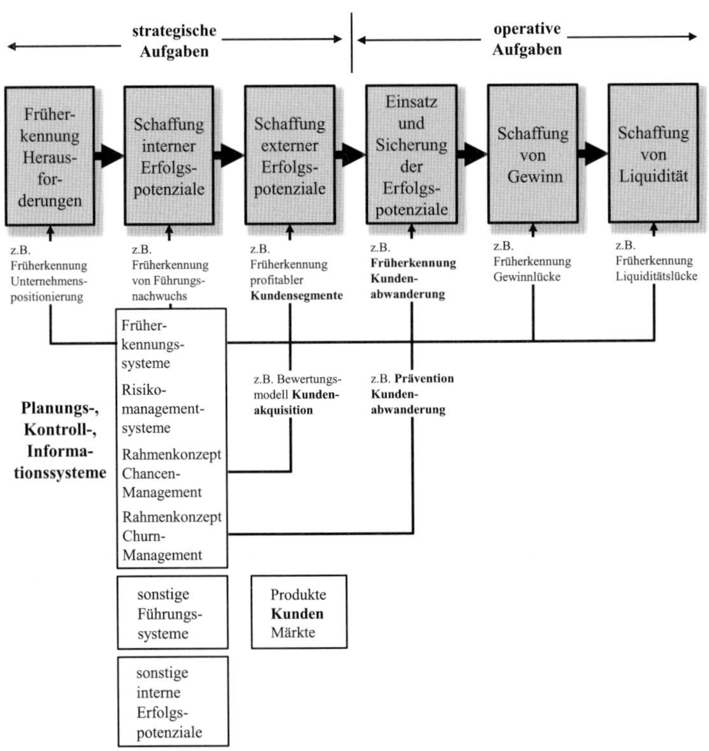

Der Vorsteuerungsgedanke findet sich auch in der CRM-Pyramide (Link 1991) wieder. Auch hier wird deutlich, dass Kundenbindung und die damit bewirkten finanziellen Erfolge über mehrere Stufen, zu denen bestimmte Führungssysteme gehören, vorbereitet werden müssen. Umgekehrt können die betreffenden Systeme ihren Zweck aber nur erfüllen, wenn sie in Kenntnis der beabsichtigten Ziele (Ebene 1 in Abbildung 4.1.2) und Strategien (Ebene 2) konzipiert werden. Viele Misserfolge im CRM haben ihre Ursache in eben diesem Versäumnis einer strategischen Anbindung der Systeme.

Abbildung 4.1.2 Das 3-Ebenen-Modell des CRM (Quelle: Link/Weiser 2006, S. 87)

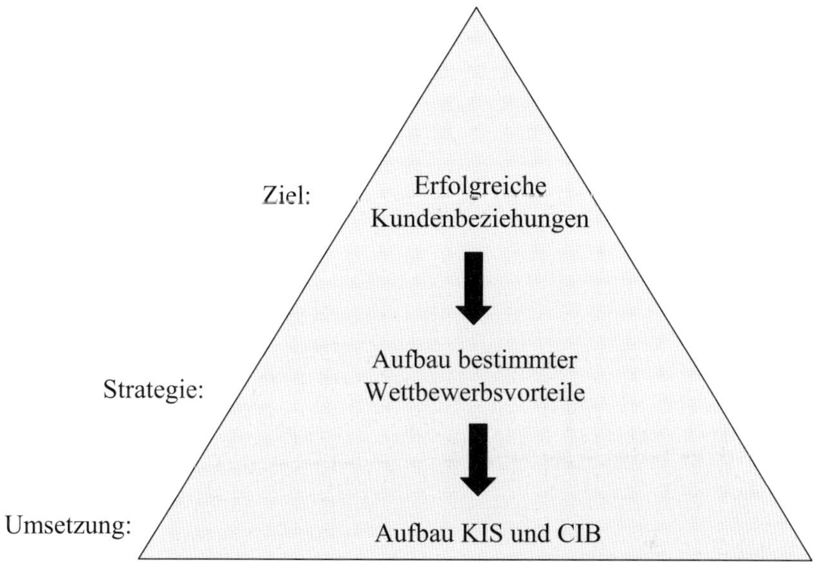

Die KIS (DBM, CAS, OM) der Ebene 3 sollen also auf Ebene 2 jene Wettbewerbsvorteile realisieren (z. B. Schnelligkeit, Individualisierung, Convenience), die dann auf Ebene 1 zur Bindung von Kunden führen sollen. Hierzu müssen die Kundenorientierten Informationssysteme (als interne Erfolgspotentiale) rechtzeitig und in Kenntnis der Ziele und Strategien geplant und implementiert werden.

Dass neben den Informationssystemen auch andere Führungssysteme an die Erfordernisse eines CRM angepasst werden müssen, wird ausführlich auch bei Tewes (2003) thematisiert.

2 Das Spektrum der Herausforderungen im Kundenmanagement

2.1 Kundengewinnung als klassische Herausforderung

Kundengewinnung ist die logische Basis für das gesamte Kundenmanagement. Sie steht am Anfang des Kundenlebenszyklus (siehe Abbildung 4.1.3). Erst auf der Basis von Erstkäufen besteht die Chance der Entwicklung einer längerfristigen Kundenbeziehung. Zwischen Kundengewinnung und Kundenbindung besteht also grundsätzlich ein komplementäres Verhältnis. Die Ausgewogenheit in diesem Verhältnis ist das Problem, wie noch deutlich wird.

Abbildung 4.1.3 Der Kundenbeziehungs-Lebenszyklus (Quelle: Stauss 2006, S. 434)

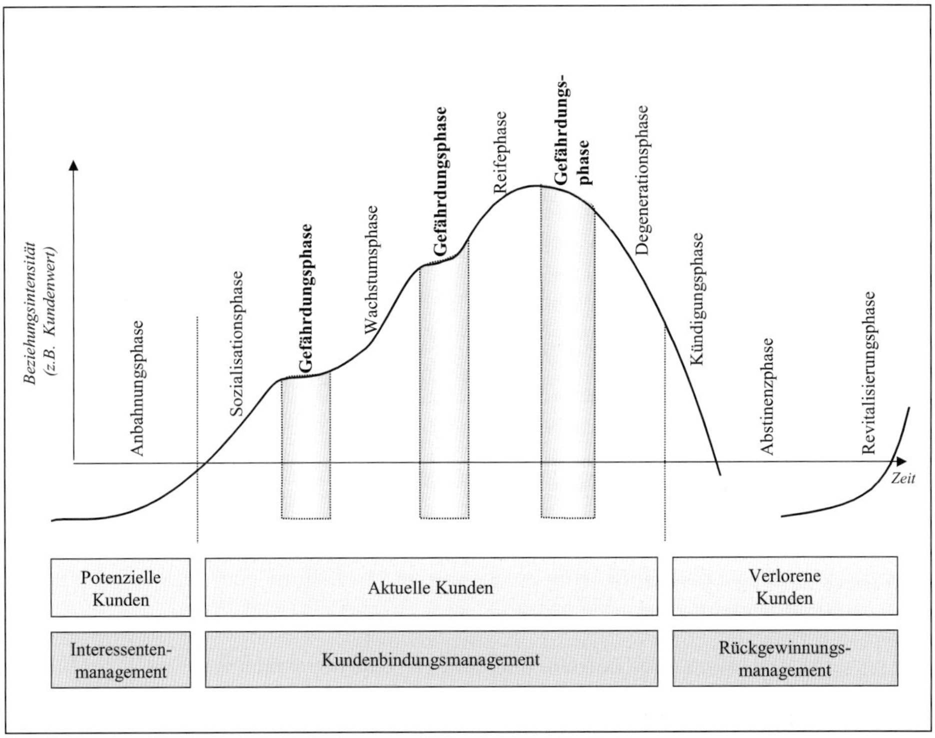

Nach erfolgter Kundenakquisition sind also immer wieder Entscheidungen zu fällen, wieweit der Fokus mehr auf weitere Akquisition oder auf Kundenbindung zu legen ist. Diese Entscheidung hängt, wie noch zu zeigen sein wird, sehr stark von den Kosten der Kundenakquisition einerseits und den Kosten der Kundenbindung andererseits ab.

Eine Kundenakquisitionsstrategie sieht Bruhn (2001) z. B. dann als vorrangig an, „wenn das Unternehmen:

- im Vergleich zu den Wettbewerbern relativ wenige Neukunden hinzugewinnt,
- noch einen geringen Kundenstamm hat,
- die aktuellen Kunden weniger profitabel sind als andere zu akquirierende Kunden sein könnten
- neue Kunden in den Markt eintreten, die profitabler sind als die aktuellen Kunden." (Bruhn 2001, S. 117)

Die unterstützenden Informationssysteme müssen dann in hohem Umfang Daten über und Daten an jene Gruppen potentieller Kunden liefern, wie sie in Abbildung 4.1.4 dargestellt sind.

Abbildung 4.1.4 Auffächerung der Kunden nach der Auftragswahrscheinlichkeit (Quelle: Link/Hildebrand 1993, S. 33)

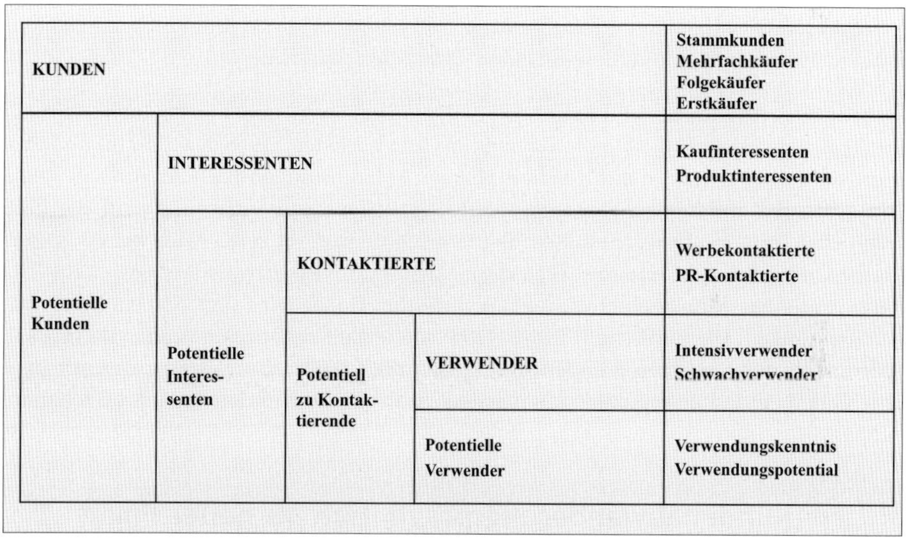

2.2 Kundenbindung als Kern des CRM

In Wissenschaft und Praxis ist Kundenbindung in den 90er Jahren in Verbindung mit Begriffen wie „Beziehungsmarketing" bzw. „Relationship Marketing" (Plinke 1989; Link/Hildebrand 1995; Diller 1996; Peter 1997; Hildebrand 1997), danach immer stärker unter Bezugnahme auf den Begriff „Customer Relationship Management" (Link 1999; Schwetz 2000; Eggert/Fassott 2001; Newell 2000) diskutiert worden. In Anlehnung an Peter lassen sich mit dem Begriff der Kundenbindung die Beziehungen zwischen einem Anbieter und einem Kunden dahingehend charakterisieren, wieweit in der Vergangenheit oder Zukunft zwischen ihnen eine vom Marktdurchschnitt abweichende Zahl von Transaktionen realisiert wird (Peter 1997). Dabei rechnen zu den Transaktionen grundsätzlich auch solche Leistungen, die Anbieter in der pre sales- oder after sales-Phase sowie rund um das Produkt erbringen. Somit ist Kundenbindung auch messbar bei einer Produktgattung, die typischerweise nur einmal gekauft wird - siehe Kraftwerk -, aber einen hohen Anteil an Serviceleistungen aller Art im pre sales- und after sales-Bereich aufweist.

Bekanntlich haben Bliemel/Eggert darauf hingewiesen, dass bei der Kundenbindung grundsätzlich zwischen den beiden Bindungszuständen der „Verbundenheit" und der „Gebundenheit" unterschieden werden muss (Bliemel/Eggert 1998). Bei der Herstellung von Verbundenheit versucht der Anbieter, durch geeignete Maßnahmen auf der rationalen und/oder irrationalen Ebene die Beziehungen aus der Sicht des Kunden positiv zu gestalten. Bei der Herstellung von Gebundenheit hingegen errichtet der Anbieter Wechselbarrieren, schränkt also die Wahlfreiheit seiner Kunden ein. Beispiele für derartige Wechselbarrieren sind anbieterspezifische technologische Standards oder monetäre Aufwendungen, die mit der Aufnahme oder Beendigung einer Geschäftsbeziehung verbunden sind und im Anwendungsbereich des CRM durchaus praktische Bedeutung haben. Wenn allerdings eine Gebundenheitsstrategie verfolgt werden soll, so erscheint sie langfristig nur sinnvoll und aussichtsreich in Kombination mit einer Verbundenheitsstrategie.

Ausgehend von Abbildung 4.1.4 lautet das Ziel des Kundenmanagements, die Beziehungsintensität für entsprechend rentable Kunden bis zur höchsten Stufe der Stammkunden zu steigern. Allerdings sind die dafür erforderlichen Aufwendungen ins Verhältnis zu setzen zum jeweiligen Kundenwert. Der angestrebte Grad der Kundenbindung und die dafür erforderlichen Aufwendungen müssen ökonomisch begründet sein. Auch bei A-, B- und erst recht C-Kunden darf nur so viel in die Beziehung investiert werden, wie es das ökonomische Potential der einzelnen Kunden rechtfertigt. Daher wird im CRM ein hohes Maß an Anstrengungen, methodischem Know How sowie Zeit darauf verwandt, die Investitionswürdigkeit der einzelnen Kunden möglichst präzise und zuverlässig zu ermitteln. In diesem Sinne liegt in der expliziten Ungleichbehandlung der Kunden ein Erfolgsgeheimnis des CRM.

2.3 Kundenabwanderungsprävention als neuer Fokus

„Die langfristige Sicherung bestehender (profitabler) Kundenbeziehung erweist sich für Unternehmen zunehmend als eine zentrale und zugleich immer schwieriger zu bewältigende Herausforderung" (Seidl 2009). Die bereits erwähnten hohen Kosten für die Kundenakquisition lassen bei sinkender Kundenloyalität auf zahlreichen Märkten die Früherkennung und Prävention von Kundenabwanderungen sowie die Kundenrückgewinnung immer größere Bedeutung gewinnen. Kundenfluktuation kann durch den Verlust entsprechender Kundenwerte als einer der wichtigsten Kostentreiber der Marktbearbeitung angesehen werden (Homburg/Schäfer 1999).

Die nachstehende Abbildung verdeutlicht die ökonomischen Risiken der Kundenabwanderung und Kundenrückgewinnung.

Abbildung 4.1.5 Customer Recovery Risikoportfolio (Quelle: Seidl 2009, S. 14)

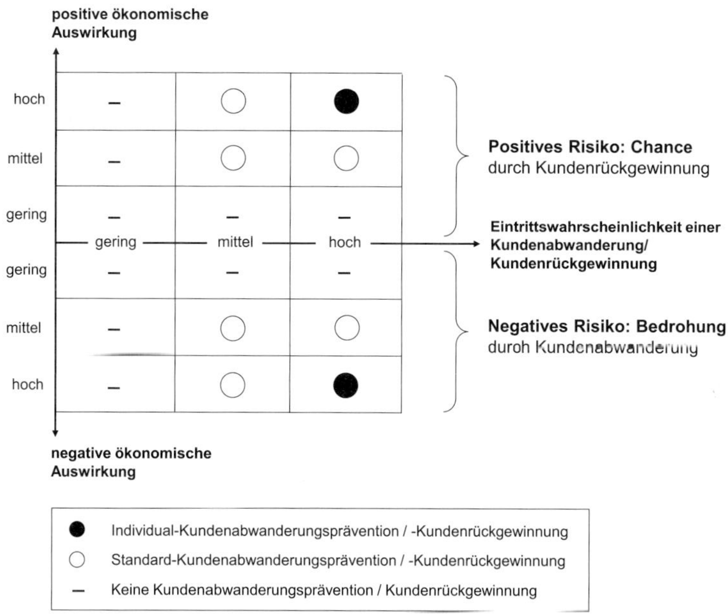

In Anlehnung an Bruhn (2009) und Michalski (2002) lassen sich folgende Abwanderungspräventionsstrategien unterscheiden:

- „Fehlerkorrektur- und Kompensationsstrategie: Behebung der unternehmensseitig begangenen Fehler und Wiedergutmachung des für den Kunden entstandenen Schadens (z. B. Leistungsnachbesserung, nachträgliche Preisnachlässe, Verlustausgleich, Ersatzleistung, explizite Entschuldigung, Gutscheine, Geschenke);
- Dialog- und Überzeugungsstrategie: Wiederaufbau von Vertrauen und Vermeidung negativer Mund-zu-Mund-Propaganda durch aktive Dialogmaßnahmen (z. B. klärendes Gespräch) sowie Überzeugung der abwanderungsgefährdeten Kunden von der Vorteilhaftigkeit der Unternehmensleistungen (z. B. Nutzenargumentation, Aufklärung über das unternehmerische Leistungsangebot, individuelle Beratung);
- Anreizstrategie: Offerieren von Anreizen für den Kunden zur Weiterführung der Geschäftsbeziehung (z. B. Leistungsindividualisierung, Value Added Services, Kundenintegration, Anpassung der Vertragsbedingungen, Preisnachlässe/Sonderkonditionen, Einladung zu Events)" (Seidl 2009, S. 15).

3 Systeme zur Unterstützung des Customer Relationship Management

3.1 Kundenorientierte Informationssysteme

Das Ziel des CRM besteht wie bereits erwähnt in der Herstellung, Aufrechterhaltung und Nutzung von erfolgreichen Beziehungen zum Einzelkunden (Link/Tiedtke 2001). Hier existieren durch die Kundenorientierten Informationssysteme (KIS) - Database Marketing (DBM), Computer Aided Selling (CAS), Online Marketing (OM) - zahlreiche Möglichkeiten, Kundenwünsche individueller, wirkungsvoller, schneller und kostengünstiger zu erfassen, zu bearbeiten und dadurch den Kunden langfristig zu binden (Link/Schleuning 1999). Die besondere Rolle der KIS im CRM liegt darin, dass sie eine möglichst interaktive Beziehung zum Kunden ermöglichen bzw. unterstützen, indem der Informationsaustausch mit dem Kunden beschleunigt und rationalisiert wird (z. B. über die Außendienst-Notebooks im Rahmen des CAS oder die Internet-Zugänge im Rahmen des OM) oder indem dieser Dialog mit dem Kunden individualisiert wird (z. B. über die Kundendatenbanken im Rahmen des DBM) (Link/Weiser 2006).

Zusammen mit den konventionellen Kommunikationskanälen bilden die KIS den so genannten Front-Office-Bereich, d.h. die Summe aller Touchpoints, mit denen das Unternehmen den Kunden einen Dialog anbietet (Link 2001; Link/Weiser 2006). Im Front-Office-Bereich soll im CRM der so genannte Multi-Channel-Ansatz realisiert werden. Dieser soll es dem Kunden ermöglichen, sich mit dem Unternehmen in Verbindung zu setzen, wann immer und über welchen Kommunikationskanal auch immer er dies gerade möchte. Es müssen vom Unternehmen daher zunächst alle Touchpoints bedacht und eingerichtet werden, die aus Sicht der Zielgruppe relevant sein könnten. Unter dem Aspekt der Transaktionskostenadäquanz muss dafür gesorgt werden, dass der Dialog mit dem Kunden immer genau dort aufgenommen und weitergeführt werden kann, wo er beim letzten Mal geendet hat (Link/Weiser 2006; Link/Seidl 2008).

3.1.1 Database Marketing als grundlegendes Kundenorientiertes Informationssystem

Die Fähigkeit und Bereitschaft der Unternehmen, die Interaktion (Informations- und Güteraustausch) mit dem Kunden individuell zu gestalten, können einen wesentlichen Wettbewerbsvorteil für die Unternehmen darstellen (Link 2009a; Link/Weiser 2006). Im Extremfall kann dies bedeuten, dass jedem Kunden ein maßgeschneidertes Angebot gemacht wird zu dem für ihn optimalen Zeitpunkt und mit den auf seine speziellen Verhältnisse zugeschnittenen Argumenten und Konditionen.

Genau bei dieser Individualisierung setzt der Grundgedanke des Database Marketing an. Auf einer „Database" (Datenbank) sollen für jeden einzelnen Kunden alle Informationen gespeichert werden, die für die Marketingaktivitäten gegenüber diesem jeweiligen Kunden von Bedeutung sein können. Dies eröffnet die Möglichkeit, die „richtigen" Kunden zum

„richtigen" Zeitpunkt mit den „richtigen" Maßnahmen der Werbung, Verkaufsförderung, Beratung sowie Angebots- und Produktgestaltung anzusprechen. Database Marketing ist also ein Marketing auf der Basis kundenindividueller, in einer Datenbank gespeicherter Informationen. Das Database Marketing stellt die Grundlage für das CRM einer Unternehmung dar.

Die Kundendatenbank

Zur erfolgreichen Fortführung des Dialoges mit dem Kunden sollten alle Gesprächsinhalte jeweils während und nach dem Kontakt auf der Kundendatenbank abgespeichert werden. Dadurch stehen die benötigten Informationen dem nächsten Mitarbeiter des Unternehmens, den der Kunde erreicht, quasi auf Knopfdruck zur Verfügung. Voraussetzung hierfür ist einmal das Vorhandensein einer Kundendatenbank als zentrale Integrationsplattform für die Gesamtheit der KIS und der übrigen Touchpoints (Front-Office-Bereich). Wichtig ist aber auch die Integration zwischen Front- und Back-Office-Bereich, damit eine rasche und fehlerlose Datenübermittlung stattfinden kann. Diese bietet dem Kunden eine hohe Auskunftsbereitschaft des Unternehmens über alle Bereiche hinweg, sowohl während des Verkaufsgespräches als auch während der Auftragsabwicklung, und stellt überdies Schnelligkeit und Kostengünstigkeit der Abwicklungsprozesse sicher.

Die Elemente einer Kundendatenbank

Eine Kundendatenbank dient der Speicherung aller spezifischen Merkmale von Einzelkunden im Rahmen des Database Marketing. In eine Kundendatenbank sollten nicht nur die aktuellen Kunden einer Unternehmung, sondern auch potentielle Kunden (potentielle Verwender, Interessenten, Kunden der Konkurrenz, ehemalige Kunden) aufgenommen werden. Innerhalb des Informationsspektrums einer Kundendatenbank kann zwischen Grund-, Potential-, Aktions- und Reaktionsdaten unterschieden werden (Link/Weiser 2006). Zu den Grunddaten gehören vor allem längerfristig gleich bleibende und weitgehend produktunabhängige Kundendaten. Hierzu zählen zunächst einmal alle auch schon für die konventionelle Kundenkontaktierung erforderlichen Trivialdaten wie Name, Adresse, Anrede und Bankverbindung. Darüber hinaus gilt es, möglichst viele jener Merkmale zu erfassen, die für ein segmentspezifisches Marketing von Bedeutung sein können. Im Hinblick auf Konsumenten gehören zu diesen Daten Merkmale wie Alter, Geschlecht, Einkommen, Beruf und Ausbildungsabschluss. Entsprechende Grundmerkmale von Betrieben wären z. B. Branche, Mitarbeiterzahl, Umsatz, Bonität, Rechtsform, obere Führungskräfte, Unternehmensverflechtungen und Mitglieder des Buying Center. Die Potentialdaten sollen produktgruppen- und zeitpunktbezogene Anhaltspunkte für das kundenindividuelle Nachfragevolumen liefern. Die zu beantwortende Frage lautet: Welcher produktgruppenspezifische Gesamtbedarf wird zu welchen Zeitpunkten voraussichtlich bei den einzelnen Kunden auftreten? Dieser Bedarf ist dem Anbieter in der Regel nicht a priori bekannt, lässt sich aber oftmals aus einer Kombination von Informationen über bisherige eigene Lieferungen, eigene kundenbezogene Marktanteile bzw. Anteile von Fremdlieferungen sowie über Ausstattungsmerkmale und Pläne der jeweiligen Kunden rekonstruieren. Dabei greifen Potentialdaten auf die Datenkategorien Grund-, Aktions- und Reaktionsdaten zurück.

Bspw. sollten bei Versicherungsunternehmen oder Kreditinstituten u.a. alle beim aktuellen oder potentiellen Einzelkunden vorhandenen eigenen Produkte und Konkurrenzprodukte mit ihren Vertrags-/Leasinglaufzeiten respektive ihrer voraussichtlichen Restnutzungsdauer abgespeichert werden. Zu den Aktionsdaten gehören alle Informationen über kundenbezogene Maßnahmen hinsichtlich ihrer Art, Intensität, Häufigkeit und ihres Zeitpunktes, ggf. auch ihrer jeweiligen (anteiligen) Kosten. Hierzu zählen sämtliche vom Unternehmen durchgeführte und an den jeweiligen Kunden gerichtete Aktionen wie z. B. Werbebriefe, Katalog-/Prospektzusendungen, Telefonaktionen, Vertreterbesuche, konkrete Angebotserstellungen, Verkaufsförderungsmaßnahmen und vieles mehr. Die systematische Erfassung aller Aktionen ist zum einen als Grundlage für die Erfolgskontrolle und zum anderen für die Planung zukünftiger Maßnahmen von Bedeutung. Die Reaktionsdaten umfassen Informationen über Verhaltensweisen der Kunden, die Aufschluss über die Wirksamkeit der Maßnahmen des eigenen wie der konkurrierenden Unternehmen geben. Kundenreaktionen können sich sowohl in ökonomischen als auch in außerökonomischen Erfolgsgrößen niederschlagen. Ein ökonomischer Erfolg kann im Falle eines Auftragseingangs verzeichnet werden; hierbei interessieren u.a. Höhe und Struktur von Umsätzen, Deckungsbeiträgen, Auftragseingängen je Kunde, differenziert nach Produkten/Produktgruppen und Perioden. Zu den außerökonomischen Größen zählen u.a. Kundenanfragen (Kauf-, Produktinteresse), Kundeneinstellungen/-kenntnisse bezüglich Produkten, Unternehmen und auch Wettbewerbern, Reklamationen und Gründe für Angebotsablehnungen. Hier lassen sich auch wichtige Informationen über evtl. Abwanderungstendenzen von Kunden generieren. Besonders die Lost-Order-Daten können erste Hinweise für eine drohende Abwanderung des Kunden zur Konkurrenz geben.

Für die Zusammenführung von Kundeninformationen, die Analyse dieser Informationen und die anschließende Erstellung von umfassenden Kundenprofilen im Rahmen des CRM werden Instrumente wie Data Warehouse, OLAP und Data Mining benötigt (Hippner/ Wilde 2001; Zipser 2001). Eine Kundendatenbank bildet dabei oft einen integrativen Bestandteil eines Data Warehouse.

Mögliche Datenquellen

Für die Gewinnung der oben genannten Daten kommt den eigenen Organen der Unternehmung, insbesondere solchen mit Kundenkontakt, die vergleichsweise größte Bedeutung zu. Empirische Erhebungen in zahlreichen Branchen haben ergeben, dass vor allem Außendienst- und Messekontakte, Anfragen von Kunden sowie Routinekontakte zur Beschaffung von Adressen und Zusatzinformationen bezüglich interessanter Kunden beitragen. In bestimmten Branchen kommt auch Responseanzeigen, Adressverlagen, Freundschaftswerbung, Kundenkarten, Direktmarketing-Agenturen, externen Datenbanken oder Kundenbefragungen eine wichtige Informationsbeschaffungsfunktion zu.

Eine bedeutende Stellung nimmt hinsichtlich der Modellierung der beiden zentralen Früherkennungssektoren „Kunden" und „Konkurrenten" das Außendienstberichtssystem ein (Link/Weiser 2006; Link/Gary 2008). Hier lassen sich durch die Außendienstmitarbeiter des Unternehmens wertvolle Informationen über die Ausstattung und Potentiale der Kunden,

den kundenbezogenen Lieferanteil des eigenen Unternehmens, Kundeneinstellungen gegenüber dem eigenen Unternehmen sowie der Konkurrenz, Gründe für einen Auftragsverlust durch den Kunden (Lost-Order-Analysen) und Kundenreaktionen auf den Marketing-Mix generieren. Im weiteren Sinne könnte das Außendienstberichtssystem auch als Kundenkontaktsystem bezeichnet werden, mit dessen Hilfe die gezielte Erhebung von konkurrenzbezogenen Daten vom Kunden direkt und die anschließende Analyse hin zu einem umfassenden „Competitive Intelligence Ansatz" (Michaeli 2006; Tyson 1986) möglich sind. Diese Daten dienen ebenfalls der frühzeitigen Aufdeckung drohender Risiken seitens der Konkurrenten und durch rechtzeitige Gegensteuerung des Unternehmens der langfristigen Kundenbindung.

3.1.2 Computer Aided Selling als unterstützendes Kundeninformationssystem des Verkaufsprozesses

Computer Aided Selling wird verstanden als informationstechnologische Unterstützung von Planungs- und Abwicklungsaufgaben im Rahmen von Verkaufsprozessen - von der pre sales-Phase über die sales-Phase bis zur after sales-Phase (Link/Weiser 2006). Der Aufbau eines CAS-Systems wird in der Abbildung 4.1.6 verdeutlicht.

Abbildung 4.1.6 Aufgabeninhalte und -zusammenhänge im Database Marketing (Quelle: Link/Hildebrand 1993, S. 45)

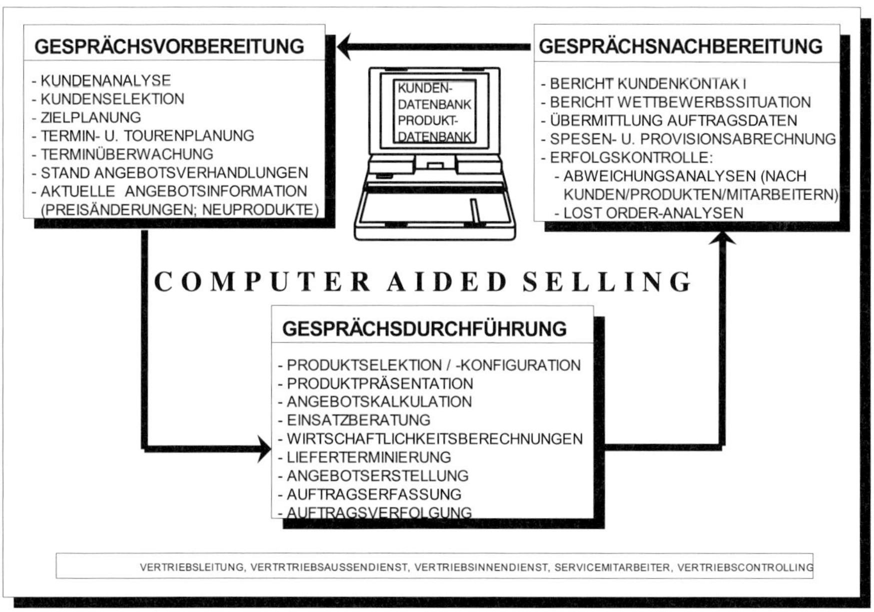

Der Hauptunterschied zum Database Marketing besteht darin, dass CAS-Systeme nicht die Marketingplanung, sondern die Durchführung des Verkaufsgesprächs vorbereiten, unterstützen, mit anderen Funktionsbereichen abstimmen und erfolgsmäßig auswerten. Eine relativ frühe Verbreitung erfuhr das CAS im Markenartikelbereich, in der Versicherungsbranche, in den Bereichen Touristik und Personentransport sowie in der Investitionsgüterindustrie. Standen am Anfang der CAS-Entwicklung - z. B. im Markenartikelbereich - einfache Fragen der Rationalisierung der Vertriebsabwicklung (insbesondere Auftragserfassung und -weiterleitung) im Vordergrund, so ging es in den Bereichen des Personentransports (Luftverkehr und Bahn) bereits verstärkt um Selektion von kundenwunschgemäßen Leistungsangeboten. Bei Versicherungen und Investitionsgüterbetrieben schließlich werden Leistungsangebote oder Produkte computergestützt nach individuellen Kundenanforderungen maßgeschneidert.

Für viele Kunden sind CAS-Systeme bzw. die mit ihnen verbundenen Wettbewerbsvorteile stärker erlebbar, da ein großer Teil ihrer Leistungen - gerade auch Individualisierungsleistungen - vor den Augen der Kunden auf einem Bildschirm (z. B. Laptop, Notebook oder stationäres Terminal in einer Vertriebsniederlassung) sichtbar werden kann. Individualisierung wird für die Kunden besonders eindrucksvoll erlebbar hinsichtlich der Funktion Produktkonfiguration. So können Kunden, die sich bspw. ein Fertighaus bei der Firma OKAL kaufen wollen, selbst zum Architekten werden und sich quasi am Bildschirm ihr zukünftiges Haus hinsichtlich Grundriss, Raumgrößen, Dach, Fenster usw. nach eigenen Wünschen gestalten. Alles lässt sich im Rahmen des statisch Möglichen den eigenen Vorstellungen entsprechend verändern und kombinieren. Am Ende steht dann ein Unikat. Möglich wird dies durch einen elektronischen Assistenten, der sowohl Konfigurationsmodule als auch Präsentationsmodule (für Grundriss, Außen- und Innenansichten) enthält. Das Haus kann so nach dem speziellen Entwurf des Kunden gefertigt und schlüsselfertig übergeben werden.

Dieses Beispiel zeigt, dass es mit Hilfe von CAS-Systemen möglich wird, den Kunden frühzeitiger und intensiver in den Wertschöpfungsprozess zu integrieren. Der Kunde kann auf eine Weise an der Produktkonfiguration oder gar Produktkonstruktion beteiligt werden, wie sie bislang nur Technikern und Konstrukteuren offen stand, ganz abgesehen von den meist langwierigen Rückkopplungen mit Produktionsplanern, Kostenrechnern und Lieferanten. Durch die aktive Übernahme von Leistungen während des Wertschöpfungsprozesses wird der Kunde quasi zum Co-Produzenten - sei es dadurch, dass er sich am Erstellungsprozess beteiligt oder dass er dem Anbieter Informationen liefert, die zur Leistungserstellung benötigt werden. Je mehr die Gestaltungsspielräume dieser Systeme ausgenutzt werden, desto stärker wird der Kunde in die Wertschöpfungskette integriert, und desto mehr erhält das Unternehmen den Charakter eines virtuellen Unternehmens (Davidow/ Malone 1992). Im Extremfall entwickelt sich dieses zum Customizing-Berater und auftragsorientierten Anbieter von Produktionskapazitäten für bestimmte Produktkategorien. Der Begriff „virtuell" soll dabei zum Ausdruck bringen, dass es sich zwar nach wie vor um einen ganzheitlichen Wertschöpfungsprozess handelt, dessen einzelne Akteure aber nicht mehr am Ort eines einzigen Unternehmens versammelt sind, ja nicht einmal auf Dauer zum Unternehmen gehören müssen.

Für jene Bereiche, in denen auf Seiten der Kunden ein hohes Interesse an maßgeschneiderten Produkten besteht (High Involvement) und die technischen Voraussetzungen für eine sinnvolle Variantenvielfalt gegeben sind, bieten sich hier für die Zukunft unzählige, außerordentlich interessante und erfolgversprechende Möglichkeiten für ein intensives Customized Marketing (Meffert/Birkelbach 1992).

Besonders verbreitet und intensiv ist die Integration des Kunden in den Wertschöpfungsprozess im Bereich der Investitionsgüterindustrie. Dort findet in vielen Fällen nicht nur ein Informationsaustausch mit dem Kunden hinsichtlich der speziellen Anforderungen an das Investitionsgut und möglicher Problemlösungen, sondern eine darüber hinausgehende Kundenintegration in die Wertschöpfungskette statt. Der Kunde bzw. die Mitarbeiter des Kundenunternehmens arbeiten dabei oftmals sehr intensiv an der Lösung bestimmter Probleme mit. So werden beispielsweise im Großanlagengeschäft regelmäßig Mitarbeiter des Kunden in die Projektmanagement-Teams eines Lieferanten bzw. einer Lieferanten-Koalition zur gemeinsamen Produktgestaltung entsandt (Kleinaltenkamp 2006). Der Grad der Produktindividualisierung ist hier als besonders hoch einzustufen, da jeder Kunde ein nach seinen Bedürfnissen maßgeschneidertes Produkt erhält.

3.1.3 Online Marketing als interaktiv vernetztes Kundeninformationssystem

Unter Online Marketing ist ein interaktives Marketing über elektronische Netzwerke zu verstehen (Link/Weiser 2006). Hier übernimmt das System selbst, durch seine gemäß den spezifischen Kundenanforderungen bereitgestellten Informationen und Instruktionen, die Leistung des Verkäufers und wird damit quasi zum „elektronischen Verkäufer". Der Vorteil des OM liegen darin, dass das Unternehmen für die einzelnen Schritte eines Beratungs- und Verkaufsgespräches alle vom Kunden benötigten Informationen und Instruktionen so in einer Datenbank ablegen kann, dass der Kunde auch ohne Mitwirkung eines personellen Verkäufers zurechtkommt. Für den Kunden hat dies den Vorteil, dass es in seiner Hand liegt, wie lange er sich mit welchen spezifischen Informationen und Teilschritten des Kaufentscheidungsprozesses auseinandersetzen will. Auch gegenüber sehr detaillierten Informationswünschen und sehr unschlüssigen Kaufabsichten zeigt der elektronische Verkäufer weder Inkompetenz noch Ungeduld; er stellt sich voll - und zeitlich unbegrenzt - auf den Kunden ein.

Für das Unternehmen selbst hat dies natürlich den Vorteil, dass die immensen Kosten des persönlichen Verkaufs reduziert werden können, und/oder dass die vorhandenen personellen Verkäufer durch den elektronischen Verkäufer so von allen Routine-Verkaufsgesprächen entlastet werden, dass sie dadurch wesentlich mehr Zeit für die wirklich schwierigen oder besonders lohnenden Kundengespräche haben. Ein gutes Beispiel für all diese Vorteile auf Seiten des Kunden wie des Unternehmens stellt bekanntlich das Telebanking dar. Nicht umsonst hat es sich in Deutschland in hohem Maße durchgesetzt.

Im Einzelnen sind es die folgenden Schritte eines Beratungs- und Verkaufsgespräches, die durch derartige Systeme selbstständig - im Sinne eines elektronischen Verkäufers -

abgewickelt werden sollen (siehe Abbildung 4.1.7). Die Möglichkeiten für Anbieter und Kunde, mittels Online Marketing-Systeme in einen Dialog zu treten, entsprechen weitgehend denen des CAS.

Abbildung 4.1.7 Der Online-Zyklus (Quelle: Link 2009a, S. 188)

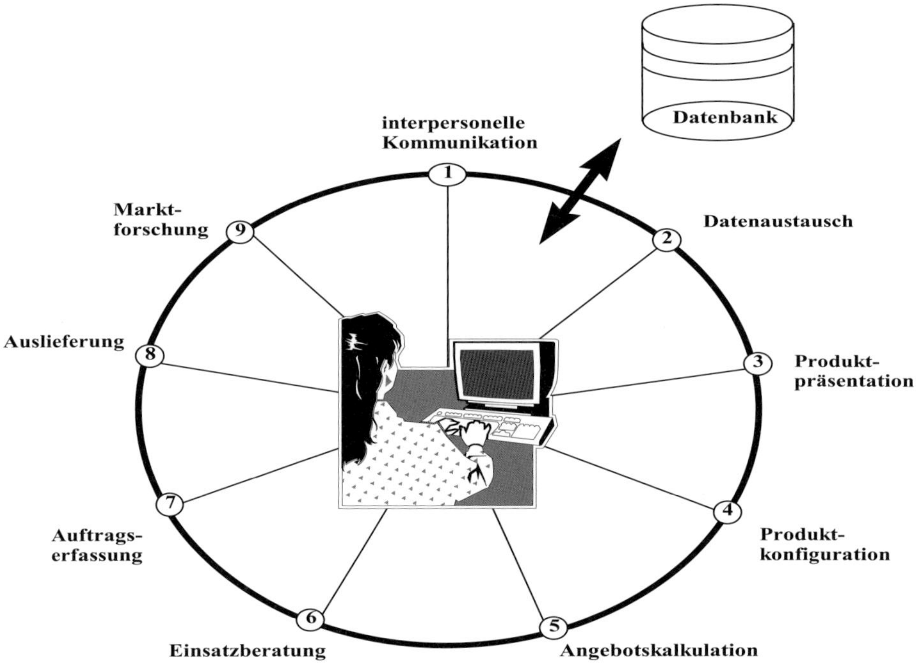

Insbesondere die Funktion der Produktkonfiguration sorgt für eine individuelle Anpassung von Produkten oder Dienstleistungen an den speziellen Anforderungen und Gegebenheiten der Kunden. So bietet ein bekannter Schweizer Taschenhersteller seinen Kunden per Internet die Möglichkeit, nicht nur die Form der Tasche, sondern auch die Materialauswahl (Leder, Plastik, Fließ, Segeltuch usw.) und Designauswahl (hier besteht die Option eigene Bilder als Designvorlagen auszuwählen) selber zu bestimmen. Durch eine direkte Vernetzung der Produktkonfiguratoren mit der Fertigungssteuerung können zudem die einzelnen Kundenwünsche direkt in den Herstellungsprozess integriert werden (Bliemel/Fassott 2002).

3.2 Controlling und Früherkennungssysteme

3.2.1 Grundzüge des CRM-Controlling

Um Wirksamkeit und Wirtschaftlichkeit des systemgestützten Kundenmanagements zu gewährleisten, bedarf es eines umfassenden Controlling respektive der Ausgestaltung eines adäquaten Controllingsystems. Aufbauend auf dem Kontributionsorientierten Controllinganssatz kann CRM-Controlling als Unterstützung des Kundenmanagements - insbesondere in Hinblick auf eine verbesserte Erfolgsvorsteuerung - durch Entscheidungsfundierung, Entscheidungsreflexion und Koordinationsentlastung definiert werden.

In den vorherigen Abschnitten wurde bereits darauf hingewiesen, dass im Kundenmanagement sowohl monetäre Ziele wie z. B. Umsatz, Ertrag oder Gewinn als auch nicht monetäre Zielsetzungen wie z. B. soziologische Ziele (Aufbau von Vertrauen usw.) oder psychologische Ziele (Aufbau positiver Einstellungen usw.) von Bedeutung sind. Dabei übernimmt das betriebliche Rechnungswesen üblicherweise die Modellierung der monetären Erfolgsgrößen, während Marktforschung und Performance Measurement auch nicht monetäre Erfolgsgrößen modellieren. Moderne Kennzahlensysteme wie die in Kapitel 3.2.2 noch ausführlich darzustellende Balanced Scorecard liefern eine Möglichkeit der kombinierten Modellierung monetärer und nicht monetärer Erfolgsgrößen.

Neu und einmalig am CRM-Controlling ist das in Bezug auf die folgenden drei Punkte erreichte Controllingniveau, welches sich durch die stetige Auswertung der Kundendaten (Customer Data Warehouse) mittels geeigneter Analyseverfahren (Online Analytical Processing, Data-Mining) erzielen lässt (siehe auch Abschnitt 3.1.1).

- Entscheidungspräzision: Auf der Basis der Einzelkunden-Modellierung des CRM kann nun auch eine Erfolgs-Modellierung von Absatzsegmenten im Sinne eines „segment of one" erfolgen. Es kommt also zu Einzelkunden-Erfolgsrechnungen sowohl im strategischen als auch im operativen Bereich.

- Entscheidungssicherheit: Durch die immense Datenfülle des CRM ist eine Entscheidungsgrundlage bezüglich des Einzelkunden-Marketing gegeben, wie sie bislang nicht vorstellbar war. Insbesondere der enge zeitliche und sachlogische, in vielfacher Wiederholung erhärtete Zusammenhang von Aktion und Reaktion beim Einzelkunden beseitigt viele Unsicherheiten, die die klassische Werbe- und Marketing-Erfolgsrechnung belastet haben.

- Entscheidungsschnelligkeit: Der ständige Strom von Reaktions- und anderen Daten im CRM ermöglicht nicht nur eine sofortige Kurskorrektur, sondern liefert auch eine Fülle von Früherkennungsinformationen (insbesondere Potentialdaten, Lost-order-Daten, Reklamationsdaten).

Durch diese Punkte erlangt das CRM-Controlling ein Controllingniveau, das durch eine beispiellose Genauigkeit und Zuverlässigkeit von Planungs- und Kontrollprozessen gekennzeichnet ist. Kosten und Erlöse sowie Ein- und Auszahlungen können dem Einzelkunden mit extremer Genauigkeit und Zuverlässigkeit zugerechnet werden; dies gilt nicht nur in ex post-Aktionskontrollrechnungen, sondern tendenziell auch bereits für ex ante-Aktionsplanungsrechnungen. Gleiches gilt für die Zurechnung nicht monetärer Erfolgsgrößen, wie sie für das Marketing, aber auch das moderne Controlling charakteristisch sind.

3.2.2 Die Balanced Scorecard als integrativer Ansatz im CRM-Controlling

Als problematisch im CRM-Controlling erwies sich lange Zeit, dass sich die eingesetzten Instrumente im Wesentlichen auf die Lösung jeweils spezifischer Problemstellungen konzentrierten und somit noch keine ganzheitliche, an den strategischen Zielen des Kundenbeziehungsmanagements ausgerichtete Steuerung der CRM-Aktivitäten ermöglicht wurde. Gerade diese integrative, umfassende Betrachtung ist jedoch zwingend erforderlich, um sämtliche CRM-Aktivitäten aufeinander abgestimmt planen, steuern und kontrollieren zu können. Um diesem Umstand Rechnung zu tragen, finden in jüngerer Vergangenheit zunehmend auch mehrdimensionale Kennzahlen- und Steuerungssysteme im Kontext des CRM Verwendung.

Eine dominante Stellung nimmt hierbei das Konzept der Balanced Scorecard ein (zur Anwendung des BSC-Konzeptes im CRM-Kontext siehe auch Kammerer 2005, Münster/Seidl 2008, Link/Kramm 2006). Das Konzept wird den Anforderungen an ein ganzheitliches Controlling-Instrumentarium insofern gerecht, als aus den strategischen Kundenbeziehungszielen jeweils konkrete Zielvorgaben, Leistungsmaßgrößen sowie Maßnahmen in den erfolgsrelevanten Unternehmensperspektiven abgeleitet werden. Ferner werden für sämtliche Erfolgsgrößen Ursache-Wirkungs-Beziehungen innerhalb und zwischen den Perspektiven erfasst, wodurch eine Modellierung der gesamten CRM-Wertschöpfungskette erfolgt. Es schafft somit messbare, durchgängig aufeinander aufbauende Zielvorgaben, die es ermöglichen, den Erfolg des CRM ex ante zu prognostizieren und ex post zu kontrollieren. Durch die kontinuierliche Messung und Kontrolle der Erfolgsgrößen auf allen Leistungsebenen besteht weiterhin die Möglichkeit, Ziel- bzw. Leistungsabweichungen frühzeitig zu erkennen und ggf. entsprechende gegensteuernde Maßnahmen einzuleiten. Die Operationalisierung und Kontrolle der strategischen Zielvorgaben kann im CRM durch die in Abbildung 4.1.8 dargestellten Unternehmensperspektiven durchgeführt werden. Innerhalb der einzelnen Perspektiven werden im Folgenden beispielhaft strategische Ziele, Kennzahlen und Maßnahmen abgeleitet.

Abbildung 4.1.8 Controlling des system- und kampagnengestützten Kundenmanagement (Quelle: Link/Kramm 2006)

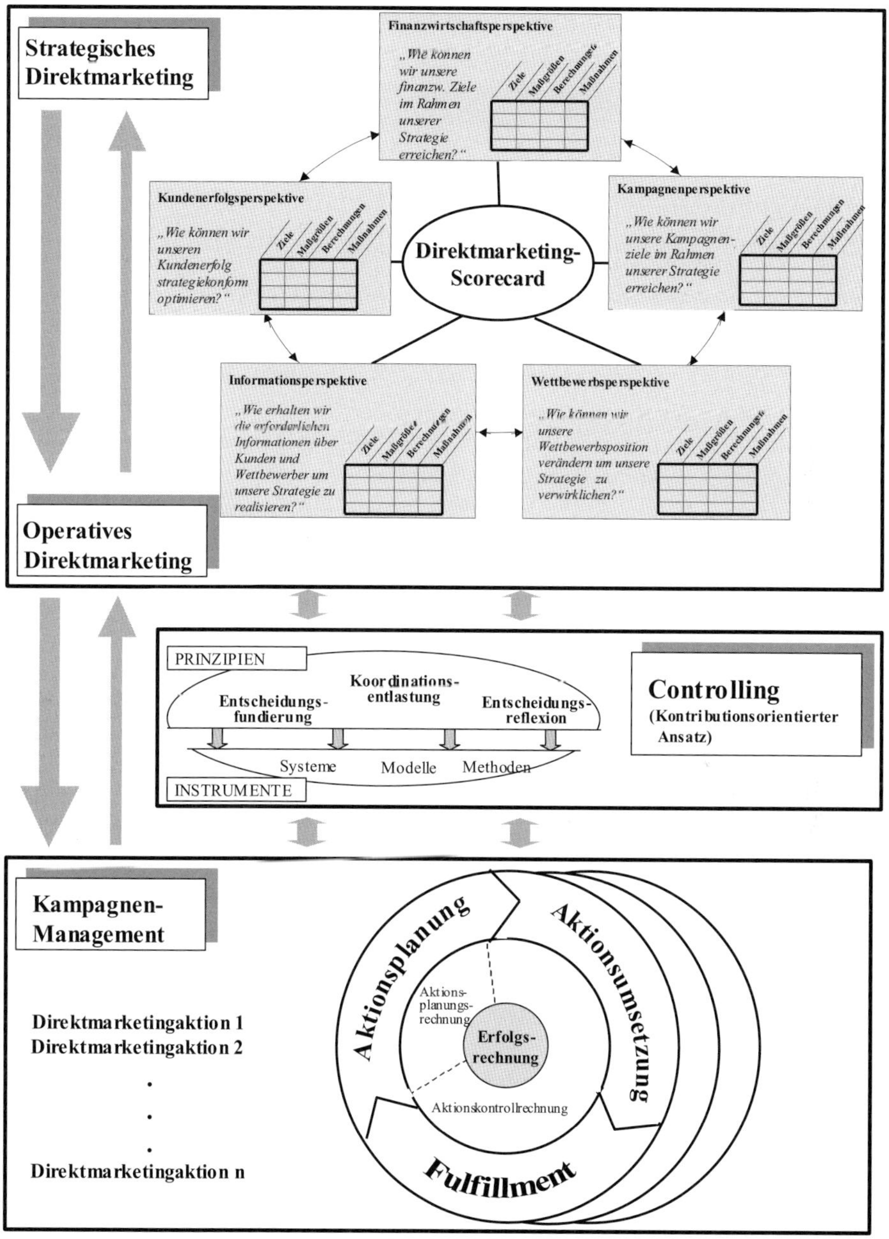

Aus finanzwirtschaftlicher Sicht liegt der Fokus im CRM vor allem auf der Verbesserung der nachfolgend aufgeführten Zielgrößen (zur Ermittlung nachstehender Größen siehe ausführlich Selchert 2004; sowie Bruhn/Georgi 1999):

- CRM-Rentabilität: Return on Investment des Kundenbeziehungsmanagements,
- CRM-bezogene Ertragssteigerungen: induziert durch Wertssteigerungen bei Bestandskunden, Zusatzerlöse durch Neu- und Rückgewinnungskunden, Erhöhung des Preisbereitschaftsindex etc.,
- CRM-bezogene Kostensenkungen: induziert durch Prozesskostensenkungen und Vermeidung von Streuverlusten,
- CRM-bezogene Kosten: Aktionsbezogene Einzel- und Gemeinkosten, Personalkosten.

Eine Analyse der Ergebnis-Kennzahlen der finanzwirtschaftlichen Perspektive gibt Auskunft darüber, ob die Umsetzung der CRM-Strategie aus finanzwirtschaftlicher Sicht zielkonform realisiert werden konnte.

Da das CRM auf den Kunden gerichtet ist, kommt der Kundenerfolgsperspektive für die Realisierung der finanzwirtschaftlichen Zielgrößen eine besondere Bedeutung zu. Die Kundenerfolgsperspektive umfasst die Zielsetzungen:

- die Kundeninvestitionswürdigkeit zu steigern,
- die Kundenpotentiale stärker auszuschöpfen,
- die Kundenstruktur zu optimieren sowie
- die Kundenwahrnehmung positiv zu beeinflussen.

Einen Indikator für den Grad der Verbesserung der Kundenpotentialausschöpfung und der Kundenstruktur stellt die Veränderung von Kennzahlen wie z. B. des Share of Customer, der Kauffrequenz oder des Stammkundenanteils dar. Von besonderer Bedeutung für den Kundenerfolg sind letztlich die Hauptergebniskennzahlen kundenindividueller Return on Investment, Break-Even-Point oder der Customer Lifetime Value (Bruhn/Michalski 2003). Während sich die drei ersten Kennzahlenkategorien unmittelbar auf Veränderungen im Kundenverhalten beziehen bzw. durch diese determiniert werden, stellt die letzte Kennzahlendimension auf die Steigerung bei relevanten psychologischen Merkmalen wie der Kundenzufriedenheit und des Kundenvertrauens ab, wobei dessen „Vorsteuerungsfunktion“ für die verhaltens- bzw. wertbezogenen Größen bereits in einer Vielzahl von Studien nachgewiesen wurde (siehe z. B. Anderson et al. 1994; Morgan/Hunt 1994). Die nachfolgend dargestellte Abbildung 4.1.9 gibt einen Gesamtüberblick über die einschlägigen Kennzahlen.

Neben der Kundenerfolgsperspektive hat die Kampagnenperspektive eine zentrale Bedeutung für die Realisierung der finanzwirtschaftlichen Zielgrößen, womit auch ihr im Rahmen des Kundenmanagements eine besondere Bedeutung beizumessen ist.

Abbildung 4.1.9 Kundenperspektive des CRM-Controlling (Quelle: Link/Kramm 2006)

Kundenerfolgs -Perspektive	Ziel	Mögliche Kennzahlen	Berechnung
Kunden - investitions - würdigkeit steigern	Kundenrentabilität	Kundenindividueller ROI =	$\frac{\text{Kundenindividueller Gewinn}}{\text{Kundenindividuelle Investition}}$
		Kundenindividueller BEP =	$\frac{\text{Kundenspezifische Fixkosten}}{\text{Erlöse der Kundenaufträge - variable Kosten der Kundenaufträge}}$
	CLV erhöhen	Kundenwert (CLV) =	Barwert der kundenindividuellen Ein - und Auszahlungen
Kundenpotenzial - ausschöpfung verbessern	Kauffrequenz erhöhen	Kauffrequenz =	Zahl der durchschnittl. Transaktionen innerhalb einer Periode
	Bedarfsdeckungsquote steigern	Share of Customer =	$\frac{\text{Umsatz / DB des Kunden}}{\text{Gesamtes Beschaffungsvolumen des Kunden}}$
	Cross -Selling -Potenzial ausschöpfen	Cross -Selling -Rate =	$\frac{\text{Anzahl / Umsatz / DB der Cross -Selling -Transaktionen des Kunden}}{\text{Gesamtanzahl / -umsatz / -DB der Transaktionen des Kunden}}$
	Abwanderungstendenz erkennen und gegensteuern	Abwanderungsgefährdung =	Intensitäts -Score der Abwanderungstendenz
Kundenstruktur verbessern	Neukundenanteil steigern	Neukundenanteil =	$\frac{\text{Anzahl / Umsatz / DB der Neukunden}}{\text{Gesamtanzahl / -umsatz / DB aller Kunden}}$
	Wiederholungskäuferanteil steigern	Wiederholungskäuferanteil =	$\frac{\text{Anzahl / Umsatz / DB der Wiederholungskunden}}{\text{Gesamtanzahl / -umsatz / DB aller Kunden}}$
	Auslandskundenanteil steigern	Auslandskundenanteil =	$\frac{\text{Anzahl / Umsatz / DB der Auslandskunden}}{\text{Gesamtanzahl / -umsatz / DB aller Kunden}}$
	Stammkundenanteil steigern	Stammkundenanteil =	$\frac{\text{Anzahl / Umsatz / DB der Stammkunden}}{\text{Gesamtanzahl / -umsatz / DB aller Kunden}}$
	Wachstumskundenanteil steigern	Wachstumskundenanteil =	$\frac{\text{Anzahl / Umsatz / DB der Wachstumskunden}}{\text{Gesamtanzahl / -umsatz / DB aller Kunden}}$
	Verlustkundenanteil senken	Verlustkundenanteil =	$\frac{\text{Anzahl / Umsatz / DB der Verlustkunden}}{\text{Gesamtanzahl / -umsatz / DB aller Kunden}}$

Die zentrale Zielsetzung der in Abbildung 4.1.10 dargestellten Kampagnenperspektive ist die Realisierung einer möglichst hohen Kampagnenrentabilität durch eine kampagnenbezogene Umsatz- und Deckungsbeitragssteigerung bzw. Kostensenkung.

Wie durch Abbildung 4.1.8 bereits verdeutlicht wurde, erfordert die Sicherstellung des Erfolgs der auf die Kundenbeziehung ausgerichteten (Direkt-)Marketingaktionen, entgegen der häufig üblichen Darstellung der Erfolgskontrolle als eine nachgelagerte Prozessphase (Wirtz 2005), eine phasenbegleitende Planungs- und Kontrollrechnung. Die Erfolgsrechnung und die daraus abzuleitenden Optimierungen sowie die sich daran anschließende erneute Analyse der vorgenommenen Modifikationen stellen einen iterativen Prozess dar, welcher im Zeitverlauf zu mehr Effektivität und Effizienz im CRM führt. Gegenstand des iterativen Prozesses können alle Entscheidungsvariablen im Rahmen der Durchführung einer Aktion darstellen (ähnlich Wiedmann/Schwab 2002).

Abbildung 4.1.10 Kampagnenperspektive des CRM-Controlling (Quelle: Link/Kramm 2006)

Kampagnen-Perspektive	Ziel	Mögliche Kennzahlen	Berechnung
Rentabilität	Kampagnenrentabilität	Kampagnenbezogener ROI =	$\frac{\text{Kampagnengewinn}}{\text{Kampagneninvestition}}$
		Kampagnenbezogener BEP =	$\frac{\text{Kampagnenspezifische Fixkosten}}{\text{Erlöse der Kampagne - variable Kosten der Kampagne}}$
Erträge	Kampagnenbezogene Umsatz- und Deckungsbeitragssteigerung	Umsatzsteigerungsrate =	$\frac{\text{Umsatz } t - \text{Umsatz } t\text{-}1}{\text{Umsatz } t\text{-}1}$
		Deckungsbeitragssteigerungsrate =	$\frac{DB\ t - DB\ t\text{-}1}{DB\ t\text{-}1}$
Kosten	Kostensenkung	Kosten pro Kundenkontakt =	$\frac{\text{Gesamtkosten der Direktmarketingaktion}}{\text{Anzahl der Kundenkontakte}}$
		Kosten pro Response =	$\frac{\text{Gesamtkosten der Direktmarketingaktion}}{\text{Response}}$
		Kosten pro Anfrage =	$\frac{\text{Gesamtkosten der Direktmarketingaktion}}{\text{Anzahl der Anfragen}}$
		Kosten pro Auftrag =	$\frac{\text{Gesamtkosten der Direktmarketingaktion}}{\text{Anzahl der Aufträge}}$
		Kosten pro erfülltem Auftrag =	$\frac{\text{Gesamtkosten der Direktmarketingaktion}}{\text{Anzahl der erfüllten Aufträge}}$
nicht monetäre Kampagnenkennzahlen	Kampagnenreichweite erweitern	Share of Voice =	$\frac{\text{Anzahl der Zielpersonenkontakte der eigenen Aktionen}}{\text{Anzahl mögl. Zielpersonenkontakte des Gesamtmarktes}}$
	Kampagnenrückläufe erhöhen	Responsequote =	$\frac{\text{Anzahl der Reaktionen}}{\text{Anzahl der Werbekontaktpersonen}}$
	Kaufinteresse steigern	Interessentenquote =	$\frac{\text{Anzahl der Interessenten}}{\text{Anzahl der Werbekontaktpersonen}}$
	Kaufentscheidungen forcieren	Autragsquote =	$\frac{\text{Anzahl der eingegangenen Aufträge}}{\text{Anzahl der Werbekontaktpersonen}}$
	Retouren verringern	Festbestellquote =	$\frac{\text{Anzahl der Festbestellungen}}{\text{Anzahl der Werbekontaktpersonen}}$
	Anzahl vollständig erfüllter Kaufabschlüsse steigern	Abschlussquote =	$\frac{\text{Anzahl der Abschlüsse}}{\text{Anzahl der Werbekontaktpersonen}}$

In der Phase der Aktionsplanung erfolgt die Unterstützung des Kampagnenmanagements insbesondere durch die Kalkulation der Kampagnenkosten und der Kampagnenerträge, wohingegen in den sich anschließenden Phasen der Aktionsumsetzung und des Fulfillment die unterschiedlichen Testverfahren und die Kontrolle der Erfolgskennzahlen einen wichtigen Beitrag zur Sicherstellung der Effizienz und Effektivität der Kampagne leisten.

Die Informationsperspektive stellt die zur Realisierung der übrigen Perspektiven erforderliche Infrastruktur dar. Der Grad der Zielerreichung der nachfolgend aufgeführten Kennzahlen der Informationsperspektive hat somit einen unmittelbaren Einfluss auf die Ergebnisse in den anderen CRM-Scorecard-Perspektiven:

- Kennzahlen zur Kundendatenbank: Hier liegen relevante Kennzahlen zur qualitativen Dimensionierung (Erfassungsfehlerquote, Pflegefehlerquote) und quantitativen Dimensionierung (z. B. Kundencoverage, Zahl der Datenfelder) der Kundendatenbank vor. Der Umfang der Kundendatenbank lässt sich beispielsweise durch die laufende Integration weiterer interner und externer Daten ausbauen. Die systematische Erfassung,

Speicherung, Aufbereitung und Neuverwendung von Kundendaten nach dem Regelkreisprinzip des Database Marketing kann so zu einer iterativen Optimierung der Kundenmodelle und Kundendialoge führen (Link/Hildebrand 1993, Mann 2004).

- Kennzahlen zur Wettbewerberdatenbank: Die quantitative Dimensionierung der Wettbewerberdatenbank lässt sich z. B. durch den Grad der Wettbewerbsabdeckung (Wettbewerbercoverage) oder die Zahl der über Wettbewerber erfassten Datenfelder erheben, wohingegen die qualitative Dimensionierung z. B. durch die Erfassungs- und Pflegefehlerquote ausgedrückt werden kann.

- Kennzahlen zur Kampagnendatenbank: Die Kampagnendatenbank liefert für das Kampagnenmanagement wertvolle Informationen, die zu mehr Effektivität und Effizienz der Kampagne beitragen. Analog der Wettbewerberdatenbank stellen die Zahl der erfassten Kampagnen des eigenen Unternehmens wie der Wettbewerber (Kampagnencoverage) oder die Zahl der erfassten Datenfelder einen Indikator für die quantitative Leistung der Kundendatenbank dar. Auch hier drückt sich die qualitative Dimension durch den Grad der Erfassungs- und Pflegefehlerquote aus.

Damit betont die Direktmarketing-Scorecard die strategische Bedeutung der Investitionen in die informationelle Infrastruktur. Eine diesbezüglich durchgeführte umfangreiche empirische Erhebung hat gezeigt, dass hier in der betrieblichen Praxis häufig noch erhebliche Defizite bestehen (Link/Weiser 2006). Gerade die strategisch bedeutsamen Datenfelder der Lost-order-Analysen, Potentialdaten und Reklamationsfälle waren völlig unzureichend besetzt.

Da in dem klassischen Balanced Scorecard-Ansatz die Wettbewerbsposition keine ex ante Berücksichtigung findet (Wiedmann/Trautmann/Hennigs 2002), ist in die CRM-Scorecard eine Wettbewerbspositionsperspektive mit aufzunehmen, welche dem Kundenbeziehungsmanagement - insbesondere bezogen auf die nachfolgend aufgeführten Punkte - eine Orientierung am Wettbewerb ermöglicht:

- Relative Gesamtzufriedenheit,
- Relative Produkt-/Dienstleistungszufriedenheit,
- Relative Preiszufriedenheit,
- Relative Kommunikationszufriedenheit,
- Relative Distributionszufriedenheit.

Bei der Ermittlung der Wettbewerbsposition empfiehlt es sich in der Regel, die Wettbewerbsstärke in Relation zum stärksten Konkurrenten zu ermitteln, da durch die ebenfalls vorstellbare alternative Möglichkeit der Positionierung in Relation zum Durchschnitt der Wettbewerber die Leistungsspannweite nicht unmittelbar deutlich wird.

3.2.3 Früherkennungssysteme im CRM

Um eine zukunftsorientierte Steuerung der CRM-Aktivitäten zu ermöglichen, ist es für das CRM von zentraler Bedeutung, den CRM-Führungsprozess durch geeignete Früherkennungsinformationen respektive der Ausgestaltung eines geeigneten FES zu unterstützen.

Als Früherkennungssysteme werden eine spezielle Form von Informationssystemen bezeichnet, die es ihren Benutzern ermöglichen, Risiken mit zeitlichem Vorlauf zu signalisieren und diese damit in die Lage zu versetzten, rechtzeitig geeignete Maßnahmen zur Abwendung der Bedrohungen bzw. zur Nutzung der Chancen zu ergreifen (Krystek/Müller 1999). Die Entwicklung derartiger Systeme fällt in den Aufgabenbereich des Controlling.

Da das Kundenbeziehungsmanagement in erster Linie auf die Ausgestaltung profitabler Kundenbeziehungen gerichtet ist, kommt der Früherkennung (einzel-)kundenbezogener Chancen und Bedrohungen eine herausragende Bedeutung im Rahmen der CRM-Früherkennung zu. Im Wesentlichen lassen sich folgende Aufgabenfelder ausmachen:

- die Früherkennung profitabler Kunden(-segmente) im Rahmen des Neukunden-, Kundenbindungs- sowie Kundenrückgewinnungsmanagements,
- die Früherkennung abwanderungsgefährdeter Kunden(-segmente) im Rahmen des Präventionsmanagements sowie
- die Früherkennung der Erfolgswirksamkeit geplanter CRM-Kampagnen im Rahmen des CRM-Kampagnenmanagements.

Für den Aufbau eines CRM-Früherkennungssystems ist zunächst danach zu fragen, welche Daten und Merkmale zur Früherkennung oben beschriebener Chancen- und Risiken einen Beitrag leisten können. Des Weiteren sind adäquate Verfahren und Instrumente zu identifizieren, die eine möglichst aussagekräftige und wirtschaftliche Risikoabschätzung ermöglichen.

Grundsätzlich kann sämtlichen, in der CRM-Datenbank abgespeicherten Datenkategorien eine Früherkennungsfunktion zugesprochen werden. Bei den Grunddaten entstehen Früherkennungsinformationen hauptsächlich indirekt, d.h. durch die Verknüpfung mit anderen Datenkategorien (siehe hierzu auch die unten beschriebenen Data-Mining Verfahren). So können Verfahren der Kundenbewertung mittels Potential- und Reaktionsdaten zu der Erkenntnis führen, dass man sich zukünftig mehr mit ganz bestimmten, nach spezifischen Grunddaten (z. B. Alter, Beruf, Geschlecht usw.) abgrenzbaren Zielgruppen beschäftigen sollte. Bekanntlich existieren aber auch seit langem Verfahren, bei denen Kundenpotentiale direkt über Grunddaten rekonstruiert werden. Ein besonders hohes Früherkennungspotential kann naturgemäß den Potentialdaten zugesprochen werden, da diese unmittelbar produktgruppen- und zeitpunktbezogene Anhaltspunkte für das zukünftige Kundennachfrageverhalten liefern (siehe hierzu auch Abschnitt 3.1.2). Dass Potentialdaten hierzu in hohem Maße auch auf die Datenkategorien der Grund-, Aktions- und Reaktionsdaten zurückgreifen macht deutlich, dass auch diese Datenkategorien durch entsprechende Verknüpfung und Anwendung statistischer Verfahren zur Früherkennung genutzt werden können. Um z. B. Gefährdungspotentiale im Rahmen bestehender Kundenbeziehungen anzuzeigen, können Verhaltensmuster wie Wechselandrohungen, Beschwerden, sukzessive Reduktion der Leistungsinanspruchnahme, abnehmende Transaktions- und Kontaktdichte oder ein im Verhältnis zur durchschnittlichen Volatilität abnehmender Kundenwert als Warnsignale für eine zukünftige Kundenabwanderung interpretiert werden. Wichtige Indikatoren zur Abschätzung der Rückgewinnungswahrscheinlichkeit bereits verlorener Kunden sind u.a. die Abwanderungsursachen (zu möglichen RM-Früherkennungsdaten siehe ausführlich Link 2009; Link/Seidl 2009; Kerner 2002).

Zur Abschätzung und Prognose der kundenbezogenen Chancen und Risiken können, auf den vorangestellten Datenkategorien aufsetzend eine Vielzahl von Analyseverfahren herangezogen werden. Neben Ansätzen der „traditionellen" Statistik, wie z. B. Markov-Ketten oder Hazard-Rate-Modelle, kommen hierbei vermehrt Data-Mining Verfahren, wie z. B. Diskriminanzanalysen, Logistische Regressionsanalysen, Entscheidungsbaumverfahren oder Neuronale Netze zum Einsatz (Kerner 2002; Reich 2003). Sie ermöglichen es, in automatisierter Form aus großen Datenbeständen bedeutsame Verhaltensmuster und signifikante Zusammenhänge aufzuzeigen.

Im Folgenden sollen kurz einige Anwendungsmöglichkeiten von Data-Mining Verfahren im Rahmen der CRM-Früherkennung und –entscheidungsfundierung aufgezeigt werden (siehe ausführlich Kerner 2002; Hippner 2006):

- Für die Analyse und Selektion profitabler Kundensegmente können bspw. Klassifikationsverfahren zum Einsatz kommen. Die Höhe der Kaufwahrscheinlichkeit sowie des Wertpotentials der (potentiellen) Kunden wird hierbei davon abhängig gemacht, welches Kaufverhalten bestimmte, merkmalsähnliche Kunden(-segmente) in den Vorperioden an den Tag gelegt haben.

- Im Rahmen des Kundenpräventionsmanagements kommen hingegen häufig Churn-Anlysen (auch Kündiger- oder Stornoanalysen genannt) zur Anwendung. Hierbei wird, ausgehend von der Betrachtung des Kündigerverhaltens in der Vergangenheit, für jeden einzelnen Kunden prognostiziert, mit welcher Wahrscheinlichkeit er seine Geschäftsbeziehung in nächster Zeit aufkündigen wird (zur Früherkennung von Kundenabwanderungsrisiken siehe Link/Seidl 2009).

- Des Weiteren können zur verbesserten Abschätzung des Erfolgsbeitrages möglicher CRM-Kampagnen z. B. die bereits durchgeführten Kampagnen dahin gehend analysiert werden, welche Kunden(-gruppen) hierauf überproportional häufig reagiert haben (Responseanalyse). Gepaart mit der Kenntnis des (potentiellen) Kundenwertes können die folgenden Kampagnen nun auf die Kunden mit einer hohen Responsewahrscheinlichkeit und hohem Wertpotential konzentriert werden.

- Im Rahmen des Kundenbindungsmanagements können schließlich auf der Basis von Assoziationsverfahren z. B. Cross- und Up-Selling-Potentiale ermittelt werden. Auch qualitative Kundenwertbestandteile wie das Informations-, Weiterempfehlungs- oder Entwicklungspotential lassen sich auf der Basis von Vergangenheitsbetrachtung merkmalsähnlicher Kunden(-gruppen) abschätzen.

Um den Erfolg des Kundenmanagements sicher zu stellen, müssen in Ergänzung zu den oben dargelegten kundenbezogenen Chancen und Risiken auch alle weiteren, auf den CRM-Wertschöpfungsprozess Einfluss nehmenden Größen erkannt und für diese eine Risiko- und Chancenbewertung vorgenommen werden (siehe hierzu auch Abbildung 4.1.1).

Einen positiven Beitrag für ein solch umfassendes Früherkennungssystems kann die im vorherigen Kapitel behandelte CRM-Scorecard leisten. So können etwa Informationen über die Entwicklung der Kundenzufriedenheit, des Kampagnenerfolgs oder die Qualität der Datenversorgung bereits rechtzeitig als Leistungstreiber auf zukünftige Ergebniskennzahlen in der CRM-Finanzperspektive schließen lassen. Dies allein ist allerdings nicht ausreichend, um - wie im § 91 Absatz 2 des Aktiengesetzes gefordert - den Fortbestand der Unternehmung gefährdende Entwicklungen möglichst frühzeitig zu erkennen. Voraussetzung hierfür ist es, sämtliche Risiken und Chancen hinsichtlich der strategischen CRM-Ziele der einzelnen Perspektiven zu eruieren und zu dokumentieren. Zudem sind in Ergänzung zu den Messgrößen als Indikatoren der strategischen Ziele Risiko- bzw. Chancenindikatoren zu bilden (z. B. wie aufgezeigt für bevorstehende Kundenabwanderungen oder mangelnde Datenqualität), die eine verlässliche Prognose der möglichen Entwicklungen im Sinne eine Risiken-/Chancenbewertung zulassen (zur Ausgestaltung einer solchen um Chancen- und Risikoaspekten erweiterten BSC siehe Link/Weiser 2006).

Da das BSC-Konzept sich in erster Linie auf vom Unternehmen selbst beeinflussbare Faktoren bezieht, ist zudem darauf zu achten, dass auch sämtliche extern induzierten Marktrisiken wie z. B. wechselnde Kundenbedürfnisse, Bedrohungen durch neue Wettbewerber, ungünstige Entwicklung des Marktvolumens, Änderung der allgemeinen Gesetzgebung/Rechtssprechung oder auch neue informationstechnologische Entwicklungen eine angemessene Berücksichtigung im Rahmen der CRM-Früherkennung finden.

Literaturverzeichnis

Anderson, E. W./Fornell, C./Lehmann, D. R. (1994): Customer Satisfaction, Market Share and Profitability, in: Journal of Marketing, 58. Jg., Nr. 3, S. 53-66.

Bliemel, F./Eggert, A. (1998): Kundenbindung – die neue Sollstrategie?, in: Marketing ZFP 1998, 1. Jg., S. 37-46.

Bliemel, F./Fassott, G. (2002): Produktpolitik im Electronic Business, in: Weiber, R. (Hrsg.), Handbuch Electronic Business, Informationstechnologien - Electronic Commerce - Geschäftsprozesse, 2. Aufl., Wiesbaden, S. 673–688.

Bruhn, M. (2001): Relationship Marketing. Das Management von Kundenbeziehungen, 1. Aufl., München.

Bruhn, M. (2009): Relationship Marketing. Das Management von Kundenbeziehungen, 2. Aufl. München.

Bruhn, M./Georgi, D (1999): Wirtschaftlichkeit des Kundenbindungsmanagements, in: Bruhn, M./Homburg, Ch. (Hrsg.), Handbuch Kundenbindungsmanagement: Grundlagen – Konzepte – Erfahrungen, 2. Aufl., Wiesbaden, S. 410 f.

Bruhn, M./Michalski, S. (2003): Analyse von Kundenabwanderungen – Forschungsstand, Erklärungsansätze, Implikationen, in: Zeitschrift für betriebswirtschaftliche Forschung, 55. Jg., Nr. 3, S. 431-454.

Davidow, W. H./Malone, M. S. (1992): The Virtual Corporation, New York.

Diller, H. (1996): Kundenbindung als Marketingziel, in: Marketing ZFP, 18. Jg., Nr. 2, S. 81-94.

Eggert, A./Fassot, G. (2001): Electronic Customer Relationship Management, Stuttgart.

Grandjot, T. (2006): Mobile Scorecard, 1. Aufl., München.

Hildebrand, V. (1997): Individualisierung als strategische Option der Marktbearbeitung, Wiesbaden.

Hippner, H. (2006): Komponenten und Potenziale eines analytischen Customer Relationship Management, in: Chamoni, P./Gluchowski, P. (Hrsg.), Analytische Informationssysteme – Business Intelligence-Technologien und –Anwendungen, 3. Aufl., Berlin.

Hippner, H./Wilde, K. D. (2001): CRM, Ein Überblick, in: Helmke, St./Dangelmaier, W. (Hrsg.), Effektives Customer Relationship Management, Instrumente, Einführungskonzepte, Organisation, Wiesbaden, S. 3-38.

Homburg, Ch./Schäfer, H. (1999): Customer Recovery – Profitabilität durch systematische Rückgewinnung von Kunden, Arbeitspapier Nr. M39 des Instituts für Marktorientierte Unternehmensführung (IMU), Mannheim.

Kammerer, M. (2005): Controlling von Customer Relationship Management Projekten, Berlin.

Kerner, S. (2002): Analytisches Customer Relationship Management in Kreditinstituten – Data Warehouse und Data Mining als Instrumente zur Kundenbindung im Privatkundengeschäft, 1. Aufl., Wiesbaden.

Kleinaltenkamp, M. (1996): Customer Integration - Kundenintegration als Leitbild für das Business-to-Business-Marketing, in: Kleinaltenkamp, M./Fließ, S./Jacob, F. (Hrsg.): Customer-Integration. Wiesbaden, S. 13–24.

Kleinaltenkamp, M. (2008): Kundenbindung durch Kundenintegration, in: Bruhn, M./Homburg, Ch. (Hrsg.), Handbuch Kundenbindungsmanagement, Strategien und Instrumente für ein erfolgreiches CRM, Wiesbaden, S. 427–444.

Krystek, U./Müller, M. (1999): Frühaufklärungssysteme, in: Controlling, 11. Jg., Nr. 4/5, S. 177-183.

Link, J. (1985): Organisation der strategischen Planung: Aufbau und Bedeutung strategischer Geschäftseinheiten sowie strategischer Planungsorgane, Heidelberg, Wien.

Link, J. (1991): Aufbau und Einsatz eines datenbankgestützten Früherkennungssystems im mittelständischen Unternehmen, in: Zeitschrift für Betriebswirtschaft, 61. Jg., Nr. 7, S. 777-791.

Link, J. (1999): Der Trend geht zum Internet, in: sapinfo.net/- das Magazin der SAP-Gruppe, Nr. 64, 11/1999, S. 26-28.

Link, J. (2001): Grundlagen und Perspektiven des Customer Relationship Management, in: Link, J. (Hrsg.), Customer Relationship Management, Erfolgreiche Kundenbeziehungen durch integrierte Informationssysteme, Berlin, S. 1–34.

Link, J. (2009a): Führungssysteme. Strategische Herausforderung für Organisation, Controlling und Personalwesen, 4. Aufl., München.

Link, J. (2009b): Die Konzeptionen eines Feedforward-Controlling, in: Link, J./Seidl, F. (Hrsg.), Kundenabwanderung. Früherkennung, Prävention, Kundenrückgewinnung. Mit erfolgreichen Praxisbeispielen aus verschiedenen Branchen, Wiesbaden, S. 35-58.

Link, J./Gary, A. (2008): Grundlagen und rechtliche Aspekte von Kundendatenbanken, in: Schwarz, T. (Hrsg.), Leitfaden Dialogmarketing, Das kompakte Wissen der Branche, Waghäusel, S. 307–320.

Link, J./Hildebrand, V. (1993): Database Marketing und Computer Aided Selling, München.

Link, J./Hildebrand, V. (1995): EDV-gestütztes Marketing im Mittelstand: Wettbewerbsvorteile durch kundenorientierte Informationssysteme, in: Link, J./Hildebrand, V. (Hrsg.), EDV-gestütztes Marketing im Mittelstand, München, S. 1-21.

Link, J./Hildebrand, V. (1997): Ausgewählte Konzepte der Kundenbewertung im Rahmen des Database Marketing, in: Link, J. et al (Hrsg.), Handbuch Database Marketing, 2. Aufl., Ettlingen, S. 159-173.

Link, J./Kramm, F. (2006): Direktmarketing und Controlling, in: Reinecke, S./Tomczak, T. (Hrsg.), Handbuch Marketingcontrolling, 2. Aufl., Wiesbaden.

Link, J./Schleuning, C. (1999): Das neue interaktive Direktmarketing. Die neuen elektronischen Möglichkeiten der Kundenanalyse und Kundenbindung, 1. Aufl., Ettlingen.
Link, J./Seidl, F. (2008): Der Situationsansatz als Erfolgsfaktor des Mobile Marketing, in: Bauer, H. (Hrsg.), Erfolgsfaktoren des Mobile Marketing, Berlin, S. 51–70.
Link J./Seidl, F. (2009): Kundenabwanderung. Früherkennung, Prävention, Kundenrückgewinnung. Mit erfolgreichen Praxisbeispielen aus verschiedenen Branchen, 1. Aufl. Wiesbaden.
Link, J./Tiedtke, D. (2001): Von der Corporate Site zum Databased Online Marketing. Grundlagen und Entwicklungsperspektiven, in: Link, J./Tiedtke, D. (Hrsg.), Erfolgreiche Praxisbeispiele im Online-Marketing. Strategien und Erfahrungen aus unterschiedlichen Branchen, 2. Aufl., Berlin, S. 1–25.
Link, J./Weiser, C. (2006): Marketing-Controlling. Systeme und Methoden für mehr Markt- und Unternehmenserfolg, 2. Aufl., München.
Mann, A. (2004): Die Wirkung verpufft, in: Direktmarketing, 40. Jg., Nr. 12, S. 40-43.
Meffert, H./Birkelbach, R. (1992): Customized Marketing, in: Thexis, 9. Jg., Nr. 1, S. 18-19.
Michaeli, R. (2006): Competitive Intelligence, Strategische Wettbewerbsvorteile erzielen durch systematische Konkurrenz-, Markt- und Technologieanalysen, Berlin.
Michalski, S. (2004): Kündigungspräventionsmanagement, in: Hippner, H./Wilde, K. D. (Hrsg.), Grundlagen des CRM. Konzepte und Gestaltung, 1. Aufl. Wiesbaden, S. 495-516.
Morgan, R./Hunt, S. (1994): The Commitment-Trust Theory of Relationship Marketing, in: Journal of Marketing, 58. Jg., Nr. 3, S. 20-38.
Münster, J./Seidl, F. (2008): Erfolgsmodellierung im Kundenrückgewinnungsmanagement, in: Luderer, B. (Hrsg.), Die Kunst des Modellierens – mathematische-ökonomische Modelle, 1. Aufl., Wiesbaden, S. 313-331.
Newell, F. (2000): Customer Relationship Management im E-Business, Landsberg/Lech.
Peter, S. (1997): Kundenbindung als Marketingziel, Wiesbaden.
Plinke, W. (1989): Die Geschäftsbeziehung als Investition, in: Specht, G./Silberer, G./Engelhardt, W.H. (Hrsg.), Marketing Schnittstellen. Herausforderungen für das Management, Stuttgart, S. 305-325.
Reich, M. (2003): Innovatives Kundenbindungs-Controlling, 1. Aufl., München.
Schwetz, W. (2000): Customer Relationship Management, Wiesbaden.
Seidl, F. (2009): Customer Recovery Management und Controlling, in: Link, J./Seidl, F. (Hrsg.), Kundenabwanderung. Früherkennung, Prävention, Kundenrückgewinnung. Mit erfolgreichen Praxisbeispielen aus verschiedenen Branchen, 1. Aufl., Wiesbaden, S. 3-34.
Selchert, M. (2004): Ermittlung des Erfolgs von CRM-Systemen: Konzeption und praktische Anwendung, Controlling, 16. Jg., Nr. 1, S. 27-34.
Stauss, B. (2006): Grundlagen und Phasen der Kundenbeziehung: Der Kundenbeziehungs-Lebenszyklus, in: Hippner, H./Wilde, K. D. (Hrsg.), Grundlagen des CRM. Konzepte und Gestaltung, 2. Aufl., Wiesbaden, S. 421–442.
Tewes, M. (2003): Der Kundenwert im Marketing. Theoretische Hintergründe und Umsetzungsmöglichkeiten einer wert- und marktorientierten Unternehmensführung, 1. Aufl., Wiesbaden.
Tyson, K. W. (1986): Business intelligence, putting it all together, 1. Aufl., Lombard, Illinois.
Wiedmann, R./Schwab, K. (2002): Erfolgsmessung und -optimierung von Online-Marketing-Aktivitäten, in: Dallmer, H. (Hrsg.), Handbuch Direct Marketing, 8. Aufl., Wiesbaden, S. 845-864.
Wiedmann, K./Trautmann, K.-H./Hennings J. (2002): Kritische Würdigung der Balanced Scorecard als kennzahlengestütztes Controllingkonzept zur marktorientierten Steuerung von Energieversorgungsunternehmen, in: Lehrstuhl Marketing II, Universität Hannover (Hrsg.), Schriftenreihe Marketing Management, Hannover.
Wirtz, B. W. (2005): Integriertes Direktmarketing. Grundlagen – Instrumente – Prozesse, 1. Aufl., Wiesbaden.
Zipser, A. (2001): Business Intelligence im CRM, Die Relevanz von Daten und deren Analyse für profitable Kundenbeziehungen, in: Link, J. (Hrsg.), Customer Relationship Management, Erfolgreiche Kundenbeziehungen durch integrierte Informationssysteme, Berlin, S. 35–58.

4.2 Data Mining im Vertriebsmanagement

Klaus-Peter Wiedmann, Steffen Schmidt

1 Einführung

Der Ansatz des Data Mining setzt an der Leitidee an, in vorhandenen „Datenbergen mit Hilfe geeigneter Schürftechniken Gold zu finden". Das Bild des Goldschürfens passt in zweierlei Hinsicht in der Tat sehr gut: Zum einen, weil aus Daten generierte Informationen zweifelsohne eine der wichtigsten Wettbewerbsvorteilsressourcen im Marketing - und speziell im Vertriebsmanagement - darstellen und mithin bei richtiger Anwendung „Gold wert" sind. Zum anderen bedarf es auch beim Data Mining vielfältiger Voraussetzungen sowie „Reinigungs- und Aufbereitungsstufen", um „aus den gefundenen Gold-Nuggets" tatsächlich einen ökonomischen Mehrwert ziehen zu können. Eine zentrale Grundvoraussetzung besteht etwa bereits darin, dass „an den richtigen Stellen zu schürfen ist". Des Weiteren müssen die verantwortlichen Manager nicht zuletzt dazu in der Lage sein, den Unterschied zwischen „Dreck- und Gesteinsklumpen" zu erkennen. Anknüpfend an diese metaphorische Skizze soll Data Mining im vorliegenden Beitrag als ein in ein umfassendes Managementsystem eingebetteter Ansatz vorgestellt werden, bei dem aus (vorhandenen) Daten mit Hilfe von vor allem statistisch-mathematisch fundierten Methoden entscheidungsrelevantes Wissen und letztlich über die damit im Vergleich zu Wettbewerbern möglichen Informationsvorsprünge ein wirtschaftlicher Nutzen zu generieren versucht wird.

Im Hinblick auf die Generierung eines nachhaltigen Nutzens für ein erfolgreiches Vertriebsmanagementsystem durch die Einbettung geeigneter Methoden des Data Mining in ein umfassendes Managementsystem spielt nicht nur die Würdigung spezifischer Vertriebsmanagementaufgaben eine zentrale Rolle, sondern auch die Betrachtung der jeweils spezifischen internen und externen, situativen Vertriebsbedingungen. Geht es z. B. um den Vertrieb von technischen Gütern an Geschäftskunden, wo der persönliche Dialog noch immer eine wesentliche Rolle spielt? Oder geht es um den Vertrieb von Konsumgütern und Dienstleistungen an private Endkunden, wo verstärkt auch eine professionelle internetbasierte Vertriebskonzeption an Relevanz gewinnt? Wie stark ziehen in diesem Zuge auch die Vertriebsprozesse öffentliche Aufmerksamkeit auf sich und stehen dabei etwa unter einem generellen Spionage- und Manipulationsverdacht? Wird z. B. ein Großteil des Vertriebs über das Internet abgewickelt, muss die im Feindbild der „digital großmächtigen Datenkraken" Google, Facebook & Co. geschärfte öffentliche Kritik an überbordender, nicht transparenter und nicht kontrollierbarer Datensammlung gerade bei der Implementierung von Data Mining Konzepten besondere Aufmerksamkeit und Sensibilität finden.

Trotz aller Relevanz einer problemorientierten und situationsspezifischen Einbettung und Ausgestaltung von Ansätzen des Data Mining im Vertrieb wird eine entsprechend differenzierte Ausarbeitung eines ganzheitlichen Managementsystems im Rahmen des vorliegenden Beitrages nicht möglich sein. Im Zentrum der vorliegenden Abhandlung steht allein die Motivation,

1. *eine kurze Übersicht über die Spannbreite der Methoden des Data Mining für den Vertrieb* bieten und zugleich aufzuzeigen, in welcher Weise solche Methoden grundsätzlich in ein professionelles Vertriebsmanagement zu integrieren sind, um einen nachhaltigen Nutzen zu bieten,

2. *konkrete Ansatzpunkte des Einsatzes von Methoden des Data Mining im Vertrieb* zumindest anhand einiger ausgewählter Beispiele zu verdeutlichen, die sich auf die Bewältigung einzelner Vertriebsmanagementaufgaben beziehen und sich jeweils stärker auf die Illustration einer spezifischen Methodik konzentrieren.

Zur Darstellung des Anwendungspotentials eines derartig vertriebsorientierten Data Mining Ansatzes werden in dieser Arbeit ein hybrider Online-/Offline-Vertrieb sowie ein reiner Online-Vertrieb ausgewählt. Beide Anwendungsfälle fallen in den Bereich Web Mining, also der Einsatz von Verfahren des Data Mining zur (teil)automatischen Auswertung von internetbasierten Daten (Cooley et al. 1997; Säuberlich 2003).

Abgesehen davon, dass aufgrund der Kürze dieses Beitrags die Möglichkeiten und Probleme von Data Mining nicht anhand aller relevanten Themen eines Vertriebsmanagements verdeutlicht und dabei zugleich konkrete Bezüge zu den unterschiedlichsten Vertriebsformen und -kontexten hergestellt werden können, muss auch der Themenkomplex der öffentlichen Kritik weitgehend ausgeblendet werden. Zwar ist davon auszugehen, dass sich öffentliche Kritik kaum formieren und/oder zumindest wenig an Relevanz gewinnen wird, wenn es mit Hilfe von Data Mining gelingt, einen tatsächlich überzeugenden Nutzen für die Kunden zu erzielen. Allein aber die Generierung solcher Nutzenpotenziale, die ja zugleich im unmittelbaren Interesse der Erzielung von Vertriebserfolgen zu sehen sind und insofern auch bei der Darstellung des ganzheitlichen (Wissens-)Ansatzes zur fundierten Entscheidungsunterstützung im Vertriebsmanagement zu einem für gesellschaftliche Ansprüche sensiblen „kundenorientierten Data Mining" eine Rolle spielen wird, vermag jedoch die gesellschaftliche Problematik nicht vollständig zu entschärfen. Denn parallel dazu müssen auch jene Kosten in Betracht gezogen werden, die Kunden und andere Stakeholder bzw. Anspruchsgruppen in Kauf nehmen müssen, die durch die Nutzenzuwachschancen von Data Mining entstehen können (Verlust der Privatsphäre, Manipulationsrisiken etc.). Auf derartige Aspekte kann im vorliegenden Beitrag indessen nicht näher eingegangen werden – obwohl ein feinfühliger Umgang mit diesem Thema zweifellos eine relevante Anforderung an ein ganzheitlich ausgerichtetes Vertriebsmanagement darstellt. Im vorliegenden Beitrag liegt aber der primäre Fokus auf der Herausforderung, eine intelligente Einbettung sowie Nutzung von Data Mining in ein umfassendes und vertriebsorientiertes Managementsystem darzustellen.

2 Grundlegende Ansatzpunkte von Data Mining im Vertrieb

2.1 Zur besonderen Relevanz von Data Mining für ein erkenntnisleitendes Informationsmanagement im professionellen Vertrieb

Für eine professionelle Vertriebsleistung im Sinne einer *effektiven und effizienten innerbetrieblichen Leistungsverwertung* ist der Rückgriff auf fundierte Informationen eine unabdingbare Voraussetzung. Zentraler Gegenstand des dafür verantwortlichen Informationsmanagements ist die Bereitstellung von Informationen für die jeweiligen Vertriebsmitarbeiter und Führungskräfte, wobei der Natur der marktorientierten Unternehmensführung entsprechend kundenbezogene Informationen im Mittelpunkt der Bemühungen stehen (Homburg et al. 2008, S. 173).

Der *systematische Informationsbedarf eines professionellen Vertriebsmanagements* lässt sich dabei grundlegend in unternehmensexterne und unternehmensinterne Sachverhalte differenzieren. Ein unternehmensexterner Informationsbedarf herrscht bspw. in Bezug auf Kunden (Endabnehmer, Händler etc.), Wettbewerber und Marktsituation (Entwicklungen, Trends etc.). Die unternehmensinterne Informationsbedürfnislage bezieht sich derweil in erster Linie auf interne Vertriebsprozesse (Kundenakquise, Auftragsbearbeitung etc.). Der Umfang des anfallenden quantitativen und qualitativen Informationsbedarfs hängt derweil von der vertriebspolitischen Ausgestaltung des Absatzkanals bzw. der Absatzkanäle ab (vertiefend dazu Pepels 2007, S. 1-44). Hierzu zählen u.a. die Breite und Tiefe der Absatzwege, die Art des Vertriebssystems und der Absatzform. Diese Bestandteile der Absatzorganisation determinieren die Anzahl der Akteure im Absatzkanal. Es ist leicht einsehbar, dass mit zunehmender Anzahl von Austauschbeteiligten auch der Informationsbedarf zunimmt. Ein ubiquitärer, mehrstufig indirekter Absatz, der dezentral organisiert ist und (weitgehend) unpersönlich abläuft, bedarf in der Regel eines deutlich höheren Informationsniveaus, was für die meisten Konsumgüterhersteller zutrifft. Im Gegensatz dazu weist ein exklusiver, einstufig direkter Absatz, der zentral organisiert ist und persönlich via face-to-face vonstattengeht, ein vergleichsweise niedrigeres Informationsniveau auf, was häufig charakteristisch für Investitions- und Luxusgüterhersteller ist.

Grundsätzlich bleibt festzuhalten, dass unabhängig von der Art der Absatzorganisation für das Vertriebsmanagement in Bezug auf die Steuerung der jeweiligen (internen und externen) Austauschbeziehungen ein quantitativer und qualitativer Informationsbedarf besteht. Dieser bezieht sich bspw. bei Endabnehmern auf den ganzen Zeitraum der Kundenbeziehung, also die Vorverkaufs-, Kauf- als auch Nachkaufphase. Die seit Jahren stark voranschreitende informationstechnologische Vernetzung, der sich immer mehr Unternehmen auch außerhalb des E-Commerce stellen müssen, führt dabei zu einem exponentiellen Anstieg der kunden- und unternehmensbezogenen Datenberge in Unternehmungen. So wuchs in 2008 bspw. die stündlich aktualisierte Kundendatenbank des Handelsunternehmens

Wal-Mart um ca. eine Milliarde neuer Datensätze pro Stunde (Schaffry 2008, o.S.). Verschiedene Studien gehen hierbei für die kommenden Jahre weltweit von jährlichen Datenzuwachsraten zwischen 40 und 60 Prozent aus (siehe beispielhaft IDC 2007, S. 3; Cisco 2009. S. 1). Diese sich ausbreitenden Datenwüsten gilt es zur Beantwortung der verschiedensten Frage- und Aufgabenstellungen auf operativer und strategischer Managementebene zur fundierten Entscheidungsfindung zu nutzen, indem aus ihnen letztlich zweckdienliche Informationen gezogen werden.

Die *Nutzbarmachung der umfangreichen Datenmengen* stellt für Unternehmungen nicht nur eine gegenwärtige Herausforderung und Problematik dar, sondern auch gleichzeitig die Chance, nachhaltige Wettbewerbsvorteile zu schaffen. Durch den intelligenten Einsatz der verschiedenen Techniken des Data Mining, deren Leistungsfähigkeit und softwaretechnische Verfügbarkeit sich in den letzten Jahren und Jahrzehnten enorm verbessert haben, können die Daten heutzutage *systematisch nach wertvollen Wissensmustern* untersucht werden. Das bis dato enormes Potential verschenkt wird, deutet u.a. eine jüngere Untersuchung an, die davon ausgeht, dass mehr als 50 Prozent aller archivierten elektronischen Nachrichten in Unternehmen nicht weiter verwendet werden (pressetext Nachrichtenagentur 2007, o.S.). So steigen alleine die Kosten durch die Nachrichtenarchivierung, nicht aber der Nutzen durch eine methodengetriebene Wissensgewinnung. Dabei ermöglicht gerade die Anwendung von Techniken des Data Mining das vergleichsweise einfache Abschöpfen von wertvollem Wissen zur fundierten Entscheidungsunterstützung.

Dies gilt vor allem für die Unternehmen, die im Internet ihre primäre(n) Vertriebsaktivität(en) verankert haben. Insbesondere vor dem Hintergrund, dass zunehmend das Internet für die Datengebirge verantwortlich ist, welche durch den gegenwärtigen Trend der verstärkten Nutzung von internetfähigen Handys und Netbooks sowie Smartphones wie dem iPhone von Apple stetig wachsen (Zollondz 2009, o.S.). Außerdem kann jede Austauschbeziehung zwischen Kunde und Unternehmen in der Online-Welt, anders als offline, als digitaler Kontakt abgespeichert werden. Somit steht grundsätzlich eine vollständige Beziehungshistorie zur Verfügung. Mit Hilfe der online und offline erhobenen Kundendaten haben sich verantwortungsbewusste Vertriebsmanager auf Basis verschiedenster Quellen zu informieren (lassen), um hierüber eine *Wissensgewinnung im Sinne eines Erkenntniszuwachses* zu erlangen (vertiefend hierzu und im Folgenden insbesondere Janich 2006, S. 146-147). Die Generierung von Wissen auf Grundlage eines fundierten Informationsniveaus ermöglicht den Vertriebsmitarbeitern und Führungskräften die Bewertung der Realität innerhalb des diametralen Beurteilungsschemas von wahr und falsch. Anders ausgedrückt: Mitarbeiter und Manager können dann eine zielorientierte Entscheidung zur Lösung realer Problemstellungen im Bereich des strategischen und operativen Vertriebsmanagement treffen, wenn sie sich auf gesicherte Informationen bestmöglich verlassen können.

Vor diesem Hintergrund sollte die zielführende Motivation eines marketing- und vertriebsorientierten Managements darin bestehen, die anschwellenden Datenbestände bei einem gleichzeitig erhöhten Professionalisierungsgrad hinsichtlich des Einsatzes leistungsstarker Analyseverfahren auf intelligente Weise anzuzapfen und auszuwerten. Auf diesem Wege besteht u.a. die Erfolgsaussicht einer nachhaltig verbesserten Marktpositionierung durch die erhöhte Unternehmens-, Kunden- und Wettbewerbsorientierung, alle drei zentrale Bezugsfelder einer jeden Vertriebsstrategie, die mit dem Erschließen der Wissensquellen und dem damit verbundenen verbesserten Kenntniszustand der eigenen Umwelt einhergeht. Eine *intelligente vertriebsorientierte Wissensproduktion* setzt wiederum ein profundes Verständnis über die grundlegenden Anwendungsbereiche und -potenziale von Data Mining voraus, um diese im Vertrieb zweckmäßig und erkenntnisleitend einzusetzen. Dies wird Gegenstand des nächsten Abschnitts sein.

Abbildung 4.2.1 Methoden des Data Mining im engeren und weiteren Sinne (in Anlehnung an: Blum 2006, S. 28)

DM-Methoden i.w.S.	***Beispiel***
Abfragesprachen	*Structured Query Language (SQL), Query by Example (QBE)*
Tabellenkalkulation	*Microsoft Excel*
Datenbankprogramme	*Microsoft Access*
Multidimen. Abfragewerkzeuge	*Online Analytical Processing (OLAP)*

DM-Methoden i.e.S.	***Beispiel***
Statistik	*Clusteranalyse, Faktoranalyse, Diskriminanzanalyse, Regressionsanalyse, Logistische Regression, Partial Least Squares*
Visualisierung	*Bayes Netzwerk, Linkanalysen, Scatter Plots,Glyphen*
Maschinelles Lernen	*Regelbasierte System (Entscheidungsbäume, Assoziationsregeln etc.), Neuronale Netze, Genetische Algorithmen, Beispielbasierte Suchalgorithmen (Fallbasiertes Schließen etc.)*

2.2 Anwendung geeigneter Methoden des Data Mining für ein wissensgetriebenes Vertriebsmanagement

Der Einsatz von Techniken des Data Mining verfolgt zwei wesentliche Zielsetzungen: *Wissenserklärung und Wissensentdeckung* (Buxel/Buckler 2000, S. 8). Der Begriff Data Mining erfährt derweil in der Literatur auf inhaltlicher Ebene ein teilweise recht breites Verständnis (Wiedmann et al. 2003, S. 23-24). Trotz der abweichenden Begriffsauffassungen kann Data Mining in einer ersten Annäherung als *lineare und nichtlineare Entdeckung von gültigen und neuen Mustern in umfangreichen Datenbeständen* verstanden werden. Aus Sicht eines wissensgetriebenen Vertriebsmanagements lässt sich dabei Data Mining als computergestütztes Musterlernen aus komplexen Datenmengen bei einer vertrieblichen Fragestellung verstehen, wobei Lernen grundsätzlich das hypothesengeleitete Erwerben von Gesetzmäßigkeiten der realen Umwelt anhand von empirischen Daten (Erfahrungen) ist (Wiedmann et al. 2003, S. 25). Zum Data Mining gehören Methoden verschiedener Wissenschaftsbereiche, wobei grundlegend zwischen *Methoden im weiteren und engeren Sinn* unterschieden werden kann (Blum 2006, S. 28-29). Dabei sind Methoden im engeren Sinn leistungsstärker, da sie in der Lage sind, auch sehr große und eher unstrukturierte Datenmengen zu untersuchen.

Einige dieser Methoden, wie bspw. Künstliche Neuronale Netze und Genetische Algorithmen, ermöglichen auch die Analyse von nichtlinearen Beziehungen, womit im Endeffekt ein höherer Realitätsgrad der Untersuchungsmodelle erreicht wird. In Abbildung 4.2.1 sind ausgewählte Methoden des Data Mining im weiteren und engeren Sinn übersichtlich dargestellt.

Tabelle 4.2.1 Typische Anwendungsfelder von Data Mining im Vertrieb

Typische Anwendungsfelder von Data Mining im Vertrieb	
Absatzprognosen	Optimales Produktbundle
Marktanteilsprognosen	Mailingoptimierung
Kundensegmentierung	Call-Center-Simulationen
Konversionsoptimierung	Routenplanung des Außendiensts
Preisoptimierung	Standortplanung

Data Mining kann prinzipiell in allen Problemfeldern des Vertriebs eingesetzt werden, wo Daten erhoben werden bzw. anfallen. Dabei lässt sich das eigentliche Ablaufschema der Datenanalyse mit Hilfe von Data Mining – Problemdefinition, Auswahl der Datenbasis, Datenaufbereitung und -reduktion, Methodenauswahl, Datenauswertung, Musterinterpretation, Ergebnispräsentation, Erkenntnisanwendung – auf alle problembezogenen Anwendungsfelder übertragen. Ein klassischer Anwendungsbereich ist z. B. die Bestimmung der Responsewahrscheinlichkeit bzw. des Responsepotenzials von angeschriebenen Personen (-haushalten) zur Optimierung von Mailings. In Tabelle 4.2.1 sind einige typische Anwendungsfelder von Data Mining im Vertrieb aufgelistet.

Ein wichtiger Punkt beim Einsatz von Data Mining zum intelligenten Angehen des Vertriebsproblems ist die *Anwendung der richtigen Methode*, die sinnvollerweise in zwei Schritten vorzunehmen ist. Im ersten Schritt gilt es das konkrete Vertriebsproblem zu benennen. Nicht völlig überschneidungsfrei von der Art des Anwendungsgebiets ist dabei zunächst eine Klassifizierung der vertrieblichen Problemstellung vorzunehmen. Eine zweistufige Vorgehensweise erscheint hier hilfreich (Wiedmann/Buckler 2003, S. 44-47). Die beiden Stufen dabei sind: Inhalt und Art der problembezogenen Aufgabenstellung. Auf der *inhaltlichen Ebene* kann das Problem operativer (z. B. tägliche Routenplanung) und strategischer (z. B. Distributionsplanung) Natur sein. Die *Art der zu lösenden Aufgabenstellung* kann sein: Aufstellung eines Erläuterungs- (einfache Datenanalyse mit Beschreibung und Erklärung), Erkenntnis- (Clustering, Klassifikation, Abhängigkeits-/Sequenzanalayse) oder Entscheidungsmodells (Prognose und Optimierung). Diese Reihenfolge spiegelt gleichzeitig den Grad der Handlungsqualität wider, d.h. inwiefern das Ergebnis der Datenverarbeitung eine konkrete Handlungsdirektive für den Entscheider beinhaltet.

Nachdem das Problem im ersten Schritt klassifiziert ist, gilt es im zweiten Schritt die Bestimmung einer oder mehrerer zweckmäßiger Methoden vorzunehmen, da nicht alle Methoden gleich stark zur spezifischen Problemlösung geeignet sind. Hierzu lassen sich folgende Verfahren heranziehen: Ergebnis-, Verfahrens- und Datenorientierung (vertiefend dazu Blum 2006, S. 25-27). Zu den *ergebnisorientierten Kriterien* zählen der Grad der Nützlichkeit (können die Ergebnisse sofort in konkrete Handlungen umgesetzt werden?) und Interpretierbarkeit (sind die Daten nicht nur für Experten klar und verständlich).

Zu den *verfahrensspezifischen Kriterien* gehören Anwendervorgaben (müssen Apriori-Annahmen gemacht werden und die Daten umfangreich vorbereit werden?), Modellierung von Unsicherheit (sind statistische Gütemaße implementiert, die den Grad der Unsicherheit aufgrund der Verarbeitung von Daten mit niedriger Qualität anzeigen?), Lerntyp (ist ein intelligentes Modelllernen bei kontinuierlicher Erweiterung der Datenbasis möglich?), Laufzeit (Dauer der Rechenzeit). *Datenspezifische Kriterien* beziehen sich auf Datenmenge (können große Datenmengen verarbeitet werden?), Datenqualität (können unvollständige Daten ergänzt und fehlerhafte Daten verarbeitet werden?) sowie Datentransformation (kann mit umgewandelten Daten umgegangen werden?). In Tabelle 4.2.2 sind beide Schritte noch einmal zusammenfassend dargestellt.

Als eine besonders geeignete Methode haben sich *Neuronale Netze* erwiesen, die *auf fast alle Vertriebsprobleme anwendbar* sind. Ihre hohe Leistungsfähigkeit liegt darin begründet, auch Nichtlinearitäten entdecken und verarbeiten zu können, dabei eine Vielzahl an Variablen zu berücksichtigen und kontinuierlich (weiter) zu lernen (einführend dazu Wiedmann/Buckler 2003, S.39-102). Damit können auch Problemsituationen angegangen werden, die sich durch eine hohe Komplexität, Intransparenz, Dynamik und Unkenntnis in Bezug auf die Ursache-Wirkungs-Beziehungen auszeichnen. Kurzum: Neuronale Netze sind hervorragend geeignet, auch *realwirtschaftliche Vertriebsprobleme zu lösen*, indem sie vor allem unbekannte Muster in umfangreichen Datenbergen „aufspüren" können. Nachteilig bei der Anwendung von Neuronalen Netzen sind die häufig recht langen Rechenzeiten und die mitunter schwierigere Ergebnisinterpretation.

Letzten Endes gibt es aber *keine Methode, die eine Art „Allheilmittel"* darstellt, da jede Methode limitierende Schwächen aufweist und sich damit ein Problem mehr oder weniger gut lösen lässt. Der *intelligente Einsatz eines Methodenverbundes* kann hier Abhilfe schaffen (Blum 2006, S. 79). Entweder laufen die Methoden dabei selbstständig nacheinander ab, wobei die eine Methode Dateninput für die andere Methode liefert (z. B. Tree-Based Neural Networks, wo Entscheidungsbäume die Basis für Neuronale bilden), oder sie verbinden sich zu einer gemeinsamen Methode (z. B. Neuro-Fuzzy-Systeme). Dabei darf nicht vergessen werden, dass Techniken des Data Mining, ob nun einzeln oder im Verbund eingesetzt, ihrer Natur entsprechend zuallererst Daten benötigen, um überhaupt Informationen und Wissen für das Vertriebsmanagement generieren zu können. Ganzheitliche Informationssysteme zeichnen sich für die Versorgung mit den notwendigen Daten aus. Die Darstellung der Integration von Data Mining in ein systematisches Informationsmanagement zur Unterstützung der operativen und strategischen Vertriebsarbeit ist motivationaler Gegenstand des nächsten Abschnitts.

Tabelle 4.2.2 Anwendungsspezifische Auswahlschritte ausgewählter Methoden des Data Mining (Quelle: In enger Anlehnung an Blum 2006, S. 86-87)

	1. Schritt Klassifizierung der vertrieblichen Problemstellung							2. Schritt Bestimmung einer oder mehrerer zweckmäßiger Methoden								
	Inhalt der Aufgabenstellung Strategisches Problem Operatives Problem															
	Art der Aufgabenstellung							Auswahlkriterien								
	Erläuterungsmodell		Erkenntnismodell			Entscheidungsmodell		Ergebnisorientierung		Verfahrensorientierung				Datenorientierung		
	Beschreibung	Erklärung	Clustering	Klassifikation	Abhängigkeits-/Sequenzanalyse	Prognose	Optimierung	Nützlichkeit	Interpretierbarkeit	Anwendervorgabe	Unsicherheitsmodellierung	Lerntyp	Laufzeiten	Datenmenge	Datenqualität	Skalierung
Neuronale Netze	☑	☑	☑	☑	☑	☑	☑	+ +	– –	– –	+	+ +	+ –	+ +	+ +	+
Genetische Algorithmen			☑	☑	☑	☑	☑	+	+	– –	+	+ +	– –	+ +	+	– –
Entscheidungsbäume			☑	☑	☑	☑		+	+	+ +	+ +	– –	– –	+	+	+
Fallbasiertes Schließen	☑	☑		☑		☑		– –	+ +	+	+	+ +	– –	+	+ +	+
Assoziationsregeln					☑	☑		+ +	+	+ +	+ +	+ +	+	+ –	+	+
Visualisierungstechniken	☑							+ –	+	+ –	+ –	– –	+ +	– –	+ +	+ –
OLAP	☑				☑			+ +	+ +	+ +	– –	+ –	+ +	+ +	+	+ –

Erklärung: ++ sehr; gut; + gut; + – befriedigend; – schlecht; – – sehr schlecht

Abbildung 4.2.2 CORIM©-Ansatz (in enger Anlehnung an: Wiedmann/Jung 1996a)

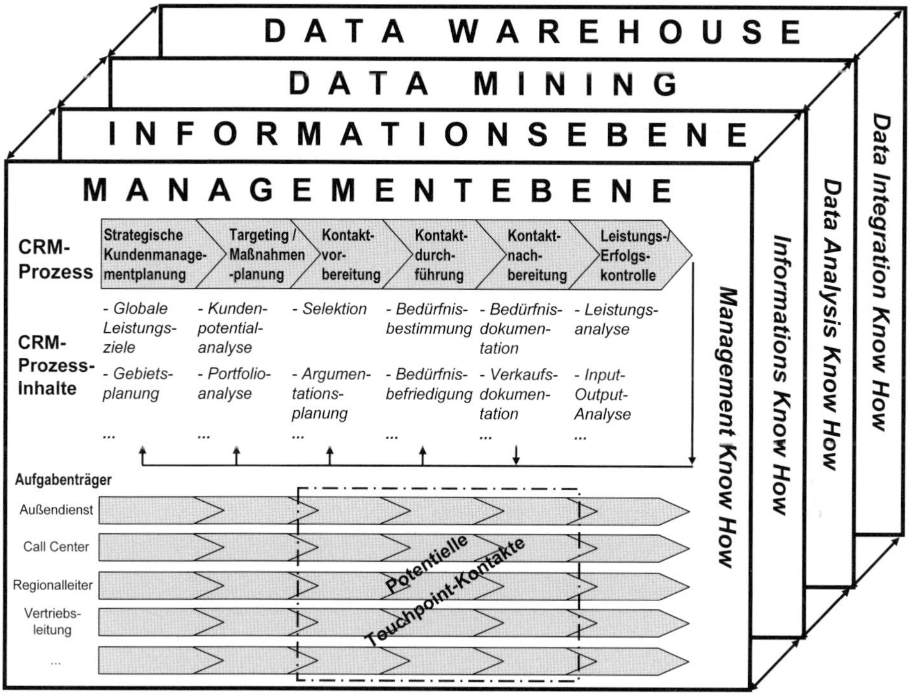

2.3 Data Mining als zentrales Element eines modernen vertriebsorientierten Informationsmanagementsystems

2.3.1 Elementare Bestandteile eines ganzheitlichen Informationsmanagementkonzeptes im Vertrieb

Informationen sind zunächst als potentielle Wissenseinheiten zu verstehen, die benötigt werden, um fundierte Entscheidungen treffen zu können (Alex 1998, S. 9-11). Gleichzeitig muss davor gewarnt werden, die Bedeutung der aus Daten gewonnenen Information(en) aus Managementsicht weder über- als auch unterzubewerten. Informationen stellen in erster Linie Werkzeuge dar, die ohne ein zugrunde liegendes (Vertriebs-)Geschäft im Sinne eines (Unternehmens-)Konzepts mehr oder weniger nutzlos bleiben (vertiefend zu diesem Absatz insbesondere Drucker 2002, S. 122-123). Wichtig sind also Konzepte, die durch Integration der Werkzeuge ein ganzheitliches Informationssystem schaffen. Mit Unterstützung dieses System werden dann fundierte Vertriebsanalysen, -strategien und -entscheidungen möglich. Aus dieser Perspektive heraus dienen Informationen als

Bewertungsgrößen für zukünftiges Handeln, statt der einfachen Dokumentierung des vergangenen Geschehens.

Mit diesem Verständnis wird in diesem Beitrag Informationsmanagement als Funktion der Gewinnung, Sortierung, Speicherung, Verteilung und Veredelung (durch intelligente Verarbeitung) von unternehmensinternen und -externen Informationen verstanden (Wiedmann/Buckler 2003, S. 44). Ein *ganzheitliches Informationsmanagementkonzept* stellt dabei der *CORIM©-Ansatz* nach Wiedmann/Jung (1996a) dar. Das zweckmäßige Zusammenwirken von Managementinformationen und -ausrichtungen einerseits und die datentechnische Bewältigung anderseits stehen im Mittelpunkt des CORIM©-Ansatzes (vertiefend Wiedmann/Jung 1996b, S. 5-7). Abbildung 4.2.2 zeigt die vier Ebenen auf, die durch CORIM© integriert werden. Es erfolgt somit ein systematisches Wechselspiel von der Managementebene über die Informationsebene (zur strategischen und operativen Analyse) und dem Einsatz von Data Mining (zur komplexen Datenauswertung) bis hin zum Data Warehouse (zwecks Datenspeicherung).

Eine zentrale Triebkraft im Vertrieb stellt die *Kundenorientierung* dar (Homburg et al. 2008, S. 1). Die Implementierung von kundenorientierten Prozessabläufen ist der Kerngegenstand des *methoden- und systemgestützten Vertriebs*, neudeutsch auch als *Customer Relationship Management* (CRM) umschrieben (vertiefend Winkelmann 2008a, S. 183 und S. 224-293). Dahinter verbirgt sich die Vision *eines integrierten Kundenmanagements*, welches Marketing, Vertrieb und Service systematisch mit einschließt. Grundidee ist, dass kunden(nutzen)orientierte Denken der Mitarbeiter mit Hilfe einer methoden- und computergestützten Vertriebssteuerung zu unterstützen. Eine ganzheitliche CRM-Prozesskette kann sich beispielhaft aus den folgenden sequentiell ablaufenden Phasen zusammensetzen: Strategische Kundenmanagementplanung, Targeting/ Maßnahmenplanung, Kontaktvorbereitung, -durchführung, -nachbereitung und Leistungs-/Erfolgskontrolle. Besonders hervorgehoben sei hier die besondere Relevanz, in den einzelnen CRM-Prozessen alle Ereignisse systematisch zu erfassen und zu analysieren, bei denen zwischen Unternehmen und Kunden ein persönlicher oder unpersönlicher Kontakt herrscht. Jeder dieser sogenannten Touchpoints ist gleichzeitig eine Verkaufs- und Bindungschance und daher besonders bedeutsam für den langfristigen Unternehmenserfolg.

Vor diesem Hintergrund ist es nachvollziehbar, dass *Kundeninformationen den Kern eines jeden vertriebsorientierten Informationsmanagementkonzeptes* mit CRM als ganzheitliche Managementausrichtung bilden sollten (vertiefend hierzu Homburg et al. 2008, S. 180-218). Die wesentlichen Informationen, die über Kunden jeglichen Typs (Endabnehmer, B2B, etc.) vorliegen sollten, sind hierbei: Grund- (Wer sind die Kunden?), Potenzial- (Was brauchen die Kunden?), Aktions- (Was tun wir für unsere Kunden?) und Reaktionsdaten (Wie erfolgreich sind wir / der Wettbewerber bei den Kunden?). Liegen derartige Informationen vor, lässt sich z. B. unmittelbar die Kundenstruktur untersuchen (z. B. ABC-Analyse), die Kundenprofitabilität bestimmen (z. B. Customer Lifetime Value) oder aber auch die Stabilität der Kundenbeziehungen feststellen (z. B. Kundenzufriedenheit und Kundenbindung).

Abbildung 4.2.3 Closed Loop zur integrativen Verankerung von Data Mining (in Anlehnung an: Winkelmann 2008b, S. 182)

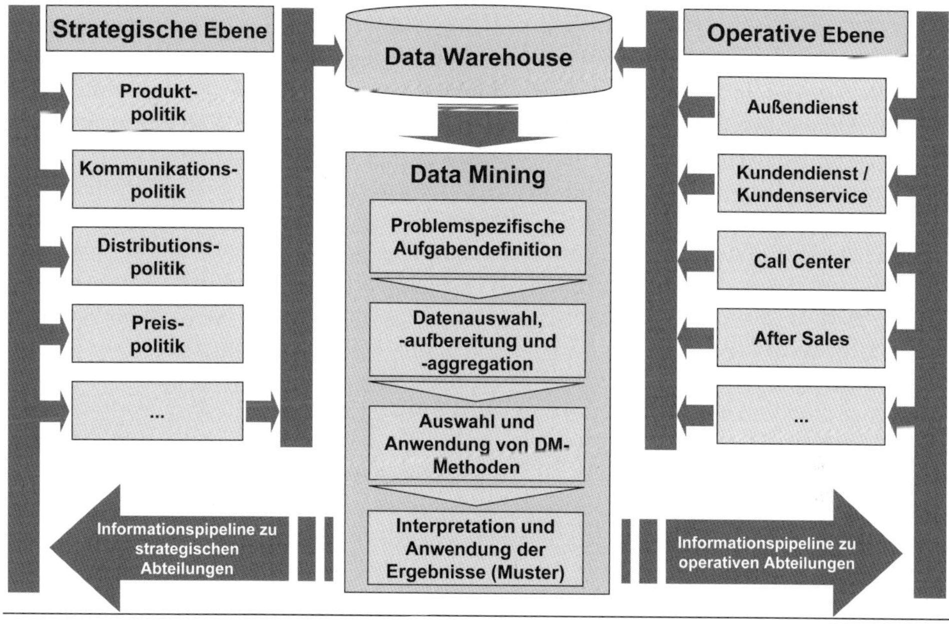

Bei der *Implementierung eines derartigen Informationsmanagementsystems* muss einerseits die Benutzerorientierung, Integrationsfähigkeit, Wirtschaftlichkeit und Sicherheit sichergestellt sein (Homburg 2008, S. 173-179). Gleichzeitig sind die potentiellen Informationsnutzer zu identifizieren und deren spezifischer Informationsbedarf festzustellen. Damit die Mitarbeiter und Führungskräfte letztendlich auch das Informationssystem nutzen, sind weiterhin eventuelle Nutzungsbarrieren zu überwinden. Häufig werden derartige Systeme abgelehnt, da die potentiellen Nutzer sich eingeschränkt und kontrolliert fühlen sowie einen eventuellen Informationspflegeaufwand meiden. Abhilfe kann hier eine rechtzeitige Informations- und Kommunikationskampagne schaffen, oder aber auch ein gezieltes Nutzertraining sowie immaterielle und materielle Motivationsanreize.

2.3.2 Zentrale Umsetzungsaspekte von Data Mining

Im Idealfall läuft Data Mining zur Gewinnung von Erkenntnissen bzw. Wissen als Grundlage der unternehmerischen Entscheidung(en) als vollautomatischer und eigenständiger Prozess ab. In der Praxis ist Data Mining aber nach wie vor ein eher *mehr oder weniger stark iterativer und interaktiver Prozess,* in dem der Anwender zahlreiche Entscheidungen selber treffen muss (Küsters 2001, S. 95). So ist eine der zentralen Zielsetzungen des Data Mining die Wissensentdeckung, also die Entdeckung von neuen Mustern. Damit wird aber eine hypothesenfreie Suche suggeriert, die es faktisch nicht gibt, damit die Analyse systematisch zum Wissenserfolg führt (Blum 2006, S. 17). So muss z. B. im Zuge der Aufgabendefinition seitens des Anwenders immer noch vorgegeben werden, ob eine Verkaufsprognose auf Basis von Kundendaten durchgeführt werden soll, oder eher eine Kundensegmentierung auf Basis von Verkaufsdaten. In beiden Fällen würden hier die gleichen Datenbestände angezapft werden.

Die systematische Umsetzung von Data Mining beinhaltet verschiedene Phasen inklusive zahlreicher Rückkopplungen (einführend Hippner/Wilde 2001), wie in Abbildung 4.2.3 skizziert. Ein wichtiger Schritt ist die Auswahl der problemadäquaten Datenbestände (hier: Phase 2). Um bei der Datenanalyse ein „Garbage In, Garbage Out" (GIGO-Effekt) zu vermeiden, ist vor allem auch eine hinreichende Datenreichhaltigkeit in Bezug auf die Datenquantität im Allgemeinen und Datenqualität im Besonderen sicherzustellen. Für die themenorientierte, zeitbezogene und dauerhafte Sammlung und Bereitstellung der Datenbestände zeichnet sich das Data Warehouse (DW) verantwortlich, ein von den operativen und strategischen DV-Systemen entkoppeltes Datenbankverwaltungs- und Datenverknüpfungssystem (vertiefend hierzu Winkelmann 2008b, S. 180-183). In einem DW werden alle unternehmensinternen Daten erfasst. Wie bereits erwähnt, sind aus Sicht des Vertriebsmanagements die kundenspezifischen Transaktions- und Kontaktdatendaten hierbei besonders wertvoll, wie z. B. regionale Verkaufszahlen oder Anzahl der monatlichen Reklamationen, die vor allem bei den operativen Touchpoints wie Außendienst oder Call Center anfallen. Ergänzt werden diese durch unternehmensexterne Daten, wie z. B. Marktforschungsdaten (aus Panelbefragungen, Testmärkten etc.).

Hinter dem Konzept des DW steht dabei auch die Idee einer Unternehmenskultur des permanenten, freiwilligen und lebenslangen Lernens. Mitarbeiter und Führungskräfte sollen die Informationsversorgung nicht als reine Bringschuld verstehen, sondern als Holschuld, um sich auf diesem Wege selbstständig das Kundenwissen anzueignen, dass sie für ihre Arbeit brauchen. Hierzu zählt aber auch gleichzeitig, dass die Mitarbeiter und Führungskräfte ebenso aufgefordert sind, für einen qualitativ hochwertigen Pflegestand der Daten zu sorgen, indem sie z. B. aus dem Kundenkontakt entstandene Touchpoint-Daten (bspw. eine Bedarfsäußerung) vollständig und korrekt in die Kundendatenbank eintragen. Außerdem darf nicht vergessen werden, einen Closed Loop zur Sicherstellung der organisationalen Verankerung innerhalb der Vertriebsorganisation herzustellen (Winkelmann 2008b, S. 182). Damit soll eine ganzheitliche Informationsrückkopplung zwischen der operativen und strategischen Management- und Informationsebene einerseits und der Datenanalyse und -speicherung anderseits gewährleistet werden, wie in Abbildung 4.2.3 ebenso dargestellt. Leicht ersichtlich ist, dass hierbei verschiedene Abteilungen und Aufgabenträger involviert sind. Aus diesem Grund sind auf personeller Ebene funktionsübergreifende Teams zu bilden und mit entsprechenden Kompetenzen auszustatten, damit eine Umsetzung des Data Mining erfolgreich gelingt.

3 Praxisbeispiele aus dem Bereich Unterstützung des internetbasierten Vertriebs mit Hilfe von Data Mining - unter besonderer Berücksichtigung des Einsatzes von Neuronalen Netzen

3.1 Die Konversionsrate als zentrale Vertriebskennzahl des internetbasierten Vertriebs

Nach den einführenden Darstellungen soll die praktische Leistungsstärke eines intelligenten Einsatzes von Data Mining im wissensgetriebenen Vertriebsmanagement demonstriert werden. Zur Verdeutlichung dienen zwei Anwendungsfälle, einmal aus dem Bereich reiner Online-Vertrieb und einmal für den hybriden Online-/Offline-Vertrieb. Die Messung der Effizienz der Anstrengungen bei der internetgestützten Kundenakquise lässt sich anhand der Konversionsrate vornehmen. Die Konversionsrate gibt das Verhältnis wieder von Käufen (bzw. Abschlüssen, Anmeldungen etc.) durch Besucher. Die theoretisch maximal erzielbare Konversionsrate liegt bei Eins.

Von einem Internetnutzer (User) werden die Inhalte einer Website dabei zweidimensional wahrgenommen (Thielsch 2007, S. 5-7). Je nach Bedürfnissituation sucht ein User ein entsprechendes Online-Angebot auf, um darüber die verschiedensten Inhalte (Web Content) aufzunehmen, wie bspw. Texte, Bilder und Filme. Aus wahrnehmungsphysiologischer Sicht erfolgt die Website-Rezeption visuell, wenngleich vermehrt auditive Inhalte wie Sounds in Online-Angeboten implementiert werden. Dabei erscheinen Internetnutzer grundsätzlich sehr ungeduldig, wenn es um die Rezeptionsdauer von Website-Inhalten geht. Nach einer Studie von Nielsen/Loranger (2006) liegt die durchschnittliche Verweilzeit auf einer Website bei lediglich 27 Sekunden, was nach Meinung der Autoren darauf zurückzuführen ist, dass der gesuchte Inhalt nicht gefunden wird (und damit letzten Endes auch nicht konsumiert werden kann) oder irrelevant ist (Nielsen/Loranger 2006, S.22). Aus Sicht des Vertriebsmanagements sind konsequenterweise alle Bemühungen darauf auszurichten, dass der Besucher nach Aufrufen des Online-Angebots den gewünschten bzw. erwarteten Inhalt finden und nutzen (Web Usage) kann (Chandler/Hyatt 2003, S. 145).

In der Literatur ist ein breiter Konsens erkennbar, dass sich in Massenmärkten langfristig nur die Unternehmen erfolgreich durchsetzen, deren Produkte und Dienstleistungen eine am User und seinen Werten orientierte Gestaltung des Nutzungserlebnisses gewährleisten (Jetter 2006, S. 2). Diese postulierte Prämisse gilt ebenso für Mensch-Maschine-Interaktionen im Allgemeinen und Mensch-Internet-Interaktionen im Besonderen. Dem Gedanken folgend muss das Ziel des internetbasierten Vertriebs sein, dass dem Nutzer während der Inanspruchnahme des Online-Angebots eine positive Websiteerfahrung widerfährt. Dies wird gemeinhin als User Experience umschrieben und umfasst neben der Wahrnehmung von relevantem Inhalt ein bedürfnisgerechtes Erleben und Nutzen des

Online-Angebots. Kurzum: Die wahrgenommene und erlebte Inhaltsqualität von Online-Angeboten stellt eine zentrale Erfolgsgröße des Online Marketings dar.

Abbildung 4.2.4 Softwaregestützte Aufmerksamkeitsanalyse für eine Produkt-Landingpage

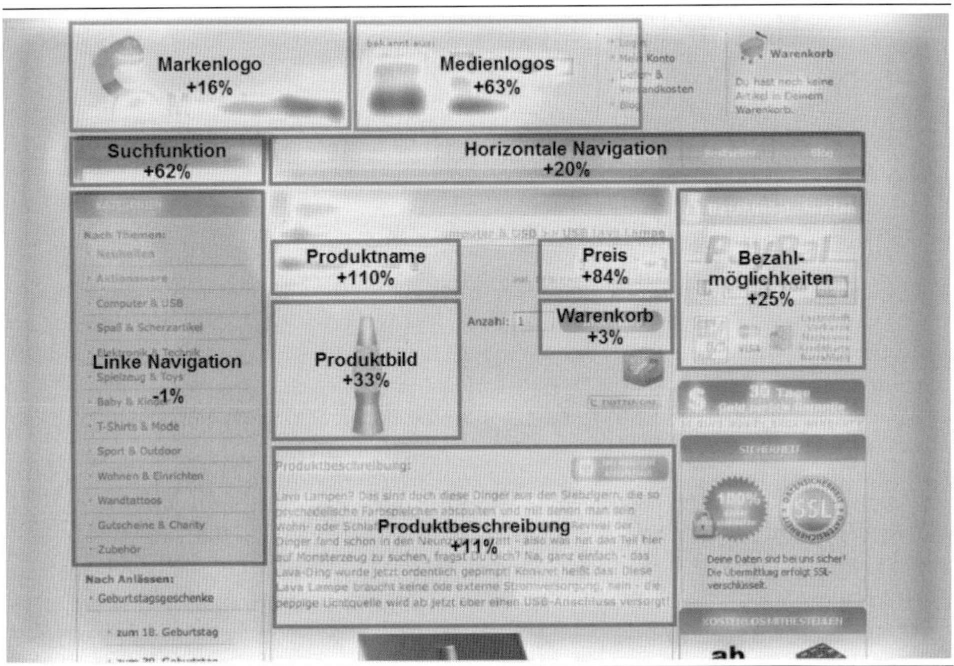

3.2 Erstes Praxisbeispiel: Prognose der Aufmerksamkeitswirkung von Produkt-Landingpages bei Neukunden

Erfolgreicher Internetvertrieb bedeutet die Optimierung des Online-Angebots derart, dass potentielle Neukunden im Rahmen der Kontaktvorbereitung dort abgeholt werden, wie es ihrer aktuellen psychischen Bedarfslage entspricht. Insbesondere Produkt-Landingpages von Online-Shops müssen zum Zwecke eines zielorientierten Vertriebs auf den ersten Blick unmittelbar den relevanten Inhalt vermitteln. Der Seiteninhalt selber setzt sich aus verschiedenen Bestandteilen zusammen. Hierunter fallen u.a. Shoplogo, Bilddarstellung, Text, Call-to-Action-Button (z. B. Warenkorb), Produktüberschrift, Preis, Partnerlogos (z. B. auch Vertrauenssiegel wie „TÜV"-Logo) und viele weitere Elemente mehr. Dabei sind die einzelnen Inhaltsbestandteile auf die Wahrnehmung der Neukunden hin anzupassen. Die psychologische Maßeinheit hierfür stellt die Aufmerksamkeit dar. Da diese in einem gegebenen Zeitrahmen nur begrenzt verfügbar ist, gilt es eine optimale Verteilung der Aufmerksamkeit über die Seite derart zu erreichen, dass das Konversionsziel bedient wird.

Abbildung 4.2.5 Ergebnisse der neuronalen Konversionsratenanalyse

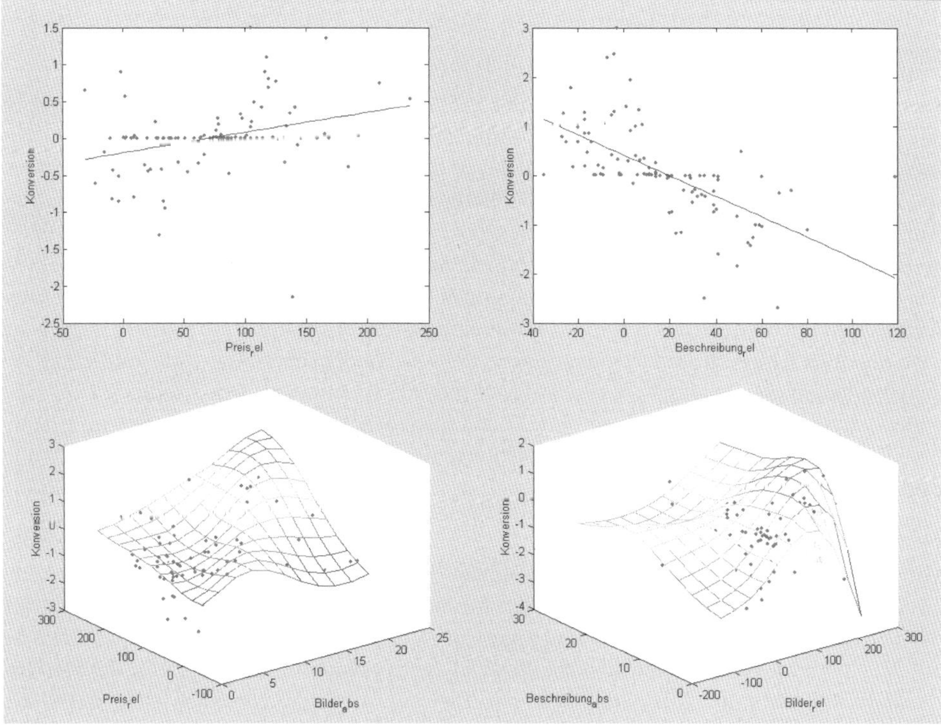

Innovative Softwarelösungen (z. B. EyeQuant von der Firma WhiteMatter Labs GmbH) erlauben mittlerweile die kostengünstige Aufmerksamkeitsvorhersage, ohne dass Probanden im Labor benötigt werden. In Abbildung 4.2.4 ist eine derartige Aufmerksamkeitsanalyse für eine Produkt-Landingpage beispielhaft dargestellt.

Im Rahmen der hier durchgeführten Studie galt es im *ersten Schritt* die problemspezifische Aufgabenstellung aus Sicht des Online-Vertriebsmanagements zu definieren, die hier wie folgt lautete: Bestimmung der optimalen Aufmerksamkeitsverteilung für die elementaren Seitenelemente einer Produkt-Landingpage mit dem Konversionsziel einer möglichst hohen Neukundenbestellrate. Der hier anfallende Informationsbedarf bezieht sich damit auf die CRM-Phase der Kontaktvorbereitung.

Im *zweiten Schritt* des Data-Mining-Prozesses, der Datenauswahl, wurden die seitenelementspezifischen Aufmerksamkeitswerte von 120 Produkt-Landingpages auf externem Wege sowie die mittleren Konversionsraten der jeweiligen Produkt-Landingpage auf interner Seite als Dateninput erhoben. Anhand der bloßen Kenntnis dieser zunächst isoliert stehenden Werte kann alleine nicht die Frage beantwortet werden, wie hoch hier das Optimum an Aufmerksamkeit für die einzelnen Seitenelemente ausfallen sollte, bspw. für das

Produktbild oder den Warenkorb-Button. Zum Zwecke der Wissensentdeckung wurden im *dritten Schritt*, der Methodenauswahl und -anwendung, aufgrund ihrer hohen Leistungsfähigkeit insbesondere Nichtlinearitäten zu untersuchen, Neuronale Netze herangezogen. Zum Einsatz kam hierbei die Analysesoftware Neusrel (vertiefend hierzu Buckler 2003).

Ausgewählte Untersuchungsergebnisse des *vierten und letzten Schrittes*, der Dateninterpretation und -anwendung, sind in Abbildung 4.2.5 veranschaulicht. Ein leicht positiver Zusammenhang zwischen Konversionsrate und relativer Aufmerksamkeitsstärke des ‚Preises' sowie ein mittlerer negativer Zusammenhang zwischen Konversionsrate und relativer Aufmerksamkeit der ‚Produktbeschreibung' ist zu erkennen. Weiterhin gibt es verschiedene Interaktionseffekte zwischen den einzelnen Seitenelementen. So bedingt eine hohe relative Aufmerksamkeitsstärke des ‚Preises' erst in Kombination mit einer hohen absoluten Aufmerksamkeitsstärke des ‚Produktbildes' eine hohe Konversionsrate. Ebenso begünstigt eine absolute Aufmerksamkeitsausprägung der ‚Produktbeschreibung' auf mittlerem Niveau bei einem gleichzeitig hohen relativen Aufmerksamkeitswert des ‚Produktbildes' eine hohe Konversionsrate. Auch eine mittelstark ausgeprägte absolute Aufmerksamkeitswirkung der ‚Produktbeschreibung' wirkt sich erst dann positiv auf die Konversionsrate aus, wenn gleichzeitig das ‚Produktbild' über eine entsprechend hohe relative Aufmerksamkeitsstärke verfügt.

Mit Hilfe der Neusrel-Software konnte letzten Endes eine neuronale Aufmerksamkeitsfunktion zur Prognose der Konversionsrate bestimmt werden. Auf diesem Wege ist es nun möglich, bestehende Produkt-Landingpages im Hinblick auf Aufmerksamkeitsdefizite zu untersuchen und entsprechende Maßnahmen durchzuführen. Eine Steigerung der Konversionsrate um mehr als 20 Prozent war das Ziel der Anpassungen nach Umsetzung der Untersuchungsergebnisse. Weiterhin wurde das erworbene Wissen (hier: die neuronale Aufmerksamkeitsfunktion) im Rahmen von Pretests zur Prognose des Konversionspotenzials von Prototypen-Produkt-Landingpages angewandt. Für Führungskräfte im Vertrieb dienen derartige Pretestergebnisse als objektive Entscheidungsgrundlage, z. B. welcher Typ von Produkt-Landingpages bei E-Mail- oder sonstigen Vertriebskampagnen eingesetzt werden sollte.

3.3 Zweites Praxisbeispiel: Optimierung des Vertragsabschlussprozesses bei Bestandskunden eines Direktversicherers

Die auch in der Versicherungsdienstleistungsbranche vorherrschende *Realität zur erhöhten Dynamik und Komplexität* erfordert, wie in vergleichbaren Branchen, aus Sicht des Vertriebsmanagements einen anspruchsvollen Zielkundenumgang (Wiedmann 2003, S. 248-249). Zentrale Gründe für diese Entwicklung sind insbesondere die technologische Dynamik im Bereich der I&K-Technologien und die immensen ökonomischen sowie soziopolitischen Instabilitäten. Die Auswirkungen des gesamtgesellschaftlichen Wandels schlagen sich u.a. auf die Bedürfnis-, Denk- und Verhaltensmuster der (Privat- und Geschäfts-) Kunden nieder. Eine gegenwärtige Bedürfnissituation der Kunden im Bereich des

Versicherungsschutzes stellt die private Altersvorsorge dar, welche extern auch stark von der Politik vorangetrieben wird. Einer aktuellen, repräsentativen Infratest-Umfrage zufolge stellt die private Altersvorsorge für sechs von zehn Deutschen das zweitwichtigste Sparmotiv dar und 20 Prozent aller Deutschen investieren bereits in die staatlich geförderte Riester-Rente. Gleichzeitig sinkt aber, noch verstärkt durch fehlendes Wissen und die anhaltende Weltwirtschaftskrise, das Vertrauen und infolge dessen die Investitionsbereitschaft in die private Altersvorsorge.

Für das Vertriebsmanagement eines Direktversicherers sind das ernstzunehmende Herausforderungen. Im Gegensatz zu klassischen Versicherungsunternehmen, die auf einen persönlichen Austauschdialog setzen können, wickeln Direktversicherer ihren Vertrieb über das Internet bzw. Mailings und das Telefon ab. Dies macht es ungleich schwieriger, auf der einen Seite Vertrauen aufzubauen und auf der anderen Seite Wissen über komplexe Versicherungsprodukte zu vermitteln. Verstärkend hinzu kommt die extreme Zunahme der Wettbewerbsintensität auf allen Finanzdienstleistungsmärkten, u.a. bedingt durch eine erhöhte Informationsflut auf dem Kommunikationsmarkt aufgrund des verstärkten Markteintritts von unabhängigen Austauschbeteiligten (z. B. Finanzmakler, Verbraucherschützer etc.). So gibt es im Internet mittlerweile unzählige Versicherungs- und Finanzportale, die als unabhängige Beratungsseiten umfangreiche Preis- und Leistungsvergleiche anbieten.

Die vom Vertriebsmanagement geäußerte problemspezifische Aufgabenstellung, die hier in der Studie für einen deutschlandweit bekannten Direktversicherer angegangen wurde, bestand in der rechtzeitigen Unterstützung von Bestandskunden, die im Rahmen der Online-Formularsantragsstellung für eine Riester-Rente vorzeitig im Antragsprozess abzubrechen drohten. All die Bestandskunden des Direktversicherers, die noch über keine Riester-Rente verfügten, wurden zunächst auf postalischem Wege angeschrieben und allgemein über die politischen Rahmenänderungen in Bezug auf die gesetzliche und private Altersvorsorge informiert. Das Mailing selber enthielt zusätzlich die Angabe eines Links zu einer Produkt-Landingpage. Deren primäres Ziel war es, im Zuge der Kontaktvorbereitung die Aufmerksamkeit mit Hilfe eines implementierten Beitragsrechners gezielt auf eine potentielle Lücke im Bereich der eigenen Altersvorsorge zu lenken und dabei gleichzeitig die Versicherungsvorteile der Riester-Rente des Direktversicherers anzupreisen. Um den inhärenten Versicherungsbedarf weiter zu stimulieren, wurden Informationsvideos auf der Produkt-Landingpage implementiert, die u.a. auf verschiedene familiäre Bedürfnissituationen eingingen (ledige Person mit hohem Einkommen, Ehepaar mit mittlerem Einkommen etc.). Bestandskunden, deren Interesse bzw. Versicherungsbedürfnis geweckt wurde, hatten auf der Produkt-Landingpage die Möglichkeit, sofort den Versicherungsantrag per Online-Formular zu stellen.

Aus vergangenen Marktforschungsstudien und den täglichen Webcontrollingdaten war das Vertriebsmanagement in Kenntnis gesetzt, dass rund ein Drittel der Antragssteller das Formular aufgrund von Usabilityproblemen und/oder Verständnisschwierigkeiten nicht vollständig ausfüllten, den Antragsprozess also vorzeitig abbrachen. Ziel war es, im Sinne einer Frühwarnerkennung die Bestandskunden mit derartigen Formularproblemen frühzeitig zu identifizieren, um diesen Kunden online rechtzeitig Unterstützung zukommen zu lassen. Grundlage für einen erfolgreichen DM-Prozess war auch hier die gezielte Auswahl von relevanten Datenbeständen aus einem Data Warehouse, die ggf. anschließend noch miteinander gematcht werden müssen (Data Matching). Ausgewählt wurden neben klassischen Grunddaten (z. B. Alter, Geschlecht, Berufsgruppe) ebenso Reaktionsdaten (z. B. Responserate auf Mailings, Klickrate auf Produktteaser, Anzahl der aufgerufenen Formularseiten) sowie vergangenheits- und gegenwartsbezogene Aktionsdaten bezogen auf die Interaktion mit der Website des Direktversicherers (z. B. Surfhistorie, Klick- und Bewegungsverhalten, Surfdauer).

Wie auch im ersten Anwendungsbeispiel sind künstliche Neuronale Netze als Methode der Wahl zur Anwendung gekommen. Dabei wurden zwei Neuronale Netze trainiert: Ein Datenmodell zur Prognose von grundsätzlichen Usabilityproblemen und ein Modell zur Vorhersage von Verständnisschwierigkeiten beim Ausfüllen des Antragsformulars. Detaillierte Interaktionsanalysen haben gezeigt, dass starke Usabilityprobleme in erster Linie bei bestimmten Konstellationen von Mausklickhäufigkeit, Anzahl der aufgerufenen Formularseiten und Alter auftraten. Zentrale Indikatoren für nutzerspezifische Verständnisprobleme sind dagegen das Scrollingverhalten, Surfdauer und der Bildungsgrad.

Auf diesem Wege ergibt sich nun für das Vertriebsmanagement des Direktversicherers die Möglichkeit, zukünftig die ermittelte neuronale Usability- als auch Verständnisfunktion auf den eigenen Webserver softwaretechnisch zu implementieren, um damit eventuell auftretende Probleme auf Kundenseite während des Antragsausfüllprozesses vorherzusagen und entsprechende Unterstützungsmaßnahmen einzuleiten. Derartige serverseitige Implementierungen von Neuronalen Netzen existieren bereits seit einiger Zeit in automatischen Börsenhandelssystemen. Gelingt eine rechtzeitige Vorhersage, können geeignete Unterstützungsmaßnahmen getroffen werden. Hierzu zählen neben der automatischen Darbietung einer Online-Hilfe (wie z. B. bei Programmen wie Word von Microsoft Office bekannt) vor allem effiziente Servicedienstleistungen wie das automatische Einblenden einer Rückrufoption (Call-Back Option). Per Klick auf den Rückrufbutton, der erst bei Identifikation eines Handlingproblems eingeblendet wird, kann der Kunde spontan und einfach seinen Gesprächsbedarf äußern. Für einen Mitarbeiter aus dem Call Center des Direktversicherers besteht somit noch während des Ausfüllprozesses die Möglichkeit, mit dem Kunden gezielt in einen persönlichen Telefonkontakt zu treten und entsprechende Hilfestellung anzubieten zum Ziele einer hohen Abschlussrate.

4 Fazit und Ausblick

Durch den Einsatz von Data Mining mit dem Ziel des Entdeckens und Nachbildens real existierender Zusammenhänge aus der komplexen und dynamischen Unternehmensumwelt kann die Handlungsqualität des Vertriebsmanagements nachhaltig verbessert werden. Demnach bietet die systematische Anwendung von Methoden des Data Mining im wissensgetriebenen Vertriebsmanagement das Potenzial, die kombinierte unternehmensinterne und -externe Datenbasis wesentlich besser auszuschöpfen, ganz im Sinne einer fundierten Entscheidungsfindung auf operativer und strategischer Ebene. Wie im vorliegenden Beitrag an einigen Stellen dabei bereits skizzenhaft angedeutet wurde, gilt es beim Angehen von vertrieblichen Problemstellungen einen ganzheitlichen Informationsmanagementansatz zu verfolgen. Das zugrunde liegende Vertriebskonzept bestimmt den Informationsbedarf und gibt damit die „Schürfkoordinaten zum Erschließen neuer Wissensstollen" vor. An dieser Stelle muss aber gleichzeitig vor einer blinden Methodengläubigkeit gewarnt werden, da sonst die Gefahr einer unternehmerischen Selbstentmachtung besteht. Anstatt die Ergebnisse und Erkenntnisse derartiger Datenmodelle als aktiver Entscheidungsträger kritisch zu hinterfragen, bliebe sonst nur die Rolle als passiver Handlungsträger. Aufgabe des modernen Managements ist es eher, die eigene Intuitionsfähigkeit, was nichts anderes ist als das jahrelang verinnerlichte Musterlernen, mit der Analysefähigkeit des Data Mining intelligent zu kombinieren. Der Brite Adrian Newey, der seit mehr als drei Jahrzehnten in der Formel 1 als Konstrukteur tätig ist und mehrere Weltmeistertitel gewinnen konnte, ist der lebende Beweis dafür, dass diese Strategie erfolgversprechend ist. Bei der aerodynamischen Gestaltung eines neuen Boliden verlässt sich der Brite zunächst alleine auf seine Intuition und zeichnet das Design mit einem Bleistift auf dem Papier vor. Erst danach wird dieses Design in einem Computer als Modell erstellt und dort per Simulationssoftware optimiert, bevor dann der erste Prototyp gefertigt wird. Auch der Bolide seines aktuellen Arbeitgebers Red Bull Racing wurde mit dieser Vorgehensweise eines der stärksten Fahrzeuge im Formel-1-Feld der Saison 2010, was sich erfolgreich niederschlug in dem Doppelgewinn des Konstrukteur- und Fahrertitels. Allerdings bedarf es hier noch weiterer systematischer Forschungsanstrengungen, um die Wirkungsweise von menschlicher Intuition und mathematischer Präzision zu verstehen.

Literaturverzeichnis

Alex, B. (1998): Künstliche Neuronale Netze in Management-Informationssystemen – Grundlagen und Einsatzmöglichkeiten, Wiesbaden.

Blum, I. (2006): Data Mining Techniken im Marketing und Vertrieb: Grundlagen, Methoden und Funktionsweisen, Saarbrücken.

Buxel, H./Buckler, F. (2000): Data Mining – Analysieren, Optimieren, Systematische Datenforschung bis ins Detail, in: Database Marketing, 4. Jg., Nr. 2, S. 7-11.

Chandler, K./Hyatt, K. (2003): Customer-centered design – a new approach to Web usability, Upper Saddle River (NJ).

Cisco (2009): Cisco Visual Networking Index – Forecast and Methodology, 2008-2013, http://www.cisco.com/en/US/solutions/collateral/ns341/ns525/ns537/ns705/ns827/white_paper_c11-481360.pdf, Zugriff am 12.11.09.

Cooley, R./Mobasher, B./Srivastava, J. (1997): Web Mining - Information and Pattern Discovery on the World Wide Web, Proceedings of the 9th IEEE International Conference on Tools with Artificial Intelligence (ICTAI'97), November.

Drucker, P. F. (2002): Was ist Management, 5. Aufl., München.

Hippner, H./Wilde, K. D. (2001): Der Prozess des Data Mining im Marketing, in: Hippner, H./Küsters, U./Meyer, M./Wilde, K. (Hrsg.), Handbuch Data Mining im Marketing – Knowledge Discovery in Marketing Databases, Braunschweig, Wiesbaden, S. 22-91.

Homburg, Ch./Schäfer, H./Schneider, J. (2008): Sales Excellence - Vertriebsmanagement mit System, 5. Aufl., Wiesbaden.

IDC (2007):, The Expanding Digital Universe, http://www.emc.com/collateral/analyst-reports/expanding-digital-idc-white-paper.pdf, Zugriff am 12.11.09.

Janich, P. (2006): Was ist Information, Frankfurt am Main.

Jetter, H.-Ch. (2006): Die MCI im Wandel: User Experience als die zentrale Herausforderung, in: Heinecke, A. M./Paul, H. (Hrsg.), Mensch & Computer 2006 – Mensch und Computer im Strukturwandel, München,S. 1-10.

Küsters, U. (2001): Handbuch Data Mining im Marketing, in: Hippner, H./Küsters, U./Meyer, M./Wilde, K. (Hrsg.), Handbuch Data Mining im Marketing – Knowledge Discovery in Marketing Databases, Braunschweig, Wiesbaden, S. 95-130.

Nielsen, J./Loranger, H. (2006): Prioritizing Web Usability, Berkeley (CA).

Pepels, W. (2007): Vertriebsmanagement in Theorie und Praxis, München.

pressetext Nachrichtenagentur (2007): Datenarchivierung – 50 Prozent werden die wieder benötigt, http://pressetext.com/news/070518002/datenarchivierung-50-prozent-werden-nie-wieder-benoetigt, Zugriff am 09.11.09.

Säuberlich, F. (2003): Web Mining – Effektives Marketing im Internet, in: Wiedmann, K.-P./Buckler, F. (Hrsg.), Neuronale Netze im Marketing-Management: Praxisorientierte Einführung in modernes Data-Mining, 2. Aufl., Wiesbaden, S. 129-146.

Schaffry, A. (2008): Das digitale Universum explodiert, http://www.cio.de/knowledgecenter/storage/854597/index.html, Zugriff am 15.11.09.

Thielsch, M. T. (2007): Ästhetik von Websites, Münster.

Wiedmann, K.-P. (2003): Neuronale Netze als Basis eines effizienten Zielkundenmanagements in der Finanzdienstleistungsbranche, in: Wiedmann, K.-P./Buckler, F. (Hrsg.), Neuronale Netze im Marketing-Management: Praxisorientierte Einführung in modernes Data-Mining, 2. Aufl., Wiesbaden, S. 241-273.

Wiedmann, K.-P./Buckler, F. (2003): Neuronale Netze für ein marktorientiertes Management, in: Wiedmann, K.-P./Buckler, F. (Hrsg.), Neuronale Netze im Marketing-Management: Praxisorientierte Einführung in modernes Data-Mining, 2. Auf., Wiesbaden, S. 39-102.

Wiedmann, K.-P./Buckler, F./Buxel, H. (2003): Data Mining – ein einführender Einblick, in: Wiedmann, K.-P./ Buckler, F. (Hrsg.), Neuronale Netze im Marketing-Management: Praxisorientierte Einführung in modernes Data-Mining, 2. Aufl., Wiesbaden, S. 19-37.

Wiedmann, K.-P./Jung, H.-H. (1996a): CORIM© - Corporate Research & Intelligence Management als Erfolgsbasis zukunftsgerichteter Zielkundenbearbeitung, Schriftenreihe Marketing Management, Institut für Marketing und Management Leibniz Universität Hannover.

Wiedmann, K.-P./Jung, H.-H. (1996b): CORIM© - Ein innovativer Management-, Analyse- und Informationsverbund zur Zielkundenorientierung der Finanzdienstleistungsbranche, Schriftenreihe Marketing Management, Institut für Marketing und Management Leibniz Universität Hannover.

Winkelmann, P. (2008a): Vertriebskonzeption und Vertriebssteuerung – Die Instrumente des integrierten Kundenmanagements (CRM), 4. Aufl., München.

Winkelmann, P. (2008b): Marketing und Vertrieb – Fundamente für die Marktorientierte Unternehmensführung, 6. Aufl., München.

Zollondz, A. (2009): Mobilfunk – Wenn die Datenflut kommt, http://www.netzwelt.de/news/80343-mobilfunk-datenflut-kommt.html, Zugriff am 10.11.09.

4.3 Kundenanalyse

Florian von Wangenheim, Armin R. Arnold, Christian Heumann

1 Bedeutung der Kundenanalyse für ein zielgerichtetes Vertriebsmanagement

Effizienter Einsatz der knappen zur Verfügung stehenden Ressourcen wird in der heutigen Wettbewerbssituation in jeder Branche und jedem Unternehmensbereich gefordert. In den Finanzabteilungen, aber auch in Forschung und Entwicklung gilt es als Selbstverständlichkeit, Effektivität und Effizienz durchgeführter Maßnahmen regelmäßig und umfassend zu überprüfen. Hingegen hat man vielfach den Eindruck, im Vertriebsmanagement sei der Einsatz analytischer Methoden zur neutralen Beurteilung der Sinnhaftigkeit des Mitteleinsatzes relativ wenig verbreitet oder teilweise gar verpönt.

Gerade erfolgreiche Vertriebsmitarbeiter verweisen gerne auf ihr „Bauchgefühl" bzw. ihr Talent im Aufspüren guter Gelegenheiten. In der Tat sind Unternehmen auf solche Mitarbeiter angewiesen, dennoch ist ein Verzicht auf moderne analytische Methoden der Vertriebsunterstützung geradezu fahrlässig. Auf der einen Seite ergeben sich aus den Möglichkeiten der modernen Informationstechnologie bis dato nie gekannte Möglichkeiten der Datenspeicherung, -integration und –analyse. Auf der anderen Seite liegt aufgrund der Kundenmanagementforschung in den vergangenen 10-15 Jahren ein umfangreiches Instrumentarium an Möglichkeiten der Aufbereitung und Auswertung vorhandener Kundendaten vor. Mit vergleichbar geringem Mitteleinsatz kann eine Vielzahl relevanter Analysen durchgeführt werden, aus welchen sich direkte Handlungsempfehlungen für Vertriebs- und Kundenmanagement ergeben.

Der vorliegende Beitrag gibt einen Einblick in grundlegende Anwendungsmöglichkeiten, Vorraussetzungen und Verfahren der Kundenanalyse. Hiermit wollen wir dazu anregen, stärker als bislang analytische Verfahren im Management von Kundenbeziehungen einzusetzen. Zudem sollen grundsätzliche Vor- und Nachteile einzelner Verfahren aufgezeigt werden. Diese lassen sich entsprechend auch auf Varianten und weitere, hier nicht besprochene Verfahren übertragen, so dass dem Leser auch eine Einschätzung verwandter Methoden ermöglicht wird.

Im Weiteren zeigen wir zunächst Ziele und Einsatzgebiete der Kundenanalyse auf (Teil 2). Im Anschluss gehen wir auf die relevanten und notwendigen Informationsquellen für eine zielgerichtete Kundenanalyse ein (Teil 3). Der vierte Teil des Aufsatzes diskutiert ausgewählte Methoden und Maßnahmen im Rahmen der Kundenanalyse. Teil 5 zieht ein kurzes Fazit des Beitrags.

2 Ziele und Einsatzgebiete der Kundenanalyse

Kundenanalysen sollten weder Selbstzweck noch Zahlenspielereien sein. Allerdings entsteht diese Wahrnehmung in vielen Unternehmen, was mehrere Ursachen hat. Erstens sind Kundenanalyseabteilungen im Unternehmen oft falsch verankert, schlecht vernetzt und haben als Stabstellen oder –abteilungen wenig bis überhaupt keine Entscheidungsbefugnis.

Daher fehlt ihnen der Zugang zu den aktuellen und relevanten Managementproblemen und sie beginnen „vor sich hin zu analysieren", anstatt zielgerichtet aktuelle Probleme oder Fragestellungen zu adressieren. Andererseits verfügen viele der dort Beschäftigten über keine oder nur eine rudimentäre betriebswirtschaftliche Ausbildung, so dass es ihnen schwerfällt, sich in Sprache, Denkweise und Problemwelt der Entscheidungsträger hineinzuversetzen. Schließlich sind diese Abteilungen inhaltlich den Bereichen Marketing und Vertrieb am nächsten, werden aber zum Teil der IT, dem Controlling oder dem Finanzbereich zugeordnet, was die Kommunikation erschwert und die Entscheidungsfindung verlangsamt.

Grundsätzlich wird mit der Analyse von Kunden in der Regel eines von zwei Zielen verfolgt. Entweder soll eine Beschreibung der Kunden im Hinblick auf bestimmte Merkmale oder eine Bemessung ihres Wertes aus Unternehmenssicht erfolgen. In diesem Falle lässt sich das Ziel der Analyse mit „Bewertung und Selektion" beschreiben (die Verknüpfung dieser beiden Aspekte erfolgt hier, weil die Bewertung häufig eine Selektion, z. B. für eine bestimmte Maßnahme, nach sich zieht). Oder es geht darum, Maßnahmen (z. B. Mailings) zu entwickeln oder durchgeführte Aktionen zu bewerten. In diesem Fall geht der Fokus der Bewertung weg von Einzelkunden und Kundengruppen hin zur Bewertung der an den Kunden durchgeführten Aktion. Im Folgenden werden beide Ziele näher beschrieben.

2.1 Bewertung und Selektion

Ein erfolgreiches Vertriebsmanagement setzt voraus, dass man den Wert seiner Kunden kennt, denn davon hängt jede weitere Vertriebsstrategie und am Ende der finanzwirtschaftliche Erfolg eines jeden Unternehmens ab (Srivastava/Shervani/Fahey 1998). Bisher wird dabei dem persönlichen Kontakt zwischen Kunde und Vertriebsmitarbeiter vor allem in komplexen B2B-Szenarien noch immer ein erheblicher Anteil am Geschäftserfolg zugeschrieben. Ohne die grundsätzliche Bedeutung des persönlichen Kontaktes in Frage zu stellen löst sich die Kundenanalyse weitgehend von dieser Perspektive. Stattdessen verfolgt diese das Ziel, die Kunden anhand quantitativer Größen zu charakterisieren und zu bewerten (Gupta/Lehmann/Stuart 2004). Dabei reichen die zur Verfügung stehenden Ansätze von einer reinen *Beschreibung des Status Quo* bis hin zur *zukunftsorientierten Bewertung individueller Kunden*, unterschiedlicher Kundensegmente oder der gesamten Kundenbasis eines Unternehmens. Dafür stellt die Kundenanalyse ein umfangreiches und flexibles Instrumentarium zur Verfügung, denn für verlässliche Einschätzungen hinsichtlich des Wertes der eigenen Kundenbasis oder deren zukünftiges Potenzial reicht es nicht aus auf das eigene Bauchgefühl zu vertrauen. Dies lässt sich jedoch vor allem bei Vertriebsmitarbeitern, die in direktem Kundenkontaktstehen stehen, noch relativ häufig beobachten. Darüber hinaus ist zu kritisieren, dass Kunden meist nur anhand des unmittelbaren Erfolges einer einzelnen Transaktion bewertet werden. Welches Potenzial dieser Kunde bietet, und wie sich dies auf die Profitabilität über die gesamte Dauer der Geschäftsbeziehung hinweg niederschlägt, bleibt bei einem derartigen Vorgehen weitestgehend im Dunkeln. Da über den Erfolg oder Misserfolg einer Geschäftsbeziehung nicht die einzelne Transaktion entscheidet, sondern das Ergebnis aus der Summe aller Interaktionen zwischen Unternehmen und Kunde über den gesamten Lebenszyklus hinweg, sollte ein effizientes Vertriebsmanagement auch darauf ausgerichtet sein (Blattberg/Getz/Thomas 2001). Um eine Bewertung der Kunden sinnvoll durchführen zu können, ist es darüber hinaus notwendig Erfolg und Misserfolg am Markt nicht länger auf *Produktebene,* sondern auf *Kundenebene* zu betrachten. Damit ist verbunden, dass man kundenindividuelle Umsätze, Kosten oder Profite kennt, anstatt den Erfolg auf Basis einzelner Produkte oder Dienstleistungen aus dem Leistungsangebot des Unternehmens zu bestimmen.

Die Kundenanalyse soll helfen den Kundenstamm zu verstehen. Sie liefert Informationen über die aktuelle Zusammensetzung der Kundenbasis. So kann beispielsweise festgestellt werden, wie hoch der Anteil der Kunden ist, die maßgeblich zum Unternehmenserfolg beitragen. Darüber hinaus soll die Kundenanalyse darüber Aufschluss geben, ob es Kunden gibt, die durch hohe Kostenverursachung Wert vernichten und wie sich das Potenzial der Kundenbasis für die Zukunft darstellt. Daraus können Strategien für die weitere Bearbeitung existierender Kundensegmente oder die Notwendigkeit zur Erschließung neuer Segmente abgeleitet werden.

Wie die einzelnen Bewertungs- und Selektionsverfahren aussehen und welche Vor- und Nachteile sie mit sich bringen, wird in Kapitel 4.1 dargestellt.

2.2 Maßnahmenentwicklung und -evaluierung

Das primäre Ziel aller markt- bzw. kundengerichteten Maßnahmen ist die Maximierung des Gesamtwertes der Kundenbasis. Darunter lassen sich die Teilziele *Wertsteigerung, Werterhalt* und *Vermeidung von Wertvernichtung* subsumieren. Die Erreichung dieser Teilziele lässt sich wiederum durch Ausrichtung an Kundenkennzahlen bzw. Kundenwerttreibern (Rust/Lemon/Zeithaml 2004) ansteuern und messen. Bei der Entwicklung geeigneter Maßnahmen für Marketing und Vertrieb kann eine Orientierung an diesen Teilzielen und Kennzahlen erfolgen. Kundenwerte sollten im Rahmen der Kundenanalyse immer auf segmentbezogener oder individueller Ebene erfasst werden, um eine differenzierte Kundenbearbeitung zu ermöglichen. So kann spezifischen Kundencharakteristika und bedürfnissen durch eine zielgruppengerechte, individualisierte Ansprache Rechnung getragen und damit eine deutlich höhere Erfolgsquote erzielt werden (Blattberg/Kim/Neslin 2008). Entsprechend ist es sinnvoll segmentspezifische Ziele der Maßnahmen abzuleiten. Für ein im Rahmen der Kundenanalyse als hochwertig befundenes Segment kann beispielsweise die *Wertsteigerung* ein vorrangiges Ziel sein, das sich über Maßnahmen zum Ausbau der Kundenbeziehung und Realisierung von Kundenerfolgspotenzialen erreichen ließe. Unzufriedenheit in einem weiteren Segment ist möglicherweise ein Indikator für etwaige Abwanderungsabsichten, so dass das Ziel einer intensiveren Loyalisierung durch Initiativen zur Zufriedenheitssteigerung verfolgt werden sollte, womit ein Beitrag zum *Werterhalt* geleistet werden kann. Um *Wertvernichtung* zu vermeiden, sind Beziehungen zu unprofitablen Kunden zu beenden, sollten diese sich dauerhaft nicht zu profitablen Kunden entwickeln lassen (Mittal/Sarkees/Murshed 2008).

Übergeordnetes Ziel der Maßnahmenevaluierung ist es, die abgeleiteten Kundenbearbeitungsstrategien regelmäßig im Hinblick auf ihre Effektivität und Effizienz zu überprüfen und diese sukzessive zu verbessern. Eine dynamische Betrachtung schafft hier Transparenz darüber, ob die segmentweise definierten Teilziele über die durchgeführten Maßnahmen erreicht wurden und unter welchem Aufwand dies ggf. möglich war. Kontinuierliche Verbesserungspotenziale lassen sich über periodenweise Integration von Lernschleifen realisieren. Zeigte beispielsweise ein Segment auf eine Vertriebsmaßnahme keine Reaktion, ist in der nächsten Periode ein anderes Segment bzw. eine andere Maßnahme zu wählen oder die Kundenansprache besser an Präferenzen und der Reaktionsfreudigkeit der Kunden auf entsprechende Marketingmaßnahmen auszurichten. Die Kennzahl Kundenwert kann hier zudem einen Beitrag dazu leisten, Marketing- und Vertriebsaktionen monetär bewertbar zu machen. Kumar et al. (2008) zeigen, wie sich ein Return on Investment CLV-basierter Marketingmaßnahmen berechnen lässt. Der resultierende Nutzen (z. B. realisierte Kundenumsätze oder eine Steigerung des Kundenwertpotenzials) in Folge bestimmter Maßnahmen ist stets den Kosten dieser gegenüber zu stellen. Investitionen in Marketing und Vertrieb sind nur dann zu tätigen, wenn sie sich als langfristig rentabel erweisen (Reinecke/Keller 2006).

3 Information als Voraussetzung der Kundenanalyse

Notwendige Voraussetzung zur Implementierung eines erfolgreichen, wertorientierten Kundenbeziehungsmanagements ist die Verfügbarkeit relevanter Kundendaten. Zwar erlauben sehr detaillierte Informationen fundierte und häufig bessere Entscheidungen, das Zusammentragen zu umfangreicher Datenbestände kann allerdings auch schnell zur Kostenfalle werden und zu großen Problemen bei der *Datenqualität* führen. Daher kann durch vorherige Identifikation relevanter, strategischer Zielgrößen sowie Schaffung einer präzisen Vorstellung davon, wozu die erfassten Informationen letztlich herangezogen werden sollen, die Wirtschaftlichkeit des Datenmanagements sichergestellt werden. Diese Zielgrößen können verschiedenen *Datentypen* entspringen: Neben den quantitativen, ökonomischen Metriken wie Umsatz, Gewinn(marge) und Kosten pro Kunde sind auch qualitative, vorökonomische Kennzahlen wie Kundenzufriedenheit und Wiederkaufabsichten von Bedeutung (Berger et al. 2002). Zur Erstellung aussagekräftiger Kundenprofile wird im Wesentlichen auf *interne* und *externe Quellen* zur Gewinnung von Information zurückgegriffen. Die gesammelten Informationen werden dann mittels der Verfahren zur Kundenanalyse nutzbar gemacht, indem sie strukturiert und zu entscheidungsrelevanten Metriken verdichtet werden, welche letztlich im Rahmen der Maßnahmenentwicklung und –evaluierung Anwendung finden.

Datenquellen

Die Beschaffung von Information aus *unternehmensinternen Quellen* sollte als kostengünstigste Alternative stets als Ausgangspunkt dienen. Meist sind deutlich mehr und vor allem wertvollere Datenbestände vorhanden als man zunächst vermutet. Häufig finden sich in

Unternehmensabteilungen relevante Informationen, die ursprünglich zu anderen Zwecken als zur Marketing- und Vertriebsteuerung generiert wurden. Vor allem an den Kundenkontaktpunkten wie im Inbound-/Outbound-Call Center oder in Verkaufsfilialen lassen sich wertvolle Kundendaten gewinnen. Vertriebsmitarbeiter können im persönlichen Gespräch mit dem Kunden beispielsweise Informationen zu seiner aktuellen Lebensphase bzw. der aktuellen Position im Kundenbeziehungszyklus erhalten. Zentrale Herausforderung bei der Beschaffung von Daten aus internen Quellen ist die funktions- bzw. abteilungsübergreifende Integration der Informationen. Nicht selten liegen die Daten in unterschiedlichen Formaten und Systemen vor, so dass häufig Anpassungen nötig sind. Dies wiederum bringt einen entsprechenden Aufwand bei der Datenbereinigung und –pflege mit sich.

In vielen Fällen genügen Informationen aus internen Quellen nicht den Anforderungen für spezifische Marketing- oder Vertriebsentscheidungen. Hier kann ein Zukauf von Information aus *externen Quellen* (z. B. Adressbroker, Marktforschungsagenturen) die bestehende Datenbasis sinnvoll erweitern.

Datentypen

Welche Art der Informationen über Kunden von besonderer Bedeutung sind, ist zwar häufig kontextabhängig, generell lassen sich Daten zur Beschreibung von Kunden oder Kundensegmenten jedoch nach den fünf folgenden Kategorien unterscheiden (siehe Blattberg/Kim/Neslin 2008):

- *Basisdaten:* Grundlegende Kundeninformationen wie Kundennummer, Vorname, Nachname, Geburtsdatum, Adresse, Telefonnummern, E-Mail Adresse, etc.
- *Demografische Daten:* Erweisen sich (zusammen mit den psychografischen Daten) als besonders nützlich zur Profilierung und zielgruppengerechten Kundenansprache. Beispielsweise fallen darunter Haushaltseinkommen, Haushaltsgröße, Ehestand, Familiengröße, Berufstätigkeit, Bildungsniveau, etc.
- *Psychografische Daten:* Spiegeln Einstellungen, Werte und Lebensentwurf wider und werden auch als Lifestyledaten bezeichnet. Diese können Aktivitäten (z. B. Hobbies, bevorzugte Urlaubs- und Unterhaltungsformen, Club- und Vereinsmitgliedschaften, Sportarten, etc.), Interessen (Familie, Job, Mode, Musik, Medien, etc.) und Meinungen (Politik, Wirtschaft, Bildung, Kultur, etc.) umfassen.
- *Transaktionsdaten:* Eignen sich gut zur Vorhersage zukünftigen Kaufverhaltens. Darunter fallen typischerweise Datum des Einkaufes, Art und Zahl der gekauften Artikel, Produktkategorien, Produktpreise, Umsatz, Rabatte, Zahlungsmethode, etc.
- *Aktionsdaten:* Decken alle Marketing- und Vertriebsmaßnahmen die an Kunden oder Interessen gerichtet werden ab. Darunter können diverse Werbemaßnahmen wie Direktmailings oder Outbound-Calls subsumiert werden. Im Zusammenhang mit Transaktionsdaten kann somit im Zuge der Maßnahmenevaluation erfasst werden, wie erfolgreich einzelne Kampagnen durchgeführt werden konnten.

Datenqualität

Dem Qualitätsaspekt kommt bei den zur Kundenanalyse herangezogenen Informationen besondere Bedeutung zu. Homburg/Droll/Totzek (2008) zeigen, dass hohe Datenqualität die Realisierung eines wertorientierten und differenzierenden Kundenmanagements begünstigt. Demnach sollten Kundeninformationen umfassend sein und regelmäßig aktualisiert werden. Eine schlechte Datenbasis kann folgenschwere Konsequenzen haben, wenn sie zur Bewertung möglicher Investitionen oder zur Unterstützung wichtiger strategischer Entscheidungen dient. Vor diesem Hintergrund sind entscheidungsrelevante Kundenkennzahlen auf Basis einer soliden Datenbank zu ermitteln. Zur Erreichung einer hohen Datenqualität sollten daher unternehmensweite Standards etabliert werden, die *Konsistenz* und *Kompatibilität* von Datenteilmengen bei der Integration aus verschiedenen Quellen sicherstellen. Probleme wie systematische Fehler bei der Datenerfassung, Duplikate, ungültige Bezeichnungen oder falsche Formatierungen sind im Zuge von Qualitätsinitiativen und kontinuierlichen Verbesserungsprozessen zu identifizieren und zu beseitigen.

4 Methoden und Verfahren der Kundenanalyse

4.1 Verfahren zur Bewertung und Selektion

In den Kapiteln 2 und 3 wurde dargestellt, welche Ziele mit der Kundenanalyse verfolgt werden, wie sich die Notwendigkeit ihrer Anwendung in der alltäglichen Praxis des Vertriebsmanagements ergibt und welche Anforderungen sie an die Daten stellt, die in die Analysen eingehen können. Darauf aufbauend, wird in diesem Kapitel nun eine Auswahl unterschiedlicher Verfahren genauer dargestellt. Wie in vielen anderen Situationen in der unternehmerischen Praxis, gibt es auch bei der Kundenanalyse nicht das eine beste und allumfassende Verfahren. Dies lässt sich leicht nachvollziehen, da die einzelnen Ziele in der unternehmerischen Praxis in ihrer Komplexität variieren und darüber hinaus nicht immer alle Daten zur Verfügung stehen und man sich an diesen Gegebenheiten orientieren muss. Dies schlägt sich auch in der Verbreitung einzelner Verfahren in der Praxis nieder (Helm 2004). In Abbildung 4.3.1. findet sich ein Überblick über die im Folgenden behandelten Verfahren. Dabei wird der Grad an Komplexität, der sich durch deren Anwendung ergibt, mit der jeweiligen Aussagekraft der Ergebnisse verglichen, die von den einzelnen Verfahren geliefert werden.

Die einfacheren Verfahren sind meist schnell implementierbar und liefern leicht interpretierbare Ergebnisse, ohne dass sie hohe Anforderungen weder an die Daten, noch an den Anwender stellen (Homburg/Beutin 2006). Allerdings besteht bei diesen Methoden auch die Gefahr, dass keine detaillierten Aussagen über den Wert oder die Zusammensetzung der Kundenbasis gemacht werden können. Wie sich dies bei den einzelnen Verfahren darstellt, wird nun genauer betrachtet.

Abbildung 4.3.1 Bewertungsmodelle (Quelle: Skiera/Wiesel/Pfaff 2005, S. 123)

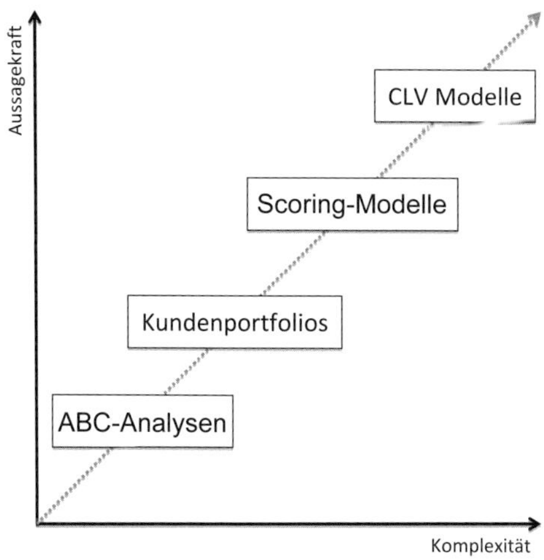

ABC-Analyse

Bei der klassischen ABC-Analyse handelt es sich um ein relativ einfaches Verfahren, mit dem die Struktur der Kundenbasis schnell und kompakt dargestellt werden kann (Reinecke/Keller 2006). Dies ist einer der Gründe, warum sie zu den am weitesten verbreiteten Ansätzen gehört. In der Praxis findet man diese Art der Kundensegmentbildung beispielsweise in beinahe jedem Loyalitätsprogramm. Für jeden Euro Umsatz, jede geflogene Meile, jeden getankten Liter erhalten die Kunden Punkte, die letztendlich in einen bestimmten Status übertragen werden. Die ABC-Analyse ist eindimensional, macht sich also nur eine Variable zu Nutze, um die Kunden zu charakterisieren, und sie orientiert sich an Größen aus der Vergangenheit. In den meisten Fällen sind dies die jährlichen kundenindividuellen Umsätze. Andere Größen, die zwar höhere Ansprüche an die verfügbare Datenbasis stellen, wie beispielsweise Deckungsbeiträge oder sogar kundenindividuelle Profite, sind ebenfalls denkbar und lassen verlässlichere Aussagen über die Zusammensetzung der Kundenbasis zu. In Abbildung 4.3.2 ist die ABC-Analyse anhand eines Beispiels mit Umsätzen dargestellt.

Zunächst werden die Kunden anhand ihrer individuellen Jahres-, Halbjahres-, Quartalsumsätze, etc. in aufsteigender Reihenfolge geordnet. Dies wird grafisch als Verteilung über den relativen Anteil an der gesamten Kundenbasis dargestellt. In vielen Fällen offenbart die ABC-Analyse, dass nur ein relativ geringer Anteil von Kunden den Großteil der Umsätze generiert. Häufig kann man sogar die 80/20 Regel als Ergebnis ablesen. Diese besagt, dass 80 % des Gesamtumsatzes lediglich durch 20 % der umsatzstärksten Kunden erwirtschaftet werden. Wie die Kunden letztlich den drei Gruppen zugeordnet werden, und wo man die Grenzen zwischen den Gruppen zieht, bleibt dem Anwender überlassen. Es kann sinnvoll sein, die Einteilung anhand des Umsatzes vorzunehmen und zu fragen: Welcher Anteil der

Kunden generiert 60 % (A), 30 % (B) und 10 % (C) des Gesamtumsatzes? Es ist aber auch eine Betrachtung aus Kundensicht möglich und zu fragen: Welchen Anteil des Umsatz generieren die 20 % (A), 60 % (B), etc. der umsatzstärksten Kunden?

Abbildung 4.3.2 ABC-Umsatzanalyse (Quelle: Reinecke/Keller 2006, S. 263)

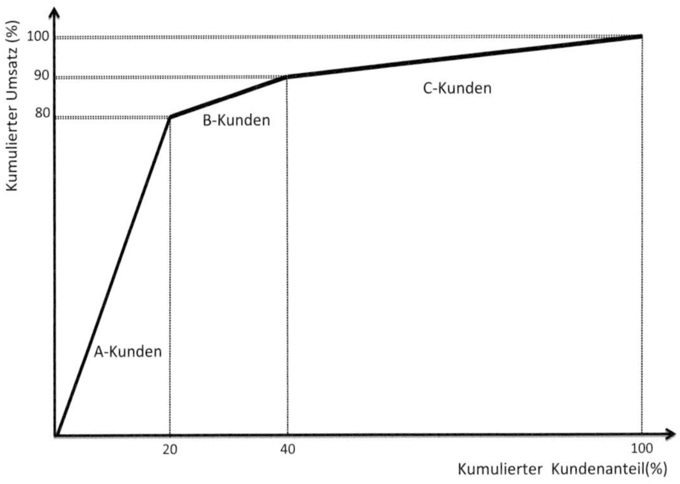

ABC-Analysen erlauben es also die Struktur der Kundenbasis grafisch darzustellen und aufgrund ihrer relativen Einfachheit kann diese Methode genutzt werden, um einen ersten Überblick über die Zusammensetzung des Kundenstammes bzw. die Stärke der Abhängigkeit von den wertvollsten Kunden zu gewinnen. Anforderungen an die bereitzustellende Datenbasis sind dabei relativ gering, da in der einfachsten Variante einzig die Umsätze auf Kundenebene benötigt werden. Allerdings greift eine derartige Gruppierung in vielen Fällen zu kurz (Zeithaml/Rust/Lemon 2001), und die Anwendung auf der Grundlage reiner Umsatzgrößen birgt darüber hinaus das Risiko, die Situation falsch einzuschätzen, denn nicht immer sind umsatzstarke Kunden auch die profitabelsten. Erst wenn bessere Daten verfügbar sind, die zumindest teilweise eine Berücksichtigung der Kosten ermöglichen, wie beispielsweise Deckungsbeiträge, lässt sich die Aussagekraft erheblich steigern (Skiera/Wiesel/Pfaff 2005). Insgesamt ist die ABC-Analyse relativ einfach anwendbar und kann auf unterschiedlichen Hierarchieebenen oder für unterschiedliche Vertriebskanäle implementiert werden. Die ABC-Analyse ist eine der wichtigsten Voraussetzungen für eine aussagekräftige Analyse der Kundenbasis. In ihr ist auch der Perspektivenwechsel vom Produktfokus zum Kundenfokus bereits vollzogen, da Erfolg losgelöst von einzelnen Produkten und Leistungen, ausschließlich auf Kundenebene bewertet wird. Falls kundenbezogene Kosten bei der Betrachtung berücksichtigt werden (Cooper/Kaplan 1991; Reinartz/Krafft/ Hoyer 2004), lässt sich damit auch eine der größten Limitationen dieses Verfahrens aushebeln.

Die Vorteile und Limitationen von ABC-Analysen können wie folgt zusammengefasst werden:

Vorteile von ABC-Analysen:

- Geringe Anforderungen an die Datenbasis
- Leicht anwendbar und kostengünstig implementierbar
- Für unterschiedliche Hierarchieebenen oder Vertriebskanäle durchführbar
- Ergebnisse sind grafisch darstellbar und leicht abzulesen

Limitationen von ABC-Analysen:

- Vergangenheitsorientiert
- Eindimensional
- Aussagen auf individueller Kundenebene nicht möglich
- Können weder Kundenrisiko noch zukünftiges Potenzial darstellen

Kundenportfolios

Kundenportfolios ähneln den weit verbreiteten Portfolioansätzen zur Geschäftsfeldanalyse, wie der BCG-Matrix oder der McKinsey (GE) Matrix. Dabei lassen sich auch aus einer Kundenportfolioanalyse zu einem gewissen Grad Normstrategien ableiten (Bruhn/Hadwich/Georgi 2008). Im Vergleich zur ABC-Analyse erlaubt die Portfolioanalyse die Darstellung der Kundebasis anhand zweier Dimensionen. Dadurch ist es möglich die Kunden nicht nur nach ihrem Umsatz oder einer anderen Erfolgsgröße zu segmentieren, sondern gleichzeitig auch die Attraktivität oder das Potenzial zu berücksichtigen (Homburg/Beutin 2006). Somit kann hierbei einer der großen Nachteile der ABC-Analyse umgangen werden. Das Potenzial der eigenen Kundenbasis zu kennen ist essentiell, um entsprechende Vertriebsstrategien ableiten zu können. Die Größen und Faktoren anhand derer das Potenzial bewertet wird sind vielfältig und können sich je nach Geschäftsmodell und Markt, auf dem das Unternehmen tätig ist, unterscheiden. Kundenportfolios können diesen Gegebenheiten sehr flexibel angepasst werden, da der Anwender die beiden Analysedimensionen je nach Situation wählen kann. In Abbildung 4.3.3 ist ein Kundenportfolio mit typischen Dimensionen dargestellt.

Auf einer Achse ist der bisherige Umsatz mit einem bestimmten Kunden oder einer Kundengruppe dargstellt. Hier könnten jedoch auch Deckungsbeiträge oder Profite stehen. Auf der zweiten Achse wird eine Potenzialgröße abgetragen. In der Abbildung ist es der Share of Wallet. Die Fläche der Kreise soll die Größe unterschiedlicher Kundengruppen darstellen. In bestimmten Fällen wird man andere Größen betrachten müssen, als die im Beispiel gewählten, da diese Kombination unter Umständen auch wenig zielführend sein kann. In B2B Beziehungen lässt die Einkaufstrategie eine Konzentration auf einen oder wenige Zulieferer oft nicht zu, was einen Ausbau des Share of Wallet für den Anbieter unmöglich macht. In diesem Fall bietet diese Größe keine Informationen zur Ableitung möglicher Strategien. Daher ist es aus Anwendersicht wichtig eine Dimension zu wählen, die aktiv beeinflusst werden kann und nicht als exogener Faktor gegeben ist. Weitere denkbare Potenzialgrößen sind z. B. Umsatzwachstum, Marktwachstum, etc.

Abbildung 4.3.3 Kundenportfolio (Quelle: Homburg/Schneider/Schäfer 2006, S. 191)

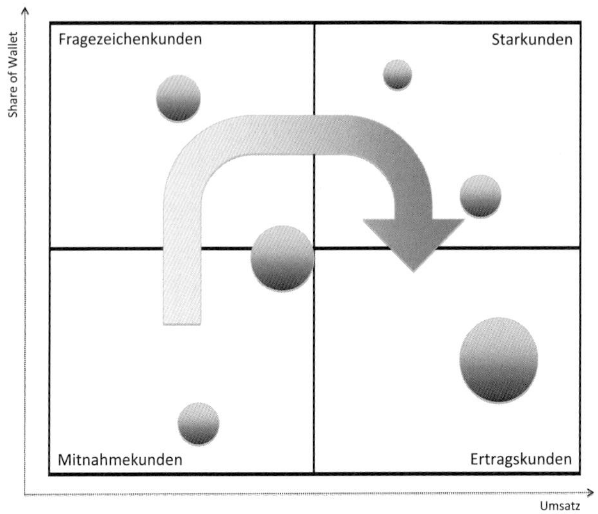

Die Vorteile und Limitationen von Kundenportfolios können wie folgt zusammengefasst werden:

Vorteile von Kundenportfolios:

- Können das Potenzial von Kunden berücksichtigen
- Können die eigene Position im Vergleich zum Wettbewerb darstellen
- Ermöglichen die Ableitung von Normstrategien
- Sind flexibel im Hinblick auf die betrachteten Größen und die Analyseebene

Limitationen von Kundenportfolios:

- Schreiben einzelnen Kunden keinen monetären Wert zu
- Bei hoher Anzahl von Kunden nur auf Segmente anwendbar
- Normstrategien je nach Rahmenbedingungen nicht immer eindeutig
- Vorhersagen über Potenzial immer mit gewissem Risiko verbunden

Scoring-Modelle

Scoring-Modelle sind in der Praxis weit verbreitet, um die Attraktivität von Kunden zu bestimmen (Homburg/Schneider/Schäfer 2006). Aber auch wenn es um die Bonitätseinschätzung von Kunden geht, wird oft auf Scoring-Modelle zurückgegriffen. Zu den bekanntesten Modellen zählt hierbei wohl das der SCHUFA. Je nach Ausgestaltung können Scoring-Modelle Werte auf einem geschlossenen Intervall (z. B. SCHUFA 1 – 1000) oder einem nach oben offenen Intervall liefern. Allen Modellen aus dieser Familie ist gemein, dass sie das Verhalten aus der Vergangenheit heranziehen, um daraus Prognosen für die Zukunft zu erstellen. Darüber hinaus sind Scoring-Modelle multidimensional und erlauben eine Kombination von monetären und nichtmonetären Größen sowie die flexible Anpassung an das jeweilige Geschäftsmodell und –umfeld (Reinecke/Keller 2006). Sobald die Größen gewählt sind, die in die Analyse einfließen sollen und Gewichtungsfaktoren bestimmt sind, bieten sie einen relativ einfachen Weg, um Vergleiche auf individueller Ebene auch bei einer hohen Anzahl von Kunden durchzuführen. Die einzelnen Bewertungsdimensionen werden zu einem einzigen Wert verdichtet und ermöglichen einen direkten und einfachen Vergleich oder die Zusammenfassung von ähnlichen Kunden zu Segmenten. Die Kunden mit den höchsten Score-Werten gelten als die attraktivsten. In Tabelle 4.3.1 ist für einen Katalogversandhändler ein einfaches Scoring-Modell dargestellt. Vor allem die Höhe des Umsatzes für eine Bestellung, die Bestellfrequenz und die Zeit seit dem letzten Kauf gehen stark in die Gewichtung ein. Negative Ereignisse, wie beispielsweise Warenrücksendungen oder fehlende Reaktion auf Werbeaktionen führen zu einem Punktabzug.

Tabelle 4.3.1 Scoring-Modell (Quelle: Homburg/Schneider/Schäfer 2006)

Faktor	**Startwert: 25 Punkte**					
Letzter Kauf	bis 6 Monate: +40 Punkte	bis Monate: +25 Punkte	bis 12 Monate: +15 Punkte	bis 18 Monate: +5 Punkte	bis 24 Monate: -5 Punkte	länger: -15 Punkte
Frequenz in den letzten 18 Monaten	**Anzahl der Einkäufe multipliziert mit dem Faktor 6**					
Durchschnittl. Umsatz	bis 50€: +5 Punkte	bis 100€: +15 Punkte	bis 200€: +25 Punkte	bis 300€: +35 Punkte	bis 400€: +40 Punkte	mehr als 400€: +45 Punkte
Anzahl Rückgaben	0 bis 1: 0 Punkte	2 bis 3: -5 Punkte	4 bis 6: -10 Punkte	7 bis 10: -20 Punkte	11 bis 15: -30 Punkte	mehr als 15: -40 Punkte
Anzahl Werbeaktion seit letztem Kauf	Hauptkatalog: jeweils -12 Punkte	Spezialkatalog: jeweils -5 Punkte	Werbebrief: jeweils - 2 Punkte			

Die einzelnen Variablen sind hier additiv verknüpft, was dazu führen kann, dass sich Einflüsse gegenseitig kompensieren und das Modell in einigen Fällen die Realität nicht korrekt abbildet. Sowohl die Gewichtungsfaktoren als auch die betrachteten Variablen werden vom Anwender gewählt. Dies führt einerseits zu großer Freiheit und Flexibilität, die eine Konfiguration entsprechend des jeweiligen Geschäftsmodells ermöglicht, andererseits macht es aber eine vergleichende Bewertung schwierig. So existiert beispielsweise kein einheitlicher Schwellenwert, der anzeigt, ob ein Kunde als attraktiv oder weniger attraktiv einzustufen ist.

Neben einer Vielzahl von Scoring-Modellen konnte sich das *RFM-Modell* in der Unternehmenspraxis etablieren. Das Modell berücksichtigt die drei Faktoren *Recency, Frequency* und *Monetary Value,* also die verstrichene Zeit seit dem letzten Kauf, die Kauffrequenz im betrachteten Zeitraum sowie den durchschnittlichen Umsatz pro Kauf. In der Wissenschaft wurde dieses Modell, das in unterschiedlichen Varianten existiert (Borle/Singh/Jain 2008; Fader/Hardie/Lee 2005), vielfach untersucht. Dabei konnte auch gezeigt werden, dass vor allem Recency ein sehr starker Wiederkaufindikator ist (Wübben/Wangenheim 2008). In Abbildung 4.3.4 ist ein einfaches RFM-Modell dargestellt.

Abbildung 4.3.4 Recency, Frequency, Monetary Value Modell (Quelle: Loyalty Partner 2008)

t_{today}	= heutiges Datum
t_{last_buy}	= Anzahl der Tage seit letztem Einkauf
t_{period}	= Anzahl der Tage im betrachteten Zeitraum
buy_n	= Kaufaktion
r_n	= Umsatz der Kaufaktion

Kriterium	Formel	Beispiel	Ergebnis
Recency	$t_{today}-t_{last\_buy}$	312-123	189
Frequency	$\Sigma\, buy_1, buy_2,\ldots,buy_n$ / t_{period}	12 / 365	0,0328
Monetary Value	$\Sigma\, r_1, r_2, \ldots, r_n$ / $\Sigma\, buy_1, buy_2,\ldots,buy_n$	1.264,67 / 12	104,389

RFM = R x F x M = 189 x 0,0328 x 105,389 = 646,508

Im Gegensatz zu den meisten anderen Scoring-Modellen ist das RFM-Modell im Beispiel multiplikativ verknüpft. Durch die verwendeten Größen, die in jedem Unternehmen verfügbar sein sollten, ist es einfach anzuwenden und liefert Informationen auf Individuenebene. Wie alle vergangenheitsorientierten Modelle, setzen auch die Scoring-Modelle implizit voraus, dass sich das Transaktionsverhalten der Kunden über die Zeit nicht ändert und in der Zukunft dieselben Muster zu beobachten sind. Andernfalls führen die Analysen zu falschen Ergebnissen. Die größte Schwierigkeit stellt allerdings die Gewichtung der Parameter dar. Man kann sich dabei Sensitivitätsanalysen bedienen, um unterschiedliche Gewichtskombinationen zu vergleichen und die Robustheit der Ergebnisse bei unterschiedlichen Gewichtungsfaktoren zu testen.

Die Vorteile und Limitationen von Scoring-Modellen können wie folgt zusammengefasst werden:

Vorteile von Scoring-Modellen:

- Sie sind multidimensional und erlauben die Kombination monetärer und nichtmonetärer Größen
- Sie lassen sich flexibel an das Geschäftsumfeld anpassen
- Kunden können auf Individualebene verglichen werden
- Score-Berechnung ist selbst bei hoher Anzahl von Kunden sehr einfach

Limitationen von Scoring-Modellen:

- Können nur für Vorhersagen in eine Zukunftsperiode genutzt werden
- Ignorieren, dass die zugrundeliegenden Variablen keine perfekten Indikatoren für das wahre Kundenverhalten sind
- Unterstellen, dass das Kundenverhalten in der Zukunft unverändert bleibt; können somit die Wirkung von Marketing- und Vertriebsaktivitäten nicht abbilden
- Gewichtungsfaktoren werden subjektiv gewählt

Customer Lifetime Value Modelle

Als letztes Modell soll an dieser Stelle der Customer Lifetime Value (CLV) Ansatz vorgestellt werden. Der große Vorteil der CLV Modelle besteht darin, dass der Kunde bzw. die Kundenbasis als Investitionsobjekt dargestellt wird (Blattberg/Getz/Thomas 2001). Es bietet die Möglichkeit der gesamten Kundenbasis oder jedem einzelnen Kunden einen monetären Wert zuzuschreiben, wodurch unterschiedliche Vertriebsaktivitäten oder –kanäle, etc. auf ihre wertsteigernde Wirkung hin untersucht werden können und Alternativen bewertbar werden. Dies ist auch einer der großen Unterschiede zu den bisher vorgestellten Verfahren, die keine Bewertung von Kunden oder Kundensegmenten in Euro-Beträgen zulassen. CLV Modelle sind zukunftsorientiert und mehrdimensional. Dabei können sowohl monetäre als auch nichtmonetäre Größen in das Modell einfließen, wodurch sich eine hohe Flexibilität ergibt und eine deutlich höhere Prognosegenauigkeit als bei anderen Verfahren erreicht wird. Allerdings steigt auch die Komplexität und CLV Modelle zeichnen sich durch den höchsten methodischen Anspruch aller hier vorgestellten Verfahren aus. Es existiert auch nicht nur ein Kundenwertmodell, vielmehr steht eine breite Palette an Varianten zur Verfügung (Berger/Nasr 1998; Dwyer 1997), die den spezifischen Anforderungen unterschiedlicher Geschäftsmodelle angepasst werden können. Auch hierbei gilt, je dynamischer sich die Geschäftsbeziehung selbst gestaltet, desto höher ist der Grad an Komplexität, der durch das Modell abgebildet werden muss. Aber auch hier gibt es Ansätze, die beispielsweise sogar das Wechselverhalten zwischen mehreren Lieferanten modellieren können (Rust/Lemon/Zeithaml 2004).

Bei CLV Modellen handelt es sich um *Discounted Cash Flow Modelle*. Für den Wert eines Kunden j über die gesamte Lebensdauer T gilt (Gupta/Lehmann/Stuart 2004):

$$CLV_j = \sum_{t=0}^{T} \frac{m_{j,t} \cdot r_{j,t}}{(1+d)^t} - AC \qquad (4.3.3.1)$$

Dabei bezeichnet m die realisierte *Marge*, r die *Bindungsrate* oder *Retention Rate*, d ist der *Kapitalkostensatz* des Unternehmens und AC steht für die *Akquisitionskosten* eines Kunden. Summiert man den CLV über alle J Kunden des Unternehmens, so erhält man das *Customer Equity* (CE):

$$CE = \sum_{1}^{J} CLV_j \qquad (4.3.3.2)$$

Für den Fall einer konstanten, wiederkehrenden Marge und einer konstanten Bindungsrate, lässt sich ein vereinfachtes Modell ableiten, das für eine grobe Einschätzung des CLV genutzt werden kann. Diese gekürzte Form nennt sich *Margin-Multiple-Effect* (Gupta/ Lehmann 2008). Der Quotient gibt an, wie oft die konstante Marge m über die gesamte Laufzeit der Kundenbeziehung realisiert werden kann.

$$CLV_j = \sum_{t=o}^{\infty} \frac{m_j r_j^t}{(1+d)^t} - AC = m_j \frac{r_j}{1+d-r_j} - AC \qquad (4.3.3.3)$$

Je nach Planungshorizont eines Unternehmens kann das betrachtete Zeitintervall auch kürzer sein, wie es bei den meisten anderen Investitionsentscheidungen in der Praxis der Fall ist. In Tabelle 4.3.2 ist dargestellt, wie unterschiedliche Werte für die Kapitalkosten und die Bindungsrate den *Multiple* beeinflussen.

Tabelle 4.3.2 Multiple (Quelle: Gupta/Lehmann 2008, S. 261)

Discount Rate / Retention Rate	10 %	20 %	30 %	40 %
60 %	1,20	1,15	1,11	1,07
70 %	1,75	1,67	1,59	1,52
80 %	2,67	2,50	2,35	2,22
90 %	4,5	4,09	3,75	3,46

Es ist zu erkennen, dass vor allem die Retention Rate einen erheblichen Einfluss darauf hat, wie hoch der CLV eines Kunden ist bzw. wie häufig die jährliche Marge mit einem Kunden realisiert werden kann.

CLV Modelle verlangen die Kenntnis über kundenindividuelle Kosten und Indikatoren, die zur Schätzung der Retention Rate (Kundenbindungsquote) herangezogen werden können. Dazu eignen sich historische Daten, im Idealfall aus mehreren Perioden. Daraus werden Prognosen für die Zukunft generiert. Die methodische Umsetzung ist dabei ebenfalls keineswegs trivial. Malthouse und Blattberg (2005) zeigen beispielsweise, dass für die Vorhersage der zukünftigen Profitabilität eines Kunden sowohl der Zeithorizont, als auch die betrachteten Indikatoren eine große Rolle spielen. Eine Falscheinschätzung der Profitabilität – sei es eine Über- oder Unterbewertung – kann letztendlich zur Ableitung falscher Maßnahmen führen. Insgesamt stellen CLV Modelle jedoch ein Instrumentarium bereit, das die Auswirkungen von Vertriebs- und Marketingaktionen – beispielsweise neue Vertriebskanäle – auf den Wert der Kundenbasis monetär bewertbar und Alternativen vergleichbar macht. CLV Modelle können wichtige Informationen liefern, die in der Folge zur Ableitung von Maßnahmen genutzt werden können.

Die Vorteile und Limitationen von CLV Modellen können nochmals kurz zusammengefasst werden:

Vorteile von Customer Lifetime Value Modellen:

- Erlauben es, einzelnen Kunden einen monetären Wert zuzuschreiben
- Können Wertänderungen im Kundenstamm aufzeigen
- Sind dynamisch und zukunftsorientiert

Limitationen von Customer Lifetime Value Modellen:

- Stellen hohe Anforderungen an die Datenbasis
- Setzen gute Methodenkenntnisse voraus

4.2 Verfahren zur Maßnahmenentwicklung und -evaluierung

Die im Rahmen der Kundenanalyse identifizierten Kundenwertpotenziale können mittels Entwicklung geeigneter Maßnahmen ausgebaut und abgeschöpft werden. Da die Ressourcen, die für die Durchführung von Marketing- und Vertriebsaktionen zur Verfügung stehen, meist stark limitiert sind, sind hier Handlungsoptionen zu selektieren, die den höchsten Return on Investment versprechen (Rust/Lemon/Zeithaml 2004). Hierbei kommt der Maßnahmenevaluierung zentrale Bedeutung zu, welche zum einen die Effektivität der laufenden Potenzialausschöpfung prüft (Reinecke/Keller 2006) und zum anderen wertvolle Erkenntnisse liefern kann, die zu einer Effizienzsteigerung von Maßnahmen in der Zukunft verhelfen.

Voraussetzung für eine erfolgreiche Durchführung entsprechender Maßnahmen ist die *Segmentierung.* Durch zielgruppenadäquate Ansprache (Targeting) kann eine deutlich höhere Erfolgsquote erreicht werden, als durch *one-size-fits-all* Maßnahmen. Dabei gilt, je feiner die Segmente geschnitten sind, desto präziser und erfolgreicher lassen sich Kundengruppen adressieren (Blattberg/Kim/Neslin 2008). Das idealtypische one-to-one Marketing lässt sich häufig aufgrund von zu hoher Kundenzahl und eingeschränkter zur Verfügung stehender Mittel nicht realisieren. Daher sollten Kunden so in Segmente aufgeteilt werden, dass diese in sich homogen und untereinander heterogen erscheinen. Innerhalb der Segmente weisen die Kunden dann sehr ähnliche Charakteristika auf, was eine zielgruppengerichtete Bearbeitung durch ein segmentspezifisches Set an Maßnahmen erlaubt. Welche Informationen als Segmentierungskriterien herangezogen werden und ob die Gruppenbildung nach einer oder mehreren Dimensionen erfolgt (Bruhn/Hadwich/Georgi 2008) ist primär von den Zielsetzungen der Gesamt- bzw. Segmentstrategie abzuleiten. Da das übergeordnete Ziel der Maßnahmenentwicklung die Maximierung des Gesamtkundenwertes darstellt, ist der Kundenwert typischerweise eine der zentralen Größen, die bei der Segmentierung berücksichtigt werden. Weitere Größen, die häufig zur Segmentierung herangezogen werden, sind neben den Basisdaten wie Alter und Geschlecht auch demografische und psychografische Daten (z. B. Kundenbedürfnisse und –präferenzen, Kaufkraft) sowie auch Transaktions- und Aktionsdaten wie gekaufte Produkttypen, Kauffrequenz und Responseraten (Berger et al. 2002). Die Datenbank sowie die Ergebnisse der Kundenanalyse stellen die nötigen Informationen zur Segmentbildung bereit.

Da Budgets zur Kundenbearbeitung meist knapp sind, gilt es diese durch Selektion und Priorisierung der potentialträchtigsten Kunden möglichst rentabel zu investieren. Eine *Priorisierung von Kunden* bei der *Ressourcenallokation* kann Marketing- und Vertriebskosten senken und damit die Profitabilität von Kunden sowie der an diese gerichteten Maßnahmen steigern (Homburg/Droll/Totzek 2008). Im ersten Schritt können Segmente als Anhaltspunkt zur Kundenauswahl dienen. Im zweiten Schritt ist es meist auch erforderlich Kunden innerhalb der Segmente zu selektieren. Häufig werden hier vergangenheitsorientierte Größen wie Zahl der Einkäufe und Umsatzhöhe in der letzten Periode verwendet. Ebenso ist aber auch die Empfänglichkeit der Kunden für etwaige Maßnahmen von Bedeutung. Völlig werberesistente Kunden können auf Basis der Evaluation vergangener Kampagnen identifiziert und zur Vermeidung erneuter Budgetverschwendung ausgeschlossen werden. Die RFM-Metrik hat sich als praktikabler Indikator beider Facetten erwiesen. So sind Kunden mit den höchsten RFM-Werten i.d.R. auch diejenigen, welche die höchsten Responseraten aufweisen, d.h. sie sind empfänglicher für entsprechende Marketing- und Vertriebsmaßnahmen (Blattberg/Kim/Neslin 2008). Aufgrund der einfachen Anwendbarkeit hat dieses Vorgehen weite Verbreitung in der Praxis gefunden. Typischerweise werden je nach Budgetumfang die Top 5 % (Top 10 % oder auch Top 15 %) der nach RFM-Scores sortierten Kunden eines Segmentes ausgewählt. Deutlich besser schneidet im Vergleich allerdings der Customer Lifetime Value als Selektionsmetrik ab. So konnte gezeigt werden, dass der CLV bei der Identifikation von Potenzialkunden anderen Metriken überlegen ist und Marketing- und Vertriebsmaßnahmen, die auf dieser Basis erfolgen, einen deutlich höheren Beitrag zur Steigerung des Kundenwertes liefern (Kumar et al. 2008; Venkatesan/Kumar 2004). Aufgrund der hohen Komplexität der eingesetzten statistischen Modelle hat der CLV bisher jedoch nur in geringem Maße Einzug in die Praxis erhalten.

Nach erfolgter Selektion der Kunden ist im Zuge der *Ressourcenallokation* auch die *Art der zu treffenden Maßnahmen* zu bestimmen. Auch hier ist der Kundenwert bei der Entwicklung von Strategien und Maßnahmen zur Bearbeitung von Kundenbeziehungen oder -segmenten als Steuerungsgröße heranzuziehen. So können optimale Entscheidungen bei der Allokation von Ressourcen herbeigeführt und Aktionen nach Durchführung monetär bewertet werden (z. B. Blattberg/Deighton 1996; Venkatesan/Kumar 2004). Maßnahmen lassen sich - ausgerichtet an den Kundenwerttreibern - nach Aquisitionsmaßnahmen, Kundenbindungs- und rückgewinnungsmaßnahmen sowie Cross- und Upsellingmaßnahmen unterscheiden. Ein Mix dieser Maßnahmen ist optimal, wenn er den Kundenwert maximiert bzw. entsprechend zur Erreichung der segmentspezifischen Teilzielsetzungen Wertsteigerung, Werterhalt und Vermeidung von Wertvernichtung beitragen kann.

5 Zusammenfassung und Ausblick

Der vorliegende Beitrag gibt einen grundlegenden Überblick über Ziele, Vorraussetzungen und Verfahren der Kundenanalyse. Insbesondere im methodischen Bereich werden aktuell ständig Neu- und Weiterentwicklungen publiziert, insbesondere in quantitativ orientierten Zeitschriften wie *Marketing Science* oder dem *Journal of Marketing Research*. Hierzu sei aber dem Anwender gesagt, dass höhere Komplexität nicht notwendigerweise zu besseren Ergebnissen führt, wie beispielsweise ein Beitrag von Wübben und v. Wangenheim (2008) zeigt. In diesem Aufsatz stellen die Autoren fest, dass eine einfache Recency-Heuristik („Kunde hat x Monate nicht gekauft, damit ist er inaktiv.") die Wahrscheinlichkeit der Beendigung der Kundenbeziehung ähnlich gut und teilweise sogar besser zu prognostizieren imstande ist als ein komplexes stochastisches Modell.

Diese Erkenntnis ist kein grundsätzliches Plädoyer für möglichst simple Modelle, soll dem Anwender jedoch die Notwendigkeit einer Validierung vor Augen halten. Für die Kundenanalyse gilt wie für jede andere Form des Einsatzes von Modellen, dass das zum Einsatz kommende Instrumentarium so komplex wie nötig, aber so einfach wie möglich sein sollte.

Das aktuell starke Interesse der Forschung an Verfahren der Kundenanalyse wird zur Zeit noch nicht von allen Unternehmen geteilt. Die Vorteile und Einsatzgebiete sind jedoch, gerade für das Vertriebsmanagement, offensichtlich. Aus diesem Grund ist Unternehmen dringend zu empfehlen, verstärkt in den Aufbau von Kundenintelligenz zu investieren.

Literaturverzeichnis

Berger, P. D./Nasr, N. I. (1998): Customer Lifetime Value: Marketing Models and Applications, in: Journal of Interactive Marketing, 12. Jg., Nr. 1, S. 17-30.

Berger, P. D./Bolton, R. N./Bowman, D./ Briggs, E./Kumar, V./Parasuraman, A./Terry, C., (2002): Marketing Actions and the Value of Customer Assets: A Framework for Customer Asset Management, in: Journal of Service Research, 5. Jg., Nr. 1, S. 39-54.

Blattberg R. C./Deighton J. (1996): Manage Marketing by the Customer Equity Test, in: Harvard Business Review, 74. Jg., Nr. 4, S. 136-144.

Blattberg, R. C./Getz, G./Thomas, J. S. (2001): Customer Equity: Building and Managing Relationships as Valuable Assets, in: Harvard Business School Press, Boston.

Blattberg, R. C./Kim, B.-D./Neslin, S. C. (2008): Database Marketing, 1. Aufl., New York.

Borle, S./Singh, S. S./Jain, D. C. (2008): Customer Lifetime Value Measurement, in: Management Science, 54. Jg., Nr. 1, S. 100-112.

Bruhn, M./Hadwich, K./Georgi, D. (2008): Ansatzpunkte des Customer Value Managements, in: Bruhn, M./Homburg, Ch. (Hrsg.), Handbuch Kundenbindungsmanagement, 6. Aufl., Wiesbaden, S. 714-732.

Cooper, R./Kaplan, R. S. (1991): Profit Priorities from Activity-Based Costing, in: Harvard Business Review, 69. Jg., Nr. 3, S. 130-135.

Dwyer, F. R. (1997): Customer Lifetime Valuation to Support Marketing Decision Making, in: Journal of Interactive Marketing, 11. Jg., Nr. 4, S. 6-13.

Fader, P. S./Hardie, B. G. S./Lee, K. L. (2005): RFM and CLV: Using Iso-Value Curves for Customer Base Analysis, in: Journal of Marketing Research, 42. Jg., Nr. 4, S. 415-430.

Gupta, S./Lehmann, D. R./Stuart, J. A. (2004): Valuing Customers, in: Journal of Marketing Research, 41. Jg., Nr. 1, S. 7-18.

Gupta, S./Lehmann, D. R. (2008): Models of Customer Value, in: Wierenga, B. (Hrsg.), Handbook of Marketing Decision Models, Berlin, S. 255-290.

Helm, S. (2004): Customer Valuation as a Driver of Relationship Dissolution, in: Journal of Relationship Marketing, 3. Jg., Nr. 4, S. 77-91.

Homburg, Ch./Beutin, N. (2006): Kundenstrukturmanagement als Controllingherausforderung, in: Reinecke, S./Tomczack, T. (Hrsg.), Handbuch Marketingcontrolling, 2. Aufl., Wiesbaden, S. 226-251.

Homburg, Ch./Schneider, H./Schäfer, J. (2006): Sales Excellence. Vertriebsmanagement mit System, 4. Aufl., Wiesbaden.

Homburg, Ch./Droll, M./Totzek, D. (2008): Customer Prioritization: Does It Pay Off, and How Should It Be Implemented?, in: Journal of Marketing, 72. Jg., Nr. 5, S. 110-130.

Kumar, V./Venkatesan, R./Bohling, T./Beckmann, D. (2008): The Power of CLV: Managing Customer Lifetime Value at IBM, in: Marketing Science, 27. Jg., Nr. 4, S. 585-99.

Malthouse, E. C./Blattberg, R. C. (2005): Can We Predict Customer Lifetime Value, in: Journal of Interactive Marketing, 19. Jg., Nr. 1, S. 2-16.

Mittal, V./Sarkees, M./Murshed, F. (2008): The Right Way to Manage Unprofitable Customers, in: Harvard Business Review, 86. Jg., Nr. 4, S. 94-102.

Reinartz, W./Krafft, M./Hoyer, W. D. (2004): The Customer Relationship Management Process: Its Measurement and Impact on Performance, in: Journal of Marketing Research, 41. Jg., Nr. 4, S. 293-305.

Reinecke, S./Keller, J. (2006): Strategisches Kundenwertcontrolling. Planung, Steuerung und Kontrolle von Kundenerfolgspotenzialen, in: Reinecke, S./Tomczack, T. (Hrsg.), Handbuch Marketingcontrolling, 2. Aufl., Wiesbaden, S. 254-282.

Rust, R. T./Lemon, K. N./Zeithaml, V. (2004): Return on Marketing: Using Customer Equity to Focus Marketing Strategy, in: Journal of Marketing, 68. Jg., Nr. 1, S. 109-27.

Skiera, B./Wiesel, Th./Pfaff, D. (2005): Wertorientierte Kundenanalyse innerhalb der Financial Supply Chain, in: Verein für Credit Management (Hrsg.), Die Optimierung der Performance im Credit Management, Heidelberg, S. 117-133.

Srivastava, R. K./Shervani, T. A./Fahey, L. (1998): Market-Based Assets and Shareholder Value: A Framework for Analysis, in: Journal of Marketing, 62. Jg., Nr. 1, S. 2-18.

Venkatesan, R./Kumar, V. (2004): A Customer Lifetime Value Framework for Customer Selection and Resource Allocation Strategy, in: Journal of Marketing, 68. Jg., Nr. 4, S. 106-125.

Wübben, M./v. Wangenheim, F. (2008): Instant Customer Base Analysis, Managerial Heuristics Often "Get It Right", in: Journal of Marketing, 72. Jg., Nr. 3, S. 82-93.

Zeithaml, V./Rust, R. T./Lemon, K. N. (2001): The Customer Pyramid: Creating and Serving Profitable Customers, in: California Management Review, 43. Jg., Nr. 4, S. 118-142.

Teil 5

Kundenbeziehungsmanagement im Vertrieb

5.1 Kundenorientierung im Vertrieb

Manfred Bruhn, Daniela B. Schäfer

1 Kundenorientierung als zentrales Prinzip im Vertrieb

Die konsequente Orientierung aller Vertriebsaktivitäten an den Marktgegebenheiten zählt zu den primären Anforderungen an eine Vertriebsstrategie, um langfristig wettbewerbsfähig zu sein. Die Bedeutung der Kunden- und Marktorientierung für den Geschäftserfolg ist in Wissenschaft und Praxis unbestritten (Day 1998, S. 5 ff.; Gleitsmann 2006, S. 1 ff.; Jaworski/Kohli 1993, S. 55 ff.). Die Kundenorientierung zählt heute zu den wesentlichen Grundsätzen des Wirtschaftslebens und ist die zentrale Triebkraft für das vertriebliche Handeln.

Die Basis der *Kundenorientierung im Vertrieb* ist die Berücksichtigung der individuellen Wünsche und Bedürfnisse der Kunden in sämtlichen Wertschöpfungsprozessen des Vertriebs. Diese beständige Ausrichtung des Handelns an den Kunden führt zur Realisierung des vertrieblichen Ziels, profitable Kundenbeziehungen sicherzustellen. Zur Erreichung dieses Ziels ist es jedoch nicht ausreichend, dass die Vertriebsmitarbeiter die erarbeiteten kundenorientierten Strategien umsetzen (*externe Kundenorientierung*). Vielmehr müssen die notwendigen Voraussetzungen und Rahmenbedingungen im Vertrieb selbst gegeben sein, um ein kundenorientiertes Verhalten der Mitarbeiter zu bedingen und somit Kundenorientierung zu realisieren. Die Kundenorientierung muss also auch nach innen getragen werden und durch eine kundenorientierte Anpassung der internen vertrieblichen Leistungen der Kundenorientierung sowie der vertriebsinternen Strukturen, Systeme und Kultur sichergestellt werden (*interne Kundenorientierung*). In Anbetracht der Vielzahl an Facetten, die einen kundenorientierten Vertrieb ausmachen, wird eine weite Definition des Begriffs Kundenorientierung zugrunde gelegt, der sowohl die interne als auch die externe Sichtweise der Kundenorientierung beinhaltet.

Kundenorientierung ist die umfassende, kontinuierliche Ermittlung und Analyse der individuellen Kundenerwartungen als auch deren interne und externe Planung und Umsetzung in unternehmerische Leistungen sowie die dafür notwendige Schaffung der innerbetrieblichen Voraussetzungen mit dem Ziel, langfristig stabile und ökonomisch vorteilhafte Kundenbeziehungen zu etablieren (Bruhn 2002, S. 27; 2009, S. 37).

Zur Planung und Umsetzung der Kundenorientierung im Vertrieb ist ein umfassendes System notwendig, das einzelne Facetten der Kundenorientierung in ein geschlossenes und aufeinander abgestimmtes Gesamtsystem integriert. Um diese Herausforderung zu lösen, wird der in Abbildung 5.1.1 dargestellte Bezugsrahmen zugrunde gelegt, mit dessen Hilfe die relevanten Schritte in Richtung einer Kundenorientierung entlang des Managementprozesses vollzogen werden. In Analogie zu den klassischen Managementprozessen wird eine Vierteilung des vertrieblichen Bezugsrahmens in Analyse-, Planungs-, Steuerungs- und Kontrollphase vorgenommen. Innerhalb des Bezugsrahmens wird überdies zwischen internen und externen Teilbereichen der Kundenorientierung unterschieden. Diese sind inhaltlich allerdings nicht unabhängig voneinander, sondern weisen Interdependenzen auf. Der dargestellte Bezugsrahmen bildet die Grundlage für den weiteren Aufbau dieses Beitrags.

Abbildung 5.1.1 Bezugsrahmen der Kundenorientierung im Vertrieb

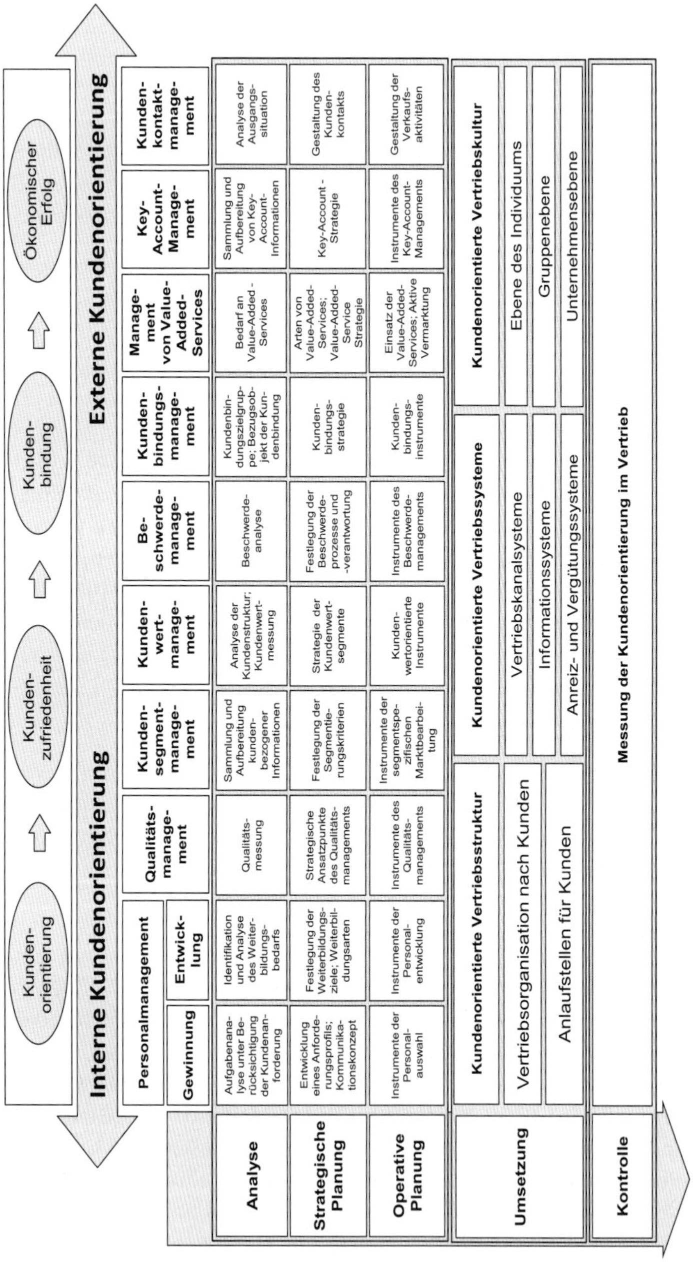

Der Ausgangspunkt einer (kundenorientierten) Vertriebsstrategie – und damit auch für die relevanten Schritte in Richtung eines kundenorientierten Vertriebs – ist die *Definition der Kunden*. Diese zunächst trivial erscheinende Entscheidung wird in der Vertriebspraxis sehr kontrovers diskutiert und bedarf einer vertriebsindividuellen Festlegung. Im Wesentlichen lassen sich vier Gruppen potenzieller Kunden unterscheiden (Homburg/Schneider/Schäfer 2008, S. 31 f.):

- Die Nutzer bzw. Endkunden, die eine Leistung zur Erfüllung ihrer Bedürfnisse beanspruchen.
- Die Weiterverarbeiter, die die gekauften Produkte in ihre eigenen Leistungen integrieren.
- Die Händler, die das gekaufte Produkt unverändert weiterveräußern.
- Die Berater, wie beispielsweise Unternehmensberater, die sowohl die Nutzer als auch die Weiterverarbeiter bei ihrer Kaufentscheidung beraten.

Insbesondere im Business-to-Business-Bereich ist die Definition der Kunden komplex, da auch die Kunden (z. B. Nutzer) der direkten Kunden (z. B. Weiterverarbeiter und Händler) nicht unberücksichtigt bleiben dürfen. Aufgrund der Tatsache, dass es sich um eine vertriebsindividuelle Entscheidung handelt, die unter Berücksichtigung der jeweiligen Vertriebssituation zu treffen ist, wird in den weiteren Ausführungen dieses Beitrags lediglich eine einfache Differenzierung zwischen Privat- und Firmenkunden vorgenommen.

2 Analyse und Planung der Kundenorientierung im Vertrieb

2.1 Interne Teilbereiche der Kundenorientierung

2.1.1 Personalmanagement

„Ein Vertrieb ist nur so gut wie seine Mitarbeiter" (Kronenberg 2009, S. 101). Wenngleich dieses Zitat die enorme Relevanz des vertrieblichen Personalmanagements ausdrückt, wird ein professionelles Personalmanagement im Vertrieb oftmals vernachlässigt (Homburg/Schneider/Schäfer 2008, S. 127). Dieses Versäumnis ist aufgrund der gestiegenen Anforderungen an den einzelnen Vertriebsmitarbeiter umso schwerwiegender. Die Mitarbeiter sind in zunehmendem Maße dafür verantwortlich, den Kunden durch individuelle Beratung und Services sowie auf den einzelnen Kunden zugeschnittene Problemlösungen einen Mehrwert zu stiften (Krafft/Liftin 2002, S. 297). Die Professionalisierung des Personalmanagements mit einer kundenorientierten Ausrichtung ist somit dringend notwendig. Zwei zentrale *Aufgaben des kundenorientierten Personalmanagements* gilt es zur Steigerung der Kundenorientierung im Vertrieb zu berücksichtigen (Bruhn 2002, S. 207 ff.):

- Kunden- und qualitätsorientierte Personalauswahl auf der Basis von Sozial- und Fachkompetenz (Personalgewinnung),
- Kontinuierliche Vermittlung von Fähigkeiten und Fertigkeiten für eine zielgerechte Bewältigung von Kundenkontaktsituationen und eine konsequente Verhaltensorientierung an den Kundenwünschen (Personalentwicklung).

Infolge des demografischen Wandels und der kontinuierlichen Abwanderung qualifizierter Fachkräfte (Brussig 2007, S. 199; Stock-Homburg 2008, S. 104) ist der Vertrieb zunehmend auf einen systematischen und professionellen Prozess der *Personalgewinnung* angewiesen. Hierdurch lässt sich gewährleisten, dass Bewerber mit den gewünschten Persönlichkeitsmerkmalen, entsprechender Sozial- und Fachkompetenz sowie Motivation und Sozialisation eingestellt werden (Renker 2005, S. 143). Der *Prozess einer professionellen Personalgewinnung* umfasst dabei drei Phasen (Bruhn 2002, S. 209):

- Erstellung eines Anforderungsprofils,
- Kommunikation dieser Anforderungen an und Begeisterung von potenziellen Mitarbeitern,
- Auswahl zukünftiger Mitarbeiter.

Für die *Erstellung eines Anforderungsprofils* ist zunächst eine Aufgabenanalyse erforderlich. Diese beinhaltet die Analyse der zu besetzenden Stelle in Bezug auf Aufgaben, Kernaufgaben, Verantwortung, Belastung und Weiterbildungsmöglichkeiten (Hentze 1994, S. 202 f.) unter Berücksichtigung der Kundenanforderungen an die Stelle (Lancioni/Oliva 1995, S. 22 ff.). Aus der Aufgabenanalyse werden in einem nächsten Schritt die fachlichen und persönlichen Anforderungen systematisch abgeleitet und in einem Anforderungsprofil dokumentiert. Das intern entwickelte Anforderungsprofil gilt es dann, *extern zu kommunizieren*, mit dem Ziel, potenzielle Mitarbeiter anzusprechen und zu begeistern. Um Begeisterung zu wecken, sind die Attraktivitätsmerkmale der Stelle im Vertrieb zu kommunizieren (Homburg/Schneider/Schäfer 2008, S. 129 f.). Diese können beispielsweise ein längerer Auslandsaufenthalt oder die Verantwortungsübernahme für ein geografisch festgelegtes Gebiet oder eine Kundengruppe sein. Im letzten Schritt der Personalgewinnung erfolgt die *Personalauswahl* der zukünftigen Mitarbeiter. Diese verfolgt das Ziel, das definierte Anforderungsprofil bestmöglich zu erfüllen (Bruhn 2002, S. 212). Die Instrumente, die für eine kundenorientierte Personalauswahl im Vertrieb zur Verfügung stehen, können in eigenschafts- und verhaltensorientierte Instrumente untergliedert werden (für eine ausführliche Darstellung der Instrumente vgl. Stock-Homburg 2008, S. 136 ff.). Eine Kombination aus diesen beiden Instrumentegruppen ist für eine kundenorientierte Personalauswahl im Vertrieb empfehlenswert. Hierdurch werden zum einen die Anforderungen an die Fach- und Methodenkompetenz der betrachteten Vertriebsstelle berücksichtigt. Zum anderen wird die Identifikation der sozialen und psychologischen Kompetenz – die für ein kundenorientiertes Mitarbeiterverhalten erforderlich sind – des Bewerbers ermöglicht.

Die *Personalentwicklung* – die zweite Aufgabe eines kundenorientierten Personalmanagements – umfasst alle bildungsbezogenen und stellenbezogenen Maßnahmen, die zur weiteren Mitarbeiterqualifizierung dienen (Bruhn 2002, S. 213). Die Auswirkungen der Personalentwicklung im Vertrieb sind weitreichend. Sie unterstützt beispielsweise die Bindung der Außendienstmitarbeiter an das Stammhaus und fördert die Kommunikation der Vertriebsziele, wodurch bei den Vertriebsmitarbeitern Verständnis für die sich aus den Zielen ergebenden Aufgaben erweckt wird (Homburg/Schneider/Schäfer 2008, S. 133). Im Rahmen des Weiterbildungsprozesses wird auf der Basis der Vertriebsstrategie zunächst analysiert, welcher Weiterbildungsbedarf erforderlich ist. Hierauf aufbauend wird der individuelle Weiterbildungsbedarf des Vertriebsmitarbeiters identifiziert und die Weiterbildungsziele für den einzelnen Mitarbeiter festgelegt. Bei der Festlegung der individuellen Ziele gilt es zu berücksichtigen, was die Kunden von den Vertriebsmitarbeitern erwarten. Die Durch-führung der Weiterbildungsmaßnahme kann als into the job, on the job, near the job, off the job, along the job und out of the job erfolgen (Becker/Günther 2001, S. 760 ff.; Bruhn 2002, S. 214 ff.). Insbesondere Qualitätsseminare, Coaching für Führungskräfte, Schulungen im Hinblick auf die Zusammenarbeit mit speziellen Key-Accounts und Servicetrainings für die Kundenkontaktmitarbeiter sind geeignete Instrumente für eine kundenorientierte Personalentwicklung im Vertrieb. Diese Instrumente leisten einen zentralen Beitrag für eine positive Wahrnehmung und Beurteilung der Kunden.

2.1.2 Qualitätsmanagement

Ein systematisches Qualitätsmanagement im Vertrieb ist ein zentraler Ansatzpunkt zur Steigerung der vertrieblichen Kundenorientierung. Den Anforderungen der ISO 9000-Normenreihe entsprechend ist das Qualitätsmanagement nicht unabhängig, sondern als integraler Bestandteil aller logistischen Unternehmensprozesse, insbesondere von Beschaffung, Produktion, Vertrieb und Service, zu behandeln (o.V. 2009). Dem Vertrieb kommt hierbei die Aufgabe zu, durch die Sicherstellung einer exzellenten Qualität des Leistungsangebots die Zufriedenheit der Kunden zu gewährleisten (Möhrlen/Kokot 2000, S. 714). Somit ist die nachhaltige Ausrichtung der vertrieblichen Aktivitäten an den Kundenanforderungen entscheidend für den Vertriebserfolg. Dies beinhaltet die Qualität der ausgelieferten Materialen und Produkte, eine zeitnahe Behebung von Kundenreklamationen sowie die Dienstleistungsqualität, beispielsweise der Value-Added-Services (vgl. Abschnitt 2.2.3) und Kundenanlaufstellen (vgl. Abschnitt 1.3.1), zu garantieren.

Zur Sicherung höchster Qualitätsstandards im Vertrieb bietet SAP innerhalb der ERP-Software das Modul Quality Management (QM) an. Die Anwendungskomponente QM unterstützt vertriebliche Maßnahmen zur *Qualitätssicherung* der Materialien und Produkte durch drei Aspekte (Möhrlen/Kokot 2000, S. 714 ff.; o.V. 2001, S. 1 ff.):

- Qualitätsprüfungen bei der Lieferung,
- Verwaltung kundenseitiger Lieferbedingungen,
- Qualitätszeugnisse zur Lieferung.

Unmittelbar vor der Auslieferung bzw. vor dem Transport der Materialien und Produkte an den Kunden müssen die *Qualitätsprüfungen* durchgeführt werden. Grundlage hierfür ist der Lieferschein, auf dem die Lieferpositionen für das Qualitätsmanagement erfasst sind.

Das Modul QM bietet dem Anwender die Möglichkeit, über den Zeitpunkt der Qualitätsprüfung innerhalb der Versandabwicklung zu entscheiden. Des Weiteren können Qualitätsprüfungen für Warenauslieferungen für alle Kunden oder kundenindividuell festgelegt werden. Insbesondere im Business-to-Business-Bereich haben Kunden spezifische Anforderungen an die Prüfung von Materialien und Produkten, die es zu gewährleisten gilt. Hierfür sind folgende *kundenseitige Lieferbedingungen* verwendbar:

- Kundenvorgaben dokumentieren die Qualitätsprüfungen, die für einen Kunden und sämtliche von ihm gekauften Materialien und Produkte gelten.
- Kundeninfosätze erfassen Qualitätsprüfungen, die für eine bestimmte Kombination von Kunde und Material bzw. Produkt gelten.

Im Anschluss an die Qualitätsprüfung werden die Ergebnisse erfasst und über den weiteren Verlauf des zu prüfenden Objekts entschieden. So wird gewährleitet, dass der Warenausgang für den Kunden lediglich nach einer positiven Qualitätsprüfung veranlasst wird. Als weiteres Ergebnis der Verwendungsentscheidung des Lieferscheins kann das *Qualitätszeugnis* automatisch erstellt werden. Hierfür greift das ERP-System auf Daten aus dem Vertrieb (z. B. Kundenauftrag), Qualitätsmanagement (z. B. Prüfergebnisse) und der Materialwirtschaft (z. B. Chargenspezifikation) zurück.

Entstehen nach Auslieferung kundenseitige *Reklamationen*, sollte der Kontakt zwischen Lieferant und Kunde möglichst schnell zustande kommen (vgl. Abschnitt 2.2.1). Zur besseren Abwicklung von Kundenreklamationen werden diese in der Anwendungskomponente als Qualitätsmeldungen erfasst. Dem Vertrieb wird hierdurch die Möglichkeit gegeben, sehr zeitnah auf die Beschwerdemeldung des Kunden reagieren zu können (Hildebrand/Rebstock 2000, S. 60 ff.), was die vertriebliche Kundenorientierung erhöht.

2.1.3 Kundensegmentmanagement

Der Umgang mit der *Heterogenität der Kunden* stellt einen weiteren wesentlichen Teilbereich einer kundenorientierten Vertriebsstrategie dar. Ansatzpunkt für eine systematische Berücksichtigung unterschiedlicher Ansprüche, Wünsche und Präferenzen der Kunden ist die Markt- bzw. Kundensegmentierung (Meffert/Perrey 1999, S. 148), die zu den wichtigsten Managementinstrumenten zählt (Balderjahn/Scholderer 2007, S. 275). Unter Kundensegmentierung wird die Aufteilung eines heterogenen Gesamtmarktes in homogene Teilmärkte (Segmente) mittels bestimmter Merkmale, sogenannter Segmentierungskriterien, der (potenziellen) Kunden verstanden (Berger et al. 2002, S. 44 f.; Freter 1995, S. 1803).

Die Vertriebsstrategie legt fest, nach welchen Kriterien die Segmentierung vollzogen wird und ob bei Firmen- und Privatkunden verschiedene Kriterien zum Einsatz kommen. Tabelle 5.1.1 zeigt mögliche Segmentierungskriterien im Überblick.

Wenngleich die demografischen und/oder sozioökonomischen Segmentierungskriterien in der Praxis häufig zur Anwendung kommen, ist ihre Kaufverhaltensrelevanz begrenzt (Balderjahn/Scholderer 2007, S. 277; Walsh/Hennig-Thurau 2001, S. 223 ff.). Auch empirische Studien belegen, dass sie sich mehr als deskriptive und weniger als kausale

Segmentierungskriterien eignen (Alfansi/Sargeant 2000, S. 65; Frank 1967, S. 48 ff.). Die psychografischen Segmentierungskriterien (Benefit-, Lifestyle- und Lebenszyklus-Segmentierung) überwinden die aufgezeigte Schwäche durch einen stärkeren Verhaltensbezug (Kleiner 2008, S. 136). Insbesondere die nutzenbezogene Segmentierung (Benefit-Segmentierung) hat sich im Privat- und Firmenkundenbereich bewährt und führt zu erfolgreichen Anwendungen (Mühlbacher/Botschen 1990, S. 159 ff.). Aufgrund dessen ist sie im Folgenden Bestandteil der Diskussion.

Tabelle 5.1.1 Segmentierungskriterien für Privat- und Firmenkunden (Quelle: Homburg/Schäfer 2008, S. 36; Michel 2009, S. 86f.)

Kriterien	Privatkunden	Firmenkunden
Demografische Kriterien	■ Geschlecht ■ Alter ■ Familienlebenszyklus ■ Geografische Kriterien	■ Firmensitz ■ Dauer der Geschäftsbeziehung ■ Unternehmensgröße
Sozioökonomische Kriterien	■ Einkommen ■ Soziale Schicht ■ Beruf	■ Umsatz ■ Branche
Kaufverhaltensbezogene Kriterien	■ Einkaufsstättenwahl ■ Produktwahl ■ Kaufhäufigkeit ■ Preissensitivität ■ Informationsverhalten	■ Vertriebswegewahl ■ Kaufhäufigkeit ■ Preissensitivität ■ Informationsverhalten
Nutzenkriterien	■ Preisnutzen ■ Qualitätsnutzen ■ Prestigenutzen ■ Servicenutzen	■ Preisnutzen ■ Qualitätsnutzen ■ Prestigenutzen ■ Servicenutzen
Allgemeine Persönlichkeitsmerkmale	■ Lebensstil ■ Einstellungen ■ Interessen	

Bei der *Benefit-Segmentierung* bildet der vom (potenziellen) Kunden wahrgenommene Nutzen des Leistungsangebots die Ausgangsbasis zur Bildung von Segmenten (Haley 1968, S. 30 ff.). Hierdurch ist eine Ausrichtung der vertrieblichen Marktbearbeitung an den Bedürfnissen verschiedener Kundensegmente möglich, was einen bedeutsamen Beitrag zur Kundenorientierung leistet. Ausgangspunkt dieses Segmentierungsansatzes ist, dass beispielsweise der zusätzliche Vertrieb von Luxusmarken per Internet nicht bei allen Kunden zu Kundennutzen führt. Auch das in einem Kanal dargebotene Sortiment stiftet – je nach

Kunde – einen differenzierten Nutzen. Um den kundenindividuellen Bestimmungsfaktoren des Kundennutzens durch eine segmentspezifische Marktbearbeitung gerecht zu werden, bedarf es einer Identifikation geeigneter „Benefit-Dimensionen" (Steenkamp/van Trijp 1997, S. 153 ff.). Dies ist meist nur durch aufwändige Marktforschungsstudien möglich. Kunden, die einzelnen Bestimmungsfaktoren eine ähnliche Bedeutung beimessen, werden anschließend zu Gruppen homogener Nachfrager zusammengefasst (Wedel/Kamakura 1997, S. 325).

Die *Instrumente* der segmentspezifischen Marktbearbeitung beziehen sich zum einen auf das Leistungsangebot als solches und zum anderen auf den Vertriebskanal, über den das Leistungsangebot für den Kunden verfügbar ist. Beratungsintensive Kunden erfordern beispielsweise individuell angepasste Beratung und Services. Auf der Ebene der Vertriebskanäle werden durch unterschiedlich positionierte Kanäle verschiedene Kundensegmente bedient. Dies erfordert eine autarke Aufgabenverteilung zwischen den einzelnen Vertriebskanälen.

2.1.4 Kundenwertmanagement

Der Kundenwert stellt die *Zielgröße* der Kundenorientierung im Vertrieb dar. Der aus der Kundenorientierung hervorgehende Kundenwert kann sowohl aus Anbieter- als auch aus Nachfragerperspektive ermittelt werden. Der Kundenwert aus Nachfragerperspektive entspricht dem Saldo aus Nutzensumme (z. B. Value-Added-Services) und Aufwandsumme (z. B. monetärer und zeitlicher Aufwand). Aus der Perspektive des Vertriebs kennzeichnet der Kundenwert den wahrgenommenen, bewerteten Beitrag eines Kunden zur Erreichung der monetären und nicht-monetären Vertriebsziele (Woratschek/Roth 2006, S. 371 f.). Im Folgenden liegt das Augenmerk auf letztgenannter Perspektive, um den durch die Kundenorientierung hervorgerufenen Wert des Kunden aus Vertriebssicht zu ermitteln.

Ergebnisse einer empirischen Studie über 154 Unternehmen – mehrheitlich Dienstleistungs- und Investitionsgüterunternehmen – zeigen, dass die Verantwortung für die Ermittlung des Kundenwerts zu 62,3 Prozent beim Vertrieb liegt. Key-Account-Manager und Außendienstmitarbeiter werden besonders häufig als Verantwortliche genannt (Tomczak/Rudolf-Sipötz 2006, S. 146). Gerade auch bei der Umsetzung des Kundenwertmanagements nimmt der Vertrieb eine wesentliche Rolle ein, da die Realisierung vieler kundenwertorientierter Maßnahmen erst durch Außendienst- und/oder Kundenkontaktmitarbeiter möglich ist (Bruhn/Georgi 2004, S. 390).

Um Informationen über die Fokussierung der Marktbearbeitung bzw. der Allokation der Vertriebsressourcen zu erhalten, eignen sich für den Vertrieb insbesondere folgende *Methoden zur Kundenwertermittlung* (Homburg/Schneider/Schäfer 2008, S. 184 ff.):

- ABC-Analyse,
- Scoring-Modell,
- Kundenportfolio,
- Customer Lifetime Value.

Sowohl die ABC-Analyse als auch das Scoring-Modell kommen aufgrund ihrer einfachen Handhabbarkeit im Privat- und Firmenkundengeschäft häufig zum Einsatz (Homburg/ Schneider/Schäfer 2008, S. 187). Wegen ihrer nicht ganz unproblematischen Anwendung (die Vernachlässigung des Kundenpotenzials bei der ABC-Analyse sowie die beim Scoring-Modell vollzogene Verdichtung in einer Kennzahl, was einen Informationsverlust mit sich führt), wird an dieser Stelle auf diese Ansätze nicht eingegangen. Der Leser sei auf die Ausführungen dieser Methoden bei Bruhn (2007, S. 246 ff.) verwiesen. Das *Kundenportfolio* wird den Kritikpunkten der ABC-Analyse und des Scoring-Modells gerecht. Mittels einer Portfoliomatrix werden zwei Dimensionen – die Kundenattraktivität und die Anbieterposition, die sich aus dem Share of Customer ergibt – dargestellt. Auf Basis der Positionierung der Kunden in dieser Matrix sind Aussagen über Vertriebs-, Service- und Kundenbindungsmaßnahmen ableitbar (Homburg/Schnurr 1997, S. 180 ff.). Besonders geeignet ist das Kundenportfolio bei einem übersichtlichen Kundenkreis, beispielsweise im Firmenkundengeschäft oder bei Autohäusern. Da das Kundenportfolio die Möglichkeit der Bildung von Kundensegmenten bietet (vgl. Abschnitt 2.1.3), ist es ebenso bei einer großen Anzahl von Kunden anwendbar.

Der tatsächliche monetäre Aufwand für die Kundenbearbeitung bleibt bei der ABC-Analyse, dem Scoring-Modell und dem Kundenportfolio jedoch unberücksichtigt. Zur Analyse der Kundenprofitabilität dient die Ermittlung des *Customer Lifetime Value* (CLV). Der CLV ermittelt den prognostizierten, auf die Gegenwart abgezinsten Nettobarwert (erwartete Einnahmen abzüglich erwartete Ausgaben) einer Kundenbeziehung (Bruhn 2007, S. 253 ff.). Diese Methode bietet dem Vertrieb die Grundlage für eine systematische Steuerung der Kunden- und Marktbearbeitungsinvestitionen. Im Detail werden dem Vertrieb durch den CLV Informationen für die Planung, Steuerung und Kontrolle von Vertriebsmaßnahmen übermittelt. So ergeben sich Erkenntnisse für

- die Argumentationsführung in Kundenverhandlungen,
- die Identifikation und das Management von Key-Accounts,
- den Umgang mit Value-Added-Services,
- die Überprüfung der Wirtschaftlichkeit von Kundenbindungsstrategien,
- die Prüfung der Wirtschaftlichkeit der zukünftigen Zusammenarbeit, beispielsweise bei sogenannten Fragezeichenkunden, und
- die Durchführung von kostenintensiven Außendienstbesuchen.

Durch die bisher vorgestellten internen Teilbereiche der Kundenorientierung im Vertrieb sind die innerbetrieblichen Voraussetzungen geschaffen, um eine bessere Leistungserstellung gegenüber dem externen Kunden zu realisieren.

2.2 Externe Teilbereiche der Kundenorientierung

2.2.1 Beschwerdemanagement

Beschwerden bzw. Reklamationen zählen zu den wichtigsten Themen, die es im Vertrieb zu bewältigen gilt (Preißner 2009, S. 177). Im Umgang mit unzufriedenen Kunden zeigt sich zumeist erst, ob der Vertrieb tatsächlich kundenorientiert handelt. Die Mehrheit der Kunden bringt auftretenden Problemen und Fehlern im vertrieblichen Leistungsangebot Verständnis entgegen. Dies kann sich jedoch schnell in Unverständnis umwandeln, wenn die Mitarbeiter des Unternehmens keine Bereitschaft zeigen, das Problem zu beseitigen oder den Schaden wiedergutzumachen. Insofern trägt ein professionelles und systematisches Beschwerdemanagement in entscheidendem Maße zur Kundenorientierung im Vertrieb bei (Bruhn 2002, S. 165). Für ein funktionierendes Beschwerdemanagement gilt es, die in Abbildung 5.1.2 dargestellten Teilbereiche zu berücksichtigen.

Die *Beschwerdestimulierung* zielt darauf ab, eine möglichst große Anzahl an unzufriedenen Kunden zur Beschwerde beim Vertrieb zu bewegen. Hier ist es insbesondere von Bedeutung, dass die unzufriedenen Kunden ihre Beschwerde so einfach wie möglich übermitteln können und der Kunde weiß, wer und wo die vertriebliche Anlaufstelle im Beschwerdefall ist (Fürst 2005, S. 36 ff.). Die Möglichkeiten der Wege zur Beschwerdeübermittlung an den Vertrieb sind vielfältig. So bieten sich kostenlose Hotlines, Beschwerdestellen und das Internet (z. B. Online-Beschwerdeformulare) als Beschwerdewege sowohl für Privat- als auch für Firmenkunden an. Der Aufdruck von Firmenansprechpartnern auf Produktverpackungen ist im Privatkundengeschäft eine weitere Methode.

Abbildung 5.1.2 Beschwerdemanagementprozess (Quelle: Stauss/Seidel 2007, S. 89)

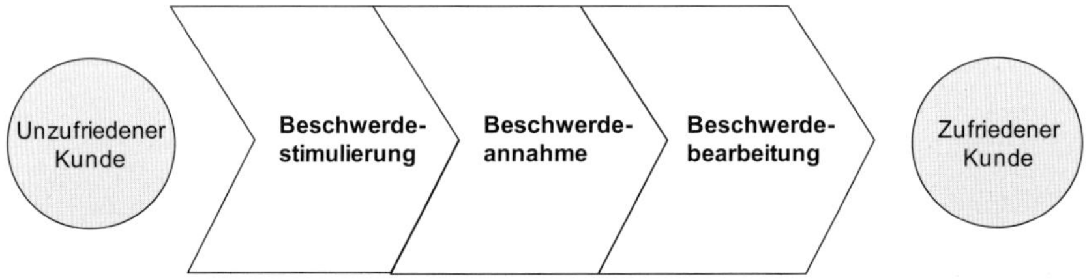

Bei der *Beschwerdeannahme* ist eine klare Verteilung der Beschwerdeverantwortung notwendig. Ein erfolgversprechendes Prinzip ist das „Complaint Ownership", nachdem derjenige Mitarbeiter, der die Kundenbeschwerde entgegennimmt, auch die Verantwortung für die Bearbeitung und Lösung der Beschwerde trägt. Das Verhalten des Complaint Owners ist für den Abbau der Unzufriedenheit des Kunden maßgeblich verantwortlich (Stauss/Seidel 2007, S. 200). Dem Complaint Owner sind im Rahmen von kundenorientierten Personalentwicklungsmaßnahmen (vgl. Abschnitt 2.1.1) gewisse Verhaltensrichtlinien nahe zu bringen. Diese umfassen die Freundlichkeit im Kundenkontakt zu bewahren, die Vermittlung des Gefühls an den Kunden, dass seine Probleme ernst genommen werden und die zeitnahe Bearbeitung der Beschwerde oder die Kommunikation an den Kunden, dass sich jemand um sein Problem kümmert. Auch die Bestätigung des Eingangs der Beschwerde an den Kunden, die Nennung eines Ansprechpartners, der für die Beschwerdebearbeitung verantwortlich ist, sowie die Nennung eines Termins, zu dem der Beschwerdebearbeitungsprozess abgeschlossen ist, sind Aufgabe des Complaint Owners (Homburg/Werner 1998, S. 115). Des Weiteren müssen im Rahmen der Beschwerdeannahme die Form der Informationserhebung sowie die zu erhebenden Informationen festgelegt werden. Die Datenerhebung wird durch Standardprogramme im Beschwerdemanagement erheblich vereinfacht. Die Software ermöglicht, die Informationen über den Beschwerdeführer (z. B. Händler oder Endkunde), den Beschwerdegrund und das Beschwerdemedium übersichtlich zu erfassen (Bruhn 2002, S. 172 f.) und für alle am Beschwerdelösungsprozess beteiligten Mitarbeiter leicht zugänglich zu machen.

Im Hinblick auf die *Beschwerdebearbeitung* sind die Gründe für die Beschwerde zu analysieren und Standards in Bezug auf die Beschwerdebearbeitung festzulegen. Insbesondere sind zeitliche (z. B. der Zeitraum zwischen Beschwerdeeingang und -lösung) und qualitative Grundsätze der Bearbeitung festzulegen (Homburg/Schneider/Schäfer 2008, S. 300 f.). Letzteres umfasst die Behebung der Ursachen, und nicht der Symptome, der Beschwerde sowie die Kompensation der Beschwerde in Form von finanziellen, materiellen oder immateriellen Angeboten.

2.2.2 Kundenbindungsmanagement

Ein weiterer Indikator der Kundenorientierung eines Vertriebs ist die Fähigkeit zur Kundenbindung. Dies liegt darin begründet, dass eine ausgeprägte Kundenorientierung die Zufriedenheit des Kunden erhöht und somit zu Kundenbindung führt (Appiah-Adu/Singh 1998, S. 391). Kundenzufriedenheit ist zwar eine notwendige, aber keine hinreichende Bedingung für Kundenbindung (Peter 1997, S. 232), weshalb das Kundenbindungsmanagement über die Sicherung der Kundenzufriedenheit hinausgehen muss. Das Kundenbindungsmanagement verfolgt das Ziel, die vorhandenen Kunden langfristig zu binden. Dies erfordert allerdings häufig enorme Investitionen, die nicht bei allen Kunden wirtschaftlich sind. Bei welchen Kunden eine Kundenbindung praktiziert werden soll, ergibt sich aus der in der Vertriebsstrategie festgelegten strategischen Bedeutung der einzelnen Kundensegmente (vgl. Abschnitt 2.1.3) bzw. aus dem Kundenwert (vgl. Abschnitt 2.1.4). Key-Accounts zählen beispielsweise zu den Kunden, bei denen ein aktiver Aufbau einer Kundenbeziehung durch das Kundenbindungsmanagement zu verfolgen ist.

Die Vertriebsstrategie muss weiterhin die Ressourcen und Instrumente, die für die Kundenbindung zur Verfügung stehen, definieren. Die *Kundenbindungsinstrumente* im Vertrieb lassen sich in Maßnahmen unterteilen, die folgenden *Zielsetzungen* dienen (Homburg/Schneider/Schäfer 2008, S. 43):

- Aufbau und Pflege von Beziehungen (z. B. Direct Mail, Key-Account-Management),
- Aufbau von Wechselbarrieren (z. B. technische Inkompatibilität, vertragliche Bindung),

- Aufbau (z. B. hohe Filialdichte, Heimservices) und Flexibilisierung (z. B. zusätzlicher Online-Vertrieb oder Direktvertrieb) des Vertriebssystems,
- Angebot von Value-Added-Services (z. B. Kundenclubs, Kundenzeitschriften) und von Vorteilen (z. B. Rabatte, Bonusprogramme),
- Sicherung der Kundenzufriedenheit (z. B. Sicherung der Qualität des Leistungsangebots, Beschwerdemanagement) sowie
- Unterstützung der Händler (z. B. Händlerseminare, individuelle Händlerunterstützungsprogramme).

Wie Kundenbindungsinstrumente im Einzelnen auszugestalten sind, hängt von den spezifischen Gegebenheiten des Vertriebs und des betrachteten Kunden bzw. Kundensegments ab. Des Weiteren ist der isolierte Einsatz einzelner Instrumente nicht erfolgversprechend. Vielmehr ist eine wirtschaftlich ertragreiche Kombination aus mehreren, aufeinander abgestimmten Kundenbindungsaktivitäten durchzuführen.

2.2.3 Management von Value-Added-Services

Eine Vielzahl von Branchen sieht sich seit mehreren Jahren einem zunehmend eingeschränkten Differenzierungspotenzial ihrer Produkte gegenüber. Um der daraus resultierenden Austauschbarkeit der Produkte entgegenzuwirken, müssen zusätzlich Differenzierungsmöglichkeiten geschaffen werden. Value-Added-Services sind ein vielversprechender Ansatz zur *Profilierung* sowie *Schaffung von Kundennutzen* und damit zur Kundenorientierung in einem solchen Wettbewerbsumfeld (Laakmann 1995, S. 19 ff.). Des Weiteren stellen sie durch den erhöhten Wert einer Leistung aus Kundensicht ein Instrument zur Stabilisierung und Steigerung der Kundenbindung dar. Aufgrund der Bedeutung von Value-Added-Services für die Kundenorientierung ist ein eigenständiges Management von Value-Added-Services im Vertrieb unabdingbar.

Es existiert eine Vielzahl an Value-Added-Services, die sich in die *Kategorien* Informationsdienstleistungen, Beratungsdienstleistungen, logistische Dienstleistungen, technische Dienstleistungen, Individualisierungsdienstleistungen, Finanzierungsdienstleistungen und Convenience-Dienstleistungen gliedern lassen (Homburg/Schneider/Schäfer 2008, S. 293). Je nachdem, ob es sich um Privat- oder Firmenkunden und/oder um welche betrachtete Branche es sich handelt, sind unterschiedliche Dienstleistungen in den einzelnen Kategorien angemessen. Mögliche Value-Added-Services für den Vertrieb von Hardware an Firmen- und Privatkunden sind beispielsweise die Installation von Software (technische Dienstleistung), die Aufstellung am Ort des Kunden (logistische Dienstleistung) und die Hotline (Informations- und Beratungsdienstleistung). Das Angebot spezifischer Schulungsmaßnahmen (Beratungsdienstleistung) ist überdies als Value-Added-Service-Angebot für Firmenkunden möglich.

Für einen gezielten Einsatz von Value-Added-Services bedarf es der Analyse der Kundenbedürfnisse, um das Dienstleistungsangebot auf serviceintensive Kunden bzw. Kundensegmente auszurichten. Im nächsten Schritt sind die Bedürfnisse der Kunden und die Art der Dienstleistung aufeinander abzustimmen (Homburg/Günther/Faßnacht 2000, S. 3 ff.). Ein Value-Added-Service, wie beispielsweise eine Kundenzeitschrift oder ein 24-Stunden-Service, kann für die einen Kunden völlig unbedeutend, für andere hingegen sehr wichtig sein. Weiterhin muss entschieden werden, inwieweit die einzelnen Value-Added-Services aktiv vermarktet werden (für eine ausführliche Darstellung der aktiven Vermarktung vgl. Homburg/Günther/Faßnacht 2000). Eine vertriebliche Dienstleisung kann als indirekter Rabatt auf Produkte oder aber mit dem Ziel eines eigenen Gewinnbeitrags eingesetzt werden. Diese Entscheidung muss unter Berücksichtigung der Kundenanforderungen getroffen und anschließend entsprechend vermarktet werden.

2.2.4 Key-Account-Management

Bezugsobjekt des Key-Account-Managements ist nicht – wie beim Management von Kundensegmenten – ein ganzes, für das Unternehmen wichtiges Kundensegment, sondern einzelne, besonders wichtige Kunden (beispielsweise aufgrund des Einkaufsvolumens). Anzumerken ist, dass Key-Account-Managements in der Konsumgüterbranche auch für Vertriebspartner (Handelsunternehmen) eingerichtet werden (Berndt/Fantapié Altobelli/Sander 2005, S. 288). Durch das Key-Account-Management wird der Kundenorientierung im Hinblick auf „Schlüsselkunden" des Vertriebs Rechnung getragen.

Für welche Kunden ein Key-Account-Management eingerichtet wird, ist anhand bestimmter *Kriterien* zu entscheiden (vgl. Tabelle 5.1.2). Grundsätzlich kann die Klassifizierung als Key-Account proaktiv vom Vertrieb ausgehen oder reaktiv auf der Forderung des Kunden basieren (Jensen 2004, S. 132). Eine Koordination der Kundenaktivitäten durch ein Key-Account-Management bietet sich auch dann an, wenn die Bearbeitung von Firmenkunden aufgrund einer Vielzahl an Sparten oder Standorten komplex ist.

Tabelle 5.1.2 Selektionskriterien für Key-Accounts (Quelle: Homburg/Schneider/Schäfer 2008, S. 311)

Proaktive Kriterien	Reaktive Kriterien
■ Wirtschaftliches Potenzial des Kunden ■ Image des Kunden ■ Know-how des Kunden ■ Wirtschaftliche Bedeutung des Kunden	■ Forderung des Kunden nach Key-Account-Status ■ Interne Probleme bei der Bearbeitung des Kunden

Das Aufgabenspektrum des Key-Account-Managements ist vielfältig. Im Rahmen der *Analysephase* des Managementprozesses werden die Key-Accounts im Hinblick auf die wichtigsten Produkte, Standorte, Beschaffungsgüter und Prozesse untersucht. Weiterhin werden ihre Bedürfnisse und Cross-Selling-Potenziale analysiert. Auch die Identifikation der eigenen Position beim Key-Account im Vergleich zur Konkurrenz sowie der

Verbesserungspotenziale in der Geschäftsbeziehung sind Aufgaben, die es im Rahmen der Analyse durchzuführen gilt. In der anschließenden *Planungsphase* bedarf es der Planung von Maßnahmen zur Kundenbindung und -durchdringung (Cross-Selling) sowie der Verbesserung der Geschäftsbeziehung und der internen Schnittstellen im Key-Account-Management. Auch die Verteilung der finanziellen und personellen Ressourcen auf die einzelnen Key-Accounts muss in dieser Phase festgelegt werden (Homburg/Krohmer 2009, S. 1106). Für Privat- und Firmenkunden sind spezielle Verkaufsförderungsaktionen eine Maßnahme zur Kundenentwicklung. Für Firmenkunden bieten sich überdies die gemeinsame Marktforschung und kooperative Rationalisierungsmaßnahmen in der Logistik an.

2.2.5 Kundenkontaktmanagement

Die Gestaltung des Kontakts mit dem Kunden stellt ein zentrales Entscheidungsfeld der Vertriebspolitik dar. Die Wahl der Interaktionsform zwischen Kunde und Vertrieb ist in hohem Maße branchenspezifisch und ebenfalls davon abhängig, ob es sich um einen Privat- oder Firmenkunden handelt. Ein professionelles, auf den jeweiligen Kunden bzw. ein Kundensegment abgestimmtes Kundenkontaktmanagement ist somit eine zentrale Voraussetzung für einen kundenorientierten Vertrieb.

Es lassen sich drei *Formen der Interaktion zwischen Kunde und Vertrieb* unterscheiden (Homburg/Krohmer 2009, S. 859):

- Persönlicher direkter Vertriebskontakt,
- Persönlicher medialer Vertriebskontakt und
- Unpersönlicher medialer Vertriebskontakt.

Der *persönliche direkte Kontakt* ermöglicht unmittelbare und individuell auf die Kundenbedürfnisse eingehende Informationen und Angebote des Vertriebsmitarbeiters. Des Weiteren ermöglicht der persönliche Kontakt den Aufbau einer Vertrauens- und Beziehungsbasis (Pradel 2001, S. 104). Ein Beispiel für den persönlichen direkten Kontakt ist das Verkaufsgespräch im stationären Einzelhandel. Diese Form des Kundenkontakts ist außerdem im Industriegüterbereich von enormer Bedeutung, da sie die Grundlage für den *persönlichen Verkauf* bildet (Homburg/Krohmer 2009, S. 860). Gerade bei der Vermarktung erklärungsbedürftiger Produkte, wie etwa im Firmenkundengeschäft, ist der persönliche Verkauf von zentraler Bedeutung. Aber auch beim Verkauf erklärungsbedürftiger Produkte an Privatkunden, wie beispielsweise Autos, Versicherungen und Immobilien, nimmt diese Verkaufsform eine Schlüsselposition ein. Häufig ist die Herstellung des persönlichen direkten Vertriebskontakts aufgrund zu hoher Kosten, mangelnden Personals oder nicht zur Verfügung stehender Zeit nicht realisierbar. In diesen Fällen bedarf es der Konzentration auf den persönlichen und unpersönlichen medialen Vertriebskontakt (Homburg/Schneider/Schäfer 2008, S. 270).

Der *persönliche mediale Kontakt* zwischen Kunde und Vertriebsmitarbeiter läuft primär zum einen über Messen und zum anderen über das Telefon (Call Center) ab. Für einen kundenorientierten Vertrieb müssen die kundenbezogenen (z. B. Vertragsabschlüsse für Produkte, Kontaktpflege mit bestehenden Kunden) und marktbezogenen (z. B. Informationsgewinnung über Trends im Kauf- und Konsumverhalten der Kunden) Ziele des Messeauftritts systematisch und unter Berücksichtigung der Kundenbedürfnisse definiert werden. Call Center ermöglichen einen serviceorientierten und effizienten telefonischen Dialog mit den (potenziellen) Kunden. Im Hinblick auf die Verkaufsaktivitäten stellt das Call Center eine Möglichkeit für deren Gestaltung dar. Der Einsatz von Call Centern als Kundenkontaktform dient überdies der Erreichung von Zielen wie beispielsweise der Kundenbindung (Homburg/Schneider/Schäfer 2008, S. 274).

Beim *unpersönlichen medialen Kontakt* kommen Medien wie beispielsweise Printmedien, Fernsehen und Internet zum Einsatz. Diese Form des Kundenkontakts hat im Privatkundengeschäft einen großen Stellenwert. Bei der Gestaltung der Verkaufsaktivitäten gewinnen das Teleshopping über das Fernsehen und der Electronic Commerce auf Basis des Internets zunehmend an Bedeutung (für eine ausführliche Darstellung dieser Formen des Verkaufs vgl. Kreile 2004, S. 189 f.; Rebstock 1998, S. 265 ff.).

3 Implementierung der Kundenorientierung im Vertrieb

An die Analyse- und Planungsphase schließt sich der *Implementierungsprozess* an. Dessen Funktion ist es, die in den Managementprozessen entstandenen Pläne der vertrieblichen Kundenorientierung in aktionsfähige Aufgaben umzuwandeln und sicherzustellen, dass diese Aufgaben so durchgeführt werden, dass sie die Vertriebsziele der Pläne erfüllen (Kotler/Bliemel 2001, S. 1266). Die Vertriebspotenziale für eine erfolgreiche Implementierung sind die Vertriebsstruktur, -systeme und -kultur. Nur ein ausgewogenes Zusammenspiel der Vertriebsstrategie zur Steigerung der Kundenorientierung mit den dazu passenden und aufeinander abgestimmten Strukturen, Systemen und Kulturen ist langfristig erfolgversprechend (Bruhn 2007, S. 318). Auf die Verbindung der internen und externen Kundenorientierung ist bei Anpassung der Vertriebsstrukturen, -systeme und -kultur hin zu einem kundenorientierten Vertrieb besonders zu achten.

3.1 Kundenorientierte Vertriebsstruktur

Eine strategische (Re-)Orientierung auf den Kunden erfordert die begleitende Anpassung der organisationalen Strukturen (Jenner 1999, S. 204). Daher stellen Vertriebsstrukturen einen wichtigen Ansatzpunkt für die Implementierung der Kundenorientierung dar. Die Ausgangsfrage ist, welche Organisation erforderlich ist, um die Steigerung des Kundennutzens heute und in der Zukunft als zentrales Ziel verfolgen zu können (Bruhn 2007, S. 321).

Eine Vertriebsorganisation kann grundsätzlich nach Produkten, Regionen, Absatzkanälen oder Kunden ausgerichtet werden. Für einen kundenorientierten Vertrieb ist es von zentraler Bedeutung, das Kriterium Kunde bei der Vertriebsstrukturierung stark zu gewichten.

Kundenorientierte Vertriebsorganisationen sind durch die Zuordnung eines Vertriebsleiters zu einer bestimmten Kundengruppe gekennzeichnet. Die Kriterien zur Bildung der Kundengruppen werden in der Vertriebsstrategie festgelegt. Die Differenzierung von Firmen- und Privatkunden, Branchenzugehörigkeit oder Kundensegmenten (vgl. Abschnitt 2.1.3) bzw. Key-Accounts (vgl. Abschnitt 2.1.4) sind Ansatzpunkte für die Bildung von Kundengruppen. Abbildung 5.1.3 stellt beispielhaft eine zentrale sowie dezentrale Vertriebsstruktur nach Kunden dar.

Abbildung 5.1.3 Vertriebsorganisation nach Kunden (Quelle: Seider 2006, S. 121)

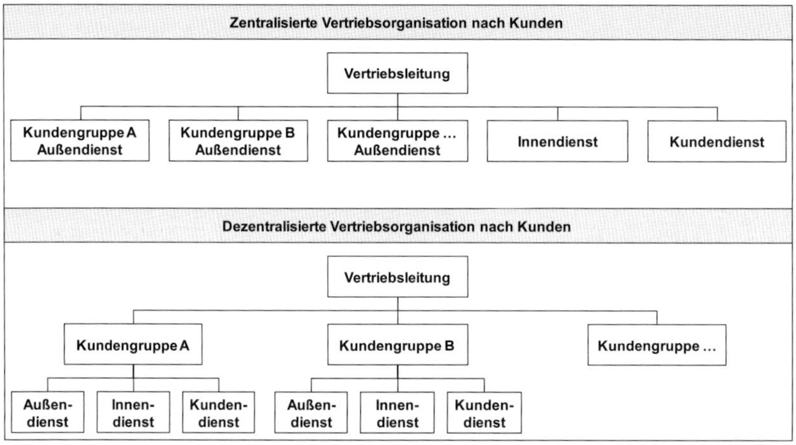

Ebenso ist die klare Definition von *Anlaufstellen für Kunden* in der Vertriebsorganisation für eine Steigerung des Kundennutzens erforderlich. Die Nichtverfügbarkeit von kompetenten Ansprechpartnern in Problemsituationen des Kunden führt zu einer negativen Erfahrung mit dem Vertrieb. Dies kann wiederum zu negativen Auswirkungen auf den Vertriebserfolg führen. Die Bedeutung der exakten Festlegung und Vergabe von Verantwortlichkeiten in Form von Kundenanlaufstellen ist unbestritten, aber sowohl im Privat- als auch im Firmenkundengeschäft nicht selbstverständlich. Insbesondere die schlechte Erreichbarkeit des Außendienstes ist ein weit verbreitetes Problem. In diesem Fall ist es erforderlich, dass der Kunde einen weiteren Ansprechpartner im Innendienst hat (Homburg/Schneider/Schäfer 2008, S. 118 ff.) und dieser an den Kunden kommuniziert wird. Daher ist es sinnvoll, auch die Mitarbeiter im Vertriebsinnendienst in ihrer Fachkompetenz und ihrem Kommunikationsverhalten ständig weiterzuentwickeln (vgl. Abschnitt 2.1.1). Des Weiteren müssen sie über die Aktivitäten des Außendienstes informiert sein. Voraussetzung hierfür sind Informationssysteme, die einen vollständigen und dezentralen Zugriff auf relevante Kundendaten ermöglichen. Diese sind Bestandteil des folgenden Abschnitts.

3.2 Kundenorientierte Vertriebssysteme

Neben der Anpassung der Vertriebsstrukturen ist zur erfolgreichen Implementierung der Kundenorientierung gleichzeitig eine Anpassung der Vertriebssysteme notwendig. Für die Durchsetzung der Kundenorientierung im Vertrieb nehmen folgende *Systemen* eine Schlüsselfunktion ein:

- Vertriebskanalsystem,
- Informationssystem sowie
- Anreiz- und Vergütungssystem.

Das *Vertriebskanalsystem* ergibt sich aus der Summe der einzelnen Vertriebswege und bildet das Fundament der Vertriebspolitik. Eine grundsätzliche Entscheidung ist die Auswahl zwischen *direktem* und *indirektem Vertrieb*. Für eine kundenorientierte Bestimmung spielen bestimmte Einflussfaktoren eine bedeutsame Rolle. Wesentliche kundenorientierte Faktoren sind hierbei die Spezifität und Komplexität des Produkts, die Zahl der Kunden bzw. Bedarfskonzentration, der monetäre Wert des Produkts sowie die Kundennähe und -loyalität (Wirtz 2008, S. 164 f.). Für eine hohe Zahl an Endkunden und einen geringen monetären Wert des Produkts, wie beispielsweise bei Limonade, ist der indirekte Vertriebsweg eine Selbstverständlichkeit. Für den Fall, dass es sich um ein beratungsintensives bzw. komplexes Produkt handelt, wie z. B. Bankprodukte, und eine hohe Kundennähe und -loyalität wichtig sind, ist ein direkter Vertriebskanal notwendig. Eine weitere zentrale Frage ist, ob ein *Ein-* oder *Mehrkanalsystem* entstehen soll. Automobilzulieferer nutzen häufig Mehrkanalsysteme (Multi-Channel-Systeme), indem sie direkt über Electronic-Commerce oder eigene Niederlassungen und indirekt über verschiedene Handelsstufen und Werkstätten vertreiben (Homburg/Schneider/Schäfer 2008, S. 51). Die Notwendigkeit des Aufbaus eines Mehrkanalsystems ergibt sich aus dem Ziel der Verbesserung der Kundenorientierung. Wenn die Nutzung zusätzlicher Vertriebswege zu einer besseren Befriedigung der Kundenbedürfnisse führt (z. B. aufgrund der höheren Erreichbarkeit) und/oder neue Instrumente der Kundenbindung ermöglicht werden, sind zusätzliche Vertriebswege erfolgversprechend.

Innerhalb des *Informationssystems* ist eine Anpassung in der Form erforderlich, dass der Vertrieb ein System realisiert, das sämtliche relevanten Daten über die aktuellen Kunden erheben und verarbeiten kann (Bruhn 2007, S. 326). Ein solches kundenorientiertes Informationssystem hat die Ableitung von Kundenstrukturanalysen, kundenbezogene Rentabilitätsrechnungen und Kundenportfolios zu ermöglichen, um so die Erstellung eines strategischen Konzepts für die Bearbeitung verschiedener Kundenbeziehungen zu erlauben (Homburg/Schäfer 2006, S. 170 ff.). Es ist folglich ein System aufzubauen, das die „internen und externen kundenbezogenen Informationsanforderungen erfüllen kann, um auf einer fundierten Informationsbasis die abnehmergerichteten Strategien planen und realisieren zu können" (Bruhn 2007, S. 326).

Auch *Anreiz-* und *Vergütungssysteme* sind zur Implementierung der Kundenorientierung im Vertrieb erforderlich. Um Mitarbeiter zu einem kundenorientierten Verhalten zu motivieren, ist es von Bedeutung, für die Erreichung der Kundenzufriedenheit und weiterer vorökonomischer Größen (z. B. Kundenbindungsraten) Anreize zu setzen. Dies wird in der Vertriebspraxis jedoch oftmals vernachlässigt und Vertriebsmitarbeiter werden ausschließlich mengen- und umsatzbezogen entlohnt (Homburg/Jensen 1998, S. 3 ff.). Zur Überwindung dieser Schwachstelle im Hinblick auf die Kundenorientierung sind kundenorientierte Vergütungssysteme denkbar, die sich durch einen variablen Gehaltsanteil für das individuelle Serviceverhalten des Vertriebsmitarbeiters auszeichnen (Tuzovic 2004, S. 9 ff.).

3.3 Kundenorientierte Vertriebskultur

Neben der optimalen Gestaltung von Vertriebsstrukturen und -systemen ist schließlich die Vertriebskultur ausschlaggebend für die Implementierung der Kundenorientierung. Die Bedeutung einer kundenorientierten Vertriebskultur zeigt ein Blick in die wissenschaftliche Literatur. Eine Vielzahl von Autoren kommt zu dem Ergebnis, dass die Auswirkungen der Vertriebskultur sowohl die Denk- als auch die Verhaltensweisen der Mitarbeiter stärker beeinflussen als Vertriebsstrukturen und Vertriebssysteme (vgl. z. B. Dubinsky et al. 2003; Langerak 2001; Pascale/Athos 1981; Siguaw/Brown/Widing 1994). Aufgrund der großen Bedeutung wird im Folgenden dargestellt, welche Gestaltungsmaßnahmen sich für eine kundenorientierte Vertriebskultur ergeben. Die inhaltlichen Schwerpunkte werden auf der Ebene des Individuums, der Gruppe sowie des gesamten Vertriebs diskutiert (Bruhn 2002, S. 236 ff.).

In der Einstellung und dem Verhalten aller Mitarbeiter des Vertriebs spiegelt sich die Unternehmenskultur wider. Auf *individueller Ebene* sind die Führungskräfte und deren Führungsverhalten sowie die Vertriebsmitarbeiter und deren Einstellung und Verhalten gegenüber den Kunden zu betrachten (Bruhn 2002, S. 237). Der *Führungsstil* und das Führungsverhalten von Vorgesetzen beeinflusst die Motivation der Mitarbeiter, und damit auch die Motivation, kundenorientiert zu handeln, in entscheidendem Maße. Für eine kundenorientierte Unternehmenskultur ist neben den Dimensionen Leistungs- und Mitarbeiterorientierung auch die Kundenorientierung im Führungsstil stark ausgeprägt. Dadurch übernimmt die Führungsperson eine gewisse Vorbildfunktion durch eigene Kundenorientierung (Stock-Homburg 2008, S. 411 f.). Dies zeichnet sich beispielsweise dadurch aus, dass Vorgesetzte einen großen Wert auf die kontinuierliche Verbesserung von kundenbezogenen Prozessen legen (Homburg/Schneider/Schäfer 2008, S. 139). Des Weiteren trägt eine Kompetenzerweiterung der Mitarbeiter, im Sinne eines *Empowerment,* zu einer kundenorientierten Vertriebskultur bei. Durch die Delegation von Entscheidungsbefugnissen, Kontrolle und Verantwortung an Mitarbeiter mit direktem Kundenkontakt, soll eine hohe Motivation, kundenorientiert zu handeln, kundenorientierte Entscheidungen zu treffen und ein schnelles Lösen auftretender Probleme, wie z. B. Beschwerden, sichergestellt werden (Ford/Fottler 1995, S. 21). Es reicht jedoch nicht aus, Mitarbeitern zusätzliche Kompetenzen zu übertragen. Vielmehr ist das Empowerment in eine Vertrauenskultur im Unternehmen einzubetten, damit die Mitarbeiter wissen, dass der jeweilige Vorgesetzte ihnen vertraut, die zusätzlichen Entscheidungen richtig zu treffen (Sallee/Flaherty 2003, S. 299 f.).

Sobald in einem Unternehmen eine bestimmte Anzahl an Mitarbeitern von der Vertriebskultur abweichende Normen und Werte vertreten, können Subkulturen entstehen (Bruhn 2001, S. 242). Im Vertrieb bilden sich Subkulturen auf der Basis von Projektteams, Hierarchieebenen und Aufgabengebieten (z. B. Außen-, Innen- und Kundendienst). Subkulturen wirken sich auf die einheitliche Vetriebskultur aus und werden durch die Mitarbeiter aufgrund des täglichen Umgangs miteinander intensiver erlebt und gelebt (Steinmann/ Schreyögg 2000, S. 637). Aufgrund dessen ist es von wesentlicher Bedeutung, die Kundenorientierung eines Vertriebs auf der *Gruppenebene* nochmals verstärkt zu vermitteln.

Auch für den *gesamten Vertrieb* ist eine kundenorientierte Vertriebskultur in dem Sinne zu formen, dass der Kunde im Mittelpunkt aller Aktivitäten steht (Ridnour/Lassk/Shepherd 2001, S. 248 ff.). Dies ist am ehesten durch Leitsätze, Visionen und die Philosophie prägbar (Bruhn 2002, S. 253). Nur so kann Kundenorientierung zum Selbstverständnis des Vertriebs werden und zum kundenorientierten Verhalten des einzelnen Vertriebsmitarbeiters führen. Das bedeutet, dass der Ausgangspunkt der vertrieblichen Tätigkeit die Kundenbedürfnisse sind und demgegenüber das technisch Machbare von geringerer Bedeutung ist. Des Weiteren bedeutet dies, dass dem Kunden Produkte angeboten werden, die seinen Bedürfnissen entsprechen und somit bewusst auf Umsätze verzichtet wird, falls Produkte an den Bedürfnissen der Kunden vorbeigehen (Homburg/Schneider/Schäfer 2008, S. 155).

4 Kontrolle der Kundenorientierung im Vertrieb

Die konsequente Kontrolle aller mit der kundenorientierten Vertriebsführung verbundenen Veränderungsprozesse ist Aufgabe der Kontrollphase. Wenngleich die Kontrollphase den letzten Schritt des Managementprozesses darstellt, hängt der Vertriebserfolg in entscheidendem Maße von einer kontinuierlichen Überprüfung der kundenorientierten Aktivitäten sowie insbesondere deren Wirkungen ab. Von Bedeutung ist, dass die Kontrollergebnisse direkt in die zukünftige Vertriebsplanung einfließen. Nur so sind entsprechende Veränderungen vornehmbar, um in den darauf folgenden Planungsperioden die Kundenorientierung weiter zu erhöhen.

In Abhängigkeit der zwei zugrunde liegenden Perspektiven der Kundenorientierung – nach außen und nach innen – lassen sich vertriebsbezogene und marktbezogene Ansatzpunkte zur Kontrolle der Kundenorientierung differenzieren (vgl. Tabelle 5.1.3). Auf diese beiden Ansatzpunkte wird im Folgenden eingegangen.

Die Erfolgsgrößen der *vertriebsbezogenen Kontrolle der Kundenorientierung* sind zum einen in der internen Kundenorientierung und zum anderen in der intern wahrgenommenen externen Kundenorientierung zu sehen (Bruhn 2009, S. 58 ff.). Die *interne Kundenorientierung* gibt an, inwiefern bei den internen Prozessen des Vertriebs das Prinzip der Kundenorientierung aus der Sicht der Mitglieder des Vertriebs realisiert wird. Die zweite Erfolgsgröße, die *intern wahrgenommene externe Kundenorientierung*, spiegelt die Wahrnehmung der Unternehmensmitglieder wider, zu welchem Grad die Kundenorientierung gegenüber den Kunden des Vertriebs gelebt wird. Geht man von einer personellen und institutionellen Kundenorientierung aus (vgl. Bruhn 2009, S. 37 ff.; Kühn 1997, S. 97 ff.), bedarf es der Differenzierung von zwei Messansätzen. Die *Messung der personellen Kundenorientierung* erfolgt auf Basis der Selbstbeurteilung der Mitarbeiter im Kundenkontakt im Hinblick auf den Grad der Kundenorientierung ihres individuellen Verhaltens (Saxe/Weitz 1982, S. 343 ff.). Bei der *Messung der institutionellen Kundenorientierung* werden die Implementierungsdimensionen Vertriebsstrukturen, -systeme und -prozesse zugrunde gelegt (vgl. Kapitel 3).

Tabelle 5.1.3 Ansatzpunkte zur Kontrolle der Kundenorientierung (Quelle: Bruhn 2009, S. 58)

Erscheinungsform	Erfolgsgröße	Methoden zur Kontrolle	Methoden zur Steuerung
Vertriebsbezogene Kontrolle der Kundenorientierung	■ Intern wahrgenommene externe Kundenorientierung ■ Interne Kundenorientierung	■ Interne Messung der wahrgenommenen Kundenorientierung ■ Messung der internen Kundenorientierung	■ Interne Servicebarometer ■ Qualitätsmangementsysteme
Marktbezogene Kontrolle der Kundenorientierung	■ Wahrgenommene Kundenorientierung ■ Auswirkung der Kundenorientierung	■ Messung der wahrgenommenen Kundenorientierung ■ Messung der Auswirkungen der Kundenorientierung	■ Kundenbezogene Indexsysteme ■ Kundenbarometer

Um die Dimensionen zu operationalisieren, müssen Indikatoren festgelegt werden, die die jeweils betrachtete Dimension bestmöglich beschreiben. Da die Kundenorientierung vertriebsindividuell gemessen wird, sind die einzelnen Indikatoren unter Berücksichtigung der jeweiligen Vertriebssituation auszuwählen. Wird beispielsweise eine Vielzahl von Firmenkunden von Außendienstmitarbeitern betreut, die häufig schlecht erreichbar sind, so ist der Indikator „Anlaufstellen für Kunden" heranzuziehen. Überdies gibt es Indikatoren, deren Messung für alle Vertriebe erforderlich ist. So bedarf es beispielsweise innerhalb jedes Vertriebs der Überprüfung, ob die Bedeutung von Value-Added-Services durch eine Kultur gestützt wird, in der Dienstleistungsorientierung eine große Rolle spielt und ob das Vertriebsinformationssystem regelmäßig an die Bedürfnisse der Nutzer angepasst wird. Abbildung 5.1.4 bietet einen Orientierungsrahmen für die Auswahl geeigneter Indikatoren.

Abbildung 5.1.4 Vertriebsinterne Messung der Kundenorientierung (Quelle: Homburg/Werner 1998, S. 166)

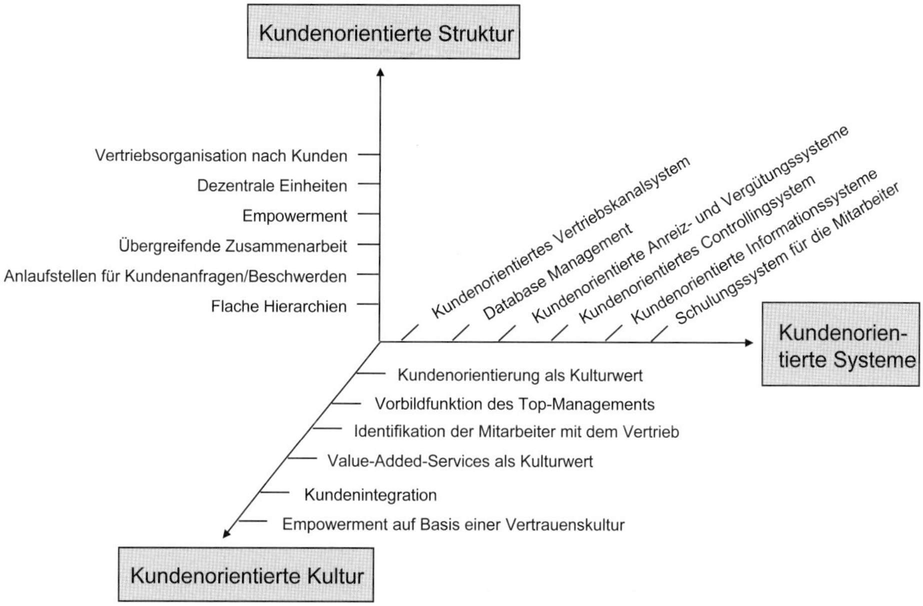

Die Erfolgsgrößen der *marktbezogenen Kontrolle* der Kundenorientierung sind zum einen die wahrgenommene Kundenorientierung aus Sicht der Kunden und zum anderen die Wirkungen dieser Kundenorientierung auf vorökonomische und ökonomische Erfolgsgrößen (Bruhn 2009, S. 59). Bei der Evaluierung der *vorökonomischen Wirkungen* wird die Zielerfüllung der Vertriebsstrategie im Hinblick auf die Kundenzufriedenheit und Kundenbindung überprüft. Die Kontrolle dieser beiden Erfolgsgrößen erfolgt aufgrund der hohen wirtschaftlichen Bedeutung zufriedener und gebundener Kunden (Schwarz 2002, S. 38).

Für die Bewertung des Erfolgs der Kundenorientierung im Vertrieb sind bei einer profitabilitätsorientierten Ausrichtung jedoch primär die *ökonomischen Wirkungen* in Form eines monetären Kundenwerts, wie ihn der CLV widerspiegelt (vgl. Abschnitt 2.2.4), von Bedeutung. Die Relevanz der Wirkungsmessung der Kundenorientierung auf ökonomische Erfolgsgrößen ergibt sich aus der Notwendigkeit, dass das Prinzip der Kundenorientierung im Vertrieb nur dann ökonomisch sinnvoll angewendet werden kann, wenn eine Konzentration auf langfristig profitable Kundenbeziehungen (wie beispielsweise die Beziehung zu Key-Accounts) vorgenommen wird.

Resümierend wird der zentrale Kern der Kundenorientierung im Vertrieb durch folgende Fragestellung festgehalten: „Wie muss sich der Vertrieb intern, d.h. in Bezug auf seine Struktur, seine Systeme sowie seine Kultur, ausrichten, damit er den externen Anforderungen einer kundenorientierten Vertriebsführung gerecht werden kann?" Somit bedarf es der

Schaffung der aufgezeigten notwendigen Voraussetzungen und Rahmenbedingungen im Vertrieb, damit die erarbeiteten externen kundenorientierten Strategien durch die Mitarbeiter umgesetzt werden können. Schließlich sind die interne und externe Kundenorientierung im Vertrieb im Sinne einer *Integrierten Kundenorientierung* systematisch zusammenzuführen.

Literaturverzeichnis

Alfansi, L./Sargeant, A. (2000): Market segmentation in the Indonesian banking sector: the relationship between demographics and desired customer benefits, in: International Journal of Bank Marketing, 18. Jg., Nr. 2/3, S. 64-74.

Appiah-Adu, K./Singh, S. (1998): Customer orientation and performance: a study of SMEs, in: Management Decision, 63. Jg., Nr. 6, S. 385-394.

Balderjahn, I./Scholderer, J. (2007): Benefit- und Lifestyle-Segmentierung, in: Albers, S./Herrmann, A. (Hrsg.), Handbuch Produktmanagement, 3. Aufl., Wiesbaden, S. 273-294.

Becker, F. G./Günther, S. (2001): Personalentwicklung als Führungsaufgabe in Dienstleistungsunternehmen, in: Bruhn, M./Meffert, H. (Hrsg.), Handbuch Dienstleistungsmanagement: Von der strategischen Konzeption zur praktischen Umsetzung, 2. Aufl., Wiesbaden, S. 751-780.

Berger, P. D./Bolton, R.N./Bowman, D./Briggs, E./Kumar, V./Parasuraman, A./Creed, T. (2000): Marketing Actions and the Value of Customer Assets, in: Journal of Service Research, 5. Jg., Nr. 1, S. 39-54.

Berndt, R./Fantapié Altobelli, C./Sander, M. (2005): Internationales Marketing-Management, 3. Aufl., Berlin, Heidelberg, New York.

Bruhn, M. (2002): Integrierte Kundenorientierung: Implementierung einer kundenorientierten Unternehmensführung, Wiesbaden.

Bruhn, M. (2007): Kundenorientierung: Bausteine für ein exzellentes Customer Relationship Management (CRM), 3. Aufl., München.

Bruhn, M. (2009): Das Konzept der kundenorientierten Unternehmensführung, in: Hinterhuber, H. H./Matzler, K. (Hrsg.), Kundenorientierte Unternehmensführung: Kundenorientierung, Kundenzufriedenheit, Kundenbindung, 6. Aufl., Wiesbaden, S. 34-68.

Bruhn, M./Georgi, D. (2004): Kundenwertmanagement im Dienstleistungsbereich – Ergebnisse einer explorativen Studie, in: Wirtz, B. W./Göttgens, O. (Hrsg.), Integriertes Marken- und Kundenwertmanagement, Wiesbaden, S. 372-396.

Brussig, M. (2007): Betriebliche Erwerbswirtschaft in einer alternden Erwerbsbevölkerung: Formen, Verbreitung und Ursachen, in: Zeitschrift für Management, 2. Jg., Nr. 2, S. 198-223.

Day, G. (1994): The Capabilities of Market-Driven Organizations, in: Journal of Marketing, 58. Jg., Nr. 10, S. 1-14.

Dubinsky, A./Chonko, L./Jones, E./Roberts, J. (2003): Development of a Relationship Selling Mindset: Organizational Influencers, in: Journal of Business-to-Business-Marketing, 10. Jg., Nr. 1, S. 1-10.

Ford, R./Fottler, M. D. (1995): Empowerment: A Matter of Degree, in: Academy of Management Executive, 9. Jg., Nr. 3, S. 21-29.

Frank, R. E. (1967): Correlates of Buying Behavior for Grocery Products, in: Journal of Marketing, 31. Jg., Nr. 4, S. 48-53.

Freter, H. (1995): Marktsegmentierung, in: Herrmann, A./Homburg, C. (Hrsg.), Marktforschung, Wiesbaden, S. 739-764.

Fürst, A. (2005): Beschwerdemanagement: Gestaltung und Erfolgsauswirkung, Wiesbaden.

Gleitsmann, B. M. (2006): Internes Marketing, Unternehmenskultur und marktorientiertes Verhalten, Wiesbaden.

Haley, R. I. (1968): Benefit segmentation: A decision-oriented research tool, in: Journal of Marketing, 32. Jg., Nr. 3, S. 30-35.

Hentze, J. (1994): Personalwirtschaftslehre: Grundlagen, Personalbedarfsermittlung, -beschaffung, -entwicklung und -einsatz, 6. Aufl., Bern.

Hildebrand, K./Rebstock, M. (2000): Betriebswirtschaftliche Einführung in SAP R/3, Oldenburg.
Homburg, Ch./Günther, Ch./Faßnacht, M. (2000): Wenn Industrieunternehmen zu Dienstleistern werden – Lernen von den Besten, Arbeitspapier der Reihe Management Know-how des Instituts für Marktorientierte Unternehmensführung (IMU) an der Universität Mannheim.
Homburg, Ch./Jensen O. (1998): KAM-Excellence: Key-Account-Management mit System, Arbeitspapier (M85) des Instituts für Marktorientierte Unternehmensführung (IMU) an der Universität Mannheim.
Homburg, Ch./Krohmer, H. (2009): Marketingmanagement: Strategie – Instrumente – Umsetzung – Unternehmensführung, 3. Aufl., Wiesbaden.
Homburg, Ch./Schäfer, H. (2006): Die Erschließung von Kundenwertpotentialen durch Cross-Selling, in: Günter, B./Helm, S. (Hrsg.): Kundenwert: Grundlagen, Innovative Konzepte, Praktische Umsetzung, 3. Aufl., Wiesbaden, S. 157-182.
Homburg, Ch./Schneider, J./Schäfer, H. (2008): Sales Excellence: Vertriebsmanagement mit System, 5. Aufl., Wiesbaden.
Homburg, Ch./Schnurr, P. (1998): Kundenwert als Instrument der Wertorientierten Unternehmensführung, in: Bruhn, M./Lusti, M./Müller, W./Schierenbeck, H./Studer, T. (Hrsg.), Wertorientierte Unternehmensführung, Wiesbaden, S. 169-189.
Homburg, Ch./Werner, H. (1998): Kundenorientierung mit System: Mit Customer Orientation Management zu profitablem Wachstum, Frankfurt a. M.
Jaworski, B. J./Kohli, A. K. (1993): Market Orientation: Antecedents and Consequences, in: Journal of Marketing, 57. Jg., Nr. 3, S. 53-70.
Jenner, T. (1999): Determinanten des Unternehmenserfolges: Eine empirische Analyse auf der Basis eines holistischen Untersuchungsansatzes, Stuttgart.
Jensen, O. (2004): Key-Account-Management: Gestaltung, Determinanten, Erfolgsauswirkungen, 2. Aufl., Wiesbaden.
Kleiner, T. (2008): Ansätze zur Kundensegmentierung und zu deren Implementierung im Finanzdienstleistungssektor: Eine empirische Analyse im Privatkundensegment von Banken, Wiesbaden.
Kotler, P./Bliemel, F. (2001): Marketing-Management: Analyse, Planung und Verwirklichung, 10. Aufl., Stuttgart.
Krafft, M./Liftin, T. (2002): E-Selling: Evolution statt Revolution im Vertrieb, in: Schögel. M./Tomczak, T./Belz, C. (Hrsg.), Roadmap to E-Business: Wie Unternehmen das Internet erfolgreich nutzen, St. Gallen, S. 286-301.
Kreile, J. (2004): Interaktives Fernsehen in der juristischen Praxis, in: zu Salm, Ch. (Hrsg.), Zaubermaschine interaktives Fernsehen: TV-Zukunft zwischen Blütenträumen und Businessmodellen, Wiesbaden, S. 189-211.
Kronenberg, M. (2009): Der Vertriebsdoktor: wissenschaftliche Einführung in den Vertrieb: Ein praxisbezogenes Lehrbuch, Norderstedt.
Kühn, R. (1991): Methodische Überlegungen zum Umgang mit Kundenorientierung im Marketingmanagement, in: Marketing – Zeitschrift für Forschung und Praxis, 13. Jg., Nr. 2, S. 97-107.
Laakmann, K. (1995): Value-Added-Services als Profilierungsinstrument im Wettbewerb: Analyse, Generierung und Bewertung, Frankfurt a. M.
Lancioni, R./Oliva, T. (1995): Penetrating Purchaser Personalities, in: Marketing Management, 3. Jg., Nr. 4, S. 22-29.
Langerak, F. (2001): Effects of Market Orientation on the Behaviors of Salespersons and Purchasers, Channel Relationships, and Performance of Manufacturers, in: International Journal of Research in Marketing, 18. Jg., Nr. 3, S. 221-234.
Meffert, H./Perrey, J. (1999): Nutzensegmentierung im Verkehrsdienstleistungsbereich, in: Meffert, H. (Hrsg.), Marktorientierte Unternehmensführung im Wandel, Wiesbaden, S. 143-174.
Michel, S. (2009): Marketingkonzept, 2. Aufl., Zürich.
Möhrlen, R./Kokot, F. (2000): SAP R/3 Kompendium, München.
Mühlbacher, H./Botschen, G. (1990): Benefit-Segmentierung von Dienstleistungsunternehmen, in: Marketing – Zeitschrift für Forschung und Praxis, 12. Jg., Nr. 3, S. 159-168.

o.V. (2001): QM im Vertrieb (QM-PT-RP-SD), http://help.sap.com/printdocu/core/ Print46c/de/data/pdf/QMSD/QMSD.pdf, Zugriff am 01.10.2009.
o.V. (2009): Quality management principles, http://www.iso.org/iso/iso_catalogue/management_ standards/iso_9000_iso_14000/iso_9000_essentials.htm, Zugriff am 01. 10.2009.
Pascale, R./Athos, A. (1981): The Art of Japanese Management, New York.
Peter, S. I. (1997): Kundenbindung als Marketingziel: Identifikation und Analyse zentraler Determinanten, Wiesbaden.
Pradel, M. (2001): Dynamisches Kommunikationsmanagement: Optimierung der Marketingkommunikation als Lernprozess, Wiesbaden.
Preißner, A. (2009): Kundenmanagement, Leipzig.
Rebstock, M. (1998): Electronic Commerce, in: Die Betriebswirtschaft, 58. Jg., Nr. 2, S. 265-267.
Renker, C. (2005): Relationship Marketing: Konzepte, Erfolgsfaktoren, Umsetzung, Wiesbaden.
Ridnour, R./Lassk, F./Shepherd, D. (2001): An Exploratory Assessment of Sales Culture Variables: Strategic Implications Within the Banking Industry, in: Journal of Personal Selling & Sales Management, 21. Jg., Nr. 3, S. 247-254.
Sallee, A./Flaherty, K. (2003): Enhancing Salesperson Trust: An Examination of Managerial Values, Empowerment, and the Moderating Influence of SBU Strategy, in: Journal of Personal Selling & Sales Management, 23. Jg., Nr. 4, S. 247-254.
Saxe, R./ Weitz, B. A. (1982): The SOCO Scale, A Measure of the Customer Orientation of Salespeople, in: Journal of Marketing Research, 19. Jg., Nr. 3, S. 343-351.
Schwarz, J. (2002): Kundenorientiertes Qualitätsmanagement in der Automobilindustrie, Wiesbaden.
Seider, U. (2006): Vertriebsintegration: Erfolgreiche Zusammenschlüsse von Unternehmen im Industriegütergeschäft, Berlin.
Siguaw, J./Brown, G./Widing, R. (1994): The Influence of the Market Orientation of the Firm on Sales Force Behavior and Attitudes, in: Journal of Marketing Research, 31. Jg., Nr. 1, S. 106-116.
Stauss, B./Seidel, W. (2007): Beschwerdemanagement, 4. Aufl., München.
Steenkamp, J.-B./van Trijp, H. (1997): Attribute Elicitation in Marketing Research: A Comparison of Three Approaches, in: Marketing Letters, 8. Jg., Nr. 2, S. 153-165.
Steinmann, H./Schreyögg, G. (2000): Management: Grundlagen der Unternehmensführung: Konzepte, Funktionen, Fallstudien, 5. Aufl., Wiesbaden.
Stock-Homburg, R. (2008): Personalmanagement: Theorien, Konzepte, Instrumente, Wiesbaden.
Tomczak, T./Rudolf-Sipötz, E. (2006): Bestimmungsfaktoren des Kundenwerts: Ergebnisse einer branchenübergreifenden Studie, in: Günter, B./Helm, S. (Hrsg.), Kundenwert: Grundlagen, Innovative Konzepte, Praktische Umsetzung, 3. Aufl., Wiesbaden, S. 127-156.
Tuzovic, S. (2004): Kundenorientierte Vergütungssysteme zur Steuerung der Erfolgsgrößen im Relationship Marketing: Anforderung, Konzeptualisierung, Institutionalisierung, Wiesbaden.
Walsh, G./Hennig-Thurau, T. (2001): Der Kaufentscheidungsstil von Konsumenten als Grundlage der Marktsegmentierung, in: Marketing – Zeitschrift für Forschung und Praxis, 23. Jg., Nr. 4, S. 223-235.
Wedel, M./Kamakura, W. A. (1997): Market segmentation: Conceptual and methodological foundations, Amsterdam.
Wirtz, B. W. (2008): Multi-Channel-Marketing: Grundlagen, Instrumente, Prozesse, Wiesbaden.
Woratschek, H./Roth, S. (2006): Die Ermittlung von Preisbereitschaften und Preisreaktionen als Basis zur Bestimmung des Kundenwerts, in: Günter, B./Helm, S. (Hrsg.), Kundenwert: Grundlagen, Innovative Konzepte, Praktische Umsetzung, 3. Aufl., Wiesbaden, S. 369-296.

5.2 Kundenbindungsprogramme

Torsten Bornemann

1 Einleitung

Im Jahr 2009 feierte die Kundenkarte der Stuttgarter Warenhauskette Breuninger, die *Breuninger Card,* ihren 50. Geburtstag. Die Breuninger Card ist damit die älteste Kundenkarte Deutschlands. Nach Aussage des Unternehmens war und ist das Ziel dieser Kundenkarte, „unvergleichliche Einkaufserlebnisse" und eine „exklusive Vorteilswelt" zu vermitteln (Breuninger 2009). War die Kundenkarte als Instrument der Kundenbindung zur Zeit ihrer Einführung in Deutschland noch ein Unikum, ist inzwischen eine zunehmende Durchdringung des Marktes zu verzeichnen. Während sich im Jahr 2001 noch etwa 30 Millionen Kundenkarten in Deutschland in Umlauf befanden (Glusac 2005), betrug diese Zahl im Jahr 2005 bereits geschätzte 100 Millionen; 90 Prozent der Deutschen tragen mindestens eine Kundenkarte im Portemonnaie (Hoffmann 2008). Kundenkarten stellen einen integralen Bestandteil vieler sogenannter Kundenbindungsprogramme dar, deren Ziel es ist, die Geschäftsbeziehung mit den Programmmitgliedern zu stabilisieren und auszuweiten. Ähnlich wie für die Anzahl von Kundenkarten im Speziellen ist auch für die Anzahl von Kundenbindungsprogrammen im Allgemeinen ein kontinuierliches Wachstum zu beobachten (Reinartz 2006).

Die Popularität von Kundenbindungsprogrammen ist insbesondere auf die weitgehend anerkannte Feststellung zurückzuführen, dass es kostengünstiger und profitabler ist, bestehende Kunden zu binden als neue Kunden zu gewinnen (Reichheld/Sasser 1990). In der Praxis lässt sich jedoch beobachten, dass eine Vielzahl der initiierten Programme nach kurzer Zeit eingestellt oder modifiziert wird, da sie ihr angestrebtes Ziel nicht erreichen (Nunes/Drèze 2006). So wurde beispielsweise das 2003 gestartete *Tchibo Privat*-Programm zunächst vom Markt genommen, bevor es 2007 als *Tchibo Privat Card* wiederauferstand (Hoffmann 2008). Insgesamt kann die Dynamik der Neueinführungen und Einstellungen von Kundenbindungsprogrammen als ein Indikator für die Notwendigkeit einer sorgfältigen Planung solcher Programme gesehen werden.

Ziel des vorliegenden Beitrags ist es, auf Basis des aktuellen Erkenntnisstandes einen Überblick über das Thema Kundenbindungsprogramme zu geben. Im Vordergrund stehen dabei insbesondere die zur Verfügung stehenden Gestaltungsdimensionen solcher Programme und deren kontextabhängige Ausprägungen. Dazu wird in Kapitel 2 zunächst auf die konzeptionellen Grundlagen der Kundenbindung an sich eingegangen. Kapitel 3 befasst sich mit der Definition von Kundenbindungsprogrammen bevor in Kapitel 4 konkrete Gestaltungsdimensionen vorgestellt werden. Schließlich zeigen die Schlussbemerkungen in Kapitel 5 die Bedeutung strategischer Überlegungen im Hinblick auf die Zielgruppen von Kundenbindungsprogrammen auf.

2 Konzeptionelle Grundlagen der Kundenbindung

Bevor auf spezifische Fragestellungen im Zusammenhang mit Kundenbindungsprogrammen eingegangen werden kann, gilt es zunächst, ein klares Begriffsverständnis der Kundenbindung selbst zu erlangen. In der Literatur werden an dieser Stelle oftmals fälschlicherweise verwandte Begriffe wie Relationship Marketing, Retention Marketing, (Geschäfts-) Beziehungsmanagement und Marken-/Produkttreue verwendet. Im Folgenden wird die Definition von *Kundenbindung* nach Homburg/Bruhn (2008, S. 8) zugrunde gelegt:

Kundenbindung umfasst sämtliche Maßnahmen eines Unternehmens, die darauf abzielen, sowohl die Verhaltensabsichten als auch das tatsächliche Verhalten eines Kunden gegenüber einem Anbieter oder dessen Leistungen positiv zu gestalten, um die Beziehung zu diesem Kunden für die Zukunft zu stabilisieren bzw. auszuweiten.

Aus dieser Definition wird ersichtlich, dass beim Begriff der Kundenbindung zwischen einer nachfrager- und einer anbieterbezogenen Perspektive unterschieden werden muss (Meffert 2008). Aus Nachfragersicht wird Kundenbindung als *Zustand* betrachtet. Dieser Zustand der Bereitschaft von Kunden zu Folgekäufen kann durch verschiedene Bindungsursachen hervorgerufen werden. So führen psychologische Bindungsursachen zu einer freiwilligen Bindung des Kunden an das Unternehmen, bei der der Kunde eine positive Einstellung gegenüber der Geschäftsbeziehung mit dem Anbieter besitzt und daher nicht wechseln will. Ein solcher Bindungszustand wird in der Literatur auch als *Verbundenheit* bezeichnet (Eggert 1999). Demgegenüber stehen faktische Bindungsursachen, die Kunden in Form von Wechselbarrieren am Anbieterwechsel hindern. Dieser Bindungszustand wird in der Literatur als *Gebundenheit* bezeichnet.

Aus Anbietersicht hingegen werden unter Kundenbindung *Aktivitäten* verstanden, die auf eine Intensivierung der psychologischen oder faktischen Bindung von Kunden an das Unternehmen durch verschiedene Bindungsursachen abzielen (Meffert 2008). Maßnahmen, die sich auf einen Zustand der faktischen Bindung in Form von Gebundenheit beziehen, können dies durch die Schaffung *vertraglicher, technisch-funktionaler* oder *ökonomischer Bindungsursachen* erreichen (Meffert 2008; Meyer/Oevermann 1995). Ein Beispiel für die vertragliche Kundenbindung ist die vertragliche Fixierung von Mindestumsätzen bei mehrjährigen Mobilfunkverträgen. Technisch-funktionale Kundenbindung entsteht, wenn Produkt- und Servicekomponenten nur über einen Anbieter bezogen werden können. So kann eine notwendige technische Kompatibilität von Produkten den Wechsel zu Konkurrenzprodukten erschweren, wie es beispielsweise bei vielen EDV-Systemen der Fall ist. Schließlich bezeichnet die ökonomische Kundenbindung eine Gestaltung der Geschäftsbeziehung in der Form, dass ein Anbieterwechsel für den Kunden auf Grund tatsächlicher oder wahrgenommener Wechselkosten unvorteilhaft wird. Hierunter fällt der Verlust von Vorteilen bei der Auflösung einer Geschäftsbeziehung oder beim Anbieterwechsel, wie etwa ein geringerer Rückkaufwert bei Lebensversicherungen.

Hiervon abzugrenzen sind Maßnahmen, die auf die Schaffung *psychologischer Bindungsursachen* abzielen und somit versuchen, einen Zustand des „Nicht-Wechseln-Wollens" bzw. der Verbundenheit herbeizuführen. Zu den zentralen psychologischen Bindungsursachen gehören insbesondere die Kundenzufriedenheit mit den Leistungen des Unternehmens sowie die mit einem Anbieter verbundenen positiven Assoziationen.

In der Literatur werden zahlreiche *Erfolgsauswirkungen* der Kundenbindung diskutiert. So wird argumentiert, dass Kundenbindung einen positiven Einfluss auf die Profitabilität bzw. Rentabilität eines Unternehmens besitzt, welcher auf Kostensenkungs- und Erlössteigerungseffekte zurückzuführen ist (Eggert 1999; Krafft 2007). Auf der *Kostenseite* wird postuliert, dass mit zunehmender Dauer einer Geschäftsbeziehung Lerneffekte eintreten und dadurch die Kosten der Kundenbearbeitung gesenkt werden können. Darüber hinaus können einmalig anfallende Kundenakquisitionskosten über eine längere Kundenlebenszeit verteilt werden (Homburg/Daum 1997; Reichheld/Sasser 1990). Das durch einen hohen Grad an Kundenbindung entstehende Kostensenkungspotenzial ist allerdings industriespezifisch (Reinartz/Kumar 2002) und muss den zusätzlichen Kosten gegenübergestellt werden, die durch die Forcierung der diskutierten Bindungsursachen entstehen.

Auf der *Erlösseite* wird argumentiert, dass eine hohe Kundenbindung mit einem besseren Verständnis der Kundenbedürfnisse und -präferenzen, einer höheren Wiederkaufabsicht, dem Erwerb zusätzlicher Produkte des Anbieters (Cross-Buying), sowie einer erhöhten Weiterempfehlungs- und Preisbereitschaft einhergeht (Homburg/Bruhn 2008). Obwohl der positive finanzielle Einfluss langfristiger Geschäftsbeziehungen vielfach empirisch bestätigt werden konnte (Rust/Chung 2006), sind einige der genannten erlösseitigen Effekte der Kundenbindung nicht unumstritten. So kann nicht davon ausgegangen werden, dass eine hohe Kundenbindung notwendigerweise eine erhöhte Weiterempfehlungsbereitschaft nach sich zieht. Basiert Kundenbindung ausschließlich auf einer durch faktische Ursachen hervorgerufenen Gebundenheit, kann dies beim Kunden zu Unzufriedenheit und somit zu einer negativen Einstellung gegenüber dem Unternehmen führen. Der Kunde nimmt die Leistungen des Anbieters nur weiterhin in Anspruch, weil Wechselbarrieren einen Anbieterwechsel erschweren. In diesem Zusammenhang konnten Reinartz und Kumar (2002) zeigen, dass nicht die kontinuierliche Inanspruchnahme von Leistungen eines Unternehmens per se zu einer hohen Weiterempfehlungsbereitschaft führt. Vielmehr ist hierfür auch eine psychologische Bindung des Kunden an den Anbieter erforderlich. Auch die Annahme, dass eine hohe Kundenbindung mit einer höheren Preisbereitschaft einhergeht, ist umstritten. So ist im Gegenteil zu beobachten, dass Kunden in langfristigen Geschäftsbeziehungen tendenziell geringere Preise zahlen als Neukunden und dies als Belohnung für ihre Loyalität auch erwarten (Reinartz/Kumar 2002).

Somit hat eine hohe Kundenbindung zwar grundsätzlich das Potenzial, die beschriebenen Erfolgsauswirkungen zu erzielen, jedoch ist dieser Prozess keineswegs als deterministisch anzusehen. Eine große Bedeutung für die Realisierung der beschriebenen Erfolgsauswirkungen kommt daher der Gestaltung der Instrumente des Kundenbindungsmanagements zu.

3 Kundenbindungsprogramme als Instrument des Kundenbindungsmanagements

Trotz der inzwischen weiten Verbreitung von Kundenbindungsprogrammen in der Praxis existiert in der Literatur kein einheitliches Begriffsverständnis. Prinzipiell können Unternehmen auf Instrumente aus allen Bereichen des Marketingmix (Produkt-, Preis-, Kommunikations- und Vertriebspolitik) zurückgreifen, um die eingangs diskutierten Bindungsursachen zu forcieren. Die Summe aller vom Unternehmen eingesetzten Instrumente mit dem Ziel der Kundenbindung bildet das *Kundenbindungsmanagement* (Homburg/Bruhn 2008). Der Einsatz dieser Instrumente kann dabei isoliert oder integrativ erfolgen. Bei isolierter Anwendung bleibt eine Abstimmung der einzelnen Aktivitäten aus (z. B. die Versendung von Direct Mailings oder das Angebot produktbegleitender Dienstleistungen). Beim integrativen Ansatz hingegen werden einzelne Maßnahmen miteinander kombiniert und aufeinander abgestimmt.

Einigkeit herrscht in der Literatur dahingehend, dass es sich bei Kundenbindungsprogrammen um einen integrativen Ansatz handelt, der Maßnahmen aus verschiedenen Bereichen des Marketingmix verknüpft und sich ausschließlich an Mitglieder des entsprechenden Programms richtet (Dittrich 2000; Hoffmann 2008; Leenheer 2007). Während jedoch ein integrativer Einsatz von Marketingmaßnahmen prinzipiell auf jede der verschiedenen Formen der Kundenbindung (vertraglich, technisch-funktional, ökonomisch, psychologisch) abzielen kann, liegt der Fokus von Kundenbindungsprogrammen auf ökonomischen (z. B. durch das Angebot exklusiver Zusatzleistungen) und/oder psychologischen (z. B. durch Maßnahmen zur Steigerung der Kundenzufriedenheit) Bindungsursachen (Bolton et al. 2004; Hoffmann 2008).

Im Idealfall erfolgt allerdings keine einseitige Fokussierung auf ökonomische Bindungsursachen, auch wenn aus Anbietersicht der Aufbau faktischer Wechselbarrieren oftmals den vermeintlich einfacheren Weg darstellt, um Kundenbindung in Form von Gebundenheit zu erzeugen. Zwar ist eine solche isolierte Gebundenheitsstrategie in der Lage, kurzfristig Wettbewerbsschwächen zu kompensieren, doch läuft sie dem Grundgedanken des Beziehungsmarketing zuwider, der einen fairen und für beide Seiten vorteilhaften Austauschprozess propagiert (Hoffmann 2008). Die einer isolierten Gebundenheitsstrategie innewohnende Einseitigkeit birgt daher die Gefahr, dass mit dem Wegfall faktischer Wechselbarrieren (z. B. in Form ökonomischer Anreize) kein Grund mehr für den Kunden besteht, die Beziehung mit dem Anbieter fortzusetzen (Gröppel-Klein/Königstorfer/Terlutter 2008). Eine positive Einstellung zur Geschäftsbeziehung in Form von Verbundenheit, hervorgerufen durch psychologische Bindungsursachen, existiert in diesem Fall nicht. Aus diesem Grund ist eine Kombination faktischer und psychologischer Bindungsursachen vorzuziehen (Ranaweera/Prabhu 2003). Dieser Aspekt wird in Kapitel 4 weiter vertieft, wenn die Gestaltung von Kundenbindungsprogrammen diskutiert wird. Aufbauend auf diesen Überlegungen wird folgende Definition des Begriffs *Kundenbindungsprogramm* zugrunde gelegt:

Ein Kundenbindungsprogramm bezeichnet den an die Mitglieder des Programms gerichteten integrativen Einsatz von Marketinginstrumenten zur Schaffung ökonomischer und psychologischer Bindungsursachen. Das Ziel eines Kundenbindungsprogramms ist die Realisierung von Erfolgsauswirkungen, die aus einer erhöhten Kundenbindung resultieren.

Der hellgrau hinterlegte Bereich in Abbildung 5.2.1 verdeutlicht den Fokus und integrativen Charakter von Kundenbindungsprogrammen anhand beispielhafter Instrumente des Kundenbindungsmanagements.

Tabelle 5.2.1 Fokus von Kundenbindungsprogrammen im Rahmen des Marketingmix (hellgrau hinterlegt, in Anlehnung an: Homburg/Krohmer 2009)

Instrumentalbereich	Bindungsursachen			
	vertraglich	technisch-funktional	ökonomisch	psychologisch
Produktpolitik	■ Kopplung von Zusatz- an Kernleistung	■ technische Inkompatibilität	■ individuelle Produktanpassungen ■ Zusatzleistungen	■ Kundeneinbindung in die Produktentwicklung
Preispolitik	■ Preisgleitklauseln	■ proprietäre Online-Zahlungssysteme	■ Rabatte ■ Preisgarantien	■ Einfachheit des Preissystems
Kommunikationspolitik	■ gemeinsame Werbeverträge mit Weiterverarbeitern	■ kundenspezifische Kommunikationskanäle	■ exklusive Informationen über Sonderpreisaktionen	■ Einladung zu speziellen Events
Vertriebspolitik	■ langfristige Lieferverträge ■ Abonnements	■ gemeinsamer Infrastrukturaufbau	■ hohe Standortdichte	■ 24h-Service ■ Express-Belieferung

4 Gestaltung von Kundenbindungsprogrammen

Wie im vorangegangenen Kapitel definiert, bezeichnen Kundenbindungsprogramme den auf ökonomische und psychologische Kundenbindung ausgerichteten integrativen Einsatz verschiedener Marketinginstrumente. Die mit Hilfe dieser Instrumente geschaffenen Bindungsursachen bestehen aus Leistungen, die nur den Mitgliedern des entsprechenden Kundenbindungsprogramms zur Verfügung stehen.

In Bezug auf die effektive Gestaltung von Kundenbindungsprogrammen gilt es somit zu klären, wie die Anreizstruktur des Programms, das heißt die Struktur der angebotenen Leistungen, beschaffen sein soll. Darüber hinaus muss entschieden werden, wie das Programm organisatorisch verankert werden soll und wie die verschiedenen Maßnahmen konkret zusammengeführt werden können. In Bezug auf die letztgenannte Fragestellung werden Kundenkarten und –clubs als mögliche integrative Bezugsrahmen von Kundenbindungsprogrammen thematisiert.

4.1 Allgemeine Gestaltungsmerkmale

4.1.1 Gestaltung der Anreizstruktur

Die Gestaltung der Anreizstruktur von Kundenbindungsprogrammen umfasst Entscheidungen, die die Voraussetzungen zum Erhalt bestimmter Leistungen und die Art dieser Leistungen betreffen (Hoffmann 2008; Nunes/Drèze 2006; Reinartz 2006).

Im Rahmen von Kundenbindungsprogrammen ist für den Erhalt gewisser Basisleistungen (z. B. Newsletter) häufig nur die Mitgliedschaft im jeweiligen Programm erforderlich. Der Erhalt weitergehender Leistungen ist jedoch in der Regel an *Voraussetzungen* gebunden, welche das Erreichen einer erhöhten Kundenbindung sicherstellen sollen. Dies erfolgt dadurch, dass Programmteilnehmern für ein vom Anbieter erwünschtes Kaufverhalten spezifisch kreierte Werteinheiten (Bonuspunkte) gutgeschrieben werden. Vordefinierte Mindestanzahlen solcher Werteinheiten (Einlöseschwellen) fungieren dann als Voraussetzung für den Erhalt von Leistungen (Boni). Man spricht in diesem Zusammenhang daher auch von *Bonusprogrammen* (Lauer 2004). Bei der Umsetzung eines solchen punktebasierten Programms muss festgelegt werden, nach welchem Sammelmechanismus Punkte gutgeschrieben werden und wie der spätere Einlösemechanismus funktioniert.

Im Hinblick auf den *Sammelmechanismus* ist zunächst zu klären, an welches *Bezugsobjekt* die Vergabe von Bonuspunkten gekoppelt sein soll. Dies können Größen wie getätigter Umsatz, die Anzahl geflogener Meilen oder die Anzahl ausgesprochener Weiterempfehlungen sein. Darüber hinaus muss entschieden werden, nach welcher *Vergaberegel* Bonuspunkte gewährt werden. Wie in Abbildung 5.2.1 veranschaulicht, kann hier zwischen einer proportionalen, einer gestaffelten und einer S-förmigen Punktevergabe unterschieden werden (Dowling/Uncles 1997).

Bei einer *proportionalen Punktevergabe* erhält der Kunde pro Einheit des Bezugsobjektes (z. B. getätigte Euro Umsatz) eine dauerhaft gleiche Anzahl an Bonuspunkten. Bei einer *gestaffelten Punktevergabe* hingegen wird einem Kunden mit höherem kumuliertem Umsatz eine höhere Anzahl an Bonuspunkten gutgeschrieben. Ein solches Vergabesystem schafft somit einen Anreiz, Käufe beim programmbetreibenden Unternehmen zu konsolidieren. Noch stärker ist dieser Anreiz bei der *S-förmigen Punktevergabe* ausgeprägt. Bei dieser Vergaberegel wird jeder zusätzliche Euro Umsatz mit einer höheren Anzahl an Bonuspunkten belohnt, der Anreiz zum Wiederkauf steigt also stetig. Darüber hinaus weist die Funktion unterschiedliche Steigungen auf, was eine Selbstselektion umsatzstarker und somit tendenziell profitablerer Kunden forciert. So können über die unterproportionale Belohnung geringer Umsatzvolumina unprofitable Kunden vom Eintritt in das Programm abgehalten werden, während Kunden mit mittleren Umsatzvolumina motiviert werden, einen höheren Anteil ihres Bedarfs beim programmbetreibenden Anbieter zu decken.

Abbildung 5.2.1 Überblick über verschiedene Vergaberegeln (in Anlehnung an: Dowing/Uncles 1997, S. 79)

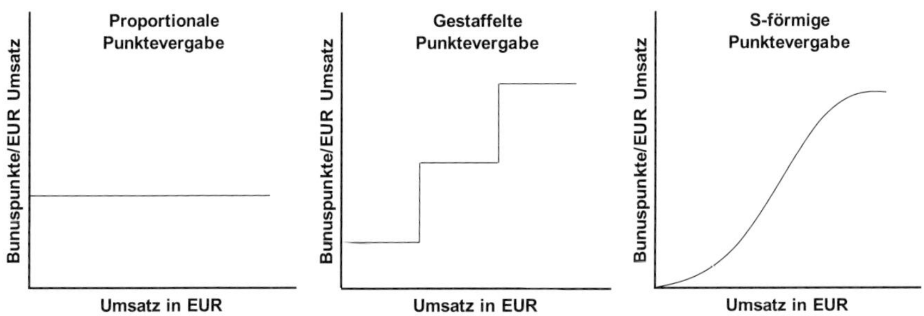

Der *Einlösemechanismus* beschreibt, nach welchen Regeln die gesammelten Bonuspunkte in Leistungen umgewandelt werden können. Er umfasst drei grundsätzliche Gestaltungsaspekte (Lauer 2004):

- Einlöseschwellen
- Punkteverfallsregelungen
- Zuzahlungsmöglichkeiten

Einlöseschwellen bezeichnen die erforderliche Anzahl von Bonuspunkten, die zum Erhalt einer Leistung erforderlich ist. Bei der Festsetzung der Höhe von Einlöseschwellen sind grundsätzlich die gegenläufigen Präferenzen von Anbieter und Kunde zu beachten. So sind aus Anbietersicht hohe Einlöseschwellen attraktiver, weil dadurch eine ökonomische Wechselbarriere geschaffen wird. Eine lange Sammelperiode verursacht auf Kundenseite Gebundenheit in Form eines sogenannten „Lock-In" Effektes: angesammelte Bonuspunkte sind in der Regel nur beim Programmbetreiber gültig und erhöhen auf diese Weise den Anreiz, die Geschäftsbeziehung fortzusetzen (Reinartz 2006).

Aus Kundensicht hingegen sind niedrige Einlöseschwellen attraktiver, da sie zu einem schnelleren Erhalt von Bonusleistungen führen. So bevorzugen Kunden grundsätzlich solche Programme, bei denen die Einlöseschwelle als niedrig wahrgenommen wird (O'Brien/Jones 1995). Diese Präferenz für niedrige Einlöseschwellen ist umso höher, je geringer das Involvement der Kunden in Bezug auf das Produkt des Anbieters ist (Yi/Jeon 2003). Zwei Faktoren, die darüber hinaus in die Entscheidung über die Höhe von Einlöseschwellen einfließen sollten, sind die Kauffrequenz in der Produktkategorie des Anbieters und der Grad der Differenzierung des Anbieters von seinen Wettbewerbern. Je höher die Kauffrequenz und je differenzierter der Anbieter, desto höher können prinzipiell die Einlöseschwellen sein (Nunes/Drèze 2006).

Punkteverfallsregelungen beziehen sich auf die zeitliche Begrenzung der Gültigkeit gesammelter Bonuspunkte. Ein solches Verfallsdatum für Bonuspunkte ist in der Praxis weit verbreitet und hat insbesondere zwei Vorteile. Zum einen kann mit Hilfe einer Verfallsregelung eine Selektion besonders attraktiver Kundengruppen erfolgen. Kunden, die ihre Punkte verfallen lassen, erreichen entweder nicht die erforderliche Einlöseschwelle, sind also tendenziell weniger attraktiv, oder haben an den Bonusleistungen des Programms nur ein geringes Interesse. Zum anderen wäre für den Betrieb eines Programms mit zeitlich unbegrenzt gültigen Bonuspunkten nach dem deutschen Kreditwesengesetz (KWG) eine Banklizenz notwendig.

Schließlich stellt auch die Gewährung von *Zuzahlungsmöglichkeiten* eine Gestaltungsdimension im Rahmen des Einlösemechanismus dar. Das Angebot, Programmleistungen gegen eine Kombination aus Bonuspunkten und Zuzahlungen zu erhalten besitzt den Vorteil, dass Kunden, die kurz vor dem Verfall ihrer Bonuspunkte stehen, über eine Zuzahlung doch noch eine attraktive Prämie erhalten können. Darüber hinaus können gemischte Bezahlungen unter Umständen die wahrgenommenen Kosten eines Kaufs reduzieren (Nunes/Drèze 2006; z. B., wenn gesammelte Meilen auf die Buchung eines Fluges angerechnet werden können). Problematisch ist hierbei allerdings, dass durch eine Zuzahlungsmöglichkeit gesammelte Punkte nicht mehr notwendigerweise eine ökonomische Wechselbarriere darstellen, da sie (mit Hilfe der Zuzahlung) in jedem Fall eingelöst werden können. Hier ist es unter Umständen sinnvoll, eine Mindestanzahl an Bonuspunkten für den Erhalt von Leistungen festzusetzen.

Neben den Voraussetzungen zum Erhalt von Leistungen besteht ein weiteres Entscheidungsfeld im Rahmen der Gestaltung der Anreizstruktur in der Wahl der *Art der Leistung*. Abbildung 5.2.2 zeigt die in diesem Zusammenhang relevanten Gestaltungsdimensionen.

Prinzipiell ist bei der Gestaltung des Leistungsspektrums von Kundenbindungsprogrammen zu klären, inwieweit die Anreize in der Lage sind, auch psychologische Kundenbindung in Form von Verbundenheit zu erzeugen. Auf die Nachteile einer reinen Gebundenheitsstrategie in Form ökonomischer Anreize wurde bereits in Kapitel 3 eingegangen. Idealerweise sollten daher Leistungen, die auf die Schaffung ökonomischer Bindungsursachen abzielen mit solchen Leistungen kombiniert werden, die sich auf psychologische Bindungsursachen beziehen.

So ist auf erster Ebene zu unterscheiden zwischen materiellen und immateriellen Leistungen. *Materielle Leistungen* zielen tendenziell auf die Schaffung ökonomischer Anreize ab. Dies trifft insbesondere auf *finanzielle Anreize* zu, welche in der Regel dadurch entstehen, dass ein Mitglied in einem Kundenbindungsprogramm Rabatte erhält. Eine vor allem im Lebensmittel-Einzelhandel verbreitete Form ist die Gewährung transaktionsgebundener sofortiger Preisnachlässe für Programmmitglieder. Auf Grund ihrer Transaktionsgebundenheit belohnen solche Rabatte jedoch nicht das Wiederkaufverhalten und sind zudem einfach durch den Wettbewerb zu imitieren. Dies kann in der Konsequenz dazu führen, dass Kunden versuchen, bei jedem Einkauf Mitnahmeeffekte zu realisieren, indem sie Mitglied bei mehreren zur Verfügung stehenden Programmen unterschiedlicher lokaler Einzelhändler werden (Nunes/Drèze 2006).

Abbildung 5.2.2 Gestaltungsdimensionen in Bezug auf die Art der Leistung

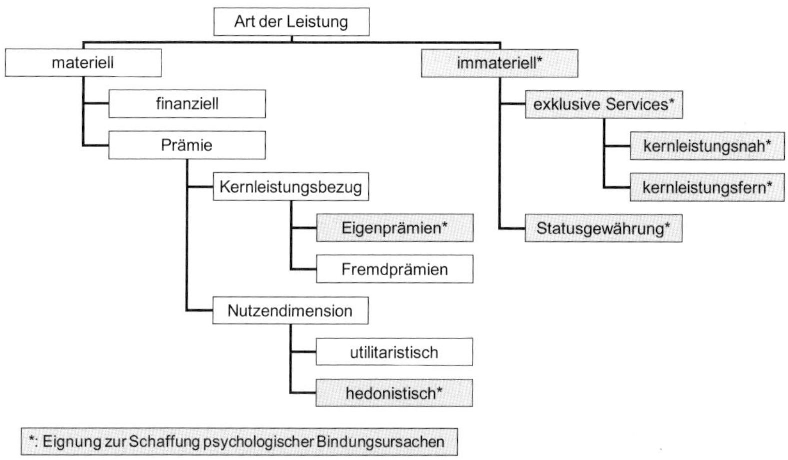

Eine andere Art von Rabatten sind solche, die an Voraussetzungen gebunden sind, welche Wiederkaufverhalten belohnen. Dies kann beispielsweise dadurch erreicht werden, dass zum Erhalt eines Rabattes zunächst Gutschriften für mehrere getätigte Käufe gesammelt werden müssen, die erst bei Erreichen einer gewissen Mindestanzahl eingelöst werden können. Oftmals wird ausschließlich diese letztgenannte Rabattart im Rahmen von Kundenbindungsprogrammen thematisiert (Hoffmann 2008; Lauer 2004).

Prämien hingegen bezeichnen Sachleistungen, deren Erhalt ebenfalls an bestimmte Voraussetzungen gebunden ist. Obwohl Prämien den materiellen Leistungen zuzurechnen sind, bieten sie einen gewissen Gestaltungsspielraum im Hinblick auf die Schaffung psychologischer Bindungsursachen. So können Prämien zunächst hinsichtlich ihres Bezugs zur Kernleistung des Anbieters unterschieden werden.

Besitzt die Prämie einen direkten Bezug zum Produkt- und Leistungsangebot des Anbieters, spricht man von *Eigenprämien*. Ein großer Vorteil von Eigenprämien ist darin zu sehen, dass diese eher in der Lage sind, positive Assoziationen gegenüber dem Anbieter hervorzurufen, was sich wiederum positiv auf die psychologische Kundenbindung auswirkt (Roehm/Pullins/Roehm 2002). Ein Beispiel für ein Programm, welches stark auf Prämien mit Bezug zur Kernleistung setzt, ist das Vielfliegerprogramm *Miles & More*. Während Freiflüge als Basisprämie unmittelbar dem Leistungsangebot des Anbieters entstammen, besitzen auch viele der zusätzlich angebotenen Sachprämien (insbesondere in Form von Reiseutensilien) einen direkten Bezug zur Kernleistung und verstärken somit die psychologische Bindung an den Anbieter (Lauer 2004). Ein solcher Effekt tritt insbesondere dann auf, wenn Kunden ein hohes Involvement in Bezug auf die Kernleistung des Anbieters besitzen (Yi/Jeon 2003).

Darüber hinaus können Eigenprämien genutzt werden, um Kunden auf weitere oder höherwertige Produkte aus dem Sortiment des Anbieters aufmerksam zu machen. Auf diese Weise können Cross- und Up-Selling Potenziale aufgebaut werden (Nunes/Drèze 2006). Auch dieser Effekt wird im *Miles & More* – Programm umgesetzt. So besteht hier eine mögliche Leistung aus Up-Grades (z. B. von Economy- auf Business-Class). Ein solches Up-Grade stellt einen Testkauf dar, der, sollte das getestete Produkt überzeugen, zu Wiederholungskäufen führen kann (Hauschild/Hilverkus 2008).

Auch wenn Eigenprämien besser geeignet sind, eine psychologische Bindung an den Anbieter zu erzeugen, bringen *Fremdprämien* ebenfalls gewisse Vorteile mit sich. Ist das Involvement der Kunden im Hinblick auf die Kernleistung des Anbieters eher gering ausgeprägt, kann eine attraktive Fremdprämie unter Umständen einen besseren Anreiz zur Programmteilnahme darstellen (Dowling/Uncles 1997). Auch kann durch die Integration von Fremdprämien in den Prämienkatalog der Eindruck vermieden werden, dass es sich bei dem Programm um eine reine Verkaufsförderungsmaßnahme handelt. Schließlich kann das Programm Herstellern anderer Produkte als Plattform für Cross- und Up-Selling angeboten werden. In einem solchen Fall könnte dann zumindest eine teilweise Prämienfinanzierung durch den Hersteller der Fremdprämie erfolgen (Lauer 2004).

Neben der Frage des Bezugs zum eigenen Leistungsangebot ist zu klären, welche primäre *Nutzendimension* die angebotenen Prämien aufweisen sollen. Hier ist zu unterscheiden zwischen *utilitaristischem Nutzen* und *hedonistischem Nutzen*. Produkte mit einem hohen utilitaristischen Nutzen sind eher funktional wohingegen der Konsum hedonistischer Produkte das Bedürfnis nach Freude, Genuss und Erlebnis befriedigt. Die Bedeutung des hedonistischen Nutzens für die Attraktivität von Prämien sollte nicht unterschätzt werden. So wird ein Freiflug zu einem exotischen Ziel attraktiver bewertet werden als Gutscheine für einen lokalen Supermarkt, auch wenn beide Leistungen den gleichen monetären Wert besitzen (Reinartz 2006). In einer amerikanischen Studie konnte gezeigt werden, dass Mitglieder von Kundenbindungsprogrammen doppelt so häufig Produkte mit hedonistischem Charakter (z. B. aus dem Bereich Unterhaltungselektronik) als solche mit utilitaristischem Charakter (z. B. Haushaltsgeräte) auswählen (Nunes/Drèze 2006). Prämien mit einem hohen hedonistischen Nutzen ermöglichen den Konsum von Leistungen, die ein Kunde sich allein aus eigenen Mitteln häufig nicht geleistet hätte. Die so entstehenden positiven Assoziationen mit dem Anbieter bleiben länger im Gedächtnis und können zu einer erhöhten psychologischen Bindung beitragen.

Generell stärker auf den Aufbau psychologischer Bindungsursachen ausgerichtet sind *immaterielle Leistungen*. Hierunter fallen insbesondere *exklusive Services* sowie *Statusgewährung*. Als *kernleistungsnah* werden dabei exklusive Services bezeichnet, die eine verbesserte Nutzenwahrnehmung der Kernleistung des Anbieters anstreben. Dies kann insbesondere durch einen höheren Standard in der Kundenbetreuung, beispielsweise durch das Angebot von Express-Belieferungen und -reparaturen oder in Form einer bevorzugten Informationsbereitstellung erreicht werden (Lauer 2004). Diese kernleistungsnahen Dienstleistungen zielen über eine Steigerung der Kundenzufriedenheit mit den Kernleistungen des Unternehmens auf eine Erhöhung der psychologischen Kundenbindung ab.

Als *kernleistungsfern* werden dagegen Services bezeichnet, die auf den Aufbau eines Zugehörigkeitsgefühls zum Anbieter abzielen. Ein Beispiel für eine solche kernleistungsferne Dienstleistung ist das Angebot spezieller Events. Hier sollen, ähnlich wie bei Prämien mit hedonistischem Charakter, über das Erleben von Spaß positive Assoziationen zum Anbieter geweckt werden.

Nicht überschneidungsfrei mit dem Angebot exklusiver Services ist die *Statusgewährung*. So können bestimmte exklusive Services allen Mitgliedern des Programms zur Verfügung stehen während andere Dienstleistungen Mitgliedern mit einem bestimmten Status innerhalb des Programms vorbehalten sind. Neben dieser statusabhängigen Leistungsgewährung bietet auch die Einräumung des Status an sich einen psychologischen Zusatznutzen.

Der aus der Soziologie stammende Statusbegriff bezeichnet dabei die relative Stellung und das damit verbundene Ansehen eines Individuums in einem sozialen System (Kroeber-Riel/Weinberg/Gröppel-Klein 2009). Da die Erlangung einer bestimmten Statusstufe in der Regel an Voraussetzungen gebunden ist, die mit der finanziellen Leistungsfähigkeit des Kunden einhergehen (z. B. ein bestimmter Mindestumsatz, eine Mindestanzahl geflogener Meilen), besitzt die Statusmitgliedschaft die Funktion eines Statussymbols. Dies setzt allerdings voraus, dass die Zugehörigkeit zu einer bestimmten Statusstufe auch von außen sichtbar ist. Hierzu eignen sich Erkennungsmerkmale wie je nach Statusstufe unterschiedlich gefärbte Kundenkarten oder spezielle Reisegepäckanhänger (Priority-Baggage-Tags) im Rahmen von Vielfliegerprogrammen. Beim *Miles & More*-Programm werden beispielsweise für Mitglieder mit dem Senatorlevel spezielle rote Kofferanhänger ausgegeben, die den Inhaber gegenüber dem Flugpersonal und anderen Fluggästen als Top-Kunde und Vielflieger ausweisen (Glusac 2005). Obwohl dieser Anhänger zum Erhalt der mit dem Senatorlevel verbundenen Leistungen nicht erforderlich ist (hier reicht ein Vorzeigen der Mitgliedskarte aus), wird er von der überwiegenden Zahl der „Senatoren" verwendet (Lauer 2004). Die Beliebtheit dieses Statussymbols ist sogar so groß, dass viele „Nicht-Senatoren" versuchen, den Anhänger über Internetauktionshäuser zu erwerben. Auch von Dritten wahrnehmbare exklusive Serviceleistungen, wie der Zutritt zu abgetrennten

Kundenbereichen (z. B. Lounges), können als Erkennungsmerkmal dienen (Hoffmann 2008).

Der große Vorteil der Statusgewährung ist, dass diese als psychologischer Zusatznutzen zu ohnehin gewährten exklusiven Services für den Anbieter relativ kostengünstig ist. So fallen nur Zusatzkosten für ein entsprechendes Erkennungsmerkmal (im genannten Beispiel ein Kofferanhänger) an. Bei der praktischen Umsetzung muss allerdings beachtet werden, dass Mitglieder einer Statusstufe wahrnehmen, welche Leistungen Mitglieder einer niedrigeren Statusstufe erhalten. So ist bei der Gepäckausgabe an Flughäfen häufig zu beobachten, dass nicht unbedingt immer die Koffer mit einem Priority-Baggage-Tag zuerst ausgeliefert werden, sondern oftmals jene der „normalen" Fluggäste. Dies kann bei den Mitgliedern einer Statusstufe zu Unzufriedenheit mit dem Anbieter führen. Die erfolgreiche Differenzierung von Leistungen zwischen Statuskategorien stellt deshalb einen essenzieller Erfolgsfaktor dar (Nunes/Drèze 2006).

4.1.2 Organisatorische Gestaltung

Die organisatorische Gestaltung des Programms bezieht sich insbesondere auf die Klärung der nachfolgenden grundlegenden Aspekte (Hoffmann 2008; Reinartz 2006):

- Eintrittsvoraussetzungen
- Betreiberstruktur
- Partnerstruktur

Bei den *Eintrittsvoraussetzungen* kann unterschieden werden zwischen *offenen* und *geschlossenen* Programmen. Bei offenen Programmen sind keinerlei Eintrittsvoraussetzungen definiert, so dass eine Teilnahme prinzipiell allen Kunden offensteht. Bei geschlossenen Programmen hingegen ist eine Mitgliedschaft an bestimmte Voraussetzungen gebunden. Eine solche Voraussetzung kann beispielsweise eine bereits bestehende aktive Kundenbeziehung, die Überschreitung eines gewissen Mindestumsatzes oder die Entrichtung einmaliger Aufnahme- oder regelmäßiger Mitgliedsgebühren sein.

Prinzipiell fungieren solche Eintrittsvoraussetzungen als ein Filter, der zur Selbstselektion bestimmter Teilzielgruppen führen kann. Obwohl auf diese Weise bis zu einem gewissen Grad Trittbrettfahrer von den angebotenen Leistungen ausgeschlossen werden können und der Fokus auf genau definierte Kundengruppen gelenkt werden kann, werden unter Umständen potenziell wertvolle Kunden durch geforderte Vorleistungen abgeschreckt (De Wulf et al. 2003). Auch muss berücksichtigt werden, dass Eintrittsvoraussetzungen dazu führen, dass die Mitgliederstruktur nicht repräsentativ ist für die gesamte Kundenstruktur. Dies ist kontraproduktiv, wenn das Programm auch genutzt werden soll, um Informationen über die Präferenzen verschiedener Kundensegmente zu gewinnen.

Im Hinblick auf die *Betreiberstruktur* kann zwischen einem *Eigenbetrieb* des Programms durch den Anbieter und dem Betrieb durch eine *selbständige Betreibergesellschaft* unterschieden werden. Ein Beispiel für die zweitgenannte Kategorie ist das Unternehmen Loyalty

Partners, welches das PayBack-System betreibt, in dem Anbieter aus verschiedenen Branchen zusammengeschlossen sind. Aufgabe von Loyalty Partners ist das Management des unternehmensübergreifenden Programms. Die Fremdvergabe an eine Betreibergesellschaft ist in der Regel weniger kostenintensiv als der Aufbau eines eigenen Programms. Darüber hinaus kann vom operativen Know-How der Betreibergesellschaft profitiert werden und es wird schneller eine kritische Masse erreicht (Lauer 2002). Allerdings hat der Anbieter in diesem Fall wenig Einfluss auf die strategische Ausrichtung des Programms und er wird zusammen mit anderen Anbietern Teil einer Multipartner-Struktur (Reinartz 2006).

Die *Partnerstruktur* stellt somit ein weiteres Entscheidungsfeld im Rahmen der organisatorischen Programmgestaltung dar. Grundsätzlich bietet die Einbeziehung von Partnern in ein Programm aus Kundensicht den Vorteil, dass mehr Möglichkeiten bestehen, Bonuspunkte zu sammeln und Einlöseschwellen zu erreichen. Aus Unternehmenssicht kann ein Vorteil darin bestehen, dass der Anbieter auch bei den Kunden der anderen teilnehmenden Unternehmen einen höheren Bekanntheitsgrad erlangt. Allerdings kann eine zu große Anzahl an Partnern dazu führen, dass Kunden keinen wirklichen Bezug mehr zu einzelnen Unternehmen herstellen und somit die Schaffung psychologischer Bindungsursachen erschwert wird (Reinartz 2006). Neben den angesprochenen Multipartner-Programmen, die von einer externen Betreibergesellschaft organisiert werden, bietet sich zudem die Möglichkeit individueller Kooperationen mit ausgesuchten Partnerunternehmen. Der Vorteil dieser Alternative besteht darin, dass sich Unternehmen zusammenschließen können, die „zueinander passen", die also beispielsweise eine sehr homogene Zielgruppe besitzen (z. B. Anbieter von Luxusartikeln aus verschiedenen Branchen) oder Produkte anbieten, die in einer komplementären Beziehung zueinander stehen.

4.2 Kundenkarten und -clubs als integrative Bezugsrahmen von Kundenbindungsprogrammen

Nachdem allgemeine Gestaltungsmerkmale von Kundenbindungsprogrammen erörtert wurden, sollen im Folgenden Kundenkarten und –clubs als mögliche integrative Bezugsrahmen von Kundenbindungsprogrammen thematisiert werden.

Grundsätzlich findet im Rahmen von Kundenbindungsprogrammen ein kombinierter Einsatz verschiedener Gestaltungsparameter bzw. Leistungen statt. Kundenkarten und –clubs ermöglichen die Zusammenführung dieser Leistungen (Hoffmann 2008). Eine *Kundenkarte* stellt dabei in der Regel eine normierte Plastikkarte dar, die den Kunden als Mitglied des Programms ausweist und ihm entsprechende Leistungen zugänglich macht. Neben dem Angebot von materiellen Leistungen und Serviceleistungen kann die visuelle/farbliche Gestaltung der Karte je nach Statuslevel des Besitzers im Programm auch der Statusgewährung dienen, da das Aussehen der Karte von Dritten beobachtbar ist. Darüber hinaus sind Kundenkarten oftmals Bestandteil des Sammelmechanismus, indem die Gutschrift von Bonuspunkten für getätigte Käufe gegen Vorlage der Karte erfolgt. Schließlich verfügen Kundenkarten häufig über eine Zahlungs- oder Kreditkartenfunktion, was eine weitere Zusatzleistung für den Karteninhaber impliziert.

Durch die Integration verschiedenster Programmleistungen in Form einer Kundenkarte entstehen jedoch auch für den Anbieter Vorteile in Form einer Informationsfunktion (Tomczak et al. 2008). So können demografische Angaben, die bei Beantragung der Mitgliedschaft abgefragt wurden, mit Daten kombiniert werden, die im Rahmen der Sammel- und Zahlungsfunktion der Karte gewonnen werden (siehe Abbildung 5.2.2). Die so gewonnenen Informationen können dazu genutzt werden, die angebotenen Leistungen stärker an die Präferenzen einzelner Teilsegmente anzupassen.

Tabelle 5.2.2 Überblick über kundenspezifische Daten (Quelle: Tomczak et al. 2008, S. 336)

Kundenspezifische Daten	
Stammdaten	Name, Vorname, Geschlecht, Straße, Wohnort, Telefonnummer, Altersgruppe, Haushaltsgröße, Beruf, Ausbildungsabschluss, Kartennummer
Geographische Daten	Wohngebiet, Entfernung zum nächsten Händler bzw. der nächsten Service- oder Reparaturwerkstätte usw.
Marketing- und verkaufshistorische Daten	Form der Akquisition des Kunden, Reaktionen auf unterschiedliche Kommunikationsmittel und -medien, Beschwerdeverhalten, geäußerte Kundenpräferenzen, Anzahl geworbener Freunde und Bekannter, Datum und Uhrzeit des Kaufs, Kauffrequenz, Kaufmenge, Kaufort, Kaufwert, Art und Kombination der Leistungen, Nutzung von Sonderangeboten, Zahlungsverhalten

Bei einem *Kundenclub* hingegen handelt es sich um eine konkrete Erscheinungsform von Kundenbindungsprogrammen, bei der eine Integration von Leistungen über eine intensive dialogorientierte Kommunikation erfolgt (Homburg/Krohmer 2009). So sind Kundenclubs durch eine individuelle Kundenansprache in Form von Direct Marketing gekennzeichnet, wobei dem Kunden auch die Möglichkeit des Feedbacks gegeben werden soll. Die Bedeutung, die der Kommunikationsfunktion in Kundenclubs zukommt, spiegelt sich in der in Abbildung 5.2.3 dargestellten Verbreitung verschiedener Kundenclubleistungen wider. So bilden mit dem Clubmagazin, der internetbasierten Kommunikation und den Events kommunikationsbezogene Leistungen eindeutig den Leistungsschwerpunkt. Darüber hinaus verfügen mehr als die Hälfte der Kundenclubs auch über eine Kundenkarte. Wird diese genutzt, um kundenspezifische Daten zu gewinnen, kann eine noch effektivere individuelle Kundenansprache erfolgen.

Angesichts ihrer zentralen Bedeutung für den Kundenclub muss die Kommunikationsfunktion einer Reihe von Anforderungen gerecht werden, die in Tabelle 5.2.3 dargestellt sind. Dabei wird ersichtlich, dass eine wichtige inhaltliche Komponente der dialogorientierten Kommunikation in Informationen zu den konkreten Leistungen des Kundenclubs besteht. Diese können prinzipiell alle Arten von materiellen und immateriellen Leistungen umfassen, die in Kapitel 4 diskutiert wurden.

Abbildung 5.2.3 Verbreitung verschiedener Kundenclubleistungen (Quelle: Hartmann et al. 2004)

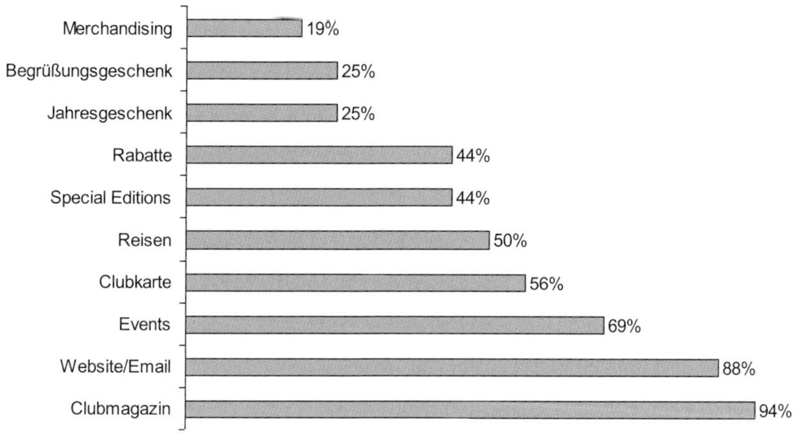

Um ein Feedback von Seiten des Kunden zu ermöglichen, sind entsprechende Kommunikationskanäle bereitzustellen. Beispiele hierfür sind Response-Elemente in Newslettern und Clubmagazinen, aber auch Events können so gestaltet werden, dass sie eine Face-to-Face Kommunikation begünstigen (Tomczak et al. 2008). Die aus diesem Dialog resultierende erhöhte Kontaktfrequenz zwischen Anbieter und Kunde macht die Nutzung von Kundenclubs als Kommunikationsinstrument insbesondere auch für solche Branchen attraktiv, die Beschränkungen in Bezug auf die klassische Werbung unterliegen (z.B. die Tabakindustrie).

Tabelle 5.2.3 Anforderungen an die Kommunikation im Kundenclub (Quelle: Tomczak et al. 2008, S. 333)

Bezogen auf die Clubleistungen	Bezogen auf das Individuum
■ Über Grund- und Zusatzleistungen des Unternehmens und Clubs informieren ■ Über aktuelle Angebote und Club-Events informieren ■ Über Abwicklung der einzelnen Leistungen informieren ■ Hintergrundinformationen zum Unternehmen und seinen Leistungen geben	■ Auswahl zielgruppenrelevanter Medien und Response-Elemente ■ Persönliche Ansprache und Kommunikationsstil; gleicher Ansprechpartner ■ Zielgruppenrelevante Themen (nicht nur produkt- oder unternehmensbezogen) ■ Persönliche Ereignisse des Mitglieds beachten (z. B. Geburtstag, Einschulung des Kindes)

5 Schlussbemerkungen

Obwohl Kundenbindungsprogramme in der Praxis eine weite Verbreitung besitzen und auch in Zukunft eine weitere Zunahme dieser Programme zu erwarten ist, klagen viele Unternehmen über ausbleibende Resultate. Eine Ursache hierfür ist in der oftmals unzureichenden Auseinandersetzung mit den zur Verfügung stehenden Gestaltungsparametern von Kundenbindungsprogrammen zu sehen (Reinartz 2006). Der vorliegende Beitrag kann vor diesem Hintergrund als Orientierungshilfe in Bezug auf zentrale Fragestellungen im Rahmen der Gestaltung von Kundenbindungsprogrammen dienen.

Bevor jedoch die thematisierten taktischen Fragestellungen (Welche Leistungen sollen nach welchem Schema angeboten werden?) in den Fokus rücken, muss geklärt werden, an wen sich die Bemühungen überhaupt richten sollen. So kann die Ineffektivität zahlreicher Programme darauf zurückgeführt werden, dass eine undifferenzierte Ansprache des gesamten Kundenstamms erfolgt. Ist dies der Fall, kann es zu einer Selbstselektion von Kunden kommen, die dem Unternehmen bereits loyal gegenüberstehen und die daher ohne eine Verhaltensänderung von zusätzlichen Leistungen profitieren. So konnte in einer Studie im Lebensmittel-Einzelhandel gezeigt werden, dass 86 % des Effektes der Mitgliedschaft in einem Kundenbindungsprogramm auf den *Share of Wallet* auf einen solchen Selbstselektionseffekt ohnehin loyaler Kunden zurückzuführen ist (Leenheer et al. 2007). Aus diesem Grund sollte sich die Gestaltung des Anreizsystems insbesondere an den Präferenzen und Bedürfnissen jener (potenziell) attraktiven Kunden orientieren, die bisher noch nicht zu den loyalen Kunden gehören.

Ein weiterer Aspekt, der zur Erklärung der Ineffektivität vieler Programme beitragen kann, ist die Tatsache, dass die Voraussetzungen zum Erhalt von Leistungen sich in der Regel an Umsatzgrößen orientieren, ohne die tatsächliche Profitabilität von Kunden zu berücksichtigen. Insbesondere wenn Programme derart gestaltet sind, dass sie für den Anbieter auch eine Informationsfunktion besitzen (z. B. durch die Integration einer Kundenkarte mit Sammel- und Zahlungsfunktion), ist jedoch die Schätzung der zukünftigen Profitabilität von Kunden relativ einfach (Reinartz/Kumar 2002). Die geschätzte zukünftige Profitabilität kann dann zur Gestaltung einer Anreizstruktur herangezogen werden, die auf eine Bindung profitabler Kunden abzielt (Nunes/Drèze 2006).

Literaturverzeichnis

Bolton, R. N./Lemon, K. N./Verhoef, P. C. (2004): The Theoretical Underpinnings of Customer Asset Management: A Framework and Propositions for Future Research, in: Journal of the Academy of Marketing Science, 32. Jg., Nr. 3, S. 271-292.

Breuninger (2009): Die Breuninger Card – die erste Kundenkarte Deutschlands wird 50 Jahre, http://www.e-breuninger.de/services/breuninger-card/card-historie.html [Zugriff am 20.10.2009].

De Wulf, K./Odekerken-Schröder, G./De Cannière, M. H./Van Oppen, C. (2003): What Drives Consumer Participation to Loyalty Programs? A Conjoint Analytical Approach, in: Journal of Relationship Marketing, 2. Jg., Nr. 1/2, S. 69-85.

Dittrich, S. (2000): Kundenbindung als Kernaufgabe im Marketing, St. Gallen.
Dowling, G. R./Uncles, M. (1997): Do Customer Loyalty Programs Really Work?, Sloan Management Review, 38. Jg., Nr. 4, S. 71-82.
Eggert, A. (1999): Kundenbindung aus Kundensicht: Konzeptualisierung – Operationalisierung – Verhaltenswirksamkeit, Wiesbaden.
Glusac, N. (2005): Der Einfluss von Bonusprogrammen auf das Kaufverhalten und die Kundenbindung von Konsumenten, Wiesbaden.
Gröppel-Klein, A./Königstorfer, J./Terlutter, R. (2008): Verhaltenswissenschaftliche Aspekte der Kundenbindung, in: Bruhn, M./Homburg, Ch. (Hrsg.), Handbuch Kundenbindungsmanagement - Strategien und Instrumente für ein erfolgreiches CRM, 6. Aufl., Wiesbaden, S. 42-76.
Hartmann, W./Kreutzer, R. T./Kuhfuß, H. (2004): Kundenclubs & More: Innovative Konzepte zur Kundenbindung, Wiesbaden.
Hauschild, U./Hilverkus, S. (2008): Fallstudie Miles & More: Profitable Kundenbindung in der Airline Industrie, in: Bruhn, M./Homburg, Ch. (Hrsg.), Handbuch Kundenbindungsmanagement - Strategien und Instrumente für ein erfolgreiches CRM, 6. Aufl., Wiesbaden, S. 796-809.
Hoffmann, A. (2008): Die Akzeptanz kartenbasierter Kundenbindungsprogramme aus Konsumentensicht: Determinanten und Erfolgsauswirkungen, Wiesbaden.
Homburg, Ch./Bruhn, M. (2008): Kundenbindungsmanagement – Eine Einführung in die theoretischen und praktischen Problemstellungen, in: Bruhn, M./Homburg, Ch. (Hrsg.), Handbuch Kundenbindungsmanagement - Strategien und Instrumente für ein erfolgreiches CRM, 6. Aufl., Wiesbaden, S. 3-37.
Homburg, Ch./Daum, D. (1997): Marktorientiertes Kostenmanagement: Kosteneffizienz und Kundennähe verbinden, Frankfurt am Main.
Homburg, Ch./Krohmer, H. (2009): Marketingmanagement: Strategie – Instrumente – Umsetzung – Unternehmensführung, 3. Aufl., Wiesbaden.
Krafft, M. (2007): Kundenbindung und Kundenwert, 2. Aufl., Heidelberg.
Kroeber-Riel, W./Weinberg, P./Gröppel-Klein, A. (2009): Konsumentenverhalten, 9. Aufl., München.
Lauer, T. (2002): Bonusprogramme richtig gestalten, in: Harvard Business Manager, 24. Jg., Nr. 3, S. 98-106.
Lauer, T. (2004): Bonusprogramme: Rabattsysteme für Kunden erfolgreich gestalten, Berlin.
Leenheer, J./van Heerde, H. J./Bijmolt, T. H. A./Smidts, A. (2007): Do loyalty programs really enhance behavioral loyalty? An empirical analysis accounting for self-selecting members, in: International Journal of Research in Marketing, 24. Jg., Nr. 1, S. 31-47.
Meffert, H. (2008): Kundenbindung als Element moderner Wettbewerbsstrategien, in: Bruhn, M./Homburg, Ch. (Hrsg.), Handbuch Kundenbindungsmanagement - Strategien und Instrumente für ein erfolgreiches CRM, 6. Aufl., Wiesbaden, S. 157-180.
Meyer, A./Oevermann, D. (1995): Kundenbindung, in: Tietz, B./Köhler, R./Zentes, J. (Hrsg.), Handwörterbuch des Marketing, 2. Aufl., Stuttgart, S. 1340-1351.
Nunes, J. C./Drèze, X. (2006): Your Loyalty Program Is Betraying You, in: Harvard Business Review, 84. Jg., Nr. 4, S. 124-131.
O'Brien, L./Jones, C. (1995): Do Rewards Really Create Loyalty?, in: Harvard Business Review, 73. Jg., Nr. 3, S. 75-82.
Ranaweera, C./Prabhu, J. (2003): The influence of satisfaction, trust and switching barriers on customer retention in a continuous purchasing setting, in: International Journal of Service Industry Management, Vol. 14, 4, S. 374-395.
Reichheld, F./Sasser, W. (1990): Zero Defections: Quality Comes to Services, in: Harvard Business Review, 68. Jg., Nr. 5, S. 105-111.
Reinartz, W. J. (2006): Understanding Customer Loyalty Programs, in: Krafft, M./Mantrala, M. K. (Hrsg.), Retailing in the 21st Century, Berlin, S. 361-379.
Reinartz, W. J./ Kumar, V. (2002): The Mismanagement of Customer Loyalty, in: Harvard Business Review, 80. Jg., Nr. 7, S. 86-94.

Roehm, M. L./Pullins, E. B./ Roehm, H. A. (2002): Designing Loyalty-Building Programs for Packaged Goods Brands, in: Journal of Marketing Research, 39. Jg., Nr. 2, S. 202-213.

Rust, R. T./Chung, T. S. (2006): Marketing Models of Service and Relationships, in: Marketing Science, 25. Jg., Nr. 6, S. 560-580.

Tomczak, T./Reinecke, S./Dittrich, S. (2008): Kundenbindung durch Kundenkarten und -clubs, in: Bruhn, M./Homburg, Ch. (Hrsg.), Handbuch Kundenbindungsmanagement: Strategien und Instrumente für ein erfolgreiches CRM, 6. Aufl., Wiesbaden, S. 323-345.

Yi, Y./Jeon, H. (2003): Effects of Loyalty Programs on Value Perception, Program Loyalty, and Brand Loyalty, in: Journal of the Academy of Marketing Science, 31. Jg., Nr. 3, S. 229-240.

5.3 Verkäuferpersönlichkeit als Garant zufriedener Kunden im Vertrieb[1]

Heiner Evanschitzky, Manuel Michaelis, Catja Prykop

---

[1] Die Autoren bedanken sich für die Unterstützung des Bundesministeriums für Bildung und Forschung im Rahmen des Projekts TRANSOLVE, Förderkennzeichen 01FD0706.

1 Vertriebsmitarbeiter als Gatekeeper zum Kunden

Ohne zufriedene Kunden kein Erfolg im Vertrieb! Diese simple Gleichung ist in der Unternehmenspraxis hinlänglich bekannt und durch die wissenschaftliche Forschung weitestgehend bestätigt. So existiert eine Vielzahl an Untersuchungen, die sich sowohl mit den Determinanten als auch den Konsequenzen der Kundenzufriedenheit beschäftigen. Dabei wird ein zentraler Faktor für die Kundenzufriedenheit immer wieder herausgearbeitet: der Vertriebsmitarbeiter. Aufgrund seiner Rolle als Gatekeeper zum Kunden besitzt er unmittelbaren Einfluss auf die Gemütslage und das Verhalten von Kunden im Verkaufsgespräch und hat somit entscheidenden Anteil am Vertriebserfolg.

Diesen skizzierten Wirkungszusammenhang konnten zahlreiche Untersuchungen nachweisen, die sich der empirischen Prüfung der sog. Service-Profit-Chain angenommen haben (für eine Übersicht Michaelis 2009, S. 118). Dabei geht die Service-Profit-Chain von einem positiven Zusammenhang zwischen unternehmensinternen Maßnahmen – auch interne Marketingmaßnahmen genannt – und dem Zufriedenheitsniveau der (Vertriebs-) Mitarbeiter aus. Dieses führt zu einer hohen Mitarbeiterbindung, die wiederum auf die Kundenzufriedenheit und -bindung abfärbt. Letztlich wirkt sich der Einsatz interner Marketingmaßnahmen über diese Wertkette auf den Erfolg des Unternehmens aus. Die Service-Profit-Chain unterstreicht somit die zentrale Stellung des Vertriebsmitarbeiters – auch im B2B-Kontext (Homburg/ Stock 2004). Hier sieht sich der Vertriebsmitarbeiter häufig komplexeren Verkaufssituationen ausgesetzt als im B2C-Geschäft – zu denken ist bspw. an die unterschiedlichen Anspruchsgruppen im Buying-Center des Anbieters -, weshalb seine Rolle im Verkaufsprozess erfolgskritischer als im B2C-Kontext ist (Grewal/Levy 2009).

Gleichzeitig befördern aktuelle Trends die kritische Rolle des Vertriebsmitarbeiters. Im Geiste eines modernen Marketingverständnisses geht es heutzutage im Vertrieb weniger primär darum, ein Produkt zu verkaufen, als vielmehr ein konkretes Kundenproblem zu lösen (Vargo/Lusch 2004). Die damit verbundene strategische Ausrichtung von Unternehmen als Lösungsanbieter – von Pionieren wie z. B. IBM erfolgreich umgesetzt (Gerstner Jr. 2002) –, stärkt die Position des Vertriebsmitarbeiters. So obliegt ihm die für eine erfolgreiche Gestaltung einer Lösung notwendige Bestimmung der Kundenanforderungen (Woisetschläger/Backhaus/Michaelis 2009). Hierbei müssen neben aktuellen auch zukünftige, bislang noch nicht artikulierte Bedürfnisse des Kunden antizipiert werden, um mit der anzubietenden Lösung den Kundenanforderungen langfristig entsprechen zu können. Erst im Anschluss kann eine kundenindividuelle Ausgestaltung der Lösung, ihre Umsetzung bzw. Implementierung beim Kunden und dessen Nachbetreuung erfolgen (Tuli/Kohli/ Bharadwaj 2007). Es ist daher nur konsequent, wenn sich das Vertriebsmanagement verstärkt um das eigene Vertriebspersonal als kritischem Erfolgsfaktor bemüht.

Fraglich ist hierbei allerdings, wo genau das Vertriebsmanagement ansetzen sollte. Hiermit verbunden ist die Frage, welche Aspekte eines Vertriebsmitarbeiters bzw. welche Aspekte einer sog. Verkäuferpersönlichkeit für den Vertriebserfolg überhaupt relevant sind. Unter der Verkäuferpersönlichkeit werden hier einem weiten Verständnis folgend insbesondere die Fähigkeiten und die Motivation eines Vertriebsmitarbeiters verstanden. Konkret wird im vorliegenden Beitrag die Zufriedenheit des Vertriebsmitarbeiters als Facette seiner Motivation, seine Fähigkeit, sich im Verkaufsgespräch an die Kundenbedürfnisse anzupassen – sog. Adaptive Selling (Weitz/Sujan/Sujan 1986) – und sein dominantes Verhalten im Verkaufsgespräch als zentrale Einflussfaktoren der Kundenzufriedenheit analysiert, welche einen wichtigen Indikator für den aktuellen und vor allem den zukünftigen Vertriebserfolg darstellt.

Um die Bedeutung der Verkäuferpersönlichkeit für die Kundenzufriedenheit bestimmen zu können, ist aus methodischer Sicht folgendes zu berücksichtigen: Neben der Verkäuferpersönlichkeit sind zusätzlich solche zentralen Determinanten der Kundenzufriedenheit wie z. B. die Produktqualität zu berücksichtigen, die sich nicht auf die Person des Vertriebsmitarbeiters zurückführen lassen. Darüber hinaus ist bei der Analyse zu beachten, dass Kunden – insbesondere im B2B-Kontext – grundsätzlich nur von einem einzigen Vertriebsmitarbeiter betreut werden. Dass bestimmte Kunden besonders zufrieden, andere eher unzufrieden sind, kann somit zu einem gewissen Maße am jeweiligen Vertriebsmitarbeiter liegen. Ob sich solche Unterschiede im Kundenzufriedenheitsniveau tatsächlich auf den einzelnen Vertriebsmitarbeiter zurückführen lassen, setzt die Durchführung der Mehrebenenanalyse voraus.

Bisherige Untersuchungen in diesem Bereich lassen solch eine für das Vertriebsmanagement bedeutsame Unterscheidung zwischen Einflussgrößen der Kundenzufriedenheit auf Ebene des einzelnen Kunden und solchen Einflussfaktoren, die auf den jeweiligen Vertriebsmitarbeiter zurückzuführen sind, nicht zu. Denn bei der gemeinsamen Analyse von Kunden- und Mitarbeiterdaten wird zumeist auf die Aggregation bzw. Disaggregation von Daten zurückgegriffen. Ein solches Vorgehen kann aus heutiger Sicht jedoch keineswegs mehr als zeitgemäß gelten. Denn durch die Aggregation bleibt die Unterschiedlichkeit der Kunden unberücksichtigt, die von einem Vertriebsmitarbeiter betreut werden. Durch die Disaggregation der Daten auf die Kundenebene wird gleichzeitig die Abhängigkeit der einzelnen Beobachtungen vernachlässigt, was zu einer Überschätzung der Signifikanz führt (Hedeker/Gibbons/Flay 1994).

Es ist daher das primäre Ziel des vorliegenden Beitrags Unterschiede in der Kundenzufriedenheit von B2B-Kunden durch Unterschiede in der Verkäuferpersönlichkeit der sie betreuenden Vertriebsmitarbeiter zu erklären. Hierbei werden gleichzeitig die zentralen Aspekte der Verkäuferpersönlichkeit identifiziert, mithilfe derer die Ableitung von Handlungsempfehlungen für das Vertriebsmanagement im B2B-Kontext ermöglicht wird.

Um diese Ziele zu erreichen, gliedert sich der Beitrag in fünf Teile. Zunächst werden in gebotener Kürze die zentralen Begriffe definiert. Daran anschließend werden Untersuchungshypothesen entwickelt, die auf verhaltenswissenschaftlichen Theorien basieren. Hierbei wird zwischen Effekten auf Individualebene und auf Gruppen-, d. h. Mitarbeiterebene unterschieden. Der dritte Abschnitt hat die empirische Untersuchung zum Gegenstand, in der 18 Vertriebsmitarbeiter und 188 von ihnen betreuten Geschäftskunden eines großen europäischen Finanzdienstleisters befragt wurden. Im vierten Abschnitt werden Handlungsempfehlungen für das Vertriebsmanagement abgeleitet. Schließlich werden die wichtigsten Erkenntnisse dieses Beitrages zusammengefasst.

2 Theoretischer Hintergrund der Untersuchung

2.1 Definition der zentralen Begriffe

Im hier vorliegenden Beitrag wird in Anlehnung an Homburg, Schäfer und Schneider (2008, S. 245 f.) einem weiten Verständnis von *Verkäuferpersönlichkeit* gefolgt, welches weniger auf Persönlichkeitsmerkmale allein abstellt, sondern ebenso sein Können und Wollen umfasst, Leistungen seines Unternehmens erfolgreich zu vertreiben. Dabei spiegelt sich die Verkäuferpersönlichkeit letztlich im Verhalten des Vertriebsmitarbeiters gegenüber seinen Kunden wider.

Den Erkenntnissen der Verhaltenswissenschaft folgend bestimmen maßgeblich vier Faktoren das Verhalten von Individuen (von Rosenstiel 2003, S. 78 f.). Nach von Rosenstiel sind dies:

1. das soziale Dürfen,
2. die situative Ermöglichung des gewünschten Verhaltens,
3. das individuelle Können und
4. das persönliche Wollen.

Das soziale Dürfen stellt dabei auf die Verhaltensrelevanz sozialer Normen und Regeln ab und ist wie die situative Ermöglichung, die äußere Gegebenheiten beschreibt, die ein bestimmtes Verhalten begünstigen oder verhindern, den *situativen Einflussfaktoren* zuzuordnen. Demgegenüber zählen das individuelle Können und das persönliche Wollen des betreffenden Individuums zu den personellen Einflussfaktoren (vgl. Abbildung 5.3.1).

Das soziale Dürfen und die situative Ermöglichung des gewünschten Verhaltens werden hier als situative Einflussfaktoren nicht weiter betrachtet. Von Interesse sind lediglich diejenigen Einflussfaktoren, die in der Person des Vertriebsmitarbeiters begründet sind: Können und Wollen. Dabei stellt das Können auf die individuelle Leistungsfähigkeit des einzelnen Vertriebsmitarbeiters ab und kann durch Maßnahmen des Unternehmens, z. B. durch Vertriebsschulungen, direkt beeinflusst werden. Dahingegen umschreibt das Wollen die Motivation eines Mitarbeiters. Ein wichtiger Bestandteil hiervon ist die Zufriedenheit des Mitarbeiters.

Zufriedenheit stellt im Sinne des Confirmation/Disconfirmation (C/D)-Paradigma (hierzu z. B. Oliver 1997, S. 99) das Ergebnis eines Vergleichsprozesses zwischen einer Soll- und einer Ist-Leistung bzw. zwischen Erwartungen und Erfahrungen dar (Bitner 1990). Dabei enthält Zufriedenheit sowohl kognitive als auch affektive Elemente. In diesem Sinne kann Zufriedenheit als affektiver Gefühlszustand charakterisiert werden, welcher von der wahrgenommenen Leistung als kognitiver Komponente beeinflusst wird (Oliver 1997). Bezieht sich der beschriebene Vergleichsprozesse auf den Abgleich von Erwartungen und Erfahrung im betrieblichen Umfeld, ist von Mitarbeiterzufriedenheit zu sprechen. Kundenzufriedenheit entsteht dagegen, indem ein Kunde die Soll- und die Ist-Leistung eines Anbieters miteinander vergleicht.

Abbildung 5.3.1 Integrales Verhaltensmodell (Quelle: von Rosenstiel 1988, S. 216)

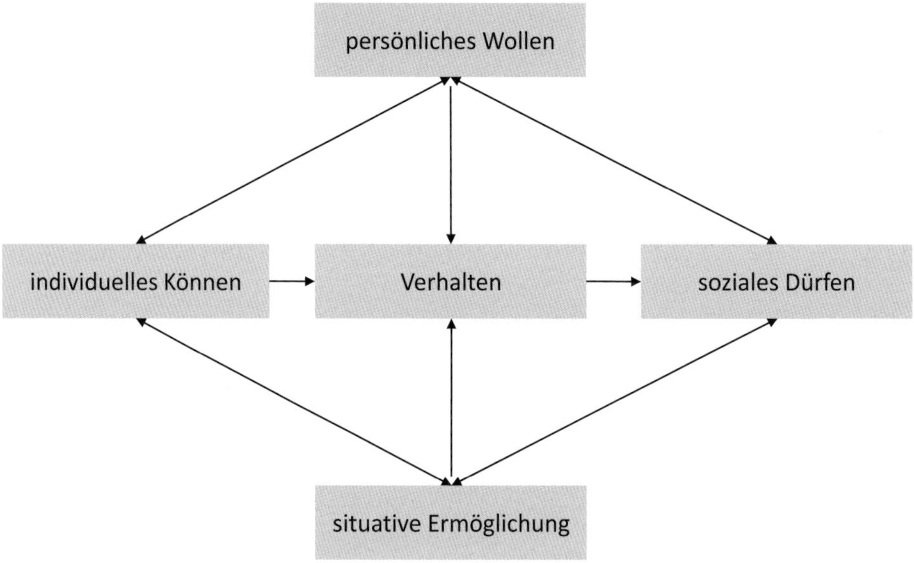

Im vorliegenden Beitrag wird neben der Zufriedenheit des Vertriebsmitarbeiters seine Fähigkeit zum adaptiven Verkaufen („*Adaptive Selling*") als Komponente des Könnens untersucht (Homburg/Schäfer/Schneider 2008, S. 262). Adaptive Selling umschreibt die Fähigkeit eines Vertriebsmitarbeiters, seine Verkaufsstrategie im Rahmen des Verkaufsgesprächs an die spezifischen Kundenbedürfnisse anzupassen (Spiro/Weitz 1990; Weitz/Sujan/Sujan 1986). Dieser Aspekt der Verkäuferpersönlichkeit spielt insbesondere vor dem Hintergrund der zunehmenden Lösungsorientierung von Unternehmen eine bedeutende Rolle. Denn die Bestimmung der Kundenbedürfnisse ist Ausgangspunkt eines jeden Solution-Sellings-Prozesses, an dessen Ende die individuelle Lösung für den betreffenden Kunden steht (Woisetschläger/Backhaus/Michaelis 2009). Darüber hinaus wird mit der *Dominanz* als Persönlichkeitsmerkmal i. e. S. ein weiterer wichtiger Bestandteil der Verkäuferpersönlichkeit untersucht.

Zusammenfassend sind unter der Verkäuferpersönlichkeit solche Einflussfaktoren des Verhaltens von Vertriebsmitarbeitern zu verstehen, die in der *Person* des Vertriebsmitarbeiters begründet liegen - und weniger in den situativen Rahmenbedingungen. Sie kann definiert werden als das Können und das Wollen eines Vertriebsmitarbeiters, sich kundenorientiert im Verkaufsgespräch mit dem Kunden zu verhalten, sowie dessen Persönlichkeitsmerkmale, die ein solches kundenorientiertes Verhalten begünstigen.

2.2 Herleitung der Untersuchungshypothesen

Die Erforschung der Kundenzufriedenheit hat im Marketing und speziell im Dienstleistungsmarketing eine lange Tradition (Szymanski/Henard 2001). Zahlreiche Studien haben die zentralen Determinanten der Kundenzufriedenheit erforscht (z. B. Westbrook 1981; Zeithaml/Parasuraman/Berry 1988). Es ist allerdings davon auszugehen, dass die Determinanten – bzw. die Relevanz einzelner Einflussfaktoren – in Abhängigkeit des betreffenden Kontextes variieren. Deshalb wird für die hier durchzuführenden Analyse im B2B-Kontext auf Ergebnisse umfangreicher Marktforschungsanalysen des betreffenden Finanzdienstleisters sowie des Literaturstudiums zurückgegriffen, um die diesbezüglich relevanten Determinanten der Kundenzufriedenheit auf Individualebene zu bestimmen (Churchill/ Surprenant 1982; Cronin/Taylor 1992; Johnson/Nader/Fornell 1996; Szymanski/Henard 2001; Swan/Combs 1976; Taylor/Baker 1994; Westbrook 1981; Zeithaml/Parasuraman/Berry 1988): Die seitens der Vertriebsmitarbeiter erbrachte Servicequalität, die Produktqualität und das Preis-Leistungs-Verhältnis wurden als die zentralen Treiber der Kundenzufriedenheit identifiziert. Es ist daher anzunehmen, dass folgende Zusammenhänge zwischen den Treibern und der Kundenzufriedenheit auf Individualebene existieren:

Hypothese 1a: Auf Individualebene besitzt die Servicequalität des Vertriebsmitarbeiters (SERV) einen positiven Einfluss auf die Kundenzufriedenheit (CSAT).

Hypothese 1b: Auf Individualebene besitzt die Produktqualität (PROD) einen positiven Einfluss auf die Kundenzufriedenheit (CSAT).

Hypothese 1c: Auf Individualebene besitzt das Preis-Leistungs-Verhältnis (PLV) einen positiven Einfluss auf die Kundenzufriedenheit (CSAT).

Entscheidend für das Untersuchungsziel sind jedoch die Analyse der Zusammenhänge zwischen Aspekten der Verkäuferpersönlichkeit und der Kundenzufriedenheit. Folglich sind die Effekte eben dieser Verkäuferpersönlichkeit als unabhängiger Variable auf der Gruppenebene von Interesse. Als wichtiger Aspekt der Verkäuferpersönlichkeit wurde die Mitarbeiterzufriedenheit herausgearbeitet. Befürworter der Service-Profit-Chain räumen der Mitarbeiterzufriedenheit eine essentielle Bedeutung für das Kundenzufriedenheitsmanagement ein (Schlesinger/Heskett 1991).

In den bis dato vorliegenden Studien wurden vielfältige theoretische Ansätze herangezogen, um den Einfluss der Mitarbeiterzufriedenheit auf die Kundenzufriedenheit zu erklären. Vor allem liefern Theorien der Einstellungsänderung wie z. B. die Balancetheorie

(Heider 1946, 1958) und die Theorie der emotionalen Ansteckung (Hatfield/ Cacioppo/Rapson 1994) wertvolle Erklärungen, wie sich die Einstellungen von miteinander interagierenden Personen einander angleichen. Im Rahmen dieses Anpassungsprozesses – so die Annahme der Einstellungsforschung – lassen sich gefestigte Einstellungen schwieriger verändern als schwache Einstellungen (Fishbein/Ajzen 1972). Basierend auf dieser Annahme konnten Einstellungsattribute identifiziert werden, die starke Einstellungen von schwächeren Einstellungen unterscheiden. Attribute, die auf eine hohe Einstellungsstabilität hinweisen, sind u. a. das Wissen einer Person und die Bedeutung eines Objekts für diese Person (Erber/Hodges/Wilson 1995; Krosnick et al. 1993; Petty/Cacioppo 1986). Unter Wissen wird in den betreffenden Untersuchungen oftmals der Umfang der Information verstanden, die eine Person über ein Objekt besitzt (Wood/Rhodes/Biek 1995).

Wendet man die Erkenntnisse der Einstellungsforschung auf die Mitarbeiter-Kunden-Dyade an, kann angenommen werden, dass der Vertriebsmitarbeiter im Vergleich zu seinen Kunden eine stabilere Einstellung gegenüber dem eigenen Unternehmen und der von diesem angebotene Leistungsqualität besitzt. Denn für den Vertriebsmitarbeiter ist das Unternehmen als Arbeitgeber a) von größerer Bedeutung und b) besitzt dieser gegenüber seinen Kunden gleichzeitig einen Wissens- bzw. Informationsvorsprung. Folglich kann davon ausgegangen werden, dass sich nicht der Vertriebsmitarbeiter an die Einstellungen seiner Kunden anpasst, sondern die Kunden ihre Zufriedenheit gegenüber dem Unternehmen dem Zufriedenheitsniveau ihres sie betreuenden Vertriebsmitarbeiters angleichen. Ist nun ein Kunde mit dem Leistungsangebot eines Unternehmens unzufrieden, hat jedoch ein gutes Verhältnis zu seinem Vertriebsmitarbeiter, dann ist dieser in der Lage, den Kunden von den positiven Aspekten der angebotenen Leistung zu überzeugen. Voraussetzung ist allerdings, dass der Vertriebsmitarbeiter selbst von seinem Arbeitgeber überzeugt und mit diesem zufrieden ist.

Gerade im B2B-Kontext sind soziale Verkaufsstrategien, d. h. Strategien, die auf der guten Beziehung zwischen Vertriebsmitarbeiter und Kunde fußen, am effektivsten (Palmatier/ Gopalakrishna/Houston 2006). Gleichzeitig besteht ein positiver Zusammenhang zwischen der Verkaufsleistung und der Zufriedenheit des Vertriebsmitarbeiters (Behrman/Perreault 1982; Brown/Peterson 1993). Folglich kann davon ausgegangen werden, dass sich die Zufriedenheit des Vertriebsmitarbeiters über eine gute Beziehung zum Kunden in der Verkaufsleistung und damit in einem hohen Maß an Kundenzufriedenheit widerspiegelt.

> *Hypothese 2: Auf Gruppenebene besitzt die Mitarbeiterzufriedenheit (ESAT) einen positiven Einfluss auf die Kundenzufriedenheit (CSAT).*

Ebenfalls in Übereinstimmung mit den genannten Einstellungstheorien besitzen Mitarbeiter dann den größtmöglichen positiven Einfluss auf die Kundenzufriedenheit, wenn sie in der Lage sind, auf die Bedürfnisse des Kunden gezielt einzugehen und diese zu befriedigen. Inwieweit ihnen dieses gelingt, ist eine Frage des Adaptive Selling. Denn Vertriebsmitarbeiter, die ein solch angepasstes Verkaufsverhalten praktizieren, zeigen ein größeres Verständnis für Kundenprobleme und besitzen eine höhere Problemlösungskompetenz (Spiro/Weitz 1990; Sujan/Weitz/Sujan 1988; Weitz/Sujan/Sujan 1986). In letzter Konsequenz ergibt sich, dass Adaptive Selling Kundeneinstellungen wie bspw. die Zufriedenheit positiv beeinflussen kann. Denn zentraler Ansatzpunkt des Adaptive Selling ist es, dem Kunden eine realistische Annahmen über das Ergebnis einer Leistung zu vermitteln (Grewal/ Sharma 1991). Im Sinne des CD-Paradigmas reduziert Adaptive Selling die Diskrepanz zwischen dem, was der Kunden erwartet, und dem, was er tatsächlich als Leistung erhält. Indem diese Lücke geschlossen wird, erhöht sich die Kundenzufriedenheit (Levy/Sharma 1994; Spiro/Weitz 1990; Sujan/ Weitz/Sujan 1988; Weitz/Sujan/Sujan 1986).

> *Hypothese 3: Auf Gruppenebene besitzt Adaptive Selling (ADAPTS) einen positiven Einfluss auf die Kundenzufriedenheit (CSAT).*

Schließlich wird ein weiterer wichtiger Aspekt der Verkäuferpersönlichkeit und eines der bedeutenden Persönlichkeitsmerkmale von Vertriebsmitarbeitern untersucht: Dominanz (Paulhus/Martin 1987). Dominanz wird nach Meinung bestimmter Forscher (z. B. Dodge 1938) ein positiver Einfluss auf den Verkaufserfolg nachgesagt. Denn ein dominanter Verkäufer ist in der Lage, das Verhalten eines Kunden zu seinen Gunsten zu beeinflussen.

Die Balancetheorie besagt allerdings, dass ein dominantes Auftreten des Vertriebsmitarbeiters eher abschreckend auf den Kunden wirkt, da dieser sich in die Enge getrieben fühlt (z. B. bei der Unterzeichnung eines Vertrags). Der Kunde wird ein solches Verhalten des Vertriebsmitarbeiters als unsympathisch bewerten. Hierdurch kann ein Ungleichgewicht auf Seiten des Kunden entstehen, wenn dieser gegenüber den Leistungen des Unternehmens zunächst positiv eingestellt war. Um sein inneres Gleichgewicht wiederherzustellen, wird der Kunde nun gemäß balancetheoretischer Argumentation auch den Leistungen des Unternehmens kritisch gegenüberstehen; es entsteht Unzufriedenheit.

Im Sinne des CD-Paradigmas führt das dominante Verhalten des Vertriebsmitarbeiters zu einem wahrgenommenen Kontrollverlust im Verkaufsgespräch auf Seiten des Kunden. Daraus folgt, dass dessen Erwartungen in Bezug auf den Verkaufsprozess nicht erfüllt werden, was zu einem Verlust an Kundenzufriedenheit führt. In Übereinstimmung hiermit fand Husband (1949) heraus, dass erfolgreiche Verkäufer keineswegs dominant sind, sondern emotional ausgeglichen, selbstbewusst, unabhängig und extrovertiert.

> *Hypothese 4: Auf Gruppenebene besitzt Dominanz (DOM) einen negativen Einfluss auf die Kundenzufriedenheit (CSAT).*

Darüber hinaus können sowohl das Alter als auch die Betriebszugehörigkeitsdauer des Vertriebsmitarbeiters Unterschiede im Kundenzufriedenheitsniveau erklären (Churchill et al. 1985; Levy/Sharma 1994; Sharma/Levy/Evanschitzky 2007). Daher werden auch sie als Variablen in der vorliegenden Untersuchung berücksichtigt. Allerdings werden hierfür keine eigenständigen Hypothesen abgeleitet, da es sich bei diesen Faktoren nicht um Aspekte der Vertriebspersönlichkeit handelt und sie somit nicht im Fokus der Untersuchung stehen. Bewiesenermaßen besitzt auch das Geschlecht einen Einfluss auf die Leistung von Vertriebsmitarbeitern (Goolsby/Lagace/Boorom 1992; Levy/Sharma 1994). Da in der Abteilung des betreffenden Unternehmens jedoch nur eine einzige weibliche Person beschäftigt ist, wird das Geschlecht als relevantes Kriterium nicht weiter betrachtet.

3 Ergebnisse der empirischen Untersuchung

3.1 Untersuchungsdesign und Stichprobe

Die aufgestellten Untersuchungshypothesen wurden anhand einer gematchten Stichprobe aus Vertriebsmitarbeitern und B2B-Kunden eines großen europäischen Anbieters für Finanzdienstleistungen überprüft. Dieser verkauft Finanzprodukte und -instrumente sowie Dienstleistungen an andere Finanzdienstleister – vornehmlich Banken. Um effizient arbeiten zu können, benötigen Banken bei bestimmten Finanzprodukten ein gewisses Volumen. Falls nun eine Bank dieses Volumen nicht selbständig erreichen kann, seinen eigenen Kunden ein bestimmtes Produkt als Full-Service-Provider aber trotzdem anbieten möchte, kann diese die entsprechenden Produkte von einer anderen Bank bzw. anderen Finanzdienstleistern beziehen. Dieses Inter-Banken-Geschäft stellt das Kerngeschäft des hier untersuchten Finanzdienstleistungsunternehmens dar.

Sämtliche der 1.119 weltweit tätigen Kunden des Unternehmens wurden per Email eingeladen an einer Online-Befragung teilzunehmen. Der Fragebogen war dabei in den für die internationale Finanzdienstleistungsbranche üblichen Sprachen Englisch, Deutsch, Französisch und Spanisch abrufbar. Insgesamt füllten 188 Kunden den Fragebogen aus, was einer Rücklaufquote von 16,8 % entspricht. Gleichzeitig umfasst die Stichprobe n=18 Vertriebsmitarbeiter, bei insgesamt 23 Vertriebsmitarbeitern in der entsprechenden Abteilung des Finanzdienstleisters (Rücklaufquote: 78,3 %). Den Vertriebsmitarbeitern wurde ein Link zu einem Onlinefragebogen zugesendet. Weil die Befragung anonym durchgeführt werden sollte, wurde ein unabhängiges Institut beauftragt, die Datensätze mit einer anonymisierenden Schlüsselvariablen auszustatten. Durch diese ließen sich die befragten Kunden ihrem persönlichen Verkaufsmitarbeiter zuordnen – eine Voraussetzung für die Durchführung einer Mehrebenenanalyse.

3.2 Messung der Konstrukte und Prüfung der Modellgüte

Die vorliegende Untersuchung umfasst insgesamt zwei Analyseebenen: Die Kundenebene (Individualebene) und die Mitarbeiterebene (Gruppenebene). Auf der *Individualebene* werden die Servicequalität, die Produktqualität und das Preis-Leistungs-Verhältnis als Determinanten der Kundenzufriedenheit gemessen. Basierend auf der einschlägigen Literatur (Szymanski/Henard 2001; Westbrook 1981; Zeithaml/Parasuraman/Berry 1988) und den Ergebnissen, die sich aus vier Jahren umfassender Marktforschung des betreffenden Finanzdienstleisters ergeben, wurde auf das in Tabelle 5.3.1 dargestellte Set an Items zurückgegriffen.

Tabelle 5.3.1 Konstrukte auf Individualebene

	Service-qualität	Produkt-qualität	Preis-Leistungs-Verhältnis
Wie zufrieden sind Sie mit den Produkten von [Bank] insgesamt?		0,823	
Wie zufrieden sind Sie mit der Angebotsbreite der Produkte von [Bank]?		0,883	
Wie zufrieden sind Sie mit der Qualität der Produkte und Dienstleistungen von [Bank]?		0,776	
Wie zufrieden sind Sie mit den Produktinnovationen von [Bank]?		0,859	
Wie zufrieden sind Sie mit den individuell entwickelten Lösungen von [Bank]?		0,780	
Der für mich zuständige Vertriebsmitarbeiter hat für mich genügend Zeit.	0,781		
Ich kann den für mich zuständigen Vertriebsmitarbeiter erreichen, wenn ich ihn brauche.	0,713		
Der für mich zuständige Vertriebsmitarbeiter berät mich in Bezug auf die von mir dargelegten Anforderungen.	0,817		
Der für mich zuständige Vertriebsmitarbeiter bearbeitet meine Anfragen zügig.	0,831		
Der für mich zuständige Vertriebsmitarbeiter informiert mich über aktuelle Entwicklungen, die für unser Geschäft wichtig sind.	0,727		
Der für mich zuständige Vertriebsmitarbeiter ist lösungsorientiert.	0,785		
Der für mich zuständige Vertriebsmitarbeiter ist flexibel.	0,751		
Der für mich zuständige Vertriebsmitarbeiter hat die notwendige Expertise.	0,802		
Wie beurteilen Sie die Preisstruktur von [Bank] verglichen mit anderen Anbietern?			0,919
Wie zufrieden sind Sie mit dem Preis-Leistungs-Verhältnis der Produkte und Dienstleistungen von [Bank]?			0,504
Cronbach's Alpha	***0,925***	***0,930***	***0,972***
Faktorreliablität	***0,950***	***0,914***	***0,692***
durchschnittlich erklärte Varianz	***0,592***	***0,681***	***0,550***

Alle Items wurden mittels 5-Punkte-Likert-Skalen gemessen, die von 1= „sehr unzufrieden" oder „stimme absolut nicht überein" bis 5 = „sehr zufrieden" oder „stimme absolut zu" reichten. Die abhängige Variable auf Individualebene, die Kundenzufriedenheit, wurde mit zwei Items gemessen („Wie zufrieden sind Sie allgemein mit [Bank]?" und „Wenn ich alle Aspekte der Kundenbeziehung mit [Bank] in Betracht ziehe, bin ich (sehr zufrieden…überhaupt nicht zufrieden) mit [Bank]"). Die beiden Items wurden wie in der Literatur vorgeschlagen zu einer Gesamtbenotung zusammengefasst (zu diesem Vorgehen bspw. Vogel/Evanschitzky/Ramaseshan 2008). Die Korrelation zwischen den zwei Items beträgt 0,802, die Faktorreliablität 0,902 und die durchschnittlich erklärte Varianz 0,821. Um die Daten im Rahmen der Mehrebenenanalyse nutzen zu können, wurden Faktorwerte für die drei unabhängigen Konstrukte auf Individualebene berechnet (MSA= 0,916; erklärt Gesamtvarianz = 76,31 %). Dieses Vorgehen garantiert, dass Probleme der Multikollinearität vermieden werden, da Faktorwerte orthogonal und standardisiert sind.

Auf der *Gruppenebene* werden Aspekte der Verkäuferpersönlichkeit gemessen: Die Mitarbeiterzufriedenheit wird mittels derjenigen Items operationalisiert, welche von Churchill/Ford/Walker (1974) sowie Smith/Kendall/Hulin (1969) vorgeschlagen werden. Da hier nicht die Determinanten der Mitarbeiterzufriedenheit von Interesse sind, werden ausschließlich diejenigen Items herangezogen, die die globale Arbeitszufriedenheit wiedergeben. Ein qualitativer Pretest unter 12 Verkaufsmanagern einer angrenzenden Abteilung des betreffenden Finanzdienstleisters führte diesbezüglich zu einem finalen Set aus sechs Items. Adaptive Selling wurde mithilfe einer 7-Item-Skala von Robinson et al. (2002) gemessen. Letztendlich wurde die Dominanz mithilfe eines sieben Items umfassenden semantischen Differenzials von Paulus und Martin (1987) gemessen. Zur Einbeziehung der drei Konstrukte in die Mehrebenenanalyse wurden Skalenmittelwerte gebildet. Die Korrelationsanalyse zeigt, dass die drei Konstrukte der Mitarbeiterebene nur moderat miteinander korreliert sind (Korrelationskoeffizienten zwischen 0,06 und 0,48). Darüber hinaus ist die Diskriminanzvalidität gegeben, da keine der quadrierten Korrelationen zwischen den Konstrukten die durchschnittlich erklärte Varianz übersteigt (Fornell/Larcker 1981). Das finale Set der Items ist zusammen mit den Faktorladungen sowie den Validitäts- und Reliabilitätsmaßen Tabelle 5.3.2 zu entnehmen.

Tabelle 5.3.2 Konstrukte auf Gruppenebene (R) = revers kodiert

	Mitarbeiter-zufriedenheit	Adaptive Selling	Dominanz
Die Arbeitsatmosphäre in unserer Abteilung ist gut.	0,601		
Meine Kollegen und ich unterstützen uns gegenseitig.	0,848		
Ich kann mich auf meinen Vorgesetzten verlassen.	0,813		
Mein Vorgesetzter weiß meine Arbeitsleistung zu schätzen.	0,735		
Ich besitze Zugang zu den notwendigen Informationen und Materialen, um meiner Arbeit nachgehen zu können.	0,645		
In unserer Abteilung versuchen wir uns stets zu verbessern.	0,614		
Ich gehe stets auf die Bedürfnisse meiner Kunden ein.		0,688	
Ich nutze bei jedem Kunden den gleichen Verkaufsansatz. (R)		-0,649	
Ich mag es, unterschiedliche Verkaufsansätze auszuprobieren.		0,857	
Mir fällt es leicht, auf unterschiedliche Verkaufsansätze im Verkaufsgespräch zurückzugreifen.		0,594	
Ich behandle meine Kunden ziemlich gleich. (R)		-0,804	
Ich bin sehr flexibel, was den von mir genutzten Verkaufsansatz betrifft.		0,570	
Ich verändere meinen Verkaufsansatz in Abhängigkeit der Situation.		0,810	
dominant - zurückhaltend			0,803
offen - reserviert			0,803
eigennützig – generös			0,825
ehrgeizig – gelassen			0,826
extrovertiert – introvertiert			0,584
bestimmend – defensiv			0,937
fordernd – entgegenkommend			0,570
Cronbach's Alpha	***0,815***	***0,790***	***0,957***
Faktorreliablität	***0,861***	***0,879***	***0,911***
durchschnittlich erklärte Varianz	***0,512***	***0,516***	***0,599***

3.3 Ergebnisse der empirischen Untersuchung

3.3.1 Test der Anwendungsvoraussetzungen von Mehrebenenmodellen

Aufgrund der vorliegenden dyadischen Datenstruktur wurde eine Mehrebenenanalyse mittels HLM durchgeführt (für einen Überblick zu Mehrebenenmodellen bspw. Raudenbush/Bryk 2002; Raudenbush et al. 2004; Snijders/Bosker 1999). Mit solch einem hierarchischen linearen Modell lässt sich der Zusammenhang zwischen Variablen der Individual- und der Gruppenebene in einer einzigen Analyse bestimmen, wobei zwischen der Varianz innerhalb einer Gruppe bzw. zwischen den untersuchten Gruppen unterschieden werden kann. Mehrebenenmodelle erfordern, dass Variablen eindeutig ihrer zugehörigen Ebene zugeordnet und Daten unterschiedlicher Befragungen durch ein *Gruppierungskriterium*, einer sog. Schlüsselvariablen, miteinander verbunden werden können (Hox 1995). Im vorliegenden Fall wurden die Daten der Kundenbefragung mit denen der Mitarbeiterbefragung über den anonymen Mitarbeiterschlüssel als Gruppierungsvariable zusammengefügt. Es liegt somit eine genestete Datenstruktur vor, d. h. der Kundendatensatz (n=188) ist im Mitarbeiterdatensatz (n=18) genestet.

In Anbetracht der *Stichprobengröße* ist zu konstatieren, dass die Anzahl der Fälle auf Gruppenebene mit n=18 sehr klein ist. Typischerweise wird für Mehrebenenanalysen eine Stichprobe von mindestens n=20 empfohlen (Hox 1995). Es ist allerdings zu berücksichtigen, dass im vorliegenden Fall eine Stichprobe von maximal n=23 möglich gewesen wäre, da die betreffende Vertriebsabteilung nur über insgesamt 23 Vertriebsmitarbeiter verfügt. Darüber hinaus zeigen jüngste Studien, dass Mehrebenenmodelle ebenfalls bei kleineren Stichproben auf Gruppenebene angewendet werden können, ohne fehlerhafte Ergebnisse zu produzieren. Maas und Hox (2005) kommen basierend auf ihren Simulationsstudien zu dem Schluss, dass selbst bei einer Stichprobengröße von n=10 Schätzungen der Regressionskoeffizienten fast unverfälscht sind. Lediglich die Standardfehler werden zu einem gewissen Maß unterschätzt, so dass andere Techniken (z. B. Bootstrapping) zur Bestimmung von Standardfehlern angewandt werden sollten. Zusammenfassend kommen Maas und Hox (2005) zum Schluss, dass es besser sei, ein Mehrebenenmodell mit einer kleinen Fallzahl auf Gruppenebene anzuwenden als gegen die Annahme der Unabhängigkeit der Beobachtungen zu verstoßen und lediglich ein Individualmodell zu schätzen.

Eine zentrale Annahme bei Mehrebenenanalysen ist, dass eine ausreichend große *Varianz zwischen den beobachteten Gruppen* besteht. Im vorliegenden Fall sollten die Parameter nur dann mittels eines hierarchisch linearen Modells geschätzt werden, wenn die Varianz zwischen den 18 Kundengruppen mit Blick auf das Zufriedenheitsniveau substanziell ist. Als Indikator kann hier die Intra-Class-Correlation (ICC) dienen, da sie den Grad der Homogenität innerhalb einer Gruppe bzw. Klasse angibt. Sie wird wie folgt berechnet (Raudenbush/Bryk 2002):

$$\mathrm{ICC} = \frac{\sigma_B^2}{\sigma_B^2 + \sigma_W^2}$$

mit σ_B^2 als Korrelation zwischen den Klassen und als σ_W^2 Korrelation innerhalb der Klassen.

Muthen und Satorra (1995, S. 289) schlagen vor, den ICC um die Durchschnittsklassengröße zu bereinigen, um die Notwendigkeit einer Mehrebenenanalyse zu bestimmen. Sie nutzen den Designeffekt (DEFF) als Indikator, inwieweit eine Verletzung der Annahme unabhängiger Beobachtungen zwischen den Klassen vorliegt. Der DEFF berechnet sich wie folgt:

$$\mathrm{DEFF} = 1 + (c-1) \times ICC$$

mit c als Durchschnittsgröße der Klasse und ICC als Korrelation innerhalb der Klassen. Die Autoren gehen davon aus, dass immer wenn der DEFF einen Wert von größer 2 annimmt, eine Verletzung der Annahme unabhängiger Beobachtungen zwischen den Klassen anzunehmen ist. In einem solchen Fall empfehlen sie die Anwendung einer Mehrebenenanalyse. Für das vorliegende Untersuchungsdesign lässt sich ein DEFF von 2,67 (=1+(10,44-1)×0,177) berechnen, welcher den kritischen Wert deutlich übersteigt.

Im nächsten Schritt ist zu prüfen, inwieweit sich die Varianz in der abhängigen Variablen zwischen den Klassen auf Unterschiede in Bezug auf das Niveau (Intercept) der unabhängigen Variablen oder auf Unterschiede in der Stärke des Wirkungszusammenhangs (Slope) zwischen unabhängiger und abhängiger Variable zurückführen lassen. Hierzu wurden die verschiedenen Komponenten berechnet (Raudenbush/Bryk 2002).

Den Ergebnissen aus Tabelle 5.3.3 zufolge sind nur die Intercepts, also die Niveaus der 18 Gruppen signifikant verschieden, jedoch nicht die Slopes, d. h. die Stärke der Wirkungszusammenhänge. Gemäß Raudenbush und Bryk (2002) wird auf Basis dieser Ergebnisse ein sog. Random-Intercept-Model geschätzt. Dies bedeutet, dass die Analyse lediglich Unterschiede in den Intercepts, sprich den Niveaus der berücksichtigten unabhängigen Variablen im Regressionsmodell aufdeckt, jedoch keine Unterschiede zwischen den Gruppen in Bezug auf die Wirkungszusammenhänge.

Tabelle 5.3.3 Varianzkomponenten

	Varianzkomponente	**Chi-Quadrat (FG=17)**	**p-Wert**
Intercept	0,0428	52,46	0,002
Slope „SERV“	0,0124	18,48	0,359
Slope „PROD“	0,0054	15,16	>0,5
Slope „PLV“	0,0035	13,56	>0,5
Level-1 R	***0,2041***		

3.3.2 Test der Untersuchungshypothesen

Basierend auf den bisherigen Ergebnissen ergibt sich folgendes finales dyadisches Random-Intercept-Model:

Level-1-Modell (Indivdualebene):

$$\text{CSAT} = \beta_0 + \beta_1(SERV) + \beta_2(PROD) + \beta_3(PLV) + r$$

Level-2-Modell (Gruppenebene):

$$\beta_0 = \gamma_{00} + \gamma_{01}(ADAPTS) + \gamma_{02}(ESAT) + \gamma_{03}(DOM) + \gamma_{04}(AGE) + \gamma_{05}(TEN) + u_0$$

Zunächst wird der direkte Einfluss (auf Individualebene, d. h. Kundenebene) der Servicequalität (SERV), der Produktqualität (PROD) und des Preis-Leistungs-Verhältnis (PLV) auf die Kundenzufriedenheit (CSAT) überprüft. Der eigentliche Beitrag der vorliegenden Untersuchung besteht jedoch in der Analyse unterschiedlicher Aspekte der Verkäuferpersönlichkeit und damit der Einflussfaktoren auf Gruppen-, d. h. Mitarbeiterebene. Konkret geht es um den Einfluss der Mitarbeiterzufriedenheit (ESAT), der Fähigkeit des Adaptive Selling (ADAPTS) und der Dominanz (DOM) auf die Kundenzufriedenheit. Zusätzlich werden das Alter (AGE) und die Betriebszugehörigkeitsdauer des Vertriebsmitarbeiters (TEN) als Kontrollvariablen berücksichtigt.

Die Ergebnisse in Tabelle 5.3.4 zeigen, dass die Einflussfaktoren auf *Kundenebene*, d. h. Servicequalität, Produktqualität und Preis-Leistungs-Verhältnis, allesamt signifikante Treiber der Kundenzufriedenheit sind. Hierbei besitzt die Produktqualität den stärksten Einfluss auf die abhängige Variable, gefolgt von der Servicequalität und dem Preis-Leistungs-Verhältnis. Folglich stützen die Ergebnisse Hypothese 1.

Für die vorliegende Fragestellung bedeutsamer sind jedoch die Ergebnisse des Regressionsmodells auf *Mitarbeiterebene*. Die Mitarbeiterzufriedenheit hat einen signifikant (t-Wert = 2,921) positiven Einfluss auf das Kundenzufriedenheitsniveau. Anders ausgedrückt: Je höher das Zufriedenheitsniveau des Vertriebsmitarbeiters, desto zufriedener ist auch die von ihm betreute Kundengruppe. Dies stimmt mit den Aussagen der Balancetheorie überein und bestätigt Hypothese 2. Die Dominanz hat lediglich einen geringen, dafür aber negativen Einfluss auf die Kundenzufriedenheit. Dies bedeutet, dass je dominanter ein Vertriebsmitarbeiter ist, umso weniger zufrieden sind seine Kunden. Dieses Ergebnis ist jedoch nur knapp signifikant (t-Wert=1,748).

Den stärksten Einfluss auf die Kundenzufriedenheit auf Mitarbeiterebene besitzt die Fähigkeit des Vertriebsmitarbeiters, sein Verhalten an die Wünsche und Bedürfnisse der Kunden anzupassen. Adaptive Selling beeinflusst das Kundenzufriedenheitsniveau dabei positiv (t-Wert=3,471). Da Kunden, die von Vertriebsmitarbeitern betreut werden, die Adaptive Selling beherrschen, signifikant zufriedener sind als Kunden mit weniger begabten

Ansprechpartnern, kann Hypothese 3 bestätigt werden. Entgegen anderslautenden Studien liegt hier allerdings kein Einfluss des Alters oder der Betriebszugehörigkeitsdauer auf die Kundenzufriedenheit vor.

Wie in der Literatur vorgeschlagen wird (Maas/Hox 2005), wurde die Signifikanz der Regressionskoeffizienten ebenfalls mittels der Bootstrappingmethode bestimmt, wobei sich die Ergebnisse nicht substanziell unterscheiden. Während der Koeffizient der Mitarbeiterzufriedenheit jetzt nur auf einem 0,05-Level (t=2,011) signifikant ist, bleiben sowohl die Signifikanz der Koeffizienten der Dominanz (p<0,1; t=1,698) als auch die Signifikanz des Koeffizienten von Adaptive Selling (p<0,1; t=3,321) auf gleichem Niveau. Nicht überraschend sind Alter und Betriebszugehörigkeitsdauer bei Schätzung der Signifikanz mittels Bootstrapping weiterhin nicht signifikant.

Fasst man die zentralen Erkenntnisse der Untersuchung zusammen, so kann trotz der kleinen Stichprobe auf Gruppenebene davon ausgegangen werden, dass die Analyse zu validen Ergebnissen kommt. Hieraus ergeben sich relevante Implikationen für das Vertriebsmanagement.

Tabelle 5.3.4 Ergebnisse des Mehrebenenmodells

Einflussfaktor	Nicht-standardisierte Koeffizienten	t-Wert
Level 1 (abhängige Variable: CSAT)		
Servicequalität (SERV)	0,270	6,985
Produktqualität (PROD)	0,405	11,463
Preis-Leistungs-Verhältnis (PLV)	0,237	7,596
Level 2 (abhängige Variable:)		
Verkäuferpersönlichkeit		
Mitarbeiterzufriedenheit (ESAT)	0,205	2,921
Dominanz (DOM)	-0,059	1,748
Adaptive Selling (ADAPTS)	0,362	3,471
Kontrollvariablen		
Alter (AGE)	0,002	0,238
Betriebszugehörigkeit (TEN)	-0,012	0,978

4 Implikationen für das Vertriebsmanagement

Implikationen für das Vertriebsmanagement ergeben sich in dreierlei Hinsicht. Zunächst lassen sich *kontextspezifische Empfehlungen* für das Geschäftskundengeschäft von Finanzdienstleistern geben. So lässt sich festhalten, dass auf Kundenebene die Produktqualität von größter Bedeutung für die Kundenzufriedenheit ist. Folglich sollten Finanzdienstleister ihre primäre Aufmerksamkeit auf die adäquate Ausgestaltung ihrer Produkte legen. Dies gilt insbesondere in Zeiten, in denen B2B-Kunden zunehmend Lösungen für ihre spezifischen Probleme nachfragen und weniger „Produkte von der Stange".

Allerdings kommt gerade bei solchen Geschäftsmodellen, die verstärkt auf das Angebot von Lösungen abstellen, dem Vertriebsmitarbeiter eine besonders erfolgskritische Rolle zu. Denn dieser muss als Gatekeeper, vom Kunden die notwendigen Informationen zur Leistungserstellung erheben. Die exponierte Stellung des Vertriebsmitarbeiters konnte durch die Untersuchung nachgewiesen werden. Konkret konnte gezeigt werden, dass bedeutende Mittelwertunterschiede in Bezug auf die Kundenzufriedenheit zwischen den untersuchten 18 Kundengruppen bestehen, d. h. dass das Zufriedenheitsniveau der Geschäftskunden zum Teil vom jeweilig betreuenden Vertriebsmitarbeiter abhängig ist. Folglich entscheidet nicht allein die Produktqualität darüber, ob ein Kunde mit der Leistung eines betreffenden Anbieters zufrieden ist, sondern ebenfalls die Verkäuferpersönlichkeit des Vertriebsmitarbeiters.

Wie kann das Vertriebsmanagement jedoch auf diese Einfluss nehmen? Die Analyse zeigt, dass die Mitarbeiterzufriedenheit als Facette der Motivation und Adaptive Selling als relevante Fähigkeit im Vertrieb einen entscheidenden Beitrag zur Kundenzufriedenheit leisten. Dagegen führt eine dominante Verkäuferpersönlichkeit eher zu Unzufriedenheit auf Kundenseite. Es können daher folgende *Empfehlungen für die Personalentwicklung und das Recruiting von Vertriebsmitarbeitern* gegeben werden:

So sollte bei der Rekrutierung neuer Verkaufsmitarbeiter darauf geachtet werden, dass der Kandidat in einer konkreten Verkaufssituation gegenüber den Kunden nicht dominant auftritt. Weil dominantes Auftreten eine relativ manifeste Charaktereigenschaft ist, erscheint es schwierig, diese Eigenschaft kurzfristig durch spezielles Training abzulegen. Folglich ist es sinnvoll, Dominanz als weiteres Auswahlkriterium bei der Selektion neuer Vertriebsmitarbeiter in Betracht zu ziehen.

Adaptive Selling wirkt sich positiv auf die Kundenzufriedenheit aus. Deswegen sollte im Rahmen von Verkaufstrainings insbesondere die Fähigkeit der Vertriebsmitarbeiter geschult werden, Kundenbedürfnisse und -wünsche gezielt aufzunehmen und mit den entsprechenden Lösungen zu befriedigen. Beispielsweise kann ein strukturierter Beratungsprozess dabei nützlich sein, Kundenwünsche zu identifizieren. In einem strukturierten Beratungsprozess werden Kunden systematisch zu ihren Wünschen zu einer speziellen Produkt- oder Servicekategorie befragt und die entsprechend passenden Angebote gemacht.

Eine andere effektive Methode, Kundenzufriedenheit systematisch zu steigern, ist es die Zufriedenheit der Verkaufsmitarbeiter zu verbessern. Denn ob ein Kunde zufrieden ist oder nicht, hängt zu einem großen Teil davon ab, inwieweit der ihn betreuende Vertriebsmitarbeiter mit seiner eigenen Arbeitssituation zufrieden ist. Dieses Ergebnis entspricht den Vorhersagen der Balancetheorie und der Theorie der emotionalen Ansteckung und überträgt diese theoretischen Ansätze auf den B2B-Kontext. Darüber hinaus wird in der relevanten Literatur davon ausgegangen, dass der Zusammenhang zwischen Mitarbeiter- und Kundenzufriedenheit selbst dann gegeben ist, wenn keine direkte Mitarbeiter-Kunden-Interaktion gegeben ist. Dies unterstreicht die Bedeutung der Mitarbeiterzufriedenheit für das Kundenmanagement.

Die Ergebnisse der Mitarbeiterbefragungen des betreffenden Finanzdienstleisters in den letzten sieben Jahren machen deutlich, wie Mitarbeiterzufriedenheit nachhaltig gesteigert werden kann. Vornehmlich genannt werden breit gestreute Karrieremöglichkeiten, eine nicht nur für das Top-Management, sondern ebenfalls für die Mitarbeiter transparente Unternehmensstrategie und die Anerkennung des einzelnen Mitarbeiters, wenn dieser sich z. B. im Rahmen des betrieblichen Vorschlagswesens in die Weiterentwicklung des Geschäftsmodells einbringt - entweder durch finanzielle Kompensation oder durch mündliche Bestätigung durch das Top-Management. Die relative Bedeutung dieser drei Faktoren für das Management der Mitarbeiterzufriedenheit kann zwischen Industrien, organisationalen Strukturen und Kulturen variieren. So ist z. B. im Finanzsektor generell akzeptiert, dass primär finanzielle Anreize gesetzt werden, um die Mitarbeiterzufriedenheit zu steigern.

Unabhängig davon bleibt jedoch festzuhalten, dass Vertriebsmitarbeiter als eigene Anspruchsgruppe betrachtet werden müssen. Managementansätze, die dies berücksichtigen lassen sich unter dem Rubrum des internen Marketings zusammenfassen. Die Grundidee des internen Marketings beschreibt George (1977) wie folgt: „By satisfying the needs of the public contact personnel, the firm upgrades its capabilities for satisfying the needs of its customers. Thus to serve the needs of the market, the firm must first serve the needs of its internal market." Grönroos (1981) stellt diesen Ansatz etwas pointierter dar, indem er internes Marketing definiert als „[...] selling the firm to its employees". Dabei soll ein dem auf Endkunden gerichteten Marketing ähnlicher Ansatz zur Anwendung kommen, bei dem Marketingmaßnahmen unternehmensintern angewendet werden. Arbeitsplätze werden in diesem Sinne als Produkte angesehen, die an aktuelle und potenzielle Mitarbeiter „verkauft" werden sollen. Denn um Produkte und Dienstleistungen an Kunden erfolgreich verkaufen zu können, muss ein Unternehmen zunächst seinen Vertriebsmitarbeitern geeignete Arbeitsbedingungen anbieten (Michaelis 2009, S. 24).

Letztlich können grundsätzliche *Empfehlungen für das Vertriebscontrolling* gegeben werden. Die wesentliche Besonderheit eines Vertriebscontrollingansatzes liegt in der dezentralen Struktur des Vertriebs begründet, worunter die Zuordnung von Kunden zu einem bestimmten Vertriebsmitarbeiter zu verstehen ist. Das Zufriedenheitsurteil der Kunden bildet sich daher bspw. nicht nur auf Basis der Produktqualität, die unternehmensseitig direkt beeinflusst werden kann, sondern wird ebenfalls durch den Vertriebsmitarbeiter selbst beeinflusst. Im Rahmen eines Controllingansatzes für das Vertriebsmanagement ist somit zu berücksichtigen, dass die Kundenzufriedenheit, aber auch die Kundenbindung und der zukünftige Vertriebserfolg in erheblichem Maße von demjenigen Vertriebsmitarbeiter determiniert wird, dem der jeweilige Kunden innerhalb der Vertriebsstruktur zugeordnet ist.

Für das Vertriebscontrolling ergibt sich hieraus folgende Problematik: Im Falle eines simultanen Einsatzes von Vertriebsmaßnahmen lassen sich deren potenzielle Erfolgswirkungen nicht ohne weiteres konkreten Maßnahmen zurechnen.

Diese Zurechnungsproblematik wird anhand von Abbildung 5.3.2 veranschaulicht: Die individuellen Unterschiede im Kundenzufriedenheitsniveau – symbolisiert durch die unterschiedliche Größe der Figuren – können zunächst durch Maßnahmen erklärbar sein, die der einzelne Vertriebsmitarbeiter trifft, oder aber durch die Verkäuferpersönlichkeit des Vertriebsbmitarbeiters (a). Daneben wirken auch solche Maßnahmen auf das Zufriedenheitsniveau der Kunden, die seitens des Vertriebsmanagements auf die Vertriebsmitarbeiter gerichtet sind (b). Hierunter fallen sämtliche Maßnahmen, die im Rahmen eines internen Marketingsansatzes getroffen werden, wie z. B. Schulungsmaßnahmen. Letztlich ist es denkbar, dass das Unternehmen im Ganzen oder die Vertriebsabteilung im Speziellen ausgewählte Kunden unabhängig vom jeweiligen Vertriebsmitarbeiter mit individuellen Maßnahmen wie z. B. Direct Mailing bearbeitet (c).

Ist es nun Ziel des Controlling, die Effektivität unterschiedlicher Vertriebsmaßnahmen der Vertriebsabteilung im Bezug auf die Steigerung der Kundenzufriedenheit zu prüfen, so ist zwischen Maßnahmen, die direkt auf den Kunden gerichtet sind, und solchen, die primär auf den Vertriebsmitarbeiter und somit indirekt den Kunden beeinflussen sollen, zu unterscheiden. Die hier vorgestellte Mehrebenenanalyse berücksichtigt diese Unterschiede und ist somit ein geeignetes Instrument des Vertriebscontrollings, um eine saubere Trennung der Wirkungen unterschiedlicher Vertriebsmaßnahmen vornehmen und diese auf ihre Effektivität hin analysieren zu können.

Abbildung 5.3.2 Zurechnungsproblematik im Vertriebscontrolling

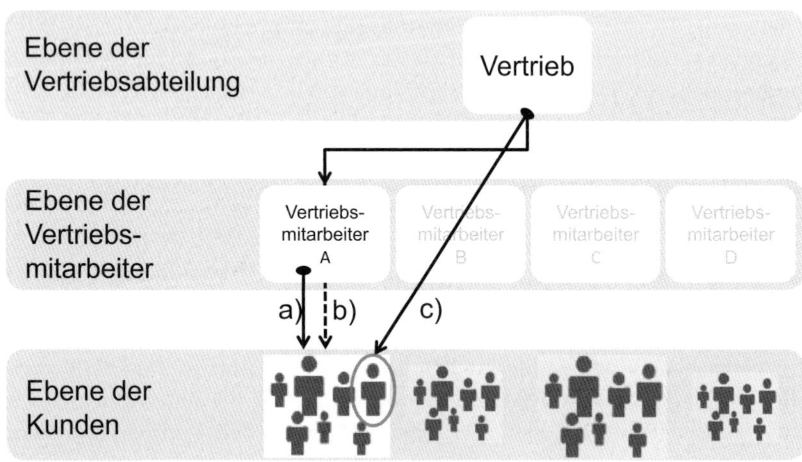

5 Zusammenfassung und Key Learnings

Vor dem Hintergrund der zunehmenden Lösungsorientierung, insbesondere im Dienstleistungssektor, und der damit verbundenen Bedeutung der Vertriebsmitarbeiter für den Vertriebserfolg, war es das Ziel der vorliegenden Untersuchung, Erkenntnisse über die Wirkung der Verkäuferpersönlichkeit auf die Kundenzufriedenheit zu erlangen. Dabei wurden am Beispiel eines Unternehmens der Finanzdienstleistungsbranche im B2B-Sektor sowohl durch Training und Anreize veränderbare Aspekte der Verkäuferpersönlichkeit – Mitarbeiterzufriedenheit und Adaptive Selling – untersucht als auch mit der Dominanz des Vertriebsmitarbeiters ein Persönlichkeitsmerkmal, auf dass das Unternehmen nur im Rahmen der Mitarbeiterselektion Einfluss nehmen kann.

Zusammenfassend erlauben die Erkenntnisse der Studie die Ableitung der folgenden Implikationen für das erfolgreiche Management einer Vertriebseinheit:

- Die Fähigkeit des Vertriebsmitarbeiters, die Verkaufsstrategie an den jeweiligen Kunden anzupassen, sog. Adaptive Selling, ist als wichtigster Einflussfaktor der Kundenzufriedenheit im B2B-Sektor durch stetige adäquate Vertriebsschulungen unternehmensseitig zu verbessern.
- Um die Mitarbeiterzufriedenheit nachhaltig positiv zu beeinflussen, bedarf es eines integrierten internen Marketingansatzes, der Mitarbeiter als interne Kunden versteht und diese mit entsprechenden Maßnahmen, z. B. im Rahmen der finanziellen und nichtfinanziellen Anreizgestaltung anspricht.
- Da sich ein dominantes Verhalten des Vertriebsmitarbeiters im Verkaufsgespräch negativ auf die Kundenzufriedenheit auswirkt, sollten Unternehmen dieses relevante Persönlichkeitsmerkmal beim Recruiting von Mitarbeitern zusätzlich berücksichtigen.
- Um die so getroffenen Maßnahmen im Rahmen des Vertriebscontrolling auf ihre Effektivität hin zu überprüfen, bedarf es moderner Analysemethoden wie die hier vorgestellte Mehrebenenanalyse, die die häufig im Vertrieb anzutreffende dezentrale Struktur explizit berücksichtigt.

Literaturverzeichnis

Behrman, D./Perreault, Jr., W.D. (1982): Measuring the Performance of Industrial Salespersons, in: Journal of Business Research, 10. Jg., Nr. 3, S. 355-370.

Bitner, M.J. (1990): Evaluating Service Encounters: The Effects of Physical Surroundings and Employee Responses, in: Journal of Marketing, 54. Jg., Nr. 2, S. 69-82.

Brown, S.P./Peterson, R.A. (1993): Antecedents and Consequences of Salesperson Job Satisfaction: Meta-Analysis and Assessment of Causal Effects, in: Journal of Marketing Research, 30. Jg., Nr. 1, S. 63-77.

Churchill, G.A./Surprenant, C. (1982): An Investigation into the Determinants of Customer Satisfaction, in: Journal of Marketing Research, 19. Jg., Nr. 4, S. 491-504.

Churchill, G.A./Ford, N.M./Walker, O.C. (1974): Measuring the Job Satisfaction of Industrial Salesmen, in: Journal of Marketing Research, 11. Jg., Nr. 3, S. 254-260.

Churchill, G.A. Jr./Ford, N.M./Hartley, S.W./Walker, O.C., Jr., (1985): The Determinants of Salesperson Performance: A Meta Analysis, in: Journal of Marketing Research, 22. Jg., Nr. 2, S. 103-118.

Cronin, J. J./Taylor, S.A. (1992): Measuring Service Quality: A Reexamination and Extension, in: Journal of Marketing, 56. Jg., Nr. 3, S. 55-68.
Dodge, A.F. (1938): Social Dominance and Sales Personality, in: Journal of Applied Psychology, 22. Jg., Nr. 2, S. 132-139.
Erber, M.W./Hodges, S.D./Wilson, T.D. (1995): Attitude Strength, Attitude Stability, and the Effects of Analyzing Reasons, in: Petty, R.E./Krosnick, J.A. (Hrsg.): Attitude Strength: Antecedents and Consequences, Mahwah, S. 433-454.
Fishbein, M./Ajzen, I. (1972): Attitudes and Opinions, in: Annual Review of Psychology, 23. Jg., S. 487-544.
Fornell, C./Larcker, D.F. (1981): Evaluating Structural Equation Models with Unobservable Variables and Measurement Error, in: Journal of Marketing Research, 18. Jg., Nr. 1, S. 39-50.
Gerstner Jr., L.V. (2002): Who Says Elephants Can't Dance? Inside IBM's Historic Turnaround, New York.
George, W. R. (1977): The Retailing of Services: A Challenging Future, in: Journal of Retailing, 53. Jg., Nr. 3, S. 85-98.
Goolsby, J.R./Lagace, R.R./Boorom, M.L. (1992): Psychological Adaptiveness and Sales Performance, in: Journal of Personal Selling and Sales Management, 12. Jg., Nr. 1, S. 51-66.
Grewal, D./Sharma, A. (1991): The Effect of Salesforce Behavior on Customer Satisfaction, in: Journal of Personal Selling and Sales Management, 11. Jg., Nr. 3, S. 13-23.
Grewal, D./Levy, M. (2009): Marketing, New York.
Grönroos, C. (1981): Internal Marketing: An Integral Part of Marketing Theory, in: Donnely, J. H./George, W. R. (Hrsg.): Marketing of Services, Chicago, S. 236-238.
Hatfield, E./Cacioppo, J.T./Rapson, R.L. (1994): Emotional Contagion, Cambridge.
Hedeker, D./Gibbons, R./Flay, B. (1994): Methodological Developments: Random-Effects Regression Models for Clustered Data with an Example from Smoking Prevention Research, in: Journal of Consulting and Clinical Psychology, 62. Jg., Nr. 4, S. 757-765.
Heider, F. (1946): Attitudes and Cognitive Organization, in: Journal of Psychology, 21. Jg., S. 107-112.
Heider, F. (1958): The Psychology of Interpersonal Relationships, New York.
Homburg, C./Schäfer, H./Schneider, J. (2008): Sales Excellence: Vertriebsmanagement mit System, Wiesbaden.
Homburg, C./Stock, R. (2004): The Link between Salespeople's Job Satisfaction and Customer Satisfaction in a Business-to-Business Context: A dyadic Analysis, in: Journal of the Academy of Marketing Science, 32. Jg., Nr. 2, S. 144-158.
Hox, J. (1995): Applied Multilevel Analysis, Amsterdam.
Husband R.W. (1949): Techniques of Salesman Selection, in: Educational and Psychological Measurement, 9. Jg., Nr. 2, S. 129-148.
Johnson, M./Nader, G./Fornell, C. (1996): Expectations, Perceived Performance, and Customer Satisfaction for a Complex Service: The Case of Bank Loans, in: Journal of Economic Psychology, 17. Jg., Nr. 2, S. 163-182.
Krosnick, J.A./Boninger, D.S./Chuang, Y.C./Berent, M.K./Carnot, C.G. (1993): Attitude Strength: One Construct or Many Related Constructs, in: Journal of Personality and Social Psychology, 65. Jg., Nr. 6, S. 1132-1151.
Levy, M./Sharma, A. (1994): Adaptive Selling: The Role of Gender, Age, Sales Experience and Education, in: Journal of Business Research, 31. Jg., Nr. 1, S. 39-47.
Michaelis, M. (2009): Internes Marketing in Dienstleistungsnetzwerken: Konzeption und Erfolgsmessung, Wiesbaden.
Muthen, B.O./Satorra, A. (1995): Complex Sample Data in Structural Equation Modeling, in: Sociological Methodology, 25. Jg., S. 267-316.
Oliver, R.L. (1997), Satisfaction: A Behavioral Perspective on the Consumer, New York.
Palmatier, R. W./Gopalakrishna, S./Houston, M. B. (2006): Returns on Business-to-Business Relationship Marketing Investments: Strategies for Leveraging Profits, in: Marketing Science, 25. Jg., Nr. 5, S. 477-493.

Paulus, D.L./Martin, C.L. (1987): The Structure of Personality Capabilities, in: Journal of Personality and Social Psychology, 52. Jg., Nr. 2, S. 354-365.

Petty, R.E./Cacioppo, J.T. (1986): Attitudes and Persuasion: Classic and Contemporary Approaches, Dubuque.

Raudenbush, S.W./Bryk, A.S. (2002): Hierarchical Linear Models: Applications and Data Analysis Methods, Thousand Oaks.

Raudenbush, S.W./Bryk, A.S./Cheong, Y. F./Congdon, R./Toit, M. (2004): HLM 6: Hierarchical Linear and Nonlinear Modeling, Lincolnwood.

Robinson, L./Marshall, G.W./Moncrief, W.C./Lassk, F.G. (2002): Toward a Shortened Measure of Adaptive Selling, in: Journal of Personal Selling and Sales Management, 22. Jg., Nr. 2, S. 111-118.

Schlesinger, L.A./Heskett, J.L. (1991): Customer Satisfaction is Rooted in Employee Satisfaction, in: Harvard Business Review, 69. Jg., Nr. 6, S. 148-150.

Sharma, A./Levy, M./Evanschitzky, H. (2007): The Variance in Sales Performance Explained by the Knowledge Structures of Salespeople, in: Journal of Personal Selling and Sales Management, 27. Jg., Nr. 2, S. 169-181.

Smith, P.C./Kendall, L.M./Hulin, C.L. (1969): The Measurement of Satisfaction in Work and Retirement: A Strategy for the Study of Attitudes, Chicago.

Snijders, T.A.B./Bosker, R.J. (1999): Multi-Level Analysis: An Introduction to Basic and Advanced Multi-Level Modeling, Thousand Oaks.

Spiro, R.L./Weitz, B. (1990): Adaptive Selling: Conceptualization, Measurement, and Nomological Validity, in: Journal of Marketing Research, 27. Jg., Nr. 1, S. 61-69.

Sujan, H./Weitz, B./Sujan, M. (1988): Increasing Sales Productivity by Getting Salespeople to Work Smarter, in: Journal of Personal Selling and Sales Management, 8. Jg., Nr. 2, S. 9-19.

Swan, J.E./Combs, L.J. (1976): Product Performance and Customer Satisfaction: A New Concept, in: Journal of Marketing, 40. Jg., Nr. 2, S. 25-33.

Szymanski, D.M./Henard, D.H. (2001): Customer Satisfaction: A Meta-Analysis of the Empirical Evidence, in: Journal of the Academy of Marketing Science, 29. Jg., Nr. 1, S. 16-35.

Taylor, S.A./Baker, T.L. (1994): An Assessment of the Relationship between Service Quality and Customer Satisfaction in the Formation of Consumers' Purchase Intentions, in: Journal of Retailing, 70. Jg., Nr. 2, S. 163-178.

Tuli, K.R./Kohli, A.K./Bharadwaj, S.G. (2007): Rethinking Customer Solutions: From Product Bundles to Relational Processes, in: Journal of Marketing, 71. Jg., Nr. 3, S. 1-17.

Vargo, S.L./Lusch, R.F. (2004): Evolving to a New Dominant Logic for Marketing, in: Journal of Marketing, 68. Jg., Nr. 1, S. 1-17.

Vogel, V., Evanschitzky, H., Ramaseshan, R. (2008): Customer Equity Drivers and Future Sales, in: Journal of Marketing, 72. Jg., Nr. 6, S. 98-108.

von Rosenstiel, L. (1988): Motivationsmanagement, in: Hofmann, M./von Rosenstiel, L. (Hrsg.), Funktionale Managementlehre, Berlin, S. 214-264.

von Rosenstiel, L. (2003): Entwicklung und Training von Führungskräften, in: von Rosenstiel, L./Regnet, E./Domsch, M. (Hrsg.), Führung von Mitarbeitern, 5. Aufl., Stuttgart, S. 67-83.

Weitz, B.A./Sujan, H./Sujan, M. (1986): Knowledge, Motivation, and Adaptive Behavior: A Framework for Improving Selling Effectiveness, in: Journal of Marketing, Vol. 50. Jg., Nr. 3, S. 174-191.

Westbrook, R.A. (1981): Sources of Customer Satisfaction with Retail Outlets, in: Journal of Retailing, 57. Jg., Nr. 3, S. 68-85.

Woisetschläger, D./Backhaus, C./Michaelis, M. (2009): Solution Selling: Wie der Wandel zum Lösungsanbieter gelingt, in: Borchert, M./Heinen, E./Zühlke-Robinet, K. (Hrsg.), Systematische Gestaltung von Leistungen und Prozessen in KMU: Voraussetzungen für die erfolgreiche Internationalisierung von Dienstleistungen, im Druck.

Wood, W./Rhodes, N./Biek, M. (1995): Working Knowledge and Attitude Strength: An Information-Processing Analysis, in: Petty, R.E./Krosnick, J.A. (Hrsg.), Attitude Strength: Antecedents and Consequences, Mahwah, S. 283-314.

Zeithaml, V.A./Parasuraman, P./Berry, L.L. (1988): SERVQUAL: A Multiple-Item Scale for Measuring Consumers Perception of Service Quality, in: Journal of Retailing, 64. Jg., Nr. 1, S. 12-40.

5.4 Key Account Management

Björn Ivens, Andreas Eggert

1 Einführung

Unternehmen können durch ein gezieltes Kundenmanagement dauerhafte Wettbewerbsvorteile erlangen. So konstatieren Rust et al. (2004, S. 5): „A fundamental shift has occurred in marketing, from managing and marketing products to understanding and managing customers." Von zentraler Bedeutung für ein erfolgreiches Kundenmanagement ist die Priorisierung der Kunden. Nicht alle Kunden sind von gleicher Bedeutung für den Unternehmenserfolg. In vielen Fällen findet sich im Kundenstamm eine kleinere Gruppe von Kunden, welche hohe Bedeutung für den Unternehmenserfolg haben, während die Bedeutung anderer Kunden(gruppen) geringer ist (Diller et al. 2005). Unternehmen, die ihre Kunden je nach Bedeutung unterschiedlich managen, weisen sowohl auf Business-to-Business als auch auf Business-to-Consumer Märkten eine höhere Profitabilität auf als Unternehmen, die allen Kunden ähnliche Aufmerksamkeit zukommen lassen (Homburg et al. 2008).

Im Business-to-Business Marketing werden Kunden mit strategischer Bedeutung als Schlüsselkunden, bedeutende Kunden bzw. im englischen Sprachgebrauch auch als Strategic Accounts, National Accounts, Major Accounts oder Key Accounts bezeichnet. In diesem Beitrag wird der Begriff Key Account (KA) verwendet. Dies spiegelt den dominierenden Sprachgebrauch wieder. Entsprechend wählen wir den Begriff Key Account Management (KAM) für Vertriebskonzepte, welche auf ein besonderes Management der bedeutenden Kunden bzw. Schlüsselkunden eines Unternehmens ausgerichtet sind.

Im Folgenden soll ein Überblick über KAM als Konzept zum Management bedeutender Kunden auf Business-to-Business Märkten gegeben werden. Der Beitrag ist wie folgt aufgebaut: In einem ersten Schritt werden die Grundzüge des Key Account Managements dargelegt. Hier definieren wir das Konzept zunächst, diskutieren, welche Treiber zur Entwicklung des KAM geführt haben, beschreiben die Aufgaben, die im KAM anfallen, und zeigen, dass das KAM in der Praxis in unterschiedlicher Weise ausgestaltet werden kann. Anschließend gehen wir auf die Erfolgsfaktoren des KAM aus Kunden- und aus Anbietersicht ein und diskutieren die Implementierung des KAM. Der Beitrag endet mit einer zusammenfassenden Würdigung des KAM Ansatzes.

2 Grundzüge des KAM

2.1 Definition und Begriffsabgrenzung

Key Account Management ist ein Konzept des Kundenmanagements, bei dem ein Unternehmen darauf abzielt, durch die Fokussierung von Ressourcen sowie die Definition spezifischer Prozesse und Leistungen die Effizienz und Effektivität von Markttransaktionen mit strategisch bedeutenden Kunden besser zu koordinieren und langfristig zu sichern (Ivens et al. 2009).

Diese Definition umfasst mehrere Komponenten:

1. Strategisch bedeutende Kunden: Key Account Management erfordert eine Selektionsentscheidung. Das Management muss jene Kunden identifizieren, die für ein Unternehmen von strategischer Bedeutung sind. Obwohl es auf den ersten Blick plausibel erscheinen mag, sich hierzu auf die umsatzstärksten Kunden zu fokussieren, ergibt sich die strategische Bedeutung eines Kunden in der Regel aus einer Vielzahl von Kriterien. Entsprechend ist ein Kriterienkatalog zu erstellen, anhand dessen die strategische Bedeutung einzelner Kunden bewertet wird. Hierauf wird in der Folge noch eingegangen.

2. Fokussierung von Ressourcen: Weil Key Accounts im Vergleich zu anderen Kunden besondere Bedeutung für den langfristigen Unternehmenserfolg zukommt, werden Unternehmensressourcen auf ihre Bearbeitung fokussiert. Dies beginnt zunächst mit Humanressourcen in Form von Mitarbeitern. Ein Key Account Manager (evtl. auch ein Key Account Management Team) spezialisiert sich darauf, einen Key Account dediziert zu bearbeiten. Dabei wird Spezialistenwissen aufgebaut. Der Key Account Manager hat i.d.R. auch erhöhte finanzielle Ressourcen zur Verfügung um den Key Account zu betreuen. Des Weiteren können z. B. Maschinen, IT-Systeme, Logistik-Systeme etc. auf die Bedürfnisse der Beziehung zu einem Key Account hin ausgerichtet werden.

3. Definition spezifischer Prozesse und Leistungen: Um die Bedürfnisse von Key Accounts bestmöglich zu befriedigen werden im KAM Standardprozesse und –leistungen kundenindividuell angepasst. Dies kann z. B. in Form spezifischer Just-in-Time-Systeme zur Key Account Belieferung, spezieller Bestellprozesse, individuell gestalteter Produkte (sog. Special Make-Ups) oder nur für Key Accounts verfügbarer Dienstleistungen (sog. Added Services) geschehen.

4. Effektivität und Effizienz: KAM zielt darauf ab, strategisch bedeutenden Kunden durch eine bessere Bearbeitung einen überlegenen Nettonutzen zu bieten, deren Zufriedenheit mit und ihr Commitment zu der Geschäftsbeziehung zu sichern und somit den Beitrag dieser Kunden zum Gesamtergebnis des Unternehmens zu optimieren. Dabei geht es um das Erreichen einer Vielzahl von Ober- und Zwischenzielen, welche es in Summe erlauben, den Kundenwert auszuschöpfen. Neben Kundenzufriedenheit und –commitment sind u.a. Cross- und Up-Selling, Umsatz und Profitabilität als Ziele zu nennen. Effektivität bedeutet, dass diese Ziele möglichst weitgehend erreicht werden. Neben der Effektivitätssicherung ist es aber auch wichtig, die Effizienz der Kundenbearbeitung zu optimieren. Die Effizienz beschreibt, mit welchem Ressourcenaufwand die Kundenziele erreicht wurden. Aufgabe des Key Account Managers ist es u.a. auch, das Input-Output-Verhältnis der Kundenbetreuung zu optimieren.

5. Verbesserte Koordination: Geschäftsbeziehungen mit Key Accounts sind i.d.R. von einem hohen Komplexitätsgrad gekennzeichnet, weil das Kundenunternehmen, das Anbieterunternehmen oder beide hinsichtlich Struktur, Prozessen oder Leistungen komplex sind. Um Effektivität und Effizienz in der Geschäftsbeziehung zu sichern muss der Key Account Manager die Austauschprozesse zwischen seinem Unternehmen und dem Kundenunternehmen koordinieren. Dabei gilt es, die zahlreichen, in die

Geschäftsbeziehung involvierten Akteure in ihren Tätigkeiten und Zielen in Hinblick auf den Key Account und seine Bedürfnisse auszurichten. Zusätzlich kann es erforderlich sein, Störquellen, die in der Komplexität des Kunden begründet sind, zu identifizieren und negative Auswirkungen abzubauen.

6. Langfristige Erfolgssicherung: Weil Key Accounts Kunden mit strategischer Bedeutung für das Unternehmen sind, kommt es im KAM nicht primär auf die kurzfristige Umsatzoptimierung an. Vielmehr ist es Ziel, die Kundenbeziehung langfristig zu stabilisieren, auszubauen und das Kundenpotential abzuschöpfen.

Diese Komponenten des KAM zeigen bereits, dass es sich um ein Konzept handelt, das sich vom klassischen Verkauf mit kurzfristigen Umsatzzielen, bei dem zudem der einzelne Kunde relativ ersetzbar ist, wesentlich unterscheidet (Ivens/Pardo 2008). Es zielt darauf ab, Schwächen des klassischen Transaktionsmarketing zu vermeiden und baut auf den Grundprinzipen des Beziehungsmarketing (Diller 2001) auf. Das Beziehungsmarketing fußt auf der Sammlung kundenspezifischer Informationen, der Priorisierung von Kunden mit hohem Kundenwert, der Individualisierung, der Interaktion mit dem Kunden sowie der Kundenintegration (Diller 1995). Im KAM werden diese Prinzipien, wie in der Folge noch gezeigt wird, vereint und auf besonders bedeutende Kunden angewendet.

2.2 Treiber des KAM

Der zentrale Grund für die Einführung eines KAM liegt in der strategischen Bedeutung ausgewählter Kunden für den Unternehmenserfolg. Jedoch existieren verschiedene Faktoren, die dazu führen, dass Kunden als strategisch bedeutsam bewertet werden. Je nach Sektor und Unternehmen können mehrere Faktoren gemeinsam vorliegen. Einige zentrale Treiber sind:

- Sinkende Kundenzahlen: Auf zahlreichen Märkten sinkt die Anzahl möglicher Kunden durch Unternehmenszusammenschlüsse und –aufkäufe. Hierdurch steigt die Bedeutung jedes einzelnen Kunden, weil bei Beendigung einer Kundenbeziehung ein Ausgleich durch Neukundenakquisition schwerer wird.

- Konzentrationstendenzen: Daneben lässt sich auf vielen Märkten ein Trend zur Herausbildung einiger hinsichtlich Umsatz und Marktanteil besonders bedeutender Akteure beobachten. Im Vergleich zu anderen Marktakteuren verfügen diese Kunden i.d.R. über hohe Verhandlungsmacht und können somit gegenüber Anbietern erheblichen Druck bzgl. Preisen und Konditionen ausüben.

- Kundenkomplexität: Manche Kunden sind hinsichtlich der von ihnen abgenommenen Leistungen oder auch hinsichtlich ihrer geographischen Struktur komplex. Somit wird es für Anbieter ohne eine besondere Kundenbetreuung schwierig, sie effizient und effektiv zu bedienen. Die zunehmende Internationalisierung von Kunden-Lieferanten-Beziehungen kann bspw. ein wesentlicher Komplexitätstreiber sein. Aufgabe des Key Account Managers ist es, Probleme, die sich aus der Kundenkomplexität ergeben, sowohl für den Kunden als auch für sein eigenes Unternehmen zu identifizieren und abzubauen.

- Anbieterkomplexität: In anderen Fällen sind Struktur und Leistungsprogramm des Anbieterunternehmens komplex, z. B. in Großkonzernen, die in verschiedenen Business Units heterogene Sortimente anbieten. Durch Einsatz eines KAM kann das Sourcing für Kunden, die (z. B. im Projektgeschäft) aus verschiedenen Business Units des Anbieters beschaffen können, vereinfacht und transparenter gemacht. Das Ziel für das Anbieterunternehmen ist es u.a., durch das KAM eine umfassende und abgestimmte Ansprache des Kunden über alle Business Units hinweg zu gewährleisten.

- Kundenintegration: In verschiedenen Bereichen, bspw. bei Business-to-Business Dienstleistungen oder in Lead-User-Beziehungen, werden Kunden intensiv in die Geschäftsprozesse des Anbieters integriert. Das KAM kann dazu beitragen, die Kundenintegration, z. B. in Entwicklungsprozessen für Neuprodukte, zu koordinieren.

- Individualisierung von Kundenbedürfnissen: In vielen Bereichen haben Kunden zunehmend spezifische Erwartungen hinsichtlich der Anbieterleistungen. Im Business-to-Business Geschäft ist dies u.a. der Fall, weil Kundenunternehmen sich im Wettbewerb auf ihren eigenen Absatzmärkten positionieren und durch differenziertere Angebote ihre Kunden binden wollen. Ein anderes Feld mit hohen Individualisierungsansprüchen ist das Systemgeschäft. Durch KAM soll sichergestellt werden, dass ein Anbieterunternehmen die kundenindividuellen Bedürfnisse versteht und im Rahmen des wirtschaftlich Sinnvollen darauf eingeht.

Die aufgezeigten Trends sind nur einige dominierende Entwicklungen, die in vielen Branchen zur Einführung von KAM-Systemen geführt haben. Daneben können auch unternehmens- oder branchenspezifische Treiber wirken.

2.3 Aufgaben im KAM

Das Key Account Management ist ein Konzept, in dessen Rahmen verschiedene Aufgaben zu bewältigen sind. Es lassen sich strategische und operative Aufgaben unterscheiden.

Im Rahmen der strategischen Aufgaben ist zunächst die Auswahl der Key Accounts durchzuführen (Boles et al. 1999). Diese Aufgabe fällt einerseits bei der erstmaligen Konzeption eines KAM an. Zum anderen ist das Portfolio an Key Accounts aber auch regelmäßig daraufhin zu überprüfen, ob alle Kunden noch strategische Bedeutung haben oder ob evtl. bislang nicht als Key Account klassifizierte Kunden künftig diesen Status erhalten sollten. Unabhängig davon sind die Auswahlkriterien für Key Accounts zu spezifizieren. Es lassen sich monetäre Kriterien (z. B. Kundenumsatz oder –profitabilität) und nicht-monetäre Kriterien (z. B. Weiterempfehlungs-, Referenz- oder Informationspotential des Kunden) unterscheiden. In der Praxis werden diese Kriterien in unterschiedlichem Umfang zur Key Account Selektion verwendet. Dominierend sind aktueller Absatz und Umsatz (Bußmann et al. 2005). Jedoch spricht gegen eine derart enge Key Account Selektion, dass damit potentiell strategisch bedeutsame Kunden von einer wichtigen Sonderbetreuung ausgeschlossen werden. So wird nicht in Betracht gezogen, dass manche Kundenunternehmen rasch wachsen und eine Key Account Betreuung in frühen Jahren später auch als bedeutenderes Unternehmen am Markt noch mit Lieferantentreue würdigen. Daneben können auch Unternehmen, die nur geringe Absatz- oder Umsatzbedeutung haben, wichtige Beiträge zum Erfolg leisten, etwa wenn sie besonders innovativ sind und entscheidende Beiträge im Bereich der Produktentwicklung leisten. Folgerichtig gehen viele Unternehmen dazu über, auch zukunftsorientierte sowie nicht-monetäre Kriterien bei der Key Account Selektion mit zu verwenden.

Die Analyseaufgabe ist ein weiterer Bestandteil des KAM (Ojasolo 2001). Um strategisch wichtige Kunden optimal bedienen zu können, muss zunächst ein umfassendes Kundenverständnis entwickelt werden. Relevante Informationen umfassen alle Bereiche, welche Einfluss auf die Entwicklung der Geschäftsbeziehung haben können. Es lassen sich Informationen hinsichtlich Kundenstruktur (Organigramm, geographische Konfiguration etc.), Kundenprozessen (Kaufprozesse, beteiligte Personen, Rollen- und Kompetenzverteilung etc.), Kundenmärkten (Akteure, Kaufkriterien etc.), Kundenpotential (künftige Einkaufsmengen und Produktbereiche, Preisbereitschaften etc.) und Kundenergebnissen (tatsächliche Absatz-, Umsatz- und Gewinnzahlen, die mit dem Kunden erzielt werden) unterscheiden. Dabei ist es nicht notwendigerweise der Key Account Manager, der all diese Informationen sammelt und verwaltet. Zahlreiche Daten werden durch andere Akteure, z. B. Rechnungswesen, Produktion, Logistik, Marktforschung oder Vertriebsaußendienst, erhoben. Seine Aufgabe ist es, diese Daten im Gesamtblick zu analysieren und Rückschlüsse über in Bezug auf „seinen" Key Account zu ergreifende Maßnahmen zu ziehen.

Diese Maßnahmen sind in der Accountstrategie definiert (Rackham 1988). Sie umfasst erstens kundenspezifische Ziele. Es gilt festzulegen, was konkret in der Geschäftsbeziehung mit dem Kunden erreicht werden soll (z. B. Absatz-, Umsatz- und Durchdringungsziele, Zufriedenheitsziele, Ziele hinsichtlich des Aufbaus persönlicher Kontakte zu bestimmten Entscheidern). Diese Ziele müssen hinsichtlich Inhalt, Ausmaß und Zeitbezug klar definiert sein. Zweitens gilt es, für jeden Key Account ein spezifisches Bündel an Leistungen zu definieren, die auf seine Bedürfnisse zugeschnitten sind (Müllner 2002). Drittens sind Aktivitäten zu planen, die mit dem bzw. für den Key Account geplant sind und zur Zielerreichung beitragen sollen. Dies können z. B. Entwicklungsprojekte sein, die Einrichtung einer kundenspezifischen IT-Lösung, kundengerichtete Promotions oder Kundenevents. Viertens muss die Accountstrategie die Ressourcen definieren, die für den Key Account eingesetzt werden. Diese Ressourcen umfassen einerseits Accountbudgets. Zudem muss definiert sein, welche Personen und Sachmittel für die Bearbeitung des Key Accounts zur Verfügung stehen sollen.

Schließlich ist das Account-Controlling Bestandteil der strategischen KAM-Aufgaben (Fließ 2001). Hier ist zum einen ein Kennzahlensystem zu entwickeln, welches erlaubt, die Erreichung der in der Accountstrategie formulierten Ziele zu überwachen. Daneben ist auch ein strategisches Audit des KAM einzurichten (Boles/Pilling/Goodwyn 1994). Dabei ist in längeren Intervallen (z. B. zweijährig) zu prüfen, ob die grundsätzliche Notwendigkeit eines

KAM noch gegeben ist und ob die Konfiguration des KAM (Anzahl der Key Accounts und der KA-Manager, Selektionskriterien, Aktivitäten, Qualifikation und organisatorische Einbindung der KA-Manager und verfügbare Ressourcen) weiterhin angemessen ist.

Die operativen Aufgaben des KAM bestehen in der Sicherstellung des Informationsflusses zwischen Anbieter und Key Account, der Leitung oder Begleitung von Verhandlungen (in gewissen Branchen insb. der sog. Jahresgespräche), der internen Koordination aller kundenspezifischen Aktivitäten und der Behebung von Problemen.

In der Literatur wird der Key Account Manager in Zusammenhang mit seinen Aufgaben oft als Anwalt des Kunden in seinem eigenen Unternehmen, dem Anbieterunternehmen, bezeichnet. Angesichts der oben aufgezeigten Treiber des KAM, aber auch des breiten Aufgabenspektrums, das es zu bewältigen gilt, wird klar, dass das Bild des Anwalts zu kurz greift. Der Key Account Manager muss nämlich in der Realität einen Ausgleich zwischen den Interessen seines Kundenunternehmens und den Interessen des eigenen Unternehmens sichern. Sein Ziel muss sein, durch eine optimale Gestaltung der Geschäftsbeziehung mit dem und für den Key Account die Wertschöpfung des eigenen Unternehmens zu optimieren. Ein zweites oft benutztes Konzept ist jenes des „One-Face-to-/for-the-Customer". Es besagt, dass der Key Account Manager das einzige „Gesicht" des Anbieterunternehmens für das Kundenunternehmen ist. Gemeint ist, dass die Geschäftsbeziehung zwischen Anbieter und Key Account durch den Key Account Manager koordiniert wird, dass er also die zentrale Rolle in der Geschäftsbeziehung spielt. Oftmals wird damit auch verbunden, dass er der einzige Ansprechpartner des Kunden ist. Dies darf aber nicht darüber hinwegtäuschen, dass in der Praxis oftmals Informations- und Austauschprozesse zwischen vielen Personen auf beiden Seiten stattfinden, z. B. zwischen Logistik- oder Rechnungswesenabteilungen. Dies ist auch vollkommen normal, da der Key Account Manager in vielen Fällen solche Prozesse auf Grund ihrer Vielzahl, Komplexität und Fachbezogenheit alleine gar nicht bewältigen und koordinieren kann. Er soll vielmehr die zentrale Schaltstelle der Beziehung sein und sicherstellen, dass die zahlreichen Kontakte zwischen beiden Unternehmen einem effizienten und effektiven Schema folgen. Daneben muss er im Konfliktfall eine zentrale Rolle bei der Eskalationsbewältigung einnehmen.

2.4 Arten des Key Account Managements

Bislang wurde das KAM in diesem Beitrag als klar umrissenes Managementkonzept dargestellt. In der Praxis finden sich jedoch unterschiedliche Ausgestaltungsformen oder „Spielarten". Dies liegt u.a. daran, dass Unternehmen über verschiedene Auffassungen hinsichtlich der Anforderungen und der Bedeutung eines KAM verfügen sowie über unterschiedlichen Ressourcen. Zudem wird das KAM auf Grund seiner Komplexität in aller Regel nicht in einem großen Schritt in einer umfassenden Lösung eingeführt. Vielmehr starten Unternehmen oft mit begrenzten KAM-Konzepten bei wenigen Kunden und mit begrenzten Ressourcen. Mit wachsender Erfahrung und Akzeptanz des KAM wächst das Commitment zu dem KAM-Konzept, die dafür eingesetzten Ressourcen (Finanzbudgets, Mitarbeiter,

Ausstattung etc.) werden erhöht und die Professionalität nimmt zu. Diese Evolutionsstufen des KAM beschreiben beispielsweise Millman und Wilson (1996).

In einer empirischen Studie unter 385 deutschen und US-amerikanischen Unternehmen identifizierten Homburg et al. (2002) acht Typen des KAM. Sie analysierten KAM-Konzepte hinsichtlich der involvierten Akteure, der ausgeführten Aktivitäten, der verfügbaren Ressourcen und des Formalisierungsgrades des KAM. Im Ergebnis finden sich Ausgestaltungsformen, die von einfachen, nicht formal verankerten KAM-Systemen, über Lösungen mit abteilungsübergreifenden Teams bis hin zu KAM-Konzepten mit starkem Engagement des Top-Managements reichen. Von Bedeutung ist dabei, dass je nach Ausgestaltungsform der Erfolg des KAM stark variiert. Anders ausgedrückt zeigt sich, dass die konkrete KAM-Ausgestaltung ein sensibles Aufgabenfeld ist.

Eine andere Unterscheidung von KAM-Typen schlagen Kleinaltenkamp und Rieker vor (1997) vor. In einer Matrix mit den Dimensionen Komplexität des Anbieters und Komplexität des Key Accounts bilden sie vier Felder. Als Heavy-Weight-KAM bezeichnen sie die Konstellation, in der sowohl Kunden- als auch Anbieterunternehmen durch hohe Komplexität gekennzeichnet sind. Dieser Typ stellt die höchsten Anforderungen an den KA-Manager, weil er sowohl im Unternehmen als auch bezüglich des Kundenunternehmens stark koordinierend in Informations-, Güter- und Finanzströme eingreifen muss.

3 Erfolgsfaktoren des KAM

Der Erfolg des KAM kann letztlich anhand dessen Beitrags zur Erreichung zweier Oberziele bewertet werden:

1. Wird den strategisch bedeutenden Kunden durch das KAM ein erhöhter Nettonutzen gestiftet?
2. Verbessert das KAM die Profitabilität des Anbieterunternehmens?

Auf der Grundlage einer qualitativen Studie unter 20 KA-Managern identifizierten Georges und Eggert (2003) zwei fundamentale Ansatzpunkte zur Steigerung des vom Kunden wahrgenommenen Nettonutzens durch KAM. Erstens können KA-Manager im Zuge ihrer Tätigkeit ein tiefer gehendes Verständnis der Bedürfnisse und Anforderungen des Kundenunternehmens gewinnen (Wotruba/Castleberry 1993). Dieses Wissen ermöglicht ihnen, innerhalb der eigenen Organisation dafür zu sorgen, dass das Leistungsangebot besser auf die Bedürfnisse des Kundenunternehmens abgestimmt wird. Zweitens können KA-Manager gemeinsame Ressourcen und Prozesse zwischen dem Lieferanten- und dem Kundenunternehmen koordinieren. Kollaborative Geschäftsbeziehungen mit strategisch bedeutenden Kunden führen i.d.R. zu einem komplexen Interaktionsgeflecht zwischen verschiedenen Funktionsbereichen und Hierarchieebenen des Kunden- und des Anbieterunternehmens (Lambe/Spekman 1997). KA-Manager koordinieren dieses Interaktionsgeflecht innerhalb der eigenen Organisation (Pardo et al. 1995) mit dem Ziel, die Kosten des Beziehungsmanagement zu reduzieren. Abbildung 5.4.1 stellt die Anpassung des Leistungsangebots sowie die Verbesserung der Koordination als fundamentale Ansatzpunkte zur Steigerung des vom Kunden wahrgenommenen Nettonutzens durch KAM dar.

Abbildung 5.4.1 Erfolgsfaktoren des KAM aus Kundensicht (Quelle: Georges/Eggert 2003, S. 13)

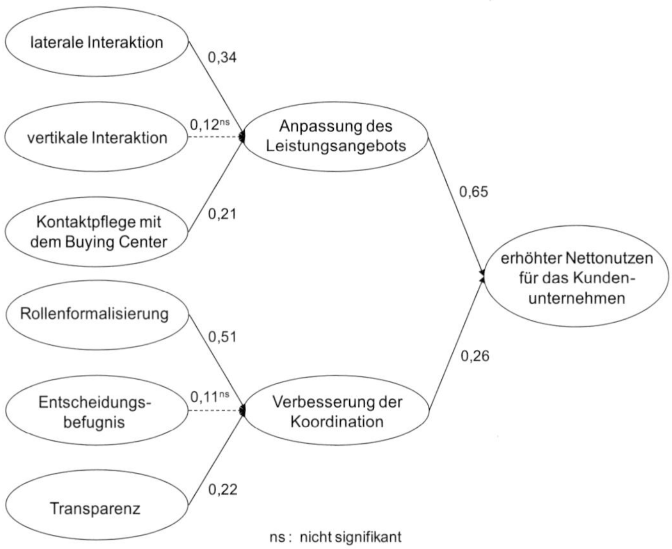

In einer quantitativen Befragung von Einkaufsmanagern, deren Unternehmen von einem KA-Manager betreut wird, stellten sich vier signifikante Determinanten der Anpassung des Leistungsangebots sowie der Verbesserung der Koordination heraus. Die Anpassung des Leistungsangebots an die Bedürfnisse des Kundenunternehmens kann insbesondere durch laterale Interaktion sowie durch Kontaktpflege mit dem Buying Center verbessert werden. Laterale Interaktion bezeichnet das Ausmaß der Kommunikation zwischen den Funktionsbereichen des Anbieter- und Nachfragerunternehmens (Leuthesser/Kohli 1995). KA-Manager können diese Kommunikation fördern und damit eine bessere Anpassung des Leistungsangebots an die Bedürfnisse des Kundenunternehmens ermöglichen. Darüber hinaus tragen KA-Manager durch ihre eigene Kommunikation mit Mitgliedern des Buying Center zur verbesserten Anpassung des Leistungsangebots bei. Dabei ist der eigene Beitrag des KA-Managers von geringerer Bedeutung als dessen indirekter Einfluss als Förderer der lateralen Kommunikation. Keine signifikante Wirkung auf die Anpassung des Leistungsangebots hat der Studie zufolge die vertikale Kommunikation, d.h. das Ausmaß der Kommunikation zwischen dem Kundenunternehmen und dem Top-Management des Anbieterunternehmens (siehe Abbildung 5.4.1).

Die Koordination zwischen Anbieter- und Kundenunternehmen kann ein KAM insbesondere durch eine klarere Rollenverteilung innerhalb des Selling Center (Cespedes 1996) sowie durch erhöhte Transparenz (Eggert/Helm 2002) verbessern. Eine klare Rollenverteilung verbessert die Qualität interfunktionaler Interaktion und reduziert die Gefahr von Missverständnissen (Ruekert/Walker 1987). Indem KA-Manager über die Marketingstrategien und –programme des Anbieterunternehmens informieren, können sie Unsicherheit beim Kundenunternehmen reduzieren und den Interaktionsprozess fördern. Ob der KA-Manager innerhalb seines Unternehmens über ausgeprägte Entscheidungskompetenzen verfügt (Larson/Gobeli 1988) oder lediglich durch sein Wissen über das Kundenunternehmen Entscheidungen beeinflusst (Lawrence/Lorsch 1969), hat keinen signifikanten Einfluss auf das Ausmaß an Koordination zwischen Anbieter- und Kundenunternehmen.

In letzter Konsequenz kann der Erfolg des KAM aus Anbietersicht an dessen Beitrag zur Unternehmensprofitabilität gemessen werden. Nach derzeitigem Stand der Forschung sind die Erfolgsfaktoren des KAM jedoch nur ansatzweise aus Anbietersicht verstanden. In der Praxis lässt sich beobachten, dass Unternehmen mit ihren KAM-Systemen in unterschiedlichem Umfang zufrieden sind. In ihrer empirischen Untersuchung verschiedener Ausprägungsformen des KAM haben Homburg et al. (2002) die Profitabilität der Unternehmen erfasst, die verschiedene Ausprägungsformen des KAM praktizieren. Demnach weisen die Unternehmen die höchste Profitabilität auf, die ein Top-Management KAM, ein unstrukturiertes KAM, ein interfunktionales KAM oder ein isoliertes KAM betreiben. Die geringste Profitabilität weisen in der Studie die Unternehmen auf, die kein KAM implementiert haben (siehe Abbildung 5.4.2).

Abbildung 5.4.2 KAM und Unternehmensprofitabilität (Quelle: Homburg et al. 2002, S. 54)

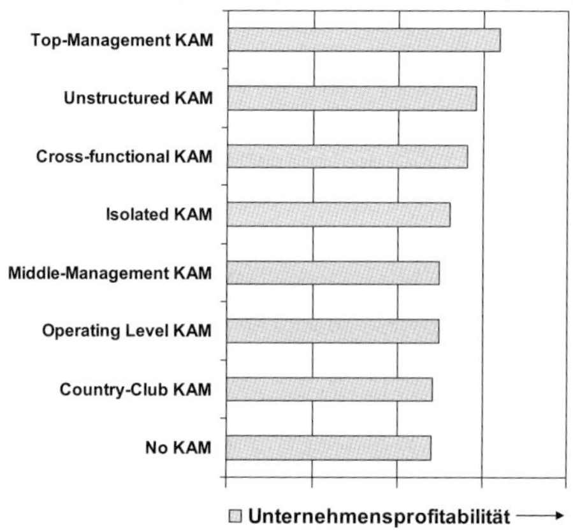

In einer anderen Studie unter 280 europäischen Unternehmen aus fünf Ländern, die KAM einsetzen, sagten 70 % der befragten Firmen aus, dass sie durch die KAM-Einführung Umsatzsteigerungen von mehr als 25 % erzielen konnten (Bußmann et al. 2005). Diese Ergebnisse gelten unabhängig vom Heimatmarkt der Unternehmen und ihrer Branche.

4 Implementierung des KAM

Die Einführung eines KAM stellt eine bedeutende Investition für ein Unternehmen dar. Sie hat strategischen Charakter und die Implementierung muss daher systematisch vorbereitet sein. Wesentliche Dimensionen der Implementierung sind die organisatorische Verankerung, die IT-Unterstützung sowie personalpolitische Fragen.

4.1 Organisatorische Einbindung des KAM

Die organisatorische Verankerung des KAM bezieht sich zunächst auf die Einordnung des KAM in die Aufbaustruktur des Unternehmens. Es existieren sehr unterschiedliche Lösungen. Oftmals wird das KAM als Stabsstelle unter der Geschäftsleitung oder unter der Vertriebsleitung verankert. Seltener, am ehesten in Großunternehmen, finden sich eigene KAM-Abteilungen. Existieren unterschiedliche Geschäftsfelder, so kann die KAM-Abteilung dann z. B. noch weiter nach Kundenbranchen gegliedert sein, so dass bspw. in einem Transportunternehmen eine Gruppe von KA-Managern strategisch bedeutende Kunden aus der Automobilindustrie betreut, eine andere hingegen Key Accounts aus der Lebensmittelbranche. In Unternehmen, in denen das KAM erst eingeführt wird, in denen es nur wenige Key Accounts gibt oder in denen dem KAM keine herausgehobene Bedeutung beigemessen wird, kommen auch Matrix-Ansätze zum Einsatz. Dabei übernimmt ein Mitarbeiter, der bereits eine andere Aufgabe verfolgt, zusätzlich die Betreuung strategisch bedeutender Kunden.

Neben der aufbaustrukturellen Einbindung gilt es, das KAM in die Ablauforganisation eines Unternehmens einzubinden. Dabei geht es um die Frage, welche Prozesse durch das KAM ausgeführt werden sollen, an welchen Prozessen das KAM (z.B beratend oder mitentscheidend) beteiligt sein soll und über welche Prozesse das KAM zumindest informiert sein sollte. Das Prozessmanagement stellt Instrumente für die Definition von KAM-Prozessen sowie für ein Prozesscontrolling zur Verfügung (Ivens 2003).

Eine wesentliche organisatorische Entscheidung betrifft die Zuständigkeit für sowie die Ausführung der Prozesse des KAM. In vielen Fällen benötigt der KA-Manager zur effizienten und effektiven Kundenbetreuung fachliche Unterstützung aus Funktionen wie Marketing, Controlling, Finance, Produktion oder Logistik. Vielfach werden daher sog. KAM-Teams definiert. In ihnen arbeiten Spezialisten gemeinsam mit dem KA-Manager, der oftmals Generalist ist oder Vertriebserfahrung mitbringt. Zu definieren ist dann die KAM-Struktur (Anzahl der Mitarbeiter, hierarchische Stellung etc.), zeitliche Orientierung (Projektteams oder permanente KAM-Teams) sowie die Zuständigkeit des KAM-Teams für bestimmte KAM-Prozesse (z. B. als Process Owner).

In international tätigen Unternehmen stellt sich schließlich die Frage, wie die Betreuung international präsenter Kunden erfolgen soll. Aus Koordinationsperspektive bietet es sich oft an, einen regionalen oder internationalen KA-Manager zu benennen, der dann nationale KA-Manager unter sich führen kann. Eine besondere Form stellt das sog. Global Account Management dar, bei dem Anbieter solche Kunden, die auf mehreren Kontinenten tätig sind, durch ein mehrstufiges Konzept sowohl national, kontinental als auch weltweit koordiniert betreuen. Wesentliche Herausforderungen sind dann neben einer Koordination von Transaktionen über Zeitzonen und Kulturen hinweg auch Harmonisierungsbestrebungen hinsichtlich Preisen und Konditionen.

4.2 IT-Unterstützung des KAM

Insbesondere in Großunternehmen und im internationalen KA-Geschäft ist es heutzutage nicht mehr möglich, ein effizientes und effektives KAM ohne IT-Unterstützung zu gewährleisten. Kundenspezifische Informationssysteme sollen es erlauben, ein holistisches Bild von der Beziehung zum Key Account zu zeichnen. Sie beinhalten idealerweise die in 5.4.2.3 im Rahmen der Kundenanalyse und des Kundencontrollings angesprochenen Informationskategorien. Auf die im KAM-System enthaltenen Informationen greift nicht nur der KA-Manager zu. Alle Mitarbeiter des Anbieterunternehmens, die mit dem Kunden in Kontakt stehen, sollten Zugriffsrechte haben. Dabei sollte eindeutig definiert sein, welcher Mitarbeiter und welcher Funktionalbereich Zugriff auf welche kundenspezifischen Daten haben.

Neben internen Informationssystemen spielen in vielen KA-Beziehungen zudem kundenspezifische Intra- und Extranetlösungen, Electronic Data Interchange (EDI) und Radio Frequency Identification (RFID) zunehmend eine Rolle (Storp 2001). Sie alle dienen der besseren Abwicklung von Transaktionen zwischen Anbieter und Key Account. Sie erlauben es, Informationen direkt, rasch, präzise und gezielt auszutauschen. Zugleich erlauben sie es oftmals, nach anfänglichen Systeminvestitionen die laufenden Kosten der Geschäftsbeziehung zu reduzieren. Anbieter, die besonders rasch in neue Technologien investieren oder besonders innovative Technologien einsetzen, können sich zudem gegenüber Key Accounts positiv positionieren und ggf. einen technologiebasierten Lock-In-Effekt erzielen.

4.3 Aspekte des Personalmanagements im KAM

Im KAM bestehen wichtige Herausforderungen im Bereich des Personalmanagements. So ist zunächst zu definieren, welche Qualifikationen ein KA- Manager mitbringen muss. Zum Beispiel ist zu klären, welche Detailkenntnisse er hinsichtlich des Leistungsportfolios des Anbieterunternehmens haben muss, über welche kaufmännischen Kenntnisse er verfügen muss, ob er (im internationalen oder globalen KAM) Sprach- und Interkulturfähigkeiten aufweisen muss usw. Ein Trend geht derzeit zu einer verstärkten Rekrutierung von Akademikern, die analytische Fähigkeiten mitbringen und strategisch denken können müssen. Allerdings ist eine Stelle als KA-Manager i.d.R. nicht für einen Berufsanfänger geeignet. Eine zweite Entscheidung betrifft, woher rekrutiert wird. Dabei stellt sich einerseits die Frage, ob interne oder externe Mitarbeiter zu präferieren sind. Für interne Mitarbeiter sprich oftmals ihre gute Kenntnis des Unternehmens und der Branche, was im Rahmen der Koordinationsaufgabe unabdingbar ist. Externe Kandidaten verfügen hingegen möglicherweise bereits über ausgiebige KAM-Erfahrungen und können Konzepte aus anderen Firmen oder Branchen einbringen.

Daneben ist fraglich, welchen funktionalen Hintergrund der KA-Manager haben sollte. Die Antwort wird oftmals branchenspezifisch ausfallen. Traditionell war eine Stelle als KA-Manager in vielen Unternehmen eine Aufgabe, die erfahrene Vertriebsmitarbeiter übernahmen. Doch sind zunehmend Profile aus anderen Bereichen vertreten. Damit die Stelle als KA-Manager keine karrieretechnische Sackgasse wird, muss definiert werden, welche Karrierepfade sich für KA-Manager nach ihrem Einsatz im KAM eröffnen können. Dies ist bereits aus motivationalen Gründen von Bedeutung. Aber es gilt auch, den Key Account Manager, der in den Jahren der Betreuung strategisch wichtiger Kunden wichtige Einblicke in die Zusammenhänge des eigenen Unternehmens gewonnen hat, nicht an die Konkurrenz zu verlieren. Stattdessen sollten seine Kenntnisse intern genutzt werden.

Schließlich ist über Entlohnungsschemata und weitere Incentives für KA-Manager und ggf. –Teammitglieder zu entscheiden. Hierzu sind zunächst die Ziele, welche gesetzt werden, klar zu definieren. Ausgehend hiervon können dann Systeme entwickelt werden, die darauf abzielen, dass KA-Manager und –Team entsprechend der angestrebten Gewichtung auf die Erreichung aller definierten Ziele hinarbeiten und keine einseitige Dynamik bspw. hinsichtlich des Umsatzes entwickeln. In Teams stellt sich v.a. die Frage, welche Rolle die Einzelleistung der Team-Mitglieder für ihre Entlohnung spielen soll und welche Rolle die Erreichung von Team-Zielen einnimmt.

Vorstehende Ausführungen sollen verdeutlichen, dass es bei der Gestaltung eines KAM-Systems nicht mit der Vergabe einer Positionsbezeichnung an eine Person im Unternehmen getan ist. Vielmehr handelt es sich beim KAM um ein komplexes Konzept, das zur besseren Erreichung der Unternehmensziele beitragen soll. Inwiefern es dies auch erreicht, hängt u.a. von der klaren Definition des Konzeptes durch die Unternehmensleitung und die Akzeptanz durch Mitarbeiter aber auch Kunden ab.

Grundsätzlich ist eine KAM Implementierung als langfristiges Projekt zu betrachten. Entsprechend lassen sich auch unterschiedliche Professionalitätsstufen des KAM unterscheiden und es haben sich Zertifizierungsansätze zur Begutachtung des Entwicklungsstandes betrieblicher KAM-Systeme herausgebildet (z. B. European Foundation for Key Account Management 2009). Nach der erstmaligen Implementierung bedarf es einer regelmäßigen Überprüfung und Optimierung des KAM.

5 Würdigung

Das KAM-Konzept existiert inzwischen seit mehreren Jahrzehnten. Zahlreiche Unternehmen praktizieren KAM und hinterfragen die grundsätzliche Notwendigkeit eines KAM nicht. Im Fokus stehen eher Optimierungsaspekte. Die Frage lautet, wie lässt sich das derzeit implementierte KAM weiter verbessern? Die Antwort darauf hängt vom Umgang mit einigen typischen Problemen des KAM ab.

Probleme der KAM-Implementierung haben ihren Ursprung in unterschiedlichen Aspekten. Eine erste Problemquelle liegt in der Rolle des KA-Managers. Er arbeitet an der

Schnittstelle zwischen Anbieter- und Kundenunternehmen als sog. Boundary Spanner. Er soll die Reibungen, die an der Schnittstelle entstehen, reduzieren. Im eigenen Unternehmen tritt er oftmals als „Anwalt des Kunden" auf und vertritt formal dessen Interessen. Wie dargestellt ist diese Rolle kein Selbstzweck. Der KA-Manager erfüllt sie, um die Effizienz und Effektivität der Kunden-Lieferanten-Beziehung zu erhöhen. Der Erfolg der Tätigkeit des KA-Managers hängt von der Qualität seiner internen Beziehungen zu relevanten Unternehmensbereichen ab. In vielen Unternehmen herrscht jedoch Intransparenz bezüglich der Rolle und Aufgaben des KA-Managers. Die Funktionalbereiche sind nicht ausreichend informiert, was der KA-Manager für sein Unternehmen leistet. Da die Anforderungen einzelner, auch strategisch bedeutender Kunden oftmals in Konflikt mit den Zielen stehen, die einzelne Unternehmensbereiche verfolgen, können Konflikte auftreten.

In der Beziehung mit „seinen" Key Accounts ist der KA-Manager oftmals nicht so erfolgreich wie er selber oder auch seine Führungsebene(n) dies von ihm erwarten würde(n). So zeigt z. B. eine Studie von Ivens und Pardo (2007), dass Kunden nicht selten keine oder nur geringe Unterschiede zwischen Anbietern wahrnehmen, die sie als Key Accounts einstufen und behandeln, und solchen, die das nicht tun. Mehrere Gründe hierfür sind denkbar. Ein Problem kann die oftmals fehlende hierarchische Macht des KA-Managers sein. Er muss die Interessen des Key Accounts (und letztlich auch seines eigenen Unternehmens) intern ohne Machtbasis vertreten. Dies stellt eine nicht zu unterschätzende Herausforderung dar. Ein zweites Problem können fehlende Budgets sein. Gerade in frühen Phasen des KAM stellen Unternehmen oftmals nur geringe oder gar keine zusätzlichen Mittel für die Erreichung der mit dem KAM angestrebten Ziele zur Verfügung. So werden teils regionale Vertriebsleiter mit einer zusätzlichen Rolle, nicht aber mit zusätzlichen Mitteln ausgestattet. Sind dann auch die Incentivesysteme nicht angepasst, wird das KAM in der Regel nicht ernsthaft praktiziert und scheitert. Schließlich kann ein Grund für die mangelnde Wahrnehmung von Unterschieden in der Behandlung durch ihren Anbieter auch bei den Key Accounts selber liegen. Wird einem Kunden eröffnet, dass er künftig einen Status als Key Account genießt, liegt es nahe, dass seine Ansprüche hinsichtlich Service und Aufmerksamkeit seitens des Anbieters steigen. Somit muss der Anbieter bereits Fortschritte machen, um nur das bisherige Zufriedenheitsniveau des Kunden zu halten.

Trotz dieser problematischen Aspekte ist das KAM ein wichtiges Konzept, das in der Praxis umfassend und in zunehmenden Maße eingesetzt wird (Bußmann et al. 2005). Das KAM übernimmt eine bedeutende Funktion innerhalb des Kundenmanagements, indem strategisch bedeutende Kunden durch ein spezifisch gestaltetes Betreuungssystem effizient und effektiv geführt werden. Es ist damit ein Teilsystem des betrieblichen Managements von Geschäftsbeziehungen mit bedeutenden Austauschpartnern. Es findet seine Entsprechung bspw. im Key Supplier Management der Beschaffungsfunktion oder im Alliance Partner Management, bei dem bedeutende Wertschöpfungspartner eine besondere Betreuung erfahren. Aus übergeordneter Perspektive sollten Unternehmen daher auch alle diese Formen des Beziehungsmanagements in einer holistischen Planung des strategischen Beziehungsportfolios verankern (Ivens et al. 2009).

Literaturverzeichnis

Boles, J. S./Johnston, W./Gardner, A. (1999): The Selection and Organization of National Accounts: A North American Perspective, in: Journal of Business & Industrial Marketing, 14. Jg., Nr. 4, S. 264-282.

Boles, J. S./Pilling, B. K./Goodwyn, G.W. (1994): Revitalizing Your National Account Marketing Program: The NAM Audit, in: Journal of Business & Industrial Marketing9. Jg., Nr. 1, S. 24-33.

Bußmann, W./Belz, C./Zupancic, D. (2005): Status und Trends im Key Account Management – Ergebnisse einer europäischen Erhebung, in: Zupancic, D./Belz, C./Bußmann, W. (Hrsg.), Best Practice im Key Account Management, Frankfurt, S. 25-41.

Cespedes, F. V. (1996): Managing Marketing Linkages, 1. Aufl., Upper Saddle River, New Jersey.

Diller, H. (1995): Beziehungs-Marketing, in: Wirtschaftswissenschaftliches Studium, 24. Jg., Nr. 9, S. 442-447.

Diller, H. (2001): Beziehungsmarketing, in: Diller, H. (Hrsg.): Vahlens Großes Marketing-Lexikon, 2. Aufl., München, S. 163-171.

Diller, H./Haas, A./Ivens, B. S. (2005): Verkauf und Kundenmanagement – Eine prozessorientierte Konzeption, Stuttgart.

European Foundation for Key Account Management (2009): Zertifizierung des KAM, www.efkam.org/index.php?option=com_content&view=article&id=56&Itemid=75, Zugriff am 16.12.2009.

Eggert, A./Helm, S. (2002): Exploring the Impact of Relationship Transparency on Business Relationships: A Cross-Sectional Study Among Purchasing Managers in Germany, in: Industrial Marketing Management, 32. Jg., Nr. 2, S. 101-108.

Fließ, S. (2001): Key Account Controlling, in: Reinecke, S./Tomczak, T./Geis, G. (Hrsg.), Handbuch Marketing-Controlling, Frankfurt am Main, S. 474-499.

Georges, L./Eggert, A. (2003): Key Account Managers' Role Within the Value Creation Process of Collaborative Relationships, in: Journal of Business-to-Business Marketing, 10. Jg., Nr. 4, S. 1-22.

Homburg, Ch./Droll, M./Totzek, D. (2008). Customer Prioritization: Does It Pay Off and How Should It Be Implemented?, in: Journal of Marketing, 72. Jg., Nr. 5, S. 110-130.

Homburg, Ch./Workman Jr., J. P./Jensen, O. (2002): A Configurational Perspective on Key Account Management, in: Journal of Marketing, 66. Jg., Nr. 2, S. 28-61.

Ivens, B. S. (2003): Prozessorientiertes Benchmarking im Key Account Management: Das Konzept und beispielhafte Ergebnisse einer empirischen Anwendung, in: Der Markt – Zeitschrift für Absatzwirtschaft und Marketing, 42. Jg., Nr. 165, S. 67-79.

Ivens, B. S./Pardo, C. (2007): Are Key Account Relationships Different? Empirical Results on Supplier Strategies and Customer Reactions, in: Industrial Marketing Management, 36. Jg., Nr. 4, S. 470-482.

Ivens, B. S./Pardo, C. (2008): Key Account Management in Business Markets: An Empirical Test of Common Assumptions, in: Journal of Business & Industrial Marketing, 23. Jg., Nr. 5, S. 301-310.

Ivens, B. S./Pardo, C./Salle, R./Cova, B. (2009): Relationship Keyness: The Underlying Concept for Different Forms of Key Relationship Management, in: Industrial Marketing Management, 38. Jg., Nr. 5, S. 513-519.

Kleinaltenkamp, M./Rieker, S. A. (1997): Kundenorientierte Organisation, in: Kleinaltenkamp, M., Plinke, W. (Hrsg.), Geschäftsbeziehungsmanagement, Berlin, S. 161-217.

Lambe, C. J./Spekman, R. E. (1997): National Account Management: Large Account Selling or Buyer-Supplier Alliance?, in: The Journal of Personal Selling and Sales Management, 17. Jg., Nr. 4, S. 61-74.

Larson, E. W./Gobeli, D. H. (1988): Organizing for Product Development Projects, in: The Journal of Product Innovation Management, 5. Jg., Nr. 3, S. 180-191.

Lawrence, P. R./Lorsch, J. W. (1969): Organizations and Environment, 1. Aufl., Homewood, IL.

Leuthesser, L./Kohli, A. K. (1995): Relational Behavior in Business Markets: Implications for Relationship Management, in: Journal of Business Research, 34. Jg., Nr. 3, S. 221-233.

Millman, T./Wilson, K. (1996): Developing Key Account Management Competences, in: Journal of Marketing Practice: Applied Marketing Science, 2. Jg., Nr. 2, S. 7-22.
Müllner, M. (2002): Leistungen für International Key Accounts auf Industriegütermärkten, St. Gallen.
Ojasolo, J. (2001): Key Account Management at Company and Individual Levels in Business-To-Business Relationships, in: Journal of Business & Industrial Marketing, Vol. 16, 3, S. 199-220.
Pardo, C./Salle, R./Spencer, R. (1995): The Key Accountization of the Firm: A Case Study, in: Industrial Marketing Management, 24. Jg., Nr. 2, S. 123-134.
Rackham, N. (1988): Account Strategy for Major Sales, Aldershot.
Ruekert, R. W./Walker Jr., O. C. (1987): Marketing's Interaction with Other Functional Units: A Conceptual Framework and Empirical Evidence, in: Journal of Marketing, 51. Jg., Nr. S. 1-19.
Rust, R. T./Lemon, K. N./Narayandas, D. (2005): Customer Equity Management, 1. Aufl., Upper Saddle River, New Jersey.
Storp, N. (2001): Key Account Management und E-Commerce, Nürnberg.
Workman Jr., J. P./Homburg, C./Jensen, O. (2003): Intraorganizational Perspective on Key Account Management, in: Journal of the Academy of Marketing Science, 31. Jg., Nr. 1, S. 3-21.
Wortruba, T. R./Castleberry, S. B. (1993): Job Analysis and Hiring Practices for National Account Marketing Positions, in: The Journal of Personal Selling and Sales Management, 13. Jg., Nr. 3, S. 49-65.

Teil 6

Vertriebsmanagement in der Praxis – Beispiele aus ausgewählten Branchen

6.1 Industriegütervertrieb

Rolf Kunold

1 Einführung

Die Industriegüterbranche hat in den letzten 10 Jahren eine turbulente Achterbahnfahrt hinter sich gebracht. In den Jahren 2006 bis 2008 hat bei den meisten Firmen ein Rekordjahr das nächste gejagt. Dennoch ist fast kein Industrieunternehmen mit der einsetzenden Finanzkrise gegen Ende 2008 vor drastischen Konsequenzen verschont geblieben. Viele Unternehmen mussten auf plötzliche, weltweit sinkende Abnehmerverhalten reagieren. Dabei waren Absatzverluste von bis zu 70 % keine Ausnahme (z. B. deutsche Werkzeugmaschinenhersteller).

Abbildung 6.1.1 Auftragseingang der deutschen Wergzeugmaschinenindustrie bis 2009 (Quelle: VDMA)

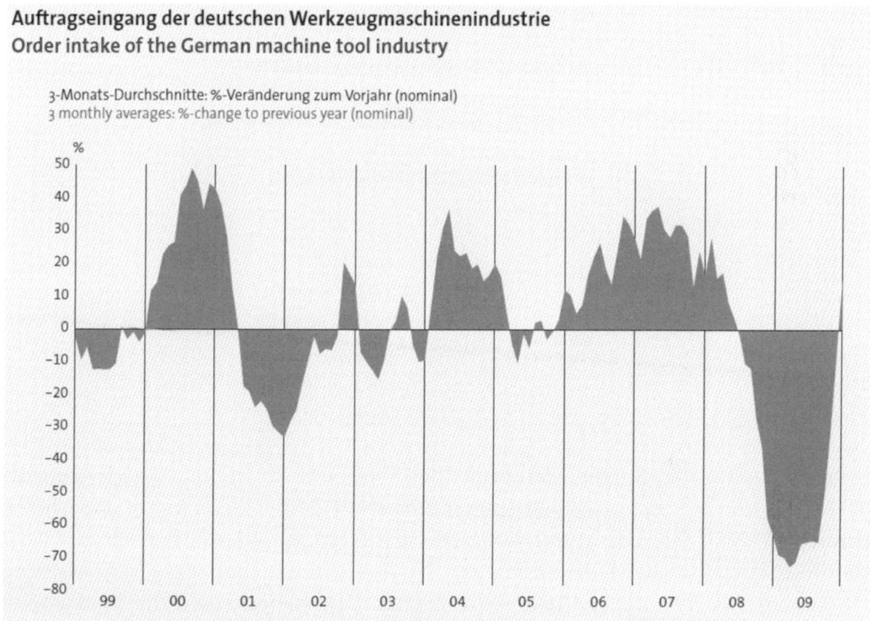

Das führte dazu, dass das noch bis in 2008 hinein propagierte Investitionsverhalten jäh abriss, man sich mit kurzfristigem Cash Flow beschäftigte und bestehende Geschäftsmodelle hinterfragt wurden. Obwohl sich in 2010 eine Stabilisierung in der Entwicklung abzeichnet und jetzt ein leichter Erholungstrend sichtbar wird, ist die Unsicherheit groß. Unter anderem muss sich der Vertrieb die Frage gefallen lassen, warum der Wandel in der Abnahme nicht erkannt wurde – sprechen wir im Industriegüterbereich nicht selten von Projekten mit einigen Jahren Vorlaufzeit.

Eine repräsentative Umfrage in Deutschland durchgeführt von Homburg & Partner bei Industrieunternehmen hat unter anderem zum Ziel, Vertriebs- und Marketinginitiativen von Unternehmen zu erfragen. Dieser Maschinenbaumonitor stand in 2009/10 ganz im Zeichen der Antwort auf die Frage: „Wie reagieren Sie auf die Krise?“. Dabei konnten interessante Erkenntnisse gewonnen werden.

Abbildung 6.1.2 Ergebnisse aus einer Umfrage von über 100 Managern in deutschen Maschinenbauern (Quelle: Homburg & Partner, Maschinenbaumonitor 2010)

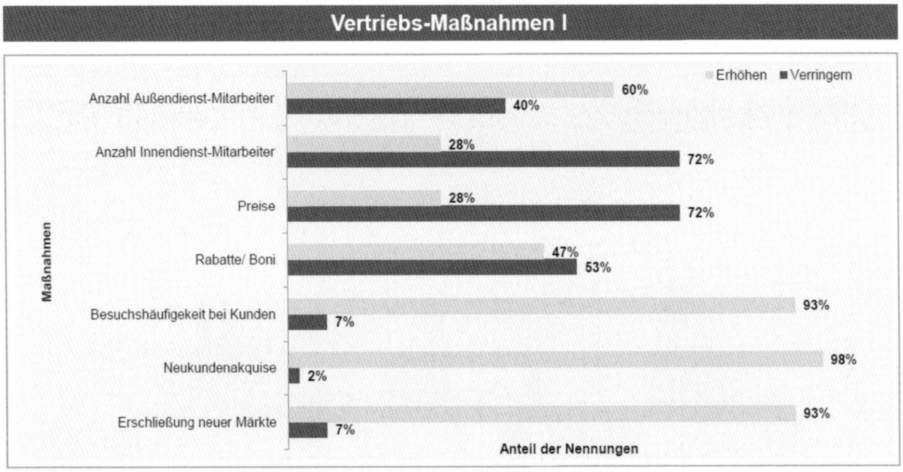

Trotz des weiterhin schwierigen Marktumfeldes investieren die deutschen Maschinenbauer in Marketing- und Vertriebsmaßnahmen, um ihre strategische Ausrichtung und Marktpositionierung für den erhofften Aufschwung zu verbessern. Gerade im Bereich des Vertriebs liegen diese sowohl in der Gewinnung von Neukunden als auch einer Fokussierung auf Key Accounts. Mit 98 % geben fast alle befragten Unternehmen an, die Maßnahmen im Bereich der Neukundenakquise verstärken zu wollen. Eine ähnlich hohe Anzahl der Unternehmen im deutschen Maschinenbau, nämlich 93 %, geben an, Investitionen in die Erschließung neuer Märkte tätigen zu wollen, um ihr Potenzial ausschöpfen zu können. Dabei ist jedoch zu berücksichtigen, dass in vielen Unternehmen immer noch eine schwierige Kostensituation besteht und deshalb ein intensives Risikomanagement betrieben wird, um das Risiko einer Fehlentscheidung zu minimieren. Die Potentiale und Gefahren in der Erschließung neuer Märkte sowie der Akquise von Neukunden werden abgewogen, indem die Marktchancen systematisch analysiert und bewertet, die Wettbewerber beobachtet und die eigenen Stärken und Schwächen analysiert werden.

Dass die Risiken eines Eintritts in neue Märkte von den Unternehmen häufig unterschätzt werden, kann mit den vielen gescheiterten Versuchen deutscher und europäischer Unternehmen in den chinesischen Markt veranschaulicht werden. Von den Unternehmen wurde oftmals nur das hohe Marktpotenzial betrachtet. Negative Seiten wie die Existenz von Markteintrittsbarrieren, die überschätzte Kaufkraft der Verbraucher oder eine fehlende Infrastruktur wurden allzu oft ausgeblendet. Dies mag auch darin liegen, dass eine Investition in China als „schick" gilt und auf diese Weise von Problemen im Kerngeschäft abgelenkt werden kann.

Abbildung 6.1.3 Ergebnisse aus einer Umfrage von über 100 Managern in deutschen Maschinenbauern (Quelle: Homburg & Partner, Maschinenbaumonitor 2010)

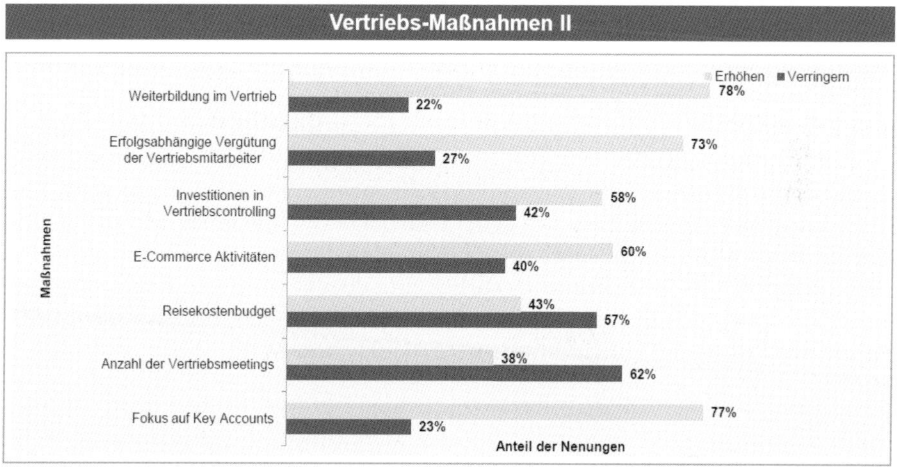

In einer Intensivierung der Kundenbetreuung sehen die meisten Unternehmen eine geeignete Vertriebsmaßnahme zur Verbesserung des Geschäftsergebnisses. 93 % wollen deshalb ihre Besuchshäufigkeit beim Kunden erhöhen, da es gerade in der Krise von zentraler Bedeutung ist, den Kontakt mit dem Kunden zu halten und ihm bei den krisenbedingten Herausforderungen zu unterstützen.

Dabei spielt die Fokussierung auf Key Accounts gerade vor dem Hintergrund des Kostendrucks eine zentrale Rolle. Mehr als drei Viertel der Unternehmen (77 %) sehen darin einen wichtigen Beitrag, der Krise zu begegnen. Unter Berücksichtigung einer effizienten Ressourcenallokation bei der Kundenbetreuung werden zunehmend Kundenanalysen durchgeführt. Diese sollen aktuelle und zukünftige Potenziale sowie den Kundenwert aufzeigen, damit sich das Unternehmen auf die wichtigsten Kunden in der Betreuung konzentrieren kann. Auf Basis dieser Kundenhierarchie kann anschließend eine Entscheidung über den jeweils geeigneten Vertriebskanal getroffen und auf diese Weise Kosten eingespart werden. So können beispielsweise bei „kleineren Kunden" kostengünstige Vertriebskanäle – zum

Beispiel der Telefon-Kanal – gewählt werden, während Großkunden eine persönliche Betreuung erhalten.

Um die Qualität der Kundenbetreuung zusätzlich zu verbessern und die Vermarktungschancen zu erhöhen, investieren die Unternehmen in Schulungen und Seminare. So zeigt der Maschinenbau-Monitor, dass in der schwierigen Akquisesituation etwa 80 % der Unternehmen Weiterbildungsmaßnahmen für den Vertrieb planen. 60 % planen eine Steigerung der Anzahl ihrer Vertriebsmitarbeiter.

Für den Vertrieb ergeben sich zudem sehr gute Chancen zur Gehaltssteigerung: 73 % der Unternehmen haben vor, den variablen Gehaltsanteil im Vertrieb und damit die Leistungsfähigkeit sowie die Motivation der Vertriebsmitarbeiter zu erhöhen.

In der Krise kommt den Investitionen in Produktinnovationen eine Schlüsselrolle zu, gerade weil sich die Produkte der Branche zunehmend angleichen und die Unternehmen sich durch Innovation differenzieren können. Mehr als 80 % der Unternehmen des deutschen Maschinenbaus wollen ihre Aktivitäten im Forschungsbereich der Entwicklung neuer Produkte ausbauen, um durch exzellente Produktleistungen den Markterfolg langfristig zu sichern. Die Branche konzentriert sich damit auch in der Krise auf ihre Stärke, nämlich die Entwicklung von innovativen und qualitativ hochwertigen Produkten. In dieser Strategie liegt aber auch eine Gefahr: Der deutsche Maschinenbau orientiert sich sehr stark an Produkten und glaubt oftmals, dass sich seine innovativen Produkte am Markt von alleine verkaufen lassen. Wenn diese jedoch ohne Einbindung der Kunden und Anwender konzipiert werden, kann der Markterfolg ausbleiben und dem langfristigen Erfolg entgegenstehen. Deshalb ist die Einbindung der potentiellen Kunden durch professionelle Marktforschung in den Prozess der Entwicklung neuer Produkte notwendig.

Zudem ist ein Trend in Richtung einer zunehmenden Service-Orientierung in der Branche erkennbar, was in erster Linie auf einen höheren Marktdruck zurückzuführen ist. Mehr als 90 % der Unternehmen geben an, Investitionen in die Entwicklung von Serviceleistungen ins Auge zu fassen. Ziel ist es, gerade in der Krise die Kundenbindung durch zukunftsorientierte After-Sales-Services zu verstärken, damit in Zeiten des bevorstehenden Aufschwungs von den bestehenden Beziehungen profitiert werden kann. Denn insbesondere für Investitionsgüter des Maschinenbaus gilt, dass ein exzellenter After-Sales-Service die Grundvoraussetzung für eine langfristige Bindung des Kunden an den Lieferanten bildet.

Im Folgenden werden Beispiele aus den Beratungsprojekten von Homburg & Partner aus dem Industriegüterbereich vorgestellt.

1. Optimieren der Vertriebskanalstrategie
2. Messung und Steigerung der Prozesseffizienz im vertrieblichen Innendienst
3. Vertriebliche Integration von Erst- und Folgegeschäft
4. Potentialermittlung zur Vertriebssteuerung
5. Unternehmensindividuelle Schulung des KAM

2 Beispiele für Vertriebsmanagement aus der Industrie

2.1 Optimierung der Vertriebskanalstrategie

Ausgangslage

Die genutzten Geschäftsmodelle im B2B sind nach Anwendungen und Kunden zum Teil sehr unterschiedlich. Auf der einen Seite gibt es Großkunden, mit denen langläufige, große Projekte realisiert werden (z. B. Bau eines Kraftwerkes). Diese werden fast ausschließlich mit einem Direktvertrieb betreut – oft mit ganzen Teams. Auf der anderen Seite sind im Portfolio oft eine Vielzahl von Kleinkunden, mit denen ein jeweiliger Jahresumsatz von weniger als 10.000 € realisiert wird. Diese können auch einer ganz anderen Wertschöpfungsstufe angehören als bei dem Verkauf von Neumaschinen – z. B. ein Motorenhersteller verkauft sein Produkt an einen Landmaschinenhersteller. Der Nutzer des Traktors hat ein Schaden am Motor und kauft beim Motorenhersteller ein Ersatzteil. Eine große Anzahl von Kleinkunden sind in den meisten Fällen nicht effizient von einem direkten Vertrieb zu betreuen. Hier werden auf alternative Kanäle der Betreuung zurückgegriffen; indirekter Vertrieb über Händler/ Systemintegratoren, Internet, Telefonbetreuung, ... Auch im internationalen Umfeld werden Entscheidungen zu Vertriebskanälen notwendig; „Sollen wir in Malaysia eine eigene Niederlassung aufbauen, oder arbeiten wir dort mit einem Händler?" Da es sich insbesondere bei einer Händlerstruktur oft um jahrzehntelang gewachsene Strukturen handelt, sollten diese auf Effizienz und Effektivität regelmäßig untersucht werden.

In diesem Beispiel hat ein Hersteller von Fördersystemen in einer Region seinen Vertrieb ausschließlich über 16 Systemintegratoren abgewickelt. In der Region wurden ca. 50 Mio. € Umsatz erzielt. Da diese Fördersysteme kundenindividuell ausgelegt werden hat das Geschäft Projektcharakter. In den Jahren 2003 bis 2006 sind die Umsätze stagniert. Der Markt für relevante Fördersystem in dieser Region hat laut statistischen Kennzahlen ein jährliches Wachstum von mehr als 4 % aufgewiesen. Der Hersteller hat nur ungenügenden Marktzugang, da alle Kunden von den Systemintegratoren betreut werden. Jeder einzelne Systemintegrator beteuert mit über 20 % ausreichend Marktanteil zu erzielen und damit dem Vertriebsauftrag in seinem Gebiet genügend nachzukommen.

Der Hersteller hat eine Initiative mit Unterstützung von Homburg & Partner gestartet mit der Aufgabe, die vorhandenen Vertriebskanäle auf Effizienz und Effektivität zu überprüfen sowie bei Bedarf Verbesserungsvorschläge zu erarbeiten. Dabei war das Ergebnis völlig offen. Im Vorfeld wurden Meinungen laut von „alles bleibt wie es ist" bis „wir müssen uns von diesem stagnierenden Geschäft trennen".

Vorgehen

Da diese Initiative eine hohe politische Brisanz hatte, wurde entschieden grundlegende Fragen so schnell wie möglich zu klären. Dazu gehörte als Erstes zu ermitteln, wie sich das Potential tatsächlich über die Region verteilt und wie die Ausschöpfung der Händler war. Außerdem sollten Marktansehen der Händler überprüft werden um diesen Kanal vollständig zu bewerten. Mit dieser Informationsgrundlage konnte eine grundsätzliche Entscheidung getroffen werden, ob der Bereich abgestoßen oder gehalten werden sollte. Wenn der Bereich behalten werde, würden alle unterschiedlichen Szenarien für die Marktbearbeitung (also Kanalstrategien) erarbeitet, bewertet und eine für die Umsetzung beschlossen. Die avisierte Gesamtprojektzeit betrug 4 Monate.

Um Potential zu identifizieren können grundsätzlich verschiedene Ansätze herangezogen werden. Die drei hier diskutierten Ansätze waren wettbewerbsorientierte, strukturorientierte und kundenorientierte Potentialermittlung.

Die Potentialermittlung über Einzelkunden – also eine kundenorientierte Potentialerhebung – wurde wegen der langen Analysedauer ausgeschlossen. Es ging im ersten Schritt lediglich darum zu entscheiden, ob der Markt genügend groß ist. Dazu wurde eine Wettbewerbsbetrachtung und zur Validierung Teile einer strukturorientierten Potentialerhebung genutzt. Also wurden die fünf größten Wettbewerber durchleuchtet auf Überschneidung im Produktportfolio, Wachstum in der Region in den letzten Jahren, Investitionsabsichten in die Region, usw. Für die Strukturanalyse wurde ein Beziehungsmodell und Strukturparameter festgelegt und mit Experten – meist Kunden – gefüllt. In den Expertengesprächen wurden alle 16 Systemintegratoren diskutiert und bewertet.

Ergebnis dieser ersten Marktbewertung war unter anderem, dass das Potential der Region um mindestens Faktor zwei größer war als von den Systemintegratoren angenommen. Damit rutschte der durchschnittliche Marktanteil von über 20 % auf knapp über 10 %. Die Systemintegratoren wurden von den betreuten Kunden als kompetente und wichtige Partner beschrieben – nicht betreute Kunden konnten nicht über eine aktive Vertriebsarbeit der Systemintegratoren berichten. Das Produktportfolio und die Marke sind im Markt hoch angesehen. Der Wettbewerb konnte überdurchschnittlich, profitabel mit relevanten Produkten in dieser Region wachsen.

Mit diesen Informationen als Grundlage wurde entschieden den Bereich zu behalten. Außerdem sollten, wie angedacht, die Vertriebskanäle diskutiert werden. Durch die gute Positionierung der Systempartner bei den bestehenden Kunden sollte aber von einer Lösung ohne die Systemintegratoren abgesehen werden.

Unter diesen Vorgaben wurden zusammen mit dem Unternehmen mögliche Szenarien für eine veränderte Marktbearbeitung erarbeitet.

Tabelle 6.1.1 Vergleich verschiedener Methoden zur Potentialermittlung (Quelle: Homburg & Partner, Projektbeispiel)

	A. Wettbewerbsorientierte Marktpotenzialanalyse	B. Strukturorientierte Marktpotenzialanalyse	C. Kundenorientierte Marktpotenzialanalyse
Vorgehensweise	■ Erhebung der größten Wettbewerber, so dass mind. 70 % des Marktvolumens abgedeckt sind ■ Abschätzung des Umsatzes durch direkte oder indirekte Recherche dieser Wettbewerber (z. B. Hoppenstedt)	■ Erstellen einer Rechenlogik um Potenzial aus statistischen Daten bestimmen zu können (z. B. Anzahl Schweißerbetriebe, ...) ■ Erhebung der benötigten Kennzahlen durch Online-/Offline-Recherche, Experteninterviews, etc.	■ Begrenzung der Anwendungsbranchen nach Schlüssel (z. B. NACE) ■ Kauf von Unternehmensdaten in diesen Branchen (z. B. Hoppenstedt) ■ Erstellung Rechenlogik, um auf Potenzial pro Unternehmen zu schließen ■ Erhebung der Daten durch breite Marktbefragung per Telefon, Experteninterviews, etc.
Vorteile	■ Schnell und kostengünstig durchzuführen ■ Wettbewerber sind oft hinreichend bekannt ■ Kennzahlen haben große Akzeptanz	■ Genauere Potenzialabschätzung als wettbewerbsorientiert ■ Erstellung der Rechenlogik hat einen Weiterbildungscharakter für die Mitarbeiter ■ Einfache Logik, die auf andere Märkte leicht anzuwenden ist	■ Genauste Art der Marktpotenzialabschätzung ■ Ergebnis ist eine Zielkundenliste mit Potenzial pro Zielkunde ■ Genaues Unterteilen der Potenziale in Subsegmente, Branchen, etc. möglich
Nachteile	■ Benötigte Information oft nur schwer zugänglich ■ Betrachteter Gesamtmarkt nur schwer abzuschätzen	■ Erheblicher Rechenaufwand notwendig ■ Daten sind zum Teil nur schwer oder als Abschätzung zu erheben	■ Sehr aufwendige Durchführung ■ Ergebnisqualität ist von Datenbankqualität abhängig

Abbildung 6.1.4 Beispiel für eine Bewertung verschiedner Vertriebskanäle (Quelle: Homburg & Partner, Projektbeispiel)

	Kriterium	Spannweite (Durchschnitt) der Bewertungen der Teammitglieder	Gewichtung [%]	Bewertung der Vertriebsmodelle				
				Kundenfokus	„neue" Branchen	Produktfokus	ADM bei Partner	Branchenfokus
Umsatz	1. Sicherung des bestehenden Umsatzvolumens	8-10 (Ø = 9,5)	10					
	2. Bessere Durchdringung bestehender Kunden	4-10 (Ø = 7,7)	5					
	3. Erschließung neuer Kunden	9-30 (Ø = 14,7)	20					
	4. Flächendeckende Marktpräsenz	4-12 (Ø = 7)	5					
	5. Gewinnung von Marktinformationen	0-10 (Ø = 6,3)	5					
	6. Erleichterung von Neuprodukteinführungen	0-12 (Ø = 7)	5					
	7. Erhöhung der Flexibilität der Marktbearbeitung	0-8 (Ø = 4,7)	5					
	8. Schärfung des Markenprofils	0-12 (Ø = 4,4)	5					
Marge	9. Preiskontrolle, Vermeidung von Margenverlusten	2-10 (Ø = 6,2)	10					
	10. Sicherstellung von effizienten Vertriebsabläufen	6-10 (Ø = 8)	10					
	11. Positives Verhältnis Umsatzanstieg/Kostenanstieg	0-10 (Ø = 6,5)	10					
Risiko	12. Akzeptanz durch Partner	0-5 (Ø = 3,6)	5					
	13. Kundenakzeptanz		5					
	Summe		100%					

Als Referenzmodell für die Bewertung der Vertriebsmodelle dient das aktuelle Vertriebsmodell.
Folgende Skala kommt zum Einsatz:

-3 -2 -1 0 +1 +2 +3

Das jeweilige Vertriebs-modell bringt hinsicht-lich dieses Kriteriums eine deutliche Ver-schlechterung gegen-über dem aktuellen Vertriebsmodell

Keine Veränderung gegenüber dem aktuellen Vertriebsmodell

Das jeweilige Vertriebs-modell bringt hinsicht-lich dieses Kriteriums eine deutliche Ver-besserung gegenüber dem aktuellen Vertriebsmodell

Die interne Bewertung ergab, dass das Einführen eines zusätzlichen direkten Vertriebskanals die beste Option war um möglichst schnell auf einen Zielmarktanteil von über 20 % zu gelangen – also den Umsatz zu verdoppeln. Die Systempartner sollten die bestehenden Kunden weiter betreuen und in der eignen Entwicklung stark unterstützt werden.

Um das zu realisieren wurden weitere Schritte identifiziert. Als erstes wurde eine Kundenorientierte Potentialanalyse gestartet, mit dem Ziel konkrete Unternehmen mit zugänglichem Potential zu identifizieren. Parallel wurde zusammen mit den Systempartnern deren eigene Entwicklung und eine mögliche Unterstützung durch den Hersteller diskutiert. Für die Marktbearbeitung durch den neuen direkten Vertrieb wurden Abgrenzungen zu den bestehenden Kanälen festgelegt und, wo es notwendig war, vertraglich fixiert. Die Führung der gesamten regionalen Marktbearbeitung und alle dort agierenden Vertriebskanäle wurde vom Hersteller übernommen. Diese hier beschriebenen Schritte benötigten aber noch weitere fünf Monate bis durch den neuen Kanal der erste zusätzliche Euro erwirtschaftet wurde.

Ergebnis

Durch diese Initiative konnte der Hersteller seinen Umsatz binnen zwei Jahren nach Einführung des neuen direkten Vertriebskanals verdoppeln. Dabei ging fast die Hälfte der Entwicklung auf die schon bestehenden Systempartner zurück, die durch Unterstützung und „neue Konkurrenz aus den eigenen Reihen" stark motiviert wurden. Die andere Hälfte wurde durch den neu eingeführten Vertriebskanal erwirtschaftet.

2.2 Messung und Steigerung der Prozesseffizienz im vertrieblichen Innendienst

Ausgangslage

Sucht man im produzierenden Gewerbe nach Beispielen zur Prozesseffizienz wird man schnell mit herausragenden Beispielen von hochautomatisierten, auf Millisekunden abgestimmten CanBan Fertigungsprozessen fündig. Große Prozesstheorien sind alle produktionsorientiert (6 Sigma, Kaizen, ...) (Masaaki 1993). Fragt man hingegen im Industriegüterbereich nach Effizienz, Kapazitätsauslastungen oder Prozesslaufzeiten im Bereich Vertrieb, so ist die Transparenz meist nur ungenügend oder gar nicht vorhanden. Das ist verwunderlich, da immerhin zwischen 8 % und 25 % (je nach Kostenzuschlüsselung) der Gesamtkosten im Industriegüterbereich auf den Vertrieb entfallen. Im Gegensatz zur Produktion hat man im Vertrieb, also Außendienst und Innendienst, wenig automatisierte Prozesse. Man will ja die Kundenorientierung vornean stellen und sollte sich im Prozess Flexibilität erhalten. Aussagen wie „Verkaufen ist eine Kunst und kann nicht schematisiert werden" dürfen aber ein kritisches Hinterfragen der Vertriebsprozesse nicht verhindern. Ein gewisses Maß an Effizienzkenntnis und –steigerung im Bereich Vertrieb ist möglich und gut umsetzbar, (Homburg/Schäfer/Schneider 2006). Damit können Fragen beantwortet werden wie „Warum brauchen wir für unsere Auftragsbestätigung doppelt so lange wie unsere Konkurrenz?" oder „Habe ich das richtige Verhältnis von Anzahl Innendienst- zu Außendienstmitarbeiter?". Die Antworten auf solche Fragen sind nur zum Teil allgemein zu beantworten und in den meisten Fällen individuell zu erarbeiten - insbesondere was Verbesserungen angeht. Besonders knifflig wird eine Prozesseffizienzbetrachtung wenn mehrere Vertriebskanäle und mehrere Regionen miteinander verglichen werden. Hier wird oft auf kulturelle Unterschiede in der notwendigen Kundenbetreuung und lokal angepassten Kosten/ Währungen verwiesen. Es ist durchaus denkbar, dass sich ein Regionenverantwortlicher, der bis dato im besten unternehmerischen Sinn alle Entscheidungen selber getroffen hat, kein Interesse an Prozesseffizienztransparenz anstrebt und eher seinen Gestaltungsfreiraum behalten möchte.

In diesem Beispiel geht es um einen deutschen Hersteller von Automatisierungskomponenten. In Italien werden ca. 200 Mio. € mit einer eigenen Niederlassung erwirtschaftet. Die Marktbearbeitung in Italien wird in fünf Regionen mit Gewinn und Verlust geführt. D.h. jede Region hat eigene Außendienst- und Innendienstmitarbeiter, die bis zum Auftragseingang selbständig agieren. Die Auftragsabwicklung und Logistik wird zentral gesteuert und durchgeführt. In den Jahren 2003 bis 2007 ist durch steigenden Preisdruck in Italien, für die relevanten Produkte eine grundsätzliche Überprüfung und Optimierung der Kosten notwendig. Bei erstem Betrachten der fünf Regionen ist es auffällig, dass die Verhältnisse der einzelnen Funktionen sehr unterschiedlich sind (also Anzahl Innendienstmitarbeiter zu erwirtschafteten Umsatz bis zu Faktor 2,5 unterschiedlich). Auch die regelmäßig durchgeführten Kundenzufriedenheitsbefragungen haben regional sehr unterschiedliche Ergebnisse hervorgebracht – aber nicht in Korrelation mit unterschiedlichen Mitarbeiterzahlen in den einzelnen Funktionen. Auf Nachfrage wird auf kulturelle Unterschiede „in Neapel ist alles anders als in Bologna" und unterschiedliche Kundenstrukturen „Fiat und Barilla kann jeder effizient betreuen" verwiesen.

Der Niederlassungsleiter Italien hat eine Initiative mit Unterstützung von Homburg & Partner gestartet mit der Aufgabe, Prozesseffizienz und Auslastung der Funktionen im Innendienst in den Regionen zu vergleichen und Verbesserungen zu entwickeln. Dabei war es Ziel unter Berücksichtigung von der bestehenden Anzahl Mitarbeiter diese ggf. so in den Funktionen/ Regionen umzuverteilen, dass 20 % Umsatzwachstum mit derselben Mannschaft ohne Verzögerung abgewickelt werden kann.

Vorgehen

Um die Initiative umzusetzen wurde ein zweistufiger Ansatz gewählt. Als Erstes sollte der grundsätzliche Vertriebsprozess als Rahmen bestimmt werden. Dabei ging es nicht um einen idealtypischen Prozess, sondern über die Ist-Situation. Der Prozess sollte auf einer Tätigkeitsebene so detailliert sein, dass Zeiten für einzelne Arbeitsschritte bestimmt werden können. Zusammen mit Verantwortlichkeiten für Tätigkeiten und deren Frequenz sowie Dauer würden Auslastungen errechnet werden können. Mit diesen Informationen sollten dann notwendige Entscheidungen für eventuell notwendige Umverteilungen von Ressourcen getroffen werden.

Da die Verantwortung der Marktbearbeitung schon seit langer Zeit in den Regionen lag, gab es keine grundsätzlichen, niedergeschriebenen Vertriebsprozesse. Jede Region bearbeitete den eigenen Markt unter der Führung des Regionalleiters. Um die Prozesseffizienz messen zu können, muss ein allgemeingültiger Vertriebsprozess in genügendem Detaillierungsgrad erarbeitet werden. Da es sich hier um eine integrative Initiative handelte, wurde beschlossen, die Vertriebsprozesse mittels Workshops in den Regionen unter Einbeziehung der Prozessverantwortlichen zu erarbeiten. In diesen Workshops wurde der dort angewandte Prozess anhand von Flowcharts erarbeitet und die regionalen Herausforderungen aufgenommen. Dabei waren fünf bis zehn Prozessbeteiligte in die Ausarbeitung einbezogen.

Das grundsätzliche Ergebnis war, dass sich die Abläufe in den Regionen und auch die Verantwortlichkeiten nicht großartig differenzierten. Die lokalen Herausforderungen unterschieden sich sehr – obwohl die großen Probleme bei Schnittstellen zur Niederlassung übereinstimmten. Durch die lokale Erarbeitung der Prozessabläufe sowie die Integration der lokalen Herausforderungen, konnten die Prozessteilnehmer für die Initiative gewonnen werden. Es ergaben sich für jede Region „Quick Wins". Das heißt man konnte durch einfaches Umstellen einiger Abläufe und Zugänglichmachen von Informationen in den Regionen die Arbeit für die Prozessteilnehmer schnell vereinfachen.

Nach einer Konsolidierung der Unterschiede der regional aufgenommenen Prozesse, konnte mit ein allgemeingültiger Vertriebsprozess für Italien vorgestellt werden. Das nächste Ziel war es, für die beteiligten Prozessverantwortlichen Kapazitätsauslastungen zu berechnen. Dazu sind zwei Informationen notwendig. Erstens, wie oft werden die Prozesse in einer bestimmten Zeiteinheit durchlaufen (z. B. wie viele Angebote werden pro Monat geschrieben). Zweitens, wie viel Arbeit ist für den jeweiligen Prozessschritt notwendig (z. B. Wie lange dauert das Anlegen eines neuen Kunden im System?). Die Häufigkeit kann einfach von existierenden Daten aus dem System abgelesen werden. Die Dauer eines Arbeitsschrittes kann auf mehrere Arten ermittelt werden. Die offensichtlichste ist, sich mit einer Stoppuhr neben den Mitarbeiter stellen und die Zeit aufnehmen, die benötigt wird, diesen Arbeitsschritt durchzuführen. Nicht nur trägt diese Vorgehensweise nicht zum Betriebsklima bei, auch haben wissenschaftliche Forschungen ergeben, dass das Ergebnis durch die nicht natürliche Situation verfälscht ist. Eine zweite, verbreitete Art um Dauer von Prozessschritten zu messen ist eine standardisierte Befragung der Prozessbeteiligten. Man befragt alle Prozessbeteiligten wie viel Prozent ihrer jeweiligen Arbeitszeit sie auf die einzelnen Schritte verbringen. Hierbei ist der Nachteil für diese Initiative, dass keiner der Befragten nicht 100 % seiner verfügbaren Zeit auf die angegebenen Prozessschritte verteilen würde. Damit sind keine Aussagen über Auslastung möglich, da befragungsimmanent die Auslastung aller Beteiligten bei 100 % wäre. Hier wurde eine dritte Methode verwendet. Dazu befragt man die Vorgesetzten der Prozessteilnehmer, wie lange die jeweiligen Schritte dauern und verifiziert die Angaben punktuell mit den Prozessbeteiligten. In dieser Initiative hat sich das insbesondere deshalb angeboten, da in allen Regionen Vorgesetzte zu den selben Prozessschritten befragt wurden. Bei den Zeiten, die stark unterschiedlich benannt wurden, konnte mit Prozessbeteiligten die konkrete Zeit verifiziert werden. Oft war das nicht notwendig – nur bei fünf aus 41 Prozessschritten musste eine Verifizierung stattfinden.

Damit lagen alle notwendigen Informationen vor, um Aussagen über Kapazitäten und Auslastung in den jeweiligen Regionen zu tätigen. Die Auslastung war, wie erwartet, in den Regionen stark unterschiedlich. Erneutes Nachfragen in den Regionen ergab, dass Funktionen, die nicht mit Ihrem Prozess ausgelastet waren für andere Tätigkeiten eingesetzt wurden. Da diese Tätigkeiten aber nicht zu den Kerntätigkeiten gehörten, wurden diese weder effizient und manchmal auch ohne die notwendige Ausbildung ausgeführt. Es wurde sichtbar, dass die größten Unterschiede in der Auslastung zwischen den Regionen in der Anfragebearbeitung und Angebotserstellung bestanden. Deshalb wurde beschlossen, bis auf Weiteres, genau diese beiden Prozessschritte zu zentralisieren. Nun wurden die Mitarbeiter zu 100 % in Ihrer Tätigkeit eingesetzt. Die wegfallenden Unterstützungen in den prozessfremden Tätigkeiten wurden durch dafür geschaffene Funktionen übernommen.

Abbildung 6.1.5 Screenshot eines Excel Tools zur Kapazitätsberechnung (Quelle: Homburg & Partner, Projektbeispiel)

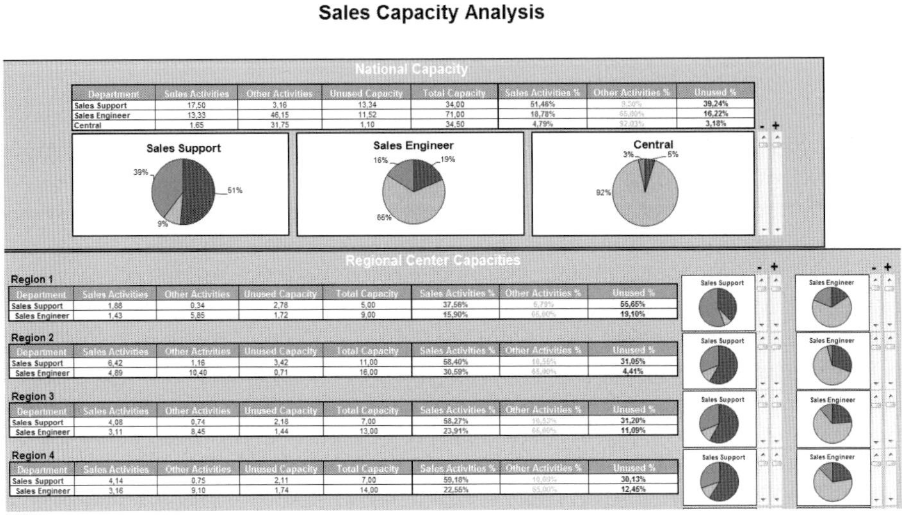

National Capacity

Department	Sales Activities	Other Activities	Unused Capacity	Total Capacity	Sales Activities %	Other Activities %	Unused %
Sales Support	17,50	3,16	13,34	34,00	51,46%	9,30%	39,24%
Sales Engineer	13,33	46,15	11,52	71,00	18,78%	65,00%	16,22%
Central	1,65	31,75	1,10	34,50	4,79%	92,03%	3,18%

Region 1

Department	Sales Activities	Other Activities	Unused Capacity	Total Capacity	Sales Activities %	Other Activities %	Unused %
Sales Support	1,88	0,34	2,78	5,00	37,56%	6,79%	55,65%
Sales Engineer	1,43	5,85	1,72	9,00	15,90%	65,00%	19,10%

Region 2

Department	Sales Activities	Other Activities	Unused Capacity	Total Capacity	Sales Activities %	Other Activities %	Unused %
Sales Support	6,42	1,16	3,42	11,00	58,40%	10,55%	31,05%
Sales Engineer	4,89	10,40	0,71	16,00	30,59%	65,00%	4,41%

Region 3

Department	Sales Activities	Other Activities	Unused Capacity	Total Capacity	Sales Activities %	Other Activities %	Unused %
Sales Support	4,08	0,74	2,18	7,00	58,27%	10,53%	31,20%
Sales Engineer	3,11	8,45	1,44	13,00	23,91%	65,00%	11,09%

Region 4

Department	Sales Activities	Other Activities	Unused Capacity	Total Capacity	Sales Activities %	Other Activities %	Unused %
Sales Support	4,14	0,75	2,11	7,00	59,18%	10,00%	30,13%
Sales Engineer	3,16	9,10	1,74	14,00	22,55%	65,00%	12,45%

Ergebnis

Die Niederlassung konnte durch Kenntnis ihrer Vertriebsprozesse die interne Effizienz in Ablauf und Auslastung optimieren. Dadurch konnte auch der Service an den Endkunden erhöht werden (durchgängige Reaktionszeiten, gleiche Qualität in den Angeboten, ...). Es wurden im Rahmen dieser Umverteilungen 25 freie Ressourcen identifiziert, die zur Kapazitätsausweitung strategisch eingesetzt wurden.

2.3 Vertriebliche Integration von Erst- und Folgegeschäft

Ausgangslage

Die Bedeutung des After Market Geschäfts wird im Industriegütergeschäft immer wichtiger. Ist wegen zunehmender internationaler Konkurrenz der Preisdruck auf Neuprodukte immer größer, wird zunehmend der Unternehmensgewinn aus dem Ersatzteil- und dem Servicegeschäft generiert.

Abbildung 6.1.6 Benchmark Studie mit 156 untersuchen Maschinenbauunternehmen (Quelle: Homburg & Partner, Studie)

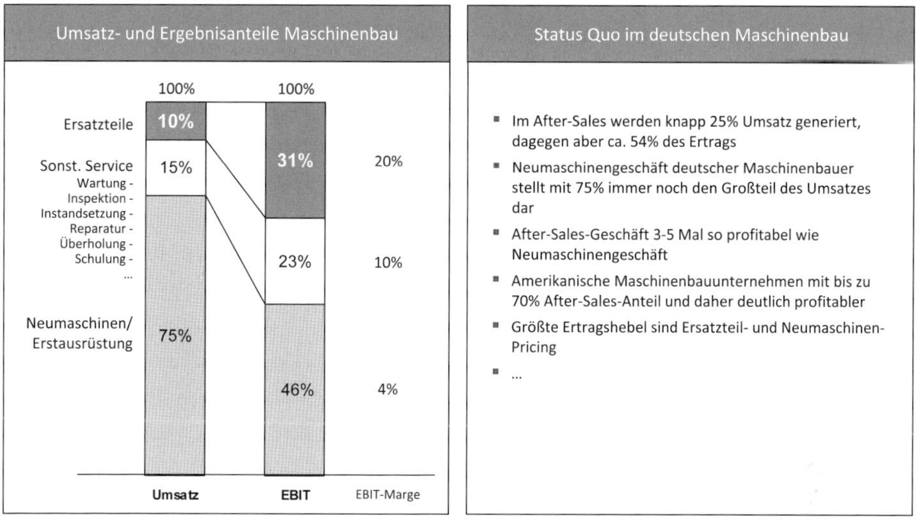

Offensichtlich können After Market Geschäfte nur mit dem erfolgreichen Verkauf von Neumaschinen realisiert werden. Es ist auch möglich sich als Geschäftsmodell völlig auf den After Market zu konzentrieren. Dies ist aber eher unüblich und am besten für den Service Bereich – nicht so sehr für den Ersatzteil Bereich - umsetzbar. Der häufigste Fall ist das After Market Geschäft, das sich aus den eigenen verkauften Maschinen ergibt. Damit liegt nahe, dass sich Unternehmen damit auseinandersetzen, wie das Zusammenspiel von Neumaschinengeschäft und After Market Geschäft optimal ausgestaltet wird. Theoretisch kann man auf Customer Life Time Value Theorien zurückgreifen (Homburg, Krohmer 2006). Da sich aber ein verkauftes Produkt an einen OEM in der Anwendung bei einem Endbenutzer wiederfinden kann (z. B. Werkzeuge für eine Werkzeugmaschine) sollte man eher einen Prodct Life Time Value betrachten. Was sich im Prinzip einfach anhört ist in der Praxis eher schwierig. Die Organisationseinheiten, die Profit und Loss verantwortlich für Neumaschinengeschäft und Servicegeschäft sind, sind unterschiedlich. Die Verkäufer für eine Neumaschine haben meist nur ungenügende Kenntnis vom After Market Geschäft und können dieses z.T. nur ungenügend im Erstgeschäft berücksichtigen – geschweige denn verkaufen. Selbst wenn schon im Erstverkauf das After Market Geschäft mit verhandelt würde, könnte das Nachteilig sein. Es herrscht die Gefahr, dass das lukrative Ersatzteilpaket als „Verhandlungsmasse" zum Gesamtprojekt hinzugegeben wird. Damit realisiert man kurzfristig für dieses Projekt ein Teil des profitablen After Market Geschäftes nicht und kann sich langfristig die Preise kaputt machen. Grundsätzlich bleibt aber festzuhalten, dass sich Neumaschinenvertrieb und After Market Geschäft im Zuge der Gesamtprofitabilität besser abstimmen müssen. Der erste Schritt dazu ist meist Schaffen von Transparenz für den oben genannten Product Life Cycle und die Schulung der Außendienstmannschaft.

In diesem Beispiel geht es um einen führenden Hersteller von Bergbautechnik. Im Bergbau sind offensichtlich viele verschleißintensive Produkte im Einsatz. Firmen die Kohle oder Edelmetall abbauen, gehören zu den größten und den profitabelsten Unternehmen der Welt (Peabody, Shenhua, Rio Tinto, Xstrata, BHP, ...). Als Full Liner für Bergbautechnologie verhandelt dieser Hersteller 2 stellige Millionenverträge bei z. B. neue Erschließung einer Untertage Mine für Steinkohle. Da es sich bei diesen Projekten weltweit fast immer um Ausschreibungen handelt, ist die Preisfokussierung sehr hoch. Es ist klar, dass über den Lebenszyklus einer Mine erhebliche Investitionen im Bereich After Market notwendig sind. Diese haben auch eine hohe Priorität für den Betreiber – steht eine Mine für ein paar Stunden, kann das Millionenbeträge an nicht realisiertem Umsatz sowie Vertragsstrafen bedeuten. Der realisierte Anteil am After Market Geschäft des Herstellers ist abhängig von Region und Abbaugesellschaft. Es kann sich also bei der einen Mine lohnen, in das Pricing für das Neugeschäft aggressiv einzusteigen, da man über den After Market sehr wahrscheinlich hohe Profitabilität erreicht – bei anderen Ausschreibungen trifft das wiederum nicht zu.

Der Hersteller hat eine Initiative mit Unterstützung von Homburg & Partner gestartet mit der Aufgabe, Transparenz zwischen Neumaschinenverkauf und After Market Geschäft in Abhängigkeit von Produkten und Regionen zu erarbeiten. Diese Informationen soll dem Neumaschinenvertrieb einfach zugänglich gemacht werden, um die Marktbearbeitung auch mit Rücksicht auf das After Market Geschäft auszurichten.

Vorgehen

Um diese Initiative umzusetzen wurde in einem ersten Schritt ein großer Teil von Produkt- und Anwendungswissen erforderlich, damit grundsätzlich ein Modell für einen Product Life Time Value für alle relevanten Produkte erarbeitet werden konnte. Dabei sind Verschleißerscheinungen sehr unterschiedlich nach Anwendung (es ist etwas anders auf ebener Fläche in -100 m Steinkohle abzubauen oder in -400 Metern mit 15 % Steigung Erze). Die Product Life Time Informationen sollten mit bestehenden Daten nach Anwendungen und Regionen ergänzt werden. In den Regionen wird unterschiedlich vorgegangen; entweder es wir für jeden Service Vorgang der Hersteller geholt, oder es wird auf lokale Unterstützung zurückgegriffen. Diese gesamten Informationen sollten mittels Excel so aufbereitet werden, dass jeder Außendienstmitarbeiter den Product Life Time Value einzelner Ausschreibungen einfach ermitteln kann.

Zwar sind alle Produkte zum Einsatz von Bergbau notwendig, haben aber auf Grund ihrer Aufgabe unterschiedliche Lebenserwartungen. Wenn es sich um Untertagebergbau handelt, werden die Geräte sogar nach dem Schließen der Mine unter Tage gelassen. Wie zu erwarten war, haben die Produkte, die das Flöz abbauen, eine deutlich höheren Wertanteil ihres Product Life Time Values nach dem Verkauf – nämlich bis zu dreimal. Dabei machen Sie bei der Ausstattung einer Untertagemine noch nicht einmal 10 % der Gesamtinvestition für den Minenbetreiber aus. Den größten Teil der Initialinvestition eines Minenbetreibers für Untertagebergbau sind auf die Schilde auszugeben, die den Schutz der Produkte leisten, die das Flöz abbauen. Diese hingegen generieren den größten Teil ihres Product Life Time

Values bei weitem mit dem Initialverkauf. Bei diesem Hersteller ist, wie weiter oben beschrieben, das After Market Geschäft deutlich lukrativer als das Neumaschinen Geschäft. Schon aus diesen Informationen kann abgeleitet werden, dass Produkte, die das Flöz abbauen, mit einer geringeren Marge verkauft werden können als z. B. die Schilde, wenn man davon ausgehen kann, dass das After Market Geschäft an den Hersteller geht. Es muss also Ziel sein, schon beim Initialverkauf, eine vertragliche Bindung des After Market Geschäftes mit dem Hersteller zu erzielen.

Nachdem die produkt- und anwendungsspezifischen Informationen zur Ermittlung des potentiellen Product Life Time Value feststanden, mussten Informationen zur lokalen Zugänglichkeit des Gesamtpotentials ermittelt werden. Dazu sind in den wichtigsten Regionen Workshops abgehalten worden um die lokalen Kunden und deren After Market Einkauf zu diskutieren. Damit wurde unter anderem schon ein erster Schulungserfolg realisiert. Bis zu diesem Zeitpunkt herrschte zwar ein grundsätzliches Verständnis bei dem Hersteller, dass im After Market Geld zu verdienen sei, aber es wurde noch nie quantifiziert. Es war gut, sich Zeit zu nehmen mit dem Außendienst vor Ort die bisherigen Erkenntnisse zu diskutieren, bis ein gemeinsamer Konsens gefunden wurde. Ohne diese Vorbereitung wäre das Distribuieren der gesamten Erkenntnisse mit einem Excel Sheet nicht zielführend gewesen, da dies keiner genutzt hätte. Die anschließenden Diskussionen über regionale Besonderheiten und Einzelkundenverhalten hat in Summe keine Überraschungen gebracht (z. B. chinesische Minenbetreiber versuchen den After Market Service in die eigene Region zu holen, usw.).

Mit diesen Daten war es nun ein leichtes ein Excel Sheet so zu gestalten, dass es alle Erkenntnisse für einen Product Life Time Value beinhaltete und noch so viel Freiraum ließ, um spezifische Angebotsparameter anpassen zu können. Dieses Excel Sheet wurde nicht in die Regionen verschickt, sondern vor Ort dem Außendienst vorgestellt.

Ergebnis

Mit dieser Initiative konnte das Unternehmen zum ersten Mal in genauer Abhängigkeit, das Neumaschinengeschäft mit dem profitwichtigen After Market Geschäft verknüpfen und auswerten. In der Ausrichtung und in den Verhandlungen des Außendienstes hat sich u.a. als Folge dieser Initiative viel geändert. Zurzeit werden sogar noch stärkere Verknüpfungen von Neumaschinen und After Market Vertrieb diskutiert.

Abbildung 6.1.7 Screenshot eines Excel Tools zur Product Life Time Value Berechnung (Quelle: Homburg & Partner, Projektbeispiel)

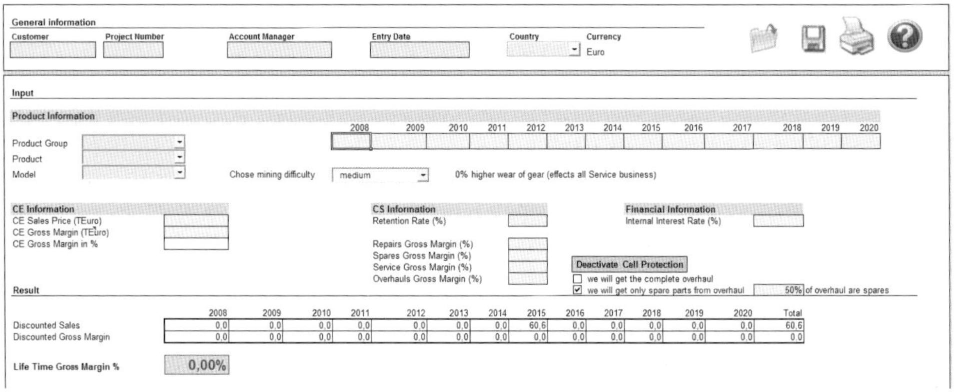

2.4 Potentialermittlung zur Vertriebssteuerung

Ausgangslage

Kundensegmentierung hat schon seit langem in die Industriegüterbranche Einzug erhalten. Die Bewertung der einzelnen Kunden wird anhand von vergangenem Umsatz, Potential, Ausschöpfung, Profitabilität und vielen anderen Parametern durchgeführt (Homburg/Schäfer/Schneider 2006). Meist wird auf die einfach messbaren Zahlen wie z. B. Auftragseingang zurückgegriffen, da die Orientierung an derartigen Zahlen sich mit der Zielvereinbarung des Außendienstes vereinbaren lässt. Die Erkenntnisse aus der Kundensegmentierung werden genutzt um z. B. die Betreuungsintensität oder die Regionenzuordnung von einzelnen Mitarbeitern im Außendienst vorzunehmen. Die Information über vergangenes Geschäft mit bestehenden Kunden ist in der Regel gut verfügbar. Unberücksichtigt dabei bleibt, das Potential sich schnell verändern kann. Für die meisten hergestellten Produktgruppen ist der Abnehmermarkt stark bemüht eine Konkurrenzsituation aufrecht zu erhalten um nicht bei einem Monopolisten einkaufen zu müssen. Das führt in der Regel dazu, dass Marktführer Marktanteile von weniger als 50 % erreichen können. Damit muss sich jedes Unternehmen Gedanken machen, wie das Wettbewerbsgeschäft auf (Ziel-)kunden Ebene zu analysieren ist, um die eigenen Vertriebsaktivitäten optimal auf den Markt auszurichten. Eine der meist gesuchten Zahlen ist zugängliches Kundenpotential für das eigene Produktportfolio. Zugänglich deshalb, weil nicht wenige Kunden Richtlinien haben, die z. B. einen Anteil „local" Produkte Vorschreiben, oder nur einen bestimmten Anteil von Bedarfen nur von einem Lieferanten beziehen dürfen. Potential, weil der bestehende Umsatz nur unzureichend den Markt wiederspiegelt und die Vertriebsressourcen auf potentielles Geschäft optimal ausgerichtet werden sollen. Das eigene Produktportfolio ist wichtig, da in der eigenen Produktion oft bestimmte Spezifika erreicht, oder nicht erreicht werden, und damit z. B. der Gesamtmarkt für Getriebemotoren in Deutschland noch keine aussagefähige Potentialzahl für die meisten Hersteller darstellt. Da aber der Vertrieb darauf abgestimmt werden soll, werden Potentiale auf (Ziel-)kundenebene benötigt. Ein großer Teil der möglichen Kunden sind vielleicht noch nicht einmal bekannt – insbesondere wenn das internationale Umfeld eingeschlossen wird. Unternehmen kommen also nicht darum herum sich regelmäßig mit systematischer Potentialermittlung auseinanderzusetzen.

In diesem Beispiel verliert ein Hersteller für elektrische Werkzeuge in den Jahren 2005 bis 2008 leicht an Marktanteilen. Die Wirtschaftskrise hat diesen Bereich noch nicht voll getroffen, aber die Prognosen für 2009 sehen einen zumindest temporären Rückgang des Marktvolumens voraus. Beide Effekte zusammen stellen das Unternehmen vor die Herausforderung, neue Potentiale zu identifizieren und vertrieblich zu heben.

Der Hersteller hat eine Initiative mit Unterstützung von Homburg & Partner gestartet mit dem Ziel systematisch Einzelkundenpotentiale in einer definierten Region zu erheben und für den Vertrieb vorzubereiten. In diesem Fall wird an dem Endkunden ausschließlich über eine Handelsstufe verkauft. Das identifizierte Potential soll mit ca. 15 % des noch unbekannten Marktes signifikant groß sein und auf Einzelkundenebene ermittelt werden.

Vorgehen

Um diese Initiative umzusetzen wurden zwei Schritte geplant. In einem ersten Schritt wird eine Adressliste mit potentiellen Kunden bei einem Adressanbieter gekauft. Diese wird abgeglichen mit bekannten Kunden. Die übrigen Kontakte in der Liste werden in einem zweiten Schritt über einen Telefonkontakt auf ihr Potential hin ermittelt. Dabei wurde eine Response Rate von 30 % erwartet.

Es gibt verschiedene Adressanbieter die damit werben, nach Branchen sortiert Kontaktadressen mit allen notwendigen Informationen (Name, Adresse, Telefonnummer, Umsatz des Unternehmens, …) zu verkaufen. In Tests schneiden die jeweiligen Anbieter zum Teil sehr unterschiedlich mit der angebotenen Qualität ab – das spiegelt sich aber auch im Preis wieder. Nachdem hier ein Adressanbieter ausgewählt wurde musste eine Auswahl nach Branchen getroffen werden. Die meisten Adressanbieter bieten mindestens eine Klassifizierung ihrer Adressen nach dem europäisch gültigen NACE Branchencode an. Fast immer gibt es auch noch eine eigene Branchendefinition. Diese Branchenqualifizierungen sind sehr detailliert (z. B. 315 Hersteller von elektrischen Lampen und Leuchten). Bei dieser Initiative wurde davon ausgegangen, dass von einem Gesamtmarkt von ca. 8,000 potentiellen Kunden schon ca. 4,000 bekannt und z.T. kaufende Kunden sind. Durch geschickte Auswahl von Branchencodes wurden nun also ca. 15,000 Kontakte gekauft. Davon konnten durch einen Abgleich ca. 3,000 als bestehende Kunden identifiziert werden und weitere 5,000 wegen anderen Kriterien ausgeschlossen werden (z. B. Anzahl Mitarbeiter kleiner 5). Die restlichen ca. 7,000 Adressen wurden nach Zugehörigkeit in Fokusbranchen, ausgewiesener Umsatz und Anzahl Mitarbeiter sortiert.

Für eine Bestimmung kundenindividueller Potentiale ist das Vorgehen und einen Leitfaden für einen telefonischen Kontakt essentiell. Die ausgebildeten Interviewer wurden für diese Zwecke eigens im Produktportfolio und Zielbranchen geschult. Bevor ein Kontakt angerufen wurde, haben sich die Interviewer im Internet (sofern vorhanden) einen Überblick über das Unternehmen verschafft. Für das Interview wurde explizit kein Fragebogen sondern lediglich ein Interviewleitfaden entwickelt. Fragebögen nutzt man für Befragungen, an deren Ende für eine signifikante Anzahl von Probanden ein Mittelwert über eine Antwort gebildet werden soll (z. B. „Auf einer Skala von 1 bis 6 wie zufrieden sind Sie mit dem Produkt xy"). Um hier statistisch auswertbare Antworten zu bekommen, müssen die Fragen immer exakt gleich formuliert werden. In diesem Fall ging es aber um kundenindividuelle Potentiale, die nicht auf eine Frage „Wie groß ist Ihr Potential für den Hersteller xy bei Ihnen als Kunde" zu erfragen sind. Um die gewünschte Information in Erfahrung zu bringen ist ein exploratives Interview notwendig. In diesem hat der Interviewer ein klares Ziel („jährlicher Umsatz mit relevanten Produkten"), aber keinen vorgeschriebenen Weg diese Information zu erreichen. In der Interviewer Schulung werden einige Vorgehensweisen diskutiert, aber keine vorgeschrieben. Durch Erfahrung entwickelt jeder Interviewer seine eigene Art diese Informationen zu erfragen. Bei dieser Erhebung wurde das gesteckte Ziel von 30 % Response Rate nicht erreicht. Trotzdem konnte mit ca. 20 % Erfolgsquote genügend Potential identifiziert werden, um ein überdurchschnittliches Wachstum im Markt zu ermöglichen. Interessant war auch, dass einige der Kontakte noch kein elektrisches Werkzeug im Sortiment hatten, dieses nach dem Anruf und einem Besuch durch den Hersteller in das Sortiment mit aufgenommen haben. Dadurch wurde das Wachstum nicht nur durch Verdrängung sondern auch Erschließung neuer Kunden in einem stagnierenden Markt erreicht.

Ergebnis

Durch die Initiative konnte das Unternehmen in einem schwierigen Marktumfeld durch Verdrängung und durch Neukundenentwicklung überdurchschnittlich wachsen. Es wird zur Zeit darüber diskutiert, ob das Prinzip der telefonischen Potentialermittlung nicht in eine Linienfunktion überführt werden kann.

2.5 Unternehmensindividuelle Schulung des KAM

Ausgangslage

Die Industriegüterbranche ist in den meisten Fällen stark abhängig von ihren jeweils größten Kunden (z. B. Tier-1 Automobilzulieferer). Meist werden 80 % des gesamten Umsatzes mit 20 % der vorhandenen Kunden realisiert. Diese Kunden sind im zunehmenden Maße international tätig. „Global Purchasing" ist seit einigen Jahren eine Fokusinitiative in vielen Unternehmen mit dem Ziel, bei ihren global agierenden Zulieferern den international günstigsten Preis zu etablieren. Solche Kunden erfolgreich zu betreuen ist die Königsdisziplin im Vertrieb. Bestehende Vertriebsstrukturen stoßen schnell an Grenzen, da diese Kunden überregional tätig sind und oft über mehrere Produktgruppen hinweg einkaufen. Auch fordern Kunden immer öfter einen Ansprechpartner für alle Belange – nicht einen für

Vertrieb, einen für Service, einen bei Beschwerden, usw. (Homburg, Ch./Jensen, O., 2004) Als Reaktion haben viele Unternehmen in dem Vertrieb eine Key Account Funktion integriert mit der Aufgabe, sich genau um diese größten und wichtigsten Kunden zu kümmern. Da es sich hier um einen weiteren Vertriebskanal zu den bestehenden (z. B. direkter regionaler Vertrieb, Handelspartner, Eshop, usw.) handelt, ergeben sich zwangsläufig Schnittstellenherausforderungen. Diese sind zwar nicht immer einfach aber dennoch prozessual zu lösen. Eine größere Herausforderung ergibt sich bei der Funktionsbeschreibung eines Key Account Managers und die davon abgeleitete Kompetenznotwendigkeit. Oft wird ein Kunde der bestimmte Größe erreicht hat, zum Key Account deklariert und der betreuende Außendienstmitarbeiter zum Key Account Manager ernannt. Die Aufgaben bleiben im Wesentlichen die selben und bekommen „nur" noch die Cross Funktionale Koordination über Regionen, Business Units, usw. hinzu. Dadurch ergeben sich schnell Kompetenzdiskussionen z. B. über Kundenzugehörigkeit im Unternehmen. Die Erwartungen des Managements an den Key Account Manager steigen mit dem Titel. Es werden Kundenstrategien, -entwicklungspläne und vorstandsgerechte Unternehmensprofile erwartet. Es wird aber selten ein Standard vorgegeben und geschult um den Key Account Managern den notwendigen Hintergrund zu vermitteln. Eine Studie der Univ. St. Gallen belegt, dass die Größten Optimierungsreserven im KAM gerade in der besseren Planung und Umsetzung von individuellen Key Account Plänen sowie in der besseren Analyse und Verständnis für einzelne Schlüsselkunden zu finden sind. (Zupancic/Bussmann 2004).

In diesem Beispiel möchte ein führender Hersteller von Heizungsprodukten die Kompetenz seiner immer wichtiger werdenden Key Account Managern erhöhen. Es gibt im Unternehmen keine Arbeitsstandards für diese Funktion und auch keine systematische Entwicklung oder Schulung dieser Mitarbeiter.

Der Hersteller hat eine Initiative mit Unterstützung von Homburg & Partner gestartet mit dem Ziel, alle Key Account Manager weltweit so zu schulen, dass ein Kompetenz- und Wissensstandard erarbeitet und vermittelt wird. Dabei wird von Standardschulungen Abstand genommen, da die spezielle Situation des Unternehmens nicht genügend reflektiert würde.

Vorgehen

Da sich in dieser Initiative explizit dafür ausgesprochen wurde unternehmensspezifisch vorzugehen, war zunächst eine ca. 3 monatige Vorbereitungsphase geplant. Darin wurde die KAM Schulung mit Ziel und Inhalten ausformuliert sowie die Organisation durchgeführt. Das Durchführen der Schulung wurde auf zwei Module mit nicht mehr als zehn Teilnehmern ausgelegt. Zwischen den beiden Modulen sollten von den Schulungsteilnehmern Themen für die eigenen Key Account ausgearbeitet werden, die im zweiten Modul besprochen und bei Bedarf verbessert wurden. Somit sollte sichergestellt sein, dass nur Inhalte vermittelt wurden, die für die spezielle Situation des Unternehmens relevant waren, und dass die geschulten Methoden auch praktisch angewandt werden konnten.

Es sollten Inhalte zu den Themen Analyse, Strategie und Implementierung vermittelt werden. Grundgedanke war, dass Key Account Manager weniger eine „Hauptverkäufer"

Aufgabe bei Ihren Kunden einnehmen sollen, sonder mehr an der langfristigen, gemeinsamen Entwicklung – und damit Bindung – arbeiten sollten. Somit wurden notwendige Inhalte in der Analyse definiert. Darunter fallen „das Geschäft des Key Accounts verstehen", „die eigene Historie mit allen Bereichen des Kunden aufarbeiten" und „die Entscheidungsstrukturen des Key Accounts zu verstehen". In der Strategie sollten Methoden zum Ableiten einer SWOT-Analyse aus den gesammelten Daten vermittelt werden. Außerdem sollten Strategie und Business Case formuliert werden. In der Implementierung sollten strukturierte „Next Steps" in verschiedenen Bereichen gemeinsam definiert und vor allem Methoden zur Nachverfolgung geübt werden. Um diese Themen zu vermitteln sind verschiedene Werkzeuge möglich: Externe Vorträge aus der Wissenschaft oder anerkannten Best Practices aus der Industrie, Interne Vorträge aus Ländern oder Geschäftsbereichen, Workshops und aktive Diskussionsrunden, Selbststudium, interne Fallstudien in denen Unternehmenssituation besprochen werden und externe Fallstudien in denen allgemeine Industriesituationen bearbeitet werden. Grundsätzlich sind interne Fallstudien die beste Methode um spezifische Methoden zu üben – aber auch in der Vorbereitung die zeitintensivsten. Die Vorbereitungen und Erarbeitung der Beiträge wurden in enger Abstimmung mit dem Unternehmen durchgeführt.

Abbildung 6.1.8 Konzeptueller Ablauf einer KAM Schulung (Quelle: Homburg & Partner, Projektbeispiel)

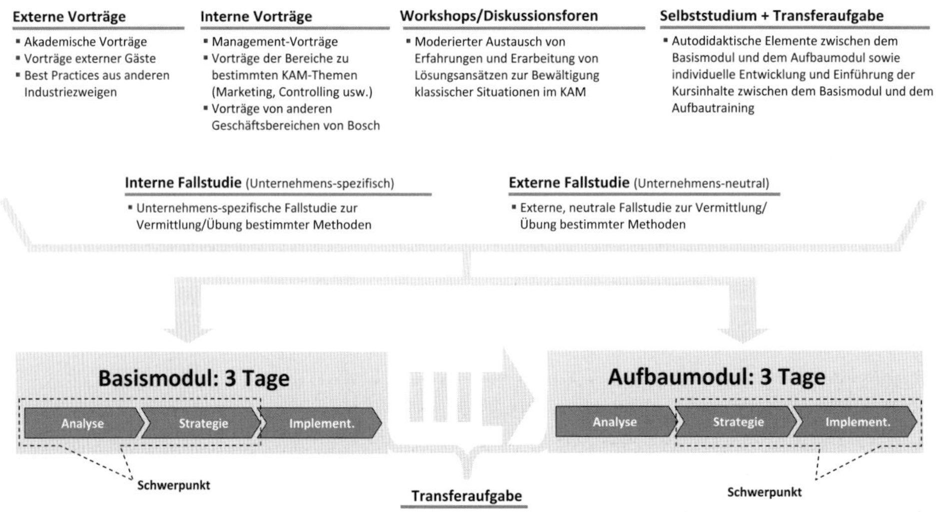

Die eigentliche Durchführung hat schlussendlich von allen aufgeführten Methoden Gebrauch gemacht. Da es aber ein Hauptziel war, Methoden für die tägliche Arbeit zu schulen, sind neben den genutzten Unterlagen ein Excel Tool erstellt worden. Mit Hilfe dieses Tools konnte ein Kunde entlang der definierten Phasen (Analyse, Strategie, Implementierung) aufgearbeitet werden. Dieses Tool war auch die Arbeitsgrundlage für alle Ausarbeitungen des Selbststudiums.

Innerhalb des ersten Moduls wurden also Grundlagen zur Analyse einer Key Account Situation geschult und anhand des Excel Tools geübt. Bis zum zweiten Modul hatten die Teilnehmer die Aufgabe die Analyse für ihren Key Account zu vervollständigen und eine SWOT-Analyse durchzuführen sowie eine Strategie davon abzuleiten. Diese Ausarbeitungen wurden eine Woche vor dem zweiten Modul beim Trainer eingereicht. Dieser wertete die Ergebnisse in Vorbereitung auf das zweite Modul aus. Das zweite Modul fing mit der Vorstellung und Diskussion der erarbeiteten Strategien an und schloss mit Methoden zur Strategieverfeinerung sowie Implementierungsmethoden. Alle Teilnehmer wurden nach der Schulung vom externen Partner zertifiziert.

Abbildung 6.1.9 Screenshot eines Excel Tools zur Begleitung der KAM Schulung (Quelle: Homburg & Partner, Projektbeispiel)

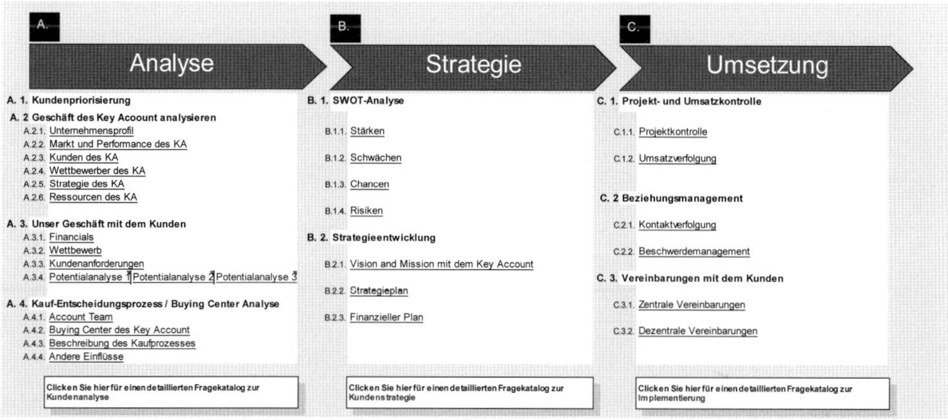

Ergebnis

Diese unternehmensindividuelle Schulung aufzusetzen und wiederkehrend beim Hersteller zu etablieren hatte intensive drei Monate Vorbereitung mit externer Unterstützung benötigt. Inhaltlich hat sich dieser Aufwand gelohnt, da genau die Methoden vermittelt werden, die im Unternehmen als Standard gelten sollen. Finanziell ist der Einmal-Aufwand für eine unternehmensindividuelle Schulung nicht zu unterschätzen. Addiert man aber die Kosten die (in diesem Fall) für sechs Tage Standard Schulung im Thema Key Account Management für zehn Mitarbeiter entstehen, dann relativiert sich dieser Einmal-Aufwand schnell.

3 Fazit

Die Finanzkrise 2008 hat dazu geführt, dass sich auch international die Investitionen erheblich verändert haben; viele sind verschoben oder abgesagt worden und manche sind erheblich kleiner geworden. Auf die deutsche Industrie mit einem Exportanteil von fast 80 % hat das radikale Folgen in Bezug auf die Bedienung ihrer Absatzmärkte. War in 2006 und die darauf folgenden Jahre die Expansion in möglichst exotische Regionen der „heilige Gral" der Unternehmensentwicklung werden seit 2009 immer wieder Fragen laut wie „Brauchen wir eigentlich noch unsere Niederlassung in Bulgarien?". In einem sind sich alle einig: Die Absatzmärkte für Industrieunternehmen haben sich weltweit drastisch verändert. Als Konsequenz hinterfragen die meisten Industrieunternehmen heute ihre Vertriebsaktivitäten. Die hier vorgestellten Beispiele beschreiben unternehmensindividuelle Lösungen für die vertrieblichen Bereiche Strategie, Struktur, Prozesse, Systeme und Mitarbeiter. Unternehmen, die sich kontinuierlich mit der Verbesserung der Effektivität und Effizienz beschäftigen, können folgende Fragen mit „Ja" beantworten:

1. Ist meine Vertriebsstrategie in Einklang mit der Unternehmensstrategie formuliert und für jede Vertriebseinheit verfügbar (z. B. Region, Branchen, ...)?
2. Ist meine Vertriebsstruktur in Art (z. B. Vertriebskanäle) und Weise (z. B. Anzahl Regionenzentren) auf die Vertriebsstrategie und Kunden ausgerichtet?
3. Sind meine Vertriebsprozesse effizient und effektiv?
4. Sind meine genutzten Systeme (CRM, Incentivierung, ...) so gestaltet, dass sie Prozesse und Strategie optimal reflektieren?
5. Werden die Kompetenzen der Mitarbeiter regelmäßig nach Aufgabe und verändernden Rahmenbedingungen weiterentwickelt?

Insbesondere internationales Verkaufen und Management eines mehrstufigen Vertriebs gehören zu den Kernkompetenzen der deutschen Industrie. Durch zielgerichtete Initiativen des Vertriebsmanagements verbessern deutsche Industrieunternehmen ihren Wettbewerbsplatz und -fähigkeit national und international.

Literaturverzeichnis

Homburg, Ch. / Jensen, O., (2004): KAM-Excellence. Key-Account-Management mit System, Management Know-how Papier M085

Homburg, C., Krohmer, H. (2006), Marketingmanagement: Strategie – Instrumente – Umsetzung – Unternehmensführung, 2. Auflage, Wiesbaden.

Homburg, C., Schäfer, S., Schneider, J. (2006), Sales Excellence – Vertriebsmanage-ment mit System, 4. Auflage, Wiesbaden.

Masaaki, I. (1993), Kaizen: Der Schlüssel zum Erfolg der Japaner im Wettbewerb, 1. Auflage Frankfurt

Zupancic, D. / Bussmann, W., (2004): The European KAM Survey, Research Report: St.Gallen: Thexis.

6.2 Professionelles Vertriebsmanagement in der Chemischen Industrie

Sven Kühlborn

1 Einleitung

Die Chemische Industrie gehört in Deutschland zu den drei größten Industriezweigen. Neben der Großchemie (BASF, Evonik Degussa, Lanxess, Bayer) gibt es auch viele mittelständische Unternehmen in Deutschland. Ein Großteil der deutschen Chemieunternehmen – unabhängig ob Großchemie oder Mittelstand – haben eines gemeinsam: Wettbewerbsvorteile werden traditionell im Bereich Innovation/Produktqualitäten generiert. Dementsprechend sind die Unternehmen auch organisiert:

- Ein Großteil der Mitarbeiter - auch im Bereich Marketing, Vertrieb, Management – sind Chemiker.
- Die Investitionen in Forschung & Entwicklung und Anwendungstechnik sind verhältnismäßig hoch.
- Die Vertriebserfahrung im Top-Management der deutschen Chemieunternehmen ist überschaubar.

Wirkliche Innovationserfolge sind in den letzten Jahren jedoch rar geworden. Viele Innovationen sind eher Produktmodifikationen und werden am Markt nicht mehr mit dem notwendigen Preispremium belohnt. Die ausländische Konkurrenz – insbesondere aus Asien – hat zudem im Bereich der Produktqualität aufgeholt und der Wettbewerbsvorteil der europäischen Chemieunternehmen in diesem Bereich wird zunehmend kleiner. Diese Entwicklung ist nicht neu und hat in den letzten Jahren zu einem Umdenken in der Chemischen Industrie geführt: Die Zeiten, in denen der Vertrieb als „Verteiler von überlegenen Produkten" angesehen wurde sind vorbei. Ein professionelles Vertriebsmanagement („Sales Excellence") wird zunehmend als eine Chance zur Differenzierung im Wettbewerbsumfeld betrachtet. Ein konzernweites Umdenken hat in vielen Unternehmen begonnen. Der Weg ist jedoch steinig und lang. Jahrzehntelange Traditionen und Denkweisen sind nicht von heute auf morgen zu ändern.

Die Ansätze zur Professionalisierung des Vertriebs in der Chemischen Industrie vor dem geschilderten Hintergrund sind sehr umfassend. Zunächst ist es natürlich notwendig, dass die strategischen Marktziele klar und durchgehend definiert und kommuniziert sind, damit sich die Vertriebsorganisation in die richtige Richtung bewegt. Dies ist eine der zentralen Aufgaben des Managements. Weiterhin ist es für eine leistungsstarke Vertriebsorganisation notwendig, die richtige Organisationsform in Kombination mit effizienten und effektiven Prozessen aufzusetzen. Auch in diesem Bereich arbeiten viele Unternehmen der Chemischen Industrie zunehmend. Eine zentrale Frage dabei ist beispielsweise, welche Kompetenzen – z. B. bei der Preisfestlegung – der Vertrieb hat im Vergleich zum Marketing/Produktmanagement. Darüber hinaus werden aber auch Tools, Kulturen, Vergütungssysteme, Karrierepfade etc. hinterfragt und neu ausgerichtet. Dies ist auch notwendig und richtig. Ohne eine klare Karriereperspektive im Vertrieb wird es beispielsweise nicht gelingen, die besten Leute zu motivieren, einen Teil ihrer Berufslaufbahn im Vertrieb zu verbringen. Die gesamte Bedeutung des Vertriebs im Unternehmen muss neu ausgerichtet werden.

Abbildung 6.2.1 Mögliche Hebel zur Professionalisierung des Vertriebs

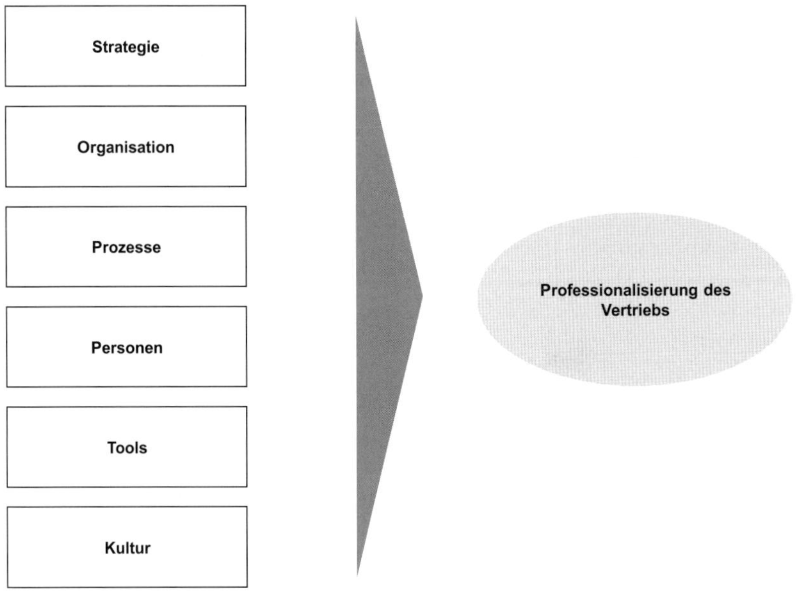

Am Ende des Tages entscheidet in vielen Fällen jedoch der Faktor Mensch über den Erfolg und Misserfolg einer Vertriebsorganisation. „Die richtigen Personen mit der richtigen Qualifikation zur richtigen Zeit an der richtigen Stelle“ ist die Zauberformel. Doch wie kann dies erreicht werden? Mit dieser Frage setzt sich der folgende Beitrag auseinander und zeigt einen Weg, wie man diese Ziele sehr systematisch erreichen kann.

Der vorliegende Artikel ist dazu in sechs Abschnitte gegliedert. Nach einer kurzen Einleitung beschreiben wir in Abschnitt 2, wie die Soll-Qualifikationsprofile der Vertriebsmitarbeiter (Anforderungen) – je nach Geschäftsmodell – definiert werden. Anschließend diskutieren wir in Abschnitt 3, wie auf Basis der Anforderungsprofile geeignete Messskalen entwickelt werden können. In Abschnitt 4 stellen wir dann einen Prozess vor, wie die aktuellen Kompetenzen der Vertriebsmitarbeiter (Ist-Qualifikationsprofile) gemessen werden können. In Abschnitt 5 diskutieren wir dann schließlich, welche konkreten Maßnahmen zur Verbesserung der Vertriebseffektivität aus einem solchen Ansatz abgeleitet werden können. Der Beitrag schließt mit einer Zusammenfassung und einem Ausblick in Abschnitt 6. Auch wenn der vorliegende Beitrag an vielen Stellen Bezug auf die spezifische Situation in der Chemischen Industrie nimmt, ist der vorgestellte Ansatz auch ohne Weiteres auf andere Industrien übertragbar.

2 Geschäftsmodelle und Qualifikationsprofile erstellen

In einem ersten Schritt ist zu erarbeiten, welche Mitarbeiter-Qualifikationsprofile für einen erfolgreichen Vertrieb notwendig sind (Soll-Qualifikationsprofile/Anforderungen). Diese Frage ist jedoch nicht trivial und stellt viele Unternehmen schon vor eine große Herausforderung, da es in der Regel keine einheitliche Antwort auf diese Frage gibt. Je nach Geschäftsmodell (der Begriff wird im Folgenden noch näher erläutert) benötigt man andere Qualifikationsprofile für einen erfolgreichen Vertrieb. In der Chemieindustrie trifft man auf relativ viele unterschiedliche Geschäftsmodelle. Dies macht die Beantwortung der Frage nach den geeigneten Qualifikationsprofilen noch etwas komplexer als in anderen Industrien.

Betrachten wir beispielsweise ein Geschäftsmodell mit folgenden Charakteristika:

- Hohe Bedeutung von Neukundenakquise, da viele kleine und primär regional agierende Kunden in einem Schwellenland („Emerging Market")
- Komplexes Produktportfolio mit technisch anspruchsvollen Spezialprodukten
- Technische Fachabteilungen bei den Kunden entscheiden relativ selbständig über die Auswahl der Lieferanten

Ein guter Vertriebsmitarbeiter sollte in diesem Geschäftsmodell folgendes Qualifikationsprofil haben:

- Hunter-Mentalität, d.h. Fähigkeiten und Motivation zur Neukundenakquise
- Hohes technisches Verständnis über die eigenen Produkte und Produktionsprozesse des Kunden
- Empathie für Menschen mit naturwissenschaftlichem Hintergrund und technischen Denkweisen

Betrachten wir im Gegensatz hierzu ein Geschäftsmodell mit folgenden Charakteristika:

- Wenige, dafür große und internationale Kunden
- Technisch wenig anspruchsvolles Produktportfolio
- Professionelle Einkaufsorganisationen bei den Kunden mit hohem Einfluss auf die finale Kaufentscheidung

Es wird relativ schnell klar, dass für dieses Geschäftsmodell ein anderes Qualifikationsprofil für einen guten Vertriebsmitarbeiter notwendig ist:

- Farmer-Mentalität, d.h. Fähigkeiten und Motivation zum Aufbau von langjährigen Geschäftsbeziehungen im internationalen Umfeld

- Technisches Grundverständnis ist ausreichend, eine gute kaufmännische Basis jedoch sehr wichtig
- Empathie für Menschen mit einem kaufmännischem Hintergrund und kommerziellen Denkweisen

Diese zwei vereinfachten Beispiele sollen zeigen, wie die benötigten Qualifikationsprofile eines guten Vertriebsmitarbeiters von dem Geschäftsmodell abhängen, in dem dieser Mitarbeiter agiert.

Um geeignete Qualifikationsprofile zu erarbeiten, ist es demnach zunächst notwendig, das eigene Geschäft in einzelne Geschäftsmodelle zu unterteilen. Dabei bieten sich in der Chemischen Industrie folgende Differenzierungskriterien an:

- Internationalität/Regionalität des Geschäftes
- Anzahl bestehender Kunden/Anzahl potenzieller Neukunden
- Technische/kommerzielle Dominanz des Geschäftes
- Kaufentscheidungskriterien und –strukturen der Kunden
- Komplexität des Produktportfolios
- Rolle des Vertriebs/Entscheidungskompetenz

In dem einen oder anderen Fall kann es natürlich noch weitere sinnvolle Differenzierungskriterien geben, wobei die oben aufgeführten Kriterien in der Regel die Wesentlichen sind.

Bei der Einteilung des relevanten Geschäftes ist darauf zu achten, dass nicht zu viele unterschiedliche Geschäftsmodelle definiert werden. In der Regel lässt sich in der Chemischen Industrie mit einer Hand voll Geschäftsmodellen die Heterogenität der Märkte gut abbilden. Die Abbildung 6.2.2 zeigt eine Einteilung in vier Geschäftsmodelle auf Basis der Dimensionen „Technische/kommerzielle Dominanz des Geschäftes" (y-Achse) und „Anzahl bestehender Kunden/Anzahl potenzieller Neukunden" (x-Achse). Geschäftsmodell 1 beispielsweise ist gekennzeichnet durch eine eher technische Dominanz in einem gesättigten Markt mit wenigen großen Kunden. Demnach ist ein Verkäufertyp in der Kombination aus „Farmer" und „Technischer Berater" gefordert. Analog dazu ergeben sich die notwendigen Verkäufertypen für die Geschäftsmodelle 2-4. Wichtig ist an dieser Stelle, dass nicht zu viele Differenzierungskriterien herangezogen werden, damit die Komplexität bei der Ableitung von Soll-Qualifikationsprofilen nicht zu groß wird.

Abbildung 6.2.2 Mögliche Einteilung in vier Geschäftsmodelle

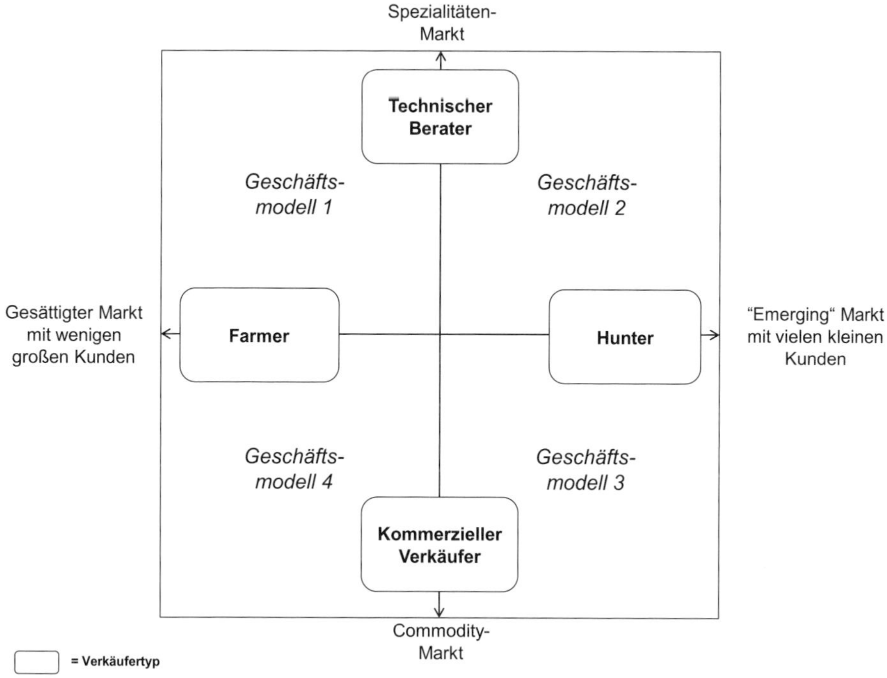

Nachdem die relevanten Geschäftsmodelle definiert wurden ist abzuleiten, welches Qualifikationsprofil ein erfolgreicher Vertriebsmitarbeiter in dem jeweiligen Geschäftsmodell idealerweise haben sollte. Dabei sind mehrere Wege zielführend. Zunächst macht es Sinn, sich in dem eigenen Unternehmen anzuschauen, welcher Verkäufer in welchem Geschäftsmodell besonders erfolgreich arbeitet. Hierzu können Kriterien wie z. B. Mengensteigerungen im Vergleich zur Marktentwicklung oder erzieltes Preispremium eines Verkäufers herangezogen werden. Hat man diese „High-Performer" identifiziert, sollte man sich das Profil der Personen anschauen und dadurch Hinweise auf ein Idealprofil erlangen. Alternativ bzw. ergänzend sollte man sich natürlich anschauen, welche Anforderungen sich kunden- und marktseitig aus dem jeweiligen Geschäftsmodell an einen Vertriebsmitarbeiter generell ergeben bzw. welches die kritischen Erfolgsfaktoren in dem Geschäft sind (siehe Beispiele oben). In einer dritten Perspektive können andere erfolgreiche Unternehmen, die in einem ähnlichen Geschäftsmodell arbeiten, als Benchmark herangezogen werden. Ziel ist es, die Kernkompetenzen pro Geschäftsmodell zu definieren. Dabei gibt es sicherlich einige Kompetenzen, die für alle Geschäftsmodelle erfolgskritisch sind (z. B. die Fähigkeit, die Entscheidungsprozesse beim Kunden zu erkennen) und einige Kompetenzen, die nur für spezielle Geschäftsmodelle wichtig sind (z. B. die Fähigkeit zur Neukundenakquise). Die Anzahl der Kompetenzen pro Geschäftsmodell ist grundsätzlich nicht begrenzt, doch es empfiehlt sich, nicht mehr als 10-15 Kompetenzen pro Geschäftsmodell zu definieren. Sind diese Kompetenzen herausgearbeitet, ist die erste Phase abgeschlossen. Am Ende dieser Phase sollten folgende Ergebnisse stehen:

- Definition der wesentlichen Geschäftsmodelle des Unternehmens
- Einteilung des Geschäftes in die Geschäftsmodelle
- Ableitung von Soll-Qualifikationsprofilen (Anforderungen) pro Geschäftsmodell (Welche Fähigkeiten braucht ein guter Vertriebsmitarbeiter in dem jeweiligen Geschäftsmodell?)

3 Messskalen entwickeln

Bevor eine Bewertung der aktuellen Ist-Qualifikationsprofile der Vertriebsmitarbeiter durchgeführt werden kann, muss das Soll-Qualifikationsprofil pro Geschäftsmodell (siehe Abschnitt 2) in ein Messmodell überführt werden. Dies soll im Folgenden an einem Beispiel erläutert werden.

Angenommen wir befinden uns in einem Geschäftsmodell in dem der Vertrieb eine hohe Entscheidungskompetenz hat und relativ selbstständig – ohne große Vorgaben – Preise mit den Kunden verhandelt. In diesem Fall gehört zu einem Idealprofil mit Sicherheit eine hohe Verhandlungskompetenz des Mitarbeiters. Für die Fähigkeit „Verhandlungskompetenz“ muss also nun eine – möglichst objektive – Bewertungsskala für den anschließenden Schritt 3 erarbeitet werden.

Grundsätzlich gibt es die Möglichkeit, die Fähigkeit auf einer 5er- oder 10er-Skala mit (1 = niedrige Kompetenz und 5/10 = sehr hohe Kompetenz) zu messen. Die Subjektivität der Skala ist jedoch sehr hoch. Für den einen ist eine Sieben auf einer 10er-Skala bereits eine gute Bewertung und für den anderen eher eine mittelmäßige. Es macht demnach viel Sinn, die Skalenpunkte zu objektivieren. Dies soll am Beispiel der Fähigkeit „Verhandlungskompetenz“ illustriert werden. Es könnten beispielsweise vier Stufen verbal beschrieben werden, die eine unterschiedlich hohe Verhandlungskompetenz verdeutlichen:

- *Stufe 1*: Der Mitarbeiter hört dem Kunden in Verhandlungen gut zu und antwortet kurz und zielführend.
- *Stufe 2*: Der Mitarbeiter wirkt souverän in Verhandlungen, hört gut zu, antwortet zielführend, stellt die richtigen Fragen und setzt klare Ziele in der Verhandlung.
- *Stufe 3*: Der Mitarbeiter analysiert systematisch die Ausgangssituation beider Parteien vor der Verhandlung, setzt sich einen klaren Zielkorridor und verfolgt diesen souverän im Gespräch.
- *Stufe 4*: Der Mitarbeiter ist immer hervorragend vorbereitet auf Verhandlungen, verfolgt ein klares Ziel und arbeitet systematisch und souverän mit einer „Give-and-take“-Taktik im Gespräch. Verhandeln ist ein natürliches Element in seiner Persönlichkeit und er holt immer das Maximale heraus.

Diese Stufen sind nur exemplarisch und sollen verdeutlichen, wie eine Fähigkeit durch eine verbale Beschreibung der Skalenpunkte in eine möglichst objektive Bewertungsskala überführt werden kann. Die Praxis hat gezeigt, dass eine Objektivierung der Messskalen sinnvoll und notwendig für den weiteren Prozess ist.

Erfahrungsgemäß wird es nur schwer gelingen, mehr als vier trennscharfe Stufen verbal zu beschreiben. Um die Varianz in der anschließenden Bewertungsphase jedoch etwas zu erhöhen, können pro Stufe noch Unterabstufungen eingeführt werden. So kann es beispielsweise pro Stufe noch die Ausprägungen „unteres Ende der Stufe", „Mitte der Stufe" und „oberes Ende der Stufe" geben. Insgesamt ergibt sich dadurch eine 12er-Skala (siehe Abbildung 6.2.3). Grundsätzlich gibt es auch die Möglichkeit, dass eine Kompetenz durch den jeweiligen Mitarbeiter nicht eingeschätzt werden kann. Hier sollten dann keine Bewertungen „erzwungen", sondern ein Feld „keine Bewertung möglich" angeboten werden (siehe Abbildung 6.2.3).

Abbildung 6.2.3 12er-Skala zur Bewertung der Verhandlungskompetenz

Kompetenz	Stufe 1	Stufe 2	Stufe 3	Stufe 4	
Verhandlungs-kompetenz	Der Mitarbeiter hört dem Kunden in Verhandlungen gut zu und antwortet kurz und zielführend	Der Mitarbeiter wirkt souverän in Verhandlungen, hört gut zu, antwortet zielführend, stellt die richtigen Fragen und setzt klare Ziele in der Verhandlung	Der Mitarbeiter analysiert systematisch die Ausgangssituation beider Parteien vor der Verhandlung, setzt sich einen klaren Zielkorridor und verfolgt diesen souverän im Gespräch	Der Mitarbeiter ist immer hervorragend vorbereitet auf Verhandlungen, verfolgt einen klares Ziel und arbeitet systematisch und souverän mit einer „Give-and-take"-Taktik im Gespräch. Verhandeln ist ein natürliches Element in seiner Persönlichkeit und er holt immer das Maximale heraus	
Wie bewerten Sie die Verhandlungskompetenz von Herrn / Frau ... ?	☐ Unteres Ende ☐ Mitte ☐ Oberes Ende	☐ Unteres Ende ☐ Mitte ☐ Oberes Ende	☐ Unteres Ende ☐ Mitte ☐ Oberes Ende	☐ Unteres Ende ☐ Mitte ☐ Oberes Ende	☐ Keine Bewertung möglich

4 Fähigkeiten der Vertriebsmitarbeiter messen

In einem dritten Schritt ist anschließend das aktuelle Qualifikationsprofil aller Vertriebsmitarbeiter – möglichst objektiv – zu ermitteln. Hierzu hat sich in der Praxis ein sogenanntes 360°-Feedback durchgesetzt. Die Vorgehensweise und Ergebnisse dieses Instrumentes werden im Folgenden detailliert erläutert.

Der Begriff 360°-Feedback steht für die subjektive Bewertung des Qualifikationsprofils eines Vertriebsmitarbeiters aus unterschiedlichen Perspektiven.

Folgende Perspektiven sind in der Praxis gängig:

- Selbsteinschätzung des Mitarbeiters
- Einschätzung des Mitarbeiters durch den Vorgesetzten
- Einschätzung des Mitarbeiters durch ihm direkt unterstellte Mitarbeiter
- Einschätzung des Mitarbeiters durch Kollegen auf der gleichen Hierarchiestufe
- Einschätzung des Mitarbeiters durch Kunden

Bei einer 360°-Bewertung werden alle sinnvollen Perspektiven kombiniert. Hat ein Vertriebsmitarbeiter beispielsweise keine ihm direkt unterstellten Mitarbeiter, fällt diese Perspektive natürlich raus. Auch die Kunden-Perspektive hängt davon ab, ob die Kunden bereit sind, eine solche Bewertung durchzuführen bzw. ob man überhaupt Kunden in den Prozess einbinden möchte. Grundsätzlich gilt: Je mehr Perspektiven in den Prozess integriert werden, desto objektiver wird das Ergebnis am Ende.

Zunächst sind die Vertriebsmitarbeiter auszuwählen, für die eine Bewertung der Ist-Qualifikationsprofile durchgeführt werden soll. Anschließend muss für diese Mitarbeiter festgelegt werden, welche Kollegen (sogenannte „Peers") eine Einschätzung über den Vertriebsmitarbeiter abgeben sollen bzw. überhaupt können. Bei diesen Kollegen sollte es sich um Personen handeln, die den entsprechenden Vertriebsmitarbeiter gut aus dem beruflichen Umfeld kennen und somit qualifiziert sind, eine Bewertung seines Kompetenzprofils durchzuführen. Um die Akzeptanz bei den zu beurteilenden Mitarbeitern zu erhöhen, sollten diese eine Liste von Personen zusammenstellen, die aus ihrer Sicht geeignet sind, eine Bewertung durchzuführen. Diese Liste sollte ca. fünf Personen enthalten, wovon im späteren Prozess drei zufällig für eine Bewertung ausgewählt werden. Die Festlegung des Vorgesetzten sowie der direkten Mitarbeiter erfolgt über die entsprechenden Strukturen im Organigramm. Sollten Kunden in den Prozess eingebunden werden, müssen in einem ersten Schritt ca. fünf Kunden pro Vertriebsmitarbeiter ausgewählt werden. Anschließend sollten pro Kunde die Kontakte ermittelt werden, die für eine Beurteilung des Kompetenzprofils des Vertriebsmitarbeiters qualifiziert sind.

Nachdem die Frage des „Wer wird durch wen beurteilt?" beantwortet ist, kann die Bewertungsphase starten. Hierbei sind einige Regeln zu beachten:

- Klare Zieldefinition und Kommunikation in der Organisation („Welche Ziele verfolgen wir mit der Initiative?")
- Einhaltung der Vertraulichkeitsregeln
- Sicherstellung der Objektivität der Bewertung

Da in dem folgenden Prozess die Qualifikationsprofile von einzelnen Mitarbeitern beurteilt werden, ist eine klare Kommunikationsstrategie vor dem Beginn der Bewertungsphase auszuarbeiten und in der Organisation umzusetzen. Insbesondere die Fragen nach der Zielsetzung und den Konsequenzen der Bewertung sind zentrale Aspekte, die zu einer Verunsicherung der eigenen Vertriebsmannschaft führen können.

Hierbei können beispielsweise folgende zentrale Inhalte kommuniziert werden:

- „Ziel der Initiative ist es, den Vertrieb des Unternehmens noch stärker zu machen, indem wir die richtigen Kompetenzen fordern und fördern."
- „Ziel der Initiative ist es, spezifische Weiterbildungsprogramme für unsere Vertriebsmitarbeiter auszuarbeiten."
- „Ziel der Initiative ist es nicht, Ressourcen im Vertrieb abzubauen. Ganz im Gengenteil: Wir wollen die richtigen Leute an der richtigen Stelle einsetzen, damit der Vertrieb in Zukunft noch mehr zum Unternehmenserfolg beitragen kann."

Wichtig ist, dass den Mitarbeitern im Vertrieb verdeutlicht wird, dass es nicht um einzelne Personen sondern um die Effektivität der gesamten Vertriebsorganisation geht.

Eines der wichtigsten Kriterien im gesamten Prozess ist natürlich die Objektivität der Bewertung. Hierfür sind bestimmte Maßnahmen zu ergreifen. In einem ersten Schritt sollten möglichst objektive Messskalen entwickelt werden (siehe oben). Weiterhin ist es von zentraler Bedeutung, die Ziele der Initiative in der gesamten Organisation zu verdeutlichen. Nur wenn wirklich jedem klar ist, dass es nicht um Ressourcenabbau, sondern um Effektivitätssteigerungen im Vertrieb geht, kann eine objektive Selbst- und Fremdbewertung gewährleistet werden. Ebenso muss sichergestellt werden, dass der Umgang mit den Daten streng vertraulich erfolgt und es beispielsweise nicht offensichtlich wird, welcher Kollege welchen Mitarbeiter wie beurteilt hat. Werden diese drei Regeln eingehalten, sollte ein hohes Maß an Objektivität sichergestellt sein.

Abbildung 6.2.4 Profile der Selbst- und Fremdbewertung

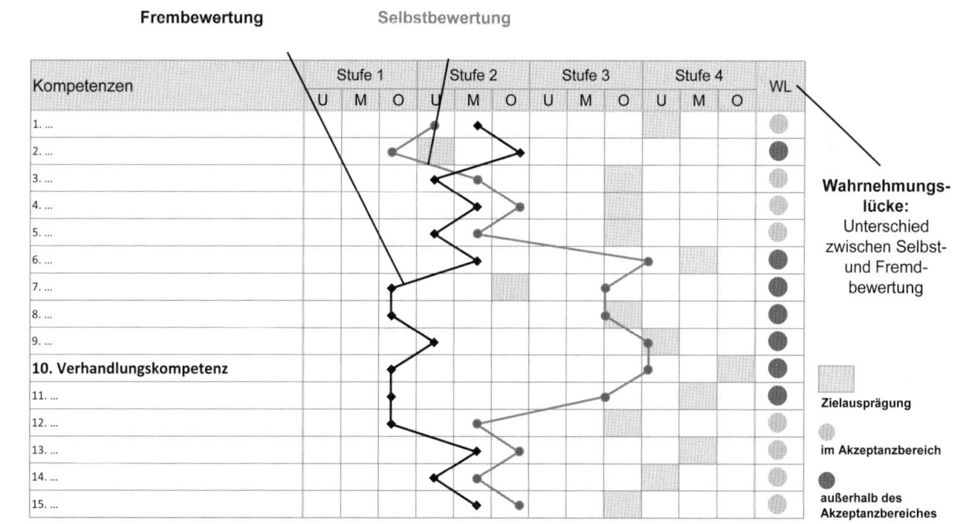

Der Bewertungsprozess an sich erfolgt dann relativ einfach. Der Fragebogen mit den Messskalen der Kompetenzen wird an alle eingebundenen Mitarbeiter per Post oder Email mit der Bitte um vertraulichen Umgang und einer Abgabefrist verschickt. Alternativ kann auch eine Online-Plattform eingerichtet werden, auf der sich jeder mit seinem individuellen Passwort anmeldet und dann die entsprechenden Beurteilungen durchführt. Sind alle Beurteilungen eingegangen, kann mit der Auswertungsphase begonnen werden.

Bevor mit der eigentlichen Auswertungsphase begonnen werden kann, stellt sich eine zentrale Frage: Wie geht man mit den Unterschieden zwischen Selbst- und Fremdbewertung um? Hierzu ist ein sogenannter Harmonisierungsprozess dringend zu empfehlen. In diesem Prozess sollten sich der jeweilige Vorgesetzte mit dem entsprechenden Vertriebsmitarbeiter zusammen setzen und sich die Bewertungen im Einzelnen anschauen. Die Wahrnehmungsunterschiede müssen diskutiert und in eine einheitliche Bewertung übertragen werden. Diese Bewertung („Harmonisierungslinie") ist dann die Basis für die Ableitung von Handlungsmaßnahmen. Am Ende der „Harmonisierungsgespräche" gibt es nur noch ein Kompetenzprofil pro Mitarbeiter. Pro Kompetenz und Mitarbeiter gibt es demnach noch eine Bewertung auf der 12er-Skala (siehe Abbildung 6.2.5).

Abbildung 6.2.5 Harmonisiertes Ist-Qualifikationsprofil eines Vertriebsmitarbeiters

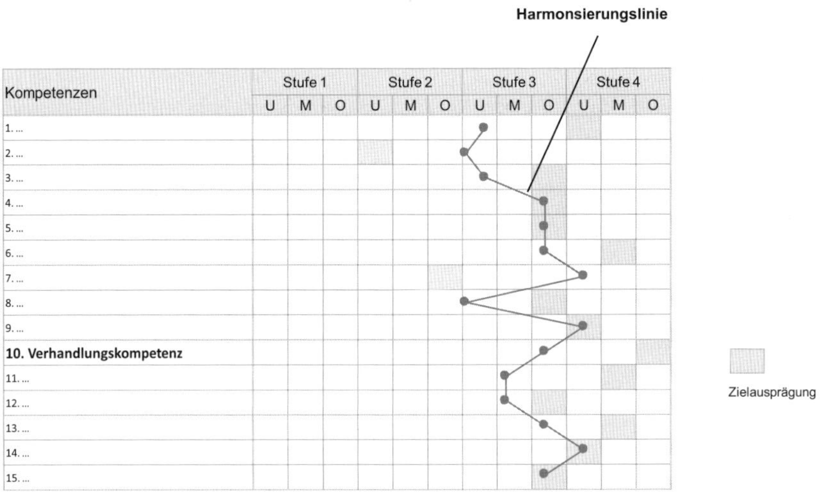

Im Folgenden werden einige Analysen diskutiert, die für die Ableitung von Handlungsmaßnahmen eine zentrale Bedeutung spielen. In einem ersten Analyseschritt sollte angeschaut werden, wie das Kompetenzniveau des Vertriebs insgesamt ist. Hierzu wird die durchschnittliche Ausprägung aller Kompetenzen über alle Mitarbeiter hinweg betrachtet („Auf welcher Stufe sind unsere Mitarbeiter im Schnitt über alle Kompetenzen?"). Dies gibt eine erste Indikation, wie gut die gesetzten Kompetenzanforderungen derzeit vom Vertrieb erfüllt werden. Natürlich macht es auch Sinn, diese Analyse für regionale Vertriebsorganisationen durchzuführen. Es könnte beispielsweise sein, dass das Kompetenzniveau in Asien ein anderes ist als in Europa und in Amerika.

In einer weiteren Analyse ist zu untersuchen, wie groß die Wahrnehmungslücken zwischen Selbst- und Fremdeinschätzung sind. Gibt es beispielsweise eine Tendenz zur Selbstüberschätzung der eigenen Kompetenzen im Vertrieb, ist dies bei der Ableitung von Handlungsmaßnahmen zu berücksichtigen. Die Akzeptanz von Veränderungen ist in diesem Fall in der Regel nicht sehr stark ausgeprägt. Interessant ist auch die Frage, wie sich die Beteiligten (Vorgesetzter und Mitarbeiter) bei den Kompetenzen mit Wahrnehmungslücken im Harmonisierungsgespräch „geeinigt" haben. Wenn die Harmonisierungslinie beispielsweise immer auf der Stufe der Vorgesetztenbewertung liegt, ist dies auch eine Aussage über die Kultur in der Vertriebsorganisation („der Chef hat immer Recht").

Die zentrale Analyse ist jedoch die Stärken-Schwächen-Analyse. Dabei sollte analysiert werden, bei welchen Kompetenzen der Ist-Zustand (Ist-Qualifikationsprofil) wie weit über oder unter dem Soll-Zustand (Soll-Qualifikationsprofil) liegt. Mit Hilfe dieser Analyse erlangt man ein sehr klares Bild von den Stärken und Schwächen der eigenen Vertriebsorganisation als Basis für die Ableitung von Handlungsmaßnahmen (siehe Abschnitt 5).

Abbildung 6.2.6 Zentrale Fragestellungen in der Auswertungsphase

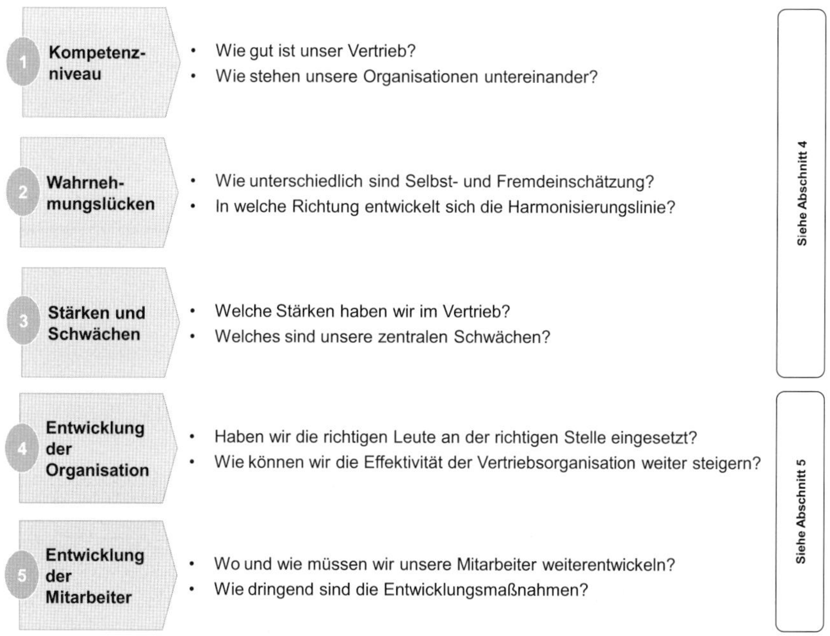

5 Ableiten von Verbesserungsmaßnahmen

In einem letzten Schritt sind entsprechende Verbesserungsmaßnahmen abzuleiten. Diese sollten auf zwei Ebenen definiert werden. Zunächst stellt sich die Frage, ob und wie die Organisation des Vertriebs verbessert werden kann. Dabei sind folgende Maßnahmen denkbar:

a. Die Besten zu den wichtigsten Kunden

   Die Vertriebsleute mit den höchsten Kompetenzen sollten für die wichtigsten Kunden verantwortlich sein. In der Regel gilt in der Chemieindustrie die 80:20-Regel. 20% der Kunden stehen für 80% des Umsatzes. Es wäre also fahrlässig, wenn nicht die besten Vertriebsleute für die wichtigsten Kunden verantwortlich wären.

b. Spezielle Hunter zur Akquisition von Neugeschäft in Emerging Markets

   Viele Unternehmen der Chemischen Industrie vernachlässigen die Akquisition von neuen Kunden in den Märkten der Zukunft (z. B. Asien, Russland, Brasilien) – sie verwenden zu viele Ressourcen auf die Pflege bestehender Kunden – nach dem Grundsatz: Es ist einfacher, einen bestehenden Kunden zu halten als einen neuen zu akquirieren. Doch gerade in der Beherrschung dieses Drahtseilakts liegt die Kunst eines erfolgreichen Vertriebs. Klassischerweise gibt es Vertriebsleute, die eher „Farmer Eigenschaften" haben, die also sehr erfolgreich darin sind, bestehende Beziehungen langfristig zu pflegen und zu kultivieren. Diese Personen müssen logischerweise genau dort eingesetzt werden, wo ihre Fähigkeiten erforderlich sind. Vertriebsmitarbeiter, die eher „Hunter Eigenschaften" (Jäger-Eigenschaften) haben, müssen an die Front – und zwar zur gezielten Akquisition von Neugeschäft – gefördert durch hohe Anreize aus einem intelligenten Incentivierungssystem.

c. Technische Verkäufer nur für entsprechende Geschäftsmodelle

   Die Chemische Industrie ist traditionell sehr technisch ausgerichtet, auch im Vertrieb. Das Markt- und Kundenumfeld hat sich jedoch verändert (siehe Abschnitt 1). In vielen Bereichen sind kommerziell ausgerichtete Einkaufsorganisationen bei den Kunden am Entscheidungsprozess maßgeblich beteiligt. Ein Vertriebsmitarbeiter mit rein technischer Ausbildung wird in diesem Umfeld nicht erfolgreich sein. Er spricht nicht die Sprache der Einkäufer. Es sollten demnach in diesem Umfeld Mitarbeiter mit hohen kommerziellen Kompetenzen eingesetzt werden. Auf Basis der ermittelten Kompetenzprofile können diese organisatorischen Veränderungen angegangen werden.

d. Die richtigen Mitarbeiter im richtigen Geschäftsmodell

   Generell ist es Ziel einer solchen Initiative, dass am Ende die richtigen Vertriebsmitarbeiter an der richtigen Stelle eingesetzt werden. Im Rahmen der organisatorischen Möglichkeiten – z. B. regionale Einschränkungen - macht es Sinn, auf Basis der Ist-Qualifikationsprofile der Mitarbeiter und den jeweiligen Anforderungen der Geschäftsmodelle personelle Veränderungen vorzunehmen. Dies ist einer der zentralen Hebel zur Steigerung der Vertriebseffektivität der gesamten Organisation.

Neben der Ableitung von Maßnahmen im organisatorischen Bereich sind entsprechende Maßnahmen auf der Mitarbeiterebene abzuleiten. Hierzu sind folgende Maßnahmen sinnvoll:

e. Einführung eines Mentorensystems

Der Grundgedanke eines Mentorensystems ist einfach: Interne High Performer übernehmen Verantwortung für junge Talente und unterstützen ihre fachliche Ausbildung. Mentorensysteme haben einen entscheidenden Vorteil. Sie sind kostengünstig, da sie mit internen Ressourcen abgebildet werden können. Und wer kennt die internen Abläufe eines Unternehmens besser als die High Performer. Diese sogenannten On-the-Job-Coachings haben erfahrungsgemäß eine nachhaltigere Wirkung als klassische Trainingsmaßnahmen.

f. Gezielte Trainingsmaßnahmen

Verbesserungspotenziale auf der Ebene einzelner Mitarbeiter spielen immer noch eine zentrale Rolle für die Effektivitätssteigerung der gesamten Vertriebsorganisation. Sind diese bekannt, können individuelle Trainingspläne und selbstverständlich auch genaue Karrierepfade entwickelt werden, die letztlich natürlich viel effektiver sind als die Teilnahme an regelmäßig stattfindenden Standardtrainings oder allgemein angebotenen Seminaren. Mit dem individuellen Zuschneiden von solchen Entwicklungsplänen erreicht das Unternehmen eine viel höhere Durchschlagskraft im Markt. Fehlen beispielsweise bei einem Vertriebsmitarbeiter betriebswirtschaftliche und technische Tiefenkenntnisse, so ist es sicherlich ungünstig, ihn für das gerade turnusgemäß stattfindende Verhandlungstraining anzumelden, welches er im letzten Jahr schon besucht hat. Die Kombination von gezielten individuellen Trainingsmaßnahmen und Karrierepfaden erhöht nicht nur die Unternehmensperformance, sondern gleichzeitig auch die Zufriedenheit und Loyalität der Vertriebsmannschaft: Individuellste Bedürfnisse werden berücksichtigt und das kommt gut an, besonders bei Mitarbeitern, die ihr Territorium vom Home Office steuern und selten in der Unternehmenszentrale sind.

6 Zusammenfassung und Ausblick

Unternehmen der Finanz- und Healthcarebranche haben es vorgemacht. Der Professionalisierungsgrad des Vertriebs auf der individuellen Ebene hat dort in den letzten Jahren erheblich zugenommen. In der Chemischen Industrie ist die Bedeutung des Vertriebs als ein zentraler Erfolgsfaktor im Wettbewerbsumfeld noch nicht flächendeckend erkannt.

Der vorliegende Beitrag hat aufgezeigt, wie durch die Definition von Soll-Qualifikationsprofilen (Anforderungen) und der Messung von Ist-Qualifikationsprofilen Maßnahmen abgeleitet werden können, die zu einer Effektivitätssteigerung des gesamten Vertriebs führen. Dabei wurde ein 4-stufiger Prozess vorgestellt (siehe Abbildung 6.2.7).

Abbildung 6.2.7 Die Vorgehensweise im Überblick

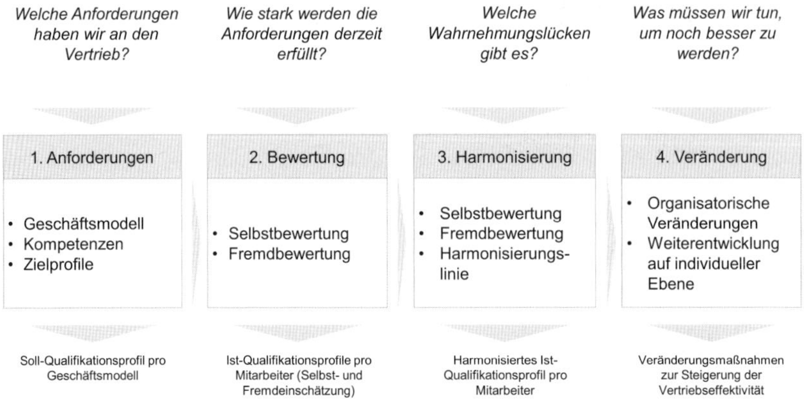

Ziel des vorgestellten Ansatzes ist es, dass am Ende des Tages die richtigen Leute an der richtigen Stelle im Vertrieb eingesetzt werden. Dies gilt in Bezug auf zwei Aspekte: Zunächst sollten die besten Mitarbeiter für die wichtigsten Kunden verantwortlich sein. Welche Mitarbeiter die gesetzten Anforderungen am besten erfüllen, ist durch den vorgestellten Ansatz messbar. Weiterhin sollten die richtigen Mitarbeiter mit den richtigen Kompetenzen im richtigen Geschäftsmodell arbeiten. Gerade in der Chemischen Industrie gibt es viele unterschiedliche Geschäftsmodelle, die völlig unterschiedliche Fähigkeiten von einem erfolgreichen Vertriebsmitarbeiter verlangen. Durch die beschriebene Vorgehensweise werden Anforderungen an die Qualifikationsprofile der Vertriebsmitarbeiter pro Geschäftsmodell definiert und die Ist-Qualifikationsprofile aller Mitarbeiter transparent gemacht. Auf diesem Weg können dann organisatorische Veränderungen vorgenommen werden und dadurch die Stärke der gesamten Vertriebsorganisation gesteigert werden.

Neben den organisatorischen Veränderungen können durch den beschriebenen Ansatz gezielte Coaching- und Trainingsmaßnahmen abgeleitet werden. Hierdurch werden zielgerichtet die zentralen Kompetenzen im Vertrieb auf individueller Ebene gestärkt und dadurch die gesamte Organisation noch effektiver.

Zum Schluss ist noch zu erwähnen, dass der vorgestellte Ansatz keine Einzellösung darstellt. Nur in Kombination mit weiteren Maßnahmen kann die Sales Excellence einer Organisation nachhaltig gesteigert werden. Insbesondere die Bedeutung des Vertriebs als ein zentraler Erfolgsfaktor im Wettbewerbsumfeld muss nachhaltig verankert werden. Nur wenn es eine klare Karriereperspektive im Vertrieb gibt, können die besten Leute motiviert werden, in den Vertrieb zu wechseln. Gerade an diesem Punkt ist in der Chemischen Industrie noch Nachholbedarf, der in den nächsten Jahren einen wichtigen Veränderungsprozess in Gang setzen dürfte.

6.3 Arzneimittelvertrieb: Warum Vertriebsmanagement für Pharmaunternehmen so „besonders“ ist.

Michael Scholl

1 Einleitung

Die vorherigen Beiträge in diesem Sammelwerk haben eindrucksvoll belegt, dass Vertriebsmanagement eine sehr strategische und konzeptionell herausfordernde Aufgabe ist. Während es branchenübergreifend die zuvor genannten Erfolgsfaktoren von der Vertriebsstrategie bis zum Kundenbeziehungsmanagement gibt, so existieren in der Pharmabranche ganz besondere Gegebenheiten.

Zunächst ist die *Vielzahl der Akteure* in der Pharmaindustrie sehr groß. Neben der Trennung von Entscheidungen (häufig beim Arzt), Bezahlung (häufig bei der Krankenkasse) und dem eigentlichen Konsum (meistens beim Patienten) existieren bei Pharmaunternehmen Dutzende weiterer Kundengruppen, deren Existenz und Relevanz je nach Erkrankung oder Produkt unterschiedlich sind (vgl. Scholl 2009; Scholl/Heinzer 2005).

Darüber hinaus ist der Pharmavertrieb sehr *länderspezifisch*. Alleine in Europa existieren über 25 unterschiedliche Gesundheitssysteme, deren Individualität so groß ist, dass zwar Standardisierung bei Produkt und Marketing stattfinden können. Das Vertriebsmanagement ist jedoch stets länderspezifisch und muss an die individuellen Gegebenheiten eines jeden Landes angepasst werden (vgl. Müller 2005).

Schließlich sind die *Reglementierungen* im Pharmamarkt enorm. Neben einem „geschlossenen Vertriebssystem" ist insbesondere die logistische Distribution engen Regularien unterworfen, die einer Gestaltung entsprechend des Industriegütervertriebs häufig nicht gerecht werden können (vgl. Dietz et al. 2002).

Die vorbenannten Besonderheiten stellen lediglich drei herausragende Aspekte dar. Sie sollen demnach nur ansatzweise verdeutlichen, dass der Pharmavertrieb sehr speziell ist. Entsprechend der Gliederung dieses Sammelwerkes soll nachfolgend darauf eingegangen werden, warum das Vertriebsmanagement von Pharmaunternehmen so besonders ist. Es wird sich zeigen, dass viele der vorbenannten Erfolgsfaktoren grundsätzlich zwar weiterhin gelten. Sie müssen jedoch auf den Pharmamarkt angepasst werden.

2 Geschäftsmodell definieren

Eine wesentliche strategische Herausforderung für Pharmaunternehmen ist die Definition des eigenen Geschäftsmodells. Diese scheinbar banale Frage beschäftigt derzeit fast alle Pharmaunternehmen. Kern dieser Fragestellung ist, welches Geschäftsmodell die Kunden der Pharmaindustrie verfolgen und inwiefern sich das Pharmaunternehmen auf diese Situation einstellen kann.

Die Vergangenheit war hier durchaus univariat geprägt: Ärzte verordneten Medikamente. Demzufolge versuchten Pharmaunternehmen wiederum, die Verordnungen dieser Ärzte zu beeinflussen. Neben dem demographischen Wandel, nämlich dass es deutlich mehr ältere und kränkere Menschen gibt, führte diese gängige Praxis der Pharmaindustrie zu einer enormen Steigerung der Arzneimittelausgaben in den meisten Pharmamärkten der Welt. Als Konsequenz wurden zahlreiche Einschränkungen und Restriktionen im Arzneimittelvertrieb eingeführt. Im Ergebnis ist die univariate Betreuung von Ärzten zur Steigerung des Vertriebserfolges heutzutage nicht mehr adäquat (vgl. Homburg/Sieben/Dietz 2002a; Homburg/Sieben/Dietz 2002b).

Diese Erkenntnis ist keinesfalls neu. Bereits in den 80er Jahren wurden in Deutschland mit den beginnenden Gesundheitsreformen („Seehofer Reform") diese Entwicklungen eingeleitet. Pharmaunternehmen haben trotzdem größere Schwierigkeiten ihre Geschäftsmodelle auf die neue Gegebenheit anzupassen.

Das „Neue" hierbei ist insbesondere, dass anders funktionierende Kundengruppen am Horizont der Pharmaunternehmen auftauchen. Durch eine zunehmende Bündelung der Einkaufsmacht und Zentralisierung der Beschaffung entwickelt sich das ursprüngliche Kleinunternehmen-Geschäftsmodell zum „Key-Account-Management". Konkret bedeutet dies, dass noch bis weit nach der Jahrtausendwende militärische Mannschaften von Außendienstmitarbeitern, im Pharmamarkt „Referenten" genannt, auf die ca. 100.000 Ärzte in Deutschland entsandt wurden. Eine Arztpraxis funktioniert, wie man als Besucher einer solchen unschwer erkennen kann, meist wie ein „Kleinunternehmen": Der Arzt war/ist der Chef und hat einige geringer qualifizierte Angestellte. Umsatz, Mitarbeiterzahl, Praxisgröße und alle Abläufe waren/sind in der Regel „klein" geprägt.

Anders heutzutage: Durch gesetzliche Reglementierungen können Krankenkassen Verträge mit Arzneimittelherstellern schließen. In diesem Modell entscheidet der Versicherer des Patienten, also der Bezahler, welches Medikament bevorzugt an die Gruppe seiner Versicherten abgegeben werden muss. Zwar setzt diese Regelung voraus, dass die Medikamente vergleichbar sind - es dürften damit eigentlich keine patentgeschützten Medikamente sein. In der Vergangenheit wurden jedoch durch gesetzliche Veränderungen, die durchaus umstritten waren, diese Grenzen aufgeweicht und die Ausnahme ist zur Regel geworden. Demnach entscheidet heutzutage nicht mehr der Arzt, welches Medikament der Patient bekommt. Vielfach wird die Entscheidung vorgelagert durch Rahmenverträge getroffen. Grundsätzlich werden diese immer mehr von spezialisierten Gruppen mit mehreren Personen diskutiert (vgl. Becker 2000; Scholl 2005).

Die zuvor genannten Beispiele belegen, wie sich das Vertriebsmanagement konzeptionell und operativ verändert. Neben der quantitativen Reduktion der notwendigen Mitarbeiterzahl ist der Aufbau eines qualitativen Großkundenvertriebs notwendig. Die Verfügbarkeit und Fähigkeit solcher Personen im Pharmamarkt war und ist jedoch weiterhin begrenzt. Es ist ein offenes Geheimnis, dass die Kompetenz einiger Pharmareferenten der alten Garde lediglich darin besteht, auswendig gelernte „Kernbotschaften" bei einem Arzt vorzusprechen. Das Vertriebsmanagement der heutigen Zeit erfordert jedoch ein Geschäftsmodell, bei dem hochqualifizierte, analytisch denkende Vertriebsstrategen mit Verhandlungsgeschick eingesetzt werden müssen. Ob als Kunde eine Krankenkasse, ein Kliniknetzwerk oder ein Zusammenschluss aus mehreren Apotheken oder Ärzten existiert: Die grundlegende Änderung des Geschäftsmodells bedeutet eine niedrigere Quantität und eine höhere Qualität in allen Dimensionen.

3 Kundenzufriedenheit als Schlüsselgröße

Viele Pharmaunternehmen schreiben sich Kundenzufriedenheit auf die Fahne. Kundenzufriedenheit gilt als modern und ist schick. Viele dieser Kundenzufriedenheits-Statements sind jedoch reine Lippenbekenntnisse, denn im Pharmamarkt wurden über Jahre Kunden mit sehr hohen Besuchsfrequenzen an deren Toleranzschwelle gebracht. So gab es im Pharmamarkt eine Besonderheit, die Ihresgleichen in anderen Branchen suchte: Für ein einziges Präparat wurden mehrere parallele Vertriebslinien installiert, die einen Kunden mit identischen Botschaften zu unterschiedlichen Zeiten besuchten. Das Ziel dieser Strategie war, den Kunden nicht an ein Gesicht oder eine Person zu gewöhnen. Durch diesen enorm hohen Vertriebsdruck sollte eine permanente Erinnerung des Arztes an das besprochene Medikament realisiert werden (vgl. Dietzel 2007; Habs/Scholl/Zipf 2008).

Als Folge dieses Wettbewerbs um „Aufmerksamkeit" wurden in der Pharmaindustrie Konzepte wie das „Share of Voice"-Prinzip aufgebaut. Im Kern dieses Konzeptes geht es darum, einen möglichst großen Platz im Mindset des Arztes einzunehmen. Unternehmen mit einem hohen Share of Voice haben/hatten einen hohen „Besprechungsdruck".

Es steht außer Frage, dass die Erhöhung des Vertriebsdrucks, wenngleich unterproportional, den Vertriebserfolg erhöhte. Es kann jedoch offen konstatiert werden, dass eine solche Vorgehensweise die Kundenzufriedenheit nicht erhöht hat. Im Gegenteil wurden sogar Besuchsverbote, Besuchszeiten oder Besprechungsrichtlinien von den Kunden aufgestellt, um der Vielzahl der Pharmareferenten Einhalt zu gebieten.

Insofern ist auch nachvollziehbar, dass Pharmaunternehmen mit dieser Vorgehensweise ihren Erfolg hatten und z. T. auch noch haben. An dieser Stelle soll nicht die moralische Diskussion geführt werden, inwiefern ein solcher Vertriebsansatz ethisch gerechtfertigt werden kann. „Druck" ist, wohl dosiert, in sehr vielen Vertriebsorganisationen ein notwendiges Element, hochgesteckte Vertriebsziele zu erreichen. Der Widerspruch zum Konzept der Kundenzufriedenheit ist jedoch offenkundig. In den vergangenen Jahren haben Pharmaunternehmen z.T. bewusst eine niedrigere Kundenzufriedenheit in Kauf genommen, um einen kurzfristigen Vertriebserfolg zu realisieren.

Entsprechend der sich abzeichnenden Veränderung der Kundenstruktur überlegen die weniger werdenden Kunden mit einer höheren Einkaufsmacht jedoch heutzutage sehr intensiv, mit welchen Unternehmen sie in den Dialog bzw. in eine Verhandlung treten möchten. Die zuvor genannten starken Reglementierungen werden dann obsolet, wenn große Beschaffungen und millionenschwere Lieferverträge ausgehandelt werden. Hier gilt: je größer der Vertrag, desto geringer ist die Bedeutung der Monopolsituation eines einzelnen Präparates.

Kundenzufriedenheit als Lippenbekenntnis stößt vielen Kunden sauer auf. Ein Vertriebsmanagement, welches im Zielsystem weder die Existenz einer Kundenzufriedenheit erkennen lässt, noch eine solche Kundenzufriedenheit ähnlich intensiv misst, wie den quantitativen Vertriebserfolg, wird es zukünftig schwer haben (vgl. Scharitzer/Kollarits 2000).

4 Entscheidungen fällen statt Piloten aufsetzen

Eine weitere Besonderheit des Vertriebsmanagements von Pharmaunternehmen ist, dass im Vergleich zu anderen Branchen im Vertrieb eine gewisse Lethargie bzgl. schneller Entscheidungen existiert. Hiermit verbunden ist die Tendenz, neue Ideen nicht einfach auszuprobieren. Solche Ideen werden stets pilotiert und bis zur Implementierung vergehen nicht selten mehrere Jahre.

Die Gründe für dieses Verhalten sind vielfältig. Einerseits ist auffällig, dass im Pharmavertrieb generell ein anderer Typ Mensch vorherrscht als im Vertrieb in anderen Branchen. Pharma-Vertriebsmitarbeiter sind meistens studierte Naturwissenschaftler. Eher selten finden sich Kaufleute, Juristen oder Personen mit einem geringeren Schulabschluss, die den Vertrieb „von der Pike auf" gelernt haben. Die Aussage soll keineswegs sein, dass eine hohe Ausbildung zur Entscheidungsschwäche führt. Eine naturwissenschaftliche Ausbildung allerdings führt bei vielen Menschen dazu, dass „Versuchsanordnungen" gewählt werden, statt neue Ideen auszuprobieren. Erlernt ist hier auch häufig, dass bei einer solchen Versuchsanordnung ein stringenter Nachweis erbracht werden muss, dass es eine große Erfolgswahrscheinlichkeit bei Übertragung des Versuchs auf die „Realität" gibt. Dementsprechend werden umfangreiche Nullmessungen, Zwischenmessungen und Folgemessungen initiiert. Das Budget solcher begleitenden Kontrollen übersteigt nicht selten die Kosten einer großen Implementierung, bei der Anpassungen stattfinden müssen.

Ein weiterer Grund ist sicherlich, dass die bereits zitierte Vertriebskultur z.T. sehr bedingungslos war. Militärisch geprägt schwärmten Außendienstmitarbeiter, geführt von Gebietsleitern, diese wiederum geführt von Regionalleitern und diese wiederum geführt von Vertriebsleitern in einem Land aus. Vom Wettbewerb auf der jeweiligen Ebene angestachelt wurden diejenigen herausgehoben, die große Vertriebserfolge hatten. Solche Personen wurden zudem mit intensiven Geschenken, Incentivereisen o.ä. belohnt. Diese sehr amerikanische Form der Motivation hat zugleich einen sanktionierenden Charakter. Wer nicht erfolgreich war oder nicht beweisen konnte, dass er erfolgreich war, wurde in einer solchen Kultur abgestraft (vgl. Homburg/Sieben/Dietz 2002b; Homburg/Schäfer/Schneider 2007; Sieben/Zäh/Scholl 2001).

Nun ist es eine Besonderheit, dass der Erfolgsbeweis im Pharmamarkt gar nicht so einfach anzutreten ist. Entsprechend der Fragmentierung des Marktes und der Trennung von Bezahler, Entscheider und Konsument stellt sich stets die Frage, welche Vertriebsaktivität zum Vertriebserfolg führt. Tausende von Beratern und Marktforschern versuchen, diesen Erfolgsbeweis durchzuführen. Er ist jedoch sehr schwierig und kann von wissenden Personen sehr einfach manipuliert werden. So könnte man beispielsweise als Erfolgskennzahl die Anzahl der Besuche pro Mitarbeiter, pro Gebiet oder pro Region definieren. Ungeachtet der Qualität dieser Besuche und ungeachtet der echten Durchführung dieser, ist der Gewinner dieses Wettbewerbs stets die Person, die es schafft, mehr Besuche zu dokumentieren als der Wettbewerber (intern oder extern). Als Konsequenz werden neue Ideen nicht implementiert. Sie werden pilotiert und zum Piloten erfolgt eine umfangreiche Messung, von mehr oder weniger relevanten, Zwischenerfolgsgrößen. Denn Kundenzufriedenheit als auch langfristiger Vertriebserfolg sind zumeist eine längerfristige Angelegenheit. Solche Veränderungen zeigen sich nicht in einem Piloten, sondern erst nach Jahren erfolgreicher Veränderung.

Ist eine neue Idee nach mehreren Jahren nicht so erfolgreich wie vermutet, dann kann sich der Verantwortliche stets mit „der Pilot war sehr vielversprechend" heraus reden. Vertriebsmanagement in Pharmaunternehmen ist von der Implementierungsseite insofern sehr herausfordernd, als dass die Entscheidungsfreude in anderen Branchen hier nur selten vorzufinden ist.

5 USP des Vertriebs definieren

Viele Pharmaunternehmen sind eine Direktkopie ihrer Konkurrenten et vice versa. In der Folge haben viele Unternehmen kein eigenständiges Profil. Dies bestätigen viele Studien zur Wahrnehmung der Pharmaunternehmen bei ihren Kunden.

Über Jahre war die USP für Pharmaunternehmen überhaupt kein Thema! Ein Arzt, der ohne budgetäre Restriktion arbeitete, wurde von Pharmaunternehmen „gebeten", das Präparat des eigenen Unternehmens zu verordnen. Als Dankeschön für diese Leistungen wurden zahlreiche Geschenke abgegeben. An dieser Stelle ist kein Kugelschreiber oder USB-Stick gemeint. Die Geschenke im Pharmamarkt waren z.T. sehr umfangreich und es handelte sich von Urlaubsreisen über Praxisrenovierungen bis hin zu Betriebs- und Geschäftsausstattungen. So wurden über Jahrzehnte Horden vor Ärzten zu Weiterbildungsseminaren auf ausländische Inseln geflogen.

Im Zuge der o.g. Reglementierungen musste die Pharmaindustrie diese Aktivitäten zurückschrauben und solche Aktivitäten verhältnismäßiger gestalten. Weiterhin beliebt sind auch heute noch sogenannte Anwendungsbeobachtungen. Hier stellt ein Arzt einen Patienten auf ein spezielles Medikament ein und protokolliert den Verlauf des Patienten mit diesem Medikament für das Pharmaunternehmen. Im Gegenzug dazu erhält er eine Aufwandsentschädigung, die sehr attraktiv sein kann. Solche „AWB's" machen durchaus Sinn. Denn im Gegensatz zur klinischen Situation ist die praktische Anwendung von zahlreichen echten Faktoren geprägt. Durch die Umstellung des Patienten auf dieses Medikament erhofft sich die Industrie aber auch, dass der Arzt positive Erfahrungen mit diesem sammelt und der Patient das Medikament nicht mehr wechselt. Eine solche Vorgehensweise hat durchaus Relevanz, wenn es darum geht, neuartige Präparate auszuprobieren. Solche „AWBs" können aber ausufern.

Die Geschenke sind gestrichen, die Reisen sind weggefallen. Zahlreiche Vertriebsorganisationen von Pharmaunternehmen stehen nun vor der Herausforderung, welchen Mehrwert sie ihren Kunden bringen. Sind die Vertriebsorganisationen schlecht geschult und können lediglich Präparatebotschaften herunterbeten, dann erleben viele Mitarbeiter, dass sie nach einiger Zeit gar nicht mehr zum Entscheider vorgelassen werden. Sie werden bereits an der Theke von der Sprechstundenhilfe abgefangen, in der Klinik bekommen sie keinen Termin auf der Station oder bei Ausschreibungen bekommen sie nicht die Gelegenheit, ihr Angebot persönlich vorzustellen.

Im Kern geht es um einen wichtigen Punkt: Ein solcher Besuch und das Gespräch mit dem Vertriebsmitarbeiter stiftet dem Kunden keinen Nutzen. Dabei gibt es durchaus zahlreiche nutzenstiftende Komponenten, die vom Pharmavertrieb genutzt werden können. Statt die Vorteile des eigenen Produktes herunterzubeten, sind Ärzte sehr daran interessiert, die neue Studienlage in einem Erkrankungsbereich zu erfahren. Durch zusätzliche Administration und Reglementierung fehlt ihnen die Zeit, sich weiterzubilden. Entsprechend der o.g. Ausführung werden sie zudem immer seltener von Pharmaunternehmen zu solchen Weiterbildungsveranstaltungen an interessanten Orten eingeladen. Mitarbeiter, denen es gelingt, über das eigene Produkt hinaus Informationen zu vermitteln, haben eine veritable Chance, mit dem Arzt ins Gespräch zu kommen (vgl. Homburg/Sieben/Dietz 2002b; o.V. 2009).

Ein weiterer Nutzen ist, wenn es Unternehmen gelingt, die angespannte Kostensituation im Gesundheitswesen ernsthaft zu respektieren. Solche Unternehmen erarbeiten Konzepte wie Patienten besser geführt oder betreut werden können. Sie nehmen durchaus hin, dass sie kurzfristig mit ihrem Medikament keinen Umsatz machen. Von größtem Interesse sind hier beispielsweise ganzheitliche Konzepte im Bereich Diabetes-Management. Es ist ein offenes Geheimnis, dass Medikamente zum Senken des Blutzuckers eine wichtige Säule, aber nur eine Säule im Bereich Diabetes sind. Viel bedeutender ist es, die Patienten von ihren ungesunden Lebensweisen weg zu bekommen und ihnen neue, gesündere Lebensweisen aufzuzeigen. Unternehmen, denen es gelingt, gemeinsam mit Ärzten, Arzthelferinnen und Patienten solche Programme aufzusetzen, werden gegebenenfalls kurzfristig keinen Umsatz realisieren. Sie werden aber langfristig in der Gunst aller Ansprechpartner steigen und damit einen deutlich höheren Nutzen definieren, als wenn sie Kugelschreiber als Geschenke bringen.

6 Konsequenz bei der Segmentierung zeigen

Die enorme Zielgruppengröße im Pharmamarkt erfordert, insbesondere bei den niedergelassenen Arztpraxen, ein ausgeklügeltes Segmentierungssystem. Wenngleich auch in anderen Branchen, wie beispielsweise Industriegütern oder Baustoffen, eine große Anzahl und Vielfalt an Kunden oder Händlern existiert, so ist Segmentierung in der Pharmaindustrie eine „Wissenschaft“ für sich! Es gibt auf der ganzen Welt wohl kaum eine Branche, die ihre Kunden so kompliziert segmentiert und zugleich so undifferenziert betreut (vgl. Scholl 2009).

Die erwähnte Diskrepanz äußert sich darin, dass

a. einerseits die Verfahren und Budgets der Segmentierung sehr umfangreich sind.

b. Andererseits ist die Konsequenz bei der Umsetzung einer solchen Segmentierung sehr gering ist. Dies äußert sich darin, dass schlussendlich die definierten Gruppen keine stark unterschiedliche Betreuung erfahren.

a) Komplexität der Segmentierungsverfahren

Die in der Einleitung erwähnten Eigenschaften und Regularien bringen es mit sich, dass Mengen und Umsätze auf Kundenebene nur sehr eingeschränkt verfügbar sind. Einerseits liegt dies daran, dass es eine Trennung zwischen akquisitorischer Distribution und logistischer Distribution gibt. Während die logistische Abgabe eines Medikamentes über die Apotheke erfolgt, so erfolgt „die Entscheidung/der Vertrieb" in vielen Fällen über andere Kanäle, wie beispielsweise den Arzt. Durch diese Intransparenz fällt es den auf permanente Kontrolle ausgerichteten Pharmaunternehmen sehr schwer zu überprüfen, inwiefern der einzelne Arzt viele Präparate des Unternehmens oder des Wettbewerbs aufschreibt. Es fällt auch schwer zu erkennen, ob die Arztpraxis generell groß ist oder eher klein.

Die vorbenannten Aussagen sind sogenannte „Knopfdruckaussagen": Demnach ist es nicht möglich, diese Daten auf Knopfdruck verfügbar zu haben. Dies liegt insbesondere daran, dass viele Daten nicht gespeichert, übermittelt oder genutzt werden dürfen. Demzufolge bedient sich die Pharmaindustrie zahlreicher Sekundärvariablen. Diese werden mit großen Budgets über eine Vielzahl an Drittunternehmen gesammelt, gespeichert und ausgewertet.

Streng genommen ist diese Form des Datenmanagements im Segmentierungs-Zusammenhang sehr absurd. Eine Industrie, die 90 % ihrer Mitarbeiter zu 90 % ihrer Zeit durch die Arztpraxen eines Landes treibt, gibt vor, keine Daten über ihre Kunden zu haben. Diese Mär der nicht vorhandenen Daten ist sicherlich einer der größten Mythen des Pharmamarktes. Es gibt wohl kaum einen Markt auf dieser Welt, in dem es mehr Daten gibt, als im Pharmamarkt. Es ist richtig, dass diese Daten nicht auf Knopfdruck vorliegen. Aber es wäre sehr einfach, beispielsweise die Außendienstmitarbeiter zu ihrer Einschätzung zum Kunden zu befragen.

Eben eine solche Außendienstbefragung scheitert in vielen Unternehmen daran, dass die Industrie ihren Außendienstmitarbeitern nur bedingt traut. Insbesondere geht man davon aus, dass der ein oder andere Pharmareferent fleißiger sein könnte und gerne nur diejenigen Ärzte besucht, die auf dem Nachhauseweg liegen, bei denen man gut parken kann und bei denen man mit einem Kaffee nett empfangen wird. Die Gegenhypothese lautet zumeist, dass damit interessante Hochpotentialärzte nicht besucht werden. Sei es aus Angst, Erreichbarkeit oder aus Bequemlichkeit. Demzufolge wird den Außendienstmitarbeitern unterstellt, bei solchen Daten-Abfragen stets die eigenen „Lieblingsärzte" besser zu bewerten, als die wenig zugänglichen Potentialärzte abseits der eigenen Erfahrung/Route. Damit steigt deren Chance, dass die netten und beliebten Ärzte in einer späteren Segmentierung nicht unter den Tisch fallen.

Grundsätzlich ist dieses Verhalten keine Besonderheit der Pharmaindustrie. Der so genannte „Self-Serving-Bias" (vgl. Reifenberg 1986; Urban/Witt 1990) führt dazu, dass Menschen bei der Bewertung einer Situation ihren eigenen Einfluss bzw. ihre eigenen Interessen in den Vordergrund stellen. Diese Eigenschaft ist aber keinesfalls typisch für den Pharmamarkt. Sie wird lediglich im Pharmamarkt durch die dort vorhandenen

Kontroll-Strategien forciert. Wird ein Außendienstmitarbeiter über die Anzahl der Besuche gesteuert, dann kann die Besuchsanzahl einfacher erreicht werden, wenn man solche Ärzte besucht, die auf dem Weg liegen und die man gut kennt. Erfolgreich ist damit, wie bereits im vorherigen Abschnitt aufgezeigt, derjenige, der mehr Besuche dokumentieren kann, als ein anderer.

Die vorbenannten Besonderheiten führen schließlich dazu, dass von der Zentrale hochkomplizierte Segmentierungssysteme entwickelt werden, bei denen man versucht, den Außendienstmitarbeitern aufzuzeigen, dass sie seit Jahrzehnten die falschen Ärzte besucht haben. Sehr beliebt ist hierbei die Nutzung von komplizierten mulitivariaten Segmentierungsverfahren. In diese gehen neben einem komplexen Algorithmus auch bis zu 45 externe Daten ein. Nur die Meinung der Außendienstmitarbeiter wird häufig nicht abgefragt. Schließlich werden die Segmentierungen mittels anonym verfügbarer Kundendaten validiert, angepasst und im Ergebnis trifft das entwickelte Segmentierungsverfahren den tatsächlichen Kundenwert zu mehr als 80 %.

Für diese Vorgehensweise und die damit verknüpften Daten geben Pharmaunternehmen in der Regel sehr viel Geld aus. Konzeptionell gesehen sind diese Segmentierungen allerdings meist ein Blendwerk. Sie basieren im Grunde genommen darauf, dass ein großer Arzt mehr Umsatz machen kann, als ein kleiner Arzt. Was sich so banal anhört ist häufig das Grundprinzip einer jeden Segmentierung in vielen Branchen (vgl. Albiez/Danielsohn-Weil/Scholl 2008): Der Kundenwert wird maßgeblich über die Kundengröße bestimmt. Demnach kann ein großer Kunde mehr Umsatz machen und ist für das Unternehmen attraktiver als ein kleiner Kunde. Eine große Arztpraxis mit vielen Patienten, Mitarbeitern, Ärzten oder Behandlungszimmern ist attraktiver als eine kleine Praxis mit ebenso wenigen Patienten, Ärzten, Mitarbeitern oder Behandlungszimmern.

Zwar existieren vieldiskutierte Ausnahmen von dieser Regel. Es stellt sich jedoch die Frage, inwiefern diese zum Aufbau einer allgemeinen Logik genutzt werden müssen. Solche Ausnahmen werden meistens entwickelt, um von der Logik generell abzulenken.

Die oben genannte Vorgehensweise führt dazu, dass bei vielen Segmentierungen in Pharmaunternehmen niemand mehr einen Durchblick hat. Die Vorgesetzten verstehen das System nicht und sind geblendet von der Vielzahl der Daten. Segmentierungsverantwortliche selbst durchblicken den von extern entwickelten Algorithmus nicht mehr. Und noch viel wichtiger: Die Außendienstmitarbeiter, die diese Segmentierung leben sollen, verstehen oder akzeptieren diese Segmentierung nicht.

b) Umsetzung der Segmentierung

Nachdem die erste Komponente der Komplexität der Segmentierung im Teil a) behandelt wurde, widmet sich der Teil b) dem „Leben der Segmentierung“.

Es steht außer Frage, dass in diesem wenig transparenten Markt alle Beteiligten zahlreiche Möglichkeiten haben, eine vorhandene Segmentierung und Besuchsvorgaben zu umgehen. Wer die häufige Praxis des Pharmavertriebs kennt, weiß, dass es im Vertrieb durchaus Mitarbeiter gibt, die ihre „Komfortzone" selten verlassen. Man weiß, dass es in diesem wenig kontrollierbaren Geschäftsmodell Personen gibt, die mit geringem Arbeitseinsatz dauerhaft eine zumindest durchschnittliche Leistung erreichen können. Ob die Vertriebsmitarbeiter innerhalb ihrer Komfortzone nun unwichtige Kunden besuchen oder wichtige Kunden besuchen oder aber ihrer Arbeit oder einem Hobby nachgehen, kann keine Führungskraft im Pharmavertrieb kontrollieren.

Auch diese Aussage ist nicht untypisch für andere Branchen. Der Vertrieb lebt davon, dass eben jene Freiheiten dazu führen, dass einige Vertriebsmitarbeiter auch Höchstleistungen bringen können. Vertrieb ist kundenindividuell und an einigen Stellen erfordert ein guter Vertrieb ein situatives Gespür dafür, dass es wichtiger sein kann, nur einen Kunden intensiv zu betreuen, statt zehn Kunden halbherzig.

Eine Besonderheit der Pharmaindustrie ist es jedoch, dass durch o.g. Vorgehensweisen und das damit verbundene Misstrauen in die Vertriebsmitarbeiter als Ganzes, auch diejenigen Pharmareferenten demotiviert werden können, die es verstehen, trotz der ambivalenten Steuerungsinstrumente in diesem System, eine hohe Leistung zu bringen.

Als Konsequenz führt jede noch so anspruchsvolle/komplizierte Segmentierung dazu, dass schwache Mitarbeiter zahlreiche Möglichkeiten haben, diese zu umgehen und starke Mitarbeiter durchaus berechtigte Gründe haben könnten, dieser nur bedingt zu folgen.

Das „Leben der Segmentierung" hängt damit weniger von einem tollen Algorithmus ab. Vielmehr ist der Einbezug derjenigen Menschen, die den Kunden am besten kennen, dringend notwendig. Denn in der Tat kann die gängige Priorisierung im Pharma-Außendienst optimiert werden. Allerdings nur, wenn diese tatsächlich umgesetzt wird.

Sollten die Pharmazentralen das Ziel haben, ihre Mitarbeiter konsequent zu genau den Ärzten zu entsenden, die zentral vorgegeben wurden, dann setzt das voraus, dass dies die „richtigen" Ärzte sind. Da aber in vielen Unternehmen heftige Diskussionen über die Sinnhaftigkeit und damit die Konsequenz einer Segmentierung existieren, ist Segmentierung im Pharmamarkt eine Besonderheit, die beim Vertriebsmanagement nicht nur konzeptionelle Schärfe sondern auch Feingefühl erfordert.

7 Zusatzleistungen optimieren

Es wurde bereits erwähnt, dass die Pharmaindustrie ihren Vertrieb mit einem wahren Füllhorn an Zusatzleistungen ausgestattet hat. Je geringer der vorhandene Wettbewerbsvorteil, desto intensiver wurden „produktbegleitende Serviceaktivitäten" aufgebaut.

Einige dieser Serviceaktivitäten sind durchaus sinnvoll. So führen zielgerichtete Schulungen zur Optimierung des Patientenmanagements bzw. zur Erhöhung der Therapietreue bei

Patienten für alle Beteiligten des Gesundheitssystems zum Erfolg. Auch neutrale Weiterbildungen zur Optimierung des Medikamenteneinsatzes sind in diesem komplizierten Markt keinesfalls überflüssig. Es ist auch nicht verfänglich, wenn die Teilnehmer einer solchen Weiterbildung neben dem Schulungskern auch ein wenig Spaß haben dürfen. Das ist in anderen Branchen, sicherlich auch bei den Lesern dieses Sammelwerkes, nicht unüblich.

Besonders ist jedoch das exorbitante Füllhorn an sinnlosen und nicht notwendigen Werbegeschenken, Aktivitäten oder Veranstaltungen in diesem Markt. Betrachtet man ein durchschnittliches Pharmaunternehmen, so werden pro Produkt ca. 50 produktbegleitende Maßnahmen, Broschüren, Schulungen oder Veranstaltungen angeboten. Als Konsequenz verwaltet bereits ein mittleres Pharmaunternehmen in einem Land mit ca. zehn Produkten meist um die 500 „Services". Diese Services verursachen nicht nur Sachkosten. Sie müssen auch von Menschen im Pharmaunternehmen koordiniert werden. Außerdem werden sie von allen Pharmaunternehmen in allen Produkten in einer schier unüberschaubaren Fülle an die Zielgruppen des Pharmamarktes ausgekippt.

Wenngleich die bereits erwähnten Reglementierungen dazu geführt haben, dass Reisen ins Ausland ohne erkennbaren Weiterbildungsbesuch für die Ärzte zwar durchaus attraktiv, aber für die Pharmaunternehmen nicht mehr gestattet sind, so finden sich immer noch o.g. Mengen an Aktivitäten. Diese Vielfalt ist nicht nur für die Pharmaunternehmen kaum zu überblicken. Auch die Kunden fühlen sich durch das permanente Überangebot durchaus belästigt. Sie blicken nicht mehr durch und es tritt ein Gewöhnungseffekt ein, bei dem ein permanentes Hochrüsten der Geschenke in der Bandbreite zwischen wahrgenommen und erlaubt geschieht.

Ein Streichen dieser Services kommt für viele Unternehmen nicht in Frage, da man sofort einen Wettbewerbsnachteil vermutet. Unsere Untersuchungen haben jedoch gezeigt, dass ca. 25 % dieser Services problemlos und ohne Ersatz streichbar sind. Es handelt sich hierbei um Services, die Kunden weder wahrnehmen noch wollen. Modellierungen haben ergeben, dass diese sofort gestrichen werden können und über das Eliminieren dieser Services umfangreiche Sachkosten, aber auch Personalressourcen, frei werden (vgl. Scholl/Reißfelder 2007).

Zusätzlich zeigt sich, dass viele dieser Services in der konzipierten Form an den Bedürfnissen der Kunden vorbeigehen. Sie bedürfen einer starken Modifikation, damit sie von Kunden entweder wahrgenommen oder genutzt werden. Viele dieser Services scheinen ohne Rücksprache mit den Kunden entwickelt worden zu sein und sich zudem mit anderen Services aus dem eigenen Unternehmen zu überlappen. Auch hier gibt es demzufolge umfangreichen Optimierungsbedarf. Eine solche Optimierung führt wiederum zu einer Kostensenkung oder zu einer Optimierung der Wahrnehmung der Services bei Kunden (vgl. Homburg/Schäfer/Schneider 2007; Vermeulen 2005).

Schließlich ist auffällig, dass in allen Marktforschungsstudien immer wieder Bedürfnisse zur produktneutralen Aufklärung seitens der Kunden geäußert werden, die von der Pharmaindustrie nur zögerlich aufgenommen werden. Unternehmen, denen es gelingt, einen produktneutralen Marktüberblick zu geben und dabei wenig effekthascherisch auf das eigene Produkt zu argumentieren, werden von Kunden sehr positiv wahrgenommen. Dieses Bedürfnis wird zwar von Kunden vielfach geäußert, aber die Industrie hat bei der Entwicklung solcher Konzepte große Probleme. Sie befürchtet, durch die neutrale Darstellung könne das Wettbewerbsmedikament besser abschneiden. Faktisch ist aber gerade eine solche präzise Positionierung für den Arzt, den Patienten und das Gesundheitssystem von Vorteil. Auch das Pharmaunternehmen profitiert, denn es könnte deutlich profitabler arbeiten.

Grundsätzlich stellt sich natürlich Lesern aus anderen Branchen die Frage, ob der Kostendruck bei Pharmaunternehmen noch nicht angekommen ist. In der Tat könnte man belegen, dass die verfügbaren Margen der Pharmaindustrie auch weiterhin zu den größten Margen überhaupt zählen (vgl. Hoffrichter 2009). Es steht außer Frage, dass nach erfolgter Entwicklung in diesem Markt Deckungsbeiträge im Bereich von bis zu 90 % zu erzielen sind.

Die Antwort kann mit dem Geschäftsmodell von Pharmaunternehmen gegeben werden. Nachdem die immensen Entwicklungskosten und Risiken bereits angefallen sind, benötigen Pharmaunternehmen einen hohen positiven Cashflow zur Finanzierung der laufenden Entwicklungskosten. Der aufmerksame Leser mag zwar bemerken, dass quasi täglich ein neues Medikament auf den Markt kommt. Allerdings sind die Aufwendungen zum Finden eines neuen Medikamentes explodiert. Parallel dazu sind die Erlöse zum Decken dieser Forschungsaufwendungen geschmolzen.

In den Folgejahren der Kommerzialisierung gilt es daher für Pharmaunternehmen, einen hohen Umsatz zu realisieren - Kosten stehen an zweiter Stelle. Während mancher Handelskonzern seine Services so stark beschneidet, dass Kunden über eine Servicewüste klagen (vgl. Gesellensetter 2007; Schmortte/Sieger 1996), so ist der Pharmamarkt dagegen noch eine heile Welt. Selten haben Kunden Probleme, dass ihre Anfragen nicht beantwortet werden. Meist überinvestieren Pharmaunternehmen, wenn Kunden eine Betreuung oder einen Besuch wünschen. Der Grund liegt darin, dass im Wettbewerb der Pharmaunternehmen insbesondere der Umsatz zählt. Die Deckungsbeiträge der Produkte sind so hoch, dass sich Unternehmen eine Menge „Luft" erlauben können, den Umsatz auch „profit-suboptimal" zu steigern.

Kommen allerdings die Pharmamargen stärker unter Druck als noch in der Vergangenheit, so wird auch diese Industrie sich die Frage stellen müssen, welche Services sie weiter anbieten kann und möchte. Abseits der Regularien ist dies für das Vertriebsmanagement insbesondere dann interessant, wenn es gelingt, durch Streichung von unnützen Services Raum zu schaffen für kundenorientierte Services, die einen Nutzen stiften.

8 Patienten verstehen

In den letzten Jahren wurde das Zielgruppenmanagement von Pharmaunternehmen durch Begriffe wie „Konsumerisierung“ etc. durcheinander gewirbelt (vgl. Dietz 2004). Gemeint ist damit, noch stärker auf den eigentlichen Konsumenten, also den Patienten, einzugehen.

Ein solcher mündiger Patient würde aber die Abkehr von den klassischen Zielgruppen bedeuten. Statt Ärzten sollen Pharmaunternehmen den eigentlichen Kunden, nämlich den Patienten, in Angriff nehmen. Die euphorischen Ideen hierzu wurden sodann schnell in Angriff genommen. Patientenmanagement, Kampagnen, Homepages oder Patientenbetreuungsinitiativen wurden aufgesetzt.

Erst im Laufe der Zeit wurde jedoch ein konzeptionelles Problem bei dieser Vorgehensweise beobachtet. Einerseits gibt es im deutschen Pharmamarkt eine extrem rigide Regulierung, was die Kommunikation von medizinischen Inhalten an Patienten angeht (vgl. Scholl 2009). Unter dem Begriff des „Heilmittelwerbegesetzes“ verbergen sich zahlreiche Regeln und Gesetze, deren Kernaussage ist, dass Patienten nur sehr eingeschränkt von der Pharmaindustrie betreut werden dürfen. Als Folge wurden zahlreiche Umwege installiert. Das eigentliche Produkt wurde in Broschüren/auf der Homepage nicht genannt. Die Ansprache musste medizinisch und produktmäßig neutral erfolgen und insgesamt werden hier mehr Ausnahmen als Strategien verfolgt.

Auf der anderen Seite sind Patienten auch, anders als Ärzte oder medizinische Zielgruppen, deutlich weniger „wert“. Zunächst einmal ist nämlich der „Wert“ eines Patienten meistens so gering, dass es sich aus ökonomischen Gründen nicht lohnen würde, einen solchen Patienten zu betreuen. Wenngleich mit dieser Aussage eine ethische Konnotation verbunden werden könnte, so ist es keineswegs verwerflich, die ökonomische Relevanz eines solchen Verhaltens aufzuzeigen. Abseits der Selbstverständlichkeit und Notwendigkeit in Form einer reaktiven Betreuung stellt sich daher die Frage, inwiefern eine aktive Betreuung von Patienten durch die Industrie angestrebt werden sollte. Ähnliche Endverbraucher-Bemühungen aus anderen Branchen wurden im Laufe der letzten Jahre auch deutlich konsolidiert (z. B. Lebensmittel-Einzelhandel, Textilhandel, Versandhandel).

Andererseits, und dieser Aspekt ist sicherlich noch bedeutender, wurde das Bedürfnis der Patienten hinsichtlich einer direkten Betreuung vielfach überschätzt. Es gibt durchaus Patienten, die mündig sind. Hierbei handelt es sich um solche Patienten, die sich sehr aktiv informieren und im Dialog mit anderen professionellen Zielgruppen eine starke eigene Meinung vertreten. Dies geht soweit, dass der Patient dem Arzt aufschreibt, welche Verordnung er gerne hätte. Auch wenn die Häufigkeit solcher Dialoge durch die Nutzung medizinischer Informationsseiten steigt, so haben Untersuchungen jedoch klar ergeben, dass die Kompetenz des Arztes nur in seltenen Fällen von Patienten in Frage gestellt wird (vgl. Dietz 2006). Meistens entscheidet der Arzt über die Therapie und Medikamentenauswahl. Er bezieht in diese Diskussion den Patienten zwar ein, jedoch wird diese keineswegs von Patienten dominiert, zumindest im Regelfall.

Es gibt Ausnahmen: In der zuvor zitierten Untersuchung von Beatrix Dietz wurde klar belegt, dass in letalen chronischen Erkrankungen mit geringer Restlebensdauer ein starkes Involvement der Patienten existiert. Hervorzuheben sind hier Patienten der HIV-Erkrankung. Diese sind im Vergleich zu anderen Gruppen relativ jung, überdurchschnittlich gebildet und auch sehr motiviert, eigene Therapieentscheidungen zu treffen. Diese Ausnahme bestätigt damit auch die grundsätzliche Regel. Im Gegensatz zum HIV-Bereich sind Patienten an sich generell eher älter und von eher durchschnittlicher Bildung bzw. Motivation (vgl. Dietz 2006).

Diese Erkenntnis hat damit sowohl eine ethische als auch ökonomische Komponente. Ethisch und auch ökonomisch ist es für viele Patientenzielgruppen wenig sinnvoll, dass diese durch Pharmaunternehmen betreut werden. Genauso wie das Pendel in Richtung Patientenmanagement ausschlug, so schlägt es derzeit zurück. Patientenaktivitäten werden konsequent wieder zurückgefahren und dementsprechende Budgets werden gestrichen.

Dies ist aber hoch problematisch, denn wenngleich die direkte Betreuung von Patienten nicht sinnvoll ist, so bedeutet dies keinesfalls, dass Patientenbedürfnisse bei der Vermarktung von Arzneimitteln unbedeutend sind (vgl. Scholl 2009)! Das Nicht-Betreuen dieser Zielgruppe bedeutet nicht, dass Patienten unwichtig sind. Zahlreiche Branchen arbeiten immerhin ähnlich. Die Elektronik-Industrie verkauft, bis auf wenige Ausnahmen, ihre Produkte weitgehend über Händler. Obschon sich auch hier eine direkte Betreuung eines Kunden mit einem durchschnittlichen Einkaufsvolumen von unter 500 Euro pro Jahr nicht lohnen würde, so ist es für eine Vertriebsorganisation sehr bedeutend, dass die Händler in der Lage sind, die Bedürfnisse ihrer Endkunden optimal zu erkennen (vgl. Homburg/Schäfer/Schneider 2007).

Die Herausforderung für das Vertriebsmanagement bei Pharmaunternehmen ist, dass Patienten als Zielgruppe im Kopf des Vertriebes sehr bedeutend sind. Auch wenn diese nicht direkt betreut werden sollten, ist es eine Herausforderung, dass der Vertrieb die Patientensichtweise einnimmt.

9 Zusammenfassung

Dieses Vertriebsmanagement-Sammelwerk gibt einen fundierten Überblick zu verschiedenen Schritten eines professionellen Vertriebs. Eine solche strukturierte Vorgehensweise ist für den Vertrieb, dem häufig mehr operatives Bauchgefühl als strategische Stringenz unterstellt wird, unerlässlich. Die zuvor publizierten Beiträge belegen dies eindrucksvoll.

Abseits dieser Stringenz funktioniert Vertrieb aber in jeder Branche sehr unterschiedlich. Die zuvor dargestellten sieben Besonderheiten im Pharmamarkt stellen lediglich eine Auswahl dar. Sie zeigen aber von der Vertriebsstrategie bis zum konkreten Zielgruppenmanagement, dass es durchaus sinnvoll ist, die gängige Vertriebspraxis strukturiert zu hinterfragen.

Einige Besonderheiten des Pharma-Vertriebs sind gesetzt. Es lohnt sich nicht, an ihnen zu rütteln, denn Regeln und Wettbewerbsverhalten erfordern, dass man die Gegebenheiten dieser Branche akzeptiert und damit auch Strategie und Stringenz beiseite legt.

Andere wiederum zeigen, dass sich in dieser Branche Verhaltensweisen eingeschlichen haben, die mit einem systematischen Vertriebsmanagement optimiert werden können. Eine Veränderung dieser ist nicht ohne Risiko. Wird eine solche aber strukturiert durchgeführt, ist sie auch chancenreich. Zahlreiche Ansatzpunkte hierfür finden sich in dem vorliegenden Beitrag, aber auch im gesamten Sammelwerk.

Literaturverzeichnis

Albiez, P./Danielsohn-Weil, P./Scholl, M. (2008): Dreistufige Kundensegmentierung: Ein Ansatz zur potenzialorientierten Geschäfts-Steuerung im Pharmamarkt, in: Bruhn, M./Homburg, Ch. (Hrsg.), Handbuch Kundenbindungsmanagement: Strategien und Instrumente für ein erfolgreiches CRM, 6. Aufl., Wiesbaden, S. 846-864.

Becker, W. (2000): Innovative Pharmakommunikation im Internet-Zeitalter, Wiesbaden.

Dietz, B. (2004): Die Konsumerisierung: Mythos oder Realität? – Eine Bestandsaufnahme, in: Pharma-Marketing Journal, 1/2004, S. 25-28.

Dietz, B. (2006): Patientenmündigkeit: Messung, Determinanten, Auswirkungen und Typologie mündiger Patienten, Wiesbaden.

Dietz, B./Kranzer, A./Sieben, F./Scholl, M. (2002): Strategische Marktbearbeitung nach dem Erlass der Aut-idem-Regelung, in: Pharmazeutische Industrie, 64. Jg., Nr. 12, S. 1212-1216.

Dietzel, K. (2007): Pillendreher auf Sparkurs, Acquisa, 3/2007, S. 40-42.

Gesellensetter, C. (2007): Allein in der Wüste, in: Focus, 25/2007, S. 156.

Habs, M./Scholl, M./Zipf, H. (2008): Management von Kundenzufriedenheit im Pharmamarkt: das Beispiel Dr. Willmar Schwabe Arzneimittel, in: Homburg, Ch. (Hrsg.), Kundenzufriedenheit: Konzepte, Methoden, Erfahrungen, 7. Aufl., Wiesbaden, S. 565-581.

Hoffrichter, U. (2009): Gesundheit kann man nicht ausknipsen, in: Management & Krankenhaus, 2/2009, S. 6.

Homburg, Ch./Sieben, F./Dietz, B. (2002a): Zehn Thesen zu Marketing und Vertrieb: Die Zukunft bestimmt nur der Markt (Teil I), in: Pharma-Marketing Journal, 3/2002, S. 103-105.

Homburg, Ch./Sieben, F./Dietz, B. (2002b): Zehn Thesen zu Marketing und Vertrieb: Die Zukunft bestimmt nur der Markt (Teil II), in: Pharma-Marketing Journal, 4/2002, S. 126-130.

Homburg, Ch./Schäfer, H./Schneider, J. (2007): Sales Excellence: Vertriebsmanagement mit System, 5. Aufl., Wiesbaden.

Müller, M. (2005): Europäisches Pharmamarketing: Ein Leitfaden für Manager der pharmazeutischen Industrie und Beteiligte des europäischen Gesundheitswesens, Wiesbaden.

o.V. (2009): Drei Fragen an Michael Scholl: „Service ist für den Verkauf essentiell", in: Acquisa, 9/2009, S. 10.

Reifenberg, R. (1986): The Self-Serving Bias and the Use of Objective and Subjective Methods for Measuring Success and Failure, in: Journal of Social Psychology, 126. Jg., Nr. 5, S. 627-631.

Scharitzer, D./Kollarits, H. (2000): Zufriedene Kunden – Erfolgreiche Kundenbeziehungen: Ein empirisches Beispiel aus dem Pharmamarketing, in: Bruhn, M./Stauss, B. (Hrsg.), Dienstleistungsmanagement Jahrbuch 2000: Kundenbeziehungen im Dienstleistungsbereich, Wiesbaden, S. 237-252.

Schmortte, S./Sieger, H. (1996): Service-Wüste Deutschland: An der Schmerzgrenze, in: Focus, 34/1996, S. 168.

Scholl, M. (2005): Sieben Herausforderungen für die strategische Marktbearbeitung von Pharma-Unternehmen, in: Jahrbuch Pharma + OTC-Marketing 2005, S. 33-35.

Scholl, M. (2009): Zielgruppen für Pharmaunternehmen – Segmentierung als Methode der Komplexitätsreduktion, in: Roski, R. (Hrsg.), Zielgruppengerechte Gesundheitskommunikation, Wiesbaden, S. 153-167.

Scholl, M./Heinzer, M. (2005): Systematische Kundenbewertung als Methode zur Optimierung der Marktbearbeitung im Pharmamarkt, in: Bruhn, M./Homburg, Ch. (Hrsg.), Handbuch Kundenbindungsmanagement: Strategien und Instrumente für ein erfolgreiches CRM, 5. Aufl., Wiesbaden, S. 797-818.

Scholl, M./Reißfelder, P. (2007): Systematisches und erfolgreiches Key Account Management: In der Branche noch zu zaghaft umgesetzt, in: Pharma-Marketing Journal, 1/2007, S. 8-12.

Sieben, F./Zäh, M./Scholl, M. (2001): Trends und Entwicklungen: Eine empirische Untersuchung aktueller Entwicklungen zeigt sieben Schalthebel, in: Pharma-Marketing Journal, 3/2001, S. 78-81.

Urban, M./Witt, A. (1990): Self-Serving Bias in Group Member Attributions of Success and Failure, in: Journal of Social Psychology, 130. Jg., Nr. 3, S. 417-418.

Vermeulen, P. (2005): Uncovering Barriers to Complex Incremental Product Innovation in Small and Medium-Sized Financial Services Firms, in: Journal of Small Business Management, 43. Jg., Nr. 4, S. 432-452.

6.4 Vertriebsmanagement im Energiemarkt: Besonderheiten, Herausforderungen und Chancen

Thomas Lüers, Franziska Credo

1 Die Wertschöpfungsstufe Vertrieb im Energiemarkt

Echter Vertrieb ist im Energiemarkt ein relativ junges Phänomen. Erst mit der Liberalisierung der Energiemärkte, die offiziell 1998 begann, faktisch aber erst 2005 nach erneuter Anpassung der rechtlichen Rahmenbedingungen vollständig vollzogen wurde, stehen Energieversorger vor der Herausforderung, aktiv um die Gunst der Kunden zu werben.

Strukturell lässt sich die Energiewirtschaft vereinfachend in vier übergeordnete Wertschöpfungsstufen gliedern (vgl. Abbildung 6.4.1):

- die Erzeugungs- bzw. Importstufe,
- den Transport bzw. Netzbereich,
- die Beschaffung bzw. den Energiehandel sowie
- die Vertriebsstufe.

Abbildung 6.4.1 Wertschöpfungsstufen im Energiemarkt

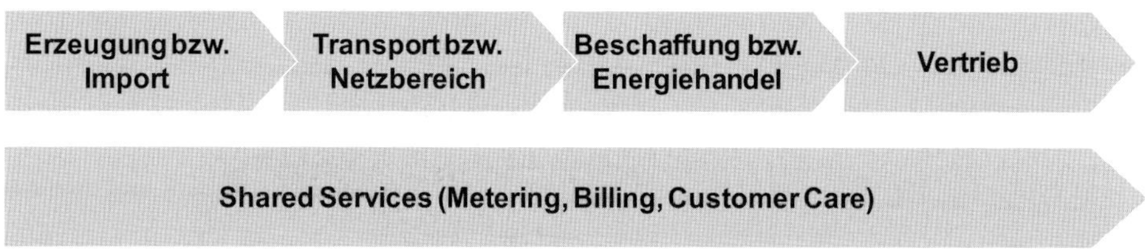

Die für die Versorgung benötigten Netze können als natürliches Monopol nicht sinnvoll dem Wettbewerb unterzogen werden. Der jeweilige Netzbetreiber hat in diesem Bereich weiterhin eine Monopolstellung. Die drei anderen Wertschöpfungsstufen wurden mit den Gesetzesvorhaben der EU zur Schaffung eines europäischen Binnenmarktes und der Novellierung des Energiewirtschaftsgesetzes dem Wettbewerb ausgesetzt.

Wettbewerb findet einerseits auf dem *Wholesale-Markt* zwischen Produzenten und Importeuren und den Energieversorgern statt und andererseits auf dem *Retail-Markt* beim Energievertrieb an Letztverbraucher. Hier werden Energiemengen sowohl an Industriekunden als auch an Gewerbe- und Haushaltskunden verkauft.

Auf den *Wholesale-Märkten* beschaffen Energieversorger die Energiemengen, die sie auf dem *Retail-Markt* an ihre Endkunden vertreiben. Da die Energiebezugskosten – neben den festgelegten und nicht beeinflussbaren Netznutzungsentgelten – der größte beeinflussbare Kostenblock für den Energievertrieb sind, haben Preisniveau und Preisentwicklung auf den *Wholesale-Märkten* einen wesentlichen Einfluss auf den Energievertrieb. Nur mit günstigen Beschaffungskosten kann ein Energievertrieb erfolgreich sein.

Die folgenden Ausführungen konzentrieren sich im Wesentlichen auf den *Retail-Markt*, wobei viele Überlegungen zum Vertriebsmanagement auch auf den *Wholesale-Markt* übertragbar sind.

Nach anfänglich zögerlichem Start hat sich der Wettbewerb im *Retail-Markt* in den vergangenen Jahren sehr dynamisch entwickelt. Während Verbraucher in den Anfangsjahren der Liberalisierung noch sehr zurückhaltend waren und nur selten von ihrem neuen Wahlrecht Gebrauch machten, ist seit 2007 ein sprunghafter Anstieg der Wechselquoten zu beobachten. Mittlerweile haben 20 % der Verbraucher ihren Stromanbieter gewechselt – fast viermal so viele wie 2005. Aktuelle Erfahrungen deuten darauf hin, dass diese Tendenz anhält. Auch im Gasmarkt zeichnet sich eine ähnliche Entwicklung ab, auch wenn der Gasmarkt gegenüber dem Strommarkt noch etwas hinterherhinkt.

Noch stärker sind die Kundenbewegungen im Business-to-Business-Markt. Insbesondere größere Industriekunden haben bereits seit Beginn der Liberalisierung aktiv nach neuen Anbietern gesucht. Nicht selten liegen die Marktanteile der alteingesessenen Versorger in diesem Segment bei „nur" noch 50 %.

Mit der zunehmenden Wettbewerbsdynamik und den wachsenden Kundenbewegungen steigt zwangsläufig die Bedeutung der Vertriebsarbeit: bestehende Kunden müssen gebunden werden und neue oder verlorene Kunden zum Ausgleich von Kundenverlusten gewonnen werden.

Die steigende Bedeutung der Vertriebsarbeit sollte allerdings nicht als Renaissance der in der Euphorie der Marktöffnung gestarteten und gescheiterten Vertriebsoffensiven aufgefasst werden. In der heutigen Marktphase und angesichts enger Margen liegt die zukünftige Herausforderung für Energieversorgungsunternehmen in einer intelligenten Vertriebsarbeit. Gefragt ist die Weiterentwicklung der „Sales Excellence".

In Folgenden werden wir die wesentlichen Stellgrößen und Handlungsfelder intelligenter Vertriebsarbeit im Energiemarkt skizzieren. Zur besseren Einordnung der Herausforderungen und Stellhebel intelligenter Vertriebsarbeit werden zuvor die Besonderheiten des Energievertriebs beschrieben.

2 Besonderheiten im Energievertrieb

Vielfach wird die Entwicklung im Energiemarkt mit anderen deregulierten Märkten verglichen und Konzepte und Erfahrungen, insbesondere aus dem Telekommunikations- und Mobilfunkmarkt, auf den Energievertrieb übertragen. Sicherlich lassen sich aus diesen Vergleichen wertvolle Ideen ableiten, die Besonderheiten des Energievertriebs dürfen dabei aber nicht außer Acht gelassen werden.

Insbesondere fünf Punkte charakterisieren den Energievertrieb:

- **Commodity-Charakter von Strom und Gas:** Strom und Gas sind weitgehend homogene Commodities, die sich in ihren Kerneigenschaften und ihrer Funktionalität nicht oder nur unwesentlich unterscheiden. Das hat u.a. zur Folge, dass das Involvement der Kunden wesentlich geringer ist als in anderen Märkten.

- **Network-based-Vertrieb:** Der Energievertrieb ist auf das bestehende Strom- und Gasnetz angewiesen. Streng genommen werden nur Entnahmerechte gehandelt, die tatsächliche physikalische Lieferung von Strom und Erdgas bleibt Aufgabe des regulären Netzbetreibers. Dies führt bei der Gewinnung, Kündigung und Abrechnung von Kunden zu einem komplexen Wechselspiel zwischen den beteiligten Netzbetreibern und Energielieferanten. Erschwerend kommt hinzu, dass die Netzlandschaft in Deutschland mit 873 Strom- und 713 Gasnetzbetreibern (Bundesnetzagentur 2010, Stand: 09.04.2010) mit jeweils eigenen Preisen und Preismodellen stark fragmentiert ist. Anders als in anderen Branchen kann der Energievertrieb damit nie vollständig autark agieren.

- **Integration von Beschaffung und Vertrieb:** Damit Versorgungssicherheit und Netzstabilität gewährleistet sind, muss die von den Kunden entnommene Energiemenge möglichst zur gleichen Zeit an anderer Stelle in das Netz eingespeist werden. Es ist die Aufgabe der Netzbetreiber, die Stabilität der Netze sicherzustellen. Jeder Energievertrieb steht in ständiger Kommunikation mit den Netzbetreibern und muss kontinuierlich das Absatzportfolio mit dem Beschaffungsportfolio synchronisieren. Abweichungen vom geplanten Portfolio kann der Netzbetreiber durch Pooling ausgleichen, stellt diese Abweichungen den Energievertrieben jedoch in Rechnung. Die Schwierigkeit besteht nun darin, dass der Energievertrieb nur schätzen kann, welchen Verbrauch seine Endkunden tatsächlich haben werden. Bei größeren Kunden aus der Industrie erfolgt in der Regel die Messung der Leistung per Datenfernübertragung, so dass bei Abweichungen des tatsächlichen Verbrauchs von den Planmengen die Beschaffung kurzfristig eingreifen und fehlende Mengen nachkaufen bzw. überschüssige Mengen verkaufen kann. Bei der Mehrzahl der Kunden wird jedoch nicht die Leistung, sondern lediglich der Endverbrauch abgelesen oder geschätzt. Hier arbeitet die Energiewirtschaft mit so genannten Standardlastprofilen. Mit zunehmendem Wettbewerb nehmen auch die Kundenwanderungen zu. Energievertriebe müssen daher nicht nur abschätzen, welche Strom- und Gasmengen ihre bestehenden Kunden zu welchen Zeitpunkten verbrauchen. Zusätzlich müssen sie die Kundenverluste und -gewinne mit einkalkulieren. Beschaffung und Vertrieb müssen daher in enger Kommunikation miteinander stehen.

- **Verdrängungsmarkt:** Der Retail-Markt für Strom und Erdgas ist – anders als der Mobilfunk- oder DSL-Markt – kein Wachstumsmarkt. Neue Kunden lassen sich im Wesentlichen nur durch Verdrängung anderer Anbieter gewinnen. Jegliche erfolgreiche Aktivität von Wettbewerbern bedeutet für den angestammten Energieversorger zwangsläufig Kundenverluste.

- **Niedrige Wertschöpfung und niedrige Margen:** Energievertriebe haben ähnlich wie Handelsunternehmen sehr hohe Einstands- bzw. Vorkosten. Je nach Marktsegment sind etwa 30 bis 50 % der Kosten durch staatliche Abgaben und Netzentgelte vorbestimmt. Dazu kommen die Energiebezugskosten. Nur etwa 5 bis 10 % aller Kosten sind direkt durch den Vertrieb beeinflusst. Folglich sind Margen von 0,1 % bis 1 % die Regel, aber auch negative Margen keine Seltenheit.

Der Commodity-Charakter der Produkte Strom und Gas begrenzt die vertrieblichen Freiheitsgrade und bringt die Frage nach „Differenzierung des Leistungsangebotes" wieder auf die Agenda der Führungskräfte in der Energiewirtschaft.

Im gegenwärtigen Marktumfeld ist der Preis der entscheidende Differenzierungsfaktor. Wer langfristig erfolgreich sein will, darf aber nicht nur über den Preis konkurrieren. Alleine eine Preiserhöhung um einen Prozentpunkt kann oftmals eine Gewinnsteigerung um 20 % ermöglichen.

Der Markenaufbau wird in Zukunft sicherlich an Bedeutung gewinnen, wobei anders als in Märkten mit hohem Kundeninvolvement keine allzu großen Differenzierungseffekte zu erwarten sind. Gerade in einem Umfeld, in dem die Kunden das Produkt als solches kaum erleben können, kommt es um so mehr auf den Service und die seltenen persönlichen Interaktionen zwischen Energieversorger und Kunde an. Diese „Moments of Truth" prägen als persönliche Kontakterlebnisse und gemachte Erfahrungen das Bild des Kunden vom Energieversorger. Im Geschäftskundenbereich spielt deshalb nicht zuletzt der Vertriebsmitarbeiter eine entscheidende Rolle. Er oder sie repräsentiert den Anbieter beim Kunden.

Zusätzlich müssen um den undifferenzierbaren Kern des Produktes ergänzende Unterscheidungsmerkmale gefunden werden. Gerade im Industriekundenbereich bieten die Integration von Strom- und Gasangeboten, die Abwicklungsqualität oder auch innovative Einkaufs- und Vertragsmodelle hierzu Möglichkeiten. Neben neuen Produktmodellen bietet die Zähler- und Kommunikationstechnologie Innovationspotenzial. Man denke nur an Portale zur Last- und Energieverbrauchsanalyse.

Die skizzierten Entwicklungen zeigen, welche hohe Bedeutung dem Vertrieb zukommen kann und wird. Vielerorts wurde dies bereits erkannt. Beleg dafür ist nicht zuletzt die wachsende Anzahl an branchenfremden Marketing- und Vertriebsmanagern sowie Außendienstmitarbeitern in der Energieversorgung.

Auf der anderen Seite wird im Energievertrieb weiterhin Intuition und Pragmatismus großgeschrieben, sei es bei der Ausarbeitung von Vertriebsstrategien, der Gestaltung von Vertriebsorganisationen oder der Ableitung von Zielsegmenten. Andere vertriebsintensive Branchen wie die Versicherungswirtschaft und die Pharmabranche agieren hier systematischer und auf der Grundlage fundierter Analysen. Wir wollen im Folgenden mit dem „Sales-Excellence-Ansatz" einen Ansatz zur systematischen Betrachtung der Stellgrößen im Energievertrieb vorstellen.

3 Herausforderungen im Energievertrieb

Zentrale Steuerungsgrößen im Vertrieb sind die EBIT-Marge, die Cost-to-Serve und die Cost-to-Sell (vgl. Abbildung 6.4.2).

Abbildung 6.4.2 Kennzahlengerüst Energievertrieb

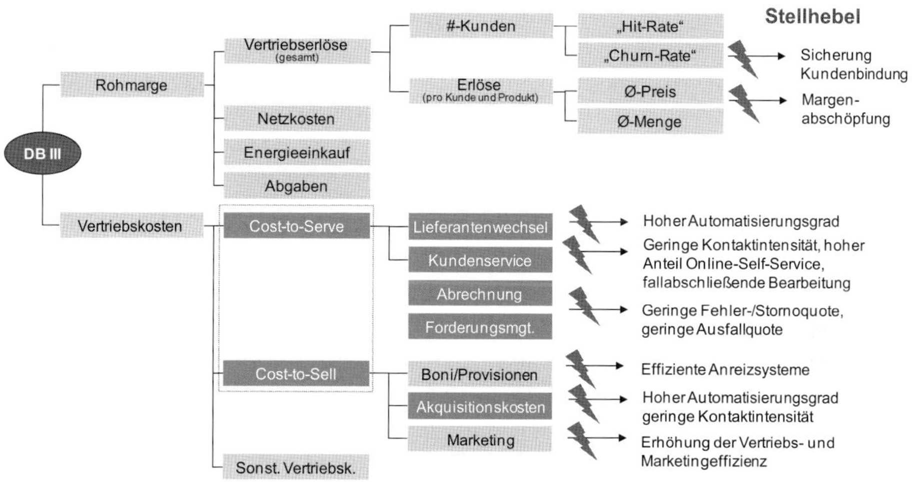

Die EBIT-Marge setzt den EBIT, Erlöse abzüglich Abgaben, Netzkosten, Energiebezugskosten, Servicekosten sowie (zurechenbare) Vertriebs-, Marketing- und Verwaltungsaufwände in das Verhältnis zu den Gesamterlösen. Darüber hinaus sind kunden- und erfolgsbezogene Kennzahlen wie „Kündigungsquoten", „Abschlussquoten" oder ein „Kundenloyalitätsindex" – im Vergleich zu internen und externen Benchmarks – sehr gute Indikatoren für eine erfolgreiche Vertriebsarbeit.

Unsere Erfahrungen zeigen, dass es beispielsweise bei den „Cost-to-Serve" erstaunliche Schwankungen zwischen den Energieversorgern gibt. So liegen Kosten für Forderungsausfall, Abrechnung, Marketing und Vertrieb im Segment Haushalts- und Gewerbekunden zwischen 22 und 75€ je Kunde (Credo et al. 2010). Dies stellt bei den wie oben bereits angedeuteten aktuellen niedrigen Spielräumen für Rohmargen einen entscheidenden Wettbewerbsvorteil dar.

Zur Verbesserung derartiger Kennzahlen hat es sich bewährt, das Thema Vertrieb in verschiedene Bereiche aufzuspalten, die eine exzellente Vertriebsarbeit ausmachen. Im Einzelnen betrifft dies fünf Themenkomplexe:

1. Vertriebsstrategie und Zielgruppenmanagement

2. Kunden- und wertorientierte Vertriebsstrukturen

3. Effiziente Vertriebsprozesse und Sales Operations
4. Vertriebsinformationen und Vertriebssteuerung
5. Vertriebsmitarbeiter und Kompetenzen im Vertrieb

Abbildung 6.4.3 Themenkomplexe zur Steigerung der Vertriebsperformance

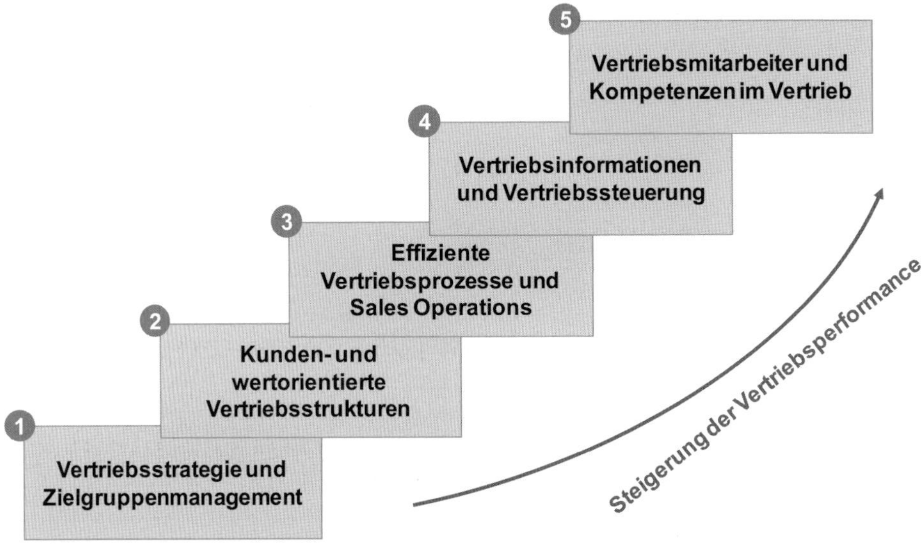

3.1 Vertriebsstrategie und Zielgruppenmanagement - gezielte Kundenbearbeitung

Professionelle Vertriebsarbeit muss sich auf eine klare Vertriebsstrategie stützen. Sie beschreibt die grundsätzliche vertriebliche Ausrichtung, gibt die quantitativen und qualitativen Ziele vor und stellt die Weichen für das operative Tagesgeschäft.

Ausgangspunkt einer jeden Vertriebsstrategie ist ein klares Zielgruppenverständnis. Kunden sind hinsichtlich ihrer Erwartungen und Attraktivität unterschiedlich. Um dieser Heterogenität einerseits Rechnung zu tragen, andererseits aber die Komplexität der Marktbearbeitung in Grenzen zu halten, beruhen moderne Vertriebsstrategien auf einem Zielgruppenmanagement.

Zielgruppen zu finden und zu beschreiben ist Aufgabe einer Marktsegmentierung. In der Energieversorgung dominieren hierzu bislang einfache Verfahren. Unterschieden wird nach der Art der Geschäftsbeziehung in Haushalts- und Geschäftskunden, nach der Art der energiewirtschaftlichen Abrechnung in Standardlastprofilkunden (SLP) und Kunden mit registrierter Leistungsmessung (rLM) oder nach Verbrauchsmengen in Mittelstands-, Groß- und Industriekunden. Üblich ist auch eine separate Betrachtung von Kunden mit einer sehr hohen Anzahl von kleineren Verbrauchsstellen wie Filialkunden oder die Wohnungswirtschaft.

Klar ist, dass solche Ansätze allenfalls rudimentär mit den Erwartungen der Kunden und ihrem tatsächlichen Verhalten korrelieren. Eine „Strategie des Mittelfelds", die alle Bedürfnisse gleich behandelt, wird daher auch eher mittelmäßig sein. Gefragt sind vielschichtigere Segmentierungsmodelle und differenzierte Strategien, die sich stärker mit den unterschiedlichen Präferenzen der Zielgruppen auseinandersetzen. Erste Geschäftsmodelle dieser Art lassen sich bereits in Ansätzen nachvollziehen. So konzentriert sich das Unternehmen Meistro beispielsweise explizit auf das Segment der Gewerbekunden. Ebenso ist das Angebot von WSW 3/4/5 klar auf den Mittelstand ausgerichtet. Für die Zukunft ist davon auszugehen, dass derartige Ansätze im Zielgruppenmanagement weiter an Bedeutung gewinnen.

Der Zielgruppenansatz ist über die entsprechenden Instrumente des Marketing-Mix umzusetzen. Hierzu zählen u.a. das Channel-Management, die Produkt- und Preispolitik sowie die Kommunikation (Homburg/Krohmer 2006).

Betrachtet man die Entwicklung der vergangenen Jahre und auch die Entwicklung in vergleichbaren Märkten und Ländern, so wird in Zukunft vor allem das Channel-Management an Bedeutung gewinnen. Die bisher eher eindimensionalen und einfachen direkten Vertriebsstrukturen werden zunehmend durch ein komplexes Bündel an direkten und indirekten Vertriebswegen (z. B. Internetvertrieb, Direktvertrieb, Vertriebspartner) abgelöst. Damit wird ein professionelles *Multi-Channel-Management* zur Steuerung der verschiedenen Vertriebskanäle immer wichtiger, auch weil die Akquisitions- und Vertriebskosten auf die zu erwartenden Deckungsbeiträge der Zielsegmente abgestimmt werden müssen.

Lokale Versorger müssen ihr Preispremium kennen

Auch die Gestaltung der Preispolitik muss weiter professionalisiert werden. Im Haushaltskundensegment können vereinfachend drei Kundensegmente unterschieden werden: Etwa 50 % der Kunden sind träge, wenig wechselaffin und eher service- bzw. wertorientiert, etwa 20 % sind stark preisorientiert und haben bereits ihren Anbieter gewechselt (oder planen dies zu tun), die restlichen 30 % liegen dazwischen. Sie sind grundsätzlich für einen Wechsel aktivierbar, bleiben bei attraktivem Preis-/Leistungsverhältnis aber ihrem aktuellen Anbieter treu. Moderne Preisstrategien müssen diesen Segmentunterschieden gerecht werden. Für den lokalen Versorger geht es insbesondere darum, das Preispremium zu kennen, das Kunden aufgrund von regionalem Engagement und Service vor Ort für gerechtfertigt halten.

3.2 Kunden- und wertorientierte Vertriebsstrukturen

Die Notwendigkeit zur Anpassung der Vertriebsorganisation eines Unternehmens an geänderte Rahmenbedingungen manifestiert sich in der von Chandler (1962) geprägten Management-Weisheit „Structure follows Strategy". Hiernach muss sich die Organisation kontinuierlich an sich ändernde strategische Rahmenbedingungen anpassen.

Für den Energievertrieb sind es vor allem die eingangs skizzierten Entwicklungen, die eine Anpassung der Vertriebsstruktur erforderlich machen:

1. **Unbundling von Netz und Vertrieb:** Aus den Vorschriften zum Unbundling des Netz- und Vertriebsbereichs ergeben sich, neben vielfältigen Konsequenzen für die IT-Systeme eines Versorgers, neue organisatorische Anforderungen an die Gestaltung der Ablese- (Metering), Abrechnungs- (Billing) und Kundenserviceprozesse (Customer Care). Die früher überwiegend im Privatkundenvertrieb angesiedelten Ablese- und Abrechnungseinheiten wurden aus den Vertriebseinheiten aus- und in die Serviceeinheiten eingegliedert. In vielen Fällen hat dies zur Gründung von Abrechnungsgesellschaften oder zumindest von Shared-Service-Einheiten geführt, die auch den Kundenservice übernehmen.

2. **Auflösung der traditionellen Vertriebsgebiete:** Die bislang regional auf das assoziierte Netzgebiet ausgerichteten Vertriebsansätze werden zunehmend durch überregionale oder nationale Vertriebsaktivitäten ergänzt. Dadurch entstehen neue Aufgaben und Verantwortungsbereiche, z. B. bundesweiter Energievertrieb, Steuerung von Vertriebspartnern etc.

3. **Zunehmender Wettbewerb:** Um dem zunehmenden Wettbewerb und den wachsenden Kundenverlusten zu begegnen, bedarf es einer eindeutigen Segment- und Ergebnisverantwortung. Nun wenn klar ist, wer für Gesamtergebnis, Kundenbindung und -gewinnung verantwortlich ist, lassen sich die notwendigen Veränderungen durchsetzen. Gleichzeitig entstehen durch den Wandel des Energiemarktes zu einem Wettbewerbsmarkt viele neue Aufgabenfelder wie, Lieferantenwechselmanagement, Churn Management und Kundenrückgewinnung, Kundensegmentierung etc.

Segmentverantwortung in modernen Vertriebsorganisationen

Vor dem Hintergrund dieser Rahmenbedingungen sind moderne Vertriebsorganisationen im Energiemarkt am Kunden bzw. an den Kundensegmenten auszurichten. Angesichts der unterschiedlichen Anforderungen und der Unterschiede bei Energiebeschaffung, Kalkulation und Kundenbearbeitung empfehlen wir eine Segmentverantwortung für den Haushaltskunden- und eine für den Businesskundenvertrieb zu schaffen.

Aufgabe der beiden Vertriebsbereiche ist die ergebnisverantwortliche Marktbearbeitung im jeweiligen Kundensegment, gesteuert wird nach dem spezifischen Deckungsbeitrag im Segment. Damit ist unumgänglich, dass die EBIT-verantwortlichen Vertriebsbereiche Budget- und Preishoheit erhalten müssen.

Moderne Vertriebsstrukturen sind Matrixorganisationen

Neben den operativen Vertriebsbereichen empfiehlt es sich, eine Support- und eine Steuerungseinheit aufzubauen.

In der Supporteinheit können quasi als interne Dienstleistung für die operativen Vertriebe wichtige Vertriebsunterstützungsleistungen gebündelt werden. Diese können u.a. das Lieferantenwechselmanagement, das Portfoliomanagement, das Vertragswesen, die IT-Unterstützung umfassen.

Die Steuerungseinheit sollte die Aufgaben im Vertriebscontrolling und Risikomanagement bündeln. Um einen direkten Durchgriff zu ermöglichen und sicherzustellen, dass der Vertrieb sich nicht selbst kontrolliert, empfehlen wir den Aufbau einer Stabsstelle unterhalb der Vertriebsleitung.

Eine offene Frage ist die Organisation des Marketing. In der Praxis sind verschiedene und auf den ersten Blick nicht nachvollziehbare Konstruktionen zu beobachten. Mit Verweis auf gewachsene Strukturen ist das Marketing häufig mit dem Privatkundenvertrieb verschmolzen. In einigen Fällen gibt es auch einen Marketingbereich und einen Privatkundenvertrieb, wobei die Ergebnisverantwortung im Marketing liegt!

Aus unserer Sicht sind grundsätzlich zwei Varianten denkbar. Erstens ein dezentrales Marketing, das in den Vertriebsbereichen aufgeht. Zweitens eine Matrixorganisation, in der das Marketing als interner Dienstleister für die Vertriebe agiert. Beide Varianten haben Vor- und Nachteile. Die dezentrale Variante vermeidet Schnittstellen, lässt häufig aber keinen zweiten, strategischen Blick auf den Vertrieb zu. Zudem bietet die Bündelung der Marketingfunktionen Effizienzvorteile, so dass wir in modernen Vertriebsorganisationen zu einer Matrixform tendieren.

Was auf den ersten Blick einleuchtend und einfach erscheint, ist in der praktischen Umsetzung jedoch gar nicht so einfach. Eine Organisation des Vertriebs nach Kundensegmenten kann nur funktionieren, wenn diese auch durch die Informations- und Controllingsysteme unterstützt wird. Insbesondere die Steuerung der Vertriebsbereiche nach Deckungsbeiträgen setzt eine eindeutige Zuordnung von Kunden zum Privat- oder zum Businesskundenvertrieb voraus.

Während Geschäftskunden mit größeren Verbrauchsmengen, registrierter Leistungsmessung und monatlicher Abrechnung eindeutig im Verantwortungsbereich des Businesskundenvertriebs liegen, ist die Zuordnung im Segment der Gewerbekunden oder kleineren Geschäftskunden oft weniger klar. Gewerbekunden sind ein sehr heterogenes Segment, das von kleineren Handwerksbetrieben, der Hotellerie und dem Gaststättengewerbe, über sogenannte Small & Home-Offices (SOHOs) und Einzelhandelsbetriebe bis hin zu kleineren Dienstleistungs- und Industriebetrieben reicht.

Nehmen Sie das Beispiel eines privaten Vermieters. Der Geschäftszweck ist gewerblich, die Verbrauchsmengen liegen in der Regel über denen eines Haushaltskunden, jedoch unterscheiden sich seine Anforderungen an Produkte und Kommunikationskanäle häufig nicht von einem Privatkunden. Oder nehmen Sie einen Bäckereibetrieb oder ein Autohaus. Aus energiewirtschaftlicher Sicht liegen die Gasabsätze dieser Kundengruppen häufig noch im Bereich der standardisierten Belieferung (SLP-Profile), allerdings rechtfertigt ein relativ hoher Verbrauch von etwa 1 Mio. kWh pro Jahr eine individuelle Betreuung.

Für eine funktionierende, an Kundengruppen ausgerichtete Vertriebsorganisation sind daher Kriterien zu finden, die eine eindeutige Abgrenzung möglich machen. Diese sollten neben energiewirtschaftlichen Vorgaben (z. B. Abwicklung nach Standardlastprofil oder registrierte Leistungsmessung) die Wertigkeit der Kunden und auch die Kundenanforderungen berücksichtigen. Erfahrungen zeigen, dass es bei der Auswahl der Kriterien kein Patentrezept gibt. Stattdessen ist die spezifische Kundenstruktur eines Versorgers ebenso zu berücksichtigen wie die Prozesse der Angebotskalkulation, Preisanpassung, Kundenbetreuung und Kundenabrechnung.

Klare Front-Back-Office-Trennung schafft Zeit für aktiven Vertrieb

Mit der Frage der Kundenzuordnung stellt sich auch die grundsätzliche Frage der optimalen Kundenbetreuung. Gerade im Commodity-Geschäft hängen Umsatzerfolg, Kundenloyalität und Kundenzufriedenheit maßgeblich von den Vertriebsmitarbeitern ab. In vielen Energievertrieben haben Außendienstmitarbeiter nach wie vor aber zu wenig Zeit für die aktive Betreuung, da sie mit administrativen und projektbezogenen Aufgaben oder der Bearbeitung von Sonderfällen überlastet sind.

Entlastung bringt ein professionell geführter Innendienstbereich. Dem Innendienst (Back-Office) kommt im Energiesektor eine extrem hohe Bedeutung zu, da auf der einen Seite Produkte und Vertragsmodelle im Geschäftskundenbereich deutlich an Komplexität zugenommen haben und auf der anderen Seite die Lieferbeziehungen vielschichtiger geworden sind. Darüber hinaus steigt durch die GPKE- und GeLi-Vorschriften und die zunehmende Wettbewerbsdynamik im Energiemarkt die Notwendigkeit, vertriebsunterstützende Aufgaben (z. B. Kundenab- und -ummeldungen) mit der gleichen Professionalität zu betreiben wie die direkten Angebots- und Betreuungsprozesse.

Typische Aufgabenfelder für den Back-Office-Bereich sind beispielsweise:

- Unterstützung bei der Angebotskalkulation
- Vertragsumsetzung bei Angebotsannahme
- Bearbeitung von Abrechnungsfragen
- Pflege von Kunden- und Vertragsdaten
- Vor- und Nachbereitung von Kundenterminen
- Umsetzung von Projektgeschäften, z. B. Wärmeanlagen

Während die Notwendigkeit einer professionellen Vertriebsunterstützung allgemein anerkannt ist und in weiten Teilen umgesetzt wurde, ergeben sich bei der tatsächlichen Ausgestaltung der Back-Office-Funktion verschiedene Detailfragen.

Zunächst stellt sich die Frage, ob sämtliche Back-Office-Aufgaben gebündelt als eigener Verantwortungsbereich geführt werden sollen oder ob die Back-Office-Mitarbeiter in die Front-Office-Bereiche integriert werden sollen. Im ersten Fall agiert das Back-Office quasi als interne Dienstleistungseinheit für die Front-Office-Bereiche, im zweiten agieren die Front- und Back-Office-Mitarbeiter als direktes Team. Beide Varianten haben Vor- und Nachteile. Bei der Betreuung von speziellen Kundengruppen wie Bündelkunden (Kunden mit mehr als 10 Lieferstellen, z. B. Filialisten) oder der Wohnungswirtschaft mit einer sehr intensiven Interaktion zwischen Kunde und Energieversorger kommen die Vorteile eines Teamansatzes aus Front- und Back-Office besonders zum Tragen. Teams aus Front- und Back-Office-Mitarbeitern setzen aber eine kritische Masse voraus. Für kleinere und mittelgroße Energieversorger empfehlen wir generell eine Vertriebsstruktur mit getrennten Front- und Back-Offices. Dies ermöglicht einerseits die effiziente Steuerung der Einheit auch in Phasen von besonders hoher Belastung. Andererseits ist die Bündelung der Back-Office-Funktionen wichtig, um die Mitarbeiter entsprechend ihrer Qualifikation einzusetzen. Untersuchungen von Homburg/Stock (2000) zu Typen von Mitarbeitern in Marketing und Vertrieb haben beispielsweise gezeigt, dass nicht jeder Mitarbeiter für die operative Vertriebstätigkeit beim Kunden geeignet ist. Auch werden Front-Office-Mitarbeiter immer häufiger außertariflich entlohnt, Back-Office-Mitarbeiter hingegen nicht. Somit sollte darüber hinaus sichergestellt werden, dass – auch wenn sich der Kunde bei seinem Kundenbetreuer meldet – Aufgaben, die typischerweise in das Profil Back-Office passen, wie beispielsweise die Änderung von Zählerständen oder die Pflege der Kundenstammdaten, auch im Back-Office durchgeführt werden. Dies ist durch die enge Kommunikation gut möglich, wenn Front- und Back-Office-Mitarbeiter als direktes Team agieren und somit auch der Back-Office-Mitarbeiter „seine" Kunden hat. Wird das Back-Office als eigener Bereich geführt, hat sich die Etablierung einer zentralen Stelle als „Filter" gut bewährt, deren Aufgabe es ist, die eingehenden Kundenanfragen an die dafür geeignete Stelle qualifiziert weiterzugeben.

Die zweite schwierige Frage bei der Gestaltung von Back-Office-Strukturen betrifft das richtige Verhältnis zwischen Front- und Back-Office-Mitarbeitern. Hierzu gibt es keine allgemeingültigen Regeln. Generell gilt, dass der Bedarf an Back-Office-Unterstützung mit zunehmender Größe und Komplexität zunimmt. Für Top-Account-Kunden ist von einer 1:1-Relation zwischen Front- und Back-Office-Mitarbeitern auszugehen, bei kleineren Kunden von einer Relation von 2:1. Ausnahmen bestätigen jedoch die Regel. So kann beispielsweise bei großen Kunden der Wohnungswirtschaft, mit ihrer Vielzahl an Abnahmestellen und oftmals projektintensiven Gebäudestruktur, eine sehr abwicklungsintensive Kundenbeziehung darstellen und damit ein Verhältnis zwischen Front- und Back-Office-Mitarbeitern von 1:2 rechtfertigen.

Wertorientierte Vertriebsstrukturen insbesondere für kleinere Geschäftskunden

Ein häufig zu beobachtendes Phänomen ist, dass Vertriebsorganisationen zu viel Zeit und Aufwand in die Betreuung kleinerer Kunden investieren. Ausweg aus diesem Dilemma sind am Kundenwert ausgerichtete Betreuungsstrukturen. Das Grundprinzip ist einfach:

Das Kundenportfolio wird nach Wertigkeit in A-, B- und C-Kunden unterteilt. Für jedes Segment gelten je nach Wertigkeit unterschiedliche Betreuungskanäle und -standards.

Die tatsächliche Umsetzung ist meist schwieriger. Ein Beispiel soll dies veranschaulichen. In der Praxis haben Geschäftskunden oftmals bereits die Durchwahlen „ihrer" Vertriebsmitarbeiter oder brauchen alternativ nur das Schlagwort „Geschäftskunde" zu nennen und werden vom Kundencenter an den Geschäftskundenvertrieb weiter verbunden. In dem Moment, in dem sich der Kunde meldet, sieht der Vertriebsmitarbeiter jedoch oftmals gar nicht, wie groß und damit wie wichtig dieser Kunde ist. So sieht er vielleicht die zu seiner Kundennummer gehörenden Abnahmestellen im CRM-System, jedoch nicht die dahinter stehenden Deckungsbeiträge. Durch schlechte Datenqualität, das Fehlen spartenübergreifender Deckungsbeitragsrechnungen oder Probleme bei der Verrechnung von Beschaffungs- und Vertriebskosten fehlt Transparenz über die Attraktivität von Kunden.

Umso mehr bieten sich einfache Scoring-Modelle zur Kundenpriorisierung an. Bei diesen wird der Kundenwert als Punktwert auf der Basis verschiedener Kriterien gebildet. Relevante Kriterien sind beispielweise die Absatzmengen pro Sparte eines Kunden (in der nächsten vertragsfreien Lieferperiode), die Lieferstruktur und seine Prognostizierbarkeit, die Bonität eines Kunden (gemessen am Zahlungsverhalten der Vergangenheit oder anhand von Bonitätsprüfungen von Auskunftsdateien), das Cross-Selling-Potenzial zu Erdgas (oder Strom), die Komplexität seiner Verträge (z. B. spezielle Sonderkonditionen) oder das Potenzial für das Projektgeschäft (z. B. Wärme).

Für die ermittelten A-, B- und C-Kunden sind wertorientierte Betreuungsstrukturen und -standards zu definieren:

- A-Kunden erhalten einen festen Ansprechpartner und werden persönlich von einem Außendienstmitarbeiter betreut (Front-Office)
- B-Kunden erhalten einen telefonische Betreuung aus einem Geschäftskunden-Team (Middle-Office)
- C-Kunden werden im First-Level aus dem allgemeinen telefonischen Kundenservice-Center betreut. Nur im Second-Level-Support erfolgt eine Bearbeitung durch das Geschäftskundenteam.

Voraussetzung ist eine eindeutige Kennzeichnung der Kunden zu den Kategorien A, B oder C. Selbstverständlich lebt diese Zuordnung. Kunden können wertvoller werden, wenn neue Lieferstellen oder Projekte hinzu gewonnen werden oder aber auch weniger wertvoll werden, wenn die Absatzmenge einbricht durch Verlust der Lieferstellen an Wettbewerber etc. Wichtig ist zudem, dass die Kundenverantwortung im Vertrieb verbleibt, auch wenn die Betreuung der C-Kunden im Service-Center erfolgt. Mit einer solchen Einstufung der Kunden können sich die Kundenbetreuer auf „ihre" Kunden konzentrieren, ihre Ressourcen in den Ausbau der Geschäftsbeziehung stecken und entsprechend zum Kunden rausgehen. Das Geschäftskunden-Team hält dem Außendienst den Rücken frei und kümmert sich um die graue Masse der kleineren Geschäftskunden. Das Kundenservice-Center wiederum nimmt all die Kunden auf, die von ihrer Wertigkeit nicht in den Geschäftskundenvertrieb gehören.

Abbildung 6.4.4 Wertorientierte Betreuungsstrukturen und Servicelevel

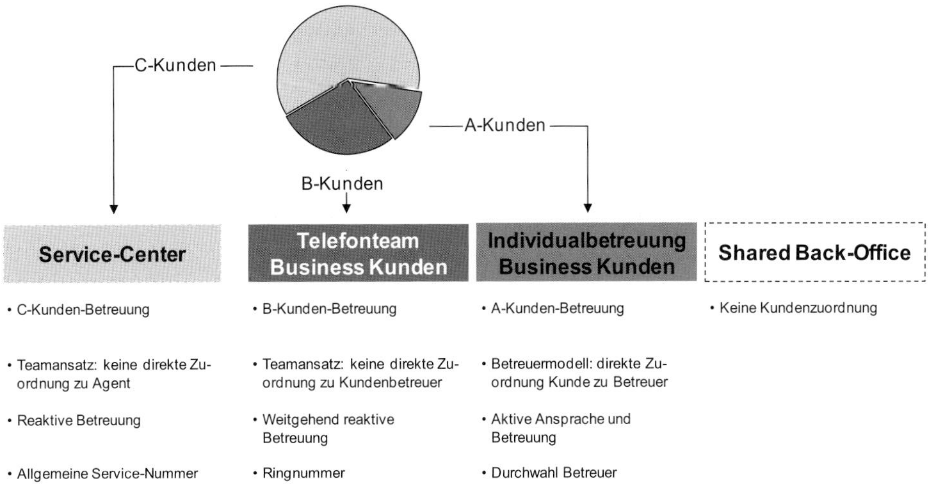

Voraussetzung ist eine eindeutige Kennzeichnung der Kunden zu den Kategorien A, B oder C. Selbstverständlich lebt diese Zuordnung. Kunden können wertvoller werden, wenn neue Lieferstellen oder Projekte hinzu gewonnen werden oder aber auch weniger wertvoll werden, wenn die Absatzmenge einbricht durch Verlust der Lieferstellen an Wettbewerber etc. Wichtig ist zudem, dass die Kundenverantwortung im Vertrieb verbleibt, auch wenn die Betreuung der C-Kunden im Service-Center erfolgt. Mit einer solchen Einstufung der Kunden können sich die Kundenbetreuer auf „ihre" Kunden konzentrieren, ihre Ressourcen in den Ausbau der Geschäftsbeziehung stecken und entsprechend zum Kunden rausgehen. Das Geschäftskunden-Team hält dem Außendienst den Rücken frei und kümmert sich um die graue Masse der kleineren Geschäftskunden. Das Kundenservice-Center wiederum nimmt all die Kunden auf, die von ihrer Wertigkeit nicht in den Geschäftskundenvertrieb gehören.

3.3 Effiziente Vertriebsprozesse und Sales Operations

Effiziente Vertriebsprozesse sind eine wesentliche Voraussetzung für effizienten Vertrieb. Die Prozesse in einem typischen Energievertrieb sind vielfältig und unterscheiden sich je nach Kundengruppe zudem in ihrer Ausprägung und ihren Anforderungen. Wir unterscheiden zwischen klassischen verkaufsvorbereitenden Aktivitäten, der Vertriebsplanung und -steuerung, Kernvertriebsaktivitäten direkt am Kunden und verkaufsnachgelagerten Aktivitäten:

1. *Verkaufsvorbereitende Aktivitäten*: Zu den verkaufsvorbereitenden Aktivitäten zählt zunächst das Produkt- und Preismanagement. Produkte müssen entwickelt, überwacht

und weiterentwickelt werden. Dies gilt für Standardprodukte genauso wie für Individualprodukte mit komplexen Kalkulationsmechanismen und das Projektgeschäft. Zu den verkaufsvorbereitenden Aktivitäten zählen wir daneben das Kundenbindungs- und Kampagnenmanagement. Der Vertrieb führt Vertriebskampagnen und Events durch, diese müssen geplant und durchgeführt werden. Auch nutzen viele Energievertriebe die vielfältigen Möglichkeiten zur Kundenbindung, wie Newsletter, Kundenzeitschriften, Online Business Portale. Auch das Management dieser Instrumente gehört zu den Vertriebsaufgaben.

2. *Vertriebsplanung und -controlling:* Zu den vielfältigen Aufgaben eines Energievertriebs gehört auch die Vertriebsplanung und -steuerung. Dazu zählen die Durchführung von Markt- und Wettbewerbsanalysen, die Entwicklung einer Vertriebsstrategie, die Festlegung und Quantifizierung von Vertriebszielen, die jährliche Absatz- und Erlösplanung und natürlich das Controlling von Kunden-, Mengen-, Erlös- und Ergebnisveränderungen.

3. *Kernvertriebsaktivitäten*: Zu den eigentlichen Kernvertriebsaktivitäten am Kunden gehören das Kundenkontaktmanagement, das Angebotsmanagement, das Klären von Anfragen und Klärfällen als auch Vertragskündigungen.

4. *Verkaufsnachgelagerte Aktivitäten*: Daneben gibt es einen weiteren Block von verkaufsnachgelagerten Prozessen wie beispielsweise die Pflege der Kundendaten, das Netzzugangsmanagement, das Vertragsmanagement mit den Marktteilnehmern (z. B. Management von Rahmenverträgen, Prüfung der Netzentgeltrechnungen), das Fahrplan- und Nominierungsmanagement sowie das Lieferantenwechselmanagement.

Abbildung 6.4.5 Hauptprozesse eines Energievertriebs

Produkt- und Preismanagement: Weniger ist oftmals mehr

Viele Versorger bieten im Privat- und Gewerbekundenbereich ein sehr breites Portfolio an Strom- und Gasprodukten an. Neben den klassischen Standardprodukten für den Privat- und Gewerbekundenbereich werden für Geschäftskunden individuelle Produkte angeboten. Diese reichen von Standardprodukten mit individuellen Spielräumen für Preis und Vertragslaufzeiten bis hin zu komplexeren Vertragsmodellen und individuellen Kalkulationen. In der Produktwelt ist jedoch oftmals weniger mehr, sowohl aus Sicht des Kunden um sich zu orientieren, als auch aus Sicht des Versorgers, der die Produkte und Preisanpassungen managen muss. Bei vielen Energieversorgern lässt sich ein interessantes Phänomen beobachten: Bei einer Vielzahl von Produkten und häufigen Anpassungen der Preise und Konditionen entsteht schnell ein Wirrwarr aus Produktaltlasten und Produkten in vielfältiger Ausführung und diverser individueller Tarifschlüssel in den Systemen. Dieses Wirrwarr erschwert dann Auswertungen für Planung und Controlling oder für Vertriebskampagnen. Hier hilft in der Regel eine systematische Verschlankung der Produktwelt.

Eine weitere Herausforderung für Energievertriebe liegt in der Vermischung der Produktwelten. Geschäftskunden haben oftmals auch Lieferstellen mit kleineren Abnahmemengen und nehmen für diese dann gern die Privatkundenprodukte in Anspruch. Diese Vermischung der Produktwelten führt in der Praxis bisweilen zur Vermischung von Aufgaben und kann für den Energieversorger zu Kapazitätsproblemen führen: Wenn beispielsweise einfache Kundenanfragen bezüglich eines Standardproduktes nicht im Kundencenter bearbeitet werden, sondern vom zuständigen Kundenbetreuer im Geschäftskundenbereich, nur weil der Kunde als Geschäftskunde im System vermerkt ist und damit automatisch vom Kundencenter zum Geschäftskundenvertrieb „weitergereicht" wird. Hier helfen eindeutige Zuständigkeiten und Kriterien für die organisatorische Zuordnung zu Kunden und Aufgaben.

Effizienz im Angebotsprozess als Wettbewerbsvorteil

Ein häufig verbreiteter Komplexitätstreiber bei Energievertrieben liegt im Angebotsmanagement. Hier kommt es zunächst auf Schnelligkeit an. Bei individuell kalkulierten Kunden sind Excel-Lösungen nicht mehr zeitgemäß. Mittlerweile gibt es moderne Kalkulationswerkzeuge auf dem Markt, die sich gut bewährt haben. Excel-Lösungen bieten oftmals nicht den notwendigen Komfort (z. B. bei der Kalkulation mehrerer Lieferstellen), eine ausreichende Anbindung an weitere Systeme (z. B. zur Vertragsanlage in der Systemwelt) sowie die notwendige Revisionssicherheit. Neben der Schnelligkeit liegt ein weiterer wesentlicher Komplexitätstreiber in der Frage, welche Kunden wie (individuell) kalkuliert werden sollen. Für den Vertriebsmitarbeiter, der seine Kunden natürlich halten möchte, ist es verlockend, individuelle Rabatte zu setzen und die Verträge auf die individuellen Kundenwünsche anzupassen. Unsere Erfahrungen zeigen, dass dies tendenziell dazu führt, dass ein hoher Anteil von Kunden mit geringen Abnahmemengen individuell kalkuliert wird. Dies sind Kunden, bei denen der Zeitaufwand für die Angebotskalkulation im Vergleich zur Marge und zur Erfolgsquote unverhältnismäßig hoch ausfällt. Dies führt oftmals zur Überlastung der Vertriebsmitarbeiter, die zu viel Zeit in die Angebotskalkulation stecken müssen. Hier kann eine Analyse des Angebotsprozesses und eine Festlegung der Logik welcher Kunde wie kalkuliert werden soll Abhilfe schaffen.

Reduktion von nicht-wertschöpfenden Tätigkeiten

Eine weitere wesentliche Aufgabe des Energievertriebs ist die Bearbeitung von Kundenanfragen und Klärfällen. Der Vertriebsmitarbeiter ist als „Tür zum Kunden" in einer besonderen Position: Bei jedem Fehler, der in der langen Prozesskette mit dem Kunden gemacht wird, meldet sich der Kunde tendenziell zunächst bei ihm. Doch nicht nur der Kunde, auch intern wird gern auf den Vertriebsmitarbeiter als Verantwortlichen für den Kunden zurückgegriffen. Wir haben mehrfach die Erfahrung gemacht, dass die Vertriebsprozesse im stärker standardisierten Massenkundenvertrieb und im Betrieb des Kundenservice-Centers in den vergangenen Jahren deutlich optimiert wurden. Nicht selten führt dies dazu, dass sämtliche Sonderfälle in den Geschäftskundenvertrieb abgeschoben werden. Nehmen die Anfragen und Klärfälle zu viele Vertriebsressourcen in Anspruch ist ein Gegensteuern notwendig. Die Herausforderung für den Vertrieb besteht darin, nicht in der Klärung von Sonderfällen zu versinken, sondern die internen bereichs- und teilweise beteiligungsübergreifenden Prozesse so zu gestalten, dass diese Klärfälle erst gar nicht entstehen.

Abwicklungskompetenz im Lieferantenwechsel und in der Abrechnung

Der Lieferantenwechsel und die Abrechnung sind in mehrerer Hinsicht kritische Prozesse. Einerseits wirken sich Fehler direkt auf die Kundenbeziehung aus. Andererseits können funktionierende Standards erhebliche Effizienzpotenziale heben. Ohne erfolgreichen Lieferantenwechsel kann keine Kundenbeziehung entstehen. Dabei werden an die Umsetzung des Lieferantenwechsels durch die GPKE- und GeLi-Vorschriften hohe Anforderungen an die IT-Landschaft gestellt. Im Idealfall soll bei keiner der beteiligten Parteien (Altversorger, Neuversorger, Netzbetreiber) händisch eingegriffen werden und die Kundendaten über standardisierte Datenaustauschformate und Arbeitsschritte mit festgelegten Fristen übertragen werden. Die Praxis sieht jedoch noch anders aus: Im Schnitt erreichen Versorger einen Automatisierungsgrad von 50 % (Credo et al. 2010). Anders gesprochen wird jeder zweite Lieferantenwechsel noch immer händisch durchgeführt. Bei den, wie eingangs bereits erläuterten, geringen Margenspielräumen kann dies die Gewinnung von Neukunden damit schlichtweg unprofitabel machen. Gleiches gilt für die Abrechnungsprozesse. Fehler, die im Rahmen der Abrechnung gemacht werden, landen in der Regel direkt im Kundencenter oder bei den Kundenbetreuern. Diese machen sich dann in der langen Kette der Prozesse auf die Suche nach dem Fehler. Diese Themen gewinnen bei Sonderzielgruppen wie Bündelkunden oder der Wohnungswirtschaft noch einmal an Brisanz. Hier gibt es auch für Standardverträge oftmals noch Sondervereinbarungen in Form von Rahmenverträgen, die in der Abrechnung berücksichtigt werden müssen. Auch lebt eine solche Kundenbeziehung von einem reibungslosen Lieferantenwechsel. Für eine Wohnungsverwaltung mit mehreren Hundert Wohnungen ist es unerlässlich, dass der Mieterwechsel und die Abrechnung reibungslos funktionieren.

3.4 Vertriebsinformationen und Vertriebssteuerung

Eine verbreitete Schwachstelle in der Energiewirtschaft sind die Vertriebsinformationen. Auf den ersten Blick sind viele Energievertriebe mit Systemen für die Abrechnung, das CRM, die Angebotskalkulation, das Energiedatenmanagement etc. gut ausgestattet. Trotz dieser scheinbar durchweg guten IT-Ausstattung mit einer Vielzahl von Systemen wird die Datensituation sogar von den EVU selbst als schlecht bis sehr schlecht eingestuft. Häufig traut man sich jedoch nicht an diesen zugegebenermaßen heiklen und zäh zu bearbeitenden Bereich heran – es vergehen Jahre ohne datenseitige Weiterentwicklung mit negativen Auswirkungen auf die Vertriebssteuerung.

Transparenz über Deckungsbeiträge

Deckungsbeiträge sind für Energievertriebe in zweierlei Hinsicht noch immer ein rotes Tuch. Zunächst einmal tun sich viele Energieversorger nach wie vor schwer, Deckungsbeiträge über die reine Vertriebsmarge (Erlöse abzgl. Abgaben, Netz- und Energiekosten) hinaus zu berechnen. Die Einpreisung der Vertriebskosten oder gar der Overhead-Kosten in die Angebotskalkulation ist für viele Energieversorger noch nicht die Praxis. Das Segment der Privat- und Gewerbekunden ist dabei noch das Segment mit der höchsten Transparenz. Hier werden in der Regel pauschale Verrechnungssätze für Kostenpositionen verwendet. Bei den individuell kalkulierten Angeboten für Geschäftskunden herrscht jedoch eine erstaunliche Resistenz gegenüber detaillierten Deckungsbeitragsrechnungen. Vielfach kalkuliert der Kundenbetreuer das individuelle Angebot lediglich mit einer pauschalen Zielmarge und Risikoaufschlag.

Eine zweite Hürde hinsichtlich der Deckungsbeiträge besteht für viele Energievertriebe in der Nachkalkulation von individuell bepreisten Kunden. Der Vertrieb kalkuliert zunächst Bottom-up auf Basis von Planmengen und historischen Abnahmeprofilen und aktuellen Beschaffungskosten die individuellen Preise für den Kunden. Die vermuteten Abnahmeschwankungen und Leistungsspitzen werden durch Risikoaufschläge eingepreist. Bei großen Kunden erfolgt die Meldung des Abnahmeverhaltens kontinuierlich per Datenfernübertragung, abgerechnet wird monatlich. Ob der Kunde im Rückblick aber durch sein Abnahmeprofil Mehrkosten verursacht hat, kann ohne individuelle Nachkalkulation nicht festgestellt werden. Das bedeutet, dass der Energievertrieb ohne Nachkalkulation faktisch gar nicht weiß, wie viel er mit diesem Kunden verdient hat. Und ohne diese Information kann der Vertrieb „gute", d.h. prognostizierbare Kunden auch nicht belohnen und setzt Risikoaufschläge womöglich zu hoch an. Auf der anderen Seite kann er stark schwankendes Abnahmeverhalten auch nicht adäquat einpreisen und „belohnt" so schlechtes Verhalten. Auch die Vertriebssteuerung, die das Segmentergebnis ermittelt, kann am Ende der Rechnungsperiode ohne systematische Nachkalkulation bei den individuell kalkulierten Kunden nur pauschale Segmentbeschaffungskosten zu Grunde legen. Im Strom haben sich mittlerweile etliche Lösungen im Markt etabliert, im Gas hingegen erfolgt fast keine Nachkalkulation.

Berücksichtigung der vielseitigen Kundenstruktur

Eine weitere Schwierigkeit für die Vertriebssteuerung genauso wie für die tägliche Vertriebsarbeit liegt in der Struktur der Geschäftskunden begründet. Privatkunden haben in der Regel nur einen Vertrag, somit ist ein Vertrag ein Kunde. Geschäftskunden hingegen haben in der Regel mehrere Verträge, die über eine Kundennummer gebündelt werden. Hier können sich leicht Fehler einschleichen, z. B. wenn bei der Anlage von Verträgen bestehende Kundennummern nicht genutzt und stattdessen Dubletten angelegt werden. Noch komplexer wird dieses Thema im Segment der Wohnungswirtschaft, denn hier stecken hinter einem Verwalter oftmals mehrere hundert Lieferstellen in verschiedenen Sparten. Hinter dem Verwalter selbst stehen oft nur die eigenen Abnahmestellen für z. B. Allgemeinstrom. Die tatsächliche Reichweite des Verwalters, d.h. die Lieferstellen der Mieter, um die er sich kümmert, sind oftmals nicht datenseitig mit dem Verwalter verbunden. Somit kann der Vertriebsmitarbeiter auch nicht auf Anhieb wissen, welches Volumen hinter dem Kunden steht. Auch Auswertungen zur Vertriebssteuerung sind damit nur begrenzt möglich.

Schnittstelle „Mensch-Maschine"

Eines der Hauptprobleme ist die Schnittstelle „Mensch-Maschine". Beim Erfassen von Kundendaten treten natürlicherweise von Zeit zu Zeit Fehler auf, die jedoch von der Software nicht identifiziert werden. Eine weitere Schnittstellenfrage tritt bei der Kommunikation zwischen zwei oder mehreren Softwarelösungen auf. Findet hier kein vollautomatisierter und fehlerfreier Datenaustausch statt, verschlechtert sich die Informationsbasis in zunehmendem Maße. Die Bereinigung von Dubletten und die Zusammenführung von Lieferstellen zu einem Kunden ist dabei ein beliebtes Thema mit dem viele Energievertriebe zu kämpfen haben, insbesondere wenn weitere Gesellschaften, wie beispielsweise Messung und Abrechnung, involviert sind. Messung und Abrechnung sind in vielen Fällen Serviceeinheiten, die nach Stückzahl entlohnt werden und nach Schlagzahl und Standards arbeiten. Wenn es für den einzelnen Servicemitarbeiter einfacher ist, eine neue Kunden- oder Vertragsnummer anzulegen anstatt mühsam nach einer bestehenden zu suchen, wird er ersteres tun. Bei Key-Account-Kunden kennt oftmals der Kundenbetreuer die komplexe Konzernstruktur des Kunden am besten und kann diese systematisch festhalten. In der Wohnungswirtschaft sieht dies jedoch schon anders aus, da auch kleinere Kunden, die den Kundenbetreuern nicht persönlich bekannt sind, viele kleine Lieferstellen bündeln können. Sind die Kundendaten dann nicht gepflegt, kann für den Kundenbetreuer schnell eine Sisyphosarbeit entstehen. Sinnvolle Auswertungen zur Vertriebssteuerung sind dann entweder gar nicht mehr oder nur noch mit umfangreicher manueller Nachbearbeitung durchführbar.

Anreize für gute Datenqualität

Die absolute Fehlerfreiheit im Datenerfassungs- und -bearbeitungsprozess gibt es nicht. Eine Lösung besteht darin, die Prozesse so zu gestalten, dass alle involvierten Parteien einen Anreiz haben, Daten sorgfältig und korrekt einzugeben. Das umfasst das Zählermanagement, die Ablesung, die Abrechnung, den Kundenservice, den einzelnen Vertriebsmitarbeiter bis hin zum Kunden selbst. Es müssen Kontrollmechanismen eingebaut werden, die es ermöglichen, Fehlerquoten zu erheben und korrekte Datenqualität zu belohnen (z. B. auch beim Kunden selbst über Preisnachlässe bei korrekten Zählerstandsmeldungen) und Fehler in Rechnung zu stellen (z. B. dem Zählermanagement, wenn Zähler nicht eingebaut wurden).

Einen zweiten Schritt zur Verbesserung der Datenqualität sehen wir in der systematischen Datenbereinigung. Die Erstbereinigung der Daten ist in der Regel sehr aufwändig und erfordert insbesondere bei den Geschäftskunden ein hohes Involvement der Vertriebsmitarbeiter. Nach einer solchen Bereinigung nimmt normalerweise das Bewusstsein für die Datenqualität zu, und die regelmäßig durchgeführten Datenbereinigungen (z. B. quartalsweise) können mit deutlich weniger Aufwand geleistet werden.

Steuerung des Vertriebes

Die Steuerung des Vertriebes kann nach vielfältigen Gesichtspunkten erfolgen. Viele Energievertriebe nutzen für ihre Vertriebssteuerung Kenngrößen zu Kündigungen, Kundengewinnen, segmentbezogenen Mengen-, Umsatz- und Deckungsbeitragsentwicklungen. Trotz angekommenen Wettbewerbs und verstärkter vertrieblicher Aktivitäten über das angestammte Versorgungsgebiet hinaus, haben Anreizsysteme im Energievertrieb noch kaum Einzug gehalten. Zwar werden Vertriebspartner nach einem Provisionsmodell vergütet, eigene Vertriebsmitarbeiter jedoch nicht. Dabei ist auch das i.d.R. einseitig an der Abnahmemenge orientierte Provisionsmodell für die Vertriebspartner nicht der Weisheit letzter Schluss. Anreizsysteme sollten multidimensional sein und z. B. Elemente wie Grad der Preisdurchsetzung oder Kundenbindungserfolg beinhalten.

3.5 Vertriebsmitarbeiter und Kompetenzen - die richtigen Spieler auf der richtigen Position

Die Mitarbeiter eines Energievertriebs stehen seit Beginn der Liberalisierung unter einem ständigen Veränderungsdruck. Marktregeln, Unternehmensstrukturen, Prozesse genauso wie die IT-Landschaft haben sich kontinuierlich gewandelt. Zudem hat der Energievertrieb einen fundamentalen Mentalitätswechsel durchlaufen: Aus einer Zählernummer ist ein Kunde geworden. Dies hat spürbare Auswirkungen auf die Vertriebsmannschaft, denn diesen Weg muss der Vertriebsmitarbeiter auch erst einmal mitgehen.

Der Erfolg eines Energievertriebs hängt maßgeblich von den Vertriebsmitarbeitern ab, denn diese stehen einerseits in direktem Kontakt mit Bestands- und potenziellen Kunden und repräsentieren das Energieversorgungsunternehmen und dessen Leistungsangebot. Andererseits müssen die Vertriebsmitarbeiter die Fähigkeiten, die Vertriebsstrategie, die Kundensegmentierungen und Kundenbindungsmaßnahmen etc. auch nachhaltig umsetzen. Viele Vertriebsmitarbeiter sind über die letzten Jahre hinweg in ihre neue Rolle „hineingewachsen". Die notwendigen Werkzeuge, Tools und Argumentationshilfen haben sie sich überwiegend selbst beigebracht. Viele Energievertriebe haben zudem ihre Mannschaften durch junge Mitarbeiter oder Mitarbeiter aus anderen wettbewerbsorientierten Branchen erweitert.

Systematische Weiterentwicklung der Vertriebsmannschaft notwendig

Eine gezielte Personalentwicklung wird im Vertrieb immer wichtiger. Diese ist aber nur möglich, wenn Klarheit über die vorliegende Kompetenzsituation der Vertriebsmitarbeiter besteht, um auf dieser Basis eine möglichst zielgerichtete Mitarbeiterentwicklung aufzusetzen. Je nach Vertriebsbereich (z. B. Front- vs. Back-Office) werden unterschiedliche Kompetenzen benötigt. Diese sollten klar definiert sein und mit einer Soll-Ausprägung zum Zeitpunkt x versehen werden. Dann können die Vertriebsmitarbeiter in den entscheidenden Kompetenzen bewertet werden (Ist-Situation). Um hier ein umfassendes und möglichst „objektives" Bild zu erlangen, empfehlen wir eine 360°-Einschätzung, bei der verschiedene Bewertungsperspektiven eingenommen werden: Selbstbewertung, Bewertung durch Kollegen, Vorgesetzte und bei Führungskräften Bewertung durch Teammitglieder. Anhand der Bewertungsergebnisse lässt sich leicht der Abstand zwischen Ist und Soll für jede Kompetenz erfassen und entsprechender Trainingsbedarf (individuell und kollektiv) ableiten. Auch lässt sich durch die gewonnene Transparenz über sinnvolle Re-Positionierungen von Einzelpersonen nachdenken, wie z. B. der Wechsel vom Back- ins Front-Office oder den Einsatz des besten Akquisiteurs bei den schwierigsten (potenziellen) Kunden.

4 Zusammenfassung und Fazit

Noch vor weniger als einem Jahrzehnt gab es faktisch keinen Wettbewerb und damit auch keinen Vertrieb und keine Notwendigkeit für effizientes Vertriebsmanagement. Der Kunde war kein Kunde, sondern eine Zählernummer. Der lokale Energieversorger hatte eine Monopolstellung. Der Abnehmer durfte sich beim Energieversorger melden und sein Anliegen vorbringen, eine Wahl hatte er jedoch nicht.

Dies hat sich in den letzten Jahren im Zuge der Liberalisierung drastisch geändert. Energieversorger sind zu Unternehmen geworden, die in einem Wettbewerbsmarkt nach wirtschaftlichen Kriterien agieren und effizienzgetrieben arbeiten. Die gesetzlichen Anforderungen haben nicht nur zu unternehmensweiten Umstrukturierungen geführt, sondern verursachen auch einen permanenten Veränderungsdruck bei Prozessen, IT-Landschaft und Mitarbeitern. Energieversorger haben spürbar Marktanteile und Absatzmengen verloren. Aus Abnehmern sind Kunden geworden, die Bedürfnisse haben und wählen können, wen sie für die Leistung der Energielieferung in Betracht ziehen. Damit rückt eine professionelle Vertriebsarbeit in den Fokus.

Zu einer professionellen Vertriebsarbeit gehört eine klare Vertriebsstrategie. Ausgangspunkt dieser sollte ein klares Verständnis der relevanten Zielgruppen sein. Die Vertriebsstrukturen sind an den Kunden und ihren Werten und Bedürfnissen auszurichten. Zu einer modernen Vertriebsorganisation gehören klare Segmentverantwortlichkeiten, eine klare Front- und Back-Office Trennung und sowie Handlungsspielraum für aktiven Vertrieb. Exzellente Vertriebsarbeit umfasst die Beherrschung der notwendigen Vertriebsprozesse und -informationen sowie die aktive Weiterentwicklung der Vertriebsmitarbeiter und deren Kompetenzen.

Literaturverzeichnis

Bundesnetzagentur (2010): Übersicht Strom- und Gasnetzbetreiber, http://www.bundesnetzagentur.de/cln_1931/sid_C685542B175FB3B63B73F5ADBDEC7AC2/DE/Sachgebite/ElektrizitaetGas/AllgemeineInformationen/UebersichtStromUndGasnetzbetreiber/uebersichtstromundgasnetzbetreiber_node.html, Zugriff: 13.06.2010.

Credo, F./Kranzusch, S./Lüers, T. (2010): Marktbarrieren und Erfolgsfaktoren im Gas-zu-Gas-Wettbewerb, in: Energiewirtschaftliche Tagesfragen, Heft 6/2010, S. 46-49.

Homburg, Ch./Krohmer, H. (2006): Marketingmanagement: Strategie – Instrumente – Umsetzung – Unternehmensführung, 2. Aufl., Wiesbaden.

Stichwortverzeichnis